CC ME

罗增儒

数学教育文选

罗增儒◎著

华东师范大学出版社·上海

图书在版编目(CIP)数据

罗增儒数学教育文选 / 罗增儒著.—上海：华东
师范大学出版社，2022
（当代中国数学教育名家文选）
ISBN 978－7－5760－2685－6

Ⅰ.①罗… Ⅱ.①罗… Ⅲ.①数学教学—文集
Ⅳ.①O1－53

中国版本图书馆 CIP 数据核字（2022）第 036324 号

当代中国数学教育名家文选

罗增儒数学教育文选

著　　者　罗增儒
策划编辑　刘祖希
责任编辑　刘祖希
责任校对　时东明
装帧设计　卢晓红

出版发行　华东师范大学出版社
社　　址　上海市中山北路 3663 号　邮编 200062
网　　址　www.ecnupress.com.cn
电　　话　021－60821666　行政传真 021－62572105
客服电话　021－62865537　门市（邮购）电话 021－62869887
地　　址　上海市中山北路 3663 号华东师范大学校内先锋路口
网　　店　http://hdsdcbs.tmall.com

印　刷　者　上海雅昌艺术印刷有限公司
开　　本　787 毫米×1092 毫米　1/16
印　　张　70
字　　数　1146 千字
插　　页　4
版　　次　2022 年 10 月第 1 版
印　　次　2023 年 1 月第 2 次
书　　号　ISBN 978－7－5760－2685－6
定　　价　198.00 元

出 版 人　王　焰

（如发现本版图书有印订质量问题，请寄回本社客服中心调换或电话 021－62865537 联系）

1968 年从中山大学毕业，分配到
陕西省耀县水泥厂矿山工作

1980 年发表个人第一篇论文

1985 年的全家福（摄于陕西省耀
县水泥厂职工子弟学校）

1985 年调入陕西师范大学工作

1994 年入选《中学数学》杂志
封面人物

1989 年获得中国数学奥林匹克高级教练员称号

1994 年获得政府特殊津贴

1997 年出版代表作《数学解题学引论》（右为该书手稿）

1999 年获得曾宪梓教育基金会优秀教师奖

2001 年被聘为博士生导师

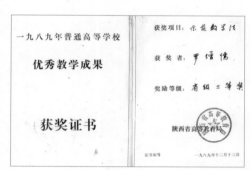

1989 年获得省级教学成果奖

1993 年获得省级教学成果奖

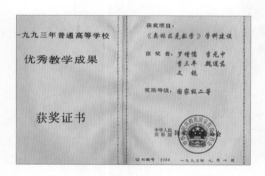

1993 年获得国家级教学成果奖

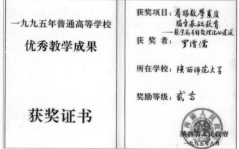

1995 年获得省级教学成果奖

1999 年获得省级教学成果奖

2003 年获得省级教学成果奖

2009 年获得国家级教学成果奖

罗增儒数学教育书系

入选国家重点图书出版规划项目"中国数学教育研究丛书"的著作

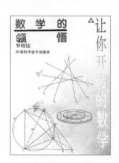

数学普及方面的著作（部分）

数学学习方面的著作（部分）

退休余热

退休后为教师开展解题讲座

退休后指导青年教师讲解题

在家中与学生刘祖希（右）商量本书出版事宜

退休后担任"新青年数学教师发展论坛"专家顾问

目录

下集　大学发展期

总序

数学教育具有悠久的历史.从一定程度上来讲,有数学就有数学教育.据记载,中国周代典章制度《礼记·内则》就有明确的对数学教学的内容要求:"六年教之数与方名……九年教之数日,十年出就外傅,居宿于外,学书计."又据《周礼·地官》:"保氏掌谏王恶,而养国子以道,乃教之六艺,一曰五礼,二曰六乐,三曰五射,四曰五驭,五曰六书,六曰九数."尽管周代就有关于数学教育的记载,但长期以来我国数学教学的规模很小,效果也不太好,大多数数学人才不是正规的官学(数学)教育培养出来的.中国古代的数学教育作为官方教育的一个组成部分,用现在的话语体系来讲,其目标主要是培养管理型和技术型人才,既不是"精英"教育,也不是"大众"教育.

1582年,意大利传教士利玛窦来到中国.1600年,徐光启和李之藻向利玛窦学习西方的科学文化知识,翻译了欧几里得的《几何原本》,对中国的数学与数学教育产生了一定的影响.1920年以后,在学习模仿和探索的基础上,中国人编写的数学教学法著作逐渐增多,内容不断扩展,水平也逐步提高,但主要还只是小学数学教育研究,大多数只是根据教学实践对前人或外国的教学法进行修补、总结而成的经验,并没有形成成熟的教育理论.1949年新中国成立后,通过苏联教育文献的引入,数学教学法得到系统的发展.如"中学数学教学法"就是从苏联伯拉基斯的《中学数学教学法》翻译而来,主要内容是介绍中学数学教学大纲的内容和体系,以及中学数学中的主要课题的教学法.

从国际范围来看,数学教育学科的形成、理论体系的建立时间也不长.在相当长一段时间内,数学教育主要是由数学家在从事数学研究的同时兼教数学,并没形成专职数学教师队伍.在社会经济、科学技术不发达的时代,能够有机会(需要)学习数学的人也只是少数,对数学教育(学)进行系统的研究自然就没有太多的需求.数学教师除了需要掌握数学还要懂得教学法才能胜任数学教学工作,这一点直到19世纪末才被人们充分认识到."会数学不一定会教数学""数学教师是有别于数学家的另一种职业"这样的观念开始逐渐被认同.最早提出把数学教育过程从教育过程中分离出来,作为一门独立的科学加以研究的,是瑞士教育家别斯塔洛齐(J. H. Pestalozzi).1911 年,哥廷根大学的鲁道夫·斯马克(Rudolf Schimmack)成为第一个数学教育的博士,其导师便是赫赫有名的德国数学家、数学教育学家菲利克斯·克莱因(Felix Klein).数学家一直是数学教育与研究的中坚力量.随着数学教育队伍的不断发展,教育学家、心理学家、哲学家、社会学家的不断融入,数学教育学术共同体不断走向多元化,其中有些学者本身就出自数学界.

我国对数学教育系统深入的研究,总体上来讲起步更晚.1977 年恢复高考后,我国的教育开始走上了正规化的道路.进入 21 世纪以后,随着我国经济的发展,教育进入了一个飞速发展的新时代.

(1) "数学教育学"的提出

随着 20 世纪以来对数学教育学科建设的探讨,人们逐渐认识到"数学教材教法"这一提法的局限性:相关研究主要集中在中小学数学内容如何教、教学大纲(课程标准)及教材如何编写等方面,而且以经验性的总结为主,从而提出了建立"数学教育学"学科的设想,在很大程度上赋予了这一领域更为广泛的学术内涵,并将其进一步细分为:数学教学论、数学课程论、数学教育心理学、数学教育哲学、数学教育测量与评价等相关研究领域,使得数学教育学科建设逐步走向深入.

(2) 数学教育学术共同体的形成

数学教育内涵的明晰与发展,伴随着数学教育学术共同体的形成.一方面,一批长期致力于数学与数学教育研究的专家学者对我国数学教育研究领域的问题进行了深入的思考与研究,取得了丰硕成果,引领着我国数学教育的研究与实践.另一方面,随着数学教育研究生培养体系的形成与完善,数学教育方向博士、硕士毕业生成为数学教育研究队伍中新生力量的主体.更为重要的是,随着近年数学课程改革的不断深入,广大的一线教师成为新课程理念与实践的探索者、研究者,在数学课程改革中发挥了重要的作用.一批长期致力于数学与数学教育的专家学者,以及广大的一线教师、教研员,形成了老中青数学教育工作者多维度梯队,为我国数学教育理论体系的建设作出了重要贡献.

(3) 国际数学教育学术交流与合作研究

随着我国改革开放的推进与社会经济的发展,数学教育国际合作交流活动日渐频繁,逐步走向深层次、平等对话交流与合作研究.20 世纪八九十年代,数学教育国际合作交流的形式主要是邀请国外专家来华访问、做学术报告,中国的研究者向国外学者请教、学习. 这对我国的数学教育研究走向国际起到了非常重要的作用. 这一阶段的主要特点是介绍国外先进的教育理论、数学教育理论,经常提到的话题是"与国际接轨". 进入 21 世纪,国内学者出国访问、参加学术会议、博士研究生联合培养,以及国外博士生毕业回国工作等人数爆发式增长. 通过参加国际学术交流,反思我国的数学教育研究,我国学者的数学教育研究水平得到了极大的提高. 这一时期我国的数学教育界经常提到的话题是"要让中国的数学教育走向世界". 近年来,数学教育国际合作交流进入了新的发展时期. 人们逐渐认识到,听讲座报告、参加学术会议已经不能满足我国数学教育发展的需求. 我国学者通过上述交流平台,与国外学者开展合作项目研究,针对中国以及国际数学教育共同关注的问题,形成中国特色数学教育理论. 通过举办、承办重大学术会议(如第 14 届国际数学教育大会)等让国际数学教育界更好地了解中国,从而使我国学者得以在国际数学教育舞台上与国外学者开展平等的对话交流、合作研究. 这一时期常常提到的是"在国际数学教育舞台上发出中国的声音". 我国数学教育国际化程度的不断提升,在很大程度上促进了我国数学教育研究的发展,提升了我国数学教育研究的水平.

(4) 数学教育研究成果的不断丰富

近年来,随着数学教育研究水平的提升、数学教育研究方法的不断完善,我国数学教育研究的成果不断丰富. 数学教育研究不仅在国内的学科教育研究领域独领风骚,而且在国际上的影响力不断提升. 这里特别需要提及的是,进入 21 世纪,数学教育方向的博士研究生的学位论文以及他们后续的相关研究,在某种程度上对整体拉升数学教育研究的水平起到了关键性作用,而《数学教育学报》则为此提供了最主要的阵地. 不言自明的是,我国数学教育博士点开创者,对中国的数学教育理论与实践逐步走向世界舞台,起到了关键的、决定性的作用. 我们需要很好地学习、总结他们的研究成果.

华东师范大学出版社计划出版"当代中国数学教育名家文选"丛书,开放式地逐步邀请对数学教育有系统深入研究的资深数学家、数学教育家,将他们的研究成果汇集在一起,供大家学习、研究. 本套丛书策划编辑刘祖希副编审代表出版社约请我担任丛书主编,虽然我一直有这样的朦胧念头,但未曾深入思考,我深感责任重大,担心不能很好地完成这一历史使命.然而,这一具有重大意义的工作机缘既然已到,就不应该推辞,必须全力去完成,责无旁贷.特别值得一提的是,正当丛书(第一批)即将正式出版之际,传来该丛书入选上海市重点图书出版项目的喜讯,这更增加了我们的信心和使命感.

当然,所收录的数学教育名家文选的作者只是当代中国数学教育研究各领域的资深学者中的一部分,由于各种原因以及条件限制,并不是全部.真诚欢迎数学教育同仁与我或刘祖希副编审联系,推荐(自荐)加入作者队伍.

北京师范大学特聘教授、博士生导师

义务教育数学课程标准修订组组长

2021 年春节完成初稿

"五一"劳动节定稿

前言：数学教学留足印

1978 年，我在走过那个动荡的年代，发现自己还来得及思考的时候，从工作十年的陕西耀县水泥厂矿山岗位被转到子弟学校的数学教育讲台，时年 33 岁；与当今二十出头的"科班"教师拿着"合格证"上岗不同，我是站在"既不懂教学又忘了数学"的零点起跑粉笔生涯的（参见后记的"中学起步期"）. 四十多年来，一直在"学数学、学教学"的无边沃野上追跑赶路、蹒跚跛涉，从陕西耀县水泥厂子弟学校七年级追跑到九年级（那时小学到高中是九年一贯制），从中学老师赶路到大学教授（2001 年被聘为博士生导师），从在岗教师走到古稀老人（2010 年 3 月 65 岁退休，但被杂事喊"休退"），每天都在不停地朝着数学与教育结合的方向跋山涉水，既不知道走了多少路，也不知道还要走到什么地方去……当中，留下最深脚印的地方正是泥泞最甚的路段.

非常感谢华东师范大学出版社的选题策划，使我有机会组织自 1980 年以来的教研写作（其实也是整理"永在路上"的教育人生）. 当然，四十年来写干了多少瓶蓝黑钢笔水，写坏了多少支黑蓝签字笔，使用了几十本还是几百本方格稿纸，被报刊退稿了几十次还是几百次等已经无法计数了；但是，后来写稿用了台式电脑、手提电脑各三部是清楚的，写了些什么内容，登载了多少篇文章，发表了哪些书作，形没形成教研特色等，应该是可以大体统计的. 回顾梳理的初步感觉是，我的教学经历可以是中国数学教育的一个学习案例，或学习数学解题的一个中国案例，这个案例能从一个侧面呈现中国数学教学四十年（和八次课程改革）的历史画卷——这是我编撰本书的一个基本定位，关键词：学习数学教学.

但当我去轻轻打开这个学习画卷的时候，才发现我的定位低估了工作的难度，要体现我们这一代人学习数学教学的历程，要反映我们这一代人研究数学解题的激情，远非"从中国知网下载一批文章、再装订成册"那么简单，大量文章"知网"没有收进，要从我的一二十个书架中把它们找齐也非易事，有的已经永远淹没在多次搬家的"难免丢失"之中. 经过长达一年多的整理，我终于有两方面的内容可以写进本书的前言和后记（当然，"前言"是在书成之后才写的）：本书内容选择的基本考虑,学习数学教学的三个时期.为了减轻读者开卷的阅读负担,我把"学习数学教学的三个时期"放到"后记",这里只陈述当中数学教育情结的缘分故事,关键词:西部红烛投缘.

1　本书内容组织的基本考虑

1.1　教研写作的基本内容

我从 1978 年至今的教学经历主要是对"数学教育"和"教育数学"这两个方向的学习与传播,可以分为三个明显的时期(参见"后记"),即中学起步期(1978—1985)学"两教"(教什么、怎么教),大学发展期(1986—2010)学"三论"(数学教学论、数学学习论、数学课程论),退休坚持期(2010-现在)学"数学核心素养".而从 1980 年至 2021 年的写作,纵横覆盖几十种报刊,则是学习"数学教育"和"教育数学"的文字记录与传播体会,内容可以粗略归为七大部分.

(1)数学教育学的基础建设

包括教材教法研究,教学艺术探讨,中学课题的教学分析和案例研修(稍微涉及小学教学案例),从数学知识技能教学到数学思想方法教学,再到数学核心素养教学的思考等.

(2)数学解题学的基础建设

包括解题理论体系的构建、解题专业分析的方法、解题分析的实践,以及数学命题的技术和解题错例的剖析等,努力回答什么是"题",什么是"解题",什么是"解题教学"等一系列基本问题,重点探索"怎样解题"和"怎样学会解题".

(3)教育数学的基础建设

主要有数学竞赛学的建设、数学高(中)考学的建设、初等数学的研究等.努力将各层次的解题活动建设为一个学科.

以上三部分内容都有代表性的书作和省级以上的"普通高校优秀教学成果奖"做依托,并有大批案例分析、解题分析做支持,体现我教研的主要方向和主体工作.

(4)教师发展

包括教师发展的动力和途径,特别倡导教师在案例分析中"行动成才、岗位成家",并把我自己摆进去作为教师发展的一个普通案例.

(5)论文写作

包括中学教师论文写作的方向、方法和写作规范等,大多是个人的经验体会.

（6）学生指导

主要指登在面向学生报刊上的稿件,如河南的《中学生学习报》（高中版、初中版）及其《试题研究》刊物（计有180多篇文稿）,当中的高考指导汇编成了《高中试题解析与思维方法·数学》一书（上海教育出版社,1997年）,《中学生数理化》《中学生智力开发报》；山西的《学习报》（计有50多篇文稿）、《数理化辅导》《考试报》《山西中学数学》；广东的《数理化月报》《第二课堂》；甘肃的《教与学》；四川的《课堂内外》；湖北的《中学数学报》；江西的《高中数学园地》；广西的《中学生与逻辑》（后改名为《大众逻辑》）；以及北京、武汉、云南等地的《科技报》（中学版）等.还包括我在本校（陕西师范大学）数学系报纸《数学学习报》所写的稿件（曾任1993年创刊主编）.

（7）其他

比如登载在各报刊上的高考模拟题、竞赛训练题、课后练习题,以及"问题与解答"栏的供题；又如教研活动的报道,以及友情往来等事务性文章；还有就是,为一二十位同行书作所写的代序与前言（常常根据书作的内容表达我的学术观点）.

1.2　内容选择的主要标准

在基本弄清文章书作七大部分内容的基础上,我根据下面七条自定标准进行本书的组织.首先选定了668篇文章作为我四十余年教研写作的基本事实（参见附录1）；然后再从中选出125篇文章从时间上分为中学阶段（上集）和大学阶段（下集）两集,每一集再按内容主题分章节,而每一节还是按照时间顺序编排（参见目录）.依据同样的考虑,也从有我署名的书作中选出29本（不再从中选出文章）,包括独立写作、团队主编和有代表性的参编书（参见附录2）,这些书有一部分是当年的得奖图书或优秀畅销书.以下是我自定的七条标准.

（1）体现主体工作

即本书选材重在上述内容的前三部分,而这三部分内容又重在省级以上公开刊物（约40家）,地方性的和内部报刊的文章均不在收集之列（如当年陕西省教研室编的《教学研究通讯（理科版）》,铜川市教育局编的《铜川教育》,陕西师大教务处编的《教学研究》等均没收入）.至于上述内容的第（7）部分则暂不选收,第（4）（5）（6）部分也只是"点到为止".

（2）呈现工作进程

表现为每一年都保留有代表性的文章,每一节的内容也按发表时间顺序编排,从而呈现出一个教师每年都有文章发表的徒步足印;亦从一个侧面(仅仅是侧面)反映中国数学教学和一线教师在各个时间点上都想些什么、做些什么.

(3) 尊重历史事实

这条标准首先表现在如实反映个人的水平(包括当时认识的局限性),除了印刷错漏的订正和统稿的技术性需要(包括分期连载的文章合并等)之外,所选的文章一般不作内容变动. 其次是如实反映教材内容的变化和出版刊物的兴衰,既保留有现行教材已删去的内容(如行列式),也保留了发在《数学教师》(河南)和《湖南数学通讯》等已停办的刊物中的文章. 最后是,有些文章之间会存在内容的交集,为了尊重历史,也为了读者的阅读方便,均未删减.

(4) 突出"人大复印资料"

成书的 125 篇文章只占 668 篇基本工作的 18.7%,但里面包含有"中国人民大学复印报刊资料"全文转载文章 60 余篇的 50%,遍及每一章和 85% 的小节.之所以要突出"人大复印资料",是因为"复印"文章经过专家眼光的筛选,"文选"的代表性更强,更有机会接近时代的热点,质量也更有保证. 可以认为本"文选"是"他选"与"自选"的结合.

(5) 分类标准宽松

无论是上述七大部分的内容汇集,还是书中各个章节的编排,其分类标准都是比较宽松的;有的文章关键词不止一个,将其归入哪一章节既考虑文章的主题,也照顾到各个章节篇幅上的平衡.

(6) 保留文章署名

首先,所选的文章存在共同的署名,以体现与专业同行的合作(曾经的学生也是后来的同行),但只保留有较多实质性合作的部分作品. 其次,我写作的曾用名(惠州人、知心、东江、董江垂、老金等)均保持发表时的原样不变. 这些都会在每篇文章中具体注明.

(7) 体现数学普及

师范院校教师要为基础教育服务,我觉得应该包含直接为学生服务的讲座与写作. 因而,为了体现普及,本书保留有指导中学生(如高三学生张平、陕西师大附中高一数学课外小组)、大学生(如 1987 级岳建良、1988 级王燕、1996 级商海燕、1998 级高睿、2005 级罗衾等)写作的文章;附录 1 还特意保留了一个面对中学生的专题,即 1999—2003 年间,我以"知心老师"的名义在河南《中学生学习报》开辟并主持"数苑新芽"的知心热线栏目，专门组织、修改和点评中学生的稿件，共计"知心点评"了 61 篇文章(后来汇编成《零距离数学交流(高中卷)·体验与探究》一书，由广西教育出版社 2003 年出版)．不知道，当年的小作者、小读者们还记不记得这段青春的岁月，不知道他们回想起这段岁月的时候，还能不能感悟到一个大学教授对他们的殷切期望．

2　数学教育情结的缘分故事

社会上曾经流传"从矿山职工到中学教师，再到大学教授、博士生导师的罗增儒道路"，还有人说"他是上帝派来搞数学教育的"．对此，我一般都以"从事数学教育是半路出家，至今仍一知半解"来作回应．退休之后(特别是由于本书的整理需要)，我有时间回顾往事，深感从五岁孩童当学生"被数学教学"，到"西部红烛"当教师"进行数学教学"，再到古稀"休退"还"流连数学教学"，我人生最浓重而清晰的主线非"数学教学"莫属．并且，我与数学教育确实有难舍难离的情结，每当人生的关键时刻总有一种或明或暗的力量(有的表现为"贵人相助")引导我走向数学、深入西部数学教育——其中有"当时不清楚、事后很分明"的缘分故事．

2.1　职业缘分数学重，教育情结故事多

(1) 数学的缘分

说两个故事．

故事 1：1950 年我开始上学，学校每学年都有升留级的淘汰，小学还分初小毕业和高小毕业．记得我小学毕业升初中时，数学(当时应该叫算术)成绩是接近满分(100 分)，语文成绩是接近及格(60 分)，好像考分都有个 9 字，数学的 9 在十位、语文的 9 在个位．可见，在升学的关键时刻是数学把我送上中学的，否则，我的最高学历可能就是小学毕业了(在多数人都需要"扫盲"的 20 世纪五十年代，小学学历也算是有文化了)．上中学后，我学数学的主要感受是：比较容易．只要上课听懂了名词概念、理解了方法法则，无论是作业还是考试，去用就行了，无需记忆和背诵，也从来不知道数学考试还有什么可复习的(最多是把课本各章的"习题"重新做一遍)．说来见笑，我中小学阶段没有用过什么"资料"或"练习册"，偶尔见到也没钱买，但数学成绩一直不低，这也许就是与生俱来的数学缘分吧．

故事 2：历史穿越到三年经济困难时期(1959—1961)，更加雪上加霜的是，父亲(57 周岁)被提前退休了，我和四个弟弟妹妹顿时失去了求学的唯一经济来源，我意识到，没有谁比我更应该去承担三代人、八口之家的责任．就是说，高中时我曾有过退学去打工的念头,根本就没有读数学、搞教育的青春理想. 但是,文化不高的父亲"望子成儒",不赞成我半途辍学,却又不能提供经济支持,一个退休老人只能表示一个空洞的决心:宁愿讨饭也要供孩子上学. 那年头,粮食有定量,普遍都不够吃,哪里有饭可讨? 但那决心给我留下了深深的烙印,即使是数学系毕业的我也无法计算出这种弱者的可怜的自语在我心头产生了多少自强的力量,"发愤图强"的社会标语引起了我情感上的、山呼海啸般的共鸣(当时的标语有意把"奋"写成"愤").

不知道"三年经济困难"日子是怎么过来的,到 1962 年我高中毕业,全国高校招生十万,我们在小县城对大学的情况懵懵懂懂,考前就凭单纯的兴趣盲目填报高考的志愿,记得第一志愿是物理专业(上海交通大学),第二志愿是化学专业(华南工学院,现在的华南理工大学),第三志愿是数学专业(中山大学). 交表的前一天,我在放学的路上遇见一位中学学长(他所上的大学因"经济困难时期"停课,回到老家来),谈及高考志愿时,学长指出填报有问题:"如果不被华南工学院录取,中山大学就更不会录取你了." 于是,我临时贴纸条,交换了第二、第三志愿,最后考上中山大学数学力学系五年制数学专业. 这可能就是上天在我"择路岔口"的时候,派学长来启示我学数学,日后从事数学教育. 这应该是数学的缘分! 否则,我肯定是"第二志愿"录取,搞化学专业了.

(2) 教育的情结

说三个故事.

故事 3:1962 年,得知录取的那天夜晚,我们全家没有高兴,也没有悲伤,昏暗的煤油灯时隐时现地闪动着文盲母亲忧郁的眼神,这又是一个弱者的可怜的眼神. 问题的严重性不是考不考得上,而是考上了能不能念! 从惠州到广州的一块多钱船票都成了天大的困难,更别说还有五年的开销了……我心里还是那四个字"发愤图强"(哪怕走路我也要走去报到).

学校提供的百分之百伙食补助费解除了我求学的后顾之忧,而且还有衣物、铺盖、蚊帐、生活费等困难补助和公费医疗,即使是最朴素的报恩思想也促使我下定决心,为祖国的数学事业做点工作,更别说我还有比基本要求更多一点的觉悟呢! 自然,当年的十来岁学生对什么叫"做点工作"还很朦胧,但当我从高年级同学那里得知,中山大学数学力学系主要培养科研人员和大学师资,只有那些学得较差的学生才会分配到中学去时,我立即认定,当中学教师是我的失责,是我不可原谅的耻辱(当然,不是教师职业的耻辱,而是我学习失责的耻辱).

如果说,这种"耻辱观"是过分沉重的感情所产生的轻狂折射的话,那么,十年浩劫中,教师乃至整个知识界的遭遇,则使我们深切体会到当教师的真实屈辱了(被批斗、游街、戴高帽).所以,毕业分配时,我们都没有当教师的想法,分配方案里也没有到学校去的指标.

1968 年最伟大的职业是当工人,我如愿了.从中山大学数学力学系被分配到陕西耀县水泥厂(这里有"西部情结",参见后文),具体工作是在矿山开采石灰石.当时,确实没有想过水泥生产与数学教学有什么交集,在水泥厂矿山工作的十年更是数学与我"渐行渐远渐无书".

十年的时间、八小时之外,实在来得及思考很多问题:过去的与现在的,政治的与经济的,精神的与物质的,时间的显影液又把"发愤图强"这四个字从我生命的白纸上显现了出来.好几回,数学的幽灵还在我的脑海徘徊,毕竟,由于不寻常的经历所建立起来的感情是牢固的,我愿为祖国数学事业做点工作的初衷到底不能一下子就彻底忘怀.时间常常把一个数学系学生的职业责任提到现实生活的矛盾面前,我的心里与日俱增对数学的欠债感.

缘分的转机源于打倒"四人帮",很快,"科学的春天"就来到了.1978 年西安交通大学愿为我提供专业对口的岗位,他们一次又一次地发函与来人,虽然没有得到水泥厂方面的响应,却促成了将我从矿山转到子弟学校,与数学"破镜重圆".那一年,我 33 岁,是姗姗来迟的缘遇.现在看来,这是清晰的中学数学教学情结,十年的矿山生活是缘分安排的历练.

一个人经由生活历练终于到达"数学教学讲台",与师范毕业自然踏上讲台的感受是不同的.虽然,1978 年的中学教师远不像现在这样还有人抬举,但教七年级数学(当时是九年一贯制)给我的充实感觉是:浪迹天涯的老华侨终于回归故里,身经百战的老将军第一次获得爱情.对比上大学时把当中学教师认定为"失责"和"耻辱",这更像是一个跌宕起伏的小说构思,但它确实是真实的缘分故事.想一想吧,1962 年我就立志为祖国的数学事业"做点工作"的初衷,经过了十几年的波折,跨越了几千里地的距离,直等到父亲瘫痪之后,我才摸到了一点眉目.

故事 4:如上所说,打倒"四人帮"之后,西安交通大学愿为我提供专业对口的岗位,但没有得到水泥厂方面的响应.现在看来,这是在让我"等待"中学数学教学的召唤.八年之后,水泥厂方面就同意我调入陕西师范大学(这个调动有

"贵人相助",参见后文).虽然都是大学,但与中学数学教学已有不解之缘,我在陕西师范大学的工作就是研究中学数学,并教我们的学生毕业之后怎样去教中学数学——这里的"先拒绝交大、后同意师大"正是数学教育的难分难舍的缘分,并且这种"难分难舍"之恋一直持续近耄耋之年仍看不到尽头.

故事 5:1996 年,我助力《中学数学教学参考》推出"课例点评"栏目,一登台就受到读者的关注.有四川读者给编辑部写信说:我觉得全国数十家中学数学刊物中,《中学数学教学参考》办得最有特色,而其中"课例点评"最有看头,每期到手,首先看的就是这个栏目.福建省惠安县陆文郁老师还给我连续写了几封长信,表达数学老前辈对刊物及栏目的关心、爱护与实际支持.这个栏目已经延续二十多年,成为刊物的一个"明星"或"经典"栏目,至今仍在中学数学界有广泛的影响(2021 年庆祝创刊 50 周年的"刊庆巡礼"文章中,多人谈到这个栏目).需要提起的是,开始的几期从课例组织到文章点评都是我一手操办的(为免重复,还用到了惠州人、知心等笔名),当中有一批课例来源于我们师范大学的毕业生,而陆文郁老师则是我读中山大学时的老师(后来调回老家教中学).我对学生辈的课例作了点评,老师辈又对我们的"课例点评"再作点评,这体现了老、中、青三代教师对数学教育的一如既往的执着与初衷不改的忠诚,同时也创造了积极开展数学争鸣的良好氛围.三代教师同台进行"课例点评"实在是一件极富象征意义的教育趣事,难保不会传为缘分佳话(参见《中学数学教学参考》1996 年第 8/9 期).

2.2 结缘西部无悬念,择路岔口有贵人

(1) 结缘西部红烛

我结缘西部红烛,有两个"见证奇迹"的故事.

故事 6:上面说到 1968 年的毕业分配,其实公布的初榜方案我被分到冶金部(没有具体单位,先到农场),而分到陕西耀县水泥厂的同学愿意与我对换.到底是换还是不换呢?我与中学同班 6 年、大学又同系的老乡抛小纸团,结果概率为 $\frac{1}{2}$ 的随机事件"换"连续三次发生.于是,我自愿从中山大学分配到陕西耀县水泥厂.这背后,有我的西北情结,也有上天在我"择路岔口"的时候,借"同学换单位"的缘由,启引我到西部去,日后从事数学教育.

故事 7:1993 年,因家庭实际困难我曾申请调回惠州照顾年迈并半失能的母亲,学校终于同意了,档案发到惠州学院(当时叫惠州大学),惠州学院也发来了

接收函. 在大概率要返回故乡的时候, 却最终没有成行, 我理解是西部缘分未尽. 陕西师大对我有"知遇之恩", 我"知恩犹未报", 而我所从事的"数学教育"学科建设也还留有空白. 所以, 缘分留我继续在陕西师大工作. 后来, 就有四年"教务处长"的"双肩挑"服务和"学科教学论"博士点建设的完成, 一直干到退休还被"休退".

(2) 感恩贵人相助

上面已经提到"择路岔口有贵人", 特别神奇的是高考填报志愿时的"学长指引"和毕业分配时的"同学换单位". 下面还有更多"贵人相助"、启引我从事"西北数学教育"的表现. 在叙述这些故事之前, 首先要向对我有"知遇之恩"的所有人表达由衷的谢意.

故事 8: 1978 年, 当我从水泥厂矿山回到数学岗位的时候, 内心有一个坚定的信念, 那就是追回消逝的岁月, 补回十年的欠债. 我夜以继日地做了五件事 (参见后记及附录三), 努力弄清数学教学"教什么、怎么教". "功夫不负有心人", 两三年的时间, 我就迅速适应中学各个年级的教学工作 (教研组任何一个教师请假, 我都可以去顶班代课), 实现从矿山职工到数学教师的角色转换, 很快就成为全校数学老师的业余顾问, 并对全国刊物"一周投一稿"地进行"地毯式全覆盖", 做到一年能有几篇、十几篇乃至几十篇文章发表. 诸如解题坐标系的构想、数学观点的教学、数学高考的复习安排、解题策略和考试技术等认识, 都萌芽于这段时间. 我所发的文章来源于教案编写、课堂感受、作业记录, 来源于对刊物的学习、消化和思考, 大多是没打草稿的"急就篇" (相当于当年的"周记"或现在的"微信"). 我从没认为得以发表是由于写作水平高, 而是几十家刊物鼓励我继续深入数学教研. 这种"群体性"的"贵人相助"现象, 我理解为数学教育的缘分.

故事 9: 1985 年, 我从中学调到大学是陕西师大到水泥厂去商调的. 陕西师大怎么会知道水泥厂子弟学校的一个普通老师呢? 原因是陕西师大的数学教育老师们通过《中学数学教学参考》杂志认可了水泥厂子弟学校的热情作者 (特别是魏庚人、李珍焕、兰纪正、张友余等老先生的认可), 因而向系领导提出来, 系领导再向学校打报告, 才有陕西师大发函、派人到水泥厂去商调罗增儒的事情, 这中间的过程是"群体性"的"贵人相助", 我理解为数学教育的缘分.

故事 10: 1986 年, 我第一次上课就受到同学们的欢迎, 有学生要求增加课时, 听课人数常常超过全班总数, 我也第一次上课就获得学校的"教学质量"优秀奖, 并获学校"综合考评" (试点) 优秀个人. 第二学年又获"教书育人"奖, 并享受省高校青年教工"教书育人"先进个人到庐山"参观休养"的待遇. 1989 年,教育部开设"普通高校优秀教学成果奖"评选,我的"示范教学法"项目获首届优秀教学成果省级三等奖. 加上后来的很多获奖,其实是学校领导和同学们鼓励我继续深入数学教研,我一直理解为数学教育的缘分(详见后记).

故事 11:1991 年,陕西省数学会年会布置普及工作委员会准备一个关于"数学竞赛"的大会综合报告. 为此我对数学竞赛的历史、成果、特征与教育功能等都进行了深入的研究,写成《论奥林匹克数学》一文,在秦晋两省数学会年会上宣读(参见《数学竞赛》,湖南教育出版社,1991 年 12 月). 不仅报告受到大会的好评,而且以此为基础形成了首次校"高层次科研成果奖"(登《教育研究》1991 年第 2 期),并发展为国家级优秀教学成果奖《奥林匹克数学》学科建设. 当时不清楚、事后很分明,这其实是"贵人"催我为评教授准备最关键的权威论文.

……

总之,这一切都是缘分! 数学缘分、教学缘分、西部缘分,都是"享受不尽"的教育人生. 如果没有数学的高分,我的最高学历可能就是小学了;如果没有学长的临时指点,我肯定是被"第二志愿"录取,搞化学专业了;如果不是同学毕业分配时与我换单位,我可能不会到西北;如果不是打倒"四人帮",我会还是水泥厂的矿山职工;如果水泥厂同意将我调到西安交通大学,我肯定已经搞高等数学了;如果没有"群体性"的"贵人相助",也就不会有所谓"罗增儒道路"的社会流传……如果不是这一切的"西部数学教育情结",我也不会"年过古稀"还在国培、省培和刊物上谈论数学教学、絮叨数学解题了.

这就是本文选的前言:数学教学留足印. 有兴趣由这些离散"足印"去提炼"经验公式"的读者,请参阅正文和后记.

最后,向为本书出版和书中各文章发表提供过工作帮助或资料支持的前辈、同行和学生表示衷心的感谢.

罗增儒

2021 年 11 月于西安

上集　　　中学起步期

　　1978 年,我在走过那个动荡的年代,发现自己还来得及思考的时候,从工作十年的陕西耀县水泥厂矿山岗位被转到子弟学校的数学教育讲台,从"既不懂教学又忘了数学"的零点起跑粉笔生涯,面临从矿山职工到中学教师的角色转换,主要是弄清数学教学"教什么、怎么教".

　　本集记录了笔者从 1980 年到 1985 年边学习边写作的足迹(有的作品 1986 年才发表出来),共有 31 篇文章,大都来源于教案编写、课堂感受、作业记录和书刊学习.有兴趣更详细了解一个零起点教师如何学教学、学教研的读者,可继续参阅本书附录 1 中的 75 篇文章.

第一章　学习数学教育

第一节　钻研教材与教学

第1篇　根式与无理式[①]

原初中《代数》第三册(简称课本)第24页把根式定义为：

"表示方根的代数式."(定义Ⅰ)

这告诉我们：

(1) 根式是在代数式的范围内定义的. 根式集合是代数式集合的一个真子集.

(2) 根式必须是"表示方根"的.

但是,任何一个实数 a 都可以看成是 a^n 的一个 n 次方根,也就是任何一个实数都可以表示某一方根. 那么,是不是任何一个数(或代数式)都是根式呢？回答当然是否定的. 然而,如何判别一个代数式为"表示方根"呢？

我们认为,既然划分代数式要坚持从外形来看,那么,"表示方根"也要注重从外形上来判别. 课本第14页指出, a 的 n 次方根可以表示为" $\pm\sqrt[n]{a}$ ",其中 n 为不小于2的自然数. 这就提供了方根的外形,进而可以把根式定义为：

"形如 $\pm\sqrt[n]{a}$ 的代数式."(定义Ⅱ)

有的书刊把 a 的 n 次方根记为 $\sqrt[n]{a}$,从而把形如 $\sqrt[n]{a}$ 的代数式叫做根式. 这容易引起方根与算术根的混乱.

定义Ⅱ比定义Ⅰ更明确地指出根式的外形,为判别根式提供了具体依据：

第一步,看 a 是否为代数式；

[①] 本文原载《教学研究：中学理科版》(哈尔滨)1983(6)：37-38；中国人民大学复印报刊资料《中学数学教学》1983(11)：13-14(署名：罗增儒).

第二步,看对 a 是否进行开方,且保持开方运算符号的外形. 比如:

(A) $\sqrt{2}$, $\sqrt{4}$, $-\sqrt{24}$, $\sqrt{3+2\sqrt{2}}$;

(B) $\sqrt{a}$, $\sqrt{a^4}$, $\sqrt{a^2+x^2}$, $\sqrt{(\sqrt{a}+\sqrt{x})^2}$

均为根式. 而

(C) 2, a^2, $\sqrt{3}+\sqrt{2}$, $\sqrt{a}+\sqrt{x}$;

(D) $\sqrt{\lg(1+x^2)}$, $\sqrt[3]{\sin x}$, $\sqrt[4]{2^x}$;

(E) $\sqrt{a}+\sqrt{x}$, $\sqrt{x}+\sqrt{-x}$, $\dfrac{1}{1-\sqrt{x}}$, $\dfrac{1}{\sqrt[3]{a}}$, $\dfrac{\sqrt{x}}{\sqrt[3]{y^2}}$

均不是根式.

(C)中虽有 $2=\sqrt{4}$, $a^2=\sqrt{a^4}$, $\sqrt{3}+\sqrt{2}=\sqrt{5+2\sqrt{6}}$,右方均为根式,但根式的判别要坚持从外形上看,看最后一步是否还保持着开方运算的符号. 据此,(C)中各式不为根式.

(D)中各式虽然最后一步运算为开方,但被开方式不是代数式,故(D)中各式不为根式.

(E)中各式的最后一步不是开方运算,故不是根式. 课本第68页第38题把 $\sqrt{x}+\sqrt{-x}$ 与 $\dfrac{1}{1-\sqrt{x}}$ 包括在根式里是一个疏忽.

还要说明,由根式的基本性质知,根式 $\pm\sqrt[n]{a}$ 可以演算成其他形式. 课本第166页更明确规定,计算结果用根式表示时,根式应为最简根式. 如:

(A)中应有 $-\sqrt{24}=-2\sqrt{6}$;(B)中应有 $\sqrt{a^4}=a^2$.

对这个最后结果是否为根式的判别,课本实质上是在上述定义的基础上,作了进一步的补充规定:

"一切形如 $b\sqrt[m]{a}$ 的代数式都称为根式."

这个规定,给出了根式判别的最后标准:

第一步,看 a, b 是否为代数式;

第二步,看对 a 是否进行了开方,且保持开方的外形.

据此,$-2\sqrt{6}$ 为根式;a^2 已不保留开方的外形,故不能称为根式.

第 2 篇 数学归纳法的一个直观实验①

设计数学归纳法实验的目的,是为数学归纳法的两个条件提供明显的直观.它的主要障碍,是如何体现"无穷".我们想通过两个方面来体现:

(1)用肉眼看不见的地方来暗示"无穷";

(2)用不断增加的大数量来想象"无穷".

具体说来,是一个简单的摆砖游戏.过程分三点叙述如下:

第一,让学生在地面上立摆砖块,一块接一块,从课室的里面(可转弯抹角摆得艺术点)一直摆到课室外面、拐到看不见的地方.这当中,教师要注意调整各砖间的距离,以保证推倒前砖时能够碰倒后砖.一切就绪后,师生回到课室,教师要提醒学生注意,这时的砖块,有的能够看见,有的则在课室外面看不见.

第二,教师提出问题.这些砖块我们可以一块一块地把它们全部推倒,但是,如果只准许推倒一块,你能不能使全体砖块都倒下呢?

或许有的学生认为可能,或许有的学生认为不可能.可以先议论,然后做实验.

推倒第一块砖后,学生将眼看着砖块从课室到外面一块接一块地倒下.教师带领学生察看,反复实验之后,组织讨论这样的问题:

刚才的砖块是怎样全都倒下的? 是一齐倒下的吗?

应该怎样摆砖? 应该首先推倒哪一块砖才能保证全部砖块都倒下?

这个讨论的目的是让学生自己总结出递推原理.

为了强调数学归纳法中两个条件缺一不可,还可继续问:

如果不推任何一砖块,这些砖能全部都倒下吗?(可能有的同学对这个问题觉得可笑,但不认真验证 A(1) 为真却司空见惯).

如果在砖列的某一段上拿走几块砖,那么推第一块砖还能保证全部砖块都倒下吗? 可通过实验来增强印象.

第三,给学生一个"无穷"的想象,让学生继续摆砖,多摆几个拐弯,摆到不能一眼都看清的地方.一边摆,一边请学生设想,如果我们周围的每一个同志,

---

① 本文原载《数学通讯》1983(4):11−12(署名:罗增儒).

甚至世界上的每一个人都参加摆砖,砖块从学校摆到街道,从城市摆到农村,从中国摆到外国……所有这些砖块都按前砖碰倒后砖的规格,没完没了地摆下去.那么,一个人还能不能(需要不需要)一块又一块地去推倒这所有的砖块?当同学们感到既不可能、也没有必要去一块又一块推倒砖块的时候,学生就是接触到了数学归纳法的本质了.

第3篇　直线与平面间位置关系的沟通和演示①

1　问题的提出

立体几何的学习以直线与平面为基础,而又以平行和垂直两种位置关系为重点.在原六年制重点中学《立体几何》(以下简称课本)第一章的 15 节教材中,虽然正文叙述的公理、定理不算太多,但蕴含的内容不少,而且理论性很强.据学生反映,直线与平面之间,平行与垂直之间,平面几何与立体几何之间,还很容易产生交错性的混乱.因此,直线与平面的位置关系问题历来是学生学习的一个难点,也是教师教研活动的一个中心课题.

如何解决学生在这方面的困难呢?我们的体会是:应该透过错综复杂的表面现象,揭示直线与平面、平行与垂直的本质联系,同时为揭示这种本质联系提供一个明显的直观.但是,怎样才能做到这一点呢?

2　规律的探索

主要从两个方面,即实际和理论上去分析.

2.1　统计分析

我们把课本中的公理、定理、例题和习题(共五十多个),按照已知和结论进行分类,并用箭头表示从已知到结论.统计表明,教材主要讨论了六种位置关系的六个互相转化(图 1).也就是

(1) 线面平行与线线平行的互相转化;

(2) 线面平行与面面平行的互相转化;

(3) 线面垂直与线线平行的互相转化;

(4) 线面垂直与线线垂直的互相转化;

———————————

① 本文原载《数学教学》1984(6):4-7(署名:罗增儒).

（5）线面垂直与面面平行的互相转化；

（6）线面垂直与面面垂直的互相转化.

很明显,线面垂直最引人注目.

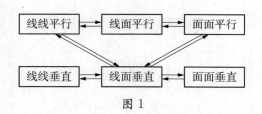

图 1

对这几类情况中每一结论所反映的几何图形作进一步的分析,又可以发现一条条的"知识链",即它们当中的许多结论其实是对同一图形分别从不同的侧面描述而已. 这样,作出它们具体的几何模型,便可以直观而本质地揭示一系列性质的内在联系.

2.2 理论说明

立体几何统计结果中以线面垂直为中心引起了我们的联想,在空间解析几何中,平面的讨论常常转化为对平面法向量的研究. 由这一数学思想的启示,我们可以在平面 α 上取一点 A,作出平面的垂线 a,或者说在直线 a 上取一点 A,作出直线的垂面 α,建立起平面与它的垂线、直线与它的垂面之间的一一对应关系（课本 P. 34 第 11 题）. 这时,α（或 a）与另一元素 S（指直线或平面）的平行（或垂直）关系,就等价于 a（或 α）与 S 的垂直（或平行）关系. 由于直线与平面的对换（元素对换）,引起平行与垂直的对换（关系对换）,且命题必真,我们不妨暂时称此为对偶原理.

根据这一原理,我们可以从最明显的几何事实出发,配上对应的模型,把一系列的定理沟通,形成"知识体系". 于是,直线与平面位置关系,就可以直观而本质地演示出来. 而这个模型只需在一块小木板上打一长钉子便可做成. 木板表示平面,铁钉表示直线. 我们把它称为 a-α 模型.

一个"a-α 模型"其实就是一个"线面垂直"关系.

3 模型的演示

在下面的演示中,我们约定,两个重合平面看成平行平面的特例;两条重合直线看成是平行直线的特例;直线在平面内看成是直线平行于平面的特例.

模型 1 取模型 $a-\alpha$, $b-\beta$, 则对偶原理可表示为:

1.1 $a \mathbin{/\!/} b \Leftrightarrow a \perp \beta \Leftrightarrow \alpha \perp b \Leftrightarrow \alpha \mathbin{/\!/} \beta$(图 2).

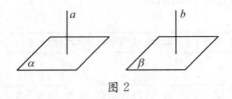

图 2

1.2 $a \perp b \Leftrightarrow a \mathbin{/\!/} \beta \Leftrightarrow \alpha \mathbin{/\!/} b \Leftrightarrow \alpha \perp \beta$(图 3).

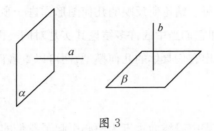

图 3

模型 2 取模型 $a-\alpha$, $b-\beta$, $c-\gamma$(图 4),有:

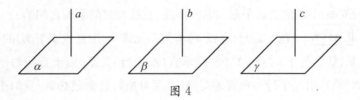

图 4

2.1 让 a, b, c 摆在平行的位置上. 比如,一个模型放在讲台上,教师两只手各手拿一个,有

$$a \mathbin{/\!/} c, b \mathbin{/\!/} c \Rightarrow a \mathbin{/\!/} b.$$

(课本 P.12 公理 4)

2.2 取去 a(或 b)而看 α(或 β),把 $a \mathbin{/\!/} c$ 看成 $\alpha \perp c$,有

$$\alpha \perp c, b \mathbin{/\!/} c \Rightarrow \alpha \perp b.$$

(课本 P.25 例 1)

2.3　放回 a,取去 c 而看 γ,有

$$a \perp \gamma, b \perp \gamma \Rightarrow a /\!/ b.$$

(课本 P. 27 性质定理)

2.4　放回 c,取去 a, b 而看 α, β,有

$$\alpha \perp c, \beta \perp c \Rightarrow \alpha /\!/ \beta.$$

(课本 P. 37 例 1)

2.5　放回 b,取去 a, c 而看 α, γ,有

$$\alpha /\!/ \gamma, b \perp \gamma \Rightarrow \alpha \perp b.$$

(课本 P. 38 例 2)

2.6　同时取去 a, b, c 而看 α, β, γ,有

$$\alpha /\!/ \gamma, \beta /\!/ \gamma \Rightarrow \alpha /\!/ \beta.$$

(课本 P. 40 第 5(3)题)

这样,一个简单的模型就把六个似乎彼此无关的重要结论连成一个整体,系统、直观而又便于记忆. 只要记住一个公理 4,就记住了全部六个结论. 进一步画图 5 表示这六个结论的关系:

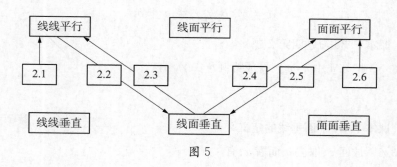

图 5

又可以看到:

(1) 空间中直线的平行关系可以传递;空间中平面的平行关系也可以传递.

(2) 线线平行与线面垂直可以互相转化;线面垂直与面面平行也可以互相转化. 这种转化正是判定定理(箭头指向)与性质定理(箭头指出)的内在联系,也是平行与垂直的内在联系.

模型 3 改变模型 2 中 $b-\beta$ 的方向(图 6). 有：

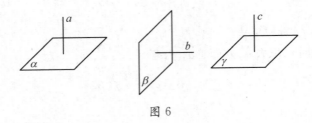

图 6

3.1 $a /\!/ c, b \perp c \Rightarrow a \perp b.$

(课本 P. 18 第 10(1)题)

3.2 取去 b 而看 β，有

$$a /\!/ c, \beta /\!/ c \Rightarrow a /\!/ \beta.$$

(课本 P. 50 第 5 题)

3.3 把 3.2 中 $\beta /\!/ c$ 看成特例 $\beta \supset c$，有

$$a /\!/ c, \beta \supset c \Rightarrow a /\!/ \beta.$$

(课本 P. 20 判定定理)

3.4 放回 b，取去 c 而看 γ，有

$$a \perp \gamma, b /\!/ \gamma \Rightarrow a \perp b.$$

(课本 P. 33 习题四第 2 题)

3.5 把 3.4 中 $b /\!/ \gamma$ 看成特例 $b \subset \gamma$，有

$$a \perp \gamma, b \subset \gamma \Rightarrow a \perp b.$$

(课本 P. 24 平面垂线的定义)

3.6 放回 c，取去 a 而看 α，有

$$\alpha \perp c, b \perp c \Rightarrow \alpha /\!/ b.$$

3.7 取去 a, b 而看 α, β，有

$$\alpha \perp c, \beta /\!/ c \Rightarrow \alpha \perp \beta.$$

(课本 P. 48 第 9 题)

3.8　把 3.7 中 $\beta \mathbin{/\mkern-5mu/} c$ 看成特例 $\beta \supset c$,有

$$\alpha \perp c, \beta \supset c \Rightarrow \alpha \perp \beta.$$

(课本 P.43 判定定理)

3.9　放回 a,取去 b,c 而看 β,γ,有

$$a \perp \gamma, \beta \perp \gamma \Rightarrow a \mathbin{/\mkern-5mu/} \beta.$$

(课本 P.48 第 11 题)

3.10　放回 b,取去 a,c 而看 α,γ,有

$$\alpha \mathbin{/\mkern-5mu/} \gamma, b \mathbin{/\mkern-5mu/} \gamma \Rightarrow \alpha \mathbin{/\mkern-5mu/} b.$$

3.11　在 3.10 中把 $b \mathbin{/\mkern-5mu/} \gamma$ 看成特例 $b \subset \gamma$,有

$$\alpha \mathbin{/\mkern-5mu/} \gamma, b \subset \gamma \Rightarrow \alpha \mathbin{/\mkern-5mu/} b.$$

(课本 P.37 性质)

3.12　同时取去 a,b,c 而看 α,β,γ,有

$$\alpha \mathbin{/\mkern-5mu/} \gamma, \beta \perp \gamma \Rightarrow \alpha \perp \beta.$$

这样,一个简单的模型就又把 12 个似乎彼此无关的重要结论连成一体(图 7).

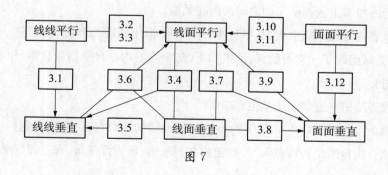

图 7

观察模型 2、模型 3 的关系转化图可以看到,每个图都有整齐对称的特点.把这两个图叠合在一起,这样,就包括了直线与平面之间的许多重要关系.

我们在教学中体会到,这里谈到的对偶原理、模型和关系转化图,同时兼有知识性和趣味性,三位一体地交给学生确实能收到突破难点的效果.

上面是从一个真命题出发,得出一系列的真命题,针对学生的模糊认识也可以从假命题出发得出一系列的假命题.

模型 4 把模型 $a-\alpha$, $b-\beta$, $c-\gamma$ 放到长方体的相邻三个面上(图 8),有:

4.1 $a \perp c$, $b \perp c \nRightarrow a // b$.

4.2 $\alpha // c$, $b \perp c \nRightarrow \alpha \perp b$.

4.3 $a // \gamma$, $b // \gamma \nRightarrow a // b$.

4.4 $\alpha // c$, $\beta // c \nRightarrow \alpha // \beta$.

4.5 $\alpha \perp \gamma$, $b // \gamma \nRightarrow \alpha \perp b$.

4.6 $\alpha \perp \gamma$, $\beta \perp \gamma \nRightarrow \alpha // \beta$.

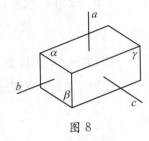

图 8

更多的模型有待于同行们去充实.

根据上述原理还可以从一个已知的真命题出发,去发现新的结论或编拟出新的习题.

第 4 篇 一堂三角习题课①

习题是教材的有机组成部分.演算习题是学生掌握知识、培养能力的重要途径.因而教师要进一步从教材的整体上去认识习题与内容的有机联系,从培养能力的根本上去揭示习题之间的内在关联.

笔者在处理原高中代数(甲种本)第一册"积化和差与和差化积"这一课题时,曾尝试组织了一堂习题课,汇报如下(文中各题均取自原高中代数(甲种本)第一册).

首先给出一道例题让学生们求解.

例 1 求值:$M_1 = \cos 20° + \cos 100° + \cos 140°$. (P. 210 第 5(1)题)

从分析角的结构特点入手,找角的和、差、倍、半为特殊角,有三种情况:

$$\frac{20° + 100°}{2} = 60°, \quad \frac{100° + 140°}{2} = 120°, \quad \frac{140° - 20°}{2} = 60°.$$

因而,任取 M_1 中两项先作和差化积,学生能找出三个基本的解法.比如

---

① 本文原载《数学教学》1985(2):12-14(署名:罗增儒).

解　　$M_1 = \cos 20° + (\cos 100° + \cos 140°)$

$= \cos 20° + 2\cos 120° \cos 20°$　　　　①

$= \cos 20° - \cos 20° = 0.$　　　　②

为了引导学生进一步分析题中角的结构特点,我们把 ① 中的 $20°$ 改为 $10°$, $18°, \cdots$ 任意的 α,学生看出,相应的 ② 还成立,结果总等于零:

$$\cos 10° + 2\cos 120° \cos 10° = 0;$$
$$\cos 18° + 2\cos 120° \cos 18° = 0;$$
$$\cdots$$
$$\cos \alpha + 2\cos 120° \cos \alpha = 0.　　　　③$$

于是产生一个有意义的联想:如果原式能化成 ③ 的形式,那么这个式子的值就恒等于零. 现在的问题是,原式应该有什么样的一般形式呢? 这实际上是让学生在做完和差化积之后再做积化和差.

于是由　　　　$2\cos 120° \cos \alpha = \cos(120° + \alpha) + \cos(120° - \alpha),$

得到一个公式

$$\cos \alpha + \cos(120° - \alpha) + \cos(120° + \alpha) = 0.　　　　④$$

取 α 为 $90° - \alpha$ 又可变为

$$\sin \alpha + \sin(120° + \alpha) + \sin(240° + \alpha) = 0.　　　　⑤$$

由特殊到一般,学生"发现"了两个有用的公式. 这当中还认真复习了和差化积与积化和差公式.

在钻研习题的基础上,我们还层层深入给出三组习题让学生体会公式 ④、⑤ 的应用.

第一组:

例 2　求值:$M_2 = \cos 40° + \cos 60° + \cos 80° + \cos 160°$. (P. 210 第 5(3) 题)

例 3　发电厂发出的电是三相交流电,它的三根导线上的电流强度分别是时间 t 的函数:$I_A = I\sin \omega t$, $I_B = I\sin(\omega t + 120°)$, $I_C = I\sin(\omega t + 240°)$. 求证:$I_A + I_B + I_C = 0$. (P. 217 第 26 题)

一般说来,学生不难找到,④ 中 $\alpha = 40°$,⑤ 中 $\alpha = \omega t$ 便可完成两题的求解. 在学生解答的基础上,补充讲评下述两点是有益的.

(1) 离开 ④, 例 1 与例 2 有直接的联系

$$M_2 = -\cos 140° + \cos 60° - \cos 100° - \cos 20° = \cos 60° - M_1 = \frac{1}{2}.$$

(2) 例 3 给出了公式 ④、⑤ 的一个物理意义. 同样的, 在单位圆中可以给出公式的几何意义, 即三个共原点的均匀分布的单位向量在某一坐标轴上的投影和为零.

第二组:

例 4 求值: $M_3 = \sin 20° + \sin 140° - \sin 80°$. (P. 207 练习第 2(2) 题)

例 5 求值: $M_4 = \cos 20° - \sin 10° - \sin 50°$. (P. 216 第 19(4) 题)

这组题需要先用诱导公式作简单变形, 然后代入 ④、⑤.

解 $\qquad M_3 = \sin 20° + \sin 140° + \sin 260° = 0.$

这是 ⑤ 中 $\alpha = 20°$. 也可以取 ④ 中 $\alpha = 50°$.

$$M_3 = \cos 70° + \cos 50° + \cos 170° = 0.$$

同理

$$M_4 = -\cos 160° - \cos 80° - \cos 40°$$
$$= -(\cos 40° + \cos 80° + \cos 160°) = 0. \qquad\qquad ⑥$$

其中 ⑥ 在 M_2 中已经见过.

第三组:

例 6 求值: $M_5 = \cos 40° \cos 80° + \cos 80° \cos 160° + \cos 160° \cos 40°$. (P. 210 第 5(4) 题)

例 7 求值: $M_6 = \sin^2 10° + \cos^2 40° + \sin 10° \cos 40°$. (P. 204 例 4)

例 8 证明: $\cos^2 A + \cos^2 (60° - A) + \cos^2 (60° + A) = \frac{3}{2}$. (P. 209 第 4(6) 题)

如果说第一组、第二组题有 ④、⑤ 外形上的明显特征的话, 那么这组题就只含有本质上的内在联系了. 由于有了前两组题的铺垫, 又出现在当前的特殊环境中, 具有一定解题能力的学生都能把注意力集中到题目与 ④、⑤ 的区别上. 一个显著的不同是, ④、⑤ 只含一次三角式, 而现在的三道题目都是二次三角式, 所以应用积化和差化为一次三角式.

解 $M_5 = \dfrac{1}{2}(\cos 120° + \cos 40°) + \dfrac{1}{2}(\cos 240° + \cos 80°)$

$\qquad\qquad + \dfrac{1}{2}(\cos 120° + \cos 200°)$

$\qquad\quad = -\dfrac{3}{4} + \dfrac{1}{2}(\cos 40° + \cos 80° + \cos 160°)$

$\qquad\quad = -\dfrac{3}{4}.$

这里用到 $\cos 200° = \cos 160°$. 而括号中的式子在 M_2 中见过.

$\qquad M_6 = \dfrac{1 - \cos 20°}{2} + \dfrac{1 + \cos 80°}{2} + \dfrac{\sin 50° - \sin 30°}{2}$

$\qquad\qquad = \dfrac{3}{4} - \dfrac{1}{2}(\sin 50° + \cos 80° - \cos 20°)$

$\qquad\qquad = \dfrac{3}{4} - \dfrac{1}{2}(\cos 40° + \cos 80° + \cos 160°)$

$\qquad\qquad = \dfrac{3}{4}.$

例 8 中的左边 $= \dfrac{1 + \cos 2A}{2} + \dfrac{1 + \cos(120° - 2A)}{2} + \dfrac{1 + \cos(120° + 2A)}{2}$

$\qquad\qquad\quad = \dfrac{3}{2} + \dfrac{1}{2}[\cos 2A + \cos(120° - 2A) + \cos(120° + 2A)]$

$\qquad\qquad\quad = \dfrac{3}{2} = 右边.$

这样,我们就一线串珠地集中处理了八道习题. 那么,学生到底消化掌握了没有呢? 这可以把例 6、例 7 的更一般性结论留做作业,加以检验.

作业:

(1) 证明:

$\cos \alpha \cos(120° - \alpha) + \cos(120° - \alpha)\cos(120° + \alpha) + \cos(120° + \alpha)\cos \alpha = -\dfrac{3}{4}.$

(2) 证明:$\sin^2 \alpha + \cos^2(30° + \alpha) + \sin \alpha \cos(30° + \alpha) = \dfrac{3}{4}.$

第5篇　列方程解应用题的辩证思想初探①

解应用题是从小学就开始的一个教学难点. 从纯算术方法到列方程是方法论上的一个飞跃. 研究这一飞跃的哲学含义具有十分重大的意义:

(1) 原教学大纲指出,"要用辩证唯物主义观点阐述教学内容".

(2) 列方程找等量关系的思想在列函数关系式、求轨迹方程、用微分法求应用题极值等许多方面都有广泛的应用,是贯穿整个小学、中学教育阶段一条既粗又重的红线.

(3) 研究列方程解应用题的辩证思想可以纠正这一课题中的形式主义倾向,为这难点的科学处理找出一条可行的道路.

我们先来看列方程解应用题的全过程.

假设有一道应用题,其求解的简化模式可分为四步:

第一步,设未知数 x,把 x 当作已知数列代数式;

第二步,依题意列方程 $f(x)=0$;

第三步,解此方程,一般是对方程作同解变形

$$f(x)=0 \Leftrightarrow f_1(x)=0 \Leftrightarrow f_2(x)=0 \Leftrightarrow \cdots \Leftrightarrow x=\cdots;$$

第四步,将求得的方程的解 $x=\cdots$,回到实际问题,检验后,得到应用题的答案.

这当中至少包含着这样的辩证思想.

(1) x 的内在否定性

本来 x 代表题目中需要寻找的数值,是一个未知数;但同时,它又是一个客观上存在、完全确定的数. 说它未知是对主观认识而言的. 因此,x 是未知与已知的统一,对我们的认识而言,未知是它的主要方面.

当我们把 x 当作已知数那样去列代数式、建立方程,并在同解变形的过程中进行各种运算时,这是对未知的否定. 同解变形的持续进行,促进矛盾的双方发生质的变化,求出了 x 的值,未知就完全让位给已知了.

---

① 本文原载《中学数学》(现名《中学数学月刊》)1985(3):9-12(署名:罗增儒).

把 x 设为未知数的同时,又对未知数加以否定,这是一种辩证的思想. 在初中阶段,学生头脑中辩证思想准备不足,对 x 的丰富含义理解不深,不会把 x 看作已知数进行运算,不会建立 x 与其他数据的依存关系,是这一课题成为教学难点的一个原因.

(2) 方程 —— 矛盾双方共处在一个统一体的数学表现

题目中的已知数与未知数不是各自孤立、彼此无关的. 而事物的普遍联系、互相依存、变化发展又有其内在的规律. 这种规律,在数学上通常用等式来表达. 依题意列出方程,正是题目中已知量与未知量的本质联系,正是各个事物、事物的各个方面简单而完美的统一.

(3) 解方程 —— 矛盾运动、量变质变

对方程作同解变形,正是按照事物的内在规律、让矛盾的双方运动、变化、发展. 每一次变形,未知数或已知数都要发生位置上的、形式上的变化. 这是量变. 量变持续进行,在一定的条件下,在一定的阶段上,事物向它的反面转化,未知数转化为已知数 $x=a$(我们假定方程的解为某一数 a). 也可以说题目中的已知数转化为人们认识上的未知数 $a=x$.

这个"a"体现了已知与未知在更高意义上的统一. 这时,已知是矛盾的主要方面了.

上述过程中,方程的形式、未知数的系数等都不断发生变化,但有一点是不变的,那就是未知数的客观取值,即 $x=a$. 所有的变,都是为了得出这个不变.

(4) 增根、失根 —— 内在规律的破坏

从以上的分析可以看到,在整个运动过程中起决定作用的是已知与未知的对立统一. 不了解这一点,就无法建立起方程,破坏这一点就会产生增根或失根. 所谓保持方程的同解,就是要按照已知、未知的内在联系发展变化. 因此,要突破列方程解应用题上的难点,关键是抓各已知数、未知数之间的本质联系,即抓等量关系. 离开抓等量关系这个本质,而只是把应用题分成若干类型,每一种类型又给出计算公式,让学生套类型、套公式、套方法的仅仅是照套形式的做法是不足取的. 这是抓了现象丢了本质.

相反,强调抓等量关系,把重点放在培养学生分析题中各量的内在联系的能力上,才是抓到了问题的本质,才能一通百通.

我们强调抓本质,抓分析能力的培养,并不是要用一般的哲学方法去代替

具体的数学方法,也不是要丢开现象不管,本质是通过现象来显示的,现象也是能反映本质的.因此,在抓等量关系的前提下,让学生多熟悉应用题的类型,借助于图线、表格、箭头等技术手段很有好处,这是现象与本质的统一.

有了本质上的认识,教师就能得心应手地使用各种教学手段,把本质变为学生容易接受的形式.比如,可以从方程的定义来向学生说明抓等量关系的道理.要列出方程

$$f(x)=0,$$

就是列出一个含有未知数的等式.这里,本质是等式.而建立等式的关键是找出已知数与未知数间能够相等的某种联系,即等量关系.

这种形式上的分析,既有教学上的需要,又有本质上的认识为坚实前提,因而是可靠的,也容易在教学中取得好的效果.

有了抓等量关系的自觉性,学生自己都可以总结出抓等量关系的通常途径,这就是理论的指导作用.所谓通常途径,主要有:

① 找题目中表示相等关系的词语:是、为、倍、成比例、增加、扩大、整除等.

② 找适合题意的数学定理、公式.

③ 找适合题意的物理、化学定律.

④ 找题目中变化的各因素中的不变量.

所谓应用题的类型,只不过是上述抓等量关系的细微分类或具体条目而已.

例1 哥哥是弟弟现在的年龄时,弟弟10岁;弟弟是哥哥现在的年龄时,哥哥25岁.问哥哥比弟弟大几岁?

思路一 设哥哥现在的年龄为 x 岁,弟弟现在的年龄为 y 岁.则哥哥比弟弟大 $(x-y)$ 岁.依题意有二元一次方程组

$$\begin{cases} y-(x-y)=10, \\ x+(x-y)=25. \end{cases}$$

两式相减,得

$$3(x-y)=15,\ x-y=5.$$

即哥哥比弟弟大5岁.

这种解法,只是形式上抓等量关系,而没有突出事物最本质的内在规律.

思路二　虽然哥弟俩的年龄都可以变,但其年龄差始终是一个常数 k(不变量).其本质关系是

$$k=x-y, \qquad\qquad ①$$

而题目中所给定的两次数据,只不过是这一本质的两个外部现象(不定方程①的两次取值):

$$\begin{cases} x_1=y, \\ y_1=10, \end{cases} \begin{cases} x_2=25, \\ y_2=x. \end{cases}$$

代入①有

$$k=y-10, \qquad\qquad ②$$
$$k=25-x, \qquad\qquad ③$$

①、②、③式相加,得

$$3k=15,\ k=5.$$

对比上述两个思路可以看到,思路一更注意现象,对本质抓得不够突出、不够鲜明.而思路二抓住了本质,但与现象的结合还不够完美,一般性之下缺少特殊性.那么,怎样把本质与现象结合起来呢?请先看直观分析.

思路三　把现象与本质结合起来可以看到,两次数据是数轴上 x,y 两点的左右平移.平移是现象,在平移过程中,x 与 y 的距离始终保持不变,这是本质.如图1所示:

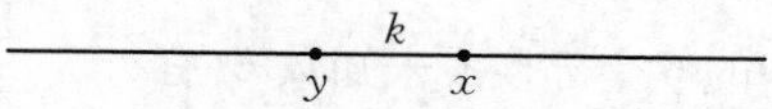

$$\begin{array}{ccc} & k & \\ \bullet & & \bullet \\ y & & x \end{array}$$

图1

"哥哥是弟弟现在的年龄时,弟弟10岁"就是把 x 平移到 y,相应的 y 平移到10(图2).

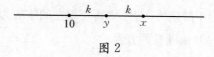

图2

"弟弟是哥哥现在的年龄时,哥哥 25 岁"就是 y 平移到 x,相应的 x 平移到 25(图 3).

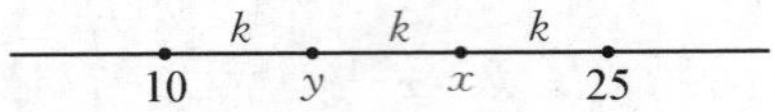

图 3

可见,从 10 到 25 包含着哥弟俩年龄差的 3 倍,得

$$3k = 25 - 10, \quad k = 5.$$

这样,把现象与本质结合起来,这道题只不过是小学生都能完成的算术题.图线的技术手段在这里起着突出本质、熔化难点的重要作用.

但是直观的最终目的是为了摆脱直观,培养抽象推理能力.怎样才能帮助初中学生从直观走向抽象呢?这里介绍一个从具体的已知数向未知的字母表示数的过渡办法.

思路四 随意取一个数,比如说 $k = 6$ 作为哥弟俩的年龄差,然后验算 $k = 6$ 是否真的为所求.由于这里出现的全是具体数,学生就比较容易找到等量关系.这时

哥哥现在的年龄为:$25 - 6$ 岁;

弟弟现在的年龄为:$6 + 10$ 岁.

到底这两个年龄对不对,就要验证哥弟俩的年龄差是否真的等于 6.即

$$6 = (25 - 6) - (6 + 10) \tag{④}$$

是否真的成立.当然这不成立.$k = 6$ 被否定了,但 ④ 式所反映出来的等量关系却被找了出来,把 ④ 中的 6 全部换成未知数 k,有

$$k = (25 - k) - (k + 10). \tag{⑤}$$

这 ⑤ 式综合了 ①、②、③ 所反映的全部等量关系,实在是题目中已知与未知、现象与本质的统一.

由上面的分析,可以得到真正抓住等量关系本质的简单解法.

解 设哥弟俩的年龄差为 x 岁,则哥哥现在的年龄为 $(25 - x)$ 岁,弟弟现在的年龄为 $(x + 10)$ 岁.依题意列方程

$$x=(25-x)-(x+10),得 x=5.$$

继续对例 1 作演变,以体现本质关系 ① 的作用.

例 2 甲是乙现在的年龄时,乙 10 岁;乙是甲现在的年龄时,甲 25 岁.问:甲乙相差几岁?

例 2 与例 1 的区别在于,题目未明确指出甲乙的大小关系.但甲乙之间的本质联系 ① 保持不变.甲乙间的大小关系也潜含在已知数据中.重复思路二的全过程可得甲比乙大 5 岁.(解法略)

例 3 甲是乙现在的年龄时,乙 a 岁;乙是甲现在的年龄时,甲 b 岁.问:甲乙相差几岁? ($a\neq b$,a,b 皆为正整数).

这个例子与例 1、例 2 的区别是,事先不知道甲与乙,a 与 b 的大小关系.但是作为本质的 ① 式依然成立,只是 k 可取正数、也可取负数.

解 设甲现在的年龄为 x 岁,乙现在的年龄为 y 岁,甲乙的年龄差为 $|k|$ 岁,满足

$$k=x-y. \qquad\qquad ⑥$$

当 $k>0$ 时,甲比乙大;当 $k<0$ 时,甲比乙小.

把 $\begin{cases} x_1=y, \\ y_1=a, \end{cases}$ $\begin{cases} x_2=b, \\ y_2=x \end{cases}$ 代入 ⑥,得

$$k=y-a, \qquad\qquad ⑦$$
$$k=b-x. \qquad\qquad ⑧$$

⑥、⑦、⑧ 式相加可得

$$k=\frac{b-a}{3}.$$

故甲乙年龄差为 $\frac{1}{3}|b-a|$.

当 $a<b$ 时,甲比乙大;当 $a>b$ 时,甲比乙小.(数据应保证 $\frac{1}{3}|b-a|$ 为整数)

难度不同的问题解法完全一样,这就是本质在起作用.

第6篇 数学观点的教学①

原发期刊编者按 本文系1985年西北五省区数学教学研究协作组第二届联合交流会同名优秀论文的修订稿. 全文有两万字, 这里是摘要选登.

1 数学观点的一般认识

1.1 教学观点的革新与观点教学的提出

"三个面向"的客观需要和数学事业的自身发展, 都向中学数学教学提出了教育改革、实现教学现代化的强烈要求. 数学教学要实现从偏重传授知识到更加偏重培养能力的转变, 教师不能满足于"教会", 还要"会教"; 人才培养要实现从偏重记忆型、知识型到更加偏重创造型、开拓型的转变, 学生不能满足于"学会", 还要"会学"; 系统论、控制论、信息论将给数学教学注入新的血液, 计算机和电化教具要取代传统的木头、铁丝、纸皮和小黑板.

这一切, 也向中学数学教师的专业知识、教学观点和思想品格一起提出挑战. 中学数学教师再也不应该、再也不能够在"照亮别人"的同时"毁灭自己"了. 新时代、新形势、新观点下的中学数学教师应该勇敢地承担起教学、进修、科研三位一体的战略任务. 应该在把学生培养成才的同时, 造就自己、发展自己、完美自己 —— 成为中学教学的研究专家或中学数学的解题专家. 这当中, 也就为建设有中国自己特色的数学教学法、数学教育学作出贡献.

那么, 怎样才能把教学现代化的使命、教师素质的提高与数学教学的日常活动有机结合起来呢? 本文的一个看法是, 要进行数学观点的研究, 要加强数学观点的教学. 事实上, 教学现代化, 主要的不是内容的现代化, 而是教学观点、教学手段的现代化. "进行数学观点的研究、加强数学观点的教学", 其基本含义是, 教学观点的革新, 可以通过观点教学来实施.

1.2 数学观点的一般认识

这里所说的数学观点, 是指体现在数学基础知识、数学基本方法中的本质

---

① 本文原载《中学数学教学参考》1986(1): 封二, 1–4; 中国人民大学复印报刊资料《中学数学教学》1986(4): 8–13(署名: 罗增儒).

思想. 主要有六个, 即用字母表示数的观点、集合与对应的观点、方程与函数的观点、参数与变换的观点、组合与分解的观点、递归的观点. 它们是唯物辩证法中联系与转化、运动与发展等基本观点的具体化、数学化. 至于提六个基本观点是多了还是少了, 盼前辈与同行们不吝赐教.

本文所说的加强数学观点的教学包括:

(1) 数学内容的观点提炼;

(2) 难点教材的观点分析;

(3) 解题思路的观点指导.

这三方面本身以及教学其他环节如何体现数学基本观点, 都有待进一步挖掘.

我们坚持认为, 一定的数学内容体现着一定的数学观点. 同一数学内容可以用不同的数学观点来理解, 而不同的数学内容又可以用同一数学观点来统一. 于是, 数学观点的存在使得数学知识不再是孤立的单点或离散的片断, 使得数学方法不再是刻板的套路或个别的一招一式. 它们能够生机勃勃地结构出生机勃勃的知识体系; 反过来, 生机勃勃的数学知识和数学方法, 又使得数学观点不再是空洞的理论或僵死的教条, 它是血肉丰满的生命.

这样, 数学观点就有可能把数学内容与数学方法、数学知识与数学能力统一起来. 哲学意义下的数学观点, 还可以使数学教学的三项基本任务 —— 传授知识、培养能力、进行思想教育 —— 浑然一体. 加强数学观点的教学是大面积提高教学质量的有力杠杆, 也是把学生从死记硬背和茫茫题海中解脱出来的救生快舰.

1.3 数学观点的教学应该从初一抓起

(1) 有理式的教学要抓两个基本观点: 用字母表示数的观点、组合与分解的观点. 从字母表示数的基本观点出发, 数由具体到抽象, 由简单到复杂, 而抽象化、复杂化和发展了的数 —— 有理式, 则又不断进行组合与分解. 可以认为, 加、减、乘、除主要体现有理式的组合, 因式分解主要体现有理式的分解, 分式运算则既有组合又有分解. (举例略)

(2) 初一代数方程的教学, 除了要介绍化归的思想方法外, 从一开始就要体现变换的观点. (举例略)

1.4 函数的教学要突出对应的观点(略)

1.5 1985 年高考理科数学试题与数学观点

1985 年高考理科数学试题反映了当今形势下的人才观,体现了试题从知识型到智能型的转变.一个突出的特点是,强调对考生数学基本观点的考查.比较典型的例子是第六题和第八题.(略)

2 数学内容的观点提炼

2.1 要用辩证唯物主义观点阐述教学内容

所谓数学内容的观点提炼,从原则上讲就是教学大纲所明确规定的:"要用辩证唯物主义观点阐述教学内容."恩格斯指出:"现实世界的辩证法在数学的概念和公式中能得到自己的反映,学生到处都能遇到辩证法这些规律的表现."如:

在数的概念中,从正数到负数的发展,从具体数到抽象数的发展,从数轴上实数到高斯平面复数的发展;

在数的运算中,加法与减法在相反数概念下的统一,乘法与除法在倒数概念下的统一,乘方与开方在指数推广意义下的统一;

在初等数学的研究中,计算与推理的相互转化,直观与抽象的相互转化,近似与精确的相互转化,定量与定性的相互转化,一元与多元的相互转化,以及形与数、直与曲、连续与间断的相互转化等.

这当中的每一步发展,每一个统一,每一种转化,也许都要表现为教学难点.而在辩证法看来,所有这一切都只不过是矛盾双方的辩证统一,都只不过是客观事物内在否定性的显然结果.

(1)切线斜率的推导充分体现了事物(x 与 y,割线与切线,$k_{割}$ 与 $k_{切}$)之间相互联系、相互制约、运动变化、量变质变、否定之否定等丰富的辩证思想.(略)

(2)函数的微分.(略)

2.2 用数学观点分析教材

我们强调辩证唯物主义的指导意义不是要用一般性的哲学原理去代替具体的数学观点或具体的数学方法与教学方法.中学数学教师的一个历史性使命正是要把正确的哲学思想数学化.具体说来,就是从上述六个数学观点出发,弄清每一个基本观点渗透在哪些章节中,而每一章节内容又主要体现了哪些数学观点.在这个基础上,最好能编制出一张表,并分段对各个基本观点提出逐步提高的具体要求.

这是一个极有价值而又十分艰难的工作. 要从众多的概念和方法中提炼出本质思想,有大量的理论和实践问题需要研究、需要解决. 中学数学教师决不能满足于就事论事或照本宣科的教学,决不能满足于每年培养出一批"高分低能"的大学新生,而要勇敢承担教学、进修、科研三位一体的战略任务. 值得指出的是,为了弄清每一项数学内容中的数学观点,将促使教师去钻研更广泛的数学和教学问题,比如:

(1) 三棱锥体积公式的推导所反映的数学观点主要有两个. 其一是组合与分解的观点:把一个未知的问题(锥体体积)通过组合化归为一个已经解决的问题(柱体体积),再分解得出所求的问题. 其二是方程的观点:把 $V_{锥}$ 作为未知数,通过几何变换(棱柱切割)寻找出等量关系,得方程 $3V_{锥}=V_{柱}$. 由这些观点不难总结出立体几何的"补形法"或"基本图形法". 掌握这些观点和方法比记住公式更加重要. (举例略)

(2) 数学归纳法的递推实质. (举例略)

(3) 一元二次方程判别式的认识. 初二的学生就已掌握了判别式,但判别式的神通广大甚至连我们自己有时都要目瞪口呆. 原因是我们还没有理解判别式的实质.

我们先来对一元二次方程(实系数)

$$ax^2+bx+c=0, \ (a\neq0) \qquad ①$$

作这样的配方. 两边乘以 $4a$,得

$$4a^2x^2+4abx+4ac=0,$$

把常数项移到右方,两边加上 b^2,并配方:

$$(2ax)^2+2(2ax)\cdot b+b^2=b^2-4ac,$$

得
$$\Delta=b^2-4ac=(2ax+b)^2\geqslant0. \qquad ②$$

我们认为,对判别式 $\Delta=b^2-4ac$ 的认识要坚持两个原则. 其一是从 ② 式的整体上看,而不要孤立地看 b^2-4ac. 事实上,一个不与其他式子发生联系的式子是没有生命的,其价值十分有限. 其二是把 ② 与 ① 联系起来看,看它们之间的关系,看它们之间的演变过程. 据此,我们有下面八点看法.

看法 1　判别式的存在形式 ② 是方程 ① 的等价形式.这就把判别式置于方程的观点之中.因而判别式的应用既可以由 ① 往 ② 想,也可以由 ② 往 ① 想.

看法 2　判别式 b^2-4ac 是一个完全平方式 $(2ax+b)^2$.

看法 3　由于是完全平方式,所以在实数范围内便有等价关系

$$2ax+b \text{ 为实数} \Leftrightarrow \Delta \geqslant 0,$$

$$x \text{ 为实数} \Leftrightarrow \Delta \geqslant 0 (a,b,c \text{ 为实系数}).$$

看法 4　判别式的产生源于配方法,它是配方的结果.所谓"判别式法",其实质就是"配方法".

由于"判别式法"把配方法与实数的性质合二为一,因而"判别式法"就可以发挥配方法和实数性质的双重效能,并在讨论方程、证明不等式、求函数极值(或值域)、研究函数(或曲线)性质等许多方面表现出广泛的应用.

看法 5　由于判别式是配方的结果,应用判别式就省去了配方的过程而显得特别简便.但是判别式作为配方的结果是有条件的,即要有方程 ① 作前提,又要有 $a,b,c,x \in \mathbf{R}$ 做保证.这就又表现出"判别式法"的局限性.

看法 6　表现为实数性质或源于配方法的数学命题还很多.比如"基本不等式" $a^2+b^2 \geqslant 2ab \Leftrightarrow (a-b)^2 \geqslant 0$ 就是其中之一.所以能用"判别式法"的问题,常常也可以用"配方法"、"基本不等式法"等来"一题多解".

看法 7　判别式的整体构成

$$b^2-4ac=(2ax+b)^2 \geqslant 0$$

中既联系着等式,又联系着不等式,还联系着可以分离开来 $(a,b,c;a,b,x)$ 的四个参数,这种得天独厚的结构,也是判别式有广泛应用的一个原因.

看法 8　进一步,a,b,c,x 本身为实函数时,判别式就有更广泛的应用.(举例略)

3　难点教材的观点分析

3.1　难点教材的一般认识

教学中的难点,通常都出现在新概念、新方法甚至新符号上,从数学观点的角度看,这"三新"正是数学思想迅速丰富、大步跳跃的地方.因此,教材难点可以认为是数学观点比较抽象,较为复杂或坡度太陡的一种表现.

教材难点的突破,首先是数学观点的突破,比如,为抽象的数学思想提供

具体直观,对较为复杂的数学观点进行分解简化,而坡度太陡的数学观点则设置拾级登高的阶梯. 总之,要提升观点的高度,自觉地、居高临下地用数学观点去分析每一个教学难点的内在规律,寻找各自的主要矛盾和矛盾的主要方面,再根据教材和学生的具体实际,设计因题而异、因班而异、因人而异的实施方案.

3.2　三角超越运算开头难

(1) 抓"坡度陡",做好从代数运算向三角超越运算的过渡,提出"定义诱发法".

(2) 抓"头绪头",注意应用方程观点.

3.3　列方程解应用题

突破难点的关键是抓等量关系,抓那种寻觅等量关系的分析能力.

3.4　直线与平面间垂直,平行关系的沟通

直线与平面间垂直、平行关系是立体几何的重点和难点,学生普遍存在交错性的混乱和记忆上的困难. 在《直线与平面间位置关系的沟通和演示》中(见上海《数学教学》1984 年第 6 期),我们通过对课本几十个公理、定理、例题、习题的分析,得出这样的规律:把一个命题中的直线与平面对换的同时(元素互换),把平行与垂直对换(关系对换),将得出一个等价命题. 比如从公理四出发可以把《立体几何》(甲种本) 中 P. 25 例 1,P. 27 性质定理、P. 37 例 1,P. 38 例 2,P. 40第5(3)题联成一个整体,它们只不过是同一图形的不同侧面而已.

4　解题思路的观点指导

4.1　解题思路的观点分析

"怎样解题?"是当前中学数学界的一个思考中心、兴奋中心,这是可以理解的,"掌握数学意味着善于解题". 如果把概念的抽象概括、定理的阐述证明也看成"题"的话,那么数学教学是每日每课都在解题.

由于解题具有实验性、探索性的特点,因而很容易产生两种偏向. 一种是蛮干,进行以解题为目的的题海训练;一种是幻想,期望有一把具体的打开一切大门的万能钥匙. 这就把解题教学与整个数学教学分割开来、对立起来. 其实,解题是数学内容与数学方法的统一,是理论与实践的统一.

每一道数学题都有一定的数学内容,它们都是一定的数学观点的具体形式. 寻求已知与未知间的数学联系 —— 解题,实质上就是寻求题目中的数学观

点或数学观点之间的连续转化. 同一数学形式可以用不同的数学观点来刻画，因而产生不同原理的"一题多解"；同样，同一数学观点可以有不同的数学形式，因而产生不同题目的"一解多题". 对于同一问题有数学观点理解浅深程度的差异，因而有解题的繁简. 由于数学观点是可以深化与发展的，所以题目也就可以引申与推广. 所谓解题思路的观点指导，就是揭示题目内容和解题方法中所蕴含的数学观点，用数学观点去理解题意、去寻找方法. 在这里，最主要的是，自觉运用辩证法的联系转化观点.

虽然解题的过程常常是形式的、机械的，属于形式逻辑或数理逻辑的内容，但过程的发现、证明途径的选择却是辩证思维. 事实上，解数学题在运用基本数学方法与具体解题技巧之前，在进行每一步简化、转化、化归与分解步骤的背后，都包含着大量的类比、联想、归纳、尝试与失败.

4.2 例题

全文共举 20 例，略摘二三例于下.

例 1 对 $x\in\mathbf{R}$，证明不等式

$$x^6-x^3+x^2-x+1>0.$$

证明 设 $y=x^3$，考虑关于 y 的二次三项式

$$M=y^2-y+(x^2-x+1)$$

的符号，由于判别式

$$\Delta=(-1)^2-4(x^2-x+1)=-2-(2x-1)^2\leqslant-2,$$

且二次项系数大于零，故 $M>0$，得证. 即

$$x^6-x^3+x^2-x+1>0.$$

由于字母表示数的观点，判别式的应用得以施行.

例 2 对 $a\neq0$，$b^2-4ac\geqslant0$，化简

$$a^2\left(\frac{b+\sqrt{b^2-4ac}}{2a}\right)^4+(2ac-b^2)\left(\frac{b+\sqrt{b^2-4ac}}{2a}\right)^2+c^2.$$

解 设 $x=\dfrac{b+\sqrt{b^2-4ac}}{2a}$，则 $ax^2-bx+c=0$.

原式 $=a^2x^4+(2ac-b^2)x^2+c^2$

$\qquad =(a^2x^4+2acx^2+c^2)-b^2x^2$

$\qquad =(ax^2+c)^2-(bx)^2$

$\qquad =(ax^2+bx+c)(ax^2-bx+c)=0.$

这道题应用了字母表示数的观点,把计算转化为方程与因式分解.

例 3　甲是乙现在的年龄时,乙 a 岁;乙是甲现在的年龄时,甲 b 岁.问甲乙相差几岁.($a\neq b$,a,b 皆为正整数)

解　设甲现在的年龄为 x 岁,乙现在的年龄为 y 岁,甲乙的年龄差为 $|k|$ 岁.则本题有一次函数关系

$$y=x+k. \qquad\qquad ①$$

当 $k>0$ 时,甲比乙小;当 $k<0$ 时,甲比乙大.

题目中的数据,是函数关系的两次取值

$$\begin{cases}x_1=y,\\ y_1=a,\end{cases}\quad \begin{cases}x_2=b,\\ y_2=x.\end{cases}$$

代入①,得

$$a=y+k, \qquad\qquad ②$$

$$x=b+k. \qquad\qquad ③$$

①+②+③,得 $k=\dfrac{a-b}{3}$.

故甲乙相差 $\dfrac{|a-b|}{3}$ 岁.(数据应保证 $\dfrac{|a-b|}{3}$ 为整数)

这道题应用了函数观点,简浅新颖.

第二节 解题教学初入门

第1篇 抛物线的一个参数方程[①]

寻找习题的内在联系，使得能用一种方法去处理一批问题，是减轻学生作业负担，也是培养学生解题能力的一个有力措施. 在教学"二次曲线"的过程中，课本内或课外书上有一类"过抛物线的焦点作直线与抛物线相交于两点"的问题，经总结得出抛物线的一个参数方程. 由于它有明显的几何直观，使用起来特别方便.

如图1，设过抛物线 $y^2 = 2px$ 焦点 $F\left(\dfrac{p}{2}, 0\right)$ 的直线 L 有倾斜角 θ，则 L 的方程可设为

$$y\cot\theta = x - \frac{p}{2}.$$

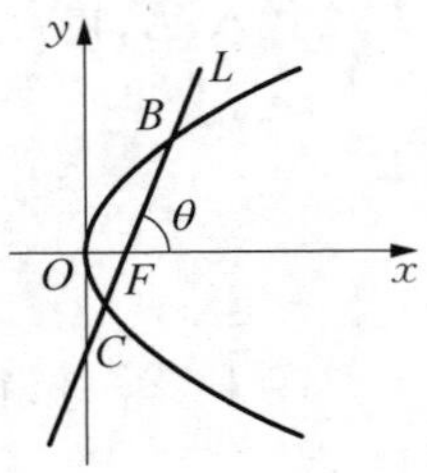

把抛物线方程代入，得

$$y\cot\theta = \frac{y^2}{2p} - \frac{p}{2}.$$

即 $\qquad y^2 - (2p\cot\theta)y - p^2 = 0.$

把 $2\cot\theta$ 化成半角，得

$$y^2 - p\left(\cot\frac{\theta}{2} - \tan\frac{\theta}{2}\right)y - p^2 = 0,$$

$$\left(y - p\cot\frac{\theta}{2}\right)\left[y - \left(-p\tan\frac{\theta}{2}\right)\right] = 0,$$

图 1

得 $\qquad y_1 = p\cot\dfrac{\theta}{2}, \quad y_2 = -p\tan\dfrac{\theta}{2}.$

① 本文原载《中学数学研究》(广州)1983(2)：13 - 15(署名：罗增儒).

代入抛物线方程,得两交点的坐标为

$$B:\begin{cases} x_1 = \dfrac{p}{2}\cot^2\dfrac{\theta}{2}, \\[2mm] y_1 = p\cot\dfrac{\theta}{2}; \end{cases} \qquad C:\begin{cases} x_2 = \dfrac{p}{2}\tan^2\dfrac{\theta}{2}, \\[2mm] y_2 = -p\tan\dfrac{\theta}{2}. \end{cases} \qquad ①$$

当 $\theta = \pi$ 时,$\tan\dfrac{\theta}{2}$ 不存在,表明直线与抛物线只有一个交点 B.

式 ① 实质上给出了抛物线的一个参数方程

$$\begin{cases} x = \dfrac{p}{2}\cot^2\dfrac{\theta}{2}, \\[2mm] y = p\cot\dfrac{\theta}{2}. \end{cases} \qquad (0 < \theta < 2\pi) \qquad ②$$

再对照抛物线的极坐标方程,就更容易理解这里参数 θ 的选择了.

由 $\rho = \dfrac{p}{1 - \cos\theta}$,知

$$y = \rho\sin\theta = \frac{p\sin\theta}{1 - \cos\theta} = p\cot\frac{\theta}{2}.$$

可见参数 θ 就是从焦点 $F\left(\dfrac{p}{2}, 0\right)$ 出发的射线与 Ox 轴正方向的夹角. 由于这里使用的是余切函数,因而 $\theta = \dfrac{\pi}{2}$ 时也能直接进行讨论,这就更方便了. 显然,当过焦点的直线与抛物线相交于 B,C 两点时,B,C 两点所对应的参数相差一个 π,有

$$B:\begin{cases} x_1 = \dfrac{p}{2}\cot^2\dfrac{\theta}{2}, \\[2mm] y_1 = p\cot\dfrac{\theta}{2}; \end{cases} \qquad C:\begin{cases} x_2 = \dfrac{p}{2}\cot^2\dfrac{\theta + \pi}{2} = \dfrac{p}{2}\tan^2\dfrac{\theta}{2}, \\[2mm] y_2 = p\cot\dfrac{\theta + \pi}{2} = -p\tan\dfrac{\theta}{2}. \end{cases}$$

这正是 ① 式. 由这个式子,可以得到一些非常直观的结果:

（Ⅰ）$y_1 + y_2 = 2p\cot\theta$,$y_1 y_2 = -p^2$.

（Ⅱ）$|y_1| + |y_2| = |y_1 - y_2|$

$$= \sqrt{(y_1 + y_2)^2 - 4y_1 y_2} = \sqrt{(2p\cot\theta)^2 + 4p^2} = 2p|\csc\theta| = \frac{2p}{|\sin\theta|}.$$

$$|BC| = \frac{|y_1| + |y_2|}{|\sin\theta|} = \frac{2p}{\sin^2\theta},$$

$$|BF| = \left|\frac{y_1}{\sin\theta}\right|, \quad |CF| = \left|\frac{y_2}{\sin\theta}\right|.$$

（Ⅲ）直线 OB 的斜率 $k_{OB} = \frac{y_1}{x_1} = \frac{2p}{y_1} = \frac{2p}{p\cot\frac{\theta}{2}} = 2\tan\frac{\theta}{2}$，

直线 OC 的斜率 $k_{OC} = -2\cot\frac{\theta}{2}$，

直线 BC 的斜率 $\left(\theta \neq \frac{\pi}{2} \text{时}\right) k_{BC} = k_{BF} = k_{CF} = \tan\theta$.

例 1　（Ⅰ）中 $y_1 y_2 = -p^2$ 就是课本 P.155 第 9 题.

例 2　由 B，C 两点切线斜率分别为 $k_B = \frac{p}{y_1}$，$k_C = \frac{p}{y_2}$ 得 $k_B k_C = \frac{p}{y_1} \cdot \frac{p}{y_2} = \frac{p^2}{-p^2} = -1$. 这表明过 B，C 两点的切线互相垂直. 这就是课本 P.172 第 27 题.

例 3　（Ⅱ）中，$\theta = \frac{\pi}{2}$ 时，得通径 $|BC| = 2p$. 这就是课本 P.154 第 3 题.

例 4　当 $\theta = \frac{\pi}{2}$ 时，$B\left(\frac{p}{2}, p\right)$，$C\left(\frac{p}{2}, -p\right)$，而抛物线的对称轴与准线的交点为 $A\left(-\frac{p}{2}, 0\right)$，有

$$k_{AB} \cdot k_{AC} = \frac{p - 0}{\frac{p}{2} - \left(-\frac{p}{2}\right)} \cdot \frac{-p - 0}{\frac{p}{2} - \left(-\frac{p}{2}\right)} = -1,$$

得 $AB \perp AC$. 这就是课本 P.172 第 24 题. 这一题也可以看成是例 2 的特例.

例 5　当 $\theta = \frac{\pi}{2}$ 时，$|BC| = 2p$，过抛物线上任一点 $P(x, y)$ 作垂直于轴的直线和轴相交于 Q，则 $|PQ| = |y|$，$|OQ| = x$，有

$$|PQ|^2 = y^2 = 2px = |BC| \cdot |OQ|,$$

这就是课本 P.172 第 25 题.

例 6　由（Ⅱ）有

$$\frac{1}{|BF|} + \frac{1}{|CF|} = \frac{|\sin\theta|}{|y_1|} + \frac{|\sin\theta|}{|y_2|} = \frac{(|y_1| + |y_2|)|\sin\theta|}{|y_1||y_2|}$$

$$= \frac{\frac{2p}{|\sin\theta|} \cdot |\sin\theta|}{|y_1 y_2|} = \frac{2p}{p^2} = \frac{2}{p}. \text{（常数）}$$

这就是：过抛物线焦点 F 作直线与抛物线相交于 B、C 两点，则

$$\frac{1}{|BF|} + \frac{1}{|CF|} = \frac{2}{p}. \text{（常数）}$$

这是圆锥曲线共有的性质.

例 7　若过抛物线 $y^2 = 2px$ 的焦点作两条互相垂直的弦 BC，PQ，则有

$$|BC| = \frac{2p}{\sin^2\theta}, \quad |PQ| = \frac{2p}{\sin^2\left(\theta + \frac{\pi}{2}\right)} = \frac{2p}{\cos^2\theta},$$

$$\frac{1}{|BC|} + \frac{1}{|PQ|} = \frac{1}{2p}. \text{（常数）}$$

例 8　由（Ⅲ）$k_{OB} \cdot k_{OC} = -4$ 为常数.

例 9　由（Ⅲ）知直线 OB 为 $y = 2x\tan\dfrac{\theta}{2}$，它与准线 $x = -\dfrac{p}{2}$ 的交点的纵坐标为

$$y' = 2\left(-\frac{p}{2}\right)\tan\frac{\theta}{2} = -p\tan\frac{\theta}{2} = y_2,$$

两点的纵坐标相等，表明这两点的连线平行于 x 轴，即平行于抛物线的对称轴. 这就是课本 P. 155 第 10 题.

例 10　课本 P. 155 第 15 题证明了：在抛物线 $y^2 = 2px$ 上点 $B(x_1, y_1)$，$C(x_2, y_2)$ 的切线相交于 $A(x', y')$，则

$$x' = \frac{y_1 y_2}{2p}, \quad y' = \frac{y_1 + y_2}{2}.$$

当 B、C、F 三点共线时，由（Ⅰ）有

$$\begin{cases} y_1 + y_2 = 2p\cot\theta, \\ y_1 y_2 = -p^2, \end{cases}$$

代入上式，得

$$\begin{cases} x' = -\dfrac{p}{2}, \\ y' = p\cot\theta. \end{cases}$$

这表明，交点在准线上. 反过来也可以证明，从准线上任一点 $A\left(-\dfrac{p}{2},\,y_0\right)$ 作抛物线的两条切线，则两切点 B，C 与焦点 $F\left(\dfrac{p}{2},\,0\right)$ 三点共线.

设 $A\left(-\dfrac{p}{2},\,y_0\right)$，$B\left(\dfrac{p}{2}\cot^2\dfrac{\theta_1}{2},\,p\cot\dfrac{\theta_1}{2}\right)$，$C\left(\dfrac{p}{2}\cot^2\dfrac{\theta_2}{2},\,p\cot\dfrac{\theta_2}{2}\right)$.

由课本 P. 155 第 15 题知

$$-\frac{p}{2}=\frac{y_1y_2}{2p}=\frac{\left(p\cot\dfrac{\theta_1}{2}\right)\cdot\left(p\cot\dfrac{\theta_2}{2}\right)}{2p},$$

得
$$\cot\frac{\theta_1}{2}\cot\frac{\theta_2}{2}=-1.$$

若 $\theta_2>\theta_1$，上式变形为

$$\cot\frac{\theta_2}{2}=-\tan\frac{\theta_1}{2}=\cot\frac{\theta_1+\pi}{2}.$$

注意到 $0<\theta_1<\theta_2<2\pi$，故 $\dfrac{\theta_2}{2}=\dfrac{\theta_1+\pi}{2}$.

得 $\theta_2=\theta_1+\pi$，即 B，C，F 三点共线.

例 11 抛物线 $y^2=2px$ 的内接三角形的一个顶点在原点，三边上的高线都通过抛物线的焦点，求此三角形外接圆的方程.

解 如图 2，由 ② 可设三角形顶点为

$$B\left(\frac{p}{2}\cot^2\frac{\theta}{2},\,p\cot\frac{\theta}{2}\right),\ C\left(\frac{p}{2}\cot^2\frac{\theta}{2},\,-p\cot\frac{\theta}{2}\right).$$

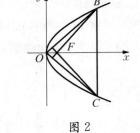

图 2

由（Ⅲ）知，$k_{OC}=-2\tan\dfrac{\theta}{2}$，$k_{BF}=\tan\theta$.

又由 $OC\perp BF$，知

$$\left(-2\tan\frac{\theta}{2}\right)\tan\theta=-1,$$

解得
$$\cot^2\frac{\theta}{2}=5.$$

于是 $B\left(\dfrac{5}{2}p,\,\sqrt{5}\,p\right)$，$C\left(\dfrac{5}{2}p,\,-\sqrt{5}\,p\right)$.

由于原点 $O(0,0)$ 在圆上,又由抛物线的对称性知,外接圆的圆心在 x 轴上,且与 y 轴相切. 故可设圆的方程为 $x^2+y^2+Dx=0$.

把 B 的坐标代入解出 $D=-\dfrac{9}{2}p$,故所求的三角形 OBC 的外接圆方程为

$$x^2+y^2-\frac{9}{2}px=0.$$

第 2 篇　行列式的简单应用①

由于求解线性方程组,产生了行列式的理论. 但行列式的应用,并不限于它的原始需要. 然而,在教学实践中我们发觉,许多学生不会应用行列式来解决其他数学问题. 有鉴于此,我们结合原通用教材高中数学第三册(以下称课本)已经提到的内容,选编了五类问题.

1　直线方程

课本 P.21 例 7 指出,过不同两点 $P_1(x_1,y_1)$, $P_2(x_2,y_2)$ 的直线方程为

$$\begin{vmatrix} x & y & 1 \\ x_1 & y_1 & 1 \\ x_2 & y_2 & 1 \end{vmatrix}=0. \qquad ①$$

课本 P.28 第 18 题又指出,平面上三点 (x_1,y_1), (x_2,y_2), (x_3,y_3) 共线的充要条件是

$$\begin{vmatrix} x_1 & y_1 & 1 \\ x_2 & y_2 & 1 \\ x_3 & y_3 & 1 \end{vmatrix}=0. \qquad ②$$

例 1　(1) 求等差数列 $8,5,2,\cdots$ 的第 20 项.

(2) 等差数列 $-5,-9,-13,\cdots$ 的第几项是 -401?(原高中数学第四册 P.6 例 1、例 2)

———————

① 本文原载《数学通报》1983(7):4-7(署名:罗增儒).

解　由等差数列通项公式

$$a_n = a_1 + (n-1)d = nd + (a_1 - d)$$

知 (n, a_n) 是直线

$$y = dx + (a_1 - d)$$

上一点. 由 ② 知, 三点 (m, a_m), (n, a_n), (k, a_k) 是同一等差数列中的项数与相应项的充要条件是

$$\begin{vmatrix} m & a_m & 1 \\ n & a_n & 1 \\ k & a_k & 1 \end{vmatrix} = 0, \qquad ③$$

其中 m, n, k 为互不相等的正整数.

(1) 已知条件表明, $(1, 8)$, $(2, 5)$, $(20, a_{20})$ 三点共线. 代入 ③, 得

$$0 = \begin{vmatrix} 1 & 8 & 1 \\ 2 & 5 & 1 \\ 20 & a_{20} & 1 \end{vmatrix} = \begin{vmatrix} 1 & 8+3\times1 & 1 \\ 2 & 5+3\times2 & 1 \\ 20 & a_{20}+3\times20 & 1 \end{vmatrix} = \begin{vmatrix} 1 & 11 & 1 \\ 2 & 11 & 1 \\ 20 & a_{20}+60 & 1 \end{vmatrix}.$$

$a_{20}+60$ 只有一解, 而当第二、第三列成比例, 即

$$\frac{a_{20}+60}{1} = \frac{11}{1} = \frac{11}{1}$$

时, 满足方程. 于是

$$a_{20} = -49.$$

(2) 由已知得 $(1, -5)$, $(2, -9)$, $(n, -401)$ 满足 ③ 式

$$0 = \begin{vmatrix} 1 & -5 & 1 \\ 2 & -9 & 1 \\ n & -401 & 1 \end{vmatrix} = \begin{vmatrix} 1 & -4 & 1 \\ 2 & -8 & 1 \\ n & -400 & 1 \end{vmatrix},$$

仿上, 让第一、第二列成比例, 得

$$n = 100.$$

例 2 设等差数列的前 m，n，k 项的和分别为 S_m，S_n，S_k，求证：

$$\begin{vmatrix} m^2 & S_m & m \\ n^2 & S_n & n \\ k^2 & S_k & k \end{vmatrix}=0. \tag{④}$$

证明 由等差数列的求和公式

$$S_n=\frac{n(a_1+a_n)}{2},$$

得

$$c_n=\frac{S_n}{n}=\frac{a_n}{2}+\frac{a_1}{2}$$

也是等差数列. 由 ③ 得

$$\begin{vmatrix} m & \dfrac{S_m}{m} & 1 \\ n & \dfrac{S_n}{n} & 1 \\ k & \dfrac{S_k}{k} & 1 \end{vmatrix}=0,$$

三行分别乘以 m，n，k，即得 ④ 式.

例 3 求经过两点 $A(-3,2\sqrt{7})$ 和 $B(-6\sqrt{2},-7)$，焦点在 y 轴上的双曲线方程.（原高中数学第二册 P.134 第 4 题）

解 焦点在 y 轴上的双曲线的标准方程为

$$\frac{y^2}{a^2}-\frac{x^2}{b^2}=1. \tag{⑤}$$

若 (x_1,y_1) 是双曲线上一点，则 (x_1^2,y_1^2) 是直线

$$\frac{y}{a^2}-\frac{x}{b^2}=1$$

上一点. 由 ① 知，过两点 (x_1,y_1)，(x_2,y_2) 的双曲线的标准方程可写成

$$\begin{vmatrix} x^2 & y^2 & 1 \\ x_1^2 & y_1^2 & 1 \\ x_2^2 & y_2^2 & 1 \end{vmatrix}=0. \tag{⑥}$$

(椭圆也有类似的结论)把 $A(-3, 2\sqrt{7})$ 和 $B(-6\sqrt{2}, -7)$ 代入 ⑥,得

$$0=\begin{vmatrix} x^2 & y^2 & 1 \\ 9 & 28 & 1 \\ 72 & 49 & 1 \end{vmatrix}=\begin{vmatrix} x^2-3y^2+75 & y^2 & 1 \\ 0 & 28 & 1 \\ 0 & 49 & 1 \end{vmatrix},$$

得 $$x^2-3y^2+75=0,$$

即 $$\frac{y^2}{25}-\frac{x^2}{75}=1.$$

例 4 过抛物线 $y^2=2px$ 的焦点的一条直线和这条抛物线相交,两个交点的纵坐标分别为 y_1,y_2,求证:$y_1y_2=-p^2$.

证明 依题意,两交点 (x_1, y_1),(x_2, y_2) 与焦点 $\left(\dfrac{p}{2}, 0\right)$ 三点共线. 由 ② 得

$$0=\begin{vmatrix} x_1 & y_1 & 1 \\ x_2 & y_2 & 1 \\ \dfrac{p}{2} & 0 & 1 \end{vmatrix}=\frac{1}{2p}\begin{vmatrix} 2px_1 & y_1 & 1 \\ 2px_2 & y_2 & 1 \\ p^2 & 0 & 1 \end{vmatrix}=\frac{1}{2p}\begin{vmatrix} y_1^2 & y_1 & 1 \\ y_2^2 & y_2 & 1 \\ p^2 & 0 & 1 \end{vmatrix}=\frac{y_1-y_2}{2p}(y_1y_2+p^2).$$

由 $y_1 \neq y_2$,得 $y_1y_2+p^2=0$,即

$$y_1y_2=-p^2.$$

2 三线共点

课本 P.42 第 12 题指出,方程

$$\begin{cases} a_1x+b_1y+c_1=0, \\ a_2x+b_2y+c_2=0, \\ a_3x+b_3y+c_3=0 \end{cases}$$

表示的三条直线共点的必要条件是

$$\begin{vmatrix} a_1 & b_1 & c_1 \\ a_2 & b_2 & c_2 \\ a_3 & b_3 & c_3 \end{vmatrix}=0. \qquad ⑦$$

进一步,当已知三条直线互不平行时,条件也是充分的.

例5　(1980 年高考数学试题) 用解析几何方法证明三角形的三条高线交于一点.

证明　如图 1,取 $\triangle ABC$ 最长的一边 BC 所在的直线为 x 轴,经过 A 的高线为 y 轴,设 A, B, C 的坐标分别为 $A(0, a)$, $B(b, 0)$, $C(c, 0)$.

根据所选坐标系,有 $a > 0$, $b < 0$, $c > 0$.

AB 的方程为 $\dfrac{x}{b} + \dfrac{y}{a} = 1$,其斜率为 $-\dfrac{a}{b}$.

AC 的方程为 $\dfrac{x}{c} + \dfrac{y}{a} = 1$,其斜率为 $-\dfrac{a}{c}$.

BC 的方程为 $y = 0$,其斜率为 0.

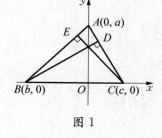

图 1

这三边所对应的高线分别为

CE: $y = \dfrac{b}{a}(x - c)$,即

$$bx - ay - bc = 0,$$

BD: $y = \dfrac{c}{a}(x - b)$,即

$$cx - ay - bc = 0,$$

AO: $x = 0$.

由 $b \neq c$ 知,这三条高线两两不平行.而行列式

$$\begin{vmatrix} b & -a & -bc \\ c & -a & -bc \\ 1 & 0 & 0 \end{vmatrix} = 0,$$

故知三条高线相交于一点.

3　面积公式

课本 P.41 第 7 题指出,若三角形的三个顶点为 $A(x_1, y_1)$, $B(x_2, y_2)$, $C(x_3, y_3)$,则三角形的面积为

$$S = \frac{1}{2} \begin{vmatrix} x_1 & y_1 & 1 \\ x_2 & y_2 & 1 \\ x_3 & y_3 & 1 \end{vmatrix} \text{ 的绝对值.} \tag{⑧}$$

例 6 求直线 $L: Ax+By+C=0$ 外一点 $M(x_0, y_0)$ 到直线的距离 d.

解 如图 2,在直线 L 上任取一点 $P(x, y)$,由

$$A(x-B)+B(y+A)+C=Ax+By+C=0,$$

知 $Q(x-B, y+A)$ 也在 L 上. 由 ⑧ 知 $\triangle MPQ$ 的面积为

$$S=\frac{1}{2}\begin{vmatrix} x & y & 1 \\ x-B & y+A & 1 \\ x_0 & y_0 & A \end{vmatrix} \text{的绝对值.}$$

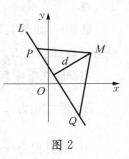

图 2

展开得 $S=\dfrac{1}{2}|A(x-x_0)+B(y-y_0)|$

$$=\frac{1}{2}|(Ax+By+C)-(Ax_0+By_0+C)|=\frac{1}{2}|Ax_0+By_0+C|.$$

另一方面

$$S=\frac{1}{2}|PQ|d=\frac{d}{2}\sqrt{A^2+B^2},$$

两相比较,得

$$d=\frac{|Ax_0+By_0+C|}{\sqrt{A^2+B^2}}.$$

例 7 已知 A, B, C 是平面上的任意三个整点(坐标为整数). 求证 $\triangle ABC$ 不是正三角形.

证明 (反证法)假定 $A(x_1, y_1), B(x_2, y_2), C(x_3, y_3)$ 组成正三角形,其中 $x_i, y_i(i=1, 2, 3)$ 均为整数. 由 ⑧ 知,三角形的面积为

$$S=\frac{1}{2}\begin{vmatrix} x_1 & y_1 & 1 \\ x_2 & y_2 & 1 \\ x_3 & y_3 & 1 \end{vmatrix} \text{的绝对值,}$$

运算的结果必为有理数.

另一方面,正三角形的面积又为

$$S=\frac{\sqrt{3}}{4}|AB|^2=\frac{\sqrt{3}}{4}[(x_2-x_1)^2+(y_2-y_1)^2],$$

运算的结果必为无理数.

这一矛盾说明 $\triangle ABC$ 不是正三角形.

4 因式分解

课本 P.41 第 6 题给出了循环行列式的两个展开式

$$\begin{vmatrix} a & b & c \\ c & a & b \\ b & c & a \end{vmatrix} = a^3 + b^3 + c^3 - 3abc, \qquad ⑨$$

$$\begin{vmatrix} a & b & c \\ c & a & b \\ b & c & a \end{vmatrix} = (a+b+c)(a^2+b^2+c^2-bc-ca-ab),$$

这说明有分解式

$$a^3 + b^3 + c^3 - 3abc = (a+b+c)(a^2+b^2+c^2-bc-ca-ab).$$

根据这一思想,可以把一个多项式化成行列式,然后由行列式运算得出分解式.

例 8 分解因式:$a^3 + b^3 + 3ab - 1$.

解 由 ⑨ 有

$$\text{原式} = a^3 + b^3 + (-1)^3 - 3ab(-1) = \begin{vmatrix} a & b & -1 \\ -1 & a & b \\ b & -1 & a \end{vmatrix}$$

$$= (a+b-1)\begin{vmatrix} 1 & b & -1 \\ 1 & a & b \\ 1 & -1 & a \end{vmatrix}$$

$$= (a+b-1)(a^2+b^2-ab+a+b+1).$$

例 9 分解因式:$a^2c + ab^2 + bc^2 - ac^2 - b^2c - a^2b$.

解 原式 $= (bc^2 - b^2c) - (ac^2 - a^2c) + (ab^2 - a^2b)$

$$= \begin{vmatrix} b & b^2 \\ c & c^2 \end{vmatrix} - \begin{vmatrix} a & a^2 \\ c & c^2 \end{vmatrix} + \begin{vmatrix} a & a^2 \\ b & b^2 \end{vmatrix} = \begin{vmatrix} a & a^2 & 1 \\ b & b^2 & 1 \\ c & c^2 & 1 \end{vmatrix}$$

$$=(a-b)(b-c)(c-a).$$

最后一式用到范得蒙行列式的展开式,见课本 P. 27 第 16(1) 题.

5 齐次线性方程组有非零解

课本 P. 35 给出了定理:齐次线性方程组有非零解的充要条件是系数行列式等于零.

例 10 若一元二次方程

$$ax^2+bx+c=0 \ (a\neq 0), \qquad\qquad ⑩$$

$$\alpha x^2+\beta x+\gamma=0 \ (\alpha\neq 0), \qquad\qquad ⑪$$

有等根. 求证

$$(a\gamma-c\alpha)^2=(a\beta-b\alpha)(b\gamma-c\beta).$$

证明 设 x_0 是方程⑩、⑪的公共解,把 x_0 代入⑩、⑪,并用 x_0 分别乘以⑩、⑪,得

$$\begin{cases} ax_0^3+bx_0^2+cx_0=0, \\ ax_0^2+bx_0+c=0, \\ \alpha x_0^3+\beta x_0^2+\gamma x_0=0, \\ \alpha x_0^2+\beta x_0+\gamma=0, \end{cases}$$

这表明齐次线性方程组有非零解 $(x_0^3, x_0^2, x_0, 1)$. 由充要条件知,系数行列式为零

$$\begin{vmatrix} a & b & c & 0 \\ 0 & a & b & c \\ \alpha & \beta & \gamma & 0 \\ 0 & \alpha & \beta & \gamma \end{vmatrix}=0,$$

展开即得所求.(可以证明条件也是充分的)

例 11 已知方程

$$ax^2+bx+c=0,$$
$$bx^2+cx+a=0, \quad (a\neq 0)$$

在复数集内有一根相等. 求证:

$$a^3 + b^3 + c^3 = 3abc.$$

证明 设 x_0 是已知两方程的等根. 有

$$ax_0^2 + bx_0 + c = 0, \qquad ⑫$$

$$bx_0^2 + cx_0 + a = 0, \qquad ⑬$$

由 $a \neq 0$ 及⑬知 $x_0 \neq 0$. 用 x_0 乘 ⑫ 再减去 ⑬, 得

$$ax_0^3 - a = 0,$$

但 $a \neq 0$, 故

$$x_0^3 = 1.$$

代入 ⑫, 得

$$ax_0^2 + bx_0 + cx_0^3 = 0,$$

即

$$cx_0^2 + ax_0 + b = 0 \quad (x_0 \neq 0). \qquad ⑭$$

⑫、⑬、⑭表明齐次线性方程组有非零解

$$(x_0^2, \ x_0, \ 1),$$

由充要条件可得

$$\begin{vmatrix} a & b & c \\ b & c & a \\ c & a & b \end{vmatrix} = 0.$$

由⑨即可得所求.

这时有

$$a^3 + b^3 + c^3 - 3abc$$

$$= \frac{1}{2}(a+b+c)[(a-b)^2 + (b-c)^2 + (c-a)^2] = 0.$$

当 $x_0 = 1$ 时, $a + b + c = 0$;

当 $x_0 \neq 1$ 时, $a = b = c$.

第3篇　异面直线简单判别法①

直接用定义来判别两条直线是否为异面直线是比较困难的. 但教材里下述例题,是异面直线的一个好判别法.

判别法　平面内一点与平面外一点的连线,与平面内不经过该点的直线是异面直线. 即

$B \in \alpha$,$A \bar{\in} \alpha$,且 $a \subset \alpha$,$B \bar{\in} a$,则 AB 和 a 是异面直线.

(原《立体几何》,(甲种本)P. 11 例或(乙种本)P. 10 例,两课本以下分别简称(甲)(乙))

例 1　如图 1,说出正方体中各对线段的位置关系:

(1) AB 与 CC_1;

(2) A_1A 与 CB_1;

(3) A_1C_1 与 CB_1;

(4) BD_1 与 DC

(见(乙)P. 10 练习 3(1),(3),(4),(6)或(甲)P. 12)

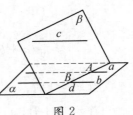

图 1

解　(1) 对平面 AC(或 BC_1)应用判别法. 有 $AB \subset$ 面 AC,$C_1 \bar{\in}$ 面 AC,$C \in$ 面 AC,$C \bar{\in} AB$. 故得 AB 与 CC_1 成异面直线.

同理可证(2)、(3)、(4).

例 2　证明:平行于同一直线的两条直线互相平行. (见(乙)P. 11 公理 4 或(甲)P. 12)

这是一个可以证明的定理,课本出于教学的需要作公理看待.

已知:$a /\!/ b$,$b /\!/ c$. 求证:$a /\!/ c$.

证明　(1) 若 a,b,c 共面,由平面几何知识知结论成立.

(2) 若 a,b,c 不共面,如图 2,则由公理 3 推论 3 知,可由 a,b 确定一个平面 α,且 $c \not\subset \alpha$. 这时,若 a 与 c 不平行,则有两种可能:

图 2

---

① 本文原载《中学理科教学参考资料》1985(5):9-11(署名:罗增儒).

①$a \cap c = p$. 对平面 α 及直线 c, b 应用判别法可得 c 与 b 成异面直线,与 $b \parallel c$ 矛盾.

②a 与 c 是异面直线. 这时取 $A \in a$, 由公理 3 推论 1 知过 c, A 可以确定一个平面 β, 有 $\beta \cap \alpha = d$, $d \cap a = A$.

在平面 α 内, d 与平行线中的一条 a 相交,也必与平行线中的另一条 b 相交.

记 $d \cap b = B \in \beta$, 又 $c \subset \beta$, $B \in c$, $b \not\subset \beta$, 由判别法知 c 与 b 成异面直线, 与 $b \parallel c$ 矛盾.

综上所述, $a \parallel c$.

例 3　证明:分别和两条异面直线 AB, CD 同时相交的两条直线 AC, BD 一定是异面直线. (见(乙)P.16 第 8 题或(甲)P.18)

证明　如图 3,由公理 3 知 B, C, D 可以确定一个平面 α. 且有 $BD \subset \alpha$, $A \in \alpha$, $c \in \alpha$, $C \in BD$, 由判别法知 AC 与 BD 成异面直线.

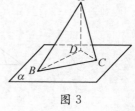

图 3

例 4　证明:如果平面外一条直线和这个平面内的一条直线平行,那么这条直线和这个平面平行. (见(乙)P.18 判定定理或(甲)P.20)

已知:$a \not\subset \alpha$, $b \subset \alpha$, $a \parallel b$. 求证:$a \parallel \alpha$.

证明　若 a 与 α 不平行,如图 4,由 $a \not\subset \alpha$ 知 a 与 α 相交,记 $a \cap \alpha = A$, 且有 $A \in b$(否则与 $a \parallel b$ 矛盾), $b \subset \alpha$. 故可由判别法知 a 与 b 成异面直线,这与 $a \parallel b$ 矛盾, 故有 $a \parallel \alpha$.

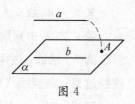

图 4

例 5　证明:斜线上的任意一点在平面上的射影,必在这条斜线在平面上的射影上. (见(甲)P.34 第 6 题).

已知:如图 5, $AC \perp \alpha$, BC 是斜线 AB 在 α 上的射影,且 $P \in AB$, $PQ \perp$

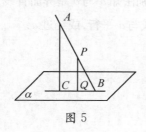

图 5

α. 求证：$Q \in BC$.

证明 （1）若 P 与 A 或 B 重合，可以认为显然成立.

（2）对 P 与 A 或 B 均不重合，若 $Q \in BC$，则有 $AC \subset$ 面 ABC，$P \in$ 面 ABC，$P \in AC$，$Q \in$ 面 ABC.

由判别式得 PQ 与 AC 成异面直线.

但由 $AC \perp \alpha$，$PQ \perp \alpha$，知 $AC // PQ$.

这一矛盾说明 $Q \in BC$.

例 6 证明：如果两个平面互相垂直，那么经过第一个平面内的一点垂直于第二个平面的直线，在第一个平面内.（见（乙）P.41 例 1 或（甲）P.45）

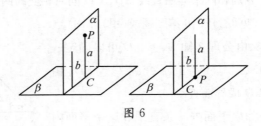

图 6

已知：如图 6，$\alpha \perp \beta$，$P \in \alpha$，$P \in a$，$a \perp \beta$. 求证：$a \subset \alpha$.

证明 设 $\alpha \cap \beta = c$. 在 α 内另作直线 $b \perp c$，$P \in b$，由 $\alpha \perp \beta$ 知 $b \perp \beta$. 又 $a \perp \alpha$，故 $a // b$.

若 $a \not\subset \alpha$，由判别法知 a 与 b 是异面直线，与 $a // b$ 矛盾，故 $a \subset \alpha$.

例 7 求证：过两条平行线中一条直线的所有平面，都与另一条直线平行或经过另一条直线.（见（乙）P.46 第 5 题或（甲）P.50）

证明 对 $a // b$，若结论不成立，则过 b 的所有平面中必存在一个平面 α_0，满足 $b \subset \alpha_0$ 且 $a \cap \alpha_0 = A$.

（1）若 $A \in b$，则 $a \cap b = A$ 与 $a // b$ 矛盾.

（2）若 $A \in b$，则由判别法知 a 与 b 是异面直线，也与 $a // b$ 矛盾.

故而过 b 的所有平面或与 a 平行，或经过 a.

第 4 篇　消元法的灵活运用①

解多元一次方程组的思路是化"多元"为"一元",也就是把一个未解决的新问题化归为一个已经解决的老问题. 原初中代数第二册课本介绍了"代入法"和"加减法"两个常用的方法,并总结出解题的步骤. 掌握这些通用的方法和步骤是必要的、基本的. 但更重要的是,要通过这些方法的熟练,进一步理解消元的数学思想,从根本上提高解题能力.

不要让固定的、形式化的程序束缚我们无限广阔、无限活跃的思维. 仔细分析"代入法"或"加减法"的求解过程可以看到,它们都是抓住一个未知数,进行恰当的数学运算,把它消掉. 但是,即使最简单的二元一次方程,从结构的全局上看,除了有两个未知数之外,还有三个已知数. 在消去一个未知数的同时,或在尔后的求出全部未知数的整个解题过程中,这三个已知数都在随之发生变化. 比如"加减法",从已知数的角度看,无非是:

(1) 把一个未知数的系数变为零;

(2) 再把第二个未知数的系数变为1;

(3) 返回来再把第一个未知数的系数变为1.

在这个"三部曲"中,未知数的客观取值始终是不变的,变来变去的都是已知数. 所以,如果我们在消元(抓主要矛盾)的过程中,自觉地运用已知数的改变(抓次要矛盾),便可使消元的数学思想从形式教条的桎梏中解放出来,变得生动而活泼.

1　整体消元

可用含一个未知数的代数式来表示另一个未知数的代数式,并整体消去这个代数式. 这实质上是把未知数系数的改变与已知数的改变同时进行.

例 1　(P. 23 第 6(2) 题)解方程组:

$$\begin{cases} 3(x-1)=y+5, & \text{①} \\ 5(y-1)=3(x+5). & \text{②} \end{cases}$$

---

① 本文原载《数学教师》1985(6):12-14(署名:罗增儒).

解法 1 （代入法)把原方程变为 $(x-1)$,$(y-1)$ 的形式：

$$\begin{cases} 3(x-1)=(y-1)+6, & ③ \\ 5(y-1)=3(x-1)+18. & ④ \end{cases}$$

把③中的 $3(x-1)$ 整个地代入④,得

$$5(y-1)=[(y-1)+6]+18.$$

即

$$4(y-1)=24,\ y-1=6,\ y=7.$$

代入①,得

$$3(x-1)=12,\ x-1=4,\ x=5.$$

所以

$$\begin{cases} x=5, \\ y=7. \end{cases}$$

解法 2 （加减法)由③+④亦可得同样的效果.

例 2 (P.23 第 6(5)题)解方程组：

$$\begin{cases} x+1=5(z+2), & ① \\ 3(2x-5)-4(3z+4)=5. & ② \end{cases}$$

解法 1 把②变为 $(x+1)$,$(z+2)$ 的形式：

$$6(x+1)-12(z+2)=18. \qquad ③$$

把①中的 $(x+1)$ 整体代入③,得

$$30(z+2)-12(z+2)=18,\ 18(z+2)=18,\ z+2=1,\ z=-1.$$

代入①,得 $x=4$.

所以

$$\begin{cases} x=4, \\ z=-1. \end{cases}$$

解法 2 ①×6−③ 亦可得同样的效果.

例 3 (P.37 第 7(2)题)解关于 x,y 的方程组：

$$\begin{cases} y=x+c, \\ x+2y=5c. \end{cases}$$

解 把原方程变为

$$\begin{cases} (y-2c)=(x-c), & \text{①} \\ (x-c)+2(y-2c)=0. & \text{②} \end{cases}$$

把①代入②,得

$$(y-2c)=(x-c)=0.$$

所以 $\begin{cases} x=c, \\ y=2c. \end{cases}$

以上的例子,实质上已贯穿了"换元法"的重要思想.

2　同时消两项

使用加减法时,不必拘泥于未知数的系数都化为整数,可同时考虑已知数的化简,特别注意两方程中是否有两系数成比例的.

例 4　(P. 17 第 1(5)题)解方程:

$$\begin{cases} 5x+2y=25, & \text{①} \\ 3x+4y=15. & \text{②} \end{cases}$$

解这道题,学生受模式的影响总是先消 y,其实不如先求 y.注意到 x 的系数与常数项成比例.有:

解　①÷25,②÷15,得

$$\begin{cases} \dfrac{1}{5}x+\dfrac{2}{25}y=1, & \text{③} \\[2mm] \dfrac{1}{5}x+\dfrac{4}{15}y=1. & \text{④} \end{cases}$$

③-④可同时消去两项,用不着计算 y 的系数便可得出 $y=0$,从而 $x=5$.
解这道题也可以 ①×3-②×5,但数字较大,还不如 ①÷5-②÷3,得

$$\begin{cases} x+\dfrac{2}{5}y=5, \\[2mm] x+\dfrac{4}{3}y=5. \end{cases}$$

若移项变形为

$$\begin{cases} 5(x-5)+2y=0, \\ 3(x-5)+4y=0, \end{cases}$$

也能立即看出

$$\begin{cases} x - 5 = 0, \\ y = 0 \end{cases} \Rightarrow \begin{cases} x = 5, \\ y = 0. \end{cases}$$

例 5 (P.17 第 2(1)题)解方程组:

$$\begin{cases} \dfrac{x}{3} + \dfrac{y}{5} = 1, & \text{①} \\ 3(x + y) + 2(x - 3y) = 15. & \text{②} \end{cases}$$

解 把②变为

$$\frac{3}{15}(x + y) + \frac{2}{15}(x - 3y) = 1,$$

即

$$\frac{x}{3} - \frac{y}{5} = 1. \qquad\qquad ③$$

①-③可同时消去两项,得 $y = 0$,从而 $x = 3$.

例 6 (P.22 第 5(3)题)解方程组:

$$\begin{cases} 6x + 5z = 25, & \text{①} \\ 3x + 4z = 20. & \text{②} \end{cases}$$

解 ①÷25,②÷20,得

$$\begin{cases} \dfrac{6}{25}x + \dfrac{1}{5}z = 1, & \text{③} \\ \dfrac{3}{20}x + \dfrac{1}{5}z = 1. & \text{④} \end{cases}$$

③-④可同时消去两项,得 $x = 0$,从而 $z = 5$.

也可以 ①÷5-②÷4,得

$$\begin{cases} \dfrac{6}{5}x + z = 5, \\ \dfrac{3}{4}x + z = 5. \end{cases}$$

3　消去常数项

有的方程虽然不像例 4、例 5、例 6 那样理想,可以同时消去两项. 但作为中间过渡,先消常数项可以得出两个未知数的直接倍数关系,有利于消元.

例 7　(P. 37 第 7(4) 题) 解方程组:

$$\begin{cases} x+y-n=0, & ① \\ 5x-3y+n=0. & ② \end{cases}$$

解　① + ② 先消去 n,得

$$3x-y=0, \qquad\qquad ③$$

① + ③,得

$$4x-n=0, \ x=\frac{n}{4}.$$

从而

$$y=\frac{3n}{4}.$$

例 8　解方程组:

$$\begin{cases} \dfrac{x}{16}+\dfrac{y}{9}=25, & ① \\[2mm] \dfrac{x}{9}+\dfrac{y}{16}=25. & ② \end{cases}$$

解　① - ②,得

$$\left(\frac{1}{16}-\frac{1}{9}\right)(x-y)=0,$$

即

$$x=y.$$

代入①,得 $x=y=144$.

4　一次消多元

对于多元方程组,课本主要介绍了逐一消元的方法. 但从本质上理解消元思想,也可以一次消"多元". 如 P. 37 第 6(9)、(10) 题.

一般地,对于三元一次方程组

$$\begin{cases} a_1 x+b_1 y+c_1 z=d_1, & ① \\ a_2 x+b_2 y+c_2 z=d_2, & ② \\ a_3 x+b_3 y+c_3 z=d_3. & ③ \end{cases}$$

可设①＋②×k＋③×h后,y与z的系数一齐为零.问题便转化为对k,h的选择,即解关于k,h的二元一次方程组:

$$\begin{cases} b_1+b_2k+b_3h=0, \\ c_1+c_2k+c_3h=0. \end{cases} \qquad (\ast)$$

由此解出k,h便可直接求出x.

例9 (P.23第7(2)题)解方程组:

$$\begin{cases} 5x-3y+4z=13, & ① \\ 2x+7y-3z=19, & ② \\ 3x+2y-z=18. & ③ \end{cases}$$

分析 原方程所对应的($\ast$)为

$$\begin{cases} -3+7k+2h=0, \\ 4-3k-h=0. \end{cases}$$

解得

$$k=-5, \ h=19.$$

解 ①－②×5＋③×19,得

$$(5-10+57)x=13-95+342, \ 52x=260, \ x=5.$$

代入②、③,得

$$\begin{cases} 10+7y-3z=19, \\ 15+2y-z=18. \end{cases}$$

同时消去z和常数项,得$y=0$,进而$z=-3$.

所以

$$\begin{cases} x=5, \\ y=0, \\ z=-3. \end{cases}$$

当然,也可以先求y或先求z.

第 5 篇　极角、幅角、辅助角和直线的倾斜角[①]

在下列四类问题中,都有一个角 θ 如何用 a,b 来表示的问题:

(1) 把直角坐标 (a, b) 化为极坐标 (ρ, θ);

(2) 把复数 $a+b\mathrm{i}$ 化为三角形式 $r(\cos\theta+\mathrm{i}\sin\theta)$;

(3) 把三角和 $a\sin\alpha+b\cos\alpha$ 化成一个三角函数 $\sqrt{a^2+b^2}\sin(\alpha+\theta)$;

(4) 求直线 $ax+by+c=0$ 的倾斜角.

这些问题由于没有一个统一的表达式,常会引起烦人的讨论,并往往导致

失误(最常见的错误是 $\theta=\arctan\dfrac{b}{a}$. 本文将给出几个公式,彻底解决这个问题.

考虑到 $ab=0$ 的情况比较简单,下面的研究均约定 $ab\neq0$.

1　引言

首先指出几个显然的结论:

$$f(x)=\frac{|x|}{x}=\begin{cases}1, & x>0;\\-1, & x<0.\end{cases}$$

$$f_1(x)=\frac{1}{2}\left(1+\frac{|x|}{x}\right)=\begin{cases}1, & x>0;\\0, & x<0.\end{cases}$$

$$f_2(x)=\frac{1}{2}\left(1-\frac{|x|}{x}\right)=\begin{cases}0, & x>0;\\1, & x<0.\end{cases}$$

$$F(x)=\frac{1}{2}\left(1+\frac{|x|}{x}\right)g_1(x)+\frac{1}{2}\left(1-\frac{|x|}{x}\right)g_2(x)=\begin{cases}g_1(x), & x>0,\\g_2(x), & x<0.\end{cases}\quad(*)$$

2　公式(A)

对以下三种情况:

$$(a, b)\to(\rho, \theta),$$

$$a+b\mathrm{i}=r(\cos\theta+\mathrm{i}\sin\theta),$$

$$a\sin\alpha+b\cos\alpha=\sqrt{a^2+b^2}\sin(\alpha+\theta),$$

---

① 本文原载《数学教学研究》1986(3):10,4(署名:罗增儒).

为了用 a, b 表示 $\theta \in (0, 2\pi)$, 分情况讨论:

$$a > 0, \begin{cases} b > 0, & \theta = \arctan \dfrac{b}{a}, & \text{①} \\[3mm] b < 0, & \theta = 2\pi + \arctan \dfrac{b}{a}; & \text{②} \end{cases}$$

$$a < 0, \begin{cases} b > 0, & \theta = \pi + \arctan \dfrac{b}{a}, \\[3mm] b < 0, & \theta = \pi + \arctan \dfrac{b}{a}. \end{cases} \quad \text{③}$$

把①、②中的 $b > 0$, $b < 0$ 代入 (*),有 $a > 0$ 时

$$\theta = \frac{1}{2}\left(1 + \frac{|b|}{b}\right)\arctan\frac{b}{a} + \frac{1}{2}\left(1 - \frac{|b|}{b}\right)\left(2\pi + \arctan\frac{b}{a}\right)$$

$$= \left(1 - \frac{|b|}{b}\right)\pi + \arctan\frac{b}{a}. \quad \text{④}$$

把③、④中的 $a > 0$, $a < 0$ 代入 (*),有

$$\theta = \frac{1}{2}\left(1 + \frac{|a|}{a}\right)\left[\left(1 - \frac{|b|}{b}\right)\pi + \arctan\frac{b}{a}\right] + \frac{1}{2}\left(1 - \frac{|a|}{a}\right)\left(\pi + \arctan\frac{b}{a}\right),$$

综合得

$$\theta = \left[1 - \frac{|b|}{2b}\left(1 + \frac{|a|}{a}\right)\right]\pi + \arctan\frac{b}{a}. \quad \text{(A)}$$

3　公式(B)

由于三角和化成一个三角函数时,没有 $\theta \in (0, 2\pi)$ 的限制,因而可以有更简单的形式:

$$a > 0, \begin{cases} b > 0, & \theta = \arctan \dfrac{b}{a}, \\[3mm] b < 0, & \theta = \arctan \dfrac{b}{a}; \end{cases}$$

$$a < 0, \begin{cases} b > 0, & \theta = \pi + \arctan \dfrac{b}{a}, \\[3mm] b < 0, & \theta = \pi + \arctan \dfrac{b}{a}. \end{cases}$$

只需对 $a>0$，$a<0$ 代入（＊）得

$$\theta=\frac{1}{2}\left(1+\frac{|a|}{a}\right)\arctan\frac{b}{a}+\frac{1}{2}\left(1-\frac{|a|}{a}\right)\left(\pi+\arctan\frac{b}{a}\right),$$

得

$$\theta=\frac{1}{2}\left(1-\frac{|a|}{a}\right)\pi+\arctan\frac{b}{a}. \tag{B}$$

4　公式(C)

把直线化为 $y=-\dfrac{a}{b}x-\dfrac{c}{b}$，有 $\tan\theta=-\dfrac{a}{b}$，$\theta\in(0,\pi)$，

$$a>0,\begin{cases} b>0,\quad \theta=\pi+\arctan\left(-\dfrac{a}{b}\right),\\[2mm] b<0,\quad \theta=\arctan\left(-\dfrac{a}{b}\right); \end{cases}$$

$$a<0,\begin{cases} b>0,\quad \theta=\arctan\left(-\dfrac{a}{b}\right),\\[2mm] b<0,\quad \theta=\pi+\arctan\left(-\dfrac{a}{b}\right). \end{cases}$$

即当 $ab>0$ 时，

$$\theta=\pi-\arctan\frac{a}{b};$$

当 $ab<0$ 时，

$$\theta=-\arctan\frac{a}{b}.$$

代入（＊）即得

$$\theta=\frac{1}{2}\left(1+\frac{|ab|}{ab}\right)\left(\pi-\arctan\frac{a}{b}\right)+\frac{1}{2}\left(1-\frac{|ab|}{ab}\right)\left(-\arctan\frac{a}{b}\right)$$

$$=\frac{1}{2}\left(1+\frac{|ab|}{ab}\right)\pi-\arctan\frac{a}{b}. \tag{C}$$

公式(A)、(B)、(C)回答了本文开始提出的问题．

第6篇　排列概念的理解[①]
——兼对"简捷解法"的补充

原重点中学高中代数第三册 P.48 把"从 n 个不同元素中取出 m 个元素的一个排列"定义为：

从 n 个不同元素中，任取 m $(m \leqslant n)$ 个元素，按照一定的顺序排成一列.

我们对这个概念的理解可以概括为：一组对象，两项内容，三个公式，四种认识.

一个对象是"n 个不同元素". 关键的字眼是"不同"，什么叫"不同"呢？ 通常认为是指物理性质不同，或化学性质不同等. 其实，这些条件只是充分的，并非必要. 在课本 P.64 的例 4 中，我们看到组合定义中的"n 个不同元素"，却把 100 件相同的产品看成 100 个不同的元素. 所以，对"不同"的准确理解，应是在我们的研究中，对象是可以加以区别的，至于"加以区别"的方法，随研究的需要，有任意性.

两项内容是：第一，"任取 m 个"，这相当于组合有 C_n^m 种；第二，"按一定的顺序排成一列". 这有两个问题，对谁排？ 排在什么地方？ 回答是，对取出的 m 个元素排，排在 m 个不同的固定位置上，其结果相当于 m 的全排列. 两项总计有 A_n^m 种.

这里把"一定的顺序"理解为"m 个不同的固定位置"还要作些说明，就是这 m 个不同的位置，仅仅指 m 个可以区别的位置，而与这种位置的形式无关. 可以是空间的 m 个位置，也可以是平面的 m 个位置；可以是整齐规则的 m 个位置，也可以是杂乱无章的 m 个位置；可以是排成一行的 m 个位置，也可以是排成 k 列的 m 个位置. 在这里，重要的是，任意选取的形式，在我们的研究过程中必须固定不变. 例如，m 个位置是整齐地分成 k 排的，不管每一排有几个位置，只要各排的相对位置不变，那么，其结果都是 m 个不同的位置，排列数用 A_n^m 计算. 但是，如果事先仅仅固定了每排的元素，而没有固定各排的相对位置，那么，就要把每一排看成一个元素，而进行 k 的全排列. 一般说来，两种情况下的排列

---

① 本文原载《中学数学教学参考》1986(3)：31 – 32,36(署名：张平(学生)，罗增儒).

数是不同的,但特殊情况下,两种情况下的排列数又是相同的.比如课本 P. 82 第 23 题中的两排,前后都是四个元素,有对等、对称的特点,这时,两排的交换反而是一种重复,故结果还是 A_8^8.

　　总之,"按一定的顺序排列",既有形式上的任意性,又有位置上的确定性.

　　上面谈了排列概念的一种认识,其实质是按乘法原理,分成两个步骤,得出公式

$$A_n^m = C_n^m \cdot A_m^m. \tag{公式 1}$$

这正是课本 P. 60 推导 $C_n^m = \dfrac{A_n^m}{A_m^m}$ 的途径.

　　我们的第二种认识是把排列过程分成 m 步:

　　第一步,从 n 个不同元素中,取一个元素放在一个位置上,有 n 种取法;

　　第二步,从剩下的 $n-1$ 个元素中,再取一个元素放在另一个位置上,有 $n-1$ 种取法;

　　……

　　第 m 步,从 $n-m+1$ 个元素中,取出一个元素,放在最后一个位置上,有 $n-m+1$ 种取法.

　　由乘法原理,得到排列数公式:

$$A_n^m = n(n-1)\cdots(n-m+1). \tag{公式 2}$$

这正是课本 P. 51 推导 A_n^m 的途径.

　　对第二种认识稍作变更,可以有第三种认识,把排列过程分解为 k 步 $(0 < k \leqslant m)$:

　　第一步,从 n 个不同元素中,取出 r_1 个不同元素,放在 r_1 个不同的位置上,有 $A_n^{r_1}$ 种取法;

　　第二步,从剩下的 $n-r_1$ 个不同元素中取出 r_2 个元素放在 r_2 个不同的位置上,有 $A_{n-r_1}^{r_2}$ 种取法;

　　……

　　第 k 步,从剩下的 $n-r_1-r_2-\cdots-r_{k-1}$ 个不同元素中,取 r_k 个不同元素放在最后 r_k 个位置上,有 $A_{n-r_1-r_2-\cdots-r_{k-1}}^{r_k}$ 种取法 $(r_1+r_2+\cdots+r_k=m)$.

由乘法原理,可得出一个新的计算公式

$$A_n^m = A_n^{r_1} \cdot A_{n-r_1}^{r_2} \cdot \cdots \cdot A_{n-r_1-r_2-\cdots-r_{k-1}}^{r_k}.$$ (公式 3)

对于特殊的 k, m 值可得一系列公式(参见《中学生数学》1985 年第 2 期 P.23).

应用(公式 3)解题要注意位置的确定性,下面例 1 将谈到.

我们先来谈对排列概念的第四种认识,即集合观点.在这种观点下"排列"这件事可以看成集合,"一个排列"就是集合中的一个元素,"排列数",就是有限集合中元素的个数.这一沟通为我们用集合知识来研究排列问题提供了方便(见例 2).

例 1 把 12 个不同元素排成三排.

(1) 一排 2 个,一排 4 个,一排 6 个,共有多少种排法?

(2) 第一排 2 个,第二排 4 个,第三排 6 个,共有多少种排法?

解 (1) 可分四步完成:

第一步,从 12 个不同元素中取 2 个,有 A_{12}^2 种不同排法;

第二步,从剩下的 10 个元素中取 4 个,有 A_{10}^4 种不同的排法;

第三步,把最后的 6 个不同元素作全排列,有 A_6^6 种不同的排法;

第四步,将三排再进行全排列,有 A_3^3 种不同排法.

由乘法原理得

$$N_1 = A_{12}^2 \cdot A_{10}^4 \cdot A_6^6 \cdot A_3^3 = A_{12}^{12} \cdot A_3^3 (种).$$

(2) 由于各排的位置固定,可直接用公式 3 得

$$N_2 = A_{12}^2 \cdot A_{10}^4 \cdot A_6^6 = A_{12}^{12} (种).$$

这两个小题的区别就在于三排的相对位置是否确定.《中学生数学》1985 年第 1 期 P.7《一类排列组合问题的简捷解法》也谈到分 k 排排列问题,可惜对 k 排相对位置的确定性强调不够,其"引申"也有点含糊:

"n 个不同元素排成前后 k 排,各排的元素个数是 r_1, r_2, $\cdots$, r_k,共有多少种排法?"

由于对"前后 k 排"可以理解为"前前后后"(无顺序),又可以理解为"从前到后"(有顺序),于是这道题就可以有两种看法:

第一,前前后后有 k 排,一排 r_1 个元素,一排 r_2 个元素,……,一排 r_k 个元素,这相当于例 1(1),有

$$N = A_n^{r_1} \cdot A_{n-r_1}^{r_2} \cdot \cdots \cdot A_{n-r_1-r_2-\cdots r_{k-1}}^{r_k} \cdot A_k^k.$$

这里承认了 r_1 两两不等,如有相等情况,还要除以相等排数 S 的全排列 A_S^S:

$$N = \frac{A_k^k}{A_s^s} A_n^{r_1} \cdot A_{n-r_1}^{r_2} \cdot \cdots \cdot A_{n-r_1-r_2-\cdots r_{k-1}}^{r_k}.$$

第二,从前到后有 k 排,第一排 r_1 个元素,第二排 r_2 个元素,……,第 k 排 r_k 个元素,这相当于例 1(2),就是通常的排列,有

$$N = A_n^{r_1+r_2+\cdots+r_k}.$$

或

$$N = A_n^{r_1} A_{n-r_1}^{r_2} \cdots A_{n-r_1-r_2-\cdots r_{k-1}}^{r_k}.$$

可能作者的意思是指第二种,但文字上表达得不够明显,从文章通篇看,也对位置的确定性强调不够,所以就会产生歧义. 不妨认为这是对《简捷解法》一文的一点补充.

例 2 (1985 年高考数学理科第一(5)题)用 1,2,3,4,5 这五个数字,可以组成比 20 000 大,并且百位数不是 3 的没有重复数字的五位数,共有( ).

(A) 96 个   (B) 78 个   (C) 72 个   (D) 64 个

解 这道题相当于"用 1,2,3,4,5,组成没有重复数字的五位数"(记作全集 I),其中"1 不在万位"(记作 $\overline{A}$),"3 不在百位"(记作 $\overline{B}$),这样的五位数,可由集合逐步淘汰公式计算

$$N(\overline{A \cup B}) = N(I) - N(A) - N(B) + N(A \cap B) = A_5^5 - 2A_4^4 + A_3^3$$
$$= 120 - 2 \times 24 + 6$$
$$= 78(个).$$

第二章 学习教育数学

第一节 高考竞赛试起步

第1篇 八〇年高考数学（理科）第六题的讨论①

第六题是：设三角函数 $f(x)=\sin\left(\dfrac{kx}{5}+\dfrac{\pi}{3}\right)$，其中 $k\neq 0$.

(1) 写出 $f(x)$ 的极大值 M，极小值 m 与最小正周期 T；

(2) 试求最小的正整数 k，使得当自变量 x 在任意两个整数间（包括整数本身）变化时，函数 $f(x)$ 至少有一个值是 M 与一个值是 m.

解 (1) $M=1$，$m=-1$，$T=\dfrac{5\times 2\pi}{|k|}=\dfrac{10\pi}{|k|}$.

(2) $f(x)$ 在它的每一个周期中都恰好有一个值是 M 与一个值是 m.

而任意两个整数间的距离都 $\geqslant 1$，因此要使任意两个整数间函数 $f(x)$ 至少有一个值是 M 与一个 m，必须而且只需使 $f(x)$ 的周期小于或等于 1.

即 $T\leqslant 1$，所以 $\dfrac{10\pi}{|k|}\leqslant 1$，$|k|\geqslant 10\pi=31.41\cdots$.

显见，$k=32$ 就是这样的最小正整数.

为了以下叙述方便，将"当自变量 x 在任意两个整数间（包括整数本身）变化时，函数 $f(x)$ 至少有一个值是 M 与一个值是 m"用 A 表示.

分析以上答案，答案本身是对的，但此处用了"A 成立，必须且只需 $T\leqslant 1$". 即 A 等价于 $T\leqslant 1$，也即是说 A 成立的必要且充分条件是 $T\leqslant 1$. 这个等价关系并非完全显然，虽然我们能分析出 $T\leqslant 1\Rightarrow$ A 成立，但 A $\Rightarrow T\leqslant 1$ 的成立（即 $T\leqslant 1$ 作为 A 的必要条件）不是一下子看得出来的.

---

① 本文原载《中学数学教学参考》1980(5)：20-22(署名：罗增儒). 原稿较长，经编辑部压缩修改.

且来看下面这个例子.

设三角函数 $G(x)=\sin\left(\dfrac{k\pi x}{5}+\dfrac{\pi}{2}\right)$ $(k\neq 0)$，试求最小的正整数 k，使得当自变量 x 在任意两个整数间（包括整数本身）函数 $f(x)$ 至少有一个值是最大值和一个值是最小值.

解　（1）同上题解法，得 $T=\dfrac{10}{|k|}$.

（2）因 $T\leqslant 1$，即 $\dfrac{10}{|k|}\leqslant 1$，$|k|\geqslant 10$.

于是周期 $T=1$，且 $k=10$ 为所求.

但事实上，当 $k=5$ 时，$(T=2)$，$G(x)=\sin\left(\pi x+\dfrac{\pi}{2}\right)$ 在各整数点就取到最大值与最小值，如图 1.

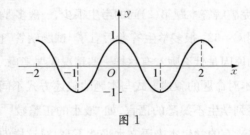

图 1

由上知 $k=10$ 并非最小，也就是说 $T>1$ 也有可能使 A 成立. 因而说第六题 $A\Rightarrow T\leqslant 1$ 成立并不显然，需要证明.

现在来证明第六题中 $A\Rightarrow T\leqslant 1$.

（1）显然，当 $T>2$ 时，$\dfrac{1}{2}T>1$，A 不成立（因为 x 在两个整数间 $f(x)$ 最多有一个最大值或最小值）.

（2）又由 $T=\dfrac{10\pi}{|k|}$ 知，当 $|k|$ 取整数时，T 不能为整数（是无理数），于是 $T\neq 1,2$；因而 A 成立的周期 T 可取范围为 $(0,1)$ 或 $(1,2)$.

（3）证 T 在 $(1,2)$ 内，A 不成立.

用反证法，设 $T=1+\varepsilon$（$0<\varepsilon<1$，ε 为无理数）时 A 成立.

因为 $\varepsilon>0$，于是可找到一个正整数 n，使得 $n\varepsilon>1$. 因而从原点向右取 n

倍周期长,那么有

$$nT = n(1+\varepsilon) = n + n\varepsilon > n+1.$$

又由已知函数知,周期为无理数,$f(0) = f(nT) = \sin\dfrac{\pi}{3}$ 不是极值,极值点不会出现在 x 取整数的地方. 于是,一方面,由 A 可知在相邻两个整数间至少有一个 M 和一个 m 知,在 0 到 $n+1$ 间,$f(x)$ 至少有 $n+1$ 个 M 和 $n+1$ 个 m. 另一方面,对 nT 长,$f(x)$ 仅有 n 个 M 和 n 个 m.

此与上面不等式结果矛盾,故(3)得证.

由(1)、(2)、(3)知 $T \geqslant 1$ 时,A 不成立.

于是 A $\Rightarrow$ $T < 1$ 成立.

因而 $T \leqslant 1$ 是 A 成立的必要条件.

一点看法:

据了解,能够完满解答本题第(2)问的考生很少,一般多是利用 $T \leqslant 1$ 作为 A 的充分性而得到 $k = 32$,很多学生答卷后看了"试题解答"也还没有明白,那么这种状况产生的原因是什么呢? 有这样一些情况需要考虑.

第一,现行课本对命题的叙述方式与本题的叙述方式不同,学生不习惯,再加上题中出现一系列学生不熟悉的语言,如"最小的正整数""任意两个整数之间""至少有……"等. 有的学生本来语文水平就不高,对这样的方式和这样的语言望而生畏,不知所云. 有的学生说,最小的正整数就是 $k = 1$.

第二,现行课本中对周期的概念讨论得很简单,即使正弦函数的最小正周期也不曾严格证明,至于极值的概念,极值与最值的关系也是不甚明确的,因此,讨论最小周期,又牵扯到"极值""整数""最小""任意""至少"等这么多的名词和概念,学生也就无从下手了.

第三,本题的解题方法比较新鲜,学生缺乏这方面的训练,对于必要性的证明,即使学得较好的学生也是有困难的.

这种情况需要从两个方面看:一方面,说明中学数学教学应作出进一步的努力;另一方面,说明出题时应该作些改进(对此题第(2)问,中学教师的认识不一致,有的认为是超纲的).

我们有这样的意见:

（1）高考应该出一些综合运用基本知识、方法比较新鲜、技巧性强的题目来选拔人才，因此，虽然第六题出题的立足点是好的，但是出题时，对考生的情况估计不足，根据"从易到难"的原则，第六题应摆在后一些；

（2）在出题过程中应尽量使用现行中学课本的语言，不是说出题的语言不可以灵活，而是要使得多数学生经过分析都能弄清题意，如果是检查学生对数学语言的掌握情况，最好用其他形式（如写逆命题或逆否命题等）独立计算分数，这样比较便于拉开距离，考出水平；

（3）方法可以新鲜，推理可以复杂，但题中牵涉到的概念应该是中学阶段较为严格地定义过的，以免学生望而生畏.

以上解法和意见，欢迎批评指正.

第 2 篇　高考数学（理科）第五题的讨论和解法[①]

今年（指 1982 年）高考数学（理科）第五题是：设 $0 < x < 1$，$a > 0$ 且 $a \neq 1$，比较 $|\log_a(1-x)|$ 与 $|\log_a(1+x)|$ 的大小（要写出比较过程）.

由于这道题把对数函数的性质与绝对值的概念结合得深刻而且自然，因此受到舆论的一致好评.《人民教育》1982 年第 8 期《1982 年高考命题侧记》一文中指出：数学命题"考查对基本概念理解的能力"，"考查对基本方法运用的能力"，"如理工医农类第五题，已知条件既有明显的，如 $0 < x < 1$；又有隐蔽的，如对数函数的增减情况是由底数 $a > 1$ 或 $0 < a < 1$ 来决定的，后者对解题起着关键的作用".命题者的意图是要求对函数 $y = |\log_a x|$ 分成 $a > 1$ 和 $0 < a < 1$ 两种情况加以讨论，然后解出此题. 无疑，这种解法是正确的，但没有揭示出函数 $y = |\log_a x|$ 的实质. 事实上，对任何 $0 < a < 1$，则 $\dfrac{1}{a} > 1$ 而函数 $y = \log_a x$ 的图像与函数 $y = \log_{\frac{1}{a}} x$ 的图像以 x 轴为对称，即 $|\log_a x| = |\log_{\frac{1}{a}} x|$. 这样，对 a 分两种情况的讨论，既不是必要的，也不是最简单的了.

其次，"参考答案"给出"分情况讨论"，运用分析符号脱去绝对值的方法，对于"考查对基本概念理解的能力"，"考查对基本方法运用的能力"，确实有着重

① 本文原载《中学数学教学参考》1982(6)：20 - 21（署名：罗增儒）.

要的作用. 但若运用绝对值的一些性质, 如:

① $|a| \geqslant |b| \Leftrightarrow a^2 \geqslant b^2$;

② a, b 同号时, $|a+b| = |a| + |b|$;

③ a, b 异号时, $|a-b| = |a| + |b|$;

④ a, b 异号时, $|ab| = -ab$;

可以得此题另一些比较简单的解法, 这又可考查学生灵活掌握知识的能力. 下面仅举出此题不同于"参考答案"的四种解法.

解法 1 由 $0 < x < 1$ 知

$$0 < 1 - x^2 < 1 < 1 + x,$$

因而 $\log_a(1-x^2)$ 与 $\log_a(1+x)$ 异号. 由绝对值性质③得

$$|\log_a(1-x)| = |\log_a(1-x^2) - \log_a(1+x)|$$
$$= |\log_a(1-x^2)| + |\log_a(1+x)| > |\log_a(1+x)|.$$

解法 2 由 $0 < x < 1$ 知

$$0 < 1 - x^2 < 1 < 1 + x,$$

因而 $\lg(1-x^2)$ 和 $\lg(1+x)$ 异号. 由绝对值性质③有

$$|\log_a(1-x)| = \frac{|\lg(1-x)|}{|\lg a|} = \frac{|\lg(1-x^2) - \lg(1+x)|}{|\lg a|}$$
$$= \frac{|\lg(1-x^2)| + |\lg(1+x)|}{|\lg a|} > \frac{|\lg(1+x)|}{|\lg a|} = |\log_a(1+x)|.$$

解法 3 由 $0 < x < 1$ 知

$$0 < 1 - x^2 < 1 < 1 + x,$$

因而 $\log_a(1-x^2)$ 与 $\log_a(1+x)$ 异号. 由绝对值性质④有

$$|\log_a(1-x)|^2 - |\log_a(1+x)|^2$$
$$= [\log_a(1-x) + \log_a(1+x)] \cdot [\log_a(1-x) - \log_a(1+x)]$$
$$= \log_a(1-x^2)[\log_a(1-x^2) - 2\log_a(1+x)]$$
$$= |\log_a(1-x^2)|^2 - 2\log_a(1-x^2) \cdot \log_a(1+x)$$
$$= [\log_a(1-x^2)]^2 + 2|\log_a(1-x^2) \cdot \log_a(1+x)| > 0,$$

再由绝对值性质①得

$$|\log_a(1-x)|>|\log_a(1+x)|.$$

解法 4　容易验证函数 $y=|\log_a x|$,对任何 $0<x<1$ 在 $(1-x,1)$ 与 $(1,1+x)$ 上满足拉格朗日微分中值定理,所以

$$|\log_a(1-x)|-|\log_a(1+x)|$$

$$=|x|\left|\frac{\log_a 1-\log_a(1-x)}{1-(1-x)}\right|-|x|\left|\frac{\log_a(1+x)-\log_a 1}{(1+x)-1}\right|$$

$$=\frac{x}{|\xi_1 \ln a|}-\frac{x}{|\xi_2 \ln a|}=\frac{x}{|\ln a|}\cdot\frac{\xi_2-\xi_1}{\xi_1\xi_2}>0,$$

其中　　　　　　　　$0<1-x<\xi_1<1<\xi_2<1+x,$

移项即得　　　　　　$|\log_a(1-x)|>|\log_a(1+x)|.$

第 3 篇　植根于课本,着眼于提高①
——兼读今年高考第九题

在今年(指 1983 年)高考数学(理科)试题的许多特色中,有一点既为考生所热烈欢迎、亦为我们所特别欣赏、偏爱与推崇. 那就是所有的试题都深深植根于课本,又处处着眼于提高. 既紧扣课本的基本内容与重要方法,又着重考查学生综合运用知识的能力.

课本是教师从事教学的依据,是学生获得知识的源泉. 对课本知识的掌握是国家对学生的具体要求,也是高等学校录取新生的重要标准. 高考试题能把课本与提高有机结合起来将会起到一个很好的指挥棒作用,指导我们在教学中把传授知识与培养能力也有机结合起来.

下面我们来分析一下试题与课本内容的联系. 将着重谈谈第九题的特色并得出六种解法.

1　试题与课本内容的联系

第一题:

———————————

① 本文原载《中学数学教学参考》1983(5):11-15(署名:罗增儒).

第(1)题是课本第二册 P.9 定义,P.10 第 2 题作过提醒.

第(2)题可从课本第二册的下述题目中找到类似题型:

P.164 练习 (1) $x^2-2xy+y^2=12$ 表示两条平行直线; P.165 第 6 题 $x^2+2xy+y^2+2x+2y-3=0$ 表示两条平行直线; P.172 第 28 题⑥ $x^2-y^2+10x-6y+16=0$, ⑦ $x^2-y^2+4y-4=0$ 均表示两互相垂直的直线.

第(3)题与课本中充要条件的例子相比体现了提高.

第(4)题与课本第一册 P.179 第 4 题③类似.

第(5)题可从课本第一册 P.44 第 3 题、P.46 第 3 题找到类似题型. 事实上, $\log_2 0.3 < 0 < 0.3^2 < 1 < 2^{0.3}$.

判断题进入高考这是第一次.

第二题:

第(1)题可从课本第四册 P.191 例 3、P.201 第 2 题③找到类似的作图,一个是第一象限,一个是第四象限. 试题比例题有所提高.

第(2)题与课本第二册 P.187 第 4 题②作图 $\rho=6\cos\theta$ 可以认为是一样的.

第三题:

第(1)题在课本第四册 P.99 第 3 题④求过类似的导数

$$y=\frac{\sin x+\cos x}{e^x}=\sqrt{2}\,e^{-x}\sin\left(x+\frac{\pi}{4}\right).$$

第(2)题与课本第三册 P.158 第 10 题③题型相似. 而在第五章的概率计算中更有大量类似的组合计算,如 P.167 习题十一第 1 题、P.170 例 2、P.178 习题十二第 3、5、11 题.

第四题可从课本第三册 P.41 第 5 题④找到类似题型,而它们又都是下边更一般性行列式的特例:

$$\begin{vmatrix} \sin A & \cos A & \sin(A+D) \\ \sin B & \cos B & \sin(B+D) \\ \sin C & \cos C & \sin(C+D) \end{vmatrix} = \begin{vmatrix} \sin A & \cos A & 0 \\ \sin B & \cos B & 0 \\ \sin C & \cos C & 0 \end{vmatrix} \cdot \begin{vmatrix} 1 & 0 & \cos D \\ 0 & 1 & \sin D \\ 0 & 0 & 0 \end{vmatrix} = 0.$$

不用乘法亦极易证明这是一个零值行列式(见文后注).

令 $A=\alpha$,$B=\dfrac{\pi}{2}-\beta$,$C=\varphi$,$D=\dfrac{\pi}{2}+\varphi$,便可得试题. 令 $A=\alpha$,$B=\dfrac{\pi}{2}-$

α，$C=\beta$，$D=\dfrac{\pi}{2}-\beta$，便可得课本作业题.

第五题：

第(1)问的证明可从课本第三册 P. 73 第 20 题得到启发："已知 $0<\theta<\dfrac{\pi}{2}$，求证 $1<\sin\theta+\cos\theta\leqslant\sqrt{2}$"，更可从 P. 66 第 5 题③中 $\left(\dfrac{a+b}{2}\right)^2\leqslant\dfrac{a^2+b^2}{2}$ 找到解题的捷径. 取 $a=|\cos t|$，$b=|\sin t|$，有

$$r=\sqrt{|\cos t|+|\sin t|}\leqslant\sqrt{2\sqrt{\dfrac{\cos^2 t+\sin^2 t}{2}}}=\sqrt[4]{2}.$$

第(2)问中的解三角不等式在课本第三册 P. 73 第 13 题④中求定义域 $y=\lg(1-2\sin x)$ 时做过.

第六题综合了课本第二册第五章前四节中直线与平面的基础知识，更多地体现了提高.

第七题可从课本第二册 P. 199 第 6 题中找到简化形式下的类比，但更多地体现了提高.

第八题综合了第四册 P. 15 §7.3 中等比数列的判定与求和，这也是综合与提高题.

第九题是我们要着重谈到的.

2　第九大题的分析

我们认为这是一道颇具特色、饶有趣味的题目. 它叙述的语言不多而含义却不少；它包含的数学思想很深刻而解题过程却不繁不难；学生感到似乎会做却又难以把握住；安排在最后却得分不低不高. 所有这些，都反映了拟题人的良苦用心. 下面我们从三个方面来谈谈这道题是如何体现"植根于课本，着眼于提高"的.

（1）求各种初等函数（包括 $y=x^{\frac{1}{x}}$，$y=\dfrac{\ln x}{x}$，$y=(a^{\frac{1}{a}})^x-x$，$y=\dfrac{a^x}{x^a}$ 等）的导数，是课本的基本内容和学生所普遍掌握的重要方法. 应用导数手段确定函数的单调性、极值等性质也是课本的基本内容和同学们所普遍掌握的重要方法. 但是灵活运用微分法来证明不等式则是建立在函数性质基础上的进一步要求. 这方面的例子，课本里不多，在第四册 P. 138 第 3 题出现过"求证：如果 $0<x_1<x_2<\dfrac{\pi}{2}$，那么 $\dfrac{\tan x_2}{\tan x_1}>\dfrac{x_2}{x_1}$". 这在当时是学生的一道难题，而试题比这道

习题要求还更高一些.

（2）把 $a^b > b^a$ 变为 $\dfrac{\ln a}{a} > \dfrac{\ln b}{b}$，从而归结为对函数 $y = \dfrac{f(x)}{x} = \dfrac{\ln x}{x}$ 单调性的讨论，这与课本习题对 $y = \dfrac{f(x)}{x} = \dfrac{\tan x}{x}$ 单调性的讨论属于同一类型. 学生感到试题似曾相识是有道理的. 在几何上两个函数 $\dfrac{\ln x}{x}$，$\dfrac{\tan x}{x}$ 的单调性都反映了某一曲线的从原点出发的弦线的斜率的单调性也是类似的. 这是"植根于课本"的有力明证. 但是对 $a^b > b^a$ 的演变比起对 $\dfrac{\tan x_2}{\tan x_1} > \dfrac{x_2}{x_1}$ 的演变稍为曲折，也更为灵活（参见下述各种解法），而对应函数 $\dfrac{f(x)}{x}$ 的单调性也复杂一些.

如图 1，对 $y = \tan x$ 有 $k_{OA} < k_{OB}$，得

$$\frac{\tan x_2}{x_2} > \frac{\tan x_1}{x_1} \left(0 < x_1 < x_2 < \frac{\pi}{2} \right).$$

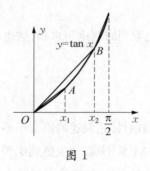
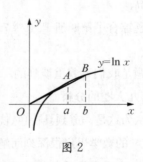

图 1　　　　　　　　图 2

而对图 2 的 $y = \ln x$ 有 $k_{OA} > k_{OB}$，得

$$\frac{\ln a}{a} > \frac{\ln b}{b} \ (\mathrm{e} < a < b),$$

这似乎相同. 但当 $0 < a < b < \mathrm{e}$ 却有不同的单调性，又表现出后者比前者复杂.

（3）本来 $\mathrm{e} < a < b$ 均为常数，但在证明过程中却要引进一个辅助函数（变量）把一个静止状态的关系放到一个更广泛的运动过程中去加以考察，再由整个运动过程的特点（如单调性）得出所需要的特定时刻下两状态的关系，这种思想有点像平面几何中作辅助线、辅助圆、辅助三角形等，但又包含着更多的辩证

思想. 这种静与动的矛盾统一, 中学生是有所接触但还比较朦胧的, 从整体上看, 这种用运动的、统一的观点来处理问题的数学思想属于高等数学的范畴, 是对中学生的一个提高要求. 下面两个题目的出处可以不言而喻地支持这种看法.

第 1 题是南京工学院 1980 年招考研究生的一道试题: "在数 1, $\sqrt{2}$, $\sqrt[3]{3}$, $\sqrt[4]{4}$, $\cdots$, $\sqrt[n]{n}$, $\cdots$ 中求出最大的一个数." 这道题可以归结为函数 $y = x^{\frac{1}{x}}$ 单调性的确定, 与第九题的解法是共通的.

第 2 题是清华大学 1981 年招考研究生的一道试题: "(1) 作函数 $y = \dfrac{\ln x}{x}$ 的图像, 注明极值点、拐点和渐近线. (2) 比较 e^{π} 和 π^{e} 的大小并说明理由. (3) 说明当 $0 < x < 1$ 或 $x = e$ 时, 只有 $y = x$ 才满足 $x^{y} = y^{x}$; 当 $x > 1$ 且 $x \neq e$ 时, 对于任意一个 x 可以找到唯一一个 $y \neq x$ 满足 $x^{y} = y^{x}$."

因此, 这个第九题既是一道作业题的方法上的引申, 又是几道研究生试题的简化, "植根于课本, 着眼于提高" 表现得十分突出.

用微分法证明不等式的关键是引进辅助函数, 而引进不同的辅助函数就会得出不同的解法. 下面补充第九题的几个解法, 限于篇幅, 只写出第(1)问的过程.

解法 1　设 $y = x^{\frac{1}{x}}$ $(x \geq e)$, 有

$$y' = x^{\frac{1}{x} - 2}(1 - \ln x) < x^{\frac{1}{x} - 2}(1 - \ln e) = 0 \ (\text{当 } x > e \text{ 时}),$$

故函数在 $[e, +\infty)$ 上是递减的. 对 $e < a < b$ 有 $a^{\frac{1}{a}} > b^{\frac{1}{b}}$, 得 $a^{b} > b^{a}$.

特别地, 对 $e < \pi$ 有 $e^{\pi} > \pi^{e}$. 详细讨论可得 $y = x^{\frac{1}{x}}$ 图像如图 3.

也可以用中值定理来证:

$$a^{\frac{1}{a}} - b^{\frac{1}{b}} = (a - b)\zeta^{\frac{1}{\zeta} - 2}(1 - \ln \zeta) > 0,$$

其中 $e < a < \zeta < b$, 整理即得 $a^{b} > b^{a}$.

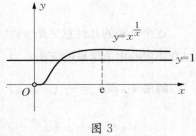

图 3

解法 2　设 $y = \dfrac{\ln x}{x}$ $(x \geq e)$, 有

$$y' = \frac{1 - \ln x}{x^{2}} < \frac{1 - \ln e}{x^{2}} = 0 \ (\text{当 } x > e \text{ 时}),$$

故函数在$[e，+\infty)$上是递减的(图4).

对 $e<a<b$ 有 $\dfrac{\ln a}{a}>\dfrac{\ln b}{b}$，即 $\ln a^b>\ln b^a$，得 $a^b>b^a$.

对于 $\varphi(x)=\dfrac{f(x)}{x}$ 的单调性有更一般性的

命题.

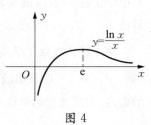

图 4

设函数 $f(x)$ 在 $(\alpha，\beta)$ 内有二阶导数，且 $a\in$ $(\alpha，\beta)$ 满足 $af'(a)-f(a)=0$. 则

当 $f''(x)>0$(或<0)时，$\varphi(x)=\dfrac{f(x)}{x}$ 在区

间 $0<a<x<\beta$ 或 $\alpha<x<a<0$ 内为增(或减)函数；

当 $f''(x)<0$(或>0)时，$\varphi(x)=\dfrac{f(x)}{x}$ 在区间 $0<x<a$ 或 $a<x<0$

内为增(或减)函数.(对 $f(x)$ 在 $x=a$ 展开成泰勒公式，再对 $\dfrac{f(x)}{x}$ 求导便可得)

中值定理解法已见于《试题解答》.

解法 3 设 $y=(a^{\frac{1}{a}})^x-x\ (x\geqslant a)$，有

$$y'=(a^{\frac{1}{a}})^x\ln a^{\frac{1}{a}}-1\geqslant(a^{\frac{1}{a}})^a\frac{\ln a}{a}-1=\ln a-1>\ln e-1=0,$$

故函数在 $[a，+\infty)$ 上是连续增函数，且有最小值 $\begin{cases}x=a，\\ y=(a^{\frac{1}{a}})^a-a=0.\end{cases}$

故对 $b>a$，有 $y(b)=(a^{\frac{1}{a}})^b-b>y(a)=0$，即

$$(a^b)^{\frac{1}{a}}>b，a^b>b^a.$$

这个证明的几何意义是 $y=(a^{\frac{1}{a}})^x$ 的图像当 $x>a$ 时在直线 $y=x$ 的上方. 也有相应的中值定理的证法.

解法 4 设 $y=\dfrac{a^x}{x^a}\ (x\geqslant a)$，有

$$y'=\frac{a^x x^{a-1}(x\ln a-a)}{x^{2a}}>\frac{a^x x^{a-1}(x\ln e-a)}{x^{2a}}=\frac{a^x x^{a-1}(x-a)}{x^{2a}}>0,$$

故函数在$[a,+\infty)$上是连续增加的,且有最小值 $\begin{cases} x=a, \\ y=\dfrac{a^a}{a^a}=1. \end{cases}$

故对$b>a$,有$y(b)=\dfrac{a^b}{b^a}>y(a)=1$,得$a^b>b^a$.

也有相应的中值定理证法.

解法 5　由柯西中值定理有

$$a\ln b-b\ln a=(a-b)\frac{\dfrac{\ln b}{b}-\dfrac{\ln a}{a}}{\dfrac{1}{b}-\dfrac{1}{a}}=(a-b)\frac{\left(\dfrac{\ln x}{x}\right)'}{\left(\dfrac{1}{x}\right)'}\Bigg|_{x=\zeta}\quad(a<\zeta<b)$$

$$=(a-b)(\ln\zeta-1)<(a-b)(\ln e-1)=0,$$

移项,得
$$b\ln a>a\ln b,\ a^b>b^a.$$

解法 6　设$a\leqslant x\leqslant b$,

$$f(x)=\begin{vmatrix} \dfrac{\ln a}{a} & \dfrac{1}{a} & 1 \\[2mm] \dfrac{\ln b}{b} & \dfrac{1}{b} & 1 \\[2mm] \dfrac{\ln x}{x} & \dfrac{1}{x} & 1 \end{vmatrix},$$

有$f(a)=f(b)=0$,由罗尔定理得$\zeta\in(a,b)$,使$f'(\xi)=0$.

$$0=\begin{vmatrix} \dfrac{\ln a}{a} & \dfrac{1}{a} & 1 \\[2mm] \dfrac{\ln b}{b} & \dfrac{1}{b} & 1 \\[2mm] \dfrac{1-\ln\zeta}{\zeta^2} & \dfrac{-1}{\zeta^2} & 1 \end{vmatrix}=\frac{1}{ab\zeta^2}[(b\ln a-a\ln b)+(b-a)(1-\ln\zeta)],$$

得$b\ln a-a\ln b=(b-a)(\ln\zeta-1)>0$,亦得$a^b>b^a$.

最后两个解法在分析上有某种一般性,但对此题未必简便.

[注]　比如可用克莱姆法则.

证明　由线性齐次方程组

$$\begin{cases} x\sin A + y\cos A + z\sin(A+D) = 0, \\ x\sin B + y\cos B + z\sin(B+D) = 0, \\ x\sin C + y\cos C + z\sin(C+D) = 0 \end{cases}$$

有非零解 $(\cos D,\ \sin D,\ -1)$，故系数行列式为零.

第 4 篇　评 1984 年高考理科试题的份量①

对于今年(指 1984 年,下同)的高考命题,曾经有人信誓旦旦:将不超出中学教学的基本要求,但"基本要求"确如今年理科试题所具体注释的那样吗? 我们更多地感到的是,这个"基本要求"指挥棒的沉重与严厉.

确实,今年的理科试题,题目小、数量多、题型活泼,设问精巧,具有起点高,综合性强,强调"知识结构"与高等数学联系密切的特点."重在考查能力,重在选拔新生"的竞争性态度也突出而鲜明,无论是优点方面还是缺点方面都很有特色,情况表明,今年的试题比历届试题要求都高,份量都重. 它更像是"较高要求"基础上的,考查解题速度与能力的数学竞赛.

这些看法,可以从下面更广泛的一般性讨论中找到依据.

1　数量

今年的题目采取"化整为零"的办法,增加了小题与填空,可以有效地扩大覆盖面,能够较完整地考查学生的"双基"与能力. 集合,初等函数,数列、极限、数学归纳法,方程与不等式,复数,排列、组合、二项式定理,直线与平面,面积与体积,直线、圆、椭圆,参数方程与极坐标等,教材中的每一章都考到了.内容属于大纲的范围,方向也是对头的. 但数量太大了,没有掌握好两个钟头的时间,粗略算了一下,全卷大小题 22 道(有的题目本身还不只一问),是历年高考数量最多的,平均 5 分钟要做完一道题. 说来见笑,我们作为老师的没有两个钟头根本拿不下来,还不敢保证全对,按 1∶2 计算,学生就需要 4 个钟头才能做完. 虽然第一、二大题免去了书写,但不能免去思考的时间,不能免去在草稿纸上的运算,更别说有的小题(如一(5)、二(6))本来的推理就很不轻松. 这样一来,很多考生就面临一次解答不完的考试,大量的不及格既在意料之内,亦在情理之中,

① 本文原载《中学数学教学参考》1984(5)：42-46(署名：罗增儒).

真正的水平并未充分反映出来.

这样的数量别说"基本要求",就是"较高要求"也难以胜任.

如果删去一部分重复的内容,再降低部分试题的综合程度,降低整个试题的起点,这份试题的效度与信度反而会提高.

2 侧重

一次考试不能面面俱到,考虑到高考具有竞争性并直接为高等学校负责,因而试题出得侧重于综合提高,侧重于高等数学的需要这是理所当然的. 问题只在于分寸,要恰到好处地把握住天平两边、高等教育与中等教育的平衡,真正做到"两个有利". 在这方面,试题侧重得有点过分.

试题中反复出现复合函数或分段定义函数(一(3),二(2),三(1),五,附加题),不断进行多参数的讨论(五题的 c, d,六(1)题的 p, q,八题的 n, α),即使是中学的传统内容(六(2),七)也没有放过渗透高等数学的"动"的观点. 这些都反映了一种明显的、重在选拔大学新生的意图. 这种意图在"数列、极限、数学归纳法"中表现得尤其强烈,以至于有些地方越出常规.

"数列、极限、数学归纳法"在基本要求里安排了 20 节,只占高中总课时(303 节)的 6.6%,但在试题里却出现了三道小题、一道大题(一(1)、(3),二(5)、八)共 22 分,占全卷 120 分的 18%,而在数列的考查中,中学阶段有基本重要性的等差、等比数列一晃而过,倒是递推数列在高考史上,从线性关系加码到非线性分式关系. 数学归纳法是重要的,但在同一份试卷、同一大题中两次考查(八(1)、(2)均用数学归纳法)似乎不合命题的常规. 同样,在同一大题里连续证明四个数列不等式,而每个只能得 2 分或 4 分,也实在是无情的重复. 至于年年都拿数列压轴,也会助长猜题、押题的不良风气.

3 协调

对一部分内容的过分偏爱,必然导致另一部分内容的削弱,造成全卷的比例失调,反而降低整个试题的实际价值和学术水平. 虽然试题已经注意了考查内容的广泛代表性,但三角和立体几何的份量还是相对偏轻;解析几何的比重固然恰当,却集中在椭圆或圆上,怠慢了双曲线和抛物线.

三角份量轻表现在数量少、程度浅和内容重叠三个方面,按照基本要求的安排,高中三角编在代数课本里,共有 $34 + 26 + 12 = 72$ 节,占高中总课时的 24%,但在试卷里却主要表现为三道小题(一(4)、(5),二(3))共 10 分(占 8%),

计及第七大题也才 22 分,而且第七题在本质上是初中的平面几何题,所牵涉的高中三角知识完全可以用初中知识来代替. 比如,一开头改正弦定理为余弦定理可得 $(a^2-b^2)(c^2-a^2-b^2)=0$,对边长的运算便避开了原解法中的正弦倍角公式. 进行三角题的具体求解还可发现,一(5)、二(3)、七题都无一例外地用到同一个正弦倍角公式. 虽然附加题在一定程度上弥补了三角份量的不足,但三角题在数量与深度上的缺陷依然存在.

立体几何在试卷里安排了一道小题(二(1))、一道大题,恰好对应着立体几何的两大部分内容,设计是精心的,但一共才 16 分的比例似乎有点少. 同时,第四题是原题(《立体几何》P.51 第 10 题,或高中数学第二册 P.99 第 1 题),第二(1)小题也可以从高中数学第二册 P.76 第 10 题找到简化原型,深度稍嫌浅了一点.

减少一点数列,增加一点三角和立体几何全卷将较为协调.

4 课本与提高、"双基"与能力

今年的试题,继承了往届"植根于课本,着眼于提高"的优点,但更加强调综合,更加强调提高,更加强调能力.

是的,有少数几道试题可以在课本里找到原型,但课本主要是指较高要求的重点中学课本,而原型,不是经过了综合,就是原来的起点已足够高了.

如第一(1)题源于高中代数第二册 P.30 对例 5 两种解法所得解集相同的分析. 拿这道题作全卷的开头,起点是够高的. 原因有三:

(1) 两个解集相同的问题,本来就是三角方程教学的难点,而例 5 原文的叙述很粗糙,更像是说了

$$\left\{x \mid x=\frac{1}{9}(2n+1)\pi,\, n\in \mathbf{Z}\right\} \supseteq \left\{x \mid x=\frac{1}{9}(4k\pm 1)\pi,\, k\in \mathbf{Z}\right\}$$

的一半,未必所有的学生都能真正明白. 即使答对这道题的考生,也可能是用单位圆上终边重合(必要条件)而碰对的 $(x=(2n+1)\pi$ 与 $x=(4n+1)\pi$ 也在单位圆上终边重合).

(2) 两个集合相同的概念也是集合教材中的难点,严格说来,教材中并未明确给出两个集合相等的证明例子.

(3) 还有一个细节需要提及,这个例 5 是原来统编教材上没有、而在较高要

求中加上去的,它是否也出现在基本要求的课本里尚不得而知,而现在的事实是对统编教材的提高.

起点太高,必然减少试题的跨度与分辨率,把不同程度的学生都搅到同一个低分段上.

又如第三(2)题可从统编教材第二册 P.187 习题 23 第 2 题中找到原型,但经过了精心的设计与明显的提高.

再如第二(3)题,综合了高中代数第一册 P.215 第 14 题的解法和高中代数第二册 P.32 习题二第一题的结论.

至于两道立体几何题来源于课本已如上所述. 第二(1)题比原先复杂了,稍一马虎就会出错或出现答案不完整,而证明题本来就是课本中的难题,其困难不仅表现在空间想象能力、分析推理能力上,还表现在"若 A 则 B 或 C"这类数学选言判断的论证方式上. 无需讳言,学生对结论是选言判断的数学命题的论证掌握得并不好,特别感到头痛.

再看几道综合题的综合性.

第五题的综合性表现在四个条件的混合组

$$\begin{cases} x > 0, \\ cx + \dfrac{d}{x} > 0, \\ cx + \dfrac{d}{x} \neq 1, \\ \left(cx + \dfrac{d}{x}\right)^{-1} = x \end{cases} \qquad ①$$

的高度集中: $$\log_{\left(cx + \frac{d}{x}\right)} x = -1, \qquad ②$$

并要进行双参数的讨论: $$\frac{1-d}{c} > 0, \ \frac{1-d}{c} \neq 1. \qquad ③$$

这道题下手虽然不难,但从②分解出①,再推出③并解③,处处都需要真正的数学素养. 最后的验根也是对解题周密性的一个考验.

第七题从内容上看属于初中的平面几何,如果注意到这一届考生在初中已经学过圆的方程,那么限于初中知识确实可以解出这道题. 这道题的综合性主要表现为多层次的推理能力和多种数学方法的连续应用,这是考查"知识结构"

而不是单一、单点知识片断的一个典型例子,这道题可以分解成三个层次:

(1) 由 $\dfrac{\cos A}{\cos B} = \dfrac{b}{a} = \dfrac{4}{3}$ 推出直角三角形;

(2) 在 $\mathrm{Rt}\triangle ABC$ 中,求出 b,c,r;

(3) 求极值.

这三个步骤分别使用了解平面几何题的三角法、综合法和坐标法. 这种能力不是一般初中生所能达到的. 半路杀出一个坐标法来更为学生所罕见.

第八题自然是知识、能力与方法的高度综合. 就知识内容而言,不低于大学生数学竞赛题,设 $y_n = x_n - 1$,则有

$$y_{n+1} + 1 = \frac{(y_n + 1)^2}{2y_n} = \frac{1}{2}\left(y_n + \frac{1}{y_n}\right) + 1,$$

即

$$y_{n+1} = \frac{1}{2}\left(y_n + \frac{1}{y_n}\right).$$

求这个数列的极限确实出现在 20 世纪 70 年代的《大学生数学竞赛题解汇集》(苏联 B·A·萨多夫尼契、A·C·波德科尔津编,朱尧辰译,第 8 页,第 58 题)

就能力和方法而言,则是大量使用高等数学的各种技巧,又高度集中了不等式证明的比较法、分析法、基本不等式法、放缩法、数学归纳法和反证法.

附加题对于微积分内容说来也就中等程度,但对于未系统学习微积分理论的中学生说来,难度也是够大的.

这套试题的综合性强还表现在基础题也包含着极大的综合性.

高考命题强调综合性,强调考查能力是符合"基本要求"的根本精神的,也有助于加强知识结构的教学,但是要和实际情况相结合,不能操之过急. 应该考虑到:

(1) 有的地方有高达三分之二的教师需要进修或知识更新才能称职;学生中还有幅度很大的差生面.

(2) 在区别高考与毕业考的同时,也不要把高考与竞赛混为一谈.

(3) 题目综合性太强,阶梯不明显,考生拉不开距离,反而不利于高等学校录取新生.

(4) 今年开始的两种教学要求,体现了改革的精神,如果按"基本要求"教学不利于高考的话,那么许多学校就会抵制"基本要求"教材,从长远看,不利于高

等学校人才的选拔.

(5) 有一个理论问题应该明确,是在传授知识的同时培养能力,还是在培养能力的前提下来传授知识.

总结上述关于综合提高的分析,我们认为今年试题的能力要求确实高了点.尽管大纲里没有能力要求的具体细则,但实际效果会作出公正的结论.

5　语言、解法及其他

今年的试题,陈述清楚,要求明确,符号规范,所出现的概念都是课本准确叙述了的,各细节方面都与教材相一致,这就能保证试卷的信度.从更严格的角度看,有五点意见.

(1) 第五题重复了高中数学第二册 P. 155 第 11 题及 P. 171 第 15、21 题的不严谨,题中"什么情况"到底是指充分条件,还是必要条件或是充要条件,不够明确.如果解答只指出 c, d 所满足的一个充分条件,就会引起争议,不如直书"充要条件".

(2) 第一(5)题不如按高中数学第二册 P. 59 的规定加一个"的"字,写成"第某象限的角".

(3) 为免误会,第八(2)不妨写成"$2 < \alpha \leqslant 3$".

(4) 第三(1)题加上"在直角坐标系上"是有益的.

(5) 关于第八(3)题的反证法,对"当 $n \geqslant \dfrac{\lg \dfrac{\alpha}{3}}{\lg \dfrac{4}{3}}$ 时必有 $x_{n+1} < 3$"的反设,

是否改成下面的叙述更准确:

"反证法,若存在 n_0,满足 $n_0 \geqslant \dfrac{\lg \dfrac{\alpha}{3}}{\lg \dfrac{4}{3}}$,但 $x_{n_0+1} \geqslant 3$,则……"

今年的试题设计虽然注意了解法的多样性,但所给的答案思路太窄,解题的劲头比不上拟题的劲头.第四题、第六(2)题只有一种解法,第五题、第六(1)题的两种解法,从原理上讲只是"两种写法".第七题的解法很多,却在最后求最值时才给出两种解法.我们认为高考评分标准应该给出原理不同的多种解法,如给出第六(1)题的定义求法是有益的.

简解 把原点代入椭圆的定义得

$$2a = |0 - Z_1| + |0 - Z_2| = |Z_1| + |Z_2|$$

$$= |Z_1| + |\overline{Z_1}| = 2\sqrt{Z_1 \overline{Z_1}} = 2\sqrt{Z_1 Z_2} = 2\sqrt{q}.$$

这种解法脱离几何直观,其解题原理可见高中数学第三册 P.87 例 1,P.90 第 10 题,P.102 及 P.103.

同样,求出第八题的数列通项将有助于用统一的方法来解决个别的问题,由

$$x_{n+1} = \frac{x_n^2}{2(x_n - 1)},$$

得

$$\frac{x_{n+1}}{2} = \frac{x_n^2}{4(x_n - 1)}.$$

分比并递推

$$\frac{x_{n+1}}{x_{n+1} - 2} = \frac{x_n^2}{x_n^2 - 4(x_n - 1)} = \left(\frac{x_n}{x_n - 2}\right)^2 = \cdots = \left(\frac{x_1}{x_1 - 2}\right)^{2^n},$$

再分比可得

$$x_{n+1} = \frac{2x_1^{2^n}}{x_1^{2^n} - (x_1 - 2)^{2^n}},$$

得通项公式

$$x_n = \frac{2a^{2^{n-1}}}{a^{2^{n-1}} - (a - 2)^{2^{n-1}}}. \quad (n = 1, 2, \cdots)$$

当 $n = 1$ 时可直接验证.

最后指出,今年试题的评分标准定得不够均匀.第八(3)题比第二(5)题难得多,但都是 4 分,第二(3)题比第八(1)题证 $x_n > 2$ 容易得多,但得分却是后者的两倍.

由以上的讨论可以看到,今年试题确有很多优点,内容也符合大纲的范围,但由于数量过多,综合性太强而显得份量偏重.用这份试题来反映"基本要求",虽然有助于纠正把"基本要求"误解为"降低要求",但是却无助于两种教学要求的顺利实行.

不妥之处,盼批评指正.

第 5 篇　一道美国数学竞赛题的旋转解法①

本刊(指《数学教学通讯》)1980 年第 1 期、1981 年第 5 期、1983 年第 6 期讨论了下述一道美国数学竞赛题:

如果空间四边形(四顶点不共面)的两组对边分别相等,则两条对角线的中点连线垂直于两条对角线. 反之,如果空间四边形两条对角线的中点连线垂直于两对角线,则四边形的两组对边相等.

本文借助于旋转手段证明如下.

证明　(1) 如图 1,设对角线 AC 的中点为 M,对角线 BD 的中点为 N,由四边形的两组对边分别相等知,交换 A 与 C,B 与 D 将得到同一空间四边形. 而两个四边形又可看作绕某一轴旋转 $180°$ 得到. 由 A 与 C 关于 M 对称,B 与 D 关于 N 对称知,对称轴必过 M,N,从而 $MN \perp AC$,$MN \perp BD$.

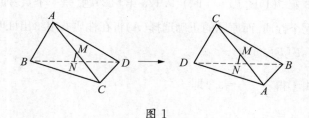

图 1

(2) 反之,若 MN 为 AC 与 BD 的中垂线,则将整个图形绕 MN 旋转 $180°$,交换 A 与 C,B 与 D 的位置. 故得 $AB = CD$,$AD = BC$.

第 6 篇　竞赛试题与有趣的函数 $y = \dfrac{1-x}{1+x}$②

1984 年省市自治区联合数学竞赛第一试第一(6)题(陕西供题)是:③

若 $F\left(\dfrac{1-x}{1+x}\right) = x$,则下列等式中正确的是(　　).

---

① 本文原载《数学教学通讯》1984(5):41(署名:罗增儒).
② 本文原载《中学数学教学参考》1985(2):21-22(署名:崔宗和,罗增儒).
③ 笔者第一次为全国高中联赛供题,被录用,本文实际上介绍了命题背景.

(A) $F(-2-x)=-2-F(x)$ (B) $F(-x)=F\left(\dfrac{1-x}{1+x}\right)$

(C) $F(x^{-1})=F(x)$ (D) $F[F(x)]=-x$

这道题的背景是讨论一个中学课本中多次出现的函数. 其关键是求出函数的表达式. 这可以用参数方程的思想来简捷解决. 事实上, 已知条件可以化成参

数式
$$
\begin{cases}
x=\dfrac{1-t}{1+t}, \\[2mm]
y=F(x)=t.
\end{cases}
$$

由第一式, 得 $\qquad\qquad\qquad t=\dfrac{1-x}{1+x}$,

代入第二式得 $\qquad y=F(x)=\dfrac{1-x}{1+x}\ (x\neq-1).$ $\qquad\qquad$ ①

这个函数可见于高中代数(甲)第一册 P.58 第 12 题. 亦可见于《微积分初步》课本 P.76 第 5(1) 题($a=1$ 时)、P.175 第 5(2) 题(差一个负号). 下面, 我们来指出①的七个性质. 而原题的正确选择(A)将在性质 5 中给出证明.

性质 1 $F[F(x)]=x$.

证明   由①得 $\dfrac{1-y}{1+y}=x$, 即

$$
F[F(x)]=F(y)=\frac{1-y}{1+y}=x.
$$

这个性质说明原题中的选项(D)不真. 而性质 1 又可以叙述成:

性质 2 $F(x)=F^{-1}(x)$. (F^{-1} 表示 F 的逆对应)

这就是说①的反函数是它自身. 再由互为反函数两图像的性质知, ①的图像关于直线 $y=x$ 为对称.

性质 3 $F(-x)=\dfrac{1}{F(x)}\ (x\neq1)$.

证明 $F(-x)=\dfrac{1-(-x)}{1+(-x)}=\dfrac{1+x}{1-x}=\dfrac{1}{F(x)}$.

这表明原题选项(B)不真, ①不是奇函数也不是偶函数.

性质 4 $F(x^{-1})=-F(x)$.

证明 $F(x^{-1}) = \dfrac{1 - x^{-1}}{1 + x^{-1}} = \dfrac{x-1}{x+1} = -F(x).$

这表明原题选项(C)不真.既然原题(B)、(C)、(D)不真,那就只有(A)真了.

性质 5 $F(-2-x) = -2 - F(x).$

证明 $F(-2-x) = \dfrac{1-(-2-x)}{1+(-2-x)} = -\dfrac{3+x}{1+x}$

$$= -\dfrac{2(1+x)+(1-x)}{1+x} = -2 - \dfrac{1-x}{1+x} = -2 - F(x).$$

这就证实了原题(A)真.

性质 5 的几何意义是函数①的图像关于 $M_0(-1,-1)$ 为中心对称. 事实上,若

$$M_1: \begin{cases} x_1 = x, \\ y_1 = F(x) \end{cases}$$

在①上,则 M_1 关于 M_0 的对称点

$$M_2: \begin{cases} x_2 = 2 \times (-1) - x = -2 - x, \\ y_2 = 2 \times (-1) - y = -2 - F(x) \end{cases}$$

也在①上 $\qquad\qquad\qquad y_2 = F(x_2),$

即 $\qquad\qquad\qquad -2 - F(x) = F(-2-x).$

性质 6 $\dfrac{F(a)-F(b)}{1+F(a)F(b)} = \dfrac{b-a}{1+ab}.$

证明 左边 $= \dfrac{\dfrac{1-a}{1+a} - \dfrac{1-b}{1+b}}{1 + \dfrac{1-a}{1+a} \cdot \dfrac{1-b}{1+b}}$

$$= \dfrac{(1-a)(1+b)-(1+a)(1-b)}{(1+a)(1+b)+(1-a)(1-b)} = \dfrac{b-a}{1+ab} = 右边.$$

性质 7 函数①的图像以 $x = -1$, $y = -1$ 为渐近线.

证明 由 $\lim\limits_{x \to -1^+} \dfrac{1-x}{1+x} = +\infty$, $\lim\limits_{x \to -1^-} \dfrac{1-x}{1+x} = -\infty$, $\lim\limits_{x \to \infty} \dfrac{1-x}{1+x} = -1$,

知 $x = -1$ 为垂直渐近线, $y = -1$ 为水平渐近线.

又①可变形为

$$y = \frac{2-(1+x)}{1+x} = \frac{2}{1+x} - 1,$$

即 $\qquad (x+1)(y+1) = 2.$

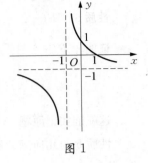

作平移 $\qquad \begin{cases} x' = x+1, \\ y' = y+1, \end{cases}$

得双曲线 $\qquad x'y' = 2.$

图 1

由此即可得①的图像如图 1 所示.

最后指出两点:

(1) 函数①可变形为

$$y = \tan\left(\frac{\pi}{4} - \arctan x\right), \qquad ②$$

$$y = \cot\left(\frac{\pi}{4} + \arctan x\right). \qquad ③$$

若在①中设 $x = \dfrac{2t+1}{t+2}$,有 $y = \dfrac{1-t}{3t+3}$,竞赛题的已知又可变为

$$F\left(\frac{x+1}{x+2}\right) = \frac{1-x}{3x+3}. \qquad ④$$

对④仍有上述各条性质.

(2) 对①作复合函数运算时可得一系列有趣的函数

$$F(x) = \frac{1-x^2}{1+x^2}, \qquad ⑤$$

$$F(x) = \frac{1-\mathrm{e}^x}{1+\mathrm{e}^x}, \qquad ⑥$$

$$F(x) = \lg\frac{1-x}{1+x}, \qquad ⑦$$

$$F(x) = \ln\frac{1-x}{1+x}. \qquad ⑧$$

其中⑤可见于《微积分初步》P.112 第 2(3)题.⑥可见于《微积分初步》P.36 例 3(2),并与⑧互为反函数.⑦可见于高中代数(甲)P.70 第 6 题.

第二节　研习解题与命题

第 1 篇　一个例题的完善[①]

《数学教学》1982 年第 2 辑《浅谈函数图像在解题中的作用》有个例 4：

在实数范围内，解方程：

$$x^2 + 2ax + \frac{1}{16} = -a + \sqrt{a^2 + x - \frac{1}{16}} \cdot \left(0 < a < \frac{1}{4}\right) \qquad ①$$

该文依据"互为反函数的图像关于直线 $y = x$ 对称"（前提），得出方程①的求解便"可以转化为求 $y = f(x)$ 与 $y = x$ 的图像的交点"（结论），最后解出了两个解. 但这有一个明显的问题，何以见得①就恰好只有两个解呢？事实上，上述解法的理论根据是不完善的. 前提不错，结论有问题.

考虑更一般性方程 $\qquad f(x) = f^{-1}(x),$ ②

其中 $f(x)$ 是 x 的多项式. 作自身变换

$$y = f(x) = f^{-1}(x),$$

得方程组 $\qquad \begin{cases} y = f(x), \\ x = f(y). \end{cases}$ ③

两式相减 $\qquad y - x = f(x) - f(y),$ ④

由于 $f(x) - f(x) = 0$，故差式 $f(x) - f(y)$ 一定含有因式 $(y - x)$. 即有形式

$$f(x) - f(y) = (y - x)F(x, y). \qquad ⑤$$

式④便可变为 $\qquad (y - x)[F(x, y) - 1] = 0.$ ⑥

代回③得两个方程组 $\qquad \begin{cases} y = f(x), \\ y = x \end{cases}$ ⑦

---

① 本文原载《数学教学》1983(1)：39（署名：罗增儒）.

或
$$\begin{cases} y = f(x), \\ F(x, y) = 1. \end{cases} \qquad ⑧$$

可见
$$\left\{ (x, y) \middle| \begin{cases} y = f(x), \\ x = f(y) \end{cases} \right\}$$

$$= \left\{ (x, y) \middle| \begin{cases} y = f(x), \\ y = x \end{cases} \right\} \cup \left\{ (x, y) \middle| \begin{cases} y = f(x), \\ F(x, y) = 1 \end{cases} \right\}. \qquad ⑨$$

这说明,互为反函数的图像在平面上的交点,一般并不限于在 $y = x$ 上,它通常由⑦、⑧两部分组成. 仅解⑦有产生减根的可能性. 有时,由②变成③时还会出现增根.

例如 $\begin{cases} y = x^2 - x - 3, \\ x = y^2 - y - 3 \end{cases}$ 就有四组解 $A_1(-1, -1)$, $A_2(3, 3)$, $A_3(\sqrt{3}, -\sqrt{3})$, $A_4(-\sqrt{3}, \sqrt{3})$,其中 A_3, A_4 这两组不在 $y = x$ 上.

第 2 篇　利用单位圆证明三角条件等式[①]

设有方程
$$f(\cos\alpha, \sin\alpha) = 0, \qquad ①$$

注意到
$$\sin^2\alpha + \cos^2\alpha = 1,$$

所以满足方程①的点 $(\cos\alpha, \sin\alpha)$ 可以看作曲线
$$f(x, y) = 0 \qquad ②$$

与单位圆
$$x^2 + y^2 = 1 \qquad ③$$

的交点,这就为某些恒等式提供了一种证明方法. 举例如下:

例 1　已知 α、β 为锐角,而且 $3\sin^2\alpha + 2\sin^2\beta = 1$, $3\sin 2\alpha - 2\sin 2\beta = 0$,求证 $\alpha + 2\beta = \dfrac{\pi}{2}$.

证明　由已知得
$$3\sin\alpha \cdot \sin\alpha = 1 - 2\sin^2\beta,$$

---

① 本文原载《中学数学研究》(广州)1983(1):20, 19.(署名:罗增儒).

即
$$3\sin\alpha \cdot \sin\alpha = \cos 2\beta,$$

与
$$3\sin\alpha \cdot \cos\alpha = \sin 2\beta.$$

交叉相乘并移项得

$$3\sin\alpha(\cos\alpha\cos 2\beta - \sin\alpha\sin 2\beta) = 0,$$

即
$$3\sin\alpha \cdot \cos(\alpha + 2\beta) = 0.$$

因为 $\sin\alpha \neq 0$, 得 $\cos(\alpha + 2\beta) = 0$, 又由 α, β 为锐角得

$$\alpha + 2\beta = \frac{\pi}{2}.$$

例 2 设 A, B, C 是 $\triangle ABC$ 的三个内角, 且

$$\begin{vmatrix} 1 & \sin A & \cos A \\ 1 & \sin B & \cos B \\ 1 & \sin C & \cos C \end{vmatrix} = 0,$$

求证 $\triangle ABC$ 是等腰三角形.

证明 已知行列式表明, 单位圆上的三个点 $P(\cos A, \sin A)$, $Q(\cos B, \sin B)$, $R(\cos C, \sin C)$ 共线. 但直线与圆最多只有两个交点. 故 P, Q, R 中至少有两点是重合的. 因而三个内角 A, B, C 中至少有两个相等. 即 $\triangle ABC$ 为等腰三角形.

例 3 已知 $a\cos\alpha + b\sin\alpha = c$, $a\cos\beta + b\sin\beta = c$ $\left(\dfrac{\alpha - \beta}{2} \neq k\pi, k \in \mathbf{Z}\right)$,

求证 $\cos^2 \dfrac{\alpha - \beta}{2} = \dfrac{c^2}{a^2 + b^2}$.

分析 已知条件表明, 直线

$$ax + by = c \tag{④}$$

与单位圆相交于不同的两点 $A(\cos\alpha, \sin\alpha)$, $B(\cos\beta, \sin\beta)$. 而单位圆上弦 AB 的弦心距为

$$d_1 = \left| \cos\frac{\alpha - \beta}{2} \right|,$$

又原点到直线④的距离为

$$d_2 = \frac{|-c|}{\sqrt{a^2+b^2}},$$

由 $d_1 = d_2$，平方即得证.

证明 如图1,已知条件表明直线 $ax+by=c$ 与单位圆相交于不同的两点 $A(\cos\alpha,\ \sin\alpha)$, $B(\cos\beta,\ \sin\beta)$,而过 A, B 的
直线方程为

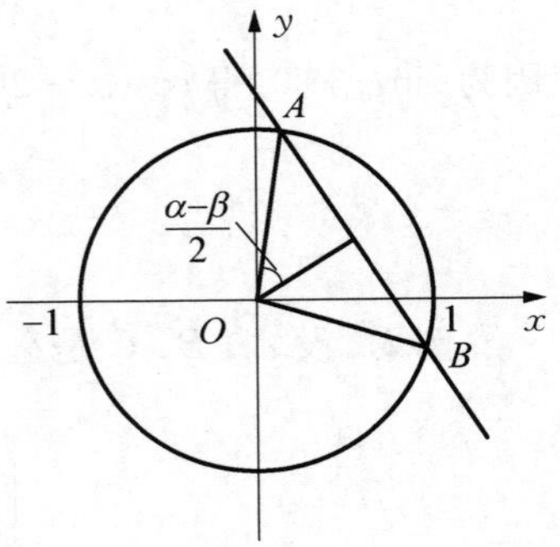

$$\begin{vmatrix} x & y & 1 \\ \cos\alpha & \sin\alpha & 1 \\ \cos\beta & \sin\beta & 1 \end{vmatrix} = 0.$$

化简得 $\begin{vmatrix} x-\cos\beta & y-\sin\beta & 1 \\ \cos\alpha-\cos\beta & \sin\alpha-\sin\beta & 1 \\ 0 & 0 & 1 \end{vmatrix} = 0,$

图 1

即 $\begin{vmatrix} x-\cos\beta & y-\sin\beta \\ -2\sin\frac{\alpha+\beta}{2}\sin\frac{\alpha-\beta}{2} & 2\cos\frac{\alpha+\beta}{2}\sin\frac{\alpha-\beta}{2} \end{vmatrix} = 0.$

由 $\sin\frac{\alpha-\beta}{2} \neq 0$ 得

$$\cos\frac{\alpha+\beta}{2}(x-\cos\beta) + \sin\frac{\alpha+\beta}{2}(y-\sin\beta) = 0,$$

即 $$x\cos\frac{\alpha+\beta}{2} + y\sin\frac{\alpha+\beta}{2} = \cos\frac{\alpha-\beta}{2}. \qquad ⑤$$

式④与式⑤表示同一直线,因而原点到直线④的距离 $d_1 = \frac{|c|}{\sqrt{a^2+b^2}}$ 与原点到

直线⑤的距离 $d_2 = \left|\cos\frac{\alpha-\beta}{2}\right|$ 相等,有

$$\left|\cos\frac{\alpha-\beta}{2}\right| = \frac{|c|}{\sqrt{a^2+b^2}}.$$

平方即得所求.

顺便指出,由④、⑤重合可得对应系数成比例,得

$$\frac{a}{\cos\dfrac{\alpha+\beta}{2}}=\frac{b}{\sin\dfrac{\alpha+\beta}{2}}=\frac{c}{\cos\dfrac{\alpha-\beta}{2}}.$$

这就是高中数学课本第 1 册 P. 168 第 25 题.

第 3 篇　比例性质与半角正切公式①

我们知道,

$$\frac{\sin\alpha}{1+\cos\alpha}=\frac{1-\cos\alpha}{\sin\alpha}=\tan\frac{\alpha}{2} \qquad\qquad (*)$$

是半角正切公式. 因为它是比例式,所以在使用时,可以结合比例性质来运用.
下面通过三个例子来说明这一点. 当然,必须限定有关的式子及其运算中的分
母均不为零.

　　例 1　已知 $\tan\theta=0.123\,456\,789$,求下列三角式的值:

(1) $\dfrac{1+\sin 2\theta-\cos 2\theta}{1+\sin 2\theta+\cos 2\theta}$;

(2) $\dfrac{\sin 3\theta+\sin\theta}{2\cos^3\theta}$.

先分别计算各个三角函数值是非常复杂的工作,因此,设法利用比例式的
性质先将其化简.

　　解　(1) 由(*)式有

$$\frac{\sin 2\theta}{1+\cos 2\theta}=\frac{1-\cos 2\theta}{\sin 2\theta}=\tan\theta.$$

由等比定理得

$$\frac{1+\sin 2\theta-\cos 2\theta}{1+\sin 2\theta+\cos 2\theta}=\tan\theta=0.123\,456\,789.$$

　　(2) 由(*)式有

———————————

① 本文原载《中学生数学》1983(3):17(署名:罗增儒).

$$\frac{\sin 2\theta}{1+\cos 2\theta}=\tan\theta=\frac{\sin\theta}{\cos\theta},$$

可得

$$2\tan\theta=\frac{\sin 2\theta}{1+\cos 2\theta}+\frac{\sin\theta}{\cos\theta}=\frac{\sin 2\theta\cdot\cos\theta+\cos 2\theta\cdot\sin\theta+\sin\theta}{(1+\cos 2\theta)\cos\theta}=\frac{\sin 3\theta+\sin\theta}{2\cos^3\theta},$$

故

$$\frac{\sin 3\theta+\sin\theta}{2\cos^3\theta}=2\tan\theta=0.246\ 913\ 578.$$

例 2 求证下列恒等式:

(1) $\dfrac{2\sin^3\theta}{1-\cos\theta}=2\sin\theta+\sin 2\theta$;

(2) $\dfrac{1+\sec\theta+\tan\theta}{1+\sec\theta-\tan\theta}=\dfrac{1+\sin\theta}{\cos\theta}.$

证明 (1) 由 $\dfrac{\sin\theta}{1-\cos\theta}=\dfrac{1+\cos\theta}{\sin\theta}$, 两边同乘以 $2\sin^2\theta$, 得

$$\frac{2\sin^3\theta}{1-\cos\theta}=2\sin\theta(1+\cos\theta)=2\sin\theta+\sin 2\theta.$$

(2) 由 $\tan^2\theta+1=\sec^2\theta$, 化成比例形式得

$$\frac{1}{\sec\theta-\tan\theta}=\frac{\sec\theta+\tan\theta}{1}=\frac{1+\sin\theta}{\cos\theta}.$$

又由等比定理,得

$$\frac{1+\sec\theta+\tan\theta}{1+\sec\theta-\tan\theta}=\frac{1+\sin\theta}{\cos\theta}.$$

例 3 已知

$$\tan x=-\frac{b}{a}, \qquad\qquad\qquad ①$$

$$A\sin 2x+B\cos 2x=C. \qquad\qquad\qquad ②$$

求证: $2abA+(b^2-a^2)B+(a^2+b^2)C=0.$

证明 由 (*) 及①可得

$$\frac{\sin 2x}{1+\cos 2x}=\frac{1-\cos 2x}{\sin 2x}=\tan x=-\frac{b}{a}.$$

从上式又可得

$$a\sin 2x + b\cos 2x + b = 0, \qquad ③$$

$$b\sin 2x - a\cos 2x + a = 0. \qquad ④$$

将式③、④与式②联立,便可看出,齐次线性方程组有非零解$(\sin 2x,$ $\cos 2x, 1)$.故有

$$0 = \begin{vmatrix} a & b & b \\ b & -a & a \\ A & B & -C \end{vmatrix} = A\begin{vmatrix} b & b \\ -a & a \end{vmatrix} - B\begin{vmatrix} a & b \\ b & a \end{vmatrix} - C\begin{vmatrix} a & b \\ b & -a \end{vmatrix}$$

$$= 2abA + (b^2 - a^2)B + (a^2 + b^2)C.$$

第4篇　教学札记①

1　成题浅议一例

有一道流传很广的成题:

方程　　　　　　　　$$a^2x^2 + b^2x + c^2 = 0 \qquad ①$$

的两个根分别是

$$ax^2 + bx + c = 0 \qquad ②$$

两根的平方.求证:b是a,c的比例中项.

对此题有两种针锋相对的意见:

(1) 设α,β是方程②的两个根,故α^2,β^2是①的两个根.但方程①没有正根,故

$$\alpha^2 \leqslant 0, \ \beta^2 \leqslant 0,$$

得$\alpha = \beta = 0$,从而$c = 0$.

但由等比数列的定义知,数列的每一项均不为零.故题目本身是欠妥的.

(2) 设方程②的两根为α,β,则α^2,β^2是①的两个根.由韦达定理知,对

---

① 本文原载《中学数学教学参考》1984(1):8-10(署名:罗增儒).

②有

$$\alpha + \beta = -\frac{b}{a} , \ \alpha\beta = \frac{c}{a} ,$$

且对①有

$$-\frac{b^2}{a^2} = \alpha^2 + \beta^2 = (\alpha + \beta)^2 - 2\alpha\beta = \left(-\frac{b}{a}\right)^2 - 2\frac{c}{a} = \frac{b^2 - 2ac}{a^2} ,$$

得

$$b^2 = ac.$$

所以 b 是 a，c 的比例中项.

这到底是怎么回事呢?

我们认为,分歧在于,第(1)种意见是在实数范围内讨论方程,而第(2)种意见是在复数范围内讨论方程,因而得出不同的结果.在实数范围内(1)的意见是正确的.但在复数范围内,(1)的意见却又是不正确的.因为这时,我们既不能说①没有正根,也不能由 $\alpha^2 \leqslant 0$，$\beta^2 \leqslant 0$，得出 $\alpha = \beta = 0$.

不难举出这样的例子.如取①为

$$x^2 + 2^2 x + 4^2 = 0,$$

则

$$x_1 = -2 + 2\sqrt{3}\,\mathrm{i}, \ x_2 = -2 - 2\sqrt{3}\,\mathrm{i}.$$

取②为

$$x^2 + 2x + 4 = 0,$$

则

$$x_1' = -1 - \sqrt{3}\,\mathrm{i}, \ x_2' = -1 + \sqrt{3}\,\mathrm{i},$$

确有

$$(x_1')^2 = x_1, \ (x_2')^2 = x_2.$$

由于题目没有明确指出讨论的范围,产生上述歧见是可以理解的.这是题目的一个缺陷.

那么,在复数范围内第(2)种意见就正确了吗? 我们认为也不尽然.当 $c = 0$ 时,由 $b^2 = ac$ 还不能推出 a，b，c 成等比数列.当 $abc \neq 0$ 时才有 $\frac{a}{b} = \frac{b}{c} \Leftrightarrow b^2 = ac.$

考虑到这道成题还为许多人所喜爱,确实有它的活力,而中学阶段已经学习了复数,我们认为,对这道题不应简单否定,而应使其完善.比如可改写成:

方程 $a^2x^2+b^2x+c^2=0\ (abc\neq0)$ 的两根(在复数范围内)分别是 $ax^2+bx+c=0$ 两根的平方. 求证：b 是 a，c 的比例中项.

2　问题在哪里?

下面的两个例子都有错误,请大家先自己找一找"问题在哪里?"然后对照解答.

例1 已知 x，y 为锐角,而且

$$\frac{1}{3}\sin^2x+2\sin^2y=1,$$

$$\frac{1}{3}\sin 2x-2\sin 2y=0,$$

求证：

$$x+2y=\frac{\pi}{2}.$$

证明 由已知得

$$\frac{1}{3}\sin x\cdot\sin x=\cos 2y, \hspace{3cm} ①$$

$$\frac{1}{3}\sin x\cdot\cos x=\sin 2y. \hspace{3cm} ②$$

因为 x，y 为锐角,$\frac{1}{3}\sin x\cos x\neq0$,

所以 $\frac{1}{3}\sin x\neq0$，$\sin 2y\neq0$.

由 ①÷② 得 $\quad\tan x=\cot 2y=\tan\left(\frac{\pi}{2}-2y\right)$,

但 $\qquad\qquad |x|<\frac{\pi}{2}$，$\left|\frac{\pi}{2}-2y\right|<\frac{\pi}{2}$,

故 $\qquad\qquad x=\frac{\pi}{2}-2y$，$x+2y=\frac{\pi}{2}$.

或者,由①、②交叉相乘并移项得

$$\frac{1}{3}\sin x\cos(x+2y)=0,$$

但 $\dfrac{1}{3}\sin x \neq 0$,故

$$\cos(x+2y)=0.$$

又 $0 < x+2y < \dfrac{3\pi}{2}$,得

$$x+2y=\dfrac{\pi}{2}.$$

例 2　已知 $\dfrac{a}{b+c-a}=\dfrac{b}{c+a-b}=\dfrac{c}{a+b-c}=2$,求证:

$$\dfrac{(a+b)(b+c)(c+a)}{abc}=\dfrac{27}{8}.$$

证明　由已知得

$$\dfrac{b+c}{a}-1=\dfrac{c+a}{b}-1=\dfrac{a+b}{c}-1=\dfrac{1}{2},$$

分别有

$$\dfrac{b+c}{a}=\dfrac{3}{2},\ \dfrac{c+a}{b}=\dfrac{3}{2},\ \dfrac{a+b}{c}=\dfrac{3}{2},$$

相乘,得

$$\dfrac{(a+b)(b+c)(c+a)}{abc}=\dfrac{27}{8}.$$

仔细分析上述各例中的每一句话,确实都是有根有据的. 其实,问题不在求解,而在题目本身是自相矛盾的.

例 1 的分析:本题中的已知两个等式不能同时成立. 事实上,由①、②平方相加可得

$$\dfrac{1}{9}\sin^2 x\,(\sin^2 x+\cos^2 x)=\cos^2 2y+\sin^2 2y,$$

即 $\sin^2 x=9$,这是不可能的.

例 2 的分析:本题中的已知比例式的比值不可能为 2. 事实上,设

$$\dfrac{a}{b+c-a}=\dfrac{b}{c+a-b}=\dfrac{c}{a+b-c}=\dfrac{1}{x},$$

有

$$\dfrac{b+c}{a}-1=\dfrac{c+a}{b}-1=\dfrac{a+b}{c}-1=x,$$

得

$$
\begin{cases}
(x+1)a - b - c = 0, \\
-a + (x+1)b - c = 0, \\
-a - b + (x+1)c = 0.
\end{cases}
$$

由已知条件知 a，b，c 不为零，即上述关于 a，b，c 的齐次线性方程组有非零解. 故系数行列式为零

$$
D(x) = \begin{vmatrix} (x+1) & -1 & -1 \\ -1 & (x+1) & -1 \\ -1 & -1 & (x+1) \end{vmatrix} = 0.
$$

由 $D(-2)$ 时，行列式三行成比例知，方程 $D(x)=0$ 有二重根 $x_{1,2}=-2$，又各行(列)加到第一行(列)时有公因子 $(x-1)$，故方程 $D(x)=0$ 有根 $x_3=1$.

又由于行列式 $D(x)$ 最高次为 3 次，而

$$
D(0) = \begin{vmatrix} 1 & -1 & -1 \\ -1 & 1 & -1 \\ -1 & -1 & 1 \end{vmatrix} = \begin{vmatrix} 1 & -1 & -1 \\ 0 & 0 & -2 \\ 0 & -2 & 0 \end{vmatrix} = -4 \neq 0,
$$

故方程 $D(x)$ 有且只有根 $x=-2$, 1.（事实上 $D(x)=(x-1)(x+2)^2$）

这表明，已知比例式是不成立的.

例 1 中，把已知条件中的 "$\dfrac{1}{3}$" 改成任一个大于 1 的数，题目的结论仍成立.

特别地，"$\dfrac{1}{3}$" 改为 3 时，就是 1978 年高考试题.

例 2 中，去掉比值为 2 的假设，便有结论

$$
\frac{(a+b)(b+c)(c+a)}{abc} = (x+1)^3 = \begin{cases} 8, & (x=1); \\ -1, & (x=-2). \end{cases}
$$

上述例子告诉我们，题目本身自相矛盾，还能做出"解答"，确实是比较隐蔽的，这就要求我们在审题、解题或拟题时一定要注意题目的科学性.

第 5 篇　一类参数方程的消参法[①]

把参数方程 $\begin{cases} x = f(t), \\ x = g(t) \end{cases}$ 化成普通方程,虽然方向很明确(消去参数),但是,常需借助于各种技巧,方法非常灵活,历来是学生学习中的一个难点.本文介绍一个有固定程序的方法,其步骤是:

(1) 把参数方程整理成关于参数的方程组,坐标数 x, y 看成是方程的变系数.

(2) 由参数可取不同的值知,方程组有(无穷)解,又由方程理论得,其系数应满足某种关系,把 x、y 与参数分离出来.

(3) 整理即得普通方程.

例 1　把参数方程化为普通方程:

$$\begin{cases} x = \dfrac{x_1 + t x_2}{1 + t}, \\ y = \dfrac{y_1 + t y_2}{1 + t}. \end{cases} \left(t \text{ 为参数}, \begin{cases} x_1 \neq x_2, \\ y_1 \neq y_2 \end{cases} \right)$$

解　把原式整理成关于 t 的直线方程

$$\begin{cases} (x - x_2)t + (x - x_1) = 0, \\ (y - y_2)t + (y - y_1) = 0. \end{cases}$$

由 t 可取无穷多个值知两直线重合,有

$$\frac{x - x_2}{y - y_2} = \frac{x - x_1}{y - y_1} = \frac{(x - x_2) - (x - x_1)}{(y - y_2) - (y - y_1)} = \frac{x_1 - x_2}{y_1 - y_2},$$

得直线方程

$$y - y_2 = \frac{y_1 - y_2}{x_1 - x_2}(x - x_2).$$

---

① 本文原载《教学研究：中学理科版》(哈尔滨)1984(2)：10‑11；中国人民大学复印报刊资料《中学数学教学》1984(11)：54‑55(署名：罗增儒).

例 2　把参数方程化为普通方程:

$$\begin{cases} x = 2t^2 + 3t + 1, \\ y = t^2 - t - 3. \end{cases}$$

解　把原式整理成关于 t 的方程

$$\begin{cases} 2t^2 + 3t + (1 - x) = 0, \\ t^2 - t - (3 + y) = 0. \end{cases} \tag{$*$}$$

由两个二次方程有公共解的充要条件得

$$\begin{aligned} 0 &= \begin{vmatrix} 2 & x-1 \\ 1 & y+3 \end{vmatrix}^2 - \begin{vmatrix} 2 & 3 \\ 1 & -1 \end{vmatrix} \begin{vmatrix} x-1 & 3 \\ y+3 & -1 \end{vmatrix} \\ &= (2y - x + 7)^2 - 5(x + 3y + 8) \\ &= x^2 - 4xy + 4y^2 - 19x + 13y + 9. \end{aligned}$$

注　不熟悉两个二次方程有公共解条件时,可由($*$)解出

$$t^2 = \frac{\begin{vmatrix} x-1 & 3 \\ y+3 & -1 \end{vmatrix}}{\begin{vmatrix} 2 & 3 \\ 1 & -1 \end{vmatrix}} = \frac{x+3y+8}{5},$$

$$t = \frac{\begin{vmatrix} 2 & x-1 \\ 1 & y+3 \end{vmatrix}}{-5} = \frac{2y-x+7}{-5},$$

由

$$\frac{x+3y+8}{5} = \left(\frac{2y-x+7}{-5} \right)^2,$$

即得

$$x^2 - 4xy + 4y^2 - 19x + 13y + 9 = 0.$$

例 3　设 $a \neq 0$ 为常数, λ, k 为不同时等于零的参数,把参数方程化为普通方程:

$$\begin{cases} \lambda ax + ky - k = 0, \\ kx - \lambda y - \lambda = 0. \end{cases}$$

解 把原式整理成 λ，k 的二元方程

$$\begin{cases} (ax)\lambda + (y-1)k = 0, \\ (y+1)\lambda - xk = 0. \end{cases}$$

由 λ，k 可取任意值知，两直线重合，有

$$0 = \begin{vmatrix} ax & y-1 \\ y+1 & -x \end{vmatrix} = -ax^2 - y^2 + 1,$$

即

$$ax^2 + y^2 = 1.$$

例4 求复数 z 在复平面上的轨迹：

$$z = \frac{1 + it^2}{t(1+i)} \ (t \text{ 为实参数}).$$

解 由 $z = \dfrac{t^2+1}{2t} + \dfrac{t^2-1}{2t}i$，

得

$$\begin{cases} x = \dfrac{t^2+1}{2t}, \\ y = \dfrac{t^2-1}{2t}. \end{cases}$$

即

$$\begin{cases} t^2 - 2xt + 1 = 0, \\ t^2 - 2yt - 1 = 0. \end{cases}$$

解关于 t^2，t 的线性方程组

$$\begin{cases} t^2 = \dfrac{x+y}{x-y}, \\ t = \dfrac{1}{x-y} \ (x \neq y). \end{cases}$$

有

$$\frac{x+y}{x-y} = \frac{1}{(x-y)^2},$$

即

$$x^2 - y^2 = 1 \ (\text{自动保证 } x \neq y).$$

第 6 篇　方程理论在三角中的应用举例①

《数学教学通讯》1982 年第 6 期谈到《消去法在三角中的应用举例》(以下称文[1]). 其实该文有些例子用方程理论来处理更为简捷,而且有某种一般性——三角问题的代数解法.

例 1　已知
$$a\sin x + b\cos x = 0, \qquad ①$$
$$A\sin 2x + B\cos 2x = C, \qquad ②$$

$(a, b$ 不同时为零$)$,求证:$2abA + (b^2 - a^2)B + (a^2 + b^2)C = 0.$

解　分别用 $2\cos x$,$2\sin x$ 乘①,得
$$a(2\sin x\cos x) + b(2\cos^2 x) = 0,$$
$$a(2\sin^2 x) + b(2\sin x\cos x) = 0,$$

应用倍角公式变形得
$$a\sin 2x + b\cos 2x + b = 0, \qquad ③$$
$$b\sin 2x - a\cos 2x + a = 0, \qquad ④$$

这与②联立,表明齐次线性方程组
$$\begin{cases} aX + bY + bZ = 0, \\ bX - aY + aZ = 0, \\ AX + BY - CZ = 0, \end{cases}$$

有非零解$(\sin 2x, \cos 2x, 1).$ 故有
$$0 = \begin{vmatrix} a & b & b \\ b & -a & a \\ A & B & -C \end{vmatrix} = A\begin{vmatrix} b & b \\ -a & a \end{vmatrix} - B\begin{vmatrix} a & b \\ b & a \end{vmatrix} - C\begin{vmatrix} a & b \\ b & -a \end{vmatrix}$$
$$= 2abA + (b^2 + a^2)B + (a^2 + b^2)C.$$

---

① 本文原载《数学教学通讯》1984(3):24 - 26;中国人民大学复印报刊资料《中学数学教学》1984(6):23 - 25(署名:罗增儒).

对照文[1]的例1,易见本解法更为直截了当.其实,下面用直线方程理论来求解也不比文[1]的解法麻烦.

另解 由①知,(a,b)是直线 $X\sin x + Y\cos x = 0$ 上的一个点.有参数式

$$\begin{cases} a = t\cos x, \\ b = -t\sin x, \end{cases}$$

其中 $t^2 = a^2 + b^2$.有

$$2ab = -t^2\sin 2x = -(a^2+b^2)\sin 2x,$$

$$b^2 - a^2 = -t^2\cos 2x = -(a^2+b^2)\cos 2x,$$

得 $2abA + (b^2-a^2)B = -(a^2+b^2)(A\sin 2x + B\cos 2x) = -(a^2+b^2)C$,

移项即得所求.

顺便指出,由于参数方程的一般性,另解中其实把 $t=0$,即 $a=b=0$ 的情况也包括进去了.

例2 已知 $\qquad\qquad \sin\alpha = p\sin\beta,$ ①

$$\cos\alpha = q\cos\beta,$$ ②

且 $\qquad\qquad \sin\alpha + \cos\alpha = r(\sin\beta + \cos\beta),$ ③

$(p,q,r$ 为非零实数),求证:$(p-r)^2(1-q^2) + (q-r)^2(1-p^2) = 0$.

见文[1]例2.

解 把①、②代入③得

$$(p-r)\sin\beta = (r-q)\cos\beta,$$

平方后移项

$$(p-r)^2\sin^2\beta - (q-r)^2\cos^2\beta = 0.$$ ④

又①、②分别平方后相加,得

$$p^2\sin^2\beta + q^2\cos^2\beta = \sin^2\alpha + \cos^2\alpha = \sin^2\beta + \cos^2\beta,$$

即 $\qquad\qquad (1-p^2)\sin^2\beta + (1-q^2)\cos^2\beta = 0.$ ⑤

④、⑤联立表明齐次线性方程组

$$\begin{cases} (p-r)^2 X - (q-r)^2 Y = 0, \\ (1-p^2)X + (1-q^2)Y = 0 \end{cases}$$

有非零解$(\sin^2\beta,\ \cos^2\beta)$. 故有

$$0 = \begin{vmatrix} (p-r)^2 & -(q-r)^2 \\ (1-p^2) & (1-q^2) \end{vmatrix} = (p-r)^2(1-q^2) + (q-r)^2(1-p^2).$$

例 3　已知 $\qquad b\sin(x+\theta) = c\sin(y-\theta),$

$$b\cos x = c\cos y,$$

$(b,\ c$ 为非零实数$)$,求证: $2\tan\theta = \tan y - \tan x.$

见文[1]例 3.

解　已知即

$$[\sin(x+\theta)]b - [\sin(y-\theta)]c = 0,$$
$$(\cos x)b - (\cos y)c = 0,$$

这表明齐次线性方程组

$$\begin{cases} [\sin(x+\theta)X - [\sin(y-\theta)]Y = 0, \\ (\cos x)X - (\cos y)Y = 0, \end{cases}$$

有非零解$(b,\ c)$. 故有

$$0 = \begin{vmatrix} \sin(x+\theta) & -\sin(y-\theta) \\ \cos x & -\cos y \end{vmatrix} = \cos x\sin(y-\theta) - \cos y\sin(x+\theta)$$

$$= -2\cos x\cos y\sin\theta + (\cos x\sin y - \cos y\sin x)\cos\theta,$$

移项、整理即得

$$2\tan\theta = \tan y - \tan x.$$

例 4　已知 $\qquad a\cos\theta + b\sin\theta = c, \qquad\qquad ①$

$$a\cos\varphi + b\sin\varphi = c, \qquad\qquad ②$$

其中 $\qquad\qquad \dfrac{\theta - \varphi}{2} \neq k\pi,\ k \in \mathbf{N}, \qquad\qquad ③$

99

求证：
$$\frac{a}{\cos\dfrac{\theta+\varphi}{2}}=\frac{b}{\sin\dfrac{\theta+\varphi}{2}}=\frac{c}{\cos\dfrac{\theta-\varphi}{2}}.$$

见文[1]例5.③式是笔者补上的.修改后的课本有③式.

解　①、②、③表明点 $A(\cos\theta,\ \sin\theta)$，$B(\cos\varphi,\ \sin\varphi)$ 是直线

$$ax+by=c \tag{④}$$

上不同的两点.过 A，B 两点的直线方程又为

$$\frac{y-\sin\theta}{x-\cos\theta}=\frac{\sin\varphi-\sin\theta}{\cos\varphi-\cos\theta}=-\frac{\cos\dfrac{\theta+\varphi}{2}}{\sin\dfrac{\theta+\varphi}{2}},$$

即
$$x\cos\frac{\theta+\varphi}{2}+y\sin\frac{\theta+\varphi}{2}=\cos\frac{\theta-\varphi}{2}. \tag{⑤}$$

④、⑤重合,故有对应系数成比例：

$$\frac{a}{\cos\dfrac{\theta+\varphi}{2}}=\frac{b}{\sin\dfrac{\theta+\varphi}{2}}=\frac{c}{\cos\dfrac{\theta-\varphi}{2}}.$$

例5　求证：如果至少存在两个不相似的 $\triangle ABC$ 满足

$$\begin{cases}\sin A=x\sin(B-C), & ① \\ \sin B=y\sin(C-A), & ② \\ \sin C=z\sin(A-B), & ③\end{cases}$$

那么
$$1+xy+yz+zx=0.$$

证明　用 $2\sin A$ 乘①式,得

$$2\sin^2 A=2x\sin A\sin(B-C),$$

即
$$1-\cos 2A=x[\cos(A-B+C)-\cos(A+B-C)],$$

亦即
$$\cos 2A-x\cos 2B+x\cos 2C=1. \tag{④}$$

同理,分别用 $2\sin B$，$2\sin C$ 乘②、③,得

$$y\cos 2A+\cos 2B-y\cos 2C=1, \tag{⑤}$$

$$-z\cos 2A + z\cos 2B + \cos 2C = 1, \qquad\qquad ⑥$$

联立④、⑤、⑥,由"至少存在两个不相似的 $\triangle ABC$"知 $\cos 2A$,$\cos 2B$,$\cos 2C$ 的值不是唯一的,从而线性方程组

$$\begin{cases} X - xY + xZ = 1, \\ yX + Y - yZ = 1, \\ -zX + zY + Z = 1 \end{cases}$$

的系数行列式为零,即

$$0 = \begin{vmatrix} 1 & -x & x \\ y & 1 & -y \\ -z & z & 1 \end{vmatrix} = 1 + xy + yz + zx.$$

例 6 已知三条不同的直线

$$x\sin 3\alpha + y\sin\alpha = a,$$
$$x\sin 3\beta + y\sin\beta = a,$$
$$x\sin 3\gamma + y\sin\gamma = a$$

共点 $(x_0,\ y_0) \neq (0,\ 0)(a \neq 0)$,求证:$\sin\alpha + \sin\beta + \sin\gamma = 0$.

证明 已知表明 α,β,γ 满足三角方程

$$x_0\sin 3t + y_0\sin t = a,$$

或
$$4x_0\sin^3 t - (y_0 + 3x_0)\sin t + a = 0.$$

"已知三条不同的直线"又表明 $\sin\alpha$,$\sin\beta$,$\sin\gamma$ 互不相等,从而是三次方程

$$4x_0 X^3 - (y_0 + 3x_0)X + a = 0$$

的三个不同的根,从而是全体根. 由韦达定理得

$$\sin\alpha + \sin\beta + \sin\gamma = 0.$$

第 7 篇 一类有趣的方程[①]

关于 x 的一元方程经过变形,或者两边同加 x 总可变成

---

① 本文原载《中学数学杂志》1984(4):14－15(署名:罗增儒).

$$x = f(x), \qquad \qquad ①$$

于是方程的求解便转变为求出函数 $f(x)$ 的不动点. 如果把①中的 x 整体代入①中的右边,有

$$x = f(x) = f(f(x)) = f(f(f(x))) = \cdots,$$

从而得出一类有趣的方程

$$x = f(f(\cdots f(f(x))\cdots)). \qquad \qquad ②$$

由这类方程的结构可知,①的解一定是②的解(反之不真),因而对这类方程的求解,可以从①入手,从②中分解出因式 $x - f(x)$,从而把②变成较简单的方程. 有时,还可以通过确定②与①的等价性,把②变成①来解.

例 1 方程 $x = \sqrt{a + \sqrt{a + \cdots + \sqrt{a + x}}}$ $(a > 0)$ 与方程 $x = \sqrt{a + x}$ 等价,解为 $x = \dfrac{1 + \sqrt{1 + 4a}}{2}$.

证明 由方程的结构特点知 $x = \sqrt{a + x}$ 的根一定是已知方程的根,只需证明,此外方程再无根. 若不然,方程还有根 x_0:

$$x_0 = \sqrt{a + \sqrt{a + \cdots + \sqrt{a + x_0}}} > 0,$$

但
$$x_0 \neq \sqrt{a + x_0},$$

若
$$x_0 > \sqrt{a + x_0},$$

则
$$a + x_0 > a + \sqrt{a + x_0},$$

从而
$$x_0 > \sqrt{a + x_0} > \sqrt{a + \sqrt{a + x_0}}.$$

依次类推,由数学归纳法可得

$$x_0 > \sqrt{a + \sqrt{a + \cdots + \sqrt{a + x_0}}},$$

与 x_0 是方程的根矛盾.

同理可证 $x_0 < \sqrt{a + x_0}$ 时亦与 x_0 是方程的根矛盾.

因而,已知方程的根也是方程 $x = \sqrt{a + x}$ 的根. 解之取正值得

$$x = \frac{1 + \sqrt{1+4a}}{2}.$$

例 2 方程

$$x = \cfrac{a}{b + \cfrac{a}{b + \cfrac{}{\ddots \atop b + \cfrac{a}{b+x}}}} \quad (b^2 + 4a \geqslant 0)$$

与方程 $x = \dfrac{a}{b+x}$ 等价,解为 $x = \dfrac{-b \pm \sqrt{b^2+4a}}{2}$.

证明 由方程的结构特点知 $x = \dfrac{a}{b+x}$ 的根一定是已知方程的根,只需证明原方程再无根,从最后的分式开始,逐步把繁分式化为普通分式. 最后便得到一个形如:

$$x = \frac{ex+f}{cx+d} \quad (c \neq 0)$$

的方程. 这个方程最多有两个根,因而原方程与方程 $x = \dfrac{a}{b+x}$ 等价. 解为

$$x = \frac{-b \pm \sqrt{b^2+4a}}{2}.$$

例 3 解方程 $x = (x^2-3)^2 - 3$.

解 由方程的结构特点

$$x = x^2 - 3 = (x^2-3)^2 - 3$$

知,可从已知方程中分解出因式 $x^2 - x - 3$ 来. 原方程可变形为

$$0 = -x - 3 + (x^2-3)^2 = (x^2-x-3) - [x^2 - (x^2-3)^2]$$
$$= (x^2-x-3)[1 + (x^2+x-3)] = (x^2-x-3)(x+2)(x-1),$$

得方程的解为

$$x_1 = -2, \ x_2 = 1, \ x_{3,4} = \frac{1 \pm \sqrt{13}}{2}.$$

第8篇 平均值变换与不等式证明[①]

对两个正数 a，b，以 $AB=a+b=2R$ 为直径作半圆. 取 $AC=a$，过 C 作 $CD \perp AB$ 交圆周于 D. 如图 1 取坐标，则

$A(-R, 0)$，$B(R, 0)$，$C(R\cos\theta, 0)$，

$D(R\cos\theta, R\sin\theta)$，$(0 < \theta < \pi)$.

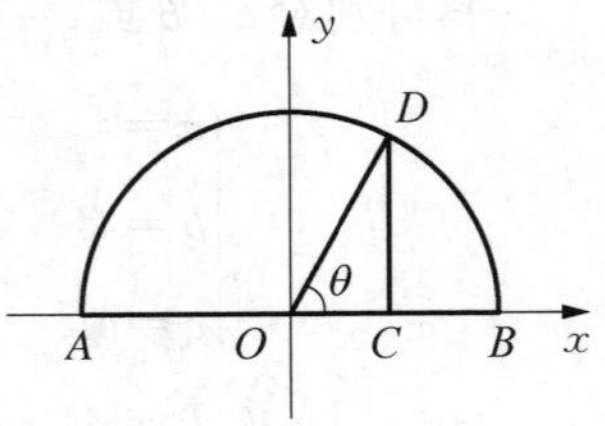

可得

$$(S) \begin{cases} a = |AC| = R(1+\cos\theta) = 2R\cos^2\dfrac{\theta}{2}, \\ b = |BC| = R(1-\cos\theta) = 2R\sin^2\dfrac{\theta}{2}. \end{cases} \quad (0 < \theta < \pi)$$

图 1

我们把 (S) 称为平均值三角变换. 这里，a，b 没有大小关系，也不要求 a 与 b 满足某些关系（如 $a^2+b^2=1$ 或 $a+b+c=abc$ 等）. 使用起来十分方便.

例 1 对 $a > 0$，$b > 0$，证明：$\dfrac{2ab}{a+b} \leqslant \sqrt{ab} \leqslant \dfrac{a+b}{2} \leqslant \sqrt{\dfrac{a^2+b^2}{2}}$.

证明 引进变换 (S)，有

$$\frac{a+b}{2} = R, \quad \sqrt{ab} = R\sqrt{1-\cos^2\theta} = R\sin\theta,$$

$$\sqrt{\frac{a^2+b^2}{2}} = R\sqrt{1+\cos^2\theta}, \quad \frac{2ab}{a+b} = \frac{(R\sin\theta)^2}{R} = R\sin^2\theta,$$

由 $$\sin^2\theta \leqslant \sin\theta \leqslant 1 \leqslant \sqrt{1+\cos^2\theta},$$

乘以 $R > 0$ 即得证.

这个方法不仅一次完成一串不等式的证明，而且揭示了不等式的三角含义.

例 2 对 $a > 0$，$b > 0$，$c > 0$，证明：$\dfrac{a+b+c}{3} \geqslant \sqrt[3]{abc}$.

———————————

[①] 本文原载《中学生数学》1984(6)：10，18(署名：罗增儒).

证明 设 $R=\dfrac{a+b+c}{3}\xlongequal{\text{等比}}\dfrac{a+b+c+R}{4}$,对 $a+b$,$c+R$ 作变换(S)

$$\begin{cases} a+b=2R\cos^2\theta_1, \\ c+R=2R\sin^2\theta_1. \end{cases}\left(0<\theta_1<\dfrac{\pi}{2}\right)$$

再分别对 a、b 或 c,R 作变换(S),有

$$\begin{cases} a=4R\cos^2\theta_1\cos^2\theta_2, \\ b=4R\cos^2\theta_1\sin^2\theta_2, \\ c=4R\sin^2\theta_1\cos^2\theta_3, \\ R=4R\sin^2\theta_1\sin^2\theta_3. \end{cases}\left(0<\theta_1,\theta_2,\theta_3<\dfrac{\pi}{2}\right)$$

相乘得 $$abcR=R^4\sin^42\theta_1\sin^22\theta_2\sin^22\theta_3\leqslant R^4,$$

即 $$R^3\geqslant abc,$$

得 $$\dfrac{a+b+c}{3}\geqslant\sqrt[3]{abc}.$$

等号当且仅当 $\theta_1=\theta_2=\theta_3=\dfrac{\pi}{4}$,即 $a=b=c$ 时成立.

练习题

1. 对 $a>c>0$,$b>c>0$,证明:$\sqrt{(a+c)(b+c)}+\sqrt{(a-c)(b-c)}\leqslant 2\sqrt{ab}$.

提示:作变换

$$\begin{cases} a+c=2a\cos^2\theta, \\ a-c=2a\sin^2\theta. \end{cases}\left(0<\theta<\dfrac{\pi}{2}\right)\quad \begin{cases} b+c=2b\cos^2\phi, \\ b-c=2b\sin\phi. \end{cases}\left(0<\phi<\dfrac{\pi}{2}\right)$$

2. 已知 $a>0$,$b>0$,$c>0$,且 $2c>a+b$,求证:$c-\sqrt{c^2-ab}<a<c+\sqrt{c^2-ab}$.

提示:取 $R=\dfrac{a+b}{2}=c\cos^2\theta\left(0<\theta<\dfrac{\pi}{2}\right)$,再作变换

$$\begin{cases} a=2R\cos^2\phi=2c\cos^2\theta\cos^2\phi, \\ b=2R\sin^2\phi=2c\cos^2\theta\sin^2\phi. \end{cases}\left(0<\phi<\dfrac{\pi}{2}\right)$$

然后计算 $c^2-ab=\cdots\geqslant\cdots\geqslant(a-c)^2$.

第9篇 比例与行列式①

近年来,有些刊物登载了比例性质应用的文章.应用比例性质解题要注意条件也引起了教师的广泛注意.《数学通报》文[1]、《数学通讯》文[2]都谈到了使用等比定理时分母是否为零的问题.但是,理论上的明确并不等于实践中的困难都能自然地解决.应用比例性质解题更多地依赖于经验和一定的技巧,不可能提供完备的讨论,以及统一的方法和固定的程序.

例如:设 $\dfrac{bz-cy}{b-c}=\dfrac{cx-az}{c-a}$,且 $abc\neq 0$,则各分式等于 $\dfrac{ay-bx}{a-b}$.(文[1]例2)

文[1]已经正确指出,本例的原解法"忽略了使用等比定理的条件","结论并不永远成立".读者当然会进一步考虑:什么条件下结论能够成立?什么条件下结论不能够成立?(参见本文例3的讨论)

本文认为,对于有关参数比例问题可以应用行列式与方程组的理论来统一而完备地解决.先阐明如下的理论根据.

定理 关于 $y_1,y_2,\cdots,y_n$ 的齐次线性方程组

$$\begin{cases} a_{11}(x)y_1+a_{12}(x)y_2+\cdots+a_{1n}(x)y_n=0,\\ a_{21}(x)y_1+a_{22}(x)y_2+\cdots+a_{2n}(x)y_n=0,\\ \cdots\\ a_{n1}(x)y_1+a_{n2}(x)y_2+\cdots+a_{nn}(x)y_n=0, \end{cases} \quad (\text{I})$$

有非零解的充要条件是

$$D(x)=\begin{vmatrix} a_{11}(x) & a_{12}(x) & \cdots & a_{1n}(x)\\ a_{21}(x) & a_{22}(x) & \cdots & a_{2n}(x)\\ \cdots\\ a_{n1}(x) & a_{n2}(x) & \cdots & a_{nn}(x) \end{vmatrix}=0 \quad (\text{II})$$

有解.

---

① 本文原载《数学通报》1985(6):18-20(署名:罗增儒).

证明是显然的.下面分四个方面举例.

1　求比值

例 1　若 $\dfrac{y-z}{x}=\dfrac{z-x}{y}=\dfrac{x-y}{z}$,则 $x=y=z\neq 0$.（见文[2]例 3）

证明　求证中不为零的情况已由已知条件所包含

$$x\neq 0,\ y\neq 0,\ z\neq 0.$$

设　　　　$$\dfrac{y-z}{x}=\dfrac{z-x}{y}=\dfrac{x-y}{z}=k,$$

得关于 x,y,z 的齐次线性方程组

$$\begin{cases}kx-y+z=0,\\ x+ky-z=0,\\ -x+y+kz=0\end{cases}$$

有非零解.故其系数行列式为零：

$$0=\begin{vmatrix}k & -1 & 1\\ 1 & k & -1\\ -1 & 1 & k\end{vmatrix}=k(k^2+3).$$

但 $k^2+3\geqslant 3$,得唯一的 $k=0$.

从而 $x=y=z\neq 0$.

例 2　若 $\dfrac{q+r}{p}=\dfrac{r+p}{q}=\dfrac{p+q}{r}=k$,且 $p+q+r=0$,求 k 值.（见文[2]例 5）

解　显然 $p\neq 0,q\neq 0,r\neq 0$.由已知得关于 p,q,r 的齐次线性方程组

$$\begin{cases}kp-q-r=0,\\ -p+kq-r=0,\\ -p-q+kr=0,\\ p+q+r=0\end{cases}$$

有非零解.考虑后三个方程有非零解的充要条件

$$0=\begin{vmatrix}-1 & k & -1\\ -1 & -1 & k\\ 1 & 1 & 1\end{vmatrix}=(k+1)^2,$$

得 $k = -1$，代入第一个方程验证，有且只有一个解 $k = -1$.

说明：若已知条件中无 $p + q + r = 0$，则由前三个方程有非零解的充要条件可统一而完备地解得 $k_1 = -1$，$k_2 = 2$.

当 $k_1 = -1$ 时，$p + q + r = 0$；

当 $k_2 = 2$ 时，$p = q = r$.

2 比值性质的讨论

例 3 设 $\dfrac{bz - cy}{b - c} = \dfrac{cx - az}{c - a} = A$，$\dfrac{ay - bx}{a - b} = B$. 求出 $A = B$ 的条件.

解 显然 a，b，c 不能同时为零. 于是已知条件可化为关于 a，b，c 的齐次线性方程组

$$
\begin{cases}
(z - A)b - (y - A)c = 0, \\
-(z - A)a \qquad\qquad + (x - A)c = 0, \\
(y - B)a \quad - (x - B)b \qquad\qquad = 0
\end{cases}
$$

有非零解. 因而系数行列式为零：

$$
0 = \begin{vmatrix}
0 & (z - A) & -(y - A) \\
-(z - A) & 0 & (x - A) \\
(y - B) & -(x - B) & 0
\end{vmatrix} = (z - A)(y - x)(B - A),
$$

可见 $A = B$ 的条件是

$$
\begin{cases}
\dfrac{bz - cy}{b - c} = \dfrac{cx - ay}{c - a} \neq z, \\
y \neq x.
\end{cases}
$$

当 $y = x$ 时，或当 $\dfrac{bz - cy}{b - c} = \dfrac{cx - az}{c - a} = z$ 时，$A = B$ 并不永远成立.

例 4 设 $\dfrac{y + 1}{x} = \dfrac{x - 1}{y} = k$ 且 $x + y = 0$，则 k 的值不能确定. (见文[2]例 4)

首先指出文[2]原解法是不完善的. 因为只讨论两个方程

$$
\begin{cases}
y + 1 = kx, \\
x + y = 0,
\end{cases}
$$

得出的 $k = \dfrac{1}{x} - 1$，没有验证另一方程 $\dfrac{x-1}{y} = k$，因而不能断言 k 可取不同的值. 试看另例

$$(A) \begin{cases} \dfrac{y+1}{x} = \dfrac{x+1}{y} = k, \\[2mm] x + y = 0, \end{cases}$$

沿用原解法也有 $k = \dfrac{1}{x} - 1$，可取不同的值，但事实上 k 不存在.

现在，用行列式来处理本例.

解　由已知得，关于 x，y，z 的齐次线性方程组

$$\begin{cases} kx - y - 1 = 0, \\ -x + ky + 1 = 0, \\ x + y = 0 \end{cases}$$

有非零解. 又方程组中的三条直线并不是对任意的 k 值都能平行. 而系数行列式

$$\begin{vmatrix} k & -1 & -1 \\ -1 & k & 1 \\ 1 & 1 & 0 \end{vmatrix} = \begin{vmatrix} k & -1 & -1 \\ k-1 & k-1 & 0 \\ 1 & 1 & 0 \end{vmatrix} \equiv 0,$$

故 k 的值不能确定. 事实上，把 $y = -x$ 代入题中比例式：

$$\frac{y+1}{x} = \frac{x-1}{y} = \frac{-y-1}{-x} = \frac{y+1}{x}$$

为恒等式，k 有无穷个取值.

对例 (A) 情况就不一样了. 对应的方程组为

$$\begin{cases} kx - y - 1 = 0, \\ -x + ky - 1 = 0, \\ x + y = 0, \end{cases}$$

其系数行列式为零时

$$0 = \begin{vmatrix} k & -1 & -1 \\ -1 & k & -1 \\ 1 & 1 & 0 \end{vmatrix} = 2(k+1),$$

只有唯一的 $k = -1$, 而代入原方程时出现矛盾. 故对(A)这样的 k 值是不存在的.

3 解多参数比例问题

例 5 已知 $a = \dfrac{x}{y-z}$, $b = \dfrac{y}{z-x}$, $c = \dfrac{z}{x-y}$, 求证: $ab + bc + ca + 1 = 0$.

证明 显然 x, y, z 不同时为零. 已知可化为关于 x, y, z 的齐次线性方程组

$$\begin{cases} x - ay + az = 0, \\ bx + y - bz = 0, \\ -cx + cy + z = 0 \end{cases}$$

有非零解. 从而其系数行列式为零:

$$0 = \begin{vmatrix} 1 & -a & a \\ b & 1 & -b \\ -c & c & 1 \end{vmatrix} = ab + bc + ca + 1.$$

故得所证.

例 6 设 $\dfrac{by+cz}{bx+cy} = \dfrac{bx+cy}{bz+cx} = \dfrac{bz+cx}{by+cz}$, 求证: $x^2 + y^2 + z^2 = xy + yz + zx$.

证明 设已知比例式的比值为 k, 则有

$$by + cz = k(bx + cy) = k^3(by + cz),$$
$$bx + cy = k(bz + cx) = k^2(by + cz),$$
$$bz + cx = k(by + cz),$$

得 $k^3 = 1$, 从而 $k = 1$. (已知三个比例式相乘也能得 $k^3 = 1$)

这就是说, 分子分母相等. 不妨设

$$\begin{cases} by + cz = a, \\ bx + cy = a, \\ bz + cx = a. \end{cases}$$

这表明,三点(y, z),(x, y),(z, x)共线

$$bX + cY = a,$$

故有系数行列式为零:

$$0 = \begin{vmatrix} 1 & y & z \\ 1 & x & y \\ 1 & z & x \end{vmatrix} = x^2 + y^2 + z^2 - xy - yz - zx,$$

移项即得

$$x^2 + y^2 + z^2 = xy + yz + zx.$$

　　注: 得出分子分母相等后,也可以用下面的方法来求解,由

$$\begin{cases} by + cz = bx + cy, \\ bx + cy = bz + cx \end{cases}$$

得关于b, c的齐次线性方程组

$$\begin{cases} (x - y)b + (y - z)c = 0, \\ (z - x)b + (x - y)c = 0 \end{cases}$$

有非零解(b, c不同时为零). 故系数行列式为零:

$$0 = \begin{vmatrix} x - y & y - z \\ z - x & x - y \end{vmatrix} = (x - y)^2 - (y - z)(z - x) = x^2 + y^2 + z^2 - xy - yz - zx,$$

移项即得所求.

4　应用比例的性质解行列式方程

　　例7　求方程的非零解:

$$\begin{vmatrix} x & x - 1 & 0 \\ -x - 1 & x + 1 & x - 1 \\ 2x - 1 & x - 1 & 2x - 1 \end{vmatrix} = 0.$$

　　解　已知方程表明关于a, b, c的齐次线性方程组

$$\begin{cases} xa + (x - 1)b & = 0, \\ -(x + 1)a + (x + 1)b + (x - 1)c = 0, \\ (2x - 1)a + (x - 1)b + (2x - 1)c = 0 \end{cases}$$

有非零解. 化成比例

$$x=\frac{b}{a+b}=\frac{a+c-b}{b+c-a}=\frac{a+b+c}{2a+b+2c}=\frac{-(a+c-b)+(a+b+c)}{-(b+c-a)+(2a+b+2c)}=\frac{2b}{3a+c},$$

由于求非零解,故 $x\neq0$,知 $b\neq0$. 又由于

$$\frac{b}{a+b}=\frac{2b}{3a+c},$$

得
$$a+c=2b,$$

从而
$$x=\frac{a+b+c}{2a+b+2c}=\frac{3b}{5b}=\frac{3}{5},$$

原方程的非零解为 $x=\frac{3}{5}$.

参考资料

[1] 田丁. 使用等比定理应注意条件[J]. 数学通报,1981(7):13-14.

[2] 陈清森. 对等比定理的条件的一点注记[J]. 数学通讯,1983(2):16-18.

第10篇 试论如何求方程组 $\begin{cases}F(x,\ y)=0,\\F(y,\ x)=0\end{cases}$ 的实数解[①]
——兼纠正一个流行的错误

原刊编者按:关于 $f(x)=f^{-1}(x)$ 型方程的解法,《中学数学教学》1984 年第 4 期和 1985 年第 1 期都有文章或读者来信论及. 后又收到罗增儒等同志的稿件,对此作了更为详尽的讨论,《中学数学教学》就其中数篇(以罗增儒稿为基础)作了综合与修改,供广大读者参阅.

1 从一个流行的错误说起

有一个概念性错误,多次出现在各种书刊里. 请看两个例子.

例1 在实数范围内解方程:$\dfrac{11x^2-6}{7-12x^2}=\sqrt{\dfrac{7x+6}{12x+11}}$. (A)

笔者见到有四种书刊都给出如下解答.

[①] 本文原载《中学数学教学》1985(5):11-16(署名:罗增儒,钟湘湖,叶年新).

解　令
$$f(x) = \frac{11x^2 - 6}{7 - 12x^2},$$

$$\varphi(x) = \sqrt{\frac{7x + 6}{12x + 11}}, \tag{B}$$

显然 $f(x)$ 与 $\varphi(x)$ 互为反函数，所以两函数的图像关于直线 $y = x$ 对称，因之两图像的交点必在直线 $y = x$ 上。

令 $x = \dfrac{11x^2 - 6}{7 - 12x^2}$，即 $12x^3 + 11x^2 - 7x - 6 = 0$。

解此方程得 $x_1 = -1$，$x_2 = -\dfrac{2}{3}$，$x_3 = \dfrac{3}{4}$。

由于 $\varphi(x) \geqslant 0$，可见 $f(x)$ 与 $\varphi(x)$ 两图像的交点不可能在第三象限。将 $x = \dfrac{3}{4}$ 代入原方程，知它是原方程的解，故原方程仅有解 $\dfrac{3}{4}$。

这个解法确有一定的技巧性。否则，平方之后便产生五次方程。但是，这种解法的理论根据是可疑的。上面加点的一段话，几乎每一句都不成立。

（1）$f(x)$ 与 $\varphi(x)$ 不成反函数。一般地说，$f(x)$ 是一个偶函数，根本就没有反函数（中学阶段只考虑单值函数），$\varphi(x)$ 在定义域 I：$\left(-\infty, -\dfrac{11}{12}\right) \cup \left[-\dfrac{6}{7}, +\infty\right)$ 内虽有反函数，但不是 $f(x)$，而应是

$$\begin{cases} f(x) = \dfrac{11x^2 - 6}{7 - 12x^2}, \\ x \geqslant 0. \end{cases} \tag{C}$$

若在方程的存在域 $I\left(\text{且} x \neq \sqrt{\dfrac{7}{12}}\right)$ 上考虑，$f(x)$ 与 $\varphi(x)$ 也不成反函数。用 $x \geqslant 0$ 来代替 I，缩小了未知数的范围，有可能引起减根，而且果然产生减根 $x = -\dfrac{5 + 11\sqrt{21}}{74}$。

（2）$f(x)$ 的图像如图 1 所示，$\varphi(x)$ 图像如图 2 所示，它们并不关于 $y = x$ 对称。（B）与（C）的图像才关于 $y = x$ 对称。但它们是分别在不同的定义域内作图的。对于（A），我们需要考虑相同的存在域 $I\left(\text{且} z \neq \pm\sqrt{\dfrac{7}{12}}\right)$。这时，$f(x)$ 与

$\varphi(x)$ 还是不能关于 $y=x$ 对称. 把图 1 与图 2 重叠起来得图 3, 便可以看得很清楚. 并且还可看到, 上半平面确实有两个交点. 一个在 $y=x$ 上, $x_1=\dfrac{3}{4}$; 一个不在 $y=x$ 上, $x_2=-\dfrac{5+11\sqrt{21}}{74}$. 这里的一个要害问题是, $f(x)$ 在 I 中即使是 $\left(-\sqrt{\dfrac{7}{12}},\ \sqrt{\dfrac{7}{12}}\right)$ 的一段上也不单调.

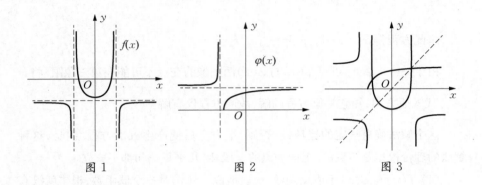

图 1   图 2   图 3

(3) 退一步说, 即使两曲线关于 $y=x$ 对称, 也决不能保证它们的交点必在 $y=x$ 上. 任一二元方程 $F(x,y)=0$ 所确定的曲线自不待言, 就是单值函数(中学阶段只考虑这一类函数)甚至单调函数也不能提供可靠的保证. 比如, $y=-x$ 与其反函数的图像交点不限于在 $y=x$ 上, 而 $y=-\dfrac{1}{x}$ 与其反函数的图像交点恰好不在 $y=x$ 上.

类似地, 某刊《一种特殊方程组的简捷解法》一文所举的例子, 也犯有相同的错误.

例如方程 $$\frac{3-x^2}{x^2+1}=\sqrt{\frac{3-x}{1+x}} \tag{D}$$

左右两边对应的函数图像的交点也不只是在 $y=x$ 上.

记 $f(x)=\dfrac{3-x^2}{x^2+1}$, $\varphi(x)=\sqrt{\dfrac{3-x}{1+x}}$, 则分别有图像(如图 4、图 5):

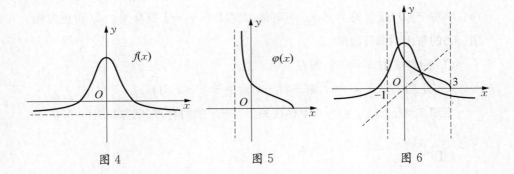

图 4　　　　　　　　图 5　　　　　　　　图 6

由合并图像图 6 可见,在方程的存在域 $(-1, 3]$ 内,上半平面有两个交点.一个在 $y=x$ 上, $x_1=1$;一个不在 $y=x$ 上, $x_2=1-\sqrt{2}$. 这里的问题要害是, $f(x)$ 在 $(-1, 3]$ 上不是单调函数.

鉴于上述种种情况,本文将讨论四个问题

(1) 方程组 $\begin{cases} F(x, y)=0 \\ F(y, x)=0 \end{cases}$ 的一般解法;

(2) 方程组 $\begin{cases} y=f(x), \\ x=f(y) \end{cases}$ 与方程组 $\begin{cases} y=f(x) \\ y=x \end{cases}$ 等价的条件;

(3) 方程 $x=f(f(x))$ 的求解;

(4) 方程 $f(x)=f^{-1}(x)$ 的求解,其中 f 与 f^{-1} 在某一范围内互为逆对应.

2　方程组 $\begin{cases} \boldsymbol{F(x, y)=0,} \\ \boldsymbol{F(y, x)=0} \end{cases}$ 的一般解法

方程组

$$（\mathrm{I}）\begin{cases} F(x, y)=0, & ① \\ F(y, x)=0 & ② \end{cases}$$

的结构特点是,①、②所对应的曲线关于直线 $y=x$ 对称. 如上所说,一般情况下,(I)并不等价于 $F(x, x)=0$. 但两者确实存在着许多有趣的联系.

定理 1　若 $x=a$ 是方程 $F(x, x)=0$ 的解,则 (a, a) 是方程组(I)的解.(证明从略)

定理 2　若 (a, b) 是(I)的解,则 (b, a) 也是(I)的解.(证明从略)

定理 2 告诉我们,方程组(Ⅰ)如果有解,那么解总是"成对出现",注意到 (a,b) 与 (b,a) 或者关于 $y=x$ 为对称,或者在 $y=x$ 上重合为一点.可见方程组(Ⅰ)的解由两部分组成:

(1) 定理 2 中 $a=b$ 时,解在 $y=x$ 上.

(2) 定理 2 中 $a \neq b$ 时,解一对一对地关于 $y=x$ 对称.

定理 3 若 $F(x,y)=0$ 不存在关于 $y=x$ 的对称点,则方程组(Ⅰ)与

$$(\text{Ⅱ}) \quad \begin{cases} F(x,y)=0, \\ y=x \end{cases}$$

同解.

证明 由定理 1 显然有(Ⅱ)$\Rightarrow$(Ⅰ).反之,设 (a,b) 是(Ⅰ)的解,由定理 2 知 (b,a) 也是(Ⅰ)的解.但 $F(x,y)=0$ 不存在关于 $y=x$ 的对称点,故 $a=b$,得

$$\begin{cases} F(a,b)=0, \\ b=a, \end{cases}$$

即 (a,b) 是(Ⅱ)的解.

由上面的讨论可以看到,方程(Ⅰ)求解的一个关键是从中分解出直线 $y=x$(或说分解出因式 $(y-x)$.一旦成功,便可达到消元和降次的双重目的,具体过程可分为三步:

第一步 让①、②两式相减,并分解出因式 $(y-x)$ 来:

$$0=F(x,y)-F(y,x)=(y-x)^{k}\varphi(x,y), \qquad ③$$

其中 k 为正整数,$\varphi(x,y)$ 与 $(y-x)$ 互质.

当然,这并不是一定可行的.但就 $F(x,y)$ 为多项式的情况而言,则不成问题,因为,$x^{n}y^{m}-x^{m}y^{n}$ 总可以被 $y-x$ 整除.易知:通常 k 总是奇数,而 $\varphi(x,y)=0$ 的图形关于 $y=x$ 为对称.

第二步 把③与①联立,得

$$\begin{cases} F(x,y)=0, \\ y=x \end{cases} \Leftrightarrow \begin{cases} F(x,x)=0, \\ y=x, \end{cases} \qquad ④$$

或
$$\begin{cases} F(x,y)=0, \\ \phi(x,y)=0. \end{cases} \quad ⑤$$

第三步　分别解方程组④、⑤即可得（Ⅰ）的全体解. 须注意, 虽然 $\varphi(x,y)=0$ 的图形对称于 $y=x$, ⑤仍可能无解(参见例2). 如果事先不能确定⑤无解, 盲目地认为（Ⅰ）与④等价, 就有可能减根.

例2　求方程组的实数解：

$$\begin{cases} 2x^2-y^2-3x+4y-2=0, \\ 2y^2-x^2-3y+4x-2=0. \end{cases}$$

（某刊《一种特殊方程组的简捷解法》的例1）

解　两式相减得　$(x-y)(3x+3y-7)=0,$

代入原方程组得
$$\begin{cases} 2x^2-y^2-3x+4y-2=0, \\ x=y, \end{cases} \quad ⑥$$

或
$$\begin{cases} 2x^2-y^2-3x+4y-2=0, \\ 3x+3y-7=0. \end{cases} \quad ⑦$$

解⑥可得
$$\begin{cases} x_1=1, \\ y_1=1, \end{cases} \quad \begin{cases} x_2=-2, \\ y_2=-2. \end{cases} \quad ⑧$$

由⑦有
$$\begin{cases} 9x^2-21x+17=0, \\ 3x+3y-7=0, \end{cases}$$

其中第一个方程的判别式小于零. 故原方程的全体解由⑧给出. 它们恰好都在 $y=x$ 上, 这里虽然与该文原解法结论一致, 但原解法既未说明定理3中的道理, 又未指出还有⑦无解, 因此, 这只是一种巧合.

例3　求方程组的实数解：

$$\begin{cases} x^2y+x^2+y-3=0, \\ xy^2+y^2+x-3=0. \end{cases}$$

解　两式相减得　$(y-x)(1-x-y-xy)=0,$

代入原方程得
$$\begin{cases} x^2y+x^2+y-3=0, \\ y=x, \end{cases} \quad ⑨$$

或
$$\begin{cases} x^2y+x^2+y-3=0, \\ 1-x-y-xy=0. \end{cases} \qquad ⑩$$

解⑨,有
$$\begin{cases} (x-1)(x^2+2x+3)=0, \\ y=x, \end{cases}$$

得
$$A_1: \begin{cases} x_1=1, \\ y_1=1. \end{cases}$$

解⑩,把后一方程代入前一方程消去 y(显然有 $x+1\neq0$):

$$\begin{cases} \dfrac{x^2-2x-1}{1+x}=0, \\ y=\dfrac{1-x}{1+x}, \end{cases}$$

得
$$A_2: \begin{cases} x_2=1-\sqrt{2}, \\ y_2=1+\sqrt{2}, \end{cases} \qquad A_3: \begin{cases} x_3=1+\sqrt{2}, \\ y_3=1-\sqrt{2}. \end{cases}$$

说明　$x^2y+x^2+y-3=0$ 可化为 $y=\dfrac{3-x^2}{1+x^2}$,参见图 7,此题有三个交点,请注意与图 6 所述例子的联系和区别.

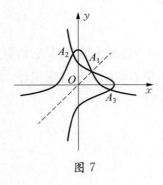

图 7

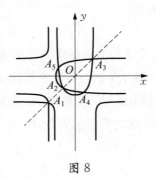

图 8

例 4　求方程的实数解:

$$\begin{cases} 12x^2y+11x^2-7y-6=0, \\ 12xy^2+11y^2-7x-6=0. \end{cases}$$

解　两式相减,得

$$(y-x)(12xy+11x+11y+7)=0,$$

代入原方程,得

$$\begin{cases} 12x^2y+11x^2-7y-6=0, \\ y=x, \end{cases} \quad ⑪$$

或

$$\begin{cases} 12x^2y+11x^2-7y-6=0, \\ 12xy+11x+11y+7=0. \end{cases} \quad ⑫$$

解⑪,有

$$\begin{cases} (x+1)(3x+2)(4x-3)=0, \\ y=x, \end{cases}$$

得　　　　$A_1:\begin{cases} x_1=-1, \\ y_1=-1, \end{cases}$ $A_2:\begin{cases} x_2=-\dfrac{2}{3}, \\ y_2=-\dfrac{2}{3}, \end{cases}$ $A_3:\begin{cases} x_3=\dfrac{3}{4}, \\ y_3=\dfrac{3}{4}. \end{cases}$

解⑫,把后一方程代入前一方程,消去 y,得(显然有 $12x+11\neq0$)

$$\begin{cases} \dfrac{37x^2+5x-17}{12x+11}=0, \\ y=-\dfrac{11x+7}{12x+11}, \end{cases}$$

得

$$A_4:\begin{cases} x_4=\dfrac{-5+11\sqrt{21}}{74}, \\ y_4=-\dfrac{463+121\sqrt{21}}{754+132\sqrt{21}}, \end{cases} \quad A_5:\begin{cases} x_5=\dfrac{-5-11\sqrt{21}}{74}, \\ y_5=\dfrac{121\sqrt{21}-463}{754-132\sqrt{21}}. \end{cases}$$

这里 $12x^2y+11x^2-7y-6=0$ 可化为 $y=\dfrac{11x^2-6}{7-12x^2}$,正是例 1 中的 $f(x)$.

但这里有五个交点(参见图 8),要注意与例 1 中图 3 的联系和区别.

3 $\begin{cases} y=f(x) \\ x=f(y) \end{cases} \Leftrightarrow \begin{cases} y=f(x) \\ y=x \end{cases}$ 的条件

考虑（Ⅰ）的特殊情况：

（Ⅲ） $\begin{cases} y=f(x), \\ x=f(y). \end{cases}$

当然，定理 1、2、3 均成立，其中定理 3 已经给出了（Ⅲ）与

（Ⅳ） $\begin{cases} y=f(x), \\ y=x \end{cases}$

同解的条件. 那就是 $y=f(x)$ 的图像上任何两点都不对称于直线 $y=x$. 现在我们来找比这一条件强，但便于应用的其他条件.

若 $y=f(x)$ 图像上有 (x_1,y_1) 和 (x_2,y_2) 两点对称于直线 $y=x$，则 $x_1=y_2$，$x_2=y_1$，得 $\dfrac{y_2-y_1}{x_2-x_1}=-1$，即

$$\frac{f(x_2)-f(x_1)}{x_2-x_1}=-1. \qquad ⑬$$

可见，只要 $y=f(x)$ 为增函数，⑬便不能成立，有

定理 4 若 $y=f(x)$ 在定义域内为增函数，则（Ⅲ）与（Ⅳ）同解.（证明略）

若对⑬应用微分中值定理

$$-1=\frac{f(x_2)-f(x_1)}{x_2-x_1}=f'(\xi),$$

其中 $(\xi-x_1)(\xi-x_2)<0$，这时，若总有 $f'(x)\neq-1$，上式便构成矛盾. 于是有

定理 5 若函数 $y=f(x)$ 在定义域的任一区间上满足微分中值定理的全部条件，且 $f'(x)\neq-1$，则（Ⅲ）与（Ⅳ）同解.（证明略）

定理 6 若 $x_0=f(x_0)$ 且

当 $x<x_0$ 时，$f(x)\leqslant x$，（可放宽为 $f(x)\leqslant f(x_0)$）；

当 $x>x_0$ 时，$f(x)\geqslant x$，（可放宽为 $f(x)\geqslant f(x_0)$），

则（Ⅲ）与（Ⅳ）同解.

本定理在几何直观上是显而易见的，证明从略.

如果定理 4、5、6 都用不上,也可以化为(Ⅰ)型求解,然后通过检验弃去增根.

例 5　求方程组的实数解:

$$\begin{cases} y = \sqrt{\dfrac{7x+6}{12x+11}}, \\[2mm] x = \sqrt{\dfrac{7y+6}{12y+11}}. \end{cases}$$

解　$y' = \dfrac{1}{2} \cdot \sqrt{\dfrac{12x+11}{7x+6}} \cdot \dfrac{5}{(12x+11)^2} > 0.$

由定理 5 知只需解

$$\begin{cases} x = \sqrt{\dfrac{7x+6}{12x+11}}, \\[2mm] y = x, \end{cases}$$

得例 4 中的 $A_3 \left(\dfrac{3}{4}, \dfrac{3}{4} \right).$

请注意本例与例 1、4 之间的联系和区别.

例 6　求方程组的实数解:

$$\begin{cases} y = \sqrt{\dfrac{3-x}{1+x}}, \\[2mm] x = \sqrt{\dfrac{3-y}{1+y}}. \end{cases}$$

解　将两式各自平方,整理,化为例 3.

因为 $x \geqslant 0$, $y \geqslant 0$, 所以 A_2 与 A_3 不合本题,而 $A_1(1, 1)$ 是唯一解.

4　方程 $x = f(f(x))$ 的求解

把(Ⅲ)中第一式代入第二式可得

(Ⅴ) $x = f(f(x)).$

反之,在(Ⅴ)中设 $y = f(x)$ 又可得(Ⅲ).

因而,(Ⅴ)的求解可以通过变换转为解(Ⅲ).此外,也可以直接解.

(1) 由(Ⅰ)的一般解法,可得(Ⅴ)的一般解法:

作差　$0 = x - f(f(x))$,

分解出因式 $[x - f(x)]$, 得

$$0 = x - f(f(x)) = [x - f(x)]\phi(x).$$

分别解方程　　　　　　　$x = f(x)$,

或　　　　　　　　　　　$\phi(x) = 0$,

便可得(Ⅴ)的全体解.

(2) 若 $y = f(x)$ 满足定理 3、4、5、6 之一, 则可转而解 $x = f(x)$.

例 7　求方程的实数根: $x = \sqrt{\dfrac{4}{1 + \sqrt{\dfrac{4}{1+x} - 1}} - 1}$.

解　设 $y = \sqrt{\dfrac{4}{1+x} - 1} = \sqrt{\dfrac{3-x}{1+x}}$, 则 $x = \sqrt{\dfrac{4}{1+y} - 1} = \sqrt{\dfrac{3-y}{1+y}}$,

由例 6 得 $x = 1$.

例 8　求方程的实数根: $x = \dfrac{5}{84 - 144\left(\dfrac{5}{84 - 144x^2} - \dfrac{11}{12}\right)^2} - \dfrac{11}{12}$.

解　设　　　　　$y = \dfrac{5}{84 - 144x^2} - \dfrac{11}{12} = \dfrac{11x^2 - 6}{7 - 12x^2}$,

则　　　　　　　$x = \dfrac{5}{84 - 144y^2} - \dfrac{11}{12} = \dfrac{11y^2 - 6}{7 - 12y^2}$.

由例 4 得五个解:

$$x_1 = -1,\ x_2 = -\frac{2}{3},\ x_3 = \frac{3}{4},\ x_{4,5} = \frac{-5 \pm 11\sqrt{21}}{74}.$$

例 9　求方程的实数根: $x = (x^2 - 2)^2 - 2$.

解　当然可以作变换 $y = x^2 - 2$, 转为求两抛物线的交点. 但我们宁愿熟悉一下这类方程的直接求解, 原式即

$$0 = x - [(x^2 - 2)^2 - 2] = [x - (x^2 - 2)] - [(x^2 - 2)^2 - x^2]$$

$$= -(x^2 - x - 2)(x^2 + x - 1),$$

得　　　　　　　　$x^2 - x - 2 = 0$ 或 $x^2 + x - 1 = 0$.

分别解得

$$x_1 = -1,\ x_2 = 2,\ x_{3,4} = \frac{1}{2}(-1 \pm \sqrt{5}).$$

5 方程 $f(x) = f^{-1}(x)$ 的求解

我们把形如例 1 的方程记为

（Ⅵ） $f(x) = f^{-1}(x)$,

其中 f 与 f^{-1} 在某一范围内互为逆对应.

作自身变换 $y = f(x) = f^{-1}(x)$ 可得

$$\begin{cases} y = f(x), \\ x = f(y). \end{cases}$$

于是,（Ⅵ）可转化为（Ⅲ）来求解. 但要注意（Ⅵ）变成（Ⅲ）时,方程的存在域已发生了变化,要小心地保持同解.

例 10 求方程的实数解:

(a) $\dfrac{11x^2 - 6}{7 - 12x^2} = \sqrt{\dfrac{7x+6}{12x+11}}$; (b) $\dfrac{11x^2 - 6}{7 - 12x^2} = -\sqrt{\dfrac{7x+6}{12x+11}}$.

解 作变换 $y = \dfrac{11x^2 - 6}{7 - 12x^2}$, 则(a)、(b)均可化为 $\begin{cases} y = \dfrac{11x^2 - 6}{7 - 12x^2}, \\ x = \dfrac{11y^2 - 6}{7 - 12y^2}, \end{cases}$

由例 4 得五个解:

$$(-1,\ -1),\ \left(-\frac{2}{3},\ -\frac{2}{3}\right),\ \left(\frac{3}{4},\ \frac{3}{4}\right),$$

$$\left(\frac{-5+11\sqrt{21}}{74},\ -\frac{463+121\sqrt{21}}{754+132\sqrt{21}}\right),\ \left(\frac{-5-11\sqrt{21}}{74},\ \frac{121\sqrt{21}-463}{754-132\sqrt{21}}\right).$$

但(a)中 $y = \sqrt{\dfrac{7x+6}{12x+11}} \geqslant 0$, 故取两个根

$$x_1 = \frac{3}{4},\ x_2 = \frac{-5-11\sqrt{21}}{74}.$$

而(b)中 $y=-\sqrt{\dfrac{7x+6}{12x+11}} \leqslant 0$，故取三个根

$$x_1=-1,\ x_2=-\dfrac{2}{3},\ x_3=\dfrac{-5+11\sqrt{21}}{74}.$$

例 11　求方程 $2^x-1=\log_2(x+1)$ 的实数根.

解　令 $y=2^x-1=\log_2(x+1)$，原方程转化为Ⅲ型方程组：

$$\begin{cases} y=f(x)=2^x-1, \\ x=f(y)=2^y-1. \end{cases}$$

因为 $f'(x)=2^x\ln 2>0$，所以 $f(x)$ 是增函数. 由定理 4 知上面的方程组与

$$\begin{cases} y=2^x-1, \\ y=x, \end{cases}$$

同解,故原方程与 $2^x-1=x$ 同解,解得两个实根为 $x_1=0$, $x_2=1$.

第 11 篇　方程 $a(y)x^2+b(y)x+c(y)=0$ 有非负实根的条件及其在求函数值域中的应用[①]

1　引言

用判别式法求函数的值域时,可以归结为方程

$$a(y)x^2+b(y)x+c(y)=0 \qquad\qquad ①$$

有实数根的讨论. 其中 $a(y)$, $b(y)$, $c(y)$ 均为 y 的实值函数. 显然有

定理 1　方程①在 **R** 上有实根的充要条件是

$$y\in\left\{y:\begin{cases} a(y)\neq 0, \\ b^2(y)-4a(y)c(y)\geqslant 0 \end{cases}\right\}\cup\left\{y:\begin{cases} a(y)=0, \\ b(y)\neq 0 \end{cases}\right\}$$
$$\cup\{y:a(y)=b(y)=c(y)=0\}.$$

从而可以解决函数

---

① 本文原载《数学教学通讯》1986(1)：8-11(署名：罗增儒).

$$y = \frac{\alpha x^2 + \beta x + \gamma}{A x^2 + B x + C} \qquad ②$$

的值域问题.

定理 2 有理函数②若在 **R** 上连续, 或分子、分母在定义域内互质, 则函数的值域为

$$G = \left\{ y : \begin{cases} Ay - \alpha \neq 0, \\ (By - \beta)^2 - 4(Ay - \alpha)(Cy - \gamma) \geqslant 0 \end{cases} \right\} \cup \left\{ y : \begin{cases} Ay - \alpha = 0, \\ By - \beta \neq 0 \end{cases} \right\}$$

$$\cup \{ y : Ay - \alpha = By - \beta = Cy - \gamma = 0 \}.$$

但对于函数

$$y = \frac{\alpha x^4 + \beta x^2 + \gamma}{A x^4 + B x^2 + C}, \quad y = ax \pm \sqrt{bx + c}$$

的值域问题, 就需要进一步讨论方程①有非负实根的条件.

2 方程①有非负实根的充要条件

(1) 对 $a(y_0) \neq 0$, 可把①化为等价形式

$$a^2(y_0) x^2 + a(y_0) b(y_0) x + a(y_0) c(y_0) = 0.$$

于是方程非负实根的问题便转化为开口向上的抛物线

$$f(x) = a^2(y_0) x^2 + a(y_0) b(y_0) x + a(y_0) c(y_0)$$

与 x 轴的交点不全在左半平面内的问题. 有两种情况

第一, 与 y 轴的交点不在上半平面(图 1). 即 $f(0) = a(y_0) c(y_0) \leqslant 0$.

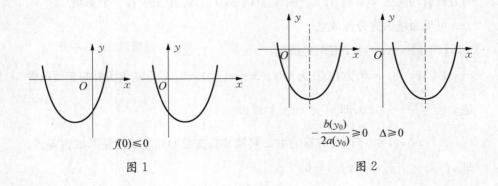

$$f(0) \leqslant 0$$

图 1

$$-\frac{b(y_0)}{2a(y_0)} \geqslant 0 \quad \Delta \geqslant 0$$

图 2

125

第二,最低点不在左半平面(图 2),即 $-\dfrac{b(y_0)}{2a(y_0)} \geqslant 0$,$\Delta \geqslant 0$.

引理 当 $a(y) \neq 0$ 时,方程①有非负实根的充要条件是

$$y \in \left\{ y: \begin{cases} a(y)b(y) \geqslant 0, \\ a(y)c(y) \leqslant 0 \end{cases} \right\} \cup \left\{ y: \begin{cases} a(y)b(y) \leqslant 0, \\ b^2(y) - 4a(y)c(y) \geqslant 0 \end{cases} \right\}.$$

证明 若方程有非负实根. 有两种情况:

1° 若 $x_1 + x_2 = -\dfrac{b(y)}{a(y)} \leqslant 0$,则有 $a(y)b(y) \geqslant 0$,且 x_1,x_2 中必有一个

非正实根,从而 $x_1 x_2 = \dfrac{c(y)}{a(y)} \leqslant 0$,即 $a(y)c(y) \leqslant 0$.

2° 若 $x_1 + x_2 = -\dfrac{b(y)}{a(y)} \geqslant 0$,则有 $a(y)b(y) \leqslant 0$,且由方程有实根知,当

然有 $b^2(y) - 4a(y)c(y) \geqslant 0$.

可见,命题的必要性成立. 再证充分性.

1° 若 $a(y)c(y) \leqslant 0$,则 $b^2(y) - 4a(y)c(y) \geqslant 0$,知方程①有实根.

又由 $x_1 x_2 = \dfrac{c(y)}{a(y)} \leqslant 0$ 知,x_1,x_2 中必有一个非负.

2° 若 $\begin{cases} b^2(y) - 4a(y)c(y) \geqslant 0, \\ a(y)b(y) = [-a^2(y)]\left[-\dfrac{b(y)}{a(y)}\right] = -2a^2(y)(x_1 + x_2) \leqslant 0, \end{cases}$

则方程有两实根 x_1,x_2 且 $x_1 + x_2 \geqslant 0$,故 x_1,x_2 中至少有一个非负.

可见命题的充分性成立.

(2) 对 $a(y_0) = 0$,有两种情况:

1° $b(y_0) \neq 0$,方程 ① 为 $b(y_0)x + c(y_0) = 0$,x 为非负实根的充要条件

是 $x = -\dfrac{c(y_0)}{b(y_0)} \geqslant 0$,即 $b(y_0)c(y_0) \leqslant 0$.

2° $b(y_0) = 0$,这时方程①中 x 可取非负实数的充要条件是①成恒等式,

即 $a(y_0) = b(y_0) = c(y_0) = 0$.

综合上面的讨论可得:

定理 3 方程①有非负实根的充要条件是

$$y \in \left\{ y: \begin{cases} a(y) \neq 0, \\ a(y)b(y) \geqslant 0, \\ a(y)c(y) \leqslant 0 \end{cases} \right\} \cup \left\{ y: \begin{cases} a(y) \neq 0, \\ a(y)b(y) \leqslant 0, \\ b^2(y) - 4a(y)c(y) \geqslant 0 \end{cases} \right\}$$

$$\cup \left\{ y: \begin{cases} a(y) = 0, \\ b(y) \neq 0, \\ b(y)c(y) \leqslant 0 \end{cases} \right\} \cup \left\{ y: a(y) = b(y) = c(y) = 0 \right\}.$$

例 1 已知 $yx^2 - x^2 + xy + x + y - 1 = 0$,求当 $x \geqslant 0$ 时,y 的变化范围.

解 已知即

$$(y-1)x^2 + (y+1)x + (y-1) = 0.$$

由定理 3 得 y 的变化范围为

$$Y = \left\{ y: \begin{cases} a = (y-1) \neq 0, \\ ab = (y-1)(y+1) \geqslant 0, \\ ac = (y-1)(y-1) \leqslant 0 \end{cases} \right\} \cup \left\{ y: \begin{cases} a = (y-1) \neq 0, \\ ab = (y-1)(y+1) \leqslant 0, \\ b^2 - 4ac = -3y^2 + 10y - 3 \geqslant 0 \end{cases} \right\}$$

$$\cup \left\{ y: \begin{cases} a = (y-1) = 0, \\ b = (y+1) \neq 0, \\ bc = (y+1)(y-1) \leqslant 0 \end{cases} \right\} \cup \left\{ y: (y-1) = (y+1) = (y-1) = 0 \right\}$$

$$= \varnothing \cup \left\{ y: \begin{cases} y \neq 1 \\ -1 \leqslant y \leqslant 1 \\ \dfrac{1}{3} \leqslant y \leqslant 3 \end{cases} \right\} \cup \left\{ y: y = 1 \right\} \cup \varnothing = \left\{ y: \dfrac{1}{3} \leqslant y \leqslant 1 \right\}.$$

这个值域包括了使 x^2 系数为零的值 $y = 1$.

例 2 已知 $yx^4 - 5yx^2 + (4y-1) = 0$ 对 $x \in \mathbf{R}$ 成立,求 y 的变化范围.

解 令 $t = x^2 \geqslant 0$,得 $yt^2 - 5yt + (4y-1) = 0$.

由定理 3 得 y 的范围为

$$Y = \left\{ y: \begin{cases} a = y \neq 0, \\ ab = -5y^2 \geqslant 0, \\ ac = y(4y-1) \leqslant 0 \end{cases} \right\} \cup \left\{ y: \begin{cases} a = y \neq 0, \\ ab = -5y^2 \leqslant 0, \\ b^2 - 4ac = y(9y+4) \geqslant 0 \end{cases} \right\}$$

$$\bigcup\left\{y:\begin{cases}a=y=0,\\b=-5y\neq 0,\\bc=-5y(4y-1)\leqslant 0\end{cases}\right\}\bigcup\{y:y=-5y=4y-1=0\}$$

$$=\varnothing\bigcup\left\{y:y>0\text{ 或 }y\leqslant-\frac{4}{9}\right\}\bigcup\varnothing\bigcup\varnothing=\{y:y>0\}\bigcup\left\{y:y\leqslant-\frac{4}{9}\right\}.$$

这里，t^2 项系数为零的 y 值 $y=0$ 不在所求的值域内.

3 函数 $y=ax\pm\sqrt{bx+c}$ 的值域

对于函数 $y=ax\pm\sqrt{bx+c}$ $(ab\neq 0)$，可设 $t=\sqrt{bx+c}\geqslant 0$，从而得方程

$$at^2\pm bt-(ac+by)=0$$

有非负实根. 由定理 3 可得

定理 4

(1) $\{y:y=ax+\sqrt{bx+c}\}$

$$=\left\{y:\begin{cases}ab>0,\\a(ac+by)\geqslant 0\end{cases}\right\}\bigcup\left\{y:\begin{cases}ab<0,\\b^2+4a(ac+by)\geqslant 0\end{cases}\right\}.$$

(2) $\{y:y=ax-\sqrt{bx+c}\}$

$$=\left\{y:\begin{cases}ab>0,\\b^2+4a(ac+by)\geqslant 0\end{cases}\right\}\bigcup\left\{y:\begin{cases}ab<0,\\a(ac+by)\geqslant 0\end{cases}\right\}.$$

例 3 求函数的值域：

(1) $y=x+\sqrt{x+1}$；   (2) $y=x+\sqrt{1-x}$；

(3) $y=x-\sqrt{x+1}$；   (4) $y=x-\sqrt{1-x}$.

解 由定理 4 可得：

(1) $\{y:y=x+\sqrt{x+1}\}=\{y:y+1\geqslant 0\}\bigcup\varnothing=\{y:y\geqslant-1\}$.

(2) $\{y:y=x+\sqrt{1-x}\}=\varnothing\bigcup\{y:1^2+4(1-y)\geqslant 0\}=\left\{y:y\leqslant\frac{5}{4}\right\}$.

(3) $\{y:y=x-\sqrt{x+1}\}=\{y:1^2+4(1+y)\geqslant 0\}\bigcup\varnothing=\left\{y:y\geqslant-\frac{5}{4}\right\}$.

(4) $\{y:y=x-\sqrt{1-x}\}=\varnothing\bigcup\{y:(1-y)\geqslant 0\}=\{y:y\leqslant 1\}$.

4　函数 $y = \dfrac{\alpha x^4 + \beta x^2 + \gamma}{Ax^4 + Bx^2 + C}$ 的值域

定理 5　若有理函数 $y = \dfrac{\alpha x^4 + \beta x^2 + \gamma}{Ax^4 + Bx^2 + C}$ 在其定义域内分子、分母互质，或

在 **R** 上连续，则函数的值域为

$$Y = \left\{ y: \begin{cases} Ay - \alpha \neq 0, \\ (Ay - \alpha)(By - \beta) \geqslant 0, \\ (Ay - \alpha)(Cy - \gamma) \leqslant 0 \end{cases} \right\} \cup \left\{ y: \begin{cases} Ay = \alpha \neq 0, \\ (Ay - \alpha)(By - \beta) \leqslant 0, \\ (By - \beta)^2 - 4(Ay - \alpha)(Cy - \gamma) \geqslant 0 \end{cases} \right\}$$

$$\cup \left\{ y: \begin{cases} Ay - \alpha = 0, \\ By - \beta \neq 0, \\ (By - \beta)(Cy - \gamma) \leqslant 0 \end{cases} \right\} \cup \left\{ y: \begin{cases} Ay - \alpha = 0, \\ By - \beta = 0, \\ Cy = \gamma = 0 \end{cases} \right\}.$$

其中 A，B，C，α，β，γ 为实常数，且 $A\alpha \neq 0$.

证明　设

$$D_1 = \left\{ y: y = \frac{\alpha x^4 + \beta x^2 + \gamma}{Ax^4 + Bx^2 + C} \right\},$$

$$D_2 = \{ y: (Ay - \alpha)x^4 + (By - \beta)x^2 + (Cy - \gamma) = 0 \}$$

对 x 有实根.

对 D_2 令 $t = x^2 \geqslant 0$，再由定理 3 知 $D_2 = Y$. 故只需证 $D_1 = D_2$.

取 $y_1 \in D_1$，必有对应的实数 x_1，使

$$y_1 = \frac{\alpha x_1^4 + \beta x_1^2 + \gamma}{Ax_1^4 + Bx_1^2 + C},$$

即

$$(Ay_1 - \alpha)x_1^4 + (By_1 - \beta)x_1^2 + (Cy_1 - \gamma) = 0.$$

这表明 $y = y_1$ 时 D_2 中的方程有实根 $x = x_1$，故 $y_1 \in D_2$.

所以 $D_2 \supset D_1$.

又取 $y_2 \in D_2$，必有对应的实根 $x = x_2$，使

$$(Ay_2 - \alpha)x_2^4 + (By_2 - \beta)x_2^2 + (Cy_2 - \gamma) = 0,$$

即

$$y_2(Ax_2^4 + Bx_2^2 + C) = \alpha x_2^4 + \beta x_2^2 + \gamma,$$

这时必有 $Ax_2^4 + Bx_2^2 + C \neq 0$. 否则由

$$Ax_2^4 + Bx_2^2 + C = 0,$$

得

$$\alpha x_2^4 + \beta x_2^2 + \gamma = 0.$$

有理函数的分子、分母含有公因式 $(x - x_2)$, 与已知条件中分子、分母互质或有理函数连续矛盾. 故有

$$y_2 = \frac{\alpha x_2^4 + \beta x_2^2 + \gamma}{Ax_2^4 + Bx_2^2 + C}.$$

这表明 $y_2 \in D_1$, 又得 $D_1 \supset D_2$, 故得

$$D_1 = D_2 = Y.$$

例 4 求函数的值域: $y = \dfrac{1}{(x^2 - 1)(x^2 - 4)}$.

解 分子、分母互质, 满足定理 5 的条件, 变形, 得

$$yx^4 - 5yx^2 + (4y - 1) = 0. \tag{③}$$

由例 2 得函数的值域为

$$\{y: y > 0\} \cup \left\{y: y \leqslant -\frac{4}{9}\right\}.$$

作出这个函数的图像(如图 3), 可直观地看出函数还有一个极小值 $y_{\min} = \frac{1}{4}$ 被值域"淹没"了. 这反映了"判别式法"求极值的局限性. 但可以细致地用"判别式法"找出来. 在③中令 $t = x^2 \geqslant 0$, 得关于 t 的二次方程 $yt^2 - 5yt + (4y - 1) = 0$ 有两个非负根, 设为 t_1, t_2. 注意到原式保证了 $y \neq 0$, 故由二次方程有两非负根的充要条件得

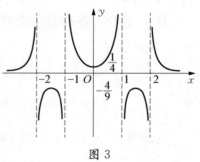

图 3

$$\begin{cases} \Delta = 25y^2 - 4y(4y - 1) \geqslant 0, \\[2mm] t_1 + t_2 = -\dfrac{-5y}{y} \geqslant 0, \\[2mm] t_1 \cdot t_2 = \dfrac{4y - 1}{y} \geqslant 0, \end{cases}$$

即

$$\begin{cases} y \neq 0, \\ y(9y+4) \geqslant 0, \\ y(4y-1) \geqslant 0, \end{cases}$$

得

$$y \leqslant -\frac{4}{9} \text{ 或 } y \geqslant \frac{1}{4}.$$

于是

$$y_{\max} = -\frac{4}{9}, \ y_{\min} = \frac{1}{4}.$$

例 5 求函数的值域[3]：$y = \dfrac{x^4 - 2}{1 + x^2}$.

解 显然满足定理 5 的条件. 变形

$$x^4 - yx^2 - (y+2) = 0$$

值域为（显然 $a(y) = 1 \neq 0$）.

$$\left\{ y: \begin{cases} ab = -y \geqslant 0 \\ ac = -(y+2) \leqslant 0 \end{cases} \right\} \bigcup \left\{ y: \begin{cases} ab = -y \leqslant 0 \\ b^2 - 4ac = y^2 + 4(y+2) \geqslant 0 \end{cases} \right\} \bigcup \varnothing$$

$$= \{y: -2 \leqslant y \leqslant 0\} \bigcup \{y: y \geqslant 0\}$$

$$= \{y: -2 \leqslant y\}.$$

由此还可得函数的极小值 $y_{\min} = -2$.

参考文献

[1] 顾海润. 有理函数 $y = \dfrac{ax^2 + bx + c}{\alpha x^2 + \beta x + \gamma}$ 的值域[J]. 数学通讯, 1982(6)：18-20.

[2] 胡祖光. 用"Δ判别法"求极值所产生的"增根"与"失根"现象[J]. 数学与研究, 1981(5)：6-10.

[3] 洪永江. "判别式法"求函数值域的商讨[J]. 数学教学, 1981(6)：11-14.

第 12 篇　自编根式方程的一个统一解法①

《中等数学》1983 年第 5 期《自编根式方程的一个简单方法》认为,方程

$$\sqrt{5x-1}+\sqrt{2x}=3x-1 \qquad\qquad ①$$

"两次平方将产生一个四次方程,解起来可能相当麻烦". 其实,这个方程可以有简单的方法来求解.

解法 1　由 $3x-1=(5x-1)-2x=(\sqrt{5x-1}+\sqrt{2x})\cdot(\sqrt{5x-1}-\sqrt{2x})$,及 $\sqrt{5x-1}+\sqrt{2x}>0$, 及①,得

$$\sqrt{5x-1}-\sqrt{2x}=1. \qquad\qquad ②$$

这表明 $\sqrt{5x-1}\geqslant 1$,即 $x\geqslant\dfrac{2}{5}$.

由①+②,得

$$\begin{cases} 2\sqrt{5x-1}=3x, \\ x\geqslant\dfrac{2}{5}, \end{cases} \qquad \begin{cases} 9x^2-20x+4=0, \\ x\geqslant\dfrac{2}{5}, \end{cases}$$

得 $x=2.\ \left(x=\dfrac{2}{9}<\dfrac{2}{5},舍去\right)$

解法 2　用 $\sqrt{5x-1}-\sqrt{2x}$ 乘①,得

$$3x-1=(3x-1)(\sqrt{5x-1}-\sqrt{2x}).$$

因为　　　　　　　　$3x-1=\sqrt{5x-1}+\sqrt{2x}>0,$

可得②.

由 ①-②,得 $2\sqrt{2x}=3x-2,$

这表明 $3x-2\geqslant 0,\ x\geqslant\dfrac{2}{3},\ \sqrt{x}\geqslant\dfrac{\sqrt{6}}{3}.$

_____

① 本文原载《中等数学》1984(6): 45-46(署名: 罗增儒).

变形得 $\qquad 3(\sqrt{x})^2 - 2\sqrt{2}\sqrt{x} - 2 = 0,$

解得 $\sqrt{x} = \sqrt{2} \Rightarrow x = 2$, 舍去 $\sqrt{x} = -\dfrac{\sqrt{2}}{3}$.

由上面的处理可归纳出这样一个统一解法:

设 $f(x)$, $g(x)$, $\varphi(x)$ 为整式, 方程

$$\sqrt{f(x)} \pm \sqrt{g(x)} = \varphi(x) \tag{A}$$

可通过分解 $\varphi(x)$ 或乘 $\sqrt{f(x)} \mp \sqrt{g(x)}$ 的方法得出

$$\sqrt{f(x)} \mp \sqrt{g(x)} = \varphi(x). \tag{B}$$

联立(A)、(B), 可解出 $\sqrt{f(x)}$ 或 $\sqrt{g(x)}$, 平方或换元便化成有理方程.

例 解方程:

(1) $\sqrt{3x+1} = \sqrt{2x-1} + 1$;

(2) $2\sqrt{x-1} = \sqrt{x+4} + 1$.

解 (1) 原方程即

$$\sqrt{3x+1} - \sqrt{2x-1} = 1, \tag{①}$$

两边乘以 $\sqrt{3x+1} + \sqrt{2x-1}$, 得

$$\sqrt{3x+1} + \sqrt{2x-1} = x + 2. \tag{②}$$

① + ②, 有 $\qquad 2\sqrt{3x+1} = x + 3,$

得 $\qquad \begin{cases} x^2 - 6x + 5 = 0, \\ x > -\dfrac{1}{3}, \end{cases}$

得 $\qquad x_1 = 1, \ x_2 = 5.$

检验知均为原方程的解.

(2) 原方程即

$$2\sqrt{x-1} - \sqrt{x+4} = 1, \tag{③}$$

两边乘以 $2\sqrt{x-1} + \sqrt{x+4}$, 得

$$2\sqrt{x-1}+\sqrt{x+4}=3x-8. \qquad\qquad ④$$

④－③，得

$$2\sqrt{x+4}=3x-9,$$

即

$$3(\sqrt{x+4})^2-2\sqrt{x+4}-21=0,$$

$$(3\sqrt{x+4}+7)(\sqrt{x+4}-3)=0.$$

得

$$\sqrt{x+4}=3.$$

所以

$$x=5.$$

这样，我们既有自编根式方程的简单而迅速的方法，又有解自编方程的统一方法，自编根式方程获得较为彻底的解决.

第 13 篇　要注意选择题的科学性①

根据一些报刊资料中所存在的问题和我们在具体编拟工作中的失误，我们认为，选择题的科学性除了要符合编拟习题的一般原则外，还要注意到选择题自身结构上的特点. 这主要是说选择支在搭配上的合理性、独立性、平行性、准确性和技巧性等.

1　合理性

常规数学习题一般可以分为条件、结论两部分. 证明题是既给出条件又给出结论，要我们去找出证实的过程；计算题、化简题、求轨迹、解方程等是只给出条件，要我们去找过程和结论. 而选择题有自己的结构特点，可细致地分解为四个部分，其中前三部分均可叫做前提.

（1）所有的单一选择题都有一个统一的大前提，就是选择支中"有且只有一个是正确的".

（2）每道选择题又有自己的前提条件，这与常规习题的条件相类似.

（3）根据每道题的具体前提，分别给出几个可供选择的答案. 这是一个独特

---

① 本文原载《中学数学杂志》1985（5）：7－9；中国人民大学复印报刊资料《中学数学教学》1985（11）：24－26（署名：罗增儒）.

的前提,既有结论因素(就这一意义上说,有点像证明题),又没有明显的结论(就这一意义上说,有点像计算或化简);既像填空,又不全像填空.

(4) 结论. 就是根据"统一前提""具体前提""选择前提"找出结论的代号. 既不能从"选择前提"之外去找答案,又不需要说明选择的理由,更不需要论证结论的正确. 有时,只要能否定三支,便可肯定第四支,而无需去证实第四支;另一些时候,只要能肯定某一支,便可全部否定其余各支.

所谓合理性,是指:(1) 三个前提之间不产生矛盾;(2) 选择结果的唯一性.

例1 设数集

$$X=\{x \mid x=2n,\ n \in \mathbf{Z}\},\ Y=\{y \mid y=4k,\ k \in \mathbf{Z}\},$$

则 X 与 Y 的关系为(   ).

(A) $X \subset Y$ (B) $X \supset Y$ (C) $X=Y$ (D) $X \neq Y$

这是《北京科技报》1985 年高中数学总复习资料上的一道题. 答案填(B). 但这是一道错题. 事实上,(B)和(D)都正确,与只有一个正确的前提矛盾.

例2 判别式 $\Delta=b^2-4ac \geqslant 0$ 是二次方程 $ax^2+bx+c=0$ 有实数根的(   )条件.

(A) 充分   (B) 必要

(C) 充分必要   (D) 既不充分也不必要

我们认为这也是一道病题,因为(A)、(B)、(C)都正确.

为了题目本身的严谨,选择与可以改编为:

(A) 充分而不必要   (B) 必要而不充分

(C) 充分必要   (D) 既不充分也不必要

2 独立性

选择支之间的独立性,是指各选择支之间不要成为充分(或必要)条件,因为这时,不仅有的选择支形同虚设,而且一不小心会破坏题目的合理性. 如上述例1、例2.

例3 直线与平面平行的充要条件是这条直线与平面内的(   ).

(A) 一条直线不相交   (B) 两条直线不相交

(C) 任意一条直线不相交   (D) 无数条直线不相交

这是 1984 年高考数学文科第一(4)题. 由于(A)、(B)、(D)都是(C)的必要条件,因此,唯一能成为充要条件的只能是(C). 由于这道题中的四个选择支不独立,所以几乎没有用到多少数学知识,也可以完全不考虑具体前提,就得出了正确的选择. 作为逻辑题,这是很好的,但作为高考题,我们认为编拟得不够成功.

3 平行性

选择支的平行性是指选择支之间的难易程度相当. 或者是相近的概念,或者是相似的形式,或者是易犯的典型错误,无论是错误支还是正确支都不要太明显. 比如例 3 中的四个选择支就不平行. (A)、(B)、(D)的不成立太明显了.

例 4 计算:$\sqrt{(1-\sqrt{3})^2}=($ $)$.

(A)$\sqrt{3}-1$ (B) $1-\sqrt{3}$ (C)$\sqrt{3}+1$ (D)$-(\sqrt{3}+1)$

这里的(C)、(D)不成立太明显. 学生的典型错误是(B),几乎还没有见到有(C)、(D)的情况,因此,(C)、(D)有人为拼凑的痕迹,是不成功的,下面两道检查算术根的题就比较好.

例 5 计算:$\sqrt{(1-\sqrt{3})^2}-\sqrt{(-1-\sqrt{3})^2}=($ $)$.

(A) 2   (B)-2 (C)$2\sqrt{3}$ (D)$-2\sqrt{3}$

例 6 化简:$\dfrac{\sqrt{2\sqrt{ab}-a-b}}{a-b}=($ $)$.

(A) $\dfrac{1}{\sqrt{a}-\sqrt{b}}$ (B) $\dfrac{1}{\sqrt{b}-\sqrt{a}}$

(C) $\dfrac{1}{\sqrt{-a}-\sqrt{-b}}$ (D) $\dfrac{1}{\sqrt{-b}-\sqrt{-a}}$

4 准确性

这里所说的准确性,是指有关概念必须是被定义的,有关记号必须是被阐明的,语言的表达十分确切. 而且答案必须是唯一的,在提供的选择支以外不能再有正确的答案.

例 7 代数式$\dfrac{x+|x|}{x-|x|}$的值为($ $).

(A) 没有意义   (B) 0

(C)-1 (D) 与 x 的取值有关

编者的意图是(B),因为

$$\frac{x+|x|}{x-|x|}=\frac{(x+|x|)(x-|x|)}{(x-|x|)^2}=\frac{x^2-x^2}{(x-|x|)^2}=0,$$

但学生却填(D),因为学生认为,有的 x 使取值不存在 $(x\geqslant 0)$,有的 x 使取值为 0.这些分歧是由语言的不够准确严密造成的.

例 8　若 $a^2=-(a+1)$,则 $a^{1985}+\left(\dfrac{1}{a}\right)^{1985}$ 等于(　　).

(A) 2　　　　　(B) -2　　　　　(C) 1　　　　　(D) -1

这是一道初中选择题.由于 $a^2=-(a+1)$ 可变为 $a^2+a+1=0$,有 $\Delta=1^2-4=-3<0$,故 a 为虚数,这用在初中有逻辑上的错误.

5　技巧性

选择题的优势要通过解题的技巧性表现出来.如果每道选择题都只能"小题大做"——像常规证明题一样详细论证,像常规计算题一样详细演算,那么选择题的优点就只剩下判卷方便了.

例 9　数列 1,$(1+2)$,$(1+2+2^2)$,$\cdots$,$(1+2+2^2+\cdots+2^{n-1})$ 的前 n 项和为(　　).

(A) 2^n-n　　　　　　　　　(B) $2^{n+1}-n$

(C) $2^{n+1}-n-2$　　　　　　(D) 2^n-n-2

如果先求和,然后对照(A)、(B)、(C)、(D),那就跟做一道大题没有什么区别了.正确的思考可取 $n=2$,采用特殊值法便得 $S_2=1+(1+2)=4$,故有(C)真.

例 10　方程 $|x-|2x+1||=3$ 不同的根的个数为(　　).

(A) 0 个　　　　(B) 1 个　　　　(C) 2 个　　　　(D) 3 个

思考:作出函数 $y=x$,$y=|2x+1|$ 的图像,再把 $y=x$ 上下平移三个单位,易见 $y=x+3$ 与 $y=|2x+1|$ 有两个交点,故(C)真.这里,直观代替了严格的论证.

以上的初探表明,编拟选择题是一个难度不轻的问题,其科学性希望进行更多的讨论.

原发期刊编后　随着我国高考体制和招生制度的改革,将逐步改经验型命题为标准化命题.《要注意选择题的科学性》一文提出了标准化命题中的一个重要问题.我们认为,有必要在这些问题上作些探讨.有兴趣的同志可从不同角度对命好选择题谈些经验体会,也可对某些内容具体命出选择题,并说明命题的原则,如何有利于训练学生和考核学生.并注意所命选择题的数量和篇幅不要太多和太大.(《中学数学杂志》编辑部)

下集　　　大学发展期

　　我在教中学八年之后，被陕西师范大学调入，分配到"数学教育研究室"．1985年12月办好了调动手续，1986年初（学期结束后）正式到岗，又面临"从中学老师到大学教师"的角色转换．

　　大学提供了更广阔的平台，我也在这个平台上获得了更大的发展．本集是笔者在大学发展和退休坚持中的文字记录，共有1986年以来的94篇文章，体现从学"三论"（数学教学论、数学学习论、数学课程论）开始，到形成"三个方向"特色（数学教学艺术的理论与实践、数学解题论的基础建设、数学竞赛学的基础建设），再到退休（2010年至现在）仍坚持数学教育活动的基本情况．有兴趣更深入和更广泛了解情况的读者，可继续参阅本书附录1中的593篇文章和附录2中的29本书作．

第一章　数学教育研究

第一节　教材教法探讨

第1篇　文字叙述代数式应当规范化[①]

用文字叙述代数式应有这样两个关于确定性的基本要求：

第一，按照文字叙述写出的代数式是唯一的(唯一性).

第二，按照代数式写出的文字叙述尽管可以多种多样，但所有这些叙述都必定能还原为当初的代数式(还原性).

应该说，这样的要求一点也不过分. 不幸，这样的要求常常得不到保证，混乱的现象是大量存在的.

例1　原初中代数第一册 P. 78 练习第 4(2) 题是"设甲数为 x，乙数为 y，用代数式表示：甲数的 2 倍与乙数的和乘以甲数的 2 倍与乙数的差". 对此，有两种理解.

第一种理解为"甲数的 2 倍与乙数的和"乘以"甲数的 2 倍与乙数的差"，写作 $(2x+y)(2x-y)$. [1]

第二种理解为"甲数的 2 倍与乙数的和乘以甲数的 2 倍"与"乙数"的差，写作 $(2x+y) \cdot 2x - y$. [2]

例2　一道试题"-7 加上 -2 的绝对值等于多少?"也有两个答案. [3]

首先命题老师的原始意图是"-7 加上 -2"的绝对值，写作 $|-7+(-2)|=9$.

后来，按照"先读先算，后读后算"的理由，又应是"-7"加上"-2 的绝对

[①] 本文原载《数学教师》1986(9)：2 - 4；中国人民大学复印报刊资料《中学数学教学》1987(1)：22 - 25(署名：罗增儒).

值",写作 $-7+|-2|=-5$.

例 3 文[4]认为代数式 $\dfrac{1}{x-y}$ 可写成"1 除以 x 与 y 的差". 而有人却又把

这个叙述理解为 $\dfrac{1}{x}-y$,未能确定地还原为 $\dfrac{1}{x-y}$.

例 4 "比 a 大一半的数"和"比 a 大 $\dfrac{1}{2}$ 的数"有人认为都是 $a\left(1+\dfrac{1}{2}\right)$. 而

有人却把后者写成 $a+\dfrac{1}{2}$.

例 5 文[2]认为"a 加 b 乘以 x 的积"应记为 $a+bx$,而不可记为 $(a+b)x$. 但有人认为,最后运算结果是积,写成 $(a+b)x$ 并无不可.

如此等等,莫衷一是. 遇到考试时,更是教师与教师、教师与学生、学生与学生各执己见,互不相让. 确实,分歧的双方都没有强词夺理、胡搅蛮缠的意思. 问题在于,文字叙述的本身允许人们对最后运算的结果作不同的理解,对参与最后运算的对象组作不同的理解,对多次运算的顺序作不同的理解.

比如例 1,第一种认识把最后运算结果理解为"积",因而参与乘积的对象组便是 $(2x+y)$ 与 $(2x-y)$ 了;第二种认识把最后运算结果理解为"差",因而参与最后运算的对象组只能是 $(2x+y)\cdot 2x$ 与 y 了.

又如例 2,原先的认识是最后求"绝对值",后来的理解是求"和".

再如例 3,"$\dfrac{1}{x-y}$" 的最后运算是求"商",不能认为"1 除以 x 与 y 的差"没有"商"的意思. 但省略"商"字就不能唯一确定地表达出来,别人也就能把最后运算结果理解为求"差"了.

例 4 的最后结果求"和"是清楚的,但对参与求和的对象组含糊. "$\dfrac{1}{2}$"既可以认为是与 a 相关的数 $\dfrac{a}{2}$,又可以认为是孤立的数字 $\dfrac{1}{2}$.

为了消除这些文字理解上的歧义,有的同志作了探索,规定了一些细则,让"列代数式"的数学活动去适应日常生活的语言. 应该说,那些细则不是没有合理成分,但那是被动的适应,也不完善. 再说,让学生去掌握那些规则可能比学习代数式本身更加深奥.

我们的看法是,与其花大力气去消极适应,不如取消那些数学上的"外交辞令",积极地要求语言上的规范.事实上,歧义的主要根源不在数学能力上,而在语言表述上.

我们还认为,语言上的规范并不难.其基本要求是把运算和相应的运算结果完整地叙述出来,其基本模式为

"运算对象"运算"运算对象"运算结果.

至于多次运算,则是这种模式的复合.即"运算对象"本身也是这种模式.

例 6　(1)代数式 $2x+y$ 叙述成 x 的 2 倍加上 y 的和.

(2)代数式 $2x-y$ 叙述成 x 的 2 倍减去 y 的差.

(3)代数式 $(2x+y)(2x-y)$ 叙述成 x 的 2 倍加上 y 的和,乘以 x 的 2 倍减去 y 的差,所得的积.

(4)代数式 $(2x+y)\cdot 2x-y$ 叙述成 x 的 2 倍加上 y 的和,乘以 x 的 2 倍,所得的积再减去 y.

例 7　(1) $-7+|-2|=$?　叙述成 -7 加上 -2 的绝对值,其和是多少?

(2) $|-7+(-2)|=$?　叙述成 -7 加上 -2 的和,再求绝对值等于多少?

例 8　(1)代数式 $\dfrac{x^2}{(a-b)^3}$ 叙述成 x 的平方,除以 a 减 b 差的立方,所得的商.

(2)代数式 $\dfrac{x^2}{a-b^3}$ 叙述成 x 的平方,除以 a 减去"b 的立方"的差,所得的商.

(3)代数式 $\left(\dfrac{x^2}{a}-b\right)^3$ 叙述成 x 的平方除以 a,减去 b,所得差的立方.

(4)代数式 $\dfrac{x^2}{a}-b^3$ 叙述成 x 的平方除以 a,再减去 b 的立方,所得的差.

例 8 中的四个代数式,如果都含糊地叙述成"x 的平方除以 a 减 b 的立方"是不合适的.反过来,就会一个叙述对应着四个代数式了.

例 9　(1)代数式 $a+bx$ 叙述成 a 加上 b 乘以 x,所得的和.

(2)代数式 $(a+b)x$ 叙述成 a 加上 b 的和,再乘以 x 所得的积.

也许,这样的叙述有时失之于繁.但我们认为,这点代价至少对于初中学生和初中教学是值得的.自然,随着学生理解能力的提高,在不产生歧义的前提下,我们可以追求语言的精炼.同时,应该也完全可以使用更多的数学术语.如,

相反数、倒数、平(立)方和(差)、和(差)的平(立)方.

例 10 代数式 $a+\dfrac{1}{2}$ 可以叙述成"a 加上 $\dfrac{1}{2}$",省略运算结果"和"字.

例 11 代数式 $\dfrac{1}{x-y}$ 可以叙述成"x 减 y 差的倒数". 这比"1 除以 x 减 y 的差的商"好.

还要说明,对于运算关系较多的复杂的代数式,不宜采用文字叙述. 这正是用字母表示数、用符号表示运算关系的优越性. 在数学中纠缠于复杂的式子会适得其反.

最后指出,生活语言与其数学含义的不一致是存在的. 最简单的例子是"队伍扩大一倍". 常识认为,现在的队伍已经是原先的 2 倍了,把"扩大几倍"理解为加法;而小学的算术却告诉我们,"扩大几倍"是乘法问题,"扩大一倍"等于不增也不减. 再如"不都是",日常生活的理解是:第一"是",第二"不完全是",没有"都不是"的含义;但数学上却包括"都不是"的情况.

以上个人意见,盼批评指正.

参考文献

[1] 北京教育学院数学教研室. 教学参考资料(初中代数第一册)[M]. 北京:北京出版社,1984.

[2] 吕启明. 文字叙述代数式的歧义问题[J]. 山东教育,1985(6):40 - 41.

[3] 王存礼. 从一道代数试题谈起[J]. 中小学数学,1985(1):10 - 11.

[4] 林教数. 如何正确地读出一个代数式[J]. 中小学数学,1985(5):15.

第 2 篇 谈谈不等式的定义[①]

原初中代数第一册 P. 146 指出:

定义 1 表示不等关系的式子,叫做不等式.

这个定义采用了否定"等式"的形式,没有正面指出"不等关系"的具体含

---

① 本文原载《中小学数学》1988(8):13;中国人民大学复印报刊资料《中学数学教学》1988(11):26(署名:罗增儒).

义. 考虑到任意两个实数 a, b 有且只有三种关系：$a=b$；$a>b$；$a<b$，因而可以认为，否定相等的具体含义就是 $a>b$ 或 $a<b$.

不等式的另一定义是直接指出我们的上述理解：

定义 2　用不等号"$>$"或"$<$"连结的式子，叫做不等式.

这两个定义中的"式子"泛指"解析式".

这两个定义是有区别的：

第一，[定义 1]比[定义 2]的内涵小，外延大. [定义 1]包括了"$>$""$<$""$\geqslant$""$\leqslant$"等. 而[定义 2]只定义了形如"$a>b$"或"$a<b$"的严格不等式. 至于非严格不等式"$a\geqslant b$"或"$a\leqslant b$"则作为"$>$""$<$"与等号"$=$"的逻辑和，而未包括在原始含义中.

第二，对于不等式的本质，[定义 1]理解为量之间的"不等"关系；[定义 2]理解为量之间的大小关系. 根据课本所研究的内容、所出现的习题，我们认为[定义 2]更为妥帖. 不等式不仅是对相等关系的否定，而且更是对大小关系的肯定.

第三，从语言叙述上，[定义 2]采用了肯定的形式，也更切合给概念下定义的常规惯例.

下面一个例子可以说明两种定义的区别与优劣.

在求函数 $y=\dfrac{1}{x^2-3x+2}$ 的定义域时，确实存在这样的式子：

$$x^2-3x+2\neq 0 \Leftrightarrow x\neq 1 \text{且} x\neq 2 \Leftrightarrow x<1 \text{或} 1<x<2 \text{或} x>2.$$

对照[定义 1]，既然式子"$a\neq b$"表示了 a 与 b 的不等关系，当然是不等式，并且其具体含义就是

$$a\neq b \Leftrightarrow a>b \text{或} a<b.$$

对照[定义 2]，当 a, b 为实数时，"$a\neq b$"是定义中"$a>b$""$a<b$"的逻辑和，可以称为不等式；当 a, b 中至少有一个为虚数时，"$a\neq b$"只表示对"相等"的否定，而并不表示对"大、小"的肯定，因而不能称为不等式.

既然不等关系与大小关系并非永远等价，我们把不等式的本质理解为量之间的大小关系较为恰当.

第3篇 《初等数学研究》的研究①

数学前进的火车头,早已驶过"常量"与"有限"的王国.高师院校开设的《初等数学研究》课面临着"陈旧"与"过时"的境地.受过高等数学严格训练的大学生们,在向我们发问,开这门课有必要吗?如果有必要,怎样才能提高学生的研究兴趣呢?

1 两个必要

该课程的开设,在历史上曾经有过多次反复.根据我们对离校已走上教师岗位的毕业生的调查,普遍认为很有必要,集中在两个要点上.

1.1 胜任教学的必要条件

师范院校的培养任务是中等学校教师,那么这些未来教师理应提前对中学教材有较全面、较系统、较深入的理解.实习中和毕业后的许多情况表明,一些眼高手低的数学专业学生,不仅缺乏教学基本功,不仅害怕奥林匹克数学竞赛题,而且对一些基本概念也未掌握好.比如,有些学生讲不清楚"$1+\dfrac{1}{x}$ 是不是分式";也无法向中学生解释"$\dfrac{\sin x}{x}$,$x+\sin x$ 中为什么比值(不名数)与角度(名数)能够进行运算".至于方程、不等式、绝对值等也只停留在字面的理解上."$x=1$"是不是方程?当中的 x 是已知数还是未知数?"一匹马$\neq$一匹布"是不是不等式?不等式的本质是对相等的否定还是对大小的肯定?如此等等,学生或是不清楚,或是缺乏必要的思想准备.

因此,根据学生的实际情况,在校进行初等数学的系统研究是很有必要的.根据我们的教学体会,学生的学习兴趣问题,主要责任在于教师,而不是课程本身该不该开设.

1.2 数学研究的必要基础

初等数学比较成熟,但并非没有什么事情可做.我们曾经比喻过:如果说铁路已经穿过初等数学的无边沃野,那么往深处驶进,只要用心,定会发现新的

---

① 本文原载《数学通报》1992(9):2-4(署名:罗增儒).

物种,定能找到新的矿脉,定可迎来人类尚未涉足的自然奇观.事实上,我们的目标不应只培养一些胜任中学教学的"平凡教师",还要造就大批推动中学教学前进的带头人和进行初等数学研究的专家.

学生在这方面的潜力是很大的,有的在校时就发表文章,有的毕业后迅速成长.我校1983年有位毕业生,三、五年的时间就进入初等数学研究前沿,并已破格评为高级教师.

2　四点做法

根据我们的教学体会,要讲好《初等数学研究》课应该在更新教学内容和改进教学方法上狠下功夫.具体谈四点做法.

2.1　突出课程的研究性质

为着中学教学的需要,课程对初等数学进行系统深入的复习是必不可少的,这是大前提.然而,如果仅停留在一般复习的水平上就很难算作大学课程,也远不能满足已掌握大量高等数学的学生的需要.因此,课程的讲授应该容纳初等数学的新成果,应该把学生带进初等数学研究的前沿.就是说,复习与创新相结合,师范性与学术性相结合.

这就要求教师对教材进行再创造和再研究.不能说,每一堂课都有新成果,但决不能每一堂课都没有新情况.比如,平面几何中的一些内容可讲到近期的处理方法与新进展.我们不止一次发现,当我们说这个解法出自一九八……还未说完是那一年,学生的神情已经表现出兴奋;而说一八九……年,学生几乎都毫无表情.

调动学生积极性、提高课程研究性质的另一个有效途径,是不断提出一些课题,也可以变巩固性质的作业为近乎研究性质的写作.一旦学生也进入到研究境界,被动的"要我学"就会变为主动的"我要学",这是由量变到质变.而这对于初具研究能力的大学生来说是"跳一跳,够得着"的目标.当我们在课堂上提出一些尚未解决或尚无初等解法的问题时,几乎每个学生都认真地记下题目,许多人跃跃欲试,个别的还取得了成功."祖冲之杯"赛的第二周,我们给学生介绍了"祖冲之点集"的几个未解决问题,1987级的学生就提出了一个较好想法,经教师完善和推广后,写成了小论文《"祖冲之点集"存在性的扇形解决》.

奥林匹克数学的异军突起,为初等数学研究提供了新的内容和新的机会.

许多国际数学竞赛题都能体现某一研究方向.实践表明,学生对奥林匹克数学的介入兴趣盎然.

介绍新成果,提出研究课题,渗透奥林匹克数学,这是我们提高课程研究性质的主要做法.

2.2 提高课程的研究观点

提高观点的第一个途径是用高等数学的知识去统一初等数学的松散体系;用高等数学的思想方法去总结初等数学的解题规律;用高等数学的理论对初等数学作新推广和深发展.同时,从相反的方向,用初等数学的思想、观点、方法和技巧可简捷处理一些(不是全部)高等数学问题.总之,应把高等数学与初等数学有机结合起来,取得高等数学的指导,做到初等数学的高统一、新推广和深发展,而不是高等数学的简单重复或名词点缀.

提高观点的第二个途径是对初等内容加强数学思想上的总结和数学方法论方面的提炼.也可进行数学思维或数学美的分析,从而优化学生的知识结构.

例如:

(1) 对数列的讲授可用下列命题来包括《初等代数教程》中关于等差数列的多个定理.

命题 1 数列 $\{a_k\}(k=0, 1, 2, \cdots, n)$ 为等差数列的充要条件是成立恒等式

$$\sum_{k=0}^{n} a_k C_n^k x^k y^{n-k} = a_0 (x+y)^n + n(a_1 - a_0) x (x+y)^{n-1}.$$

命题 2 设 k 为任一非负整数,则数列 $a_0, a_1, \cdots, a_n$ 成等差数列的充要条件是成立恒等式

$$\sum_{i=0}^{n} a_i C_{k+i}^k C_{k+n}^{k+i} x^i y^{n-i} = C_{k+n}^k (a_n x + a_0 y)(x+y)^{n-1}.$$

对两式中的 x, y 取特殊数值,可以得出一些推论.

(2) 对一般常见递推数列的通项可统一为用二阶矩阵的乘方来求解.如

$$x_{n+1} = \frac{ax_n + b}{Cx_n + d} \rightarrow \begin{pmatrix} a & b \\ c & d \end{pmatrix}^n = \begin{pmatrix} \alpha & \beta \\ \gamma & \delta \end{pmatrix} \rightarrow x_{n+1} = \frac{\alpha x_1 + \beta}{\gamma x_2 + \delta}.$$

需要指出,教师言传身教,做出初等数学研究的示范,这是十分必要的.它

不仅是授课的需要,也是榜样的力量.事实上,教师职业不是也不应该是教师才华单流向的简单输出,那种"死教书、教死书、教书死"的教师形象对 20 世纪八九十年代的青年已经没有吸引力.学生更容易从任课教师教书育人中获得启迪,得到鼓舞.

2.3　体现教学的先进思想

高师院校的数学教师,是"老师的老师",应该比其他高校的教师多承担一个责任,就是既要教好数学,又要教好"怎样教好数学".

但是,教师毕竟是在讲数学课而不是讲教法课,不允许大量讲述教育理论.解决这个矛盾的一个办法是从整个教学过程到每一定理、公式等的证明都能体现某些教学观点.

所以,《初等数学研究》的讲授应着意表现教学艺术,努力做出教学基本功的示范.

初等数学的一些内容,学生不乏独立掌握的潜力.我们讲课的重点应在讲清思路、揭示实质、形成知识结构上.有些内容也可以由学生试讲.

2.4　要把真才实学的教、真情实感的爱和真心实意的帮,三者结合起来

就是说,既要教书又要育人、言教身教结合.然而,专业教师与专职干部不同,教师首先要教好书,寓育人于教书之中.从第一节课开始,教师就应对学生的学习和思想负责.

负责不等于单一的执行纪律.教书育人应是一种爱的艺术.教师在课堂上让知识带上感情、让批评含有爱护,学生是能感受到的.教师本身对教师职业的热爱,对数学专业的热爱,对学生的热爱,能潜移默化地培养起学生的教师性格.教师对学生的尊重、信任和平等相待应是教学的正常基调.

我们的这些做法,已经在三个方面产生初步的效果:

(1) 提高了学生学习本课程的积极性;

(2) 调动了学生研究初等数学的热情;

(3) 有利于巩固专业思想.

这当中,也促进了教师本人对数学和教学的钻研与提高.

3　一点体会

以前确有一种说法,叫做教材教法课难上,教材教法教师难当.但不应仅从消极方面去总结.我们也有"难上""难当"的感受,却是从积极方面考虑的.

3.1 难在课程本身对教师的综合素质要求高

《初等数学研究》课讲得"烦人"很容易,讲得受欢迎很难.这里不仅有数学知识问题,而且有教学艺术问题,还有逻辑学、教育学、心理学等的综合素养问题.一位成熟的初等数学研究教师,应该具备四个起码的条件:

(1) 数学解题专家的功底;

(2) 教育理论家的修养;

(3) 教学艺术家的气质;

(4) 青年导师的威望.

3.2 难在学生对教师的期望高

每个学生都应立志终身从事教育事业,都愿意接受从事教育工作的安排.当他们想到未来的时候,确实希望能从数学教育老师那里多得到一些能够帮助日后成功的基础方法.从另一角度说,就是学生对我们更加挑剔.一旦我们教学效果跟不上、教学风格跟不上,学生已经有能力判断出来,并且高期望立即转为深失望.据我们所知,毕业以后的那些"同学聚会"(其实已经是老师聚会),每当谈起大学校园时,要较多地提到数学教育老师.如果我们的教学风格基本上满足了学生的要求,学生就会给我们以加倍的欢迎.

高教(包括高师)需要改革,改革的方针必须为社会主义现代化建设服务.《初等数学教学研究》必须遵循这个方针,严于律己,为培养中等学校数学优秀师资作出不懈的努力.

第4篇 讲授艺术的初步实践①

讲授是课堂教学形式的主体,是知识信息传输的载体,是师生情感交流的媒体.不同的讲授有不同的教学效果.讲授是一种艺术!这种艺术具有表演性、创造性、审美性、情趣性和征服性.

讲授的艺术常常表现为:教学系统的优化组合,教学双边的动态平衡,内容形式的有机统一,艺术技巧的全面调动,连续过程的和谐匹配和教学方案的立体设计.下面是我们的初步实践.

---

① 本文原载《湖南数学通讯》1993(1):1-3;1993(2):2-4(署名:罗增儒).

1　教学效果是讲授艺术设计的原始动力

教学效果是讲授的出发点和归宿,运用讲授的艺术正是为了取得更好的教学效果.

例1　三角形的内角和定理的教学设计有五个可供选择的方案,选哪一个进行讲授呢?

方案1　测量:让学生测量各种各样的三角形,自己去发现"惊人的相同",有的小声说 180°,有的大声说 180°,有的疑惑说 180°,有的肯定说 180°. 这时教师发问:这是偶然的巧合还是必然的规律?

方案2　剪拼:如图1,剪下三角形的三个内角,再拼成一个平角.

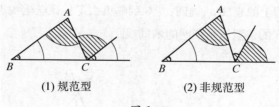

(1) 规范型　　　　(2) 非规范型

图 1

其中图 1(1)规范型的剪拼有利于寻找证明方法.

方案3　折纸:如图2,让学生将△ABC 沿折痕 EF, EG, FH 对折,则点 A, B, C 重合于点 D,组成一个矩形 EGHF,三角形的三个内角拼接成一个平角.同时,这个图还演示了三角形面积公式与中位线定理.图2中点 E, F 分别是边 AB, AC 的中点,EG, AD, FH 均垂直于 BC.

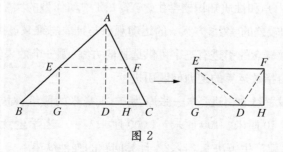

图 2

方案 4 演示：如图 3 一支铅笔分别以三角形的三个顶点为旋转中心，旋转 $\angle A$，$\angle B$，$\angle C$，结果为一次反射.

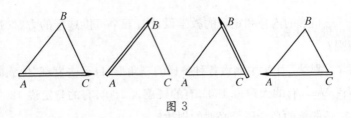

图 3

方案 5 问题：如图 4，两条平行线 a，b 被第三条直线 c 所截，有同旁内角互补 $\alpha+\beta=180°$. 旋转直线 a，将 β 分成 $\angle 1$ 与 $\angle 3$，有 $\angle\alpha+\angle 1+\angle 3=180°$. 再擦去原来位置上的直线 a，提问：$\angle 3$ 到哪里去了？让学生找出 $\angle 2=\angle 3$，并暗示直线 a 原先的位置正是证明的辅助线.

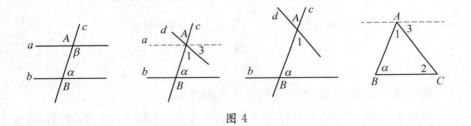

图 4

这五个方案，哪一个更适合学生的知识水平、思维能力和心理特征，就选用哪一个来进行讲授，不同的学校、不同的班级应该有所区别. 这里不取决于教师的个人兴趣而取决于教学效果的预测. 一般说来，对于思维能力较好的班级或对于已经有了内角和性质知识的学生，方案 1、2 中动作型的实验观察会失之肤浅；而对于基础较差的学生，方案 5 的运动观点与抽象思维又显得高陡.

例 2 对数概念的引进有三个可供选择的方案，哪一个效果较好呢？

方案 1 由指数运算的逆向问题引进.

方案 2 设置悬念引进：拿一张厚为 0.01 毫米的薄纸，对折 32 次后会有多厚？1 厘米？10 厘米？100 厘米？1 000 厘米？……当学生意想不到比珠穆朗玛峰还高时，就产生解决 0.01×2^{32} 计算问题的强烈欲望.

方案 3 简化计算引进：列一个表

n	1	2	3	4	5	6	7	8	9	10	11	12	13	14
2^n	2	4	8	16	32	64	128	256	512	1 024	2 048	4 096	8 192	16 384

由此可进行计算：

(1) $64 \times 128 = 2^6 \times 2^7 = 2^{6+7} = 2^{13} \xrightarrow{\text{查表}} 8\,192$.

(2) $8\,192 \div 512 \xrightarrow{\text{查表}} 2^{13} \div 2^9 = 2^{13-9} = 2^4 = 16$.

(3) $128^2 \xrightarrow{\text{查表}} (2^7)^2 = 2^{14} \xrightarrow{\text{查表}} 16\,384$.

(4) $\sqrt[3]{4\,096} \xrightarrow{\text{查表}} \sqrt[3]{2^{12}} = 2^4 = 16$.

这说明，表中下一行数的乘、除、乘方、开方可以变为上一行数的加、减、乘、除来简化运算. 那么，一般地

$$79\,433 \times 125\,893 = ?$$

如何转化为加法运算呢？当然，如果已知

$$79\,433 \approx 10^{4.9},$$
$$125\,983 \approx 10^{5.1},$$

便有

$$79\,433 \times 125\,893 \approx 10^{4.9} \times 10^{5.1} = 10^{10}.$$

问题是：如何确定 $79\,433 = 10^x$，$125\,893 = 10^y$ 中的 x，y 呢？由此引进对数的概念.

为了提高教学质量，教师应该对每一个课题都多设计几个讲授方案以适应千变万化的学情.

2 数学美是讲授艺术魅力的重要源泉

数学教学与其他一些突出欣赏价值的艺术形成不同，它首先要求内容的充实恰当，这是前提；在这个基础上还要花大力气去展示数学本身的简单美、和谐美、对称美、奇异美，这是讲授魅力最本质的因素，也是艺术发挥的最广阔空间.

从教材中感受美、提炼美，并向学生创造性地表现美，应该是教师的基本功. 没有这个基本功，即使是学者也不是合格的教师.

例 3　对一元二次方程 $ax^2 + bx + c = 0(a \neq 0)$，作如下配方：

$$x^2 + \frac{b}{a}x + \frac{c}{a} = 0,$$

$$\left(x + \frac{b}{2a}\right)^2 = \frac{b^2 - 4ac}{4a^2},$$

当 $b^2 - 4ac \geqslant 0$ 时，

$$x + \frac{b}{2a} = \pm\sqrt{\frac{b^2 - 4ac}{4a^2}} = \pm\frac{\sqrt{b^2 - 4ac}}{2a}, \qquad ①$$

得

$$x_{1,2} = \frac{-b \pm \sqrt{b^2 - 4ac}}{2a}.$$

然后，用这个公式解题，并千叮万嘱学生记住公式.

这是一种讲授，它的特点是照本宣科淹没了求根公式的优美. 至于①式还将造成 $\sqrt{4a^2} = 2a$ 的误解. 如果作下面的处理，情况则大不一样：

对原方程两边乘以 $4a$，得

$$4a^2x^2 + 4abx + 4ac = 0,$$

$$(2ax + b)^2 = b^2 - 4ac, \qquad ②$$

当 $b^2 - 4ac \geqslant 0$ 时，

$$x_{1,2} = \frac{-b \pm \sqrt{b^2 - 4ac}}{2a}. \qquad ③$$

这时，式②揭示了判别式 $\Delta = b^2 - 4ac$ 的实质，它是一个完全平方式 $(2ax + b)^2$，并且在方程的观点之下它是配方的结果，因而就具有配方法与实数平方的双重功能.

对于公式③指出下述四点将大大增强艺术效果；

(1) 公式回答了解方程的三个基本问题. 有没有实根？（看 Δ 的符号）有几个实根？（两个）具体是什么？（公式本身）

(2) 包含了所学过的全部六种代数运算.

(3) 方程的根由系数完全决定.

(4) 这个公式印在当年课本的封面上.

例 4　某班有 49 位学生,坐成 7 行 7 列,每个座位的前、后、左、右的座位叫做它的"邻座",要让这 49 位学生都换到他的邻座上去,问:这样调换位置的方案能不能实现?

解说　表面上看,大多数学生都有 4 种选择,至少也有 2 至 3 种选择,机会很多,换位是有希望的. 真正让学生做几次便会发现,这是不可能的. 分三步说明:

第一步:给这 49 位学生编号,如图 5,则每一个人的调位都是奇号位到偶号位或偶号位到奇号位的换位.

1	2	3	4	5	6	7
8	9	10	11	12	13	14
15	16	17	18	19	20	21
22	23	24	25	26	27	28
29	30	31	32	33	34	35
36	37	38	39	40	41	42
43	44	45	46	47	48	49

图 5

第二步:如果这种调位是可能的,就应是奇号位与偶号位一样多,从而位置的总数为偶数.

第三步:但 49 是一个奇数,奇数≠偶数,因而,换位是不可能的.

小结:此题求解所用到的知识是

$$奇数 \neq 偶数$$

因此,我们要灵活运用知识.

评议　上述解说不仅把问题解决了,而且解决得有点艺术性. 但仅仅从"奇数≠偶数"的角度来看待这个问题,不是失于轻率就是流于肤浅,因为这种解题教学缺乏数学思想的美的提炼.

事实上,前两步是关键,有了前两步,第三步是水到渠成.

第一步所做的,是将一个实际问题进行数学化设计,这种设计的实质是构造两个集合,一个由奇数组成,一个由偶数组成:

$$A = \{1,\ 3,\ 5,\ \cdots,\ 49\},\ B = \{2,\ 4,\ \cdots,\ 48\}.$$

这里既有构造的思想,也有分类的思想.

第二步体现了两个重要方法.

(1) 反证法(假设方案可以实现,引出矛盾).

(2) 映射:换位这时成了在集合 A 与 B 之间建立一个映射,使 A 中每一个元素在 B 中都有象,且 A 中不同的元素在 B 中有不同的象.同样,B 中每一个元素在 A 中都有象,且 B 中不同的元素在 A 中有不同的象.这就要求两个有限集合的元素相等.就在这一瞬间,抽象的集合、深奥的映射被简单化、通俗化、生活化、趣味化为"交换位置".这里体现了一种美:

小学的知识+大学的思想.

第三步告诉我们,构成矛盾不依赖于 A、B 的具体数值,而仅仅用到元素的个数;对元素的个数,也仅用到"49"为奇数的特征.由此立即得出两点体会:

(1) 49 个座位的编号可以用 0,1 相间或黑白染色来代替.

(2) 7 行 7 列得 $7 \times 7 = 49$ 个座位可以用 $2m-1$ 行 $2n-1$ 列$(m,\ n \in \mathbf{N}^+)$ 得$(2m-1) \cdot (2n-1)$ 个座位来代替.

由这个例子应该得出的结论是:奉献真理的讲授还不是艺术的讲授;没有讲错并不等于讲得好.所以说:普通老师教人这样解,好老师教人怎样解.

3　教学难点是讲授艺术发挥的最好机会

教材难点常常出现在数学思想迅速丰富、大步跳跃或较为深刻的地方,出现在数学方法较为抽象、更为综合的地方.一方面,表现为学生现有的思维结构不适应建立新的数学知识结构,这是接受的障碍,也是对讲授的挑战;另一方面,正是由于有问题、有困难,才为积极的思维训练提供了优质的素材,才为发展学生的思维能力和提高学生的数学素质提供了良好的机会.

过分强调难点的消极作用,将难点等同于获取知识的拦路虎,在学生最不明白、最想听的地方,你恰好什么也不说,小黑板一挂,几何辅助线已经事先作好了,解题思路已经和盘托出了.这种"避而不谈""化为乌有"的做法,实际上是白白放弃了数学教学的生命线.

讲授无疑应该追求"化难为易"的效果,应该为抽象的内容提供具体的直观,应该对复杂的内容进行分解简化,应该为坡度太陡的内容设置拾级登高的阶梯.

但是,这种"化难为易"不应该是被动的、消极的. 就是说,应该以主动的、积极的态度去暴露数学思维的过程. 数学讲授中最有意义的并不是若干结论,而是发现这些结论的过程. 勇敢地面对数学思想最为丰富、最为深刻的地方,进行深入的挖掘和充分的暴露,正是讲授艺术最迷人、最勾魂也最惊心动魄的"无限风光".

例5　数列的极限包含着无限运动的过程,体现着量变质变的辩证法. 如何在讲授中体现这些深刻的思想,我们做如下的设计:

观察数列 $\{a_n\}$: 1 , $\dfrac{1}{2}$, $\dfrac{1}{2^2}$, $\dfrac{1}{2^3}$, $\dfrac{1}{2^{n-1}}$, …可见:

当 n 增大时, a_n 接近于 0 ;

当 n 越来越大时, a_n 越来越接近于 0 ;

当 n 很大很大时, a_n 很接近很接近于 0 ;

当 n 很大很大很大时, a_n 很接近很接近很接近于 0 ;

……

当 n 无限增大时, a_n 无限接近于 0 .

这一段板书,配上不断加重语气的解说,将有助于理解 $a_n \to 0 (n \to \infty)$ 的本质."很接近"是极限的一个特征但还不是本质,无限接近才是,那么,"无限"怎样来讲清楚呢? 我们的设计是用多次重复来暗示"无限",是用语言夸张来提示"无限";省略号的地方既是停顿更是联想(此时无声胜有声),让学生的思维按照上面步步加强的暗示和提示去想象并接受"无限".

例6　数学归纳法的本质可以理解为无穷递推,具体叙述为两个缺一不可的条件. 为了突破这一难点,我们设计了如下的讲授实验:

首先,假设从教室到操场立摆着许多砖块,我们当然可以一块一块地把它们全都推倒. 现在只允许推倒一块,你能保证教室外面的砖块都倒下吗? 你有办法做到使它们都倒下吗?(这是向学生提出课题)

如果有办法,砖应该怎么摆? 你应该去推倒哪一块?

这个讨论的目的是让学生自己总结出递推原理. 为了强调数学归纳法中两个条件缺一不可,还可继续作以下提问:

如果不推任何一块砖,这些砖能全都倒下吗?(学生都觉得这很可笑,但不认真验证第一号命题成立却司空见惯)

如果在砖列的某一段上拿走几块,那么你推第一块还能保证全部砖都倒下吗?

其次,假定每一个学生,甚至世界上的每一个人都来摆砖,从教室摆到操场,从学校摆到街道,从中国摆到外国……所有这些砖块都按照前砖碰倒后砖的规格,没完没了地摆下去,那么你一个人还能不能(还需要不需要)一块又一块地去推倒这所有的砖块? 当学生感到既不可能、也没有必要去一块又一块地推倒砖块的时候,学生学便是接触到了数学归纳法的实质了. 这里是

(1) 用肉眼看不见的地方来暗示"无穷"

(2) 用不断增加的大数量来想象"无穷".

4 说、演技巧是讲授艺术展示的双飞两翼

"说"通常指有声语言,"演"通常指态势语言(手势、动作、表情、眼神、姿态等),这两方面都还涉及无声语言的配合(文字符号、板书挂图、实物教具等)和情感的表达. 在课堂讲授中,通常是以说为主,以演为辅,说演结合,相辅相成.

说和演是实现教学思想、教学方法的两只翅膀,是各种艺术形式在教学中移植、生长和创新的土壤,它们既是体现讲授艺术的两个主要形式,又是构成讲授艺术的两项主要内容. 语言运用的技巧,动作运用的技巧,教具运用的技巧,表情运用的技巧,板书的技巧,提问的技巧,以及讲授中的启发与点拨等,每一个题目都可以做出一篇漂亮的文章,每一个方面都可以进行深入的探索. 我们不准备重复所有熟知的看法,而只列举数学教学实践中的一些例子.

(1) 演示—暗示—诱发:如例 1 中方案 5,三角形内角和性质与证明思路的发现.

(2) 设疑—激疑—悬念:如例 2 中方案 2,一张纸对折 32 次会有多高是设疑,与珠穆朗玛峰相比是激疑,如何解决是悬念.

(3) 反复—夸张—停顿—联想与数学无限:如例 5 中极限的引进.

(4) 暗示—想象与数学的无穷:如例 6.

(5) 比喻:"一只空箱子放进一个空房间,房间还空不空?"借此说明 $\varnothing$ 与 $\{\varnothing\}$ 的区别.

(6) 幽默的拟人:我们在沙漠中放一个球状的笼子,走进去并锁上它,再作关于笼子的反演,则狮子就关在笼子里了,而我们却在笼子外面——球内(外)点的反演点在球外(内).

(7) 对比:等差数列与等比数列的列表对比,排列与组合的列表对比.

（8）比拟——想象：用"孤帆远影碧空尽"的意境来比拟"极限"，用"遥看瀑布挂前川"的意境来比拟"正切函数的图像".

（9）奇异引趣：两个三角形如果有五个元素（三个角两条边）相等，这两个三角形是否全等？（不能保证，比如三边长分别为 8、12、18 及 12、18、27 的两个三角形）.

（10）手势：用两个食指交叉表示相交直线，然后平移一个食指，产生异面直线；又如，例 2 的方案 2，对折 32 次会有多厚，可由相对手掌一次又一次加宽直至伸平来增强效果.

（11）无声胜有声：平行四边形、矩形、菱形、正方形的关系如图 6，实数的分类如图 7.

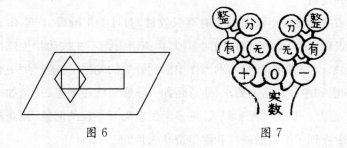

图 6　　　　　　　　图 7

（12）口诀：三角诱导公式归纳为"奇变偶不变，符号看象限". 30°，45°，60°角的正弦值、余弦值、正切值可用"一二三、三二一、三九二十七"来帮助记忆：

α	30°	45°	60°
$\sin\alpha$	$\dfrac{\sqrt{1}}{2}$	$\dfrac{\sqrt{2}}{2}$	$\dfrac{\sqrt{3}}{2}$
$\cos\alpha$	$\dfrac{\sqrt{3}}{2}$	$\dfrac{\sqrt{2}}{2}$	$\dfrac{\sqrt{1}}{2}$
$\tan\alpha$	$\dfrac{\sqrt{3}}{3}$	$\dfrac{\sqrt{9}}{3}$	$\dfrac{\sqrt{27}}{3}$

5　真情实感是讲授艺术成熟的一个标志

教师是一种爱的职业，讲授是一种爱的艺术.

许多热心肠的老师赞成"给好心不给好脸"，而我们宁愿冒险"给好心也给好脸",用热爱去唤醒热爱.

教师的知识结构、教学能力、口才、性格和经验,最终都要通过讲授表现出来.如果教师在讲授中能够自觉表现出并让学生亲切感受到他对教师职业的热爱、他对数学真理的热爱、他对学生的热爱(三热爱),那么这个教师的讲授艺术一定是已经或接近成熟.

一个成熟的教师,能在他走进教室、扫视全场、和蔼鞠躬的瞬间,与学生进行无声的交流,组织好课堂教学、调整好自己的情绪.

一个成熟的教师,能在分析复杂数学推理的时候,使你感受到他对数学有多么执着的追求,有多么深厚的功底!他的停顿和沉思、嘴角和眉梢,一会儿是"山穷水尽疑无路",一会儿是"柳暗花明又一村",时时处处都流溢着对教学工作的纯真的爱情.

一个成熟的教师不仅能熟练地驾驭教材,而且能用准确、庄重而又自然的情感加温表现出来.他的讲授,如同琴师,声声语语无不在拨动学生感情上的琴弦;如同画家,笔笔画画都是艺术杰作中恰到好处的勾描.他的严厉中有真心的爱护,他的温和中有严格的要求,他总是如一阵春风吹进教室,总是如一股暖流满载学问,总是一身正气光彩照人.许多学生在离开学校的时候,正是从这些成熟的教师中找到了做人的榜样和终生奋斗的目标.

让知识插上情感的翅膀,

让讲授披上艺术的灵光;

用整个生命去谱写每一节教案,

用全部感情去开启每一叶心窗.

第5篇 谈讲授艺术的基本特性①

本文探讨讲授艺术的特性,认为最基本的有五条,即讲授艺术的表演性、创造性、审美性、情趣性和征服性.

数学教学的实践中,存在着各种各样的讲授,有的精雕细刻,面面俱到,有的大刀阔斧,突出重点、难点和观点;有的工于抽象思维,有的富于形象直观;有

---

① 本文原载《中学数学教学参考》1994(4):1-2(署名:罗增儒).

的平铺直叙,有的波澜起伏;有的是教师的独角戏,有的是师生的二重唱;有的是课堂的催眠曲,有的是心灵的净化剂.不同的讲授,有不同的教学效果,这取决于讲授是否有艺术性,以及艺术性的强弱.反过来,艺术性终将表现为教学的效果.

我们认为,讲授的艺术就是对综合效果的整体追求,就是为了达到最优讲授效果而设计的最佳美学结构,这种结构是教学思想、教学方法及美学原则等的成熟运用与有机统一,也是一个人的思想水平与才华技艺的集中"亮相".

那么,讲授艺术有哪些主要的特性呢?

1　讲授艺术的表演性

首先,教师类似演员,也是通过知识内容、语言动作、姿态情感等去获得讲授效果的.但教师并不仅仅是"演员",还是编剧、导演和灯光效果、道具设计等的多面手.而且这种表演受到时空的限制,呈现出即时性的特征.作为艺术,它无法像绘画、雕刻那样固定下来,也不能像音乐、诗歌那样记载下来(后记:现在可以录像记下来).这种即时性使得讲授情景瞬息万变而又多彩多姿,也使得认真的教师每节课下来都不无遗憾,我们断言,讲授的艺术是一种遗憾的艺术.

讲授艺术的表演性,主要通过有声语言与态势语言展示出来,它们既是体现讲授艺术的两个主要形式,又是构成讲授艺术的两项主要内容,还是各种艺术形式在教学中移植、生长和创新的土壤.

讲授艺术的表演性将协调运用语言、教具、动作与表情,并多方借鉴音乐、绘画、诗歌、演讲等技巧,表现出教学语言符号的音乐美,教学图像信息的图画美,教师仪表姿势的教养美,课堂教学组织的条理美,处理突发事件的奇异美.这当中,仅"语言的艺术""幽默的艺术""悬念的艺术"以及讲授中的"点拨与启发",每一个题目都足以写出一本畅销书.

2　讲授艺术的创造性

艺术的生命在于创造.讲授内容的处理、讲授方法的选择、讲授方案的设计、讲授过程的组织、讲授技巧的运用等,到处都是讲授创造的广阔天地.艺术最忌模式化,讲授也最怕呆板.确实,教师离开了创造,只能是"死教书、教死书、教书死"的教书匠,教出来的学生恐怕也只能是"死读书、读死书、读书死"的蠢材、庸才或奴才.同样,讲授离开了创造,就会变成刻板训练的例行差事或单调乏味的照本宣科.除非是永无休止的创造,否则,讲授将无艺术可言.

教学过程是一个六要素的系统(教学思想、教师、学生、教材、设备、教学方

161

法).讲授就是教师在教学思想的指导下,使用教材和教学设备,通过适当的方法,对学生进行知识传授、能力培养和思想教育;与此同时,学生也使用教材和设备,通过适当的方法能动地学习.讲授的艺术就在于创造性地协调各要素的作用,以最大限度地发挥系统的整体功能.

这当中,最基本的是对教材作创造性处理;最活跃的是创造性处理教学双边的动态平衡.

讲授首先要提供足够的信息量、足够的密集度和足够的理解深度,让学生学到东西,既不过难又不过浅,既不过多又不过少,既适合学生的多数又兼顾其中的个别,这里的艺术在于恰如其分,恰到好处.不仅如此,这些内容还应当经过审美性的艺术加工,并以适应的方式表达出来.所有这一切,都需要创造性.一个教师,如果不能从自己所讲授的课程中感受到美,不能从教材中提炼出理性美、科学美、艺术美,不能将这一切在学生中激起美感与共鸣,那么,他即使是学者也还不是一个合格的教师.创造性地处理教材是教师的基本功.

还要注意到,当教师通过讲授传输信息时,还有两个活动着的舞台:一方面是学生对信息的接收、辨识、再生、储存与输出;另一方面是教师根据反馈调节信息的速度、强度、顺序、容量等.这两方面组成一个生机勃勃、瞬息万变的世界.讲授艺术的创造性就在于能够对教师的活动与学生的活动,能够对师生活动的全过程实施及时而有效的控制,使系统达到逐步优化的动态平衡.所谓创设发现情境、所谓生动活泼的课堂气氛、所谓处理突发事件的教学机智,都只不过是这一动态平衡的小小插曲或微调而已.

3　讲授艺术的审美性

创造性的劳动具有无可争辩的审美属性,而艺术的本质也在于美.我们容易看到,讲授的艺术既是教师审美观念、审美情趣、审美能力的展示,又是学生审美感知、审美理解、审美注意的调动.讲授过程的优化组合、讲授内容的美化整形、讲授技巧的和谐运用、讲授环境的情感培养,这些都是讲授审美的阔海高天.这里既有科学美,又有艺术美,当然也是教学美.我们断言,艺术的讲授必定是教学过程中表现出审美性的讲授.

讲授艺术与其他一些突出欣赏价值的艺术形式不同,它首先要求内容的充实恰当,这是前提,在这个基础上还要花大力气去展示学科内在的科学美,这是讲授魅力的最本质因素,也是艺术发挥的最广阔空间.也许,一个没有多少内容的戏剧小品,甚至低级趣味,可以为茶余饭后的观众提供消遣,但教学的大雅之堂不会欢迎皱纹满面的老太婆通过涂脂抹粉来展示青春.

关于教学难点有助于抑或有碍于讲授美的发挥,历来莫衷一是. 我们既然承认学科内在的科学美是讲授魅力的本质因素,当然也就顺理成章认为,教学难点是讲授艺术发挥的最好机会. 根据我们在数学教学中的体会,教材难点常常出现在数学思想迅速丰富、大步跳跃或较为深刻的地方,出现在数学方法较为抽象,更为综合的地方,一方面表现为对讲授的挑战;另一方面,正是由于有困难、有问题才为积极的思维训练提供了优秀的素材,才为发展学生的思维能力和提高学生数学素质提供了良好的机会. 数学讲授中最有意义的并不是若干结论,而是发现这些结论的过程,勇敢地面对数学思维最为丰富、最为深刻的地方,进行深入的挖掘和充分的暴露,正是讲授艺术最迷人、最勾魂,也是最惊心动魄的"无限风光".

4　讲授艺术的情趣性

教师是一种爱的职业,讲授是一种爱的艺术.

因为讲授的主体和讲授的对象都是活生生的人,人不可能没有情感. 当一个教师没有能表现出高尚热烈的情绪时,就会表现出低落冷漠的情绪. 讲授的艺术就在于创造出有感情的学习环境. 在这个感情的怀抱里,有爱的炽热交流,有兴趣的浓烈激发,真才实学的教与真情实感的爱、真心实意的帮结合了起来. 知识由于插上了感情的翅膀而更加富于趣味性的幽默与魅力. 教师是人类灵魂的工程师,缺少情趣性的讲授,既谈不上艺术,更别提对人的心灵的塑造了. 创造富于情趣的学习环境,是教师一项神圣的、永远不会更改的义务,也是任何现代化教学设备代替不了的精细工作.

一个教师,如果能在讲授中自觉表现出并让学生亲切感受到他对教师职业的热爱、他对学科真理的热爱、他对学生的热爱(三热爱),那么这个教师的讲授艺术一定是已经或接近成熟.

特别是在师生关系上,讲授艺术的高低不在于教师本人是否自我感觉良好,而取决于是否真正激起学生的内心动机与智慧. 激发学生的兴趣,调动学生的情感,是讲授艺术成熟的一种标志. 社会赋予教师职业以管理者的责任、指挥者的权利,但这并不天然地包含着师生间的不平等关系,当教学被曲解为教师才华单流向的简单输出时,讲授将无艺术可言.

5　讲授艺术的征服性

艺术的讲授能把"真"的力量与"美"的意境交融为一种引人入胜、令人神往的征服,学生对真理的崇拜,对艺术的追求,对未来的进取,以及青春的激动等都可以简单而具体地在艺术的讲授中得到一点满足. 艺术讲授所体现的专业学者功底,将使学生感到充实;艺术讲授所体现的教学艺术家气质,能令学生为之振奋;艺术讲授中所体现的青年导师威望,更叫学生深为敬佩. 这是一种征服人心的魅力,听这样的课是一种享受. 只要听课还是学生的一种负担,那么讲授就一定是没有或甚为欠缺艺术. 只要讲授还缺少征服性,这种讲授就还算不上是艺术的讲授.

成熟的教师,能在他从容走进教室,庄重巡视全场的瞬间,与学生进行无声的交流,调节好自己的情绪,然后三言两语:或提一个问题,或打一个比喻,或作一个对比,或做一个演示,或讲一段故事,或举一个反例,或设一个疑难,或引一句名言,或诵几行诗句,就把学生的思维调动到本课题的内容和目的上来. 于是,这"三言两语"就具有"先声夺人"的力量,同时也奠定了统摄全局、辉映全堂的基础.

同样,一个画龙点睛,或悬念悠悠的收尾,会使学生下课后仍沉浸在深深的激动之中,其艺术力量也就冲破了时间与空间的限制.

以上谈到了讲授艺术的五个基本特性,其中表演性是讲授艺术最显著的外部特征,创造性是最本质的内部特征. 创造性的本质经过审美性的选择与感情性的加温,艺术地表演出来,产生征服性的力量,这就是我们对讲授艺术所描绘的一个轮廓.

对讲授艺术最为可悲、最为可怜的误解是:讲授艺术是教学设备落后的一种权宜补充,讲授艺术是对艺术美称的牵强附会或单纯欣赏价值的形式借用.

缺乏艺术性的讲授是存在的,尤其是,缺乏创造性、缺乏情趣性,因而也缺乏审美性、缺乏征服性的讲授至今还很普遍,但它仍然有传授知识的功能,正是这点低效的功能,妨碍了一部分人对讲授艺术的更迫切追求. 本文的目的,就是希望能引起大家对讲授艺术的深切注意.

第6篇　大学生直觉猜想能力的一次小测试①

摘　要：介绍"四边形外角和定理"的一个情境测试，并进行了初步分析.

关键词：直觉猜想；建构

1999 年 6 月 28 日，我们在《中学数学教学法》课的期末考试中，有意放进一道题目，测试大学生的数学直觉猜想能力，同时也检验该教学设计的有效性. 情况表明，我们对学生真实的思维活动了解是很肤浅的.

1　题目及意图

1.1　题目

有一个四边形 $ABCD$（中学指凸四边形），某人从 AB 内一点出发，沿周界走一圈回到原处，中间作了 4 次拐弯，最后与出发的方向相同. 请从这一想象中提炼出一数学定理，并给出证明.

1.2　意图

这道题目的设计背景是四边形外角和定理，或者说，以此作为发现四边形外角和定理的"认知基础". 主要提供了 3 条信息（如图 1）：

（1）信息 1：某人沿四边形 $ABCD$ 的周界走了一圈，回到原处.

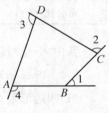

图 1

这叙述了一个事实，从而反映出四边形的结构特征.

但这一反映是很粗浅的（图形封闭，周长有界……），下面继续对这一事实进行过程与结构的两种描述，其实质是对四边形的性质进行更深入的刻画.

（2）信息 2：将走一圈的过程分解为在 4 个顶点处作了 4 次拐弯.

提供这一信息的意图是把"走一圈"的过程从数量关系上分解为 4 个外角之和 $\angle 1 + \angle 2 + \angle 3 + \angle 4$.

（3）信息 3：将走一圈的结果表示为最后的方向与出发的方向相同.

提供这一信息的意图是把"走一圈"的结果从数量关系上表示为转了 $360°$.

① 本文原载《数学教育学报》2000(2)：67-71(署名：罗增儒，李三平).

既然,信息 2 与信息 3 表示的是同一事实,其两种数量刻画就可以用等号联结起来,得出

$$\angle 1 + \angle 2 + \angle 3 + \angle 4 = 360°.$$

对于不知道外角和定理的初二学生来说,这是一个"再发现"的过程,但对于大学生来说,定理已经学过,主要的工作是将问题情境提供的信息加以辨认,然后从记忆储存中检索出相应的命题来,从辨认到检索有一个直觉猜想的过程. 由于大学生有较多的已知信息作参照,能力水平也较高,我们预计,绝大多数的学生都能按照我们的意图作出回答. 但结果却很意外,只有 19.48% 的人回答为外角和定理.

2 基本情况

参加考试的学生有两个班 77 人(一班 38 人,二班 39 人),回答分为四类(见表 1):

表 1 回答情况表

类　别	外角和定理	内角和定理	其他回答	未回答
人　数	15 人	27 人	25 人	10 人
百分比	19.48%	35.06%	32.47%	12.99%

其中 25 个"其他回答",又可归为四种情况(原文照录如下).

2.1 与四(n)边形有关的命题 13 个

(1)四边形是一个封闭的图形;(2)四边形是周长等于各边长之和;(3)四边形有四个顶点,n 边形有 n 个顶点;(4)四边形是由四条线段首尾顺次连接组成的图形;(5)对任意的一个四边形 $ABCD$,某人从 AB 边上任一点出发,沿着四边形的四边所走一圈,则此人在行走中作了 4 次拐弯,最后回到出发点,且方向必与出发时的方向相同;(6)对任一 n 边形,若从其中一边内的一点出发,沿周界一周,回到原处,则其间共作 n 次拐弯,且最后与出发点同向;(7)从 n 边形($n \geqslant 4$)的边上一点出发作环绕,若经过 n 个拐点回到原处,则保持原方向不变;(8)从四边形内点出发,要最后与出发的方向相同,则要作 4 次拐弯;(9)若在一封闭曲线上运动一周,即从起点回到终点(两点不重合),则方向不变;(10)在点的运动方向上,点自运动方向同一侧(左侧或右侧)间断作四次折角,若四次折角和为 360°,则点的最后运动方向与原方向相同;(11)一个 n 边形就有 n 个不等于

180°的角;(12)四边形的任意内接 n 边形的面积都小于这个四边形的面积;(13)在任一四边形内总可以找到一个圆,使其圆周趋向于四边形边界.

2.2 与向量有关的命题 5 个

(1)这与数学中复数的向量定理有关;(2)一平面向量在复平面内作了四次变换,如果两两变换互逆,则平面向量保持不变;(3)在任意 n 边形中,任意一边上除去端点以外的任意两点所成的平面向量与这个平面向量沿这个 n 边形周界运动一周经过 n 次方向变化后重合;(4)两向量相加,大小为实部、虚部分别相加,方向为向量所成平行四边形的对角线的方向;(5)在一个 n 边形 $A_1A_2\cdots A_{n-1}A_n$ 中,边 A_1A_2 上一点 O,对向量

$$\overrightarrow{OA_2}, \ \overrightarrow{A_2A_3}, \ \cdots, \ \overrightarrow{A_{n-1}A_n}, \ \overrightarrow{A_nA_1}, \ \overrightarrow{A_1O},$$

有

$$\overrightarrow{OA_2}+\overrightarrow{A_2A_3}+\cdots+\overrightarrow{A_nA_1}+\overrightarrow{A_1O}=\vec{0}.$$

2.3 与复数有关的命题 3 个

(1) 平面上任意一个复数,绕坐标原点旋转一周后,复数值不变;(2) 模相等而辐角相差 $2k\pi$ 的两复数相等;(3) 虚数 i^n 乘以 i 后仍为 i^n.

2.4 其他命题 4 个

(1)两点间线段最短;(2)在直角三角形中,三边长分别为 a,b,c,则 $a^2+b^2=c^2$.(3)原命题与逆否命题同真同假;(4)三角函数中,角的终边旋转一周所得的和角与原角在位置关系上相同.

3 初步分析

3.1 我们根据外角和定理进行设计,原指望学生回答外角和定理,但有近 80% 的同学没有这样回答

为什么会如此出乎意料呢? 我们分析有五点原因:

(1) 最根本的是学生的直觉猜想能力没有进行过有意识的培养,一直处于自发、自流的状态,因而整体上直觉猜想能力不强.

(2) 从小学到中学、再到大学,凡考试基本上都用常规封闭题,因而对此类提供"问题情境",要自己去进行"问题解决"的题目不习惯. 上述列举的 25 个"其他回答",有的连语法都不通,有的是题目的简单复述,有的只感知到信息 1,有的则

为假命题.这一切有明显的考试背景:即不习惯又硬着头皮给一个答案.

(3) 与初中生学"外角和定理"不同,此处没有"教师意图"的任何暗示,完全是学生的独立思考,也没有提前"预习"或临时"翻书"的客观条件,因而"问题情境"比初中生真实得多,从而进行直觉猜想的客观困难也多一些,有 10 人未回答就是一个很好的注解.

(4) 大学生的知识占有量大,题目信息与已知知识之间建立联系、进行"再发现"的渠道较多,这一方面是机会多,另一方面也是干扰. 关于向量或复数的几个命题,初中生是提不出来的,而大学生则由题目中"运动""方向"等叙述联想到向量与复数;又由"四边形"联想到复数加法的"四边形法则";还由"四次拐弯"联想到 i^4. 我们看到提出命题 2.4(3) 的学生,在答卷上画了个图(图 2),四个命题对应着四边形的四个顶点 A,B,C,D.这些情况说明,学生的认识有个体上的特殊性,学生的错误也有其内在的"合理性".

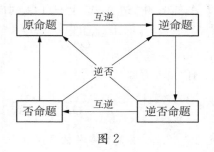

图 2

(5) 对于信息 2,存在着两个明显的认识障碍:其一,分别在 4 个顶点上的旋转角,如何理解它们的和? 其二,在每个顶点上的旋转角,到底是转了个外角还是转了个内角? 前者是 35 人无法与内角和定理或外角和定理挂钩的重要原因,后者是 27 人答内角和定理的基本背景.

3.2 为什么会有这么多的学生答内角和定理

可以说,答内角和定理的同学对题目的 3 条信息都已接收到了,猜想的方向也抓住了,但有两个原因使它们没有选"外角和定理".

(1) 对信息 2,当人在顶点处拐弯时(图 3),是改变了一个外角($\angle EBC$)还是改变了一个内角($\angle ABC$)不清楚. 较为准确的认识应是外角,但对本题来说两者又是等价的,四边形的内角和等于 $360°$,四边形的外角和也等于 $360°$. 作为猜想,两者都有合理成分,有一个学生是这样写的:"如图(图 4),此人从 E 点出发,沿 $ABCD$ 方向走动,在 B,C,D,A 点分别拐了四次后,回到了 AB 线的同方向上,即是走过一个周角后,又回到原矢量方向,也就是说沿任一四边形走一圈就是 $360°$.因此,我们可以提炼出这样一个定理:四边形内角和等于 $360°$. 这个叙述对信息 1、信息 3 的认识都非常清楚,但对信息 2 有点含糊,将最后一句话改为"因此,我们可以提炼出这样一个定理:四边形外角和等于 360°"并无不可(为免歧义,有人建议将题目中的四边形改为五边形).

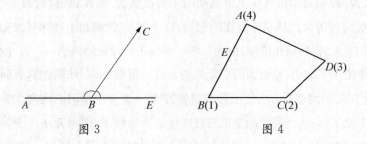

图 3　　　　　　　　　　图 4

(2) 平时出现的四(n)边形都是只画内角,不画外角,学生记忆中,内角的印象强于外角的印象(请对比图 4 与图 1 的区别);并且,初中《几何》课本中的"外角和定理",无论对四边形还是对多边形都只是作为"内角和定理"的推论出现的,因此,学生有一种"先定理、后推论""定理重要、推论次要"的顺序心理. 我们看到,在答"内角和定理"的学生中,有 4 人是先从题目找出的"外角和定理",再由此推出"四边形内角和定理"的. 应该说,这 4 个学生已经看清了"外角和定理",但感到"内角和定理"更重要,因而答"内角和定理". 我们相信,类似的想法不止这 4 个人,只不过是没有在答卷上反映出来而已. 这就说明,学生在进行数学"再发现"时,不仅进行内容的抽象与概括,而且进行价值的权衡与选择.

4　几点启示

这个小测试可以带来很多启示,下面谈谈我们体会较深的三点.

4.1　知识并不能简单地由教师传授给学生,而只能由每个学生依据自身已有的知识和经验主动地加以建构

我们的意图很明显,由形象思维(主要是想象)提供认识基础,诱发直觉思维(主要是猜想),然后用逻辑思维加以论证(三种思维形式都考查了). 原以为,多数学生都可以由此学到知识、学会发现,作为师范生也学习了"教法设计". 殊不知,只有 19.48% 的人与我们意图完全一致,即使再加上思考方向相同(说"内角和定理")的人数,也才近 55%,还有近 45% 的人或是不理解、或是理解到别的地方去了. 看来"教师传授什么学生就接受什么"的传统认识并不可靠,学生们所领会的信息不都是教师所希望他们领会的,每一个学生都有一个意见赋予的建构过程,都有一个价值权衡的选择过程.

4.2 要了解学生真实的思维活动

对于同一个问题情境,学生竟得出近三十个回答,这是我们事先没有想到的.可以说,我们对学生真实思维活动的了解很肤浅.因而,任何时候,教师都不能以主观的分析去代替学生真实的想法.作个假设,教师用上述题目来创设发现情境,那15人(答外角和定理)中的某两三个提出了发现的猜想——外角和定理,另两三个给出了证明,整堂课的启发式教学进行得很顺利.然而在这表面的繁荣之下,近80%的同学的真实情况被掩盖着,就算一堂课的学习活动这80%的同学都坚持下来了,对其他同学的发现与证明也有所理解了,那也无法改变学习的被动性质与接受的机械性质.美国认知教育心理学家奥苏贝尔说过:"如果我不得不将教育心理学还原为一条原理的话,我将会说,影响学习的最重要因素是学生已经知道了什么,我们应当根据学生原有的知识状况去进行教学."

4.3 教师要发挥积极的导向作用

教师通过设置上述"题目"来学习"外角和定理"本身,就是发挥积极的导向作用的一种表现.但是,实际情况却表明,学生已有的知识和经验未必能提供新认识活动的足够基础,认知障碍是经常存在的;再考虑到学校学习的特定环境,我们说教师的导向作用,还必须继续体现在:学生学习积极性的调动上,教学组织的调控上,解难释疑的启发上……比如,在上面的题目中,还可以继续做如下的工作:

(1)针对有的学生弄不清拐弯处的转角,可提示学生:请显化原有方向与转弯后的方向,这样,图3就出来了,图4就变为图1了.

(2)针对学生不理解4个顶点上的旋转角如何迭加,可以设想四边形的四边长均匀收缩(图5).一方面,各外角保持不变,另一方面,"绕4点旋转"就越来越接近"绕一点旋转"了.

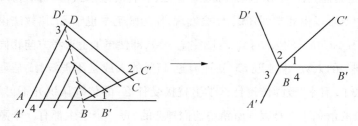

图 5

（3）如果学生的认识顺利,可将四边形改为五边形,六边形,……,n 边形.

（4）对于大学生还可以将 n 边形推广为凸闭曲线,则方向改变量之和仍为 $360°$.

需要指出,图 5 所示的做法,渗透了极限的思想,包含着外角和定理的必要因素,可以成为定理发现的独立设计.

第 7 篇　数学思想方法的教学[①]

1　数学思想方法的认识

1.1　数学思想方法是中学数学的一项基础知识

在数学教学中,很早就有这样的认识:学习数学不仅要学习它的知识内容,而且要学习它的精神、思想和方法.掌握基本数学思想方法能使数学更易于理解与记忆,领会数学思想方法是通向迁移大道的"光明之路".但在"文革"之前,数学教学的实践,更注重数学事实的教学,1980 年出版的《中学数学教材教法(总论)》(P. 16)在指出"一些基本的数学思想和数学方法"也是"基本知识"时,批评说:"中学数学内容中的这些基本方法历来没有受到足够的重视,甚至连基本的总结也做得很不够……""文革"之后、拨乱反正的中国数学教育界,不断有人提倡数学思想的教学、数学观点的教学、数学方法的教学.

1992 年 6 月,由中华人民共和国国家教育委员会制定的《九年义务教育全日制初级中学数学教学大纲(试用)》第一版,在教学目的中规定:"初中数学的基础知识是初中代数、几何中的概念、法则、性质、公式、公理、定理以及由其内容所反映出来的数学思想和方法."这是第一次以文件的方式,把数学思想方法纳入数学基础知识的教学范围.1996 年 5 月第 1 版的《全日制普通高级中学数学教学大纲(供试验用)》,沿用了同样的提法.后来的高考《考试说明》也明确要求:"有效地检测考生对中学数学知识中所蕴涵的数学思想和方法的掌握程度."可见,20 世纪 90 年代,中国的数学教育已经形成重视"数学思想方法教学"的共识.新世纪的课程改革继承了这一传统.2001 年 7 月颁布的《全日制义务教育数学课程标准(实验稿)》,在课程目标的开头就明确要求:"获得适应未来社

[①]　本文原载《中学教研(数学)》2004(7):28 – 33(署名:罗增儒).

会生活和进一步发展所必需的重要数学知识(包括数学事实、数学活动的经验)以及基本的数学思想方法和必要的应用技能."2003 年 4 月颁布的《普通高中数学课程标准(实验)》中,也把体会数学基础知识和数学基本技能"所蕴涵的数学思想和方法"作为第 1 条课程目标的内容.

把数学思想方法纳入基础知识的教学范围,体现了我国"双基"教学的与时俱进,体现了数学教学从初级水平向高级水平迈进,必将对素质教育的贯彻和数学素质的提高产生积极的影响.

1.2　数学思想方法的内涵

数学思想方法是对数学知识内容及其所使用的方法的本质认识,它蕴涵于具体的内容与方法之中,又经过了提炼与概括,成为理性认识.它直接支配数学教学的实践活动,数学概念的掌握、数学理论的建立、解题方法的运用、具体问题的解决,无一不是数学思想方法的体现和应用.

在中学教学阶段,往往不对"数学思想方法"与"数学思想""数学方法"作严格的理论区分,思想是其相应内容方法的精神实质,方法则是实现有关思想的策略方式(有数学方法是数学思想的程序化之说).同一个数学成就,当人们用于解决问题时,称之为方法;当人们评价其在数学体系中的价值和意义时,又称之为思想;当人们用这种思想去观察和思考问题时,则又成为观点.例如"极限",用它去求导数、求积分、解方程时,人们就说极限方法;当人们讨论其自身价值,即将变化过程趋势用数值加以表示,使无限向有限转化时,人们就说极限思想.为了表达这两重意思,于是称为"极限思想方法".一般说来,当用"数学思想"这个词时,更多的是从知识内容的角度上说的,它体现为数学的理论;当用"数学方法"这个词时,更多的是从实施策略的角度上说的,它联系着数学的行为.

从中学数学教材的结构和数学学习的一般过程上看,中学数学中,除了包含观察、实验、比较、分析、归纳、类比等一般科学方法外,还包含有符号化、公理化、模型化、结构化、化归、数形结合等数学特有的思想方法(第一层次),包含分布在各数学分支中具体的数学思想方法(第二层次),如集合与对应的思想方法、函数与方程的思想方法、抽样统计的思想方法、变换群划分几何学的思想方法、极限思想方法、逐次逼近的思想方法等.在这些具体的数学思想方法下面还涵盖具体进行解题的方法(第三层次).包括:① 适应面较广的求解方法,如消元法、换元法、降次法、待定系数法、反证法、同一法、数学归纳法（及递推法）、坐标法、三角法、数形结合法、构造法、配方法等；② 适应面较窄的求解技巧，如因式分解法以及因式分解中的"裂项法"，函数作图中的"描点法"以及三角函数作图中的"五点法"，几何证明中的"截长补短"法、"补形法"，数列求和中的"拆项相消法"等.

2　中学数学中的基本数学思想方法

中学数学中到底体现了哪些数学思想方法？认识是不一致的，但认为比较基本、比较重要的数学思想方法通常都包括如下 6 个.

（1）用字母表示数的思想方法

这是发展符号意识，进行量化刻画的基础，也是从常量研究过渡到变量研究的基础. 从"用字母表示数"到用字母表示未知元、表示待定系数、表示函数 $y=f(x)$、表示字母变换等，是一整套的代数方法. 代数思维的突出特征（凝聚）——从过程到对象，离不开用字母表示数的思想方法. 具体解题中引进辅助元法、待定系数法、换元法等都体现了"用字母表示数"的作用.

（2）集合与对应的思想方法

集合论是现代数学的基础，它为数学的公理化、结构化、形式化、统一化提供了语言基础与组织方式. 中学数学中，集合是一种基本数学语言和一种基本数学工具，数学名词的描述（包括内涵、外延的表示），数学关系的表达，都已经或都可以借助集合而获得清晰、准确和一致的刻画. 比如用集合表示数系或代数式，用集合表示空间的线面及其关系，用集合表示平面轨迹及其关系，用集合表示方程（组）或不等式（组）的解，用集合表示排列组合并进行组合计数，用集合表示基本逻辑关系与推理格式等. 具体解题中的分类讨论法、容斥原理都与集合的分拆或交并运算有关.

集合之间的对应，则为研究相依关系、运动变化提供了工具，使得人们能方便地由一种状态确定地刻画另一种状态，由研究状态过渡到研究变化过程. 数轴与坐标系的建立、函数概念的描述、RMI 原理的精神实质等，都体现着集合之间的对应. 具体解题中的抽屉原理无非是说，两个有限集合之间如果元素不相等，就不能构成一一对应，必然存在一对多或多对一.

可以认为，用字母表示数的思想方法、集合与对应的思想方法是中学数学的两大基石. 函数与方程的思想方法则是这两大基石的衍生.

（3）函数与方程的思想方法

方程是初中数学的一项主体内容，并在高中数学中延续；函数从初中就开始研究，并成为高中数学的主体内容（基本初等函数）. 可以说，函数与方程是中学数学中最重要的组成部分.

方程 $f(x)=g(x)$，可以表示两个不同事物具有相同的数量关系，也可以表示同一事物具有不同的表达方式. 方程的本质是含有未知量等式 $f(x)=g(x)$ 所提出的问题，在这个问题中，x 依等式而取值，问题依 x 的取值而决定是否成为等式. 解方程就是确定取值 a，使其代入 x 的位置时能使等式 $f(a)=g(a)$ 为真. 这里有两个最基本的矛盾统一关系：其一是 $f(x)$，$g(x)$ 间形式与内容的矛盾统一，其二是 x 客观上已知与主观上未知的矛盾统一. 从这一意义上说，解方程就是改变 $f(x)$，$g(x)$ 间形式的差异以取得内容上的统一，并使 x 从主观上的未知转化为已知.

运用方程观点可以解决大量的应用问题（建模）、求值问题、曲线方程的确定及其位置关系的讨论等问题. 函数的许多性质也可以通过方程来研究.

函数概念是客观事物运动变化和相依关系在数学上的反映，本质上是集合间的对应（一种特殊的对应）. 它是中学数学从常量到变量的一个认识上的飞跃. 教材中关于式、方程、不等式、排列组合、数列等重要内容都可以通过函数来表达、沟通与研究. 具体解题中的构造函数法是构造法的重要内容.

理解并掌握函数与方程的思想方法是学好中学数学的一个关键.

（4）数形结合的思想方法

数学是研究空间形式和数量关系的一门科学，数与形是中学数学中被研究得最多的两个侧面. 数形结合是一种极富数学特点的信息转换，它把代数方法与几何方法中的精华都集中了起来，既发挥代数方法的一般性、解题过程的程序化、机械化优势，又发挥几何方法的形象直观特征，形成一柄双刃的解题利剑. 数轴和坐标系、函数及其图像、曲线及其方程、复数及其复平面、向量，以及坐标法、三角法、构造图形法等都是数形结合的辉煌成果.

具体解题中的数形结合，是指对问题既进行几何直观的呈现，又进行代数抽象的揭示，两方面相辅相成，而不是简单地代数问题用几何方法、或几何问题用代数方法，这两方面都只是单流向的信息沟通，唯有双流向的信息沟通才是完整的数形结合.

（5）数学模型的思想方法

数学这个领域已被称作模式的科学（Science of pattern），数学所揭示的是人们从自然界和数学本身的抽象世界中所观察到的数学结构. 各种数学概念和各个数学命题都具有超越特殊对象的普遍意义，它们都是一种模式. 并且数学的问题和方法也是一种模式，数学思维方法就是一些思维模式. 如果把数学理解为由概念、命题、问题和方法等多种成分组成的复合体，那么，掌握模式的思想就有助于领悟数学的本质. 在中学数学教学中，常称"模式"为"数学模型"，它不同于具体的模型.

欧拉将"哥尼斯堡七桥问题"抽象为"一笔画"的讨论，清晰地展示了数学模型思想方法的应用过程：

① 选择有意义的实际问题；

② 把实际问题"构建"成数学模型（建模）；

③ 寻找适当的数学工具解决问题；

④ 把数学上的结论拿到实际中去应用、检验.

其中，"建模"是这种方法的关键. 在具体解题中，构造"数学模型"的途径是非常宽广的，可以构造函数、构造方程、构造恒等式、构造图形、构造算法等.

（6）转换化归的思想方法

由于数学结论呈现的公理化结构，使得数学上任何一个正确的结论都可以按照需要与可能而成为推断其他结论的依据，于是任何一个待解决的问题只需通过某种转化过程，归结到一类已经解决或比较容易解决的问题，即可获得原问题的解决，这是一种极具数学特征的思想方法. 它表现为由未知转化为已知、由复杂转化为简单、由困难转化为容易、由陌生转化为熟悉.

模式识别、分类讨论、消元、降次等策略或方法，都明显体现了将所面临的问题化归为已解决问题的想法；RMI 原理则是化归思想的理论提炼；各种解题策略的运用（分合并用、进退互化、动静转换、数形结合等），都强调了通过"对立面"（简与繁、进与退、数与形、生与熟、正与反、倒与顺、分与合、美与真）的综合与相互转化来达到解决问题的目的.

3　进行数学思想方法教学的建议

把数学思想方法纳入基础知识的范围之后，如何按照数学本身发现、发明的规律，在学习数学事实的过程中，学会"数学地思维"，是一个颇具挑战性的课题,有大量的理论和实践问题需要研究.但首先是在思想认识上要高度重视,在此基础上,下面提几点初步的建议.

3.1 在钻研教材时,要充分挖掘数学思想方法

数学事实蕴涵着数学思想方法,数学思想方法产生新的数学事实,二者相辅相成,密不可分.但数学事实是显性的,数学思想方法是隐性的.除非教师自觉进行提炼和显化,否则学生的自发领悟是困难的.这要求教师首先对教材中蕴涵的数学思想方法有明晰的认识,弄清每一章节的数学事实各体现了哪些数学思想方法、体现到什么程度,在具体教学中应该渗透还是介绍、抑或突出;弄清每一数学思想方法体现在哪些章节、体现到什么程度,在具体教学中如何螺旋提升.在此基础上,最好能编制出一张表,并分阶段提出逐步提高的要求.

数学事实 数学思想方法	章节 A	章节 B	章节 C	章节 D	……
用字母表示数	突出				
集合与对应		介绍			
函数与方程		渗透	介绍	突出	
……					

这是一个很艰巨的工作,认识也很难一致,但这没有关系,要害是有个方向,心中有数.(后记:广东省佛山市南海区教研员董磊组织他的团队进行了八年研究,基本弄清了初中教材中的数学思想方法,参见《初中数学思想方法教学目标管理系统的构建与思考》,现代出版社,2020)

3.2 在课堂教学中,要有意识显化数学思想方法

在课堂中重视显性知识的教学是一个传统,但数学思想方法是隐性的深层知识,需要教师作有意识的启发,基本途径是在教学中自觉暴露数学事实的思维过程.如数学概念的形成过程、数学定理的发现过程、数学结论的探究过程、特别不能忘了在知识总结阶段的反思,不能忘了反思中对思想方法的概括和提炼.

这就要求教师把教学纳入到学术活动的轨道,进行教材中数学思想方法的提炼,进行情境的数学思想方法设计,进行难点的数学思想方法突破(教学难点往往是数学思想方法迅速丰富、大步跳跃的地方),进行解题的数学思想方法指

导,进行总结的数学思想方法反思.这些都是创造性的劳动.

3.3　在解题教学中,要自觉应用数学思想方法

每一道数学题都有一定的数学内容,它们都是一定的数学思想方法的具体形式,寻求已知与未知之间的联系——解题,表面上是具体数学形式的连续转化、逻辑沟通,但在过程探索、方法选择和思路发现的背后,在进行每一步简化、转化、分解与化归之前,都有数学思维方向的调控,实质上是对题目中所蕴涵的数学思想方法的不断显化与横向沟通.由于同一数学形式可以用不同的数学思想方法来解释,因而产生不同原理的"一题多解";同样,同一数学思想方法可以有不同的表现形式,因而产生不同题目的"一解多题".又由于对数学思想方法有理解深浅上的差异和沟通宽窄上的不同,因而既产生解题上的清醒与盲目、简捷与麻烦,又导致解题中的会不会推广与能不能引申.所谓"用数学思想方法指导解题",就是要揭示题目内容与求解方法中所蕴涵的数学思想方法,自觉从数学思想方法的高度去理解题意、去寻找思路、去分析解题过程、去扩大解题成果,使得解题的过程既是运用数学思想方法的过程,又是领悟和提炼数学思想方法的过程.

下面是在解题教学中,体现数学思想方法的一个例子.

例 1　由图 1 可见,若抛物线 $y = x^2 + px + q$ 上有一点 $M(x_0, y_0)$ 位于 x 轴下方,则抛物线与 x 轴必有两个不同的交点,记为 $A(x_1, 0)$, $B(x_2, 0)$,且 x_0 在 x_1 与 x_2 之间.请给出严格的代数证明.

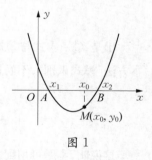

图 1

讲解　这个问题在直观上非常明显,并且在中学里常作为已知结论去处理综合性问题.现在的问题是要把直观上看到的事实,用严格的数学语言表达出来,从而问题情境本身体现着数形结合的数学思想,并且有连续函数介值定理的深刻背景.

从结论入手(分析法),抛物线与 x 轴有两个不同的交点(形象信息)等价于二次方程(符号信息)

$$x^2 + px + q = 0 \qquad\qquad ①$$

有两个不等的实数根(这既是形与数的沟通,又是函数与方程的转化),这又等

价于方程的判别式大于 0,即

$$p^2 - 4q > 0. \qquad\qquad ②$$

再看条件,点 $M(x_0, y_0)$ 在 x 轴下方(形象信息)等价于(符号信息)

$$\begin{cases} y_0 = x_0^2 + px_0 + q, & ③ \\ y_0 < 0. & ④ \end{cases}$$

问题转化为:已知③、④,求证②,这已经是纯粹的代数问题了(由形到数的表征).为了沟通已知与求证的联系,既可以从几何上思考,又可以从代数上思考.此处先选择几何思考,随后有代数思考.

首先想到②式与抛物线顶点坐标 $\left(-\dfrac{p}{2}, \dfrac{4q - p^2}{4} \right)$ 有联系,其次由图形看到抛物线顶点不会比 M 点高(形象信息),转化为代数表达(由形到数,沟通②式与④式的联系),有

$$\frac{4q - p^2}{4} \leqslant y_0,$$

可以得到

$$p^2 - 4q \geqslant -4y_0 > 0. \qquad\qquad ⑤$$

于是,③、④式与②式的沟通,转化为证明⑤式.这时回忆不等式证明的基本方法(模式识别),不妨选用作差法试算,有

$$p^2 - 4q + 4y_0 = p^2 - 4q + 4(x_0^2 + px_0 + q) \qquad ⑥$$
$$= (2x_0 + p)^2 \geqslant 0.$$

这说明,本题可用配方法来证明⑤式,证明的过程只不过是⑥式的书写,形式是不唯一的.

证明 1 由 $M(x_0, y_0)$ 在抛物线上,有

$$y_0 = x_0^2 + px_0 + q.$$

两边乘以 4 后配方,有

$$4y_0 = 4x_0^2 + 4px_0 + 4q = (2x_0 + p)^2 - (p^2 - 4q)$$
$$\geqslant -(p^2 - 4q),$$

即

$$p^2 - 4q \geqslant -4y_0 > 0. \qquad ⑦$$

这表明，二次方程 $x^2 + px + q = 0$ 的判别式大于 0，从而有两个不相等的实根，记为 x_1，x_2，则已知抛物线与 x 轴交于两点 $A(x_1, 0)$，$B(x_2, 0)$.

这时，抛物线的表达式可以写成

$$y = (x - x_1)(x - x_2),$$

把点 $M(x_0, y_0)$ 代入，得

$$(x_0 - x_1)(x_0 - x_2) = y_0 < 0, \qquad ⑧$$

这说明 x_0 在 x_1 与 x_2 之间.

证明 2　由已知有

$$\begin{aligned}
p^2 - 4q &= p^2 - 4q + 4y_0 - 4y_0 \\
&= p^2 - 4q + 4(x_0^2 + px_0 + q) - 4y_0 (由 ③) \\
&= (2x_0 + p)^2 - 4y_0 \\
&\geqslant -4y_0 > 0. (由 ④)
\end{aligned}$$

以下略(同证明 1).

这个干净利落的书写，如果没有此前数形结合的分析做背景(特别是⑥式)，很容易误解为"加、减 $4y_0$"的雕虫小技在发挥关键作用，同时(更重要的)，也错过了一次进行数学思想方法教育的机会. 其实，方法是为思想服务的，行动是受思想指导的，加减项的技巧只不过是实现思想的一种方式("一题多解"本身已表明实现的方式不唯一).

证明 3　由已知有

$$\begin{aligned}
y &= x^2 + px + q \\
&= x^2 + px + (y_0 - x_0^2 - px_0) \\
&= (x - x_0)^2 + (2x_0 + p)(x - x_0) + y_0.
\end{aligned}$$

令 $t = x - x_0$，得

$$y = t^2 + (2x_0 + p)t + y_0. \qquad ⑨$$

因为 $y_0 < 0$, 故其判别式

$$(2x_0 + p)^2 - 4y_0 \geqslant -4y_0 > 0,$$

得抛物线⑨与横轴有两个交点,记为 $(t_1, 0)$, $(t_2, 0)$,从而

$$x_1 = x_0 + t_1,$$
$$x_2 = x_0 + t_2,$$

是二次方程

$$x^2 + px + q = 0$$

的两个根.

且由⑨知

$$t_1 t_2 = y_0 < 0$$
$$\Leftrightarrow (x_1 - x_0)(x_2 - x_0) = y_0 < 0,$$

得 x_0 在 x_1 与 x_2 之间.

所以,已知抛物线与 x 轴有两个不同的交点 $A(x_1, 0)$, $B(x_2, 0)$,且 x_0 在 x_1 与 x_2 之间.

在这个解法中,又调动了换元法(设 $t = x - x_0$,代入抛物线表达式便可得出⑨式),其几何意义是坐标变换(由数到形),而思想方法上则体现了用字母表示数或对应.

回顾上面的证明可以看到(反思),题目中的两个结论分别采用了两个不同的途径:判别式⑦和二次函数的零点式⑧,并且两者好像有明显的顺序关系,当中的判别式似乎也不可或缺. 其实,

$$ax^2 + bx + c = 0 \Leftrightarrow b^2 - 4ac = (2ax + b)^2,$$

在实数范围内,判别式非负只不过是实数的平方非负,因而,使用判别式只是实现解题目标的一个途径,在⑧式中已隐含着 x_1, x_2 为实数的因素,否则就会与实数的平方非负矛盾. 请看:

证明 4 设 x_1, x_2 是二次方程

$$x^2 + px + q = 0$$

的两个根（尚未断言为实根），有分解式

$$y = (x - x_1)(x - x_2),$$ ⑩

把 $M(x_0, y_0)$ 代入，有

$$(x_0 - x_1)(x_0 - x_2) = y_0 < 0.$$ ⑪

若 x_1，x_2 不为实数（反证法），则必为共轭复数，设为

$$x_1 = a + bi, \ x_2 = a - bi, \ (a, b \in \mathbf{R}, b \neq 0)$$

代入⑪，得

$$(x_0 - a)^2 + b^2 < 0.$$

这与实数的平方为非负数矛盾，故 x_1，x_2 为实数，且由⑪知 $x_1 \neq x_2$，x_0 在 x_1 与 x_2 之间.

故抛物线与 x 轴相交于两点 $A(x_1, 0)$，$B(x_2, 0)$，且 x_0 在 x_1 与 x_2 之间.

这个例子的处理过程，渗透了数形结合的思想方法，进行了函数与方程的知识转换，自然涉及用字母表示数及转换化归等思想方法，调动了分析法、综合法、配方法、换元法、反证法……融思想、知识、方法于一体，其价值超过获得结论本身.

参考文献

［1］罗增儒. 数学观点的数学[J]. 中学数学教学参考,1986(1).

［2］蔡上鹤. 数学思想和数学方法[J]. 中学数学,1997(9).

［3］沈文选. 进行数学思想方法教学应注意的问题[J]. 中学数学,2000(4).

［4］孙朝仁,臧雷."数学思想方法研究"综述[J]. 中学数学教学参考,2002(10).

［5］刘坤,李建华. 数学教学应把学科分支的基本思想提到教与学的指导地位——以平面解析几何教学为例[J]. 数学通报,2003(1).

［6］蒋世信. 浅谈如何进行数学思想方法的教学[J]. 数学通报,2003(9).

［7］孙光成. 方程思想的理论依据及其应用[J]. 数学教学通讯,2000(2).

［8］张奠宙,过伯祥. 数学方法论稿[M]. 上海：上海教育出版社,1996.

［9］钱佩玲,邵光华. 数学思想方法与中学数学[M]. 北京：北京师范大学出版社,1999.

［10］杨世明,周春荔,徐沥泉,王光明,郭璋. MM教育方式：理论与实践[M]. 香港：香港新闻出版社,2002.

第8篇 关于情境导入的案例与认识[①]

现实生活里既有数学的原型、又有数学的应用,在数学教学中联系学生的生活经验创设现实情境,一方面体现了生活的教育意义,另一方面又赋予教育以生活意义,使生活世界、数学世界、教学世界得以融通,确实能从诸多方面提供教学发展的机会. 比如,情境导入让学生有机会感悟数学本质:看到数学起源于现实,看到数学应用于生活,感知数学是对现实世界进行空间形式和数量关系方面的抽象化、形式化刻画. 进而,能从观念层面认识到,数学里有聪明的符号但别以为数学只是聪明人的符号游戏,数学里有智力的想象但别以为数学只是想象者的智力玩具,数学是认识世界、改造世界的有力工具.

又如,创设情境的学习方式基于学生的"数学现实",发展学生的"数学现实",符合学生的认知规律(从直观到严谨、从具体到抽象、从特殊到一般等),既便于建立新旧知识之间非人为的实质性联系,又有利于感受数学知识的形成过程、感受数学发现的拟真过程,经历"数学化",学会"数学地思维".

此外,创设数学情境可以弥补直接传授结论的局限,为数学的学术形态转变为教育形态提供自然的通道,为数学的呈现方式转变为数学的生成方式提供具体的环境,使学生的学习过程有机会成为在教师引导下的"再创造"过程.

值得重视的是,理论上的好处与实践中的落实有一段很长的距离,现实原型与数学模式之间也有许多关系需要明确. 我们想通过案例来作具体的说明.

1 关于情境的案例

1.1 钟面上的时针与分针是否组成角

案例1 下面是一位教师在上人教版七年级上册"角的度量"第一课时的教学片段.

教师首先出示了时钟、棱锥、树叶等几幅图片.

教师:请同学们找出以上图片所含的角.

学生:钟面上的时针与分针,棱锥相交的两条棱,树叶上交错的叶脉等都是角.

[①] 本文原载《数学通报》2009(4):1-6,9(署名:罗增儒).

教师：这些角有什么共同的特征？你能否根据这些特征给角下一个定义？

学生：有公共端点的两条射线组成的图形叫做角.

教师：由线段 OA，OB 组成的图形是角吗？

学生：不是角.

教师：回答正确. 因为 OA，OB 是线段而不是射线，所以由线段 OA，OB 组成的图形不是角.

学生：老师，如果根据角的定义，钟面上的时针与分针，棱锥相交的两条棱，树叶上交错的叶脉那也不是角了？

教师无言以对.（参见文[1]）

在另一个场合，我们还见到有的学生以为，他所拿的小三角板 60°比老师所拿的大三角板 60°小一些.

1.2　汽车在高速路上行驶是平移吗

案例 2　下面是"生活中的平移"公开课的教学片段.（2007 年 10 月 20 日）

（1）教师用投影片出示生活中平移的例子：游乐场的滑梯，天空中的飞机，大海里的轮船，行走的玩具狗等. 启发学生从三个方面（几何图形，运动方向，移动距离）去思考以上几种运动现象有什么共同特点.

（2）学生发表看法，教师归纳它们的共同特点，引导学生说出平移的定义. 接下来，教师用更加规范的语言描述平移.

定义：在平面内，将一个图形沿着一定的方向移动一定的距离，这样的图形运动称作平移.

（3）接下来教师请学生再来看两个生活中平移的例子：传递带上的电视机，手扶电梯上的人，由这两个例子的共同特点得出平移的特征：平移不改变图形的形状和大小.

（4）教师请学生举出生活中平移的现象，学生顺利举出很多例子. 突然，出现一个争论：

一个男学生说，汽车在高速路上行驶是平移.

一个女学生不同意，汽车在高速路上行驶不是平移.

教师问：为什么不是平移？

女学生答：因为汽车跑起来方向不固定，还会拐弯.

教师说：对，平移的物体要沿着一定的方向移动一定的距离，现在汽车的方向不固定,所以不是平移.

(5) 课后议论:飞机在空中飞行、轮船在水面行使,也会拐弯,还有颠簸,为什么飞机、轮船是平移,汽车在高速路上行驶不是平移?

1.3　什么是直线

案例3　在"线段、射线、直线"的公开课上(听课教师有数百人),执教老师希望学生了解"线段、射线、直线的定义",并结合实际"理解直线公理"(经过两点有且只有一条直线).(2006年10月23日)

(1) 部分教学片段.

片段1　让学生直观感受直线.回忆小学时的相关概念,出示了一组图片,如图1的做广播操队列(还有玉米地,高速路,铁轨)等,让学生感受生活中的直线.

图1

片段2　让学生进行"队列活动"(站起来),体验:两点确定一条直线.

活动1:教师让一个学生(甲)先站起来,然后请学生自己确定,凡是能与甲同学共线的就站起来.一开始,你看看我、我看看你,没有人站起来,不一会四面八方有人站起来,最后全班学生都站起来.教师总结:过一点的直线是不唯一的,所以每个同学都可以与甲同学共线.(经过一点有无数条直线)

活动2:教师让两个学生先站起来,然后请学生自己确定,凡是能与这两个同学共线的就站起来.学生很快作出反应,站起来了一斜排同学.教师总结:两点确定一条直线,所以有且只有一斜排学生与这两个同学共线.(经过两点有且只有一条直线)

活动3:教师让三个学生先站起来,然后请学生自己确定,凡是能与这三个同学共线的就站起来.当三个学生共线时,站起来了一斜排同学;当三个学生不共线时,有个别学生站起来(与其中两个同学共线),后来又坐下了,最终没有一个人站起来.教师总结:经过三点可能有一条直线.也可能没有直线.

整堂课学生活动或回答问题不下四五十人次,有的学生站起来参与活动不下六、七次,课堂气氛很热烈.

（2）对"直线"的反馈调查

课后了解,学生很欢迎这堂课,都很高兴.

片段 1 （调查学生）询问学生:"今天这节课你学到了什么?"学生回答:学到了线段、射线、直线.询问学生:"你所理解的直线是什么?"学生不能回答.经追问:"说说直线是什么样的图形?"学生还是答不上来.

片段 2 （调查听课教师）把询问学生的情况向听课教师汇报,特别提出,学生学习了一节课直线但说不出直线是什么."各位老师,你们也听课了,可能还上过这个课题,你们说说直线是什么?"全场肃静,没有一个教师回答.

片段 3 （调查执教老师）转而询问执教教师:"你认为直线是什么?"教师没有正面回答,更多的是介绍教学设计的意图.

（3）反思

情况表明,有三点特别值得反思.

反思 1 知识的封闭性.

首先一个表现是,不知道直线没有定义!

其次一个表现是,不明确直线的一些属性,教学中不能自觉渗透这些属性.如,无穷个点组成的一个连续图形,两端可以无穷延伸,很直很直,等等.

但是,"连续""无穷""很直"等又是需要定义的,因而,这些词语都只是粗糙的解释.从公元前三世纪欧几里得《几何原本》问世以来,数学家曾作过直线定义的许多努力,但都没有成功,因为点、直线、平面是原始概念,不能严格定义它们.描述它们的一个办法是用公理来刻画,本节课中的"直线公理":经过两点有且只有一条直线,正是直线的本质特征.试想,如果"直线"不是很直很直的,那经过两点就可以连出很多很多曲线;同样,如果"直线"不是两端可以无穷延伸的,那经过两点的线段就可以延伸出长短不一的很多很多直线来.教学上也有一些处理技术.比如,本节课中先描述"线段",然后,用线段来描述直线,把直线理解为线段两端无限延伸所形成的图形.

反思 2 情境的局限性.

现实原型与数学模式之间既有联系更有区别,比如图1中的做广播操队列与直线之间可以找到很多不同,列表表示如下:

表1

内容项目	做广播操的队列	直线图形
具体与抽象	有宽度、有高度	没有宽度、没有面积
粗糙与严格	学生之间凹凸不平、高低不齐	直线是"很直"的
一维与三维	三维立体的	一维的
有限与无限	有限个人组成	无限个点组成
连续与间断	间断的	连续的
特殊与一般	一个现实原型	许多现实原型的形式化抽象
实在与形式	生活中存在	生活中不存在
……	……	……

学生虽然在队列"前后对正、左右看齐"的活动中感受过直线的"直",但在这些区别面前,还是需要教师去做"数学化"的提炼工作,把不是数学的"广播操队列"提炼成数学上的"直线图形".没有这个提炼过程,学生获得的可能不是数学、或者是硬塞给他们的数学.

反思3 活动的单一性.

通过站起来,体验"两点确定一条直线"的活动,确实设计得很精彩,但给人的感觉是:更关注"唯一不唯一"的量性收获,缺少为什么"有且只有一条"的质性渗透,本质上是数学化过程不足.所以学生学了"直线公理"不会用"直线"去解释"公理",或不会用"公理"去解释"直线".这个活动还使我们想起"土豆能组成集合吗"的美国案例(参见案例4).

总之,数学教师要有充实的数学知识,数学教学要有数学化的能力.

1.4 土豆能组成集合吗

案例4 20世纪60年代,美国的新数学运动强调应当在中小学甚至幼儿园及早地引入"集合"概念,以下是在这一背景下发生的一个案例.

一个数学家的女儿由幼儿园放学回到了家中,父亲问她今天学到了什么?

女儿高兴地回答道:"我们今天学了'集合'."数学家想:"对于这样一个高度抽象的概念来说,女儿的年龄实在太小了."因此,他关切地问道:"你懂吗?"女儿肯定地回答:"懂! 一点也不难."这样抽象的概念难道会这样容易吗? 听了女儿的回答,作为数学家的父亲还是放心不下,因此,他又追问道:"你们的老师是怎样教的?"女儿说:"女老师先让班上所有的男孩子站起来,然后告诉大家这就是男孩子的集合;其次,她又让所有的女孩子站起来,并说这就是女孩子的集合;接下来,又是白人孩子的集合,黑人孩子的集合,等等. 最后,教师问大家:'是否都懂了?'她得到了肯定的答复."这样的教学法似乎也没有什么问题,因此,父亲就以如下的问题作为最后的检验:"那么,我们能否以世界上所有的匙子或土豆组成一个集合呢?"迟疑了一会儿,女儿最终回答道:"不行! 除非它们都能站起来."(参见文[2])

1.5 四边形外角和定理的微型调查

案例 5 几年前(1999 年 6 月 28 日),我们在《中学数学教学法》课的期末考试中,有意测试大学生的数学直觉猜想能力,同时也检验该教学设计的有效性. 情况表明,我们对学生真实的思维活动了解是很肤浅的.

(1) 调查的设计

① 测试对象:师范院校的本科大学生 77 人.

② 测试题目:有一个四边形 $ABCD$(中学指凸四边形),某人从 AB 内一点出发,沿周界走一圈回到原处,中间作了 4 次拐弯,最后与出发的方向相同,请从这一想象中提炼出一个数学定理,并给出证明.

③ 测试意图:这道题目的设计背景是四边形外角和定理,或者说,以此作为发现四边形外角和定理的"认知基础". 题目主要提供了 3 条信息.

信息 1:如图 2,某人沿四边形 $ABCD$ 的周界走了一圈,回到原处.

这条消息叙述了一个事实,从而反映出四边形的结构特征. 但这一反映是很粗浅的(图形封闭,周长有界……),下面继续对这一事实进行过程与结构的两种描述,其实质是对四边形结构性质进行更深入的刻画.

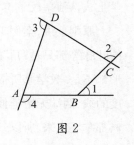

图 2

信息 2:将走一圈的过程分解为在 4 个顶点处作了 4 次拐弯.

提供这一信息的意图是把"走一圈"的结果从数量关系上分解为 4 个外角

之和 $\angle 1 + \angle 2 + \angle 3 + \angle 4$.

信息 3：将走一圈的结果表示为最后的方向与出发的方向相同.

提供这一信息的意图是把"走一圈"的结果从数量关系上表示为转了 $360°$.

既然，信息 2 与信息 3 表示的是同一事实，其两种数量刻画就可以用符号联结起来，得出 $\angle 1 + \angle 2 + \angle 3 + \angle 4 = 360°$.

（2）测试结果

对于不知道外角和定理的初中学生来说，这可能是一个"再发现"的过程，但对于大学生来说，定理已经学过，主要的工作是将问题情境提供的信息加以辨认，然后从记忆储存中检索出相应的命题来，从辨认到检索有一个直觉猜想的过程，由于大学生有较多的已知信息作参照，能力水平也较高，我们预计，绝大多数的学生都能按照我们的意图作出回答. 但结果却很意外，只有 19.48% 的人回答为外角和定理. 回答分为四类，列表如下：

表 2

类别	外角和定理	内角和定理	其他回答	未回答
人数	15 人	27 人	25 人	10 人
百分比	19.48%	35.06%	32.47%	12.99%

25 个"其他回答"中涉及 n 边形、向量、复数等广泛的方面（参见文[3]）.

2 关于情境的认识

上述各案例的一个共同特点是，既不乏创意. 又引发思考，谈八点认识.

2.1 一方面现实情境不是数学，另一方面现实情境是数学概念的原型，是学生认识抽象数学模式的"认知基础"

原则上讲，案例 1 中钟面上的时针与分针、棱锥相交的两条棱、树叶上交错的叶脉等都只是"角"的具体原型，它们都不是数学概念"角"，也不是数学，连图形都不是. 数学家所描述的世界并不是客观实在的世界，没有面积的点、没有宽度的线、两端无穷延伸的直线等，生活世界中从来就没有，谁也没见过、什么时候都拿不出来. 所以，当教师"请同学们找出以上图片所含的角"时，其对"情境"与"数学"的关系至少是简单化了，其对线段与射线的关系也简单化了.

但是，具体现实情境具有抽象数学模式的必要因素和必要形式，是数学概念的原型、故乡和源泉,在数学教学中,这些具体现实情境是学生认识抽象数学模式的"认知基础",它能生动显示相关概念的基本性质,具体呈现相关法则的基本结构.我们在数学教学中要积极创设抽象概念的现实情境,努力提供产生形式化概念的具体原型,尽可能贴近、再贴近学生的"数学现实".

2.2　现实情境应具有数学对象的必要因素和必要形式

戴维斯指出,一个好的"认知基础",应当具有这样的性质:它能自动地指明概念的基本性质或相关的运算法则.

在"乘法交换律"的教学中,有教师这样创设情境:用一个柄特别长的勺子喝水,勺子太长自己喝不到,怎么办? 学生经过讨论找到"交换喝水"的办法:你拿勺子喂我喝,我拿勺子喂你喝,喝水问题圆满解决.这个"活动"固然有趣,办法也很好,但与"乘法"没有关系,亦离开了"数量不变"的交换律本身.交换律的本质是变化中的不变性,学生在这里学到的不是数学或不是"乘法交换律".(参见文[4])

数学并不只是一种有趣的活动,仅仅使数学变得有趣起来并不能保证数学学习一定能够获得成功(数学上的成功还需要艰苦的工作).有效的情境应该起始于精细的数学认知分析,使情境具有数学对象的**必要因素和必要形式**(这是一个创作与创造的过程),只注意情境的形式,缺失了数学及其本质(去数学化),会好心办坏事.

案例1中用"钟面上的时针与分针,棱锥相交的两条棱,树叶上交错的叶脉"等创设"角"的情境,具有角的必要因素和必要形式;案例2用"游乐场的滑梯,天空中的飞机,大海里的轮船"等创设"平移"的情境,具有平移的必要因素和必要形式;案例3中用"做广播操队列、玉米地、高速路、铁轨"等创设"直线"的情境,具有直线的必要因素和必要形式.但创设生活化情境的基本目的是设计数学发现的拟真过程,更重要的工作还在后面的"数学化"提炼.

2.3　从具体情境到抽象数学模式之间有一个"数学化"提炼的艰苦过程

从钟面上的时针与分针等具体现实情境(原型)到抽象数学概念"角"(模式)之间,从天空中的飞机等具体现实情境(原型)到抽象数学概念"平移(模式)之间,从做广播操队列等具体现实情境(原型)到抽象数学概念"直线"(模式)之间,都有一个"数学化"的提炼过程,这个过程可以根据教学要求来决定它的长度与深度,但不能简单化或形式主义过一下.在案例1"角"的教学中,"几幅图片"一出示,马上就是"角",接着就是"角的定义",数学化过程几乎没有,实质上是借学生的"嘴"代替老师的"灌"(机械接受学习).案例 3 中从广播操队列到直线图形之间也缺少必要的渗透与揭示,所以学生学了直线不知道直线.案例 2 能启发学生从三个方面(几何图形,运动方向,移动距离)去思考以上几种运动现象有什么共同特点,是"数学化"的一个努力.

数学化过程需要不同程度地经历辨别、分化、类化、抽象、检验、概括、强化、形式化等步骤.在教学条件下,通常的做法是从大量具体实例出发,从学生实际经验的肯定例证中,以归纳的方法概括出一类事物的本质属性,通常是沿着"具体—半具体、半抽象—抽象"的路线前进.较为关键的是如下五个步骤:

(1)辨别一类事物的不同例子;

(2)找出各例子的共同属性;

(3)从共同属性中抽象出本质属性;

(4)把本质属性与原认知结构中适当的知识联系起来,使新概念与已知的有关概念区别开来;

(5)把新概念的本质属性推广到一切同类事物中去,以明确它的外延.

这个过程很重要,体现了数学学习的一个核心价值——数学化.弗赖登塔尔认为,与其说是学习数学,不如说是学习"数学化".

2.4 别把"共同的特征"误认为"本质属性"

"共同的特征"只是"本质属性"的必要条件."数学化"的过程尤其要注意的是,别把"共同的特征"误认为"本质属性".如果提炼的数学化过程"夹生",非本质属性泛化,那么,"认知基础"会异化为"认知障碍".

案例 4 学"集合"的情境中,"人""站起来""幼儿园里""男女性别""皮肤颜色"等都是组成集合的非本质属性,一次又一次的重复,会强化两个非本质的共同属性:

(1)"站起来"的动作;

(2)组成集合的元素具有"相同属性":或性别相同,或皮肤颜色相同.

当父亲问"能否以世界上所有的匙子或土豆组成一个集合"时,女儿回答"不行!除非它们都能站起来",实质上已把"站起来"当作集合的一个要素了,土豆"不站起来"就不能组成集合吗?这是非本质属性泛化.如果女教师当初让坐着的学生也组成集合,让坐着的学生与站着的学生同时组成集合,就可以避免"站起来"的强化,如果让人与桌子也组成集合,应有助于淡化"组成集合的元素有相同属性"的误解.

数学是去掉具体事物的物理性质、化学性质后的抽象结构或模式.

中国数学教育的一个特色与优势,正是通过"变式教学"来消除"共同而非本质属性"、突出本质属性,使得以讲授法为主体的大班教学依然能进行"有意义"的数学学习(有意义接受学习).

2.5　注意情境的局限性

最好的情境都会有局限性,它不像数学概念那样简洁、纯净和准确.在案例1中,钟面上的时针与分针到底代表线段还是代表射线并不明确,一开始作为角的一个原型时,教师心里认定两针代表射线(所以"请同学们找出以上图片所含的角"),到了讨论"两条线段是否组成角"时,教师又让两针代表线段,造成自己"无言以对".之所以会有前后两个认定,源于情境的模糊性和局限性.

同样,在案例2"平移"的教学中,"汽车在高速路上行驶"所引发的争议,也与情境的局限性有关.比如汽车在环线上行使,微观看是直线运动,宏观看是圆周运动,更宏观一点还是在地球表面上的旋转,情境的这种模糊性,是数学概念所没有的(数学概念的纯净性也同时失去了具体情境的丰富性).

在案例3的教学中,现实情境的有限性难以表达抽象直线的无限性,现实情境的离散性难以表达抽象直线的连续性(参见表1).一条高速路,当着眼于距离时能提炼出线段,当着眼于笔直延伸时能提炼出直线,当着眼于面积时能提炼出矩形,当着眼于用料时能提炼出长方体.生活世界有自身不可克服的局限性,它不可能给我们提供太多的理性承诺,学校教育恰恰应该着眼于社会生活中无法获得、而必须经由学校教育才能获得的经验.

情境的局限性还给我们寻找恰当的情境带来困难,这时我们常常采用经过加工的拟真情境——源于现实而又不拘泥于真实,关键只在于这种情境应具有相关数学知识的必要因素与必要形式,案例5中某人沿四边形周界走一圈,正是半具体、半抽象的"拟真情境".又如,有的教师或资料提问:"白纸对折64次,有多高?"这只能理解为"拟真情境",白纸对折1、2、3、4、5、6次不难,是真实情境,但继续下去,不到10次纸就会折断,对折10次都不可能,对折64次只能是一种想象——数学思维实验.不了解这些情况,万一学生提出"对折64次根本不可能"时,教师难免又会"无言以对".

2.6 用数学去解决实际问题时,可以直接给情境一个数学模型

一方面,在数学化提炼时我们要注意情境还不是数学,要注意情境的代表性,要体现情境的数学化过程. 另一方面,在用数学去解决实际问题时,我们又会直接给情境一个数学模型,如"从 3 时整开始,在 1 分钟的时间内,3 根针中,出现一根针与另外两根针所组成的角相等的情况有＿＿＿次."(见文[5])这时,时钟的针直接就组成角,这与从时钟情境提炼数学模式是两回事.

2.7 情境不要人为复杂化了

案例 5 中的情境是"四边形外角和定理"的一个很好解释,但测试表明,人沿四边形周界走一圈的情境,存在两个难点:(1)弄不清拐弯处的转角是内角还是外角,很多人都认为转的是内角;(2)弄不清 4 个拐弯处的转角如何相加,甚至怀疑,是不是转角互相抵消才使人回到原处. 这些难点使得认识"人沿四边形周界走一圈"比认识"四边形外角和定理"更加困难,因而,用于定理发现时,只有 19.48% 的大学生回答为四边形外角和定理(参见表 2).

这个测试提醒我们,对于情境创设不要想当然. 第一,应该有精细的数学认知分析,到底从"四边形内角和定理"到"四边形外角和定理"学生存在哪些困难? 根据这些困难去创设情境才能有的放矢;第二,应该有可靠的实践检验,到底这个设计是不是比别的设计效果好,这个情境用于定理发现好还是用于定理理解好? 等等,应该用事实说话;第三,测试检验时还要注意,学生有没有从课程安排中获得"下节课就要讲四边形外角和定理"的暗示,学生有没有课前预习或临时翻书,也不要把一部分学生明白当作所有学生都明白.

总之,情境是为内容服务的,创设情境的一个目的是设计数学发现的过程,如果情境本身也很抽象、很深奥,那就不但不能帮助学生建立感性经验与抽象概念之间的联系,反而徒然增加"认知障碍". 课堂上"时间不够""学生启而不发"等现象往往与情境的人为复杂化有关.

2.8 防止形式主义

我们见过这样的案例,为了让学生"发现"三角形两边之和大于第三边,教师让学生分组摆小木棍合作交流了十几分钟. 我们感到这有形式主义与繁琐哲学之嫌. 第一,有学生说,这样的活动小学就做过(初中教学小学化!),结论也是已经知道的(那还煞有介事地发现什么?);第二,学生已经学了"两点之间,线段最短",可以摆脱小学的经验归纳,提供更高认知水平的数学教学——说清道

理,理性思维;第三,用十几分钟的时间也实在太多了.

我们还见过这样的做法,为了培养学生的"数感",要求学生用橡皮刻数字1, 2, 3, ….

有的地方还规定,每一节课都要有情境,导致形式主义泛滥,繁琐哲学流行. 有个教师讲"利息",问春节大家最喜欢什么,想引出"压岁钱"存利息,而学生却说最喜欢放烟花、看节目等,好不容易引出了"压岁钱",有人说拿到1 000多元、有人说拿到10元,这拿到10元的同学感到有刺激,一节课什么都没有听进去. 我们说,形式主义与繁琐哲学的情境实际上是一种"负情境",它既增加教学夹生的风险,又进行了生命的奢侈消费,如同数学上负数比零更小,教学中负情境不会比零情境更好.

以上的粗浅讨论表明,数学教学中的情境创设有许多理论与实际问题需要我们去探索,我们的教学智慧既要走进现实生活又要超越现实生活,既要贴近学生的生活又要丰富学生的生活. 在实施取向上,要用更人性化的态度来学习理性化的数学,要用更实践性的途径来学习理论性的数学,要用更直观性的情境来学习抽象性的数学,要用更艺术性的设计来学习形式化的数学,要用更直觉性的思维来学习逻辑性的数学(参见文[6]).

参考文献

[1]官云春. 由一则教学悖论引发的思考[J]. 中小学数学(教师版),2006(6).

[2]罗增儒. 中学数学课例分析[M]. 西安:陕西师范大学出版社,2001.

[3]罗增儒,李三平. 大学生直觉猜想能力的一次小测试[J]. 数学教育学报,2000(2).

[4]张奠宙. 教育数学是具有教育形态的数学[J]. 数学教育学报,2005(3).

[5]罗增儒. 一道时钟竞赛题的商榷[J]. 中学数学月刊,2007(2).

[6]罗增儒. 教学的故事,数学的挑战——数学教学是数学活动的教学[M]//中国教育学会中学数学教学专业委员会. 全国青年数学教师优秀课说课与讲课大赛精粹. 天津:新蕾出版社,2005.

[7]奕庆芳,朱家生. 数学情境教学研究综述[J]. 数学教学通讯,2006(3).

第9篇 $f(x)=2^{-x}$ 是指数函数吗[①]

$f(x)=2^{-x}$ 是指数函数吗? 这在中学界(包括专家)存在分歧.

第一种观点认为是,它就是指数函数 $f(x)=\left(\dfrac{1}{2}\right)^{x}$,因为它完全符合指数函数的定义:

$$y=a^{x}(a>0,\ a\neq1).$$

第二种观点认为不是,它是 $f(y)=2^{y}$ 与 $y=-x$ 的复合函数. 它与 $f(x)=\left(\dfrac{1}{2}\right)^{x}$ 相等,只表明它们是两个相等的函数.

第三种观点认为不确定,取决于表达式 $f(x)=2^{-x}$ 中的 -1 先与 x 运算还是先与 2 运算,即

$$2^{-x}=\begin{cases}2^{(-x)},\\(2^{-1})^{x},\end{cases}$$

若 $y=2^{(-x)}$ 则是复合函数,若 $y=(2^{-1})^{x}$ 则是指数函数.

分歧的实质是对函数概念的理解,函数是注重外形还是注重对应关系的本质. 我们提供三个看问题的视角,供参考.

(1) 根据函数的定义,当定义域 A、值域 B、对应关系 f 都明确之后,对应关系 f 就唯一确定一个函数. 不能是用列表法表示时为一个函数,用图像法表示时又为另一个函数,再用不同的解析式表示时又得出更多的函数.

认为一个对应关系 f 对确定的"定义域 A、值域 B"会有多个函数,很可能是"代数式注重外形"的负迁移.

(2) 应该认识到,代数式注重外形,函数注重对应关系的本质,两者是不同的. 代数式 $\dfrac{x^{4}+2x^{2}+1}{x^{2}+1}$ 根据外形被称为分式,虽然它等于整式 $x^{2}+1$;而函数 $f(x)=\dfrac{x^{4}+2x^{2}+1}{x^{2}+1}$ 不应称为分式函数,其对应关系是"自变量的平方加1".

[①] 本文原载《中学数学教学》2011(1):12(署名:罗增儒).

同一个对应关系可以有不同的表达方式(列表、图像、多个解析式),只要定义域也相同就是一个函数,而不是"两个函数".

(3) 根据指数函数的定义,只要定义域为全体实数,对应关系能表达为指数形式 $y = a^x (a > 0, a \neq 1)$ 的函数就都叫做指数函数. $f(x) = 2^{-x}$ 可以表示为 $f(x) = \left(\dfrac{1}{2}\right)^x$,当然是指数函数.

所以,我们赞成 $f(x) = 2^{-x}$ 是指数函数.同理可以确定函数 $f(x) = 2\log_2 x$ 是对数函数.

第10篇 数学概念的教学认识[①]

客观事物既有现象又有本质.现象是事物的表层呈现,有易变性;本质是事物的深层结构,有稳定性.人对客观事物的认识也有现象认识和本质认识,概念是人们对事物的本质认识.

任何一门学科都是以基本概念为基础的,数学也不例外,甚至可以说数学尤为突出.因为数学与其他直接研究客观事物的自然科学不同,它需要首先对客观事物从数或形的角度进行本质属性的提炼,使得研究对象的起点就是形式化、符号化的抽象物.比如,数学并不直接研究苹果、梨、篮球等具体事物的物理性质、化学性质,而是先从一个苹果、一个梨、一个篮球等具体事物中提炼出自然数"1"或几何图形"球"来,然后才加以研究,欧拉就是把哥尼斯堡七桥问题提炼为一个图来研究的——转化为"一笔画"(如图1).正确理解数学概念是掌握

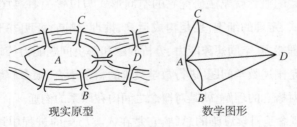

现实原型　　　　　　数学图形

图 1

---

① 本文原载《中学数学教学参考》(中旬·初中)2016(3):2-5,12;2016(4):2-3,9;中国人民大学复印报刊资料《初中数学教与学》2016(8):7-13(署名:罗增儒).

数学基础知识的前提. 李邦河院士说:"数学玩的是概念,而不是纯粹的技巧."[1][2]

那么,什么是数学概念? 如何认识数学概念呢?

1 数学概念

数学概念是人脑对事物本质属性具有数学特征的概括反映,由于数学是研究现实世界数量关系和空间形式的科学,"具有数学特征的概括反映"应该表现在"数量关系和空间形式"上.

1.1 什么是数学概念?

(1) 界定: 数学概念是反映现实世界的数量关系和空间形式的本质属性的思维形式.

(2) 理解: 对于这个界定,可以先做五个方面的初步说明.

① 数学概念是人们对事物本质的认识. 比如"圆"的概念,生活中所见到的:太阳的形状、车轮的外形、铁丝或麻绳围成的圆圈等都只是"圆"的现实原型,连图形都不是(需要提炼出图形);至于封闭曲线、光滑对称、周长(面积)有限等也只是图形的非本质属性(需要提炼出本质属性). 只有"平面上""到定点的距离为定长"才是"圆"的本质属性(定点称为圆心、定长称为半径),据此,就可以判断: 图形是圆或不是圆,点在圆上或不在圆上,并推出圆的相关概念和很多性质.(中国教师创造的"变式教学"是去掉非本质属性的好途径)

② 数学概念是数学思维的最小单位,是组成数学判断和数学推理的基本单元,是进一步认识事物的逻辑基础. 数学中的推理和证明是由命题构成的,而数学中的命题又是由概念构成的,没有"数"的概念就无法进行数的运算与推理,没有"图形"的概念就无法研究它的空间形式与位置关系. 数学概念是建立数学法则、公式、定理的细胞,也是构成运算、推理、判断、证明并形成运算求解能力、逻辑推理能力、空间想象能力、分析问题和解决问题能力等的基本要素和必要准备,还是阐述数学问题、进行数学交流的科学语言. 很多解题的方法和技巧,其实就是对概念的理解,就是对概念之间内在联系的沟通.

③ 数学概念是科学思维的总结,它是在人类历史的进程中逐步形成和不断发展的. 数学概念不仅产生于客观世界中的具体事物,而且也产生于数学的"思维结果". 以概念的来源为标准,可以把数学概念分为两类: 一类是对现实对象或关系直接抽象而成的概念,这类概念有明显的现实原型,如角、三角形、四

边形、棱柱、圆柱、棱锥、圆锥、平行、垂直、全等、相似等；另一类是纯数学抽象物，这类概念不容易找到直接的生活实体，是抽象逻辑思维的产物，如方程、函数以及负数、无理数、零指数幂等，这类概念对建构数学理论非常重要，是数学继续发展、逐级抽象的一个源泉（比如无理数的发现、非欧几何的诞生、集合的构建等）.

④ 数学概念的独立性和系统性. 就概念的引入及其反映属性与现实内容相脱离来看，数学概念具有相对独立性，数学中的多数概念都是在原始概念的基础上形成的，并且还要加以逻辑定义，用语言形式固定下来. 在一个数学分支中，相关概念会形成一个结构严谨的概念体系，并将概念之间的逻辑联系清晰地表达出来. 概念学习的最终结果是形成一个概念系统，学生要理解一个数学概念，就必须围绕这个概念逐步构建一个概念网络，网络的结点越多、通道越丰富，概念理解就越深刻. 据统计，初中教材约涉及 300 个数学概念，记住并理解、掌握这些数学概念，形成思维概念图是学好初中数学的一个关键. 图 2 是"特殊平行四边形"的思维概念图.

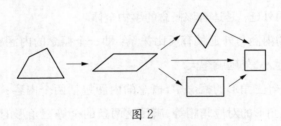

图 2

⑤ 数学概念兼有"过程"与"对象"的二重性. 概念的形成往往要从过程开始，然后转变为对象的认知，最后共存于认知结构中. 在过程阶段，概念表现为一系列固定操作步骤，相对直观，容易模仿，进入对象状态时，概念呈现一种静态结构关系，有利于整体把握，并可转变为被操作的"实体"[3]. 比如 $\sqrt{2}$，一开始是整数 2 进行开方运算、取算术平方根（包含着运算），这是一个"过程"，其结果与整数和分数都不相同（不是有理数）；后来，$\sqrt{2}$ 成为一个与整数、分数都平起平坐的实数，转变为一个确定的"对象"（无理数），也可以与整数、分数一起进行加、减、乘、除、乘方、开方等运算，也可以进行实数的研究，得出实数的性质. 就是说，由包含开方运算并作选择（非负根）的过程，凝聚为一个确定的数学对象.

同样,$\frac{2}{3}$一开始是 2 除以 3 的一个过程,在整数集内与 2、3 都截然不同,但后来$\frac{2}{3}$又是一个确定的对象,与 2、3 同为有理数,又可以进行加、减、乘、除等运算.所以,分数概念具有"过程操作"与"对象结构"的二重性.(但$\frac{\sqrt{2}}{3}$不是分数,因为它是无理数,不是有理数,所以更不是分数)

又如多项式,一开始它定义为有限个单项式的代数和,这包含着运算"过程",其结果与单项式是不同的;后来,它又凝聚为一个确定的数学对象,也可以进行加、减、乘、除等运算,也可以进行相关性质的研究.(再后来,多项式的定义还把单项式也包括进去了)

1.2 数学概念的内涵和外延

一般说来,数学概念都有内涵和外延,明确概念就是从质的方面明确概念的内涵和从量的方面明确概念的外延.

(1) 概念的内涵:是该概念所反映的全体事物的共同属性的总和.

(2) 概念的外延:是适合该概念的事物全体.

(3) 概念的内涵与外延具有反比关系:即一个概念的内涵越大,外延就越小;反之,内涵越小,外延就越大.

比如,在全等三角形的概念中,概念的内涵包括两个内容:两三角形的对应边相等,两三角形的对应角相等,满足这两条的全等三角形的全体构成三角形全等概念的外延;在相似三角形的概念中,概念的内涵也包括两个内容:两三角形的对应边成比例,两三角形的对应角相等,满足这两条的相似三角形的全体构成三角形相似概念的外延.由于"两三角形的对应边相等"时可以推出"两三角形的对应边成比例"(比例系数为 1),反之不然,所以三角形全等的要求更多、概念的内涵较大,其外延就比三角形相似概念的外延小——全等的三角形必定是相似的三角形,但相似的三角形不一定是全等的三角形.

这已经涉及概念之间的关系了.

1.3 数学概念之间的关系

根据概念外延之间的关系可以将数学概念分为相容关系和不相容关系.

(1) 相容关系:是指两个概念的外延至少有一部分重合的关系.相容关系

又可以分为同一关系、从属关系和交叉关系.

① 同一关系. 如果两个概念的外延完全重合,则这两个概念之间的关系是同一关系. 比如,最小的素数与最小的正偶数,文字描述不一样,但外延是相同的,它们是从不同的角度反映同一个对象——自然数 2;同样,"邻边相等的矩形"与"有一个角是直角的菱形"是同一关系,它们是从不同的角度反映同一个对象——正方形. 同一个数学对象的等价描述都具有同一关系,比如,将 a 的绝对值规定为 $|a| = \max\{a, -a\}$(或 $|a| = \sqrt{a^2}$),与熟知的绝对值几何定义、代数定义 $|a| = \begin{cases} a & (a \geqslant 0), \\ -a & (a < 0) \end{cases}$ 是同一关系. (相反,同一个符号可以有不同的含义,比如"-"号,既可以是运算符号——"$2-3$"表示减法,又可以是性质符号——"-3"表示负数,还可以是转换符号——"$-a$"表示 a 的相反数等)

② 从属关系(属种关系). 如果两个概念之间,一个概念的外延被另一个概念的外延完全包含,而且仅仅成为另一个概念外延的一部分,则这两个概念之间的关系是从属关系. 其中外延大的叫属概念,外延小的叫种概念. 比如,等边三角形与等腰三角形的关系、整数与有理数的关系、有理数与实数的关系都是从属关系. 教学中,由属概念到种概念的过程,是概念的限定,体现从一般到特殊,比如函数的学习,是先学函数及其性质,然后才学具体的函数(反比例函数、一次函数、二次函数)及其性质;而由种概念到属概念的过程,是概念的概括,体现从特殊到一般,比如数系的认识,先是正整数、正分数,然后是有理数、无理数,最后是实数、虚数并组成复数,从小学到高中才完成数系的认识.

③ 交叉关系. 如果两个概念的外延有且只有一部分重合,则这两个概念之间的关系是交叉关系. 比如,对于平行四边形来说,矩形与菱形是交叉关系,它们的重合部分是正方形;同样,对于正整数来说,素数与正奇数是交叉关系,它们的重合部分是奇素数.

(2) 不相容关系(全异关系):是指两个概念的外延没有任何重合部分的关系. 不相容关系又可以分为矛盾关系和反对关系.

① 矛盾关系. 对于同一个属概念之下的两个种概念,如果它们的外延完全不同,并且它们的外延之和等于其属概念的外延,则这两个概念之间的关系是矛盾关系. 比如,对于实数来说,有理数与无理数是矛盾关系,它们的外延完全

不同,它们的外延之和等于实数的外延;对于平面上的两条直线来说,相交与平行是矛盾关系,它们的外延完全不同,它们的外延之和组成平面上两条不同直线位置关系的外延.

② 反对关系.对于同一个属概念之下的两个种概念,如果它们的外延完全不同,并且它们的外延之和小于其属概念的外延,则这两个概念之间的关系是反对关系.比如,对于实数来说,正数与负数是反对关系,它们的外延完全不同,但它们的外延之和小于实数的外延,因为还有 0,它既不是正数也不是负数;对于正整数来说,素数与合数是反对关系,它们的外延完全不同,但它们的外延之和小于正整数的外延,因为还有 1,它既不是素数也不是合数;对于四边形来说,梯形与平行四边形是反对关系,但不是矛盾关系,因为在四边形的外延中还有一类"任何一组对边都不平行的四边形";同样,对于平面上的两条直线来说,垂直与平行是反对关系,但不是矛盾关系,因为在平面上的两条不同直线的位置关系中还有一类"相交但不垂直的关系".

2 数学概念的定义

一般说来,数学概念是运用定义来揭示问题的数学本质的,数学定义是一种准确表达数学概念的逻辑方法.

2.1 什么是数学概念的定义?

(1)界定:数学概念的定义是对一个数学概念的内涵或外延所作的确切表述.

(2)理解:对于这个界定,可以做两点说明.

① 概念定义的基本结构.在数学概念的内涵或外延的确切表述中,被定义的概念叫做被定义项,用来明确被定义项的已知概念叫做定义项,两者之间的联结词叫做定义联项(联结词常用"是""叫做""称……为……"等).概念的定义是由定义项(已知概念)、被定义项(未知概念)和定义联项三部分组成的.

比如,圆的直径定义为:直径是通过圆心的弦.在这里,"直径"为需要明确的概念(直径是种概念),叫做被定义项;"通过圆心的弦"为用来明确被定义项的概念(弦是属概念),叫做定义项(它先前已有定义);联结词"是"把两者联结起来,叫做定义联项;"通过圆心"是"直径"区别于其他"弦"的特有属性,称为种差.这是一个很有代表性的定义方法,叫做属加种差定义法.其公式是:被定义项=种差+邻近的属,即把某一概念包含在它的属概念中,并揭示它在同一个属概念下与其他种概念之间的差别.

可见,给概念下定义,就是用已知的数学概念来认识未知的数学概念,从而使未知的数学概念成为已知的数学概念.

② 数形结合地表述数学概念. 在数学概念定义的表述上,有的是用文字来表达的,有的是用符号来表达的,有的是用图形来表达的. 用"抽象符号"和"图形直观"来描述数学概念是数学表达的两种独特方式,抽象符号把学生掌握数学概念的思维过程形式化、简约化、明确化了;图形直观又把数学概念形象化、具体化、数量化了,数形结合地表达数学概念对学生理解和形成数学概念起着关键性的作用,同时也极大地增强了数学的科学性.(把函数的图像与函数的性质并列呈现非常有利于学生的理解)

数学家庞加莱说过这样一个故事:教室里,先生对学生说"圆周是一定点到同一平面上等距离点的轨迹". 学生抄在笔记上,可是谁也不明白圆周是什么. 于是他拿起粉笔在黑板上画了一个圆圈,学生立即欢呼起来:"啊,圆周就是圆圈啊,明白了."[4]

在教师一开始的教学中,只呈现抽象的命题信息,学生可以一字不差地记住,但不理解. 画了一个圆圈之后,就把新知识与学生原有的生活经验(或数学现实)联系起来了,就把命题信息与知觉信息结合在一起,有利于学生形成新的认知结构. 值得注意的是,庞加莱所幽默批评的概念教学至今尚未绝迹.

2.2　数学概念定义的方法

这个问题还没有形成共识,在此仅谈五点个别的情况(或观点),期待大家将现行初中数学教材约 300 个名词概念进行系统总结、准确分类、科学命名,得出具有数学特征的数学概念定义的方法.

(1) 相对流行的观点. 现有的一些书刊,不少都是参照"形式逻辑"里概念定义的方法,再加上数学的例子来说明数学概念定义的方法,不同的人其分类标准是不同的(有的还不是始终如一的),方法的个数和名称存在差异,例子的归属也有区别. 常见的提法有:属加种差定义法、发生定义法、构造定义法、外延定义法、关系定义法、语词定义法、性质定义法、充分必要条件定义法、递推定义法、公理化定义法、否定式定义法、形式定义法等[5]-[8].

(2) "构造定义方式"的观点. 文献[9]认为,数学概念都具有被构造性特征,其定义方式都是构造定义方式. 传统数学概念理论中,所谓关系定义方式、外延定义方式、性质定义方式、充分必要条件定义方式都是错误的定义方式或错误的命名;而属加种差定义方式、公理定义方式、递归定义方式等都是在构造定义的基础上再具体细分的定义方式,即都属于构造定义方式.

(3) 抓关键的观点. 认为最关键的问题是理解概念本身的实质,并应用概念去学习相关知识和解决有关问题. 例如,二次函数的定义给出概念的本质结构:函数 $y = ax^2 + bx + c$(a,b,c 是常数,且 $a \neq 0$)叫做二次函数. 可能有的人叫"形式定义法",有的人叫"构造定义方式",还有的人又叫别的什么法……这不要紧,最关键的恐怕是把握二次函数的实质:最高次数为二次的多项式. 代数式看外形,函数看对应关系的本质,据此,就可以判断:一个函数是二次函数或不是二次函数,并进一步研究二次函数的图像与性质. 只要一个函数能表示为"最高次数为二次的多项式",那它就是二次函数. 比如 $y = \dfrac{x^4 + 2x^2 + 1}{x^2 + 1}$,根据 $\dfrac{x^4 + 2x^2 + 1}{x^2 + 1}$ 的外形可以称为分式,但它等于整式 $x^2 + 1$,因而对自变量的每一个取值 x_0,$\dfrac{x^4 + 2x^2 + 1}{x^2 + 1}$ 与 $x^2 + 1$ 都有唯一确定的值 $y_0 = \dfrac{x_0^4 + 2x_0^2 + 1}{x_0^2 + 1} = x_0^2 + 1$ 与之对应,所以函数 $y = \dfrac{x^4 + 2x^2 + 1}{x^2 + 1}$ 与 $y = x^2 + 1$ 的对应关系完全一样(都是"自变量的平方加 1"),$y = \dfrac{x^4 + 2x^2 + 1}{x^2 + 1}$ 就是二次函数 $y = x^2 + 1$. 其实,同一个对应关系可以有不同的表达方式(列表、图像、多个解析式),只要定义域也相同就是一个函数,而不是"两个函数".

类似地,在定义域 $\{0, 1\}$ 上,函数 $y = x$ 与 $y = x^2$ 只有外形的不同,其对应关系都是 $x = 0$ 时,$y = 0$;$x = 1$ 时,$y = 1$,它们就是一个函数[10].

(4)"有些情况需要我们心中有数"的观点. 理论上,数学概念的定义是要确切表述一个数学概念的内涵或外延,也确实有很多数学概念表述得非常确切,所以,数学以准确、严密而称著. 但现实中,数学也不是万能的,它也会有解决不了的问题(比如,原始概念就无法给出严格的定义),在教学中还会有科学性妥协的时候. 这些,都需要我们"心中有数、区别对待". 应该看到:

① 有的概念只是一种描述. 比如,方程是一个基本概念,被数学大师陈省身先生当作"好数学"的典型. 但是,方程的定义"含有未知数的等式叫做方程"

只不过是一种描述,绝对没有学生因为背不出这句话而学不会"方程"的.张奠宙教授认为,方程的本质是为了求未知数,在已知数和未知数之间建立一种等式关系[11].陈重穆教授说过,作为方程定义中的两个关键名词"未知数"和"等式"都经不起推敲[12];他认为:"方程是实际问题(应用问题)的数学模型,它是从属于等式的一个问题,不是什么真正意义上的数学概念……"[13]所以,他主张修改(甚至废除)方程的正式定义,并力挺"淡化形式,注重实质".正因为方程的定义只是一种描述,所以,一些实际问题常常令我们纠结:

例 1　$x=1$ 中的 x 是未知数吗?[11]-[13]

例 2　$x^2+x=(x+1)(x-1)$ 是不是一元二次方程?

例 3　若 $x^2+x=a(x+1)(x-1)$ 是一元二次方程,求 a 的值?(是不是须先将其化成一般形式,若二次项系数不为零,才能称它为一元二次方程?)

② 有的概念只能逐步深化,因而,同一个问题不同的时期就会有不同的回答.比如:

例 4　多项式包不包含单项式?$xy+2xy$ 是不是多项式?

其实,多项式的定义有一个逐步深化的过程,初中时,是作为几个单项式的和,当然,多项式就不包括单项式.但是代数式看外形,两个单项式 xy, $2xy$ 的和 $xy+2xy$ 还得承认是多项式,尽管它可以合并为单项式.后来,称 $a_nx^n+a_{n-1}x^{n-1}+\cdots+a_1x+a_0$($n$ 为非负整数,$a_n\neq0$)为一元 n 次多项式,当 $a_{n-1}=a_{n-2}=\cdots=a_1=a_0=0$ 时,a_nx^n 也是多项式了.

同样,函数的概念也有一个逐步深化的过程,初中把变量叫做函数,高中则把对应关系叫做函数.对于一元二次方程,初中说判别式小于零时"无解"是指无实数解,后来又说"一元 n 次方程有 n 个根"则是对复数而言的.(方程的"解"与"根"区别在哪里?)

③ 有的概念只是名称的借用.比如,初中直角三角形中的"三角函数"$\sin\alpha$,$\cos\alpha$ 等(其中 α 为锐角).这时的正弦函数 $\sin\alpha$ 是一个比,这个比是角 α 终边上任意一点的纵坐标 y 与这一点到原点的距离 r 的比值,这个比值随角 α 的确定而确定,与点在角 α 的终边上的位置无关(这可用相似三角形来说明),由于 y 的绝对值不大于 r,所以这个比值的绝对值不超过 1.

显然,这样的"正弦函数 $\sin\alpha$"不适合函数的定义,因为这里的 α 是锐角、不是实数,到了高中引进弧度制、把角对应为实数之后,才有"三角函数"的正式定义,此前的 $\sin\alpha$,$\cos\alpha$ 等只是"三角函数"名称的借用,同时,也是"三角函数"的一个几何原型.

(5) 对于原始概念的处理办法. 如集合、对应、点、线、面等原始概念,数学上无法给出严格的定义,教材中常常是通过直观描述或公理来领悟原始概念的属性. 比如直线的本质特征有:无穷个点组成的一个连续图形,两端可以无穷延伸,很直很直等,但什么叫"很直"呢? 不能严格定义,描述它们的一个办法是用公理来刻画,"直线公理":经过两点有且只有一条直线(两点确定一条直线),正是直线本质特征的一个刻画. 试想,如果"直线"不是很直很直的,那么经过两点就可以连出很多很多曲线;同样,如果"直线"不是两端可以无穷延伸的,那么经过两点的线段就可以延伸出长短不一的很多很多直线来. 所以,"经过两点有且只有一条直线"表明:直线是由无穷个点组成的一个连续图形,两端可以无穷延伸,很直很直.

3 概念教学的必要提示

一般地,数学概念的教学有两种基本方式:概念形成与概念同化. 在这个过程中,文献[3]已经指出了概念教学的七条策略:直观化,通过正例和反例深化概念理解,利用对比明晰概念,运用变式完善概念认识,概念精致,注意概念的多元表征,将概念算法化. 对此,我们再强调三点:概念教学要同时抓引进的"情境化"和提炼的"去情境化",要抓概念的四要素,要抓概念的本质思想.

3.1 概念教学要同时抓引进的"情境化"和提炼的"去情境化"

(1) 引进的"情境化"

现实生活中虽然没有我们所说的数学本身,但既有丰富的数学素材、又有广泛的数学应用,在数学教学中联系学生的生活经验创设现实情境,一方面体现了生活的教育意义,另一方面又赋予教育以生活意义,使生活世界、数学世界、教学世界得以融通,确实能从诸多方面提供教学发展的机会.[14]

① 情境导入让学生有机会从本质上感悟数学:情境导入能让学生看到数学起源于现实,看到数学应用于生活,感知数学是对现实世界进行空间形式和数量关系方面的抽象化、形式化刻画. 进而,能从观念层面认识到,数学里有聪明的符号但别以为数学只是聪明人的符号游戏,数学里有智力的想象但别以为数学只是想象者的智力玩具,数学是认识世界、改造世界的有力工具.

② 创设情境的学习方式符合学生的认知规律. 创设情境的学习方式基于

学生的"数学现实",发展学生的"数学现实",符合学生"从直观到严谨、从具体到抽象、从特殊到一般"等的认知规律,既便于建立新旧知识之间非人为的实质性的联系,又有利于感受数学知识的形成过程,感受数学发现的拟真过程,经历"数学化",学会"数学地思维".

③ 创设数学情境可以弥补直接传授结论的局限.为数学的学术形态转变为教育形态提供自然的通道,为数学的呈现方式转变为数学的生成方式提供具体的环境,使学生的学习过程有机会成为在教师引导下的"再创造"过程.

（2）提炼的"去情境化"

由于数学是去掉具体事物的物理性质、化学性质后的抽象结构或模式,而模式化的一个重要特征,就是"去情境化、去时间化和去个性化",这意味着与现实原型存在一定程度的分离.最早研究"生活世界"的现象学大师胡塞尔都认为:"在这个世界中我们看不到几何的理念存在,看不到几何的空间、数学的时间以及它们的一切形状."如果这段话并不表明"生活中没有纯粹或严格意义上的数学"的话,那也至少表明数学世界与生活世界是多么不同.[4]

一条高速路,当着眼于距离时能提炼出线段,当着眼于笔直延伸时能提炼出直线,当着眼于面积时能提炼出矩形,当着眼于用料时,能提炼出长方体,当着眼于两边缘笔直延伸时还能提炼出平行线.生活世界有自身不可克服的局限性,它不可能给我们提供太多的理性承诺,学校教育恰恰应该着眼于社会生活中无法获得、而必须经由学校教育才能获得的经验.

"去情境化"就是"数学化"的提炼.在教学条件下,概念的数学化提炼通常有四个步骤:感性认识阶段,分化本质属性阶段,概括形成定义阶段,应用强化阶段.这要求现实情境具有数学对象的必要因素和必要形式,使得一提炼就是我们所需要的数学概念,回到现实,情境就是数学概念的一个原型.

缺乏概念的直观是空虚的,缺乏直观的概念是晦涩的.没有过程的结论会是空洞而生硬的,没有结论的过程会是盲目而肤浅的.我们应该把引进的"情境化"与提炼的"去情境化"结合起来.

3.2　概念教学要抓概念的四要素

学习一个数学概念,需要记住它的名称,叙述定义的内容,掌握它的本质属性,体会它所涉及的范围,并应用概念进行准确的判断、科学的推理.简单说就是要从"名称、定义、属性、范例"四个要素上掌握概念.比如:

(1) 整式的四要素

① 名称：整式.

② 定义：单项式和多项式统称为整式.

③ 属性：数字或字母可以包含加、减、乘、除、乘方五种运算,但除数不能含有字母.

④ 示例：-1, 0.5, $2a$, $4a-3xy$, ax^2+bx+c (a, b, c 为常数)等.

(2) 二次根式的四要素

① 名称：二次根式.

② 定义：式子 $\sqrt{a}$ ($a \geqslant 0$) 叫做二次根式, a 叫做被开方数.

③ 属性：(双重非负性)被开方数 $a \geqslant 0$ 为非负数,开方的结果 $\sqrt{a} \geqslant 0$ 为非负数.

④ 示例：$\sqrt{2}$, $\sqrt{4}$, $\sqrt{8}$, $\sqrt{0}$, $\sqrt{x-5}$, $\sqrt{3x-4}$ 等.

有的概念是有符号的,第一次出现时还需要阐明它的含义、写法和读法,防止出现诸如此类的错误: $\dfrac{\sin x}{n} = six = 6$ (正弦符号 $\sin x$ 是一个整体,不是 4 个字母组成的单项式), $|-3| = 1-31 = -30$ (绝对值符号是垂直位置上的两条平行细线,比数字略长).

3.3 概念教学要突出概念的本质思想

学习数学概念,要理解概念所定义的数学对象,要洞察概念的数学化过程,要领悟概念所隐含的本质思想,要运用概念去研究数学对象要素之间的关系和概念之间的关系. 比如:

(1) 数轴的认识. 初一数轴概念的本质是建立有理数(无穷数集)与直线(无穷点集)两个无穷集合的对应,学生在数轴学习中,根据有理数的结构(负有理数、0,正有理数),首先改造直线(主要是加上三要素：原点、单位和方向),再把整数"放"在格点上,把两整数之间的分数"放"在相应两格点之间,建立起数轴. 这就不仅经历了数学化的提炼过程,感悟到了三要素(原点、正方向和单位长度)的必要性和合理性,而且体验了"集合与对应的思想""数形结合的思想". 这就是在通过学习数学去学会思维,据此,有文献[15]中案例 6 的教学设计.

(2) 方程的认识. 方程的本质是含有未知数的等式 $f(x) = g(x)$ 所提出的问题. 方程 $f(x) = g(x)$,可以表示两个不同事物具有相同的数量关系,也可以表示同一事物具有两个不同的表达方式. 在这个问题中,未知数 x 依等式而取值,而问题又依 x 的取值而决定是否成为等式. 解方程就是确定取值 a,使其代入 x 的位置时能使等式 $f(a)=g(a)$ 为真. 在这里有两个最基本的矛盾统一关系,其一是 $f(x)$、$g(x)$ 间形式与内容的矛盾统一,其二是 x 客观上已知与主观上未知的矛盾统一. 从这一意义上说,解方程就是改变 $f(x)$,$g(x)$ 间形式的差异以取得内容上的统一,并使 x 从主观上的未知转化为客观上的已知. 运用方程观点可以解决大量的应用问题(建模)、求值问题、曲线方程的确定及其位置关系的讨论等问题,函数的许多性质也可以通过方程来研究. 方程直接与"用字母表示数""数学模型""转换与化归"等数学思想方法相联系.

(3) 函数的认识. 函数是客观事物运动变化和相依关系在数学上的反映,本质上是集合间的映射(一种特殊的对应). 日常生活中大家都有"事物随着时间的变化而变化"的经验感受,提炼出来就是函数;而有的事物在极短的时间内变化极小,提炼出来就是连续函数. 随着时间的连续增加,有的事物是增长的、有的事物是消退的、有的事物是周而复始的,提炼出来就是函数的增减性、周期性. 可见,函数概念的基本要素包含着自变量(相应有定义域)、因变量(相应有值域)、对应关系,而研究函数的性质,就是研究因变量随着自变量的变化呈现出怎样的变化规律. 首先,我们是不是要明确讨论问题的范围,也就是要确定自变量的变化范围(定义域);其次,我们是不是要明确变化规律在数学上的呈现(或量化)方式? 是解析式、是图像、是表格、还是递推关系等? 这两个"明确"就会带来因变量变化范围、即值域的明确;这时,研究函数的性质,就是研究因变量随着自变量的变化有没有呈现出增减性(图像的升降)、奇偶性(图像的对称性)、周期性(图像的周而复始)等. 有的函数还有一些特殊点(如最高最低点、与坐标轴的交点、不变点以及凹凸转换的拐点等),也是函数性质研究的内容. 函数是中学数学从常量到变量的一个认识上的飞跃,教材中关于式、方程、不等式等重要内容都可以通过函数来表达、沟通与研究. 具体解题中的构造函数法是构造法的重要内容.

参考文献

[1] 李邦河. 数的概念的发展[J]. 数学通报,2009(8):1-3,9.

[2] 章建跃. 如何理解"数学是玩概念的"[J]. 中小学数学(高中版),2015(1/2):

封底.

[3] 邵光华,章建跃.数学概念的分类、特征及其教学探讨[J].课程·教材·教法,2009(7):47-51.

[4] 罗增儒.教学的故事,数学的挑战——数学教学是数学活动的教学[M]//中国教育学会中学数学教学专业委员会.全国青年数学教师优秀课说课与讲课大赛精粹.天津:新蕾出版社,2005:1-19.

[5] 郑君文,张恩华.数学逻辑学概念[M].合肥:安徽教育出版社,1997:133-140.

[6] 杨礼鳣.略论数学概念及其定义方式[J].中等数学,1987(1):34-36.

[7] 辛颖.数学概念的定义方式[J].安徽电子信息职业技术学院学报,2003(1):12-13.

[8] 李树臣.浅谈数学概念的定义方式[J].山东教育,2007(11):40-42.

[9] 潘玉恒,杨珂玲.论数学概念的定义方式[J].数学教育学报,2012(4):32-35.

[10] 张奠宙,王振辉.关于数学的学术形态和教育形态——谈"火热的思考"与"冰冷的美丽"[J].数学教育学报,2002(2):1-4.

[11] 张奠宙,唐彩斌.关于小学"数学本质"的对话[J].人民教育,2009(2):48-51.

[12] 陈重穆.关于中学数学教材中的方程问题(提要)[J].数学教学通讯,1987(2):2-3.

[13] 陈重穆.关于《初中代数》中的方程问题[J].数学教学通讯,1990(2):封二,1-2.

[14] 罗增儒.关于情景导入的案例与认识[J].数学通报,2009(4):1-6,9.

[15] 罗新兵,罗增儒.特色、创新与教学智慧[J].中学数学教学参考(中旬),2015(6):4-10.

第11篇 从数学知识的传授到数学素养的生成①

如果要我用几个字来简要概括人生轨迹的话,我会毫不犹豫地说:"数学教学."的确,从五岁孩童开始当学生"被数学教学",到古稀之年"还进行数学教学",我人生最浓重而清晰的主线"非数学教学莫属".但是,数学教学是什么呢?

---

① 本文原载《中学数学教学参考》(上旬·高中)2016(7):2-7;中国人民大学复印报刊资料《高中数学教与学》2016(10):3-7(署名:罗增儒).

可能,首先让我们想起的是"数学事实(数学知识、数学结论等)的教学",其实不然.

回顾我个人所经历、所实践的"数学教学",可以说,六十多年来,经过八次课程改革的洗礼,中国数学教学的含义不断充实,如今,已经进入"核心素养教学"的新阶段(至少在理论上是的).下面,仅就个人的体会,谈数学素养教学的形成、界定(内涵)和内容(外延),盼批评指正.

1 数学素养教学的形成

1.1 中国数学教学发展的基本轨迹

冒着过于简单化的风险,我将中国数学教学的六十余年发展概括为"从数学知识的传授到数学素养的生成",并划分为五个阶段.

(1)第1阶段(20世纪50年代),数学教学主要是传授知识的过程(简称为"数学知识的教学")

在这一阶段中,教学从"学欧美"向"学苏联"转轨,教材和教法都是参照苏联的;教学中重在讲深讲透,传授数学知识;教学过程逐渐规范为五个环节:教学组织—复习提问—讲授新课—巩固练习—小结作业;1958年激进的"教育革命"没有成功,数学教育的中国道路处于朦胧的摸索阶段.

在一穷二白、文盲充斥、"存在高中毕业教高中、初中毕业教初中"的教师奇缺的国情下,人能够上学就是幸运和幸福的了,1950年前后的中国大学数学系,也就是招几个学生,到毕业时,这个数目可能还要除以二. 1950年,我开始上小学,大家都崇尚"勤学苦练""知识就是力量""梅花香自苦寒来"等格言.

(2)第2阶段(20世纪60年代),数学教学主要是传授知识、培养能力的过程(简称为"数学知能的教学")

这一阶段,数学教学的目的是:使学生牢固地掌握代数、平面几何、立体几何、三角和平面解析几何的基础知识,培养学生正确而且迅速的计算能力、逻辑推理能力和空间想象能力,以适应参加生产劳动和进一步学习的需要.

在这一阶段中,教学从讲深讲透转向精讲多练,打好基础,包括知识基础和能力基础.虽然那时人们也认识到,学习数学不仅要学习它的知识内容,而且要领会它的精神、思想和方法,但在"文化大革命"之前,数学教学的实践还是更注重数学事实的教学.1980年出版的《中学数学教材教法(总论)》第16页在指出"一些基本的数学思想和数学方法"也是"基本知识"时,曾批评说:"中学数学内容中的这些基本方法历来没有受到足够的重视,甚至连基本的总结也做得很不够……"[1]

在扫盲尚在继续、教师学历尚需达标的国情下,初小要淘汰一批才能上高小、小学要淘汰一批才能上初中、初中要淘汰一批才能上高中、高中要淘汰一批才能上大学,大学的毛入学率远低于 5%,我 1962 年考大学,据说全国高校才招生 10 万人. 但是,这一时期以"双基""三能"的逐渐明确为特色,数学教育的中国道路开始起步,1963 年的中学数学教学大纲,至今仍有历史地位.

(从 1966 年开始,中间有十余年"文化大革命"的教育断层和"拨乱反正"的恢复,我也从数学系毕业分到陕西耀县水泥厂矿山工作(1968 年),中断了与数学的联系有十年,直到 1978 年才从矿山转到子弟学校,与数学教学"破镜重圆")

(3) 第 3 阶段(20 世纪 80 年代),数学教学主要是传授知识、培养能力、转变态度的过程(简称为"数学知、能、情的教学")

在这一阶段,数学教学逐渐强调以数学思维活动为核心,努力谋求"在良好的数学基础上"促进学生在德智体各方面的全面发展,数学教育的中国道路初具雏形.

这一阶段的"转变态度"(也有称作进行思想教育的)是指:要培养学生对数学的兴趣,激励学生为实现四个现代化学好数学的积极性,培养学生的科学态度和辩证唯物主义的观点.

需要指出的是,在"数学知、能、情教学"的阶段,已经孕育有"数学思想教学"的元素. 1978 年 2 月第 1 版的《全日制十年制学校中学数学教学大纲(草案)》,在"教学内容的确定"的第(三)条中已首次提出:"把集合、对应等思想适当渗透到教材中去. 这样,有利于加深理解有关教材,同时也为进一步学习做准备."这一大纲在 1980 年 5 月第 2 版时保持了这段话;1986 年 12 月第 1 版的《全日制中学数学教学大纲》,在"教学内容的确定"的第(三)条中,把上述大纲的有关文字改成一句话:"适当渗透集合、对应等数学思想." 1990 年修订此大纲时,维持了这一提法. 还记得,1985 年,我作为山区教师(陕西耀县水泥厂子弟学校)还向西北五省区数学教学研究会提交过交流论文"数学观点的教学",当中的"数学观点"其实就是现在的"数学思想"[2].

还要指出,1985 年颁布的《义务教育法》实际上是以法律的形式提出了素质教育,我的理解是:数学教学要从精英教育转向大众教育,让更多的人享受高水平的数学教学(不是让更多的人享受低水平的数学教学——造成数学的贫困和学困生的泛滥).

(4) 第 4 阶段(20 世纪 90 年代),数学教学主要是传授知识、培养能力、领悟思想、转变态度的过程(简称为"数学思想的教学")

这一阶段适逢国家改革开放,教育规模发展(还有大学扩招),师资力量壮大,信息技术陆续进入课堂,"双基"逐渐发展为"三基""四基""五基","三大能力"也逐渐增加"抽象概括能力""数据处理能力""应用意识""创新意识";尤其是在"素质教育"的口号下,数学思想方法的教学得到了前所未有的重视,1992 年的《九年义务教育全日制初级中学数学教学大纲》、1996 年的《全日制普通高级中学数学教学大纲》都是新中国成立以来对数学思想和数学方法关注最多的;1996 年的高考《考试说明》也明确要求:"有效地检测考生对中学数学知识中所蕴含的数学思想和方法的掌握程度."诸如用字母表示数的数学思想、集合与对应的数学思想、函数与方程的数学思想、数形结合的数学思想、分类与整合的数学思想、特殊与一般的数学思想、化归与转化的数学思想、有限与无限的数学思想、或然与必然的数学思想等已纳入中学数学的基础知识,并成为教师的常识和教学的目标.

把数学思想方法纳入基础知识的教学范围,体现了我国"双基"教学的与时俱进,体现了数学教学从初级水平向高级水平迈进,对素质教育的贯彻有积极的促进作用.

这一阶段的"转变态度"是指:激发学生学习数学的兴趣,使学生树立学好数学的信心,形成实事求是的科学态度和锲而不舍的钻研精神,认识数学的科学价值和人文价值,从而进一步树立辩证唯物主义的世界观.

情况表明,世纪之交,中国数学教学已经达成"数学思想方法教学"的共识,数学教育的中国道路业已成型,并在国际测试中崭露头角(如 IMO、IAEP 以及后来的 PISA).张奠宙教授说,用一句话来概括中国数学教育的特色,那就是:"在良好的数学基础上谋求学生的数学发展."这里的"数学基础",其内涵就是三大数学能力:数学运算能力、空间想象能力、逻辑思维能力;这里的"数学发展"是指:提高用数学思想方法分析问题和解决问题的能力,促进学生在德智体各方面的全面发展.与此相应的教学方式,则是贯彻辩证唯物主义精神,进行"启发式"教学,关注课堂教学中的数学本质,倡导数学思想方法教学,运用"变式"进行练习,加强解题规律的研究[3].

但是,作为对教育弊端的概括——"应试教育"依然存在,可能在数学教学上的表现尤为突出,数学成为"挑选适合教育儿童"的筛子,数学成绩不及格仍然居中学各学科之首.数学教学"要求改革"的呼声是一致的,而"改什么、怎么改"却并不一致.

(5) 第5阶段(21世纪),数学教学不仅要传授知识、培养能力、领悟思想,而且更要掌握核心素养,发展情感态度,立德树人(简称为"数学素养的教学")

这一阶段的显著标志是新世纪的课程改革,教学内容、教学观念和教学方法都发生了变化.在"三维目标"(知识与技能,过程与方法,情感、态度与价值观)的指引下,数学教学的生活化取向、活动化取向、个性化取向热情地展开(体现人本主义、大众数学、建构主义),并逐渐形成"数学教学是数学活动的教学"的新结构:以问题情境作为课堂教学的平台,以"数学化"作为课堂教学的目标,以学生通过自己努力得到结论(或发现)作为课堂教学内容的重要构成,以"师生互动"作为课堂学习的基本方式(就是说,数学现实、数学化、再创造、师生互动是四个关键词).

与此同时,出现关于课程改革的诸多争议,涉及:原有知识体系被打乱;初中平面几何(及推理证明)被削弱;各种关系没有协调好(如基础与应用、知识与能力、普及与精英、模仿与创新、传统与革新);教师不适应新课程(也出现形式化、去数学化、繁琐哲学和教学作秀等方面的情况)等.特别是在课改初期,还有数学家们(院士)挺身而出的两会提案"建议国家立刻停止正在实施的新课标".我的感觉是,更体现教育家意志的课标实验稿需要经过数学家的修订,才能成为体现数学教育家与教育数学家理智平衡的"数学课标".

新修订的义务教育数学课程标准(2011年版),继续从知识技能、数学思考、问题解决、情感态度四个方面来阐述课程目标("四个方面"与"三维目标"是什么关系),要求学生能获得适应社会生活和进一步发展所必需的数学的基础知识、基本技能、基本思想、基本活动经验("四基"与"三维目标"是什么关系),提出"数学素养是现代社会每一个公民应该具备的基本素养".普遍认为,提出"四基"是修订稿的一个亮点.

即将颁布的普通高中数学课程标准(即2017年版)的一个重要特点是,把"以学生发展为本,落实立德树人根本任务,培养和提高学生的数学核心素养"

作为课程宗旨,明确提出 6 个数学核心素养(参见下文),阐述了它们的内涵、价值、目标,并分为高中毕业、高考、拓展三个水平层次,从而把中国数学教学推向一个新的阶段——数学素养的教学,也把数学教育中国道路推进一个新的历史时期. 高中新课标(修订稿)对数学课程总目标表述如下:

通过高中数学课程的学习,提升学生作为现代社会公民所应具备的数学素养,促进学生自主、全面、可持续地发展.

① 获得进一步学习以及未来发展所必需的数学的基础知识、基本技能、基本思想、基本活动经验("四基");提高从数学角度发现和提出问题的能力、分析和解决问题的能力("四能").

② 提高学习数学的兴趣,增强学好数学的自信心,养成良好的数学学习的习惯;树立敢于质疑、善于思考、严谨求实、一丝不苟的科学精神;认识数学的科学价值、应用价值和人文价值.

③ 逐步学会用数学的眼光观察世界,发展数学抽象、直观想象素养;用数学的思维分析世界,发展逻辑推理、数学运算素养;用数学的语言表达世界,发展数学建模、数据分析素养. 增强创新意识和数学应用能力.("三会")

1.2　中国数学教学发展的直观比喻

对数学教学发展的六十多年历程,可以作这样一个生活直观的比喻(参见图1):一个家庭,饭都吃不饱的时候,就只关心有没有饭吃,至于菜色好看不好看、搭配科学不科学,暂时都顾不上,孩子到了上学的年龄,也只有放牛、拾柴火、帮做家务的命(比喻为更关注知识传授——参见图 1 中①数学知识的教学).

①数学知识　②数学知能　③数学知、能、④数学思想　⑤数学素养
的教学　　　的教学　　　情的教学　　　的教学　　　的教学

图 1

后来感到,吃东西要能给身体长力气、更好干活才行,于是,即使吃不饱也能对生活做出安排,如农闲喝稀、农忙吃干,野菜洗干净,别吃腐烂变质的东西

(比喻为给传授知识添加培养能力——参见图 1 中②数学知能的教学).

再过些年,感到不管吃多吃少、吃好吃坏,都要家庭和睦、亲情满满(比喻为给传授知识、培养能力添加转变态度——参见图 1 中③数学知、能、情的教学).

再后来,粮食够吃了,就注意肉食了,饭菜的质量提高了,生活的内容丰富了(比喻为在知、能、情的基础上,深入到数学思想方法——参见图 1 中④数学思想的教学).

到现在,粮食、副食都不成问题了,于是更加注意食品卫生了,更加注意色、香、味、形、养了,更加注意营养搭配的科学了(比喻为进入数学素养的教学,并与立德树人沟通,参见图 1 中⑤数学素养的教学).(这时要注意:出现不吃饭、糖尿病和家庭经济纠纷等情况)

这个数学教学认识不断深化的过程可以图示为一个圆的不断充实,图 1 中⑤中的黑点代表数学素养——我们是不是感觉到它的核心地位,和对知识、能力和情感、态度与价值观的综合凝聚?

我说中国数学教学已经发展到"数学素养、并与立德树人沟通"的阶段,那么,什么是数学核心素养? 中学数学核心素养主要包括哪些内容呢? 长期以来,这大多是一些解释性的描述,还没有严格的界定,这种情况不应再继续下去了.

2　数学核心素养的认识

我对数学核心素养的认真思考源于几年前(2009 年)对一位研究生学位论文的指导[4],当时曾有两点看法:

① 把"数学素养的界定"作为论文理论创新的一个闪光点;

② 把"从数学知识的传授走向数学素养的生成"作为实施素质教育的一个新思路.

2.1　数学核心素养的界定

何小亚教授曾说(2015 年):"尽管 2011 年新修订的九年义务教育数学课程标准中有 4 处、高中数学课程标准(实验)有 10 处出现了'数学素养'这一术语,但无论是课标还是课标解读都没有对数学素养的内涵与外延进行界定,导致数学素养的培养无法具体落实."[5]这种情况正在改善.

2.1.1　核心素养

① 素养. 素养与素质密切相关,但素质是指人的先天遗传特质和后天形成

的能力(包括修养、精神、气质、审美、爱好、志趣、习惯、思维、知识技能、实践能力、生存能力等),而素养主要是靠后天的学习实践活动形成的.也就是说,素质中有先天遗传特质的成分(不可教、没法学),而素养是可以培养的,是学生为了满足个人发展和社会发展所必需的、重要的、关键的知识、能力和情感态度价值观的综合体[5].

② 核心素养.钟启泉教授指出(2015 年),核心素养是指学生借助学校教育所形成的解决问题的素养与能力.核心素养是作为客体侧面的教育内容与作为主体侧面的学习者关键能力的统一体而表现出来的.因此,核心素养不是先天遗传,而是经过后天教育习得的.核心素养也不是各门学科知识的总和,它是支撑"有文化教养的健全公民"形象的心智修炼或精神支柱.决定这种核心素养形成的根本要素,在于教育思想的进步与教育制度的健全发展[6].

2.1.2　中学数学核心素养

界定:数学核心素养是具有数学基本特征、适应个人终身发展和社会发展需要的必备品格与关键能力,是数学课程目标的集中体现.它是在数学学习的过程中逐步形成的.

理解:对数学核心素养的界定可以做这样的理解:

① 数学核心素养反映数学的学科特征,体现数学的本质和基本数学思想,能终身受用(包括在数学学科之外受用).

② 数学核心素养体现数学课程目标,在数学课程多个领域中共同存在,可以分学段阐述.

③ 数学核心素养既基于数学知识技能,又高于具体的数学知识技能,是掌握数学知识技能、形成数学能力所必备的基本要素,是数学的知识、能力和情感、态度与价值观的综合体.

④ 数学核心素养是可以培养的,它需要在数学学习的过程中形成,它可以在数学学习的过程中形成.

⑤ 数学核心素养能够在真实情境中应用数学知识与技能理性地处理问题.人们所遇到的问题可能是数学问题,也可能不是明显的或直接的数学问题,而具备数学素养的人可以从数学的角度认识问题、以数学的态度思考问题、用数学的方法解决问题,从而数学素养的多少(或有无)可以呈现出来(或说可以测量出来).

2.2　中学数学核心素养的基本内容

2.2.1　初中阶段的数学核心素养

马云鹏教授认为(2015 年),《义务教育数学课程标准(2011 年版)》提出的 10 个"核心词"就是初中阶段的数学核心素养,包括数感、符号意识、空间观念、几何直观、数据分析观念、运算能力、推理能力、模型思想、应用意识和创新意识[7].

(1) 数感主要是指关于数与数量、数量关系、运算结果估计等方面的感悟.建立数感有助于学生理解现实生活中数的意义,理解或表述具体情境中的数量关系.

(2) 符号意识主要是指能够理解并且运用符号表示数、数量关系和变化规律;知道使用符号可以进行运算和推理,得到的结论具有一般性.建立符号意识有助于学生理解符号的使用,是数学表达和进行数学思考的重要形式.

(3) 空间观念主要是指根据物体特征抽象出几何图形,根据几何图形想象出所描述的实际物体;想象出物体的方位和相互之间的位置关系;描述图形的运动和变化;依据语言的描述画出图形等.

(4) 几何直观主要是指利用图形描述和分析问题.借助几何直观可以把复杂的数学问题变得简明、形象,有助于探索解决问题的思路,预测结果.几何直观可以帮助学生直观地理解数学,在整个数学学习过程中都发挥着重要作用.

(5) 数据分析观念包括:了解在现实生活中有许多问题应当先做调查研究,收集数据,通过分析做出判断,体会数据中蕴含着信息;了解对于同样的数据可以有多种分析的方法,需要根据问题的背景选择合适的方法;通过数据分析体验随机性,一方面对于同样的事情每次收集到的数据可能不同,另一方面只要有足够的数据就可能从中发现规律.

(6) 运算能力主要是指能够根据法则和运算律正确地进行运算的能力.培养运算能力有助于学生理解运算的算理,寻求合理简洁的运算途径解决问题.

(7) 推理能力的发展应贯穿整个数学学习过程中.推理是数学的基本思维方式,也是人们学习和生活中经常使用的思维方式.推理一般包括合情推理和演绎推理,合情推理是从已有的事实出发,凭借经验和直觉,通过归纳和类比等推断某些结果;演绎推理是从已有的事实(包括定义、公理、定理等)和确定的规则(包括运算的定义、法则、顺序等)出发,按照逻辑推理的法则证明和计算. 在解决问题的过程中,合情推理用于探索思路、发现结论,演绎推理用于证明结论.

(8) 模型思想的建立是学生体会和理解数学与外部世界联系的基本途径.建立和求解模型的过程包括:从现实生活或具体情境中抽象出数学问题,用数学符号建立方程、不等式、函数等表示数学问题中的数量关系和变化规律,求出结果,并讨论结果的意义.这些内容的学习有助于学生初步形成模型思想,提高学习数学的兴趣和应用意识.

(9) 应用意识有两个方面的含义,一方面有意识利用数学的概念、原理和方法解释现实世界中的现象,解决现实世界中的问题;另一方面,认识到现实生活中蕴含着大量与数量和图形有关的问题,这些问题可以抽象成数学问题,用数学的方法予以解决.在整个数学教育的过程中都应该培养学生的应用意识,综合实践活动是培养应用意识很好的载体.

(10) 创新意识的培养是现代数学教育的基本任务,应体现在数学教与学的过程之中.学生自己发现和提出问题是创新的基础;独立思考、学会思考是创新的核心;归纳概括得到猜想和规律,并加以验证,是创新的重要方法.创新意识的培养应该从义务教育阶段做起,贯穿数学教育的始终.

2.2.2 高中阶段的数学核心素养

即将颁布的普通高中数学课程标准(即 2017 年版)不仅把数学素养列入课程宗旨、课程目标,而且明确了数学核心素养的界定,并提出 6 个数学核心素养:数学抽象,逻辑推理,数学建模,数学运算,直观想象,数据分析(下面阐述它们的内涵、价值、目标).

(1) 数学抽象

数学抽象是指舍去事物的一切物理属性,得到数学研究对象的思维过程.主要包括:从数量与数量关系、图形与图形关系中抽象出数学概念及概念之间的关系,从事物的具体背景中抽象出一般规律和结构,并且用数学符号或者数学术语予以表征.(内涵)

数学抽象是数学的基本思想,是形成理性思维的重要基础,反映了数学的本质特征,贯穿在数学的产生、发展、应用的过程中.数学抽象使得数学成为高度概括、表达准确、结论一般、有序多级的系统.(价值)

通过数学抽象核心素养的培养,学生能够更好地理解数学的概念、命题、方

法和体系,形成一般性思考问题的习惯;能够在其他学科的学习中化繁为简,理解该学科的知识结构和本质特征.(目标)

（2）逻辑推理

逻辑推理是指从一些事实和命题出发,依据逻辑规则推出一个命题的思维过程.主要包括两类:一类是从小范围成立的命题推断更大范围内成立的命题的推理,推理形式主要有归纳、类比;一类是从大范围成立的命题推断小范围内也成立的推理,推理形式主要有演绎推理.(内涵)

逻辑推理是得到数学结论、构建数学体系的重要方式,是数学严谨性的基本保证.逻辑推理是数学交流的基本品质,使数学交流具有逻辑性.(价值)

通过逻辑推理核心素养的培养,学生能够发现和提出命题,掌握推理的基本形式,表述论证的过程,理解数学知识之间的联系;能够理解一般结论的来龙去脉、形成举一反三的能力;能够形成有论据、有条理、合乎逻辑的思维习惯和交流能力.(目标)

（3）数学建模

数学建模是对现实问题进行抽象,用数学语言表达和解决问题的过程.具体表现为:在实际情境中,从数学的视角提出问题、分析问题、表达问题、构建模型、求解结论、验证结果、改进模型,最终得到符合实际的结果.(内涵)

数学模型构建了数学与外部世界的桥梁,是数学应用的重要形式.数学建模是应用数学解决实际问题的基本手段,是推动数学发展的外部驱动力.(价值)

通过数学建模核心素养的培养,学生能够掌握数学建模的过程,积累用数学的语言表达实际问题的经验,提升应用能力和创新意识.(目标)

（4）数学运算

数学运算是指在明晰运算对象的基础上,依据运算法则解决数学问题.主要包括:理解运算对象,掌握运算法则,探究运算方向,选择运算方法,设计运算程序,求得运算结果.(内涵)

运算是构成数学抽象结构的基本要素,是演绎推理的重要形式,是得到数学结果的重要手段.数学运算是计算机解决问题的基础.(价值)

通过数学运算核心素养的培养,学生能够提高解决实际问题和数学问题的能力,提升逻辑推理的能力,形成程序化思考问题的习惯,养成实事求是、一丝不苟的科学精神.(目标)

（5）直观想象

直观想象是指借助空间想象感知事物的形态与变化，利用几何图形理解和解决数学问题. 主要包括：利用图形描述数学问题，建立形与数的联系，构建数学问题的直观模型，探索解决问题的思路.（内涵）

直观想象是发现和提出数学命题、分析和理解数学命题、探索和形成论证思路的重要手段，是构建抽象结构和进行逻辑推理的思维基础，是培养创新思维的基本要素.（价值）

通过直观想象核心素养的培养，学生能够养成运用图形和空间想象思考问题的习惯，提升数形结合的能力，建立良好的数学直觉，理解事物本质和发展规律.（目标）

（6）数据分析

数据分析是指从数据中获得有用信息，形成知识的过程. 主要包括：收集数据提取信息，利用图表展示数据，构建模型分析数据，解释数据蕴含的结论.（内涵）

数据分析是大数据时代数学应用的主要方法，已经深入到现代社会生活和科学研究的各个方面. 数据分析是现代公民应当具备的基本素质.（价值）

通过数据分析核心素养的培养，学生能够养成基于数据思考问题的习惯，提升基于数据表达现实问题的能力，积累在错综复杂的情境中探索事物本质、关联和规律的经验.（目标）

（关于数学素养请继续参见文献[8]、[9]、[10]、[11]，相关名词以正式颁布的课标为准）

参考文献

[1] 十三院校协编组. 中学数学教材教法（总论）[M]. 北京：人民教育出版社，1980.

[2] 罗增儒. 数学观点的教学[J]. 中学数学教学参考，1986(1)：封二，1 - 4.

[3] 张奠宙. 关于中国数学教育的特色——与国际上相应概念的对照[J]. 人民教育，2010(2)：36 - 38.

[4] 康世刚. 数学素养生成的教学研究[D]. 重庆：西南大学，2009.

[5] 何小亚. 学生"数学素养"指标的理论分析[J]. 数学教育学报，2015(1)：13 - 20.

[6] 钟启泉. 核心素养的"核心"在哪里——核心素养研究的构图[N]. 中国教育报, 2015-04-01(7).

[7] 马云鹏. 关于数学核心素养的几个问题[J]. 课程·教材·教法, 2015(9): 36-39.

[8] 蔡上鹤. 民族素质和数学素养——学习《中国教育改革和发展纲要》的一点体会[J]. 课程·教材·教法, 1994(2): 15-17,9.

[9] 张奠宙. 数学教育研究导引[M]. 南京: 江苏教育出版社, 1994.

[10] 黄友初. 我国数学素养研究分析[J]. 课程·教材·教法, 2015(8): 55-59.

[11] 孙宏安. 数学素养探讨[J]. 中学数学教学参考(上旬), 2016(4): 7-10.

第 12 篇　同课异构与教学的二重性[①]

我们说过,科学性与艺术性是教学的两种基本属性."教学是科学"意味着教学要遵循客观规律,科学合理地组织教学过程,规范有序地进行教学活动;"教学是艺术"意味着教学虽要遵循规范和规律,但也需要表现出教师的个性风格,表现出教学的创造智慧和人文精神;"教学既是科学又是艺术"则提示教学既要有科学性和合理性,又要有艺术性和创造性,既不能受科学性的限制而使教学僵化呆板,又不能因为艺术性而任性教学、随意发挥.

对于"同课异构"来说,"课"指教学内容,更体现教学的"科学性"(虽然并不排除艺术性);"构"指教学设计,更体现教学的"艺术性"(虽然并不排除科学性).同一个教学内容组织为不同的教学设计,可比性强,能让我们在比较中看到"教什么"的一致性和丰富性,看到"怎么教"的灵活性和多样性,体现为教学科学性与艺术性的有机统一.

正如教学的科学性与艺术性二者不可分割一样,"同课"与"异构"二者也不可偏废. 在这方面,存在一些倾向需要提醒: 重"构"轻"课"、同"课"异"人"、评课中交流不足和重"同"轻"异".

1　重"构"轻"课"

有一种观点认为,教学内容教材已经提供,剩下的工作当然是实施的设计

---

① 本文原载《中学数学教学参考》(上旬·高中)2019(3): 1(署名: 罗增儒).

了；而且，"同课异构"作为一种教学研究活动，当然应该更加强调"异构"．实践中存在这样的情况，授课者对教学内容停留于字面的理解，把主要的精力用在形式的设计上，而那些花哨的"活动"或"情境"，除了可以活跃课堂气氛、引出话题之外，与后面所展开的学习内容并没有构成实质性的逻辑联系，也没有为学习者带来"问题驱动"的教学思考（像是带甜味的糖衣裹住带苦味的药丸，让小孩吞进去）．

我们说，教师的教学设计其实就是教师对课程的理解，"教什么"永远比"怎么教"重要．没有数学内容的明确、没有教学认识的深刻，最精心的设计也避免不了浅薄．"同课异构"首先要进行深入的教学分析，吃透内容的整体框架、数学性质、思想方法实质和数学核心素养体现；洞察课题的教学性质、教学目标、教学重点、教学难点，以及学生接受新知识的认知基础等．只有这一切都清楚了、把握了，教师才能选择相匹配的教学方法，创设有特色的活动和情境，清醒地突出重点，着力地突破难点，精彩地达成教学目标．

2　同"课"异"人"

另有一种倾向是，"同课异构"缺少过程的设计特色和教师的个性特征，不仅教学内容相同，而且教学过程、活动思路，甚至情境细节都大同小异．给人的感觉不是"同课异构"，而只是"同课异人"．

本来，同课异构就有两种方式，一种是同一教学内容由不同教师做不同的处理（比较常见），另一种是同一教师对同一教学内容在不同班级做不同的处理．所以，仅仅是"同课异人"还不能算有研究价值的"同课异构"．

由于学生认知基础和教师专业能力的差异，同样的内容也不会有雷同的课堂，即使同样的设计、同样的教师，在不同的课堂中也会有不同的生成，从这一意义上说"同课异构"有其自然的趋势，但是作为一种教学研究活动的"同课异构"，理应超越这种自然差异，在理解课程的基础上，发挥出更多的主动性、创造性和研究性．

教学本来就是一种学术活动，教学创新本来就是一个无限广阔的学术空间，"同课异人"的出现，本质上是"个体创新精神不足"与"群体学术氛围不浓"的反映．而"同课异构"的倡导，也正是对这种"不足""不浓"的挑战．教师群体对于"异构"的自觉追求，可以形成一种"百花齐放、百家争鸣、满园春色"的学术氛围，促进教学创新．

3 评课中交流不足和重"同"轻"异"

还有一种倾向是,评课活动中主要是评课人的声音,与授课本人和听课教师的交流不足;而评课人的发言则更注重教学做法上的"同",没说出或说不出教学起点、关注重点和目标指向的差异,更说不出"异"背后的指导思想、数学原因.

我们赞成,听课评课既要听(评)出"同课"的"同"来,更要听(评)出"异构"的"异"来;并且,评课教师、听课教师与授课教师要进行坦诚的交流,展开思维的碰撞.在评课教师的组织下,授课教师陈述设计意图和教后感悟,听课教师进行会诊式研讨,就有机会通过集体的智慧进一步完善和提高教学.这不仅对执教者,而且对广大听课教师都能有认识自我、驾驭课堂、提升理论的现实收获,都能有获得学科教学知识、增长实践性智慧、提高职业胜任力的促进作用.

同课呈异创,异构促同昌.当"同课异构"成为同时提高教师水平、教研实效和教育质量的一条便捷而有效的途径时,也就更进一步说明教学确实具有科学性与艺术性两种基本属性.

第二节　教学实践研修

第1篇　公式法解一元二次方程[①]

1　教材分析

1.1　知识结构

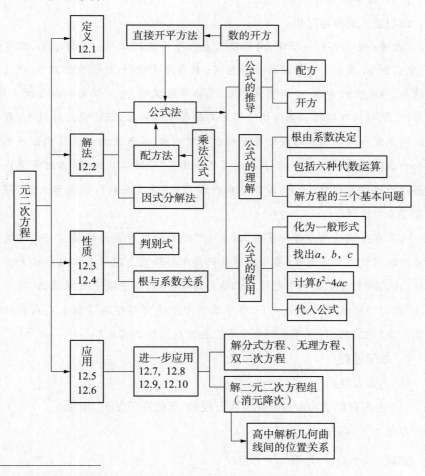

[①] 本文原载《中学数学教学参考》1996(3)：9－11(署名：刘亚莉,罗增儒).

1.2　教学目的

(1) 掌握一元二次方程的求根公式的推导,领悟其基本思想(降次化归)与基本方法(配方法).

(2) 能够运用求根公式解一元二次方程.

(3) 渗透化归的思想,培养熟练而准确的运算能力,发展善于归纳总结问题的思维素质.

1.3　教学重点

在记住求根公式的基础上能运用其解方程.

1.4　教学难点

求根公式的推导过程.

[点评:认真备好一节课,通常要完成三个阶段的工作:分析准备、拟定计划、完成教案. 其中第一阶段的分析包括:收集参考资料、熟悉教学内容、理清知识结构、确定目的要求、分析重点难点、了解学生实际、选定课型和准备教具等. 这当中,深刻而准确的知识结构分析是其他各项的基础,数学观点的提炼、数学方法的阐发和教学艺术的设计都有赖于这种分析. 本教案的知识结构分析不仅反映出本节课的教学内容,而且揭示了本节课在"一元二次方程"系统或更广泛范围内的地位与作用. 于是,教师站在讲台上能"胸有全局",讲起课来能"得心应手""左右逢源".

正是在知识结构分析的基础上,才有可能提出教学目的的第(3)点,使得教学目的既有载体又有灵魂. 鉴于只有知识要求而缺乏灵魂的日常教学是大量存在的,我们特别赞赏备课中进行知识结构的分析,并从中提炼数学思想、观点和方法. 我们呼吁教师们研究一下,中学教材中主要有哪些数学基本观点和数学基本方法? 它们分别分布在哪些章节? 各体现到什么程度?]

2　教学过程

2.1　复习提问

(1) 上面我们学习过解一元二次方程的"直接开平方法",比如:

方程 $x^2 = 4$,有 $x = \pm 2$;

方程 $(x-2)^2 = 7$,有 $x = 2 \pm \sqrt{7}$;

方程 $(x-2)^2 = -7$,没有实数根.

提问 1　这种解法的(理论)根据是什么?

答案:若 $a^2 = b^2$,则 $a = \pm b$.

提问 2　这种解法的局限性是什么?

答案:只对那种"平方式等于常数"的特殊二次方程有用,不能施于一般形式的二次方程.

(2) 面对这种局限性,怎么办? 我们使用了配方法,把一般形式的二次方程配方成能够"直接开平方"的形式. 对于方程:

例 1　解方程: $2x^2 + 7x - 4 = 0$.　　　　　①

提问 3　其配方的过程是怎么样的? 每一步的(理论)根据是什么?

答案:第一步,两边除以二次项的系数 2,得

$$x^2 + \frac{7}{2}x - 2 = 0; (方程同解原理 2) \qquad ②$$

第二步,把常数项移到右边,得

$$x^2 + \frac{7}{2}x = 2; (方程同理原理 1) \qquad ③$$

第三步,配方,两边加上一次项系数的一半的平方,即 $\left(\frac{7}{4}\right)^2$,得

$$x^2 + \frac{7}{2}x + \left(\frac{7}{4}\right)^2 = 2 + \left(\frac{7}{4}\right)^2, (同上) \qquad ④$$

即 $\qquad \left(x + \frac{7}{4}\right)^2 = \frac{81}{16}; (左右两边恒等变形) \qquad ⑤$

第四步,用直接开平方法,得

$$x + \frac{7}{4} = \pm\frac{9}{4}, (a^2 = b^2 \Rightarrow a = \pm b) \qquad ⑥$$

得 $\qquad x_1 = \frac{1}{2}, \ x_2 = -4. (方程同解原理 1) \qquad ⑦$

以上步骤,可以归结为两点,从①~⑤是配方,从⑥~⑦是开方. 其整个行动的指导思想是:将方程的未知数项与已知数项分隔在等号的两边,并把含未知数的代数式配成完全平方式,以便于直接开平方. 这些变形之所以能够进行,是因为有方程同解原理做保证(同解原理见课本第一册).

提问 4 理解上述过程, 你认为最关键的步骤是哪一步?

答案: 是从③到⑤的配方过程, 即第④式.

提问 5 这一步运算的依据是什么?

答案: 公式 $a^2 + 2ab + b^2 = (a+b)^2$.

提问 6 理解上述过程, 若把二次项的系数 2 改为 3, -2, $\sqrt{2}$, $\cdots$, 一般地, 改为 $a \neq 0$. 对 $ax^2 + 7x - 4 = 0$ 你能否进行配方?

答案: 能! $x^2 + \dfrac{7}{a}x - \dfrac{4}{a} = 0$,

$$x^2 + \frac{7}{a}x + \left(\frac{7}{2a}\right)^2 = \frac{4}{a} + \left(\frac{7}{2a}\right)^2,$$

$$\left(x + \frac{7}{2a}\right)^2 = \frac{49 + 16a}{4a^2}.$$

当 $49 + 16a \geqslant 0$ 时, $\left(x + \dfrac{7}{2a}\right)^2 = \left(\pm \dfrac{\sqrt{49 + 16a}}{2a}\right)^2$, 得

$$x + \frac{7}{2a} = \pm \frac{\sqrt{49 + 16a}}{2a}, \quad x_{1,2} = \frac{-7 \pm \sqrt{49 + 16a}}{2a}.$$

提问 7 同样, 把一次项系数 7 变为 b, 把常数项 -4 变为 c, 对方程 $2x^2 + bx - 4 = 0$, $2x^2 + 7x + c = 0$, $ax^2 + bx - 4 = 0$, $ax^2 + 7x + c = 0$, $ax^2 + bx + c = 0$ 你能否进行配方?

[点评: 这样的复习, 不是简单的回忆或无意义的重复, 而是旧知识的深入与新知识的诱发. 这样的引进, 不是教师意图的生硬灌输, 而是学生思维的自然发展. 在旧知识的生长点上, 已经凸显出了新知识的嫩芽, 欲开未开; 在特殊数字系数已经掌握的基础上, 一般性的二次方程怎样配方摆到了学生的面前. 思维的齿轮开始转动, 教学也自然而有序地进入到实质部分. 更可喜的是, 在不知不觉来到的新课题面前, 学生们感到有信心, 并跃跃欲试. 我们说, 这种启发式的情境创设是成功的.]

2.2 进行新课

(1) 公式的推导

对于 $ax^2 + bx + c = 0$ $(a \neq 0)$, 因为 $a \neq 0$, 所以可以把方程的两边除以二次项的系数 a, 得

$$x^2 + \frac{b}{a}x + \frac{c}{a} = 0. \text{（方程同解原理 2）}$$

移项，得
$$x^2 + \frac{b}{a}x = -\frac{c}{a}. \text{（方程同解原理 1）}$$

配方，得
$$x^2 + \frac{b}{a}x + \left(\frac{b}{2a}\right)^2 = -\frac{c}{a} + \left(\frac{b}{2a}\right)^2. \text{（原理同上）}$$

即
$$\left(x + \frac{b}{2a}\right)^2 = \frac{b^2 - 4ac}{4a^2}. \text{（恒等变形）}$$

因为 $a \neq 0$，所以 $4a^2 > 0$，当 $b^2 - 4ac \geqslant 0$ 时，

得
$$\left(x + \frac{b}{2a}\right)^2 = \left(\frac{\sqrt{b^2 - 4ac}}{2a}\right)^2. \tag{①}$$

有
$$x + \frac{b}{2a} = \pm \frac{\sqrt{b^2 - 4ac}}{2a}. \text{（直接开平方法）} \tag{②}$$

所以
$$x = -\frac{b}{2a} \pm \frac{\sqrt{b^2 - 4ac}}{2a}. \text{（方程同解原理 1）}$$

得求根公式
$$\boxed{x = \frac{-b \pm \sqrt{b^2 - 4ac}}{2a} \ (b^2 - 4ac \geqslant 0).}$$

[**点评**：与课本原文对照，本教案有一处精心设计的改变，即用①代替下式

$$x + \frac{b}{2a} = \pm \sqrt{\frac{b^2 - 4ac}{4a^2}}. \tag{③}$$

因为③、②两式并列时，学生会产生

$$\pm \sqrt{\frac{b^2 - 4ac}{4a^2}} = \pm \frac{\sqrt{b^2 - 4ac}}{2a},$$

从而产生 $\sqrt{4a^2} = 2a$ 或 $\sqrt{a^2} = a$ 的误解. 若在此处，分 $a > 0$，$a < 0$ 情况讨论，又显得啰嗦，且干扰通畅的思路，这是许多教师感到难办的一个问题. 现在处理的好处有

（1）变开方运算为乘方验证，原理简单了，上述可能产生的误会也化解了. 对 a 进行大于 0、小于 0 的讨论也就不需要了.

（2）强调了 $b^2 - 4ac$ 为非负数.

（3）可以沟通公式法与因式分解法之间的联系，对式①移项，用平方差公式，便是因式分解法.

（4）可以直接推广到复数.

由此可见，教师对教材进行再创造的天地是存在的，而且是广阔的.]

（2）公式的理解

① 公式表明，方程的未知数由方程的系数 a，b，c 完全确定.从而与未知数的字母选择无关，把 x 写成 y，t，或一个代数式都可以，也与 x 的实际意义无关（路程、速度、时间、面积……）.这体现出了数学的抽象性与简洁美.

② 公式所出现的运算，恰好包括了所学过的六种代数运算，加、减、乘、除、乘方、开方.这体现了公式的统一性与和谐美.

③ 公式回答了解方程的三个基本问题，即有没有解，有多少解，具体求出来.更详细的确定后面还要谈到（§12.3 讨论判别式 $\Delta = b^2 - 4ac$）.

④ 公式反映了根与系数的关系，它可以推出更多的"根与系数的关系"（如

$$x_1 + x_2 = -\frac{b}{a}，x_1 x_2 = \frac{c}{a}，|x_1 - x_2| = \frac{\sqrt{b^2 - 4ac}}{|a|} \text{ 等）}，\text{后面还要谈到.}$$

⑤ 各级运算的顺序自动决定了二次方程求解的操作程序.

顺便指出，这个公式曾出现在第二册书的总复习题十一中（第 216 页），同学们回去对照一下.在原先的课本里，还把公式印在书的封面上，可见其重要.

[**点评**：这几点理解，实质上揭示了数学的美、公式的美，我们说过，数学教学与其他一些突出欣赏价值的艺术形式不同，它首先要求内容的充实恰当，这是前提.在这个基础上还要花大力气去展示数学本身的简洁美、和谐美、对称美、奇异美.这是讲授魅力最本质的因素，也是艺术发挥的最广阔空间.从教材中感受美、提炼美，并向学生创造性表现美，应该是教师的基本功，没有这个基本功，就不是合格的教师.]

（3）公式的使用

公式是配方法推导出来的，但有了配方的结果——公式之后，就可以省去解题的配方过程.用求根公式解一元二次方程的方法叫做公式法.那么，怎样使用公式法呢？先看例子.

例 2 解方程：$x^2 - 3x + 2 = 0$.

讲解 这是一元二次方程的一般形式，我们来找出各项系数，$a = 1$（注意不

是 0)，$b=-3$(注意不是 3)，$c=2$，有 $b^2-4ac=(-3)^2-4\times 1\times 2=1>0.$

代入公式　　　　$x=\dfrac{-(-3)\pm\sqrt{(-3)^2-4\times 1\times 2}}{2\times 1}=\dfrac{3\pm 1}{2},$

所以　　　　　　　　　$x_1=2,\ x_2=1.$

例 3　解方程：$2x^2=4-7x.$

解　移项，得出一般形式 $2x^2+7x-4=0.$ 有

$$a=2,\ b=7,\ c=-4,\ b^2-4ac=7^2-4\times 2\times(-4)=81>0,$$

得　　　　　　　　　$x=\dfrac{-7\pm\sqrt{81}}{2\times 2}=\dfrac{-7\pm 9}{4}.$

所以 $x_1=\dfrac{1}{2},\ x_2=-4.$

对比例 1(其实是同一个方程)，可见，直接用公式，节省了配方的过程，简捷多了。

例 4　解方程：$x^2-2\sqrt{2}x+2=0.$

解　由 $a=1,\ b=-2\sqrt{2},\ c=2,\ b^2-4ac=(-2\sqrt{2})^2-4\times 1\times 2=0,$

有　　　　　　　　　$x=\dfrac{2\sqrt{2}\pm\sqrt{0}}{2}=\dfrac{2\sqrt{2}}{2}=\sqrt{2},$

得 $x_1=x_2=\sqrt{2}.$

由上面的例子可以看到，使用公式法解方程的完整过程可以分成四步：

① 将所给的方程变为一般形式，注意移项要变号，尽量让 $a>0$.

② 找出系数 a，b，c，注意各项的系数包括符号。

③ 计算 b^2-4ac，若结果为负数，方程无解；若结果为非负数，进行第④步。

④ 代入求根公式，算出结果。

[**点评**：学习要"先死后活"，先总结出解法程序，学生有章可循，能使思路有条理、书写规范。按程序操作，每个同学都会解一元二次方程了，教学目的也就能达到了。同时，从教材的阅读理解中总结出方法步骤，也是一种需要培养的能力，熟练之后，慢慢再提高灵活性，第②③步可用心算代替，直接代入公式。]

现在打开课本第 16 页的练习，口答第 1 题。

再按照上面总结的步骤，请 4 个同学板演第 2 题的(1)、(2)、(3)、(4)。根据

情况讲评、订正. 主要看系数是否找对,计算是否准确,书写是否整齐规范.

[点评:这既是"讲练结合",又是学生积极参与教学活动的体现,还是教学效果的及时反馈. 教师要根据学生的实际表现,调节信息的密度和节奏.]

3　小结

从上面的练习可以看到,大家已经基本上掌握了公式法. 但是,我们学习不要"知其然,不知其所以然",公式是怎么来的? 对,是通过配方得出来的. 其推导的前半部分是"配方法",后半部分是"直接开方法",而开方的实质是把一个二次方程化归为两个一次方程

$$x + \frac{b}{2a} = \frac{\sqrt{b^2 - 4ac}}{2a} \ 与 \ x + \frac{b}{2a} = -\frac{\sqrt{b^2 - 4ac}}{2a}.$$

而一次方程我们已经会求解,于是二次方程的求解问题也就彻底解决了. 并且,由于公式兼有"配方法"与"直接开平方法"的优点,并克服了"直接开方法"的局限性,也省略了"配方法"的配方过程,因而具有通用性与简单性.

为了记住这个公式,我们可以用文字将其叙述为"x 等于 $2a$ 分之负 b 加减根号下 b 平方减去 $4ac$".

具体使用这个公式分成 4 步:化为标准式;找出 a,b,c;计算判别式;代公式求根.

这个公式不仅能求根,而且是研究方程性质的一个重要工具,后面还要讨论.

作业:第 17 页习题 12.2(1)A 组第 5 题.

4　板书设计(略)(主要板书公式的推导、使用公式的四个步骤)

[点评:这篇教案的主要优点是,能深入钻研教材内容,艺术设计教学过程,结构完整,注重启发,既培养运算能力,又发展推理能力. 一般地,当教案初稿写出来后,可以去征求一下其他教师的意见,估计一下课堂可能的突发事件,最后反思"假如我是个学生",即从学生的角度审视教案的可接受性,防止教与学脱节.

教案书写的详略因人而异,形式也因课而异. 有的只写提纲,有的写成发言稿,有的写成分镜头剧本,有的写成知识结构图,有的还设计为立体型. 本教案基本上是发言稿式的. 我们赞成:新教师宜详不宜简.

本来,这篇教案挺完整的,很难提出什么问题来,但我们依然要问几个问题.

问题 1　对方程 $ax^2 + bx + c = 0$ 配方的第一步为什么要两边除以 a? 是非

此不可的吗?

问题 2　由于求解一元二次方程我们找到了求根公式,那么,反过来,由于求根公式的得出,我们能对一元二次方程和它的求解产生新的认识吗?

我们不想代替大家的思考,我们只愿意与读者一起去领略下面的事实,由

$$x = \frac{-b \pm \sqrt{b^2 - 4ac}}{2a}. \qquad ①$$

有 $\qquad 2ax = -b \pm \sqrt{b^2 - 4ac}, \qquad ②$

移项 $\qquad 2ax + b = \pm \sqrt{b^2 - 4ac}, \qquad ③$

平方 $\qquad (2ax + b)^2 = b^2 - 4ac, \qquad ④$

展开 $\qquad 4a^2 x^2 + 4abx + b^2 = b^2 - 4ac, \qquad ⑤$

移项 $\qquad 4a^2 x^2 + 4abx + 4ac = 0, \qquad ⑥$

两边同除以 $4a$,得 $\qquad ax^2 + bx + c = 0. \qquad ⑦$

这里的每一步都是平淡的,然而,奇迹出现了,当我们把上述各个步骤倒过来书写:⑦、⑥、⑤、④、③、②、①时,已经独立地"发现"了二次方程的一个新解法.

这个"新解法"与原处理相比有两个明显的优点:

第一,两边乘以 $4a$ 比两边除以 a,配方更容易,并且

$$2ax + b = \pm \sqrt{b^2 - 4ac},$$

再也不会有 $\qquad x + \dfrac{b}{2a} = \pm \sqrt{\dfrac{b^2 - 4ac}{4a^2}} = \pm \dfrac{\sqrt{b^2 - 4ac}}{2a}$

所产生的 $\sqrt{a^2} = a$ 的误解.

第二,配方式 $(2ax + b)^2 = b^2 - 4ac$ 突出了判别式的由来与实质,即判别式是配方法的结果,并表现为完全平方式 $(2ax + b)^2$. 因而,在实数范围内就同时具有配方法与非负数的双重功能. 这就不难理解,判别式为什么会在方程讨论、不等式证明、函数求极值等许多领域都显得"神通广大".

还有一个意想不到的收获是,尝到了"分析解题过程"的甜头. 我们说,对已经解过的题进行解题过程的分析,是学会怎样解题的一条捷径,也是笔者《数学解题理论》的基本出发点.]

第 2 篇　数学归纳法的教学设计①

1　从生活经验中引进

同学们,今天知心老师要与你们一起做个实验. 大家可能奇怪,你什么仪器也没拿,能做什么实验呢? 我们说,能做,而且还要从教室做到操场、从中国做到外国. 这个无形的实验仪器就是大家的生活经验和会想问题的头脑.

大家都见过砖块吧,假设从教室到操场立摆着许多砖块,我们当然可以一块一块地把它们全部推倒(对应完全归纳法). 现在只允许推倒一块,你能保证外面的砖块都倒下吗? 你有办法做到使它们都倒下吗?(这是向学生提出课题,学生借助生活经验应能得出肯定的回答)

对,能做到. 这时,砖应怎样摆? 你该推倒哪一块?(这个讨论的目的,是让学生自己总结出递推原理. 为了强调数学归纳法中两个条件缺一不可,还可继续作以下提问)

如果不推任何一块砖,这些砖能全部倒下吗?(学生都觉得很可笑,但不认真验证第一号命题的真实性却司空见惯)

如果在砖列的某一段上拿走几块,那么你推第一块还能保证全部都倒下吗?(强调第二步的递推作用与不可或缺)

如果砖块只是从教室摆到操场,那么,我们有两个办法把它们全部推倒,其一是逐一推倒,这时摆砖的格式没有要求;其二是只推第一块,但是要求按"前砖碰倒后砖"的规格来摆放. 现在假定每一个同学,甚至世界上的每一个人都来摆砖,从教室摆到操场,从学校摆到街道,从中国摆到外国……所有这些砖块都按照"前砖碰倒后砖"的规格,没完没了地摆下去,那么你一个人还能不能一块又一块地去推倒这所有的砖块?(注意,在你推倒一块的同时,几十亿块砖又立起来了)还需不需要一块又一块地去推倒这所有的砖块?(当学生感到既不可能,也没有必要去一块又一块推倒砖块的时候,学生就是接触到了数学归纳法的实质了)

---

① 本文原载《中学数学教学参考》1999(1/2):22-24(署名:知心).《中学数学教学参考》编辑部组织"课例大家评"栏目,笔者以"知心"笔名提供课例,启引读者展开评论. 同时,笔者也以读者身份参与点评,随后还有"知心"关于设计"背景"的说明. 共收进三篇文章.

2 数学归纳法的初步体验

由上面的"思维实验"可以得出处理与正整数有关问题的一个方法:

(1) 处理第一个命题(相当于推倒第一块砖);

(2) 验证前一号命题与后一号命题有传递关系(相当于前砖碰倒后砖).

下面我们通过两个具体事例来说明,如何将这一个生活体验提炼为数学方法.

例 1 在课本第 3.2 节中,我们是这样推导出首项为 a_1,公差为 d 的等差数列 $\{a_n\}$ 的通项公式的:

$$a_1 = a_1 + 0 \cdot d,$$
$$a_2 = a_1 + d = a_1 + 1 \cdot d,$$
$$a_3 = a_2 + d = a_1 + 2 \cdot d,$$
$$a_4 = a_3 + d = a_1 + 3 \cdot d,$$
$$\cdots$$

由此得到,等差数列 $\{a_n\}$ 的通项公式是

$$a_n = a_1 + (n-1)d. \qquad\qquad ①$$

像这种由一系列有限的特殊事例得出一般结论的推理方法,通常叫做归纳法,用归纳法可以帮助我们从具体事例中发现一般规律.

但是,仅根据一系列有限的特殊事例所得出的一般结论有时是不正确的. 比如,圆周上取 2 个点时,其连线将圆分为两部分(图 1),记为 $a_2 = 2$;圆周上取 3 个点时,其两两连线将圆分为 4 部分(图 2),记作 $a_3 = 4 = 2^2$;圆周上取 4 个点时,其两两连线将圆分为 8 部分(图 3),记作 $a_4 = 8 = 2^3$;圆周上取 5 个点时,其两两连线将圆分为 16 部分(图 4),记作 $a_5 = 16 = 2^4$. 由此,作归纳,圆周上 n 个点两两连线(无三线共点)——将圆分为 $a_n = 2^{n-1}$ 部分.但 $a_6 = 31$,而不是 $2^5 = 32$

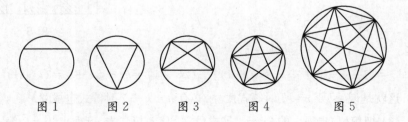

图 1   图 2   图 3   图 4   图 5

(图 5,详见本书下集第二章第 8 篇).那么由归纳法得出的等差数列通项公式①到底对不对呢? 我们分 4 步来证实它.

第一步(正确性的基础).当 $n=1$ 时,左边 $=a_1$,右边 $=a_1+0 \cdot d=a_1$,等式是成立的.

第二步(传递性的依据).假设等式当 $n=k$ 时成立,即

$$a_k=a_1+(k-1)d. \qquad ②$$

能推出
$$a_{k+1}=a_1+[(k+1)-1]d. \qquad ③$$

这相当于做一个条件等式的证明题:"若②则③."这是可以做到的:

$$a_{k+1}=a_k+d=[a_1+(k-1)d]+d=a_1+[(k+1)-1]d.$$

第三步(传递的过程).把第一步得出的"$n=1$ 等式成立"代入第二步,可推出"$n=2$ 等式成立";再把"$n=2$ 等式成立"代入第二步,可推出"$n=3$ 等式成立";……依此类推,每一次都把已证实的前一号命题做基础,反复代入第二步.

第四步(传递的结论).由第三步无穷传递下去,可得等式①对一切正整数 n 都成立.

经过这样的 4 步,我们对等差数列通项公式①的坚信程度肯定比当初大大提高了.

例 2 由图 6 可以看到,一个 $n \times n$ 的正方形,若将其分解成按直角形排列的小正方形之和,应有

$$1+3+5+\cdots+(2n-1)=n^2.$$

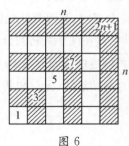

图 6

证明 (1) 当 $n=1$ 时,左边 $=1$,右边 $=1$, 等式成立.

(2) 假设当 $n=k$ 时,等式成立,就是

$$1+3+5+\cdots+(2k-1)=k^2,$$

那么 $1+3+5+\cdots+(2k-1)+[2(k+1)-1]$
$$=[1+3+5+\cdots+(2k-1)]+(2k+1)=k^2+2k+1=(k+1)^2.$$

这就是说,只要 $n=k$ 时等式成立,必有 $n=k+1$ 时等式也成立.

(3) 把第(1)步得出的"$n=1$ 等式成立"代入第二步,可推出"$n=2$ 等式成

立"；再把"$n=2$ 等式成立"代入第二步，可推出"$n=3$ 等式成立"；……依此类推，每一次都把已证实的前一号命题做基础，反复代入第二步.

（4）由第（3）步无穷传递下去，可得等式对一切正整数 n 都成立.

3　数学归纳法的形成

3.1　数学归纳法

由上面的两个例子可以看到，第（3）步是对第（1）、（2）步的反复应用，并且在形式上千篇一律，我们抓住方法的本质步骤，可以删去第三步，将其归结为"验证两个条件，直接得出结论". 这个方法就是数学归纳法. 用数学归纳法证明一个与正整数有关的命题的步骤是：

（1）证明当 n 取第 1 个值 n_0（例如 $n_0=1$ 或 2 等）时结论正确；

（2）假设当 $n=k$（k 为正整数，且 $k \geqslant n_0$）时结论正确，证明当 $n=k+1$ 时结论也正确.

在完成了这两个步骤之后，就可以断定命题对于从 n_0 开始的所有正整数 n 都正确.

3.2　数学归纳法证题的格式

回到例 2（板书应有意保留），其删去第（3）步后的规范格式为：

证明　（1）当 $n=1$ 时，左边 $=1$，右边 $=1$，等式成立.

（2）假设当 $n=k$ 时，等式成立，即

$$1+3+5+\cdots+(2k-1)=k^2,$$

那么　$1+3+5+\cdots+(2k-1)+[2(k+1)-1]$

$=[1+3+5+\cdots+(2k-1)]+(2k+1)=k^2+2k+1=(k+1)^2.$

这就是说，当 $n=k+1$ 时等式成立（这句话不要省略）.

根据（1）和（2），可知等式对任何 n 为正整数都成立.

这里的证明格式是分为两步，然后下结论. 其中第一步是证明一个真实的命题，通常是用验证的方法来完成；第二步是证实一个有效的推理（请老师们注意，由蕴涵式 $p \rightarrow q$ 的真值表知，p 假，q 假，仍有 $p \rightarrow q$ 真，即推理仍是有效的. 比如，由 $3=4$（假命题）可推出 $5=6$（也是假命题），这个推理是有效的. 反证法也在类似的情况）. 若记

$$a_n=2n-1,$$
$$S_n=a_1+a_2+a_3+\cdots+a_n.$$

则第二步相当于证明这样一个条件恒等式：

已知 $p: S_k = k^2$，求证 $q: S_{k+1} = (k+1)^2$.

一般来说，这个证明，允许用各种方法(正面的、反面的)，但都必须把"已知条件"(即归纳假设)用上. 并且，有一个用得较多的常规格式，分为三步：

第 1 步，把 S_{k+1} 表示为 S_k，a_{k+1}，k 的递推式；

第 2 步，把归纳假设 $S_k = k^2$ 代入；

第 3 步，作恒等变形，

即
$$S_{k+1} = S_k + a_{k+1} \quad (\text{逆推关系})$$
$$= k^2 + a_{k+1} \quad (\text{代入归纳假设})$$
$$= (k+1)^2. \quad (\text{恒等变形，得出结论})$$

例 1 的第 2 步推理格式是

$$a_{k+1} = a_k + d \quad (\text{递推关系})$$
$$= [a_1 + (k-1)d] + d \quad (\text{代入归纳假设})$$
$$= a_1 + kd. \quad (\text{恒等变形，得出结论})$$

3.3 数学归纳法可靠性的解释

去掉第(3)步传递的过程，有的同学可能会对数学归纳法不够放心. 即使是对第(3)步本身，也可能会有同学对无穷传递的中途不够放心. 毕竟，"无穷"是看不见、摸不着的. 对此，我们可以作这样的解释，以例 2 为例，假设有一些正整数使等式不成立，因为 $n = 1$ 时等式已成立，所以使等式不成立的正整数必大于 1，取其中最小的记为 $m > 1$，有 $S_m \neq m^2$.

由 m 的最小性同时有 $S_{m-1} = (m-1)^2$.

但据第(2)步，由 $S_{m-1} = (m-1)^2$ 必可推出 $S_m = m^2$.

这一矛盾说明，使等式不成立的正整数不存在.

4 巩固练习

(1) 求证 $1 + 2 + 3 + \cdots + n = \dfrac{1}{2}n(n+1)$.

(2) 求证 $1 + 2 + 2^2 + \cdots + 2^{n-1} = 2^n - 1$.

(3) 首项是 a_1，公比是 q 的等比数列的通项公式为 $a_n = a_1 q^{n-1}$.

教师巡回指导，并规范板演学生的解题格式.

5　小结

这节课我们学习了一个新的数学方法——数学归纳法,它是解决与正整数有关的命题的有力工具,应用非常广泛. 后面我们还要陆续介绍如何用数学归纳法解决各种问题. 本节课首先要掌握两点:

(1) 了解数学归纳法无穷递推的本质,掌握数学归纳法证题的两个步骤.

(2) 会用数学归纳法证明一些简单的恒等式,初步理解其第二步的作用与常规格式;书写规范.

6　作业(取自新教材《数学》第一册(上)$P.164$)

(1) 用数学归纳法证明:

① $2+4+6+\cdots+2n=n^2+n$;

② $2+2\times3+2\times3^2+\cdots+2\times3^{n-1}=3^n-1$.

(2) 用数学归纳法分别证明等差数列的前 n 项和公式 $S_n=na_1+\dfrac{1}{2}n(n-1)d$ 与等比数列前 n 项和公式 $S_n=\dfrac{a_1(1-q^n)}{1-q}$ $(q\neq1)$.

参考文献

[1] 罗增儒. 数学归纳法的一个直观实验[J]. 数学通讯,1983(4).

[2] 罗增儒. 高中数学竞赛辅导[M]. 西安:陕西师范大学出版社,1998.

第3篇　难点的突破技术,知识的形成过程①
——评《数学归纳法的教学设计》

数学归纳法是传统的教学难点和教研重点. 但是,到底难在哪里? 一共有几个主要难点? 并不很清楚,因而,全面突破难点的措施也就并不总是很得力. 本刊(指《中学数学教学参考》)知心老师的教学设计(1999 年第 1/2 期),表现出一种突破徘徊局面的努力,我们认为有两个较明显的特点:

(1) 对难点的认识比较清醒,突破措施比较有效;

(2) 注重知识的形成过程,学习环节比较完整.

---

① 本文原载《中学数学教学参考》1999(5):22-24(署名:惠州人).

为了叙述上的方便,我们先对数学归纳法本身进行分析,找出有哪些接受上的困难,然后看知心老师是如何突破的.

1 数学归纳法及其教学难点

(1) 数学归纳法所说明的是无穷个命题 $p(1)$, $p(2)$, $p(3)$, $\cdots$, $p(n)$, $\cdots$ 恒为真.这是一个以数量 $n=1$, 2, 3, $\cdots$ 为自变量,而以命题真值为因变量的"命题值函数".为了理解这样的函数,我们需要对先期存在的函数概念作必要的推广.这就清楚地表明中学生在接受上会有两个困难.

难点 1 对象的无限性.这是一个很抽象的概念,我们不能一一检验 $p(1)$, $p(2)$, $p(3)$, $\cdots$, $p(n)$, $\cdots$.需要找出一个好的办法来解决它.

难点 2 作为认识这个抽象"对象"的必要基础,学生对"命题值函数"的知识准备不足.把"归纳法"作为"数学归纳法"的知识生长点又不完全对口.这就使得原有的认知结构很难直接同化"数学归纳法".

(2) 为了说明无穷个"命题值函数"恒为真,这里提供了一个全新的证明模式,分为两步:

第一步,证明一个"真实的命题":$p(1)$ 真.它要解决的是"命题的真实性",这个事实可以感知,一般情况下不构成接受上的困难.

第二步,证明一个"有效的推理":$p(n) \Rightarrow p(n+1)$.它要解决的是"传递的有效性",但很容易误解为"证明 $p(n+1)$ 的真实性",因而也就搞不清楚,为什么需要证的结论"$p(n)$ 真"可以作为证明"$p(n+1)$ 真"的前提来运用.其实,这一步真正有作用的不是 $p(n+1)$ 这个结论,而是推理过程本身,即前一号命题 $p(n)$ 与后一号命题 $p(n+1)$ 是否有"蕴涵关系".这事实上又包含了一个着眼点的转移,由证 $p(n)$ 真转移到证一个蕴涵关系.这就使得接受"数学归纳法"除了要对函数概念作出推广外,还需有关的逻辑知识,这也是学生不完全具备的.

难点 3 对数学归纳法第二步的真实作用不够明确,所需要的逻辑知识不完全具备.

(3) 有了这两步之后,我们就建立起这样一个推理格式:

$$p(1) \text{ 真且 } p(n) \Rightarrow p(n+1). \qquad \textcircled{1}$$

进而,推理反复进行,得到一个真值的传递关系:

$$p(1) \text{ 真} \xrightarrow{\text{第二步}} p(2) \text{ 真} \xrightarrow{\text{第二步}} p(3) \text{ 真} \xrightarrow{\text{第二步}} \cdots\cdots \qquad \textcircled{2}$$

所以,数学归纳法是一个无穷递推过程.但是在具体使用中,人们并不总是停留于具体的过程,而是把它看成一种十分明确的证明方法,动态的过程表现为静态的描述:完成第一、二步,则无穷个命题 $p(1)$, $p(2)$, $p(3)$, … 恒为真.由于在这个静态的描述中隐去了本来就不太好理解的逻辑过程,这就使得学生在接受上更充满迷惑:由第一、二步得出结论可靠吗?做第一步时总想多验证几个具体数值,做完第一、二步后总感到不放心,甚至放弃归纳假设"$p(n)$真",直接去证 $p(n+1)$ 真(当然,这也反映了对第二步的作用不理解).

难点 4　对数学归纳法反复使用递推格式①不够理解,对无穷递推(传递)的过程②不够清楚.

难点 5　具体使用数学归纳法是一种全新的证明格式,它的掌握需要一个过程.尤其对第二步的证明更感陌生,不知道如何使用(甚至不使用)归纳假设,不能自觉寻找 $p(n+1)$ 与 $p(n)$ 的递推关系.

由上面的分析可以清楚看到,数学归纳法内容抽象、思想新颖、结构复杂,加上学生原有的认知结构对于同化"数学归纳法"无论是数学知识还是逻辑知识都不够充分,所以,这是一个难点非常集中的深奥课题.我们自己的经验表明,对数学归纳法的掌握长期停留在"形式"上.例如,用数学归纳法证明不等式

$$S_n = 1 + \frac{1}{2} + \cdots + \frac{1}{2^{n-1}} < 2$$

时,只会用递推关系(证第二步时),

$$S_{k+1} = S_k + a_{k+1} < 2 + a_{k+1},$$

但怎么也证不出来,而不会用

$$S_{k+1} = 1 + \frac{1}{2} S_k < 1 + \frac{1}{2} \times 2 = 2.$$

2　难点的突破技术

从知心老师的教学设计看,他对数学归纳法的教学难点是心中有数的,因而,许多措施都直接瞄准我们上面提到的 5 个难点.并且,在突破难点时,他不是逐一进行的,而是从整体上作综合处理.毕竟,各个难点之间不是孤立的,也不是难度等值的.我们来谈较突出的两方面处理.

(1)关于原有的认知结构同化数学归纳法存在数学知识和逻辑知识上准

备不足的困难. 知心老师从具体到抽象、从特殊到一般,设计了知识形成的完整过程. 可以细分为 4 个环节:

第一环节,直接从生活经验中提炼数学归纳法的基本结构. 接受摆砖游戏(或鞭炮、烽火台、多米诺骨牌)学生不会有困难,因而,第一次提炼是可以完成的,但这还不是数学归纳法(具有必要因素的问题情境).

第二环节,立即使用这样的结构去解决具体数学问题(例 1、例 2),暴露数学归纳法证题的直观过程,并作第二次提炼,得出数学归纳法. 这样的全程显示,有助于解决难点 4,也使我们看到了数学归纳法证题的概貌:

第一步是正确性的基础,验证 $p(1)$ 真;

第二步是传递性的依据,证明从前一号命题 $p(n)$ 到后一号命题 $p(n+1)$ 有传递性;

第三步是传递的过程,即②式;

第四步是传递的结论,即由第三步无穷传递下去可得 $p(n)$ 对一切正整数 n 都成立.

这 4 步不是对数学归纳法的证明,但直观地说明了数学归纳法的递推过程,当中传递过程的具体化:

$$p(1) \text{ 真} \xrightarrow{\text{第二步}} p(2) \text{ 真} \xrightarrow{\text{第二步}} p(3) \text{ 真} \xrightarrow{\text{第二步}} \cdots\cdots$$

能使我们清楚地看到第一步与第二步在功能上有不同的分工,但又缺一不可,服务于同一目的. 这对化解难点 1 至难点 4 都有积极作用.

第三环节,正式命名数学归纳法之后,在上述 4 个步骤的基础上,进一步认识数学归纳法的条件与结论,并总结出数学归纳法证恒等式 $f(n)=g(n)$(第二步)的基本方法. 这相当于证明一个条件等式

已知:$f(k)=g(k)$,求证:$f(k+1)=g(k+1)$.

证明:$f(k+1)=F(f(k),k)$(找出递推关系)

$\qquad\qquad\quad =F(g(k),k)$(代入归纳假设)

$\qquad\qquad\quad =g(k+1)$. (进行恒等变形)

这种初步的程序,有化解难点 5 的积极作用.

第四环节,通过具体的练习,巩固这个新方法(或新概念),使之纳入到学生自己的知识体系中去,形成新的认知结构,与原有的解题方法并列.

（2）关于"无穷递推合理性"的突破技术,采取了 3 项措施.

第一项,暗示、想象无穷.

思维具有间接性、概括性.在摆砖游戏的思维实验中,设想"摆砖从教室摆到操场,从学校摆到街道,从中国摆到外国……所有这些砖块都按照'前砖碰倒后砖'的规格,没完没了地摆下去,那么你一个人还能不能一块又一块地去推倒这所有的砖块?"这就是充分发挥人的思维的作用:

1° 用肉眼看不见的地方来暗示"无穷";

2° 用不断增加的大数量来想象"无穷".

第二项,直观显示无穷.

即将数学归纳法直观地分成 4 步,其中的第三步（即②式）,能使我们看到 $p(1)$ 的正确性是如何有效地一步一步传递下去,以至于无穷的.当然,这里也离不开思维的想象,但②式为想象的展开提供了形象.

第三项,反证法说理间接肯定无穷递推的合理性.

即"数学归纳法可靠性的解释",其实质是用"最小数原理"去证实"数学归纳法"（这也就表明,凡能用数学归纳法证明的命题,都可以改写为反证法）,但出于量力性的考虑,只是举例说明.

这 3 项措施对于化解难点 1 与难点 4 都有积极的作用,并且有助于从整体上理解数学归纳法.

3 几个建议

从字面看知心老师的这篇设计确实有很多优点,但拿到课堂上是否行得通,恐怕还需要实践检验.

（1）因为这是教师的教学设计,所以学生的活动还没有充分反映出来,在真实的教学中,还存在一个如何调动学生的问题.

（2）全文有一个引进、三个例子（两个正例、一个反例）、三个练习.其中的例 1、例 2 均使用了两次（用途不同）,这样的容量会不会大? 如果大的话,可把数学归纳法可靠性的解释移到下一节课.

（3）第 1 次布置作业,其第 1 题不妨要求学生先按 4 步来书写,直到学生感到第 3 步"千篇一律,纯属多余"之后,从第 2 题开始按标准格式书写.

（4）掌握一个新方法（或新概念）既需要正例也需要反例.特别是误用数学归纳法的表现很多,在后续课中有必要呈现来自学生作业的错例分析.

第 4 篇　数学归纳法教学设计的若干背景①

　　《中学数学教学参考》1999 年第 5 期关于《数学归纳法的教学设计》(简称《设计》)的"课例大家评",体现了一种百家争鸣的气氛,这既是办刊观念的一次富有创意的尝试,又是教学真实的一次不加粉饰的呈现. 本来就不存在适合任何情况的唯一设计,不同的学校、不同的教师、不同的学生本来就应有与自己相适应的较优安排,即使同一学校、同一教师、同一年级的同一课题教学,在两个平行班中也会有不同的动态平衡. 差异是绝对的,创造的空间是无限的,冷漠的回避无助于发展. 事实上,引起争鸣正是《设计》本身的一个重要背景. 文[1]、[2]也都在呼唤刊物上"难得一见"的争鸣.

　　读者的"课例大家评"谈到了大量的具体问题,这又涉及《设计》的另一类背景——内容的处理与组织,其核心是对数学归纳法的认识,对数学归纳法教学性质的认识.

　　笔者承认,点评中有的分析是意料之中的,有的分析(包括优点和缺点)却是原先没有意识到的,有的建议则是相当高明的. 比如,惠州人关于教学难点的分析(还可参考文[3]P. 129),我就没有看到这么多,比较明确的难点也就是:

　　(1)"无穷三段论". 学生往往会操作数学归纳法的"两步骤程式",却不明白数学归纳法无穷递推的思想. 文[4]、[5]的调查也证实了这一感觉.

　　(2)"数学归纳法第二步". 学生往往把第二步的蕴含关系与数学真命题(条件真且结论真)混为一谈(新教材提供了命题真值表有助于这一混乱的澄清),因而不能理解要证的命题 $p(n)$ 为什么摇身一变,可以作为命题 $p(k+1)$ 成立的条件;在具体操作中也不知道第二步的难点与关键在于找出第 $k+1$ 号命题与第 k 号命题的递推关系.

　　至于"命题值函数""着眼点的转移"等,充其量只是一些朦胧的潜意识.

　　又如,张启兆运用认知心理学理论所进行的分析,提高了"课例大家评"的学术水平. 说实在的,我的《设计》主要是一种经验总结,所缺少的正是数学学习

———————————

① 本文原载《中学数学教学参考》1999(9)：15 - 18(署名：知心).

心理学的自觉指导.

还有徐光考的重新设计,对我很有启发,将"砖块"编号(即与正整数构成对应),再将"推倒"作为命题取真值,这不就建立起了一个命题值函数的直观模型了吗? 接着把"砖块推倒"换成"数学等式",便可完成从"生活经验"到"数学原理"的转变.

可以说,每一篇点评都体现了一定的教学理论与教学经验,都有助于克服个人教学设计中的随意性与盲目性,都能从整体上提高教师教学设计的理论性、科学性、艺术性和创造性,其意义远远超过对一个具体课题的完善,我觉得这正是数学教育学应当提倡的"案例方法",通过案例来理解和学习数学教育原理,通过案例来提高教师教学设计的实际能力.

讨论是有益的,并且不需要像竞技体育那样决出胜负,排出名次. 但是,当下的争鸣还主要是"各说各"的自我陈述,虽有观点上的碰撞,却还没有直接意义上的交锋. 为了把"课例大家评"引向深入,我愿作引玉之砖,坦陈当初为什么作这样设计的一些想法,算是一次不完整的说课吧.

1　对传统引进方式的反思

记得笔者当学生时,数学归纳法的教学是以归纳法作为知识生长点的,按照如下的格式:

$$归纳法\begin{cases}不完全归纳法(结论不可靠)\\完全归纳法\begin{cases}穷举法\\数学归纳法\end{cases}(结论可靠)\end{cases}$$

将引进组织为三步:

第(1)步,提出一个关于自然数的命题. 比如用下述两例之一:

例1　求证:$1+2+\cdots+n=\dfrac{n(n+1)}{2}$.（文[9]也用这个例子,但不完全是传统意义上的使用）

例2　求等差数列的通项公式(《设计》中的例1).

第(2)步,当用不完全归纳法来解决时,结论不可靠,举出反例. 如下述两例之一:

例3　二次三项式 $f(n)=n^2+n+17$,有 $f(1)=19$,$f(2)=23$,$f(3)=29$,

直到 $f(15)$ 均为质数,但 $f(16)=17^2$ 为合数.

例 4 函数 $f(n)=(n^2-5n+5)^2$,有 $f(1)=1$,$f(2)=1$,$f(3)=1$,$f(4)=1$,但 $f(5)=25$ 不等于 1.

可见,根据前几项得出数列通项的猜想会有失误,但用完全归纳法来一一验证时,对无穷个自然数又做不到,怎么办呢?

第(3)步,教师顺势提出一个新的办法. 有的教学就此奉献出数学归纳法(如同讲"逢 10 进 1"那样,会操作就行了,进位制不用讲);有的教学则通过探索、提炼等引出数学归纳法,体验数学归纳法,学习数学归纳法.

笔者当学生时是这样学的,初为人师时也是这样教的. 一个天经地义的解释是:数学归纳法的教学就是方法的教学,而在学生所掌握的方法中,再没有比"归纳法"更为接近数学归纳法的了(至少望文生义是这样). 然而,在课堂上讲着讲着,我常感到有些不自然,主要表现有 3 点.

(1) 进行第(2)步提出"怎么办"时,常把学生的思路引到别处去了,有意图落空的危险. 因为学生还不知道数学归纳法,却有处理例 1、例 2 之类"与自然数有关命题"的经验,所以,学生会提出与数学归纳法课题无关的解决措施. 比如,利用字母表示数的任意性,又如用带"省略号"的递推法等. 下面是例 1 的一些常见处理.

证明 1 由 $\quad k=k\dfrac{(k+1)-(k-1)}{2}=\dfrac{k(k+1)}{2}-\dfrac{(k-1)k}{2}$,

求和,得
$$\sum_{k=1}^{n}k=\frac{n(n+1)}{2}.$$

证明 2 由 $\displaystyle\sum_{k=1}^{n}k=1+2+\cdots+n=n+(n-1)+\cdots+1=\sum_{k=1}^{n}(n+1-k)$,

有
$$\sum_{k=1}^{n}k=\frac{1}{2}\Big[\sum_{k=1}^{n}k+\sum_{k=1}^{n}(n+1-k)\Big]$$
$$=\frac{1}{2}\sum_{k=1}^{n}[k+(n+1-k)]=\frac{1}{2}\sum_{k=1}^{n}(n+1)=\frac{n(n+1)}{2}.$$

这两个解法都避开了由"归纳法"所引发的关于"无穷个自然数不能一一验证"的矛盾. 再看例 2 的两个解法,已经含有递推的因素.

解法 1 由等差数列的定义,有

$$
\begin{aligned}
a_n &= a_{n-1} + d && (\text{第 1 步})\\
&= (a_{n-2} + d) + d = a_{n-2} + 2d && (\text{第 2 步})\\
&= (a_{n-3} + d) + 2d = a_{n-3} + 3d && (\text{第 3 步})\\
&= \cdots\\
&= (a_1 + d) + (n-2)d = a_1 + (n-1)d. && (\text{第 } n-1 \text{ 步})
\end{aligned}
$$

解法 2　如图 1,由等差数列的定义,有

$$a_2 - a_1 = d,$$

$$a_3 - a_2 = d,$$

$$\cdots$$

$$a_n - a_{n-1} = d.$$

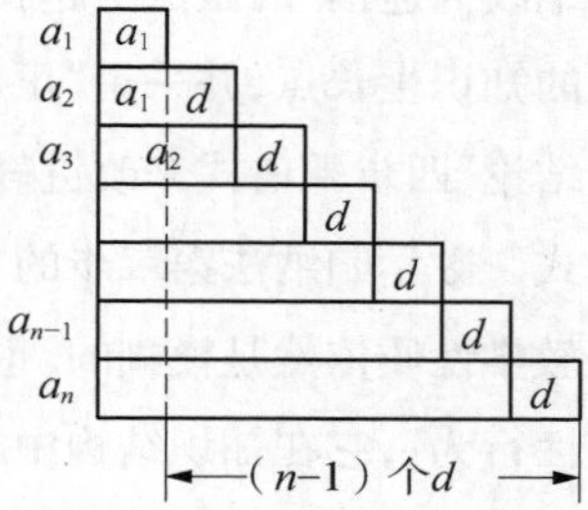

图 1

将这 $n-1$ 个等式相加,得

$$a_n - a_1 = (n-1)d,$$

即

$$a_n = a_1 + (n-1)d.$$

这些情况说明,所谓"怎么办?"很大程度上是教师为了教学需要的设计而已,而不完全是学生的"认知冲突". 更窘的是,像例 1、例 2 这样的题目,学生在前面的学习中已经解决了,等差数列的通项公式已经使用好长时间了,而我却煞有介事地当作问题,难怪有的学生不以为然. 到我自己也醒悟过来时,只好讪讪地含糊过去.

(2) 像例 1、例 2 这样的习题,都表现为形式上的有限项问题,特别是学过数列极限的学生(旧《代数》课本确是先学极限),肯定会把 a_n 看成有限项,把 $S_n = \sum_{k=1}^{n} k$ 看成有限项的和,从而就很难提供无穷的直接体验,"无穷"仿佛是教师的一种口头假设,就像黑板上的一条线段示意为无穷直线,就像麻袋中"有限个球"假定"为无限多". 这种认识,对理解带省略号的递推虽然有利,但对理解无穷没有实质性的帮助.

(3) 讲完数学归纳法的"两步骤程式"后与"归纳法"相对照,却找不到是如何归纳的. "只好叫学生照此格式去做,搞得学生似懂非懂,当然他们只好生搬硬套,依样画葫芦了"(见文[6]),这是一种学生未觉察的尴尬.

此外,这种引进,对数学归纳法的名称和实质都还没有触及,下来,还需要从头开始做"数学归纳法"实质内容(而不仅仅是课题)的启发,现今的许多教学就是这样做的.

这一系列的羞涩引起了教学反思,我怀疑自己对这个课题的"教学性质"并未搞清,因为它们不完全是教学技术上的问题. 1982 年读到文[6]时,其"把归纳改为递推"的做法引起我的共鸣,于是,我也把"递推法"作为数学归纳法教学的知识生长点,并采用"正确性的基础""传递性的依据""传递的过程""传递的结论"四步骤格式来改进教学. 到 1983 年见到文[7]时,"摆砖实验"、"四步骤格式"、数学归纳法第二步的"三步骤程序"等已初具雏形. 但是,对数学归纳法的教学性质依然是模糊的. 也就是说,学生从我这里习得的只是一个孤立的"机械性行为",它在知识结构中的真实身份与具体位置是不清楚的.

2 对数学归纳法教学性质的认识

数学归纳法教材,如果有皮亚诺公理或最小数原理作前提,谁都会毫不犹豫地将其纳入"定理教学",也会采用"下位学习"的方式来组织教学. 但是,中学教材没有这样的前提,这就使数学归纳法的教学性质变得难以辨认,文[8]直率地说"很难把它归到其中的任何一类",不同于概念教学,不同于定理教学,不同于公理教学、不同于方法教学……

经过对教材的反复理解,我感到数学归纳法的处理具有公理的性质,应该用"公理教学"的方式来进行教学设计. 但这个"公理"与其他公理相比缺少自明性,"经过两点有一条直线,并且只有一条直线"这有自明性;"两点之间,线段最短",这是把定理作公理,也有自明性,但数学归纳法内容抽象、思想新颖、结构复杂,不仅"不自明",而且还是"前所没有"的深奥晦涩. 由此,我得出数学归纳法教学的两点基本认识:

(1) 数学归纳法的本质是一个无穷递推的动态过程,但具体描述为静态的"两步骤程式",形式掩盖着实质,教学中既要教程式又要教原理.

(2) 数学归纳法的教学具有"公理教学"的性质,但缺少实质性公理的那种自明性. 教学中既要提供"公理"的背景,又要把重点放在"不自明"的理解上.

正是在这两点认识的基础上,我同意文[8]将"数学归纳法"教学与"数列极限的定义"教学归入同一类型. 因为:

(1) 数列极限的定义也类似地把一个无穷变化的过程,描述为两个静态的

不等式 $n \geqslant \mathbf{N}$, $|a_n - A| < \varepsilon$.

（2）"数列极限的定义"教学显然是"概念教学"，具体实施中大多采用"概念的形成"方式，这就与"公理教学"有很多的共同点，它们都是由具体事例的归纳、概括而得到的，它们的学习都主要是一个顺应的过程.张启兆同志称为"上位学习".

基于上述两点认识，我感到整个设计的指导思想已经明确，下来的关键应是从日常生活中找出具有"自明性""无穷""递推""两步骤程式"的经验事实来，并加工成问题情境.应该说，"自明性""递推""两步骤程式"都不难（数学归纳法的等价形式本来就很多），难的是"无穷".杨志文同志建议摆陆战棋之类的办法，恐怕缺少点"无穷"的考虑（低估高中生的思维水平还不是主要的），文[9]将人排成一列传递信息，也将数学归纳法第二步更多地体现为"有限递推".

笔者在充分注意"无穷"基础上提出的"思维实验"（摆砖游戏所体现的问题情境），有4个基本特征：

（1）具有数学归纳法的必要因素与必要形式，既有直觉经验上的"自明性"，又有直觉发现上的"可能性".

这一点众多读者都已看到了.

（2）能突出数学归纳法无穷递推的本质.

惠州人的文章（见本书P. 237）对此指出了三点，但有一个关键处没有强调："注意，在你推倒一块的同时，几十亿块砖又立起来了."若用有限的眼光来看，推倒所有的砖根本就不可能，因为"立起来的砖比倒下去的砖多"，只有无穷集合才能与其真子集构成一一对应.对此，可能有的学生一时想不通，也就是说，数学归纳法无穷递推的本质还需要后继课的继续努力.

（3）建立在学法需要的基础上，能够激发学生产生问题解决的必要性与启发性.

从学生已有知识经验出发，按照学生认识规律（事实—归纳—强化）进行，这是一种考虑到学生学习需要的设计.如果只考虑教师的知识传授，过程本可大大减少，也可以从反证法证"素数有无穷多"来提炼出数学归纳法.

作为重视学生学法的必要行动，《设计》引导学生从生活经验中提炼出数学方法来.但是，这个"思维实验"能提炼出数学方法吗？怎样提炼成数学方法？提炼成什么样的数学方法？如此等等，学生睁大着好奇而探索的目光，心头充满着问题情境,而问题的接受性、障碍性、探究性也全都有了. 它比提出例 1、例 2 那种"虚虚实实"的矛盾更真实也更有分量,不仅牵动着学生的思维飞翔本节课,而且还要跨越更广大的时间和空间. 然而,正是问题本身很有分量,我承认在满足学生这许多内在需求方面,力不从心.

(4) 有利于教学活动的展开和教学目标的完成.

根据上面的认识,我赞成用经过启发式改造的讲解法,组织成"过程教学",但改造为过程与结果并重,是一种"有意义接受学习".

3 关于反例

凡是谈到反例的点评,几乎都不赞成我的例子,主要是认为难了,也加重负担,还有认为位置不当等,这些都言之有据. 我当初的想法是,课本那样的反例(即本文例 4)没有迷惑性,学生都知道整值二次多项式

$$g(n) = n^2 - 5n + 5 \ (n \text{ 为正整数})$$

的函数值不会为常数,也不会仅取 1、-1 两个值,因而猜想 $f(n) = [g(n)]^2 = 1$ 的可能性很小,有的学生只是"配合"一下老师才"猜想" $f(n) = 1$,因而,也就缺少真实的问题情境. 当然,能用来代替的例子很多,本文例 3 就是现成的. 我之所以在《设计》中选用现在的例子,是因为它同时兼有迷惑性、新颖性、研究性.

此例是数学家利奥·摩塞提出的,我在 1995 年第 3 期的《数学译林》中见到,可以叙述为:

例 5 考虑圆周上的 n 个点,用弦两两联结起来,其中任何三条弦都不在圆内共点,求由此形成的互不重叠的不同区域的个数 a_n.

多次试验表明,学生由 $a_1 = 1$, $a_2 = 2$, $a_3 = 4$, $a_4 = 8$, $a_5 = 16$,是真心猜测 $a_n = 2^{n-1}$ 的,所以说迷惑性强. 其实(求解过程见文[10])

$$a_n = \frac{1}{24}(n^4 - 6n^3 + 23n^2 - 18n + 24) = C_{n-1}^0 + C_{n-1}^1 + C_{n-1}^2 + C_{n-1}^3 + C_{n-1}^4.$$

(约定 $n < m$ 时 $C_n^m = 0$)

而 $2^{n-1} = (1+1)^{n-1} = C_{n-1}^0 + C_{n-1}^1 + C_{n-1}^2 + \cdots + C_{n-1}^{n-1},$

仅在头 5 项相同,由 $a_6 = 31$(直接由图形得出)即成为反例. 作为数学归纳法的教学,叙述到 a_6 便够了,但作为悬念或新颖的问题,求 a_n 必然会引起一部分学

生的研究兴趣,是否可以这样理解,求 a_1, a_2, $\cdots$, a_6 是面向全体学生(经验表明,这需要 3 分钟),求 a_n 是因材施教(提供了无限广阔的思维空间).

4　数学归纳法与归纳法

我的《设计》没有把归纳法作为数学归纳法的知识生长点,而是用"公理教学"的方式,直接从生活经验中提炼数学归纳法. 但是,数学归纳法的使用需要预先知道结论,而这个结论常常是通过归纳"发现"的,"归纳法发现—数学归纳法论证"是一个常见而重要的数学活动方式(高考题也多次出现). 因此,数学归纳法的教学要注意与归纳法的联系.

我的《设计》中,有 5 个地方沟通了与归纳法的联系:

(1)"摆砖游戏"中包含着归纳法,一块一块地推倒有限块砖对应着完全归纳法.

(2) 从生活经验中归纳出数学归纳法. 虽然这与数学归纳法是否具有归纳性质无关,但确实是用"归纳法"来教"数学归纳法",直到最后,也只是给出了"可靠性的解释",而没有给出"严格的证明",学生对"数学归纳法"不完全放心,不能不说与归纳法不完全可靠也有关系. 关于这一方面,我再次承认驾驭能力不足.

(3) 对等差数列通项公式的归纳. 虽然这在前面章节中出现过,但在此重新出现的作用不同. 它给出了"归纳法发现—数学归纳法论证"的格式.

(4) 对《设计》一文中的例 2,我有意改变课本中"先证明,后给图形解释"的顺序,先由图形归纳出结论,后进行证明. 这同样也是为了体现"归纳法发现—数学归纳法论证"格式.

(5) 反例(本文例 5)中通项公式的归纳

这 5 个地方体现了归纳法的 4 种情况,第(1)是归纳法的直观感受;第(2)是未严格证明的不完全归纳,但结论可靠;第(3)、(4)是归纳之后有严格证明;第(5)是结论不可靠的归纳. 这几种情况还包含了代数与几何两方面的例子.

5　关于数学归纳法两步"缺一不可"

在原《代数》(下)课本中把"缺一不可"放在第一节,不止一位读者批评《设计》对此"不应省略". 但《设计》是以新教材《数学》第一册(上)为依据的,故将此放在第二节课,仅在 3 个地方作了铺垫性准备,下节课应是水到渠成的:

(1) 摆砖游戏中包含着两步缺一不可,并作了必要的强调.

(2) 数学归纳法第 3 步"递推的过程"中,显示了两个步骤的作用、进程与缺一不可.

(3) 反例(本文例5)说明缺第二步不行;由"3＝4"推出"5＝6"说明缺第一步不行.

与此相关的还有一个问题:是的,两步中哪步都不可缺少,但两步都有了就"充分"吗? 正因此,"可靠性的解释"不仅具有说明"自明性"的意图与功能,而且也能使学生的认识较为完整.

先说到这里,欢迎读者对设计意图进行理论上的分析和实践上的检验,特别希望提供实验报告.

参考文献

[1] 张奠宙. 还是"百家争鸣"为好[J]. 数学教学,1997(1).

[2] 罗增儒. 争鸣,为了数学教育的繁荣[J]. 中学数学教学参考,1996(8/9).

[3] 郑毓信. 认知科学:建构主义与数学教育[M]. 上海:上海教育出版社,1998.

[4] 季建平. 关于理解数学归纳法原理的心理困难的实验报告[J]. 数学教学,1998(3).

[5] 陆安定. 初探数学归纳法运用水平对理解水平的影响[J]. 中学数学月刊,1999(6).

[6] 曾容. 数学归纳法的教学设计[J]. 数学教学,1982(1).

[7] 罗增儒. 数学归纳法的一个直观实验[J]. 数学通讯,1983(4).

[8] 裴光亚. 从"数学归纳法"课的特点看《数学归纳法的教学设计》[J]. 中学数学教学参考,1999(5).

[9] 谭恩国. "数学归纳法"教法探讨[J]. 中学数学杂志(高中版),1999(1).

[10] 罗增儒. 数学奥林匹克高中训练题(38)[J]. 中等数学,1999(3).

第5篇 "糖水浓度与数学发现"的系列活动课①

教师:同学们,今天我们来上一节甜甜的活动课. 请看,这里摆着一缸清水、一瓶红糖,还有大大小小的一批玻璃杯. 当我将红糖放入水中时,就得到糖水,

---

① 本文原载《中学数学教学参考》2000(10):17－24(署名:惠州人).

糖水有浓度[①],计算公式为

$$浓度 = \frac{溶质}{溶液}.$$

下面,我们以糖水浓度的生活常识为背景,设计了 5 个活动,组成一个由浅入深、由表及里、由现象到本质、由猜想到论证的系列. 希望大家在理解每个活动设计的思维情境的基础上,进行大胆的数学探索,并从整体上去领悟和积累数学活动的经验.

1 活动 1——等比定理的发现

教师把糖放进一个大玻璃杯内,添上水得到一大杯糖水,然后随意分倒在 3 个小杯中,记每一杯糖水的浓度为 $\frac{a_1}{b_1}$, $\frac{a_2}{b_2}$, $\frac{a_3}{b_3}$,这里 a_i, b_i($i=1$, 2, 3) 为正数.

(**点评**:为方便学生思考,先做了些数据 $\frac{a_i}{b_i}$ 的准备,以降低难度.)

教师:我这 3 小杯糖水的浓度有什么关系?

学生(众):相等.

教师:对,应有

$$\frac{a_1}{b_1} = \frac{a_2}{b_2} = \frac{a_3}{b_3}. \tag{①}$$

现在,我把这 3 小杯糖水全都倒进一个空的大玻璃杯中,那么,混合后的糖水浓度与原先 3 小杯糖水的浓度有什么关系?

学生(众):相等.

教师:对,是相等. 我们把大杯分成小杯又合成大杯,好像是重复或循环,其实这里有数学道理. 大家能根据这一显而易见的生活常识,提炼出一个数学命题吗?

(**点评**:思维情境的创设已经完成,学生思维的闸门也已打开.)

学生 1:混合后的糖水浓度为

$$\frac{a_1 + a_2 + a_3}{b_1 + b_2 + b_3}. \tag{②}$$

① 1996 年开始,化学科已停止使用"浓度",改用"质量分数"和"体积分数".

它与原先的 3 小杯糖水浓度相等,故有等式

$$\frac{a_1}{b_1}=\frac{a_2}{b_2}=\frac{a_3}{b_3}=\frac{a_1+a_2+a_3}{b_1+b_2+b_3}. \qquad\qquad ③$$

这就是等比定理:若①则③.

教师:很好,从"糖水情境"到"等比定理",这中间有一个从具体事实到形式化抽象的数学过程,前者是"具体的模型",后者是"抽象的模式",之间有质的区别.把糖放进水里,把糖水倒来倒去,这是数学吗?不是!但舍去了糖、水、浓度等的具体性质,抽象出本质属性的数量关系——等比定理,这就成为数学了.现在我问,作为"糖水情境"中的 a_i, b_i 与作为"等比定理"的 a_i, b_i 有区别吗?

(**点评**:完成从模型到模式的过渡后,立即对模式作深化认识.)

学生 2:"糖水情境"中的 a_i, b_i 只能为正数,并且 $b_i>a_i>0$. 而作为"等比定理"的 a_i、b_i 不需要这么多的限制,有

$$\begin{cases} b_i\neq 0\ (i=1,\ 2,\ 3), \\ b_1+b_2+b_3\neq 0 \end{cases}$$

就够了.

教师:是的,"等比定理"中的 a_i, b_i 既允许 $a_i\geqslant b_i$,又允许取负数.而在范围扩大的同时也增加了一个新风险:分母可能为零.这是我们在使用等比定理时要特别注意的问题(参见练习 1 第(2)题).

对于学生 1 的回答,我还有一个问题要弄清,你为什么说②式是混合后糖水的浓度.

(**点评**:对粗糙的模型提炼、作更精细的思考.)

学生 1:因为 $a_1+a_2+a_3$ 是 3 杯糖水中糖的总和,$b_1+b_2+b_3$ 是 3 杯糖水的总和,据浓度公式可得出②式.

教师:理由说完了?还有补充吗?其他同学还有补充吗?

学生 3:$a_1+a_2+a_3$ 不一定是糖的总和.

教师:为什么?

学生 3:在计算小杯糖水的浓度时,分子分母可能有约分,比如 21 克糖水中有 6 克糖,其浓度可约分为 $\frac{2}{7}$.

教师：如此说来,当浓度 $\dfrac{a_i}{b_i}$ 没有约分时,式②表示了混合糖水的浓度,那

么, $\dfrac{a_i}{b_i}$ 有约分时,式②还是浓度值吗?

学生 4：还是!

教师：为什么? 此时 $a_1+a_2+a_3$ 已经不是糖的总和, $b_1+b_2+b_3$ 也不是糖水的总和了.

学生 4：虽然此时式②不是浓度定义的直接列式,但在数值上与定义式相等.原因是,我们有等比定理作理论依据.

教师：非常好.这样我们就经历了两个相辅相成的阶段:首先由直观情境提炼出数学结论,然后用数学结论去解释客观事实.

现在我还要问,根据上面的讨论,你能对式②作出一些补充,从而导致新的数学发现吗?

(**点评**：继续对粗糙的模型提炼作发散性的思考.)

学生 5：若设 3 小杯糖水的浓度分别约去了 m_1, m_2, m_3,则可得混合后的浓度为

$$\frac{m_1 a_1+m_2 a_2+m_3 a_3}{m_1 b_1+m_2 b_2+m_3 b_3}. \qquad ④$$

从而有命题:

若 $b_1 b_2 b_3 \neq 0$, $m_1 b_1+m_2 b_2+m_3 b_3 \neq 0$,且 $\dfrac{a_1}{b_1}=\dfrac{a_2}{b_2}=\dfrac{a_3}{b_3}$,则

$$\frac{a_1}{b_1}=\frac{a_2}{b_2}=\frac{a_3}{b_3}=\frac{m_1 a_1+m_2 a_2+m_3 a_3}{m_1 b_1+m_2 b_2+m_3 b_3}. \qquad ⑤$$

学生 6：若设 3 小杯糖水的质量分别为 n_1, n_2, n_3,则可得混合后的浓度为

$$\frac{\dfrac{a_1}{b_1}n_1+\dfrac{a_2}{b_2}n_2+\dfrac{a_3}{b_3}n_3}{n_1+n_2+n_3}. \qquad ⑥$$

从而有命题:

若 $b_1 b_2 b_3 \neq 0$, $n_1+n_2+n_3 \neq 0$,且 $\dfrac{a_1}{b_1}=\dfrac{a_2}{b_2}=\dfrac{a_3}{b_3}$,则

$$\frac{a_1}{b_1} = \frac{a_2}{b_2} = \frac{a_3}{b_3} = \frac{1}{n_1 + n_2 + n_3}\left(\frac{a_1 n_1}{b_1} + \frac{a_2 n_2}{b_2} + \frac{a_3 n_3}{b_3}\right). \qquad ⑦$$

教师：这样,我们通过 3 杯浓度相等的糖水,认识了等比定理的各种形式.下来还有两个问题需要明白,其一,杯数可以任意增加;其二,如何给出严格的证明(回去再做,留作练习).

(点评：巩固性的练习不太难,留做课后作业.)

练习 1

(1) 已知 $b_1 b_2 \cdots b_n \neq 0$,且 $\dfrac{a_1}{b_1} = \dfrac{a_2}{b_2} = \cdots = \dfrac{a_n}{b_n}$,求证:

(i) 当 $\displaystyle\sum_{k=1}^{n} b_k \neq 0$ 时,有 $\dfrac{a_1}{b_1} = \dfrac{a_2}{b_2} = \cdots = \dfrac{a_n}{b_n} = \dfrac{\displaystyle\sum_{k=1}^{n} a_k}{\displaystyle\sum_{k=1}^{n} b_k}$;

(ii) 当 $\displaystyle\sum_{k=1}^{n} m_k b_k \neq 0$ 时,有 $\dfrac{a_1}{b_1} = \dfrac{a_2}{b_2} = \cdots = \dfrac{a_n}{b_n} = \dfrac{\displaystyle\sum_{k=1}^{n} m_k a_k}{\displaystyle\sum_{k=1}^{n} m_k b_k}$;

(iii) 当 $\displaystyle\sum_{k=1}^{n} m_k \neq 0$ 时,有 $\dfrac{a_1}{b_1} = \dfrac{a_2}{b_2} = \cdots = \dfrac{a_n}{b_n} = \dfrac{1}{\displaystyle\sum_{k=1}^{n} m_k}\left|\displaystyle\sum_{k=1}^{n} \frac{a_k m_k}{b_k}\right|$.

(2) 已知 a,b,c 为互不相等的实数,且 $\dfrac{x}{a-b} = \dfrac{y}{b-c} = \dfrac{z}{c-a}$,求 $x+y+z$.

(参见文[1]例 1,文[2]例 1)

2 活动 2——真分数不等式的发现

教师：在幼儿园的时候我们就知道,给糖水加糖能使糖水变甜(糖水未饱和),给菜汤添盐能使菜汤变咸.请大家把这一生活常识用数学式表达出来.

(点评：此处,没有像活动 1 那样先做数据准备,意在提高要求.)

教师环顾大家,首先挑选面露难色的同学,问主要困难是什么.

学生 7：我的困难是不知从什么地方下手.既没有数字又没有字母,我拿什么去列式呢?

教师：哦,"无米之炊",那我们就找米下锅.比如说,解应用题列方程式时,未知数肯定没有具体数据,那时你是怎么办的?

学生 7：用字母表示数,设为 x.

教师：那"糖水加糖更甜了"，你能不能也用字母来表示？

学生 7：设原来的糖水浓度为 p_1，加糖后的浓度为 p_2，则有

$$p_1 < p_2. \tag{⑧}$$

教师：对！问题的本质是一个不等式，这一点，你抓住了。不足的是，式⑧没有直接反映"浓度"与"加糖"。你能不能更具体地表示出"原浓度""加糖后的浓度"以及两个浓度间的关系，使人一看这个"没有任何汉字"的"符号"不等式，就能领会"糖水加糖更甜了"？

学生 7：我设 b 克糖水里有 a 克糖，则 $p_1 = \dfrac{a}{b}$；加糖后的糖水更甜了，就存在 $c > 0$，使

$$\frac{a}{b} < \frac{a}{b} + c. \tag{⑨}$$

教师：这里的 c 表示什么？

学生 7：表示加糖了。

教师：是表示糖的质量吗？浓度与质量能够相加吗？

学生 7：c 不是增添的糖的质量，它是加糖后所引起的浓度增加量[①]。

教师：那⑨式只表示了浓度增加则糖水就更甜，还没有把浓度增加的原因——添糖反映出来。换句话说，当 $p_1 = \dfrac{a}{b}$ 时，p_2 如何表示？

学生 7：我明白了，$p_2 = \dfrac{a+m}{b+m}$，其中 $m > 0$ 为所添糖的质量。由此得不等式：对 $b > a > 0$，$m > 0$，有

$$\frac{a}{b} < \frac{a+m}{b+m}. \tag{⑩}$$

（**点评**：这是师生互动，进行数学再发现的一个模拟。下面是进一步的开放性思考，这些思考受到了活动 1 的启发。）

学生 8：我更一般地考虑糖水的浓度经过了约分，因而加糖 m 克后的浓度

---

① 事实上，$c = \dfrac{a+m}{b+m} - \dfrac{a}{b} = \dfrac{m(b-a)}{b(b+m)} > 0$，其中 $b > a > 0$，$m > 0$.

为 $p_2 = \dfrac{ak+m}{bk+m}$，由此得不等式：对 $b > a > 0$，$m > 0$，$bk + m > 0$，有

$$\frac{a}{b} < \frac{ak+m}{bk+m}. \tag{⑪}$$

当 $k = 1$ 时，回到⑩式．

学生 9：我也考虑到浓度值可能会有约分，因而设原糖水的质量为 k，添加

质量为 m 的糖后浓度为 $p_2 = \dfrac{\dfrac{a}{b}k+m}{k+m}$，由此得不等式：对 $b > a > 0$，$m > 0$，k

$+m > 0$，有

$$\frac{a}{b} < \frac{ak+bm}{b(k+m)}. \tag{⑫}$$

当 $k = b$ 时，回到⑩式．

教师：我们一口气得出了 3 个不等式，这是一个从具体模型到抽象模式的提炼过程，同时，也是一个根据自身知识经验主动建构的过程．在我们的对话中，事实上已经经历了一个"三层次解决"的思维过程．

第一层次，将实际问题转化为一个不等式问题：$p_1 < p_2$．

明确了这一点，就明确了问题解决的方向，这是策略水平的解决．

第二层次，根据浓度的定义，具体表示出 p_1，p_2 来．

明确了这一点，就明确了问题解决的方法，这是方法水平的解决．

第三层次，用字母表示数，得出具体的不等式，又可以细致地分为 3 小步（以⑩式为例）：

（1）用字母 a，b，m 表示相应的量；

（2）根据浓度的定义，写出加糖前后的浓度 $p_1 = \dfrac{a}{b}$，$p_2 = \dfrac{a+m}{b+m}$．

（3）将"更甜了"表示为不等式 $\dfrac{a}{b} < \dfrac{a+m}{b+m}$．

在构建不等式⑩或⑪、⑫的过程中，明显借助于如下的知识：

（1）浓度的定义；

（2）用字母表示数的知识；

（3）不等式的知识；

（4）从"活动1"中获得的数学活动经验.

也可以说,不等式⑩、⑪、⑫是在上述知识经验基础上的主动建构. 由于各人知识经验上的差异,因而建构出来的结果也略有不同;到具体证明时,思路就更加发散了(有分析法、作差法、放缩法、定比分点法、斜率法等不下二三十种).

（点评：对数学学习的思维过程进行了一个理论性的小结. 至于不等式⑩的证明,则留给活动3去作更多的体现. 事实上,⑩也就是 $\dfrac{a}{b} < \dfrac{a+m}{b+m} < \dfrac{m}{m}$.)

练习2

（1）设 $\{a_n\}$ 是由正数组成的等比数列, S_n 是其前 n 项的和,证明

$$\frac{\log_{0.5} S_n + \log_{0.5} S_{n+2}}{2} > \log_{0.5} S_{n+1}.$$

(1995 年数学高考文科题)(参见文[3]P. 206 例 4 - 33)

（2）已知数列 $\{b_n\}$ 是等差数列, $b_1 = 1$, $b_1 + b_2 + \cdots + b_{10} = 145$.

(i) 求数列 $\{b_n\}$ 的通项 b_n;

(ii) 设数列 $\{a_n\}$ 的通项 $a_n = \log_a\left(1 + \dfrac{1}{b_n}\right)$ (其中 $a > 0$,且 $a \neq 1$),记 S_n 是数列 $\{a_n\}$ 的前 n 项的和,试比较 S_n 与 $\dfrac{1}{3}\log_a b_{n+1}$ 的大小,并证明你的结论.

(1998 年数学高考理科题)(参见文[4])

3　活动3——中间不等式的发散思考

教师：我这里有两杯浓度不同的糖水,一杯较淡、一杯较浓. 将这两杯糖水混合到第三只杯里后,所得的糖水浓度,一定比淡的浓,而又比浓的淡. 请根据这一生活常识写出相应的数学命题,越多越好.

为了叙述上的方便,我们记较淡的糖水浓度为 $\dfrac{a_1}{b_1}$,较浓的糖水浓度为 $\dfrac{a_2}{b_2}$,其中 a_i, b_i 均为正数.

（点评：学生在活动2中已经历了数据准备的锻炼,此处提前给出 $\dfrac{a_i}{b_i}$ 主要是为了讨论用语的统一.)

学生10：由刚才的假设我可以认为,在 b_1 克糖水中有 a_1 克糖,在 b_2 克的糖水中有 a_2 克糖,混合之后,得 $b_1 + b_2$ 克糖水中有 $a_1 + a_2$ 克糖,故得不

等式

$$\frac{a_1}{b_1} < \frac{a_1 + a_2}{b_1 + b_2} < \frac{a_2}{b_2}.$$ ⑬

学生 11: 我觉得所假设的糖水浓度值完全有约分的可能,更一般地应是在 $m_1 b_1$ 克糖水中有 $m_1 a_1$ 克糖,在 $m_2 b_2$ 克糖水中有 $m_2 a_2$ 克糖,混合之后,得 $m_1 b_1 + m_2 b_2$ 克糖水中有 $m_1 a_1 + m_2 a_2$ 克糖,故得不等式

$$\frac{a_1}{b_1} < \frac{m_1 a_1 + m_2 a_2}{m_1 b_1 + m_2 b_2} < \frac{a_2}{b_2}.$$ ⑭

当 $m_1 = m_2$ 时,便是⑬式.

学生 12: 不管所假设的糖水浓度值是否经过了约分,我设糖水的质量分别为 m_1,m_2 时,混合后糖水中的糖均为 $\frac{a_1}{b_1} m_1 + \frac{a_2}{b_2} m_2$,从而混合后的糖水浓度为 $\dfrac{\frac{a_1}{b_1} m_1 + \frac{a_2}{b_2} m_2}{m_1 + m_2}$,故得不等式

$$\frac{a_1}{b_1} < \frac{\frac{a_1}{b_1} m_1 + \frac{a_2}{b_2} m_2}{m_1 + m_2} < \frac{a_2}{b_2}.$$ ⑮

其中⑬是 $m_1 = b_1$,$m_2 = b_2$ 时的特例.

学生 13: 由⑮式可以看到,中间的浓度式实质上是定比分点公式,因此可以改写为

$$\frac{a_1}{b_1} < \frac{\frac{a_1}{b_1} + \frac{a_2}{b_2} \lambda}{1 + \lambda} < \frac{a_2}{b_2} \left(\lambda = \frac{m_2}{m_1} > 0 \right).$$ ⑯

我还觉得,⑮虽然表达上比⑬、⑭复杂,但它的好处是,既给出了不等式,又证明了不等式.

学生 14: 我还可以把⑯改写为

$$\frac{a_1}{b_1} < (1 - \alpha) \frac{a_1}{b_1} + \alpha \cdot \frac{a_2}{b_2} < \frac{a_2}{b_2} \left(\alpha = \frac{\lambda}{1 + \lambda} > 0 \right).$$ ⑰

但我并不认为⑬就比⑯隐晦,作一步变形,有①

$$\frac{a_1+a_2}{b_1+b_2}=\frac{\dfrac{a_1}{b_1}+\dfrac{a_2}{b_2}\cdot\dfrac{b_2}{b_1}}{1+\dfrac{b_2}{b_1}},$$

这表明 $\dfrac{a_1+a_2}{b_1+b_2}$ 内分 $\dfrac{a_1}{b_1}$ 与 $\dfrac{a_2}{b_2}$ 为定比 $\dfrac{b_2}{b_1}>0$. 故有⑬式成立.

学生 15：我认为,不作变形也能直观而简捷地说明⑬式成立. 如图 1,取点 $A(b_1,a_1)$, $B(a_2,a_2)$, $C(b_1+b_2,a_1+a_2)$,则 OC 是以 OA, OB 为邻边的平行四边形的对角线, OC 的斜率就在 OA, OB 的斜率之间,这就是⑬式.

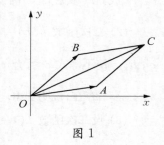

图 1

（**点评**：如果说从⑬到⑰有某种逻辑联系的话,那么"斜率"的新认识则体现了更多的突破.）

教师：同学们的讨论令我非常感动. 大家不仅对"糖水情境"进行了发散性的思考,而且对所获得的结果进行了数形结合的证明. 这使我们经历了"实验观察—直觉猜想—逻辑论证"的过程,这是一个数学探究的基本过程.

需要指出的是,在"糖水情境"中,要求 a_i, b_i 均为正数,也有 $0<\dfrac{a_1}{b_1}<\dfrac{a_2}{b_2}$ <1 的限制. 而由下面的推导可以看到,有 $b_1>0$, $b_2>0$, $\dfrac{a_1}{b_1}<\dfrac{a_2}{b_2}$ 便可保证⑬成立. 设

$$k_1=\frac{a_1}{b_1}<\frac{a_2}{b_2}=k_2.$$

有　　　　　　　$k_1b_1=a_1<k_2b_1$, (用到 $b_1>0$)

　　　　　　　　$k_1b_2<a_2=k_2b_2$. (用到 $b_2>0$)

相加,得　　　　$k_1(b_1+b_2)<a_1+a_2<k_2(b_1+b_2),$

得　　　　　　　$k_1<\dfrac{a_1+a_2}{b_1+b_2}<k_2$. (用到 $b_1+b_2>0$)

---

① 式中将 $\dfrac{a_1}{b_1}$ 放大为 $\dfrac{a_2}{b_2}$ 可得全式小于 $\dfrac{a_2}{b_2}$,而将 $\dfrac{a_2}{b_2}$ 缩小为 $\dfrac{a_1}{b_1}$ 又可得全式大于 $\dfrac{a_1}{b_1}$.

（**点评**：作为后续话题，活动 5 将讨论 $\dfrac{a_1+a_2}{b_1+b_2}$ 与 $\dfrac{1}{2}\left(\dfrac{a_1}{b_1}+\dfrac{a_2}{b_2}\right)$ 的大小关系.）

练习 3

（1）求满足下列条件的最小正整数 n：对于 n 存在正整数 k，使 $\dfrac{8}{15}<\dfrac{n}{n+k}<\dfrac{7}{13}$ 成立.（参见文[5]例 1）

（2）二次函数 $f(x)=ax^2+bx+c$ 的图像经过点 $(-1,0)$. 是否存在常数 a，b，c 使不等式 $x\leqslant f(x)\leqslant\dfrac{x^2+1}{2}$ 对一切实数 x 都成立？若存在，求出 a，b，c；若不存在，说明理由.

（3）设二次函数 $f(x)=ax^2+bx+c$ $(a>0)$，方程 $f(x)-x=0$ 的两个根 x_1，x_2 满足 $0<x_1<x_2<\dfrac{1}{a}$. 当 $x\in(0,x_1)$ 时，证明 $x<f(x)<x_1$.
(1997 年高考理科第(24)题第(1)问)（参见文[2]例 4）

4　活动 4——直觉的风险

教师：我这里有 4 杯糖水，第 1 杯的浓度为 $\dfrac{a_1}{b_1}$，第 2 杯的浓度为 $\dfrac{c_1}{d_1}$，第 3 杯的浓度为 $\dfrac{a_2}{b_2}$，第 4 杯的浓度为 $\dfrac{c_2}{d_2}$. 已知

$$\frac{a_1}{b_1}>\frac{c_1}{d_1},\quad\frac{a_2}{b_2}>\frac{c_2}{d_2}. \qquad\text{⑱}$$

现将第 1、3 杯混合到甲杯里，将第 2、4 杯混合到乙杯里. 试问：甲杯的浓度大还是乙杯的浓度大？

学生（众）：甲杯大.

（**点评**：这是意料之中的回答，也是教师有意设置的陷阱，以引发探索与发现的悬念和动机.）

教师：为什么？请举手回答.

学生 16：因为第 1、3 杯都是浓的，所以混合之后还浓；而第 2、4 杯都是淡的，所以混合之后还淡.

教师：你说的是不是将⑱式左右两边分别相加,得

$$\frac{a_1}{b_1}+\frac{a_2}{b_2}>\frac{c_1}{d_1}+\frac{c_2}{d_2}?$$

学生16：这? 这? 这不是混合后的浓度式.

教师：那么,混合后的浓度应该是什么?

学生16：应该是 $\dfrac{a_1+a_2}{b_1+b_2}$ 与 $\dfrac{c_1+c_2}{d_1+d_2}$,从而有不等式

$$\frac{a_1+a_2}{b_1+b_2}>\frac{c_1+c_2}{d_1+d_2}. \tag{⑲}$$

教师：你能由⑱推出⑲吗? 同学们都来想办法,如何由⑱推出⑲.

（点评：教师在引导学生,学会数学地提出问题.）

⑱式等价于 $a_1d_1-b_1c_1>0$,且 $a_2d_2-b_2c_2>0$;而 ⑲ 式等价于 $(a_1d_1-b_1c_1)+(a_2d_2-b_2c_2)+(a_1d_2+a_2d_1-b_1c_2-b_2c_1)>0$,学生经过一段时间的演算,不能获得证明.

学生17：好像还缺点条件,如果再加上

$$\frac{a_1}{b_1}>\frac{c_2}{d_2},\frac{a_2}{b_2}>\frac{c_1}{d_1},$$

就可以证出来.

教师：条件是不能再添了.需要考虑的是,问题到底属于不会证还是不能证.

学生18：如果浓度用百分数表示,比如说⑱中各分母都是 $100(=b_1=b_2=d_1=d_2)$,那⑲是成立的.

学生19：我代入数值发现这里有问题.假设第1杯里有糖水100克、糖23克,第2杯里有糖水120克、糖27克,有浓度不等式 $\dfrac{23}{100}>\dfrac{27}{120}$. 又设第3杯里有糖水100克、糖15.5克,第4杯里有糖水80克、糖12克,有浓度不等式 $\dfrac{15.5}{100}>\dfrac{12}{80}$. 但是

$$\frac{23+15.5}{100+100}=\frac{38.5}{200}<\frac{39}{200}=\frac{27+12}{120+80}.$$

可见,命题

$$\left.\begin{array}{c}\dfrac{a_1}{b_1}>\dfrac{c_1}{d_1}\\[2mm]\dfrac{a_2}{b_2}>\dfrac{c_2}{d_2}\end{array}\right\}\Rightarrow\dfrac{a_1+a_2}{b_1+b_2}>\dfrac{c_1+c_2}{d_1+d_2}\qquad⑳$$

是个假命题.

(点评:"正面肯定"有困难时,可转而考虑"反面否定".此处反例的寻找需要创造性,但不唯一.)

教师: 当我们由直觉得出一个猜想时,面临着两种前途——证实或证伪.证实就是由已知真命题出发,经过一步步严格的逻辑论证,得出猜想成立;而要证伪,举一个反例就够了.学生 19 的反例说明由⑱推⑲是假命题,这同时也说明,直觉是有风险的.

练习 4

(1) 某校初中三年级有 4 个班,甲班 60 人,乙班 50 人,丙班 40 人,丁班 50 人.黄老师教甲、丙班代数,李老师教乙、丁班代数.期末考试统计出 4 个班的代数及格率为:甲班 90%,乙班 92%,丙班 60%,丁班 62%.问:两位教师谁所带的学生及格率高?(参见文[6]P. 28 例 14)

(2) 有这样一个故事,请你判断真的会发生吗? 有一信息调查员,受托到三所学校初中三年级去调查学生订阅《数学学习报》的情况,得出的结果是,三所学校男生订报的比例都比女生订报的比例高,于是他向领导汇报说:据三所学校的调查数据看,男生订报的比例比女生大.领导令其将各校的男女生人数报上来,计算得出相反的结论:女生订报的比例比男生大.(比如:甲校有 150 个男生、60 人订报,有 120 个女生、46 人订报;乙校有 80 个男生、50 人订报,有 100 个女生、60 人订报;丙校有 120 个男生、70 人订报,有 140 个女生、80 人订报)

(3) 求证,公比不同的两个等比数列之和不是等比数列.(参阅 2000 年高考第(20)题)

5 活动 5——数学新发现的研究

教师: 在活动 3 中我们将两杯浓淡不同的糖水混合到一起之后,得出的糖水比浓的淡又比淡的浓,即有不等式:已知 a_1,b_1,a_2,b_2 为正数,若 $\dfrac{a_1}{b_1}<\dfrac{a_2}{b_2}$,则

$$\frac{a_1}{b_1}<\frac{a_1+a_2}{b_1+b_2}<\frac{a_2}{b_2}.$$

现在的新问题是:混合浓度 $\dfrac{a_1+a_2}{b_1+b_2}$ 与平均浓度 $\dfrac{1}{2}\left(\dfrac{a_1}{b_1}+\dfrac{a_2}{b_2}\right)$ 有什么样的大小关系?换句话说,在以点 $\dfrac{a_1}{b_1}$,$\dfrac{a_2}{b_2}$ 为端点的线段内,取一点 $\dfrac{a_1+a_2}{b_1+b_2}$,那么这个点在线段中点的左方还是右方?

（**点评**:与以上 4 个活动情境不同,此处的直观不明显.）

学生 20:这个问题的结论好像不太好说,会不会与浓度的具体取值有关?

学生 21:我估计还与溶液的质量有关.若将 $\dfrac{a_1}{b_1}$,$\dfrac{a_2}{b_2}$ 记为质点在数轴上的坐标,而质点的质量为 b_1,b_2,则

$$\frac{a_1+a_2}{b_1+b_2}=\frac{\dfrac{a_1}{b_1}\cdot b_1+\dfrac{a_2}{b_2}\cdot b_2}{b_1+b_2}. \qquad ㉑$$

这正是质点的质心.直观上看,在 $\dfrac{a_1}{b_1}<\dfrac{a_2}{b_2}$ 的前提下,当 $b_1<b_2$ 时,质心在中点的右方;当 $b_1>b_2$ 时,质心在中点的左方.这从⑮式也可以看出来,当 $m_1=m_2$ 时,

$$\frac{a_1+a_2}{b_1+b_2}=\frac{1}{2}\left(\frac{a_1}{b_1}+\frac{a_2}{b_2}\right).$$

当 $m_1\neq m_2$ 时,两式不相等.

（**点评**:㉑式又使不明显的直观明显了,因为着眼点作了转移.）

教师:大家对题意的初步理解表明,这是一个探索性的命题.现在请奇数行的同学向后转,4 个人一小组展开讨论.

（**点评**:问题的难度和发散度都比较大,教师在组织合作学习.）

学生 22:我们小组用特值探索法发现,确如学生 21 所说,$\dfrac{1}{2}\left(\dfrac{a_1}{b_1}+\dfrac{a_2}{b_2}\right)$ 与 $\dfrac{a_1+a_2}{b_1+b_2}$ 之间可大可小可相等,比如在 $\dfrac{a_1}{b_1}=\dfrac{11}{30}<\dfrac{1}{2}=\dfrac{a_2}{b_2}$ 的前提下:

(1) 取 $a_1 = 11$, $b_1 = 30$, $a_2 = 1$, $b_2 = 2$ 时,有

$$\frac{1}{2}\left(\frac{a_1}{b_1} + \frac{a_2}{b_2}\right) = \frac{13}{30} > \frac{3}{8} = \frac{a_1 + a_2}{b_1 + b_2};$$

(2) 取 $a_1 = 11$, $b_1 = 30$, $a_2 = 15$, $b_2 = 30$, 有

$$\frac{1}{2}\left(\frac{a_1}{b_1} + \frac{a_2}{b_2}\right) = \frac{13}{30} = \frac{11 + 15}{30 + 30} = \frac{a_1 + a_2}{b_1 + b_2};$$

(3) 取 $a_1 = 11$, $b_1 = 30$, $a_2 = 17$, $b_2 = 34$, 有

$$\frac{1}{2}\left(\frac{a_1}{b_1} + \frac{a_2}{b_2}\right) = \frac{13}{30} < \frac{7}{16} = \frac{a_1 + a_2}{b_1 + b_2}.$$

在这 3 种情况下 $\frac{a_2}{b_2}$ 是等值的, $\frac{1}{2} = \frac{15}{30} = \frac{17}{34}$, 但结论却是不同的,我们感到非常有趣,不知大家是否有同样的惊讶与迷惑.

(点评:数据的选择用心良苦,应能激发兴趣与好奇.)

学生 23:我们小组用作差比较法. 作差:

$$\frac{1}{2}\left(\frac{a_1}{b_1} + \frac{a_2}{b_2}\right) - \frac{a_1 + a_2}{b_1 + b_2} = \frac{a_1 b_2 + a_2 b_1}{2 b_1 b_2} - \frac{a_1 + a_2}{b_1 + b_2}$$

$$= \frac{a_1 b_2^2 + a_2 b_1^2 - a_1 b_1 b_2 - a_2 b_1 b_2}{2 b_1 b_2 (b_1 + b_2)}$$

$$= \frac{(b_1 - b_2)(a_2 b_1 - a_1 b_2)}{2 b_1 b_2 (b_1 + b_2)} = \frac{b_1 - b_2}{2(b_1 + b_2)}\left(\frac{a_2}{b_2} - \frac{a_1}{b_1}\right).$$

因为已知条件保证了 $(b_1 + b_2) > 0$, $\left(\frac{a_2}{b_2} - \frac{a_1}{b_1}\right) > 0$, 所以有 3 种结论:

(1) 当 $b_1 < b_2$ 时, $\frac{1}{2}\left(\frac{a_1}{b_1} + \frac{a_2}{b_2}\right) < \frac{a_1 + a_2}{b_1 + b_2}$; ㉒

(2) 当 $b_1 = b_2$ 时, $\frac{1}{2}\left(\frac{a_1}{b_1} + \frac{a_2}{b_2}\right) = \frac{a_1 + a_2}{b_1 + b_2}$; ㉓

(3) 当 $b_1 > b_2$ 时, $\frac{1}{2}\left(\frac{a_1}{b_1} + \frac{a_2}{b_2}\right) > \frac{a_1 + a_2}{b_1 + b_2}$. ㉔

(点评:这个方法非常成功,问题也解决得很完整.)

学生 24:我们小组使用分析法来寻找结论成立的充分条件,假设

$$\frac{1}{2}\left(\frac{a_1}{b_1}+\frac{a_2}{b_2}\right)>\frac{a_1+a_2}{b_1+b_2}.$$

去分母、化简,只需

$$a_1b_2^2+a_2b_1^2>a_1b_1b_2+a_2b_1b_2 \Leftrightarrow (b_1-b_2)(a_2b_1-a_1b_2)>0.$$

因为 $a_2b_1>a_1b_2$,故只需 $b_1>b_2$.

同理可得

$$\frac{1}{2}\left(\frac{a_1}{b_1}+\frac{a_2}{b_2}\right)=\frac{a_1+a_2}{b_1+b_2}$$

的充分条件是 $b_1=b_2$;而

$$\frac{1}{2}\left(\frac{a_1}{b_1}+\frac{a_2}{b_2}\right)<\frac{a_1+a_2}{b_1+b_2}$$

的充分条件是 $b_1<b_2$.

（点评:与作差法在运算上差别不大,但不如作差法紧凑.)

教师:3 个小组分别运用不同的思考方法进行了成功的探索.一开始,我们对糖水情境的结论很模糊,学生 21 的物理揭示提供了一个导向,学生 22 的验证强化了这个导向,学生 23、学生 24 则进入到理性思考的阶段,并最终获得正确的结论.这就是我们数学小发现的全过程,当中还有许多情感体验:困惑、惊讶和喜悦等.当然,这个发现过程并没有完结,比如,糖水从 2 杯增加到 3 杯、4 杯……时,会有什么结论? 并且我们已经预见到,作差比较

$$\frac{1}{n}\left(\frac{a_1}{b_1}+\cdots+\frac{a_n}{b_n}\right)-\frac{a_1+\cdots+a_n}{b_1+\cdots+b_n}$$

在运算量上高速增长,需要寻找新的数学方法来简捷解决.所有这一切,我们将作为悬念,留给有兴趣的同学去思考,作为课题,留给学有余力的同学去创造.

练习 5

(1) 数轴上从左到右放置有三个质点 A_1,A_2,A_3,其坐标依次为 $\frac{a_1}{b_1}$,$\frac{a_2}{b_2}$,$\frac{a_3}{b_3}$.当三质点的质量均为 $\frac{1}{3}$ 时,其质心为 G_0;当三质点的质量为 $\frac{b_1}{b_1+b_2+b_3}$,$\frac{b_2}{b_1+b_2+b_3}$,$\frac{b_3}{b_1+b_2+b_3}$ 时,其质心为 G_1.直观上看,当 $0<b_1<b_2<b_3$ 时,

G_1 在 G_0 的右方;而当 $b_1 > b_2 > b_3 > 0$ 时,G_1 在 G_0 的左方.请据此写出一个不等式,并加以证明.

(2) 设 a_i, b_i 为正数,且 $\dfrac{a_1}{b_1} \leqslant \dfrac{a_2}{b_2} \leqslant \cdots \leqslant \dfrac{a_n}{b_n}$,求证:

(i) 当 $b_1 \leqslant b_2 \leqslant \cdots \leqslant b_n$ 时,$\dfrac{1}{n}\left(\dfrac{a_1}{b_1} + \cdots + \dfrac{a_n}{b_n}\right) \leqslant \dfrac{a_1 + \cdots + a_n}{b_1 + \cdots + b_n}$; ㉕

(ii) 当 $b_1 \geqslant b_2 \geqslant \cdots \geqslant b_n$ 时,$\dfrac{1}{n}\left(\dfrac{a_1}{b_1} + \cdots + \dfrac{a_n}{b_n}\right) \geqslant \dfrac{a_1 + \cdots + a_n}{b_1 + \cdots + b_n}$. ㉖

进而讨论:

(i) 等号成立的充要条件;

(ii) $a_i > 0$ 是否必要.

(提示:取 $x_i = \dfrac{a_i}{b_i}$,$y_i = \dfrac{b_i}{b_1 + \cdots + b_n}$,由㉕有

$$\left| \frac{1}{n}\sum_{i=1}^{n} x_i \right|\left| \frac{1}{n}\sum_{i=1}^{n} y_i \right| \leqslant \frac{1}{n}\sum_{i=1}^{n} x_i y_i.$$

这正是切比雪夫不等式,可用排序原理来直接证明. 参见文[7]P.24)

(**点评**:这个系列活动课的组织富于情节、引人入胜,正例与反例并存.其中最鲜明的特点是:思维情境的直观显明性,总体结构的系列递进性,学生活动的生动主体性,探究发现的开放发散性,活动过程的积极建构性.更深入细致的评析,将留给读者去进行.)

参考文献

[1] 罗增儒.解题分析——人人都能做解法的改进[J].中学数学教学参考,1998(7).

[2] 罗增儒."尚未成功"的突破[J].中学数学教学参考,2000(8).

[3] 罗增儒.数学解题学引论[M].西安:陕西师范大学出版社,1997.

[4] 罗增儒.解题分析——1998 年高考题与数学直觉[J].中学数学教学参考,1998(8/9).

[5] 罗增儒.解题分析——谈谈"显然"与"可证"[J].中学数学教学参考,1999(4).

[6] 罗增儒,钟湘湖.直觉探索方法[M].郑州:大象出版社,1999.

[7] 嵇国平,汤正谊.两个优美而有用的不等式[J].中学数学月刊,2000(6).

第6篇　案例教学——"数轴"课例的分析[①]

在《数学教学论》的教学中,我们使用过案例教学的方法,通过典型课例的分析来学习教育理论与教学技能,积累了案例教学的一些经验.因而,在接受骨干教师培训任务时,我们迈出了一个革新的步伐,将原先的一种教学方法策划为一门课,希望以开发学员丰富的课例资源为主线,去贯通数学教育观念的更新、数学教学理论的学习、数学教研能力的培养、数学教学技能的提高.

课例分析通常分3步进行:

第1步,教师提供课例,学员体会情境;

第2步,教师组织讨论,学员分析材料;

第3步,教师总结评述,学员掌握原理.

下面提供"案例教学"的一个例子.

1　出示课例(2000年12月5日)

1.1　课例

数轴的教学

(初中一年级《代数》第2.2节)

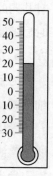

图1

教师:前面我们通过温度计、海平面等(屏幕显示温度计,见图1)引进了负数的概念,从而将小学学过的数扩充到有理数.请问,什么叫有理数?

学生1:整数和分数统称有理数.

教师:对,整数和分数统称有理数.由于整数有正整数、0、负整数,分数也有正分数、负分数,因而有理数又可以根据符号分成三类:正有理数、0、负有理数.现在问,温度计显示零上20℃、零下5℃时,你如何用有理数来表示?

学生1:零度以上我用正数表示,记为+20℃;零度以下我用负数表示,记为-5℃.

教师:很好,零上20℃我们用正整数来表示,"+"号可以省略,零下5℃我

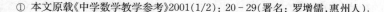

① 本文原载《中学数学教学参考》2001(1/2):20-29(署名:罗增儒,惠州人).

们用负整数来表示. 下面, 我们来看一道应用题. (屏幕显示题目)

例 1 王明同学的家向东走 40 米是学校, 向西走 60 米是书店. 现在规定, 王明向东走为正, 向西走为负, 那么, 王明同学从家出发, 走到学校应记作什么? 走到书店应记作什么?

学生 2: 走到学校记作 +40 米, 走到书店记作 -60 米. (屏幕显示行程路线图如下)

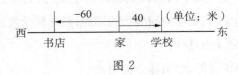

图 2

教师: (对照着图线)对, 从家向东走到学校记作 40 米, 从家向西走到书店记作 -60 米. 我这里增加了"从家向东""从家向西"是想做两点强调, 第一是强调计算的起点; 第二是强调相反意义的量. 从而使意思表达得更为规范. (稍事停顿)

不知大家注意到没有, 在我们的大屏幕上出现过 2 个图形(大屏幕左边显示出图 1, 右边显示出图 2), 它们虽然形状、位置、物质的构成等都很不相同, 但有共同的性质, 就是通过图线从数量上表示事物, 如表示温度、路程等(屏幕同时显示):

● 用图线来表示事物的数量特征. ①

为了表示事物的数量特征, 这些图线应该有便于表示数量的构造. 大家仔细观察一下温度计, 其刻度线在结构上都有些什么特点? (屏幕回到图 1、图 2)

学生 3: 为了计算, 它们都有一个起点, 温度计的计算起点在 0℃ 的地方; 王明走路的计算起点在家出发的地方.

学生 4: 为了表示相反意义的量, 它们都有方向, 温度计是上正下负, 有上下方向; 王明走路是东正西负, 有东西方向.

(讨论稍事停顿)

教师: 通过观察, 总结出来的两个结构特征非常好. (屏幕显示, 在①下继续出现②、③)

● 有计算的起点. (0℃; 家) ②

● 有表示相反意义的方向.(上、下;东、西)　　　　　　　　　　　③

有了这两条,"表示事物的数量特征"是不是就够了呢? 换句话来说,还能不能继续找出更多的特点来?

学生 5:都标有数字.

学生 6:温度计上有刻度.

学生 7:刻度线是等距离分布的.

教师:怎样才能把这些刻度线的位置确定下来呢?

学生 8:确定好一格的位置就行了,余下的位置只需截取.

教师:对,一格就是一个测量温度的单位,叫做度. 有了起点,有了单位,就可以去测量了,用测量出来的数值就可以表示温度了. 所以,用图线表示事物的数量特征还要有一个单位长度.(屏幕在①、②、③下方加上④)

● 有计算的单位.(度;米)　　　　　　　　　　　　　　　　④

同学们,屏幕上显示的这 4 条性质,与温度计是否用玻璃做成无关,也与温度计竖放、平放等具体位置无关,抓住这些特点,我们可以在一条直线上画出刻度,标上读数,来表示有理数.(屏幕显示:温度计越变越窄,成为一条有刻度的线段,旋转为水平位置,然后加以伸长,标上刻度 0, 1, 2, 3, 4, 5 及 -1, -2, -3, -4, -5,再删除其余部分,画个箭头,如图 3)

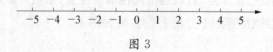

图 3

教师:这是一条水平放置的特殊直线,可以用来表示数,其上有温度计和行程路线图的那 3 个共同特征;

(1)有相当于 0℃或出发点的点,即图 3 中的 0 点,叫做原点.

(2)规定了方向. 图 3 中从原点向右为正方向,向左为负方向,相当于温度计中 0℃以上为正,0℃以下为负.

(3)选取了适当长度作为单位长度,相当于温度计上每 1℃占 1 小格的长度.

这样的直线比原先多了原点、正方向、单位长度,我们给它起个新名字,叫做数轴.(屏幕显示数轴的定义)

● 规定了原点、正方向和单位长度的直线叫做数轴.

教师：这就是我们今天要进行的新课：数轴.事实上,我们已经研究了这个课题的两个问题.(教师在黑板上板书：2.2　数轴　1.数轴的体验与提炼 2.数轴的定义)

有了数轴的名称和定义之后,我们来介绍数轴怎么画,然后说说数轴有什么用.(教师板书：3.数轴的画法)

在数轴的定义中出现了 4 个词：原点、正方向、单位长度、直线,画数轴主要就是落实这 4 个词,大家先对照图 3 画一条数轴,然后总结步骤.

(教师巡视,学生画完数轴)

教师：第 1 步先画什么好呢?

学生(众)：直线.

教师：因为我们是在直线上添原点、方向和单位的,所以先画直线顺理成章.

学生 9：老师,画直线不也得从点开始吗? 我看先取原点,然后过原点画一条直线也可以.

教师：大胆的发言很有道理,我们就把"画直线、定原点"作为画数轴的第 1 步好了.

第 1 步,画直线,定原点.直线通常画在水平位置;原点可以任取,通常居中画一竖短线,并在该位置的下方记上数字 0(如图 4).

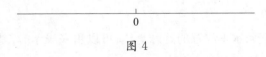

0

图 4

教师：第 2 步该画什么呢?

学生 10：选方向,有了方向就可以确定是在原点右方或左方取单位长度了.

学生 11：我认为先取单位长度并无不可.画完原点之后,跟着画单位长度并等距截取,可能还更顺手一些.

教师：取多长一线段为单位长度确实与方向无关,但给单位长度的线段端点标上数字时,就与方向有关了.按照习惯,我们先选方向.

第2步,选方向.通常取原点向右的方向为正方向,画一个小箭头(如图5).

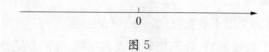

图5

第3步,取单位.选取适当的长度为单位长度,置于原点的右方,记为1.通常要考虑到所表示数的大小或范围,当数字较大时,单位长度就短一些(如图6).

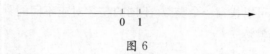

图6

第4步,成数轴,在原点右方(正方向)用单位长度等距离截取若干点,记为1,2,3,…;在原点左方(负方向)用单位长度等距离截取若干点,记为-1,-2,-3,…(这些数字通常写在数轴的下方),得到图3,这就是一条数轴.

教师:大家总结得不错,下面做一个练习,判别所画的各图,哪个是数轴?哪个不是数轴?(屏幕显示题目)

例2 判别下列各图,哪些是数轴,哪些不是数轴.

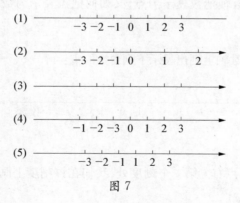

图7

学生12:第(1)个图不是数轴,因为还缺少方向.

学生13:第(2)个图不是数轴,因为原点两边的单位长度不一致.

学生14:第(3)个图不是数轴,因为刻度下方没有标数字.

学生 15：第(4)个图不是数轴,因为数字不是从左到右递增排列,−1 与 −3 交换位置就成为数轴了.

学生 16：第(5)个图不是数轴,因为还缺少原点.

教师：掌握了数轴之后,我们用数轴来表示数.分两步进行.（板书：4. 用数轴表示数）

第 1 步,表示整数.如图 3,将整数放在数轴的刻度点上,0 与原点对应,正整数与原点右方的刻度点对应,负整数与原点左方的刻度点对应(即将整数分为三类放到数轴上).于是,每一个整数都可以在数轴上找到一个刻度点；反之,每一个刻度点都可以找到一个整数.不同的整数对应不同的刻度点,不同的刻度点对应不同的整数.

第 2 步,表示分数.由于每一个分数都一定在某两个相邻的整数之间,于是,我们就在这两个相邻的整数所对应的相邻刻度点之间表示分数.这样,所有的有理数都可以用数轴上的点来表示.数与点的互相转换,使得我们能够把数的性质显示在数轴上,反过来又可以在数轴上研究数的性质.

比如,在数轴上看负数就非常直观,非常具体,非常实在了.数轴上,不仅原点的右边有点,左边也有点,左边的点也是具体的、实在的.从下一节课开始,我们将借助于数轴来比较有理数的大小,并进行有理数的运算.现在,我们先来巩固一下,如何使用数轴把数表示为点,又如何把点表示为数.（屏幕显示题目）（板书：5. 练习）

例 3　在所给数轴上画出表示下列各数的点：$1, -5, -2.5, 4\frac{1}{2}, 0$.

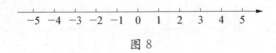

图 8

解　数 1 在原点右方第 1 个刻度处,我们在该刻度上画一实心黑点,并在黑点的上方记上 1.

数 −5 在原点左方第 5 个刻度处,我们在该刻度上画一实心黑点,并在黑点上方记上 −5.

数 −2.5 在原点左方第 2 与第 3 个刻度之间,我们取 −3 与 −2 的中点画一实心黑点,并在黑点上方记上－2.5.

下面请个同学来完成后面两个数.

学生 17:数 $4\frac{1}{2}$ 在原点右边第 4 格与第 5 格之间,取 4 与 5 的中点画一实

心黑点,并在黑点上方记上 $4\frac{1}{2}$.数 0 在原点处,将原点画成实心黑点,并在黑

点上方记上 0.

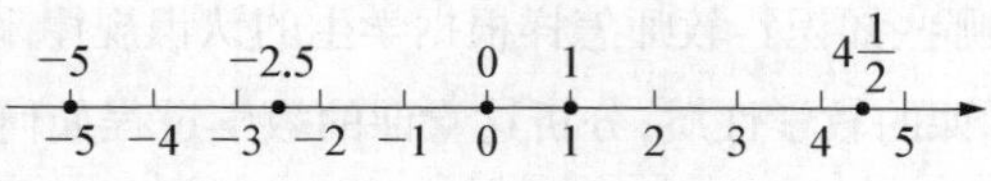

图 9

教师:说得很规范,操作也很准确.这里再对规范性作 4 点强调:刻度线画在直线上方;刻度点的编号写在直线下方;表示数时用实心黑点;该数字写在黑点的上方.

现在我们回到例 1,建立数轴,以王明家为原点,由西向东为正方向,单位长度为 10 米,则学校的位置用什么数来表示?

学生(众):4.

教师:请把 4 画在数轴上(停顿).再回答书店的位置用什么数来表示.

学生(众):－6.

教师:请把－6 画在同一数轴上.

下面,我们来做一个游戏,请第 3 排的同学站起来(有 8 个学生站起来,教师给他们一条细绳子、拉直),把你们的位置调整为等距离,规定第 4 个同学为原点,由西向东为正方向,每个同学都有一个整数编号,请大家记住.现在请第一排的同学依次发出口令,口令为数字时,该同学要回答"到";口令为该同学的名字时,该同学要报出他所在的"数字".(游戏在兴趣盎然的气氛中进行,下课前 2 分钟,教师做总结、布置作业)

教师:今天学习的内容可以概括为两句话:

(1) 一个概念三个要素;

(2) 三个操作一个思想.

这一个概念是:数轴.构成数轴有三个要素,即原点、正方向、单位长度.

这三个操作是:怎样画数轴,怎样把数画在数轴上,怎样把数轴上的点用数表示出来.这三者的共同思想是构成数与点的对应,也叫数形结合.

其中,掌握概念、学会操作是重点,理解思想是难点,所有这些都还要通过后续内容来巩固.

翻开课本第 56 页,习题 2.2 第 1 题做在书上,第 2、3 题写在作业本上.

重点思考题(提供给培训班学员的)

(1) 这节课的主要内容是什么(包括对重点、难点的认识)? 对于接受这节课而言,学生原有哪些知识? 教师怎样根据学生的认识规律来组织学习?

(2) 分析这堂课的教学性质,分析这堂课的教学过程如何体现教学性质.

(3) 从常规教学的角度分析这堂课的优点、缺点.

1.2 课本原文①

2.2 数轴

(1) 能将已知数在数轴上表示出来,能说出数轴上已知点所表示的数.

(2) 知道数轴有原点、正方向和单位长度,能画出数轴.

(3) 会比较数轴上的数的大小.

利用温度计可以测量温度,在温度计上有刻度(图 2−5),刻度上标有读数,根据温度计的液面的不同位置就可以读出不同的数,从而得到所测的温度. 在 0 上 20 个刻度,表示 20℃;在 0 下 5 个刻度,表示−5℃;等等.

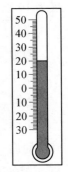

课本图 2−5

与温度计类似,可以在一条直线上画出刻度,标上读数,用直线上的点表示正数、负数和 0,具体方法如下.

画一条水平的直线,在这条直线上任取一点作为原点(图 2−6),用这点表示 0(相当于温度计上的 0℃).

规定直线上从原点向右为正方向(图 2−7 中箭头所指的方向),那么相反的方向,即从原点向左为负方向(相当于温度计上 0℃以上为正,0℃以下为负).

---

① 考虑到来自高中的学员未见过原文,故在讨论现场有意提供.此处照登是为了使读者的阅读更为方便,同时也有利于对照分析教材的处理.图号均为原书中编号,与本文的编号不一致.

课本图 2-6　　　　　　　课本图 2-7

选取适当的长度作为单位长度(相当于温度计上每 1℃ 占一小格的长度),在直线上,从原点向右,每隔一个单位长度取一点,依次表示 1, 2, 3, …;从原点向左,每隔一个单位长度取一点,依次表示 $-1, -2, -3, …$(图 2-8).

$$-5 \quad -4 \quad -3 \quad -2 \quad -1 \quad 0 \quad 1 \quad 2 \quad 3 \quad 4 \quad 5$$

课本图 2-8

我们也可以在直线上找出表示分数或小数的点. 如图 2-9,从原点向右 1.4 个单位长度的 A 点表示 1.4,从原点向左 $1\frac{1}{2}$ 个单位长度的 B 点表示 $-1\frac{1}{2}$,等等.

$$B \qquad A$$
$$-5 \quad -4 \quad -3 \quad -2 \quad -1 \quad 0 \quad 1 \quad 2 \quad 3 \quad 4 \quad 5$$

课本图 2-9

像上面这样规定了原点、正方向和单位长度的直线叫做数轴. 所有的有理数都可以用数轴上的点表示.

例 1　在所给数轴上画出表示下列各数的点:$1, -5, -2.5, 4\frac{1}{2}, 0.$

$$-5 \quad -4 \quad -3 \quad -2 \quad -1 \quad 0 \quad 1 \quad 2 \quad 3 \quad 4 \quad 5$$

解

$$-5 \qquad -2.5 \qquad 0 \quad 1 \qquad 4\frac{1}{2}$$
$$-5 \quad -4 \quad -3 \quad -2 \quad -1 \quad 0 \quad 1 \quad 2 \quad 3 \quad 4 \quad 5$$

练习

(1) 在所给数轴上画出表示下列各数的点:

$$+6,\ 1.5,\ -6,\ 2\frac{1}{2},\ 0,\ 0.5,\ -3\frac{1}{2}.$$

(2) 指出数轴上 A，B，C，D，E 各点分别表示什么数.

(3) 先阅读课文，然后依照下列步骤画数轴：第一，画直线，定原点. 第二，取原点向右的方向为正方向. 第三，选取适当长度(例如 1 cm)为单位长度. 第四，在数轴上标出 1，2，3，-1，-2，-3 各点.

2　集体讨论(2000 年 12 月 6 日"园丁工程学员的讨论")

学员 1：我从三个方面来发言.

(一) 教学内容上的分析

1. 本节课的内容主要有：

(1) 数轴的概念——概念；

(2) 数轴的画法——技能；

(3) 数轴上点与数的对应——数形结合的思想，这种思想第一次进入学生的头脑，应该说这是数学思想方法上的一次飞跃、一次革命. 所以本节课非常重要，今后的很多知识都将建立在数轴上.

2. 本节课融概念、技能、思想方法教学于一体，我认为其教学组织是：概念的体验—概念的提炼—概念的形成—概念的巩固—概念的应用.

3. 本节课的认识基础有：

(1) 有理数的概念；

(2) 用有理数表示具有相反意义的量；

(3) 画行程图，并用有理数表示行程等；

(4) 实际生活体会上有温度计及其读法.

这些都是构建新知识的基础.

4. 本节课的重点是理解数轴的概念，会画数轴，会由数描点、由点读数，以体会数形结合思想.

5. 难点：(1)将实际问题提炼为数学问题；(2)数形结合思想的体验.

(二) 教学设计上的分析

1. 优点

(1) 整个设计条理清楚,层次分明,以"概念的体验—概念的提炼—概念的形成—概念的巩固—概念的应用"为线索来设计.

(2) 设计体现了建构主义的现代教学思想,重视学生能力的培养,较好地暴露了知识的发生过程,而不是重结果的传输.

(3) 本设计突出地体现了教学服务于学生的宗旨,设计符合学生的认知规律,重视新旧知识之间的联系,新认知结构是学生从已有的旧知识基础上产生的,不是老师硬灌的.

(4) 重点突出,突破难点有力度. 用了相当的篇幅来让学生体验如何形成概念,并以各种形式(包括游戏)突破数形结合思想.

(5) 学生的参与程度高,仅个人回答有 10 多个,还有游戏就更多了.

2. 缺点

(1) 有的问题较大,学生会不知所问,茫然不知所答. 如问温度计的刻度线"在结构上有什么特点".

(2) 学生回答问题多,动手较少.

(3) 有的语言过于专业化,初中生接受起来会有困难. 如"用图线来表示事物的数量特征".

(三) 建议

1. 关于对数轴的提炼过程,可以先请学生将温度计用一个最简易的图形表示出来,然后观察简易温度计与行程路线图的共同性质. 对于"有表示相反意义的方向",立即说用箭头"→"表示正方向,并请学生将箭头标在直线上,去掉实际意义将使两个图变为一个图——一条特殊直线,得出数轴.

2. 对于例 2,可以请同学们画一个像数轴而又不是数轴的图形,并说明为什么不是数轴. 这可能比直接给出例 2 好.

教师：该学员的发言有理论、有分析、有建议,比较系统,接下来的发言可就某一侧面作深层次的分析.

学员 2：有的老师做一个大的温度计模型,然后去掉一些构件,得出一条带刻度的直线. 这有利于提炼出数轴.

学员 3：

1. 本课例的优点有：

(1) 通过揭示"数轴"概念的形成过程,使学生经历了"温度计(实物)—图线表示事物的数量特征(数学属性)—数轴(数学概念)"的过程,符合建构主义的基本原则,即知识的建构是在原有认识结构的基础上,经过顺应或同化,建立起新的认知结构.

(2) 在数轴的画法中,进行了程序化的教学,同时也体现了属加种差定义概念的逻辑知识.学生先画正例,后判断反例,能使学生更加准确地理解数轴的概念及其画法.

(3) 游戏很有趣,学生参与度很高,还可以训练学生的反应能力.

(4) 总结非常精彩,并提出了要求：掌握概念、学会操作是重点.

2. 缺点.

(1) 在例 1 中"原点"的提炼不够,加问一句"家在图线上该怎么说呢"就可把原点凸现出来.

(2) 学生会觉得很奇怪,明明是数轴上的点,怎么会又是数呢? 课例缺少解决此问题的设计.

(3) 练习中应该加上 $\frac{1}{3}$, $1\frac{2}{3}$, $-\frac{5}{3}$ 的描点或由点找数.(插话：甚至可以加一个 π 如何描点,为学习无理数埋下伏笔.)

(4) 提问是否太多了?

教师： 由温度计到数轴的过程也是一个数学建模的过程,中间经历了一个"感知、表象、抽象"的思维过程,这也是第 1 位学员说的思想方法教学中的一个内容. 现在的问题是,有助于初一学生参与的游戏设计,属于什么样的课型?

学员 4： 这是活动课. 对于活动之后的总结,我认为教学中一般不向学生提"重点""难点",这是教师掌握的问题,弄不好会误导学生只要掌握"重点"就行了. 我建议改为让学生提出不明白的问题,既体现教学的反馈环节,又体现教学民主.

教师： 让学生提问题是个好主意. 带着问号进来,带着更多的问号出去,是认识的提高.

学员 5： 这个课例有活动性、完整性、趣味性和简洁美.

(1) 活动性. 让学生从实际问题的体验中提炼出概念,思维活动的空间很大;小游戏、画图操作都是活动.

(2) 完整性.教学过程的设计完整(图 10).

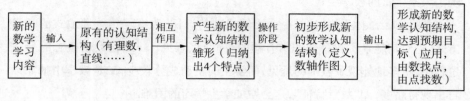

图 10

(3) 趣味性.用游戏让学生把所学知识应用于实际,同时可激发学生的学习兴趣,具有趣味性.

(4) 简洁美.小结简练、简单、明确.

缺点提 3 条:

(1) 有几个地方语言太专业化;

(2) 有的地方语言啰嗦;

(3) 数轴的定义应板书,做得更规范些.

教师:关于完整性的阐述,已经提炼出了数学学习的一般过程.

学员 6:课例的设计中的引入与收尾都很有特点.引入来源于生活,例 1 选取的角度比较好,家、学校、书店都是学生最熟悉的地方.教学在游戏中结束,总结方式非常精练.

学员 7:数轴的三要素缺一不可,例 2 起了很好的强调作用,这是教材中没有的.但题目问了"哪些是数轴? 哪些不是数轴?"是不是要加上"是数轴"的图呢? 请考虑.

教师:这是一个有益的建议,可以加一个非水平方向的数轴图.

学员 8:创设情境,让学生经历发现的过程,我赞成.但是,一节很简单的数轴课被上难了,对于初一的学生,是否需要这么专业化的思考?

学员 9:这样的设计看起来似乎有些繁琐,但这些正是有意展示知识的发生过程、发展过程,展示教师的思维过程,它有助于学生"学会学习",从而提高学习数学的能力,这些恰好是我们在实际教学中欠缺的.

建议加上一个与例 1 类似的练习题为好.

学员 10:例 1 的设置对于形成数轴概念很有必要,但又增加了学生在抽象出数轴第 4 个特征"有计算单位"的难度. 可否在图 2 中添上刻度?

教师: 大家的发言已经体现了教学风格的多样性和教学设计的完善, 也体现了大家丰富的教学经验.

学员 11: 总体上说, 这是一个比较成功的课例, 改变了传统灌输式的教学方式, 这对实施素质教育是非常有益的. 提两点意见: 一是在数轴概念的形成过程中, 更多地体现了教师的意见, 而学生的主动成分较少; 二是教学中抽象语言出现得略多, 如"数量特征", 这会增加学生学习的困难.

3 总结评议

教师的发言包括三个部分, 首先是对课例的教学过程进行分析和提炼; 然后是对学习过程进行分析与总结; 最后是综合大家对课例优缺点的看法, 其中也有教师个人的看法.

3.1 课例的教学过程分析

3.1.1 数轴概念的教学过程

本节课的教学内容可以从知识、技能、素质三个维度上去认识, 但都围绕着一个中心内容: 数轴. 因此, 这节课的教学性质属于"概念教学", 具体采用了"概念形成"的方式. 从学习论的角度我们将其概括为四个阶段(参见图 11 右边).

(1) 第 1 阶段

从开头到例 1 的处理结束, 主要是通过复习提问的方式, 呈现建立数轴的相关知识. 数轴要沟通有理数(数)与直线(形)之间的联系, 这涉及两个知识. "直线"作为原始概念没有提问, 但暗中出现在例 1 的路线图中或温度计中. "有理数"进行了提问, 一方面是上节课的自然复习, 另一方面是本节课的有意铺垫. 教师还特别作补充, 整数分为正整数、0、负整数, 以备后面将"有理数对应到直线上"使用.

为了建立数轴的概念, 本课例提供了两个知识基础: 其一是日常生活中的"数轴"实物——温度计; 其二是数学中非形式化的"数轴"知识——行程路线图. 它们都是通过复习有理数而自然地提出来的, 其中例 1 是参照上节课例 2 的结构而设置的、新添的. 这些生活实物与数学实例的共同特点是:

① 具有数轴的必要因素与必要形式. 这主要是指具有第二阶段要提炼的几何结构. 由于温度计是等距量表而不是比率量表, 没有绝对的零点, 不能乘除 (2 度×3 度没有意义), 因而只是"**必要**"的因素而已.

② 建立在学法需要的基础上, 能激发学生产生问题解决的必要性与启发

性.从温度计、行程路线图中提炼出数轴,具有接受性、障碍性、探究性,这正是问题解决中所要求的问题的基本特征.

③ 有利于教学活动的展开与学习目标的完成.

(2) 第 2 阶段

从教师说"不知大家注意到没有"开始,以"引入新课"的形式,提炼出温度计与行程路线图的 4 个共同属性:

① 用图线来表示事物的数量特征;

② 有计算的起点;

③ 有表示相反意义的方向;

④ 有计算的单位.

把这些特征逐一落实就形成数轴的画法.事实上,完全可以将共同特征与几何图示并列陈述(见图 11 左边).

(3) 第 3 阶段

从共同属性中提炼出数轴的定义,包括课例中的两块内容,其一是从"同学们,屏幕上显示的这 4 条性质",到写出本课题的板书之间;其二是教师对"我们用数轴来表示数"的两步陈述.前者是从几何结构的外形上描述数轴,后者是从两个无穷集合之间建立对应的实质来描述数轴.

学习概念通常要掌握 4 个要素:名称、定义、属性、示例.此处概念的名称是"数轴";概念的定义是"规定了原点、正方向和单位长度的直线";概念的属性就是第 2 阶段提炼出来的 4 条共同属性,简单说就是直线、原点、方向、单位;概念的示例首先有图 3 的正例,然后有图 7 的反例.

(4) 第 4 阶段

通过例 2、例 3、小游戏,以及对例 1 的前后照应等来巩固概念,并体现数轴的初步使用——把数表示为点、把点表示为数.至于数轴的应用,将是非常广泛的.如:

① 巩固相反意义的量:原点的两个对称点.

② 加深对负数的理解:原点左边的点.

③ 可借助数轴学习相反数,学习绝对值,比较有理数的大小,建立有理数的运算,表示方程或不等式的解集等.

④ 进一步建立坐标系,研究函数,创立解析几何.

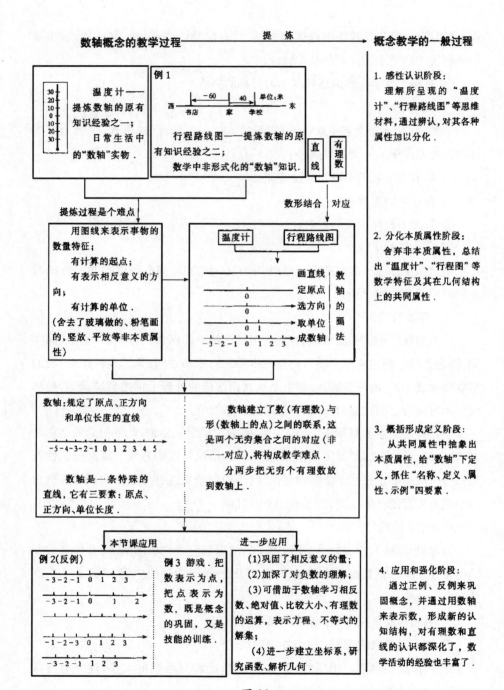

图 11

由这个过程可以提炼出数轴学习的结构图示(图 12).

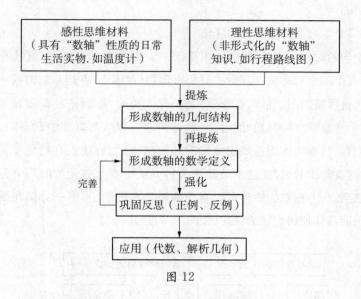

图 12

3.1.2　由数轴的教学过程到概念教学的一般过程

对应着数轴概念教学过程的四个阶段,可以得出概念学习的一般过程(如图 11 的右边)

(1)第一阶段,感性认识阶段:提供感性材料或具体实例等思维材料,以形成对概念的感性认识,通过辨认对其各种属性加以分化.

(2)第二阶段,分化本质属性阶段:从各个不同的角度和侧面去分析比较,舍弃非本质属性,分化出概念的本质属性,形成对概念的理性认识.

(3)第三阶段,概括形成定义阶段:给概念下定义,明确概念的内涵和外延.

(4)第四阶段,应用和强化阶段:运用概念,使概念具体化,并把概念纳入概念系统,形成新的认知结构,达到对概念的掌握.

至于数学学习的一般过程,已如图 10 所示,分为四个阶段:输入—相互作用—操作阶段—输出.

3.2　课例的学习观分析

由课例的阅读和上面对教学过程的四个阶段的分析可以感受到,教师没有满足于"从书本上力图准确无误地搬运知识",而是千方百计地将教学组织为学生的学习过程.教师创设情境、启发思维、组织讨论、指导游戏等,都是为了学生的学,为了学生能在已有知识经验的基础上,主动建构出新的知识来.下面的观点是鲜明的.

3.2.1 学习是认知结构的变化

在小学的时候,已有这样的知识基础:温度计、行程路线图,直线和非负有理数.进入中学之后非负有理数扩充为有理数(如图 13 左边).这时候 4 个知识(温度计、行程路线图、直线、有理数)是彼此无关的,特别是在有理数与直线之间,差异非常显著.学习数轴的过程,就是沟通有理数与直线的联系的过程.首先由温度计、行程路线图提炼出数轴的几何结构,然后建立有理数与直线上点的对应,这就得出数轴.而这个数轴作为桥梁就把看上去无关的两个无穷集合建立起联系,一方面数的性质可以直观地表示在图形上,另一方面在图形上又可以形象而具体地研究数的性质(如图 13 右边).

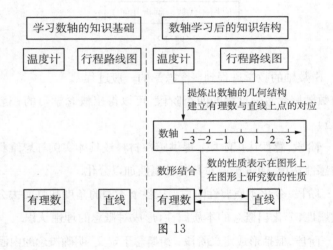

图 13

这时候,在原先各自孤立而空旷的画面上,既增加了内容,又增加了联系,产生出新的认知结构.在新认知结构中,一方面是知识量的增加,另一方面是结构的优化.表现在三个维度上:

(1) 在知识维度上,表现为增加了数轴的知识.

(2) 在技能的维度上,表现为:

① 学会了画数轴;

② 会把数描到数轴上;

③ 会由数轴上的点找出相应的数.

(3) 在素质的维度上，表现为：

① 经历了一个由观察到抽象的数学活动过程，这是一个数学建模的过程，一个问题解决的过程，在这个过程中，积累了数学活动的经验；

② 初步体验了数形结合的思想；

③ 初步体验了对应的思想. 在对应的观点之下，有理数与直线已浑然一体了.

3.2.2　要努力帮助学生提取出必要的经验和预备知识

本课例没有直接从温度计飞跃到数轴，而是设计了一个"概念形成"的提炼过程，这是教材留给教师的创造空间，教师也在这个空间中进行了创造. 教师在深入钻研教材的基础上，为学生主动建构"数轴"概念提供了 4 个必要的认知基础(学员 1 已提到过)：

(1) 现实具体模型：温度计(还有学生更熟悉的刻度尺等).

(2) 非形式化的"数轴"知识：行程路线图.

(3) 有理数：用复习提问的方式呈现.

(4) 直线：作为原始概念已存在于学生的头脑中，也在温度计、行程路线图中体现着.

如此清楚地认识问题，说明教师是非常清醒的，学习观也是比较新的. 在这种观点的指导下，"数轴的画法"(师生共同讨论)还体现了学习是一种组织化了的社会行为.

3.2.3　要善于引起学生观念上的不平衡

(1) 认知冲突 1：在复习引进中，提问了"有理数""温度表示""例 1 行程图"之后，学生满以为这一阶段已经结束，殊不知这才是新问题的开始. 教师关于分析"温度计""行程路线图"中共同几何结构的问题一提出来，就打破了学生心理中潜在的平衡，引起了认知冲突.

(2) 认知冲突 2：在这背后，还有一个更大的观念冲突. 以前，学生心目中的数与形是截然不同的两码事，当教师提出"用数轴来表示数"时(直观上就是把无穷个有理数放到数轴上)，这当中无论是对应的思想还是对应的操作，对学生的观念都是一个重大的挑战.

(3) 认知冲突 3：通过图 3 总结出画数轴的四个步骤，也是在学生得到图 3，自认"平衡"的时候提出来的.

由这些认知冲突可以看到，数轴学习主要是一个"顺应"的过程，知识结构上不仅有量的变化,而且有质的优化. 当有理数与直线沟通之后,数的比较大小、有理数的运算、方程或不等式解集的表示,进一步建立坐标系、创建解析几何等都有了直观、先进的物质基础. 当然,在数轴上还留下了一些"空",隐含着引进新数的必要性(无理数,描点 π 就是伏笔).

3.3 从常规教学的角度分析优点、缺点

3.3.1 优点

表现在 3 个方面.

(1) 教学过程完整,突出学习过程

教的方面有完整的过程:复习提问—引入新课—学习新课—课堂练习—课堂小结—课后作业. 这些环节不是平均用力的,重点放在帮助学生构建新知识的相应环节上.

学的方面有概念学习的完整的 4 个阶段(如图 11),即从实例出发,以学生原有的知识经验为基础,让学生主动建构出新知识来. 这遵循了学生的认知规律.

从认识论上看,由生活实例中提炼出数学模式,再应用于数学或实际生活,这个过程也是完整的,而不仅仅是"烧中段".

(2) 教学内容熟悉,教学目的明确

① 教学性质清楚. 认定为概念教学,采用了"概念形成"的方式.

② 基本内容清楚. 学生原有哪些知识? 这节课要建立什么新知识? 它们之间有什么关系? 还要补充什么必要的基础? 等等,教师是一清二楚的,因而能从容不迫地发挥出深谋远虑的设计者、组织者、参与者的作用(参见图 11,图 13),并用两句话作了精炼的总结.

③ 重点、难点清楚. 如同教师在最后总结中所说的,重点是掌握数轴的概念及画法,难点体现在素质维度上的两方面内容:其一是从生活原型中提炼出"数轴"的几何结构;其二是把无穷个有理数对应到数轴上.

④ 思想方法清楚. 课例不仅对知识、技能及其脉络很清楚,而且对思想方法的渗透也很清楚,其着力渗透的有"感知、表象、抽象"的思维方法,有数形结合的数学思想,有对应的数学思想.

(3) 教学组织灵活,课堂气氛活跃

① 对教材进行了灵活的组织,表现在 5 个地方.

表现 1:参照上节课例 2 的结构编拟了本课的例 1,充实了学生建构数轴的

认知基础,并在得出数轴之后,再一次与例1前后照应,处理得很必要也很艺术.讨论中提出给图2加刻度,是有好处的.

表现2:把"画数轴"从课堂练习移到了正课来讲,但不是作为纯技能的训练,而是作为学生总结规律的发现情境,这对培养学生的创新精神与实践能力是有好处的.

表现3:增加了例2,让学生能从正、反两方面更本质地认识数轴,认识数轴的三要素缺一不可.

表现4:设计了"小游戏"的活动,既有数学味又有趣味性,具体进行中,原点的确定、方向的选取、单位长度的设置都可以灵活处理,可以体现画数轴的灵活性.同时也象征着数学从实际生活(温度计、行程问题)中来又回到实际生活中去.此外,游戏有利于学生的参与,有利于学习兴趣的激发,有利于应变能力的展示.

表现5:增加了"将有理数表示到数轴上"的两步骤讲解,既是对"对应思想"的自觉渗透,又是对难点的努力突破.

② 采用了多媒体技术.其好处是:增加了信息量;增加了趣味性;做了一些动态的展开.如温度计演变为有刻度的直线.

③ 学生的活动比较充分.

表现1:从复习提问到概念的获得,从总结数轴的画法到在数轴上找点与描数,自始至终都有学生的参与,这不仅表现在学生发言的人数上,而且表现在学生思维的参与程度上.

表现2:小游戏的展开,使学生在趣味活动中不知不觉地体会"对应的思想",获得数学学习的体验.这种学习数学的体验,在提炼"温度计"与"行程路线图"的共同属性时经历过,在发现"画数轴"的程序时也经历过.

④ 组合型的教学方法.

表现1:在课型上,是新授课、练习课与活动课的组合,以新授课为主.

表现2:在教法上,是讲解法、发现法、讨论法与谈话法的组合,以讲解法为主体,可以认为是一堂"有意义接受学习"课.

由于教学方法的互补性、课堂活动的动态性、教学内容的差异性,囿于一种课型与一种教法是不明智的.

3.3.2　商榷意见

(1)重视了问题解决,缺少学生的提出问题.

　　课例中,问题基本上都是由教师提出来的,学生的活动主要是回答问题.特别是在"概念形成"与"构成数与点的对应"中,教师控制得比较紧(学生的回答也有点理想化).在"数轴的画法"中出现了学生的发散思考,教师也是一见就收.有的学员还提到,教师的问题是否有点大,学生不好回答;还有的学员提到,学生的动手是否充分.

　　(2) 多媒体主要发挥了板书的作用,深层次教学技术革命尚待深入.

　　并且,由于屏幕与黑板同时板书,内容交错呈现,是否影响板书的条理性值得思考.黑板上的板书只有几行干条条:

> 2.2　数轴
>
> 1. 数轴的体验与提炼
> 2. 数轴的定义
> 3. 数轴的画法
> 4. 用数轴表示数
> 5. 练习

　　已经有学员提出,应板书数轴的定义.

　　(3) 素材提炼的处理还不够细.大家提出了一些建议,如"用最简单的图形"表示温度计,问王明的家如何表示以凸显原点等都是好建议.

　　(4) 语言不够儿童化,有些地方过于成人化,另一些地方又过于专业化.

　　(5) 课例中处处追求准确、完整,显得平均用力,一堂初一的课是否应该上得这么长? 另外,提问是否需要这么多人回答? 在这个问题上,大家已经有了一些认识上的碰撞.

　　(6) 在概念形成与技能的训练上,本课把重点放在概念的形成上,从而也就把难点显化了.现在的问题是,难点的突破是否充分? 如果不充分,反而做成了夹生饭.有的学员已经表现出这方面的担心.

4　课后说明

4.1　课例分析在骨干教师培训中的作用

作用主要有3点:

(1) 通过课例分析,可以帮助学员实现从教学实践经验到教育理论的升华.

学员本身积累了很丰富的教学经验,但大多停留在经验的水平上,从"课例分析"中能体验乃至学会"如何升华".

(2)通过课例分析,可以提高学员进行教学设计的自觉性与能力,学员大多有较强的教学能力,不少人都组织过很好的教学设计,进行过很好的教学活动,却自己也说不清它的理论依据,"课例分析"能帮助他们从自发的行为转变为自觉的行动.

(3)通过课例分析,可以培养学员对教学实践进行理论研究的能力.每一个课例分析课其实就是一次理论研讨会.

4.2 进行"课例分析"要抓好3个关键

(1)采集合适的课例

能够拿来进行分析的课例应该具有典型性与研究性.所谓典型性是指课例具有必要的情节,能够反映出数学教学活动的基本过程或某个完整的侧面,具有借鉴作用和理论探讨的价值.所谓研究性,是指这些活动与过程能够体现数学教育的内在规律,体现教学设计的基本思想,使得通过分析能提炼出理论因素来.这是进行课例分析的第一个步骤."数轴的教学"具有这样的典型性与研究性.

(2)进行讨论的组织

课例分析重在分析,重在提炼理论价值与教学启示.一般说来,每个课例都可以从多个角度进行分析,每个学员又都有自己的兴趣指向,如果引导启发不当,有的学员会不知从什么地方开始谈,有的学员会只谈现象与枝节.因此,教师需要充分了解课例的内容,提前进行精心的准备,临场还得有机敏的动态调节.为了使讨论相对集中,我们对本课例提出了3道重点思考题,重点放在"学习论"的分析上.

(3)做好总结评述

总结首先要有理论深度,使学员感觉确实能学到东西;其次要体现现场讨论的情况.但是,无论教师如何精心准备,都不可能提前充分设计好现场的动态活动过程.所以,教师必须一面组织讨论,一面充实调整总结的内容,这对教师的理论修养、研究能力都是极大的挑战.我们的总结吸收了现场的情况,但留下了更多的遗憾.这使我们又一次体会到,教学是遗憾的艺术.

作为对"案例教学"的探索,我们只能带着遗憾结束这节课了.

第7篇　发扬传统优势的"充分条件与必要条件"教学①

（本文是对蒋海瓯"充分条件与必要条件"课例分析的发言）

我的发言首先说说我是如何看课例的，然后再说我从本课例中看到了什么.

1　分析课例的视角

我们可以通过现场听课、录像播放、文本阅读等来认识课例，但是，怎样才能看出点东西来呢？我建议抓住三个主要视角.

1.1　数学的视角（主要看数学功底）

（1）内容结构：数学内容充实、完整，逻辑线路明晰.

（2）知识构建：原有知识经验明确，有构建新知识的合理过程.

（3）数学概念：清晰、准确，有发生过程.

（4）数学论证：科学、正确，有思维揭示.

（5）数学思想：有数学思想方法的渗透、提炼或阐明.

1.2　教学的视角（主要看教学能力）

（6）教学目标：体现三维目标或数学课程的四个方面.

（7）教学要求：恰当、适合学生的最近发展区.

（8）教学方法：创设发现情境，鼓励探索质疑，多向交流沟通，促成意义建构.

（9）教学过程：有序、完整，思路清晰，多媒体使用，激励性评价.

（10）教学效果：突出了重点，突破了难点，实现了教学目标.

1.3　特色的视角（主要看创新亮点）

（11）内容处理有新意.

（12）教学风格有个性.

（13）教学设计有亮点.

（14）突发事件有情节.

（15）其他创新亮点.

最重要的是能从这些视角里看清基本事实，并用这些事实去分析相关的数

---

① 本文原载《中学数学教学参考》（上半月·高中）2008（11）：22－27；中国人民大学复印报刊资料《中学数学教与学》（上半月·高中）2009（3）：17－22（署名：罗增儒）.

学处理、解释相关的教学行为. 当然,课例分析的共识有的只能作为教师的营养,间接进入课堂,而有的则可以直接进入课堂,这两方面都将促进教学的发展. 课例分析不应是"空对空"的"纸上谈兵",而应该是"实对实"的"行动研究".

这里的三维视角与文[1]所批评的下述"评课表"的一个区别是更为关注数学:

项目	因素	优秀	良好	待提高
情意过程	教学环境			
	学习兴趣			
	自信心			
认知过程	学习方式			
	思维的发展			
	解决问题与应用意识			
因材施教	尊重个性差异			
	面向全体学生			
	教学方法与手段			
基本功	扎实、有效			
总　评				

下面,我仅从发扬数学教学优良传统的角度谈一些基本认识.

2　一个很难上的课题

2.1　困难的表现

2.1.1　难点分析

逻辑词"充分条件与必要条件"用于"有条件的断定某事物情况存在的判断",是逻辑思维的基本工具,很重要,但很难上相应的课. 学生的主要困难存在于两个层面.

第一层面:概念本身.

(1) p、q 很抽象.

(2) 逻辑关系很严谨.

(3) 学生对于充分和必要的意义不够理解,即不清楚充分是什么意思、必要是什么意思.

(4) 学生对于用做判断的对象定位不清,即不清楚谁是谁的充分条件、谁是谁的必要条件.

第二层面:概念的综合.

(5) 三个概念的综合判断.如充分而不必要,必要而不充分,既不充分又不必要条件等,都涉及举反例,困难较大.

(6) 与数学知识或数学推理相结合的判断(容易导致学生出现逻辑性错误,参见文[2]P. 374).

2.1.2 困难表现的例子

例 1 (1986 年高考题)设甲是乙的充分条件,乙是丙的充要条件,丙是丁的必要条件,那么丁是甲的(   ).

(A) 充分条件   (B) 必要条件

(C) 充要条件   (D) 既不充分又不必要条件

讲解 编题者的预设是(D),但由甲$\Rightarrow$乙$\Leftrightarrow$丙$\Leftarrow$丁知,不能确定丁与甲的关系,而不是确定为"既不充分又不必要条件".

高考都出问题说明,理解"充分条件与必要条件"并不容易.再看一个令人迷惑的逆否命题.

例 2 (在实数范围内)写出命题"非负数的平方是非负数"的逆否命题.

事实 1:在天津市一所重点中学当面询问高一学生时,学生都是迅速写出逆否命题为

$$x^2 < 0 \Rightarrow x < 0, \qquad\qquad ①$$

然后立即表示怀疑,看着你.意思是:式①是真命题吗? 若不是真命题,那原命题与逆否命题的等价性就被破坏了.

事实 2:在西安市一所重点中学作问卷测试时(78 名高一学生参加),结果对逆否命题的写法五花八门,比较典型的有 3 个:

(1) 如果一个数的平方不是非负数,那么这个数不是非负数.

(2) 如果一个数的平方是负数,那么这个数是负数.

(3) 负数的平方根是负数.

关于"$x^2 < 0 \Rightarrow x < 0$"的真假,有 34 人(43.6%)填真,41 人(52.6%)填假,3 人拿不定主意.

事实 3：在本科生与教育硕士中测试，也是分歧很大.

事实 4：有的地方，用真值表和集合包含关系说明"$x^2 < 0 \Rightarrow x < 0$"是真命题. 此外，也有用反证法证明的. 但有中学生反驳：不等式 $x^2 < 0$ 的解是空集，不是负数，x 连实数都不是怎能为负数？也有教师指出，$x < 0$ 为开语句，不是真值表中的简单命题.

于是，这就存在两个相关的问题，表现为数学的挑战：

例 3　在实数范围内

(1)"$x^2 < 0 \Rightarrow x < 0$"的逆否命题是什么？

(2)"$x^2 < 0 \Rightarrow x < 0$"是真是假？

这两个例子能让我们感受到本课题的分量.

2.2　两道测试题

蒋老师上完"充分条件与必要条件"课后，我让学生做了两道测试题：

例 4　（多项选择题）这里有 4 张牌，每张牌的一面都写上一个数字，另一面都写上一个英文字母. 现在规定：当牌的一面为字母 R 时，它的另一面必须写数字 2. 你的任务是：为检验右面的 4 张牌是否有违反规定的写法，你翻看哪些牌就够了？（参见文[3]P. 57）

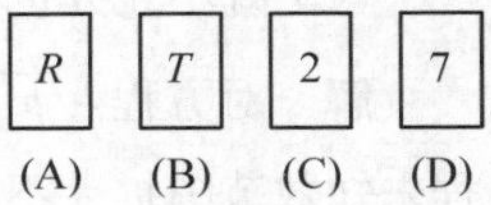

| R | T | 2 | 7 |
| (A) | (B) | (C) | (D) |

图 1

讲解　题目的条件给出了一个抽象的命题"$R \Rightarrow 2$"，即"写 R"是"写 2"的充分条件，以此为标准，判断(A)，(B)，(C)，(D)哪个地方会出现假命题. 所考查的不是具体的数学知识点，而是逻辑推理.

解法 1　逐一翻每张牌，设想背面的各种可能：翻揭(A)，背面是 2 不违反规定，背面不是 2 就违反规定，故(A)应翻看；翻揭(B)，背面是 2 不违反规定，背面不是 2 也不违反规定，故(B)不用翻看；翻揭(C)，背面是 R 不违反规定，背面不是 R 也不违反规定，故(C)不用翻看；翻揭(D)，背面是 R 违反规定，背面不是 R 不违反规定，故(D)应翻看. 综上，应翻看(A)，(D).

解法 2　由真值表知，"写 R"时，"$R \rightarrow 2$"可真可假，(A)应翻看；"不写 R"时，"$R \rightarrow 2$"恒为真，(B)不用翻看；"写 2"时，"$R \rightarrow 2$"恒为真，(C)不用翻看；"不写 2"时，"$R \rightarrow 2$"可真可假，(D)应翻看. 综上，应翻看(A)，(D).

R	2	$R \rightarrow 2$
真	真	真
真	假	假
假	真	真
假	假	真

说明 1　此题除了上面介绍的两种求解思路外,还可以从四种命题或充要条件的角度去理解,甚至直接将"$R \to 2$"代表一个具体数学命题. 为了帮助理解,可设想十字路口"红灯亮了"代表"一面写上英文字母 R",而把"行人不过马路"代表"另一面写上数字 2",检验是否违反规定,就成为检验是否"红灯亮时,行人过马路",违反交通规则(红灯不亮时,过不过马路都不违反交通规则).

说明 2　此题源于华生选择任务心理学实验,1968 年的测试"只有 5％的大学生做对了这道题",有 33％的被试"翻牌 R,而不翻牌 7",有 46％的被试"翻了牌 R 和 2". 我们对数学系本科生 2001 年测试的正确率为 23.7％,2007 年测试的正确率为 65.6％,都比华生 1968 年的测试通过率高.

说明 3　此题的课后测试结果是: 全班 64 人,填(A)、(D)的有 6 人占 9％,填(A)、(C)的有 33 人占 52％.

例 5　方程未知数范围扩大是方程产生增根的(　　).

(A) 充分而不必要条件　　　　　(B) 必要而不充分条件

(C) 既不充分也不必要条件　　　(D) 充分必要条件

解　对方程 $\sqrt{x-1}=0$ 的两边平方,方程未知数范围扩大但没有增根. 方程未知数范围扩大不是方程产生增根的充分条件. 两边乘以 $x-2$,方程未知数范围没有扩大,但方程 $(x-2)\sqrt{x-1}=0$ 产生增根 $x=2$. 方程未知数范围扩大不是方程产生增根的必要条件. 答案应选(C),既不充分也不必要条件.

说明　此题的课后测试结果如下,正确率仅为 30％:

	A	B	C	D	无
64 人	15 人 (0.23)	21 人 (0.33)	19 人 (0.30)	7 人 (0.11)	2 人 (0.03)

这 4 个例子有助于说明,"简易逻辑"不简易,"充分条件与必要条件"是一个很难上的课题.

3　课例的特点

听了蒋老师的课,有两点感受比较深.

3.1　以讲授法为主体的"启发式"教学

从 4 个基本的方面来看本课程的"启发式"讲授.

3.1.1 系统传授教材内容,精心处理重点、难点

本章内容体系如图 2 所示(继续参见图 5).

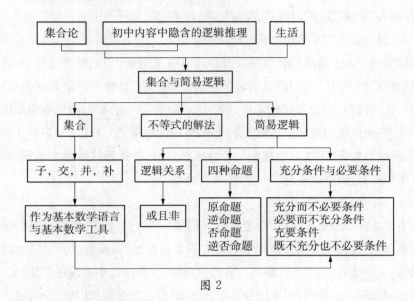

图 2

在明晰的内容体系指引下,教师注意用生活中的例子、用初中的数学命题来以旧引新,寻找新旧知识的关联点和生长点,并有意识与集合沟通、与四种命题沟通,学生原有的知识就与新的知识建立起非人为的、实质性的联系,这是一种有意义学习,而不是机械学习.

教师用边讲边问的方式,启发学生思考,集中学生注意力,组织师生共同参与;而重点、难点则不断变式:正面理解、反面理解、侧面理解、直观理解、字面理解、抽象理解……把抽象的"充分条件与必要条件"一课上得跟"玩"一样.蒋老师的"数学好玩"和"玩好数学",我理解就是要努力把数学内容处理到"生动""有趣"的境界,把数学理解深入到"熟练""透彻"的层面.

3.1.2 创设情境,关注数学,深入浅出

在数学课堂上必须学到数学,要发展通过数学可以发展的各种素质,所以上好数学课的首要前提是对数学内容的明确、对数学本质的把握.本课例出现了很多生活用语,如:"我是一个英国人""小 α 的故事""胡总书记的讲话""南宁人、广西人""小 p 与小 q 对话""爸爸、爷爷"等,但没有一句话与"充分条件、必要条件"无关;不是为了提炼"充分条件、必要条件",就是为了理解"充分条件、

必要条件",自始至终都抓住数学,关注数学.引进了这么多的生活情境,而没有出现"去数学化"现象,反映了教师对数学本质的把握.只有"深入"才能"浅出",没有"深入"只能"浅薄".(当然,时间关系,情境的数量可否压缩一些?)

3.1.3 以扎实基本功为基础的问题驱动

这节课形式上看是以教师讲解为主,学生主要是听,但在教学过程中,教师通过"显性"和"隐性"的问题驱动着学生的思维活动.显性的驱动是课堂提问:老师 7 次下讲台,10 余次提问学生,用边讲边问取代一讲到底;隐性的驱动则是仔细地、多角度地启发学生理解概念(不间断的问题变式).所以,学生并非被动地听、机械地接受,而是有思维参与和情感参与的.教师的这种基本功很过硬,"玩"得很自如,两个定义说了一堂课,真不容易.

3.1.4 问题变式

本课中师生做了大量练习,老师做、师生做、课内做、课外做,但是这些练习并非简单重复,而是通过变换数学问题的非本质方面,从而突出数学概念的本质属性.教师精心组织"变式练习"(有当堂演练 1,2,3),小步快进,及时反馈,力求把问题解决在课内(引进记号立即巩固,给出定义立即巩固).这些,可以保证数学"双基"训练不是机械练习.

在这个"启发式"的讲授中,概念的名称、定义、属性、示例都是非常清楚的.

中国的传统课堂教学强调学科内容的系统性,教师善于讲授法,这有高效率、系统性强等好处,也有异化为注入式、满堂灌和"题海战术"等危险.人们长期处于"讲授法有缺陷,但又没有更好的方法去取代它"的窘境中.看来,通过"启发式"的改造,将有希望产生中国式的"有意义接受学习".

"讲授法不是万能的,没有讲授法是万万不能的",这既是教师的实践,又是教育家的发现!(参见文[4]、[5])

3.2 中国式的变式教学

3.2.1 变式教学的理论认识(参见文[6])

变式教学分为概念性变式和过程性变式.

概念性变式的教学含义是对概念的形成提供多角度的理解,具体指在教学中用不同形式的直观材料或事例说明事物的本质属性,或变换同类事物的非本质特征以突出事物的本质特征.其作用是使学生理解哪些是事物的本质特征,哪些是事物的非本质特征,从而对一事物形成科学概念.概念性变式主要包括两类：一类是改变概念的外延(称为概念变式)；另一类是改变一些能混淆概念外延的属性，比如举反例(称为非概念变式).

过程性变式的教学含义是在教学活动过程中，通过有层次的推进，使学生逐步形成概念、推演命题或解决问题，从而形成多层次的活动经验系统. 这种教学方式并不是一种"机械训练"，而是促进有意义学习的教学手段. 过程性变式的功能有四个方面：一是用于概念的形成过程；二是用于数学对象和背景的转换过程；三是用于数学命题的形成过程；四是用于数学问题的解决过程.

概念性变式关注的是澄清数学学习对象静态的、整体的、相对稳定的内涵与外延特征；而过程性变式关注的是数学学习对象动态的、内在的、层次性递进的过程. 这两类变式在本课例中都有表现，但体现得更为充分的是过程性变式. 本课例中的过程性变式主要表现在两个方面，其一是概念的多种角度理解，其二是由直观到抽象的有层次推进.

3.2.2 过程性变式 1——概念的多种角度理解

从数学内容上看，这堂课是"充分条件与必要条件"的概念教学. 概念教学可以用概念形成也可以用概念同化，这堂课主要体现的是概念同化，即用"命题真假"的上位概念去定义"充分条件与必要条件"的下位概念，具体说就是当"若 p 则 q"为真命题时，对 p，q 的关系做出进一步的说明，并考虑逆命题的真假.

本课例中，经过事实情境(关于小 α 的故事，胡总书记的讲话)、引进记号"$\Rightarrow$"与"$\not\Rightarrow$"等的铺垫之后，名词"充分条件、必要条件"很快就出来了，教学的重点是"小步走，慢转弯，缓坡度"或"小步骤、多练习、勤反馈"的概念理解，理解的重点(正是学生接受的难点)是：充分条件、必要条件是什么意思？谁是谁的充分条件、谁是谁的必要条件？经历了 9 个小步骤的变式过程(关注探索)：

(1) 通过具体例子、"位置顺序"等理解充分条件、必要条件是什么意思.

通过位置顺序解释 p，q 的关系，这是一种传统做法，有的教师总结为有助于记忆的口诀：充要充要，左充右要；左去为充，右回为要；来去自由，方为充要. 也有的教师总结为：充要充要，前充后要；前去为充，后回为要；来去自由，方为充要.

(2) 通过"韦恩图"等从数学内部理解充分条件、必要条件.

(3) 通过"南宁人、广西人""小 p 与小 q 对话"等从具体事实上理解充分条件、必要条件.

(4) 深入理解充分条件、必要条件的 4 句话："有 p 就有 q"，"没有 q 也就没

有 p"，但"没有 p 时也可能有 q"，"有 q 时也不一定有 p".

（5）充分条件不唯一，必要条件不唯一.

（6）考虑逆命题"若 q 则 p"的真假，定义充要条件，并得出与"充分条件、必要条件"相关的四种概念：充分而不必要条件；必要而不充分条件；充分必要条件（充要条件）（记作 $p \Leftrightarrow q$）；既不充分也不必要条件.

（7）四种类型的一个现实原型：开关电路.

（8）变换叙述："p 是 q 的爸爸"与"p 的爸爸是 q"一样吗？

（9）"开放性的问题"深化练习.

这些小步骤既有正面理解、反面理解、侧面理解，又有直观理解、字面理解、抽象理解，还有师生随堂的变式练习，表现为数学活动的有层次推进，是多维度促进"概念理解"的一个过程性变式，它与概念性变式的区别在于，概念性变式提供逐步形成概念的过程，而过程性变式是为了从多种角度来理解概念.

中国的传统课堂，多是教师占有主导地位，通过一定的变式教学策略可以帮助学生系统地、有效地理解和掌握学科知识. 值得注意的是，过细的铺垫会使过程进行得太慢，学生会因感觉不到学习的挑战性而消极. 因此，变式教学要设计适当的潜在距离（或适当跨度的铺垫），使学习过程变得具有挑战性（考虑到时间也不够，具体情境的数量是否可以压缩一些？）

3.2.3　过程性变式 2——由直观到抽象的有层次推进

p，q 很抽象，"$q \Rightarrow p$"也很抽象，为了理解抽象，课例从三个层面提供直观，体现为直观性与抽象性相结合.

（1）生活直观——具体情境

"我是一个英国人""小 α 的故事""总书记的讲话""南宁人、广西人""小 p 与小 q 对话""开关电路""爸爸、爷爷"等，都是"充分条件与必要条件"的具体情境，具有相应概念的必要因素与必要形式. 蒋老师认为：这些直观情境，展现了"数学源于生活，又高于生活"的本色.

（2）几何直观——韦恩图

这是一种与"生活情境"不同的数学直观. 如图 3，定义集合 A，B：$A = \{x \mid p(x)$ 成立$\}$，$B = \{x \mid q(x)$ 成立$\}$，则当 $A \subset B$ 时，p 是 q 的充分条件，q 是 p 的必要条件；当 $A = B$ 时，

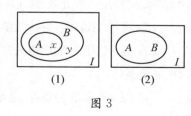

图 3

p,q 互为充要条件. 为使条件 p,q 有意义, 我们一般仅讨论 A,B 是非空集合(例2中不等式 $x^2<0$ 的实数解是空集).

这个韦恩图不仅使得抽象的"充分而不必要条件, 必要而不充分条件, 充分必要条件, 既不充分也不必要条件"等有具体的呈现, 而且使得"集合作为基本数学语言、基本数学工具"的功能发挥出实际的作用.

(3) 半抽象直观——以前所学过的定理

数学中, 下一层次的抽象可以作为上一层次抽象的具体. 比如, 1个苹果、2只兔子、3架飞机等可以成为数字1、2、3等的具体, 而1、2、3等又可以成为字母 a,b,c 等的具体. 本课例中, 以前所学过的定理(例如, 若两三角形全等, 则两三角形的面积相等)可以成为 "$p\Rightarrow q$" 的具体, 这时, p 是条件, q 是结论, $p\Rightarrow q$ 是定理. 而在新概念体系中, 条件 p 成了结论 q 的"充分条件", 结论 q 成了条件 p 的"必要条件". 而当定理的逆命题不成立时, p 是 q 的充分而不必要条件, q 是 p 的必要而不充分条件; 当逆命题也成立时, p 就是 q 的充分必要条件了. 这样一来, 充分条件、必要条件就具体了, 原有的定理就成了学生构建新概念的"代表"或"先行组织者", 学生原有的知识就与新的知识建立起非人为的、实质性的联系——有意义学习. 这是口诀"充要充要, 左充右要; 左去为充, 右回为要; 来去自由, 方为充要"所无法办到的.

这三类直观之间构成了一个从具体到抽象的有层次推进——过程性变式. 数学是抽象的, 学习数学的最终目的是学会抽象. 但是, 为了学会抽象, 我们要从具体开始, 这里有"直观性与抽象性相结合"的辩证法.

4 几点联想

结合课例, 谈4点联想.

4.1 关于用韦恩图表示概念

将一个概念表示成集合 $A=\{x\,|\,p(x)$ 成立$\}$ 时, $p(x)$ 表示了概念的内涵、A 表示了概念的外延, 概念的内涵越小则外延越大, 内涵越大则外延越小. 如图4, 当 $A\subset B$ 时, 表示 p 的内涵比 q 的内涵大, 因而 p 的外延 A 比 q 的外延 B 小, p 是 q 的充分条件, q 是 p 的必要条件. 因为"南宁人"比"广西人"的内涵大, 所以"南宁人"比"广西人"的外延小, 是"南宁人"必为"广西人", 是"广西人"未必为"南宁人", "为南宁人"是"为广西人"的充分条件, "为

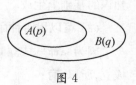

图4

广西人"是"为南宁人"必要条件. 从这一意义上说, 图 4 的表述可以更明确一点: p 加一个圈表示满足 p 的元素所组成的集合, q 加一个圈表示满足 q 的元素所组成的集合.

4.2　加强与四种命题的联系

课堂活动中, 学生已经与"四种命题"沟通, 确实"四种命题"可以成为构建"充分条件与必要条件"的认知基础. 图示如图 5.

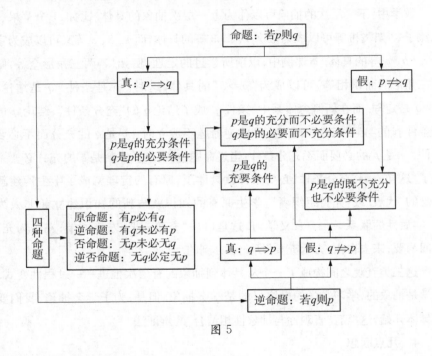

图 5

(1) 可以用原命题"$p \Rightarrow q$"来同化新概念

原命题"$p \Rightarrow q$"中的 p 是条件, q 是结论, $p \Rightarrow q$ 表示"条件 p 成立"能推出"条件 q 成立"(成为了数学上的定理). 这时, 我们给"p 可以推出 q"的关系一个新的名称——"充分条件与必要条件", 有: 原先的"条件 p"现在叫做"结论 q"的"充分条件", 原先的"结论 q"现在叫做"条件 p"的"必要条件". 新知识就在旧知识的基础上生成.

(2) 可以用四种命题来深化新概念的认识

因为原命题成立时逆命题不一定成立, 否命题不一定成立, 逆否命题一定成立, 所以, 有:

原命题成立——"有 p 必有 q";

逆命题不一定成立——"有 q 未必有 p";

否命题不一定成立——"无 p 未必无 q";

逆否命题成立——"无 q 必定无 p".

通常,对"p 是 q 的充分条件"可用三句话来理解:"有 p 必有 q","没有 p 未必没有 q","没有 q 时一定没有 p".

直接用四种命题来深化新概念不仅能节省时间,而且能沟通知识的联系.

(3)可以用原命题、逆命题来细化新概念的认识

当原命题成立而逆命题不成立时,p 是 q 的充分而不必要条件,q 是 p 的必要而不充分条件;当原命题、逆命题都成立时,p 是 q 的充分必要条件;当原命题逆命题都不成立时,p 是 q 的既不充分又不必要条件.

这样一来,新概念就在学生原有知识经验的基础上自然而然地建立起来了,好像家里原来就有这些东西,现在只不过给它们起个新名字而已.

4.3　数学命题与逻辑命题的关系

(1)逻辑上的复合命题"若 q 则 p",其中 q,p 均为命题,本课中的数学命题"若 q 则 p",其中 q,p 未必为命题,比如数学命题"若 $x>0$ 则 $x^2>0$"中,$x>0$ 与 $x^2>0$ 都只是开语句.

(2)逻辑更关注推理的有效性,数学不仅关注推理的有效性,而且关注实事的真假性.比如逻辑上的"p 假且 q 假有 $p \rightarrow q$ 真",数学承认推理的有效性,但不涉及诸如"如果三角形的两边之和小于第三边,则全等三角形的对应角不相等"的命题.

4.4　吸收发现学习的优点

没有学校之前,人类早就有发现学习,讲授法是后来才出现的一种高级、高效的教学方法,通常被界定为:"教师通过口头描绘情境、叙述事实、解释概念、论证原理和阐明规律的教学方法.它是教师应用最广的教学方法,可用于传授新知识,也可用于巩固旧知识,其他方法的应用,几乎都需要同讲授法结合进行."(参见文[7])

如同任何方法都不是万能的一样,实践中的讲授法出现过很多弊端,如:

(1)过分强调教师的主导作用,缺乏对学生自主精神、创新意识的尊重与关怀.

（2）未注意将书本知识与实际生活、动手实验紧密联系.

（3）更关注结论的识记，而忽视对知识发生过程和思维方法的探究.

（4）从概念出发，未充分重视学生小组学习、生生合作互动的作用.

（5）存在异化为填鸭式、满堂灌、单向传授、"题海战术"等诸多危险.

当然，通过"启发式"的改造，很多弊端都没有在蒋老师的课中出现，但是，讲授法确实有自身不可克服的局限性，"双基教学"也必须与时俱进，所以，我赞成讲授法吸收发现学习的优点，比如，在"深化新概念"和"细化新概念"认识的过程中，可以组织学生进行更多交流与发现.

最后想说，"充分条件与必要条件"的教学，不会毕其功于一役，还需要在以后的教学中继续深化，不断提升知识的广度、浓度和贯通度.

以上，只是我个人匆匆从课例看到的一些情况和引发的一些联想，它只表明有人这样看，有人这样想，既不一定是准确的，更不一定是正确的. 我尊重教师在课堂上的话语权，我赞成各种教学风格共存. 没有最好的教学，只有最适合自己学生的教学.

参考文献

［1］张奠宙. 教育数学是具有教育形态的数学[J]. 数学教育学报，2005(3).

［2］罗增儒. 数学解题学引论[M]. 西安：陕西师范大学出版社，2008.

［3］罗增儒. 中学数学解题的理论与实践[M]. 南宁：广西教育出版社，2008.

［4］邵光华，顾泠沅. 中国双基教学的理论研究[J]. 教育理论与实践，2006(2).

［5］丛立新. 讲授法的合理与合法[J]. 教育研究，2008(7).

［6］顾泠沅，黄荣金，费兰伦斯·马顿. 变式教学：促进有效的数学学习的中国方式[J]. 时代数学学习(教研版)，2006(7).

［7］编委会. 中国大百科全书·教育[Z]. 北京：中国大百科全书出版社，1985.

第 8 篇　余弦定理两则：流行误漏的订正与逆命题的试证①

2011 年高考数学陕西卷中出了余弦定理的"叙述并证明"这样一道试题,由此引出了很多话题(参见文[1]),同时,也使两个纯数学问题从潜伏走向前台:

(1)"作高法"的流行误漏(参见文[2]);

(2)余弦定理的逆命题怎么写？真假性如何？

本文谈对这两个问题的个人看法,盼批评指正.首先给出余弦定理的两种表述.(请思考:两种表述下的逆命题会有区别吗?)

文字叙述:三角形任何一边的平方等于其他两边平方的和减去这两边与它们夹角的余弦之积的两倍.

符号形式:在 $\triangle ABC$ 中,角 A, B, C 的对边为 a, b, c,有

$$a^2 = b^2 + c^2 - 2bc\cos A, \ b^2 = a^2 + c^2 - 2ac\cos B, \ c^2 = a^2 + b^2 - 2ab\cos C.$$

1　余弦定理一个流行误漏的订正

我们对"错例剖析"的基本态度是一贯的,主要有四点(参见文[3]):

(1)解题错误的产生总有其内在的合理性,解题分析首先要对合理成分作充分的理解.

(2)要通过反例或启发等途径暴露矛盾,引发当事者自我反省.

(3)要正面指出错误的地方,具体分析错误的性质.

(4)作为对错解的对比、补救或纠正,给出正确解法是绝对必要的.

我们正是基于这样的立场来分析"作高法"证明余弦定理的一个流行误漏,为了阅读的方便,先引述误漏的过程.

1.1　误漏的引述

用"作高法"证明余弦定理的类似失误由来已久,一个最新的出处参见文[2]第 54 页,其证明过程是对角 A 分三种情况讨论,得出

$$a^2 = b^2 + c^2 - 2bc\cos A.$$

(1)当角 A 为直角时(如图 1),由勾股定理得

---

① 本文原载《中学数学教学参考》(上旬·高中)2011(11)：26 - 29(署名：罗增儒).

$$a^2 = b^2 + c^2 = b^2 + c^2 - 2bc\cos 90° = b^2 + c^2 - 2bc\cos A ,$$

所以,当角 A 为直角时,命题成立.

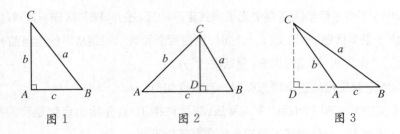

图 1　　　　　　图 2　　　　　　图 3

(2) 当角 A 为锐角时,如图 2,过点 C 作对边 AB 的垂线,垂足为 D,则

$$AD = b\cos A , \quad BD = c - AD. \qquad ①$$

在 $\mathrm{Rt}\triangle DBC$, $\mathrm{Rt}\triangle DAC$ 中,由勾股定理得

$$a^2 = CD^2 + BD^2 , \quad CD^2 = b^2 - AD^2 ,$$

消去 CD 并把①代入,得

$$\begin{aligned}
a^2 &= (b^2 - AD^2) + BD^2 (\text{消去 } CD)\\
&= b^2 - AD^2 + (c - AD)^2 (\text{把 ① 代入})\\
&= b^2 + c^2 - 2c \cdot AD (\text{展开})\\
&= b^2 + c^2 - 2bc\cos A (\text{把 ① 代入}),
\end{aligned}$$

所以,当角 A 为锐角时,命题成立.

(3) 当角 A 为钝角时,如图 3,过点 C 作对边 AB 的垂线,交 BA 的延长线于 D,有

$$AD = -b\cos A , \quad BD = c + AD. \qquad ②$$

在 $\mathrm{Rt}\triangle DBC$, $\mathrm{Rt}\triangle DAC$ 中,由勾股定理得

$$a^2 = CD^2 + BD^2 , \quad CD^2 = b^2 - AD^2 ,$$

消去 CD 并把②代入,得

$$a^2 = (b^2 - AD^2) + BD^2 (消去\ CD)$$
$$= b^2 - AD^2 + (c + AD)^2 (把\ ②\ 代入)$$
$$= b^2 + c^2 + 2c \cdot AD (展开)$$
$$= b^2 + c^2 - 2bc\cos A (把\ ②\ 代入),$$

所以,当角 A 为钝角时,命题成立.

综合(1)、(2)、(3)可得,在 $\triangle ABC$ 中,当角 A 为直角、锐角、钝角时,都有

$$a^2 = b^2 + c^2 - 2bc\cos A.$$

同理可证 $b^2 = a^2 + c^2 - 2ac\cos B$, $c^2 = a^2 + b^2 - 2ab\cos C$.

1.2　误漏的剖析

这个证明把角 A 分为直角、锐角、钝角,所有情况都考虑到了,证明中直角三角形、锐角三角形、钝角三角形全出现了(参见图1、图2、图3),对垂足 D 在 AB 边上的位置,也作了"在边内、在边外"的细致讨论(参见①、②的区别),运算亦准确无误,确实有很多合理成分. 值得思考的问题是:对角 A 做了一级分类之后还要不要继续进行二级分类?

是的,当角 A 为直角、钝角时情况比较单一,三角形只能是直角三角形或钝角三角形,但当角 A 为锐角时就并非只有图2一种情况了(如图4):

(1) 三角形既可以是锐角三角形(图4(1)),也可以是直角三角形(图4(2)、图4(4)),或钝角三角形(图4(3)、图4(5)).

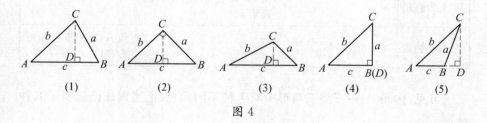

图 4

(2) 角 B 既可以是锐角(图4(1)、图4(2)、图4(3)),也可以是直角(图4(4)),或钝角(图4(5));角 C 也一样有三种可能(图4(1)、图4(2)、图4(3)中,角 C 分别为锐角、直角、钝角).

(3) 从点 C 作对边 AB 的垂线时,垂足 D 既可以在 AB 边内(图4(1)、图(2)、图(3)),又可以在点 B 上(图4(4) CD 与 CB 重合),还可以在 AB 边外

(如图 4(5)).

可见,只对角 A 作一级分类是不够的,在角 A 的一级分类之下,还应该有对角 B(或角 C)的二级分类.用角 B 为锐角的一种情况(图 2)来代替角 B 的全部,就存在逻辑漏洞(还不够完整),漏了角 B 为直角或钝角的情况(图 4(4)、图 (5)).(此处姑且认同图 2 包含了图 4(1)、图 4(2)、图 4(3)三种情况,否则就漏了角 C 为直角或钝角的情况)

可能有人会担心,角 B(或角 C)为直角、钝角时,无非是直角三角形和钝角三角形,这在第(1)、(3)种情况中已经讨论了,若在第(2)种情况中再讨论角 B 为直角、钝角会不会产生重复.我们说角 A,B,C 中任何一个为直角(钝角)时都能产生直角(钝角)三角形,是三类直角(钝角)三角形,角 A 为直角(钝角)代替不了角 B,C 为直角(钝角)的情况.应该看到,"三角形只有三类"与"内角 A 在三角形中的相对位置有多种情况"是两码事.为了说明的方便,我们列下表来显示内角 A 在三类三角形中的不同角色:

	锐角三角形	直角三角形	钝角三角形
角 A 为锐角	角 A 为锐角三角形的锐角	角 A 为直角三角形的锐角,角 C 为直角	角 A 为钝角三角形的锐角,角 C 为钝角
		角 A 为直角三角形的锐角,角 B 为直角	角 A 为钝角三角形的锐角,角 B 为钝角
角 A 为直角	×	角 A 为直角三角形的直角	×
角 A 为钝角	×	×	角 A 为钝角三角形的钝角

可见,内角 A 在三类三角形中有 7 种不同角色,上述误证已证明了五种情况:

(1) 角 A 为直角三角形的直角时,余弦定理成立;

(2) 角 A 为钝角三角形的钝角时,余弦定理成立;

(3) 角 A 为锐角三角形的锐角时,余弦定理成立;

(4) 角 A 为直角三角形的锐角、角 C 为直角时,余弦定理成立;

(5) 角 A 为钝角三角形的锐角、角 C 为钝角时,余弦定理成立;

其逻辑漏洞在于,还有两种情况被遗漏:

(6) 角 A 为直角三角形的锐角、角 B 为直角时,还没有证明余弦定理成立;

(7) 角 A 为钝角三角形的锐角、角 B 为钝角时,还没有证明余弦定理成立.

至此,我们可以给上述误漏下这样的初步结论:

(1) 问题的失误是:以偏概全,由于缺少二级分类而产生了遗漏.

(2) 失误的性质是:逻辑性错误,也可能有部分的心理性错误.

(3) 失误的隐蔽性在于:一级分类的完整掩盖着二级分类的缺失.

(4) 主要的教训是:回到逻辑知识上,分类标准要始终如一,分类要"不重不漏",分类要"逐级进行".

(5) 反思是发现漏洞的一个有效手段.

把失误的原因弄清楚了,订正就不难了.

1.3　误漏的订正

上述误漏不仅存在逻辑漏洞,而且书写上也存在压缩的空间,我们的订正分两步走,第一步是完善:肯定原证法的合理成分,按照原证法的思路先做完善(但避免简单重复);第二步是优化:提炼原证法的合理成分,逐步压缩为更加简洁的书写.

订正 1　对角 A 分三种情况讨论.

(1) 当角 A 为直角时(如图 1),由勾股定理得

$$a^2 = b^2 + c^2 = b^2 + c^2 - 2bc\cos A,$$

命题成立.

(2) 当角 A 为锐角时,过点 C 作对边 AB 的垂线,垂足 D 有三类情况(如图 4):

(i) 垂足 D 在 AB 边内(角 B 为锐角,而角 C 可以为锐角、直角、钝角),如图 4(1)、图 4(2)、图 4(3),有

$$AD = b\cos A,\ BD = c - AD = c - b\cos A. \qquad ③$$

在 $\mathrm{Rt}\triangle DBC$、$\mathrm{Rt}\triangle DAC$ 中,用勾股定理得

$$a^2 = CD^2 + BD^2 = (b^2 - AD^2) + BD^2,$$

把③代入,得

$$a^2 = b^2 - (b\cos A)^2 + (c - b\cos A)^2 = b^2 + c^2 - 2bc\cos A,$$

命题成立.

(ii) 垂足 D 在点 B 上(角 B 为直角),如图 4(4),有

$$c = b\cos A \,(也有\, AD = b\cos A, \ BD = c - b\cos A),$$

代入勾股定理,得

$$a^2 = b^2 - c^2 = b^2 + c^2 - 2c \cdot c = c^2 + b^2 - 2c \cdot b\cos A,$$

命题成立.

(iii) 垂足 D 在 AB 边外(角 B 为钝角),如图 4(5),有

$$AD = b\cos A, \ BD = AD - c = b\cos A - c. \qquad\qquad ④$$

在 Rt$\triangle DBC$, Rt$\triangle DAC$ 中,用勾股定理得

$$a^2 = CD^2 + BD^2 = (b^2 - AD^2) + BD^2,$$

把④代入,得

$$a^2 = b^2 - (b\cos A)^2 + (b\cos A - c)^2 = b^2 + c^2 - 2bc\cos A,$$

命题成立.

(3) 当角 A 为钝角时,如图 3,过点 C 作对边 AB 的垂线,交 BA 的延长线于 D,有

$$AD = -b\cos A, \ BD = c + AD = c - b\cos A. \qquad\qquad ⑤$$

在 Rt$\triangle DBC$, Rt$\triangle DAC$ 中,用勾股定理得

$$a^2 = CD^2 + BD^2 = (b^2 - AD^2) + BD^2,$$

把⑤代入,得

$$a^2 = b^2 - (-b\cos A)^2 + (c - b\cos A)^2 = b^2 + c^2 - 2bc\cos A,$$

命题成立.

综合(1)、(2)、(3),可得在$\triangle ABC$ 中,有 $a^2 = b^2 + c^2 - 2bc\cos A$.

同理可证 $b^2 = a^2 + c^2 - 2ac\cos B$, $c^2 = a^2 + b^2 - 2ab\cos C$.

订正 1 的反思 这个证明虽然完善了当初的漏洞,但稍作反思即可看到,依然存在一些可加以改进的地方:

(1) 除了直角三角形外,其余情况都是在 Rt$\triangle DBC$, Rt$\triangle DAC$ 中用勾股定理消去 CD;然后,都是把 AD, BD 代入,得出答案. 于是首先想到,可以把步骤相同的锐角三角形与钝角三角形统一起来.

(2) 对于 BD,如果说当初的①、②式($BD = c - AD$ 或 $BD = c + AD$)还有加、减 AD 的差异的话,那么,现在的③、④、⑤已经通过三角函数的符号统一为 $BD = \pm(c - b\cos A)$ 了. 考虑到 BD 在运算中是以平方的形式出现的,所以正负号对运算结果没有影响,多种情况可以合并.

(3) 对于 AD,其表达式 $AD = \pm b\cos A$ 有正负号的差异,但表示完 BD 之后,在运算中是以平方的形式出现的,所以正负号对运算结果没有影响. 另外,AD 在平方运算中的作用还可以用 $CD = b\sin A$ 来方便代替. 即用统一的

$$\begin{cases} CD = b\sin A, \\ BD = |c - b\cos A|, \end{cases} \qquad ⑥$$

代替有差异的

$$\begin{cases} AD = \pm b\cos A, \\ BD = \pm(c - b\cos A), \end{cases}$$

于是,对于 AD,多种情况也可以合并.

(4) 对于直角三角形,不妨认为垂足 D 与 A(或 B)重合时,有 $AD = 0$(或 $BD = 0$),容易验证,如图 5(1)有⑥式成立

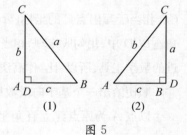

图 5

$$\begin{cases} CD = b\sin A = b, \\ BD = |c - b\cos A| = c, \end{cases}$$

而图 5(2)也有

$$\begin{cases} CD = b\sin A = a, \\ BD = |c - b\cos A| = 0, \end{cases}$$

进行形式上的勾股定理运算(图 5(2)),可得

$$a^2 = BC^2 = CD^2 + BD^2 = (b\sin A)^2 + (c - b\cos A)^2 = b^2 + c^2 - 2bc\cos A.$$

就是说⑥式对于直角三角形也成立,并可以进行形式上的勾股定理运算.

这样,合并证明至少可以有两个方案:

方案1:分两种情况,(1)直角三角形;(2)非直角三角形.(留给读者)

方案2:对直角三角形进行形式上的勾股定理运算,一种情况统一处理.请看

订正2 在△ABC 中,过 C 作高线 CD,如图6,不论垂足 D 位于何处:(1)在 BA 的延长线上,(2)与点 A 重合,(3)在线段 AB 内(角 C 可以为锐角、直角、钝角),(4)与点 B 重合,(5)在 AB 的延长线上,均有

$$CD = b\sin A, \quad BD = |c - b\cos A|.$$

在直角△BCD 中,用勾股定理(B,D 重合时仅是形式运算),得

$$a^2 = BC^2 = CD^2 + BD^2 = (b\sin A)^2 + (c - b\cos A)^2 = b^2 + c^2 - 2bc\cos A.$$

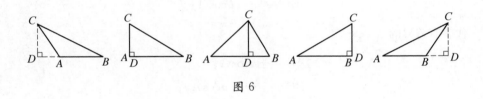

图6

细心的读者想必已经悟到,订正2非常接近坐标法.确实,作高,求出 AD,CD 相当于写出点 C 的坐标($b\cos A$,$b\sin A$),相应地 $A(0, 0)$,$B(c, 0)$,"在直角△BCD 中,用勾股定理"相当于代入距离公式.但是,由于坐标法使用了更先进的数学工具,所以,比"作高法"更具一般性而且简洁.

顺便给出一个基于向量数量积公式的坐标证法:

以点 A 为原点建立直角坐标系,记三角形各顶点及其坐标为 $A(0, 0)$,$B(x_1, y_1)$,$C(x_2, y_2)$,由向量数量积公式,有

$$\cos\angle BAC = \frac{\overrightarrow{AB} \cdot \overrightarrow{AC}}{|\overrightarrow{AB}| \cdot |\overrightarrow{AC}|} = \frac{x_1 x_2 + y_1 y_2}{\sqrt{x_1^2 + y_1^2}\sqrt{x_2^2 + y_2^2}}$$

$$= \frac{(x_1^2 + y_1^2) + (x_2^2 + y_2^2) - [(x_1 - x_2)^2 + (y_1 - y_2)^2]}{2\sqrt{x_1^2 + y_1^2}\sqrt{x_2^2 + y_2^2}}$$

$$= \frac{c^2 + b^2 - a^2}{2bc},$$

变形即得结论.

2　余弦定理的逆命题

根据逆命题的概念,需要交换余弦定理的条件与结论,我们将对照本文开头关于余弦定理的两种叙述,分别给出两个逆命题,并试证它们都是成立的.

2.1　余弦定理逆命题之一

对应余弦定理的符号形式,交换条件与结论,我们给出逆命题为

逆命题 1　若 a , b , c 为正实数, α , β , $\gamma \in (0, \pi)$,有

$$a^2 = b^2 + c^2 - 2bc\cos\alpha ,$$
$$b^2 = a^2 + c^2 - 2ac\cos\beta ,$$
$$c^2 = a^2 + b^2 - 2ab\cos\gamma ,$$

则 a , b , c 对应的线段构成一个三角形,且 a 边的对角为 α , b 边的对角为 β , c 边的对角为 γ .

证明　由 $0 < \alpha < \pi$,有 $-1 < \cos\alpha < 1$,得

$$a^2 = b^2 + c^2 - 2bc\cos\alpha < b^2 + c^2 + 2bc = (b+c)^2 .$$

又因 a , b , c 为正实数,所以 $a < b + c$.

同理,由 $b^2 = a^2 + c^2 - 2ac\cos\beta$, $c^2 = a^2 + b^2 - 2ab\cos\gamma$,有

$$b < a + c , \quad c < a + b .$$

所以, a , b , c 对应的线段可以构成一个三角形. 记这个三角形为 $\triangle ABC$,而 a 边的对角为 A , b 边的对角为 B , c 边的对角为 C ,其中 A , B , $C \in (0, \pi)$.

由余弦定理,有

$$\cos A = \frac{b^2 + c^2 - a^2}{2bc} .$$

由已知又有

$$\cos\alpha = \frac{b^2 + c^2 - a^2}{2bc} ,$$

所以

$$\begin{cases} \cos A = \cos\alpha , \\ A , \alpha \in (0, \pi). \end{cases}$$

由余弦函数的单调性,得 $A = \alpha$,即 a 边的对角为 α .

同理,得 b 边的对角为 β , c 边的对角为 γ .

2.2 余弦定理逆命题之二

对应余弦定理的文字叙述,交换条件与结论,我们给出逆命题为

逆命题 2 对于正实数 a, b, c, 及 $\theta \in (0, \pi)$, 若有

$$a^2 = b^2 + c^2 - 2bc\cos\theta,$$

则 a, b, c 对应的线段构成一个三角形,且 θ 为 b, c 边的夹角.

证明 由 $0 < \theta < \pi$, 有 $-1 < \cos\theta < 1$, 得

$$b^2 + c^2 - 2bc < b^2 + c^2 - 2bc\cos\theta < b^2 + c^2 + 2bc,$$

即

$$(b-c)^2 < a^2 < (b+c)^2.$$

又因 a, b, c 为正实数,有 $|b-c| < a < b+c$.

所以,a, b, c 对应的线段可以构成一个三角形. 记这个三角形为 $\triangle ABC$, 而 b, c 边的夹角为 A, $A \in (0, \pi)$. 由余弦定理,有

$$\cos A = \frac{b^2 + c^2 - a^2}{2bc}.$$

但由已知又有 $$\cos\theta = \frac{b^2 + c^2 - a^2}{2bc},$$

所以 $$\begin{cases} \cos A = \cos\theta, \\ A, \theta \in (0, \pi). \end{cases}$$

由余弦函数的单调性,得 $A = \theta$, 即 b, c 边的夹角为 θ. (注:用"同一法",以 b, c, θ 为两边夹角构造三角形更简单些)

逆命题的叙述和证明有无疏漏,以及哪个逆命题更准确等,盼批评指正.

参考文献

[1] 罗增儒. 2011 年高考数学陕西卷"八个话题"之我见[J]. 中学数学教学参考(上旬),2011(8)(9).

[2] 编辑部. 2011 年高考:数学试题的解法荟萃[J]. 中学数学教学参考(上旬),2011(7).

[3] 罗增儒. 解题分析——谈错例剖析[J]. 中学数学教学参考,1999(12).

第9篇 "二分法"教学中的几个问题[①]

函数零点的存在性定理：

闭区间上的连续函数 $y = f(x)$，$x \in [a, b]$，若 $f(a)f(b) < 0$，则存在 x_0 $\in (a, b)$，使 $f(x_0) = 0$.

作为连续函数的一个应用，高中新课程介绍了"用二分法求方程的近似解"（相应地，教材增加了"方程的根与函数的零点"）. 增加这个内容主要有两个考虑，其一是"思想应用、方法建构"的显性目标：突出函数思想的应用，用函数的零点同化方程的解，引进"二分法"，打开方程求解的新思路；其二是"经验积累、算法渗透"的隐性目标：实践"二分法"体现算法的思想，其有效、快速、规范的求解过程，可以为后面学习算法积累基本经验. 据此，"二分法"首先出现在《数学1》的函数应用中，然后又在《数学3》中作为算法的具体素材（参见文[1]、[2]）.

这个内容出来之后，立即成为教研活动的一个热点，从教学到教材都有很多理论探讨，从"研课"到"赛课"又有很多实践探索. 近年来，笔者阅读了大量文本课例，还听过不少中学现场的"同课异构"课、大学生东芝杯"讲课比赛"课，感觉在"二分法"的课题上有两个突出问题：现实情境的数学化提炼欠缺与数学思想的操作化落实欠缺（现场交流时往往听不到满意的回答）. 本文愿抛砖引玉，就这两个问题谈一些个人看法.

1 现实情境的数学化提炼

1.1 "猜价格"游戏的数学化提炼

在"二分法"的教学中，常常见到教师创设商品"猜价格"游戏，每次猜后教师都会给出"多了"还是"少了"的提示，说高了的往低猜，说低了的往高猜，不断调整，逐步接近商品的真正价格，由此引入"二分法"（参见文[3]-[7]）. 然后，以求一个具体方程的近似解为例，经历求近似解的过程，总结出"二分法"的一般程序.

但是，从学生那里了解到，他们在学完这节课之后，感到"猜价格"与"二分法"之间，除了"取中点"有点类似之外，现实情境与数学内容是两张皮. 因为在

---

① 本文原载《数学教学》2013(3)：封二，1-4.

"猜价格"情境里,学生见不到"连续函数",见不到"闭区间端点的函数值异号",见不到"函数零点",见不到"方程",见不到"方程的解"等等. 对此,很多同行已经敏锐觉察到这里有问题(参见文[8]-[11]).

那么,到底是"猜价格"游戏不具有"二分法"的必要因素与必要形式,还是教学没有组织学生去建立"猜价格"游戏与"用函数的思想求解方程"的数学联系呢?

笔者认为,是后者而不是前者,是教学只关注"引进的情境化",缺失"提炼的去情境化",下面是一个数学化的提炼过程,可供教学参考.

(1) 设商品的价格为 c 元(常量),它在 a 元与 b 元之间 $(a < c < b)$,人猜的价格为 x 元(变量),两者的差距组成一个连续函数 $f(x) = x - c$,定义域为 $[a, b]$,并且 $f(a) < 0$, $f(b) > 0$. "猜对"对应着方程 $f(x) = 0$ 的解.

(2) 取中点 $\dfrac{a+b}{2}$,若猜得高了,表明 $f\left(\dfrac{a+b}{2}\right) > 0$,则在区间 $\left[a, \dfrac{a+b}{2}\right]$ 上再取中点;若猜得低了,表明 $f\left(\dfrac{a+b}{2}\right) < 0$,则在区间 $\left[\dfrac{a+b}{2}, b\right]$ 上再取中点.

(3) 依此类推,区间长度越来越小,也就是猜的价格越来越接近真实价格,所猜的价格就是方程 $f(x) = 0$ 解的近似值. 猜对时就是方程 $f(x) = 0$ 的准确解.

(4) 于是,我们可以用不断取中点的方法来求方程 $f(x) = 0$ 的近似根——"二分法".

在这里,"猜价格"游戏成了学生认识抽象数学模式的认知基础,学生也经历了一个从具体现实情境到抽象数学模式之间的"数学化"提炼过程.

缺乏直观的概念是盲目的,缺乏概念的直观是空虚的,数学教学既要有"引进的情境化",又要有"提炼的去情境化"(数学化).

1.2 "试验"情境的数学化提炼

除了"猜价格"游戏外,教师们在"二分法"的教学中还创设了很多情境. 下面,笔者介绍一个来自华罗庚科普著作《优选法平话》的例子(参见文[12]第 427 页).

例 1 某一产品依靠某种贵重金属. 我们知道,没有该贵重金属的产品质量不合要求,采用 16% 的贵重金属生产出来的产品质量合乎要求. 现在尝试,可否采用的该贵重金属尽量少些,但仍使得产品符合要求?

讲解　分 5 步来作说明.

(1) 我们将产品质量看成贵重金属比例为 x 的函数 $f(x)$,产品质量合格记为 $f(x)>0$,不合格记为 $f(x)<0$. 问题的实质是要寻找使产品质量合格的贵重金属比例 x 的临界点,也就是求方程 $f(x)=0$ 的解. 当然生产中需要留有一定的余量,因此问题就变成了在给定精度要求下(例如,精确到 1%),求 $f(x)=0$ 的近似解.

由于 $f(0)<0$,$f(16)>0$,初始的搜索区间为 $[0,16]$,下面用取中点的方法来求解.

(2) 先取 $x=8$,即用含贵重金属比例 8%的配方安排一次生产试验,如果产品合格,即 $f(8)>0$,那么搜索区间变为 $[0,8]$ (参见图 1).

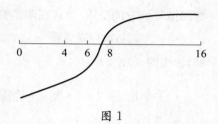

图 1

(3) 取 $x=4$,即用含贵重金属比例 4%的配方安排一次生产试验,如产品不合格,即 $f(4)<0$,那么搜索区间变为 $[4,8]$.

(4) 取 $x=6$,即用含贵重金属比例 6%的配方再安排一次生产试验,如果 $f(6)<0$,那么搜索区间变为 $[6,8]$.

(5) 再取 $x=7$,用含贵重金属比例 7%的配方再试验一次,如果 $f(7)<0$,那么搜索区间变为 $[7,8]$. 因为 $8-7\leqslant 1$,所以 $[7,8]$ 中任何数都可看作方程 $f(x)=0$ 的近似解. 但是,为了保证产品质量合格,取 $x=8$ 作为方程 $f(x)=0$ 的近似解.

从这个例子可以知道为什么将计算函数值称为试验. 试验是需要代价的,因此,我们总希望试验的次数尽可能少(华罗庚教授将"二分法"称为特殊情况的优选法).

2　数学思想的操作化落实

大家都认为,在"二分法"课题中有丰富的数学思想,如函数与方程的数学思想,近似与逼近的数学思想,数形结合的数学思想,特殊与一般的数学思想,程序化地处理问题的算法思想等. 然而,无论是从学生中了解还是与教师交流都能感到,这些思想的落实还有待到位.

比如,有这样一个教学过程:为了求方程 $\ln x+2x-6=0$ 的近似解,首先

转化为函数 $f(x)=\ln x+2x-6$ 在 $[2,3]$ 上的零点，$f(2)<0$，$f(3)>0$，然后，在 $[2,3]$ 上不断取中点并列表计算函数值的正负，使包含零点的区间长度越来越短，从而方程的近似解达到要求的精确度，最后总结出"二分法"的一般程序. 笔者请教师就此说明"二分法"课题中是怎样"数形结合"的，常常只听到"由数到形"的描述：把方程的解转化为函数图像与 x 轴的交点. 其实，这里既有"由数到形"又有"由形到数"，是一个双流向的"数形结合".

2.1 由数到形的操作化落实

"由数到形"经历了 4 个操作步骤：方程的解—方程组的解—函数零点—函数图像与 x 轴的交点. 数式逐渐演变为形象，几何味越来越重.

(1) 首先是求一元方程 $\ln x+2x-6=0$ 的近似解. 这是一个纯代数的问题，一维的、静态的.

(2) 令 $\ln x+2x-6$ 为 y，问题转化为求二元方程组 $\begin{cases} y=\ln x+2x-6, \\ y=0 \end{cases}$ 的解. 这还是一个纯代数的问题，保持静态特征，但已经是二维的了，便于向坐标系过渡.

(3) 把方程 $y=\ln x+2x-6$ 转变为函数 $f(x)=\ln x+2x-6$，把方程 $y=0$ 转变为函数值为零 $f(x)=0$. 这虽然还是一个纯代数的问题，但已经是二维、动态的了.

(4) 通过坐标系把函数 $f(x)=\ln x+2x-6$ 转化为图像，把 $f(x)=0$ 转化为图像与 x 轴的交点(零点). 这就把数变成了形，零点在 x 轴上的 2 与 3 之间(如图 2).

这一过程的基本线索是把方程的解(数)转化为函数图像与 x 轴的交点(形).

2.2 由形到数的操作化落实

"由形到数"经历了 4 个操作步骤：坐标系—数轴—表格—二分法. 形象逐渐演变为数式，代数味越来越重、越来越浓.

(1) 坐标系. 在二维坐标系上可以看到函数 $f(x)=\ln x+2x-6$ 的图像与 x 轴的交点，这个交点在 x 轴的 2 与 3 之间. 这是二维坐标系的形象. (如图2)

(2) 数轴. 因为是找 x 轴上的零点，所以考虑一维数轴上的区间 $[2,3]$ 就够了，取区间 $[2,3]$ 的中点，用区间套逐步逼近交点. 这是一维数轴上的形象，交点在区间 $[2,3]$ 上被逼近(参见图 2 中的 x 轴).

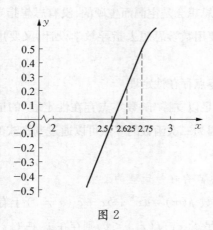

图 2

（3）表格. 把逼近的形象用数值反映出来, 计算端点的函数值, 填写在表格上, 区间两端点的数值越来越接近零点. 这就把一维形象通过表格呈现为"数".

区间	中点的值	中点函数近似值
(2, 3)	2.5	−0.084
(2.5, 3)	2.75	0.512
(2.5, 2.75)	2.625	0.215
(2.5, 2.625)	2.5625	0.066
(2.5, 2.5625)	2.53125	−0.009
(2.53125, 2.5625)	2.546875	0.029
(2.53125, 2.546875)	2.539062 5	0.010
(2.53125, 2.539062 5)	2.535156 25	0.001

（4）得出"二分法"的一般程序. 这是一维的纯代数表达, 也是从特殊到一般的归纳.

这一过程的基本线索是把找函数图像交点（形）的方法直观地提炼为"二分法"程序（数）.

学生在这个双流向"数形结合"的活动中, 从特殊到一般提炼出了"二分法", 看到了"函数与方程的数学思想", 体验了"近似与逼近的数学思想", 积累了"程序化地处理问题的算法思想".

没有行动支撑的思想会是空洞而生硬的,没有思想指导的行动会是盲目而肤浅的.数学教学既要用数学思想去指导教学设计,又要用教学操作去落实数学思想.

3 二次函数的零点存在性定理

虽然中学知识不足以支撑"函数零点存在性定理"的证明,但是,对于二次函数却是一个例外,因为二次函数的零点可以通过判别式的符号来判定它的存在性.

3.1 二次函数零点存在性定理的证明

定理 若二次函数 $f(x)=ax^2+bx+c$ $(a \neq 0)$ 上有两个函数值 $f(x_1)$,$f(x_2)$ $(x_1 < x_2)$ 满足 $f(x_1)f(x_2) < 0$,则存在 $x_0 \in (x_1, x_2)$,使 $f(x_0)=0$.

证明 由 $f(x_1)f(x_2) < 0$,有

$$(ax_1^2+bx_1+c)(ax_2^2+bx_2+c) < 0.$$

两边乘以 $16a^2 > 0$,有

$$(4a^2x_1^2+4abx_1+4ac)(4a^2x_2^2+4abx_2+4ac) < 0,$$

配方 $[(2ax_1+b)^2-(b^2-4ac)][(2ax_2+b)^2-(b^2-4ac)] < 0,$

有 $(2ax_1+b)^2 > b^2-4ac > (2ax_2+b)^2 \geqslant 0,$

或 $(2ax_2+b)^2 > b^2-4ac > (2ax_1+b)^2 \geqslant 0.$

上述两式均可推出 $b^2-4ac > 0$,得二次方程 $ax^2+bx+c=0$ 有两个不相等的实数根,记为 α, β,则二次函数 $f(x)=ax^2+bx+c$ 存在零点 α, β,即 $f(\alpha)=0$, $f(\beta)=0$.

这时,二次函数可以表示为 $f(x)=a(x-\alpha)(x-\beta)$.

又由 $f(x_1)f(x_2) < 0$,有

$$[a(x_1-\alpha)(x_1-\beta)][a(x_2-\alpha)(x_2-\beta)] < 0.$$

约去 $a^2 > 0$,得

$$[(x_1-\alpha)(x_2-\alpha)][(x_1-\beta)(x_2-\beta)] < 0,$$

若 $(x_1-\alpha)(x_2-\alpha) < 0 \Rightarrow \alpha \in (x_1, x_2),$

则 $$f(\alpha)=0,\qquad\qquad ①$$

若 $$(x_1-\beta)(x_2-\beta)<0\Rightarrow\beta\in(x_1,x_2),$$

则 $$f(\beta)=0.\qquad\qquad ②$$

对式①取 $x_0=\alpha$，对式②取 $x_0=\beta$，故总存在 $x_0\in(x_1,x_2)$，使 $f(x_0)=0$.

3.2　二次函数零点存在性定理的练习

下面两道例题都是以"函数零点存在性定理"为背景编制的，因为只涉及二次函数，所以均可以用中学的知识来解决.

例 2　如图 3，证明：若抛物线 $y=x^2+px$ $+q$ 上有一点 $M(x_0,y_0)$ 位于 x 轴下方，则抛物线与 x 轴必有两个不同的交点，记为 $A(x_1,0)$，$B(x_2,0)$，且 x_0 在 x_1 与 x_2 之间.

分析　从结论入手，抛物线与 x 轴有两个不同的交点（形象信息）等价于二次方程（符号信息）

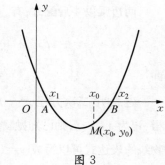

图 3

$$x^2+px+q=0\qquad\qquad ①$$

有两个不相等的实数根（这既是形与数的沟通，又是函数与方程的转化），这又等价于方程的判别式

$$p^2-4q>0.\qquad\qquad ②$$

再看条件，点 $M(x_0,y_0)$ 在 x 轴下方（形象信息）等价于（符号信息）

$$\begin{cases}y_0=x_0^2+px_0+q,\\ y_0<0.\end{cases}\qquad\qquad ③$$

问题转化为：已知③，求证②. 这已经是纯粹的代数问题了（由形到数）. 为了沟通已知与求证的联系，首先想到式②与抛物线顶点坐标 $\left(-\dfrac{p}{2},\dfrac{4q-p^2}{4}\right)$ 有联系，其次由图形看到抛物线顶点不会比 M 点高（形象信息），转化为代数表达（由形到数，沟通式②与式③的联系），只需证

$$\frac{4q-p^2}{4}\leqslant y_0\Rightarrow p^2-4q\geqslant-4y_0>0.\qquad\qquad ④$$

于是,式③与式②的沟通,转化为证明式④. 不妨选用作差法试算,有

$$p^2 - 4q + 4y_0 = p^2 - 4q + 4(x_0^2 + px_0 + q) = (2x_0 + p)^2 \geqslant 0. \qquad ⑤$$

这说明,本题可用配方法来证明式④,证明的过程只不过是式⑤的书写,形式是不唯一的.

证明 1　由点 $M(x_0, y_0)$ 在抛物线上,有

$$y_0 = x_0^2 + px_0 + q.$$

两边乘以 4 后配方,有

$$4y_0 = 4x_0^2 + 4px_0 + 4q = (2x_0 + p)^2 - (p^2 - 4q) \geqslant -(p^2 - 4q),$$

即
$$p^2 - 4q \geqslant -4y_0 > 0.$$

这表明,二次方程 $x^2 + px + q = 0$ 的判别式大于 0,从而有两个不相等的实根,记为 x_1,x_2,则已知抛物线与 x 轴交于两点 $A(x_1, 0)$,$B(x_2, 0)$. 这时,抛物线的表达式可以写成 $y = (x - x_1)(x - x_2)$,把点 $M(x_0, y_0)$ 代入,得 $(x_0 - x_1)(x_0 - x_2) = y_0 < 0$,这说明 x_0 在 x_1 与 x_2 之间.

证明 2　由已知有

$$p^2 - 4q = p^2 - 4q + 4y_0 - 4y_0 = p^2 - 4q + 4(x_0^2 + px_0 + q) - 4y_0$$
$$= (2x_0 + p)^2 - 4y_0 \geqslant -4y_0 > 0,$$

以下同证明 1(略).

证明 3　由已知有

$$y = x^2 + px + q = x^2 + px + (y_0 - x_0^2 - px_0)$$
$$= (x - x_0)^2 + (2x_0 + p)(x - x_0) + y_0.$$

令 $t = x - x_0$,得

$$y = t^2 + (2x_0 + p)t + y_0. \qquad ⑥$$

因为 $y_0 < 0$,故其判别式 $(2x_0 + p)^2 - 4y_0 \geqslant -4y_0 > 0$,得抛物线⑥与横轴有两个交点,记为 $(t_1, 0)$,$(t_2, 0)$,从而 $x_1 = t_1 + x_0$,$x_2 = t_2 + x_0$ 是二次方程 $x^2 + px + q = 0$ 的两个根,且由⑥知 $t_1 t_2 = y_0 < 0 \Leftrightarrow (x_0 - x_1)(x_0 - x_2) =$

$y_0 < 0$，得 x_0 在 x_1 与 x_2 之间. 所以，已知抛物线与 x 轴必有两个不同的交点 $A(x_1, 0)$，$B(x_2, 0)$，且 x_0 在 x_1 与 x_2 之间.

例 3 已知二次曲线 S：$y = ax^2 + bx + c$ $(a \neq 0)$ 与 $ax^2 + y^2 + bx + ay + c + a = 0$ 有 4 个不同的交点，求证：

(1) 两曲线的 4 个交点中，至少有两个交点位于 x 轴的下方；

(2) 曲线 S 必与 x 轴有两个不同的交点，记为 $(x_1, 0)$，$(x_2, 0)$，$x_1 \neq x_2$；

(3) 两曲线的 4 个交点中，必存在一点 (x_0, y_0)，对 (2) 中的 x_1、x_2，有 $(x_0 - x_1)(x_0 - x_2) < 0$.

解 (1) 联立方程组

$$\begin{cases} y = ax^2 + bx + c, \\ ax^2 + y^2 + bx + ay + c + a = 0, \end{cases}$$

消去 x 得 $y^2 + (a+1)y + a = 0$，解得 $y_1 = -1$，$y_2 = -a$.

由 $y_1 = -1$ 知两个交点的纵坐标为负数，所以这两点位于 x 轴的下方. 得证两曲线的 4 个交点中，至少有两个交点位于 x 轴的下方.

(2) 由上证知，四个交点中有纵坐标为 $-a$ 的，取其中一个为 $A(x_0, -a)$，代入曲线 S 得

$$ax_0^2 + bx_0 + c = -a, \tag{⑦}$$

两边乘以 $4a$ 后，配方得

$$(2ax_0 + b)^2 - (b^2 - 4ac) = -4a^2,$$

则

$$b^2 - 4ac = (2ax_0 + b)^2 + 4a^2 \geqslant 4a^2 > 0.$$

这表明，二次方程

$$ax^2 + bx + c = 0 \tag{⑧}$$

的判别式大于 0，从而有两个不相等的实根，记为 x_1，x_2，$x_1 \neq x_2$.

得证曲线 S 与 x 轴交于不同的两点 $(x_1, 0)$，$(x_2, 0)$.

(3) 由于 (2) 中的 x_1，x_2 $(x_1 \neq x_2)$ 是方程 ⑧ 的两个根，有

$$\begin{cases} x_1 + x_2 = -\dfrac{b}{a}, \\ x_1 x_2 = \dfrac{c}{a}. \end{cases} \tag{⑨}$$

又由⑦有 $x_0^2 + \dfrac{b}{a}x_0 + \dfrac{c}{a} = -1 < 0$，把⑨代入，得不等式

$$x_0^2 - (x_1 + x_2)x_0 + x_1 x_2 < 0,$$

即

$$(x_0 - x_1)(x_0 - x_2) < 0.$$

最后重申，以上个人看法意在抛砖引玉，盼批评指正.

参考文献

[1] 刘绍学. 普通高中课程标准实验教科书·数学 1[M]. 北京：人民教育出版社，2004.

[2] 张劲松，郭豫. 高中数学课程中的二分法——对"用二分法求方程的近似解"一堂课的思考[J]. 中学数学教学参考(高中)，2008(4)：3 - 6.

[3] 张国良. 课例：用二分法求方程的近似解[J]. 中学数学教学参考(高中)，2006(1/2)：21 - 23.

[4] 欧小雪. "用二分法求方程的近似解"教学设计[J]. 商情(科学教育家)，2008(1)：282 - 283.

[5] 叶亚美. 真实地思维，有效地参与——从对两个《用二分法求方程的近似解》设计片段谈起[J]. 中学数学(高中版)，2010(7)：24 - 25.

[6] 雷勇.《用二分法求方程的近似解》教学设计[J]. 昭通师范高等专科学校学报，2011(S1)：59 - 62.

[7] 万正付.《用二分法求方程的近似解》的教学案例分析[J]. 数学学习与研究，2011(21)：54.

[8] 涂荣豹. 谈提高对数学教学的认识[J]. 中学数学教学参考(高中)，2006(1/2)：4 - 8.

[9] 杨佩琼，王一杰. 如此创设情境为哪般？——关于"二分法"的教学情境[J]. 中学数学教学参考(高中)，2008(1/2)：10 - 12.

[10] 雷晓莉，王芝平. "同课异构"的比较与反思——从"二分法"三节课说起[J]. 中学数学教学参考(高中)，2008(4)：7 - 9.

[11] 李柏青. 从"二分法求方程近似解"的引入谈起[J]. 中学教研(数学)，2008(5)：3 - 5.

[12] 华罗庚. 华罗庚科普著作选集[M]. 上海：上海教育出版社，1984.

第 10 篇 续谈正弦定理的三个问题[①]

大家初中的时候就已经知道"由不在同一直线上的三条线段首尾顺次连接所组成的封闭图形叫做三角形"(界定),并且知道"两角夹边对应相等的两个三角形全等"(判定定理),这就是说,只要三角形的两角夹边确定,则其余的边和角也随之确定(三角形唯一确定). 但是,根据三角形的界定,方便进行运算或推理吗? 根据三角形全等的判定定理,能由三角形的两角夹边求出其余的边和角来吗?

我们说,几何描述有它天然的优势和不可克服的局限性,添加代数的定量描述可以优势互补. 比如:将 $\triangle ABC$ 作向量刻画,则"三角形"就可以运算了,对三角形向量式(图 1)

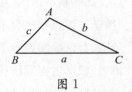

图 1

$$\overrightarrow{BC} = \overrightarrow{AC} - \overrightarrow{AB} \qquad\qquad ①$$

求模,可得三角形不等式

$$||\overrightarrow{AC}| - |\overrightarrow{AB}|| < |\overrightarrow{AC} - \overrightarrow{AB}| < ||\overrightarrow{AC}| + |\overrightarrow{AB}||,$$

即

$$|b - c| < a < b + c.$$

再对①式平方可以推出余弦定理,点乘 $\overrightarrow{BC}$ 上的高可推出正弦定理,点乘向量 $\overrightarrow{BC}$ 可推出射影定理

$$a = c\cos B + b\cos C.$$

对平面 π 上的垂线 PO,斜线 PA 和射影 OA(图 2),有向量式 $\overrightarrow{PA} = \overrightarrow{OA} - \overrightarrow{OP}$.

又记平面 π 上任一直线 a 的方向向量为 $\boldsymbol{a}$,则有

$$\overrightarrow{PA} \cdot \boldsymbol{a} = (\overrightarrow{OA} - \overrightarrow{OP}) \cdot \boldsymbol{a} = \overrightarrow{OA} \cdot \boldsymbol{a} - \overrightarrow{OP} \cdot \boldsymbol{a}.$$

因为 $\overrightarrow{OP} \perp \pi \Rightarrow \overrightarrow{OP} \perp \boldsymbol{a} \Rightarrow \overrightarrow{OP} \cdot \boldsymbol{a} = 0$,所以

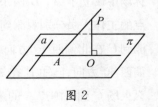

图 2

---

① 本文原载《中学数学教学参考》(上旬·高中)2015(7):65-70(署名:罗增儒).

$$\overrightarrow{PA} \cdot \boldsymbol{a} = 0 \Leftrightarrow \overrightarrow{OA} \cdot \boldsymbol{a} = 0.$$

这就得到三垂线定理及其逆定理.

可见,向量式①便于运算或推理,并有助于"三角形"认识的深化.同样,正弦定理(还有余弦定理)给出了三角形各要素的一个三角等式(结构),也使得"三角形"可以运算或推理,还可以由"三角形的三个基本元素(至少包括一条边)"求出其余的边和角(由结构到功能).所以,正(余)弦定理是初中"三角形"几何图形的一个代数描述,是平面几何中定性表达"大边对大角"的一个定量刻画,是初中三角形全等定理在解三角形中的应用.

这些基本认识,在"2014 年全国高中特色课堂展示交流研讨会"的正弦定理"教学""评点"与"启示"中均有体现(参见文献[1]、文献[2]、文献[3]).作为展示会,会议确实展示了一个有特色的课堂,曹老师的课教学目标明确、教学要求恰当、教学过程流畅、教学设计艺术,"数学现实、数学化、再创造、师生互动"四个关键词都在努力展示;同样,裴老师的评课言简意赅,也确实展示了该课例的特色.但是,会议的主题还有"交流研讨",如果会议不能提供大家深入研讨的问题(哪怕结论是否定的),那就等于删去"交流研讨"而成为纯粹的"展示会"了.本文正是用实际行动来加强会议"交流研讨"的成分,欠妥之处盼批评指正.

下面,首先呈现课堂的基本内容,然后就所涉及的三个问题谈一己之见.

1 基本内容的呈现

1.1 教学内容的呈现

文献[1]的教学内容可以理解为四个环节:

(1) 创设情境,提出问题

首先,教师提出一个"林场火情"的问题(数学现实).

例 1 如图 3,某林场为了及时发现火情,在林场中设立了 A,B 两个观测点,某日两个观测点的工作人员分别观测到 C 处有险情,在 A 处观测到 C 在北偏西 45°方向,在 B 处观测到 C 在北偏西 60°方向,已知 B 在 A 的正东方 10 km 处,那么火场 C 到观测点 A 的距离是多少?

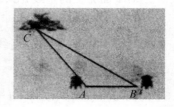

图 3

接着,教师与学生一起思考,将其数学化为图 4 中的解钝角三角形问题.

例 2 如图 4,在△ABC 中,已知 ∠CAB = 135°,
∠CBA = 30°, AB = 10 km,求 AC 的长.

然后,教师作引导探索:"问题与你学过的哪些
知识相关? 你掌握的知识可以解决这个问题吗?"(默
认学生难以解决)由此调动学生的认知基础,引发学
生的认知冲突,引入本节课的研究课题.

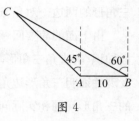

图 4

(2) 经历过程,解决问题

这是一个数学材料的逻辑组织化工作,经历了"特殊猜想,实践检验""归纳
概括,演绎证明"等知识的形成过程,成为本课体现"再创造"和"师生互动"的重
头戏.在"特殊猜想,实践检验"中,主要是"发现"直角三角形有正弦定理(下文
②式)成立,又通过"几何画板",由特殊到一般,先定性后定理、猜想结论可以
推广.

在"归纳概括,演绎证明"中,通过构造直角、化归为直角三角形,分别证明
了锐角三角形中正弦定理(下文②式)成立、钝角三角形中正弦定理(下文②式)
成立,从而得出正弦定理.

正弦定理 在一个三角形中,各边和它所对角的正弦的比相等,即

$$\frac{a}{\sin A} = \frac{b}{\sin B} = \frac{c}{\sin C}. \qquad ②$$

(3) 理解定理,初步应用

文献[1]的"理解定理"主要是认识定理结构上有什么特征,有哪些变式. 比
如:从结构上看,各边与对角的正弦严格对应,成正比例,体现了数学的和谐美;
从方程的观点看,每个等式含有四个量,知三可求一.

"初步应用"主要是应用数学理论解决两类解三角形问题:一是两角一边
解三角形;二是两边一对角解三角形.其中有"前后照应",解决当初现实情境所
提出的问题(例 1、例 2).

(4) 课堂小结,作业布置

在课堂小结中不仅反思"我们这节课学会了什么知识"(知识归纳),而且反
思"还有什么收获和领悟"(涉及方法整理、思想感悟等).

在作业布置中不仅有巩固性的"书面作业",而且有"研究类作业",如:已知

三角形的两边一对角,这个三角形能唯一确定吗?

由上面的简要回顾可以看到,这节课是在学生已有的三角形知识、三角函数知识、解直角三角形基本活动经验的基础上,沿着从特殊到一般的逻辑线路,发现并证明三角形边角间的一个本质关系(正弦定理),进而利用其来解决简单的三角形问题和实际问题.其中既有现实情境的创设和提炼,又有数学问题的全局牵引,还有前后呼应的艺术.

1.2 评课内容的呈现

裴老师的评课体现了三维目标,展示了这节课的特色:问题情境、一个根本、一个核心.

(1)裴老师在文献[2]中首先指出,关于"火情测报"的问题情境有四个特点:

① 它本身值得关注,在安全意识成为公民教育的今天,尤其如此.

② 它还包含某种内在的智慧,说明:两个观测点的信息足以确定火情的位置.

③ 它不仅是引发思维的动力,还是孕育思想的胚胎.也就是说,问题情境不只是把学生引导到问题探究的起点上,还要为学生开启问题探究的思路.

④ 它还是本课贯穿始终的一条主线,是目标实现的重要标志.

文献[2]强调指出:一个问题情境,不仅本身值得关注,还有某种内在智趣;不仅有驱动力,还有导向性;不仅发生在课堂的开局,而且完善在教学的最后.这就是本节课问题情境给我们的启示.

(2)裴老师在文献[2]中继续认为,抓住"一个根本""一个核心"也是本节课例的特色,其中"一个根本"是"美学原则","一个核心"是"转化为直角或者构造出直角".

此外,裴老师在文献[3]中还认为"正弦定理与余弦定理是等价的,由正弦定理可以通向余弦定理".

2 特色课例的续谈

作为对教学特色和教学创新的不懈追求,我们想在上述课例与评析的基础上"续谈"三个问题:现实情境是否真正引发了学生的认知冲突? 正弦定理的条件和结论是什么? 如何理解正弦定理与余弦定理等价?

2.1　现实情境是否真正引发了学生的认知冲突?

这个问题涉及教师的情境创设(参见文献[4])和学生的认知基础.如果学生的原有知识难以解决现实情境所提出的问题(例1、例2),那现实情境就能如愿引发学生的认知冲突、如愿实现教师的设计意图、如愿体现评课所说的几条好处;如果学生掌握的知识不难解决现实情境所提出的问题,那"引发认知冲突"就有"意图失落"的危险,"情境的特点"也就只是一种"教师预设".文献[1]对此是清醒的(了解学生的认知基础是成功教学的前提),所以他在"教学问题诊断分析"中对学生的"知识背景""思想方法背景"和"学情背景"都进行了分析.值得注意的是,虽然所创设的情境具有正弦定理的必要因素与必要形式,但只是正弦定理的一个特例.特例会有特殊性,当我们仔细盘点学生的知识基础后,觉得还有"特例特殊性"的两点情况需要提起:

(1)学生不仅学习过三角函数,以及同角关系公式、诱导公式、角的和差倍半公式,会用差角公式或半角公式求出 $\sin 15°$, $\cos 15°$,而且可以使用下述结果到例2的求解中去:

$$\sin 15° = \frac{\sqrt{6}-\sqrt{2}}{4}, \quad \cos 15° = \frac{\sqrt{6}+\sqrt{2}}{4}. \qquad ③$$

(2)学生不仅具有解直角三角形的基本能力和活动经验,而且有通过作高化归为直角三角形的积累,甚至在初中时就已见过两块三角板组成图5那样的图形(或实际问题): $\angle CAD = 45°$, $\angle CBA = 30°$,若已知 AB,求 CD(或实际问题中物体的高度),这个求 CD 的初中问题与求 AC 的例2虽有出不出现高线的区别(作辅助线),但数学结构相同,可能对一部分学生会构成困难,但并非对所有学生都构成困难.

事实上,由于 $45°$、$30°$ 的特殊性,例2或例1的解法很多,有的解法(如解法1)用初中知识就可以完成(这可以在初三或高一学生中用例2做测试).比如:

解法 1　如图5,作高 CD,交 BA 的延长线于 D,则由 $\angle CAD = 180° - 135° = 45°$, $AB = 10$,有

$$CD = DA = \frac{AC}{\sqrt{2}}, \quad DB = DA + AB = \frac{AC}{\sqrt{2}} + 10.$$

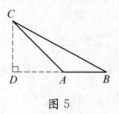

图 5

又在 $\mathrm{Rt}\triangle BCD$ 中,由 $\angle CBD = 30°$,有 $DB = \sqrt{3}\,CD$.

即 $\dfrac{AC}{\sqrt{2}}+10=\sqrt{3}\times\dfrac{AC}{\sqrt{2}}$,解得 $AC=\dfrac{10\sqrt{2}}{\sqrt{3}-1}=5\sqrt{2}(\sqrt{3}+1)$(km).

解法 2　如图 6,作 $AH\perp BC$,垂足为 H,则由 $\angle CBA=30°$, $AB=10$,有 $AH=\dfrac{AB}{2}=5$.

在 Rt$\triangle AHC$ 中,由 $\angle C=180°-135°-30°=15°$,有

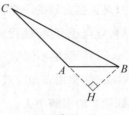

图 6

$$AC=\frac{AH}{\sin 15°}=\frac{5}{\sin 15°}=5\sqrt{2}(\sqrt{3}+1)\text{(km)}.\text{(用到 ③ 式)}$$

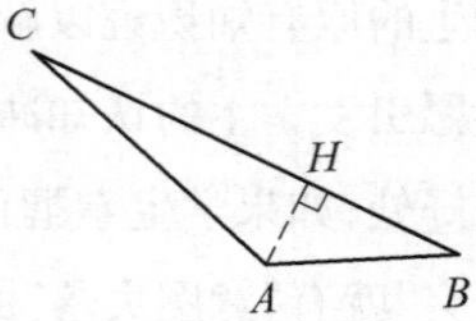

解法 3　如图 7,作 $BH\perp AC$,交 CA 的延长线于 H,则由 $\angle BAH=180°-135°=45°$, $AB=10$,有 $BH=AH=\dfrac{AB}{\sqrt{2}}=\dfrac{10}{\sqrt{2}}=5\sqrt{2}$, $CH=AC+AH=AC+5\sqrt{2}$.

在 Rt $\triangle BCH$ 中,由 $\angle C=15°$,有 $BH=CH\tan 15°$,即

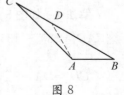

图 7

$$5\sqrt{2}=(AC+5\sqrt{2})\tan 15°.$$

解得

$$AC=\frac{5\sqrt{2}}{\tan 15°}-5\sqrt{2}=5\sqrt{2}(\sqrt{3}+1)\text{(km)}.\text{(用到③式)}$$

说明　以上解法无非是分别从三角形的三个顶点引高线,转化为两个直角三角形的计算,其中的 $\sin 15°$, $\cos 15°$ 不会对高中生构成困难. 如果注意到 $\angle C$ 与 $\angle B$ 有 $1:2$ 的特殊关系,那么,作辅助线还可以灵活(构造两个等腰三角形). 比如:

解法 4　如图 8,在 BC 上取一点 D,使 $AD=AB=10$,则

$$\angle ADB=\angle ABD=30°,$$

$$\angle BAD=180°-2\times 30°=120°.$$

有　$\angle CAD=135°-120°=15°=\angle C$,

图 8

$$AC = 2AD\cos 15° = 20\cos 15° = 5\sqrt{2}\,(\sqrt{3}+1)\,(\text{km}).\quad(用到③式)$$

解法 5　如图 9,延长 CB 到 D,使 $BD = AB$,由 $\angle ABC = 30°$,有

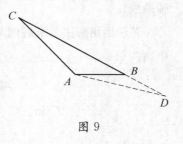

$$\angle BAD = \angle BDA = \frac{1}{2}\angle ABC = 15° = \angle C,$$

$$AC = AD = 2AB\cos 15° = 20\cos 15°$$

$$= 5\sqrt{2}\,(\sqrt{3}+1)\,(\text{km}).\quad(用到③式)$$

图 9

还可以有面积法和向量法等,不再赘述.

据此,我们认为,面对提问(例 1、例 2):你掌握的知识可以解决这个问题吗? 教师不应默认学生难以解决,还要预估可能存在一部分学生有能力解决. 学生之所以没有在课堂上造成"突发事件",或许是因为没有给他们足够的时间思考、解答,或许是因为他们为了配合课堂,或许是因为……总之,教师应该从数学内容上做本质把握,并对"意图失落"有预案. 我们的建议是,备课时做两手准备.

方案 1　对于例 2,提问:你掌握的知识可以解决这个问题吗? 如果学生直接给出了解答,那么可以将问题一般化(见例 3),要求学生继续找出此类题型的求解公式.

例 3　在 $\triangle ABC$ 中,已知 $\angle CAB = \alpha$,$\angle CBA = \beta$,$AB = c$,求 AC.

若学生用解法 1 求解例 2,那一般化后有(图 5)

$$CD = AC\sin(180° - \alpha) = b\sin\alpha,$$

$$DA = AC\cos(180° - \alpha) = -b\cos\alpha,$$

$$DB = DA + AB = c - b\cos\alpha.$$

在 Rt$\triangle BCD$ 中,有　　　　$CD = DB\tan\beta$,

即　　　　　　　　$b\sin\alpha = (c - b\cos\alpha)\dfrac{\sin\beta}{\cos\beta}$,

即　　　　　　　　$b(\sin\alpha\cos\beta + \cos\alpha\sin\beta) = c\sin\beta$,

解得　　　　　　　　$b = \dfrac{c\sin\beta}{\sin(\alpha + \beta)}$.

这就是求解公式,以后再遇到例 3 这类题型时就可以直接计算了(节约了辅助线).

若学生用解法 2 求解例 2,那一般化后(图 6),在 Rt△AHB 和 Rt△AHC 中,有

$$AH = AB\sin\beta = c\sin\beta,$$

$$AH = AC\sin\angle C = b\sin[180° - (\alpha + \beta)] = b\sin(\alpha + \beta),$$

解得

$$b = \frac{c\sin\beta}{\sin(\alpha + \beta)}.$$

得出例 3 这类题型的求解公式,实质上就是"从特殊到一般"、从初中到高中,发现并证明正弦定理,变形即得 $\dfrac{b}{\sin B} = \dfrac{c}{\sin C}$.

方案 2 对于现实情境的提炼,并不停留在例 2 上,立即将问题一般化为例 3,对例 3 提问:你掌握的知识可以解决这个问题吗? 用例 3 来引发学生的认知冲突,牵引全课. 这时,在将例 2 中角度一般化的同时,也将例 2 的钝角三角形一般化为任意三角形了. 事实上,文献[1]的展开就是对例 3 进行的,是对任意三角形发现并证明正弦定理的. 正面提出例 3 更切合文献[1]的原意.

总之,两个方案都要将问题一般化为例 3,都要明确提出例 3.

2.2 正弦定理的条件与结论是什么?

文献[1]对定理教学,不仅关注定理的发现、证明和应用,而且还提到"理解定理",即认识定理结构上有什么特征、有哪些变式,正确理解正弦定理的数形意义. 我们"续谈理解定理",还要理解"正弦定理的条件与结论". 这基于下面两方面考虑.

考虑 1 曾经的测试结果很糟糕.

我们的测试是:学习完定理之后,能写出正弦定理的条件和结论吗? 能交换定理的条件和结论,写出正弦定理的逆命题吗? 能证明正弦定理逆命题的真假吗?

写出"定理的条件与结论"应该是常识,写出"定理的逆命题"也应该是初中的事情. 但测试的结果却是:不仅学生常常"全军覆没",而且部分教师也面露难色. 首先是写不出条件是什么、结论是什么,接下来,当然就写不出逆命题,更无

从判别逆命题的真假了(第一课时可以先不出现逆命题).这个糟糕的测试结果表明,学生只掌握正弦定理的操作,还未掌握正弦定理的实质.(同样题目的余弦定理进行测试,结果也一样糟糕)

考虑2　有助于理解正弦定理的数学实质.

其实,弄清正弦定理的条件和结论就是弄清"三角形"与"等式②"的关系,这有助于理解正弦定理是"三角形"几何图形的一个代数描述.让我们先把正弦定理的文字语言改写为符号语言.

正弦定理原命题　若a,b,c为$\triangle ABC$的三条边,A,B,C为a,b,c的对角,则有

$$\frac{a}{\sin A}=\frac{b}{\sin B}=\frac{c}{\sin C}.$$

可见,条件是说六个量a,b,c,A,B,C如果属于三角形,那么六个量就满足"等式②"(结论).条件可以细致地分解为

大前提:六个量$a,b,c\in(0,+\infty)$,$A,B,C\in(0,\pi)$.

条件1:a,b,c为三角形的三条边;

条件2:A,B,C为同一三角形的三个内角;

条件3:A,B,C分别是a,b,c的对角.

结论可以分解为两个,即

结论1:$\dfrac{a}{\sin A}=\dfrac{b}{\sin B}$;

结论2:$\dfrac{b}{\sin B}=\dfrac{c}{\sin C}\left(或\dfrac{a}{\sin A}=\dfrac{c}{\sin C}\right)$.

可见,弄清正弦定理的条件和结论,关键是出现"文字语言"中省略的六个量a、b、c、A、B、C,并说清楚它们与三角形的关系.

如果将定理结论交换定理的全部条件,有

正弦定理逆命题　若$a,b,c\in(0,+\infty)$,$\alpha,\beta,\gamma\in(0,\pi)$满足

$$\frac{a}{\sin\alpha}=\frac{b}{\sin\beta}=\frac{c}{\sin\gamma},$$

则长度为a,b,c的线段构成三角形,且边a的对角为α,边b的对角为β,边c的对角为γ.

这是一个假命题,比如(反例 1): $a=1$, $b=1$, $c=2$, $\alpha=\dfrac{\pi}{6}$, $\beta=\dfrac{\pi}{6}$, $\gamma=\dfrac{\pi}{2}$,

等式 $\dfrac{1}{\sin\dfrac{\pi}{6}}=\dfrac{1}{\sin\dfrac{\pi}{6}}=\dfrac{2}{\sin\dfrac{\pi}{2}}$ 成立,但长度为 a, b, c 的线段不构成三角形,α,

β,γ 也不满足 $\alpha+\beta+\gamma=\pi$. 又如(反例 2): $a=b=c=1$, $\alpha=\beta=\gamma=\dfrac{2\pi}{3}$ 满足

等式条件,并且长度为 a, b, c 的线段也构成三角形,但 α, β, γ 并不满足 $\alpha+\beta$ $+\gamma=\pi$. 可见,正弦定理的结论不能保证 a, b, c, α, β, γ 都在三角形中,从这一意义上说,正弦定理只是三角形的一个必要条件. 事实上,由 $\dfrac{a}{\sin A}=\dfrac{b}{\sin B}=$

$\dfrac{c}{\sin C}$ 可以变形出很多等价的等式,使 $a+b\leqslant c$ 或 $A+B+C\neq\pi$,无法构成三角形.

那么,放松点要求,让定理结论交换定理的部分条件(偏逆命题),有没有可能得出真命题呢?这是可以做到的. 保留条件 2,让结论交换定理的条件 1、条件 3 就是一个真命题. 更一般地,可以写成充要条件的形式:

定理 1 若 a, b, c 为正实数,α, β, $\gamma\in(0,\pi)$,$\alpha+\beta+\gamma=\pi$,则

$$\frac{a}{\sin\alpha}=\frac{b}{\sin\beta}=\frac{c}{\sin\gamma}$$

的充要条件是:长度为 a, b, c 的线段构成三角形,且边 a 的对角为 α,边 b 的对角为 β,边 c 的对角为 γ.

证明 充分性就是正弦定理. 下面证明必要性.

由 α, β, $\gamma\in(0,\pi)$,$\alpha+\beta+\gamma=\pi$ 知 α, β, γ 中最多有一个不是锐角,α, β 可以是同一个三角形的两个内角,现以 α, c, β 为两角夹边作 $\triangle ABC$,使

$$\angle A=\alpha,\ AB=c,\ \angle B=\beta.$$

由 $\alpha+\beta+\gamma=\pi$ 及三角形内角和定理,得 $\angle C=\gamma$ 为边 c 的对角. 这时,在 $\triangle ABC$ 中,由正弦定理有

$$\frac{BC}{\sin\alpha}=\frac{AC}{\sin\beta}=\frac{c}{\sin C}.$$

另一方面,由已知又有

$$\frac{a}{\sin\alpha}=\frac{b}{\sin\beta}=\frac{c}{\sin C}.$$

两式相比较得 $BC=a$,$AC=b$.

所以,长度为 a,b,c 的线段构成 $\triangle ABC$,边 a 的对角为 α,边 b 的对角为 β,边 c 的对角为 γ.

可见,以内角和定理为大前提,"等式②"与"三角形"是等价的,从这一意义上说正弦定理是"三角形"几何图形的一个代数描述. 这反映了正弦定理的一个数学实质.

2.3　如何理解正弦定理与余弦定理等价?

为了理解正弦定理与余弦定理的关系,我们还是先把余弦定理的文字语言"三角形任何一边的平方等于其他两边平方的和减去这两边与它们夹角的余弦的积的两倍"改写为符号语言.

余弦定理原命题　若 a,b,c 为 $\triangle ABC$ 的三条边,A,B,C 为 a,b,c 的对角,则有

$$a^2=b^2+c^2-2bc\cos A, \qquad ④$$
$$b^2=c^2+a^2-2ca\cos B, \qquad ⑤$$
$$c^2=a^2+b^2-2ab\cos C. \qquad ⑥$$

可见,余弦定理与正弦定理的条件一样,而结论可以细致地分解为三个:

结论1　$a^2=b^2+c^2-2bc\cos A,$

结论2　$b^2=c^2+a^2-2ca\cos B,$

结论3　$c^2=a^2+b^2-2ab\cos C.$

将定理结论与定理条件全部交换,有

余弦定理逆命题　若 a,b,$c\in(0,+\infty)$,α,β,$\gamma\in(0,\pi)$ 满足

$$a^2=b^2+c^2-2bc\cos\alpha,$$
$$b^2=c^2+a^2-2ca\cos\beta,$$
$$c^2=a^2+b^2-2ab\cos\gamma,$$

则长度为 a,b,c 的线段构成三角形,且边 a 的对角为 α,边 b 的对角为 β,边 c

的对角为 γ.

证明 由 $0 < \alpha < \pi$,有 $-1 < \cos\alpha < 1$,得(代入④式)

$$(b-c)^2 = b^2 + c^2 - 2bc < a^2 < b^2 + c^2 + 2bc = (b+c)^2.$$

又因 a,b,c 为正实数,所以

$$|b-c| < a < b+c.$$

所以,长度为 a,b,c 的线段构成三角形. 记这个三角形为 $\triangle ABC$,其中边 a 的对角为 A,边 b 的对角为 B,边 c 的对角为 C,A,B,$C \in (0, \pi)$.

在 $\triangle ABC$ 中,由余弦定理有

$$\cos A = \frac{b^2 + c^2 - a^2}{2bc}.$$

但由已知(④式)有

$$\cos\alpha = \frac{b^2 + c^2 - a^2}{2bc}.$$

所以

$$\cos A = \cos\alpha,\ A,\ \alpha \in (0, \pi).$$

由余弦函数的单调性,得 $A = \alpha$,即边 a 的对角为 α.

同理,得边 b 的对角为 β,边 c 的对角为 γ.(关于余弦定理的讨论请参阅文[5])

这就是说"等式④、⑤、⑥"与"三角形"是等价的. 对比正弦定理的逆命题,可见余弦定理比正弦定理强(余弦定理可以推出内角和定理(参阅文献[6])、正弦定理不能推出内角和定理). 上面提到的反例 $a = 1$,$b = 1$,$c = 2$,$\alpha = \dfrac{\pi}{6}$,$\beta = \dfrac{\pi}{6}$,$\gamma = \dfrac{\pi}{2}$ 及 $a = b = c = 1$,$\alpha = \beta = \gamma = \dfrac{2\pi}{3}$ 都满足等式②,但不满足等式④、⑤、⑥,这个区别,可以从余弦函数在 $(0, \pi)$ 上单调,而正弦函数在 $(0, \pi)$ 上不单调获得直观认识. 在这一意义上,我们还不能说"正弦定理与余弦定理等价".

但是,如果加上"以内角和定理为大前提",由"等式②"与"三角形"等价(定理1),"等式④、⑤、⑥"与"三角形"等价知,"等式②"也应与"等式④、⑤、⑥"等价,有

定理 2 若 a，b，c 为正实数，α，β，$\gamma \in (0,\pi)$，$\alpha + \beta + \gamma = \pi$，则

$$\frac{a}{\sin\alpha} = \frac{b}{\sin\beta} = \frac{c}{\sin\gamma}$$

的充要条件是

$$a^2 = b^2 + c^2 - 2bc\cos\alpha,$$
$$b^2 = c^2 + a^2 - 2ca\cos\beta,$$
$$c^2 = a^2 + b^2 - 2ab\cos\gamma.$$

证明 必要性(俗称正弦定理推余弦定理). 设

$$\frac{a}{\sin\alpha} = \frac{b}{\sin\beta} = \frac{c}{\sin\gamma} = k \ (k > 0),$$

则

$$a = k\sin\alpha, \ b = k\sin\beta, \ c = k\sin\gamma,$$

有

$$\frac{b^2 + c^2 - a^2}{2bc} = \frac{\sin^2\beta + \sin^2\gamma - \sin^2\alpha}{2\sin\beta\sin\gamma}.$$

但 $\alpha + \beta + \gamma = \pi$，故有

$$\frac{b^2 + c^2 - a^2}{2bc} = \frac{\sin^2\beta + \sin^2\gamma - \sin^2(\beta + \gamma)}{2\sin\beta\sin\gamma}$$

$$= \frac{\sin^2\beta + \sin^2\gamma - (\sin\beta\cos\gamma + \cos\beta\sin\gamma)^2}{2\sin\beta\sin\gamma}$$

$$= \frac{2\sin^2\beta\sin^2\gamma - 2\sin\beta\cos\gamma\cos\beta\sin\gamma}{2\sin\beta\sin\gamma}$$

$$= \sin\beta\sin\gamma - \cos\gamma\cos\beta$$

$$= -\cos(\beta + \gamma) = \cos\alpha.$$

即

$$a^2 = b^2 + c^2 - 2bc\cos\alpha.$$

同理，得

$$b^2 = c^2 + a^2 - 2ca\cos\beta,$$

$$c^2 = a^2 + b^2 - 2ab\cos\gamma.$$

充分性(俗称余弦定理推正弦定理). 由 α，β，$\gamma \in (0,\pi)$，有

$$\frac{\sin\alpha}{a} = \frac{\sqrt{1 - \cos^2\alpha}}{a} = \frac{\sqrt{1 - \left(\dfrac{b^2 + c^2 - a^2}{2bc}\right)^2}}{a}$$

$$= \frac{\sqrt{4b^2c^2 - (b^2 + c^2 - a^2)^2}}{2abc}$$

$$= \frac{\sqrt{2(a^2b^2 + b^2c^2 + c^2a^2) - (b^4 + c^4 + a^4)}}{2abc}.$$

同理,得

$$\frac{\sin\beta}{b} = \frac{\sin\gamma}{c} = \frac{\sqrt{2(a^2b^2 + b^2c^2 + c^2a^2) - (b^4 + c^4 + a^4)}}{2abc}.$$

从而

$$\frac{a}{\sin\alpha} = \frac{b}{\sin\beta} = \frac{c}{\sin\gamma}.$$

说明1　充分性的证明并未用到条件 $\alpha + \beta + \gamma = \pi$,必要性的证明用到.

说明2　以内角和定理为大前提,"等式②"与"等式④、⑤、⑥"是等价的,从这一意义上说,正弦定理与余弦定理是等价的. 其实,命题等价的概念须建立在某组公理之上,说正弦定理与余弦定理等价是"以三角形为前提的",由于中学出现的解三角形问题都是"以三角形为前提的",所以,"正弦定理与余弦定理等价"即使不加前提,也不会遇到障碍. 笔者的建议是,"滴水不漏"为好:在三角形内,正弦定理与余弦定理等价.

参考文献

［1］曹凤山. 合情合理,本质自然——正弦定理(第一课时)的教学设计与思考[J].中学数学教学参考(上旬),2014(11):2-5.

［2］裴光亚. 在"在场"的有限里追寻"不在场"的无限——六盘水特色课例展示评点[J]. 中学数学教学参考(上旬),2014(11):8-9.

［3］裴光亚. 教学的三重境界——"特色课堂"启示录[J]. 中学数学教学参考(上旬),2014(11):9-10.

［4］罗增儒. 关于情境导入的案例与认识[J]. 数学通报,2009(4):1-6,9.

［5］罗增儒. 评课的视角,课例的切磋[J]. 中学数学教学参考(上旬),2014(1/2):14-19.

［6］朱恒杰,王勇. 正弦定理和余弦定理等价性问题的再研究[J]. 中学数学杂志,2012(9):61-63.

第 11 篇　"平行四边形的面积"公开课的分析①

本文首先呈现一节小学"平行四边形的面积"公开课的过程和效果测试的基本数据,然后,就其教学内容和教学特色做出分析与反思,希望对教师案例分析能力的增强和教学水平的提高都有所促进.

1　课例的呈现

包括课例的过程和效果的测试.

1.1　教学过程

教师以播放配乐故事"曹冲称象"开始上课.

师:听完这个故事,你们有什么想法?(关于"曹冲称象"的案例分析请查阅参考文献[1])

生 1:曹冲是个爱动脑筋的孩子.

生 2:这个故事实际上是用其他东西替代了原有的东西.

……

师:很好,我们也要像曹冲一样,做个爱动脑的孩子.今天我们一起来探究平行四边形的面积(板书课题:平行四边形的面积).现在,老师遇到了一个难题,你们愿意帮忙吗?

生:(齐声)愿意!

(课件出示长方形花坛,如图 1)

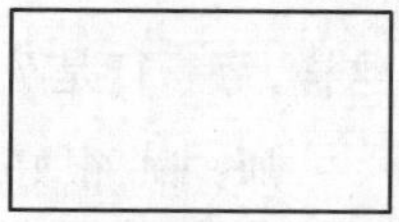

师:花坛的面积有多大?

生 3:花坛是长方形的,先量出长方形的长和宽,再根据长方形面积等于长乘以宽就算出了它的面积.

图 1

师:真聪明!如果把这个长方形花坛改成平行四边形的形状,你们还能算出它的面积吗?如图 2,平行四边形花坛的底长 7 cm,高 4 cm,邻边长 5 cm,它的面积是多少?

(学生小声议论,片刻后,有一名学生举手)

师:你来说说!

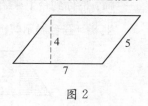

图 2

---

① 本文原载《中小学课堂教学研究》2016(1):54-58(署名:罗增儒).

生4：这是一个平行四边形,用平行四边形面积等于底乘以高来计算.

师：(教师没有理会,面向全体学生)你们以前学过如何计算平行四边形的面积吗？

生：(齐声)没有.

师：好,现在四人一组,测量一下发给你们的平行四边形纸片的面积.

(很快四人一组围坐测量,2分钟后,教师提问)

师：你测量的结果是多少？

生5：我得到的结果是 $28\,cm^2$.

生6：我的结果是 $35\,cm^2$.

师：还有不同的答案吗？(无人应答)我们怎样才能知道哪个对,哪个错呢？

生：(齐声)验证.

师：真聪明,你们能用自己的方式验证吗？

生：(齐声)能.

师：好,请按照刚才的分组,以小组为单位开始验证.

(学生分组验证,教师巡视,4分钟后,教师提问)

师：经过验证,认为是 $28\,cm^2$ 的同学请举手.(约有三分之二学生举手)谁愿意代表小组说说你们的验证方法？

生7：我用数格子的方法,一个方格代表 $1\,cm^2$,半个方格就代表 $0.5\,cm^2$,这样,每一行是7个方格,共有4行,所以是 $28\,cm^2$.

师：嗯,很好.同学们想一想,这种方法能用来解决所有平行四边形面积的问题吗？如果是平行四边形草地,能用数方格的方法吗？

生8：我将平行四边形沿高剪成一个直角三角形和一个梯形,然后将直角三角形拼到另一边.

师：请你到台上来给大家展示一下.

生8：(登台展示剪拼过程,如图3)量得长是 $7\,cm$,宽是 $4\,cm$, $4\times7=28\,cm^2$.

图3

师：我刚才看到有剪成两个梯形的,有没有随便剪的?(学生没有反应)好,现在,老师将刚才展示的过程演示一下(动画演示,如图4).那么,35 cm² 是怎么得到的呢?

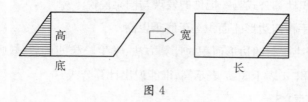

图 4

生6：将平行四边形拉成一个长方形,量得长是 7 cm,宽是 5 cm,所以得 7×5＝35 cm².

师：你们认为这样行吗?

(学生讨论)

生9：我认为可以.

师：谁认为不可以?

生10：我认为不可以,这样一拉就变了.

师：(追问)什么变了?

生10：我认为这样一拉"长"就变了.

师：是"长"在变吗? 我们来看一下.(如图5,PPT 动态演示拉动平行四边形的过程,引导学生通过观察,发现拉动过程中是"高"在变,从而达成共识;不能用拉动变换的方式探求面积,肯定学生8的做法)虽然不能用拉动变换的方式探求面积,但这位同学(指学生6)的错误非常有价值,说明平行四边形的面积与高、底有关,到底有怎样的关系呢?

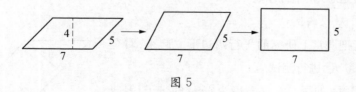

图 5

请同学们再仔细观察,(PPT 动态演示图4由平行四边形到长方形的转化过程)在变形的过程中,谁变了? 谁没有变? 谁能根据这个演示过程说说你的发现?

生 11：高变成了长.

生 12：不对,应当是底变成了长,高变成了宽.

师：这两个图形的面积相等吗？你能根据长方形面积计算公式推导出平行四边形面积计算公式吗？把你的发现与同桌说说.

生 13：平行四边形的面积等于底乘以高.

(教师板书平行四边形面积的计算方法,学生一起朗读后,教师提出：如果用 S 表示面积,a 表示底,h 表示高,谁能说出计算公式?)

生：(齐声) $S = ah$.

(PPT 出示图 6)

师：你们能根据图中提供的数据计算出这块草坪的面积吗？

(学生很快算出答案：860 m²)

我把这个问题变一下,(PPT 出示图 7)你能算出这块菜地的面积吗？

图 6

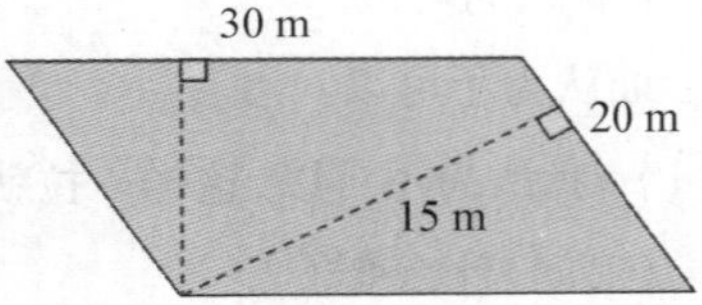

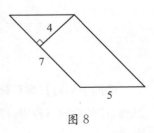

图 7

学生算出三个结果：600 m²,300 m²,450 m²,师生共同分析后确认 300 m² 正确.

(PPT 出示：计算平行四边形的面积必须是一组相对应的底和高相乘才行啊!)

最后是总结、布置作业、下课.

1.2 效果测试

笔者把课堂上研究的平行四边形立起来,对全体学生(36 人)进行测试.

测试题：如图 8,一条宽度为 4 cm 的带子,斜剪两刀得出一个底边为 5 cm,另一边为 7 cm 的平行四边形,问这个平行四边形的高为多少？

图 8

测试结果如表 1：

表1　测试结果

答案	1.7 cm	2 cm	4 cm	7 cm	35 cm	求面积	未作答
人数(个)	1	1	6	9	1	1	17

结果表明：经历本节学习的学生无一人能正确解答.(反思：可能是测试题难度大了.若分为两步走，先求面积，再求高，可能难度和区分度都会好一些.)

2　案例的分析

下面结合以上课堂案例及检测结果加以分析.

从教学现场看，教师基本功扎实，教学组织流畅，课堂气氛活跃，做到了新课程理念与启发式教学的有机结合，体现出四个有价值的教学特色；同时，也暴露出四个值得反思的问题.

2.1　四个有价值的教学特色

(1) 以自主探索和合作交流为主要形式的教学活动

本课教学以"自主、合作、探究"来促使学生愿学、能学、会学，以学为乐，学以致用.表现在三个方面.

表现1：自主探究氛围的全程创设.首先以长方形草地为背景，将长方形面积计算公式的复习融入解决实际问题之中；接着运用图形变式(将长方形草地变成平行四边形)让学生尝试计算，得出不同的答案($28\ cm^2$ 和 $35\ cm^2$)；然后提出："我们怎样才能知道哪个对，哪个错呢?"不同的猜想结果不仅易于激发学生进行验证的内驱力，而且有利于保持学生的有意注意，为后继学习做好积极的心理准备.得出面积公式后通过图7的计算(学生算出 $600\ m^2$，$300\ m^2$，$450\ m^2$ 三个结果)，进一步认识到"计算平行四边形的面积必须是一组相对应的底和高相乘"，也是通过激活学生的思维，组织合作探究来完成的.整个教学过程中，教师始终以学生学习活动的组织者、指导者、合作者的角色出现，努力体现学生是学习的主人，坚持为学生创设民主、宽松、和谐的学习环境，引领学生在欢快愉悦的氛围中弄清公式的生长点(长方形的面积)，经历自主思考、猜想、实践、验证公式的形成过程(特别是化归过程).

表现2：合作学习时机的恰当把握.有效合作学习的前提是自主学习.在自主探究的基础上，为使合作学习更富有实效，教师在此做了两点安排：其一，在学生独立完成有困难时组织合作学习(四人一组，进行剪拼或割补移拼)；其二，在学生意见有分歧时,以"你们认为这样行吗"等话语引导学生进行讨论(如图2,在有学生得出面积为 35 cm² 时;如图 7,在有学生得出面积为 600 m² 和 450 m² 时).这不仅有利于集体智慧的发挥,而且有利于引导学生在相互讨论和各种不同观点相互碰撞的过程中迸发出创造性思维的火花.

表现 3:挑战情境开放的真实经历.在上述两个表现中都涉及一个载体,即这节课两次出现条件过剩的开放题.第一次是图 2 的花坛问题,要算平行四边形的面积,"邻边长 5 cm"是多余的,需要学生自己决定取舍,而多了这一条件,就容易造成矩形面积公式的负迁移;同样,图 7 的菜地问题也是一个条件过剩的开放题.这些都是挑战情境,一方面学生容易出错,另一方面公开课容易"砸锅",难能可贵的是教师没有回避,没有掩盖,全都开放出来,让学生经历真实的挫折,在具有智力挑战特征的情境中自主探索、解决问题,而教师也在这个挑战性的环境里展示教学理念和教学才华.

(2) 以问题为主线提高课堂教学效能

表现 1:重视生活化问题情境的使用.如用学生身边的现实场景"花坛""草地""菜地"等形式呈现,不仅有利于引导学生感受平行四边形的现实价值,而且有助于逐步培养学生数学地思考现实世界的意识.

表现 2:问题设计层层递进、步步深入,实现"由一个活动转向另一个活动"的问题引领.首先,由花坛问题(图 2)引出了平行四边形面积的探究,其条件是开放的;其次,草地问题(图 6)是一个结构良好的封闭题,体现了平行四边形面积公式的直接应用,比较简单;最后,菜地问题(图 7)又是一个条件过剩的开放题,思维要求有所提高.

表现 3:能根据学生认知特点和思维规律发问,注重提问的艺术.有教师商量的口吻、激情的语言、关切的眼神、赞许的表情、专注的倾听等表现,如"老师遇到了一个难题,你们愿意帮忙吗?""你们能用自己的方式验证吗?""谁愿意代表小组说说你们的验证方法?""你们认为这样行吗?"等,有利于调动学生探究的积极性和主动性,激励学生之间的广泛交流.

表现 4:能将数学问题与课堂提问有效对接,较好地发挥了提问的引导、支持、沟通的效能,确保学生的思维快捷运行.如该教师说:"嗯,很好.同学们想一想,这种方法能用来解决所有平行四边形面积的问题吗?如果是平行四边形草地,能用数方格的方法吗?""虽然不能用拉动变换的方式探求面积,但这位同学的错误非常有价值,说明平行四边形的面积与高、底有关,到底有怎样的关系呢?""这两个图形的面积相等吗? 你能根据长方形面积计算公式推导出平行四边形面积计算公式吗?"

(3) 以主干知识和基本数学思想为中心驾驭课堂

《义务教育数学课程标准(2011 年版)》指出:"数学教学应该以学生的认知水平和已有的经验为基础……使学生理解和掌握基本的数学知识与技能,体会和运用数学思想方法,获得基本的数学活动经验."在本节课的教学中,学生接受平行四边形面积的认知基础有两个:长方形的面积公式和面积公理(面积的分割、平移、补充);主要的数学思想方法有五个,即化归(将平行四边形面积问题化归为长方形的面积计算)、分解与组合(表现为图形的分割、平移、补充等)、不变量(图形的形状变了、周长变了,但底没变,高没变,面积没变)、数形结合("形"体现在图形及其面积中,"数"体现在图形数据及其面积计算公式 $S = ah$中)、特殊与一般(从长方形到平行四边形是从特殊到一般,从具体的平行四边形面积到任意平行四边形面积又是从特殊到一般).

(4) 高密度的师生边问边答,小步、快进、多练的教学节奏

这节课除约 6 分钟的学生合作交流外,基本上都是师生之间的边问边答,表现为小步、快进、多练的教学节奏.40 分钟内有 10 多个同学个别发言,还有更多的同学在小组发言或齐声回答,学生探究学习的积极性与参与度都比较高.

新课改之前,"边讲边问"的教学方式就已经取代"满堂灌";新课改之后,"边讲边问"也成为师生互动的一种方式. 在这个过程中,教师通过"显性的提问"和"隐性的启发"来驱动学生的思维,通过小步、快进、多练的节奏来体现过程性变式,做到了新课程理念与启发式教学的有机结合.

2.2　四个值得反思的问题

(1) 内容的科学性有提高的空间

首先,推导面积公式的平行四边形都是比较标准的(过顶点作高,垂足在对边上),高线的垂足落在对边延长线上的情况始终没有出现(图 9),这时"如何割补成长方形"的情况被"滑过去"了,这会造成学生知识上的缺陷,测试题"无一正确"可能与这一缺陷有关. 其实,启发学生向另一边上作高割补成长方形并无实质性的困难.

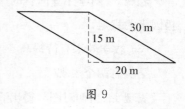

图 9

343

其次,图7呈现了一块平行四边形菜地,底边长为 30 m,邻边长为 20 m,邻边上的高为 15 m,要算平行四边形菜地的面积,师生也算出了面积为 300 m². 但仅从图形直观上看,15 m 长的线段不应大于 20 m 长的线段,这个图有科学性漏洞. 由勾股定理知,当直角三角形的斜边为 30,一直角边为 15 时,另一直角边为 $\sqrt{30^2-15^2}=15\sqrt{3}>20$,即高线的垂足应该落在邻边的延长线上(如图 10,其实图 9 就是图 10 立起来).

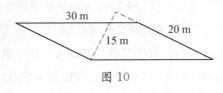

图 10

(2) 对学生背离预设的处理比较粗糙

对于教师的预设或预期,本节课中多次出现背离的情况(或良性突发事件),教师处理得都比较粗糙,应该提高把握预设与生成的艺术.

表现 1:学生 4 回答图 2 的平行四边形面积等于底乘以高,这是对的,但探究学习才开始,打乱了教师的"预设",因此,教师"没有理会",继续问全体学生"你们以前学过如何计算平行四边形的面积吗?"其实,教师可以把学生的这种说法作为一种选择(或猜想),就此提出"'面积等于底乘以高'对还是不对? 对的理由是什么? 不对的原因是什么?"组织小组探究,这与"预设"并不矛盾. 教师"不理会"的冷处理会挫伤学生的积极性,同时也显得教师缺乏教学经验.

表现 2:学生 7 回答图 2 的平行四边形面积可以通过"数格子"来解决(初中勾股定理的教学也用到数格子),教师肯定了结果,说"很好",但又通过反问否定了过程,说"同学们想一想,这种方法能用来解决所有平行四边形面积的问题吗? 如果是平行四边形草地,能用数方格的方法吗?"如此类推,对于学生 8 的"剪拼",难保没有学生也同样提出"如果是平行四边形草地,能用剪拼的方法吗?"其实,"数格子"的一个局限性在于对正整数(和夹角)的直接依赖,如果底和高都不是整数,四个顶点有三个不在格点上,就很难数出整数格来了.

表现 3:对学生 9 回答的"我认为可以"的"冷处理"也稍显生硬(后来,有积极因素的肯定).

(3) 教学效果有待提高

至少有两个表现.

表现 1:当初对图 2 得出 35 cm² 的三分之一学生,到图 7 时有的还没有转变过来,得出 $600\,\mathrm{m}^2$.

表现 2:测试题没有一个人做对.其实,由带子宽为 $4\,\mathrm{cm}$,边长为 $7\,\mathrm{cm}$,可得面积为 $4\times7=28\,\mathrm{cm}^2$,再由底边为 $5\,\mathrm{cm}$ 可得高为 $\dfrac{28}{5}=5.6\,\mathrm{cm}$.这实际上就是图 2 立起来,竟然没有一个人能看透.

(4) 反思建议

建议 1:反思长方形面积公式的表达.由上面的陈述可知,长方形面积公式"长×宽"造成了平行四边形面积计算的两次负迁移,因此,有必要将长方形面积公式解释为"底×高",因为在长方形的面积计算中,"长"与"底"是一致的,"宽"与"高"是一致的.至少,在得出平行四边形面积公式为"底×高"后,长方形面积公式应该与平行四边形面积公式统一起来.毕竟,长方形也是平行四边形,让长方形与平行四边形有两个独立的计算公式是人为的知识割裂,会把长方形与平行四边形看成两个互不包含的图形集合.

建议 2:明确陈述两个前后照应.第一个前后照应比较简单,是关于图 2 的面积,这个面积已经求出来了,应在求解图 6 之前,回应一下当初提出来的问题,规范回答面积为 $28\,\mathrm{cm}^2$.第二个前后照应在建议 1 中已经涉及,是关于长方形面积公式与平行四边形面积公式的关系.本节课以长方形面积公式为生长点,从特殊到一般得出平行四边形面积公式,这时应该回应一下,从一般到特殊——当平行四边形的两邻边互相垂直时,平行四边形面积公式就成为长方形面积公式了,这有助于学生形成优化的认知结构.

建议 3:关于课时分配.上面,我们既建议推导平行四边形的面积公式不要"滑过"图 8、图 9"高线的垂足落在对边延长线上"的情况,又建议把长方形面积公式与平行四边形面积公式统一起来,那么,讲解的时间从哪里来?回顾本课的 40 分钟,探究面积公式就用了 25 分钟,这有点长,后面的巩固应用显得单薄,可以从探究阶段节约出几分钟来,既完成相关建议,又充实公式得出后的巩固应用.必要时,可以删去配乐故事"曹冲称象"的播放.

感谢陕西省旬阳县师训教研中心陈文娣老师提供了听课机会和相应资料.

参考文献

[1] 罗增儒.中学数学解题的理论与实践[M].南宁:广西教育出版社,2008:9.

第 12 篇　"教学目标"视角下的教学研讨①

如同大家所看到的,6 位老师的教案首先都陈述"教学目标"的相关内容,可见他们对"教学目标"的共同重视.具体阅读 6 位老师的"教学目标"又可以看到,他们对"教学目标"存在个性解读,不仅层次要求和格式表达有不同,而且同一课题的内容叙述也不一样.比如,对"立体图形与平面图形"的教学目标,有的老师写 4 条,有的老师写 2 条,有的老师写"四个方面"共 7 条;对"同底数幂的乘法"法则的层次要求,有的老师写"了解",有的老师写"初步掌握",有的老师写"理解";对教学重点、难点的认识亦有差异.本文的研讨就从教学目标开始,围绕一节课的课堂教学目标来展开.

1　对教学目标的基本认识

(1) 教学目标是对教学所要达到的学习成果或最终行为的陈述.它明确了学生学习的具体任务,既使教学活动有了清晰的方向,又使教学评测有了显性的标准.教学目标的明确是教学质量的保证.

(2) 教学目标具有支配教学实践活动的内在规定性,是教学活动的出发点和归宿.整个教学活动都是围绕教学目标来进行的,它是教师进行教学设计的起点和依据,并影响教学策略的选择、教学媒体的运用、教学深广度的把握以及教学效果和教学评价等各个方面.教学目标的明确和落实事关教学的全局.

(3) 教学目标的层次性.虽然人们说的"教学目标"习惯上指"一堂课的目标",但"一堂课的目标"只是教学目标中最为具体的内容,教学目标是有层次的.首先是所有课程都有共同的"三维目标"(知识与技能,过程与方法,情感、态度与价值观),其次是初中数学课程目标有"四个方面"(知识技能、数学思考、问题解决、情感态度),再次是每一学期或每一单元都有教学目标,最后是每一节课有课堂教学目标.文献[1]给出的数学教学目标有三个层次:数学课程目标—单元教学目标—数学课堂教学目标.

简单说,教学目标有宏观的课程目标和微观的课堂目标,宏观的课程目标体现国家和数学课程的总体要求,是普遍的、统一的,也常常是比较原则、比较

---

① 本文原载《中学数学教学参考》(中旬·初中)2017(1/2):26-32(署名:罗增儒).

抽象的；微观的课堂目标是课程目标在一节课的具体化，表现为外显的、可操作的内容和具体的、明确的行为. 课堂教学目标需要把教学内容、重点难点和层次水平都说清楚，一节课是否成功就看教学重点是否突出、教学难点是否突破、教学目标是否达到.

（4）课程目标与课堂目标的关系. 课程目标是教学工作的方向与指针，需要长期努力才能实现，课堂目标则要一节课就能做到，它们之间是"上位与下位""普遍性与操作性""总体要求与具体结果"的关系. 上位目标指导下位目标，下位目标须以其上一级目标为依据. 一方面，制订课堂目标要以数学课程标准所规定的知识内容、教学要求等为依据，课堂目标不能离开课程目标；另一方面，课程目标又不能代替课堂目标，教师要具体制订出执行课程目标的结果会在学生身上出现哪些变化，其教学效果应是可见的、可测量、可评价的，否则，课堂目标太大、太抽象、无法落实，就形同虚设了.

另外，课程目标是既定的，课堂目标是生成性的，既定目标要在师生交流的教学动态中形成. 如无特别声明，以下说的教学目标特指课堂目标.

（5）数学教学目标的表述格式. 当前主要有三种类型：

第1种类型，是按照所有课程的"三维目标"作为一级分类来表述的：知识与技能1，2，3，…；过程与方法1，2，3，…；情感、态度与价值观1，2，3，…. 这是按二级分类逐条表述单一型的课堂目标.

第2种类型，是按照数学课程目标"四个方面"作为一级分类来表述的：知识技能1，2，3，…；数学思考1，2，3，…；问题解决1，2，3，…；情感态度1，2，3，…，这也是按二级分类逐条表述、单一型的课堂目标.

第3种类型，是在理解"三维目标"和"四个方面"的基础上，直接表述目标1，目标2，目标3……当中的每一个目标都可能不是单一的知识技能、单一的数学思考、单一的问题解决或单一的情感态度. 这是按一级分类逐条表述、综合型的课堂目标。

2　对教学目标的现实邂逅

（1）我在听课评课的互动中，常常问授课教师"你这节课的教学目标是什么"，听到的回答大多是流利的第1类表述格式，知识与技能1，2，3，…；过程与方法1，2，3，…；情感、态度与价值观1，2，3，…. 我说，"不着急、一条条来，对知识与技能第1条，你采取了哪些方法、安排了哪些步骤来落实？具体表现为第几分钟、共几分钟的活动？现在课上完了可以反思一下，哪些步骤执行了？哪些步骤没有执行？哪些做法比较有效？哪些做法低效、甚至无效?"第2条，第3条同样问，"你采取了哪些方法、安排了哪些步骤来落实……"，这时，有的老师没等我讲完就笑了，说"罗老师别问了，这些1，2，3，…都是写给人家看的（或是抄来的），你问我第几分钟落实什么、第几分钟落实什么，我也说不清楚".这表明，一些老师的教学目标仅仅停留在形式上、口头上或理论预设上，尚未落实到自觉的课堂生成中，尚未自觉转变为学生认知结构的改变.我们说，教学目标应该是这节课要做并要切实体现到学生身上的具体内容.

（2）出现这种情况的基本原因，首先是没有理清课堂目标与课程目标的关系，同时，在课堂目标的确定上也存在现实困难（甚至盲目），因而，目标往往定得过高、过大、过空（特别是情感、态度与价值观维度），落实起来"力不从心"，目标也就只是"写给人家看的"了.我曾列出表1，了解教师对"课程目标与课堂目标"的认识，首先，各门课程共有"三维目标"，而数学课程有"四个方面"（还有"四基"：基础知识、基本技能、基本思想、基本活动经验），然后是每一学期或每

表1　课程或课堂目标内容

各门课程	数学课程	每学期数学课程	每一章数学内容	每一节数学内容
知识与技能	知识技能			
过程与方法	数学思考			
	问题解决			
情感、态度与价值观	情感态度			

一单元有教学目标,最后是每一节课有教学目标.它们之间的关系能说清楚吗?
每一栏的具体内容能讲明白吗?比如,第一列与第二列,"知识与技能"对应"知识技能","情感、态度与价值观"对应"情感态度".那么,"过程与方法"是否对应"数学思考"与"问题解决"?"是"的理由是什么?"不是"的原因又是什么?得到的回应不是"笼统"就是"沉默".

据知,一线老师在"按二级分类"逐条表述教学目标时,常常感到"有的目标不知道归入三维目标的哪一维"或"并不专属于哪一维",有时,按数学课程的"四个方面"表述又好像会有空缺(数学课程标准有"四个方面"的说明),所以,有的老师就回避"教学目标的二级分类",并直接从教材分析中提炼教学目标.如同大家所看到的,6位老师的教学目标多数都用第3类表述格式.我对此表示理解,并想谈一谈教学目标确定的"三个要素"和"三个步骤".

(3) 教学目标的确定需要考虑三个要素:课程目标、教材内容、学情实际.

① 课程目标.《义务教育数学课程标准(2011年版)》(以下简称《课标》)具有法定性、核心性、指导性,是教师教、学生学和确定教学目标的直接依据,课程目标就表现为所有课程都有共同的"三维目标"和数学课程目标的"四个方面",这是教师必须首先抓住的根本要素,否则就会迷失方向.

② 教材内容.教材本身是按照课程目标编写的,它不仅提供知识内容,还考虑了方法因素、情感因素和素养要求,还常常有经历过程的设计.教师在使用教材时首先要仔细体味,充分挖掘,恰当把握;同时,还要根据学生的实际确定教学的重点、难点,将数学的学术形态转变为教育形态.这些都要求教师从实质上读懂教材,否则就只有"照本宣科"了.

③ 学生学情.学情分析主要是根据课程目标和教材内容,弄清学生的认知基础.首先是弄清学生在接受新知识时需要什么知识技能、学生是否具备、学生思维上有什么特点等,掌握学生现有的认知水平;同时要了解学生的生活经验,考虑学生在情感态度方面的适应性,注意学生的学习差异、个性特点和达标差距,为不同状态和不同水平的学生提供适合他们达成目标的"时间差"和"路径差",使教学目标制定得更有针对性和实效性.这些都要求教师从心灵上读懂学生,否则就会"目中无人"了.

教学目标是课程"三维目标"的具体落实,是数学课程目标"四个方面"的具体落实,落实中要做到:心中有"数"(包括课标和数学)、目中有"人"(学生).

(4) 落实三个要素的过程自然形成教学目标确定的三个步骤：目标分解、任务分析、起点确定.

① 目标分解. 课堂教学目标是教学目标中最后一级目标,要确定课堂目标,需要明确(上一级)单元教学目标;要确定单元教学目标,需要明确(上一级)年级教学目标;要设计年级教学目标,又要明确(上一级)课程教学目标,最终,是从《课标》开始、目标自上而下地到达现实课堂的不断具体化过程. 这样的"目标分解"能让我们从整体上把握教学,确保目标的科学与准确.

② 任务分析. 自上而下确定好单元目标之后,为了落实课堂教学目标,我们需要对学生的知识、能力、情感态度等进行分析:为了达到这些目标学生需要具备哪些知识基础、能力基础、数学经验? 他们具备了没有? 为了具备它们,又需要哪些低一级的知识、能力和经验? 这种分析一直进行到学生已经具备的教学起点为止.

③ 起点确定. 这个起点是指学生学习新内容的知识基础、生活经验和情感体验等方面的已有储备. 教师教学应该以学生的认知发展水平和已有的经验为基础,将学生原有的知识经验作为学习新知识的生长点. 教学起点不要定得过高(达不到),也不要定得低(没兴趣),比较恰当的做法是基于"学情分析",定在学生的"最近发展区"上.

3 对"立体图形与平面图形"的教学分析

(1) 名词概念

本课题出现的名词概念很多,图形非常密集,有点,线(直线、射线、线段),面(平面、曲面),体(多面体、旋转体);长方体以及棱(线段)、顶点(点),正方体,棱柱(四棱柱、六棱柱等),棱锥(三棱锥、四棱锥等);圆柱,圆锥,球;线段,角,三角形,四边形,正方形,长方形,平行四边形,梯形,圆;展开图,三视图,以及图形中的长度、面积、体积等;还有几何图形,几何学,平面图形,立体图形,平面几何,立体几何等. 这些词大多在小学出现过,其确切含义不要求学生都掌握,但教师应该明确. 下面,给出一些名词的说明.

① 几何图形. 从实物中抽象出的各种图形统称为几何图形. 几何图形是数学研究的主要对象之一. 中学数学的图形主要指以点、直线、射线、线段、圆等某一个或多个基本元素为载体组合而成的几何线条和几何符号,它是揭示数学概念的特征与变化规律的一种数学刻画和数学表达形式.

②　几何学. 数学中以空间形式(简称形)为研究对象的分支,叫做几何学. 它是研究空间结构及性质的一门学科,重点关注事物的形状、大小、位置. (但什么是研究? 什么是空间结构? 什么是性质? 什么是学科? 学生都不一定理解,点到为止)

③　平面图形和立体图形. 以图形上的所有点是否均在同一个平面上作标准,几何图形可以划分为两大类: 平面图形和立体图形. 各部分都在同一平面内的几何图形,叫做平面图形(但什么叫做平面? 点到为止);各部分不都在同一平面内的几何图形,叫做立体图形. 立体图形是由一个或多个基本元素为载体组合而成的一个或多个面围成的,从现实生活中抽象而来的三维图形. 立体图形是在只考虑现实生活物体的形状和大小,忽略其他因素的基础上在平面上的视觉表达形式. 立体图形的某些部分是平面图形.

④　平面几何与立体几何. 以平面图形为研究对象的初等几何学的分支叫做平面几何;以立体图形为研究对象的初等几何学的分支叫做立体几何,它是平面几何的后续课程,是三维欧氏空间的几何的传统名称.

⑤　抽象. 从众多的事物中抽取出共同的、本质的属性,而舍弃其非本质属性的思维过程,就是抽象. 要抽象,就需要比较,找出那些能把一类事物与他类事物区分开来的特征,这些具有区分作用的特征就是事物的本质属性.

⑥　概括. 从某些具有一些相同属性的事物中抽取出来的本质属性,推广到具有这些属性的一切事物,从而形成关于这类事物的普遍概念的一种思维过程和方法,就是概括.

⑦　发展能力. 学习几何图形有助于发展五个能力: 图形直观能力,空间想象能力,抽象概括能力,推理论证能力,运算求解能力. 作为起始课重在前三个能力.

(2) 教材分析

初中七年级的"图形研究"位于小学的"图形直观认识"与高中的"图形抽象研究"之间,以"半直观、半抽象"而承上启下,其基本内容可以分为三个层面.

①　第一层面: 认识图形. 引导学生结合小学的知识基础对日常生活中的物体,通过观察、分析,从中抽象出几何体的相关概念(如上所说,有二三十个),并掌握识图、画图等技能. 其抽象度要比小学有所提高(又非严格定义),比如,说到圆时可以指出定点、定长;描述三角形的结构时可以指出三个顶点、三条边、

三个角,也可以指出三条线段两两相交或一条线段与线外一点;如果一定要描述棱柱的结构可以不限于直棱柱,第一,上下两个面大小相等、形状相同、互相平行,第二,其余各面都是平行四边形(包括矩形),且每相邻两个面的公共边都互相平行.

② 第二层面:探索图形的性质.引导学生观察几何体的性质,引出点、线、面、体的关系(点动成线,线动成面,面动成体).在这个过程中采用"展开与折叠"及"从三个方向看物体形状"等数学活动,丰富学生的数学活动经验,发展学生的空间观念,沟通立体图形与平面图形的联系.比如:通过展开可以得到立体图形的侧面展开图;通过折叠可以将平面图形还原成几何体(折叠问题的关键是要分清折叠前与折叠后的不变量与改变量);分别从正面、上面、左面三个方向观察简单几何体可以得到相应的视图(三视图).

③ 第三层面:几何知识在生活中的应用.生活中的物体,有些是纯天然的,有些是根据几何知识设计制造的——体现了应用.要让学生感受到,生活中既有丰富的几何原型,又有广泛的几何应用,只讲生活中有丰富的几何原型是不够的.

考虑到七年级学生的抽象能力还不强,教学不急于对立体图形做深入的解释(高中还要系统学习),作为章节起始课也不急于展开更多的应用,重点在于经历对生活实物和模型的直观呈现、形象感受、具体渗透,经历对平面图形和立体图形的相互转换,帮助学生积累数学活动经验,发展空间观念.同时,更为深谋远虑的是,要有意识地培养学生学习立体几何的兴趣情感与积极态度,促进空间想象能力、逻辑思维能力的发展.

作为章节起始课,"立体图形与平面图形"还承载着单元知识以及学习方法、研究路径等的引领作用.

(3) 学情分析

① 学生在小学阶段已经接触过"平面图形"与"立体图形",相关的知识、能力和经验可以成为本课题学习的认知基础,出现过的名词概念原则上都可以使用.

学生在小学已经探索过一些图形的形状、大小和位置关系,了解一些几何体和平面图形的基本特征;能由实物的形状想象出几何图形,由几何图形想象出实物的形状,进行几何图形与其三视图、展开图之间的转化;小学阶段还接触到一批图形的面积(如长方形、正方形、平行四边形、梯形、三角形、圆)和体积(如棱柱、棱锥、圆柱、圆锥).

② 七年级学生刚进入中学,一方面还保留小学阶段的具体形象思维特征,倾向于直观与具体;另一方面,具体形象思维呈现逐渐减少的趋势,经验型抽象思维开始出现并逐步发展. 我们的教学,要兼顾具体形象思维与经验型抽象思维,既要提供感性直观的支持,又要减少学生对具体的依赖,保证一定的抽象性,促进学生思维水平的发展.

③ 七年级学生能体会图形与生活的联系,对立体图形的兴趣良好,对图形学习多有积极的心理体验,不存在情感方面的障碍,这些都是有利因素. 但七年级学生的抽象能力还不强,特别是,还不能建立良好的空间观念,立体感不足,这些将构成学习的困难. 包括: 识图困难;画图困难;对组合图形的组合规律和整体感知能力不足;根据视图还原几何体不够准确;不能用文字语言准确描述几何体的特征等.

(4) 教学目标

根据以上分析,可以确定本课题的教学目标如下:

① 从日常生活的具体事物中抽象出点、线、面、体,并能对一批常见几何体加以分辨和归类.

② 掌握立体图形与平面图形的概念以及它们之间的关系.

③ 了解几何体的侧面展开图及其运用,能根据展开图还原几何体.

④ 能辨认和画出从不同方向观察简单几何体的形状. (不涉及由三视图还原几何体)

⑤ 渗透从特殊到一般、从直观到抽象、从感性到理性的数学思维方法;感悟数形结合、转换与化归的数学思想;提高图形直观、空间想象、抽象概括等能力.

⑥ 体会图形与生活的联系,激发图形学习的兴趣,培养学习立体几何的积极情感.

⑦ 作为章节起始课,提供几何概貌、学习方法、研究路径等的基本框架.

(5) 重点难点

① 教学重点. 有的教师把教学目标①、②作为重点(把教学目标③、④放到下一节课),即:

重点 1：从日常生活的具体事物中抽象出点、线、面、体，并能对一批常见几何体加以分辨和归类.（每一名词的准确含义点到为止，不作重点）

重点 2：立体图形与平面图形的概念以及它们之间的关系.

有的学校认为学生的几何感悟比较好，就直接把教学目标③、④作为重点.

② 教学难点.

难点 1：学生抽象思维刚刚起步，空间观念也只是初步的，面对出现的名词概念很多（不下二三十个），既不能不说又无法说透，既不能不进行抽象概括又不能进行具体细致的抽象概括，这个"度"怎么把握是一个难点，需要结合学生的实际掌握分寸.

难点 2：学生的立体感不足，几何体在"展开、折叠、投影"时由空间到平面、又由平面到空间的转换会有困难，特别是几何体的侧面展开、三视图的左视图等容易出错.

4 对"同底数幂的乘法"的教学分析

（1）教材分析

① "整式的乘法"是"整式加减"的延续和发展，也是后续学习因式分解、分式运算的基础. 整式的乘法运算包含单项式的乘法、单项式与多项式的乘法、多项式与多项式的乘法三个类型，它们最后都转化为单项式的乘法. 单项式的乘法又以幂的运算性质为基础，有三个基本形式：$a^m a^n$，$(a^m)^n$，$(ab)^n$. 因此，"整式的乘法"的内容和框架是：

同底数幂的乘法—幂的乘方—积的乘方—单项式乘多项式—多项式乘多项式—乘法公式.

可见，同底数幂的乘法是整式乘法的逻辑起点.

② 同底数幂的乘法是乘方的引申，一方面可以理解为学了乘方 a^3 和 a^5（原有基础），现在来学习 $a^3 \times a^5$（新信息）；另一方面又可以理解为学了乘方 $a^8 = \underbrace{a \cdot a \cdot a \cdot a \cdot a \cdot a \cdot a \cdot a}_{8个a}$（原有基础），它本来就可以写成：$a^8 = \underbrace{a \cdot a \cdot a}_{3个a} \times$
$\underbrace{a \cdot a \cdot a \cdot a \cdot a}_{5个a} = a^3 \times a^5$，或 $a^8 = \underbrace{a \cdot a}_{2个a} \times \underbrace{a \cdot a \cdot a \cdot a \cdot a \cdot a}_{6个a} = a^2 \times a^6$，或 $a^8 =$
$\underbrace{a \cdot a \cdot a \cdot a}_{4个a} \times \underbrace{a \cdot a \cdot a \cdot a}_{4个a} = a^4 \times a^4$ 等（新信息），这只不过是乘方的逆向书写、添上整数的二项分拆.

③ "同底数幂的乘法"是"有理数幂的乘法"的推广,有推广的两个层次.

第一层次推广,将有理数幂的乘法,比如 $2^3 \times 2^5$,推广一个数字为字母,可以是底为字母表示的正整数,比如 $a^3 \times a^5$;也可以是指数为字母表示的正整数,比如 $2^m \times 2^n$.

第二层次推广,同底数幂的乘法,将两个数字都推广为字母,比如由 $a^3 \times a^5$ 到 $a^m \times a^n$,或由 $2^m \times 2^n$ 到 $a^m \times a^n$.

(2)学情分析

① 学生在此前学习过的两个知识"乘方的意义 $a^m = \underbrace{a \cdot a \cdot \cdots \cdot a}_{m \uparrow a}$"和"乘法结合律"是接受"同底数幂的乘法"的认知基础,这从下面的运算中可以看得很清楚:

$$a^m \times a^n = (\underbrace{a \cdot a \cdot \cdots \cdot a}_{m \uparrow a}) \times (\underbrace{a \cdot a \cdot \cdots \cdot a}_{n \uparrow a})(乘方的意义)$$

$$= \underbrace{a \cdot a \cdot \cdots \cdot a}_{(m+n) \uparrow a}(乘法结合律)$$

$$= a^{m+n}(乘方的意义).$$

此外,用字母表示数和科学记数法也会成为接受"同底数幂的乘法"的认知基础.

② 八年级的学生已经掌握了有理数的运算,并已具有用字母表示数的思想,接受"同底数幂的乘法"的知识基础是具备的,问题在于思维能力.要用字母表示数来归纳同底数幂的乘法法则,使其具有一般性,对学生的抽象思维能力是一个挑战,因此,有必要设计一个"从特殊到一般"的过程,引导学生观察、发现、归纳.

③ 八年级学生已经具备数学或字母运用的能力,但思维上还缺乏化未知为已知的转化经验.本课题有两个明显的转换化归:将同底数幂的乘法转化为乘方;将同底数幂的乘法转化为幂的加法.在具体应用时可能还要"把不同底转化为同底"(如 $a^3 \times (-a)^5$),如何想到这些转化,都有可能成为部分学生思维上的困难.

(3)教学目标

① 掌握同底数幂乘法的法则,理解相应的算理,能正确运用法则解决一些实际问题,提高运算能力.

② 经历同底数幂乘法运算法则的合作探索过程,体会"特殊——一般——特殊"的认知规律,发展推理能力和有条理的表达能力.

③ 作为章节起始课,提供"整式的乘法"的内容框架和研究路径.

④ 教学重点:掌握同底数幂乘法的法则,理解相应的算理.预设教学难点有两个,其一是法则的正确运用,特别是防止四个对象(两个底、两个指数)的交错性混乱;其二是对运算性质中有关字母也可以是代数式的理解,$a^m \times a^n = a^{m+n}$ 中的 a,m,n 都可以是代数式.

(4) 数学原理的教学

"同底数幂的乘法"的教学性质属于"原理教学",对于数学运算原理的教学,存在一种值得注意的"平常"现象:直接给出运算法则,然后让学生通过正反两方面的实例,反复训练、强化记忆、熟练操作.这是一种"重结果轻过程""重操作轻实质"的做法.我们说,运算能力是中学数学的一个核心概念,不仅要让学生掌握如何计算,而且还要知道相应的算理.

就知识内容上看,"同底数幂的乘法"这节课不难上,但很容易上得平常、平淡和平庸,应该说,三位授课教师都突破了"平常、平淡和平庸",并突出了各自的教学风格,结合他们的做法我们来谈谈原理教学的思路.

因为数学原理都是在观察、实践的基础上,经过归纳、概括而得到的普遍规律或浅显道理,这与概念的抽象概括过程很像,所以原理教学可以借用"概念形成"的方式来进行,即从具体实例出发,从学生实际经验的肯定例证中,以归纳的方法概括出数学原理.主要有四个步骤.

① 提供一类事物的不同例子,通过辨别,分化出各个例子的结构,找出共同特征.

三位教师分别提供数学或生活中的例子,引出 $a^2 \cdot a^3$,$10 \times 10^8 \times 10^8$ 等"同底数幂的乘法"问题,属于这一步骤.

这是通过创设情境,提出问题,为提炼原理提供物质基础.例子可以是学生日常生活中的经验或事实,也可以是教师创设的典型事例,可以来源于生活,也可以来源于数学内部,最关键的是,情境具有所学原理的必要因素与必要形式,能启动学生的思维齿轮(引发认知冲突),使得情境一提炼就是原理,原理一还原就有情境的基础或原型.这些必要因素与必要形式加以分化,就得出各个例子的结构,从中可以找出共同特征.这些结构特征是从数量关系和空间形式的角度去描述的,已经开始了数学化的提炼.

② 逐步提高例子的一般性,从共同特征中提炼出本质特征.

三位教师由 $2^3 \times 2^5$ 到 $a^3 \times a^5$ 或 $2^m \times 2^n$,再到 $a^m \times a^n$,并得出

$$a^m \times a^n = (\underbrace{a \cdot a \cdot \cdots \cdot a}_{m \uparrow a}) \times (\underbrace{a \cdot a \cdot \cdots \cdot a}_{n \uparrow a}) = \underbrace{a \cdot a \cdot \cdots \cdot a}_{(m+n) \uparrow a} = a^{m+n},$$

属于这一步骤.

这是在"从特殊到一般"、做数学化的进一步提炼,在所找出的事物共同特征中,有本质特征,也会有非本质特征.逐步提高例子的一般性,就是要排除非本质特征,找出事物的本质特征.而逐步提高一般性的正面例子,可以提供有利于归纳的信息.

③ 概括形成原理,并用语言文字或数学符号加以表征.

三位教师得出同底数幂的乘法法则:

文字表达：同底数幂相乘,底数不变,指数相加;

符号表达：$a^m \times a^n = a^{m+n}$(m,n 都是正整数),

属于这一步骤.

这是呈现数学化的结果,主要是把上述归纳出来的本质特征,用语言文字或数学符号表达出来,形成正式的数学原理.数学活动不能没有过程,也不能没有结果,没有过程的结果是现成事实的外在灌输,没有结果的过程是学习时间的奢侈消费,数学活动要把过程与结果结合起来.这时,新输入的知识经验会纳入原有的认知结构中,并与相关知识经验建立起初步的联系.

④ 巩固应用,领悟本质,掌握原理,增强数学核心素养.

这一阶段是把新旧知识的初步联系及时巩固,使新知识与原认识结构中的相关知识建立起非人为的、实质性的联系,形成新的认知结构.其首要工作是做数量足够、形式变化的干扰性习题(变式练习),本质上是进行操作性活动与初步应用.一方面是通过变换方式或添加次数而巩固记忆、熟练技能、掌握原理,另一方面是通过必要的实践来积累理解所需的操作数量、活动强度和经验体会.鉴于在原理提炼的过程中主要是用正例,所以,这一阶段可以考虑出现加强辨识的反例.中国的数学教育有"变式教学"的优良传统,"变式练习"是这一传统在解题教学上的重要体现.没有理解的练习是傻练,越练越傻;没有练习的理解是空想,越想越空.通过联系和理解,就可以领悟原理所隐含的数学思想和核

心素养. 这一步, 三位教师都留出较大篇幅来做.

(5) 这个课题如何出新、出彩?

"同底数幂的乘法"这堂很容易上得平常、平淡和平庸, 对"怎样出新、出彩"三位教师进行了很好的探索, 结合他们的做法我们来提 5 点建议.

建议 1: 明确课题的教学性质, 抓住原理教学的基本思路. (如上所说)

建议 2: 教学设计努力体现课题中的数学思想方法.

主要体现两个数学思想方法: 特殊与一般的数学思想方法; 转换与化归的数学思想方法, 具体表现为: 将同底数幂的乘法转化为乘方, 将同底数幂的乘法转化为幂的加法 (将乘法降为低一级运算——加法, 有简化运算的功能), 有时还要"把不同底转化为同底".

建议 3: 明确同底数幂的乘法的认知基础.

主要有两个: 乘方的意义和乘法结合律; 此外, 用字母表示数和科学记数法也会成为接受"同底数幂的乘法"的认知基础.

建议 4: 加强识别和防止四个对象的交错性混乱.

在法则 $a^m \times a^n = a^{m+n}$ 中有四个对象 (两个底、两个指数), 两个底必须相同, 运算结果是底数不变, 两个指数相同不相同没有要求, 运算结果是指数相加. 容易产生的问题有: 加法与乘法的混乱, 指数与系数的混乱, 两个底成相反数时的忽视, 指数为 1 次方时的忽视等, 如

$$a^5 \times a^5 = 2a^5, \ a^5 \times a^5 = a^{25}, \ a^5 + a^5 = 10a^5,$$
$$a + a^5 = a^6, \ a^3 \times a \times a^5 = a^8, \ 7^3 \times (-7)^5 = 7^8,$$
$$(-a)^3 \times a \times (-a)^4 = a^8, \ (a+b)^3 \times (-a-b)^5 = (a+b)^8.$$

建议 5: 探索更多的引进方案. 现今的教学设计, 基本上都是由法则的左边 $a^m \times a^n$ 到右边 a^{m+n}, 用否定假设法, "假如不是由左边到右边, 情况会是什么样?"至少有两条途径.

途径 1: 由右边到左边. 如上所说, 可以把同底数幂的乘法建立在乘方概念之上, 已经学过 2^8, 它的含义是 8 个 2 相乘 $2^8 = \underbrace{2 \times 2 \times 2 \times 2 \times 2 \times 2 \times 2 \times 2}_{8 \text{个} 2}$, 由 8 的二项分拆有 $8 = 1 + 7 = 2 + 6 = 3 + 5 = 4 + 4$,

从而 $\qquad 2^8 = 2 \times \underbrace{2 \times 2 \times 2 \times 2 \times 2 \times 2 \times 2}_{7 \text{个} 2} = 2 \times 2^7,$

$$2^8 = \underbrace{2 \times 2}_{2\text{个}2} \times \underbrace{2 \times 2 \times 2 \times 2 \times 2 \times 2}_{6\text{个}2} = 2^2 \times 2^6,$$

……

然后,将数字推广为字母,与学生一起探究出

$$a^{m+n} = \underbrace{a \cdot a \cdot \cdots \cdot a}_{(m+n)\text{个}a} = (\underbrace{a \cdot a \cdot \cdots \cdot a}_{m\text{个}a}) \times (\underbrace{a \cdot a \cdot \cdots \cdot a}_{n\text{个}a}) = a^m \times a^n.$$

这能让学生看到,同底数幂的乘法运算只不过是在幂的意义和乘法运算的基础上自然而然产生的,公式的正用与逆用便水到渠成.

途径 2:不拘泥于右边、左边,由公式的"简化计算"功能引进. 比如,复习 2 的正整数幂可以得出表 2:

表 2

n	1	2	3	4	5	6	7	8	9	10	11	12	13	14
2^n	2	4	8	16	32	64	128	256	512	1 024	2 048	4 096	8 192	16 384

由此,可以将乘法转化为加法,如

例 1 计算 32×128.

解 $32 \times 128 = 2^5 \times 2^7$(查表)

$= (2 \times 2 \times 2 \times 2 \times 2) \times (2 \times 2 \times 2 \times 2 \times 2 \times 2 \times 2)$(乘方的意义)

$= 2 \times 2 \times 2 \times 2 \times 2 \times 2 \times 2 \times 2 \times 2 \times 2 \times 2 \times 2$(乘法结合律)

$= 2^{12}$(乘方的意义)

$= 4\,096$(查表).

总结规律,若能将乘数变为指数幂的形式,则可以将乘法转化为加法.

例 2 计算 64×128.

解 $64 \times 128 = 2^6 \times 2^7 = 2^{6+7} = 2^{13} = 8\,192$.

一般地,$a^m \times a^n = a^{m+n}$ 成立不成立呢?由此引出课题.

这些途径未必就好,但它们告诉我们,"否定假设法"可以提供探索的空间.

参考文献

[1] 章建跃. 数学教学目标再思考[J]. 中学教研(数学),2012(1):1-5.

第 13 篇　以素养教学为导向的课堂研修①

——在"第五届全国初中数学名师创新型课堂研修会"上的发言

两天的时间(2018 年 11 月 9—10 日),我们欣赏了关于"线段、射线、直线""平均数"和"定义与命题"各两节"同课异构"课,聆听了各位老师的"主题演讲"(我曾多次建议主题演讲结合本人的课),刚才,还进行了开放性的互动点评(参见下面"互动点评的回放"). 首先,向来自河南(王晓涛)、山东(张宇清)、江苏(陈晓红、王瑞华)、重庆(陈娟)、安徽(王敏敏)五地同行的精心准备和流畅展示表示由衷的感谢;对大会主持宋国明老师的辛勤劳动与精彩插评表示崇高的敬意.

本文的标题有两个主题词:课堂研修,素养教学. 首先是课堂研修,包括回放互动点评和我对六节课的感受;接下来谈研修的大背景:核心素养,包括我对素养教学的认识并辅以案例来做说明. 欠妥之处,盼批评指正.

1　课堂研修

21 世纪课改以来的初中数学教学已经逐渐形成四个关键词:数学现实、数学化、再创造、师生互动,即以问题情境作为课堂教学的平台,以"数学化"作为课堂教学的目标,以学生通过探究得到结论(或发现)作为课堂教学内容的重要构成,以"师生互动"作为课堂学习的基本方式. 近年,又与时俱进呈现出一个更为上位的关键词:素养教学. 这六节课是教学现实的一个缩影,也在努力体现数学核心素养的教学,我们的课堂研修也就环绕着这些关键词来展开.

1.1　互动点评的回放

我听课评课,既会涉及教学也要涉及数学,都少不了要与授课教师交流"你这节课的教学性质是什么?""教学目标是什么,实现了没有?""教学重点是什么,怎么突出的? 难点在哪里,怎么突破的? 举出例子来说明""学生接受新知识的认知基础有哪些?"等,由于本次活动的时代背景和课题的具体实际,研修还会涉及更广泛的方面,如:

---

① 本文原载《中学数学教学参考》(中旬·初中)2018(12):17−24;2019(1/2):2−4;2019(3):2−6(署名:罗增儒).

(1) 高中课标明确提出"数学核心素养",教学目标制定一定要突出数学核心素养.初中课标暂时还缺少对核心素养的明确(有十个核心概念),所以,大家的"教学目标"也难免会"缺少这种明确".那么,初中教学到底要不要明确? 初中教学如何落实数学核心素养?

(2) 有的内容小学学过(如"线段、射线、直线"和"算术平均数"),如何避免中学教学小学化? 如何在小学的基础上充实提高?

(3) 大家都注意创设情境,但是情境不是数学,如何进行数学化提炼?

(4) 大家在演讲中提出了很多很好的理念,那么在你的课堂上是如何体现这些理念的? 体现到什么程度?

(5) 概念教学要积极揭示概念的本质属性、确切表述概念的内涵和外延,启发学生从名称(包括符号、读法和写法)、定义、属性、范例(包括正例、反例)四个要素上掌握概念,这六节课做得怎么样?

1.1.1 "线段、射线、直线"的互动

小学学过"线段、射线、直线",现实中常见把这堂课上成"两点确定一条直线"中"一条直线"的数量落实,但这节课最关键的应是"直线"本质特征的揭示,并感悟从事物中提炼出本质特征的"数学抽象".

(1) 与王晓涛老师的互动

问题1:"线段、射线、直线"的内容小学就学过,你"怎样体现与小学的区别?"采取了哪些措施,具体表现为哪些落实步骤?

王老师回应:我查阅过《义务教育数学课程标准(2011年版)》4~6年级学段内容,对这部分的要求是"结合实例了解线段、射线和直线",就是说,能识别出什么是线段、射线和直线就可以了.在表示方法上没有做具体要求,而初中的要求是"进一步理解线段、射线、直线的概念,并会用不同的方法表示".要求层次明显提高了.

为了达到这个目标,我以金箍棒为例,创设情境,让学生体会线段、射线、直线的区别和联系,并通过学生进一步自学教材,完成自学指导,展示自学成果,进行达标检测等环节落实目标.

插评1:王老师认为,要求提高表现为:增加了三个概念的"表示方法",明确它们之间的"区别和联系".采取的措施表现为:创设了金箍棒等情境,以及自学指导、成果展示、达标检测等落实步骤.

问题 2：你讲到了"线段、射线、直线"的联系与区别，这很有必要. 我现在问"线段、射线、直线"还有什么共同的地方？ 也就是说：直线有什么本质的特征？ 与这个问题相关的是：对"孙悟空的金箍棒你看到什么"的问题，如果有学生回答"看到圆柱"，你会怎么处理？（同样，对"斑马线"如果有学生回答"看到矩形"，你会怎么处理？）就是说，课堂要体现"学科本质"，要有数学化的提炼过程.

王老师回应："线段、射线、直线"都是直的，不会拐弯儿，没有粗细（或宽窄）之分. 关于"金箍棒"，学生有可能会回答成圆柱，甚至还有可能回答成长方形，是因为我制作的教具有一定的粗细度. 这时，我会引导同学们说："让金箍棒变细、再变细，变成一条线，这时，我们可以把它近似地看作一个什么样的几何图形呢？"

插评 2：对，直线的本质特征有：直，没有宽度，可以无穷延伸等，初中阶段学习直线应该比小学有更高的抽象度和更多的本质揭示（课标说"进一步理解线段、射线、直线的概念"）. 如何把"金箍棒"提炼为线段是一个很好的教研课题，"让金箍棒变细"或"只看金箍棒的边沿"，或别的更多方法提炼出直线（不要不提炼就得出直线），我期待着教师们"各显神通".

大家看到，课后我对学生进行了测试，题目是："学习了直线之后，请说一说直线是什么？"目的是想看一看学生学完直线之后是否感悟到直线的本质特征. 两节课的测试结果表明，90%的学生都说到了"无限延伸"，这确实体现了直线的一个本质，但只有一个学生说到"不会弯曲"（即自觉意识到了"直线的直"）. 曲线也是"没有宽度"的，也是会"无穷延伸"的，掌握"直线"不能对"直"的本质特征"视而不见".

插评 3：王老师谈到"教学难点"时说，一开始确定为对直线的"无限延伸"性的理解；后来改为"直线、射线、线段的表示方法"（而张宇清老师却把"表示方法"作为教学重点，把理解和运用"两点确定一条直线"的几何基本事实确定为教学难点），现场有老师提问：难点到底有哪几个？ 我觉得可以确定为：理解直线的本质特征（即课标中"进一步理解直线的概念"），因为"无限延伸"或"几何基本事实"其实都是描述直线的本质特征.

现场还有老师问到王老师，他们学校的教学方法能不能推广？

（2）与张宇清老师的互动

问题 1：本想提问一个测试学生的问题，怕太难，故没问，现在直接与张老师交流. 我注意到你很重视"两点确定一条直线"的几何基本事实, 把这个确定为教学难点. 请问"两点确定一条直线"的几何基本事实到底反映了直线的哪些本质特征?

张老师回应:"两点确定一条直线"是平面几何九条基本数学事实中的第一条, 反映了直线最本质的特征, 直线是笔直的, 是向两方向无限延伸的. 生活中很少有直线的实例, 理解这些特征要借助学生的抽象能力.

插评 1: 由于直线是一个原始概念, 无法定义, 所以用"基本数学事实"来描述(以前曾把"两点确定一条直线"叫作公理). 直线的基本数学事实反映的就是直线的本质特征, 就是"直线很直", 就是"直线两端可以无穷延伸". 试想, 如果"直线"不是很直的, 那经过两点就可以连出很多曲线;同样, 如果"直线"不是两端可以无穷延伸的, 那经过两点的线段就可以延伸出长短不一的很多直线来. 考虑到有的课堂, 学生学了"基本数学事实"不会用"直线"去解释"基本数学事实", 或不会用"基本数学事实"去解释"直线", 所以, 我有意识提出这个问题来研讨.

问题 2: 你的课堂练习有一道题目:

例 1 如图 1, A, B, C, D, E 为直线上的五个点, 问图中共有几条线段? 小学有过类似的题目, 教学中如何体现中学与小学的区别?

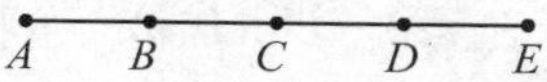

图 1

张老师回应: 我设计本题的目的是为了进一步激发学生的探究兴趣, 让学生经历并体验"复杂问题"从简单入手的解题策略和思想. 引导学生在发现规律、解决问题的过程中, 学习解决问题的策略和方法. 数线段条数对七年级学生来讲是一个很有挑战性的问题, 虽然在小学有"左端点分类法", 这种方法符合学生的认知特点, 学生有一定的基础, 但也只有极少数的同学能够掌握. 如课堂时间允许的话, 我会引导学生尝试更多的方法, 比如"基本线段法"和"分类讨论法", 还会引导学生和"握手次数"问题进行类比. 但这不是本节课的重点, 我只能根据时间来进行控制.

插评 2: 此类几何计数问题, 其实学生在"不共线三点能否确定直线"的情境中已经经历过, 过其中每两点共可作 3 条直线(参见图 8). 它的求解有两个关键步骤:第一, 几何结构的分析;第二, 分类或分步完成计数. 此例放在这节课, 重点不应该是"计算", 而应该是理解"线段"的"几何结构", 即两点决定一条线段(同样一道题放在不同的地方会有不同的作用). 于是找多少条线段就是找多

少对不同的两点,课堂上小男生的解答,无非是先找左端点、再找右端点,分四类完成(解法1):

第一类:A 为左端点时,右端点可为 B, C, D, E,共 4 条线段;

第二类:B 为左端点时,右端点可为 C, D, E,得 3 条线段;

第三类:C 为左端点时,右端点可为 D, E,得 2 条线段;

第四类:D 为左端点时,右端点可为 E,得 1 条线段;

E 不能做左端点,故共有线段:$4+3+2+1=10$ 条.

所以,完成此例的主要收获不在于计算出数字 10,而是通过具体情境深化认识线段的几何结构,正是线段的结构决定了解题的方向,正是取线段端点的方式决定了为什么分类和怎样分类——有一句话叫作"方法就是对内容的理解".在这个地方,中学可以比小学揭示得更深入、更实质一些.

理解这一实质,立即可以摆脱对"左右位置"的依赖(线段是不是水平放置是非实质的,参见图2),分步计数(解法2):

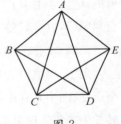

图 2

第一步:找第一个端点,A, B, C, D, E 都可以作端点,有 5 种方法;

第二步:找第二个端点,剩下的 4 点都可以作端点,有 4 种方法;

第三步:连线.每一个点都可以连 4 条线,计有 $5 \times 4 = 20$ 条;

第四步:去掉重复.上述计算中 AB 连线与 BA 连线是同一条线段,故得线段 $\dfrac{5 \times 4}{2} = 10$ 条.

这个解法可以改写为(如图2):每一个点都有 4 条引线,5 个点有 $5 \times 4 = 20$ 条,但 AB 连线与 BA 连线是同一条线段,故去掉重复,得线段 $\dfrac{5 \times 4}{2} = 10$ 条.

什么时候用加法? 什么时候用乘法? 我们说,"事独达则加(分类完成),事相因则乘(分步完成)".

作为"从简单入手"解题策略的运用,还可以如下分类完成(解法3):

第一类:找基本线段(由相邻两点组成),有 AB, BC, CD, DE,共 4 条;

第二类:由两条相邻基本线段组成的线段,有 AC, BD, CE,共 3 条;

第三类：由三条相邻基本线段组成的线段,有 AD, BE,共 2 条;

第四类：由四条相邻基本线段组成的线段,只有 AE, 1 条;

故共有线段 $4＋3＋2＋1＝10$ 条.

老师们可以根据学生实际,确定出不出现这个例题和用什么方法来求解.

1.1.2 "平均数"的互动

小学学过平均数,现实中总有人把这堂课上成"单纯计算课",但这节课最本质的应是统计思维的落实,以及"数据分析""数学运算"等数学核心素养的感悟.

（1）与陈晓红老师的互动

问题 1：你一定同意这节课最本质的是"统计思维的落实",请问你是如何避开"单纯计算课"、落实统计思维的?

陈老师回应：我也认为这节课的本质是统计思维的落实,即发展学生的数据分析的意识. 计算部分,学生可以通过课前预学完成,课上可以通过计算器、Excel 等工具完成,这样就可以节省学生的计算时间,在计算算术平均数和加权平均数的过程中让学生知道特征数据是基于一种算法的结果. 特征数据是人发明出来的,用来描述某个问题的某个特征,一个特征数据就是一种看问题、分析问题的方法,努力让学生尝试不同的算法来表示数据的集中趋势.

插评 1：代数、几何的思维特点是注重逻辑演绎(虽然并不排斥归纳),它的结论是确定的、可以判断对与错的;统计思维的特点是注重归纳(虽然并不排斥演绎),它的结论不是对与错之分,而是优与劣之别(距离客观真实近与远),这与数学的确定性还是有区别的. 两个球队的年龄摆在那里,只是一组客观数据,我们用平均数来代表球队年龄的"平均水平",从而判断哪个球队比哪个球队年轻点,这就有统计思维;同样,几个班的成绩摆在那里,也只是一组客观数据,我们用平均数来表达各班的"集中趋势",从而判断哪个班比哪个班成绩高一些,也就有统计思维. 平均数是描述一组统计数据集中趋势的特征值(还有中位数、众数等). 因此,让学生感到可以选择数字来作为一组数据的代表,可以对数据进行分析得出一些看法,就是在渗透统计思维;进而让学生思考,选择哪个数据来做代表更能反映、更接近客观真实,用平均数还是加权平均数? 这就涉及数据分析,就是在落实统计思维.

由于小学就学过算术平均数,所以中学这节课的重点是"加权平均数". 因为有计算,会很容易上成"单纯计算课",陈老师强调在计算过程中"让学生知道特征数据是基于一种算法的结果",强调"一个特征数据就是一种看问题、分析问题的方法",就是在落实"统计思维",就是在渗透"数据分析"等数学核心素养.

问题 2:你的数学课不仅有"情感"投入,而且可以说有"生命"的投入,昨天课堂上有不止一次的"动情"停顿,我没有看清楚,到底"课堂上"发生了什么?

陈老师回应:情由心动,动情即动心,内因是自己定力不足,心胸不宽,外因是课堂上学生举手的不多,我认为如果有三分之一的学生不举手,课堂效果是低效的,三分之二的学生不举手是无效的,我期盼更多的互动与生成.后来反思,学生和老师没有互相了解,能有这样的互动交流也算不错了.

插评 2:看来没有发生"突发事件".学生举手多少可能会有多种原因(原有习惯、举手没有被提问到、借班上课、公开课场面等),我的课堂观察表明学习进程正常,并没有表现出挫折、费解或失望,已经有近一半的学生站起来阅读或回答问题了.对于学生的举手,老师可不可以多鼓励"明白的都举手",老师的自责情绪反而会增加学生的紧张与压力.你课前对学生说"可以随便说话,打瞌睡",那么对举手是不是也可以宽容点,你说呢?

会场教师问:陈老师,你多次叫学生站起来读课本的第几页第几行,这种做法出于何种考虑?

陈老师回应:教材是为学生学习提供的素材,是经过严格审核,精心编写出来的.数学素养的提升是学习的高境界,学生的学习如果能够通过教材实现自我知识结构的完善,就能帮助学生达到学习高境界,教学也是高境界的.老师带领学生一起阅读教材、分析教材、学习教材,并用教材中的例题进行归纳提升,目的是想培养学生用书学习的习惯,并引导学生从书本知识中去归纳、思考,实现自我提升的能力.

会场教师问:你带的班"中考"成绩创过 146.73 分(满分 150 分)的记录,你是怎么做到的?

陈老师回应:当时的班级是学校的数学竞赛班,学生的数学基础扎实,能力较强,但人均达到这样的分数也不容易.对于优秀的学生,我给的方法是:师生一起分析,列出知识、方法与能力方面的清单,包括计算、逻辑、分析、审题、推理、图形的分解、问题的转化等,教师做有针对性的指导,学生做有针对性的练习.

（2）与陈娟老师的互动

问题1：你的教案只有幻灯片，我看不出你预设的重点、难点在哪里．请说说本节课的重点是什么，重点是怎么突出的？难点在哪里，难点是怎么突破的？

陈老师回应：① 重点有两条，其一是"感受，体会'权'的作用和意义"；其二是"建立模型来解决实际问题，会求一组数据的加权平均数"．

② 难点是体会"权"的作用，感受其出现的必要性和必然性．

③ 关于重点突出和难点突破的做法：由学生熟知的事例入手，能快速地计算出各班的算术平均数，让学生感受生活中数学的存在．通过建立模型，将生活中的问题抽象成数学问题，然后抛出问题"如果你是评委，会选择哪个班代表学校参赛？"是为了引出本节课的课题，引入加权平均数的概念．再通过这两个问题的对比，让学生清楚地知道算术平均数和加权平均数的区别．

得出概念后，紧接着又出示了学校英语乐园招聘新人的问题，再次让学生认识和体会"权"．两个例题和前面的问题一起展示了"权"的常见三种形式．后边的练习中，前两题是为了加深同学们对数据以及对数据相应的权的区别的理解．后两个练习是训练学生的逆向思维，之前接触的都是给出原始数据求平均数，现在是给出平均数求某个原始数据；第五个练习是帮助学生再次理解加权平均数．当数据与平均数都不是我们所熟悉的具体数据时，就紧紧抓住加权平均数的计算公式的特征来灵活运用．

插评1：两节"平均数"的课，授课教师都认为课的重点是"加权平均数"，特别是"权"的认识．把"权"作为难点，感受其出现的必要性和必然性，体会"权"的作用，其实就是在感悟数据背后的统计意义，是在渗透"数据分析""数学运算"等数学核心素养．

课本首先提供计算实例，通过"数据出现的次数"让学生感悟"权"；然后，还是通过例子让学生体会，在一组数据里，加权平均数就是把原始数据按照合理的比例来计算，以体现一个数据在一组数据中的"重要程度"．但课本没有给出"权"的形式化定义，也没有给出加权平均数的一般公式，这就需要教师根据学生实际去把握教学要求的分寸了．

问题2：课堂中的第一个例题算出"四班（正上课的班）、五班、六班的四项得分的算术平均数相等"后，你为了引出"加权平均"曾组织同学们讨论"四班怎

367

样才能出线?"你是想激发"四班学生"的"好奇心"还是"好胜心"？会不会给学生留下加权就是"在数据上做手脚"的负面印象？

　　陈老师回应：问题引入的初衷是为了引起学生的好奇心.提问的方式应该由"希望四班出线",改为"如果你是评委,你会选择哪个班代表学校参赛?"问题解决之后应该给学生强调,我们的比赛规则应该先制定,可不能之后再随意更改,要体现比赛的公平公正.

　　现场教师问："权"到底是什么？还问：算术平均数与加权平均数到底是一种什么样的关系？"权"相等要不要都等于1？

　　插评 2：情况表明,由于课堂上呈现了"权"的三种形式,有教师担心会不会造成"权"的含义不够明显.

　　"权"在古代指秤砣,就是秤上可以滑动用以观察重量的那个铁疙瘩,通过"权"(秤砣滑动),确定物体的轻重.

　　在计算"算术平均数"时,一个数据在一组数据里出现的次数称为"权",在公式

$$\bar{x}=\frac{x_1f_1+x_2f_2+\cdots+x_kf_k}{f_1+f_2+\cdots+f_k} \quad (f_1+f_2+\cdots+f_k=n)$$

中,f_1,f_2,$\cdots$,f_k 分别是数据 x_1,x_2,$\cdots$,x_k 的"权",每个"权"反映了相应数据在一组数据里的"重要程度".所以,"权"是一个数据在一组数据里"重要程度"的数字表达.不妨向学生明确表达："权"的外表是一个个数,内涵是一个数据在一组数据里的"重要程度".权重大的数据对"集中趋势"(平均水平)的贡献也大.只说"权"的内涵(是"重要程度")缺少数学特征,只说"权"的外表(是一个个数字)缺少实质内容,都无助于学生完整理解"权".

　　由于 f_1,f_2,$\cdots$,f_k 所表达的"重要程度"也可以通过 $f_1:f_2:\cdots:f_k$ 表达出来,所以权数也表示为比,如 $4:4:1:1$. 又由于

$$\bar{x}=\frac{x_1f_1+x_2f_2+\cdots+x_kf_k}{f_1+f_2+\cdots+f_k}=x_1\frac{f_1}{n}+x_2\frac{f_2}{n}+\cdots+x_k\frac{f_k}{n},$$

因而,f_1,f_2,$\cdots$,f_k 所表达的"重要程度"也可以通过分数 $\frac{f_1}{n}$,$\frac{f_2}{n}$,$\cdots$,$\frac{f_k}{n}$ 表达出来,这时,权数常常写成百分数,如 20%,30%,50%,满足 $20\%+30\%+$

50%＝1.

至于算术平均数与加权平均数的关系,首先要明确它们的两个共同点.共同点 1:性质上它们都是描述一组统计数据集中趋势(或平均水平)的特征值,都可以作为一组数据的代表;共同点 2:计算上它们都是数据数值的总和除以数据个数的总和.其次要明确它们的两个互化关系(特殊与一般):当一组数据里出现相同的数值时,计算算术平均数可以"变加法为乘法"得出加权平均数,即

$$\bar{x} = \frac{x_1 + x_2 + \cdots + x_n}{n}$$

改写为 $\quad \bar{x} = \dfrac{x_1 f_1 + x_2 f_2 + \cdots + x_k f_k}{f_1 + f_2 + \cdots + f_k} \ (f_1 + f_2 + \cdots + f_k = n).$

反之,当权相等时 $(f_1 = f_2 = \cdots = f_k)$,加权平均数就成为算术平均数,所以,算术平均是加权平均当 $f_1 = f_2 = \cdots = f_k$ 时的特例,即权重相同的加权平均;从效果和形式上看,又可以说算术平均是权重都等于 1 的加权平均.

顺便问一下陈老师,我的记录表明,你的课堂巡视"爱向右走",平常上课也这样吗?

1.1.3 "定义与命题"的互动

我感觉,"定义与命题"是三个课题中最难的,三绕两绕会把自己绕进去,学生就更容易出问题.因为逻辑知识对老师和学生都是挑战(开语句、复合命题等挺难的),而课堂上有两个表现也说明课题比较难:学生出错率较高,超时较长(有的课长达 50 多分钟).

(1) 与王瑞华老师的互动

问题 1: 你这堂课的教学性质是什么? 教学要求的分寸怎么把握?

王老师回应:我认为本节课的教学性质是概念课.本节课的主要内容是了解定义与命题,区分命题的条件和结论,能初步对命题的真假性作出判断.重点难点是会区分命题的条件和结论,尤其是命题的条件和结论不太明显时.所以在具体教学过程中,对于定义和命题的含义只是引导学生通过具体实例去了解认识、归纳含义和特征.为了突出重点和突破难点,教学过程中我是把相应内容分解到各个环节,让学生在试误中不断完善规范,从而达成相应目标.

插评 1: 这三个课题都是概念课,但"什么是定义"比"什么是平均数"难.我提这个问题的目的,是希望大家明确教学性质,把握教学要求,不要盲目扩充.

问题 2：从"同课异构"的角度看来,你的课与王敏敏的课有什么不同?

王老师回应：我认为,我与王敏敏老师的课至少有这样三点不同,第一是目标定位不同;第二是内容呈现的顺序不同,也就是整个教学设计结构不同;第三是教学设计的理念不同,我在具体设计时是基于价值引领和问题驱动的.

插评 2：我觉得,听"同课异构"既要听出"同课"的"同",更要听出"异构"的"异"来,"异"有助于产生创新. 所以,我专门提出这个问题,并且同样的问题还要问王敏敏老师,让授课教师之间、授课教师和听课教师之间,进行坦诚的交流,展开思维的碰撞. 一般说来,授课教师应就本课的设计意图和上完课后的得失进行剖析,交流教后感悟和体验;听课教师则应进行会诊式研讨,剖析教学中的行为,分析各位授课教师教学方法的特色、闪光点与值得商榷之处,通过集体智慧实现共赢,这叫作"同课求异创,异构促同昌".

问题 3：一个具体问题,学生将"同位角相等,两直线平行"表示为"若同位角相等,则两直线平行",你怎么处理?

王老师回应：我认为,对于学生这一问题,首先充分肯定,因为学生已经能区分命题的条件和结论,只不过回答是口语化用语,不够严谨、规范. 由于是学生第一次接触这类知识,教师应及时帮助学生完善,添加"两条直线被第三条直线所截"这样一个前提条件,并引导学生在区分命题条件和结论时应该规范完整,尤其要关注其中的隐含条件.

插评 3：现场有两种观点,一种意见认为学生的说法是错误的,不加"前提条件"哪来的同位角,甚至连语法都不通. 另一种意见认为学生的说法是正确的,既然有同位角就一定有"两条直线被第三条直线所截",学生已经能区分命题的条件和结论,就不必"吹毛求疵"了,并且,教师在课堂上也说"同位角相等,两直线平行",连"若,则"都没有,岂不更错了.

我赞成不要走向两个极端——绝对正确或绝对错误,作为口语可以"充分肯定";但不要停止,可能有的学生是本质上理解这个命题的,也可能有的学生只是形式上理解命题的结构,前面加"若"后面加"则",所以,还要继续问"能完整表达这个命题吗?"特别是今天的第一课,特别是"这类有省略词语的命题本来就是教学要着力突破的难点",教师一定要让学生都能说出"如果两条直线被第三条直线所截有同位角相等,那么这两条直线平行"或"若两条直线被第三条直线所截有同位角相等,则这两条直线平行". 我测试过高中生:"写出余弦定理的条件和结论;交换条件和结论写出余弦定理的逆命题",结果几乎都是"全军覆没".

会场上还有教师希望讨论"定义与命题的关系".

(2) 与王敏敏老师的互动

问题1: 这个课比较难上,你在课堂上有没有遇到很纠结、很无奈的情况?当时你的心里是怎么想的? 采取了什么措施?

王老师回应: 纠结的地方有两处.一是对命题"等腰三角形的两个底角相等"如何改成"如果……那么……"的形式,学生都是采用了"如果一个三角形是等腰三角形,那么它们的底角相等"这种形式,个人觉得改写成"如果有两个角是一个等腰三角形的两个底角,那么它们是相等的"也是可以的(强调"角"做主语),所以就想让学生把这种形式改写出来,很遗憾,我找了好几个学生都没有给出这种形式,所以,我只好自己给出. 还有一个纠结的地方是,在提出问题"'如果'后面引出的是什么?"时学生没有做出回答,我当时想到的是我的问题指向性不强,所以改变了提问方式,"'如果'后面给出了一个命题的已知事项,这个已知事项称作命题的……"说到这儿时,就有学生说出了"条件". 由此可见,课堂上问题的指向一定要明确,不然会给学生带来很大的麻烦.

插评1: 我看见了,当你问"'如果'后面引出的是什么?"时,那个不止一次举手回答问题的小男生不知道如何回答,其他同学也不知道如何补充,我提这个问题的目的,也是希望你反思"提问的目的性". 其实,你两处纠结的地方都与"提问的目的性"有关,问题的指向太发散,学生就不知道如何回答了.

问题2: 从"同课异构"的角度看,你的课与王瑞华"定义与命题"有什么不同?

王老师回应: 一节课不是教师的表演,应该是一场师生间的交流对话. 课堂开始应该解决学生为什么要学习本节课的疑惑,课堂中间的各个环节都是围绕要学习什么来展开的,此时同学们学到的都是一个个零散的知识节点,这些知识节点的学习,是为了课堂最后环节——课堂总结做准备的,课堂总结不应停留在对本节课知识点的回顾,而应该在知识节点的回顾的基础上,进一步将本节课的知识融入学生已有的知识结构中,才能够最大化地引领学生的学习.我在课上,更多的是偏重给学生搭建一个相对充整的框架,让他们知道所学习的知识应该放在哪个对应的位置上,如果知识点本节课没有掌握好,课下还是可以补救的,但是如果框架没有搭建好,对于学生后续学习的影响会更大一些.

问题 3："定义"常常表示为"什么什么是(叫作、称为)什么什么",我想问这个"是"是什么意思?

王老师回应:我们所学习的定义中往往会有"是""称为""叫作"等字眼,但是含有这种字眼的句子并不一定都是定义.对这三个词语,我的理解是:从集合的角度来说,第一层含义是元素属于集合,比如 27 是无理数;第二层含义是集合包含于集合,也就是 A 是 B 的子集,比如定义是命题,命题是句子;第三层含义是集合与集合等价.这里边,我认为又有很多种情况,有的是范围上的界定,比如整数和分数统称为有理数;有的是属加种差,比如判断一件事情的语句叫作命题,无限不循环的小数称为无理数.通过刚才的举例可以发现,只有在这些字眼表述的是第三层含义的时候,才有可能是定义.

插评 2:的确"是"有多种含义,可以表示等于 $(a=b)$,如第六节课讲授"定义与命题"的老师是王敏敏;可以表示属于 $(a \in A)$,如王敏敏是老师;还可以表示包含于 $(A \subset B)$,如老师是知识分子.要防止学生形式理解"定义的结构",一见有"是"字就认定为定义,感悟充分而且必要.

1.2 课堂教学的整体感受

六位授课老师既有大牌名师也有教坛新秀,风格上既有激情型的也有沉稳型的,还有自然型或表演型的;课堂上有的慷慨激昂,有的幽默洒脱,有的沉稳干练,有的前卫阳光,有的逐次请学生阅读课本第几页第几行,有的间或改换课本的这个情境那个例题.虽然在学科积淀或设计流程上会有差异,但全都表现出扎实的教学功底、饱满的教学热情、可人的教学风度、流畅的教学组织、活跃的课堂气氛,这些都给我留下了深刻的印象,好些印象已体现在上面的互动点评中,下面再从教学的视角说几点课堂感受.

1.2.1 体现探究活动是提升数学核心素养的载体

(1) 如同大家所看到的,各位老师都不是直接把"线段、射线、直线""平均数"和"定义与命题"等现成结论"奉献"给学生,而是提出一些事例或问题,组织学生"自主、合作、探究",通过活动参与去获得什么是线段、什么是射线、什么是直线、什么是算术平均数、什么是加权平均数、什么是定义、什么是命题等数学概念.这是一种什么教学方式呢? 对,是"探究式教学"(关于"探究式教学"请参见文[1]).这表明,"探究"已经成为课堂教学的显著特征和广大教师的自觉行为.老师们都是有目的地组织学生一起经历探索的实践,几乎 45 分钟都是师生间的共同探究(而不是教师的独角戏).

(2)数学探究活动是综合提升数学核心素养的载体. 不同的课题,探究的设计会有区别,即使相同的课题也会在探究起点或探究方式上存在差异,但殊途同归,都能经历知识的发生过程、都能获得数学活动经验. 在"线段、射线、直线"的课题中,学生可以感悟从具体事物中提炼出本质属性的"数学抽象";在"平均数"的课题中,学生可以从数据背后的统计意义感悟"数据分析""数学运算";在"定义与命题"的课题中,学生可以感悟"数学抽象""逻辑推理".

1.2.2   通过情境的创设和提炼促进学生数学核心素养的生成

(1)以问题情境作为课堂教学的平台,以"数学化"作为课堂教学的目标,是当前数学教学的两个关键词. 指向核心素养的教学总是根据数学的本质,创设匹配的教学情境(情境化)、提出恰当的数学问题(问题驱动),启发学生的思考,通过情境的"数学化"获得数学知识,并形成和发展数学核心素养. 在"线段、射线、直线"的课题中,有孙悟空的金箍棒、绿色的激光灯、直尺的边缘、笔直的铁轨等现实情境;在"平均数"的课题中,有人体身高、评委打分等现实情境;在"定义与命题"的课题中,有大量几何(或代数)概念、几何(或代数)定理的数学情境,还有"如果室外气温低于 0℃,那么地面上的水一定会结冰""动物都需要水"等科学情境(一般地,教学情境有现实情境、数学情境、科学情境). 创设正能量的教学情境是有挑战性的(应避免"负情境"之嫌),它已成为教师教学功底和教学创新展示的广阔平台.

(2)值得注意的是,情境应该具有数学对象的必要因素与必要形式,使得一提炼可以得出数学对象,一还原可以成为数学对象的一个原型. 更加值得注意的是,引进的情境必须有一个数学化(即"去情境化")的提炼过程(否则还不是数学),这是数学教学最见功力的地方,比如说,如何由手电筒射出的灯光提炼出射线,如何由高速路提炼出直线,如何由高速路的边缘提炼出平行线等,都不是"让学生近似看作"就能解决的,应努力提供可呈现、能操作的抽象过程. 这事实上就是在引导学生用数学的眼光观察现象、发现问题,引导学生使用恰当的数学语言描述问题,用数学的思想、方法解决问题. 在问题解决的过程中,理解数学内容的本质,促进学生数学核心素养的形成和发展.

1.2.3   努力体现学生的主体地位与学习共同体的推动作用

(1)当前,"师生互动"已经是课堂学习的基本方式,在上述情境与探究中,各节课都有学生的合作和教师的启发讲解、巡视指导,体现了学生主体地位与教师主导作用的结合(王晓涛老师的巡视面最广). 据不完全统计,每节课学生都有十几人次到二三十人次的发言(或板演)和多次的自主探索、小组交流活动(王晓涛课上有 21 人次、张宇清课上有 22 人次、陈晓红课上有 14 人次、陈娟课上有 12 人次、王瑞华课上有 31 人次、王敏敏课上有 27 人次),当中,首先是行为参与,同时也有思维参与和情感参与. 陈晓红老师的情感投入是最深的.

这表明,教师在努力把教学活动的重心放在促进学生学会学习上,方式也是多样的,有讲授与练习,有探究与交流,也有阅读与自学,就是说,教师在根据自身教学经验和学生学习的特点,引导学生形成适合自己的学习方式.

(2) 我还看到,师生活动的基本方式是"师问生答",表现为高密度、快节奏的边讲、边练、边问、边答,有学生主动举手的也有教师点名叫请的,但较少出现学生主动提问的情况,这表明,帮助学生养成敢于质疑、善于思考的学习习惯方面还有很多事情可做. 同时,我记录的师生活动路线图也表明,学生的发言既有相对集中的区域又有相对空白的区域,有的学生发言八九次,有的一次也没有,师生活动如何做得更普遍些仍有施展的空间.

1.2.4 努力发挥积极评价在学生学习中的激励作用

各位老师对学生的发言与表现都会有积极的评价,帮助学生认识自我、建立信心、促进发展. 课堂上不断有"太棒了""给点掌声""非常好"等鼓励性语言("线段、射线、直线"课上鼓励较多,张宇清老师的课上鼓励最多). 当学生不会回答、回答不准确或不正确时,教师也是积极诱导,正面启发,肯定当中的合理成分.

在"定义与命题"的课上,有学生对假命题"如果 $a \neq b$,$b \neq c$,那么 $a \neq c$"举反例不够恰当时,老师没有简单否定,而是耐心启发;有学生将"无理数"理解为"不是整数也不是分数"时,老师也没有简单否定(如果给予启发,让学生感到是"自己逐步完善的",一定会增强自信,获得数学学习的积极体验).

1.2.5 努力发挥人文熏陶对学生情感态度发展的促进作用

(1) 如同大家所看到的,多数授课老师的开头都有一段人文性的介绍或激励,课堂上还不时渗透数学史、数学家、数学精神和数学应用等文化元素. 张宇清老师引用的诗句"无情岁月增中减,有味诗书苦后甜",以及人生感悟"鸡蛋,从外打破是食物,从内打破是生命. 人生亦是,从外打破是压力,从内打破是成长"等,都富于人文哲理,很经典.

还有陈晓红老师关于书与"阶梯"也说得很有文化,而演讲更充满文化因素:"说没有爱就没有教育,但我不懂什么是爱,所以也不懂教育,错把喜欢和爱当成一回事.喜欢一只小鸟我们会把它养在笼子里,给它食物,看它的羽毛或听它歌唱,但爱一只小鸟一定是把它放回自然;喜欢一朵小花会把它放在花瓶里,但爱一朵小花一定是让它长在地里,给它浇水.我曾经因为学生成绩好、和自己关系近而心生喜欢,还把这种自私的喜欢误认为爱.其实爱是无私的,也是没有分别的,不论他们成绩好坏,不论他们与你的关系远近.因为生命的重量相等,没有轻重之分;灵魂的高度平行,没有高低之别."

(2)数学中存在许多美的因素(简单美、对称美、和谐美、奇异美等),教师要获得课堂教学的良好效果,就应该充分挖掘数学美,让学生在愉悦的氛围中获取学科知识,并得到美的艺术享受.

数学美是一种人的本质力量通过宜人的数学思维结果的呈现.复杂的式子经过运算得出简单的结果,这里有适合我们心灵需要而产生的一种满足——美和美感;生活中形形色色的物体可以抽象为没有宽度、没有厚度的"直线"(生活中谁也没见过这种抽象的线),并通过"直线公理"而呈现"直""无穷延伸"等属性,这里就有美,一种征服人心的理性美、科学美.同样,两支球队的年龄呈现为两组不相上下的数据,通过计算平均数可以获得哪队比哪队年轻的判断,也有美,一种征服人心的理性美、科学美.

将数学文化融入数学教学活动,就是要结合相应的教学内容,有意识地引导学生了解数学的发展历程,认识数学在科学技术、社会发展中的作用,感悟数学的价值,提升学生的科学精神、应用意识和人文素养.这将有利于激发学生的学习兴趣,有利于学生进一步理解数学,有利于开阔学生视野,提升数学学科核心素养,有利于与"立德树人"沟通.

2 素养教学

关于"核心素养",文献[2]和文献[3]曾经有过介绍,这里,仅简要回顾一下从顶层设计到底层落实的线路,重点在课堂落实的案例.

2.1 核心素养教学的认识

2.1.1 从立德树人到数学核心素养

关于"数学素养"这个词大家应该早有所闻,《义务教育数学课程标准(2011年版)》(以下简称《课标》中至少出现 4 次,《普通高中数学课程标准(实验)》中至少出现 10 次,但无论是初中课标还是高中课标,或者课标解读都没有对数学素养的内涵与外延进行过界定,在教学实践中大家对它的认识是朦胧的,大家更关注的是落实数学知识、数学方法、数学能力、数学思想. 这种情况的改观始于 2012 年.

(1) 2012 年 11 月,党的十八大报告指出:"把立德树人作为教育的根本任务,培养德智体美全面发展的社会主义建设者和接班人."2017 年 10 月党的十九大会议上,习近平总书记再次强调,"要全面贯彻党的教育方针,落实立德树人根本任务".

可见,"立德树人"体现了国家的顶层设计. 我理解,"德"是指以社会主义核心价值观为引领,自然包括中华民族优秀传统美德、社会主义道德等;"立德树人"是指教育事业不仅要注重传授知识、培养能力,还要把社会主义核心价值体系融入国民教育体系之中,引导学生树立正确的世界观、人生观、价值观、荣辱观.

(2) 2014 年 3 月,教育部发布《关于全面深化课程改革落实立德树人根本任务的意见》,要求"把核心素养落实到学科教学中,促进学生全面而有个性的发展". 自此,核心素养就成为教育改革的一个热门话题. 但从国家层面的"立德树人"设计到课堂层面的"核心素养"落实之间,有一个如何操作的现实问题.

(3) 2016 年 9 月,教育部正式发布《中国学生发展核心素养》研究成果,明确了核心素养的含义和内容(包括一个核心、三大领域、六种素养和十八个要点等,如图 3),从中观层面回答了"立什么德、树什么人"的根本问题.

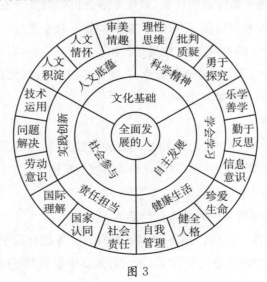

图 3

　　《中国学生发展核心素养》是对社会主义核心价值观和党的教育方针中所确定的教育培养目标的具体化和细化,是连接宏观教育理念、培养目标与具体教育教学实践的中间环节.社会主义核心价值观和党的教育方针可以通过核心素养这一桥梁,转化为教育教学可运用的、教育工作者易于理解的具体要求,进而贯彻到各个学段,体现到各个学科,最终落实到学生身上.

　　接着,各学科根据《中国学生发展核心素养》的中观设计,研究"学科核心素养",修订"课程标准",进行微观落实.

　　(4) 2018 年 1 月,《普通高中数学课程标准(2017 年版)》(以下简称《课标(2017 年版)》)正式发布,界定了数学核心素养的含义,提出六个数学核心素养:数学抽象、逻辑推理、数学建模、直观想象、数学运算、数据分析,并阐述了每个数学核心素养的内涵、价值、表现和目标.

　　数学核心素养是人才培养所应达到的质量标准在数学学科层面的表达,它是数学学科本质的提取和凝练,旨在使学生通过数学知识、数学方法的学习,数学思想、数学价值的领悟,以及态度、情感的熏陶,形成正确的价值观念、必备品格和关键能力.数学核心素养是"数学思想"中的 DNA,是核心素养、从而也是立德树人进入数学课堂的一个实施通道.

　　(5)接下来,根据《课标(2017 年版)》修订高中数学教材,为"教"与"学"的活动提供学习主题、基本线索和具体内容,为实现数学课程目标提供发展学生数学核心素养的教学资源,并通过课堂教学和评价体系等方式发展学生的核心素养.基于数学核心素养的课程实施源于学科知识又超越学科知识,是学生在学习数学课程的过程中所形成的对数学本质的深刻认识和深度把握,具有持久性和可迁移性,它能够引领学生将习得的数学知识和技能应用到日常生活中去,帮助学生用数学的眼光发现和提出问题、用数学的思维分析和解决问题、用数学的语言表达和交流.

　　(6)关于初中阶段的数学核心素养,初、高中数学课程标准修订组组长史宁中教授说过:义务教育阶段的数学核心素养现在还没有开始正式讨论,但也离不开《课标》中提到的八个核心词——数感、符号意识、推理能力、模型思想、几何直观、空间观念、运算能力、数据分析观念.我们可以这样理解,数学抽象在义务教育阶段主要表现为符号意识和数感,推理能力即逻辑推理,模型思想即数学建模,直观想象在义务教育阶段体现的就是几何直观和空间观念.还有两个超出数学范畴的一般素养,义务教育阶段强调的是应用意识和创新意识,高中阶段则增加了学会学习(参见文献[4]).

冒着过于简单化的风险,可以说《课标》提出的十个"核心概念"就是目前初中阶段的数学核心素养,即数感、符号意识、空间观念、几何直观、数据分析观念、运算能力、推理能力、模型思想、应用意识和创新意识.

由上述简要的回顾可以看到,从立德树人的顶层设计到核心素养的过渡桥梁,再到学科核心素养的底层落实,有一个由上到下、由宏观到微观、由共性到个性、由理论到实践的清晰线路,现在已经到了接近终点的冲线时刻——由一线教师落实到课堂和学生中去.图4表明,落实数学核心素养不是空洞的,教师在课堂上首先落实数学基础知识,通过揭示知识背后的数学思想,进而让学生感悟数学核心素养.

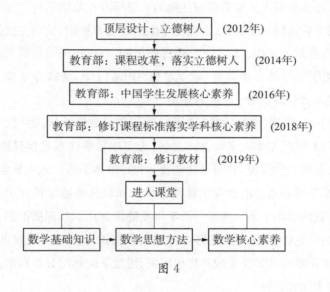

图 4

我们这个会议,可以认为是抢先请战的冲线先锋,当很多同行还在等待、一些同行尚感迷茫的时候,六位教师的课堂就"敢为人先"开展"素养教学"的探索和落实.

2.1.2 "数学素养教学"的课堂落实

教师是培养数学核心素养的主体,课堂是培养数学核心素养的主渠道.如何让数学核心素养的教学进入课堂、并最终落实到学生身上呢?《课标(2017年版)》里有很好的"实施建议",包括教学与评价建议、学业水平考试与高考命题建议、教材编写建议、地方与学校实施课程标准的建议等.这对初中也有参考价值,择要引述如下:

(1) 在教学活动中,教师应准确把握课程目标、课程内容、学业质量的要求,合理设计教学目标,并通过相应的教学实施,在学生掌握知识技能的同时,促进数学学科核心素养的提升及水平的达成.

(2) 在教学与评价中,要关注学生对具体内容的掌握情况,更要关注学生数学学科核心素养水平的表现;要关注数学学科核心素养各要素的不同特征及要求,更要关注数学学科核心素养的综合性与整体性.

(3) 教师应结合相应的教学内容,落实"四基"(注:"四基"指数学基础知识、基本技能、基本思想、基本活动经验),培养"四能"(注:"四能"指从数学角度发现和提出问题的能力、分析和解决问题的能力),促进学生数学学科核心素养的形成和发展,达到相应水平的要求,部分学生可以达到更高水平的要求.

(4) 全面落实立德树人要求,深入挖掘数学学科的育人价值,树立以发展学生数学学科核心素养为导向的教学意识,将数学学科核心素养的培养贯穿教学活动的全过程.

(5) 在教学实践中要不断探索和创新教学方式,不仅重视如何教,更要重视如何学,引导学生会学数学,养成良好的学习习惯,要努力激发学生数学学习的兴趣,促使更多的学生热爱数学.

(6) 具体的"教学建议"有:

① 教学目标的制定要突出数学学科核心素养.

② 情境创设和问题设计要有利于发展数学学科核心素养.

③ 整体把握教学内容,促进数学学科核心素养连续性和阶段性发展.

④ 既要重视教,更要重视学,促进学生学会学习.

⑤ 重视信息技术运用,实现信息技术与数学课程的深度融合.

(7) 教师实施课程标准应注意的几个问题:

① 以教师专业标准的理念为指导,提升自身的专业水平.

② 数学教师要努力提升通识素养.

③ 数学教师要努力提升数学专业素养.

④ 数学教师要努力提升数学教育理论素养.

⑤ 数学教师要努力提升教学实践能力.

这些建议已成为笔者参加会议、观察课堂、进行研修的指导思想,六位教师的课堂也各有侧重地努力体现这些建议.

2.2 指向数学核心素养的案例分析

指向数学核心素养的教学究竟是什么样的? 下面,通过两个案例来做对比说明.

2.2.1 案例1:二元一次方程组的教学

笔者听过好几节关于"二元一次方程组"的课,教师教学大多是借助教材中的情境(包括"鸡兔同笼"问题),引导学生进入二元一次方程组的学习,但教学的起点、关注的重点以及指向的目标却有差异,可以分为三个层次.

(1) 第一层次:指向解题技能的教学

这一层次仅仅把"二元一次方程组"的教学理解为解一类方程的方法,重在解题的逻辑步骤,学生获得的是计算的方式和运算的技能. 在教师的意识里,教学最重要的目标是怎样"解"出方程,学生要做的是:记住消元方法,获得正确答案.

这种教学观主导下的教学,学习被"精简"为知识与技能,学生体验到的是通过例题掌握了一类方程及其解法,再通过更多的练习巩固解法、掌握解法,或学会更多的解法. 教与学的过程缺少兴趣与真正的思考,教学目标仅停留在解题技能的习得层面,学生获得的也只是技能层面的操作. 在巩固性例题中出现的"鸡兔同笼"问题,其作用主要是方法的应用——解应用题,至于问题意识的启发、方程思想的渗透、数学模型的构建等都失之交臂. 当有学生用小学算术的方法求解"鸡兔同笼"问题时(让兔子和鸡都抬起了一半的腿),教师还停留在小学水平的"创新"表扬中,而没有从方程的角度给予居高临下的解释. 请看:

例2 将若干只鸡和兔子装在笼子里,共有 5 个头、14 只脚,求笼子里有鸡和兔子各几只?

解 设有鸡 x 只,兔子 y 只,由"头数"所提供的等量关系得到方程

$$x+y=5, \tag{①}$$

由"脚数"所提供的等量关系得到方程

$$2x+4y=14, \tag{②}$$

即

$$x+2y=7. \tag{③}$$

（兔子和鸡都抬起了一半的腿）

由③－①可得 $y=2$，代入①或③，得 $x=3$.

答：笼子里有鸡 3 只、兔子 2 只.

可见，所谓"兔子和鸡都抬起了一半的腿"无非是方程②化简为方程③，从方程的观点来看这只不过是一个非常自然的步骤、一件十分简单的工作.

（2）第二层次：指向知识运用的教学

这一层次的教学，教师关注了学生兴趣的启发，在导课环节，教师通过创设情境活跃课堂气氛，但只是借此引出话题，与后面所开展的学习内容没有构成实质性的联系，或者说情境并没有为学习者带来"问题驱动"的思考与"数学建模"的感悟，仅仅起到了活跃气氛的作用.

这一层次的教学，教师注意从学生学的角度设计教学方法的思路，出示问题后让学生思考解题方法，留给学生一定的思考空间，使学生对"二元一次方程组"的求解有更深的体验. 这是值得肯定的，但这样做更多的是停留在方程组方法的运用方面，而对"方程思想""数学建模"的渗透还缺少力度.

比如，在课堂上，我们看到这样一种教学方式：由例 2 引出二元一次方程（组），先不解决，另行举例与学生一起得出消元法（代入消元、加减消元）之后，再回应当初提出的"鸡兔同笼"问题（前后照应的教学技术），这是课改以来一种流行的教学方式. 这种方式注重"创设问题情境、引发学生兴趣"，但是，在创设情境、提出问题之后，便说"要想解决这个问题，请认真学习本课知识（二元一次方程组及其解法）"，其潜台词就是学生只有接受了新知识之后，才能解决相应的问题. 然而，是不是任何"问题情境"都是"只有接受了新知识之后才能解决"呢？这种千篇一律的教学能不能真正引发学生的认知冲突？有没有给学生真实的探索机会？

其实，学生完全可以在小学解法的基础上，找到代入消元、加减消元等方法，达到从小学到中学的自我超越. 上述流行的教学方式并没有给学生独立思考和解决问题的机会，使得我们的教师每当讨论一个新问题时，总是首先对学生进行引导、启发，直到概括形成新知识，甚至进行了解题过程示范后，才让学生进行独立的工作. 此时，学生做的主要是操作性的常规运算，这种教学可能产生的不良后果是：学生面对新问题时只会等待或逃避.

我们说，这两个层次的教学对课题的认识流于浅层，表面上，"二元一次方程组"并不深奥,七年级学生有了方程的概念和二元一次多项式的知识,便可认识二元一次方程和二元一次方程组,再加上研究一元一次方程的经验基础,就会想到继续研究方程(组)的解等问题.但是,"方程"的概念学生真的明白了吗?"方程"的本质连专家们都多有不同的看法(参见文献[5]~[7]等).操作上,学生以往学习的方程基本上是"有限个解",二元一次方程的解却是无限的,另外,由一元到二元、由方程到方程组等也是一种转变(深化了用字母表示数的思想).应该看到,由"常量"到"变量",由"有限"到"无限",必然会出现思维的陡坡.结合上述课堂,感觉这个课题的"教学分析"大有工作可做.比如:

①"方程"的教学可以体现哪些数学素养?

② 如何理解"方程与函数"的数学思想?对初中生应渗透到什么程度?讲"方程"的课堂目标要不要渗透"方程思想"?(有的教师不是没有渗透,而是教学目标没有自觉提"方程思想")

③"二元一次方程(组)"的定义是一种什么定义方法?

④ 研究方程主要研究哪些问题?

⑤ 两个"二元一次方程"联立是不是必定得出一个"二元一次方程组"?反之,把一个"二元一次方程组"拆开是不是必定得出两个"二元一次方程"?

⑥ 方程的"解"与方程的"根"区别在哪里?

⑦ 关于鸡兔同笼.鸡兔同笼是中国古代的数学名题之一,大约在1 500年前的《孙子算经》中就记载了这个有趣的问题.它不仅是二元一次方程组的一个典型代表,而且有助于数学文化和数学素养的渗透.王尚志教授就"鸡兔同笼"问题说过:在小学,可以使用"列举方法",也可以利用"逼近方法",还可以使用"假设方法",在今后的学习中,这些方法依然会发挥作用.但更需要重视的是学习"方程组方法"(所以,对"小学方法"无需刻意鼓励).因为数学教学不仅是为了解决某个具体问题,更需要思考如何解决一类问题,更大的一类问题.把所有鸡兔同笼问题变成一个数学问题,给出求解的一般方法——运算程序.不仅如此,还可以为初中引入二元一次方程组奠定基础,解决更大一类问题.到了高中,还需要进一步从解析几何、向量的角度解读……在这一过程中,学生会不断感悟、理解抽象、推理、直观的作用,得到新的数学模型,改进思维品质,扩大应用范围,提升关键能力,改善思维品质(参见文献[8]).

考虑一下,例2的解法步骤完整、计算准确、书写规范,应该没有什么可提问的吧？其实不然,试提几个问题,你会如何回答？

提问 1：为什么①式的"头数"与③式的"脚数"能够相减(单位不一样)？是学生在"单位"问题上钻牛角尖了吗？你是回答还是不回答？是从教学上回答还是从数学上回答？

提问 2：对例 2 的解 $\begin{cases} x=3, \\ y=2, \end{cases}$ 我们能否理解为在课堂上提供了三重身份？

其一,是二元一次方程组 $\begin{cases} x+y=5, \\ x+2y=7 \end{cases}$ 的解；

其二,是一元一次方程 $x+y=5$(或 $x+2y=7$) 的一个解；

其三, $\begin{cases} x=3, \\ y=2 \end{cases}$ 本身又是二元一次方程组.

提问 3：对例 2,有的学生设鸡为 x 只,则兔为 $5-x$ 只,根据"头数"所提供的等量关系有方程 $x+(5-x)=5$. 但算不出任何结果,他需要什么帮助？你如何帮助他？

提问 4：有的学生认为,例 2 一共有"头数"与"脚数"两个等量关系,当用"二元一次方程组"求解时用到了两个等量关系；当用"一元一次方程"求解时只用到了一个等量关系 $(2x+4(5-x)=14)$；当用"算术方法"求解时没用到等量关系；对不对？

第三层次的教学对这些问题有过思考,比较清醒.

(3) 第三层次,指向数学核心素养的教学

这一层次的教学,教师提出"鸡兔同笼"问题之后,引导学生理解题目中的数学含义,在寻找等量关系上大下功夫,与学生一起想办法解决,学生有算术方法、一元一次方程法、二元一次方程组法,通过比较,认识二元一次方程组的算法价值,并铺垫"二元一次方程组"转化为"一元一次方程法"的消元化归思想；然后,教师又把这个问题和解法延伸为一类数学模型,让学生经历"概念形成"的过程、生成数学活动经验,让学生经历"解法"的提炼过程,感悟数学抽象、数学模型、方程思想、化归思想. 在这个教学中：

① "二元一次方程组"概念的获得采用了"概念形成"的方式,概念形成是指从具体实例出发,从学生实际经验的肯定例证中,以归纳的方法概括一类事物的本质属性,从而获得概念的方式(这次活动的 6 节课,基本上都是采用这种方

式).概念教学要抓四要素,教师能启发学生从名称(包括符号、读法和写法)、定义、属性、范例(包括正例、反例)四个要素上掌握概念(如表1).

表 1 　两个概念的四要素

名称	二元一次方程	二元一次方程组
定义	含有两个未知数,并且含未知数的项的次数都为一次的整式方程叫作二元一次方程.一般形式为 $ax + by = c$ 或 $ax + by + c = 0(ab \neq 0)$	共含有两个未知数的两个一次方程所组成的一组方程,叫作二元一次方程组. 一般形式为 $\begin{cases} a_1x + b_1y = c_1, \\ a_2x + b_2y = c_2 \end{cases}$
属性	① 是整式方程; ② 含有两个未知数(即"二元"); ③ 所有含有未知数的项的次数为1(即"一次")	① 由两个方程联立组成; ② 每个方程都是整式方程; ③ 两个方程里共有两个未知数(即"二元"); ④ 两个方程里所有含有未知数的项的次数为1(即"一次")
范例	课堂例子	课堂例子,如鸡兔同笼

② 教师处理例题的教学起点是这个情境本身包含的数学元素、数学关系,也即从中发现数学问题并思考怎样解决数学问题.教师在理解题意的数学含义、寻找等量关系时,让学生了解方程的本质是为了求未知数,而在未知数与已知数之间建立一种等式关系.让学生在直观的抽象过程与方程的学习之间建立联系,明确方程已经是数学的抽象模型,来源于生活又高于生活($x+y=5$ 来源于"头数",又不是"头数"),明确二元一次方程组与一元一次方程的差别是非本质的,可以互通.

③ 从"鸡兔同笼"的故事,到二元一次方程组的概念和解法,呈现了数学思维活动的基本过程(三阶段模式):第一阶段,经验材料的数学组织化(也称为具体情况的数学化);第二阶段,数学材料的逻辑组织化(建立合乎逻辑的理论体系);第三阶段,数学理论的应用. 在这个过程中,学生有机会感悟方程思想、化归思想、模型思想,体会数学发展对现实生活的意义,从中可以孕育乃至生成数学抽象、逻辑推理、数学建模、直观想象、数学运算等核心数学素养.

可见,数学核心素养不是独立于数学知识、数学技能、数学思想方法、数学活动经验之外的神秘概念,它们综合体现对数学知识的理解、对数学技能的掌握、对数学思想方法的感悟、对数学活动经验的积累. 数学核心素养的形成与提升离不开数学的学习、运用、创新,它们综合体现在"用数学的眼光观察世界,用数学的思维分析世界,用数学的语言表达世界"的过程中,综合体现在"发现与提出问题、分析与解决问题"的过程中. 正是在这样的过程中,学生不仅学到了知识,而且提高了素养,数学教学能收"立德树人"之效.

2.2.2　案例2:线段、射线、直线的教学

第一,案例的呈现.

在"线段、射线、直线"的公开课上(听课教师有数百人),执教者希望学生"了解线段、射线、直线的定义",并结合实际"理解直线公理"(经过两点有且只有一条直线)(参见文献[9]).

(1) 部分教学片段

片段1:让学生直观感受直线. 回忆小学时的相关概念,出示一组图片,有玉米地、高速路、铁轨,还有如图5的做广播操队列等.

图5

片段2:让学生进行"队列活动"(站起来),体验"两点确定一条直线".

活动1:教师让一位学生(甲)先站起来,然后请其他学生自己确定,凡是能与甲学生共线的就站起来. 一开始,你看看我、我看看你,没有人站起来,不一会四面八方有人站起来,最后全班学生都站起来. 教师在这过程中会问,站起来的学生为什么站起来、还没站起来的学生为什么不站起来,最后教师总结:过一点的直线是不唯一的,所以每位学生都可以与甲学生共线. (参见图6,经过一点有无数条直线)(笔者注:其实也隐含着两点有一条直线,所以每位学生都可以与甲学生共线,得出经过一点有无数条直线)

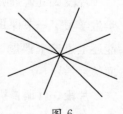

图6

活动 2：教师让两位学生先站起来，然后请其他学生自己确定，凡是能与这两位学生共线的就站起来.学生很快做出反应，站起来了一斜排学生(其他学生没有站起来).教师这时就会问"站起来的学生为什么站起来""不站起来的学生为什么不站起来"，最后教师总结：两点确定一条直线，所以有且只有一斜排学生与这两位学生共线.(参见图 7,经过两点有且只有一条直线)

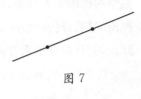

图 7

活动 3：教师让三位学生先站起来，然后请其他学生自己确定，凡是能与这三位学生共线的就站起来.当三位学生共线时，站起来一斜排学生；当三位学生不共线时，有个别学生站起来(与其中两位学生共线)，后来又坐下了，最终没有一位学生站起来.教师在这过程中依然问"站起来的学生为什么站起来""不站起来的学生为什么不站起来"，最后教师总结：经过三点可能有一条直线，也可能没有直线.(三点不共线时不能确定直线，而过任意两点可以确定 3 条直线，参见图 8)

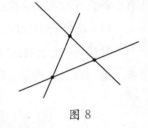

图 8

整堂课，学生活动或回答问题总计四五十人次，有的学生站起来六七次，课堂气氛很热烈.

(2) 对"直线"的反馈调查

课后调查显示学生很喜欢这堂课，都很高兴.

片段 1：(调查学生)询问学生："今天这节课你学到了什么?"学生回答：学到了线段、射线、直线.询问学生你所理解的直线是什么样的? 学生不能回答(有的说玉米地或高速路).追问"说说直线是什么样的图形"时,学生还是答不上来.

片段 2：(调查听课教师)把询问学生的情况向听课教师汇报,特别提出,学生学习了一节课直线,但说不出直线是什么样的,老师们,你们也听课了,可能还上过这个课题,你们说说直线是什么样的? 全场肃静,没有一位教师回答.

片段 3：(调查执教者)你认为直线是什么样的? 执教者没有正面回答,更多的是介绍教学设计的意图.

结论：学生学了直线不知道什么是直线,连"直线是直"的都说不出来.

第二,案例的分析.

（1）教学特点

笔者的评课,首先肯定了教师的教学功底扎实,教学热情饱满,教学组织流畅,课堂气氛活跃,呈现出几个突出的特点.

特点1：重视学生参与,努力体现学生在探究活动中的主体地位.（学生参与三个"站起来"的活动）

特点2：重视情境创设,努力体现情境对意义建构的重要作用.（学生"站起来"构成直线）

特点3：重视合作学习,努力体现学习共同体对学生学习的推动作用.（学生共同参与完成"站起来"的活动）

特点4：重视积极评价,努力发挥过程性评价在学生学习中的激励作用.（教师不断有表扬）

特点5：重视人文熏陶,努力发挥数学文化对学生情感态度发展的促进作用.

（2）教学反思

① 知识的封闭性.

首先,不知道直线没有定义.（教学目标中的"定义"可以改为"概念"）

其次,不明确直线的一些属性,教学中不能自觉渗透这些属性.如,无穷个点组成的一个连续图形,没有宽度,两端可以无穷延伸,很直很直等.

但是,"连续""无穷""很直"等又是需要定义的,因而,这些词语都只是粗糙的解释.从公元前三世纪欧几里得《几何原本》以来,数学家曾做过直线定义的许多努力,但都没有成功,因为点、直线、平面是原始概念,无法严格定义.描述它们的基本办法是用公理来刻画,本节课中的"直线公理"（后来叫作几何基本事实）：经过两点有且只有一条直线,正是直线的本质特征.试想,如果"直线"不是很直的,那经过两点就可以连出很多曲线;同样,如果"直线"不是两端可以无穷延伸的,那经过两点的线段就可以延伸出长短不一的很多直线来.教学上也有一些处理技术,比如先描述"线段",然后,用线段来描述直线,把直线理解为线段两端无限延伸所形成的图形.

② 情境的局限性.

现实原型与数学模式之间既有联系更有区别,比如图5中的做广播操队列与直线之间可以找到很多不同,如表 2.

表 2　广播操的队列与直线图形的比较

内容项目	做广播操的队列	直线图形
具体与抽象	有宽度、有高度	没有宽度、没有面积
粗糙与严格	学生之间凹凸不平、高低不齐	直线是"很直"的
一维与三维	三维立体的	一维的
有限与无限	有限个人组成	无限个点组成
连续与间断	间断的	连续的
特殊与一般	一个现实原型	许多现实原型的形式化抽象
实在与形式	生活中存在	生活中不存在
……	……	……

现实情境的有限性难以表达抽象直线的无限性,现实情境的离散性难以表达抽象直线的连续性.一条高速路,当着眼于距离时能提炼出线段,当着眼于笔直延伸时能提炼出直线,当着眼于面积时能提炼出矩形(站在高速路上也更容易感受到矩形),当着眼于用料时能提炼出长方体,当着眼于高速路的边沿时能提炼出平行线.生活世界有自身不可克服的局限性,它不可能给我们提供太多的理性承诺,学校教育恰恰应该着眼于社会生活中无法获得、而必须经由学校教育才能获得的经验.

情境的局限性还给我们寻找恰当的情境带来困难,这时我们常常采用经过加工的拟真情境——源于现实而又不拘泥于真实,关键只在于这种情境应具有相关数学知识的必要因素与必要形式,如,有的教师或资料提问:"白纸对折 64 次,有多高?"这只能理解为"拟真情境",白纸对折 1,2,3,4,5,6 次不难,是真实情境,但继续下去,不到 10 次纸就会折断,对折 10 次有困难,对折 64 次只能是一种想象——数学思维实验.不了解这些情况,万一学生提出"对折 64 次根本不可能"时,教师难免会"无言以对".

③ 活动的单一性

通过站起来,体验"两点确定一条直线"的活动,确实设计得很精彩,但给人的感觉是：更关注"有没有、唯一不唯一"的量性收获,缺少"有且只有一条"的质性明确(如上所说,公理反映了直线很直、可以无穷延伸等),本质上是数学化过程不足,所以学生学了"直线公理"不会用"直线"去解释"公理",或不会用"公理"去解释"直线".

④ "数学化"过程不足.

学生虽然在队列"前后对正、左右看齐"的活动中感受过直线的"直",也在"站起来"的活动中因为"直"而站起来、因为"不直"而不站起来,但从具体情境到抽象数学模式之间有一个"数学化"提炼的艰苦过程,这需要教师把不是数学的"高速路"等情境提炼成数学上的"直线图形"(可能不是一节课就能彻底完成的).没有这个提炼过程,学生获得的可能不是数学,或者是硬塞给他们的数学,也可能是借学生的"嘴"代替教师的"灌"(机械接受学习).怎么提炼呢? 可供选择的做法有:

做法 1：将带有高速路的地面收缩,呈现为高空看地面的地图,高速路收缩为一条线,没有宽度、很直很直.

做法 2：只看高速路的边缘,一条没有宽度、很直很直的线.

做法 3：从高空(比如晴空万里的飞机上)看地面高速路上的汽车,给我们一个"点动成线"的形象.

做法 4：东面与南面两墙的交界线,给我们一条直直的线,没有宽度的形象.(平面相交)

做法 5：在"队列活动站起来"的情境中,添加想象的"无穷". 如果我们的教室扩大,让全校师生都加进来,让全中国、全世界的人都加进来站立,你会看到一个什么情境呢? (通过不断增加的大数量来暗示无穷)如果超出地球让外星生物也加进来站立,你会看到一个什么情境呢? (通过宇宙的无穷来衬托直线的无穷)

数学化过程需要不同程度地经历辨别、分化、类化、抽象、检验、概括、强化、形式化等步骤. 在教学条件下,通常的做法是从大量具体实例出发,从学生实际经验的肯定例证中,以归纳的方法概括一类事物的本质属性,通常沿着"具体—半具体、半抽象—抽象"的路线前进.较为关键的是如下 5 个步骤.

步骤 1：辨别一类事物的不同例子;

步骤 2：找出各例子的共同属性;

步骤 3：从共同属性中抽象出本质属性；

步骤 4：把本质属性与原认知结构中适当的知识联系起来，使新概念与已知的有关概念进行区别；

步骤 5：把新概念的本质属性推广到一切同类事物中，以明确它的外延.

这个过程很重要，体现数学学习的一个核心价值——数学化. 弗赖登塔尔认为，与其说学习数学，不如说学习"数学化".

在数学教学生活化取向、活动化取向的大潮中，教师的数学化能力地位凸现，这是一个创作与创造的过程. 数学教师要有充实的数学知识，数学教学要有数学化的能力.

参考文献

［1］罗增儒. 探究式教学视角下的课堂研修[J]. 中学数学教学参考(中旬)，2017(7)：2-10.

［2］罗增儒. 从数学知识的传授到数学素养的生成[J]. 中学数学教学参考(上旬)，2016(7)：2-7.

［3］罗增儒. 核心素养与课堂研修[J]. 中学数学教学参考(中旬)，2017(8)：14-20;2017(9)：2-10.

［4］史宁中. 学科核心素养的培养与教学——以数学学科核心素养的培养为例[J]. 中小学管理，2017(1)：35-37.

［5］张奠宙，唐彩斌. 关于小学"数学本质"的对话[J]. 人民教育，2009(2)：48-51.

［6］陈重穆. 关于中学数学教材中的方程问题(提要)[J]. 数学教学通讯，1987(2)：2-3.

［7］陈重穆. 关于《初中代数》中的方程问题[J]. 数学教学通讯，1990(2)：封二，1-2.

［8］王尚志. 如何在数学教育中提升学生的数学核心素养[J]. 中国教师(上半月)，2016(5)：33-38.

［9］罗增儒. 关于情景导入的案例与认识[J]. 数学通报，2009(4)：1-6,9.

第14篇 基于综合实践活动的教学探究①
——"鸡兔同笼"听课札记

"鸡兔同笼"问题是中国古代的数学名题之一,大约在1500年前的《孙子算经》中就记载了这个有趣的问题. 它不仅是小学应用题和初中二元一次方程组的一个范例,也是渗透数学文化、感悟数学素养和获得数学活动经验的一次机会. 笔者将某位小学教师的一节"尝试与猜测——鸡兔同笼"公开课的听课札记与大家分享. 这节课既有值得肯定的"两个精彩",也有值得研讨的"两件事情",还有引向深入的"三点建议",教学过程体现综合实践活动的教学性质,贴近核心素养教学的教育导向.

1 教学重现
本次公开课的内容主要有以下五个教学环节.

(1) 调节气氛,文化渗透(8:30—8:35,共5分钟,7人次发言)

教学伊始,教师先和学生从拉家常引入(内容涉及西安名胜和古诗),接着向学生提问"我是谁?"并提示了两行字(如图1),引发学生猜教师的姓. 学生从上下两行字的"立""里"进行联想和组合,最后得出答案是"童"字.

顶天 立 地

行家 里 手

图1

(2) 创设情境,引出问题(8:35—8:40,共5分钟,4人次发言)

教师从古代数学名著《孙子算经》引出"鸡兔同笼"问题:今有雉兔同笼,上有三十五头,下有九十四足,问雉兔各几何. 以此激发学生的学习兴趣. 为降低学习难度以及让学生更好地理解题目的意思,教师将题目简化并改编为:鸡兔同笼,一共有8个头,20条腿,问鸡和兔各有多少只?

(3) 自主探究,解决问题(8:40—8:45,共5分钟,6人次发言)

在分析完题目后,教师引导学生自行解题,有学生用假设法、列表法(逐一

---

① 本文原载《中小学课堂教学研究》2020(9):42-44,49(署名:罗增儒).

列举法)等得出答案：6 只鸡,2 只兔子.

(4) 展示交流,深化提升(8:45—9:15,共 30 分钟,19 人次发言)

在教师的组织和引导下,学生积极思考,说出该题有假设法、列表法、逐一列举法等多种解法,并说明算理.对多种解法进行分析后,学生讨论得出逐一列举法的关键是有序.最后,师生总结出逐一列举法的解题规律是：将 1 只鸡(兔)换成 1 只兔(鸡)时,总腿数增加(减少)2 条.因此,我们可以将逐一列举法简化为跳跃列举或取中列举,有的学生只通过跳跃列举 2 次就得出答案,有的学生提到在跳跃列举时要注意会不会遗漏,体现了学生思维的深度.学生还对比了假设法与列表法的相同点与不同点,找出不同解法之间的联系.

(5) 迁移类推,反思升华(9:15—9:20,共 5 分钟,4 人次发言)

通过以上的学习,教师引导学生再回到课始"鸡兔同笼"问题的处理上来.学生用同样的方法得出问题的答案：23 只鸡,12 只兔子.为培养学生的知识迁移思维能力,教师给出"鸡鸭同笼""龟鹤同游"等类似问题,落实学生的核心素养.

2 教学反思

这节课的教学活动设计精心,学生探究欲强,体现了综合实践活动的教学性质,笔者主要从以下三个方面谈谈自己的看法.

2.1 值得肯定的"两个精彩"

(1) 学生活动很精彩

学生活动很精彩,主要体现在以下四个方面.

① 学生发言积极.据统计,这节课学生的发言不少于 40 人次,且分布在四列课桌的前后左右,较为均衡.

② 学生思维活跃.学生提出了假设法、列表法、逐一列举法、跳跃列举法、取中列举法等多种解法,对每种解法不仅能说出其中的道理,还能找出一题多解的内在联系,体现出较好的逻辑推理水平.

③ 学生善于总结规律.学生能总结出逐一列举法的规律：将 1 只鸡(兔)换成 1 只兔(鸡)时,总腿数增加(减少)2 条,并且能用这个规律解释跳跃列举法和取中列举法的合理性与完备性.

④ 学生见解深刻.比如,有的学生只跳跃列举 2 次就得出答案(当中有推理),而有的学生提出跳跃列举是否会出现遗漏的疑问,体现出学生思维的深刻性.

(2) 教师活动很精彩

第一,教师教学功底扎实,精心设计教学活动. 例如考虑到学生的认知规律和知识接受程度,教师先从"8 个头,20 条腿"的较小数字的问题引入,待问题得到解决后,教师再引导学生求解《孙子算经》的"鸡兔同笼"问题,达到了"进退互化、前后照应"的教学效果. 教师不满足于获得题目的答案(部分学生一见题目就表示曾"学过""见过"),还注重学生思维能力、分析问题和解决问题能力的提升以及数学活动经验的积累,体现了综合实践活动的教学性质,紧扣了"尝试与猜测"的教学主题.

第二,教师完成了课前预设的三个教学目标,这三个教学目标体现了数学课程目标的四个维度: 知识技能、数学思考、问题解决、情感态度. 课前预设的三个教学目标如下.

目标 1: 结合解决"鸡兔同笼"问题,体验借助列表进行尝试与猜测的解题策略.

目标 2: 经历不断猜测、验证、调整及优化的探究过程,培养学生的思维能力,提高学生分析问题和解决问题的能力.

目标 3: 初步了解与"鸡兔同笼"有关的数学史,感受数学文化的博大精深,逐步树立学好数学的信心.

2.2　可进行研讨的"两件事情"

(1) 关于公开课的"猜谜"情境

教学伊始猜"我是谁"的教学情境主要有调节气氛、拉近感情的作用,但与本课解决"鸡兔同笼"问题既没能构成实质性的逻辑联系,也不具有假设法或列表法的必要因素与必要形式. 这反映了教师把本课题"尝试与猜测"(包含假设、列举、推理)等数学方法有意或无意地想象为生活中的猜谜问题.

这个拉近感情的作用也有双重性,它恰好表明这不是教师在原班上的常态课(因为若是原班学生早就知道是童老师了),而是一节为了公开课而安排的借班课. 如果时间允许,通过猜谜调节课堂气氛,拉近师生的感情并无不可,但是既然本节课已超时,那就应该考虑将猜谜环节取消.

(2) 关于公开课拖堂

公开课拖堂几乎是一个"潮流",本节公开课拖堂同样也给人留下深刻的印象. 这节课从 8:30 上到 9:20 共 50 分钟,即使从"起立"算起,也有 45 分钟了. 如果课题不是太艰深,教学内容不是太繁杂,教师是完全可以不拖堂的. 因此,为

避免拖堂,本节课的解决办法有:

① 从猜谜环节压缩时间,教师如果删去该环节,可节省 4～5 分钟;

② 从 30 分钟的"展示交流,深化提升"教学环节中节省出 10 分钟,其中 5 分钟用于抵消课堂超时,5 分钟分配给"课堂小结"环节,以加强数学活动经验的感悟;

③ "迁移类推,反思升华"教学环节中的"龟鹤同游"等例子也可以压缩或删去,可节省 1～2 分钟.

2.3　关于引向深入的"三点建议"

(1) 关于学生"学过""会做"问题处理的建议

该授课教师在教学设计的"课前思考"中曾指出:"很多学生在课外辅导班已学习该问题,但大部分学生仅限于套用模板,不求甚解者居多."于是,授课教师意识到在教学中,应重在提高学生的解法基础.下面笔者结合综合实践活动课的教学性质,再提三个途径供大家参考(教师应结合学生实际做出选择,并不需要全部采用).

途径 1:开阔思路,提供直观形象

在讲解假设法时,教师可先假设 8 只都是鸡(如图 2,教师可以画 8 个圆圈),因为鸡有 2 条腿,所以一共有 16 条腿(教师可在每个圆圈下加 2 条小线段,一共有 16 条小线段),但是已知一共有 20 条腿,所以还应添加 4 条腿 (20-16= 4). 因为每只兔子有 4 条腿,所以应添加的 4 条腿可以认为是增加了 2 只兔子. 这样一来,兔子有 2 只,鸡有 6 只(教师给 2 个圆圈各加上 2 条小线段,则 2 个圆圈各有 4 条小线段,6 个圆圈各有 2 条小线段). 这就把假设法的运算推理过程呈现得更显浅、直观了,培养了学生直观想象的核心素养.

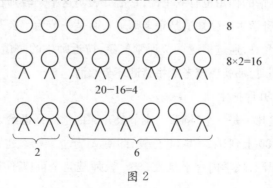

图 2

途径 2：变式练习，转换为几何题

教师可以把"鸡兔同笼"问题转换为一道几何题：如图 3，两个长方形 *AHEF* 和 *HBCD* 拼成一个组合图形. 在六边形 *ABCDEF* 中，两个矩形面积之和为 94(表示鸡兔共 94 条腿)，*AB* =35(表示鸡兔共有 35 个头)，*BC* =2(表示鸡有 2 条腿)，*AF* =4(表示兔有 4 条腿)，求 *AH* 和 *HB* 的长(即求兔、鸡各

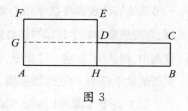

图 3

有多少只). 在"鸡兔同笼"问题的求解时，可假设 35 只都是鸡，即延长 *CD* 交 *AF* 于点 *G*，得到长方形 *ABCG* 的面积为 70，即此时有 70 条腿，比实际 94 条腿少 24 条腿，也就是长方形 *DEFG* 的面积为 24. 由于该长方形的宽为 2(即每只兔子比每只鸡多 2 条腿)，因此长方形 *DEFG* 的长为 12，即 *AH* =12(已得知兔有 12 只)，从而 *HB* =35−12=23，即鸡有 23 只.

途径 3：抽象提炼，建立模型

根据学生表现出来的逻辑推理水平和思维深度，教师可以将学生解法中的数字提炼为文字或字母，从而得出公式(模型). 比如，由上面的假设法，可得

$$兔的只数 ＝(鸡兔总腿数 － 鸡兔总只数 \times 2) \div 2,$$
$$鸡的只数 ＝ 鸡兔总只数 － 兔总只数.$$

也可以整理为

$$兔的只数 ＝ 鸡兔总腿数 \div 2 － 鸡兔总头数(半足法),$$
$$鸡的只数 ＝ 鸡兔总头数 \times 2 － 鸡兔总腿数 \div 2.$$

如果用字母表示，鸡兔同笼共有 a 个头，b 条腿(b 为大于 $2a$ 的偶数)，则有兔 $\dfrac{b}{2} － a$ 只，鸡 $2a － \dfrac{b}{2}$ 只.

这些公式和算术解法都可以从二元一次方程组 $\begin{cases} x + y = a, \\ 2x + 4y = b \end{cases}$ 获得自然而简单的解释(仅供教师了解).

顺便提起，为什么一千道"鸡兔同笼"的数学题目会有一千个不同的答案，而用字母代替数，无论谁来算，得到的答案(公式)都一样呢？因为所有的数都满足共同的运算律，所以用字母算一次，相当于所有的数字都算了一遍.

（2）关于本课体现的数学核心素养的建议

当前基础教育改革正迈入以核心素养为导向的新时代,笔者建议大家思考:每一节课能够体现哪些数学核心素养? 本节课除了体现数学运算,还体现了逻辑推理、直观想象和数学建模的核心素养.王尚志教授曾就"鸡兔同笼"从小学说到初中和高中,他认为,在这一过程中,学生会不断感悟和理解抽象、推理、直观的作用,得到新的数学模型,改进思维品质,扩大应用范围,提升关键能力,改善思维品质[1].

（3）关于本课题后续研究的建议

张莉、罗燕、李昌勇在《"鸡兔同笼"问题的研究综述》一文中曾指出,从 2008 年至 2017 年,讨论"鸡兔同笼"的有 229 篇文章,主要有教学类和解法类两个方面.教学类文章大致有教学设计、课堂实录及思考;解法类大致涵盖假设法、方程法、列表法、画图法和面积法,以及一些特殊的方法.据统计,教学设计的文章约占 25%,课堂实录及思考约占 45%,解法约占 30%.[2] 由此可见,从 2008 年至 2017 年,很多教师更关心"鸡兔同笼"的教学问题.在解法类文章中,关于假设法的占 35%,方程法占 24%,列表法占 22%,画图法占 13%,面积法占 4%,其他方法占 2%.由此可见,假设法是教师研究得最多的方法,也是解决"鸡兔同笼"的一般方法;方程法是连接小学与初中的桥梁,是代数思想的初步认识,因此方程思想还是受到了大家的重视;列表法和画图法是低年级学生解决"鸡兔同笼"问题时最直观的方法,符合低年级学生的认知水平,所以它们所占的比重也比较大;其他方法研究得相对较少.笔者建议教师在熟悉各种解法的基础上,重点研究"鸡兔同笼"的教学,特别是在如何提高思维能力,如何生成数学素养等方面获得新突破、攀登新高峰.

作为结束,最后提一个问题请大家思考,如果有学生问:"你既然能数鸡、兔的头和腿,何不分别数鸡和兔的头,不就有答案了吗?"你怎么回答?

（注:本文是教育部"名师领航工程"陕西师范大学教学实习基地活动中的一次听课点评.）

参考文献

[1] 王尚志.如何在数学教育中提升学生的数学核心素养[J].中国教师(上半月),2016(5):33－38.

[2] 张莉,罗燕,李昌勇."鸡兔同笼"问题的研究综述[J].中国校外教育(下旬),2017(3):53－54,60.

第 15 篇　"认识二元一次方程组"的课例与研修①

"第六届基于核心素养的数学教师专业发展高级研修班"因疫情原因,采用线上形式,2021 年 8 月 9 日播放了吴永莉老师的"认识二元一次方程组"起始课教学视频.虽然视频欠缺了现场的气氛和接触学生的机会(从而也失去了现场检测学生学习效果的可能),但是提供了课堂的再现,使得我们可以基于视频而做出更加细致的分析.我的发言就从概述"二元一次方程组"的教学现状开始.

1　宏观视野：课题教学概况

我多次观察过"二元一次方程组"这节课,有七年级的也有八年级的,有起始课也有后续课.教师大多是借助教材中的实例(包括"鸡兔同笼"问题),带领学生进入二元一次方程(组)的学习,首先得出定义,然后展开方程的解法和方程的应用.课题的载体大同小异(同课),但是教学的起点、关注的重点及指向的目标部分有明显的三个层次(异构)：有的是指向解题技能的教学,有的是指向知识运用的教学,有的是指向数学核心素养的教学(参见文献[1]).

1.1　第一层次：指向解题技能的教学

这个层次沿袭了 20 世纪的教学观,教师仅仅把"二元一次方程组"的教学理解为认识一类新的方程和掌握这类新方程的求解程序,于是直接给出"二元一次方程(组)与解"的定义,重点教解方程的逻辑步骤,学生获得的是计算的方式和运算的技能.在教师的意识里,学生是否经历概念的形成过程、是否经历方法的探究过程都是次要的,最重要的是怎样"解"出方程,确保学生能够掌握消元方法,获得正确答案.

在这种教学观主导下的数学教学,学习常常被"精简"为解题技能的符号运算,学生体验到的是通过例题学习了一类新的符号(方程)及其运算(解法),再通过更多的练习巩固运算、掌握运算,或学会更灵活的运算(代入消元、加减消元,还有两系数成比例时同时消元等,如 $\begin{cases} 2x + y = 6, \\ 3x + 2y = 9, \end{cases}$ 可同时消去 x 和常数项,立即得 $y = 0$). 教与学都重结果、轻过程,师生缺少兴趣与真正的思考,教学

---

① 本文原载《中学数学教学参考》(中旬·初中)2021(10)：5-11；2021(11)：2-8(署名：罗增儒).

目标仅停留在解题技能的习得层面,学生获得的也只是技能层面的操作. 在巩固性例题中出现的"鸡兔同笼"问题,其主要作用是解题技能的应用——解应用题,至于问题意识的启发、认知基础的调动、方程思想的渗透、化归思想的实施、数学模型的构建等都失之交臂.

1.2 第二层次:指向知识运用的教学

这一层次受到 21 世纪初新课程理念的影响,教师关注了学生的兴趣激发和知识的问题启发,在导课环节教师也呈现了情境. 但是,教师只是借此引出话题,情境与后面所开展的学习内容没有构成实质性的联系,或者说情境并没有为学生带来"问题驱动"的思考与"数学建模"的感悟,仅仅起到了活跃气氛的作用. 概念的得出既缺少认知基础的明确,又缺少本质属性的提炼,消元法的导出亦没有化归思想的自觉诱导.

这一层次的教学,教师有从学生学的角度设计教学思路的想法,出示问题后让学生思考解题的方法,留给学生一定的思考空间,使学生对二元一次方程组的求解有更深的体验,这是值得肯定的. 但这个做法更多的是停留在方程组解法的运用方面,而对方程思想、化归思想、数学建模等的渗透还缺少力度. 比如,在课堂上,我们看到这样一种教学方式:由"鸡兔同笼"引出二元一次方程组 $\begin{cases} x+y=35, \\ 2x+4y=94, \end{cases}$ 先不解决,另行举例与学生一起得出消元法之后,再回应当初提出的"鸡兔同笼"问题(叫作"前后照应"的教学技术),这是课改以来一种流行的教学方式. 这种方式注重"创设问题情境、引发学生兴趣",但是,在创设情境、提出问题之后,下来的做法是"要想解决这个问题,请认真学习本课知识",其潜台词就是学生只有接受了新知识之后,才能解决相应的问题. 然而,是不是任何"问题情境"都"只有接受了新知识之后才能解决"呢? (有的是、有的不是)这种千篇一律的教学能不能真正引发学生的认知冲突? 有没有给学生真实的探索机会呢?

其实,让学生去"自主探究、合作交流",完全有可能对"鸡兔同笼",在小学解法的基础上,将其化为一元一次方程,感悟代入消元法,达到从小学到中学的自我超越. 上述流行方式并没有给学生提供独立思考和解决问题的机会,使得我们的教学每当讨论一个新问题时,总是首先对学生进行引导、启发,直到概括形成新知识,甚至进行了解题过程的示范之后,才让学生进行独立的工作. 此时,学生做的主要是操作性的常规运算(低认知水平学习),这种教学可能产生的不良后果是：学生面对新问题时只会等待、不会迎难而上.

1.3　第三层次：指向数学核心素养的教学

这一层次的教学,教师提出"鸡兔同笼"问题之后,引导学生理解题目中的数学含义,在寻找等量关系上下功夫,经历概念的形成过程,经历解法的探索过程,学生会有算术方法、一元一次方程法、二元一次方程组法,通过比较认识二元一次方程组的算法价值,并铺垫了二元一次方程组转化为一元一次方程的消元化归思想.同时,教师又把这个问题和解法延伸为一类数学模型,让学生在"概念形成"的过程中生成数学活动经验,在解法提炼的过程中感悟数学抽象、逻辑推理、数学模型、直观想象、数学运算,以及方程与函数、转换与化归、特殊与一般的数学思想等.这一层次的教学常常有四个突出的表现.

(1)"二元一次方程(组)"概念的获得采用了"概念形成"的方式(参见文献[2]).概念形成是指从具体实例出发,从学生实际经验的肯定例证中,以归纳的方法概括出一类事物的本质属性,从而获得概念的方式.教师也能启发学生从名称(包括符号、读法和写法)、定义、属性、范例(包括正例、反例)四个要素上掌握概念(参见后面的表1).

(2)教师处理问题的教学起点是情境本身包含的数学元素和数学关系,即是从情境中发现数学问题并思考怎样定义数学概念、怎样解决数学问题(发挥"问题驱动"的功能).教师在理解题目的数学含义、寻找等量关系时,能让初中学生了解方程的本质是:为了求出未知数,而在已知数与未知数之间建立一种等式关系,然后利用等式的性质(或同解原理)将未知转化为已知,同时也能让学生在直观的抽象过程与方程的学习之间建立联系,明了方程已经是数学的抽象模型了,它源于生活又高于生活(鸡和兔在生活中是存在的,而数学模型"方程"生活中从来就没有),明了二元一次方程组与一元一次方程的差别是非实质的,完全可以互通转化.

(3)从"鸡兔同笼"的故事到二元一次方程组的概念和解法,呈现了数学思维活动过程的"三阶段模式":

第一阶段,经验材料的数学组织化(也称为具体情况的数学化).表现为将"鸡兔同笼"等现实情境"数学化"为方程组 $\begin{cases} m+n=35, \\ 2m+4n=94. \end{cases}$

第二阶段,数学材料的逻辑组织化(建立合乎逻辑的理论体系).表现为数学内部研究更具一般性的方程组 $\begin{cases} a_1x+b_1y=c_1, \\ a_2x+b_2y=c_2 \end{cases}$ 的同解理论和求解体系,回

答方程(组)什么时候有解? 有解时会有几个解? 解的具体表达式是什么? 这时的 $m+n=35$ 来源于鸡、兔的头,但已经不是鸡、兔的头了(同样,$2m+4n=94$ 来源于鸡、兔的足但已经不是鸡、兔的足了).并且,还可以沟通方程与更多知识的联系,如二元一次方程 $ax+by=c$ 与一次函数 $y=kx+b$ 的联系,二元一次

方程组 $\begin{cases} a_1x+b_1y=c_1, \\ a_2x+b_2y=c_2 \end{cases}$ 与两条直线位置关系(平行、相交、重合)的联系,与向量、

矩阵的联系:$\begin{cases} (a_1,\ b_1)\cdot(x,\ y)=c_1, \\ (a_2,\ b_2)\cdot(x,\ y)=c_2, \end{cases} \begin{pmatrix} a_1 & b_1 \\ a_2 & b_2 \end{pmatrix}\begin{pmatrix} x \\ y \end{pmatrix}=\begin{pmatrix} c_1 \\ c_2 \end{pmatrix}$ 等.

　　第三阶段,数学理论的应用.应用方程理论于更广泛的实际问题和数学问题.其实,"鸡兔同笼"只是表达生活中常见现象的一个情境,即将两种有联系的事物放在一起,已知这两种事物的总数和两种事物本身特性的另一个独立数量("鸡鸭同笼"就不独立),求这两种事物各自的数量.这类问题具有普遍性,"鸡兔同笼"只不过是这类事物的直观表达或原型.

　　经历数学思维活动的完整过程,使学生有可能体会数学发展对现实生活的意义,有机会感悟数学思想,孕育乃至生成数学核心素养.

　　(4) 在这一层次中,教师大多采用探究式教学(参见文献[3]).探究式教学是指学生在学习概念或原理时,教师提出一些事例和问题,组织学生"自主、合作、探究",发现并掌握相应结论的一种教学方法.

　　探究式教学是一种与讲授式教学不同的教学模式(在人类历史发展的进程中,应该是先有"探究",待知识经验积累到一定程度时才出现"讲授"),它的指导思想是在教师的指导下,以学生为主体,让学生自觉地、主动地探索,研究客观事物的属性,发现事物发展的起因和事物内部的联系,从中找出规律,形成自己的认识,掌握解决问题的方法和步骤.探究式教学既可以达到对知识技能的理解,更有利于创新思维与创新能力的培养.

　　当然,探究是比较费时费事的,还会出现无效探究,因而,"探究"与"讲授"应该优势互补,更要在体现学生主体地位的同时发挥教师的主导作用,离开学生主体地位或离开教师主导作用,探究式教学都不可能有良好的效果,"主导—

主体相结合"是这种教学模式的基本特征.

在核心素养的大背景下,教学强调素养的形成,怎么形成呢?不能单纯依赖教师的教,而是需要学生参与其中;不能单纯依赖记忆与模仿,而是需要感悟与思维(不仅是听懂了知识、学会了技能,而且能感悟其中的规律、本质和价值).它应该是日积月累的、自己思考的、经验的积累.因此,基于数学核心素养的教学要求教师把握内容的数学本质,创设合适的教学情境,提出相关的数学问题,引发学生的认知冲突,组织互动探究(或大单元站位)的教学活动,形成数学化的深度学习;让学生在掌握知识技能的同时,积累数学活动经验,感悟数学思想方法,发展具有数学基本特征的思维品质、关键能力和价值观念,并与立德树人沟通.

探究式教学与素养导向是合拍的,数学探究活动是综合提升数学核心素养的一个载体.当然,不同的课题,探究的设计会有区别,即使相同的课题也会在探究起点或探究方式上存在差异,但殊途同归,都能经历知识的发生过程,都能获得数学活动经验.

对照吴永莉老师的这节课,我认为它更接近第三层次的教学,可以从三个方面进行分析.首先声明,我的分析不是评比打分,也不是评功摆好或吹毛求疵,主要是想说清:课例做了什么,怎么做的,做得怎么样,还有些什么问题可加以思考.

2 做了什么:回顾教学过程

(提要:通过教学过程的回顾,看懂课例做了什么,厘清教学过程的基本事实,使得谈出来的每一个看法,都有真实的课堂依据,而不是空洞的口号)

总体上,40分钟的时间(除去讨论"选做题"的2分钟,上课实用38分钟)吴永莉老师组织了三个教学阶段,开展了"探究1""探究2"和"我写你辨""快速搭配""做中感悟"等多种活动,完成了四个定义的教学.据不完全统计,有56人次回答了教师的问题,另有10人站起来出示二元一次方程,更多的学生则参与了全程教学活动.三个阶段教学情况整理如下(包括活动内容的描述和教师意图的理解,中间会有我的插话).

2.1 创设情境,引入二元一次方程(组)

这一阶段有两个环节,第一环节引入"单元目标",第二环节完成"二元一次方程(组)"的两个定义,用时23分钟,有34人次发言,另有10人站起来出示二元一次方程.

2.1.1 创设情境,引入单元目标

这一环节,教师以教材中章头图"鸡兔同笼"问题作为引入情境,用时 4 分钟,有 7 人次发言.

例 1 (情境1)今有鸡兔同笼,上有三十五头,下有九十四足,问鸡兔各几何?

(1) 教师简要描述曾经用算术方法和一元一次方程解决过这类问题.师生回顾用一元一次方程解决问题的步骤,勾画表示等量关系的语句,并写出两个等量关系:

鸡的数量+兔的数量=35,(总体等于部分之和)

鸡的脚数+兔的脚数=94.(总体等于部分之和)

再假设未知量,列出一元一次方程:设鸡有 m 只,由学生 4 说出方程:

$$2m+4(35-m)=94.$$

[插话1:是否遇到过学生问"鸡兔有无受伤断腿的?"就是说,还要不要考虑由图形或常识提供的一个隐含等量关系(可以对比例 3 的叙述):单位量×单位数=总量,即:鸡的脚数=2×鸡的只数,兔的脚数=4×兔的只数.]

(2) 教师提问:如果设鸡有 m 只,兔有 n 只,你会得到怎样的方程? 学生 5 由上述两个等量关系,直接得出方程组:

$$\begin{cases} m+n=35, & ① \\ 2m+4n=94. & ② \end{cases}$$

从而引出本章课题:二元一次方程组.

接着,教师启发引导学生回顾一元一次方程的学习内容:"定义—解法—应用",迁移一元一次方程的学习,建构本章的学习内容.教师给出本章学习目标如图 1.

> **学习目标:**
> ① 感受二元一次方程组是刻画现实问题的有效模型;
> ② 会解二元一次方程组,体会"消元"思想;
> ③ 能应用二元一次方程组解决现实生活中的实际问题;
> ④ 感受二元一次方程组和一次函数的关系。

图 1

学生集体学习这个"学习目标"后,学生 7 认为本章要学习二元一次方程组的"定义—解法—应用",经教师提示"学习目标"第④条后,补充"与其他知识的联系".

[设计意图:以小学和七年级都做过的"鸡兔同笼"问题为起点,再次经历用方程解决实际问题的过程:找—设—列(插话 2:解应用题的过程是不是还有"解—检—答"?)在已有方法上又列出了不同的方程,引出本章的研究主题.同时,通过回顾"一元一次方程",了解本课内容;也对后续将要学习的内容做到心中有数.熟悉的背景让学生对将要研究的内容产生疑惑:老师为什么要将已经研究过的问题再次提出来? 这和我们今天要学习的知识有什么联系? 激发学生学习的兴趣,调动学生参与课堂的热情,自然地将新知与旧知对比联系起来,建构本章框架,体现章头课的作用和意义.(插话 3:这里的"学习目标",有感受单元教学的含义,单元教学是培养数学核心素养的有效途径.)]

2.1.2　继续创设情境,引入本节课题

这一环节是课例中的"探究 1":二元一次方程(组)的定义.用时 19 分钟,有 27 人次发言,另有 10 人站起来出示二元一次方程.

(1) 课件出示教材中老牛和小马驮包裹的图片,又引出问题情境

例 2　(情境 2)老牛和小马各驮有包裹若干包,已知老牛驮有的包裹比小马驮有的包裹多 2 个.若老牛从小马的背上拿来一个包裹放到自己的背上时,老牛的包裹数是小马包裹数的 2 倍.问老牛和小马原来各驮有几个包裹?

师生理解并完成如下学习任务:①找出题中的未知量;②勾画表示等量关系的语句;③说出等量关系;④结合教师的设元列出方程.

(插话 4:每一个环节都有细致的学习任务和明确的思考要求,是教师主导作用的一个体现.)

其中,学生 8 指出题中有两个等量关系:

老牛包裹数＝小马包裹数＋2,

老牛包裹数＋1＝小马包裹数×2.

教师请其他学生修正第二个等量关系为:

老牛包裹数＋1＝(小马包裹数－1)×2.

从而得到方程(此例题约用时 2 分钟):

$$x-y=2, \qquad ③$$
$$x+1=2(y-1). \qquad ④$$

(插话5:学生8的瑕疵在于没有准确体现"老牛从小马的背上拿来一个包裹放到自己的背上"这句话,可在肯定学生8有合理成分的同时,启发认真"理解题意".)

(2) 出示教材第104页公园游玩问题的图片,再引出问题情境

例3 (情境3)昨天,大人带小孩共8人到红山公园游玩,买门票用了34元.已知每张成人票为5元,每张儿童票为3元.问大人和小孩各有几人?

(插话6:对比"鸡兔同笼"题中没有说鸡、兔的脚各有几只,此处票价不是常识,必须给出.)

师生理解并完成如下学习任务:①找出题中的未知量;②勾画表示等量关系的语句;③说出等量关系;④学生自己设元列出方程组(此题约用时2分钟):

$$x+y=8, \qquad ⑤$$
$$5x+3y=34. \qquad ⑥$$

(3) 观察刚才列出的6个方程①~⑥,提出学习任务

任务1:每个方程都有几个未知数,含未知数的项的次数又是多少?

任务2:类比一元一次方程的名字,给这些方程取个名字.

任务3:类比一元一次方程的定义,给这些方程下个定义,勾画定义中的关键词.

任务4:提炼出二元一次方程需满足的条件.

由学生14口述二元一次方程的定义,教师呈现课件,并组织学生阅读教材第104页的叙述.

定义1 含有两个未知数,并且所含未知数的项的次数都是1的方程叫作二元一次方程.

学生15指出定义中的两个关键词:①有两个未知数;②所含未知数的项的次数都是1.

(插话7:学习任务是否可以提出更具探索性的问题?如,6个方程有什么共同的特(属)性?它们的本质特(属)性是什么?让学生自己从"元"和"次"上找属性,引导学生掌握概念形成的程序,养成洞察数学本质的习惯.)

（4）组织活动 1：我写你辨，巩固新知定义 1

要求 1：每人在发的白纸上写出一个方程，可以是二元一次方程，也可以不是；

要求 2：同桌互相辨认所写方程是否为二元一次方程；

要求 3：如果不是，请说说原因.

（插话 8："我写你辨"的设计体现合作学习，但辨别"是"的理由是唯一的，辨别"不是"的理由是多样的，"要求 3"可否加上"如果是，说明理由"，加强正反两面的强化.）

从第 10 分 30 秒开始，学生用一分钟时间写方程，然后有三对同桌上台进行"我写你辨"的汇报：

第一对：$\sqrt{3}\,x + y = 3$（是），$z + x + y = 3$（不是）；

第二对：$3x^2 + 6y = 96$（不是），$x + \dfrac{1}{y+2} = 2$（不是）；

第三对：$2x + 4y = 12$（是），$ab + 9a - 6 = 3b$（不是）.

（插话 9：汇报中，三分之一"是"，三分之二"不是"，为什么会有这么多的学生专门写"不是"？）

根据汇报，教师强调了两点：①方程两边均为整式；②所含未知数的"项"为一次，而不只是未知数的"次数"为一次，意在化解难点.

接着，师生回到"鸡兔同笼"问题中的两个方程：

$$m + n = 35,$$
$$2m + 4n = 94.$$

教师提出：在这两个方程中 m 所代表的是什么？意义相同吗？n 所代表的呢？

教师再指出：如果将两个方程用大括号联结起来 $\begin{cases} m + n = 35, \\ 2m + 4n = 94, \end{cases}$ 就得到二元一次方程组.

（插话 10：可否解释一下，"大括号联结起来"这个形式表达的数学内容是什么？）

课件呈现二元一次方程组的定义，组织学生阅读教材第 104 页的叙述：

定义 2 共含有两个未知数的两个一次方程所组成的一组方程叫作二元一次方程组.

由学生 24 口述定义中的关键词:①共有两个未知数;②两个一次方程.

(插话 11:有没有学生由 $\begin{cases} m+n=35, \\ 2m+4n=94 \end{cases}$ 等归纳出:两个二元一次方程联立所组成的一组方程叫作二元一次方程组? 怎样避免学生产生这样的误解?)

[设计意图:经历找等量关系列方程的过程,再次体会方程的模型思想,并让学生感受我们的学习是基于生活实际的需要.类比一元一次方程的名字和定义给新类型的方程取名字、下定义,更能调动学生学习的积极性,也体会两类方程之间的联系和区别.“你写我辨”活动可以调动学生的能动性,通过学生的写和辨能看出学生对定义的掌握情况.]

(5) 组织活动 2:快速搭配,巩固新知定义 2

搭配 1:老师说,“同桌两人写的方程可以组成二元一次方程组的,请起立.”有三对同桌上台汇报.

第一对:$3x-14y=314, 87x-15y=136$;(正确)

第二对:$x+\dfrac{y}{9}=y+8, x+6y=56$;(正确)

第三对:$x+y=129, -x+y=101$.(正确)

(插话 12:只有“三对”? 其他 17 对同桌是都没有组成,还是组成也没起立?)

搭配 2:老师出示方程 $3a+2b=7$,并说,“可以与老师手中方程配对组成一个二元一次方程组的同学,请起立.”

学生 31 起立,提供方程 $7a+3b=35$ 与 $3a+2b=7$ 配对组成一个二元一次方程组,大家表示同意.(插话 13:只有一人? 其他 39 人是都没有组成,还是组成但没起立?)

搭配 3:老师再出示方程 $5x+3=-1$,说,“可以与老师手中的方程配对组成一个二元一次方程组的,请起立.”约有 10 人站起来,老师让他们展示所写的方程,由全班同学辨认,获得大家的认同.(插话 14:应该包括上台汇报二元一次方程组的三对同桌,但好像那“三对同桌”并没都站起来,为什么?)

随后,教师呈现一位学生的方程 $4x+5y=36$,与老师的方程 $5x+3=-1$

联立,强调定义中"共"字的理解,是两个方程一共含有两个未知数,而不是每个方程都含有两个未知数,意在化解难点.

[设计意图:沿用前面列出的三组方程,介绍二元一次方程组的定义,再用学生自己写的方程与同桌所写方程配对、与老师所写的方程配对,可以有效检验学生对定义的理解情况.通过易错类型再次强调定义中"共"字的理解.同时,用学生的生成来呈现本节课的重、难点,特别是在辨析的过程中,能看出学生对定义的掌握情况,由学习效果判断对定义的理解是否到位.这样由学生的生成出发的理解,比就定义学定义的效果更好,学生印象更深刻,理解更透彻.]

(插话15:"快速搭配"的设计有特点,既体现生生互动,又体现师生互动,但学生随机所写方程的搭配可能会缺"二元一次方程与一元一次方程"的联立,所以,教师做了有益的补充:$5x+3=-1$,这很好.但同桌学生所写方程的搭配也可能会出现"同解方程"或"矛盾方程",教师有无预案?)

(6) 小结

以"鸡兔同笼"为例,教师问:已经用一元一次方程解决问题了,为什么还要学习二元一次方程?

学生33回答:有更加简便、快捷的特点.(插话16:一元一次方程把两个等量关系合并到一个等式里,结构较复杂;二元一次方程把两个等量关系写在两个等式里,每个等式的结构都较直接、单纯,也简便一些.)

教师边讲解边板书,将两个定义的学习过程小结为图2(回应"学习目标").

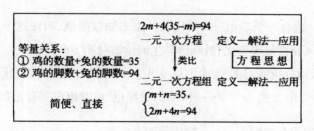

图 2

[设计意图:一是对比二元一次方程组和一元一次方程解决问题的过程,可以发现二元一次方程组的方法更简便、直接,体会用二元一次方程组解决问题的优越性和学习二元一次方程组的必要性.二是类比一元一次方程的学习过

程,组织二元一次方程组的学习,可以再次体会类比学习的方法.三是体会利用方程解决实际问题的过程,渗透模型思想,一元一次方程和二元一次方程组都是方程思想的体现.]

2.2　探究活动,认识二元一次方程(组)的解

这一阶段有两个环节,第一环节完成关于"解"的两个定义,第二环节巩固定义.用时 10 分钟,有 15 人次发言.

2.2.1　做中感悟

这一环节是课例中的"探究 2":二元一次方程(组)的解的定义.用时 6 分钟,有 6 人次发言.

(1) 学生独立完成教材第 105 页"做一做"

练习 1-1　$x=6,y=2$ 满足方程 $x+y=8$ 吗? $x=5,y=3$ 呢? $x=4,y=4$ 呢? 你还能找到其他 x,y 的值适合方程 $x+y=8$ 吗?

练习 1-2　$x=5,y=3$ 满足方程 $5x+3y=34$ 吗? $x=2,y=8$ 呢?

练习 1-3　你能找到一组 x,y 的值,同时适合方程 $x+y=8$ 和 $5x+3y=34$ 吗?

(2) 结合题目给出二元一次方程的解和二元一次方程组的解的定义,并指出两个"解"的特征:二元一次方程的解是成对出现的,并且有无数个;二元一次方程组的解是两个方程的公共解.

在完成练习 1-1、练习 1-2,并弄清"代入验证法"的基础上,完成第三个定义:

定义 3　适合一个二元一次方程的一组未知数的值,叫作这个二元一次方程的一个解.(课件呈现定义,教师请学生阅读教材第 105 页)

接着,教师分析练习 1-1 中方程 $x+y=8$ 的解,数据"成对出现""有无数个",练习 1-2 中方程 $5x+3y=34$ 解的数据也"成对出现""有无数个",由学生找出两个方程的公共解 $\begin{cases} x=5, \\ y=3. \end{cases}$ 完成第四个定义:

定义 4　二元一次方程组中各个方程的公共解叫作这个二元一次方程组的解.(课件呈现定义,教师请同学们阅读教材第 105 页)

(插话 17:分析两方程 $x+y=8$ 和 $5x+3y=34$ 解的数据"成对出现""有无数个"时,是沟通二元一次方程与一次函数联系的一个良好机会.这时,可否

用列表法来呈现二元一次方程"有无数个解",并与函数表达的"列表法"沟通?)

由学生 39 判断 $\begin{cases} m=1, \\ n=34 \end{cases}$ 不是方程组 $\begin{cases} m+n=35, \\ 2m+4n=94 \end{cases}$ 的解,学生 40 判断

$\begin{cases} m=23, \\ n=12 \end{cases}$ 是方程 $\begin{cases} m+n=35, \\ 2m+4n=94 \end{cases}$ 的解,巩固代入验证法和定义 4.(插话 18:如上

所说,"是"的理由是唯一的,"不是"的理由各有不同,比如,估算 $34 \times 4 > 94$ 便

可判断 $2 \times 1 + 4 \times 34 = 94$ 不成立)

[设计意图:利用学生对方程的解的理解,判断未知数的值是否为方程的解,是学生可以类比完成的,此时教师用规范的语言和规范的书写直接告知学生:像这样的一组未知数的值就是二元一次方程的一个解.学生容易理解和接受;再把两个方程的相同的解用醒目的符号标记出来,再介绍二元一次方程组的解的定义,就顺理成章了.同时,这既巩固了方程定义和代入验证法,又为后面的解方程检验作铺垫.]

2.2.2　应用新知

这一环节是通过应用来巩固定义,用时 4 分钟,有 9 人次发言.

练习 2-1　编一道应用题,使得其中的未知数满足方程组 $\begin{cases} x+y=6, \\ 3x+7y=34. \end{cases}$

练习 2-2　二元一次方程组 $\begin{cases} x+y=6, \\ 3x+7y=34 \end{cases}$ 的解是_____.

(1) $\begin{cases} x=3, \\ y=3; \end{cases}$　(2) $\begin{cases} x=2, \\ y=4; \end{cases}$　(3) $\begin{cases} x=4, \\ y=2; \end{cases}$　(4) $\begin{cases} x=1, \\ y=5. \end{cases}$

对练习 2-1,有三位学生发言:

学生 41 编题:大人小孩票价之和为 6 元.已知大人 3 个、小孩 7 个共花了 34 元,大人与小孩的票价各几元?

学生 42 编题:小明买苹果和梨子共 6 个.已知苹果 3 元一个,梨子 7 元一个,共花了 34 元,苹果和梨子一共多少个?(教师追问,"是问苹果和梨子一共多少个吗?"学生立即订正为:"苹果和梨子各有多少个?")

学生 43 编题:食堂阿姨做重庆小面和牛肉面一共用了 34 分钟.已知做重庆小面一碗花 3 分钟,做牛肉面一碗花 7 分钟,两种面各做几碗?(经过同学补充和教师启发:"哪个数据没有表示出来?"学生 43 补充了"两种面共 6 碗")

对练习 2 - 2,学生 45 回答 $\begin{cases} x = 2, \\ y = 4 \end{cases}$ 为所求.教师请学生 41、学生 42、学生 43 回答自己所编应用题的答案,学生依次回答:大人票价 2 元,小孩票价 4 元 (小孩票价比大人票价还贵是否合理?);买苹果 2 个,梨子 4 个;做重庆小面 2 碗,牛肉面 4 碗.

[设计意图:这里给一个开放性问题,即根据方程组编应用题,让学生体会学习二元一次方程组仍然是为了解决实际问题,渗透模型思想;同时用代入验证的方法判断一个解是否为方程组的解后,再回到实际问题,通过第一个练习可解决第二个练习中所编的应用题,让学生体会数学来源于生活也服务于生活.]

2.3 巩固总结

这一阶段有两个环节,用时 7 分钟,有 7 人次发言.

2.3.1 课堂小结

这一环节是总结本节课的学习,畅谈"你有什么收获?"用时 2 分钟,有 3 人次发言.

学生回忆本节课的学习历程,用自己的语言表达收获;教师从渗透的思想、学习的内容、用到的方法和提醒易错点四个方面进行梳理,有 3 位学生个别发言,还有集体发言,得到本课学习收获如图 3.

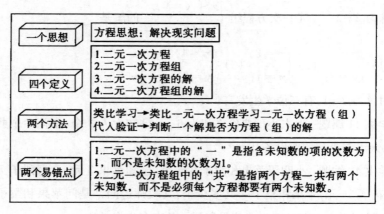

图 3

[设计意图:这种小结方式,既能帮助学生总结本节课的知识,又能帮助学生理清学习新知识的思路和方法,同时为后续将要学习的内容作铺垫.]

2.3.2　达标检测

这一环节是实际检验学习成果,检测达标程度,用时 3 分钟,集体对照答案.

教师请学生翻到教材第 106 页,做"知识技能"第 1 题和第 2 题:

练习 3-1　甲种物品每个 $4\,\mathrm{kg}$,乙种物品每个 $7\,\mathrm{kg}$. 现有甲种物品 x 个,乙种物品 y 个,共 $76\,\mathrm{kg}$.

(1) 列出关于 x,y 的二元一次方程_____;

(2) 若 $x=12$,则 $y=$_____;

(3) 若乙种物品有 8 个,则甲种物品有_____个.

(插话 19:沟通二元一次方程与一次函数的联系,这又是一个机会,依然可以列表)

练习 3-2　在下面的四组数值当中,哪一组数值是二元一次方程组 $\begin{cases} x+y=6, \\ 3x+7y=34 \end{cases}$ 的解?

(1) $\begin{cases} x=-1, \\ y=-3; \end{cases}$　(2) $\begin{cases} x=2, \\ y=4; \end{cases}$　(3) $\begin{cases} x=4, \\ y=2; \end{cases}$　(4) $\begin{cases} x=1, \\ y=6. \end{cases}$

学生独立思考 2 分 30 秒,教师问"做完的举手",全班举手;教师给出正确答案,学生自主订正,教师问"做全对的举手",全班举手,表明全员达标.

(插话 20:练习 3-2 与练习 2-2 相似度会不会太高了? 可不可以增大点思维挑战性?)

[设计意图:用举手的方式统计学生完成情况,了解本节课学生的学习效果,也为下一节课的教学做准备.]

2.3.3　课后作业

(第 38 分钟时教学已基本完成,还有 2 分钟时间是集体讨论选做题,有 4 人次发言)

必做题　教材第 106 页习题 5.1"知识技能"第 3 题,"数学理解"第 4 题和第 5 题.

选做题　关于 x,y 的方程 $3x^{m-2}+2y^{2n-1}=4$.

(1) 当 m,n 为何值时,是一元一次方程?

(2) 当 m,n 为何值时,是二元一次方程?

[设计意图:根据学生学习能力的不同,分成必做题和选做题,必做题侧重

学生的基础训练,选做题留给学有余力的学生,同时也渗透分类讨论的思想.]

(插话 21:选做题中(1)为一元一次方程时,得到的 $\begin{cases} m-2=1, \\ 2n-1=0 \end{cases}$ 或

$\begin{cases} m-2=0, \\ 2n-1=1 \end{cases}$ 是二元一次方程组吗? 选做题中(2)为二元一次方程时,得到的

$\begin{cases} m-2=1, \\ 2n-1=1 \end{cases}$ 是二元一次方程组吗?)

3　怎么做的:分析主要特点

(提要:在看懂课例做了什么的基础上,能用教学过程的基本事实去分析相关的教学处理、解释相关的教学行为,说清课例是怎么做的,看懂课例做得怎么样)

听了吴永莉老师"认识二元一次方程组"这节课,我首先看到的是扎实的教学功底、饱满的教学热情、可人的教学风度、流畅的教学组织、生动的课堂交流.它应该是努力体现数学核心素养教学的一节课,应该是当前初中数学教学现状的一个缩影.下面我想谈本人体会较深的三个认识:教学过程有特色,探究设计有关键,概念形成有过程.欠妥之处,盼批评指正.

3.1　教学过程有特色

对于这节课的特色,我先从总体上谈三点看法:教学内容熟悉基础上的重点突出和难点突破;教学性质明确基础上的探究组织和活动设计;教学目标明确基础上的教材处理和素养渗透.

3.1.1　教学内容熟悉基础上的重点突出和难点突破

(1)关于重点突出

本课的基本内容是四个定义,教师对此了如指掌.而四个定义中的"二元一次方程"和"二元一次方程组"是重点,所以,吴老师在这两个定义上进行了四个方面的突出:

① 时间花费最舍得.约用了 23 分钟(即使从例 2 算起也有 19 分钟),占实际上课时间(38 分钟)的 60%,是后两个定义学习时间的 2 倍.

② 理解展开最深入.不仅有定义叙述的全文认识和定义中关键词的突出强调,而且有定义中两个易错点的高效化解.

③ 活动组织最多样.不仅有情境提炼的"探究 1",而且有全班总动员的"我

写你辨""快速搭配",这些活动已经构成"合作学习"的主体活动和主题活动.

④ 教学组织最完整. 对这两个定义有"情境引入—概念提炼—内容小结"的完整过程(参见图 2 的小结,涉及知识、方法、思想、过程、价值等诸多方面),然后开始后两个定义的探究;而后两个定义的探究中还不可避免地有对前两个定义的巩固.

(2) 关于难点突破

我的看法是,吴老师对难点的处理有两个特点:认定准确,突破有力.

① 难点认定准确. 教学难点通常是指学生试图以自身已有的知识经验对数学知识信息、思想方法等进行思维加工时,未能正确地解释或建构其意义,在思维过程中出现断层,从而不能把新的学习内容正确地纳入已有的知识结构的一种认知状态. 吴老师根据教学前馈,确定难点是定义中容易出现的两个"易错点",其一是"二元一次方程"定义中的"一次",教师强调是所含未知数的"项"的次数为 1,而不是单个未知数的次数为 1(如 xy 中两个字母都是一次的,但"项"是二次的);其二是"二元一次方程组"定义中的"二元",教师强调是两个方程"共"含有两个未知数,并不要求每个方程都含有两个未知数. 这种难点认定是准确的,这种明确说明是必要的.

② 难点突破有力. 为了准确、完整地理解概念,吴老师的课堂大量出现"二元一次方程"与"二元一次方程组"的正例和反例,不仅有吴老师提供的,有教材提供的,而且有学生写出的. 丰富的正例是认识的基础,有力的反例是必要的补充. 学生提供的二元一次方程的反例包括三元一次方程(如学生 17 的 $z+x+y=3$)、二元二次方程(如学生 18 的 $3x^2+6y=96$,学生 21 的 $ab+9a-6=3b$)、非整式方程$\left(\text{如学生 19 的 } x+\dfrac{1}{y+2}=2\right)$ 等(可见,"是"的理由是唯一的,"不是"的理由各有不同). 教师还专门出示方程 $5x+3=-1$,请能与之配对组成一个二元一次方程组的学生起立,强调定义中"共"字的理解. 这样化解难点的做法是有效的、有力的. 自然,第二个难点又是难中之难,所以,教师花的精力也较多.

3.1.2　教学性质明确基础上的探究组织和活动设计

(1) 教学性质明确,认知基础清晰

① 影响教学方式的一个决定因素是课题的教学性质,吴老师非常清楚,本课的基本内容是四个定义,所以其教学性质属于概念教学.

② 作为接收新信息的认知基础,吴老师的认识也十分到位,不但在课堂上有多次表达,而且已经被学生所接纳. 首先,学生已有的方程概念和二元一次多项式知识可以成为同化二元一次方程和二元一次方程组的一个认知基础(认知基础1). 其次,研究一元一次方程的经验(包括命名和研究过程等)可以迁移过来成为研究二元一次方程和二元一次方程组的又一个认知基础(认知基础2).

③ 在认知基础的运用上,因为概念的命名,学生已经有了通过字母个数和项的字母最高次数来命名整式方程的经验,所以,吴老师交给学生去完成;但"方程组"是个新概念,吴老师留给自己;而二元一次方程组的研究内容,吴老师又交回给学生去类比迁移(吴老师用"类比"来表达认知基础的使用与迁移).

(2) 关于探究组织和活动设计

① 正是在教学性质明确、认知基础清晰的基础之上,吴老师对概念教学进行了概念形成的探究设计,组织了有声有色的"探究1""探究2"和"我写你辨""快速搭配""做中感悟"等多种活动,并贯穿课堂的始终. "我写你辨""快速搭配"就是一种"生生互动""师生互动"的合作学习.

② 在编应用题环节,得出练习2-2的答案 $\begin{cases} x=2, \\ y=4 \end{cases}$ 后,教师还请编应用题的三位学生分别回答自己所编应用题的答案,这样处理既有活动的前后照应,也有很用心的设计艺术.

③ 我认为吴老师的探究设计有"数学现实、数学化、再创造、师生互动"四个关键词,定义教学有概念形成的四个基本过程,后面再展开.

3.1.3 教学目标明确基础上的教材处理和素养渗透

(1) 关于教学目标

① 教学目标是教学的出发点和归宿,把握教学目标要从吃准课标精神开始.《义务教育数学课程标准(2011年版)》中有两处涉及本课题,第一处是第28、29页"方程与方程组"写道"(1)能根据具体问题中的数量关系列出方程,体会方程是刻画现实世界数量关系的有效模型". "(5)掌握代入消元法和加减消元法,能解二元一次方程组."第二处是第30页"一次函数"写道"(5)体会一次函数与二元一次方程的关系".

② 对比课堂上的"学习目标"(图1)、小结(图2)、总结(图3),不难看出吴老师对课标精神是把握精准的,教学目标是明确的. 并且,吴老师对教学目标的

理解没有停留在知识与技能层面,也包括数学活动经验、数学思想方法、数学核心素养.理解吴老师的内容,加上我们的理解,本课题的教学目标是否可以表述为:

目标1:引导学生通过对含有两个未知量的现实问题的研究,建立二元一次方程、二元一次方程组的概念,并能设两个未知数采用二元一次方程(组)表达问题中所包含的数量关系,渗透方程思想.

目标2:引导学生采用列表法寻找二元一次方程的解,能根据解的定义对方程(组)的解进行代入验证,渗透逻辑推理素养.

目标3:通过对实例中的数量关系的观察、思考与表达,体会二元一次方程组是刻画现实世界中含有两个未知数和两个独立等量关系问题的数学模型,渗透数学模型素养.

目标4:通过对认知基础的调动和对相关问题的探讨,在经历数学活动的过程中,体会探索的乐趣,培养学生的问题意识、合作意识、应用意识和创新意识,渗透化归思想.

(2) 关于用教材教

① 源于教材.吴老师整节课的基本内容,包括三个现实情境、"学习目标"(图1)、四个数学定义和大量练习题目,全都来源于教材;同时,学习进行到每个定义或每个习题时,教师都指导学生阅读教材,学会读书.

② 不拘泥于教材.教师教学源于教材而又不是照本宣科,并且多有超越.

表现1:对于现实情境,教师增加了"学习任务"的细致指导,特别是找等量关系的强调,这应该是教材预留给教师"用教材教"的一个空间.

表现2:对于数学定义,教师增加了"找关键词"的指导(勾画、批注等),增加了"整式方程"的强调,增加了"易错点"的化解,这应该是教材预留给教师创造性地用教材的一个更大空间.

表现3:特别是在"我写你辨""快速搭配"的合作学习中,学生举出了大量的正例和反例,使学生也成为可圈可点的课程资源,这是对教材的充实.

表现4:在"编应用题"等活动中,学生举出各种各样的例子,也使学生成为有声有色的课程资源,还使学生经历并感悟"现实原型"可以抽象为"数学模式",而同一个"数学模式"可以有千千万万个"现实原型".比如练习2-1中的 $x+y=6$,可以有大人与小孩的票价之和为6、苹果和梨的个数之和为6、重庆小面和牛肉面的碗数之和为 6 等,这还是对教材的充实.

这些都体现了教师尊重教材,而又不只是"教教材",学生也从中学会读书.

(3) 关于素养渗透

我认为吴老师的这节"认识二元一次方程组"的课,是努力体现数学核心素养教学的,主要有三个表现:

① 教学目标中有清楚的表达.从教学内容和图 2、图 3 可以看到,吴老师对本节课的教学不仅考虑知识技能,而且考虑知识技能所涉及的思想方法、数学价值、活动过程、学法指导等诸多方面,在其头脑的"教学目标"中,数学素养有显著的地位,诸如方程思想、化归思想、模型思想等在课堂上多次出现.

② 选择探究式教学来落实素养导向是有效的,因为"探究活动是提升数学核心素养的载体",并且吴老师组织的"探究 1""探究 2"和"我写你辨""快速搭配""做中感悟"等多种活动有声有色.后面还会对探究式教学进行更深入的分析.

③ 与探究式教学相一致,吴老师对定义教学没有采用概念同化,而是采用概念形成的方式,也体现了对素养导向的追求,关于这一点后文会有详细分析.

数学核心素养不是独立于数学知识、数学技能、数学思想方法、数学活动经验之外的神秘概念,它集中体现了对数学知识的理解、对数学技能的掌握、对数学思想方法的感悟、对数学活动经验的积累.数学核心素养的形成与提升不能离开数学的学习、运用和创新,它们综合体现在"用数学的眼光观察世界,用数学的思维分析世界,用数学的语言表达世界"的过程中,综合体现在"发现与提出问题、分析与解决问题"的过程中.虽然,我们每节课都要考虑如何体现素养导向,但是通过一个知识点或一节课来落实数学素养是难以奏效的,我们需要心中有数的是,通过"二元一次方程组"一章的教学可以孕育乃至生成数学抽象、逻辑推理、数学建模、直观想象、数学运算等数学核心素养;我们应该组织单元教学,进行循序渐进的安排.比如,初始课渗透前三个核心素养:数学抽象、逻辑推理、数学建模,而重点在数学抽象和数学建模.

3.2 探究设计有关键

本节课吴永莉老师不是直接把"二元一次方程(组)及其解"等现成结论直接"奉献"给学生,而是提出"鸡兔同笼"(章头图)等三个现实情境和相关问题,组织学生探究方程(组)及其解的四个定义,获得数学知识技能,积累数学活动经验,感悟数学核心素养. 这是一种什么教学方式呢？对, 如上所说, 是探究式教学.

吴永莉老师自始至终都组织探究, 使探究成为课堂的显著特征和教学的自觉行为. 吴永莉老师的这个探究式教学有四个关键词: 数学现实、数学化、再发现、师生互动. 就是说, 这节课体现了: 以问题情境作为课堂教学的平台, 以数学化作为课堂教学的目标, 以学生通过自己努力得到结论（或发现）作为课堂教学内容的重要构成, 以师生互动作为课堂学习的基本方式.

（1）**数学现实**: 以问题情境作为课堂教学的平台

① 以问题情境构筑平台. 这表现为吴老师回忆"鸡兔同笼"、提出三个现实情境, 从而呈现出 6 个新的方程. 方程是学生见过的, 两个字母的代数式也是学生见过的, 但两个未知数的方程却是新的, 两个方程联立更是新上加新的, 探究式教学就围绕着这"6 个新出现的方程"（新知识点）展开, 学生的思维齿轮也自然启动: 它是什么？研究什么？怎么研究？等等. 这些问题就使得"6 个新方程"的展开成为课堂教学的一个平台.

② 在平台上提炼数学. 直观的情境本身包含着抽象的数学元素和数学关系, 从情境中就可以直观地发现数学问题、逻辑地提炼数学概念. 师生在理解题意的数学含义、寻找其中的等量关系和布列方程的过程中, 就有机会感悟方程无非是: 为了求出未知数, 而在已知数与未知数之间建立一种等式关系, 然后利用等式的性质（或同解原理）将未知转化为已知. 这也就有机会让学生在直观的抽象过程与方程的学习之间建立起联系, 明了方程已经是数学的抽象模式了, 它源于生活又高于生活, 比如 $m+n=35$ 源于鸡、兔头数而又不是鸡、兔的头数了, $2m+4n=94$ 源于鸡、兔足数而又不是鸡、兔的足数了, 明了二元一次方程组与一元一次方程的差别是非实质的, 完全可以互相转化.

③ 情境应该具有数学对象的必要因素与必要形式. 这是首先值得注意的问题, 使得一提炼可以得出数学对象, 一还原可以成为数学对象的一个原型. 同时, 更加值得注意的是, 对于引进的情境必须有一个数学化（即"去情境化"）的提炼过程（否则还不是数学）, 这是数学教学最见功力的地方, 很多公开课都会在这些地方留下遗憾, 但吴老师注意到, 也抓住了.

（2）**数学化**: 课堂教学的目标

① 数学化提炼. 鸡、兔不是数学, 老牛和小马、大人和小孩也不是数学, 再好的情境都不是数学, 把这些现实情境提炼为方程时才出现数学. 那么这个"数

学"是什么呢？怎么得出来的呢？吴老师提出学习任务,引发学生的深入思考:

任务 1:每个方程都有几个未知数？含未知数的项的次数又是多少？

任务 2:类比一元一次方程的名字,给这些方程取个名字.

任务 3:类比一元一次方程的定义,给这些方程下个定义,勾画定义中的关键词.

任务 4:提炼出二元一次方程需满足的条件.

学生根据"启发思考"中的问题自主探究,首先完成二元一次方程的定义,这就是"去情境化"的数学化提炼过程.这里的学习任务和启发思考,是教师为学生进行"数学化提炼"设计的一条逻辑通道,体现"主导—主体相结合".

② 以问题情境作为课堂教学的平台,以"数学化"作为课堂教学的目标是当前数学教学的两个关键步骤.指向核心素养的教学总是根据数学的本质,创设匹配的教学情境(情境化)、提出恰当的数学问题(问题驱动),启发学生的思考,通过情境的"数学化"获得数学知识,并形成和发展数学核心素养,应该说,吴老师体现了这一点,因而,可以成为初中数学教学现状的一个缩影.

(3) 再发现:以学生通过自己努力得到结论作为课堂教学内容的重要构成

如上所说,吴老师不是直接把"二元一次方程(组)及其解"等现成结论"奉献"给学生,而是提出"鸡兔同笼"(章头图)等三个现实情境和相关问题,组织学生探究方程(组)及其解的定义.本课题的四个定义,都是学生在教师组织的"探究 1""探究 2"中,自主探究、合作交流而完成的.找出定义中的关键词(学生 15 指出定义中的两个关键词:有两个未知数;所含未知数的项的次数都是 1;三对同桌站起来,与老师的方程 $5x+3=-1$ 配对组成一个二元一次方程组,从而理解定义中"共"字的含义等),也是学生自主探究完成的,在这里,教师起到引导、支持的作用,学生发挥出学习的主动性与积极性,努力体现"再发现".

(4) 师生互动:以师生互动作为课堂学习的基本方式

教师在努力把教学活动的重心放在促进学生学会学习上,方式是多样的,有讲授与练习,有探究与交流,也有活动与阅读,就是说,教师在根据自身教学经验和学生学习的特点,引导学生形成适合自己的学习方式.这里具体说三点:

① 问答共进,讲练结合.这节课,自始至终都是高密度、快节奏的边讲、边练、边问、边答,呈现出小步、多练、快进的教学节奏.当中,有学生主动举手的,也有教师点名叫请的,共 56 人次回答了教师的提问,另有 10 人站起来与教师

的方程 $5x+3=-1$ 组成二元一次方程组. 同时,还有大量的集体回答. 当中,首先有行为参与,同时也有思维参与和情感参与.

② 主导—主体相结合. 这有三个表现,首先,吴老师的主导作用就体现在相关情境创设和问题系列设计的领导者作用上,体现在每一教学环节都提出"明确的学习任务、细致的思考要求、并常常附加新鲜的活动设计(如'我写你辨''快速搭配'等)"的组织者作用上. 其次,学生的主体地位则表现为: 在教师的组织下、在相关情境和问题系列的驱动下,在原有知识经验的基础上,自主构建方程(组)及其解的意义,经历知识的形成过程,积累数学活动经验,感悟数学思想方法(方程思想、化归思想、模型思想等),潜移默化地发展数学核心素养(主要是数学抽象、逻辑推理、数学建模,也有数学运算等). 最后,在师生互动中,当学生在思考或阅读时都有教师的巡视指导(深入到每一列学生),也体现学生主体地位与教师主导作用的结合.

③ 仍有互动施展的空间. 我还看到,师生活动的基本方式是"师问生答",较少出现学生主动提问的情况,这表明,帮助学生养成敢于质疑、善于思考的学习习惯还有很多事情可做. 同时,我记录的师生活动路线图表明,学生的发言既有相对集中的区域,又有相对空白的区域,有的学生发言七八次,也有七八位学生一次也没有发言(如第二列的第四桌和第三列的后三桌),师生活动如何做得更普遍些仍有施展的空间.

3.3　概念形成有过程

如上所说,"二元一次方程组"第 1 节的教学性质是概念教学. 一般认为,数学概念的学习有两种基本的方式,从而对应着两种基本的教学方式,叫作概念形成与概念同化. 本来两种教学方式对"二元一次方程组"第 1 节而言都是可行的,但是,既然吴老师选择了素养导向,并把探究式教学作为提升数学核心素养的"载体",那么,与素养导向的追求相一致,与探究式教学相一致,吴老师对定义教学也采用了概念形成的方式,并且有四阶段相对完整的过程. 对"二元一次方程组"定义的形成过程说明如下.

(1) 第一阶段,感性认识阶段: 提供感性材料或具体实例等思维材料,以形成对概念的感性认识,通过辨认,对其各种属性加以分化,找出具体例子的属性. 对于本课题而言,主要表现为呈现三个现实情境(例 1、例 2、例 3),通过理解题意寻找等量关系,可以对每个例子分别找出两个基本属性.

① 有两个未知量. 例 1 中是鸡的数目与兔子的数目, 例 2 中是老牛原来驮的包裹数与小马原来驮的包裹数, 例 3 中是大人数目与小孩数目. 这些量都不知道, 都需要求出来, 并且物理性质互不相同, 但在数学上都是"未知量".

② 有两个独立的等量关系. 例 1 中第一个等量关系是鸡的数目与兔子数目之和为 35, 第二个等量关系是鸡的脚数与兔子脚数之和为 94; 例 2、例 3 可以类似列出. 三个例子中等量关系的具体形式互不相同, 但在数学上都可以有"两部分的代数和等于整体"的形式.

根据这两个基本属性可以分别引入两个字母 m, n 或 a, b 或 x, y, 并分别列出两个字母等式:

例 1: $m+n=35$, $2m+4n=94$;

例 2: $a-b=2$, $a+1=2(b-1)$;

例 3: $x+y=8$, $5x+3y=34$.

(2) 第二阶段, 分化本质属性阶段: 从各个不同的角度和侧面去分析比较, 舍弃非本质属性, 找出各个例子的共同属性, 从共同属性中抽象出本质属性, 形成对概念的理性认识. 对于本课题而言, 主要表现为舍弃三个现实情境的物理性质, 不区分是人还是动物或是货物, 也不区分当初字母是用 m, n 表示, 或用 a, b 表示, 还是用 x, y 表示; 还舍弃等量关系的现实含义, 不区分是由人数提供、动物数提供还是货物数提供, 本质上都有"两部分的代数和等于整体"的形式. 于是, "两个未知量的两个独立的等量关系"可以提炼为两个字母的两个等式 $ax+by=c$, $dx+ey=f$. 此时具体例子中 a, b, c, d, e, f 的具体数值都是非实质的, 关键是单个等式 $ax+by=c$ 或 $dx+ey=f$ 能保证出现两个未知

数 x, y, 两个等式合起来 $\begin{cases} ax+by=c, \\ dx+ey=f \end{cases}$ 也能保证出现一共两个未知数 x, y,

并且含未知数的项是一次的.

(3) 第三阶段, 概括形成定义阶段: 给概念下定义, 明确概念的内涵和外延 (特别是提供反例), 并明确概念的四要素——名称、定义、属性、示例. 有的概念有符号, 还要讲清其符号的写法和读法. 对于本课题而言, 主要表现为根据学习任务, 从 6 个方程得出"二元一次方程"和"二元一次方程组"的定义.

通过对概念的理解和板书, 课堂呈现了这两个概念的四要素, 列表明确如下 (表 1):

表 1　两个概念的四要素

内容 项目	二元一次方程	二元一次方程组
名称	二元一次方程	二元一次方程组
定义	含有两个未知数,并且所含未知数的项的次数都为一次的整式方程叫作二元一次方程. 一般形式为 $ax+by=c$ 或 $ax+by+c=0(ab\neq 0)$	共含有两个未知数的两个一次方程所组成的一组方程,叫作二元一次方程组. 一般形式为 $\begin{cases} a_1x+b_1y=c_1, \\ a_2x+b_2y=c_2 \end{cases}$
属性	① 含有两个未知数(即"二元"); ② 所有含有未知数的项的次数为1(即"一次"); ③ 是整式方程	① 由两个方程联立组成; ② 每个方程都是一次整式方程; ③ 两个方程里共有两个未知数(即"二元"); ④ 两个方程里所有含有未知数的项的次数为1(即"一次")
示例	课堂例子,如"鸡兔同笼"	课堂例子,如"鸡兔同笼"

其中,二元一次方程组的大括号表示两个方程同时成立.

(4) 第四阶段,应用和强化阶段:运用概念,使概念具体化,并把概念纳入概念系统,形成新的认知结构,达到概念的掌握. 对于本课题而言,主要表现在两处,一是图 2、图 3 的总结;二是"应用新知"(其中有编应用题)、"达标检测"和"课后作业"等. 当然,应用和强化还体现在后续课中.

4　展开研修:探讨相关问题

(提要:在看懂课例做了什么、怎么做的、做得怎么样的基础上,就课例相关的方方面面提出一些问题,展开重点研讨,从中提升理论修养,提高教学技能,增强教学胜任力. 课例研修不应是"空对空"的"纸上谈兵",而应该是"实对实"的"行动研究".)

在"回顾教学过程"中我们已经通过插话的形式提出了一些与本课题相关的问题,趁此机会,可以部分地扩展到整章的范围来展开研修. 有的点到为止,让大家思考讨论;有的上文已经说过,不再重复;有的会谈我的个人看法;有的仅限于教师掌握;有的可以进入课堂.

4.1　关于"二元一次方程组"相关问题的思考

(1) 关于"问题". 教师在这节课中提了几十个问题(有口头的也有书面的,

有提问也有追问），已有几十人次回答了教师的问题，但基本上都是"师问生答"，如何启发学生思考，激励学生质疑值得研讨（这是一个普遍性的欠缺）.另外，我还想知道，在教师的这些问题中有没有核心问题，能驱动全课展开的关键性的中心问题？这关系到抓住课题的数学本质.

（2）在师生互动中，积极的评价和正面的启发可以帮助学生认识自我、建立信心、促进发展.课堂上仅仅有"太棒了""给点掌声""非常好"等鼓励性语言是不够的.当学生不会回答、回答不准确或不正确时，教师的积极诱导、正面启发、肯定当中的合理成分很重要.下面，提供几个师生互动的情节，请问大家，你们更喜欢哪种方式？或者你们还有什么更好的方式？怎样才能让学生增强自信，获得数学学习的更多积极体验？

情节1：学生7对四条"学习目标"的理解只回答了三条，教师启发学生关注第4条"感受二元一次方程组与一次函数的关系"，让学生7自己补充"二元一次方程组与其他知识的联系".（这应该是一种启发自我的方式）

情节2：学生8指出例2中有两个等量关系，其中第二个等量关系为"老牛包裹数＋1＝小马包裹数×2"，没有注意到老牛包裹数的增加来源于小马包裹数的减少，教师请其他学生纠正第二个等量关系为"老牛包裹数＋1＝（小马包裹数－1）×2".（这是一种换人解答的方式）

情节3：学生42编"苹果与梨子"应用题时，先说"问苹果和梨一共多少个"，教师追问一句，学生立即订正为"问苹果和梨各有多少个".（这还是一种启发自我的方式）

情节4：学生43编"重庆小面和牛肉面"应用题时，先是少了一个数据（从而少了一个等量关系），教师既让其他学生补充，又亲自与学生43交流，启发"哪个数据没有表示出来？"学生43补充了"两种面共6碗".（这是一种共同研讨、自我完成的方式）

情节5：学生41编题答案为大人票价2元，小孩票价4元，小孩票价比大人票价还贵是否合理？怎样修改？还要注意，所列方程与所设的未知数有关.

（3）本课"二元一次方程组"的概念是由3个情境、6个方程归纳得来的，由于这6个方程都是"二元一次方程"，学生难免会由"共同属性"而非"本质属性"归纳为："两个二元一次方程联立所组成的一组方程叫作二元一次方程组."为了避免学生产生这样的误解，情境需不需要改造？教材可不可以创新？你能提出修改意见吗? 我赞成改编一个例子成为"二元一次方程"与"一元一次方程"的结构.

(4) 在"学习目标"中出现有"感受二元一次方程与一次函数的关系",教材也安排有一节专题,那么,这节课考不考虑沟通? 能不能够沟通? 用列表法来沟通可不可行?

(5) 课堂上反复出现方程思想、化归和类比思想,能不能给这些思想方法一个初中生能听懂、也能掌握的明确说明.

① 关于方程的本质专家都有争议(参见文献[4]～文献[6]),怎么跟初中生说清楚呢? 我的建议是分两步来说,第一步以应用题为依托,称通过建立方程来解决问题的一种数学思想为方程思想;第二步以方程的界定(含有未知数的等式叫作方程)为依据,将方程的本质理解为: 为了求出未知数,而在已知数与未知数之间建立一种等式关系,然后利用等式的性质(或同解原理)将未知转化为已知.

② 关于化归思想,学生小学时就有"难的不会想简单的"的丰富体验,可以直接说: 化归思想是将一个新的问题转化为已经解决或比较容易解决的问题的一种数学思想. 小学求圆柱侧面积时就是"展平",化归为长方形面积来解决的(曲变平,未知变已知).

③ 数学上的"类比"大多指这样一种"推理": 它把不同的两个(或两类)对象进行比较,根据两个(或两类)对象在一系列属性上的相似,而且已知其中一个对象还具有其他的属性,由此推出另一个对象也具有相似的其他属性的结论. 据此,"类比一元一次方程研究二元一次方程及其解"是如何体现类比的?

(6) "二元一次方程组"的教学可以体现哪些数学素养? 上文说过,"通过二元一次方程组一章的教学可以孕育乃至生成数学抽象、逻辑推理、数学建模、直观想象、数学运算等数学核心素养,初始课渗透前三个——数学抽象、逻辑推理、数学建模,而重点在数学抽象和数学建模."这种认识是否准确? 尤其是,能不能结合本课给数学抽象和数学建模一个初中生也能听懂、能掌握的明确说明? 比如:

① 关于数学抽象. 可以说:从"鸡兔同笼"等具体事物中提炼出两个未知数和两个独立等量关系,并表达为数学研究对象"二元一次方程组",就是一种数学抽象.

② 关于数学模型. 对"鸡兔同笼"等具体事物进行数学抽象, 用数学语言表达为"一元一次方程"或"二元一次方程组"来解决, 就是构建数学模型, 具体是方程模型. 这里的二元一次方程组就是: 刻画现实世界中含有两个未知数和两个独立等量关系问题的一类数学模型.

(7) 二元一次方程 $ax + by = c$ 的等量关系有什么特征呢? 首先, 为保证"一次", 两个未知数不能进行乘除运算, 只能进行加减运算, 因而二元一次方程的整体结构表现为: 两个部分的代数和等于总体. 其次, 两个未知数都可以与已知数进行乘除运算, 分别得出"总体的两个部分" ax, by, 这里也有一个分别求 ax, by 的等量关系"单位量×单位数＝总量", 其中的已知数 a, b 有的由题目叙述给出(如例 3), 有的由常识给出(如例 1). 类似地, 可以讨论二元一次方程组 $\begin{cases} a_1x + b_1y = c_1, \\ a_2x + b_2y = c_2 \end{cases}$ 中两个等量关系的结构特征, 从而更好理解和掌握这类数学模型.

4.2　关于"鸡兔同笼"问题的思考

"鸡兔同笼"问题出自古代数学名著《孙子算经》, 原文为: "今有雉(野鸡)兔同笼, 上有三十五头, 下有九十四足, 问雉兔各几何(多少)?"书中用的是"半足法". 在 1592 年程大位(公元 1533 年—公元 1606 年)著的《算法统宗》第八章"少广章"中, 改"雉"为鸡, 采用"鸡兔同笼"的说法, 沿用至今.《算法统宗》另外用了"倍头法". 此外, "鸡兔同笼"还有列举法, 假设法(极端假设法, 跳跃假设法), 图解法, 公式法, 方程法等(参见文献[7]). 本课题把"鸡兔同笼"作为引出二元一次方程(组)的一个现实情境, 下面提出几个问题供读者思考.

(1) 如果有的学生设鸡为 x 只, 则兔为 $35 - x$ 只, 根据"头数"所提供的等量关系有方程 $x + (35 - x) = 35$, 但算不出任何结果, 这样的学生需要什么帮助? 你如何帮助他?

(2) 有的学生认为, "鸡兔同笼"一共有"头数"与"脚数"两个等量关系, 当用"二元一次方程组"求解时用到了两个等量关系; 当用"一元一次方程"求解时只用到了一个等量关系 $(2x + 4(35 - x) = 94)$; 当用"算术方法"求解时没用到等量关系. 这样的认识对不对?

(3) 关于"鸡兔同笼"问题中二元一次方程组 $\begin{cases} x + y = 35, \\ 2x + 4y = 94 \end{cases}$ 的解法, 通

常是：

先变形为 $\begin{cases} x+y=35, \\ x+2y=47 \end{cases}$（所谓"半足法"），两式相减得 $y=12$，从而 $x=23$.

答：有 23 只鸡，12 只兔子.

这个解法步骤完整、计算准确、书写规范，该没有什么可思考的了吧？其实不然，试提两个问题，你会如何回答？

提问 1：为什么方程 $x+y=35$ 中的"头数"与方程 $x+2y=47$ 中的"足数"能够相减（单位不一样呀）？是学生在"单位"问题上钻牛角尖了吗？你是回答还是不回答？是从教学上回答还是从数学上回答？（参见上文数学思维活动过程的"三阶段模式"，数学内部的方程运算没有单位）

提问 2：对于答案（解）$\begin{cases} x=23, \\ y=12, \end{cases}$ 我们能否理解为：在课堂上提供了三重身份？

其一，是二元一次方程组 $\begin{cases} x+y=35, \\ x+2y=47 \end{cases}$ 的解；

其二，是二元一次方程 $x+y=35$（或 $x+2y=47$）的一个解；

其三，$\begin{cases} x=23, \\ y=12 \end{cases}$ 本身又是一个二元一次方程组.

（4）为什么不同的"鸡兔同笼"数字题目会有不同的答案，而用字母代替数后"鸡兔同笼共有 a 个头，$2b$ 条腿（$a<b<2a$，均为正整数），则有鸡 $2a-b$ 只，兔 $b-a$ 只"，无论谁来算，得到的答案（公式）都是一样的？（可否这样解释：因为所有的数都满足共同的运算律，所以用"字母"算一次，就相当于所有的"数字"都算了一次）

（5）是否遇到过学生问："你既然能数鸡、兔的头和腿，何不分别数一数鸡和兔的头？这就不用计算直接得答案了."还有人说：从未见过农民把鸡与兔关在一个笼子喂养. 你怎么回答？

其实，"鸡兔同笼"只是一个假设性和想象性的拟真情境，它表达这样一类生活中的常见现象，即将两种有联系的事物放在一起，已知这两种事物的总数和两种事物本身特性的另一个独立数量，求这两种事物各自的数量. 这类问题具有普遍性，"鸡兔同笼"只不过是这类事物的直观表达或原型. 这里涉及会不会用数学的眼光看问题,只有生活的眼光就只看到两种小动物关在一个笼子里,也许只想到喷香的兔肉和鲜美的鸡汤,而有数学的眼光,则可看到两个未知数和两个等量关系.(其实,农民把鸡与兔装在一个笼子拿到市场去卖也并无不可)

王尚志教授就"鸡兔同笼"问题说过:在小学,可以使用"列举方法",也可以利用"逼近方法",还可以使用"假设方法",在今后的学习中,这些方法依然会发挥作用.但更需要重视的是学习"方程组方法".因为数学教学不仅仅是为了解决某个具体问题,更需要思考如何解决一类问题,更大的一类问题.把所有鸡兔同笼问题变成一个数学问题,给出求解的一般方法——运算程序.不仅如此,还可以为初中引入二元一次方程组奠定基础,解决更大一类问题.到了高中,还需要进一步从解析几何、向量的角度解读……在这一过程中,学生会不断感悟和理解抽象、推理、直观的作用,得到新的数学模型,改进思维品质,扩大应用范围,提升关键能力,改善思维品质(参见文献[8]).王教授的这段话是不是也能帮助我们提高对"鸡兔同笼"问题的认识呢.

参考文献

[1] 罗增儒.以素养教学为导向的课堂研修——在"第五届全国初中数学名师创新型课堂研修会"上的发言[J].中学数学教学参考(中旬),2018(12):17-24;2019(1/2):2-4;2019(3):2-6.

[2] 罗增儒.数学概念的教学认识[J].中学数学教学参考(中旬),2016(3):2-5,12;2016(4):2-3,9.

[3] 罗增儒.探究式教学视角下的课堂研修[J].中学数学教学参考(中旬),2017(7):2-10.

[4] 张奠宙,唐彩斌.关于小学"数学本质"的对话[J].人民教育,2009(2):48-51.

[5] 陈重穆.关于中学数学教材中的方程问题(提要)[J].数学教学通讯,1987(2):2-3.

[6] 陈重穆.关于《初中代数》中的方程问题[J].数学教学通讯,1990(2):封二,1-2.

[7] 罗增儒.基于综合实践活动的教学探究——"鸡兔同笼"听课札记[J].中小学课堂教学研究,2020(9):42-44,49.

[8] 王尚志.如何在数学教育中提升学生的数学核心素养[J].中国教师(上半月),2016(5):33-38.

第 16 篇　"函数 $y = A\sin(\omega x + \varphi)$" 的课例与研修[①]

摘　要：本文在回顾"函数 $y = A\sin(\omega x + \varphi)$"（起始课）教学过程的基础上，分析了课例的两个主要特点，即体现数学教学的"素养导向"与核心问题驱动、系列问题展开. 并就"函数 $y = A\sin(\omega x + \varphi)$"的教学性质、教学目标、教学重点、教学难点以及课例的有关问题展开研修.

关键词：函数 $y = A\sin(\omega x + \varphi)$；课例研修；素养导向；核心问题驱动

引言 1："第六届基于核心素养的数学教师专业发展高级研修班"因疫情原因，采用线上形式，2021 年 8 月 9 日播放了徐丹老师的"函数 $y = A\sin(\omega x + \varphi)$"起始课（人教 A 版《数学》（必修第一册）第五章第 6 节的第一课时）教学视频. 虽然视频欠缺了现场的气氛和接触学生的机会（从而也失去了现场检测学生学习效果的可能），但提供了课堂的再现，使得我们可以基于视频而做出更加细致的分析. 我的发言就从课例的回顾开始，再从课例的研修上展开，主要是想说清：课例做了什么，怎么做的，做得怎么样，有什么问题可以研修.

引言 2：六十年前我当中学生的时候学过这个内容，四十年前我当中学老师的时候也教过这个课题，深知函数 $y = A\sin(\omega x + \varphi)$ 是高中教材里的一个重点和难点（为什么是重点？有哪些难点？本文第 3 部分会回答）. 当时老师怎么教我的已经记不清楚了，而我怎么教学生的还有点印象. 那时上这节课，没有信息技术，我们就在黑板上徒手用"五点法"画一个周期的函数草图，直接讲解每一个参数 A，ω，φ，h 对函数 $y = A\sin(\omega x + \varphi) + h$ 图像的影响，重点是分步说清函数 $y = A\sin(\omega x + \varphi)$ 的图像特征：首先是函数 $y = 2\sin x$ 和 $y = \dfrac{1}{2}\sin x$ 的图像特征；其次是函数 $y = \sin 2x$ 和 $y = \sin\dfrac{1}{2}x$ 的图像特征；再次是函数 $y = \sin\left(x + \dfrac{\pi}{3}\right)$ 和 $y = \sin\left(x - \dfrac{\pi}{4}\right)$ 的图像特征；最后是函数 $y = 3\sin\left(2x + \dfrac{\pi}{3}\right)$ 的图像特征（参见全日制十年制学校高中课本），关注点集中在三角函数图像的平

---

① 本文原载《中学数学教学参考》（上旬·高中）2021(11)：8 - 15；2021(12)：5 - 12（署名：罗增儒）.

移和伸缩变换上,让学生记住"左加右减,上加下减"的操作,然后再进行大量的解题变式练习. 当时,也会在作业中布置应用题,并指出当函数 $y=A\sin(\omega x+\varphi)+h$ 表示振动量时 A, ω, φ, h 的实际意义:

① A 为振幅,当物体做轨迹是正弦型曲线的直线往复运动时,其值为行程的一半;

② $(\omega x+\varphi)$ 为相位,反映变量 y 所在的状态;

③ φ 为初相,当 $x=0$ 时的相位;

④ ω 为角速度,控制正弦周期;

⑤ h 为偏距,反映在坐标系上则为图像的上移或下移.

由于缺少信息技术,在解释三个参数 A, ω, φ 各自对函数 $y=A\sin(\omega x+\varphi)$ 图像的影响时,主要是用特殊值"化动为静",让学生从静态中归纳出一般性结论,回避 A, ω, φ 对函数 $y=A\sin(\omega x+\varphi)$ 图像影响的严谨说明. 还记得,那时学生出错最多的地方是初相 φ,将函数 $y=\sin x$ 向左右平移时,既有混淆平移方向的、更有忘了伸缩 $\dfrac{1}{\omega}$ 倍的.

今天看来,除了教学内容和教学性质还比较清楚之外,那时候的教学有明显的不足,表现为既没有凸显函数 $y=A\sin(\omega x+\varphi)$ 的现实背景,更没有让学生经历数学建模的抽象过程,还以简单化的归纳欠了数学的严谨,体现为重结果、轻过程的"知识导向",其思维水平和育人价值均被大打折扣. 虽然在巩固性例题中出现了"单摆,交流电,弹簧振动"等实际情境,但其作用也主要是解题技能的应用——解应用题. 至于问题意识的启发、认知基础的调动、函数思想的明确、化归思想的突出、数形结合的强调、数学模型的构建、数学抽象的磨炼等都失之交臂.

有鉴于历史的局限,我在听课之前,预先阅读了课标、教材和相关文章,理解了教材的编写思想(参见文献[1])、感受了现实的课堂气氛(参见文献[2])、领略了课题的研究状况(参见文献[3]、文献[4]),这一切,成了我评课的思想基础.

为了叙述的方便,下面,我会把"函数 $y=A\sin(\omega x+\varphi)$"简称为"正弦型函数",其图像称为正弦型曲线.

1 做了什么:回顾教学过程

(提要:通过教学过程的回顾,看懂课例做了什么,厘清教学过程的基本事实,使得谈出来的每一个看法,都有课堂的事实做依据,而不是空洞的口号.)

总体上,徐丹老师用不到 39 分钟的时间组织了三个教学阶段：第一阶段是研究的前期准备,第二阶段是具体的研究过程,第三阶段是后期的总结收尾. 重点有四件探究工作：第一件是建立正弦型函数 $y = A\sin(\omega x + \varphi)$,为研究准备物质基础;余下的三件是探索字母参数 ω, φ, A 三个维度分别对函数 $y = A\sin(\omega x + \varphi)$ 图像的影响. 据不完全统计,全班学生都参与了全程教学活动(包括同桌交流),有 23 人次做了个别发言,另有更多的学生齐声集体回答. 三阶段教学情况整理如下(包括活动内容的描述和教师意图的理解,中间会有我的插话).

1.1　创设现实情境,构建函数模型,制订研究策略

这一阶段是研究的前期准备,有两个环节,第一环节由筒车情境提出问题,既建立起函数 $y = A\sin(\omega x + \varphi)$,又引出了本节课题;第二环节是制订研究策略,确定研究内容和研究方法. 总用时约 11 分钟,有 8 人次发言.

1.1.1　提炼现实情境,建立函数 $y = A\sin(\omega x + \varphi)$

这一环节,教师开门见山以教材中筒车画面作为引入情境,还朗读了李处权的诗,由学生提炼出正弦型函数. 用时约 4 分钟,有 1 人次发言.

(1) 上课起始,徐丹老师由"三会"语言引出筒车画面,呈现匀速圆周运动的一个现实情境(半径为 r,角速度为 ω),并提出问题(即课例中的问题 1)：设经过时间 t s 后,盛水筒 M 从点 P_0 运动到点 P(其中点 P_0 的位置满足 $\angle xOP_0 = \varphi$),此时能用一个合适的函数模型来刻画它距离水面的相对高度 H 与时间 t 的关系吗？(如图 1)

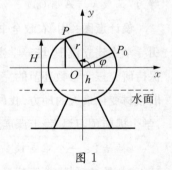

图 1

教师提前发给了学生"任务清单",大家已预习准备. 学生 1 立即作出回答,用时约 2 分钟.

(2) 学生 1 投影"任务清单",结合图 1 进行讲解. 首先将筒车数学化为一个圆,水面数学化为一条水平直线;再以圆心为原点,水平方向为 x 轴建立直角坐标系. 然后,基于物理知识和点 P 的两种表示方式：一方面点 P 有坐标 (x, y),另一方面点 P 又可以用半径 r 和相应的圆心角 $\alpha(\alpha = \omega t + \varphi)$ 来描述;这两种表示方式存在对应关系,对于 α(弧度)每一个确定的值,都有 $\dfrac{y}{r}$ 唯一的比值(不变

关系)与之对应,再调动建立正弦函数的数学活动经验,可以得到 $\frac{y}{r}=\sin(\omega t+\varphi)$,有函数

$$y=r\sin(\omega t+\varphi).\tag{A}$$

如果还知道筒车中心距离水面的高度为 h(参见图1),则 $H=y+h$,有

$$H=r\sin(\omega t+\varphi)+h.\tag{B}$$

教师表扬这位学生"叙述得特别清楚",同学们应声"鼓掌".

(3) 教师指出,函数(A),函数(B)都是数学模型,其中 h 是个常量.因此,我们可以选择函数(A)进行研究,即在数学上研究函数

$$y=A\sin(\omega x+\varphi)\ (A>0,\ \omega>0),$$

从而出示本节课的课题:5.6　函数 $y=A\sin(\omega x+\varphi)$.

(插话1:这个标题从以前教材的"函数 $y=A\sin(\omega x+\varphi)$ 的图像"中删掉了三个字,"这一改变体现了定位及内容的深层变化"(参见文[2]),至少可以理解为"函数 $y=A\sin(\omega x+\varphi)$ 的由来、性质和图像".)

设计意图:用《农政全书》中的数学史和宋代李处权诗词引入授课;接下来引导学生建立模型,培养学生应用所学知识解决实际问题的能力和意识.为了保持研究三个参数环节的完整性,需要压缩模型引入的时间,但这部分也是新旧教材变化最大的地方,我(指授课教师)不想舍弃,所以提前印发任务清单,用"学生提前预习思考、上课展示"的方式进行.

(插话2:一个难点较多的数学建模问题,学生两分钟就解决了,水平确实可以.如果在现场,我课后一定会与她交流一系列问题:(1)解决这个问题你课前用了多长时间?(2)中间遇到过什么障碍没有?如果有,后来怎么解决的?(3)你出于怎样的考虑如此建立直角坐标系?(4)你是否分析过当前面临的问题涉及几个量?当中有几个常量?几个变量?(5)质点由 P_0 运动到点 P,给我们的具象路径是圆弧 $\overset{\frown}{P_0P}$,为什么你的讲解中没有讲到圆弧、而只说圆弧所对的圆心角?(6)你能得出余弦型函数 $x=r\cos(\omega t+\varphi)$ 吗?……之所以提这些问题是想弄清学生的思考过程(而不满足于只听结论),是想证实:学生的叙述不是将课本的书写准确无误地搬运到课堂上来,也不是用学生的嘴代替老师的"灌".)

1.1.2 调动认知基础,制订研究策略

这一环节是制订研究策略,确定研究内容和研究方法.用时 7 分钟,有 7 人次发言.

教师指出,上面我们从"实际问题"出发,研究其数量关系,转变为"数学问题",经过"抽象推理"构建出"数学模型".那么,面对一个全新的函数,我们应该研究什么? 怎么研究呢? 教师顺势提出"问题系列"(徐老师叫"问题串"),以边问边答的形式呈现.

(1) 第一个问题系列(即课例中的问题 2,有 3 个小问题)

① 结合前面研究具体函数的经验,对于 $y = A\sin(\omega x + \varphi)$ $(A > 0, \omega > 0)$,需要研究函数哪些内容? 如何研究呢?

(插话 3:这是接着课题"函数 $y = A\sin(\omega x + \varphi)$"的出示,诱导本课的核心问题"函数 $y = A\sin(\omega x + \varphi)$ 有什么性质",学会提出问题和解决问题.)

学生 2 回应说,研究它的性质,如单调性等.教师启发,研究函数的性质,需要画出它的图像.那么

② 如何绘制 $y = A\sin(\omega x + \varphi)$ $(A > 0, \omega > 0)$ 的函数图像?

师生说出五点法、画图软件.教师指出这些方法不足以让我们去了解 A,ω,φ 给函数带来的影响,还有其他方法吗?

③ 寻求新问题和旧知识的联系是我们研究问题常用的思想方法,你认为我们应该从哪个熟悉的函数入手探究呢?

学生 3 回应从 $y = \sin x$ 入手,大家表示同意.

教师进一步指出,从解析式看,函数 $y = \sin x$ 就是函数 $y = A\sin(\omega x + \varphi)$ 在 $A = 1$, $\omega = 1$, $\varphi = 0$ 时的特殊情形,从 $y = \sin x$ 入手,体现由特殊到一般的数学思想方法.

这又引出"如何由特殊到一般"的第二个问题系列.

(2) 第二个问题系列(即课例中的问题 3,有 4 个小问题)

① 研究函数 $y = A\sin(\omega x + \varphi)$ 的复杂之处体现在什么方面?

学生集体回应是字母参变量多.

② 你有过类似研究多参数函数的经验吗? 能和大家分享一下吗?

学生 4 回应,见过二次函数 $y = ax^2 + bx + c$,取 $b = 0$, $c = 0$ 转变为 $y = ax^2$,研究 a.又如取 $a = 0$, $c = 0$ 研究 b.教师将其概括为"控制两个字母,研究一个字

母"的控制变量法.

(插话 4：这一阶段凸显调动认知基础的重要性，学生调动了函数 $y = \sin x$ 的学习经验，调动了二次函数的研究策略，这是很可喜的事情. 问题是，学生的回忆可能会停留在表面印象上，比如对二次函数，除了 a 能决定抛物线的开口方向和开口大小之外，单个的 b，c 不足以决定抛物线的顶点，从而不足以决定抛物线的平移方向与平移距离. 教师的主导作用，是否可以引导学生用二次函数"顶点式" $y = a(x-k)^2 + h$，其可比性应该比"一般式"更强些，也更能体现由特殊情况 $y = ax^2$ 到一般情况图像平移变换的过程与实质. 顺便提起，学生说"取 $a = 0$，$c = 0$ 研究 b"是否恰当？因为二次函数的定义有 $a \neq 0$.)

③ 对于函数 $y = A\sin(\omega x + \varphi)$，你认为应按怎样的思路进行研究？

学生 5 发言，教师总结为：分别研究 φ，ω，A 对函数 $y = A\sin(\omega x + \varphi)$ 的影响，大家同意这一研究思路.

④ 这三个参数先研究哪个参数呢？你对哪个情形更熟悉一些呢？

学生 6 回答的研究顺序是 φ，A，ω；

学生 7 回答的研究顺序是 A，φ，ω；

学生 8 回答的研究顺序是 φ，ω，A.

教师总结说，其实变化的顺序有很多很多，这些顺序都可以，我们不妨选择一个先进行，剩下的工作再继续完成. 那么你对哪种变换更熟悉一点呢？因为当 $A = 1$，$\omega = 1$ 时，函数解析式 $y = \sin(x + \varphi)$ 与 $y = \sin x$ 最为接近，所以，我们可以先研究参数 φ，得出研究的基本思路是：首先固定 A，ω 研究 φ；其次固定 A，φ 研究 ω；最后固定 φ，ω 研究 A.

设计意图：从以前学生研究二次函数的经验出发，引导学生探究"研究什么""如何研究 φ，ω，A 对函数图像的影响". "研究什么"是研究函数的性质；"如何研究"是采用问题分解的策略，即控制其中的 2 个参数，研究另一个参数. 从可操作层面上讲，用旧知识解决新问题，分解复杂问题，这具有重要的实际意义；从方法层面理解，体现了遇到新问题怎么解决的思维方法，这无疑具有重要的育人价值.

(插话 5：三个量排顺序，用初中画"树状图"的方法可以得出 6 种不同的顺序，因而，说"顺序有 6 种"可能比说"顺序有很多"更体现数学语言的准确，学生也更好接受. 另外，$y = \sin x$ 与 $y = \sin(x + \varphi)$，$y = \sin\omega x$，$y = A\sin x$ 中哪个更为接近,判断的标准是什么? 我更想听到大家讨论:先平移后伸缩有什么好处?)

1.2　数形结合,研究函数 $y=A\sin(\omega x+\varphi)$

这一阶段是实施"控制变量"策略、进行具体研究的过程,有逐渐放手的 3 个探究环节,分别研究参数 φ 对函数 $y=\sin(x+\varphi)$ 图像的影响,参数 ω 对函数 $y=\sin(\omega x+\varphi)$ 图像的影响,参数 A 对函数 $y=A\sin(\omega x+\varphi)$ 图像的影响.总用时 22 分钟,有 14 人次发言.

1.2.1　探索 φ 对函数 $y=\sin(x+\varphi)$ 图像的影响

这一环节是课例中的"探究一",借助于圆周运动,教师提出了系列问题,由特殊到一般探索 φ 对函数 $y=\sin(x+\varphi)$ 图像的影响.用时 10 分钟,有 8 人次发言.

(1) 特殊化探索.

教师提出系列问题(即课例中的问题 4、问题 5,有 8 个小问题):取 $A=1$,$\omega=1$,设动点 M 在单位圆 O_1 上以单位角速度按逆时针方向运动,其中 $\angle xO_1Q_1=\varphi$.

① 如果动点 M 以 $Q_0(1,0)$ 为起点(即 $\varphi=0$),经过 x s 后到达点 P,则点 P 的纵坐标 y 是多少? 由动点 M 的轨迹可得函数就是_____.

学生 9 回答是 $y=\sin x$.教师肯定并指出:这就得到了"匀速圆周运动轨迹上的点"到"正弦函数图像上点"的对应,通过描点连线可以得到正弦函数图像.

② 如果在单位圆 O_1 上拖动点 Q_0,逆时针旋转 $\dfrac{\pi}{6}$ 到 Q_1,当动点 M 起点位于 Q_1 时 $\left(\text{此时 }\varphi=\dfrac{\pi}{6}\right)$,$x$ s 后到达点 P,则由动点 M 的轨迹可得函数就是_____.

学生 10 从物理意义上说明是 $y=\sin\left(x+\dfrac{\pi}{6}\right)$.教师肯定"特别好"并提出:请大家预测一下这个新的函数 $y=\sin\left(x+\dfrac{\pi}{6}\right)$ 的图像应该是什么样子? 学生齐声回答"向左平移 $\dfrac{\pi}{6}$",教师追问:"你怎么知道这个结论的呢? 你在哪里见过这个结论的呢?"学生齐声回答:"在二次函数."教师继续追问:"学二次函数时,老师是怎么讲'左加右减'的呢?"学生齐声回答:"画图像,看图看出来的."教师进一步提出,知其然还要知其所以然,所以我们今天就来看一看这个"左加右减"到底是怎么回事.这要归结于 φ 的物理意义.

（插话6：有"任务清单"的启引,学生对"向左平移 $\frac{\pi}{6}$"应该是课前能预知的,课堂上调动"二次函数"的认知基础并探究"左加右减"的原因,体现了学习的深入.）

③ φ 的不同值表示什么含义? 借助匀速圆周运动来解释.

教师启发学生理解 φ 的物理意义, φ 代表初始位置, φ 不同,就是质点运动的始点不同.教师再结合单位圆 O_1 解释,当 A 不变, ω 不变时,从不同起始点运动到同一终点 P 所需要的时间是不同的,特别地,当 $\omega=1$ 时, $\omega x=x$,这表明质点走过的时间也是质点走过的角度数.那么,不同起始点运动的时间差如何表达呢? 请看具体问题:

④ 在单位圆上,设两个动点分别以 Q_0 , Q_1 为起点 $\left(\text{此时 } \varphi=\angle Q_0O_1Q_1=\frac{\pi}{6}\right)$,同时开始运动,如果以 Q_0 为起点的动点到达圆周上任意一点 P 的时间为 x s,那么以 Q_1 为起点的动点到达点 P ,需要多长时间?

学生11解释,圆周运动中 Q_1 在前、 Q_0 在后,它们以同样的角速度到达点 P 时, Q_1 所用的时间应该比 Q_0 所用的时间少,现在 Q_0 用了 x s,那 Q_1 应该用了 $\left(x-\frac{\pi}{6}\right)$ s.教师据此继续提出问题.

⑤ 这个规律反映在函数图像上就是: 如果点 P 是 $y=\sin x$ 图像上的点为 F ,它的坐标为 (x,y) ,则点 P 对应的函数 $y=\sin\left(x+\frac{\pi}{6}\right)$ 图像上的点 G 的坐标为_____.

学生集体回答 $\left(x-\frac{\pi}{6},y\right)$.教师顺势提出,这个点的坐标如何变化,点坐标的变化又如何影响函数图像变化的问题:

⑥ 你能借助点 P 在两个函数图像上的对应点的变化来解释函数图像的变化吗?

学生 12 解释 $\left(x - \dfrac{\pi}{6}, y\right)$ 是"向左平移 $\dfrac{\pi}{6}$",因为每个点都向左平移了 $\dfrac{\pi}{6}$,

所以整个图像也就都向左平移了 $\dfrac{\pi}{6}$. 教师表扬学生的发言用了"每个点"特别

好,"每个点"就有任意性,道出了本质. 教师结合图像总结出变化规律并通过动

画来加深理解,如图 2:

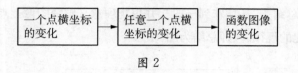

图 2

（2）一般性小结

教师说,上面我们由"预测函数 $y = \sin\left(x + \dfrac{\pi}{6}\right)$ 的图像应该是什么样子"

出发,经历了推理、论证、猜测、证明,现在这个问题解决了,哪个同学来给大家

归纳总结一下呢? 教师出示"填空题",学生 13 准确填空:

　　小结 1: 当动点 M 的起始位置 Q 对应的角为 $\dfrac{\pi}{6}$ 时,对应的函数是 $y = $

$\underline{\sin\left(x + \dfrac{\pi}{6}\right)}$,把正弦曲线上所有点 $\underline{\text{向左}}$ 平移 $\dfrac{\pi}{6}$ 个长度单位就得到 $y = $

$\underline{\sin\left(x + \dfrac{\pi}{6}\right)}$ 的图像.

　　教师"变式",如果把初始位置由 $\dfrac{\pi}{6}$ 变为 $-\dfrac{\pi}{3}$,情况又如何呢? 学生 14 准确

填空:

　　小结 2: 当动点 M 的起始位置 Q 对应的角为 $-\dfrac{\pi}{3}$ 时,对应的函数是 $y = $

$\underline{\sin\left(x - \dfrac{\pi}{3}\right)}$,把正弦曲线上所有点 $\underline{\text{向右}}$ 平移 $\dfrac{\pi}{3}$ 个长度单位就得到 $y = $

$\underline{\sin\left(x - \dfrac{\pi}{3}\right)}$ 的图像.

　　教师再提出,我们研究了初始位置 $\varphi = 0, \dfrac{\pi}{6}, -\dfrac{\pi}{3}$ 的情况,那么一般情况

如何呢?

⑦ 你能否就一般情况,用自己的语言进行描述使之成为一个规律?

学生 15 准确填空:

结论 1: 动点 M 的起始位置 Q 对应的角为 φ 时,对应的函数是 $y=\sin(x+\varphi)(\varphi\neq0)$,把正弦曲线 $y=\sin x$ 上所有点向左($\varphi>0$)或向右($\varphi<0$)平移 $|\varphi|$ 个长度单位就得到 $y=\sin(x+\varphi)(\varphi\neq0)$ 的图像.

⑧ (课例中的问题 5):你能总结一下上面问题的研究思路吗?

学生 16 总结为"从特殊到一般",并用物理意义解释图像上点坐标的变化,得出图像变化的规律. 教师总结为图 3:

图 3

设计意图: 在这个探究活动中,我们先回忆 $\varphi=0$ 时函数图像的作法,引导学生可以利用参数 φ 的物理意义进行研究,接下来研究 $\varphi=\dfrac{\pi}{6}$ 的情况. 由于学生对物理情境比较陌生,所以这部分是以讲授和问题串的形式进行,引导学生逐步建立先确定参数,再分析物理意义,从点的平移变换得到函数图像的变换这样的研究范式. 然后通过 $\varphi=-\dfrac{\pi}{3}$ 的情境检验学生的掌握情况,最后归纳一般结论.

1.2.2 探索 ω 对函数 $y=\sin(\omega x+\varphi)$ 图像的影响

这一环节是课例中的"探究二",让学生模拟"探究一"的研究思路,由特殊到一般探索 ω 对函数 $y=\sin(\omega x+\varphi)$ 图像的影响. 由于学生积累了讨论参数 φ 的数学活动经验,所以教师放手让学生"自主思考+小组合作",只提出少量问题(课例中的问题6,包括2个小问题)来引领探究活动. 用时10分钟,有4人次发言.

（1）探索思考

为了调动学生在讨论参数 φ 中积累的数学活动经验，激发学生的学习主动性，教师提问：

① 类比刚才的研究思路，你能给出当参数 ω（$\omega>0$）变化时，函数 $y=\sin(\omega x+\varphi)$ 图像有什么变化的研究思路吗？（自主思考＋小组合作）

学生 17 认为可从特殊到一般，先取 $A=1$，$\varphi=\dfrac{\pi}{6}$，研究 ω；根据 ω 的物理意义，可以分别取 $\omega=1$，2，$\dfrac{1}{2}$ 来特殊化探索，由这 3 个特殊情况对圆周运动的影响来探索图像变化的规律.

教师肯定了"这个同学已经给我们指明了方向"，并说："那好，同桌之间，就按这个方向，一个研究 $\omega=2$，一个研究 $\omega=\dfrac{1}{2}$. 先作出 $y=\sin\left(x+\dfrac{\pi}{6}\right)$ 的图像，再观察改变 ω 图像会有什么影响. 给大家 5 分钟时间准备，一会儿请两个同学上来展示，好吗？"

（插话 7：同桌之间的分工合作，可以理解为一种"微型"的"小组合作"，它有"就近编组、人人发言、方便展示"等好处. 另外，学生已经通过课前的"任务清单"进行了内容预习，所以真正的自主思考和同桌交流时间，不到 3 分钟.）

学生 18 投影"任务清单"，结合单位圆详细讲解 $\omega=2$ 的情况. 先对 $A=1$，$\varphi=\dfrac{\pi}{6}$，$\omega=1$ 得出函数 $y=\sin\left(x+\dfrac{\pi}{6}\right)$ 及其图像，再去研究 $A=1$，$\varphi=\dfrac{\pi}{6}$，$\omega=2$ 时函数 $y=\sin\left(2x+\dfrac{\pi}{6}\right)$ 的图像，还是从物理意义上去推理，因为 ω 的物理意义是角速度. 当从同一起点出发，设 $\omega=1$ 时，到达点 P 的时间为 x_1 s，又设角速度变为 $\omega=2$ 时，到达点 P 的时间为 x_2 s. 因为路程是一样的，所以角速度提高为原来的 2 倍时，时间就缩小为原来的 $\dfrac{1}{2}$，有 $x_2=\dfrac{1}{2}x_1$. 于是我们就可以由物理意义推知其点坐标的关系：若点 $(x，y)$ 在函数 $y=\sin\left(x+\dfrac{\pi}{6}\right)$ 上，那么点 $\left(\dfrac{x}{2}，y\right)$ 就在函数 $y=\sin\left(2x+\dfrac{\pi}{6}\right)$ 上. 由这个关系可得：函数 $y=\sin\left(x+\dfrac{\pi}{6}\right)$ 图像上所有点的横坐标缩小为原来的 $\dfrac{1}{2}$，而纵坐标不变，就可以得

到函数 $y=\sin\left(2x+\dfrac{\pi}{6}\right)$ 的图像；并且，若原先函数的图像周期为 T，则新函数的图像周期为 $\dfrac{T}{2}$.（响起鼓掌声）

$\left(\right.$ 插话 8：讲解得很清晰，并且函数 $y=\sin\left(2x+\dfrac{\pi}{6}\right)$ 的草图也显示出点 $\left(-\dfrac{\pi}{6},0\right)$ 变为 $\left(-\dfrac{\pi}{12},0\right)$ 的伸缩关系，但分别在两个坐标系上作 $y=\sin\left(x+\dfrac{\pi}{6}\right)$ 与 $y=\sin\left(2x+\dfrac{\pi}{6}\right)$ 的图像，它们之间的平移关系不如在同一个坐标系上作两个图像明显（下一位同学情况类似）. 另外，所画的单位圆好像没有表示出初相 $\varphi=\dfrac{\pi}{6}.$ $\left.\right)$

学生 19（学生 18 的同桌）投影"任务清单"讲解 $\omega=\dfrac{1}{2}$ 的情况. 他表示"我与我的同桌研究方法是一样的"，都是从物理学的角度分析这个图像，求出时间关系（横坐标关系）. 首先，设 $\omega=1$ 时到达点 P 的时间为 t_1，当角速度变为 $\omega=\dfrac{1}{2}$ 时，走同样的路程所用时间 t_2 就是原来的 2 倍，有 $t_1=\dfrac{1}{2}t_2$；这时，t_1 对应的是 $y=\sin\left(x+\dfrac{\pi}{6}\right)$，由 $t_1=\dfrac{1}{2}t_2$，这个对应的是 $y=\sin\left(\dfrac{1}{2}x+\dfrac{\pi}{6}\right)$，然后用"五点法"作出这两个函数的图像，发现 $y=\sin\left(\dfrac{1}{2}x+\dfrac{\pi}{6}\right)$ 每一个点的横坐标都与 $y=\sin\left(x+\dfrac{\pi}{6}\right)$（相应点）的横坐标有 2 倍的关系. 于是将 $y=\sin\left(x+\dfrac{\pi}{6}\right)$ 每一个点的横坐标乘以 2（纵坐标不变）就可以得到 $y=\sin\left(\dfrac{1}{2}x+\dfrac{\pi}{6}\right)$ 的图像. 然后我又研究了 $y=\sin\left(\dfrac{1}{2}x+\dfrac{\pi}{6}\right)$ 的 $\dfrac{1}{4}$ 周期是由 $-\dfrac{\pi}{3}$ 至 $\dfrac{2\pi}{3}$，即 $\dfrac{T}{4}=\dfrac{2\pi}{3}-\left(-\dfrac{\pi}{3}\right)=\pi$，得 $T=4\pi$；再研究了 $y=\sin\left(x+\dfrac{\pi}{6}\right)$ 的 $\dfrac{1}{4}$ 周期是由 $-\dfrac{\pi}{6}$ 至 $\dfrac{\pi}{3}$，即 $\dfrac{T_0}{4}=\dfrac{\pi}{3}-\left(-\dfrac{\pi}{6}\right)=\dfrac{\pi}{2}$，得 $T_0=2\pi$；也就是角速度缩小为原来的 $\dfrac{1}{2}$ 时，周期 T 扩大到 2 倍，符合"角度等于角速度乘以时间"的关系.（鼓掌）

（插话9：学生的表述难免会有"只可意会"、不够准确的地方，徐老师都有随时做出追问或补充，这是师生对话不可或缺的内容. 有时，教师恐怕还需要做整段内容的规范复述. 比如，上述"t_1对应的是$y = \sin\left(x + \dfrac{\pi}{6}\right)$，由$t_1 = \dfrac{1}{2}t_2$，这个对应的是$y = \sin\left(\dfrac{1}{2}x + \dfrac{\pi}{6}\right)$"，学生要做规范叙述怕会有难度. ）

设计意图：有了研究φ的经验，在这个探究活动中，采用自主探究和小组探究的形式研究ω，培养学生的观察能力和由特殊到一般的思维方式.

（2）归纳结论

教师提出：

② 根据上面的研究，你能否归纳出ω对函数$y = \sin(\omega x + \varphi)$图像影响的一般化结论？

学生20对教师出示的"填空题"准确填空：

结论2：一般地，函数$y = \sin(\omega x + \varphi)$的周期是$\dfrac{2\pi}{\omega}$，把$y = \sin(x + \varphi)$图像上所有点的横坐标<u>缩短（当$\omega > 1$时）或伸长（当$0 < \omega < 1$时）</u>到原来的$\dfrac{1}{\omega}$倍，纵坐标<u>不变</u>，就得到$y = \sin(\omega x + \varphi)$的图像.

教师追问这个倍数为什么是$\dfrac{1}{\omega}$？学生20用物理意义解释，因为"角度等于角速度乘以时间"，故"角速度等于角度除以时间"，（角度相同时）"角速度"与"时间"成反比例关系，所以是$\dfrac{1}{\omega}$倍. 大家表示同意.

（插话10：教师可否在此处强调一下，此时，"探究一"中左右平移$|\varphi|$个长度单位处也要随之伸缩$\dfrac{1}{\omega}$倍. ）

教师补充说，"学生19"的图像不仅用图像变换的方法得到，而且还使用了"五点法"作图，这也是我们在第二课时要研究的内容，说明这个同学预习很到位.

1.2.3 探索 A 对函数 $y = A\sin(\omega x + \varphi)$ 图像的影响

这一环节是课例中的"探究三"，让学生在上述探究的基础上，自己设计思路,探索 A 对函数 $y=A\sin(\omega x+\varphi)$ 图像的影响. 教师只提出少量问题(课例中的问题 7,包括 2 个小问题)来引领探究活动. 用时 2 分钟,有 2 人次发言.

(1) 设计思路

教师先启发:刚才我们已经做了两个探究实验了,相信你对这个研究的思路已经很熟悉了(如图 3). 那么,哪个同学自己能够设计研究思路,并且归纳出 A 对函数图像影响的一般化结论. 稍做思考,哪个同学能够大胆回答. 教师边说边呈现问题:

① 类比刚才的研究,你能自己设计思路,并归纳出 A 对函数图像影响的一般化结论吗?

学生 21 投影"任务清单",并在单位圆内外再作半径为 $\frac{1}{2}$,2 的两个同心圆,解释 $A=1,2,\frac{1}{2}$ 时图像的变化. 首先单位圆上初相为 $\varphi=\frac{\pi}{6}$ 的点 Q 以角速度 $\omega=2$ 运动到点 P 用 x s 时,则点 P 的纵坐标为 $y=\sin\left(2x+\frac{\pi}{6}\right)$;现将线段 OP 延长交半径为 2 的圆于 T_1 时,则点 T_1 的纵坐标为 $y=2\sin\left(2x+\frac{\pi}{6}\right)$;同样,若线段 OP 交半径为 $\frac{1}{2}$ 的圆于 T_2 时,则点 T_2 的纵坐标为 $y=\frac{1}{2}\sin\left(2x+\frac{\pi}{6}\right)$. 可见,$A$ 的变化对函数的影响是对纵坐标的影响.

教师通过信息技术显示 A 的变化带来函数图像纵坐标的变化,然后提出一般化归纳的要求.

(2) 呈现结论

教师提出:

② 你能归纳出 A 对函数图像影响的一般化结论吗?

学生 22 对教师出示的"填空题"准确填空:

结论 3:一般地,函数 $y=A\sin(\omega x+\varphi)$ 的图像可以看作是将函数 $y=\sin(\omega x+\varphi)$ 的图像上的任意一点的纵坐标伸长($A>1$)或缩短($0<A<1$)为原来的 A 倍(横坐标保持不变)得到. 从而 $y=A\sin(\omega x+\varphi)$ 值域是 $[-A,A]$,最大值是 A,最小值是 $-A$.

教师肯定学生的结论"很好",还进行了细化.

教师说,以上就是我们这节课的全部内容,那么,哪个同学能够总结一下,我们是怎样由 $y=\sin x$ 的图像得到 $y=A\sin(\omega x+\varphi)$ 的图像的呢?

设计意图: 本阶段设计了三个探究活动,研究 ω,φ,A 三个参数对函数图像的影响是整个问题解决的基础,从知识结构上,$y=\sin(x+\varphi)$ 学生是熟悉的,函数 ω 和 A 两者是平行关系,三个参数不同的研究顺序带来教学过程的差异,预设先研究 φ.学生对物理情境比较陌生,所以这部分是以讲授和问题串的形式进行,引导学生逐步建立先确定参数,再分析物理意义,从点的平移变换得到函数图像的变换这样的研究范式(如图3).

1.3　总结收尾,内化知识

这一阶段是后期的总结收尾,有 2 个小环节,其一是课题总结,其二是课后作业.总用时 6 分钟,有 1 人次发言.

1.3.1　课题总结

教师组织学生既从内容上,又从思想方法上进行总结.

(1)教师提问(即课例中的问题8):请你总结从正弦曲线 $y=\sin x$ 出发,如何通过图像变换得到 $y=A\sin(\omega x+\varphi)$ 的图像?

教师视频出示图4,其中第二列的下三个为空框,师生一面说一面逐框填上文字.

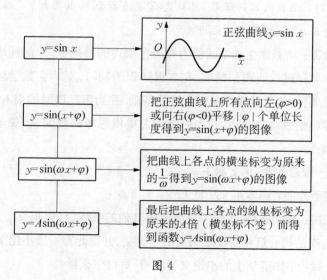

图 4

(2) 教师再问(课例中的问题 9):你能理解参数变化分别对函数图像有什么影响吗?

师生一面说一面视频打出:

φ:改变初相,对图像进行左右方向的平移变换;

ω:改变周期,对图像进行横坐标的伸缩变换;

A:改变振幅,对图像进行纵坐标的伸缩变换.

然后,教师指出这节课只研究了三个参数 φ,ω,A 对图像的影响,那么,其他变换方式,我们下节课再继续研究.

(3) 教师继续问:你能进行思想方法的总结吗?

学生 23 发言,总结出从特殊到一般,物理意义转化为数学意义,转化与化归(教师解释:用以前的知识经验解决新的问题),数学建模.教师再启发出数形结合(由函数解析式的变化得到图像的变化)和类比思想(类比 φ 的研究经验,研究 ω,A 的变化).

教师进一步指出,不仅仅是筒车,从天体运动到摩天轮、车轮运动、简谐运动,再到高科技领域中的振动、波动,这些现象的数学模型都是 $y = A\sin(\omega x + \varphi)$.最后,教师出示总结图,有:一个图像,两种方法(五点法,变换法);四个数学思想方法(从特殊到一般,类比思想,数形结合,转化与化归);感受数学源于生活,数学用于生活的理念.

(插话 11:函数内容的课题,总结怎么没有提到函数思想?"五点法"是下一节课的内容,这一节是否总结进去?)

设计意图:培养学生总结的能力和语言叙述的准确性.以问题串的形式引导学生对本节课进行回顾和整理.在掌握知识的同时,更体会数学思想在学习数学中的重要性,为后续学习奠定良好的基础.并为第二课时的引入进行铺垫.进一步培养归纳总结的能力,并为后续学习提供思考的空间,体现了学习的延续性和持续性.

1.3.2 课后作业,承上启下

(1) **必做作业:**课本第 239 页 1,2,3,4 题;

(2) **拓展:**查阅资料,找出一个生活中其他的情境,可以用 $y = A\sin(\omega x + \varphi)$ 来刻画,或是找一篇相关发展历史的小论文,并以此写一篇小论文.

(插话 12:不知道学生的小论文写没写、写得怎么样?)

最后一首小诗送给大家,老师起头第一句,学生齐声朗读完(用时 1 分钟).

教师最后说:正如今天我们所经历的那样,只要你大胆思考、用心观察,就会在数学的道路上越走越远.你对自己有信心吗!(同学们齐说:"有!")感谢同学们,这一课就上到这,祝大家学习进步,一切顺利,谢谢各位,下课!"

设计意图:课堂的结束,给学生送一首小诗,点燃学生的学习热情,将课堂推向高潮.

(插话 13:数学教学的高潮设置在哪个地方比较合适?)

2 怎么做的:分析主要特点

(提要:在看懂课例做了什么的基础上,用教学过程的基本事实去分析相关的数学处理、解释相关的数学教学行为,说清课例是怎么做的,看懂课例做得怎么样.)

听了徐老师"函数 $y = A\sin(\omega x + \varphi)$"这节课,我首先看到的是扎实的教学功底、饱满的教学热情、可人的教学风度、流畅的教学组织、生动的课堂交流.它应该是当前高中数学教学现状的一个缩影,下面我说两个主要特点:努力体现数学教学的"素养导向";核心问题驱动、系列问题展开.欠妥之处,盼批评指正.

2.1 努力体现数学教学的"素养导向"

在"核心素养"的大背景下,教学强调素养的形成.怎么形成呢?不能单纯依赖教师的教,而是需要学生参与其中的数学活动;不能单纯依赖记忆与模仿,而是需要感悟与思维(不只是听懂了知识、学会了技能,而且能感悟其中的规律、本质和价值).它应该是日积月累的、学生自己思考的、经验的积累.因此,基于数学核心素养的教学,要求教师把握内容的数学本质,创设合适的教学情境,提出相关的数学问题,引发学生的认知冲突,组织互动探究(或主题站位)的教学活动,形成"数学化"的深度学习;让学生在掌握知识技能的同时,积累数学活动经验,感悟数学思想方法,发展具有数学基本特征的思维品质、关键能力和价值观念,并与立德树人沟通.徐老师的这节课体现了这些精神,主要有四个表现.

2.1.1 表现在教学的出发点、过程和归宿上

(1)徐老师对本节课的教学不仅考虑知识技能,而且考虑知识技能所涉及的思想方法、数学价值、活动过程、学法指导及文化等诸多方面.比如:

① 在"学习目标"中,有"进行数学思想方法的学习"的明确表达(参见

下文).

② 在"课题总结"中有"你能进行思想方法的总结吗"的积极引导和四个数学思想方法(从特殊到一般、类比思想、数形结合、转化与化归)的清晰提炼.

③ "模型""抽象""推理"等词在课堂上和师生中多次出现.

我们说,数学思想方法是通向数学核心素养的桥梁,徐丹老师重视数学思想方法的教学就是奔走在通向数学核心素养的桥梁上.

(2) 真实的教学过程有助于渗透四个数学核心素养:数学抽象、数学模型、直观想象、逻辑推理(后续课还会有数学运算,体现为大量的三角变形和计算等).

① 课堂上,对简车实例从空间形式抽象出圆周运动,再从数量关系中抽象出有周期现象的函数,体现了函数思想,隐含有数学抽象和数学模型两个数学核心素养.

② 从圆周运动(形)到正弦型函数之间的对应与转化,以及正弦型函数表达式与图像之间的对应与转化,体现了直观想象的数学核心素养.

③ 教学过程中"从特殊到一般"的推理,以及对参数 A, ω, φ 本身意义的理解、对函数 $y = A\sin(\omega x + \varphi)$ 的图像影响等结论的获得,又体现了逻辑推理的数学核心素养.

当中,数学抽象和直观想象可以体现"会用数学的眼光观察世界",逻辑推理和数学运算可以体现"会用数学的思维思考世界",数学建模可以体现"会用数学的语言表达世界".这"三会"已经出现在徐老师的课中,如果把四个数学核心素养(数学抽象、数学模型、直观想象、逻辑推理)也渗透到总结里应该更好.

2.1.2　表现在既重视教,更重视学,选择"探究式教学"的有效载体上

(1) 大家都已经看到了,徐老师不是直接把"函数及其性质"等现成结论直接"奉献"给学生的,而是提供"任务清单",组织学生"自主探究"函数及其性质,获得数学知识技能,积累数学活动经验,感悟数学核心素养. 这是一种什么教学方式呢? 对,是"探究式教学".

(2) 探究式教学是指学生在学习概念或原理时,教师提出一些事例和问题,组织学生"自主、合作、探究",发现并掌握相应结论的一种教学方法. 探究式教学是一种与讲授式教学不同的教学模式(在人类历史发展的进程中,应该是先有"探究",待知识经验积累到一定程度时才出现"讲授"),它的指导思想是在教

师的指导下,以学生为主体,让学生自觉地、主动地探索,研究客观事物的属性,发现事物发展的起因和事物内部的联系,从中找出规律,形成自己的认识,掌握解决问题的方法和步骤. 探究式教学不仅可以达到对知识技能的理解,更有利于创新思维与创新能力的培养. 当前,探究活动是提升数学核心素养的一个载体,徐老师组织的四个探究活动贯穿教学的全过程. 整堂课都是在"任务清单"的指引下,由学生发言、获得所有结论的,体现了"既重视教,更重视学"的教学理念,体现了学生的主体地位与教师的主导作用的有机结合.

(3) 当然,探究是比较费时费事的,还会出现无效探究,因而,"探究"与"讲授"应该优势互补,更要在体现学生主体地位的同时发挥教师的主导作用,离开"学生主体地位"或离开"教师主导作用",探究式教学都不可能有良好的效果,"主导—主体相结合"是这种教学模式的基本特征,这堂课体现出来了(参见下文"主体主导的结合性").

应该见到,数学核心素养不是独立于数学知识、数学技能、数学思想方法、数学活动经验之外的神秘概念,它集中体现了对数学知识的理解、对数学技能的掌握、对数学思想方法的感悟、对数学活动经验的积累. 数学核心素养的形成与提升不能离开数学的学习、运用和创新,它们综合体现在"用数学的眼光观察世界,用数学的思维分析世界,用数学的语言表达世界"的过程中,综合体现在"发现与提出问题、分析与解决问题"的过程中. 虽然我们每节课都要考虑如何体现"素养导向",但是通过一个知识点或一节课来落实数学素养是难以奏效的,我们需要心中有数的是,通过"三角函数"一章的教学可以孕育乃至生成数学抽象、逻辑推理、数学建模、直观想象、数学运算等数学核心素养;我们应该组织"单元教学",进行循序渐进的统筹安排.

2.1.3　表现在创设情境、提出问题,经历"数学化"的提炼过程上

(1) 课例开门见山呈现的不是抽象的函数,而是筒车的现实情境,然后,安排了构建实际问题情境、解释函数模型的一系列活动,让学生经历"面对情境、提出问题,再'数学化'"的提炼过程. 面对情境,可能有的人只看到它利用水的能量推动筒车运转,并把水提升调配到需要的地方去,造福社会,这没有错,但缺少数学的眼光、缺少数学的思维,缺少数学的语言. 徐老师通过"系列问题",让学生不仅看到这些具象情境,而且还从空间形式上看到圆周运动、从数量关系上看到正弦函数,这就是在渗透和培育数学素养.

（2）以筒车为背景建立函数 $y = A\sin(\omega x + \varphi)$，是一个非常典型的函数建模过程．它经历了"两层次抽象"和"三维度推广"：第一层次是将现实性的筒车情境抽象为匀速圆周运动（包含有 A，ω，φ），第二层次是从一般性的匀速圆周运动中抽象出正弦型函数 $y = A\sin(\omega x + \varphi)$（进行了 A，ω，φ 三个维度的推广），这个典型的"数学化"的提炼过程不仅能够联系实际，突出参数的物理意义，而且能够联系函数的解析式、函数的图像，充分揭示它们之间的内在逻辑关系及数学建模的一般过程，为应用函数 $y = A\sin(\omega x + \varphi)$ 解决实际问题和提升学生的数学抽象、直观想象、逻辑推理等素养提供重要平台．

2.1.4　表现在数学思维的全过程安排上

虽然这只是第一节课，但完全可以预见后续课有函数 $y = A\sin(\omega x + \varphi)$ 解决实际问题的安排，从而呈现数学思维活动过程的"三阶段模式"：

（1）第一阶段，经验材料的数学组织化（也称为具体情况的数学化）．表现为将筒车情境"数学化"为匀速圆周运动，再抽象出函数 $y = A\sin(\omega x + \varphi)$．

（2）第二阶段，数学材料的逻辑组织化（建立合乎逻辑的理论体系）．表现为在数学内部研究函数 $y = A\sin(\omega x + \varphi)$ 的图像和性质，沟通三角函数与其他知识的联系（如复数、向量、极坐标，以及高等数学与物理学等）．这一阶段本课例刚刚开始，后续课还会深入．

（3）第三阶段，数学理论的应用．应用函数 $y = A\sin(\omega x + \varphi)$ 的性质解决广泛的实际问题和数学问题．这一阶段本课例已经提到"从天体运动到摩天轮，车轮运动、简谐运动，再到高科技领域中的振动、波动，这些现象的数学模型都是 $y = A\sin(\omega x + \varphi)$"．后续课、乃至物理学和高等数学还会深入．

经历数学思维活动的完整过程，使学生有可能体会（课题总结中说的）"数学源于生活，数学用于生活"的现实意义，有机会感悟数学思想方法，孕育乃至生成数学核心素养．

2.2　核心问题驱动，系列问题展开

在徐老师的课堂上我们看到这样一种情况：教师以"函数 $y = A\sin(\omega x + \varphi)$ 有什么性质"为中心，预设了一系列有层次的探究问题，提前印发给学生，学生经过精心的准备，在课堂上进行充分的交流，以问题的解决来驱动整个学习的历程，构建数学知识、积累数学活动经验、感悟数学思想方法、体验数学核心素养．这是一种在理解和解决问题过程中的教与学，我将其概括为：以"核心问

题驱动,系列问题展开"的方式进行师生活动.下面,尝试将这一突出的感性体会进行初步的理性分析.

2.2.1　核心问题驱动的认识

(1) 核心问题

核心问题是指体现课题内容本质的中心问题,它是教师根据教学目标、预先从学生已有的知识经验出发提出来的、能够驱动学生积极探究和深度思考的关键性问题.

本节课的核心问题是"函数 $y = A\sin(\omega x + \varphi)$ 有什么性质",从课题的出示到"与学生 2 的互动",已经非常清楚地呈现在大家的面前. 这是一个体现内容本质、有开放性和挑战性、确实能够驱动学生积极探究和深度思考的问题. 表现有:

① 为了研究正弦型函数的性质,我们首先需要获得这个函数. 我当中学生和当中学教师的时候,都是由教材或教师直接给出这个函数的,后来也有教师根据现实情境提炼出来的. 而现在,则由学生从现实情境中抽象出数学模型来,其挑战性和思考深度大大提高.

② 为了研究正弦型函数的性质,我们需要明确研究内容和研究方法,需要在开放性的环境中选择出较优的研究路径. 诸如"控制变量法""先作相位变换",以及"调动认知基础""提前布置预习""使用信息技术"等,都会在这些"需要明确"或"需要选择"的学术氛围中逻辑地产生出来,确实能驱动教师的精心设计和学生的积极探究.

所以,抓住"正弦型函数有什么性质",就抓住了本课题的中心、主题和主线,就能驱动学生理解数学内容的本质,促进知识生成中的能力形成;就能驱动学生展开深度学习,在解决问题中建构知识、体验思想、积累经验,形成良好的学习习惯;就能驱动本课题四个具体探究活动的展开,并在探究学习中发现问题、提出问题、解决问题,促使教学目标的有效实现. 正因此,"函数 $y = A\sin(\omega x + \varphi)$ 有什么性质"就成了本课题的核心问题,而这个核心问题就为深度学习的实现提供了有力抓手,也为数学核心素养在探究学习中生长提供了现实载体.

(2) 核心问题驱动的特征

基于"教学过程"的文本分析,可以看出本课题的核心问题具有总体统领的关键性、思维引发的开放性、预设生成的两兼性.

① 总体统领的关键性. 这是核心问题的最显著特征, 舍此不能成为核心问题. "函数 $y = A\sin(\omega x + \varphi)$ 有什么性质"的提出, 基于本课题的核心内容和学生的认知水平, 并涵盖教学的重点、难点, 在问题解决过程中处于总体统领的关键性地位. 如上所说, 为了研究正弦型函数的性质, 我们首先需要获得这个函数, 需要明确它的研究内容和研究方法, 需要在开放性的环境中选择出较优的研究路径来. 因此, 这个问题确实能够统领课堂教学的全局、引导学生的积极思考, 具有核心驱动的功能.

② 思维引发的开放性. 由于核心问题抓住了课题的本质内容, 涵盖了教学的重点、难点, 因而总体格局和思考空间都比较大(大格局、大空间), 问题的探究性和策略的选择性都比较强(大方向、大平台), 表现出思维的挑战性和开放性. 首先是建立圆周运动中的坐标系有开放性, 需要充分利用图形的对称性和尽量使已知条件多取 0 和 1; 同时, 从函数 $y = \sin x$ 到函数 $y = A\sin(\omega x + \varphi)$ 的变换途径更有开放性. 其实, 情境的创设也是有开放性的, 课本上的筒车是一个情境, 但是这个情境没有呈现圆周运动与直线运动的合成, 正弦曲线的具体形象还需要思维的想象和操作的加工, 这方面的思考请参见文献[3].

③ 预设生成的两兼性. 核心问题是教师根据课题的内容本质和学生的认知水平在课前预设的, 它提供了探究的大方向和活动的大平台; 进入课堂后, 是在师生的交互作用下呈现的、并以问题系列(或问题串)的方式展开的, 必然会因人因事而发出追问、反问, 还会因课堂的实际情况做出调整, 表现为活跃的课堂生成. 因而核心问题驱动具有预设与生成两兼性的特征. 这方面的情节大家都有目共睹.

2.2.2　系列问题展开的认识

(1) 系列问题

徐老师将其叫做"问题串"(也有叫"问题链"的), 它是在"核心问题"的统领下、层次递进的一系列问题, 用以展开课题全程的自主性和探究性学习.

① 本课题的"系列问题"表现为课前发到学生手里的"学习清单", 这个清单包括在"核心问题"的统领下的两个层次的"系列问题", 第一层次是问题 1 至问题 9, 第二层次是这些问题之下的小问题①、②、③……

② 本课题中最典型的系列问题是对参数 φ 变化的研究(参见课例中的 1.2.1). 首先是核心问题: 函数 $y = A\sin(\omega x + \varphi)$ 有什么性质? 然后是核心问

题统领下的第一层次"问题 4、问题 5":提出"探索 φ 对函数 $y = A\sin(\omega x + \varphi)$ 图像的影响"的任务. 再下来是第二层次的小问题①—⑧,借助圆周运动,由特殊到一般研究出 φ 对函数 $y = A\sin(\omega x + \varphi)$ 图像的影响,不仅获得明确的结论,而且总结出此类问题的研究思路(见图 3),为另两个参数的研究提供了经验.

(2) 系列问题展开的特征

由上面的介绍可以看到,"系列问题展开"是数学教学中环绕中心问题、进行渐进式设问而形成的一连串问题,具有问题组织的逻辑性、有序层次的关联性、主体主导的结合性.

① 问题组织的逻辑性. 系列问题是依据教学内容、学生认知,并环绕核心问题有目的设计的(不是随意散乱的),它实际上是内容结构的一种组织形式,并通过学生便于探究的问题呈现出来. 因而,它既自然具有数学知识的内在结构,又努力接近学生学习的心理结构,表现出问题组织的逻辑性.

② 有序层次的关联性. 教师在设计系列问题的时候,是将核心问题落实为具有系统性、层次性和明确目标指向的问题系列,使之成为学生自主探究的思维路标和方向导引. 核心问题及其问题系列之间是有序的、关联的、思路清晰的,其中的每个问题都围绕各自目标承担独立的功能,又服务于上位问题和总体教学目标,表现出有序层次的关联性.

③ 主体主导的结合性."系列问题展开"注重以学生为中心的探究活动,让学生在独立思考的基础上展开师生互动和生生互动,获得问题的解决,这凸显了学生的主体地位. 但核心问题的把握和系列问题的设计,以及问题展开中的调控等都离不开教师作为整个学习的组织者、促进者的作用,这又凸显了教师的主导作用. 所以,"系列问题展开"必须是学生主体地位与教师主导作用的有机结合,缺一不可.

2.2.3 高密度、快节奏的边讲、边练、边问、边答的教学活动

与"核心问题驱动,系列问题展开"相匹配的,我们还能看到课堂上是:高密度、快节奏的边讲、边练、边问、边答的教学活动. 教师语言流利,快人快语,这么难的课题、这么多的内容,三十多分钟就搞定了;学生水平很高,快手快脚,很快就得出正确答案,第一名学生两分钟就构建起函数,几十名学生的回答,方向都是对的(有"滴水小漏"). 鉴于篇幅的关系,这个问题不做展开,仅谈两点一般性

的认识.

（1）中国的中学数学课堂教学一直致力于用"启发式"改造讲授法,产生中国式的"有意义接受学习",到 20 世纪 90 年代,用高密度的边讲边问取代教师一讲到底已经成为课堂教学的重要方式.新课改之后,师生互动更加多样化了,动手实践、小组讨论、合作交流普遍展开,谈话式的提问发展为"高密度的边讲、边问、边练、边答",教学节奏"小步、多练、快进"成为一种新常态.

我这几年听课所看到的,基本上都是"小步、多练、快进",这节课也是通过"师生对话、生生对话"来快节奏开展探究活动的,也是通过教师的启发讲解和巡视指导来体现学生主体地位与教师主导作用的结合的.如上所说,全班学生都参与了全程教学活动,有 23 人次做了个别发言,另有更多的同学齐声集体回答,课堂活动很活跃.

（2）值得注意的是,这种教师主导下的快节奏探究,较少出现学生主动提问的情况（主要是"师问生答"或"任务清单"填空）,也难免教师对开放情境的"控制".我的思考是:除了单纯的"师问生答",可否启发学生来提出问题?

3 展开研修:探讨相关问题

（提要:在看懂课例做了什么、怎么做的、做得怎么样的基础上,就课例相关的方方面面提出一些问题,展开重点的研讨,从中提升理论修养,提高教学技能,增强教学胜任力.课例研修不应是"空对空"的"纸上谈兵",而应该是"实对实"的"行动研究".）

在"回顾教学过程"和"分析主要特点"中我们已经通过插话的形式提出了一些与本课题相关的问题,趁此机会,可以部分地扩展到整章的范围来展开研修.当中有的点到为止,让大家思考讨论;有的上面已经说过,不再重复;有的会谈我的个人看法;有的仅限于教师掌握;有的可以进入课堂.

3.1 关于课题的研修

主要讨论本课题的教学性质、教学目标、教学重点、教学难点,也会涉及认知基础.

3.1.1 教学性质的认识

备课的首要工作是熟悉教学内容、认定教学性质.我们常说"这节课是概念课",其实就是说这节课的教学性质是"概念教学";我们又说"这节课是定理课",其实就是说这节课的教学性质是"定理教学".同样的,还常常有"性质教学""法则教学""解题教学""原理教学"(如加法原理和乘法原理)"方法教学"
(如数学归纳法)等.

(1) 教学内容

在《普通高中数学课程标准(2017 年版 2020 年修订)》中有两处涉及本课题
内容(第 22 页):

① 结合具体实例,了解 $y = A\sin(\omega x + \varphi)$ 的实际意义;能借助图像理解参
数 ω,φ,A 的意义,了解参数的变化对函数图像的影响.

② 会用三角函数解决简单的实际问题,体会可以用三角函数构建刻画事
物周期变化的数学模型.

因为本课例是第一节课,所以"会用三角函数解决简单的实际问题"留待后
续课,相应教材主要落实了两点:建立正弦型函数 $y = A\sin(\omega x + \varphi)$,并开始研
究它的性质.

(2) 教学性质

因为这节课的主要内容是研究函数 $y = A\sin(\omega x + \varphi)$ 的特征,因此,课题
的教学性质应该属于"函数性质的教学",如同幂函数及其性质的教学、指数函
数及其性质的教学、对数函数及其性质的教学、三角函数及其性质的教学等一
样,但这次情况复杂多了,研究的是一个复合函数的性质(30 年前的"数学"课本
第四册还有"复合函数的导数"). 既然本节课的知识目标是研究函数 $y =
A\sin(\omega x + \varphi)$ 的性质,那么,具体研究什么性质呢?

(3) 函数性质

事物的性质是指事物本身所具有的、区别于其他事物的特征. 对于函数而
言,就是研究因变量随着自变量的变化呈现出怎样的变化规律(包括变化中的
不变性),主要指如下几种特性:

①定义域;②值域(会涉及有界性或极值);③单调性;④奇偶性;⑤周期性;
⑥特殊点(最高(低)点,与坐标轴的交点,不变点,如点 $(0, 1)$ 就是指数函数 $y =
a^x$ 图像上的一个不变点);⑦其他方面(包括函数图像和运算性质,比如指数函
数满足 $f(x)f(y) = f(x + y)$).

说明 1: 有一种观点认为,函数的定义域、值域本应属于"函数定义"的范围
(而不属于函数的性质),但为了完整认识一个函数,也可以将其集中到"函数的
性质"上来.

说明 2：中学里认识函数的性质总是"数形结合"地作出图像来研究，图像的增减性就是函数的单调性；图像关于原点或纵轴的对称性就是函数的奇偶性；图像周而复始重复出现就是函数的周期性；图像的最高（低）点就是函数的最大（小）值；对不同的 a，函数 $y = \log_a x$ 的图像都经过点 $(1, 0)$ 就是一个不变点.

说明 3：函数 $y = A\sin(\omega x + \varphi)$ 与已经研究过的函数一样，遵循函数研究的基本内容和基本方法.

3.1.2　教学目标的认识

（1）徐丹老师制订的学习目标

① 结合具体实例，了解 $y = A\sin(\omega x + \varphi)$ 的实际意义.

② 能借助图像理解参数 A，ω，φ 的意义，了解参数变化对函数图像的影响.

③ 通过探究参数 A，ω，φ 对函数 $y = A\sin(\omega x + \varphi)$ 图像的影响，进行数学思想方法的学习，培养自己具有利用数学思想方法分析和解决问题的意识，感受数学源于生活而又服务于生活的理念，增强自己战胜困难的意志品质.

可见，徐丹老师对课标的理解和对教学的落实是到位的（参见上面的"回顾教学过程"）.

（2）"素养导向"背景下的教学目标

课标和教材都不可能明确给出每一节课可以渗透哪些数学核心素养，这是留给教师教学创造的一个广阔空间，也是测验教师水平的一份重量级的考卷，教研活动、备课思考都要关注每一具体课题中隐含有哪些数学核心素养，这是一个值得研修的重要课题. 如上所说，我认为"函数 $y = A\sin(\omega x + \varphi)$"首先隐含有四个数学核心素养：数学抽象、数学建模、直观想象、逻辑推理，后续课还会有数学运算（大量的三角变形和计算）. 因此，在"素养导向"的背景下（文献[5]认为按"三维目标"来写教学目标已经过时），我们可以尝试给出落脚于"数学核心素养"的教学目标，具体如下：

① 以筒车实例提供周期现象的情境，组织学生进行自主探究，经历提炼正弦型函数 $y = A\sin(\omega x + \varphi)$ 的过程，感悟数学抽象和数学模型的数学核心素养.

② 以质点圆周运动为载体，组织学生"从特殊到一般"，理解参数 A，ω，φ

的意义,探究参数 A, ω, φ 的变化对函数 $y = A\sin(\omega x + \varphi)$ 图像的影响,体现函数思想、化归思想,感悟直观想象和逻辑推理的数学核心素养.

③ 通过问题牵引的全过程探究活动,提高学生从数学角度发现和提出问题的能力、分析和解决问题的能力;提高学生数学表达和交流能力;促进学生数学学习兴趣与良好学习习惯的养成.

3.1.3　教学重点的认识

这里说的重点,包含课程重点和课堂重点两个层面.

(1) 课程重点

为什么"函数 $y = A\sin(\omega x + \varphi)$"会是高中数学内容中的一个重点呢? 这可以从三个方面去理解.

① 函数是高中教材的一个重要主题,三角函数是高中函数主题中的重要内容,其所占的篇幅和时间比其他基本初等函数所占的篇幅都多、时间都长;而函数 $y = A\sin(\omega x + \varphi)$ 又是"三角函数"专题的重中之重. 三角函数作为基本初等函数的一种,不仅是初中锐角三角函数的延伸,更是高中数学从新的角度认识函数、认识周期现象的重要数学模型. 以前学过的函数都由代数运算来体现一个变量到另一个变量的"对应",而三角函数是由角(弧度)到比值(不变量)的对应,无法用代数运算来体现,抽象多了.

② 以前学过的基本初等函数都没有周期性,三角函数是研究生活中非常普遍的周期现象的一个重要的数学模型和一个有力的数学工具,而函数 $y = A\sin(\omega x + \varphi)$ 又比函数 $y = \sin x$ 更具一般性,从而在物理学、天文学、测量学以及生产、生活中有着更广泛的应用,它还是进一步学习其他相关知识和高等数学的基础.

③ 从三角问题本身看来,最关键的有三种运算:改变角(化异角为同角),改变函数名称(化异名函数为同名函数),改变运算方式(消除加、减、乘、除以及升降幂等运算方式上的差异). 这三种改变常常都是手段,其目的是将问题"正弦化",转换为 $y = A\sin(\omega x + \varphi)$ 的性质来解决,从而"转换为 $y = A\sin(\omega x + \varphi)$ 的性质",也常常成为三角运算里面关键的一步. 每年的高考题都至少有两道三角题,其中常常有一道与函数 $y = A\sin(\omega x + \varphi)$ 相关.

(2) 课堂重点

对于本课题,通常认为教学重点是"函数 $y = A\sin(\omega x + \varphi)$ 的性质",但这几乎包括了整堂课,在具体的研究进程中,对三个参数 A,ω,φ 其实是没有、也无须平均用力的,一线教师大都把"φ 对函数 $y = A\sin(\omega x + \varphi)$ 性质的影响"放在首位,因此,这节课的教学重点是"参数 A,ω,φ 对函数 $y = A\sin(\omega x + \varphi)$ 性质的影响,特别是参数 φ 对函数 $y = A\sin(\omega x + \varphi)$ 性质的影响".教学的高潮应该设计在"参数对函数 $y = A\sin(\omega x + \varphi)$ 性质的影响"上.

3.1.4 教学难点的认识

什么是教学难点?难点是指学生试图以自身已有的知识经验对数学知识信息、思想方法等进行思维加工时,未能正确地解释或建构其意义,在思维过程中出现断层,从而不能把新的学习内容正确地纳入已有的知识结构的一种认知状态.实践表明,教学难点通常出现在新概念、新方法甚至新符号上,表现为数学思想的迅速丰富和大步跳跃.因此,教材难点可以认为是数学思想比较抽象、较为复杂或坡度较陡的一种表现.关于"函数 $y = A\sin(\omega x + \varphi)$"的教学难点,可以从课程和课题两个层面来做分析.

(1)课程层面

为什么"函数 $y = A\sin(\omega x + \varphi)$"会是高中数学内容中的一个难点呢?这可以从三个方面理解:

① 函数思想体现较为抽象:三角函数是中学所学函数中对应关系最为抽象的一个函数.这主要表现在"对应关系比较隐蔽"和"自身性质比较复杂"上.

函数概念本来就比较抽象,但此前初中研究的一次函数、二次函数、反比例函数,高中研究的幂函数、指数函数、对数函数都有加、减、乘、除、乘方、开方或幂的运算及其逆运算来呈现"从变量 x 到变量 y"的对应,而三角函数呢?它的原型是锐角三角形中锐角与相应边比值的对应(对边比斜边为不变量),本质是任意角集合与一个比值集合之间的映射,这个映射无法用自变量有限次加、减、乘、除、乘方、开方或幂的运算来表示,因此,引进了一个新的符号 $\sin$ 来表示变量的对应.

而且,三角函数还在单调性、奇偶性的基础上增加了周期性,所以三角函数是抽象函数概念中更为抽象的一个.而函数 $y = A\sin(\omega x + \varphi)$ 又是正弦函数 $y = \sin x$ 的复合函数,因而函数 $y = A\sin(\omega x + \varphi)$ 的图像与性质就比函数 $y = \sin x$ 更显抽象和复杂了.

② 数学建模操作比较困难:三角函数是中学所学函数中建立表达式最为

困难的一个函数. 这主要表现在"两层次抽象"和"三维度推广"上.

首先是建立正弦函数 $y = \sin x$ 时经历了两次抽象,第一次是由现实情境从空间形式上抽象出具有周期现象的匀速圆周运动;第二次是将这一物理模型进行数学化、再从数量关系上抽象出正弦数学模型 $y = \sin x$.

其次是对正弦函数 $y = \sin x$ 做三个维度的推广:振幅由 1 推广为 A ($A > 0$),角速度由 1 推广为 $\omega (\omega > 0)$,初相由 0 推广为 φ,这比当初建模 $y = \sin x$ 的难度又有所提高. 学生需要全面分析圆周运动中与质点(盛水筒)运动相关的有哪些量(涉及圆的半径 r、角速度 ω、初始位置 φ、时间 t 和圆心角 $\alpha = \omega t + \varphi$ 等);还要分清哪些是常量、哪些是变量,变量中哪个是自变量、哪个是因变量. 在此基础上建立恰当的坐标系,寻找坐标系中动点 $P(x, y)$ 的等量关系(涉及点 P 还可以由半径 r 和圆心角 α 来表示). 这当中,虽然有当初建模 $y = \sin x$ 的经验可供借鉴,但情况复杂多了,困难也大多了.

③ 坐标系的建立较为复杂:三角函数是中学所学函数中建立坐标系最为复杂的一个函数. 这主要表现在课题中出现了两个相关的坐标系.

一个是对圆周运动建立坐标系抽象出三角函数,另一个是对三角函数建立坐标系画出三角函数的图像. 并且这两个坐标系中的纵坐标是关联的(自变量的符号或含义会有区别),这种关联性反映了旋转运动与直线运动的关联,但所提供的情境只有旋转运动,缺少直线运动. 因而,学生常常对两个坐标系感到费解,在这两个坐标系中说明事情的时候,常常词不达意并符号混乱,构成难点.

(2) 课题层面

本课题包含两件基本工作:得出正弦型函数 $y = A\sin(\omega x + \varphi)$,并研究它的性质,这两方面都会有难点.

① 就得出正弦型函数 $y = A\sin(\omega x + \varphi)$ 而言,存在上面所说的建系难和建模难.

首先,建立坐标系有开放性(可能有的学生会以过圆心的水平直线为 x 轴,有的会以表示水平面的直线为 x 轴等),相应的函数解析式各有不同,其研究难度会有区别. 其次,建立函数模型涉及多个数量,哪些有用、哪些没用? 哪些是常量、哪些是变量? 它们之间存在什么等量关系? 等等,都需要深入思考,统筹安排.

② 研究参数 A,ω,φ 对函数 $y = A\sin(\omega x + \varphi)$ 图像的影响时,存在参数

多、关系复杂的实际困难.

函数 $y = A\sin(\omega x + \varphi)$ 中的每一个参数 A，ω，φ 都会对函数的图像和性质产生影响，存在三种变换：相位变换（把函数图像上的所有点向左或向右平移得到新图像），周期变换（把函数图像上所有点的横坐标缩短或伸长（纵坐标不变）得到新图像），振幅变换（把函数图像上所有点的纵坐标伸长或缩短（横坐标不变）得到新图像）.并且三个参数 A，ω，φ 既影响曲线的形状，又影响曲线的位置，内部关系比较复杂、较为隐蔽：A，ω 影响"形变"，φ 影响"位变"；A 影响值域，ω 影响周期.

③ 教学策略多样开放，需要进行优化选择.

首先是建立圆周运动中的坐标系有开放性，需要充分利用图形的对称性和尽量使已知条件多取 0 和 1，所以选择圆心为原点 $(0,0)$，选择过圆心的水平直线为 x 轴.

更重要的多样开放是从 $y = \sin x$ 到 $y = A\sin(\omega x + \varphi)$ 的变换有 6 种途径：

$$y = \sin x \rightarrow y = \sin(x + \varphi) \rightarrow y = \sin(\omega x + \varphi) \rightarrow y = A\sin(\omega x + \varphi),$$
$$y = \sin x \rightarrow y = \sin(x + \varphi) \rightarrow y = A\sin(x + \varphi) \rightarrow y = A\sin(\omega x + \varphi),$$
$$y = \sin x \rightarrow y = \sin\omega x \rightarrow y = \sin(\omega x + \varphi) \rightarrow y = A\sin(\omega x + \varphi),$$
$$y = \sin x \rightarrow y = \sin\omega x \rightarrow y = A\sin\omega x \rightarrow y = A\sin(\omega x + \varphi),$$
$$y = \sin x \rightarrow y = A\sin x \rightarrow y = A\sin(x + \varphi) \rightarrow y = A\sin(\omega x + \varphi),$$
$$y = \sin x \rightarrow y = A\sin x \rightarrow y = A\sin\omega x \rightarrow y = A\sin(\omega x + \varphi).$$

学生画树状图都能找出来，但没有实际经验去判断哪种途径比较方便.通常认为，先作相位变换，再作周期变换，最后作振幅变换，不容易出错.本课例也采用这一研究路径.

（3）难点的化解

教材难点的突破，首先应该是数学思想的突破，比如为抽象的数学思想提供具体直观，对较为复杂的数学思想进行分解简化，而坡度较陡的数学思想则设置拾级登高的阶梯.总之，要自觉地、居高临下地从数学思想的高度去分析每一个教学难点的内在规律，寻找各自的主要矛盾和矛盾的主要方面.再根据教材和学生的具体实际，设置因课题而异、因班级而异的实施方案.结合本课题，可以考虑三个技术措施.

① 充分调动认知基础. 比如对于获得函数 $y = A\sin(\omega x + \varphi)$ 而言, 可以调动物理知识和单位圆知识作为认知基础, 并调动获得正弦函数 $y = \sin x$ 的研究经验. 在研究参数 A, ω, φ 对函数 $y = A\sin(\omega x + \varphi)$ 图像的影响时, 首先可以调动数形结合地研究正弦函数 $y = \sin x$ 图像的经验; 同时调动学生初中研究参数 a, h, k 对二次函数 $y = a(x - h)^2 + k$ 图像影响的学习经验, 提取出"控制变量法"来.

② 合理组织教学过程. 教师通常采用的办法是列出分解难点的程序化提纲, 作为预习(或学案)提前布置给学生, 提纲中还设计好(或暗示了)坐标系的建立. 要注意的是, 这种做法会有"程序教学法"的优势, 也会有"程序教学法"的局限(把学生带上公共汽车, 美其名曰"学生自己到达终点").

③ 科学使用信息技术. 教师利用多媒体构建动态环境, 可以方便快捷地作出图像, 实现"参数变化对函数图像影响"的可视化、动态化和可操作性. 徐老师使用信息技术呈现三个参数 A, ω, φ 对函数 $y = A\sin(\omega x + \varphi)$ 图像的影响, 确实具体直观、效果良好.

3.2　关于课例的研修

研修涉及课例的引进、提问、思想方法和建议, 有 10 个方面的问题.

3.2.1　关于课题的引进

这里提出两个问题来研修.

(1) 复习提问. 关于课例没有进行例行的复习提问, 我估计徐老师主要是"为了保持研究三个参数的完整性, 需要压缩模型引入的时间", 自然也把"复习提问"压缩了. 不过, 我想还有一个原因就是对"复习功能"的认识不足. 我认为, 开课复习可以有两个功能: 其一是温故知新, 其二是引发"认知冲突", 导出新课. 比如说:

① 通过复习"函数 $y = \sin x$"的构建和性质, 可以强调它的函数本质和建模思想, 提高学生的认识, 提供语言的规范, 也为化解课题的"建系难""建模难"提供知识基础和经验基础. 就是说, 通过复习调动认知基础, 也为突破难点做必要的准备.

② 复习完"函数 $y = A\sin x$"的构建和性质之后, 在学生感到心理平衡的时候提出: 你能够进行什么样的推广(启发学生作"三维推广"), 引发学生的"认知冲突", 一般性的筒车情境也水到渠成了.

如果怕时间不够,可以"割爱"删去最后的"诗朗读"(保留在"任务清单"里),腾出一分钟来复习提问,毕竟引发认知冲突和调动认知基础有更高的学术价值.

(2) 关于"学生1"用两分钟完成函数 $y = A\sin(\omega x + \varphi)$ 的关键点,时间短不短? 孤立地看,这么重大的一件事只用两分钟时间确实有点短,但从整体看,是可以的,有三点理由:

① 已经有构建函数 $y = \sin x$ 的知识基础和经验基础,其基本过程是类似的.

② 已经有"任务清单"的提前预习,"学生1"用两分钟时间解释的是"任务清单"的"结果",不是真正的探究过程,也没有进行规范严谨的书写,时间是比较节省的.

③ 更重要的是,函数的构建并没有随"学生1"发言的结束而结束,后面对 A, ω, φ 三个参数的研究依然在使用类似的模型和进行类似的分析,所以函数的构建并不止两分钟,后面还有不断强化的机会.

所以,我理解徐老师的时间安排. 但是,对"学生1"的发言,是不是就可以随着同学们的"掌声"和"叙述得特别清楚"的肯定而结束呢? 这就是涉及提问的组成.

3.2.2 关于提问的组成

这里提出三个问题来研修.

(1) 提问后,教师对"学生的回答"可以做点什么? 我认为,完整的提问工作应该由"问、答、评"三个环节组成(而不是仅有"问、答"),还可以做三件事:

① 要肯定学生回答得"对不对". 这个大家都很清楚,遇到"不对"或"不够完善"的地方都会中间加以追问(徐老师就有多次追问),或等学生说完之后再作启发性的互动. 在提问中师生可加互动的例子,可参见对学生4、学生18、学生19 的插话,你会进行怎样的指导?

② 要点评学生回答得"好不好",学生可能大体正确,但语言不够完整、不够规范(有"滴水小漏"),教师要帮助学生完善. 通常教师还要用规范严谨的语言复述一遍完整的结论,不要用学生的回答代替教师应做的工作. 事实上,在上述课例的描述中,我已经对"学生1"的语言做了一些"完整性"的组织.

③ 要给予学生积极的评价. 所以现在的课堂常常有"鼓掌"和"很好""特别

好"等的赞扬,要注意的是,无论是赞赏还是批评,都应该是"对事不对人",避免把学生的一次行为联系上学生的个性品质,避免将当事者与其他同学作比较性评价.徐老师对"学生1"的正确回答说"叙述得特别清楚",就是"对事"而言的.

(2)既然本课提前发了"任务清单"(有助于学生自学能力的培养),那么,如何体现它与"没有预习"的区别?比如,课堂上是否可以不满足于获得正确结论,再问一问思路是怎么想到的,遇到过什么困难,怎么克服的?防止把"任务清单"变成既定思路上的提前填空,把上课变成出示填空.我对"学生1"的"插话2"体现了这些考虑(对其他学生的发言也可以发出类似的追问).另外,还可以发动其他同学发言,形成学术研讨的氛围.

(3)除了单纯的"师问生答",如何启发学生也提出问题?

3.2.3 关于思想方法

这里提出三个问题来研修.

(1)如上所说,本课是重视"数学思想方法教学"的,"课题总结"还专门指出四个数学思想方法:从特殊到一般,类比思想,数形结合,转化与化归.但是,本课从头到尾都是讲函数,学生对数学思想方法的感悟首先的和时间最长的应该是"函数的数学思想方法",不知道为什么,课例中没有提到"函数思想".但我相信,虽然缺少教师的明确,学生已经通过具体的活动感受到了,并且,从学生对函数的构建,对 φ,ω,A 的分析中也能看到,学生对函数思想的运用还相当自如.

(2)课堂上反复出现"特殊到一般,类比思想,数形结合,转化与化归",其中有的词小学就出现了,我就想,能不能给这些数学思想方法一个高中生也能听懂、也能掌握的说明.课堂上说,化归就是"用以前的知识经验解决新的问题",在这里,新旧问题的位置没有突出"化归"的特征:将新的问题转化为已经解决或比较容易解决的问题.又如数形结合,天真的误解是(由数到形):代数问题用几何方法解决.再如数学上的"类比",是指这样一种"推理":它把不同的两个(或两类)对象进行比较,根据两个(或两类)对象在一系列属性上的相似,而且已知其中一个对象还具有其他的属性,由此推出另一个对象也具有相似的其他属性的结论,据此,"类比二次函数研究 $y = A\sin(\omega x + \varphi)$"是如何体现类比的?

(3)到底这节课可以渗透哪些数学素养?说四个(数学抽象、数学模型、直观想象、逻辑推理)是否恰当?

3.2.4　两个建议

（1）三角函数是开展单元教学的一个好素材（参见文献［2］），不知徐教师有无这样的安排？若有，可在反思环节介绍，相信很多教师都会感兴趣.

（2）上面说到，三角函数课题既要从圆周运动抽象出三角函数，又要对三角函数作出图像，这里是不是存在旋转运动与直线运动的合成？但是筒车情境只有旋转运动，为了能同时呈现旋转运动和直线运动的情境，文献［3］提供了汽车轮胎情境：高速路上行驶中的汽车，轮胎上的点一方面绕轮轴作旋转运动，另一方面又随同汽车作直线运动，可以呈现直线运动中的正弦曲线轨迹. 显然，学生也一定对汽车比对筒车更为熟悉. 大家是不是可以研究研究？

参考文献

［1］章建跃，李柏青，金克勤，董凯. 体现函数建模思想，加强信息技术应用——"函数 $y = A\sin(\omega x + \varphi)$"的修订研究报告［J］. 数学通报，2015（8）：1-8.

［2］王萍，薛红霞，谢永清. 实行单元教学，探讨数学建模——"函数 $y = A\sin(\omega x + \varphi)$"教学设计、实施与反思［J］. 中学数学教学参考（上旬），2020（1/2）：63-66.

［3］沈威，曹广福. 高中三角函数教育形态的重构［J］. 数学教育学报，2017（6）：14-21,71.

［4］吕天玺. GeoGebra 的使用对函数图像变换学习的影响——以"函数 $y = A\sin(\omega x + \varphi)$ 的图像"为例［D］. 天津：天津师范大学，2019.

［5］章建跃. 为什么说"三维目标"已经"过时"［J］. 中小学数学（下旬·高中），2021（1/2）：封四，24.

第三节　教师发展漫谈

第 1 篇　师范性毕业论文的性质与选题①

高师院校的数学系毕业生,每年都有很多人选写初等数学或数学教育方面的论文,这是师范性的表现.美中不足的是,这种师范性与学术性的统一还不够.很多论文都只是用现成的例子去说明现成的观点,也有报刊资料的简单移植或零散堆砌.真正写出质量、写出水平、写出新意、写出创见的不多.学生的真实能力没能通过毕业论文反映出来.

造成这种状况有学生方面的认识问题,也有教师方面的指导问题.但更为普遍性的恐怕是学生的实际问题,是一些具体困难妨碍了他们真实水平的充分发挥.

第一,初等数学是一块古老的土地,它不像一些新兴学科那样容易找到课题、找到新意、获得成果、取得突破.这是一个不需要夸大就能强烈感受得到的客观存在.

第二,学生虽然天天都在攻读数学,但主要是高等数学,对初等数学的接触相对来说是比较少的.有的同学尽管高等数学的知识增加了很多,数学能力也提高得很快,但是,对初等数学的占有却跟高中毕业时相差无几.学与写存在着明显的差异.

所以,对学生说来,初等数学既是一个比较成熟的领域,又是一个久别而显陌生的朋友,这两方面都是诱发败笔的可怕因素.

第三,学生基本上只有几周实习的教学实践,对数学教学多数还是浮光掠影般的认识,也来不及积累更多的原始素材.因此,写作数学教育论文就容易失之浅薄,流于空泛.

第四,学生第一次写作,既有心理上的障碍,又有时间上的限制,还有一些

---

① 本文原载《数学通报》1987(7):26-29(署名:罗增儒).

写作技术和语言表达上的困难.

彻底解决这些问题需要做长期的工作,这里,我们将从分析毕业论文的性质入手,着重指出师范性毕业论文选题的三个方向和六个策略,以便具体地帮助学生克服实际困难,提高写作水平.

1 师范性毕业论文的三个基本性质

首先说明,师范性毕业论文一般不包括纯高等数学的学术性论文,同时也不限于纯初等数学问题.它的内容是中学数学与中学教学有关问题的综合.撰写师范性毕业论文的基本含义是:应用大学几年所学的数学知识、教育理论去解决初等数学与数学教育问题的一次实践.其中有三个突出的特点.

1.1 考查能力的性质

毕业论文还不是毕业后所进行的独立研究,它依然是大学学习整体中的一个构成部分.从本质上看,毕业论文还没有完全摆脱平时做作业的性质.当然,毕业论文比平时作业有更高的要求、更大的难度、更新的形式(如自选题目,时间也较长等),它的显著特征是考查知识的应用.

一般说来,毕业论文不可能不考查知识,但那主要是平时考试的任务.在这个学习的最后阶段,主要是看学了那么多的知识,训练了那么多的技能,到底能力形成没有? 形成的高低程度如何? 会不会、能不能用来独立解决问题? 这些才是毕业论文所要着重考查的.虽然学生在写作时,只能谈一个侧面、一个典型问题,但在选择题材、搜集资料、分析取舍、组织攻关以及最后成文的整个过程中,却不能不调动自己的全部能力.如同从一滴水去看太阳,一篇短短的毕业论文可以从一个侧面反映出作者的功底.

考查能力的性质,决定了学生在撰写论文时,不要单纯罗列一大堆现成的知识,而要抓住"应用"这个核心.

1.2 模拟研究的性质

能力应用的水平有高有低.对毕业论文的要求应该介于模仿做作业与独立做发明之间.对多数学生说来,这只是一次实际训练,试验一下自己调动知识和能力的本领,熟悉一下自己做研究工作的程序,学会正确提出问题、科学解决问题的方法,为日后做真正的研究工作进行一次有益的、真刀真枪的模拟演习.

这一性质还决定了,学生在撰写过程中,要主动争取教师的指导.

1.3　独自创新的性质

尽管毕业论文的学术水平通常不会有很大的突破,但对学生说来,依然是做一件没有做过的新工作,依然有研究的性质,依然带创新的成分. 应该让学生明白,第一,发现并不局限于指揭示人类尚未揭示的东西,它还包括自己独立地认识那些自己尚未认识的东西;第二,根据学生的知识和能力,居高临下地去发现初等数学的某些方面并不是不可能的,对数学教育学的建设直接添砖加瓦也是完全可以的. 一些有成就的学者,正是从毕业论文开始自己一生的研究方向,他们所开拓的领域,所获得的成功,常常可以在学生时代找到原始的构想和朦胧的雏形.

深刻了解工作的性质,就能在具体的进行中,始终方向明确,策略对头.

2　师范性毕业论文选题的三个方向

选题就是提出问题,搞研究的人都深感,善于提出问题等于科学解决问题的一半.

学生经过几年大学学习,知识丰富了,能力提高了,这是一个有利因素. 但也存在不利因素. 如上所述,学的是高等数学,写的是初等数学;学了教育理论,缺少教育实践. 这就形成学与写、理论与实践的矛盾. 扬长避短的考虑是,发挥学了几年高等数学、学过教育理论的优势,寻找矛盾的同一性,从战略的角度把握住三个基本方向.

2.1　从高等数学出发,应用高等数学的知识和能力,高观点处理初等问题,取得初等问题的高统一、新推广、深发展.

容易理解:

(1) 初等数学中的好些已知部分,由于采用的观点高了,方法先进了,是会得到升华的;其中的一些内容,也唯有采用高观点、新方法,才能完成理论上的体系,才能达到结构上的完整,才能获得方法论上的统一. 数系、函数等概念和理论,仅限于中学范围,只能作比较粗糙的、有点松散的处理;而不等式证明、极值求解、解析几何的运动以及更广泛的解题方法,除非从高等数学的思想方法中吸取营养,否则将永远是解题者的个人机智和因题而异的一招一式. 因此,用高等数学的知识去统一初等数学的概念、理论;用高等数学的思想方法去总结初等数学的解题规律;用高等数学的能力去推广初等数学的已知结论和增补初等数学的未知空挡等,都是既有理论水平又有实际价值的课题.

(2) 初等数学中的一些空当,也会由于现代思想的高能量辐射和现代化技术的高效率开发而显现出来. 众所周知,波利亚以初等数学为题材,进行解题方法和数学发现的研究,获得了世界公认的成果. 吴文俊教授研究计算机证明平面几何题,不断涌现新的定理.

2.2 从初等数学出发,应用初等数学的思想、观点和方法,去寻找高等问题的初等处理或实际应用

应该认识到,高等数学的许多基础部分都植根于初等数学,至今,初等数学的各种方法、原理、公式,模型还不断被高等数学所吸收、改造、运用和发展. 另一方面,高等数学的许多专题,又是完全可以初等化、通俗化的. 比如,循环数列、函数方程、母函数、图论、组合数学等不是已经源源涌进中学校园、特别是第二课堂了吗? 从光行最速原理推导折射定律,曾有数学家认为不用微积分是很困难的,然而,人们很快就找到了十几种初等方法(《初等数学论丛》第 3 期P. 86).

有两个堪称世界难题的新事例很能说明问题. 第一是产生质数的公式. 这个问题长期困扰数学界,而不久前找到的却是这样一个初等形式:

$$A = \frac{n-1}{2}\{|[m(n+1) - (n!\ +1)]^2 - 1| - [m(n+1) - (n!\ +1)]^2 + 1\} + 2,$$

若记
$$B = m(n+1) - (n!\ +1),$$

则
$$A = \frac{n-1}{2}[|B^2 - 1| - (B^2 - 1)] + 2 = \begin{cases} 2, & \text{如果 } B \neq 0; \\ n+1, & \text{如果 } B = 0. \end{cases}$$

当 m,n 分别用自然数代入,所得的 A 一定是质数(《数学译林》,1984 年第 3 期).

另一个例子是 *Mordell* 问题的初等方法获解. 关于丢番图方程

$$y^2 = \frac{x(x+1)(2x+1)}{6}$$

仅有两组正整数解 $(x,y) = (1,1)$,$(24,70)$,曾经用椭圆函数和二次域理论给出过复杂的证明. 《科学通报》1985 年第 7 期介绍了初等而简洁的新方法.

2.3 从师范性出发,研究数学教育学问题

建立具有中国特色的数学教育学问题已经提出来了,但还远未解决. 这是一门边缘性学科,涉及数学、哲学、逻辑、教育、心理、教学现代化手段和计算机

科学等多种学科.可以说这是一个学生能够任意选题的无限空间.

　　数学教育界以"三个面向"为指导,研究数学教育改革的理论问题和现实问题,有五个突出的方面,可供毕业论文选题参考.

　　(1)需要研究如何端正教育思想和观点.以往的教育偏重传授知识,不甚重视培养能力,近年来有所转变.为了适应对人才的需要,对于学生不能仅着重于知识和能力的培养,同时还要重视培养学生态度、思想和品格.以往重视系统理论知识的传授,这是必要的.但是近年来对于知识在实践中的应用重视不够,学生动脑、动口和动手的能力不强.为适应四化需要有必要加强实践环节.这些都涉及教育思想和观点的转变,需要认真研究.

　　(2)教学内容的改革也有许多悬而未决的问题.如何根据需要与可能,精选教学内容,更新教学内容.计算机教育引入中学后对原有的教学内容、方法和手段会带来什么影响和变革都需要通过调查研究逐步解决.

　　(3)教学方法的改革具有广阔的领域.改革的目的是提高教学质量和效率,更好地发展学生的能力,培养创造型人才.研究自学辅导方法、单元教学法、发现法、启导法、研究法;用信息论、控制论、系统论的概念和方法研究教学过程,研究思维;开辟"第二课堂"等,都是为了发展学生的自学能力、思维能力、创造能力.这方面有大量工作可做.

　　(4)科学的教育评价也是数学教育研究的一个重要方面.随着数学教育研究从定性到定量的发展,教育评价越来越显示出其重要性.教材的优劣,教学方法的好坏,教学质量的高低,学习成绩的优劣,这些都应建立科学的指标和测定方法.

　　(5)教学手段现代化,特别是计算机辅助教学研究应提到日程上来(参见《数学通报》,1985年第1期,封三).

　　以上说的是师范性毕业论文选题的三个主要方向.此外,还有许多有关问题可以选择,如数学史、数学家、数学美、数学语言、数学期刊、数学竞赛等.

　　九年制义务教育提出来了,师范教育的美好春天来到了.那么,如何实施?怎样迎接? 这些都是毕业论文的好课题.

3　师范性毕业论文选题的六个策略

3.1　题目宜小不宜大

题目有难有易、可大可小,需因人而异.有的学生早些年已选好方向,做好准备,现在要大干一场,这没有什么不好.但对多数人说来,还是"小题大做""以小见大"为宜.题目太大了,功力不足,时间不够,难以完成;涉及面宽了,蜻蜓点水,不深不透,流于空泛.不如题目小一点,观点高一点,格调新一点,讨论透一点.就是说,适当选取一个侧面、一个典型问题谈深谈透,而不要贪大求全,贪多求广.

3.2 论题宜重不宜轻

就是说,选取那些涉及数学或教学中的基础理论、基本观点、重要方法、典型专题的侧面或方面.由于这一切有基本重要性、有全局意义,不仅论文的价值较大,而且也容易四面沟通、八方扩展,有利于能力、才华的充分发挥.换句话说,就要避免选取那些无足轻重的小问题或鸡毛蒜皮的次要枝节.那些小课题,价值不大、思路不宽,不利于真实水平的充分发挥.

3.3 观点宜高不宜低

就是说,对论题的展开,要位置站得高一点,理论性强一点,系统性好一点,规律性多一点.这不是说,一定要点缀高等数学的名词、装饰教育理论的字眼,而是要体现经过大学严格基础训练和系统理论学习的基本功.同样谈解题,有人仅仅停留在就事论事的一招一式上,仅仅满足于现成资料的顺序排列和现成观点的简单注解.而波利亚则揭示出规律性的东西,《怎样解题》《数学的发现》等也成了不朽的世界名著.同样谈数学家,如果加上人才学的观点,探索数学家成长的规律,揭示成才的社会因素,政治的、经济的、文化的基础等,就比平铺直叙的流水账有更高的格调和更深的意境.

3.4 见地宜新不宜旧

就是说,要体现出自己的见解或特点,要反映出时代的新思想、新理论、新信息.不要一点自己的东西都没有,要善于"刻意求新".这里有一个盲目性要注意,别把淘汰了的陈货当作紧俏商品又翻出来.这方面,恐怕就很需要教师的点拨了.

3.5 内容宜熟不宜生

就是说,避免选择自己比较陌生、缺乏基础、兴趣不浓、体会尚浅的课题,而去选那些有准备、有基础、有兴趣、有体会的课题.有的学生平时已经对某个方面积累了心得,搜集了资料,那么就可以立即进行理论上的提炼,观点上的分析,再系统化成文,不要见异思迁.有的学生对教材不熟悉,教法少经验,那就不要硬着头皮去谈教学问题,可以转而谈纯数学课题.有的学生思维的敏感区在几何(代数),那就抓住几何(代数)问题来展开.有的学生综合能力较强,那就可以谈多学科交叉的问题.

3.6　角度宜宽不宜窄

就是说,论据、论点的展开,应该居高临下地多角度、多层次进行.最好能体现不同学科、不同体系、不同观点的对照、转化与沟通.很清楚,不同原理、不同概念的统一,常常导致新学派、新方向的诞生.

4　资料收集和专业报刊介绍(略)

5　写作步骤与成文格式(略)

第2篇　"蜡烛观"的争鸣①

把教师比作"蜡烛"——照亮别人、毁灭自己,我不曾考证过这个观点始于何年、源于何典.反正,在我的老师当学生的时候,人们已经这样说,到了我的学生也当老师的时候,人们还是这样说.这种教师观能够一代一代沿袭下来,不能不看到,它确实反映了广大教师"无私奉献"的品格.但是,教师职业的神圣灵光,是否必然含有自我毁灭的凄凉阴影呢?这值得深思,也需要争鸣.

这种喻说萌发的历史年代,教书匠的地位是卑微低下的.一代人才的成长,常常以教师肉体或事业上的"牺牲"为代价.这时候的"蜡烛观",半是社会对教师职业的同情与敬重,半是舆论对社会流弊的不平与嘲讽.它既歌颂了凄凉"毁灭"的崇高,又表达了崇高"毁灭"的凄凉.如果说,"照亮别人"与"毁灭自己"合起来,恰好是那个历史时期"一介寒儒"的真实写照的话,那么,这种真实既不公平,也根本没有反映出教师职业的实质和由这种实质所体现的真正的崇高和真正的奉献精神.到了今天,我以为,"蜡烛观"就更有明显的消极因素.

首先,它把充满创造性的教学活动理解为单流向的才华输出.这个输出的伟大价值仅仅是教师的才华无私地转移到学生身上.这时,失去创造性的教学就会成为低层次的简单劳作和可尊敬的单向消耗.与其说,这是"有意的歌颂",不如说,这是"无心的贬低".

---

① 本文原载《教育研究》1989(6):41(署名:罗增儒).

其次,"毁灭说"容易产生的另一个消极影响是,把学生成才与教师成才对立起来,似乎教师命中注定就要进行才华的自我埋没,否则就很有点"不务正业"之嫌.

"毁灭说"虽然提倡勇敢而必要的牺牲,而本质上是一种弱者的心理,还常常沦为无所作为的借口.国内外许多发现千里马的"伯乐",本身就是"志在千里"的骏马.而我们的大批同行却迷信"蜡烛",就这样一辈子辛辛苦苦也窝窝囊囊地"死教书、教死书、教书死",逆来顺受,与世无争.这正好给那些轻视知识分子,不愿去改善教师经济、政治待遇的"长官们"找到了道德说教的借口.

虽然"蜡烛观"曾经给寒酸的教师们带来过颇为悲壮的安慰,但从未带来过振奋和激励(实惠自不用提了).在这种压抑的气氛中,"教乐"与"乐教"难以体现,"教苦"与"苦教"却实实在在,难怪今天的青年对教师职业敬而远之,愿当教师的越来越少了.

今天,我们仍然要提倡"照亮别人"的奉献精神,但是,我们决不能以自甘毁灭为代价,更不允许有人以此为借口去糊弄广大教师!

第3篇 中学教师要岗位成才[①]

这些年,人们常常谈论教师的地位,各种改善教师待遇的措施也正在逐步落实.但是,教师地位的进一步提高,不仅有赖于社会对教师职业的理解,而且更取决于教师职业对社会的贡献,取决于教师不断提高本职业的社会价值与学术地位.我曾经设想,如果一夜之间教师的待遇发生了翻天覆地的变化,那么我们的教学水平、教学效果能否在短时间内有突飞猛进的提高? 我反问自己,作为"教师的教师"有专业学者的功底吗? 有教育理论家的修养吗? 有教学艺术家的气质吗? 有青年导师的榜样形象吗? 如果我们不能基本具备这些条件,又怎能问心无愧地面对待遇优厚、地位崇高的教师称号! 所以,我怀疑,当前教师负担重、待遇低、教学设备落后等实际困难,很可能掩盖着教师业务素质与职业效率上的危机.这几年,我在各种场合呼吁,中学教师再也不应该、再也不能够在"照亮别人"的同时"毁灭自己"了,新时化、新观念下的中学教师应该把日常

---

① 本文原载《湖南数学通讯》1995(1):1-3(署名:罗增儒).

教学与进修、科研结合起来,在教书育人的过程中岗位成才.

把教学与写作结合起来,是岗位成才的一个好形式.

1　更新观念,立志成才

把教师职业比作"蜡烛"——照亮别人、毁灭自己,我不曾考证过这个观点始于何年、源于何典.反正,在我的老师当学生的时候,人们已经这样说,到了我的学生也当老师的时候,人们仍还如是说.这种教师观能够一代一代沿袭下来,不能不看到,它确实是从一个侧面反映了教师"无私奉献"的品格,但是,教师职业的神圣灵光是否必然含有"自我毁灭"的凄凉阴影呢?这值得深思,更需要争鸣.

记得二十多年前,我还是一个青年学生的时候,曾经对教师职业中的"毁灭成份"产生过由衷的敬重,但是,当我作为一个中学数学教师年复一年地从讲台走上走下,从而更加了解教师的全部工作和全部价值时,反而对"照亮论"竟与"毁灭论"结成"没有爱情的婚姻"冒出个不可言状的问号.我怀疑,这种喻说在其萌芽的历史年头,教书匠的地位卑微低下,粉笔生涯清苦贫寒,一代人才的成长,常常以教师本人肉体或事业上的"牺牲"为代价,这时候的"蜡烛观",半是社会对教师职业的同情与敬重,半是舆论对社会流弊的不平与嘲讽,它既歌颂了"凄凉毁灭"的崇高,又表达了"崇高毁灭"的凄凉.如果说,"照亮别人"与"毁灭自己"合在一起曾经是"一介寒儒"的真实写照的话,那么,这种真实既不公平,也不适合"人类灵魂工程师"的内涵,更不应该是教师现实的无情重复.今天,笔者正在师范院校当"教师的教师",有责任指出,"毁灭自己"不是"照亮别人"的必要条件,并且简单地"毁灭自己"还不足以"照亮别人".历史的发展越来越暴露出"毁灭论"有碍于中学教师勇敢成才.

首先,"毁灭论"把充满创造性的教学活动理解为单流向消耗才华的简单输出,这个输出的伟大价值仅仅在于教师的才华无私地转移到学生身上.除此之外,教师与学生的教学相长,教师在教学过程中的自我教育、经验积累、学术提高以及更广泛、更深刻的创造意义,通通都不复存在或不值一提了.于是,失去创造性的教学势必成为低层次的简单劳作或可尊敬的单向消耗.与其说,这是对教师工作的有意歌颂,不如说,这是对教师价值的无心贬低.

"毁灭论"容易产生的第二个消极影响是,把学生成才与教师成才对立起来,从而给受过良好教育的中学教师宣布了不需要或不可能成才的轻率判决,似乎教师命中注定要进行才华的自我埋没,否则就很有点"不务正业"之嫌(一些保守的校长,正是这样看待一些才华横溢的拔尖教师的).如果说,哪个单位,哪位领导压制人才应该受到谴责的话,那么自我埋没就怪不得任何人了.从这个意义上说,"毁灭论"有点像无神的宗教,其崇高的教义大口吞食着中学教师的青春、才华、事业心与创造性.

"毁灭论"容易产生的第三个消极因素是,给那些轻视教育的行政官员,提供了迟迟不改善教师工作环境的道德依据,而中学教师的实际困难也就构成了教师成才的重重阻力.

"毁灭论"虽然提倡勇敢的牺牲,但对于教师,在本质上却是一种弱者心理,还常常沦为无所作为与不求上进的借口.国内外许多发现千里马的"伯乐",本身就是"志在千里"的"骏马".而我们的大批同行却迷信"蜡烛",就这样辛辛苦苦也窝窝囊囊地"死教书、教死书、教书死",从他们身上发出的烛泪微光,仅足以照出一些"死读书、读死书、读书死"的庸才、蠢材和奴才.确实,人们又怎能期望连成才勇气都没有的教师去造就人才学生? 又怎能期望毫无研究经历的教师去进行"数学发现"的生动训练呢?

"蜡烛观"虽然曾经给教师们带来过悲壮的安慰,但从未带来过振奋与激励.中学教师应该变"蜡烛"为"航天火箭",它熊熊燃烧把一个又一个卫星送进轨道,而自己的飞行水平也一次比一次更好、一次比一次更高.

2 排除万难,逆境成才

一个立志成才的中学教师要比应付教学的日常教师难当得多,中学教师的成才之路也比大学教师窄得多、陡得多.抛开经济基础、住宿条件、子女就业等严重干扰不说,直接与业务有关的研究环境也常常是"秋天的泥泞、冬天的雪".所以我寄语既"照亮别人",又"发展自己、造成自己、完善自己"的中学同行,要清醒看到并勇敢克服下面三个主要困难.

2.1 负担太重,缺少时间

大学教师明确规定有进修和科研的任务,在教学安排中亦已作了考虑.但是,中学数学教师的日程却是密密麻麻地排满了教学任务.平均每天都有1—3节课,都有不下几十份的作业,大都还有班主任的管理任务,一般说来,业务水平越高,工作负担就越重,留下从事进修和科研的时间就越少(鞭打快牛).个别中学教师的研究成果,其实是生命的透支,最典型的例子莫过于包头九中的陆家羲老师,他解决了组合数学的世界难题,却英年早逝.

根据笔者在中学的切身体会,解决"负担重、时间缺"的问题,主要应抓好两条:

(1) 把教学与研究结合起来;

(2) 科学安排时间.

有的教师离开《教学参考书》就教不下去了,还有的教师去年的教案可以原封不动拿到今年来讲,更有甚者是天天与麻将为伴. 对于他们,教学与研究是彻底分家的,除了"没有时间"的深深埋怨之外,剩下的就是"一事无成". 他们在申报"高级教师"时所提供的论文,与其说是成果,不如说是笑柄.

相反,如果你能认识到教学本身就是一个创造的天地,就是一个研究的课题,就是一个写作的园地,那么,每节教案你都可以作为小论文来写,每一本作业你都可以作为原始数据来处理,你就能钻研教材不忘为课程论作出贡献,上课便成了你讲授艺术展示与成熟的舞台. 如此等等,一个个教学任务就变为了教师成熟、成才的一级级阶梯.

有一些中学教师写信问我,"时间从何而来?"我建议他们坚持写上两周"工作记录",每半小时记一次干了什么,然后回过头来分析一下就会发现,有的时间是白白浪费的,有的消耗是可以避免的,有些安排是可以合并的……总之,一天写上几百一千字的时间是有的.

记得我教中学最忙的时候,曾带高一、高二(高中两年制)、补习班,另兼电视大学的辅导,一年下来还能登稿十二三次到二三十次. 这说明,困难是真实的,但不能把我们压垮.

事实上,时间对于每一个人都是常数,教师的研究工作搞得越深入,业务水平越高,备课的效率就越高,从而腾出来的时间就越多,这是一个良性循环.

利用零碎时间积累素材和卡片,利用星期天备好一周的课,利用一个晚上写二三千字的短文,利用假期写长文,这就是我教中学时的一点经验.

2.2　资料贫乏,缺少课题

中学教师缺少参加学术会议的机会,由学校提供的资料也很有限. 但是,中学教师通过订阅邮局发行的报刊获得资料并不困难,通过远距离的通信、近距离的互访进行学术交流也很容易. 所以资料只能吓唬"常立志"的无志之人,而绝挡不住"立常志"的有志之士. 我在一个山区教中学的时候,订齐了全部中学数学报刊,建立起小规模的家庭资料库,不是缺乏资料,而是"看不过来".所订阅的几十份报刊亦全都成了我发表文章的园地.

至于课题,那是有层次的,可以根据自己的实际情况,或进行教学研究、或进行解题研究,或进行方法研究,或进行思维研究,或进行竞赛研究,或进行考试研究.从中学教学的实际中提炼问题并研究解决是一个大方向,是一个永不枯竭的源泉.在这方面,中学教师比大学教师有更多的实践优势与实验条件.

至于课题选取的一些具体经验,请参阅文后的参考资料.

2.3 层次不高,缺少水平

从总体来看,中学教师的工作层次、研究能力确实比大学教师低,但从个体看,许多中学教师并不比大学教师缺少才华,而仅仅是缺少机会.在大学毕业的时候,中学教师与大学教师基本上是处在同一起跑线上,仅仅由于中学教学的环境和"蜡烛观"的限制,才使中学教师与大学教师拉开了距离.然而,中学教师依然占据着身处教学第一线的优势.我要说,第一线这是最伟大的学校,这是最宏伟的实验室,这是最有效率的摇篮.

还想指出,大数学家费尔巴哈、格拉斯曼、魏尔斯特拉斯、勒贝格、巴拿赫等都是中学教师出身,我国第一批理学博士中,中学教师出身的大有人在;在我国数学教育的知名学者中,更可以找出一大批人具有中学教学的经历.陕西师范大学原校长、有突出贡献的优秀数学家王国俊教授,1958 年大学毕业后当了 20 年中学教师;包头九中物理教师陆家羲还解决了组合数学的世界难题……这些古今中外的例子说明,中学教师出身的数学家、教育家的长长行列中永远不会打上句号.

陕西师范大学数学系 1983 年的毕业生安振平,参加工作没几年就跻身初等不等式研究的前沿,并已成为国内年纪轻轻的高级教师、特级教师.这是中学教师努力成才的一个生动例子.

我甚至认为,不能只有个别人成才,我们每一个中学教师都应该争当教育科学家,成为名副其实的人类灵魂工程师.众所周知,训练昆虫动物,培育庄稼花草都有世界一流的学术成果,那么,训练人、培育人的教师工作又怎能不出博士论文?不管从哪个角度上说,人都要比其他动物、植物高一个层次.

3 照亮别人,岗位成才

我非议"蜡烛观",并且认为这种宣传、这种实际会使才华横溢的青年对教师职业敬而远之,但这并不是说,教师不要去"照亮别人",光顾自己混文凭、谋职称、写论文、捞外快.人本来就应该有点精神,哪一种职业也都离不开奉献(其实,护国卫士和人民公仆都比教师作出更多的自我牺牲).问题在于,学生成才与教师成才应该也完全能够相辅相成,而不应该用一方去消灭(或代替)另一方.无论是"名师出高徒",还是"高徒捧名师",都承认名师与高徒之间有正相关.

更要看到,随着社会的发展、知识的更新、教学观念的改革,中学教师如果不努力进取是越来越难以"照亮别人"了.我们的一些高级教师现在都有一块心病,那就是害怕优秀学生拿些数学竞赛题来请教,还有更多的高三名牌把关老师,不敢与刚上大学数学系一年级寒假回来拜访他的学生谈数学.这些现象不应该再继续下去了.

著名科学家钱伟长说过:教师不仅要进行教学工作,而且还要进行科学研究和学术创新的工作.教学工作是教师的天职,但是那些只进行教学工作而不进行科研学术工作的教师,往往把知识看成是死的和没有发展的材料,在教学中只能做到教死书的水平,缺乏发展观点,从而贻误青年.只有那些在科研和学术工作中奋勇前进,在第一线冲锋陷阵的教师,才能通过自己身临其境的创造经验,把知识讲活,培养有创造力和有发展观点的青年接班人.

1986 年,中、美两国大学校长探讨关于教学与科研的关系时,基本一致的观点是:一个好的教师应当既搞教学又搞科研,而他的学术水平应当由科研水平来衡量.这一原则,对中学教师也有指导意义.

所以,我赞成中学教师"教学、进修、科研三兼顾"、"教书、育人、成才三结合".并且认为,这有三个方面的作用:

(1)提高教师的素质;

(2)提高教学的效果;

(3)提高教育的价值.

经验一再表明,写作是教师、特别是青年教师自我提高的一个好办法、好途径.

有的同行,对成才抱绝对的态度,认为只有取得国内外领先水平才算成才.其实,人才也是分层次的,能够在日常教学中提炼出"数学教育学"的理论成果,能够在解题研究中总结出一些本质的思想、一些基本的规律,能够大面积提高教学质量;能够发现和培养一批数学尖子或未来科技领袖,如此等等,无疑都是中学界的人才.再说,中学教师冲刺世界水平也不是不可能的.我确实希望,中学同行们都能具有:

(1) 数学解题专家的功底;

(2) 教育理论家的修养;

(3) 教学艺术家的气质;

(4) 青年导师的威望.

并在这个基础上成长为初等数学解题专家、初等教育理论家、中学教学艺术家和值得学生效仿的青年导师.

有的同行(特别是青年教师)常常希望先找好一条成才的捷径,然后再沿着这条路走下去,其实,成才之路就在你的脚底下,就在你的努力中.在中学的经历告诉我,成才之路不会出现在你努力奋斗之前,而是出现在你努力奋斗的过程中和成果里.只有当你的勤奋劳动获得社会承认之后,你才会看到一条曲折的成才之路.可能在这个前进的轨迹中有弯道,也闹过笑话,但没有关系,我们是失败了还要干,而不是还没干就承认失败.

我们工作在教育第一线的中学教师,占有实践的优势,面临着数学教育学正待成熟的机会,不能仅仅为祖国的数学传统而自豪,还要让祖国为我们的数学工作而自豪;不能仅仅为你有这样那样的学生而自豪,还要让学生为有你这样的老师而自豪.当然,中学教师的成才之路是艰难的,可能有的人努力一辈子也未获成功,但我们还是要心甘情愿努力一辈子.历史辩证法将告诉我们,正是有了勇敢失败的个体,才塑造出中学教师成功前进的英雄群像.

参考文献

[1] 罗增儒.师范性毕业论文的性质与选题[J].数学通报,1987(7).

[2] 王林全.数学教师科研的方法、要求和原则[J].数学教师,1992(1).

[3] 徐更生.我写数学教育论文的体会[J].中学教研(数学),1992(6).

[4] 马明.怎样选题[J].数学通讯,1988(2).

[5] 戴再平、林霄.吸引更多的中学数学教师从事教育科学研究[J].数学教学研究,1993(1).

第 4 篇　谈中学教师的数学研究工作①

1　从中学教师的工作性质说起

中学数学教师所从事的工作是"数学教育",对此,有两种不同的认识,一种观点认为:数学教育首先是数学,其次才是教育,因而,数学教师的素质,首要的是数学素质.另一种观点认为:数学教育的本质是教育,绝大多数的中学生都不会以数学为职业,因而,数学教师的素质,首要的是教育理论的修养与教学艺术的驾驭.据说,多年前(可能是 20 世纪 60 年代)有过北京大学毕业生与北京师范大学毕业生分配到北京的中学去,哪个更受欢迎的争论.下述两个事实竟是双方都承认的:

(1) 刚毕业时,北师大的毕业生更适应中学教学工作,更受欢迎;

(2) 几年后,北京大学的毕业生成长更快,更多的成为中学教学的骨干.

冒着过于简单化的风险,我们是否可以这样解释,师范院校的学生由于学过教学法(可能还要加上"初等数学研究"与"教育实习"等),因而能更快进入角色;而综合性大学的学生由于有较厚实的数学潜力,一俟在实践中"补课教学法"之后,就能后来居上(不能"在教学中学会教学"的综合性大学学生自当别论).

这两点事实并没有给数学与教育的"谁先谁后"、"谁重谁轻"争论打上句号,倒使"缺一不可"成为不争之实:中学数学教师应该同时具有数学专家的功底、教育理论家的修养和教学艺术家的气质[1].

无疑,中学数学教师的数学功底应该同时包括高等数学与初等数学.特别要提起的是,新教学大纲已经涉及传统高等数学的许多基础知识(微积分、向量、行列式、概率统计等),中学教师把高等数学"还给"大学老师的情况再也不能继续下去了.但从中学教学的基本任务和中学教师的业务优势看,中学教师的数学研究应该把初等数学研究放在首位,并且应该自然包括对数学内容做教学法加工的"教育数学"研究.因此中学教师的数学研究工作应环绕下述两个重点来展开:

(1) 发展初等数学;

(2) 建设教育数学.

---

① 本文原载《中学数学教学参考》1997(7):24 - 26;1997(8/9):19 - 20(署名:罗增儒).

这两个方面都是数学,但与教育有千丝万缕的联系,并能直接为本职工作服务,有利于教师的"岗位成才"[2].

2 初等数学与教育数学

2.1 现代观点下的初等数学

初等数学是一个不严格的概念,人们曾经把它作为数学发展的第二个时期[3]——常量数学;又把它看作不需要用到微积分的数学,突出离散性;还有的把它限定为中学教材中的数学,体现其基础性与教育价值.而现代的说法则把初等数学理解为数学中最简单的、初步的、基础的部分,包括传统的初等数学、古典的高等数学和现行的中学数学.其基本特点是:

(1) 基础性

即方法比较直观,内容比较具体,研究对象的抽象程度还不很高.对于数学各专门领域来说,初等数学为它们提供了数的运算、式的变形、基本图形的分析等普遍适用的工具,处于数学的基础地位.

(2) 综合性

初等数学内容丰富、数形并举,其主体自然地分成几个主要分支(如算术、初等代数、初等几何、三角等)而又密切联系;虽然以离散性和常量数学为主,但其内容、方法、思想仍与高等数学互相渗透;解题方法更是多种多样,到处都有一题多解、一法多用,既机巧灵活又统一和谐.

(3) 教养性

初等数学作为一种文化,与人们的生活、工作更为贴近,对于中小学生来说,其智力开发价值、思维训练价值和实际应用价值并存.作为一门"科学语言",它与本语、外语并列为三大基础课,具有不可替代的教育功能.

虽然人们对初等数学有各种不同的认识,但并不影响我们对它的学习、掌握和研究.

2.2 尚在建设中的教育数学

为了数学教育的需要,对数学的成果进行再创造,进行教学法的加工,就形成教育数学[4].张景中院士认为,欧几里得的《几何原本》、柯西的《分析教程》、布尔巴基的《数学原理》都是教育数学.

对于中学教师来说,大至课程论的建设(宏观),小至公式、定理、例题、习题的处理(微观),都有数学再创造的空间,都有进行教学法加工的余地.

例1 在《中学数学教学参考》1997 年第 1～2 期合刊 P.12 中,对弦切角的引进,提出了由圆内接四边形 $ABCD$,将 AB 绕点 A 旋转至相切位置的方法,并将证明的 3 种情况讨论合并为统一的方法,这里,不是发现新的定理,而是进行教育数学的研究.

例2 高中代数课本对公式

$$\cos(\alpha - \beta) = \cos\alpha\cos\beta + \sin\alpha\cos\beta, \qquad ①$$
$$\cos(\alpha + \beta) = \cos\alpha\cos\beta - \sin\alpha\cos\beta \qquad ②$$

的处理.

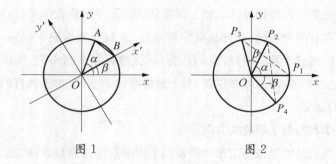

图1 图2

20 世纪 80 年代的统编教材是旋转坐标轴(如图 1),在两个坐标系下分别计算 A,B 的距离,由"旋转变换的保距性"得出公式①,由公式①推出公式②,由公式②推出解析几何的旋转变换公式,并安排了一道习题:"证明在坐标变换下,两点间距离公式不变."这就造成了一个"逻辑循环".1990 年代的甲种本、乙种本改为用图 2 证公式②,但为什么会有

$$|P_1P_3| = |P_2P_4| \qquad ③$$

课本没有说,有的教师解释为图形的旋转(不是图 1 中的坐标轴旋转);有的教师解释为三角形全等;$\triangle P_1OP_3 \cong \triangle P_2OP_4$;还有的教师什么都不说直接得③式相等.这里,不是教学艺术问题,而是数学问题,属于教育数学的研究任务.

例3 初中几何第二册 P.179 证明三角形中位线定理时,用了同一法.如图 3,一方面,DE 是 $\triangle ABC$ 的中位线,另一方面,过 D 作 $DE'//BC$ 交 AC 于 E',有 E' 是 AC

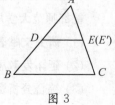

图3

的中点. 课本说"可见 DE' 与 DE 重合",这里的"可见"在中学界是仁者见仁. 有的说是由中点的唯一性得出的;有的说是由作图得到的;有的说是中点唯一性与两点连线段唯一性共同推出的;有的说是过直线外一点所作平行线的唯一性得出的;有的说是平行线的唯一性与两直线交点的唯一性共同推出的. 谁是谁非、谁优谁劣? 这主要的是数学问题,属于教育数学研究的范围.

张景中院士认为,教育数学,初看似乎容易,因为它在数学的后方(同时也把后方变成了前线),它所处理的似乎是比较初等的东西,是已被数学证明了的东西. 但困难也在这里,要从平凡而熟知的东西变出新鲜花样来是不容易的. 进行这种再创造,无疑是在向前辈大师挑战.

过去,对数学内容作教学法加工到底是数学研究还是教学研究存在着含糊的认识,其实有两种情况,一种是数学再创造,这属于数学研究;另一种是教法的艺术设计,这属于教学研究. 我们认为,承认教育数学的研究、承认这种研究的学术价值,对于教师的观念更新、对于教材的体系变革、对于教育的迅速发展都有重要的意义.

3 中学教师数学研究的方向

上面,我们从中学教师工作性质说到了中学教师开展数学研究的两个中心内容. 但长期以来,人们并没有明确提出"教育数学"的研究,而是笼统地称为"初等数学研究". 因而,在下面的一些引文中,"初等数学研究"可以看作是"中学教师数学研究"的代名词.

华罗庚教授生前十分重视初等数学的研究,他的许多科普作品,正是新中国的首批"教育数学". 在大师的带动下,华先生的许多同事与弟子都积极支持初等数学研究. 中国科学技术大学的常庚哲教授从不讳言"鼓吹搞初等数学研究"[6]. 北京师范大学严士健教授还专门著文[7],对初等数学研究提出了语重心长的建议,同时也指明了初等数学研究的两个方向:

(1) 将问题作离散化处理,用初等方法解决;

(2) 解决日常生活中出现的数学应用问题.

首都师范大学周春荔教授在文[8]中提出了初等数学的 5 个研究方向:

(1) 研究文献著作,质疑筛选问题;

(2) 延拓发散思考,多方设置问题;

(3) 综合分析资料,猜想提出问题;

（4）分析实际需要,抽象形成问题;

（5）数学信息检索,分类确定课题.

在这些建议中,实际上已经包含着如何开展研究的方法指导.

盐城师专章士藻教授在文[9]附录中提出了初等数学的 8 个研究方向:

（1）继续开展对著名古典数学问题的研究;

（2）不断开拓新领域,开展对新课题的研究;

（3）开展对初等数学思想、方法的研究;

（4）开展对初等数学命题的研究;

（5）开展对初等数学解题的研究;

（6）开展对初等数学的应用研究;

（7）开展高等数学指导初等数学的研究;

（8）开展对初等数学的教学研究.

根据笔者的体会,抓住下面 3 个基本方向进行数学研究是有益的,既便于开展工作,又能够出成果:

（1）从高等数学出发,应用高等数学的知识与能力,高观点地处理初等问题,取得初等问题的高统一、新推广、深发展;

（2）从初等数学出发,应用初等数学的思想、观点和方法,去寻找高等问题的初等处理或实际应用.

文[10]、[11]、[12]的写作,体现了这两个方向的指导意义.

例 4　运用构造法的思想,使用线性方程组的知识,建立起了线段方程、折线方程和多边形方程[10].

例 5　对 5 类常见数列的通项,统一为用二阶矩阵的乘方来求解[11].

① $x_{n+1} = \dfrac{ax_n + b}{cx_n + b} \rightarrow \begin{pmatrix} a & b \\ c & d \end{pmatrix}^n = \begin{pmatrix} \alpha & \beta \\ \gamma & \delta \end{pmatrix} \rightarrow x_{n+1} = \dfrac{\alpha x_1 + \beta}{\gamma x_1 + \delta}.$

② $x_{n+1} = qx_n + d \ (q \neq 1, d \neq 0) \rightarrow \begin{pmatrix} q & d \\ 0 & 1 \end{pmatrix}^n =$

$\begin{pmatrix} q^n & (q^{n-1} + q^{n-2} + \cdots + q + 1)d \\ 0 & 1 \end{pmatrix} \rightarrow x_{n+1} = \begin{cases} x_1 & (n = 0), \\ \dfrac{q^{n+1} x_1 + (d - x_1)q^n - d}{q - 1} & (n \geqslant 1). \end{cases}$

③ $x_{n+1} = x_n + d \to \begin{pmatrix} 1 & d \\ 0 & 1 \end{pmatrix}^n = \begin{pmatrix} 1 & nd \\ 0 & 1 \end{pmatrix} \to x_{n+1} = x_1 + nd.$

④ $x_{n+1} = q x_n \to \begin{pmatrix} q & 0 \\ 0 & 1 \end{pmatrix}^n = \begin{pmatrix} q^n & 0 \\ 0 & 1 \end{pmatrix} \to x_{n+1} = q^n x_1.$

⑤ $x_{n+2} = \alpha x_{n+1} + \beta x_n$，令 $y_{n+1} = \dfrac{x_{n+2}}{x_{n+1}} \to y_{n+1} = \dfrac{\alpha y_n + \beta}{y_n} \to \begin{pmatrix} \alpha & \beta \\ 1 & 0 \end{pmatrix}^n \to \cdots$

（3）对初等数学进行横断面的综合研究

截取初等数学中的某些横断面，并尽可能与其他相关学科作交叉，将有可能产生新课题、新领域或新学科．笔者在这方面主要做了三件互有联系的工作：

① 进行"数学解题学"的建设

这是截取"解题"这一横断面，进行解题过程的理论分析，已完成近 50 万字的专著《数学解题学引论》[13]．

② 进行"数学竞赛学"的建设

这是截取"竞赛"横断面进行综合研究．

可以毫不夸张地说，中国初等数学研究的现代繁荣，得益于数学竞赛的先锋突破与后盾依托作用．如今，作为数学的数学竞赛已经形成一个教育数学的新层面，作为教育的数学竞赛也诞生了一个数学教育的新分支，"数学竞赛学"正呼之欲出．笔者主编的《数学竞赛教程》[14]是迎接这一曙光的实际行动．有关工作已被评为国家级优秀教学成果奖．

③ 进行"数学高考学"的建设

这是截取"高考"横断面，并进行数学与考试学相结合的分析．

不管人们怎么看，高考和对高考的研究已经构成了一个具有中国特色的文化现象，它是考试文化的一部分，也是数学文化的一部分．涉及高考的性质、高考的复习、高考的解题、高考的命题和高考临场的技术等很多方面，有的属于教育，有的属于数学．其中的高考解题正与竞赛解题形成"双龙出海"之势，堪称中国初等数学研究大地上的长江与黄河．笔者的《怎样解答高考数学题》[15]一书，含有建设"数学高考学"的考虑．有关工作亦获省级优秀教学成果奖．

上面提到的若干方面，常含"教育数学"的成分，下面所列举的资料则仅包括发展初等数学的课题：

(1) 杨世明主编《中国初等数学研究文集(1980～1991)》,河南教育出版社, 1992 年.

(2) 李炯生、黄国勋主编《中国初等数学研究》,科学技术文献出版社, 1991 年.

(3) 杨学枝、林章衍主编《福建省初等数学研究文集》,福建教育出版社, 1993 年.

(4) 杨之编著《初等数学研究的问题与课题》,湖南教育出版社,1993 年.

(5) 陈计、叶中豪主编《初等数学前沿》,江苏教育出版社,1996 年.

(6) 匡继昌著《常用不等式》,湖南教育出版社,1993 年.

(7) 中学数学刊物中类似"问题解答"栏目中常有一些值得研究的课题,比较突出的是《中学数学教学》(皖)的"有奖解题擂台"栏,《数学通讯》的"问题征解"栏.

(8) 每年国内外竞赛题研究、高考试题研究,已经是初等数学研究的有节奏的鼓点. 有时候,一道题目就开辟了一个研究方向.

4　数学研究的层次性

华罗庚教授谈数学研究时,指出有 4 种境界,这也是中学教师进行数学研究的 4 个层次.

(1) 照葫芦画瓢地模仿

这等于做作业,是初学者的起步状态.

(2) 利用现成方法解决几个新问题

如果能对成法进行一些修改来解决新的问题,就已经有些创新的科研味道了.

(3) 创造方法解决问题

这就更上了一层楼. 创造方法是一个重要转折,是自己能力提高的重要表现.

(4) 开辟新的方向

这标志科研水平达到了更高的境界.

从各杂志所发表的浩如烟海的文章看,绝大多数作者还徘徊在第一层次(那些重复性的资料工作甚至连第一层次也未进入),有的进入第二层次,甚至达到第三层次. 但从我国初等数学研究工作的"规模宏大、人数众多"上看,进入初等数学研究前沿的人数尚嫌少了点. 可喜的是,有一批年轻人(不限于中学教师)已经跨过第二层次,成为全国闻名的初等数学研究专家了.

同样可喜的是,陕西省的初等数学研究工作在最近几年中迅速崛起,形成一支咄咄逼人的"西北军",其作者数量、文章质量和对中数刊物的覆盖面都越来越引人注目. 这是否意味着黄河文明的数学觉醒尚待观察,但十三朝古都所沉积的深厚雄浑的文化底蕴必然要发芽、开花、结果倒是没有什么可惊讶的.

5 几点建议

5.1 注重学习提高

现在的知识增长很快,"基础"的含义也在不断更新,特别是离散数学的现代发展与初等数学存在千丝万缕的联系,这都需要我们进行系统的学习. 不学习连形势都跟不上,还谈得上进入前沿吗?

另外,还有了解动向的即时学习,要多接触杂志,输入新信息,触发新灵感.

值得一提的是,国务院学位办已经启动了一项研究生制度改革的工程,要把中小学骨干教师和教育管理干部提高到研究生水平. 1997 年 1 月,有 16 所师范大学进行了"教育硕士"的试点招生,这为中学教师的系统进修提供了极好的机会. 遗憾的是,这项里程碑式的举措由于宣传不力,还没有被广大中学数学教师所了解.

5.2 学会积累资料

这是进行研究工作的必不可少的基础. 每位教师都应有自己的、规模不等的资料库,包括报刊资料、复印件、摘要卡片、索引、心得笔记等. 教师在备课、讲课、答疑、改作业中都会有感受,要及时记下来,日后将是宝贵的第一手资料.

在积累资料的过程中,可以做一些初步的思考;积累到一定程度时,要做整理和综述工作.

5.3 努力寻找新意

无论写什么文章,关键都在于有新意. 如果深层次的创新一时做不到,那么可以接着别人的工作往前迈一小步.

(1) 推广引申

读了别人的文章,引起了自己的共鸣,那么可以考虑是否能从特殊推到一般、从离散推到连续、从有限推到无限；也可以考虑相反的命题,考虑充分必要条件,考虑条件的减弱；还可以考虑用于解决这个问题的方法能否处理更多的问题,是否可以更简洁地统一许多问题的解法.

(2) 转换移植

因为数学各学科之间是有联系的,所以,某一学科问题的解决,其实也是另一学科相应问题的解决.把相关内容和相关方法作转换与移植,立即就可以得出新的成果.这时,在新的领域又可以作推广引申,产生更多的成果.

(3) 综合

每个数学知识都不是孤立的,它必定是某条逻辑链上的一个环节,同时又会是许多知识链的交叉,至于不同学科之间的沟通也是常见的.这里说的综合,一方面是新资料与旧成果的广泛综合,另一方面又是许多新资料在新观点或新逻辑关系上的综合.

(4) 质疑

这有两种作用,一方面是通过质疑而找到疏漏与谬误,另一方面是通过质疑找出多余回路、领悟本质步骤,从而获得改进解法.须知,重新选择、重新组合也是一种创新.

以上说的是小推进,中学教师进行大的创新也是有条件的.王梓坤院士所介绍的下述事例很有启发性:"我曾观察过某同志寻师的经过,他周围并无同行专业的高手,却做出了很好的成绩.原来他认定国内一位先进同志做老师,凡是这人写的文章和书他都认真攻读,别人写的则少看,以便集中精力.把这些著作搞透了,就比老师强一点了,因为老师知道的,他都知道;而他知道的,老师未必知道.这是他聪明之处,不妨借鉴."

5.4　掌握写作方法

在大量占有材料并基本确定题目之后,可按下面的顺序进行写作.

(1) 提纲.应"先粗后细、先大后小"列出提纲,提纲可在写作过程中修订,但不能没有.

(2) 初稿.应表达清楚、计算准确、推理严谨.

(3) 修改.可将初稿冷处理几天,然后再拿出来修改；当中还可以与同行议论议论.一方面防止疏漏,另一方面充实提高.

(4) 定稿.用方格稿纸规范抄写,想给哪家杂志投稿,就拿哪家杂志做样本.

也可以按教科书的格式抄写. 通常包括下述几个栏目：

① 标题. 要求准确地表达主题,位置居中.

② 作者. 写在标题下一行,通常要注明单位,可写在作者的同行或下一行,有的杂志将单位写在文末.

③ 摘要. 写出主要结论、主要数据、主要公式,特别是自己的新成果.

④ 正文. 包括引言、实质部分、结语三部分.

⑤ 参考文献. 这是文章的重要组成部分,可向读者提供有价值的信息资料.

有关写作经验与技术指导请参阅文[16]～[23].

参考文献

[1] 罗增儒.《初等数学研究》的研究[J]. 数学通报,1992(9).

[2] 罗增儒. 中学教师要岗位成才[J]. 湖南数学通讯,1995(1).

[3] [苏]亚历山大洛夫,等. 数学——它的内容、方法和意义(第一卷)[M]. 孙小礼等译. 北京：科学普及出版社,1958.

[4] 张景中. 教育数学探索[M]. 成都：四川教育出版社,1994.

[5] 杨之,劳格. 初等数学研究问题刍议[J]. 中等数学,1985(1).

[6] 杨之,劳格. 初等数学研究问题再议[J]. 中等数学,1988(1).

[7] 严士健. 对初等数学研究的一点意见[J]. 数学通报,1993(2).

[8] 周春荔. 试论中学数学教师的初等数学研究[J]. 中学数学,1991(6).

[9] 章士藻. 中学数学教育学[M]. 南京：江苏教育出版社,1996.

[10] 罗增儒. 线段、折线与多边形方程[M]//杨世明. 中国初等数学研究文集(1980～1991). 郑州：河南教育出版社,1992.

[11] 罗增儒. 递推式数列通项的矩阵求法[J]. 数学通讯,1990(2).

[12] 岳建良,罗增儒. "祖冲之点集"存在性的扇形解决[J]. 数学通讯,1991(4).

[13] 罗增儒. 数学解题学引论[M]. 西安：陕西师范大学出版社,1997.

[14] 罗增儒. 数学竞赛教程[M]. 西安：陕西师范大学出版社,1993.

[15] 罗增儒,惠州人. 怎样解答高考数学题[M]. 西安：陕西师范大学出版社,1996.

[16] 戴再平,慕利民. 数学教育论文的方法、选题和规范[M]. 贵阳：贵州教育出版社,1995.

[17] 马明. 与青年教师谈写作[J]. 数学通讯,1988.

[18] 王林全.数学教师科研的方法、要求和原则[J].数学教师,1991(1).

[19] 徐更生.我写数学教育论文的体会[J].中学教研(数学),1992(6).

[20] 朱翠蓉.中数学术论文的写作方法[J].数学通讯,1992(2).

[21] 郑学群.文稿的缮写应力求规范化[J].数学通讯,1995(8).

[22] 胡炳生.中学数学教研论文写作的几个问题——关于落选稿件的思考[J].中学数学教学,1996(1).

[23] 张国杰.再谈数学教育科研论文的写作[J].数学教育学报,1994(2).

第5篇 从不等式 $\sqrt{\dfrac{a}{a+3b}}+\sqrt{\dfrac{b}{b+3a}} \geqslant 1$ 谈数学推广①

1 从一个"形式推广"的案例说起

1.1 "形式推广"的案例

文[1]给出不等式:

例1 已知 $a,b \in \mathbf{R}^+$,求证:$\sqrt{\dfrac{a}{a+3b}}+\sqrt{\dfrac{b}{b+3a}} \geqslant 1$.

这个不等式简明深刻,其原证法的关键步骤是先证

$$\sqrt{\frac{a}{a+3b}} \geqslant \frac{a^{\frac{3}{4}}}{a^{\frac{3}{4}}+b^{\frac{3}{4}}}, \qquad ①$$

同理

$$\sqrt{\frac{b}{b+3a}} \geqslant \frac{b^{\frac{3}{4}}}{a^{\frac{3}{4}}+b^{\frac{3}{4}}}.$$

相加即得所求.

文[2]继续给出不等式:

例2 已知 $a,b > 0$,求证:$\dfrac{a}{\sqrt{a^2+3b^2}}+\dfrac{b}{\sqrt{b^2+3a^2}} \geqslant 1$.

文[3]看到了这两个例子的共同结构,作出了如下的"指数推广":

例3 已知 $n \in \mathbf{N}$,$a,b \in \mathbf{R}^+$,求证:

$$\sqrt{\frac{a^n}{a^n+3b^n}}+\sqrt{\frac{b^n}{b^n+3a^n}} \geqslant 1.$$

---

① 本文原载《中学数学》2004(7):5-8(署名:罗增儒).

正如文[3]的编者按所指出的,例 3 也可以看成是例 1 的特例而并不是推广.

表面上,字母的指数从 a, a^2 增加到 a^n, 像是在推广. 但由字母表示数的一般性知,把 a 看成 a^n 时,例 3 还是例 1. 因而,并没有实质性的推广,我们权且称为"形式推广"(实为变式、变形). 这就引出了两个话题:

(1)"形式推广"是不是毫无价值的简单重复?

(2)怎样才算是真正意义上的数学推广?

本文将从数学教学的角度,结合案例本身来探讨这两个问题,并提供怎样推广的示例.

1.2 "形式推广"的教学价值

从数学上说,"形式推广"没有提供新的数学内容或新的数学联系,也就谈不上有什么进展性的数学价值. 但从教学上说,至少有三点值得重视的教学价值.

(1)为解题教学提供了"变式训练"的素材

比如,学习例 1 之后,提供"形异而质同"的例 2、例 3 让学生练习,可以避免简单重复而又不提高难度(属于干扰性练习题). 相当于让学生用自己的话对所学的知识进行解释与表达(避开了记忆性的复述),能起到"变式训练"的作用.

"变式训练"是中国数学教学的一个传统特色,它是在简单模仿的基础上迈出主动实践的一步,其作用首先是通过变换刺激方式或添加练习次数来增强效果、巩固记忆和熟练技能,其次是通过必要的实践来积累理解所需的操作数量、活动强度与经验体会.

(2)为检查效果提供了有效判断的量表

讲完例 1 之后,问学生"懂了没有"或"还有什么问题没有?"很难判断学生是否真正理解,因而常常是无效的,而让学生去完成例 2、例 3 情况就不一样了:

(i)如果学生无法完成,则说明学生并未掌握例 1 的证明,也未理解问题的结构.

(ii)如果学生能模仿例 1 的证明写出类似的证明,则说明学生已初步理解例 1 的方法,也感觉到了问题的相似性但仍未看透.

(iii)如果学生不仅能模仿例 1 给出证明,而且能指出取 a 为 a^2, a^n 可直接得出例 2、例 3,则说明学生既理解了例 1 的方法,又看透了三个问题在结构上的"形异而质同".

（ⅳ）如果学生不仅能模仿例 1 给出证明，而且还能提供新的证明，则说明学生已将新知识纳入原来的知识结构，并初步形成新的认知结构. 若课堂上出现例 1 的下面两个证法，则可以从"有创新精神"的角度予以肯定，并认为正在形成真正的理解.

证明 1 作变换

$$\tan^2\theta = 3\,\frac{b}{a}, \, \theta \in \left(0, \frac{\pi}{2}\right),$$

则

$$3\,\frac{a}{b} = 9\cot^2\theta.$$

有

$$\sqrt{\frac{a}{a+3b}} + \sqrt{\frac{b}{b+3a}} \geqslant 1$$

$$\Leftrightarrow \frac{1}{\sqrt{1+3\,\dfrac{b}{a}}} + \frac{1}{\sqrt{1+3\,\dfrac{a}{b}}} \geqslant 1$$

$$\Leftrightarrow \cos\theta + \sqrt{\frac{1-\cos^2\theta}{1+8\cos^2\theta}} \geqslant 1$$

$$\Leftrightarrow \frac{(1-\cos\theta)(1+\cos\theta)}{1+8\cos^2\theta} \geqslant (1-\cos\theta)^2$$

$$\Leftrightarrow 1+\cos\theta \geqslant (1-\cos\theta)(1+8\cos^2\theta)$$

$$\Leftrightarrow 2\cos\theta(2\cos\theta-1)^2 \geqslant 0 \, (\cos\theta \neq 0).$$

等号成立当且仅当

$$2\cos\theta - 1 = 0 \Leftrightarrow \theta = \frac{\pi}{3} \Leftrightarrow a = b.$$

把 $\cos\theta$ 看成 t，可得避开三角知识的解法.

证明 2 令 $t = \sqrt{\dfrac{a}{a+3b}}$，则 $0 < t < 1$，且

$$\frac{b}{b+3a} = \frac{a+3b-a}{a+3b+8a} = \frac{1-\dfrac{a}{a+3b}}{1+8\,\dfrac{a}{a+3b}} = \frac{1-t^2}{1+8t^2}.$$

有
$$\sqrt{\frac{a}{a+3b}}+\sqrt{\frac{b}{b+3a}}\geqslant 1$$

$$\Leftrightarrow t+\sqrt{\frac{1-t^2}{1+8t^2}}\geqslant 1 \Leftrightarrow \cdots$$

$$\Leftrightarrow 2t(2t-1)^2\geqslant 0.$$

等号成立当且仅当

$$2t-1=0\Leftrightarrow \frac{1}{2}=\sqrt{\frac{a}{a+3b}}\Leftrightarrow a=b.$$

这样一来,学生"是否了解? 能否模仿? 是否初步理解了? 是否达到真正理解?"等各种学习层次都可以真实地呈现出来,起到一个检测量表的作用.

(3) 为教师成长提供了专业发展的途径

中学教师成为数学家的大有人在,但对绝大多数中学教师来说,"岗位成才"更为现实.

中学教师"岗位成才"的道路是多样的、宽广的,但从"形式推广"开始可以同时展开数学发展和教学发展. 从数学上说,模仿性的变式探究是通向研究性数学发现的一条简便易行的道路;从教学上说,模仿性的变式探究为课堂上的"变式训练"准备了素材,也比较适合学生的实际,学生吃得消、受得了.

当然,我们肯定"形式推广"有教学价值,是一块课程资源,并不等于教师只停留在这一层面就够了,真正能培养学生创新精神的,还是那些从经验型、技术型发展为研究型的教师. 就本案例来说,教师应努力作出一些实质性的推广(下文有我们的示例).

1.3 数学推广的基本要求

对一个数学命题作出推广,其最基本的要求应能做到以下三点:

(1) 结构上的一般性. 体现为从低维到高维(如从平面到空间、从有限到无限等),从具体到抽象(如从数字到字母),从离散到连续等的概括性提高或规律性显化.

有时候,无关宏旨的细节会掩盖问题的关键,而一般化则暴露了问题的本质结构. 比如上述案例中的数字"3",为什么恰好是3? 它与字母个数、开方次数有什么联系? 将其变为字母"λ",不等式右边会发生什么样的变化、其本身又应受到什么限制？等等,不作一般化的考察是不容易看清楚的.

（2）内容上的广泛性.体现为涉及的数学对象(包括数与形两方面)增加、数学关系(如运算符号、系数、指数等)增多或适用范围增大.

（3）形式上的一致性.尽管结构复杂了、内容丰富了,甚至形式也发生了一些变异,但还保留着原来命题的基本要素与基本形式,使得原来命题成为推广命题的一个特例或原型.

如果研究得更为深入、推进得更远,则可超越推广而发展到更高的层面或更新的维度,毕竟数学的发展不仅仅是推广.

结合本案例,其推广可以考虑指数推广(从开平方到开 n 次方)、系数推广(从 3 到 λ,或从 3 到 $2^n - 1$, $n^2 - 1$, $n^m - 1$ 等)、个数推广(从两个字母到 n 个字母)等;还可以对不等式加细(精致化、找上界等)以及类比或移植(变为条件不等式、三角不等式等).

2 不等式的实质推广

2.1 指数推广

让我们从解题分析中去探索推广的途径.

理解例 1、例 2、例 3 的解题过程可以看到,其最实质的步骤是上述①式(可以称为引理),但是,①式是怎样想到、怎样找到的呢？下面是我们的一个探索过程.

（1）确定解题方向

为了证明例 1,我们假设存在正数 x,使①

$$\sqrt{\frac{a}{a+3b}} + \sqrt{\frac{b}{b+3a}} \geq \frac{a^x}{a^x+b^x} + \frac{b^x}{a^x+b^x}.$$

问题归结为找出待定参数 x,使

$$\sqrt{\frac{a}{a+3b}} \geq \frac{a^x}{a^x+b^x}. \qquad ②$$

这就确定了解题的方向,其本身有构造性思维在调控.

（2）用分析法探索

对②式平方、变形(化整),有

---

① 文[4]将右边设为 $\dfrac{x}{x+y} + \dfrac{y}{x+y}$.

$$a\left[(a^x+b^x)^2-(a^x)^2\right]\geqslant 3a^{2x}b. \tag{③}$$

其中的 $(a^x+b^x)^2$ 展开(同类项不合并)有

$$2^2=字母个数^{开方次数}$$

个项,再减去 a^{2x},得

$$2^2-1=字母个数^{开方次数}-1$$

个项,由

$$(a^x+b^x)^2-(a^x)^2=b^x(a^x+b^x+a^x)\geqslant b^x\cdot 3\sqrt[3]{a^{2x}b^x}=3a^{\frac{2}{3}}b^{\frac{4x}{3}},$$

为使③式成立,可取 $a\cdot a^{\frac{2x}{3}}=a^{2x}$,$b^{\frac{4x}{3}}=b$,得 $x=\dfrac{3}{4}$.

(3) 提炼认识

探索过程令我们一举明白了三个问题:①式的由来;系数 3 的规律:

$$3=2^2-1=字母个数^{开方次数}-1;$$

及证明①式用三维平均值不等式就够了. 于是例 1 的证明也可以这样来叙述.

证明 3 $\sqrt{\dfrac{a}{a+3b}}=\sqrt{\dfrac{1}{1+3\dfrac{b}{a}}}=\sqrt{\dfrac{1}{1+3\left(\dfrac{b}{a}\right)^{\frac{1}{4}}\left(\dfrac{b}{a}\right)^{\frac{1}{4}}\left(\dfrac{b}{a}\right)^{\frac{2}{4}}}}\geqslant$

$\sqrt{\dfrac{1}{1+\left(\dfrac{b}{a}\right)^{\frac{3}{4}}+\left(\dfrac{b}{a}\right)^{\frac{3}{4}}+\left(\dfrac{b}{a}\right)^{\frac{6}{4}}}}=\sqrt{\dfrac{1}{\left[1+\left(\dfrac{b}{a}\right)^{\frac{3}{4}}\right]^2}}=\dfrac{1}{1+\left(\dfrac{b}{a}\right)^{\frac{3}{4}}}=\dfrac{a^{\frac{3}{4}}}{a^{\frac{3}{4}}+b^{\frac{3}{4}}}.$

同理 $$\sqrt{\dfrac{b}{b+3a}}\geqslant\dfrac{b^{\frac{3}{4}}}{a^{\frac{3}{4}}+b^{\frac{3}{4}}}.$$

相加,即得所求.

(4) 抓住方法的实质,作一般化探索

模拟上述探索方法,取

$$\sqrt[n]{\dfrac{a}{a+kb}}\geqslant\dfrac{a^x}{a^x+b^x},$$

有
$$a[(a^x+b^x)^n-(a^x)^n]\geqslant ka^{nx}b. \qquad ④$$

在 $(a^x+b^x)^n-(a^x)^n$ 的展开式中有 2^n-1 个项(同类项先不合并),其中 a^x 出现 $(n2^{n-1}-n)$ 次,b^x 出现 $n2^{n-1}$ 次.用 2^n-1 维平均值不等式,得

$$(a^x+b^x)^n-(a^x)^n\geqslant(2^n-1)[a^{xn(2^{n-1}-1)}b^{xn2^{n-1}}]^{\frac{1}{2^n-1}}=(2^n-1)a^{\frac{xn(2^{n-1}-1)}{2^n-1}}b^{\frac{xn2^{n-1}}{2^n-1}}.$$

为使④式成立,只须取

$$a(2^n-1)a^{\frac{xn(2^{n-1}-1)}{2^n-1}}b^{\frac{xn2^{n-1}}{2^n-1}}=ka^{nx}b.$$

取
$$\begin{cases}k=2^n-1,\\ a^{\frac{xn(2^{n-1}-1)}{2^n-1}}=a^{nx-1},\\ b^{\frac{xn2^{n-1}}{2^n-1}}=b.\end{cases}$$
,得
$$\begin{cases}k=2^n-1,\\ x=\dfrac{2^n-1}{n2^{n-1}}.\end{cases}$$

这就一举得出命题的推广及推广的证明.

推广 1 (指数推广)对正数 a,b 及正整数 $n\geqslant 2$,有

$$\sqrt[n]{\frac{a}{a+(2^n-1)b}}+\sqrt[n]{\frac{b}{b+(2^n-1)a}}\geqslant 1.$$

证明 取 $t=\left(\dfrac{b}{a}\right)^{\frac{2^n-1}{n2^{n-1}}}$,由 2^n-1 维平均值不等式,得

$$(2^n-1)a_1a_2\cdots a_{2^n-1}\leqslant a_1^{2^n-1}+a_2^{2^n-1}+\cdots+a_{2^n-1}^{2^n-1},$$

有
$$(2^n-1)\left(\frac{b}{a}\right)=(2^n-1)(t^{\frac{1}{2^n-1}})^{C_n^1+2C_n^2+\cdots+nC_n^n}$$

$$=(2^n-1)(t^{\frac{1}{2^n-1}})^{C_n^1}(t^{\frac{2}{2^n-1}})^{C_n^2}\cdots(t^{\frac{n}{2^n-1}})^{C_n^n}$$

$$\leqslant C_n^1 t+C_n^2 t^2+\cdots+C_n^n t^n=(1+t)^n-1,$$

得
$$\sqrt[n]{1+(2^n-1)\frac{b}{a}}\leqslant 1+t=1+\left(\frac{b}{a}\right)^{\frac{2^n-1}{n2^{n-1}}},$$

进而 $\sqrt[n]{\dfrac{a}{a+(2^n-1)b}}=\dfrac{1}{\sqrt[n]{1+(2^n-1)\dfrac{b}{a}}}\geqslant\dfrac{1}{1+\left(\dfrac{b}{a}\right)^{\frac{2^n-1}{n2^{n-1}}}}=\dfrac{a^{\frac{2^n-1}{n2^{n-1}}}}{a^{\frac{2^n-1}{n2^{n-1}}}+b^{\frac{2^n-1}{n2^{n-1}}}}.$

同理

$$\sqrt[n]{\frac{b}{b+(2^n-1)a}} \geqslant \frac{b^{\frac{2^n-1}{n2^{n-1}}}}{a^{\frac{2^n-1}{n2^{n-1}}}+b^{\frac{2^n-1}{n2^{n-1}}}}.$$

相加即得所求.

这与例 1 证明 3 的方法是完全一样的.

2.2 系数推广

模拟上述探索过程,将例 1 中的"3"或推广 1 中的 (2^n-1) 一般化为 λ 后,设

$$\sqrt{\frac{a}{a+\lambda b}} \geqslant \frac{ka^x}{a^x+b^x}.$$

平方、变形得

$$a\left[(a^x+b^x)^2-(ka^x)^2\right] \geqslant \lambda k^2 a^{2x} b \qquad ⑤$$

由幂平均不等式

$$p_1 a_1 + p_2 a_2 \geqslant (p_1+p_2) a_1^{\frac{p_1}{p_1+p_2}} a_2^{\frac{p_2}{p_1+p_2}},$$

有

$$(a^x+b^x)^2-(ka^x)^2 = \left[(1+k)a^x+b^x\right]\left[(1-k)a^x+b^x\right]$$
$$\geqslant (2+k)a^{x\frac{1+k}{2+k}}b^{\frac{x}{2+k}} \cdot (2-k)a^{x\frac{1-k}{2-k}}b^{\frac{x}{2-k}}$$
$$=(4-k^2)a^{x\frac{4-2k^2}{4-k^2}}b^{x\frac{4}{4-k^2}}.$$

为使⑤式成立,只需取

$$(4-k^2)a^{x\frac{4-2k^2}{4-k^2}}b^{x\frac{4}{4-k^2}} = \lambda k^2 a^{2x-1} b.$$

而由幂平均不等式成立的条件知,上述形式运算应有 $1-k \geqslant 0$ 来作保证. 取

$$\begin{cases} 4-k^2 = \lambda k^2, \ (0 < k \leqslant 1) \\[2mm] x \cdot \dfrac{4-2k^2}{4-k^2} = 2x-1, \\[2mm] x \cdot \dfrac{4}{4-k^2} = 1. \end{cases}$$

得
$$\begin{cases} k = \dfrac{2}{\sqrt{\lambda+1}}, \ (\lambda \geqslant 3) \\ x = \dfrac{4-k^2}{4} = \dfrac{\lambda}{\lambda+1}. \end{cases}$$

这样我们便可得出

$$\sqrt{\frac{a}{a+\lambda b}} \geqslant \frac{2}{\sqrt{\lambda+1}} \cdot \frac{a^{\frac{\lambda}{\lambda+1}}}{a^{\frac{\lambda}{\lambda+1}} + b^{\frac{\lambda}{\lambda+1}}}$$

$(a > 0, b > 0, \lambda \geqslant 3)$ 及系数推广:

推广 2 (系数推广)对正数 a, b 及 $\lambda \geqslant 3$, 有

$$\sqrt{\frac{a}{a+\lambda b}} + \sqrt{\frac{b}{b+\lambda a}} \geqslant \frac{2}{\sqrt{\lambda+1}}.$$

其证明方法如探索过程所述,此处从略.

2.3 个数推广

个数推广的方式可能是不唯一的,我们对例 1 所作的一个三维推广是:

例 4 对所有的正实数 a, b, c, 证明:

$$\frac{a}{\sqrt{a^2+8bc}} + \frac{b}{\sqrt{b^2+8ca}} + \frac{c}{\sqrt{c^2+8ab}} \geqslant 1.$$

这正是第 42 届国际数学奥林匹克第 2 题,其证明方法可以仿照上述各例,此处先证(方法不唯一):

$$\frac{a}{\sqrt{a^2+8bc}} \geqslant \frac{a^{\frac{4}{3}}}{a^{\frac{4}{3}} + b^{\frac{4}{3}} + c^{\frac{4}{3}}}$$

$$\Leftrightarrow a^2 \left[(a^{\frac{4}{3}} + b^{\frac{4}{3}} + c^{\frac{4}{3}})^2 - (a^{\frac{4}{3}})^2 \right] \geqslant 8a^{\frac{8}{3}} bc. \qquad ⑥$$

由
$$(a^{\frac{4}{3}} + b^{\frac{4}{3}} + c^{\frac{4}{3}})^2 - (a^{\frac{4}{3}})^2$$

$$= (b^{\frac{4}{3}} + c^{\frac{4}{3}})(a^{\frac{4}{3}} + b^{\frac{4}{3}} + c^{\frac{4}{3}} + a^{\frac{4}{3}})$$

$$\geqslant 2b^{\frac{2}{3}} c^{\frac{2}{3}} \cdot 4a^{\frac{1}{3}} b^{\frac{1}{3}} c^{\frac{1}{3}} a^{\frac{1}{3}} = 8a^{\frac{2}{3}} bc,$$

知⑥式成立,从而例 4 得证(详见文[4]).

当字母个数继续增加时,有

推广 3 (个数推广)对正数 a_1, a_2, $\cdots$, $a_n(n \geqslant 2)$,有

$$\sum_{i=1}^{n} \sqrt{\frac{a_i^{n-1}}{a_i^{n-1} + \dfrac{(n^2-1)a_1 a_2 \cdots a_n}{a_i}}} \geqslant 1.$$

3 关于继续推广

将指数、系数、个数相结合,可以得出更多的推广. 如

(1) 对正数 a_1, a_2, $\cdots$, $a_n(n \geqslant 2)$ 及正整数 $m \geqslant 2$,有

$$\sum_{i=1}^{n} \sqrt[m]{\frac{a_i^m}{a_i^m + (n^m-1)a_{i+1}^{\frac{m}{2}} a_{i+2}^{\frac{m}{2}}}} \geqslant 1, \qquad ⑦$$

其中 $a_{n+1} = a_1$, $a_{n+2} = a_2$.

$$\sum_{i=1}^{n} \sqrt[m]{\frac{a_i^{n-1}}{a_i^{n-1} + (n^m-1)\dfrac{a_1 a_2 \cdots a_n}{a_i}}} \geqslant 1. \qquad ⑧$$

(2) 给定正整数 n 及 $\lambda \geqslant n^2 - 1$,对于任何正数 a_1, a_2, $\cdots$, a_n,有

$$\sum_{i=1}^{n} \sqrt{\frac{a_i^{n-1}}{a_i^{n-1} + \lambda \dfrac{a_1 a_2 \cdots a_n}{a_i}}} \geqslant \frac{n}{\sqrt{\lambda+1}}. \qquad ⑨$$

鉴于本文的主题,关于例 4 的更广泛、更深入讨论,请参阅文 [4] ~ [12]. 最后仅指出,在⑨中令

$$\lambda \frac{a_1 a_2 \cdots a_n}{a_i^n} = \tan \theta_i, \; \theta_i \in \left(0, \frac{\pi}{2}\right),$$

则⑨式可以表述为:

例 5 给定正整数 n 及 $\lambda \geqslant n^2 - 1$,对于任何 $\theta_i \in \left(0, \frac{\pi}{2}\right)$ $(i = 1, 2, \cdots, n)$,如果 $\tan \theta_1 \tan \theta_2 \cdots \tan \theta_n = \lambda^{\frac{n}{2}}$,则有

$$\cos \theta_1 + \cos \theta_2 + \cdots + \cos \theta_n \geqslant \frac{n}{\sqrt{\lambda+1}}.$$

　　而例5与2003年第18届中国数学奥林匹克(俗称冬令营CMO)第一天第3题存在着一定的联系.

　　例6　(CMO$_{18\text{-}3}$)给定正整数n,求最小的正整数λ,使得对任何$\theta_i \in \left(0, \dfrac{\pi}{2}\right)$ $(i=1, 2, \cdots, n)$,只要

$$\tan\theta_1 \tan\theta_2 \cdots \tan\theta_n = 2^{\frac{n}{2}},$$

就有

$$\cos\theta_1 + \cos\theta_2 + \cdots + \cos\theta_n \leqslant \lambda.$$

参考文献

[1] 安振平. 数学问题解答1435题[J]. 数学通报,2003(5).

[2] 盛宏礼. 数学问题解答1454题[J]. 数学通报,2003(9).

[3] 熊光汉. 两个数学问题的统一[J]. 中学数学,2004(4).

[4] 罗增儒. IMO42‐2的探索过程[J]. 中学数学教学参考,2002(7).

[5] 罗增儒. 一道国际竞赛题的新推广[J]. 中等数学,2003(2).

[6] 宋庆,胡凌云. 一些新发现的代数不等式[J]. 中学数学研究(南昌),2004(3).

[7] 厉倩. 一道IMO试题的新推广[J]. 中学数学研究(南昌),2002(10).

[8] 沈家书. 一道国际奥林匹克试题的再研讨[J]. 中学教研(数学),2002(10).

[9] 杨志明. IMO42‐2的推广的简证[J]. 数学通报,2003(2).

[10] 邹明,李建录. IMO42‐2的推广的推广[J]. 中学数学杂志(高中),2003(3).

[11] 周金锋. 两道国际数学竞赛题的推广[J]. 数学通讯,2003(17).

[12] 蒋明斌. 对一个不等式的再探讨[J]. 中学教研(数学),2003(9).

第6篇　从《例说不等式的几何直觉证明》谈论文写作[①]

　　最近(指2004年8月),教育部颁布了《高等学校哲学社会科学研究学术规范(试行)》,就其精神而言,就是要求在学术上更有创新性,也更加严谨、更加规范. 数学研究要创新,数学教育研究当然也要创新. 严谨的数学,应该有严谨的数学教育科学,也应该有严谨的科学研究规范. 恰好手头有《数学教学》2004年

----

① 本文原载《数学教学》2004(11): 3‐4,封底(署名: 罗增儒).

第 3 期《例说不等式的几何直觉证明》(以下简称文[1])一文,该文的立意很好,
"利用几何直觉开启学生丰富的联想"也很有价值.但是,文中的有些提法缺少
了"言之有据".笔者根据《规范》第(21)条的精神,就该文中的具体例子进行
分析.

1 关于"用常规方法难以证明"

文[1]用图 1 证明了以下不等式(原文中的例 4).

例 1 已知 $x > 0$, $y > 0$, $z > 0$,求证:

$$\sqrt{x^2 + xy + y^2} + \sqrt{y^2 + yz + z^2}$$
$$> \sqrt{z^2 + zx + x^2}.$$

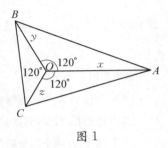

图 1

评析 用几何构图(图 1)来证明本例是一个
好方法.图形有"共时性""整体性",可以一目了然
地把握问题的各个要素及其联系.但是,文[1]作
者断言此题"用常规"的代数方法"难以证明",这
就需要证据了.请看下证:

证明 (代数放缩法)由 $x > 0$, $y > 0$, $z > 0$,有

$$\sqrt{x^2 + xy + y^2} > \sqrt{x^2} = x,$$
$$\sqrt{y^2 + yz + z^2} > \sqrt{z^2} = z,$$

两式相加,得

$$左边 > x + z = \sqrt{z^2 + 2zx + x^2} > 右边.$$

这怎么能说"常规的方法难以证明"呢?怎能说构造图 1 的过程就比这个
解法"简洁"呢?由文[2]知,早在 1991 年就有中学生提出异于图解法(教师介
绍的)的上述放缩证法.更具一般性的配方证法也早就有了,只要用复数三角不
等式(它使 x、y、z 为正数变得多余) $|z_1| + |z_2| \geq |z_1 + z_2|$ 就行了.

笔者在文[3]中曾对图 1 与上述放缩证法,从解题分析的角度作过数与形
的双向沟通.图形解法的本质步骤是"三角形两边之和大于第三边",而在图 1
中有 4 个三角形,除 $\triangle ABC$ 中有两边之和大于 AC 外,在 $\triangle OAC$ 中也有两边之
和大于 AC,又由 $\triangle OAB$、$\triangle OBC$ 中"大角对大边"知

$$AB > OA(\sqrt{x^2 + xy + y^2} > x),$$
$$BC > OC(\sqrt{y^2 + yz + z^2} > z),$$

相加得

$$AB + BC > OA + OC > AC(\text{左边} > \text{右边}).$$

这里的每一步,与代数证明的相应步骤是对应的(几何图形的直观明显也对应着代数运算的简单便捷),并使图 1 同时呈现数、形两种解法.

2　关于几何方法比代数方法"简洁、直观"

文[1]用图 2 证明了下列不等式(原文中的例 1),并认为"该方法比起那些代数计算方法和解析方法求解,显得较为简洁、直观".

例 2　已知 $a, b \in \mathbf{R}$,且 $a + b = 1$,求证 $a^2 + b^2 \geqslant \dfrac{1}{2}$.

评析　文[1]在运用几何图形证题时,说它直观,恐怕未必,说不定就有学生怀疑这两个小正方形面积之和会大于原正方形面积的一半. 谅必作者也意识到直观是不够的. 于是,不得不用以下的两个代数式:

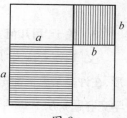

图 2

$$(a^2 + b^2) + 2ab = 1, \ a + b = 1 \Leftrightarrow (a^2 + b^2) + 2ab = (a + b)^2, \qquad ①$$
$$a^2 + b^2 \geqslant 2ab \Leftrightarrow (a^2 + b^2) - 2ab = (a - b)^2 \geqslant 0. \qquad ②$$

就简洁而言,与其构造图形再用这两个条件,还不如直接用这两个条件了,①+②即得

$$2(a^2 + b^2) = (a + b)^2 + (a - b)^2,$$

即

$$a^2 + b^2 = \frac{1}{2}[(a + b)^2 + (a - b)^2] \geqslant \frac{1}{2}(a + b)^2 = \frac{1}{2}.$$

这里也可以谈谈创新. 图 2 太旧了,新文章应尽量避免简单重复(参见《规范》第(10)条). 比如用等腰直角三角形构图:

在图 3 中,将阴影等腰三角形的面积 $\dfrac{b^2}{2}$ 割补后,两正方形面积之和 $a^2 + b^2$ 不小于等腰直角 $\triangle ABC$ 的面积 $\dfrac{1}{2}(a + b)^2 = \dfrac{1}{2}$.

497

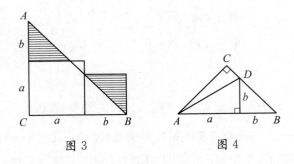

图3   图4

在图 4 中, $AD = \sqrt{a^2 + b^2}$, $AC = \dfrac{\sqrt{2}}{2}(a+b) = \dfrac{\sqrt{2}}{2}$, 由点 A 与直线 BC 间垂直距离最短得

$$AD \geqslant AC \Leftrightarrow a^2 + b^2 \geqslant \frac{1}{2}.$$

3 关于"用几何方法处理不等式不常见"

文[1]作者认为"用几何方法处理不等式不常见",其实,该文使用的几何图形,在许多杂志上都出现过,而且不止一次.比如原文中的例3(全苏 1987 年数学竞赛题),从 1988 年开始的 10 来年间,恐怕已经有几十篇文章讨论其图形解法(见参考文献[4]、[5]).例 4 也是报章上反复传抄过的.因此,用几何方法处理不等式,并非"不常见".

我们认为,教学论文的写作也应像数学论文写作一样,需要先了解他人的研究成果,再提出自己的观点(参见《规范》第(11)条),这样才能说服自己、说服朋友、说服论敌.张奠宙教授在文[6]序言中曾经提到境外数学教育同行的遗憾:"论文要解决的问题不够清晰,用什么研究方法缺乏交待,给出的结论则很少有靠得住的证据."这是值得认真对待的.

4 小结

(1) 就数形结合而言,应该是双流向的,对同一问题,既用数的抽象性质来说明形象的事实,同时又用形的直观形象来说明数式的事实,至于最终用哪种方式来作教学呈现,则取决于哪种方式更简单或更有利于教学.需要提出的是,几何构图的过程对思维品质的要求并不低,如何想到用几何图形、想到用什么样的几何图形等都需要激活已有的知识(包括代数知识)和方法,图形出来之后的直观性、自明性,并不等于思维过程的平坦.

(2) 笔者再次说明,本文不是要对文[1]中的例题作技术性补充,而是在学习《高等学校哲学社会科学研究学术规范(试行)》后,觉得我们的数学教育文章写作确实有需要改进的空间. 重点谈到《规范》的第(10)、(11)条,不要"低水平重复",要"全面掌握相关研究资料""力求论证缜密,表达准确"等.

参考文献

[1] 龚运勤. 例说不等式的几何直觉证明[J]. 数学教学,2004(3).

[2] 吴绍兵,赵丽宏. 谈好奇心的教育功能和激发保护[J]. 数学通报,2001(11).

[3] 罗增儒. $\sqrt{a^2+b^2+k_1ab} + \sqrt{b^2+c^2+k_2bc} \geqslant \sqrt{a^2+c^2+k_3ac}$ 的探究——反思、与读者也与自己对话[J]. 中学数学教学参考,2003(6).

[4] 罗增儒. 从一道例题谈两点误解[J]. 中学数学教学参考,2001(10).

[5] 罗增儒. 以讹传讹的案例分析——文风、解题观、数形结合[J]. 现代中学数学(长沙),2003(1).

[6] 范良火. 教师数学知识发展研究[M]. 上海:华东师范大学出版社,2003.

第7篇 例谈数学论文写作的科学性①

《中学数学杂志》2012 年第 11 期《正切代换在解题中的应用》(文[1])介绍了换元法中三角换元的一个技巧——正切代换,列举了它的五种"常见形式",每一种形式都"通过例题"来作具体说明(这是一种易于入门的写作方式,类似的内容和形式还可见于文[2]~[6]). 作者在一开头就认为,文章能有"化繁为简、事半功倍的效果"(文[1]P. 35),在文末的总结中又断言,"从以上实例可以看出,若能巧妙地借助正切变换解决问题,不仅可以降低解题的难度,而且增强了可操作性,提供了一个新的视角,丰富了知识结构,提高了解题能力"(文[1]P. 36). 但是,读完全文之后我们感到,所举的"实例"大多没有体现作者的主观意图,有的处理缺失科学性,有的素材缺失典型性,有的评注缺失充分性,而这些问题不是文[1]所特有的,它是"解题研究误区"十几年乃至几十年的沿袭. 我

---

① 本文原载《中学数学杂志》2013(3):61-65;中国人民大学复印报刊资料《高中数学教与学》2013(7):9-13(署名:罗增儒).

们在文[7](P. 15)已经谈过"解题研究误区"的 4 点表现,文[8]又继续进行了一些补充,此处不做展开. 下面,仅就文[1]的具体"实例"谈数学论文写作的科学性.

1 科学性的初步认识

确保科学性是任何论文写作的基本要求,我们认为,数学论文写作可以从数学内容与写作说理两个维度展开科学性,每一维度又有两个要点,组成"两维度、两不要、两增强"的基本认识:

$$
科学性
\begin{cases}
数学内容
\begin{cases}
不要有知识性错误 \\
不要有逻辑性漏洞
\end{cases} \\
写作说理
\begin{cases}
增强选例的典型性 \\
增强说理的充分性
\end{cases}
\end{cases}
$$

1.1 确保数学内容的正确性

论文写作的核心是提供创新成果,而它的基础和前提是内容的正确无误,所以,我们谈论数学内容的科学性首先要提到数学内容的正确性,首先要确保数学内容的正确性,主要抓两点:其一,不要有知识性错误;其二,不要有逻辑性漏洞. 知识性错误主要指所涉及的命题不符合或不完全符合事实,核心是命题的真假性;逻辑性错误主要指所进行的推理论证不符合或不完全符合逻辑规则,核心是推理论证的有效性.

(1)防止正切变换中的知识性错误

用正切变换解题的传统过程可以分为四步:

第一步:作正切变换,用新式 $\tan\theta$ 换旧元 x,并依题意界定 θ 的范围.

第二步:把题目中的旧代数式 $f(x)$ 换成新三角式 $g(\theta)$.

第三步:根据三角式 $g(\theta)$,依题意进行一系列的三角运算.

第四步:得出题目的结论.

据此,正切变换需要特别注意以下三点.

注意 1:根据正切函数的定义,作正切变换时自变量要去掉 $\frac{\pi}{2}+k\pi$,$k\in$ **Z**,策略的选择是取主值区间 $\left(-\frac{\pi}{2},\ \frac{\pi}{2}\right)$ 或其中一部分. 比如文[1]例 1 取 $\theta\in\left(0,\ \frac{\pi}{2}\right)$,例 5 取 $\theta=\left(-\frac{\pi}{2},\ \frac{\pi}{2}\right)$ 就很好.

注意 2：正切变换不仅要设旧元 x 为新式 $\tan\theta$，而且还要变旧代数式 $f(x)$ 为新三角式 $g(\theta)$，所以作正切变换时也要考虑代数式 $f(x)$ 中对 x 的限制. 比如文[1]例 2 的 $f(x)=\dfrac{\sqrt{x^2+1}}{x-1}$，在作变换 $x=\tan\theta$，$\theta\in\left(-\dfrac{\pi}{2},\dfrac{\pi}{2}\right)$ 的基础上，再加上 $\theta\neq\dfrac{\pi}{4}$ 就很好.

注意 3：作正切变换后，求解过程少不了一系列的三角运算，而三角公式是在左右两边都有意义的前提下成立的（比如，出现分母时自动排除分母为 0 的字母取值），所以，我们要纵观求解的全过程，确保步步不走样. 当出现运算的限制要求时，要调整 θ 的范围，有时，可能还要分情况讨论.

对这三方面稍有疏忽，不仅会出现知识性缺失，而且也会带来逻辑性漏洞.

（2）防止正切变换中的逻辑性错误

首先要防止上面提到的知识性缺失，保证所进行的变换和推理符合逻辑规则，同时要特别注意变换的等价性（或有效性）.

应该说，文[1]的多数内容都没有科学性问题，但在例 3 上有知识性缺失（见§2），在例 4 上有逻辑性缺失（见§3）.

由于数学知识与逻辑规则常常是相依共存的，所以，知识性错误与逻辑性错误也常常是同时出现的，我们应该在知识盲点的基本位置和主要趋势上区分知识性错误与逻辑性错误.

1.2 提高论文写作的说服力

论文写作的一个基本作用是说服——说服自己、说服别人（包括赞成和反对自己观点的人）. 数学结论靠毋容置疑的逻辑证明来说服，数学教育的结论靠什么来说服呢？我们说靠"实证加理论说明". 为了提高论文写作的说服力，我们建议从选例的典型性和说理的充分性两个方面增强.

（1）增强选例的典型性

诸如文[1]这样的写作，是通过具体案例来说明问题的，这些例子其实是"一般性原理"的具体代表，它到底能不能代表"一般性原理"，就取决于这些例子有没有典型性，更具体一点说，就是例子应能很好体现正切代换的有效性（或优越性）. 例子的典型性好、优越性强，文章的创新性和征服性就有了.

通常，一道题目都会有多种解法，每种解法都会有自己的价值取向和存在空间,为了说明"正切代换"的有效性(或优越性),我们要深入研究例子的各种解法,不仅要选取能用"正切代换"来求解的例子,而且要努力选取用"正切代换"是较优解法的例子,或用"正切代换"是其众多解法中较有个性特征的例子.

比如文[1]例5,虽然也可以用换元 $y = \dfrac{x}{\sqrt{1+x^2}} < 1$,化为 $2y^2 - y - 1 < 0 \Rightarrow y > -\dfrac{1}{2}$ 来直接求解,并不像文[1]所说的"解题过程将相当繁琐,不易求出正确结果"(文[1]P.36),但"正切代换"依然很有自己的个性,其对正切函数单调性的运用 $x = \tan\theta > \tan\left(-\dfrac{\pi}{6}\right) = -\dfrac{\sqrt{3}}{3}\left(-\dfrac{\pi}{6} < \theta < \dfrac{\pi}{2}\right)$ 尤其体现"正切代换"的有效性.

文[1]例2,虽然函数 $f(x) = \dfrac{\sqrt{x^2+1}}{x-1}$ 的值域不难分两种情况讨论来求得:

第一,当 $x > 1$ 时,有

$$+\infty > f(x) = \frac{\sqrt{x^2+1}}{x-1} = \frac{\sqrt{(x-1)^2+2x}}{x-1} > \frac{\sqrt{(x-1)^2}}{x-1} = 1;$$

第二,当 $x < 1$ 时,有

$$-\infty < f(x) = -\frac{\sqrt{x^2+1}}{1-x} = -\frac{\sqrt{(x-1)^2+(x+1)^2}}{\sqrt{2}(1-x)} \leqslant -\frac{\sqrt{(x-1)^2}}{\sqrt{2}(1-x)} = -\frac{1}{\sqrt{2}},$$

等号当 $x = -1$ 时成立.

合并得,函数 $f(x) = \dfrac{\sqrt{x^2+1}}{x-1}$ 的值域为 $\left(-\infty, -\dfrac{\sqrt{2}}{2}\right] \cup (1, +\infty)$.

但是,此例用正切代换依然有"统一处理的"特征,典型性还是比较好的.并且,它取自2011年的全国高中数学联赛题,比其他例子更具新鲜感.

(2) 增强说理的充分性

通过具体案例来说明一般性原理的过程主要是归纳(合情推理),它与数学逻辑证明不一样,会有两个前景:或者正确或者谬误,我们当然是要"正确",所以,就要努力增强说理的充分性.首先是要有确凿的事实来作为归纳的基础,最好是在学生中做实验,用实证的效果、确凿的数据来说话;其次是要拿得出理由来,体现归纳的合理性.我们说,合情推理也需要"实证加理论说明"来推理,不是什么名词流行就贴什么名词标签、什么地方时髦就往什么地方靠拢,更不要说连自己都没有搞清楚的话,不要下连自己都说服不了的结论.比如谈"正切代换",如果只是想"提供了一个新的视角",那文[1]例1是有说服力的,至于例1的三角解法是不是"思路清晰、减元增效"(文[1]P.35)就需要更多的证据了,因为把 $b = \dfrac{1}{a}$ 代入,有

$$原式 = \frac{1}{a} + a - 1 = 1 + \left(\frac{1}{\sqrt{a}} - \sqrt{a}\right)^2 \geqslant 1,$$

也是化为"一元问题"(文[1]P.35),且不比"正切代换"麻烦.

而如果是要体现"化繁为简、事半功倍的效果"(文[1]P.35),体现"不仅可以降低解题的难度,而且增强了可操作性"(文[1]P.36)等,那由后面(§2、§3)的分析可以看到,文[1]的整体说服力不足.事实上,文[1]中的"注",很多提法都需要增强说理的充分性(要是提高不了充分性,可以反过来修改提法).

2 关于例3的科学性分析

2.1 例3的科学性缺失

下面的分析表明,文[1]例3有知识性缺失,主要表现在两个小漏洞上.

案例1 (文[1]例3)已知 $a, b \in \mathbf{R}$,且 $\dfrac{a-b}{1+ab} = 2\sqrt{2}$,求 $\dfrac{|1+ab|}{\sqrt{1+a^2}\sqrt{1+b^2}}$ 的值.

讲解 文[1]说,由已知条件类比两角差的正切公式 $\tan(\alpha - \beta) = \dfrac{\tan\alpha - \tan\beta}{1 + \tan\alpha\tan\beta}$,可作正切代换

$$a = \tan\alpha, \quad b = \tan\beta\left(\alpha, \beta \neq \frac{\pi}{2} + k\pi, k \in \mathbf{Z}\right). \tag{①}$$

接下来,由 $\dfrac{a-b}{1+ab} = 2\sqrt{2}$ 得 $\tan(\alpha - \beta) = 2\sqrt{2}$.(文[1]P.35) ②

这种说法由来已久了,至少在上海师范大学的《中学数学教学》(现改名为《上海中学数学》)1989年第2期"数学问题与解答"的类似题中可以找到(该题条件为 $\dfrac{a-b}{1+ab} = 2\sqrt{2}$),但是,这样处理有两个小漏洞和两个"不策略".

（1）小漏洞 1：公式 $\tan(\alpha-\beta)=\dfrac{\tan\alpha-\tan\beta}{1+\tan\alpha\tan\beta}$ 不仅需要 $\tan\alpha$，$\tan\beta$ 有定义，而且要求 $\tan\alpha\tan\beta+1\neq0$，仅仅 α，$\beta\neq\dfrac{\pi}{2}+k\pi$，$k\in\mathbf{Z}$ 是不够的，比如当 $\alpha=\dfrac{3\pi}{4}$，$\beta=\dfrac{\pi}{4}$ 时，满足①但推不出②.

（2）小漏洞 2：由 $\dfrac{a-b}{1+ab}=2\sqrt{2}$ 得 $b=\dfrac{a-2\sqrt{2}}{1+2\sqrt{2}a}$ 可知，已知条件隐含着 $1+2\sqrt{2}a\neq0$ 的要求，即 $\tan\alpha\neq-\dfrac{\sqrt{2}}{4}$；同理 $\tan\beta\neq\dfrac{\sqrt{2}}{4}$，仅仅 α，$\beta\neq\dfrac{\pi}{2}+k\pi$，$k\in\mathbf{Z}$ 是不够的，即当 $\tan\alpha=-\dfrac{\sqrt{2}}{4}$ 或 $\tan\beta=\dfrac{\sqrt{2}}{4}$ 时，满足①但推不出②.

（3）"不策略"1：用于解题的三角变换不是解三角方程求通解，取主值区间 $\left(-\dfrac{\pi}{2},\dfrac{\pi}{2}\right)$ 就够了，给 α，β 添上周期 $k\pi$，$k\in\mathbf{Z}$ 没有必要.

（4）"不策略"2：由下面的直接解法不难看到，本例不作"三角变换"更简单. 用它来说明"化繁为简、事半功倍"（文[1]P.35）是不策略的.

直接解法　由已知有

$$\frac{|1+ab|}{\sqrt{1+a^2}\sqrt{1+b^2}}=\frac{|1+ab|}{\sqrt{(1+ab)^2+(a-b)^2}}=\frac{1}{\sqrt{1+\left(\dfrac{a-b}{1+ab}\right)^2}}$$

$$=\frac{1}{\sqrt{1+(2\sqrt{2})^2}}=\frac{1}{3}.$$

这个解法是怎么想到的呢？请看下面的思路分析.

2.2　直接求解的思路分析

虽然本例大量出现在"三角代换"的文章中（如文[3]），早已成为"正切代换"的一个代表，但我们认为，它更适合作为"差异分析法"的代表. 观察题目的条件与结论可以看到：

（1）条件是关于 a，b 的等式，结论也是关于 a，b 的等式，所以，解题的基本思路是从等式到等式的恒等变形.

（2）条件和结论都有 $1+ab$，但一个出现在分母，一个出现在分子，所以，沟通条件与结论的联系,既要保留 $1+ab$,又要颠倒分母、分子的位置.

（3）条件中的 a, b 各自都是一次的,结论中的 a, b 出现"平方之后再开方",所以,沟通条件与结论的联系,应该有"平方之后再开方"的运算.

（4）条件与结论的最大差异是,条件只有式子 $(a-b)$, $(1+ab)$,而结论却有式子 $\sqrt{1+a^2}\sqrt{1+b^2}$,沟通条件与结论的联系有现成的恒等式

$$(1+a^2)(1+b^2)=(1+ab)^2+(a-b)^2.$$

解　由已知式得

$$\frac{(1+ab)^2+(a-b)^2}{(1+ab)^2}=\frac{1+8}{1},\text{（消除一次与二次的次数差异）}$$

即

$$\frac{(1+a^2)(1+b^2)}{(1+ab)^2}=9,$$

开方后,颠倒分母、分子得

$$\frac{|1+ab|}{\sqrt{1+a^2}\sqrt{1+b^2}}=\frac{1}{3}.\text{（消除分母与分子的位置差异）}$$

说明 1　可见,直接求解只需消除两个差异:其一,消除 a, b 各自的次数差异;其二,消除 $1+ab$ 的位置差异. 但是,这种从条件到结论的一步步变形,掩盖着问题的深层结构,作"从结论到条件"的改写,便可得出上述（§2.1）"直接解法".

说明 2　对比文[1]可以看到,直接求解主要用到一个公式（初中生都能接受）.

$$(1+a^2)(1+b^2)=(1+ab)^2+(a-b)^2.$$

而正切代换却要用到四个公式:

$$\tan(\alpha-\beta)=\frac{\tan\alpha-\tan\beta}{1+\tan\alpha\tan\beta},$$

$$\tan\theta=\frac{\sin\theta}{\cos\theta},$$

$$\cos\alpha\cos\beta+\sin\alpha\sin\beta=\cos(\alpha-\beta),$$

$$\cos(\alpha-\beta)=\pm\frac{1}{\sqrt{1+\tan^2(\alpha-\beta)}}.$$

所以,直接求解不仅解题长度短了,解题知识少了,而且一目了然地揭示出问题的深层结构:

$$结论 = \frac{1}{\sqrt{1+(条件)^2}} \leftrightarrow \frac{|1+ab|}{\sqrt{1+a^2}\sqrt{1+b^2}} = \frac{1}{\sqrt{1+\left(\dfrac{a-b}{1+ab}\right)^2}}.$$

2.3 简要的结论

(1) 本例正切代换 $a=\tan\alpha$, $b=\tan\beta$ 中的"α, $\beta \neq \dfrac{\pi}{2}+k\pi$, $k\in \mathbf{Z}$"是必要而不充分的(逻辑性漏洞),存在的两个小漏洞主要表现为知识性缺失.

(2) 填补漏洞的办法当然可以增添两个限制条件 $\alpha-\beta \neq \dfrac{\pi}{2}+k\pi$, $k\in \mathbf{Z}$,且 $\tan\alpha \neq -\dfrac{\sqrt{2}}{4}$, $\tan\beta \neq \dfrac{\sqrt{2}}{4}$.

但是,为了避免叙述上的啰嗦,也可以这样:

设 $a=\tan\alpha$, $b=\tan\beta$, 其中

$$\begin{cases} \alpha, \beta \in \left(-\dfrac{\pi}{2}, \dfrac{\pi}{2}\right), \\[2mm] \dfrac{\tan\alpha-\tan\beta}{1+\tan\alpha\tan\beta} = 2\sqrt{2}. \end{cases}$$

这相当于把传统过程的第一、第二步合并为一步.

(3) 事实表明,此例的直接解法不比三角解法麻烦,题目本身的结构也不算复杂(说"复杂"是没有认真看或没有看透),用它来提供了一个"正切代换"的新视角是不错的,但用它来说明"化繁为简、事半功倍"则典型性不强、说服力不足.

3 关于例4的科学性分析

3.1 例4的科学性缺失

下面的分析表明,文[1]例4有逻辑性漏洞,主要表现在变形的不等价上.

案例2 (文[1]例4)已知 x, y, $z \in \mathbf{R}$,满足 $x+y+z=xyz$. ①

求证:$x(1-y^2)(1-z^2)+y(1-z^2)(1-x^2)+z(1-x^2)(1-y^2)=4xyz$. ②

讲解 文[1]所作的三角变换 $x=\tan\alpha$, $y=\tan\beta$, $z=\tan\gamma$ 没有先界定 α,

β, γ 的范围, 而是代入①得

$$\tan\alpha + \tan\beta + \tan\gamma = \tan\alpha\tan\beta\tan\gamma, \qquad ③$$

得　　　$\alpha + \beta + \gamma = k\pi\ (k \in \mathbf{Z})$, 其中 α, β, $\gamma \neq k\pi + \dfrac{\pi}{2}\ (k \in \mathbf{Z})$.　　④

下面对例 4 的分析就以此为依据.

回顾文[1]在三角解法中的变形, 如果没有误解的话, 应该有三次出现分母 (文[1]两次跳过去没有写出来), 这是否会带来分母为 0 的问题呢? 我们认为, 确实存在分母为 0 的危险.

(1) 第一次出现分母的变形是由③得④, 如果没有误解的话, 这中间应该有一个运算

$$\tan\gamma = -\frac{\tan\alpha + \tan\beta}{1 - \tan\alpha\tan\beta} = -\tan(\alpha + \beta).$$

要求 $\tan\alpha\tan\beta \neq 1$(即 $\tan\gamma$ 有定义), 这可以由④获得保证(见下面的证明 1, 事实上, 由①可得 $xy \neq 1$, $yz \neq 1$, $zx \neq 1$).

所以, 第一次出现的分母变形可以通过.

(2) 第二次出现分母的变形是由

$$2\alpha + 2\beta + 2\gamma = 2k\pi\ (k \in \mathbf{Z}),$$

得　　　$\tan 2\alpha + \tan 2\beta + \tan 2\gamma = \tan 2\alpha\tan 2\beta\tan 2\gamma,$

如果没有误解的话, 这中间有一个运算

$$\tan 2\gamma = -\tan(2\alpha + 2\beta) = -\frac{\tan 2\alpha + \tan 2\beta}{1 - \tan 2\alpha\tan 2\beta}. \qquad ⑤$$

既要求 $\tan 2\alpha$, $\tan 2\beta$ 有定义, 又要求 $\tan 2\alpha\tan 2\beta \neq 1$(即 $\tan 2\gamma$ 有定义), 这是不能由④获得保证的. 如在条件④的要求下取 $\alpha = \dfrac{\pi}{4}$, $\beta = -\dfrac{\pi}{4}$, $\gamma = 0$, 有 $x = 1$, $y = -1$, $z = 0$, 满足条件①且使结论②成立, 但 $\tan 2\alpha$, $\tan 2\beta$ 都没有定义.

又在条件④的要求下取 $\alpha = \dfrac{\pi}{8}$, $\beta = \dfrac{\pi}{8}$, $\gamma = -\dfrac{\pi}{4}$ 时, 有 $x = y = \dfrac{1 - \cos\dfrac{\pi}{4}}{\sin\dfrac{\pi}{4}}$

$=\sqrt{2}-1$, $z=-1$. 显然 $\tan 2\alpha \tan 2\beta = \tan\dfrac{\pi}{4}\tan\dfrac{\pi}{4}=1$ 使分母为 0(即 $2\gamma=-\dfrac{\pi}{2}$, $\tan 2\gamma$ 没有定义),但满足条件①且使结论②成立:

$$x+y+z=xyz=2\sqrt{2}-3,$$

$$x(1-y^2)(1-z^2)+y(1-z^2)(1-x^2)+z(1-x^2)(1-y^2)$$
$$=0+0-1\times[1-(\sqrt{2}-1)^2]^2=4(\sqrt{2}-1)^2\times(-1)=4xyz.$$

所以,文[1]第二次出现分母的变形不能保持等价,④对于⑤是必要而不充分的.

(3) 第三次出现分母的变形是把等式②变成

$$\frac{2x}{1-x^2}+\frac{2y}{1-y^2}+\frac{2z}{1-z^2}=\frac{8xyz}{(1-x^2)(1-y^2)(1-z^2)}. \qquad ⑥$$

并认为是等价的(文[1]在"分析"中说由②"易得"⑥,在"证明"中又说要证②"只需证"⑥).

很明显,等式⑥与等式②有区别,等式②是整式,对实数 x, y, z 是否取 ± 1 不加限制;等式⑥是分式,不容许分母为 0,限制 x, y, z 不得取 ± 1. 那么,会不会在条件①的前提下,等式⑥与等式②等价呢? 我们说不会,因为等式①并不限制实数 x, y, z 取到 ± 1. 比如当 $x=1$, $y=-1$, $z=0$ 时,满足条件①且使结论②成立,但等式⑥没有意义.

又当 $x=1$, $y=2$, $z=3$ 时,等式⑥没有意义,但满足条件①且使结论②成立:

$$x+y+z=xyz=6,$$

$$x(1-y^2)(1-z^2)+y(1-z^2)(1-x^2)+z(1-x^2)(1-y^2)$$
$$=1\times(1-2^2)(1-3^2)+0+0=24=4\times 1\times 2\times 3=4xyz.$$

所以,文[1]用等式⑥代替等式②是不等价的,这种变形不等价既有知识性错误,更有逻辑性错误,主要是逻辑性错误.

第二、第三次所出现的分母变形,都是在 x, y, z 不得取 ± 1 的前提下成立,漏了 x, y, z 取到 ± 1 的情况,这两个问题的根源是相同的,即源于正切倍角公式 $\tan 2\theta=\dfrac{2\tan\theta}{1-\tan^2\theta}$.

3.2 漏洞的解决措施

早年,本例曾作过中学生数学竞赛题(如 1957 年,武汉),类似的漏洞已经有好几十年的历史了(可见于 1984 年的文[4]),解决的途径可以有两个.

3.2.1 在原解法的基础上补充讨论 x, y, z 取到 ± 1 的情况

证明 1 (1) 当 x, y, z 都没有取到 ± 1 时,令 $x = \tan\alpha$, $y = \tan\beta$, $z = \tan\gamma$,其中

$$\begin{cases} \alpha, \beta, \gamma \in \left(-\dfrac{\pi}{2}, -\dfrac{\pi}{4}\right) \cup \left(-\dfrac{\pi}{4}, \dfrac{\pi}{4}\right) \cup \left(\dfrac{\pi}{4}, \dfrac{\pi}{2}\right) \\ \tan\alpha + \tan\beta + \tan\gamma = \tan\alpha \tan\beta \tan\gamma. \end{cases} \qquad ③$$

下面证明 $\tan\alpha \tan\beta \neq 1$. 用反证法,假设 $\tan\alpha \tan\beta = 1$,代入③,得

$$\tan\alpha + \tan\beta + \tan\gamma = \tan\gamma \Rightarrow \tan\alpha + \tan\beta = 0.$$

把 $\tan\beta = -\tan\alpha$ 代入 $\tan\alpha \tan\beta = 1$,得 $\tan^2\alpha = -1$,这与 $x = \tan\alpha \in \mathbf{R}$ 矛盾.

所以③可以化为

$$\tan\gamma = -\frac{\tan\alpha + \tan\beta}{1 - \tan\alpha \tan\beta} = -\tan(\alpha + \beta).$$

得 $\alpha + \beta + \gamma = k\pi$, $(k \in \{-1, 0, 1\})$.

进而 $2\alpha + 2\beta + 2\gamma = 2k\pi$, $(k \in \{-1, 0, 1\})$,

得 $\cos(2\alpha + 2\beta) = \cos(2k\pi - 2\gamma) = -\cos 2\gamma \neq 0$, $\left(\gamma \neq \pm\dfrac{\pi}{4}\right)$,

即 $\cos 2\alpha \cos 2\beta - \sin 2\alpha \sin 2\beta \neq 0$.

因为 $\alpha \neq \pm\dfrac{\pi}{4}$, $\beta \neq \pm\dfrac{\pi}{4}$,所以 $\cos 2\alpha \cos 2\beta \neq 0$,得 $\tan 2\alpha \tan 2\beta \neq 1$,从而

$$\tan 2\gamma = -\tan(2\alpha + 2\beta) = \frac{\tan 2\alpha + \tan 2\beta}{\tan 2\alpha \tan 2\beta - 1}.$$

得 $\tan 2\alpha + \tan 2\beta + \tan 2\gamma = \tan 2\alpha \tan 2\beta \tan 2\gamma$,

即 $\dfrac{2x}{1-x^2} + \dfrac{2y}{1-y^2} + \dfrac{2z}{1-z^2} = \dfrac{8xyz}{(1-x^2)(1-y^2)(1-z^2)}$,

去分母得

$$x(1-y^2)(1-z^2)+y(1-z^2)(1-x^2)+z(1-x^2)(1-y^2)=4xyz.$$

(2) 当 x，y，z 中有取到 1 时,不妨设 $z=1$,则条件①为

$$x+y+1=xy \Rightarrow x+y=xy-1, \tag{⑦}$$

得
$$\begin{aligned}
左边 &=0+0+1\times(1-x^2)(1-y^2)\\
&=1-x^2-y^2+x^2y^2\\
&=(xy-1)^2-(x-y)^2\\
&=(x+y)^2-(x-y)^2 \quad (由⑦式)\\
&=4xy\times1=右边.
\end{aligned}$$

(3) 当 x，y，z 中有取到 -1 时,不妨设 $z=-1$,则条件①为

$$x+y-1=-xy \Rightarrow x+y=1-xy, \tag{⑧}$$

得
$$\begin{aligned}
左边 &=0+0-1\times(1-x^2)(1-y^2)\\
&=x^2+y^2-1-x^2y^2\\
&=(x-y)^2-(xy-1)^2\\
&=(x-y)^2-(x+y)^2 \quad (由⑧式)\\
&=4xy\times(-1)=右边.
\end{aligned}$$

综上得等式②成立.

3.2.2 开辟避免讨论的新思路

这只需直接对比①、②两式的差异(差异分析法参见§2.2),用代入法即可.

证明 2 由式①知 $xy\neq1$,式①就等价于 $z=\dfrac{x+y}{xy-1}$. $\tag{⑨}$

$$\begin{aligned}
左边 &=[x(1-y^2)+y(1-x^2)](1-z^2)+z(1-x^2)(1-y^2)\\
&=(x+y)(1-xy)(1-z^2)+z(1-x^2)(1-y^2)\\
&=(x+y)(1-xy)\left[1-\left(\frac{x+y}{xy-1}\right)^2\right]+z(1-x^2)(1-y^2) \quad (由⑨式)\\
&=(x+y)(1-xy)\frac{(1-xy)^2-(x+y)^2}{(xy-1)^2}+z(1-x^2)(1-y^2)\\
&=-\frac{x+y}{xy-1}[(1-x^2)(1-y^2)-4xy]+z(1-x^2)(1-y^2)
\end{aligned}$$

$$= -z[(1-x^2)(1-y^2)-4xy]+z(1-x^2)(1-y^2) \quad (由 ⑨ 式)$$
$$=4xyz.$$

理解了这里面的运算过程之后,可以直接由等式①作恒等变形,避免出现分式,也无需讨论 $xy \neq 1$.

证明3　由①移项,有

$$x+y=(xy-1)z, \qquad\qquad ⑩$$

两边乘以 $xy-1$,得

$$(x+y)(xy-1)=(xy-1)^2 z. \qquad\qquad ⑪$$

又由⑩平方,有

$$(x+y)^2=(xy-1)^2 z^2,$$

用 $(xy-1)^2$ 减去两边后,乘以 z 得

$$z[(xy-1)^2-(x+y)^2]=(xy-1)^2 z(1-z^2),$$

即

$$z[(1-x^2)(1-y^2)-4xy]=(x+y)(xy-1)(1-z^2), (由⑪式)$$

亦即

$$z(1-x^2)(1-y^2)-4xyz=-[x(1-y^2)+y(1-x^2)](1-z^2),$$

移项即得所求.

3.3　简要的结论

(1) 本例正切代换 $x=\tan\alpha$, $y=\tan\beta$, $z=\tan\gamma$ 中的"$\alpha+\beta+\gamma=k\pi$ ($k \in \mathbf{Z}$),其中 α, β, $\gamma \neq k\pi+\dfrac{\pi}{2}$ ($k \in \mathbf{Z}$)"是必要而不充分的,两次所出现的分母变形都不能保持等价,主要表现为逻辑性漏洞.

(2) 事实表明,本例并非文[1](P.36)所说的"直接证明往往难以下手"(事实上,差异分析法特别适用于条件等式的证明),其恒等运算也只需要耐心和细致.而填补漏洞的措施,消解了"正切代换"、"化繁为简、事半功倍"的说服力.

(3) 本来,本例是最能体现正切代换优势的,但存在变换不等价的问题,补

充讨论之后,缺陷填平了,而正切代换的"典型性"也削弱了. 面对这样的情况,写作中可以修改题目,让素材服从主题. 如修改为:

例1 已知 x,y,$z \in \mathbf{R}$,满足 $x+y+z=xyz$,求证:

$$\frac{x}{1-x^2}+\frac{y}{1-y^2}+\frac{z}{1-z^2}=\frac{4xyz}{(1-x^2)(1-y^2)(1-z^2)}.$$

目前,对于"求证式"存在两种理解:其一,"求证式"给出来的就是有意义的,只需证明其两边相等;其二,既要证明"求证式"有意义,又要证明其两边相等. 为了避免"求证式是否存在"的争议,还可以改为:

例2 已知 x,y,$z \in \mathbf{R}$,满足 $x+y+z=xyz$,且 $(1-x^2)(1-y^2)(1-z^2) \neq 0$,求证:

$$\frac{x}{1-x^2}+\frac{y}{1-y^2}+\frac{z}{1-z^2}=\frac{4xyz}{(1-x^2)(1-y^2)(1-z^2)}.$$

这样一来,"正切代换"的代表性、典型性、优越性就有了.

以上看法纯属个人意见,盼批评指正.

参考文献

[1] 盖传敏. 正切代换在解题中的应用[J]. 中学数学杂志,2012(11):35-36.

[2] 盖传敏. 正切代换在解题中的应用[J]. 高中数学教与学(扬州),2012(10):15-17.

[3] 刘建明. 正切代换法解代数问题策略[J]. 中学数学研究(南昌),2005(2):23-26.

[4] 李佩瑢. 常用三角代换及其在代数上的应用[J]. 中学数学(湖北),1984(11):27-28.

[5] 路李明. 发掘数式结构特征、利用正切代换解题[J]. 中学数学研究(南昌),2003(7):20-23.

[6] 方亚斌. 用正切代换法解代数问题的若干思考途径[J]. 中学数学(湖北),1993(8):14-16.

[7] 罗增儒. 中学数学解题的理论与实践[M]. 南宁:广西教育出版社,2009.

[8] 罗增儒. 从《例说不等式的几何直觉证明》谈论文写作[J]. 数学教学,2004(11):3-4,封底.

第8篇　教学发展有境界，解题研究分水平
—— 在第三届青年教师中考数学压轴题讲题比赛会议上的发言①

很高兴，能与来自全国各地的三百多位数学同行分享数学解题的甜酸苦辣. 令我非常感动的是，在你们废寝忘食地认真准备和三尺讲台的激情展示中，体现了火热的数学情怀、勇敢的发展追求、崇高的职业自觉和自觉的学术担当.

下面，我想谈前两年尚未谈到或尚未谈透的问题，重点是"教师教学的发展境界和解题研究的水平划分". 主要有四个问题：简要的回顾与重申，会场上的观察和思考，教学发展的三个境界，解题研究的四个水平. 欠妥之处，盼批评指正.

1　简要的回顾与重申

1.1　简要的回顾

（1）带着问题来学习. 前两届，我在会议发言中说过，我是"带着问题来学习"的（参见文[1]、[2]），来学什么呢？ 我的专业期待（或说关注重点）有：

① 关于青年数学教师发展. 教师为什么要发展、怎样发展等.

② 关于中考数学. 如什么是中考，中考的基本问题是什么，需不需要建设《数学中考学》，如何建设《数学中考学》等.

③ 关于中考数学压轴题. 如什么是中考数学压轴题，怎样求解中考数学压轴题，怎样编拟中考数学压轴题等.

④ 关于讲题. 如讲题讲什么，讲题怎么讲，讲题对谁讲；什么是题，怎样解题，数学解题的基本过程是什么样的，成功解题的基本要素有哪几条，解题失误的表现和性质有哪些方面，怎样教学生学会解题等.

（2）第一届的发言（文[1]），我讲了教师为什么要发展和教师发展的途径；讲了什么是数学题、什么是数学解题、怎样学会解题（提了两个建议：掌握数学解题的基本过程，学会解题分析），并纠正了关于"解题"的一个流行误解（上课的前半部分是讲概念、证定理，后半部分做的才是解题. 其实，如何构建概念，怎么发现和论证定理也是解题）.

---

① 本文原载《中小学数学》（中旬·初中）2019(10)：1-6；2019(11)：17-22（署名：罗增儒）.

(3) 第二届的发言(文[2]),我重点谈了"压轴题的认识与求解".如什么是中考数学题、什么是中考数学解题、它有什么特征,什么是中考数学压轴题、它有什么特征;较为详细地说了怎样解题的基本过程(看题、想题、写题、回题):理解题意、思路探求、书写表达、回顾反思.同时,还谈到了:

① 中考压轴题的解析几何内容并介绍了"解析几何"的学科思想.

② 谈到了"口诀"的利弊(《中小学数学》期刊2006年有多篇文章争论过数学教学中的"口诀",教学中的口诀、对联、顺口溜等更像"调味料",数学基础知识、基本技能、基本思想、基本活动经验才是"主食""主材",要防止"喧宾夺主"或"矫揉造作").

③ 谈到了"如图"有"特指"(确定)与"泛指"(示意)两种含义(证明三角形内角和定理时画一个锐角三角形是"示意"、是"泛指").(参见文[2]例2)

1.2 关于"讲题建议"的重申

方运加教授和我、还有一些代表都认为,随着会议的成功举办,关于"讲题"的理论思考应该提到议事日程上来,我们曾经提议:

(1) 明确讲题讲什么,讲题怎么讲.为了发挥"讲题"的引领作用,提高"讲题"的学术水平,讲题的内容应该明确.我个人认为,可否按照数学解题的基本过程提出讲题意、讲思路、讲解法、讲反思,以及讲解题感悟、讲命题背景、讲内容推广等.前者(题意、思路、解法、反思)可以重在面向学生,后者(感悟、背景、推广等)可以重在面向教师."讲题比赛"对"讲什么? 怎么讲?"都不清楚,第一年可以说是"创新",第二年还能说"创新"吗? 继续下去不会成为"守旧"吗?

(2) 明确讲题的目标重在"解题研究"还是"解题教学".前者偏重于"教育数学",后者偏重于"数学教育";也可以两者兼而有之.一般说来,"解题研究无禁区,解题教学有范围",对于教师来说,繁简解法、对错解法、优劣解法以及超不超纲的解法等,都应该兼收并蓄;至于将哪一个解法用于课堂,则取决于教学要求和学生实际,有时候首推的不是"巧思妙解",而是通性通法.

(3) 明确讲题的对象重在"教师"还是重在"学生".前者偏重于"教",后者偏重于"学";也可以两者兼而有之.去年的会场上已经出现明显的意见分歧和做法差异.今年的各个队其实也有不同的取向.

(4) 明确讲题的时间、切磋的要求等技术细节.不要"先讲的占用时间长、后讲的占用时间短""胆大的占用时间长、胆小的占用时间短",应该时间大体相等

（比赛要公平）. 比如每个队都控制在"一节课或 50 分钟"内；交流也应该有一个时间界限, 定出比例. 我更希望有答辩和交锋, 并且比现在激烈一点.

（5）再追加一条建议, 发动中考命题人员（特别是组长）参会. 三届的事实都表明, 命题参与人员的发言能说出命题背景、编拟过程、考查意图等, 受到大家的欢迎.

会议上曲阜孔老师呼吁说："我们讲解压轴题, 意义是什么？我们探讨什么？是单纯解法的罗列吗？还是教学中对学生思维方法的引导？作为中考压轴题的讲题比赛, 我想本意是促进教师研究的热情, 助推我们的数学教学, 进而提高教学质量.""应该更多地关注题目本身的含义和这道题带给我们的思考, 在平时的教学中如何引导学生注重思维, 而不是单纯地依靠题海战术. "

命题参与人李春慧老师（山西）的发言也受到关注.

2　会场上的观察与思考

今年的会议, 保持了前两年民间活动的基本特色. 如通知是靠朋友圈刷出来的；会场是有微信、网络、电视直播的；比赛是不设评委、由"老师讲、老师评、内行看内行"的；会议还有很多联盟参加, 还不断发红包；等等. 下面说说我两天来看到什么、又思考些什么.

2.1　看到了学术热情和广有收获

（1）表现 1：大家放弃休息、冒着酷暑, 自觉自愿地走到一起来切磋数学, 就是一种学术热情；比赛的选手有的练到半夜, 有的放弃午休；不是比赛的老师也是练到半夜, 也放弃午休深入钻研, 练习讨论会议还开到晚上 7 点（上海队还夜以继日留下练习）. 这不是学术热情是什么？所以, 我第一段话就说了"火热的数学情怀、勇敢的发展追求、崇高的职业自觉和自觉的学术担当".

我还注意到, 今年（指 2019 年）的好几个队都注重了讲课形式的活泼, 多位教师轮流上场, 最为精彩的是不是第四队和第九队？第四队有开场、有结尾, 有串讲、有唱歌, 还有"子母相似形"与"一线三等角"的"对抗"；记得第九队（上海队）去年还有"学生"纠正"教师"错误的情节, 我称为"更显精彩", 今年, 他们依然面向学生, 面向教学, 依然"精彩".

（2）表现 2：参会人员来自教学第一线, 有良好的解题胃口和浓郁的学术氛围, 大家讲起题来, 具有"读懂学生"的"内行话"优势, 具有"通达课堂"的"接地气"强势. 我往年说过"这是解题精强团队不事张扬的报到""这是解题集体智慧不无潇洒的亮相. 这些"优势"和"强势"使得我们都能"不虚此行",无论是上场的选手还是台下的听众,大家都能收获满满,并可以立即将诸多收获用于课堂. 我还要提起,"广交四海朋友"等不仅也是收获,而且还是"长久耐用"的更大收获(潜力股?). 事实正如开幕式上:

方运加教授"寄语"说:"这场地道的数学教学嘉年华充满着正能量,将由考试而引发的、与专业无关的各种喧嚣化作和煦的清风,每位与会者都会享受到清风拂面带来的舒心与激励. 悉心向学,盆丰钵满,回校再战,战之必胜."

东道主黄校长说,"相信经过两天的精彩角逐,参赛的 10 个代表队能够赛出水平、赛出风采,会让到会的所有同仁收获颇丰,不虚此行."

2.2 看到了"讲题"的深入思路和精彩争鸣

(1) 所有选手都表现出强大的实力和过硬的基本功

10 个队的讲题老师都富含数学素养,特别突出的是逻辑推理,直观想象(数形结合),数学运算;他们深厚的专业功底,饱满的教学热情,可人的教学风度,整齐的现场板书等都给我留下了深刻的印象. 我还记得前年叫两位老师徒手画圆——用得上两个字:漂亮! 今年见大家徒手画抛物线,同样漂亮.

方运加教授在去年(指 2018 年)的开幕式上寄语:"要做脚踏实地的数学人,作为中学教师就是要用好粉笔、三角板,黑板为媒,与学生进行最直接的交流. 这虽然不是什么大事业,但一定是你的学生最需要你做的. 把这个事做好最重要,这就是我的寄语,寄语你,也寄语我."

正如在汽车普遍进入生活的现实中婴儿还要首先学好走路一样,我十分赞成在多媒体普及教学的形势下教师依然要练好基本功(我曾要求我的研究生每周交一篇钢笔字、一篇毛笔字),并且认为,即使"教学语言"基本功也不限于粉笔三角板的板书语言,还有科学准确而不粗俗的口头语言、文明风仪而不猥琐的体态语言. 还要看到,真正过硬的板书基本功不是提前画好图才去上课的,大家想一想,好几个人、用超过十分钟的时间画图,真实的课堂是否可能? 是否可取? 我见过这样的数学前辈,可以徒手一笔一个圆,两笔两个相切的圆,三笔三个两两相切的圆,四笔四个两两相切的圆,是一面讲一面画的. 我们不要多媒体的豪华表演不是无视多媒体的伟大进步和巨大功能,其实质只是摒弃"形式化"表演(也包括非多媒体的其他表演),要实实在在的教学效果. 我高兴地看到,10 支队伍既不是缺少解题实践的理论空头,也不是缺少理论指导的教学苦力,都表现出"既懂数学又懂教学,既有实践又有理论"的良好势头.

(2) 所有题目都进行了广泛的探讨和深入的挖掘

会场上几何题有几何味、代数题有代数味、坐标系中的几何代数综合题也有解析几何学科味. 多数队都是眼花缭乱、异彩纷呈的一题多解,努力接近问题的深层结构,当中不乏新颖的构思和本质的揭示. 比如第一队(长沙 26 题)对"角平分线+等腰三角形"的揭示、对"上下两个图形结构类似"的揭示、对"图形中黄金分割"的揭示等,用得上两个字:深刻! 又如第三队(济宁 22 题)对"一线三等角"的揭示、第六队(长春 24 题)对"数形结合"的揭示等,也都用得上两个字:深刻! 其他队亦都是在努力接近问题的深层结构,山西 24 题找平行四边形的本质是解方程 $|y_N| = |y_D|$,技巧是先找 N 后找 M,找 M 时,N 在上方有两种可能,这还用得上两个字:深刻!

并且,当我对比"会议手册"与现场讲解时立即看到,10 支队伍的专业表现和理论修养大都超过"会议手册"的预设水平(进步!),一些"会议手册"没有达到的本质揭示,现场达到了;一些"会议手册"没讲清或讲不清的问题,现场讲清了.(集体智慧!)

(3) 会场的互动同样精彩

于永库、赵辉、王小武老师的主持点评,贺基旭、王勇战、于爱军和张彦平等的补充发言,都给我留下深刻的印象(当然也包括马学斌的发言).

大家可能还记得于永库老师对第一队(长沙 26 题)的评价:"长沙试题内涵深,D,O 将线黄金分;拿掉切线解法好,上下联系重思考;有内有外有大小,平移思想解法妙."

河南郑州于爱军老师的发言激动而深刻,我想请他说说,他最得意的发言是哪个?(现场发言依然激动而深刻)

太原 38 中张彦平老师对长春 24 题的简要补充实质上是为"图形直观"提供了"逻辑解决".(详见本书下集第三章第二节第 7 篇)

$$\text{情况 1:图形} \rightarrow \begin{cases} f_{右}(2) \geqslant 2, \\ f_{右}(4) \leqslant 2, \\ f_{左}(2) < 2 \end{cases} \rightarrow \begin{cases} -2^2 + 2n + n \geqslant 2, \\ -4^2 + 4n + n \leqslant 2, \\ -\dfrac{1}{2} \times 2^2 + n + \dfrac{n}{2} < 2 \end{cases} \quad \text{得 } 2 \leqslant n < \dfrac{8}{3}.$$

情况 2：图形 → $\begin{cases} f_{左}(2) > 2, \\ f_{左}(4) < 2, \\ f_{右}(4) > 2, \end{cases}$ → $\begin{cases} -\dfrac{1}{2} \times 2^2 + n + \dfrac{n}{2} > 2, \\ -\dfrac{1}{2} \times 4^2 + 2n + \dfrac{n}{2} < 2, \\ -4^2 + 4n + n > 2 \end{cases}$ 得 $\dfrac{18}{5} < n < 4.$

如果说原讲解更注重"由数到形"的话，那么，张老师的"补充"就更注重"由形到数"了，从而体现了双流向的"数形结合"（单流向的"由数到形"或"由形到数"，都是对"数形结合"的天真误解）.

这些研讨都是真诚的、友好的、切合主题和非常有益的，应该成为我们这次会议的一个亮点.

2.3　看到了数学课堂上的幽默、生动和文化

（1）看到了数学会场上有掌声和笑声

可能很多人都会认同数学课堂难得有掌声和笑声，但是我们的会场有了. 如同大家所看到的，讲题研讨有激越煽情型的，也有大气沉稳型的，有精雕细刻面面俱到的，也有大刀阔斧突出特点的，有工于抽象思维的，也有富于形象直观的，但不同的教学风格都由于教学呈现形式的生动和数学专业揭示的到位而引起共鸣，产生掌声和笑声（而不是痞气的噱头或缺少学术深度的插科打诨）.

当然，有些笑声也出于语言的艺术或逻辑错位等.

（2）看到了数学会场上的文化

数学文化是指数学的思想、精神、语言、方法、观点，以及它们的形成和发展；还包括数学在人类生活、科学技术、社会发展中的贡献和意义，以及与数学相关的人文活动. 将数学文化融入教学，有利于激发学生的学习兴趣，有利于学生进一步理解数学，有利于开阔学生视野，提升数学学科核心素养（详见课标）. 指向数学核心素养的课堂教学应该努力渗透数学史、数学家、数学精神和数学应用等数学文化要素以及更广泛的人文元素，感悟数学价值，提升科学精神，培养应用意识，生成人文素养. 据知，高考试题主要从数学史、数学精神、数学应用三个方面渗透数学文化，中考也会向这个方向靠拢.

关于会场上一般性的文化元素，主要表现有：许多选手富于哲理的开场白，经验之谈的口诀，曲阜队领唱歌曲，闵虹老师的诗歌，和一些我来不及记下的顺口溜，这些都与前两年一样丰富. 如：

① 邢台队的总结口诀：

口诀1：五点三线关系多,数形结合是关键.

线线相交求交点,点在线上可拓展.

口诀2：点到直线很重要,最值问题重点考,

配方知识在其中,三角中点做拓展.

口诀3：函数背景考方程,核心素养方向明,

y 值依次可求出,根据平均列方程,

两点距离巧妙得,圆和相似做拓展.

口诀4：简单问题出发,知识能力双查;思想方法综合,逐步加以深化;

函数贯穿全题,方程自始至终;初中核心知识,考查酣畅淋漓;

降低垂直难度,增加水平宽度;极简承载厚德,经典透露神奇.

② 某队的总结口诀：几何压轴题,抓紧基本型,变中找不变,方法会自现.

③ 某队的总结口诀：数缺形时少直觉,形缺数时难入微,

数形结合两相依,函数方程手牵手,

特殊一般齐助阵,数学抽象终攻克.

④ 某队的总结口诀：画准图靠分析,找出路抓特征,

求突破勤转化,架桥梁连两岸.

……

如果说数学结论是冰冷的,那么数学教师可以给它插上情感的翅膀,使它成为冰冷的美丽;如果说数学探索是火热的,那么数学教师可以给它融入理性的合金,使它成为火热的思考.数学教师在数学的面前并非只有传承,数学教学本来就是一种充满创造性的学术活动.(数学家创造数学概念,数学教师创造概念的数学理解)

2.4　也看到了会场上有批判性不足等方面的情况

(1) 很少听到关于题目的改进意见

不是不应该"重在正面理解",而是不能没有批判性的声音,这说明我们对解题反思"思什么、怎么思"还需要探讨和强调.比如：

① 有的题目承担中考压轴的使命压住了没有? 太浅压不住,太深又形同虚设,也没压住.我问过一些老师,有的中考题难度系数只有 0.1 或不足 0.1,是形同虚设的.

② 考试题不是都没有问题的,是可以研讨的.(参见文[2]例8)

(2) 有的"一题多解"停留在罗列上,目的性不明

上面说到,"多数队都是眼花缭乱、异彩纷呈的一题多解,努力接近问题的深层结构",但是,也有的"一题多解"只是平铺直叙、平行并列,缺少亮点、高潮和深层结构的揭示.

我们说,对于解题获得答案来说,本来有一个解法就够了,为什么还要"一题多解"呢? 一题多解有两个潜在的功能:其一,多角度审视有助于接近问题的深层结构;其二,一个问题沟通不同的知识,有助于形成优化的认知结构.但是,潜在功能需要我们去发挥出作用,简单地并列多种解法有时反而会加重学生的负担(可能连一种方法都没掌握好),唯有沟通不同解法的知识联系,我们才有更多机会洞察问题的深层结构,形成优化的认知结构.

(3) 难点的确定与突破有提高、但还可努力

应该说,当大家分析每一道题目的思路时,都是针对解题难点来讲解的,但是没有明确指出:该题到底一共有几个难点、分别难在什么地方、各用什么方法来突破、方法的实质是什么、从中可以获得什么解题启示或教学启示?

另外,有的讲解缺少思路的揭示(主要是结论的"无私奉献"),一步一步很有条理、很流畅,但主要是方法和技巧的完成,方向的思路分析和思想的本质提炼都有待展开;还有些个别情况,是一条条辅助线的变戏法出现,一个个数据的从天而降.(思路揭示可先可后,但不能没有)

我想起继夸美纽斯之后的著名教学论专家第斯多惠(1790—1866)说过:"坏老师奉送真理,好老师教人发现真理."(他还有一句名言:教学的艺术不在于传授的本领,而在于激励、唤醒、鼓舞)我希望,学生获得的不只是一些题目的答案,而是有数学运算和逻辑推理的素养熏陶.应该明白,基于数学核心素养的课程实施源于学科知识又超越学科知识,是学生在学习数学课程的过程中所形成的、对数学本质的深刻认识和深度把握,它能够引领学生将习得的数学知识和技能应用到日常生活中去,帮助学生用数学的眼光发现和提出问题、用数学的思维分析和解决问题、用数学的语言表达和交流问题.(黄晓龙校长在开幕式中专门提到这段话,是对活动的中肯提醒)

(4) 若干语言、书写或做法还可温馨提示

① 说要证两条线段相等,就是证两个底角相等.是指"必须?""只需?"还是

说"只需且必须"？又有说"需要拆散重建"，是指"只需拆散重建"还是"必须拆散重建"？

② 用三角形两边之和(差)大(小)于第三边求最值，要不要考虑能否取到等号？可否改为"两点之间直线距离最短"？

③ 分段定义的函数是一个函数还是两个函数？对应的图像是一个图像还是两个图像？

④ 还要再次提起，"是"有三种含义：等于(如等边$\triangle ABC$的边长都是5)、属于(如$\triangle ABC$是等边三角形)、包含于(如等边三角形是锐角三角形)，所以，它被广泛用于各种场合是可以理解的，但依然存在用哪个词更为恰当的问题，比如"边长是5"就不如"边长为5"或"边长等于5"自然. 我还听到过争论：百分数是分数吗？有的说"不是"，因为很多分数都不是百分数；有的说"是"，因为百分数就是分母为100的分数. 分歧源于"是"的不同含义.

⑤ 关于取值范围：应该既充分又必要，防止以必要代替充要.

⑥ 关于图像解法：当然，数形结合是一种解题途径，教材也常常用图形来说明数学对象的性质，但是，图形主要是合理性的说明和证明思路的启发，一般情况下不能代替严格的逻辑证明. 有的题目，本意正是图形直观的严格证明，你画个图反成了逻辑循环了.

⑦ 关于已知三点求抛物线有四种方法，除了一般式、零点式、顶点式外，还有待定式

$$y = a_1(x - x_2)(x - x_3) + a_2(x - x_1)(x - x_3) + a_3(x - x_1)(x - x_2).$$

当有两个为零点时，就只剩下一项了，这就是零点式简单的原因.

⑧ 会场上口号"假设存在……真存在……"，是不是应用题解法程序"设、列、解、检、答"的一脉相承？其中"设、列、解"是必要条件过程，"检"是检验充分性，既必要又充分才是答案. 其实，解方程的变形基本上都是"假设有解"的"必要条件过程"，只不过有些简单方程其变形也是充分的(同解变形).

最后指出，这次上场的10道题中，题目本身不出现坐标系的主要有长春净月、曲阜、上海队的三道纯几何题，加上第1队重点在综合几何也就四道纯几何题，因而，10道比赛题主体是坐标系结合几何图形的综合题，其中坐标系中的重点是二次函数(抛物线)，也有一次函数(直线)和反比例函数(双曲线)，而几何

图形的结构则广泛涉及全等或相似三角形、平行四边形、梯形、圆、面积等. 这反映了一个与往年类同的事实: 中考压轴题喜欢用解析几何(当然,初中没有这个词). 关于"解析几何"的学科思想我去年说过了(不赘述),在此,仅希望大家注意"函数及其图像"和"曲线与方程"既有联系也有区别,并期待大家清醒而明智地用学科思想去指导解题. 事实上,好些问题用高中知识来看,就实质清楚、难度下降,比如,直角三角形用向量很方便;三角形面积、两点距离都有坐标公式;角平分线定理、切割线定理也都是现成的.(有些中考题的难度就在于高中知识的下放)

3　教学发展的三个境界

根据教师对教学的认识和把握,可将教师的教学从低到高分为三种境界(职业、事业、使命),每一境界又可以分出两个层次,形成从低到高的三种境界、六个层次.

第一境界是经验型教师:熟悉教学规范,掌握共性化的教学.(站上讲台)

- 第一层次,从不会教到能教;(初师)
- 第二层次,从能教到会教.(知师)

第二境界是技术型教师:驾驭教学规范,产生个性化的教学.(站稳讲台)

- 第三层次,从教知识到教方法;(明师)
- 第四层次,从胜任教学到高效教学.(能师)

第三境界是研究型教师:超越教学规范,创造智慧性的教学.(站好讲台)

- 第五层次,既教书又育人;(良师)
- 第六层次,从教的智慧到爱的艺术.(大师)

(1) 第一境界,经验型教师(站上讲台)

初会教师成为合格教师的前提性障碍是还没有解决"教什么"和"怎么教"的问题,对所教学科的内容不够熟悉,对教学内容的选择和组织缺乏经验,对传授知识的技能不掌握或掌握不到位等. 但是,专业知识的熟悉和教学技能的掌握需要一个过程,从不熟悉、不掌握到熟悉、到掌握是第一层次:从不会教到能教——初为人师都是这样,我们称为"初师". 然后,慢慢熟练,进入第二层次:从能教到会教,表现为熟悉教学规范,掌握共性化的教学,我们称为"知师",即从操作层面知道了"教什么"和"怎么教"的老师或合格的教师. 在这一境界里会有"教坛新秀",其中一些新秀,不乏教师的气质,或者说就是一个有气质的教师.

超越基本技能的实践和训练奢谈教学理念、教学艺术和专家型教师的发展等,是"拔苗助长".没有高水平的教学技能作基础,就不可能有高水平的专业发展,教学基本功都没过关,不可能成为专家型教师(空头教育家除外).

第一境界的教师是可以训练出来的,如公开课、青蓝工程、教师基本功大赛、教案比赛、说课比赛、命题比赛等.

但始终停留在第一境界的教师存在沦为庸师的危险(有的庸师进行教学只是为了谋生,仅此而已),因为在这一境界里的教师教学常常是授人以鱼:重在知识层面的传授,无暇顾及学习方法、学科方法的指导和人格养成的培育,很难超出一个好教书匠的水平.我们赞成"从教师匠到教育家"的不停顿发展.

(2)第二境界,技术型教师(站稳讲台)

随着对教学内容、教学技能的熟悉和对教学实质的实践感悟,教师的教学逐渐从"授人以鱼"进入"授人以渔",达到教学的第二境界第三层次:从教知识到教方法(包括学习方法和学科方法)——比"知师"明白得多,我们称为"明师",明师可以去申请中学高级教师的职称了.既教知识又教获取知识方法的发展,教学就逐渐进入第四层次:从胜任到高效——教师从驾驭教学规范中升华,产生个性化的教学,我们称为"能师".在这一层面上不乏赛课能手,和教出中考高分的授课"巨匠"."名师"及其著作亦在此层面产生.

但是,"鱼"和"渔"其实都是知识,"鱼"主要指陈述性知识,"渔"主要指策略性知识和部分元认知知识,并且"渔"要以"鱼"为基础(如果水里没有"鱼"、那打鱼的方法——"渔"还有什么用!).所以,处于第二境界的教师还无法彻底摆脱"教材中心、教师中心、课堂中心"的影响,常常把传授现成知识、现成方法,以及培养能力作为教学的全部.在这一境界中,教师重在技术层面的提高,当好事业家,还没有表现出(或只是刚刚表现出)"教师是爱的职业,教学是爱的艺术".

(3)第三境界,研究型教师(站好讲台)

其实,教学是一个发现学生、发展学生,发现自我、发展自我的过程,是师生共度的生命历程.教师最基本的工作是教书育人,既教书又育人,立德树人,并且,教学是一种学术活动,自动包含研究性、创造性.但真正认识到,并在行动中自觉实践的不是很普遍,现实中存在"重教书,轻育人"、"重教学,轻教研"、"重传承,轻创新"的现象.

当教师不仅向学生传授知识,不仅传授获取知识、探索知识、创造知识的方法,而且还注重和研究学生学习欲望的激发与学习主动性的培养,还注重和研究学生的全面和谐发展与综合素养提高,那么,这些教师的教学就进入第三境界第五层次,既教书又育人,既教学又研究,重在立德树人的发展(包括学生的发展与教师的发展)——我们称为"良师".第五层次再发展,教师进入教学的自由王国,教学超越知识、超越教材、超越课堂、超越教学规范,创造出教学智慧,能够著书立说,提出教育思想,我们描述为:从教的智慧到爱的艺术——并称为"大师"(或教育家),这是教师中的佼佼者,数量不会多.在这一境界里,教学和爱的奉献是这些良师和大师生命的一部分,而这些良师和大师的生命也在教学和爱的奉献中得以升华.

祝愿讲题比赛成为教师掌握核心竞争力、占领教学制高点的一个阶梯.

4　解题研究的四个水平

回顾我从当学生到当教师的几十年解题实践(特别是当教师以来的 40年),我看到了一条清晰的"学解题、教解题"线路:由"记忆模仿、变式练习"开始,经过长期的"自发领悟",已经进入到"自觉理解"的阶段.这里的四个关键词:模仿、练习、领悟、理解,正好体现为数学解题的四个水平.

如果题目不会解、解不出来,那就还没有显示出水平(0 水平).从能得出题目答案开始算,如果只会记忆模仿那是水平 1,如果能够完成变式练习那是水平 2,如果能够通过解题获得思维感悟那是水平 3,如果能自觉通过解题分析去增强数学理解、提高数学素养那是水平 4.趁此"中考数学压轴题讲题比赛"的机会,我将其作为"一个中国解题者的学习案例"或"一个中国学习者的解题案例"总结为经验性的认识(辅有具体案例),就教于广大数学同行.

4.1　学解题四个水平的认识

(1) 数学解题的记忆模仿阶段(水平 1)

这一阶段的表现是,模仿着教师或教科书的示范去解决一些识记性的问题,能套定理公式,但稍一变化就会思维受阻;解题常常只是为了完成任务,解题的目的就是获得答案;题目解完之后没有反思自己是怎么想的,也说不清用了哪些知识、哪些方法.

这一步中,记忆是一项重要的内容,由记到忆,是指信息的巩固与输出的流畅,要解决好:记忆的敏捷性(记得快),记忆的持久性(记得牢或忘得慢),记忆的准确性(记得准),记忆的准备性(便于提取).停留在这一阶段的记忆主要是机械记忆,缺少自觉的理解记忆.波利亚在《数学的发现》序言中说:解题"只能通过模仿和实践来学到它",张景中院士在《帮你学数学》(第46页)中说"摹仿是学习的开始".至于"不要死记硬背"的告诫,也不是要否定"记"而是要否定"死",不是要否定"背"而是要否定"硬".

记忆和模仿都是必要的,学写字从模仿开始,学写作从模仿开始,学绘画从模仿开始,学音乐舞蹈也都从模仿开始,每节课后的数学作业基本上都是模仿性练习.但是,仅仅停留在记忆模仿阶段是不够的,还需要领悟和理解,有些同学"课堂上讲的还能够听懂,课后作业常常遇到困难",个别老师"课堂上讲过的题目,过上几周学生来问,自己都不会了",就是停留在记忆模仿的水平上.

(2)数学解题的变式练习阶段(水平2)

这一阶段的表现是,做数量足够、形式变化的习题,本质上是进行操作性活动与初步应用.其作用首先是通过变换方式或添加次数来增强效果、巩固记忆、熟练技能;其次是通过必要的实践来积累理解所需要的操作数量、活动强度和经验体会.许多学生经过充分练习之后,题型积累有所增加,解题操作更加熟练,确实能解决一些形式变化的问题了;还有些学生在获得答案之后也能说说自己是怎么想的,用了哪些知识、哪些方法,有的题目亦能进行一题多解.多数学生和广大教师都能达到这个水平.

"变式"是防止非本质属性泛化的一个有效措施,中国的数学教育有"变式教学"的优良传统,"变式练习"是这一传统在解题教学上的重要体现,它作为一种学科活动可以成为感悟解题思想、接近数学实质、形成学科素养的载体和通道.

记忆模仿、变式练习主要体现了"模式识别"的解题策略.它是学生获得本质领悟的基础或必要前提.但是,"没有理解的练习是傻练,没有练习的理解是空想".因此,对学解题而言,更重要的是跨越模仿和练习而产生领悟.

(3)数学解题的自发领悟阶段(水平3)

这一阶段是在变式练习的基础上产生初步感悟,表现为个体经验的生成.如:对解题思路的探求能够开始有意识的设计;解题不仅要获得答案,不仅能说出自己的思路,有时还能领悟当中的解题思想、解题方法和问题的深层结构,间或还能一解多题,并作出一些推广,还会有针对性地编拟新题.但是,这种领悟带有自发的性质和隐性学习的特征,常常是"只可意会,不可言传".

这三个阶段,体现了"接受记忆知识——练习巩固知识——顿悟形成理解"

这样一个逐步深化的认识过程,是传统教学所熟悉的.能够进入"自发领悟"阶段也标志着数学学习的一种觉醒,即已经感悟到解题学习需要"理解"(如同不仅掌握数轴的"三要素",而且理解数轴的两个本质思想:集合对应、数形结合).但是,这种领悟长期停留在自发的和个性化的层面上,表现为一个漫长而又不可逾越的必由阶段(会存在高原现象),目前的很多学生就被挡在或停留在这一步.我自己也总在这一阶段上挣扎,但已经认识到:为了缩短被动、自发的过程,为了增加主动、自觉的元素,解题教与学还应该有第四阶段.

(4) 数学解题的自觉理解阶段(水平 4)

这一阶段表现为,能在领悟解题的基础上,进一步做到:

① 数学问题的迅速识别,解题思路的主动设计,知识资源的理性配置,解题方法的灵活运用,解题策略的适宜调控,解题过程的自觉反思,努力通过解题去获得数学的理解,使认识进入深层结构.

② 能从数学操作和正确答案中看到数学知识和数学方法的应用,能从数学知识和数学方法中看到数学思想和思维策略的指导,能从数学思想和思维策略中提炼数学核心素养(DNA),获得态度、情感的熏陶,形成正确价值观念、必备品格和关键能力.

问题是怎样通过解题获得理解? 我的建议是:自觉的解题反思,通过分析"怎样解题"而领悟"怎样学会解题".操作上通常要经历整体分解与信息交合两个步骤(参见拙著《中学数学解题的理论与实践》).

自觉的解题反思与检查验算是有区别的,它不仅反思计算是否准确、推理是否合理、思维是否周密、解法是否还有更多更简单的途径等,而且还要提炼怎样解题和怎样学会解题的理论启示.

当前的重点应是加强第四阶段的教学与研究,这是一个无限广阔的创造空间.

4.2 学解题四个水平的案例

(1) 案例 1:工程问题

处于"模仿"阶段可以完成下述例 1-1、例 1-2,但完成例 1-3 可能有困难,至于例 1-4 则完成不了.

例 1-1 一件工程,甲工程队干需 10 000 小时,乙工程队干需 6 000 小时,如果甲、乙两工程队一齐干,整个工程几小时完成?

例 1-2　一件工程,甲工程队干一半需 5 000 小时,乙工程队干一半需 3 000 小时,如果甲、乙两工程队一齐干,整个工程几小时完成?

例 1-3　一件工程,平均分为前、后两段,甲工程队干前半段 5 000 小时完成,乙工程队干后半段 3 000 小时完成,如果两工程队同时动工,甲工程队干前段、乙工程队干后段.一定时间后,甲、乙两工程队交换(交换时间不计),使前、后两段同时完工,整个工程一共几小时完成?

例 1-4　(2009 年全国初中数学竞赛)一个自行车新轮胎,若安装在前轮则行驶 5 000 km 后报废,若安装在后轮则行驶 3 000 km 后报废.如果行驶一定路程后交换前、后轮胎,使一辆自行车的一对新轮胎同时报废,那么这辆车将能行驶多少 km?

处于"变式"阶段不仅能够求解,而且还有可能提出从小学到中学、从算术到代数、从复杂到简单的多种解法.

解法 1　(方程解法)设每个新轮胎报废时的总磨损量为 k,则安装在前轮位置的轮胎每行驶 1 km 的磨损量为 $\dfrac{k}{5\,000}$,安装在后轮位置的轮胎每行驶 1 km 的磨损量为 $\dfrac{k}{3\,000}$. 又设一对新轮胎交换位置前走了 a km、交换位置后走了 b km,分别以一个轮胎总磨损量为等量关系列方程,有

$$\begin{cases} \dfrac{ka}{5\,000} + \dfrac{kb}{3\,000} = k, \\[3mm] \dfrac{kb}{5\,000} + \dfrac{ka}{3\,000} = k, \end{cases}$$

两式相加,得

$$\frac{k(a+b)}{5\,000} + \frac{k(a+b)}{3\,000} = 2k,$$

则

$$a + b = \frac{2k}{\dfrac{k}{5\,000} + \dfrac{k}{3\,000}} = \frac{2}{\dfrac{1}{5\,000} + \dfrac{1}{3\,000}} = 3\,750(\text{km}).$$

解法 2　(方程解法)设自行车行驶 x km 后交换前、后轮,依题意有

$$\frac{1 - \dfrac{1}{3\,000}x}{\dfrac{1}{5\,000}} = \frac{1 - \dfrac{1}{5\,000}x}{\dfrac{1}{3\,000}},\;(\text{前、后轮行使的路程相等})$$

即 $5\,000-\dfrac{5}{3}x=3\,000-\dfrac{3}{5}x$，解得 $x=1\,875(\mathrm{km})$.

交换前后轮胎之后，自行车还可行驶

$$\left(1-\dfrac{1\,875}{3\,000}\right)\times5\,000=1\,875(\mathrm{km}),$$

共行驶 $1\,875+1\,875=3\,750\ \mathrm{km}$.

解法3 （方程解法）设每个新轮胎报废时的总磨损量为 k，则安装在前轮位置的轮胎每行驶 $1\ \mathrm{km}$ 的磨损量为 $\dfrac{k}{5\,000}$，安装在后轮位置的轮胎每行驶 $1\ \mathrm{km}$ 的磨损量为 $\dfrac{k}{3\,000}$. 又设一对新轮胎可走 $x\ \mathrm{km}$，则一对轮胎分别在前后轮位置各走了 $x\ \mathrm{km}$，有

$$\dfrac{kx}{5\,000}+\dfrac{kx}{3\,000}=2k,$$

则

$$x=\dfrac{2k}{\dfrac{k}{5\,000}+\dfrac{k}{3\,000}}=\dfrac{2}{\dfrac{1}{5\,000}+\dfrac{1}{3\,000}}=3\,750(\mathrm{km}).$$

解法4 （算术解法）设每个新轮胎报废时的总磨损量为 1（即上述 $k=1$），则一对新轮胎报废时的总磨损量为 2；又由已知得，安装在前轮位置的轮胎每行驶 $1\ \mathrm{km}$ 的磨损量为 $\dfrac{1}{5\,000}$，安装在后轮位置的轮胎每行驶 $1\ \mathrm{km}$ 的磨损量为 $\dfrac{1}{3\,000}$，进而，一对轮胎每 $1\ \mathrm{km}$ 的磨损量为 $\dfrac{1}{5\,000}+\dfrac{1}{3\,000}$；用总磨损量除以单位磨损量可得"一对新轮胎同时报废最多可行驶"

$$\dfrac{2}{\dfrac{1}{5\,000}+\dfrac{1}{3\,000}}=3\,750(\mathrm{km}).$$

解法5 （技巧解法）假设自行车行驶了 $15\,000\ \mathrm{km}$，则前轮位置用了 3 个轮胎，后轮位置用了 5 个轮胎，共报废 8 个轮胎，所以，一对新轮胎同时报废能行驶 $\dfrac{15\,000}{4}=3\,750(\mathrm{km})$.

解法6 （按比例分配）假设自行车已走了 $3\,000\ \mathrm{km}$，后轮磨完，则一对轮胎

只剩下前轮位置的 2 000 km；接下来按 3：5 的比例分配，前轮位置会磨掉 2 000 km 的 $\frac{3}{8}$（后轮位置会磨掉它的 $\frac{5}{8}$），由 $2\,000 \times \frac{3}{8} = 750$ 知，一对轮胎可走 $3\,000 + 750 = 3\,750$(km)．（还可以有更多的按比例分配解法，不赘述）

解法 7（创设解法情境）设一对新轮胎交换位置后同时报废时自行车共行驶了 x km，我们不妨设想自行车的车把和车座都可以旋转，用人和车的掉头代替前、后轮交换的装卸．当自行车行驶到 $\frac{x}{2}$ km 时，磨掉了一半的磨损量（正好等于一个轮胎的磨损量），如果此时旋转车把和车座掉头返回出发地，就交换了前、后轮，再行驶 $\frac{x}{2}$ km 回到出发地时一对新轮胎同时报废．于是

一对新轮胎的总磨损量＝前进 $\frac{x}{2}$ km 的磨损量＋返程 $\frac{x}{2}$ km 的磨损量，有

$$\frac{\frac{x}{2}}{5\,000} + \frac{\frac{x}{2}}{3\,000} = 1,$$

$$x = \frac{1}{\dfrac{1}{2 \times 5\,000} + \dfrac{1}{2 \times 3\,000}} = 3\,750(\text{km}).$$

但是，处于"变式"阶段，虽然朦胧感到例 1-4 有工程问题的结构，也使用了工程问题的解法（如解法 4），却不能辨认更多的"隐工程问题"（题目没有"工程"两个字，内在结构就是"工程问题"），如

例 1-5 某人从甲地走往乙地，甲、乙两地有定时公共汽车往返，而两地发车的间隔都相等，他发现每隔 6 分钟开过来一辆到甲地的公共汽车，每隔 12 分钟开过去一辆到乙地的公共汽车，问公共汽车的发车间隔为几分钟．

讲解 设人的速度为 $V_人$，公共汽车的速度为 $V_车$，又设在一个发车间隔的时间里公共汽车走 S 千米．由"每隔 6 分钟开过来一辆到甲地的公共汽车"知，汽车与人相向而行（相当于"相遇问题"），有 $V_车 + V_人 = \dfrac{S}{6}$．

由"每隔 12 分钟开过去一辆到乙地的公共汽车"知，汽车与人同向而行（相当于"追及问题"），有 $V_车 - V_人 = \dfrac{S}{12}$．

于是,汽车本身的速度为 $V_车 = \dfrac{1}{2}\left(\dfrac{S}{6}+\dfrac{S}{12}\right)$.

得发车间隔时间为

$$t = \dfrac{2S}{\dfrac{S}{6}+\dfrac{S}{12}} = \dfrac{2}{\dfrac{1}{6}+\dfrac{1}{12}} = 8(分钟).$$

对比"自行车问题"的求解(参见解法 3)

$$x = \dfrac{2k}{\dfrac{k}{5\,000}+\dfrac{k}{3\,000}} = \dfrac{2}{\dfrac{1}{5\,000}+\dfrac{1}{3\,000}} = 3\,750(\mathrm{km}).$$

立即可以发现,它们有完全一样的数学结构 $\dfrac{2}{\dfrac{1}{a}+\dfrac{1}{b}}$ (工程问题),只有具体数

字的微小差别.

处于"领悟"阶段不仅明白例 1-4、例 1-5 具有"工程问题"的结构,而且能明白更多题都有"工程问题"的结构(一解多题). 但是还没有洞察"工程问题"与反比例函数有关.

处于"理解"阶段不仅能"一题多解"和"一解多题",而且能洞察其"反比例函数"模式的深层结构,下面给出了一个提炼过程.

原型题 1 一件工程,甲单独干需要 a 天,乙单独干需要 b 天,甲乙一齐干几天完成?

原型题 2 一件工程,甲单独干一半需要 a 天,乙单独干一半需要 b 天,甲乙一齐干几天完成?

这是标准的"工程问题",其基本关系是:

$$工作效率 \times 工作时间 = 工程总量(定值).$$

对这个基本关系作抽象,有

$$单位量 \times 单位数 = 总量(定值).$$

再作形式化抽象,得

$$xy = k \ (k\ 为非零常数).$$

可见,"工程问题"的本质是一个反比例函数模式,解释如下:

① 一件工程,对应着存在一个反比例函数关系 $y=f(x)=\dfrac{k}{x}$. 这是反映题型特征的基本关系(x 对应工作效率,y 对应工作时间,k 对应定值工程总量).

② 原型题 1 中,甲单独干需要 a 天,乙单独干需要 b 天,对应着在反比例函数 $y=f(x)=\dfrac{k}{x}$ 中因变量取 $y_1=a$(相应 y_1 有 x_1),$y_2=b$(相应 y_2 有 x_2).

③ 原型题 1 中,甲乙一齐干几天完成,对应着求函数值 $f(x_1+x_2)$(用了三次反比例函数):

$$f(x_1+x_2)=f\left(\dfrac{k}{y_1}+\dfrac{k}{y_2}\right)=\dfrac{k}{\dfrac{k}{y_1}+\dfrac{k}{y_2}}=\dfrac{1}{\dfrac{1}{a}+\dfrac{1}{b}}.$$

同理,原型题 2 中有 $f(x_1+x_2)=\dfrac{2}{\dfrac{1}{a}+\dfrac{1}{b}}$. (调和平均)

计算结果与比例系数 k 无关,这就是说,即使不知道比例系数 k(工程总量)和自变量 x_1,x_2(每个工程队的工作效率),也能求出函数值 $f(x_1+x_2)$(两个工程队一齐干的工作时间).

④ (模式 1)更一般地,"工程问题"的反比例函数模式是:对反比例函数 $y=f(x)=\dfrac{k}{x}$,给出函数值 y_1,y_2,$\cdots$,y_n,求 $f(x_1+x_2+\cdots+x_n)$. 其求解步骤是,首先将 x_i 表示为 $\dfrac{k}{y_i}$,然后代入所求式(用了 $(n+1)$ 次反比例函数),得

$$f(x_1+x_2+\cdots+x_n)=f\left(\dfrac{k}{y_1}+\dfrac{k}{y_2}+\cdots+\dfrac{k}{y_n}\right)$$

$$=\dfrac{k}{\dfrac{k}{y_1}+\dfrac{k}{y_2}+\cdots+\dfrac{k}{y_n}}=\dfrac{1}{\dfrac{1}{y_1}+\dfrac{1}{y_2}+\cdots+\dfrac{1}{y_n}}.$$

⑤ (模式 2)如果把工程平分为 n 段,每一段工程量为定值 k,总工程量为 nk,n 个工程队干每一段分别需 y_1,y_2,$\cdots$,y_n 天,则每个工程队的工程效率为 $\dfrac{k}{y_i}$,n 个工程队一起干需 $\dfrac{nk}{\dfrac{k}{y_1}+\dfrac{k}{y_2}+\cdots+\dfrac{k}{y_n}}=\dfrac{n}{\dfrac{1}{y_1}+\dfrac{1}{y_2}+\cdots+\dfrac{1}{y_n}}$ 天完成.

（调和平均）

有了工程问题的这些认识（模式 1、模式 2），就能对"形异而质同"的问题迅速识别，并提取相应的方法加以解决，体现解题进入理解的阶段.（随后还可以进入方程模式）

（2）案例 2：长沙中考题

例 2 （2019 年长沙市中考第 26 题）如图 1，抛物线 $y = ax^2 + 6ax$（a 为常数，$a > 0$）与 x 轴交于 O，A 两点，点 B 为抛物线的顶点，点 D 的坐标为（t，0）（$-3 < t < 0$），连接 BD 并延长与过 O，A，B 三点的 $\odot P$ 相交于点 C.

（Ⅰ）求点 A 的坐标；

（Ⅱ）过点 C 作 $\odot P$ 的切线 CE，交 x 轴于点 E.

（1）如图 1，求证：$CE = DE$；

（2）如图 2，连接 CA，BE，BO，当 $a = \dfrac{\sqrt{3}}{3}$，$\angle CAE = \angle OBE$ 时，求 $\dfrac{1}{OD} - \dfrac{1}{OE}$ 的值.

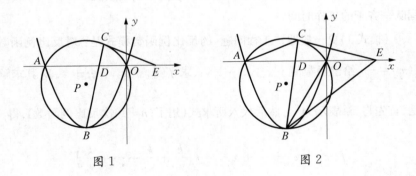

图 1　　　　　　　　　　　图 2

讲解 重点说第（Ⅱ）问. 条件给出动抛物线、动点、动圆，结论既要论证一个不变性 $CE = DE$，又要在定抛物线、定点、定圆上计算 $\dfrac{1}{OD} - \dfrac{1}{OE}$ 的值.

条件 1：给出动抛物线

$$y = ax^2 + 6ax = ax(x+6) = a(x+3)^2 - 9a (a \text{ 为常数}, a > 0).$$

条件 2：给出动圆 $\odot P$.

条件 3：给出动点 $D(t,0)(-3 < t < 0)$，连接 BD 交 $\odot P$ 于 C，过 C 作 $\odot P$ 的切线交 x 轴于 E.

结论 1：$EC = ED$.

条件 4：$a = \dfrac{\sqrt{3}}{3}$.（动抛物线固定下来了）

条件 5：$\angle CAE = \angle OBE$.（点 E 固定下来了）

结论 2：求 $\dfrac{1}{OD} - \dfrac{1}{OE}$ 的值，也即建立 OD，OE 的等式.

第（Ⅰ）问：由 $y = ax^2 + 6ax = ax(x+6)$，易得 $A(-6,0)$，成为下面活动的已知条件.

第（Ⅱ）(1)问：如图 3，作弦心距 PH，那么 PH 垂直平分 AO. 连接 PB，PC，有 P，B，H 三点共线，且 $PB = PC$，得 $\angle PBC = \angle PCB$.

因为 CE 切 $\odot P$ 于点 C，所以 $\angle PCE = 90°$. 根据等角的余角相等，得 $\angle ECD = \angle BDH$.

又因为 $\angle BDH = \angle EDC$，所以 $\angle ECD = \angle EDC$. 所以 $CE = DE$.

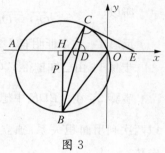

图 3

第（Ⅱ）(2)问：有多种处理方法，反映出不同的解题水平.

解法 1 如图 4，当 $a = \dfrac{\sqrt{3}}{3}$ 时，由

$$y = \frac{\sqrt{3}}{3}x(x+6) = \frac{\sqrt{3}}{3}(x+3)^2 - 3\sqrt{3},$$

得顶点 $B(-3,-3\sqrt{3})$.

再由 $A(-6,0)$，可知 $\triangle AOB$ 是边长为 6 的等边三角形.（请反思，"等边三角形"用在哪里？）

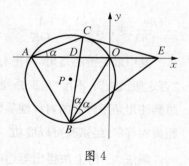

图 4

由已知 $\angle CAE = \angle OBE$，及 $\angle CAE = \angle CBO$（同弧圆周角），得 $\angle CBO = \angle OBE$.

所以 BO 是 $\triangle BDE$ 的角平分线，点 O 到 BD，BE 的距离相等，所以

$$\frac{S_{\triangle BDO}}{S_{\triangle BEO}} = \frac{BD}{BE}.$$

另一方面,$\triangle BDO$ 和 $\triangle BEO$ 是同高三角形,又有

$$\frac{S_{\triangle BDO}}{S_{\triangle BEO}} = \frac{DO}{EO}, \text{所以} \frac{BD}{BE} = \frac{DO}{EO}.$$

设 $E(m, 0)$. 由 $\frac{BD^2}{BE^2} = \frac{DO^2}{EO^2}$, 得 $\frac{(t+3)^2 + (3\sqrt{3})^2}{(m+3)^2 + (3\sqrt{3})^2} = \frac{t^2}{m^2}.$

整理,得 $m = -\frac{6t}{t+6}$. 所以 $\frac{1}{m} = -\frac{t+6}{6t} = -\frac{1}{6} - \frac{1}{t}.$

所以

$$\frac{1}{OD} - \frac{1}{OE} = -\frac{1}{t} - \left(-\frac{1}{6} - \frac{1}{t}\right) = \frac{1}{6}.$$

反思 1 这个证明有 3 个主要步骤.

步骤 1:由已知推得 $\angle CBO = \angle OBE$, 即 BO 是 $\triangle BDE$ 的角平分线.

步骤 2:在 $\triangle BDE$ 中想到角平分线定理 $\frac{BD}{BE} = \frac{DO}{EO}$, 但初中没有学过,所以两次利用面积关系,独立作出证明.(想到角平分线定理更像教师的思维定势)

步骤 3:把勾股定理代入 $\frac{BD}{BE} = \frac{DO}{EO}$, 建立 OD, OE 的等量关系,得 $OE = \frac{6OD}{6-OD}$, 进而得 $\frac{1}{OD} - \frac{1}{OE} = \frac{1}{6}.$

其中最关键的是用"角平分线定理"建立 OD, OE 的等量关系,对此使用"否定假设法":不用"角平分线定理"还能建立 OD, OE 的等量关系吗?自然想到使用角平分线的对称性等性质(比如"角平分线上的点到角的两边对应点距离相等").经试验可以成功.

解法 2 仿上法得出等边 $\triangle AOB$, 及 $\angle CBO = \angle OBE$ 之后,如图 5,作 $\angle BOF = 60° = \angle BOD$, 则 $OF = OD$, 且 $\angle BAO + \angle AOF = 180°$, 有 $OF \parallel AB$, 得 $\frac{OE}{OF} = \frac{AE}{AB}$, 即 $\frac{OE}{OD} = \frac{OE + OA}{OA}$, 亦即

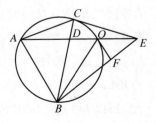

图 5

$$OE \cdot OA = OD \cdot OE + OD \cdot OA.$$

全式除以 $OD \cdot OE \cdot OA$,可得 $\dfrac{1}{OD} - \dfrac{1}{OE} = \dfrac{1}{OA} = \dfrac{1}{6}$.

反思 2 这个解法大大简化了"水平一",其关键步骤是利用"角平分线性质"作辅助线 OF,构建相似三角形,推出 OD,OE 的等量关系,并且揭示了"水平一"结论中的数字 6,其实是等边 $\triangle AOB$ 的边长.对此继续使用"否定假设法":不作辅助线 OF 还能得出相似三角形、建立 OD,OE 的等量关系吗?经试验可以成功.

解法 3 仿上法,得出等边 $\triangle AOB$,设其边长为 a,再得出 $\angle CBO = \angle OBE = \alpha$ 之后,有(如图 6)

$$\angle ABD = \angle ABO - \alpha = 60° - \alpha$$
$$= \angle AOB - \alpha = \angle AEB.$$

又因为 $\angle BAE$ 是公共角,所以 $\triangle ABD \backsim$

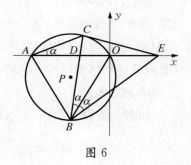

图 6

$\triangle AEB$,得 $\dfrac{AD}{AB} = \dfrac{AB}{AE}$,即 $AB^2 = AD \cdot AE$,得

$$a^2 = (a - OD)(a + OE).$$

展开,全式除以 $OD \cdot OE \cdot a$,得

$$\frac{1}{OD} - \frac{1}{OE} = \frac{1}{a} = \frac{1}{6}.$$

反思 3 这个解法是通过 $\triangle ABD \backsim \triangle AEB$,推出 OD,OE 的等量关系,当中用到了 $\angle CBO = \angle OBE = \alpha$(即 BO 为 $\angle DBE$ 的角平分线).对此继续使用"否定假设法":不用 BO 为 $\angle DBE$ 的角平分线还能得出 $\triangle ABD \backsim \triangle AEB$ 吗?经试验可以成功.

解法 4 仿上法,得出等边 $\triangle AOB$,设其边长为 a.如图 6,在 $\triangle ABD$ 与 $\triangle AEB$ 中,

$$\angle ADB = \angle ACD + \angle CAD = 60° + \alpha = \angle ABO + \alpha = \angle ABO + \angle OBE = \angle ABE.$$

又 $\angle BAD = \angle EAB$,得 $\triangle ABD \backsim \triangle AEB$,有 $\dfrac{AB}{AE} = \dfrac{AD}{AB}$,即 $AB^2 = AD \cdot$

AE,得

$$a^2 = (a - OD)(a + OE).$$

展开，全式除以 $OD \cdot OE \cdot a$，得

$$\frac{1}{OD} - \frac{1}{OE} = \frac{1}{a} = \frac{1}{6}.$$

反思 4 解法 4 没有用"BO 为角平分线"，与解法 1 对比可以看到，思维能力已经摆脱"解题水平 1"的记忆模仿，也冲出"解题水平 2"的变式练习，正在努力接近问题的深层结构，为了体现"解题水平 3"并向"解题水平 4"迈进，应该对问题的深层结构有更多的自觉揭示.

第(Ⅱ)问是说，点 C 由点 D 决定，点 E 由点 C 决定，当点 D 动时，点 C，E 也跟着动，不变的是 $\angle EDC = \angle ECD$，但能否保证 $\angle CAE = \angle OBE$？ 请看，当 $\angle AOB = 60°$ 时 $\angle OBC < 30°$，现作 $\angle OBE = 30°$，过 E 作 $\odot P$ 的切线 EC，连接 CB，CA，则 $\angle OBE > \angle OBC = \angle CAE$，那么，什么情况下才能保证 $\angle CAE = \angle OBE$ 成立呢？

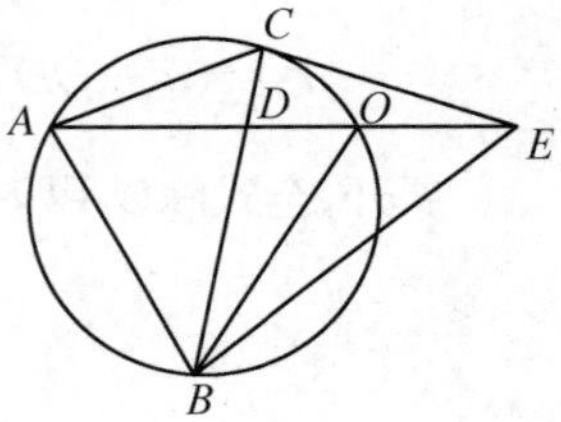

如图 7，假设 $\angle CAE = \angle OBE$，设 $x = OD$，$y = OE$（$0 < x < 3$），由上证 $\frac{1}{OD} - \frac{1}{OE} = \frac{1}{6}$，有

$$xy + 6x - 6y = 0. \qquad ①$$

图 7

又由切割线定理（或相似三角形），有

$$EO \cdot EA = EC^2 = ED^2,$$

即 $\qquad y(6 + y) = (x + y)^2,$

展开 $\qquad x^2 + 2xy - 6y = 0, \qquad ②$

联立②－①，约去 $x \neq 0$，得

$$x + y = 6（即 EC = ED = OA）. \qquad ③$$

代入①或②得 $\qquad x^2 - 18x + 36 = 0,$

解得 $x = 9 - 3\sqrt{5}$，舍去 $x = 9 + 3\sqrt{5}$.

代入③，得 $y = 6 - x = 3\sqrt{5} - 3$.

可见 $OD = 9 - 3\sqrt{5}$，$OE = 3\sqrt{5} - 3$ 存在且唯一，并且有黄金分割

$$\frac{OD}{AD}=\frac{OE}{AO}=\frac{\sqrt{5}-1}{2}.$$

最后,说几句共勉的话:

有一副这样的对联"无情岁月增中减,有味诗书苦后甜",是说岁月毫不留情地一天天过去,表面上是日子的增加,其实也是我们生命所能拥有的时间在减少,趁着年轻,是不是要抓紧努力? 有滋有味地努力拼搏,过程可能是艰苦的,但会苦尽甘来,所谓"痛快"不就是痛而后快吗? 没有年轻时的吃苦,可能就会一辈子吃苦.

还有一个比喻也说得很有感悟:鸡蛋,从外部打破是食物,从内部打破是生命.人生亦类似,从外部打过来是压力,从内部打出去是成长.如果你等待别人从外部打进来,那你就注定成为食物;如果你让自己从内部打出去,那你就能成功、创新和卓越.

课程改革使得中国成为最需要教育家的时候,也成为最可能产生教育家的时候,我希望数学教师在数学教研中实现当教育家的梦想,我希望中国多出些"中小学教师出身的教育家".

我只能为祖国的数学教育而自豪了,愿祖国为你们的数学教育而自豪.

参考文献

[1] 罗增儒.带着问题来学习:点评与期望[J].中小学数学(中旬),2017(10):1-8.

[2] 罗增儒.带着问题继续学:中考压轴题的认识与求解——"第五届新青年数学教师发展(西部论坛)暨青年教师中考数学压轴题讲题比赛"会议上的发言[J].中小学数学(中旬),2018(10):1-10;(11):19-24.

第二章　数学解题研究

第一节　解题实践集锦

第 1 篇　成题新议[①]

数学是内容与方法的统一,新的数学方法来源于对数学内容的新的理解.有些千锤百炼的成题,当我们用新的数学思想来看待它时,就会呈现出新的结构,新的特征,新的含义,从而产生新的解法.

例 1　已知

$$a\sqrt{1-b^2}+b\sqrt{1-a^2}=1,\qquad\qquad ①$$

求证

$$a^2+b^2=1.\qquad\qquad ②$$

新议 1　这是几乎每一本书刊杂志谈到"三角法"时都要引用的名题.确实,$\sqrt{1-a^2}$,$\sqrt{1-b^2}$ 的形式有一种令人情不自禁地联系三角平方公式"$\sin^2\theta+\cos^2\theta=1$"的魅力.不幸,这是"只知其一,不知其二".因为已知条件不仅暗示点 $A(a,\sqrt{1-a^2})$、$B(\sqrt{1-b^2},b)$ 在单位圆 $x^2+y^2=1$ 上,而且等式本身还明白无误地告诉我们 A 在单位圆过 B 的切线 $x\sqrt{1-b^2}+by=1$ 上.由切点的唯一性,得 A,B 重合:

$$\begin{cases} a=\sqrt{1-b^2}, \\ \sqrt{1-a^2}=b, \end{cases}\qquad\qquad ③$$

平方即得②.

---

① 本文原载《中学数学教学》(后改名《上海中学数学》)1986(4):108 – 109(署名:罗增儒).

新议 2　如果说"新议 1"来源于对现象的敏锐观察,对概念的本质理解,那么再对现成结果的理性分析,则又可以产生新的认识.

A,B 两点重合启示我们,A,B 的距离为零,于是有

$$|AB| = \left[(a - \sqrt{1-b^2})^2 + (\sqrt{1-a^2} - b)^2 \right]^{\frac{1}{2}}$$

$$= \left\{ 2\left[1 - (a\sqrt{1-b^2} + b\sqrt{1-a^2}) \right] \right\}^{\frac{1}{2}} = 0.$$

亦可得③.

新议 3　③的形式又引起了我们对基本不等式取等号的联想. 由

$$1 = a\sqrt{1-b^2} + b\sqrt{1-a^2} \leqslant \frac{a^2 + (1-b^2)}{2} + \frac{b^2 + (1-a^2)}{2} = 1,$$

等号当且仅当③成立.

新议 4　注意到基本不等式来源于配方及实数的性质. 于是又可由①得

$$0 = 1 - a\sqrt{1-b^2} - b\sqrt{1-a^2}$$

$$= \left[\frac{a^2 + (1-b^2)}{2} - a\sqrt{1-b^2} \right] + \left[\frac{b^2 + (1-a^2)}{2} - b\sqrt{1-a^2} \right]$$

$$= \frac{1}{2} \left[(a - \sqrt{1-b^2})^2 + (b - \sqrt{1-a^2})^2 \right].$$

于是有③.

所有这些解法,既比三角法简捷,又没有三角法中默认 $ab \neq 0$ 的漏洞. 事实上,常规平方法也比三角法为优.

新议 5　对①移项,得

$$a\sqrt{1-b^2} = 1 - b\sqrt{1-a^2},$$

平方,得　　　　$a^2 - a^2 b^2 = 1 - 2b\sqrt{1-a^2} + b^2 - a^2 b^2,$

移项配方,得

$$0 = b^2 - 2b\sqrt{1-a^2} + (1-a^2) = (b - \sqrt{1-a^2})^2,$$

得　　　　　　　　$b = \sqrt{1-a^2}.$

平方即得②.

例 2 已知

$$\frac{a}{b+c} = \frac{b}{a+c} = \frac{c}{a+b} = k,$$ ④

求 k 的值.

新议 1 这又是一道讨论比例性质的名题,引用人常常用这个例子告诫人们,使用等比定理要注意分母不为零.但是比例法解这道题的致命缺陷是无法使人信服:k 恰好只取两个值.如果换一个概念来看待这个问题,那么④就表明两条直线 $L_1: ax+by=c$ 与 $L_2: (b+c)x+(a+c)y=a+b$ 重合.

两式相加,得

$$(a+b+c)(x+y) = (a+b+c),$$ ⑤

便有且只有两种情况:

(1) 当 $a+b+c=0$ 时,⑤为恒等式,从而

$$k = \frac{a}{b+c} = -1.$$

(2) 当 $a+b+c \neq 0$ 时,⑤为 $x+y=1$,且与 L_1 重合,得 $\frac{a}{1} = \frac{b}{1} = \frac{c}{1}$,从而

$$k = \frac{a}{b+c} = \frac{1}{2}.$$

新议 2 从方程的观点看来,④可变为 a,b,c 的三元齐次线性方程组

$$\begin{cases} -a + kb + kc = 0, \\ ka - b + kc = 0, \\ ka + kb - c = 0 \end{cases}$$

有非零解,因而系数行列式为零

$$0 = \begin{vmatrix} -1 & k & k \\ k & -1 & k \\ k & k & -1 \end{vmatrix} = (2k-1)(k+1)^2.$$

k 有且只有两个值 $k_1 = \frac{1}{2}$,$k_2 = -1$.

第 2 篇　一个最小值定理[①]

本文给出求一类函数最小值的定理,并举例说明它的应用.

定理　若 $a > |b| > 0$, $f(x) > |g(x)|$,则满足条件 $f^2(x) - g^2(x) = A^2$ $(A > 0$ 为常数$)$ 的函数 $F(x) = af(x) + bg(x)$,当 $bf(x) + ag(x) = 0$ 时,有最小值 $A\sqrt{a^2 - b^2}$.

证明
$$F(x) = \frac{(a+b) + (a-b)}{2} f(x) + \frac{(a+b) - (a-b)}{2} g(x)$$
$$= \frac{1}{2}\{(a+b)[f(x) + g(x)] + (a-b)[f(x) - g(x)]\}$$
$$\geqslant \sqrt{(a^2 - b^2)[f^2(x) - g^2(x)]} = A\sqrt{a^2 - b^2},$$

等号当且仅当

$$(a+b)[f(x) + g(x)] = (a-b)[f(x) - g(x)],$$

即

$$bf(x) + ag(x) = 0,$$

时成立. 这时

$$F_{\min} = A\sqrt{a^2 - b^2}.$$

例 1　已知海岛 A 到海岸公路 BD 的距离 AD 为 50 千米,D 与工厂 B 的距离为 200 千米,海上机船的速度为 25 千米/时,岸上卡车的速度为 50 千米/时. 问在海岸公路 BD 上哪一处设立转运站 C,可以使从岛 A 到工厂 B 的运货时间最短(装货及卸货所用时间除外)? B, D 的距离对 C 点的位置有没有影响? (当年课本《微积分初步》P. 154 第 21 题)

解　如图 1,设转运站 C 与 D 的距离为 x(千米),则 $CB = 200 - x$(千米),$AC = \sqrt{50^2 + x^2}$(千米).

机船从 A 到 C 用 $\dfrac{1}{25}\sqrt{50^2 + x^2}$(时),卡车从 C 到 B 用 $\dfrac{1}{50}(200 - x)$(时). 于是从 A 到 C 再到 B 总共用

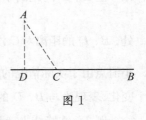

图 1

---

① 本文原载《数学教学研究》1987(6):26 - 28(署名:罗增儒).

的时间为

$$y = \frac{1}{25}\sqrt{50^2 + x^2} + \frac{1}{50}(200 - x), \ x \in [0, 200].$$

运货时间最短就是 y 取最小值. 本来我们可以直接应用定理, 取 $a = \frac{1}{25}$, $b = \frac{1}{50}$, $f(x) = \sqrt{50^2 + x^2}$, $g(x) = -x$, 但我们宁愿熟练一下定理证明的方法.

$$
\begin{aligned}
y &= \frac{1}{25}\sqrt{50^2 + x^2} - \frac{x}{50} + 4 \\
&= \frac{1}{100}(\sqrt{50^2 + x^2} + x) + \frac{3}{100}(\sqrt{50^2 + x^2} - x) + 4 \\
&\geqslant 2\sqrt{\frac{3}{100^2}[(50^2 + x^2) - x^2]} + 4 = 4 + \sqrt{3},
\end{aligned}
$$

等号当且仅当

$$\frac{1}{100}(\sqrt{50^2 + x^2} + x) = \frac{3}{100}(\sqrt{50^2 + x^2} - x),$$

即

$$x_0 = \frac{50\sqrt{3}}{3} (千米)$$

时成立. 这就是说, C 取在离 D 点 $\frac{50\sqrt{3}}{3}$ 千米时, 总的运货时间最短.

当 B, D 的距离不小于 $\frac{50\sqrt{3}}{3}$ 千米时, C 的取值始终为距 D 点 $\frac{50\sqrt{3}}{3}$ 千米处, B, D 的距离对 C 没有影响. 但当 B, D 的距离小于 $\frac{50\sqrt{3}}{3}$ 千米时, 函数的最小值点由于实际情况的限制已落在定义域之外, C 的位置将随着 B 的变化而变化, 表现为与 B, D 的距离有关.

例2 铁路线上 AB 段长 100 千米, 工厂 C 到铁路的距离 CA 为 20 千米. 现在要在 AB 上某一点 D 处, 向 C 修一条公路. 已知铁路每吨千米与公路每吨千米的运费之比为 $3 : 5$, 为了使原料从供应站 B 运到工厂 C 的运费最省,

D 点应选在何处?（当年课本《微积分初步》P. 155 第 22 题）

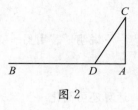

图 2

解　如图 2,设点 D 取在与 A 相距 x 千米处. 又设铁路每吨千米运费为 $3k$, 公路每吨千米运费为 $5k$ $(k>0)$. 则总运费 y 为

$$y = 5k\sqrt{20^2 + x^2} + 3k(100 - x) = 5k\sqrt{20^2 + x^2} - 3kx + 300k,\ (0 \leqslant x \leqslant 100).$$

在定理中取 $a=5k$, $b=-3k$, $f(x)=\sqrt{20^2+x^2}$, $g(x)=x$, 则当 $5kx - 3k\sqrt{20^2+x^2}=0$ 时,函数有最小值. 解上述方程得 $x=15$(千米).

这就是说, D 取在离 A 15 千米处运费最省.

由上述两例,可得定理的推论 1.

推论 1　当 $a>|b|>0$, $c>0$ 时,函数 $y=ax+b\sqrt{x^2-c^2}$ $(x>c)$, $y=a\sqrt{x^2+c^2}+bx$, 均有最小值 $c\sqrt{a^2-b^2}$.

例 3　已知 $\dfrac{x^2}{4}-y^2=1$, 求 $u=|x|-|y|$ 的最小值.

解　由双曲线的参数方程可设

$$\begin{cases} |x| = 2\csc\theta, \\ |y| = \cot\theta, \end{cases} \left(0 < \theta \leqslant \dfrac{\pi}{2}\right)$$

则

$$u = 2\csc\theta - \cot\theta = \frac{1}{2}(\csc\theta + \cot\theta) + \frac{3}{2}(\csc\theta - \cot\theta)$$

$$\geqslant 2\sqrt{\frac{3}{4}(\csc^2\theta - \cot^2\theta)} = \sqrt{3},$$

等号当且仅当

$$\begin{cases} \dfrac{1}{2}(\csc\theta + \cot\theta) = \dfrac{3}{2}(\csc\theta - \cot\theta), \\ 0 < \theta \leqslant \dfrac{\pi}{2}, \end{cases}$$

即 $\theta = \dfrac{\pi}{3}$ 时成立,这时 $u_{\min} = \sqrt{3}$.

这实际上是定理中 $a=2$, $b=-1$, $f=\csc\theta$, $g=\cot\theta$ 的情形.

说明　若用另一变换：$\begin{cases} |x| = t + \dfrac{1}{t}, \\ |y| = \dfrac{1}{2}\left(t - \dfrac{1}{t}\right), \end{cases} (t \geqslant 1)$

运算还可简化.

例 4　已知一水渠横截面是等腰梯形，水渠深度为 h，横断面面积为 S，当倾斜角 a 取何值时，水渠横断面的周长可取最小值？

解　如图 3，依题意有

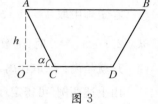

图 3

$$S = \frac{1}{2}(AB + CD)h, \quad AB + CD = \frac{2S}{h}.$$

又 $AB - CD = 2OC = 2h\cot\alpha \left(0 < \alpha < \dfrac{\pi}{2}\right)$，解

得 $CD = \dfrac{S}{h} - h\cot\alpha.$

故周长为

$$p = 2AC + CD = \frac{2h}{\sin\alpha} + \frac{S}{h} - h\cot\alpha = \frac{S}{h} + h(2\csc\alpha - \cot\alpha).$$

由例 3 即得，当 $\alpha = \dfrac{\pi}{3}$ 时，周长取最小值 $\dfrac{S}{h} + \sqrt{3}\,h.$

由例 3、例 4 可得定理的推论 2.

推论 2　当 $a > |b| > 0, 0 < x < \dfrac{\pi}{2}$ 时，函数 $y = \dfrac{a + b\sin x}{\cos x}$，$y = \dfrac{a + b\cos x}{\sin x}$，均有最小值 $\sqrt{a^2 - b^2}.$

第 3 篇　凸多边形绝对值方程的一种求法[①]

本文给出凸多边形绝对值方程的一种求法，并具体确定正三角形至正十边形的方程.

[①] 本文原载《中等数学》1988(4)：15 - 17(署名：惠州人；惠州是罗增儒的籍贯，惠州人是一个笔名，以下同).

基本思路是：把封闭图形分解成上、下（或左、右）两条折线，使每一条都对应着一个单值函数（$y=f(x)$，或 $x=F(y)$），然后通过一条中间折线，把两个函数式组合成一个绝对值方程.

具体做法有三步：设 n 边形（$n \geqslant 3$，且任一边均不与 x 轴垂直）的顶点坐标为 $A_i(x_i, y_i)$（$i=1, 2, \cdots, n$），其中 x_1, x_k 分别为最小与最大横坐标，且有

$$x_1 < x_i < x_k$$

对 $i=2, 3, \cdots, k-1, k+1, \cdots, n-1, n$ 成立.

第一步，求折线 $A_1A_2\cdots A_k$ 的方程，方法是先设

$$\begin{cases} y=f(x)=a_1(x-x_1)+\sum\limits_{i=2}^{k-1}a_i|x-x_i|+a_k(x_k-x), \\ x_1 \leqslant x \leqslant x_k, \end{cases} \tag{1}$$

再把 (x_i, y_i) 代入，解关于 a_i 的线性方程组. 可以证明，系数行列式 $D_n = (-1)^{n+1} \cdot 2^{n-2}(x_2-x_1)(x_3-x_2)\cdots(x_n-x_1) \neq 0$，从而唯一确定一条折线方程(1).（例 2 中给出了 $n=4$ 时 a_i 的公式）

同理，求出折线 $A_1A_nA_{n-1}\cdots A_{k+1}A_k$ 的方程

$$\begin{cases} y=g(x), \\ x_1 \leqslant x \leqslant x_k. \end{cases} \tag{2}$$

第二步，取(1),(2)间的一条中间折线

$$y=\varphi(x)=\frac{g(x)+f(x)}{2}. \tag{3}$$

显然，当 $y-\varphi(x) \geqslant 0$（或 $\leqslant 0$）时，表示折线(3)的上部（或下部）区域，并且 A_1, A_k 在折线(3)上. 于是，我们可以用 $y-\varphi(x) \geqslant 0$（或 $\leqslant 0$）来代替(1),(2)中的 $x_1 \leqslant x \leqslant x_k$，把(1),(2)分别表示为

$$\begin{cases} y=f(x), \\ y-\dfrac{g(x)+f(x)}{2} \geqslant 0; \end{cases} \tag{4}$$

$$\begin{cases} y = g(x), \\ y - \dfrac{g(x) + f(x)}{2} \leqslant 0. \end{cases} \tag{5}$$

第三步,把(4),(5)两式用绝对值合并为一个方程(图1):

$$\left| y - \frac{g(x) + f(x)}{2} \right| + \frac{g(x) - f(x)}{2} = 0. \tag{6}$$

当多边形本身关于 x 轴对称时,$g(x) = -f(x)$,有较简单的形式

$$|y| - f(x) = 0. \tag{7}$$

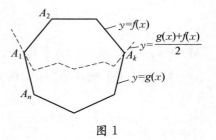

图 1

当出现多边形的边垂直于 x 轴时,可把多边形分成左、右两部分. 交换(6)、(7)中 x, y 的位置即得(见例1),更复杂的情况可既分上、下,又分左、右,经多次绝对值合并得到.

为节省篇幅,我们只给出正三角形、正五边形方程的推导过程,其余正四、六、七、八、九、十边形直接写出结果.

例1 求以 $A_1\left(0, \dfrac{1}{2}\right)$, $A_2\left(\dfrac{\sqrt{3}}{2}, 0\right)$, $A_3\left(0, -\dfrac{1}{2}\right)$ 为顶点的三角形的方程.

解 $A_1 A_2$ 的方程为 $x = -\sqrt{3}\, y + \dfrac{\sqrt{3}}{2}$ $(x \geqslant 0, y \geqslant 0)$.

由对称性得 $A_2 A_3$ 的方程 $x = -\sqrt{3}\, |y| + \dfrac{\sqrt{3}}{2}$ $(x \geqslant 0)$.

又 $A_1 A_3$ 的方程为 $x = 0$ $\left(|y| \leqslant \dfrac{1}{2}\right)$.

取左、右两折线的中间折线 $A_1 B A_3$(图2)

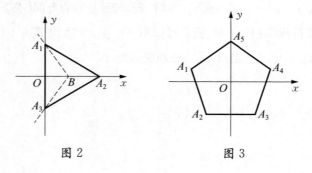

图 2   图 3

$$x = -\frac{\sqrt{3}}{2}|y| + \frac{\sqrt{3}}{4}.$$

组合成 $\triangle A_1 A_2 A_3$ 的方程

$$\left| x + \frac{\sqrt{3}}{2}|y| - \frac{\sqrt{3}}{4} \right| + \frac{\sqrt{3}}{2}|y| - \frac{\sqrt{3}}{4} = 0,$$

或

$$\left| \frac{4}{\sqrt{3}}x + 2|y| - 1 \right| + 2|y| = 1.$$

例 2　求正五边形方程,已知顶点为

$$A_1(-\cos 18°,\ \sin 18°),\ A_2(-\cos 54°,\ -\sin 54°),\ A_3(\cos 54°,\ -\sin 54°),$$
$$A_4(\cos 18°,\ \sin 18°),\ A_5(0,\ 1).$$

解　易知 $A_1 A_5 A_4$ 的方程为 $y = -|x|\tan 36° + 1$.

设折线 $A_1 A_2 A_3 A_4$ 的方程是

$$\begin{cases} y = a_1(x - x_1) + a_2|x - x_2| + a_3|x - x_3| + a_4(x_4 - x), \\ x_1 \leqslant x \leqslant x_4. \end{cases}$$

把 A_1, A_2, A_3, A_4 的坐标代入,得四元线性方程组

$$\begin{cases} a_2(x_2 - x_1) + a_3(x_3 - x_1) + a_4(x_4 - x_1) = y_1, \\ a_1(x_2 - x_1) + a_3(x_3 - x_2) + a_4(x_4 - x_2) = y_2, \\ a_1(x_3 - x_1) + a_2(x_3 - x_2) + a_4(x_4 - x_3) = y_3, \\ a_1(x_4 - x_1) + a_2(x_4 - x_2) + a_3(x_4 - x_3) = y_4. \end{cases}$$

其一般性的求解公式是

$$a_1 = \frac{-y_1(x_4 - x_2) + y_2(x_4 - x_1) + y_4(x_2 - x_1)}{2(x_2 - x_1)(x_4 - x_1)},$$

$$a_2 = \frac{y_1(x_3 - x_2) - y_2(x_3 - x_1) + y_3(x_2 - x_1)}{2(x_2 - x_1)(x_3 - x_2)},$$

$$a_3 = \frac{y_2(x_4 - x_3) - y_3(x_4 - x_2) + y_4(x_3 - x_2)}{2(x_3 - x_2)(x_4 - x_2)},$$

$$a_4 = \frac{y_1(x_4 - x_3) + y_3(x_4 - x_1) - y_4(x_3 - x_1)}{2(x_4 - x_1)(x_4 - x_3)}.$$

代入具体数值,得

$$a_1 = a_4 = -\frac{1}{4\sin 18° \cos 54°},$$

$$a_2 = a_3 = \frac{1}{2}\tan 72°.$$

得折线 $A_1 A_2 A_3 A_4$ 的方程为

$$y = \frac{\tan 72°}{2}\left(\,|\,x + \cos 54°\,| + |\,x - \cos 54°\,| - \frac{1}{\cos 54°}\right).$$

代入(6)得正五边形方程

$$\left|4y - \tan 72°\left(\,|\,x + \cos 54°\,| + |\,x - \cos 54°\,| - \frac{1}{\cos 54°}\right) + 2\,|\,x\,|\tan 36° - 2\right|$$

$$+ \tan 72°\left(\,|\,x + \cos 54°\,| + |\,x - \cos 54°\,| - \frac{1}{\cos 54°}\right) + 2\,|\,x\,|\tan 36° - 2 = 0.$$

例 3　以 $A_1(-1, 0)$, $A_2(0, 1)$, $A_3(1, 0)$, $A_4(0, -1)$ 为顶点的正方形方程为

$$|\,x\,| + |\,y\,| = 1.$$

旋转 $45°$ 可得

$$|\,x - y\,| + |\,x + y\,| = \sqrt{2}.$$

例 4　以 $A_1(-1, 0)$, $A_2\left(-\dfrac{1}{2}, \dfrac{\sqrt{3}}{2}\right)$, $A_3\left(\dfrac{1}{2}, \dfrac{\sqrt{3}}{2}\right)$, $A_4(1, 0)$, $A_5\left(\dfrac{1}{2}, -\dfrac{\sqrt{3}}{2}\right)$, $A_6\left(-\dfrac{1}{2}, -\dfrac{\sqrt{3}}{2}\right)$ 为顶点的正六边形方程为

$$\left|\,x + \frac{1}{2}\,\right| + \left|\,x - \frac{1}{2}\,\right| + \frac{2}{\sqrt{3}}y = 2.$$

例 5　以 $A_1\left(-\cos\dfrac{\pi}{14}, -\sin\dfrac{\pi}{14}\right)$, $A_2\left(-\cos\dfrac{3\pi}{14}, \sin\dfrac{3\pi}{14}\right)$, $A_3(0, 1)$, $A_4\left(\cos\dfrac{3\pi}{14}, \sin\dfrac{3\pi}{14}\right)$, $A_5\left(\cos\dfrac{\pi}{14}, -\sin\dfrac{\pi}{14}\right)$, $A_6\left(\cos\dfrac{5\pi}{14}, -\sin\dfrac{5\pi}{14}\right)$, $A_7\left(-\cos\dfrac{5\pi}{14}, -\sin\dfrac{5\pi}{14}\right)$ 为顶点的正七边形方程为

$$\left| y - \frac{1}{4}\tan\frac{2\pi}{7}\left(\left| x + \cos\frac{5\pi}{14}\right| + \left| x - \cos\frac{5\pi}{14}\right|\right) + \frac{|x|}{2}\tan\frac{\pi}{7}\right.$$

$$\left. - \cos\frac{\pi}{14}\left(\left| x + \cos\frac{3\pi}{14}\right| + \left| x - \cos\frac{3\pi}{14}\right|\right) - \frac{1 + \cos\frac{2\pi}{7}}{2\cos\frac{2\pi}{7}}\right|$$

$$+ \frac{1}{4}\tan\frac{2\pi}{7}\left(\left| x + \cos\frac{5\pi}{14}\right| + \left| x - \cos\frac{5\pi}{14}\right|\right) + \frac{|x|}{2}\tan\frac{\pi}{7}$$

$$- \cos\frac{\pi}{14}\left(\left| x + \cos\frac{3\pi}{14}\right| + \left| x - \cos\frac{3\pi}{14}\right|\right) - \frac{\tan\frac{2\pi}{7}}{2\tan\frac{\pi}{14}} = 0.$$

例 6　以 $A_1(-1, 0)$，$A_2\left(-\frac{\sqrt{2}}{2}, \frac{\sqrt{2}}{2}\right)$，$A_3(0, 1)$，$A_4\left(\frac{\sqrt{2}}{2}, \frac{\sqrt{2}}{2}\right)$，$A_5(1,$

$0)$，$A_6\left(\frac{\sqrt{2}}{2}, -\frac{\sqrt{2}}{2}\right)$，$A_7(0, -1)$，$A_8\left(-\frac{\sqrt{2}}{2}, -\frac{\sqrt{2}}{2}\right)$ 为顶点的正八边形方程为

$$|y| + \left| x + \frac{\sqrt{2}}{2}\right| + (\sqrt{2} - 1)|x| + \left| x - \frac{\sqrt{2}}{2}\right| = \sqrt{2} + 1.$$

例 7　以 $A_1(-\cos 10°, \sin 10°)$，$A_2(-\cos 50°, \sin 50°)$，$A_3(0, 1)$，

$A_4(\cos 50°, \sin 50°)$，$A_5(\cos 10°, \sin 10°)$，$A_6\left(\frac{\sqrt{3}}{2}, -\frac{1}{2}\right)$，$A_7(\cos 70°,$

$-\sin 70°)$，$A_8(-\cos 70°, -\sin 70°)$，$A_9\left(-\frac{\sqrt{3}}{2}, -\frac{1}{2}\right)$ 为顶点的正九边形方程为

$$\left| y - \frac{\tan 40°}{4\sin 10°}(|x + \cos 30°| + |x - \cos 30°|) - \frac{\tan 40°}{4}(|x + \cos 70°| + \right.$$

$$|x - \cos 70°|) + \sin 20°(|x + \cos 50°| + |x - \cos 50°|) + \frac{|x|}{2}\tan 20°$$

$$\left. + \tan 70°\cos 50°\right| + \frac{\tan 40°}{4\sin 10°}(|x + \cos 30°| + |x - \cos 30°|) +$$

$$\frac{\tan 40°}{4}(|x + \cos 70°| + |x - \cos 70°|) - \sin 20°(|x + \cos 50°| + |x - \cos 50°|)$$

$$- \frac{|x|}{2}\tan 20° - \sqrt{3}\tan 70°\sin 50° = 0.$$

例 8 以 $A_1(-1, 0)$, $A_2(-\cos 36°, \sin 36°)$, $A_3(-\cos 72°, \sin 72°)$, $A_4(\cos 72°, \sin 72°)$, $A_5(\cos 36°, \sin 36°)$, $A_6(1, 0)$, $A_7(\cos 36°, -\sin 36°)$, $A_8(\cos 72°, -\sin 72°)$, $A_9(-\cos 72°, -\sin 72°)$, $A_{10}(-\cos 36°, -\sin 36°)$ 为顶点的正十边形方程为

$$|y| + \frac{\tan 36°}{2\sin 18°}(|x + \cos 36°| + |x - \cos 36°|) +$$

$$\frac{\tan 36°}{2}(|x + \cos 72°| + |x - \cos 72°|) - \tan 72° = 0.$$

注: 有兴趣的读者请参见笔者的文章《线段、折线与多边形的方程》(杨世明主编《中国初等数学研究文集(1980~1991)》,河南教育出版社,1992 年 6 月第 1 版,P. 763 - 779)

第 4 篇 递推式数列通项的矩阵求法[①]

众所周知,由递推式组

$$\begin{cases} x_n = ax_{n-1} + by_{n-1}, \\ y_n = cx_{n-1} + dy_{n-1} \end{cases}$$

所定义的数列,可以写成矩阵形式

$$\begin{pmatrix} x_n \\ y_n \end{pmatrix} = \begin{pmatrix} a & b \\ c & d \end{pmatrix}\begin{pmatrix} x_{n-1} \\ y_{n-1} \end{pmatrix} = \begin{pmatrix} a & b \\ c & d \end{pmatrix}^{n-1}\begin{pmatrix} x_1 \\ y_1 \end{pmatrix},$$

从而转化为求二阶矩阵 $P = \begin{pmatrix} a & b \\ c & d \end{pmatrix}$ 的乘方,而这在矩阵理论里是现成的.

本文的工作是把这一思想拓广到分式线性递推数列、二阶循环数列、等差比数列、等差数列、等比数列. 从而,通常用各别技巧处理的一类数列求通项问题就全都统一到二阶矩阵的乘方上来.

整个工作的基础,建立在这样一个简单事实之上: 如果我们让数学式

$$f(x) = \frac{Ax + B}{Cx + D},$$

---

① 本文原载《数学通讯》1990(2): 24 - 27(署名: 罗增儒).

分离系数使与二阶矩阵 $\begin{pmatrix} A & B \\ C & D \end{pmatrix}$ 相对应,记为

$$f = \begin{pmatrix} A & B \\ C & D \end{pmatrix}.$$

同样, $g(x) = \dfrac{\alpha x + \beta}{\gamma x + \delta}$ 记为 $g = \begin{pmatrix} \alpha & \beta \\ \gamma & \delta \end{pmatrix}$.

则数学式 $f(x)$, $g(x)$ 的复合

$$f \cdot g = f(g(x)) = \frac{Ag(x) + B}{Cg(x) + D} = \frac{(A\alpha + B\gamma)x + (A\beta + B\delta)}{(C\alpha + D\gamma)x + (C\beta + D\delta)},$$

便可记为 $f \cdot g = \begin{pmatrix} A\alpha + B\gamma & A\beta + B\delta \\ C\alpha + D\gamma & C\beta + D\delta \end{pmatrix}$.

但由二阶矩阵的乘法知

$$\begin{pmatrix} A\alpha + B\gamma & A\beta + B\delta \\ C\alpha + D\gamma & C\beta + D\delta \end{pmatrix} = \begin{pmatrix} A & B \\ C & D \end{pmatrix} \begin{pmatrix} \alpha & \beta \\ \gamma & \delta \end{pmatrix},$$

于是数学式 $f(x)$, $g(x)$ 的复合,对应着矩阵的乘法. 即

$$f \cdot g = \begin{pmatrix} A & B \\ C & D \end{pmatrix} \begin{pmatrix} \alpha & \beta \\ \gamma & \delta \end{pmatrix}.$$

如此类推, n 个形如 $f(x)$, $g(x)$ 数学式的复合,便对应着 n 个二阶矩阵的连乘. 特别地, $f(x) = \dfrac{Ax + B}{Cx + D}$ 的 n 次迭代在我们的记号下便有

$$f^n = \underbrace{f \cdot f \cdot \cdots \cdot f}_{n\text{个}} = \begin{pmatrix} A & B \\ C & D \end{pmatrix}^n. \qquad\qquad ①$$

(1) 对分式线性递推数列

$$x_{n+1} = \frac{Ax_n + B}{Cx_n + D}, \qquad\qquad ②$$

其中 A, B, C, D 为实常数,且 A, B 不同为零, $C \neq 0$, $AD - BC \neq 0$.

我们记　　　　　　　　　$x_2 = f(x_1) = \dfrac{Ax_1 + B}{Cx_1 + D},$

则
$$x_3 = f(f(x_1)) = f^2(x_1),$$
$$\cdots$$
$$x_{n+1} = f(f(\cdots f(x_1)\cdots)) = f^n(x_1).$$

让 x_2 与二阶矩阵 $P = \begin{pmatrix} A & B \\ C & D \end{pmatrix}$ 相对应,由上面的推导①知 x_{n+1} 与 P^n 相

对应. 用相似矩阵的一般方法(如例 4),或归纳法、棣莫弗定理、二项式定理、解
方程组等特殊技巧,均可求出

$$P^n = \begin{pmatrix} a_n & b_n \\ c_n & d_n \end{pmatrix},$$

则

$$x_{n+1} = \frac{a_n x_1 + b_n}{c_n x_1 + d_n}.$$

(2) 对二阶循环数列

$$x_{n+2} = \alpha x_{n+1} + \beta x_n, \qquad\qquad ③$$

其中 α, β 为实常数, $\alpha\beta \neq 0$, $x_n \neq 0$, $n = 1, 2, \cdots$.

我们引进变换

$$y_{n+1} = \frac{x_{n+2}}{x_{n+1}} \left(\text{或 } cy_{n+1} + d = \frac{x_{n+2}}{x_{n+1}} \right),$$

代入原式得 $y_{n+1} = \dfrac{\alpha y_n + \beta}{1 \cdot y_n + 0} \left(\text{或 } y_{n+1} = \dfrac{(\alpha - d)y_n + \dfrac{(\alpha - d)d + \beta}{c}}{cy_n + d} \right),$

其通项归结为求 $\begin{pmatrix} \alpha & \beta \\ 1 & 0 \end{pmatrix}^n$.

(3) 对等差比数列

$$x_{n+1} = qx_n + d \ (qd \neq 0, \ q \neq 1), \qquad\qquad ④$$

我们改写为
$$x_{n+1} = \frac{qx_n + d}{0 \cdot x_n + 1},$$

对应的二阶矩阵为 $P = \begin{pmatrix} q & d \\ 0 & 1 \end{pmatrix}.$

由
$$P^n = \begin{pmatrix} q^n & (q^{n-1} + q^{n-2} + \cdots + q + 1)d \\ 0 & 1 \end{pmatrix}$$

得
$$x_{n+1} = q^n x_1 + (q^{n-1} + q^{n-2} + \cdots + q + 1)d.$$

当 $q \neq 1$ 时,可表为

$$x_n = \begin{cases} x_1 & (n=1), \\ \dfrac{q^n x_1 + (d - x_1)q^{n-1} - d}{q - 1} & (n \geqslant 2). \end{cases}$$

这正是原高中代数(甲)第二册 P.77 第 17 题.

(4) 对等差数列

$$x_{n+1} = x_n + d, \tag{⑤}$$

我们改写为
$$x_{n+1} = \frac{x_n + d}{0 \cdot x_n + 1},$$

有
$$P = \begin{pmatrix} 1 & d \\ 0 & 1 \end{pmatrix}, \quad P^n = \begin{pmatrix} 1 & nd \\ 0 & 1 \end{pmatrix},$$

得
$$x_{n+1} = x_1 + nd$$

或
$$x_n = x_1 + (n-1)d.$$

(5) 对等比数列

$$x_{n+1} = q x_n \quad (q \neq 0), \tag{⑥}$$

我们改写为
$$x_{n+1} = \frac{q x_n + 0}{0 \cdot x_n + 1},$$

$$P^n = \begin{pmatrix} q^n & 0 \\ 0 & 1 \end{pmatrix},$$

得
$$x_{n+1} = x_1 q^n.$$

对于数列(1)、(2)的求通项,举例说明如下:

例 1　已知 x_1 及递推关系 $x_{n+1} = \dfrac{a x_n - b}{b x_n + a}(b \neq 0)$,求数列的通项. 其中 a, b 为实常数.

解　记 $\cos\theta = \dfrac{a}{\sqrt{a^2 + b^2}}$, $\sin\theta = \dfrac{b}{\sqrt{a^2 + b^2}}$. 当 $ab \neq 0$ 时,可取

$$\theta = \left[1 - \frac{|b|}{2b}\left(1 + \frac{|a|}{a}\right)\right]\pi + \arctan\frac{b}{a},$$

则
$$x_{n+1} = \frac{ax_n - b}{bx_n + a} = \frac{x_n\cos\theta - \sin\theta}{x_n\sin\theta + \cos\theta},$$

对应的二阶矩阵为

$$P = \begin{pmatrix} \cos\theta & -\sin\theta \\ \sin\theta & \cos\theta \end{pmatrix} \leftrightarrow \cos\theta - \mathrm{i}\sin\theta \text{（复数的矩阵定义）}.$$

归纳（或由棣莫弗定理），有

$$P^n = \begin{pmatrix} \cos n\theta & -\sin n\theta \\ \sin n\theta & \cos n\theta \end{pmatrix} \leftrightarrow (\cos\theta - \mathrm{i}\sin\theta)^n,$$

得
$$x_{n+1} = \frac{x_1\cos n\theta - \sin n\theta}{x_1\sin n\theta + \cos n\theta}.$$

由此将可以极为方便地讨论数列的周期.

注 复数 $a + b\mathrm{i}$ 的矩阵表示正是 $\begin{pmatrix} a & b \\ -b & a \end{pmatrix}$.

特例 1 对 $\begin{cases} x_1 = a, \\ x_{n+1} = \dfrac{\sqrt{3}\,x_n - 1}{x_n + \sqrt{3}} \end{cases}$

有
$$x_{n+1} = \frac{a\cos\dfrac{n\pi}{6} - \sin\dfrac{n\pi}{6}}{a\sin\dfrac{n\pi}{6} + \cos\dfrac{n\pi}{6}}.$$

特例 2 当 $x_1 = \sqrt{2}$，$x_{n+1} = \dfrac{1 + x_n}{1 - x_n}$ 时，$\theta = \dfrac{7\pi}{4}$，

$$x_{n+1} = \frac{\sqrt{2}\cos\dfrac{7n\pi}{4} - \sin\dfrac{7n\pi}{4}}{\sqrt{2}\sin\dfrac{7n\pi}{4} + \cos\dfrac{7n\pi}{4}} = \frac{\dfrac{\sqrt{2}}{\sqrt{3}}\cos\dfrac{n\pi}{4} + \dfrac{1}{\sqrt{3}}\sin\dfrac{n\pi}{4}}{\dfrac{1}{\sqrt{3}}\cos\dfrac{n\pi}{4} - \dfrac{\sqrt{2}}{\sqrt{3}}\sin\dfrac{n\pi}{4}} = \frac{\sin\left(\dfrac{n\pi}{4} + \arctan\sqrt{2}\right)}{\cos\left(\dfrac{n\pi}{4} + \arctan\sqrt{2}\right)}$$

$$= \tan\left(\frac{n\pi}{4} + \arctan\sqrt{2}\right).$$

特例 3 当 $x_1 = 2$，$x_{n+1} = \dfrac{x_n - 1}{x_n + 1}$ 时，可直接求，也可以转化为特例 2. 令

$x_{n+1} = -y_{n+1}$，则有 $y_1 = -2$，$y_{n+1} = \dfrac{1+y_n}{1-y_n}$，从而

$$y_{n+1} = \tan\left[\frac{n\pi}{4} + \arctan(-2)\right],$$

即

$$x_{n+1} = \tan\left(\arctan 2 - \frac{n\pi}{4}\right).$$

注　若用特征方程解特例 3，将得出复数表达式

$$x_n = \frac{4(-\mathrm{i})^{n+1} + 3(-\mathrm{i})^n - 5\mathrm{i}}{4(-\mathrm{i})^n + 3(-\mathrm{i})^{n-1} - 5}.$$

例 2　已知 x_1 及递推关系 $x_{n+1} = \dfrac{ax_n + b}{bx_n + a}$ $(a \neq b,\ b \neq 0)$，求数列的通项.

解法 1　数列对应的二阶矩阵为

$$P = \begin{pmatrix} a & b \\ b & a \end{pmatrix}.$$

记

$$E = \begin{pmatrix} 1 & 0 \\ 0 & 1 \end{pmatrix},\quad A = \begin{pmatrix} 0 & 1 \\ 1 & 0 \end{pmatrix},$$

易见 $A^2 = E$.

则 $P^n = (aE + bA)^n$

$$= a^n E + \mathrm{C}_n^1 a^{n-1} bA + \mathrm{C}_n^2 a^{n-2} b^2 A^2 + \cdots + b^n A^n$$

$$= (a^n + \mathrm{C}_n^2 a^{n-2} b^2 + \mathrm{C}_n^4 a^{n-4} b^4 + \cdots)E + (\mathrm{C}_n^1 a^{n-1} b + \mathrm{C}_n^3 a^{n-3} b^3 + \cdots)A$$

$$= \frac{(a+b)^n + (a-b)^n}{2} E + \frac{(a+b)^n - (a-b)^n}{2} A$$

$$= \frac{1}{2} \begin{pmatrix} (a+b)^n + (a-b)^n & (a+b)^n - (a-b)^n \\ (a+b)^n - (a-b)^n & (a+b)^n + (a-b)^n \end{pmatrix},$$

得

$$x_{n+1} = \frac{[(a+b)^n + (a-b)^n]x_1 + [(a+b)^n - (a-b)^n]}{[(a+b)^n - (a-b)^n]x_1 + [(a+b)^n + (a-b)^n]}.$$

解法 2　只求 P^n，设

$$\begin{pmatrix} a & b \\ b & a \end{pmatrix}^n = \begin{pmatrix} A_n & B_n \\ C_n & D_n \end{pmatrix},$$

其中 $A_1 = D_1 = a$，$B_1 = C_1 = b$.

由数学归纳法可推得

$$\begin{pmatrix} a & b \\ b & a \end{pmatrix}^n = \frac{1}{2} \begin{pmatrix} (a+b)^n + (a-b)^n & (a+b)^n - (a-b)^n \\ (a+b)^n - (a-b)^n & (a+b)^n + (a-b)^n \end{pmatrix}.$$

特例 1 取 $x_1 = a$，$x_{n+1} = \dfrac{2x_n + 1}{x_n + 2}$ 时,有

$$x_{n+1} = \frac{(3^n + 1)a + 3^n - 1}{(3^n - 1)a + 3^n + 1}.$$

特例 2 取 $x_1 = -\dfrac{1}{3}$，$x_{n+1} = \dfrac{3x_n - 1}{-x_n + 3}$ 时,有 $x_n = \dfrac{1 - 2^n}{1 + 2^n}$.

例 3 已知 $x_1 = a$，$x_{n+1} = \dfrac{2x_n + 1}{-x_n}$,求数列的通项.

解 递推式所对应的二阶矩阵为

$$P = \begin{pmatrix} 2 & 1 \\ -1 & 0 \end{pmatrix}, \quad P^n = \begin{pmatrix} n+1 & n \\ -n & 1-n \end{pmatrix},$$

得

$$x_{n+1} = \frac{(n+1)a + n}{-na + 1 - n}.$$

这三个例子中,对应的特征方程的判别式分别有 $\Delta < 0$，$\Delta > 0$，$\Delta = 0$,而求解的方法却是统一的.

例 4 已知 $x_1 = 2$，$x_{n+1} = \dfrac{2x_n - 1}{-2x_n + 3}$,求数列的通项.

解 对应的二阶矩阵为 $A = \begin{pmatrix} 2 & -1 \\ -2 & 3 \end{pmatrix}$. 下面用相似矩阵的方法来求 A^n.

矩阵 A 所对应的特征多项式为

$$f(\lambda) = |\lambda E - A| = \lambda^2 - 5\lambda + 4,$$

得特征值 $\lambda_1 = 1$，$\lambda_2 = 4$,而所对应的特征向量为

$$\begin{pmatrix} 1 \\ 1 \end{pmatrix}, \begin{pmatrix} 1 \\ -2 \end{pmatrix}.$$

有相似变换矩阵

$$T = \begin{pmatrix} 1 & 1 \\ 1 & -2 \end{pmatrix} \text{ 与 } T^{-1} = \frac{1}{3}\begin{pmatrix} 2 & 1 \\ 1 & -1 \end{pmatrix},$$

使

$$T^{-1}AT = \begin{pmatrix} 1 & 0 \\ 0 & 4 \end{pmatrix}.$$

从而

$$T^{-1}A^n T = \begin{pmatrix} 1 & 0 \\ 0 & 4 \end{pmatrix}^n = \begin{pmatrix} 1 & 0 \\ 0 & 4^n \end{pmatrix},$$

得

$$A^n = T\begin{pmatrix} 1 & 0 \\ 0 & 4^n \end{pmatrix}T^{-1} = \frac{1}{3}\begin{pmatrix} 1 & 4^n \\ 1 & -2 \cdot 4^n \end{pmatrix}\begin{pmatrix} 2 & 1 \\ 1 & -1 \end{pmatrix}$$

$$= \frac{1}{3}\begin{pmatrix} 2+4^n & 1-4^n \\ 2-2\cdot 4^n & 1+2\cdot 4^n \end{pmatrix} = \frac{1}{3}\begin{pmatrix} 2+2^{2n} & 1-2^{2n} \\ 2-2^{2n+1} & 1+2^{2n+1} \end{pmatrix},$$

得

$$x_{n+1} = \frac{(2+2^{2n})x_1 + 1 - 2^{2n}}{(2-2^{2n+1})x_1 + 1 + 2^{2n+1}} = \frac{2^{2n+1} - 2^{2n} + 5}{-2^{2n+2} + 2^{2n+1} + 5}.$$

例 5　已知 $y_1 = y_2 = 1$，且 $y_{n+2} + 2y_{n+1} + y_n = 0$. 求 y_n.

解　设 $x_n = \dfrac{y_{n+1}}{y_n}$，则有

$$\begin{cases} x_1 = 1, \\ x_{n+1} = \dfrac{2x_n + 1}{-x_n}. \end{cases}$$

由例 3 得

$$x_{n+1} = \frac{(n+1)\cdot 1 + n}{-n\cdot 1 + 1 - n} = -\frac{2n+1}{2n-1},$$

于是

$$y_{n+2} = \frac{y_{n+2}}{y_{n+1}} \cdot \frac{y_{n+1}}{y_n} \cdot \cdots \cdot \frac{y_2}{y_1} \cdot y_1 = x_{n+1} \cdot x_n \cdot \cdots \cdot x_1 \cdot y_1$$

$$= \left(-\frac{2n+1}{2n-1}\right)\left(-\frac{2n-1}{2n-3}\right)\cdots\left(-\frac{5}{3}\right)\left(-\frac{3}{1}\right)\cdot 1 \cdot 1 = (-1)^n(2n+1).$$

得

$$\begin{cases} y_1 = y_2 = 1, \\ y_{n+2} = (-1)^n(2n+1). \end{cases}$$

第 5 篇　构造方程求三角式的值[①]

解方程是求值的有力工具. 而用方程来解决各科、各类问题更是一个数学基本思想. 因此,用方程观点来处理三角求值问题是顺理成章和普遍有效的,问题在于如何建立起有关的方程? 初步的问题探索表明,方程的形式是多样的(一元方程或多元方程组均可),建立的途径也是多样的,由方程得出三角式的值还是多样的(解方程或讨论根与系数的关系). 本文将以建立方程为主线分六个方面举例说明.

1　变已知数为未知数构造方程

例 1　若 $\tan \dfrac{x}{2} = \dfrac{\sqrt{5}-1}{\sqrt{10+2\sqrt{5}}}$,求 $\csc x + |\cot x|$.

解　如果通过求 $\csc x$ 与 $\cot x$ 来求值,根式运算肯定麻烦,考虑由万能公式有

$$0 < \frac{2\tan \dfrac{x}{2}}{1 + \tan^2 \dfrac{x}{2}} = \sin x < 1,$$

可得　(1) $\csc x > 1 \Rightarrow \csc x + |\cot x| > 1$;

(2) 关于 $\tan \dfrac{x}{2}$ 的二次方程

$$\tan^2 \frac{x}{2} - 2\csc x \tan \frac{x}{2} + 1 = 0.$$

解方程,有

$$\tan \frac{x}{2} = \csc x + \sqrt{\csc^2 x - 1} = \csc x + |\cot x|,$$

或　　　　　$$\tan \frac{x}{2} = \csc x - |\cot x| = (\csc x + |\cot x|)^{-1}.$$

故 $\csc x + |\cot x|$ 等于 $\tan \dfrac{x}{2}$ 或 $\cot \dfrac{x}{2}$.

[①] 本文原载《中学数学教育》(哈尔滨)1990(2):30-32;中国人民大学复印报刊资料《中学数学教学》1990(5):34-36.

但已知 $\tan\dfrac{x}{2}=\dfrac{\sqrt{5}-1}{\sqrt{10+2\sqrt{5}}}<1$，故由 (1)，只能有

$$\csc x + |\cot x| = \cot\frac{x}{2} = \frac{\sqrt{10+2\sqrt{5}}}{\sqrt{5}-1} = \sqrt{5+2\sqrt{5}}.$$

注：也可先化简求解式为 $\cot\dfrac{x}{2}$．

例 2 已知 $\tan\dfrac{x}{2}=\sqrt[n]{\dfrac{\sqrt{5}-1}{\sqrt{10+2\sqrt{5}}}}$ $(n\geqslant 2)$，求

$$M=\left(\frac{\sqrt{1+\sin x}+\sqrt{1-\sin x}}{\sqrt{1+\sin x}-\sqrt{1-\sin x}}\right)^n.$$

解 （略，解答同例 1）．

2 整体代换构造方程

例 3 求 $\cos\dfrac{\pi}{5}-\cos\dfrac{2\pi}{5}$．

解 作整体代换，令

$$x=\cos\frac{\pi}{5}-\cos\frac{2\pi}{5}>0,$$

则 $\quad x^2=\cos^2\dfrac{\pi}{5}+\cos^2\dfrac{2\pi}{5}-2\cos\dfrac{\pi}{5}\cos\dfrac{2\pi}{5}$

$$=\frac{1}{2}\left(1+\cos\frac{2\pi}{5}\right)+\frac{1}{2}\left(1+\cos\frac{4\pi}{5}\right)-2\,\frac{\sin\frac{2\pi}{5}}{2\sin\frac{\pi}{5}}\cdot\frac{\sin\frac{4\pi}{5}}{2\sin\frac{2\pi}{5}}$$

$$=\frac{1}{2}+\frac{1}{2}\left(\cos\frac{2\pi}{5}+\cos\frac{4\pi}{5}\right)=\frac{1}{2}-\frac{1}{2}\left(\cos\frac{\pi}{5}-\cos\frac{2\pi}{5}\right)=\frac{1}{2}-\frac{x}{2},$$

故得方程 $\qquad\qquad 2x^2+x-1=0,$

解之，取正值得 $\qquad\qquad \cos\dfrac{\pi}{5}-\cos\dfrac{2\pi}{5}=x=\dfrac{1}{2}.$

例 4 求 $\cos\dfrac{\pi}{7}-\cos\dfrac{2\pi}{7}+\cos\dfrac{3\pi}{7}$．

解 （略，解法同例 3，答案为 $\dfrac{1}{2}$）．

3 由三角公式构造方程

三角公式本身提供了一个等量关系,把这个等式视为方程是方便的,特别地,特殊角 $\dfrac{\pi}{2}$, π 等的函数值也提供了一个等量关系.

例 5 求 $\sin 18°$.

解 设 $x = 18°$,有 $2x = 90° - 3x$,由诱导公式得等量关系 $\sin 2x = \cos 3x$,即

$$2\sin x \cos x = 4\cos^3 x - 3\cos x,$$

但 $\cos x > 0$,故有 $\qquad 2\sin x = 4\cos^2 x - 3.$

整理成关于 $\sin x$ 的二次方程

$$4\sin^2 x + 2\sin x - 1 = 0,$$

解方程,取正值得

$$\sin 18° = \sin x = \frac{-1 + \sqrt{5}}{4},$$

顺便得 $\qquad \cos 18° = \sqrt{1 - \sin^2 18°} = \dfrac{\sqrt{10 + 2\sqrt{5}}}{4}.$

可见例 1 中的 x 可以是 $36°$.

例 6 求 $\tan \dfrac{\pi}{7} \tan \dfrac{2\pi}{7} \tan \dfrac{3\pi}{7}$.

解 设 $\theta = \dfrac{k\pi}{7}$,有 $3\theta = k\pi - 4\theta$,由诱导公式得等量关系 $\tan 3\theta = -\tan 4\theta$,即

$$\frac{\tan \theta + \tan 2\theta}{1 - \tan \theta \tan 2\theta} = -\frac{2\tan 2\theta}{1 - \tan^2 2\theta},$$

即 $\qquad \tan \theta + 3\tan 2\theta - 3\tan \theta \tan^2 2\theta - \tan^3 2\theta = 0.$

令 $\tan \theta = x \neq 1$,并化简,得

$$x + \frac{6x}{1 - x^2} - \frac{12x^3}{(1 - x^2)^2} - \frac{8x^3}{(1 - x^2)^3} = 0,$$

$$x^6 - 21x^4 + 35x^2 - 7 = 0.$$

按原设，$\tan\dfrac{k\pi}{7}(k=1,2,3,4,5,6)$ 均满足上式,由韦达定理,有

$$\tan\frac{\pi}{7}\tan\frac{2\pi}{7}\tan\frac{3\pi}{7}\tan\frac{4\pi}{7}\tan\frac{5\pi}{7}\tan\frac{6\pi}{7}=-7,$$

即
$$\left(\tan\frac{\pi}{7}\tan\frac{2\pi}{7}\tan\frac{3\pi}{7}\right)^2=7,$$

得
$$\tan\frac{\pi}{7}\tan\frac{2\pi}{7}\tan\frac{3\pi}{7}=\sqrt{7}.$$

顺便还可以得出更多的三角值.

例 7　再求例 4 中的三角值.

解　设 $\theta=\dfrac{2n\pi}{7}\ (n\in\mathbf{N})$,且 $x=\cos\theta$,则由 $\cos 7\theta=1$,有

$$64\cos^7\theta-112\cos^5\theta+56\cos^3\theta-7\cos\theta=1,$$

得
$$(x-1)(8x^3+4x^2-4x-1)^2=0.$$

当 n 取 $1,2,\cdots,7$ 时可得方程的七个根:

$$1,\ \cos\frac{2\pi}{7},\ \cos\frac{4\pi}{7},\ \cos\frac{6\pi}{7},\ \cos\frac{8\pi}{7},\ \cos\frac{10\pi}{7},\ \cos\frac{12\pi}{7}.$$

其中后六个根中有三对是相等的,故

$$\cos\frac{2\pi}{7},\ \cos\frac{4\pi}{7},\ \cos\frac{6\pi}{7}$$

是 $8x^3+4x^2-4x-1=0$ 的三个根,由韦达定理得

$$\cos\frac{2\pi}{7}+\cos\frac{4\pi}{7}+\cos\frac{6\pi}{7}=-\frac{4}{8}=-\frac{1}{2},$$

因而 $\cos\dfrac{\pi}{7}-\cos\dfrac{2\pi}{7}+\cos\dfrac{3\pi}{7}=-\cos\dfrac{6\pi}{7}-\cos\dfrac{2\pi}{7}-\cos\dfrac{4\pi}{7}=\dfrac{1}{2}.$

4 由已知等式导出方程

例 8 已知 a，b，c 不全为零，且

$$a = b\cos C + c\cos B,$$

$$b = c\cos A + a\cos C,$$

$$c = a\cos B + b\cos A,$$

求 $\cos^2 A + \cos^2 B + \cos^2 C + 2\cos A\cos B\cos C$.

解 已知条件右边移到左边表明，$(a，b，c)$ 是三元齐次线性方程组的一个非零解，有系数行列式为零，即

$$\begin{vmatrix} 1 & -\cos C & -\cos B \\ -\cos C & 1 & -\cos A \\ -\cos B & -\cos A & 1 \end{vmatrix} = 0,$$

展开得 $\qquad \cos^2 A + \cos^2 B + \cos^2 C + 2\cos A\cos B\cos C = 1.$

例 9 设 $\qquad\qquad \cos\alpha - \cos\beta = \dfrac{1}{2},$ ①

$$\sin\alpha - \sin\beta = -\dfrac{1}{3},$$ ②

求 $\sin(\alpha + \beta)$ 与 $\cos(\alpha + \beta)$.

略解 由①有 $\dfrac{1}{2} = \cos[(\alpha + \beta) - \beta] - \cos[(\alpha + \beta) - \alpha]$

$$= \cos(\alpha + \beta)(\cos\beta - \cos\alpha) + \sin(\alpha + \beta)(\sin\beta - \sin\alpha)$$

$$= -\dfrac{1}{2}\cos(\alpha + \beta) + \dfrac{1}{3}\sin(\alpha + \beta),$$

即 $\qquad\qquad 2\sin(\alpha + \beta) - 3\cos(\alpha + \beta) = 3.$

同理，由②有 $\qquad 3\sin(\alpha + \beta) + 2\cos(\alpha + \beta) = 2.$

可得到关于 $\sin(\alpha + \beta)$ 与 $\cos(\alpha + \beta)$ 的方程组

$$\begin{cases} 3\sin(\alpha + \beta) + 2\cos(\alpha + \beta) = 2, \\ 2\sin(\alpha + \beta) - 3\cos(\alpha + \beta) = 3. \end{cases}$$

解之得

$$\sin(\alpha + \beta) = \dfrac{12}{13}, \quad \cos(\alpha + \beta) = -\dfrac{5}{13}.$$

5　引进复数导出方程

例 10　再解例 4.

解　设 $z=\cos\dfrac{2\pi}{7}+i\sin\dfrac{2\pi}{7}$，则 $z^7=1$，又记

$$\alpha=z+z^2+z^4,\ \beta=z^3+z^5+z^6.$$

于是

$$\alpha+\beta=z+z^2+z^3+z^4+z^5+z^6=\dfrac{1-z^7}{1-z}-1=-1,$$

$$\alpha\beta=z^4+z^5+z^6+3z^7+z^8+z^9+z^{10}=3+(\alpha+\beta)=2,$$

这表明 α,β 是二次方程 $x^2+x+2=0$ 的两个根，解此方程得 $x_{1,2}=-\dfrac{1}{2}\pm\dfrac{\sqrt{7}}{2}i.$

得

$$\cos\dfrac{\pi}{7}-\cos\dfrac{2\pi}{7}+\cos\dfrac{3\pi}{7}=-\left(\cos\dfrac{2\pi}{7}+\cos\dfrac{4\pi}{7}+\cos\dfrac{6\pi}{7}\right)$$

$$=-\mathrm{Re}(\alpha)=-\mathrm{Re}(\beta)=\dfrac{1}{2}.$$

顺便还可得出虚部的值.

例 11　求 $\sin\dfrac{\pi}{5}\sin\dfrac{2\pi}{5}$.

解　在复数域将 x^5-1 分解因式，得

$$x^5-1=(x-1)\prod_{k=1}^{4}\left(x-\cos\dfrac{2k\pi}{5}-i\sin\dfrac{2k\pi}{5}\right)$$

$$=(x-1)\left(x^2-2x\cos\dfrac{2\pi}{5}+1\right)\left(x^2-2x\cos\dfrac{4\pi}{5}+1\right).$$

又

$$x^5-1=(x-1)(x^4+x^3+x^2+x+1),$$

得恒等式

$$\left(x^2-2x\cos\dfrac{2\pi}{5}+1\right)\left(x^2-2x\cos\dfrac{4\pi}{5}+1\right)=x^4+x^3+x^2+x+1.$$

令 $x=1$ 得

$$4\sin^2\dfrac{\pi}{5}\cdot4\sin^2\dfrac{2\pi}{5}=5,$$

于是

$$\sin\dfrac{\pi}{5}\sin\dfrac{2\pi}{5}=\dfrac{\sqrt{5}}{4}.$$

6　构造同形方程

例 12　求 $\cos\dfrac{2\pi}{5}+\cos\dfrac{4\pi}{5}$.

解　构造同形方程 $\cos x+\cos 2x=\cos\dfrac{2\pi}{5}+\cos\dfrac{4\pi}{5}$.

容易验证 $\cos x=\cos\dfrac{2\pi}{5}$ 或 $\cos\dfrac{4\pi}{5}$ 时,上式成立. 代入倍角公式,有

$$2\cos^2 x+\cos x-\left(1+\cos\frac{2\pi}{5}+\cos\frac{4\pi}{5}\right)=0,$$

这表明,$\cos\dfrac{2\pi}{5}$,$\cos\dfrac{4\pi}{5}$ 是方程 $2y^2+y-\left(1+\cos\dfrac{2\pi}{5}+\cos\dfrac{4\pi}{5}\right)=0$ 的全体根.
由韦达定理,得

$$\cos\frac{2\pi}{5}+\cos\frac{4\pi}{5}=-\frac{1}{2}.$$

例 13　求 $\sin\dfrac{2\pi}{5}\sin\dfrac{4\pi}{5}$.

解　构造同形方程 $\sin^2 x+\sin^2 2x=\sin^2\dfrac{2\pi}{5}+\sin^2\dfrac{4\pi}{5}$.

容易验证 $\sin x=\sin\dfrac{2\pi}{5}$,$\sin\dfrac{4\pi}{5}$ 均适合上式. 代入倍角公式得

$$\sin^2 x+4\sin^2 x(1-\sin^2 x)=\sin^2\frac{2\pi}{5}+\sin^2\frac{4\pi}{5},$$

$$4\sin^4 x-5\sin^2 x+\sin^2\frac{2\pi}{5}+\sin^2\frac{4\pi}{5}=0,$$

这表明 $\sin^2\dfrac{2\pi}{5}$,$\sin^2\dfrac{4\pi}{5}$ 是方程 $4y^2-5y+\left(\sin^2\dfrac{2\pi}{5}+\sin^2\dfrac{4\pi}{5}\right)=0$ 的两根,由韦达定理,得

$$\sin^2\frac{2\pi}{5}+\sin^2\frac{4\pi}{5}=\frac{5}{4},\ \sin^2\frac{2\pi}{5}\sin^2\frac{4\pi}{5}=\frac{5}{16},$$

于是

$$\sin\frac{2\pi}{5}\sin\frac{4\pi}{5}=\frac{\sqrt{5}}{4}.$$

第6篇 一次函数的性质与解题的转化机智①

用函数的观点解题是大家所熟知的,但具体使用一次函数的性质却甚为罕见,可能是因为简单而遭到忽视. 其实最简单的技巧也会有大用,最高明的方法也有使用范围. 下面的一些例子将表明,恰当地引进一次函数常能使解题具有较高的观点、较新的境界. 而且,这种引进既能处理相等关系又能处理不等关系,既能解决抽象的数学问题又能解决具体的应用问题. 如果注意到,一次函数与直线方程、等差数列、线性方程组(与行列式)等方面均有联系,那么一次函数的应用就是一块尚待开发的富矿宝地了. 现在的问题是,第一,一次函数有哪些功能可供应用;第二,如何将一个数学问题转化为一次函数性质的研究.

作为抛砖引玉,我们将谈一次函数的四方面应用,至于如何恰当地引进一次函数,将结合具体例题来解说.

1 单调性与不等关系

例1 已知 $-1 < a$, b, $c < 1$,求证 $ab + bc + ca + 1 > 0$.

解说 易见,在这个不等式中的多项式虽然是二次的,但单个的字母却是一次的,视某个字母、比如 a 为自变量,引进一次函数 $f(x) = (b+c)x + bc + 1$,问题转化为 $|x| < 1 \Rightarrow f(x) > 0$.

因为一次函数必有单调性(本题无需考虑是单调增还是单调减),故 $f(a)$ 一定在 $f(-1)$, $f(1)$ 之间,于是不等式的证明,转化为计算两个函数值 $f(-1)$, $f(1)$ 为正数. 由

$$f(-1) = (1-b)(1-c) > 0,$$
$$f(1) = (1+b)(1+c) > 0,$$

故得
$$f(a) > 0,$$

即
$$ab + bc + ca + 1 > 0.$$

这里的转化是:

(1) 变一次方的字母为自变量引进一次函数;

---

① 本文原载《数学通报》1990(6):17 - 19(署名:罗增儒).

(2) 由一次函数的单调性, 变不等式的证明为两个函数值的计算.

例 2 已知 $|a|<1$, $|b|<1$, 求证 $\left|\dfrac{a+b}{1+ab}\right|<1$. (原高中代数第二册 P. 107 例 4)

解说 由于字母 a, b 均以分式的形式存在, 不便于直接转变为自变量, 可构造一个自变量.

设 $\dfrac{a+b}{1+ab}=c$, 即 $(1+ab)c-(a+b)=0$, 只需证 $|c|<1$. 为此, 引进一次函数

$$\begin{cases} f(x)=(1+ab)x-(a+b), \\ f(c)=0. \end{cases}$$

由 $1+ab>0$ 知, $f(x)$ 单调增加. 为了确定函数的零点范围是 $(-1,1)$, 只需验证

$$\begin{cases} x\geqslant 1 \text{ 时 } f(x)>0, \\ x\leqslant -1 \text{ 时 } f(x)<0. \end{cases}$$

只需验证 $f(1)>0$, $f(-1)<0$. 由

$$f(-1)=-(1+a)(1+b)<0,$$
$$f(1)=(1-a)(1-b)>0,$$

确有 $|c|<1$.

这里的转化是:

(1) 构造一个一次函数, 变不等式的证明为零点范围的确定;

(2) 由单调性, 只需验证两个函数值的正负.

例 3 已知 $a\in(0,1)\bigcup(1,+\infty)$ 为常数, 对约束条件 $|x|+|y|\leqslant 1$, 求 $ax+y$ 的最大值.

解说 为了能引进一次函数, 先把两个关系式集中:

$$ax+y\leqslant |ax|+|y| \qquad\qquad ①$$
$$=a|x|+|y|$$
$$\leqslant a|x|+(1-|x|) \qquad\qquad ②$$
$$=(a-1)|x|+1.$$

其中①取等号应有 $x \geqslant 0$, $y \geqslant 0$,为了求出最大值,对 $0 \leqslant x \leqslant 1$ 引进一次函数
$$g(x) = (a-1)x + 1.$$

当 $a > 1$ 时, $g(x)$ 为增函数, $x = 1$ 时, $g(x)$ 有最大值 a,相应地,要①、②同时取等号,有 $x = 1$, $y = 0$, $ax + y$ 取最大值 a.

当 $0 < a < 1$ 时, $g(x)$ 为减函数, $x = 0$ 时, $g(x)$ 有最大值 1,相应地,要①、②同时取等号,有 $x = 0$, $y = 1$, $ax + y$ 取最大值 1.

这里的转化也是先变形,然后由斜率得出单调性,由单调性得出结论.

2 函数关系与等式

一次函数本身提供了一个等量关系,可利用这个等量关系来解应用题和证明恒等式.

例 4 甲是乙现在的年龄时,乙 10 岁;乙是甲现在的年龄时,甲 25 岁. 问:甲、乙谁大? 大几岁?

解 设甲、乙相差 k 岁, k 是一个常数,约定: $k > 0$ 时乙比甲大,而 $k < 0$ 时甲比乙大,则甲的年龄 x 与乙的年龄 y 有一次函数关系

$$y = x + k. \tag{①}$$

这时,已知条件便是这个函数的三次取值:

(1) 为简便起见,甲、乙现在的年龄取 (x, y).

(2) "甲是乙现在的年龄时,乙 10 岁"取 $(y, 10)$.

(3) "乙是甲现在的年龄时,甲 25 岁"取 $(25, x)$. 有

$$\begin{cases} 10 = y + k, & ② \\ x = 25 + k, & ③ \end{cases}$$

由①+②+③消去 x, y,得 $k = -5$.

即甲比乙大 5 岁.

例 5 对 $q \neq 1$,求证

$$1 + q + q^2 + \cdots + q^{n-1} = \frac{1 - q^n}{1 - q}.$$

解说 这个恒等式能够用一次函数来处理,似乎有些意外. 我们是在对一次函数用两种方法迭代时得出来的. 对一次函数

$$f(x) = qx + 1,$$

作迭代
$$f_n(x) = \underbrace{f(f(\cdots f(x)\cdots))}_{n\text{个}f}.$$

一方面,
$$f_2(x) = f(f(x)) = qf(x) + 1 = q^2 x + 1 + q,$$
$$\cdots$$
$$f_n(x) = f(f_{n-1}(x)) = q^n x + 1 + q + \cdots + q^{n-1}.$$

另一方面,
$$f(x) = q\left(x - \frac{1}{1-q}\right) + \frac{1}{1-q},$$

有
$$f_2(x) = q\left(f(x) - \frac{1}{1-q}\right) + \frac{1}{1-q} = q^2\left(x - \frac{1}{1-q}\right) + \frac{1}{1-q},$$
$$\cdots$$
$$f_n(x) = f_{n-1}(f(x)) = q^{n-1}\left(f(x) - \frac{1}{1-q}\right) + \frac{1}{1-q} =$$
$$q^n\left(x - \frac{1}{1-q}\right) + \frac{1}{1-q} = q^n x + \frac{1-q^n}{1-q}.$$

由多项式恒等得
$$1 + q + \cdots + q^{n-1} = \frac{1-q^n}{1-q}.$$

这里的转化,已经较多地摆脱对形式外表上的依赖,表现为较强的发散思维. 由于上式直接导致等比数列的求和公式,所以一次函数不仅与等差数列有联系,而且与等比数列也有联系.

关于一次函数的迭代,下文还将专题谈到.

3 数形结合与直线问题

由于一次函数的图像为直线,因而有关直线的问题,可以直接变为一次函数来研究(反过来也一样). 至于等差数列,它本来就是自变量为自然数的一次函数. 这方面的转化,只是纵向知识链上的直接联系.

例6 试求 $y = ax + b$ 与其反函数图像重合的 a, b 值.

解说 函数 $y = ax + b$ 的反函数为 $y = \frac{x}{a} - \frac{b}{a}$.

两函数的图像重合,就是两直线

$$\begin{cases} ax - y + b = 0, \\ x - ay - b = 0 \end{cases}$$

重合.有系数成比例:

当 $b \neq 0$ 时,$\dfrac{a}{1} = \dfrac{-1}{-a} = \dfrac{b}{-b} = -1$, $a = -1$.

当 $b = 0$ 时,$\dfrac{a}{1} = \dfrac{-1}{-a}$, $a = \pm 1$.

合并得 $\begin{cases} a = 1, \\ b = 0, \end{cases}$ $\begin{cases} a = -1, \\ b \in \mathbf{R}(\text{一切实数,包括 } 0). \end{cases}$

这里的转化,是把一次函数的问题转为直线重合的参数讨论.

例 7 (1979 年高考副题)解方程组:

$$\begin{cases} \dfrac{x}{a} + \dfrac{y}{b} = abx + 1, \\ \dfrac{x}{b} + \dfrac{y}{a} = aby + 1. \end{cases}$$

解说　每一个方程确定了一个一次函数.由于两方程中 x,y 的位置恰好互换,因而所确定的两个一次函数互为反函数.解方程组就转化为求两个互为反函数的图像交点.由一次函数的特点知,交点在对角线 $y = x$ 上.在原方程中令 $x = y$ 即可解得

$$x = y = \frac{ab}{a + b - a^2 b^2}.$$

4　迭代的应用

对于一次函数 $f(x) = ax + b(a \neq 1)$,可由 $x = ax + b$,解出不动点 $x_0 = \dfrac{b}{1-a}$.从而化为便于迭代的形式

$$f(x) = a(x - x_0) + x_0 = a\left(x - \frac{b}{1-a}\right) + \frac{b}{1-a},$$

$$f_2(x) = f(f(x)) = a\left(f(x) - \frac{b}{1-a}\right) + \frac{b}{1-a} = a^2\left(x - \frac{b}{1-a}\right) + \frac{b}{1-a},$$

$$\cdots$$

$$f_n(x)=f_{n-1}(f(x))=a^{n-1}\left(f(x)-\frac{b}{1-a}\right)+\frac{b}{1-a}$$

$$=a^n\left(x-\frac{b}{1-a}\right)+\frac{b}{1-a}=a^nx+\frac{b(1-a^n)}{1-a}. \tag{S}$$

下面用(S)式来处理几个问题.

例 8 推导等比数列的求和公式 $(q\neq 1$ 时$)$.

解 设等比数列的首项为 a_1,公比为 $q\neq 1$,则等比数列的部分和适合

$$\begin{cases}S_0=0,\\S_n=qS_{n-1}+a_1.\ (n=1,\ 2,\ \cdots)\end{cases}$$

记前项为 x,后项为 $f(x)$,便有一次函数关系

$$f(x)=qx+a_1.$$

由(S),得

$$S_n=f_n(S_0)=q^n\cdot 0+\frac{a_1(1-q^n)}{1-q}=\frac{a_1(1-q^n)}{1-q}.$$

例 9 海滩上有一堆苹果,这是五个猴子的财产,它们要平均分配.第一个猴子来了,它左等右等别的猴子都不来,它便把苹果分成 5 堆,每堆一样多,还剩下一个.它把剩下的一个扔到海里,自己拿走了五堆中的一堆.第二个猴子来了,它又把苹果分成五堆,又多了一个,它又扔掉一个,拿一堆走了.以后每个猴子来了都是如此处理.原来至少有多少苹果? 最后至少有多少苹果?

解 设任一猴子来时海滩上的苹果数为 x,离去时为 $f(x)$,依题意有一次函数关系 $f(x)=\dfrac{4}{5}(x-1)$.

若设最初有 N 个苹果,5 个猴子都来去之后还剩 M 个,则由(S)有

$$M=f_5(N)=\left(\frac{4}{5}\right)^5(N+4)-4.$$

为了使 M 取整数,$N+4$ 必须是 5^5 的倍数,故 N 的最小正整数是 $N=5^5-4=3\,121$,而 M 的最小正整数是 $M=4^5-4=1\,020$.

第 7 篇　四异面直线问题的初等证明[①]

1997 年高中数学联赛第一(6)题(由笔者提供)给出了一个关于异面直线的有趣结论：

三异面直线定理　如果空间三条直线 a，b，c 两两成异面直线，那么与 a，b，c 都相交的直线有无穷多条.

这立即促使我们思考，四条两两异面的直线，情况如何？这就是：

四异面直线定理　存在四条两两异面的直线，使得没有任何直线能与之同时相交.

证明　(反证法)取正方体 $ABCD - A_1B_1C_1D_1$，则直线 AB，A_1C，D_1D，B_1C_1 两两成异面直线. 假设存在一条直线 L 与直线 AB 交于 E，与直线 A_1C 交于 F，与直线 D_1D 交于 G，与直线 B_1C_1 交于 H.

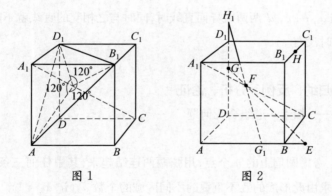

图 1　　　　　　　　图 2

现将整个图形绕 A_1C 旋转 $120°$(如图 1 所示)，由于 $A_1C \perp$ 面 AB_1D_1，且通过正 $\triangle AB_1D_1$ 的中心，故 A 变为 B_1，B_1 变为 D_1，D_1 变为 A；同样，B 变为 C_1，C_1 变为 D，D 变为 B. 即直线 AB 变为直线 B_1C_1，直线 B_1C_1 变为直线 D_1D，直线 D_1D 变为直线 AB，直线 A_1C 未发生变化. 在空间中 4 条直线所占的位置没有任何变化，只是字母循环换了一圈记号.

这时，空间中过 F 的直线 L 绕 A_1C 旋转 $120°$后，除 F 点外均不能与 L 重

① 本文原载《数学通报》1999(5)：30(署名：罗增儒).

合,记为 L_1.进而 G 在 AB 上的新位置 G_1 不能与 E 重合,否则,由两点确定一条直线知 $L(FE)$ 与 $L_1(FG_1)$ 重合,矛盾.同样,H 在 D_1D 上的新位置 H_1 与 G 不重合,于是,相交于 F 的共面直线 L,L_1 与 AB 交于 E,G_1,与 D_1D 交于 G,H_1,得 E,G_1,G,H_1 共面,亦即直线 AB 与 D_1D 为共面直线,这与 AB,D_1D 成异面直线矛盾.

所以,与 AB,A_1C,D_1D,B_1C_1 均相交的直线 L 不存在.(定理证毕)

回顾与异面直线同时相交的直线的情况,我们可以看到这样一个渐变的过程:

(1)当 a,b 成异面直线时,过 a 中每一点都可以作无穷条直线与 b 相交.

(2)当 a,b,c 两两成异面直线时,过 a 中每一点最多有一条直线同时与 b,c 相交.但最多除两个点外,a 中有无穷个点可作唯一的直线与 b,c 同时相交,因而,与 a,b,c 同时相交的直线仍有无穷条.但与两条异面直线的情况,有所区别.

(3)当 a,b,c,d 两两成异面直线时,同时与之相交的直线就不能保证了,有时有,有时没有.

第8篇　归纳、反例、分析、论证[①]
　　　　——探索一道组合几何题

题目　考虑圆周上的 n 个点,用弦两两连结起来,其中任何三条弦都不在圆内共点,求由此形成的互不重叠的不同区域的个数 a_n(记 $a_1=1$).

1　直观归纳

求解这道题最容易想到的办法是,作图进行特殊化探索.如图1～图4,取 n = 2,3,4,5,….

由于 $a_1=1=2^0$,$a_2=2^1$,$a_3=2^2$,$a_4=2^3$,$a_5=2^4$,于是产生一个猜想

$$a_n=2^{n-1}. \qquad\qquad ①$$

---

① 本文原载《中学数学教学参考》2001(7):38－42;中国人民大学复印报刊资料《中学数学教与学》2001(12):64－69(署名:罗增儒).

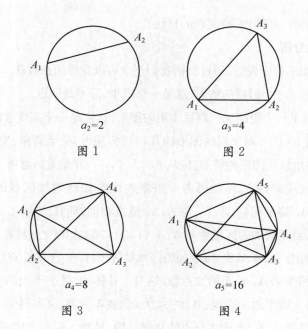

$a_2=2$

图 1

$a_3=4$

图 2

$a_4=8$

图 3

$a_5=16$

图 4

这个猜想对不对呢？我们取 $n=6$ 来检验，如图 5 在圆内接五边形的基础上，增加一个点 A_6，有

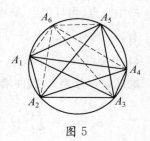

图 5

(1) 连结 A_6A_1，圆面增加 1 块区域；

(2) 连结 A_6A_2，与 A_1A_3，A_1A_4，A_1A_5 均有交点，把线段 A_6A_2 分成 4 条互不相交的小线段，每条小线段都把所在的区域一分为二，圆面增加 4 块区域；

(3) 连结 A_6A_3，与 A_1A_4，A_1A_5，A_2A_4，A_2A_5 均有交点，把线段 A_6A_3 分成 5 条互不相交的小线段，每条小线段都把所在的区域一分为二，圆面增加 5 块区域；

(4) 连结 A_6A_4，情况与 A_6A_2 相同，圆面增加 4 块区域；

(5) 连结 A_6A_5，情况与 A_6A_1 相同，圆面增加 1 块区域.

求和可得 $a_6=a_5+1+4+5+4+1=31$.

这与我们预期的数值 $a_6=2^5=32$ 不相符，是数(shǔ)错了吗？对图 5 的区域再直接计算一遍，还是 31. 于是，a_6 构成猜想①的一个反例. 这可能会使我们若有所失.(据此，文[1]将此题设计为归纳法可靠性的反例，并在文[2]中认为

同时兼有迷惑性、新颖性、研究性的特性)

2 理性分析

尚未成功不等于失败,通过反例我们至少可以获得两点收获.

(1) 纠正了一个错误的猜想,这是一个进步,而不是倒退.

(2) 找到了一个更能反映题目本质的图形,这应是一个实质性的进展. 反例提醒我们,图 1~图 4 对于反映图形的几何结构来说,失于简单,发育还不够成熟. 为了更本质认识图形的特点,应从 $n=5,6,\cdots$,开始重新思考.

我们再次观察图 5,仔细思考 5 条新连线是如何增加区域的. 发现不仅 A_6A_1 与 A_6A_5 情况相同,A_6A_2 与 A_6A_4 情况相同,而且 A_6A_1,A_6A_2,A_6A_3 也情况类似,就是增加的区域数与 $A_6A_i(1\leqslant i\leqslant 5)$ 上的交点数有关;再细致一点思考,可得出:连线 A_6A_i 所增加的区域数等于 A_6A_i 上的交点数 $+1$.

问题归结为求 A_6A_i 上的交点数. 这对于具体的、数字不大的 n 来说,并不难解决,但对大数字的 n 来说,具体去数(shǔ)既不方便,又不科学.

应该去思考 A_6A_i 上产生交点的几何结构,显然,A_6A_i 同旁两点连线不会产生交点,当且仅当 A_6A_i 两旁的点连线才会产生交点. 而 A_6A_i 两旁的点分别有 $A_1,\cdots,A_{i-1}$ 共 $i-1$ 个,$A_{i+1},\cdots,A_5$ 共 $5-i$ 个,故在 A_6A_i 上有 $(i-1)(5-i)$ 个交点,它们将 A_6A_i 分成 $(i-1)(5-i)+1$ 条小线段,每条小线段都把所在的区域一分为二,圆面增加了 $(i-1)(5-i)+1$ 块区域. 于是

$$a_6=a_5+\sum_{i=1}^{5}[(i-1)(5-i)+1]=a_5+1+4+5+4+1=31.$$

这说明,我们通过对 $n=6$ 的分析归纳,找到了一个递推关系,可以计算 a_6. 并且这种计算程序,对于 $n=6$ 的依赖是非实质的,一般情况下求 a_n 的前景已经明朗.

3 解法 1 的诞生

解法 1 设圆周上有 k 个点时,连线分圆面得 a_k 块区域,现增加一个点 A_{k+1},考虑 $A_{k+1}A_i$(见图 6),它将圆面分成两部分,一侧有 $A_1,\cdots,A_{i-1}$ 共 $i-1$ 个点,另一侧有 $A_{i+1},\cdots,A_k$ 共 $k-i$ 个点,两侧之间的点连线,可得 $A_{k+1}A_i$ 与前 k 边形 $A_1A_2\cdots A_k$ 的边及对角线共有 $(i-$

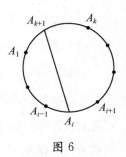

图 6

1)$(k-i)$ 个交点(注意任三点不共线),这些交点把线段 $A_{k+1}A_i$ 分成 $(i-1)(k-i)+1$ 条互不重叠的小线段,每条小线段都把所在的区域一分为二,圆面区域共增加了 $(i-1)(k-i)+1$ 块,取 $i=1,2,\cdots,k$,由加法原理得增加的区域为

$$\sum_{i=1}^{k}\big[(i-1)(k-i)+1\big]=\sum_{i=1}^{k}\big[(1-k)+(1+k)i-i^2\big]$$

$$=\sum_{i=1}^{k}(1-k)+(1+k)\sum_{i=1}^{k}i-\sum_{i=1}^{k}i^2$$

$$=(1-k)k+(1+k)\frac{k(k+1)}{2}-\frac{k(k+1)(2k+1)}{6}$$

$$=\frac{1}{6}(k^3-3k^2+8k).$$

得递推关系

$$a_{k+1}-a_k=\frac{1}{6}(k^3-3k^2+8k). \qquad ②$$

从而

$$a_n=(a_n-a_{n-1})+(a_{n-1}-a_{n-2})+\cdots+(a_2-a_1)+a_1$$

$$=\sum_{k=1}^{n-1}\frac{1}{6}(k^3-3k^2+8k)+1=\frac{1}{6}\sum_{k=1}^{n-1}k^3-\frac{1}{2}\sum_{k=1}^{n-1}k^2+\frac{4}{3}\sum_{k=1}^{n-1}k+1$$

$$=\frac{n^2(n-1)^2}{24}-\frac{(n-1)n(2n-1)}{12}+\frac{2n(n-1)}{3}+1$$

$$=\frac{1}{24}(n^4-6n^3+23n^2-18n+24).$$

这个解法既有几何结构的细致分析,又有数列求和的多次计算,完成得并不轻松,但回过头来,评价这个解法的时候,我们首先为通项公式

$$a_n=\frac{1}{24}(n^4-6n^3+23n^2-18n+24) \qquad ③$$

的得出而高兴,这是一项突破性的成果. 同时也为过程的曲折而不满,伴随而来的想法是,在得出 a_n 的具体表达式③之后,是否能用数学归纳法来简化过程.

4 解法 2——改写为数学归纳法

我们用数学归纳法来证明

$$a_n = \frac{1}{24}(n^4 - 6n^3 + 23n^2 - 18n + 24).$$

解法 2 (1) 当 $n=1$ 时,有 $\frac{1}{24}(1-6+23-18+24)=1=a_1$. 命题成立.

(2) 假设 $n=k$ 时命题成立,即

$$a_k = \frac{1}{24}(k^4 - 6k^3 + 23k^2 - 18k + 24).$$

重复解法 1 的几何结构分析,有

$$a_{k+1} - a_k = \frac{1}{6}(k^3 - 3k^2 + 8k),$$

得 $\quad a_{k+1} = \frac{1}{24}(k^4 - 6k^3 + 23k^2 - 18k + 24) + \frac{1}{6}(k^3 - 3k^2 + 8k)$

$$= \frac{1}{24}(k^4 - 2k^3 + 11k^2 + 14k + 24)$$

$$= \frac{1}{24}[(k+1)^4 - 6(k+1)^3 + 23(k+1)^2 - 18(k+1) + 24].$$

这表明 $n=k+1$ 时命题成立.

由数学归纳法得数列的通项公式为

$$a_n = \frac{1}{24}(n^4 - 6n^3 + 23n^2 - 18n + 24).$$

这样处理,简化了由解法 1 中由②到③的计算过程,并且由 a_k 递推 a_{k+1} 时,目标式是明确的. 但是数学归纳法没有简化②式的演算过程,对此,我们还不够满意.

5 解法 3——整体处理

回顾式②的得出过程,我们是逐一计算 $A_{k+1}A_i$ 上的交点数,然后求和,而这些总交点数只不过是从 k 边形变为 $k+1$ 边形时,圆内交点数的增加,易知,圆内接 n 边形的对角线交点有 C_n^4 个(参见图 3,每一个交点对应两条对角线,从而对应四个顶点;每四个顶点组成一个凸四边形,其对角线相交对应一个交点),所以,从 k 边形变为 $k+1$ 边形时圆内交点增加了 $C_{k+1}^4 - C_k^4$ 个.

解法 3　记 k 个点时,两两连线有 a_k 块区域,有 C_k^4 个对角线交点,当增加一点 A_{k+1} 时(见图 7),A_{k+1} 与前 k 个点有 k 条连线(图 7 中虚线),此时图中共有 C_{k+1}^4 个对角线交点,增加了新交点 $C_{k+1}^4 - C_k^4$ 个. 由于每一条连线 $A_{k+1}A_i (1 \leqslant i \leqslant k)$ 与原 k 边形中的边线或对角线有 d_i 个交点时 $(d_i \geqslant 0)$,这些交点便把 $A_{k+1}A_i$ 分成 $d_i +$

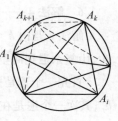

图 7

1 条互不重叠的小线段,每条这样的小线段都把所在的区域一分为二,所以,连线 $A_{k+1}A_i$ 就增加 $d_i + 1$ 块区域. 求和,得

$$a_{k+1} - a_k = \sum_{i=1}^{k} (d_i + 1) = \sum_{i=1}^{k} d_i + k$$

$$= (C_{k+1}^4 - C_k^4) + k = C_k^3 + C_k^1. \text{(与 ② 式等值)}$$

从而　　　$$a_n = \sum_{k=2}^{n} (a_k - a_{k-1}) + a_1 = \sum_{k=3}^{n-1} (C_k^3 + C_k^1) + C_2^2 + C_1^1 + 1$$

$$= \sum_{k=3}^{n-1} C_k^3 + \sum_{k=1}^{n-1} C_k^1 + 1 = C_n^4 + C_n^2 + 1. \qquad ④$$

这个表达式与③式不一样,书写更简单了. 有一些新的情况需要说明.

(1) 按中学组合数 C_n^m 的要求,应有 $n \geqslant m$. 此处为了方便,我们约定 $n < m$ 时 $C_n^m = 0$. 这样,④ 便可对 $n \geqslant 1$ 都成立了.

(2) 将④式展式可得

$$C_n^4 + C_n^2 + 1 = \frac{1}{24}(n^4 - 6n^3 + 23n^2 - 18n + 24).$$

所以,两个表达式是统一的,不仅如此,④式还可用组合公式化为

$$C_n^4 + C_n^2 + 1 = C_n^4 + C_{n-1}^2 + n = C_{n-1}^0 + C_{n-1}^1 + C_{n-1}^2 + C_{n-1}^3 + C_{n-1}^4. \qquad ⑤$$

由最后一式可以清楚看到,它与猜想式①

$$a_n = 2^{n-1} = C_n^0 + C_n^1 + \cdots + C_n^n,$$

仅在前五项相等,$n \geqslant 6$ 时就不同了.

(3) 利用公式④,将解法 3 改写为数学归纳法,就只有纯组合数的运算了. 数学归纳法的第二步为:

$$a_{k+1} = a_k + (C_k^1 + C_k^3) = (C_k^4 + C_k^2 + 1) + (C_k^1 + C_k^3)$$

$$= (C_k^4 + C_k^3) + (C_k^2 + C_k^1) + 1 = C_{k+1}^4 + C_{k+1}^2 + 1.$$

6 解法4——以退求进

解法3是由 k 个点到 $k+1$ 个点的直接推进. 反过来, 也可以退, 由多退到少, 由复杂退到简单, 退中包含着进的因素.

首先一个退是去掉 n 个弓形区域, 得出 n 边形, 然后求 n 边形中的区域数 b_n; 其次一个退是在 n 边形中逐一取走所有的对角线 (一步步退), 最后剩下 1 块区域, 而取走对角线的过程正是逐一数 (shǔ) 区域块数 (shù) 的过程, 包含着进的态势 (步步逼近), 对角线取完了, 区域块数 (shù) 也就数 (shù) 出来了.

解法4 设圆周上有 n 个点连线所构成的 n 边形 G 内部区域有 b_n 块, 易知其对角线有 $C_n^2 - n$ 条, 对角线间有 C_n^4 个交点 (无三线交点).

现去掉对角线 l_1, 记 l_1 与其他对角线有 d_1 个交点, 则图形 G 减少了 $d_1 + 1$ 块区域, 记剩下的图形为 G_1.

在 G_1 中去掉对角线 l_2, 记 l_2 在 G_1 中与其他对角线 (不包括 l_1) 有 d_2 个交点, 则图形 G_1 减少了 $d_2 + 1$ 块区域, 记剩下的图形为 G_2.

依此类推, 每次都在剩下的图形中去掉一条对角线, 当去掉最后一条对角线 $l_{C_n^2 - n}$ 时, 其上再无与其他剩下对角线的交点, 图形减少了 1 块区域, 最后还剩下 1 块区域, 有 $d_{C_n^2 - n} + 1 = 1$, 求和

$$b_n = \sum_{i=1}^{C_n^2 - n} (d_i + 1) + 1 = \sum_{i=1}^{C_n^2 - n} d_i + (C_n^2 - n) + 1$$
$$= C_n^4 + C_n^2 - n + 1 = C_n^4 + C_{n-1}^2 + n.$$

从而
$$a_n = b_n + n = C_n^4 + C_{n-1}^2 + n.$$

这个解法的特点是, 以退求进, 整体处理 $\sum_{i=1}^{C_n^2 - n} d_i = C_n^4$, 并且给出了通过逐一擦去对角线来计算区域的具体操作, 读者不妨对 $n = 6$、7 等数值作一试验, 能确保不重不漏.

7 解法5——以进求退

以上解法综合考虑了图形中的点 (V)、线 (E)、面 (F) 的关系, 这使我们想起了空间简单多面体的欧拉定理

$$V + F - E = 2. \qquad ⑥$$

视平面图形为空间简单多面体的平面压缩, 则 b_n 的求法只不过是代公式

⑥而已.

解法 5　设去掉 n 个弓形后得出 n 边形 G，其 n 个点两两连线构成的内部区域有 b_n 块，现视图 G 为空间简单多面体的平面压缩(推进到一般)，下面分别求顶点数 V 和边数 E.

由于图 G 的对角线无三线共点，故共有 C_n^4 个交点，加上圆上的 n 个点，得
$$V = n + C_n^4.$$

又由于每个对角线的交点都是 4 条线段的公共点，而圆周上每个点都是 $n-1$ 条线段的公共点，去掉重复计算可得图 G 中互不重叠线段的条数为
$$E = \frac{1}{2}\left[4C_n^4 + n(n-1)\right] = 2C_n^4 + C_n^2.$$

由于 n 边形本身也是空间简单多面体的一个面，故有 $F = b_n + 1$.
代入欧拉公式，得
$$b_n + 1 = E - V + 2 = C_n^4 + C_n^2 - n + 2,$$
得
$$a_n = b_n + n = C_n^4 + C_n^2 + 1.$$

这个解法揭示了题目的背景是平面闭多边形欧拉定理，对于未掌握欧拉定理的人来说，可以直接使用欧拉定理的证明方法来处理(参见文[3]).

8　解法 6——又一个直接证法

解法 6　去掉 n 个弓形后得出 n 边形 G，设其 n 个点两两连线构成的内部区域有 $F = b_n$ 块，由解法 5 知，图 G 中顶点数 V，边数 E 分别为
$$V = n + C_n^4, \quad E = 2C_n^4 + C_n^2.$$

下面用各顶点处的小多边形的角度和来建立等量关系.
一方面，所有顶点处的角度和为
$$S = (V - n) \cdot 2\pi + (n-2)\pi = \left[2C_n^4 + (n-2)\right]\pi. \qquad ⑦$$

另一方面，在上述计算中，每个 k_i 边形 $(3 \leqslant k_i \leqslant n,\ i = 1, 2, \cdots, F)$ 的内角和为 $(k_i - 2)\pi$，总和为 $\sum_{i=1}^{F} (k_i - 2)\pi$，但 n 边形内部在上述求和中计算了 2 次，n 边形的边只用了 1 次，故得
$$S = \sum_{i=1}^{F} (k_i - 2)\pi = \left[(2E - n) - 2F\right]\pi = \left[(4C_n^4 + 2C_n^2 - n) - 2b_n\right]\pi. \qquad ⑧$$

由⑦、⑧式得

$$2C_n^4 + (n-2) = 4C_n^4 + 2C_n^2 - n - 2b_n,$$

即

$$b_n = C_n^4 + C_n^2 + 1 - n = C_n^4 + C_{n-1}^2,$$

得

$$a_n = b_n + n = C_n^4 + C_{n-1}^2 + n.$$

9 小结

由上面的处理可以看到,这是一个几何与代数自然综合的探索性问题,又是一个开放性的问题.首先,结论是未知的;其次,证明方法是多样的;最后,结论的表达式也是多样的.而在问题处理的过程中,既经历了"直觉发现—逻辑证明"的两个阶段,又经历了"认知—再认知"的两个过程.

认知活动从一接触这个问题就开始了.首先是原有的知识经验提供了一个特殊化探索的思路,这也是一个从具体到抽象的过程.由于 $n=1, 2, 3, 4, 5$ 发出了强烈的非本质信息,导致猜想 $a_n = 2^{n-1}$ 没有成功.这是认知活动中常有的现象,值得注意的是,反例恰好提供了 a_n 的本质信息,立即作反思调控,对 a_6 求解的理性分析(这也是对原问题的重新理解,并且理解水平已经从直观图形的现象观察深入到几何图形的结构分析),获得了图形结构的基本特征:连线 A_6A_i 上交点个数为 $(i-1)(5-i)$,连线新增区域个数为 $(i-1)(5-i)+1$.由于这两个结果都可以推广,因而也就意味着制定计划阶段的初步完成:解法 1 的思路已经有了.在执行计划阶段面临两次数列求和的计算,其一是 $a_{k+1} - a_k = \sum_{i=1}^{k}[(i-1)(k-i)+1]$,其二是 $a_n = \sum_{i=1}^{n-1}(a_{i+1} - a_i) + a_1$,任何一步计算差错都会导致前功尽弃.所以,解法 1 虽然获得了实质性的进展,也标志着认知活动一个阶段的完成,但评价与反思早已开始,改写为数学归纳法证明已经是再认知了.更具实质性的进展是:整体处理(解法 3)——以退求进(解法 4)——一般化(解法 5).这势如破竹的一路推进,得益于解法 1 中对几何结构分析的方法和拉开黑房间电灯般通项公式的明朗.解法 6 终于揭示了:本题只不过是欧拉定理的特殊情况.

从观察、猜想 $a_n = 2^{n-1}$ 的尚未成功,到解法 1 的获得理解

$$a_n = \frac{1}{24}(n^4 - 6n^3 + 23n^2 - 18n + 24),$$

再到欧拉定理的实质揭示,我们一起经历了一个数学再发现的过程,这是个在原有知识经验基础上积极建构的过程. 从中丰富了对图形结构、代数运算的认识(属于元认知知识),获得了正反两方面的认知体验与情感体验(属于元认知体验),进行了自觉的解题调控(属于元认知调控). 这些收获,既充实又优化了原有认知结构,整个活动可概括为图 8.

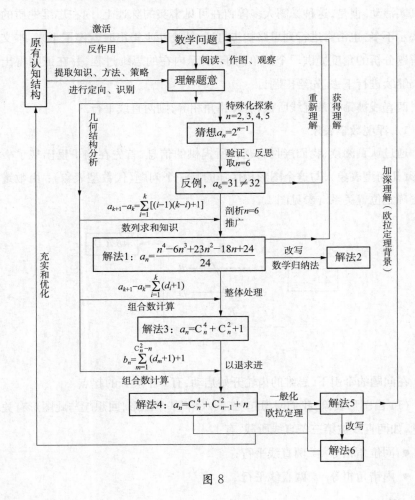

图 8

参考文献

[1] 知心. 数学归纳法的教学设计[J]. 中学数学教学参考,1999(1/2).

[2] 知心. 数学归纳法教学设计的若干背景[J]. 中学数学教学参考,1999(9).

[3] 罗增儒. 数学奥林匹克高中训练题(38)[J]. 中等数学,1999(3).

第9篇　例说数学解题的思维过程①

在数学教学中暴露思维过程早就引起了人们的关注：暴露概念的形成过程，暴露命题的发现过程，暴露证明的探究过程等，包括暴露这些过程中犯错误的真实活动．但是，这种暴露大多停留在可见事实的陈述上，内在思维性质的细致揭示不多，也常常进行到思路初步打通、结论初步得出时就停了下来．本文想从解题分析的角度提供一个简单例子，展示内在的思维过程，并在证明得出之后仍继续进行下去．先给出题目：

两直线被第三条直线所截，有外错角相等，则两直线平行．

1　浮现数学表象

通过认真阅读，我们接收到题目所提供的信息，首先在脑子里出现了一个图形（几何型表象），与这个图形相伴随的是一个问题（代数型表象）：由数量关系去确定位置关系．（参见图1）

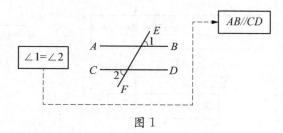

图1

在问题的牵引下，思维的齿轮开始启动，有3个展开的起点．

（1）由图形表象，我们回想起"三线八角"基本图形，回想起与此图形有关的命题，如两直线被第三条直线所截，有：

● 同位角相等 ⇔ 两直线平行；

● 内错角相等 ⇔ 两直线平行．

……

---

① 本文原载《中学数学教学参考》2002(5)：32 - 34(署名：罗增儒).

这些命题的附图,在我们脑海里逐幅浮现出来.

(2) 由条件 $\angle 1 = \angle 2$(数量关系)所唤起的问题有:

● 由角的相等关系能得出什么?

● 图 1 中有与$\angle 1$相等的角吗?

● 图 1 中有与$\angle 2$相等的角吗?

……

一开始,"由条件能推出什么"是一道开放性问题,我们不知道该往哪些地方推进,但随着对结论思考的深化,会慢慢明朗起来.

(3) 由结论 $AB \parallel CD$ (位置关系)所唤起的问题有:得出直线平行需要什么条件? 题目提供了这样的条件没有? 如果不是直接提供,那么间接提供没有? ……

由此激活了记忆储存中的相关知识,并又激活更多的记忆储存(扩散):

● 同位角(内错角)相等,则两直线平行;

● 什么是同位角(内错角)? 图 1 中有同位角(内错角)吗? 有相等的同位角(内错角)吗?

● 已知条件的相等角能导出"同位角(内错角)相等"吗?

……

这是表象的一个有序深化过程.

2　产生数学直感

上述三方面的思考,促使我们更专注于图形,图中有 3 条直线,8 个角,8 条射线,1 条线段,其中哪些信息对于我们解题是有用的? 哪些是多余的呢?(这相当于一道条件过剩、结论发散的开放题)当然,一开始我们并不清楚,但是目标意识驱使我们去考虑角的关系,因为课本中两条直线平行的判定均与角有关,而已知条件又给出了等角. 所以,我们的思考逐渐集中到:从图形中找同位角(或内错角),找相等的角,找相等的同位角(或内错角).

这时,伴随着问题的需要,图 1 被分解出一系列的部分图形(图 2 中实线

图),并凸现在我们的眼前:

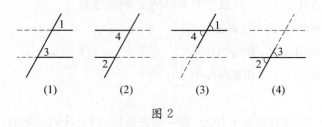

图 2

(1) 有与∠1 成同位角的角吗? 图 2(1)出现,进而问,∠1 与∠3 会相等吗?

(2) 有与∠2 成同位角的角吗? 图 2(2)出现,进而问,∠2 与∠4 会相等吗?

(3) 与∠1(或∠2)成内错角关系的角,图 1 找不到.

(4) 与∠1 相等的角除∠2 外,还有它的对顶角∠4(图 2(3));与∠2 相等的角除∠1 外,还有它的对顶角∠3(图 2(4)).

……

于是,对图 1 的感知,出现了图 3 的右方图形.

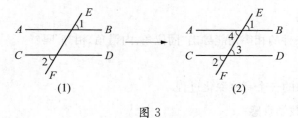

图 3

我们认为,从图 1 的 8 个角中找出∠2 的对顶角∠3(或∠1 的对顶角∠4),是解题的重大进展,它能为图形各部分数学关系的沟通发挥桥梁作用.

3 展开数学想象

对具体形象的感知和判别,使我们看到∠3 与∠2 成对顶角(图 2(4))是相等的,而∠3 又与∠1 成同位角(图 2(1)),这促使我们思考∠1 与∠3 会不会相等,也促使我们将已有的表象

$$\angle 1 = \angle 2 \ 与 \ \angle 2 = \angle 3(或 \ \angle 1 = \angle 4),$$

产生新的联结(有逻辑思维的推动),得

$$\angle 1 = \angle 3(\text{或} \angle 2 = \angle 4, \text{或} \angle 3 = \angle 4),$$

从而产生新的表象

$$AB \parallel CD.$$

于是,在数量关系 $\angle 1 = \angle 2$ 与位置关系 $AB \parallel CD$ 之间,在空旷而缺少联系的画面上(见图 1),添上了两个数量关系

$$\angle 2 = \angle 3, \angle 1 = \angle 3.$$

图 4

将它们组成和谐的逻辑结构,便得出证明.

4　给出逻辑证明

证明 1

$$\left.\begin{array}{c}\angle 2 = \angle 3 \\ \angle 1 = \angle 2\end{array}\right\} \Rightarrow \angle 1 = \angle 3 \Rightarrow AB \parallel CD.$$

证明 2

$$\left.\begin{array}{c}\angle 1 = \angle 2 \\ \angle 1 = \angle 4\end{array}\right\} \Rightarrow \angle 2 = \angle 4 \Rightarrow AB \parallel CD.$$

证明 3

$$\left.\begin{array}{c}\angle 1 = \angle 2 \\ \angle 1 = \angle 4 \\ \angle 2 = \angle 3\end{array}\right\} \Rightarrow \angle 3 = \angle 4 \Rightarrow AB \parallel CD.$$

这些证明是抽象思维的过程,表达得干净、简洁而严密. 而获得这些结果的过程却是历经"表象—直感—想象"的形象思维过程,在得出 $AB \parallel CD$ 之前,四个角 $\angle 1$、$\angle 2$、$\angle 3$、$\angle 4$ 之间的关系是一个条件与结论都发散的开放题. 为了与简捷的逻辑证明相对照,我们将思考过程(证明 1)图示如下:

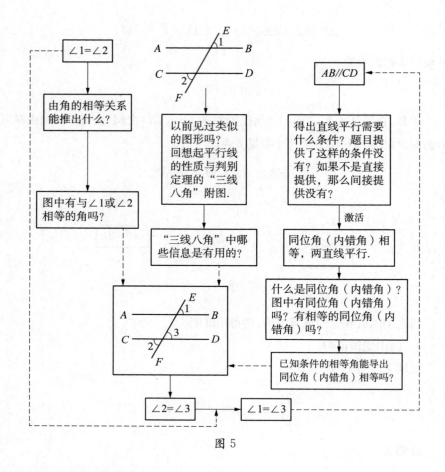

图 5

5 反思解题过程

上述解题的过程,把"题"作为考察的对象,把"解"作为研究的目标.我们推崇"解题分析",是希望解题研究不要停留在这一阶段上,继续把上述解题活动(包括问题和解)作为研究对象,探究解题规律,学会怎样解题(基本任务),具体研究的方法是分析解题过程.

事实上,给出的证明也是一个思维过程,也需要我们去暴露,并且这种暴露比前一阶段的暴露有更高的层次、需要更强的自觉性,是培养思维深刻性与批判性的极好途径.我们一再说过,解题教学缺少这一阶段是进宝山而空返.而把这一阶段停留在检验、回顾、寻找一题多解、作出若干推广的常识层面上,则是一种损失与浪费.让我们对证明1的书写作出具体结构的分析.

（1）首先，我们将证明 1 分解为三个步骤．

第 1 步：从图形中看出∠3 与∠2 成对顶角，并得出 ∠3＝∠2. 这是由位置关系推出数量关系的过程．

第 2 步：把另一已知条件用上，将两个等式∠1＝∠2，∠2＝∠3 结合起来，得出∠1＝∠3. 这是由数量关系推出新数量关系的过程．

第 3 步：从图形中看出∠1 与∠3 为同位角，其相等可得出 $AB \parallel CD$. 这是由数量关系推出位置关系的过程．示意为：

$$位置关系 \xrightarrow[\text{（第 1 步）}]{} 数量关系 \xrightarrow[\text{（第 2 步）}]{} 新数量关系 \xrightarrow[\text{（第 3 步）}]{} 位置关系$$

（2）其次，根据上面的整体分解，可将证明 1 的书写加以充实：

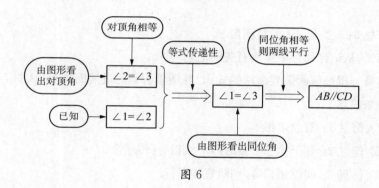

图 6

（3）由于这个图形（图 6）已经显示出，解题中用到了哪些知识（或方法），先用哪些后用哪些，哪个与哪个作了配合．所以，只需将其再作充实（图 7），便可更自觉、也更直观地看到，解题过程是这样一个"三位一体"的工作：有用捕捉、有关提取、有效组合．

第一，从理解题意中捕捉有用的信息．

包括从题目的叙述及题目的附图两方面去充分理解题意．从图 7 可见，这共有 3 条信息．

（1）从题目的文字叙述中获取"符号信息"．

信息 1：∠1＝∠2.　　　　　　　　　　　　　　　　　　　①

（2）从题目的图形中获取"形象信息"．

信息 2：∠1 与∠3 为同位角，　　　　　　　　　　　　　　②

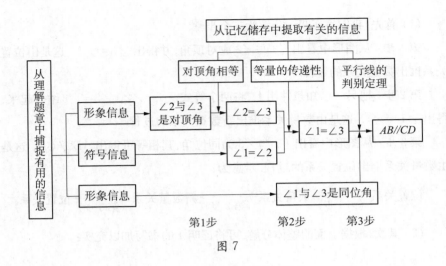

图 7

信息 3：∠2 与∠3 为对顶角.   ③

第二，从记忆储存中提取有关的信息.

这是一批被解题需要激活的知识，并随着解题的进展而扩散，从图 7 可见，这有 3 条信息.

(1) 信息 1：对顶角相等.   ④

(2) 信息 2：等于第三个量的两个量相等（传递性）.   ⑤

(3) 信息 3：同位角相等，则两直线平行.   ⑥

第三，把这两方面的信息（共 6 条）进行有效的组合，使之成为一个和谐的逻辑结构（共有 3 步推理）.

这样，通过分析解题过程我们看清了，这个题目在解决过程中的知识结构与逻辑关系，进一步还归纳出"什么叫解题"的一个可操作回答：从理解题意中捕捉有用的信息，从记忆储存中提取有关的信息，并将这两组信息组成一个和谐的逻辑结构.

6 展开动态想象

也许我们一开始就直感到图形表象有一种对称结构（对称美的召唤），它朦朦胧胧只是因为对称中心没有显化. 也许是在解题分析中，由于已经证明了 AB // CD，所以居中平行线 MN 上每一点都是两平行线 AB、CD 的对称中心，而直线 EF 上每一点都是直线本身的对称中心，因而图 1 本身是中心对称图形.

于是，我们有这样的直感，图 8 中若 AB 与 CD 不平行，必然破坏对称性. 这

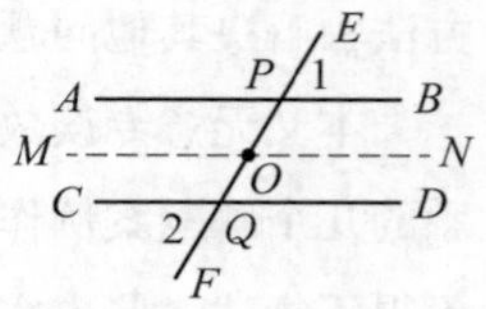

是一种不充分的推理,体现了形象思维的特征,同时也揭示了证明的一个新方向.

图 8

设 EF 上的截点为 P, Q,而 O 为线段 PQ 的中点 (图 8).想象会使我们看到,当图形绕点 O 旋转 180° 时,射线 PE 会与射线 QF 重合,又由 $\angle 1 = \angle 2$ 知,射线 PB 会与射线 QC 重合,从而直线 AB 与直线 CD 换位,且射线 OE 与射线 OF 换位. 这一想象实际上已经完成了旧表象到新表象的改造,数量关系 $\angle 1 = \angle 2$(保证了旋转 180°后图形重合)已经转化为位置关系 $AB \parallel CD$. 否则 AB 与 CD 在左(右)边有一个交点,则右(左)边也有一个对称的交点,造成 AB 和 CD 重合,与已知矛盾.

以上例示,经历了"表象—直感—想象—论证—反思—……"的思维过程,前半部分主要是形象思维,后半部分主要是逻辑思维,在叙述中强调了把解题活动作为对象的再认识. 不妥之处,盼批评指正.

参考文献

[1] 罗增儒,钟湘湖. 直觉探索方法[M].郑州:大象出版社,1999.

第 10 篇　数学理解的案例分析[①]

数学理解是世界数学教育界所关注的一个中心话题. 在日常教学中,数学理解作为一个目标层次[②]被解释为:对概念和规律(定律、定理、公式、法则等)达到了理性认识,不仅能够说出概念和规律是什么,而且能够知道它是怎样得出来的,它与其他概念之间的联系,有什么用途. 这个解释重在结果和外在表现的判定. 而认知心理学则把数学理解描述为,数学学习的内容"成为个人内部网络的一部分",强调在心理上能组织起适当的有效的认知结构(参见文[1]、[2]、[3]). 对于具体数学问题的解决而言,理解得更朴素认识通常是,明白了问题的条件与结论,弄清了由条件到结论间每一步骤的语义与根据,领悟了体现在步骤与过程中的思想方法;如果还能作点变通与推广,还能用所接受到的结论或

---

① 本文原载《中学数学教学参考》2003(3):15 - 20;2003(4):31 - 35;中国人民大学复印报刊资料
　《中学数学教与学》2003(9):17 - 24(署名:罗增儒).
② 数学教学大纲或课程标准将教学目标分为了解、理解、掌握、灵活运用等四个层次.

方法去解决其他问题,那么就理解得更好、更深、更透了.

本文无意专谈数学理解的理论认识,而只是将个人所经历的、读者也很熟悉的几个解题案例作体验性的呈现,与读者一起学习数学理解. 为了说明问题,不得不复述一些事实,但已经转换了角度——服务于数学理解的学习.

1 案例1——构造方程的理解

我们首先要提起 20 多年前出现、至今仍被广泛引用的一个典型例子.

例1 (1979 年数学高考理科第一题)若

$$(z-x)^2 - 4(x-y)(y-z) = 0, \qquad ①$$

求证 x, y, z 成等差数列.

这道题目有很多解法(文[4]P.96 记有 7 种,文[5]P.131 记有 5 种),综合起来可反映出两种类型的理解. 一种是直接看题目的意思,由条件提供的等式①,逐步变形,得出结论所需要的等式 $x-y=y-z$,完成解题. 另一种则由已知等式①的结构,获得二次方程"判别式为零"的内容. 本文仅谈后一类处理,从而显示理解的层次性.

1.1 由判别式到二次方程的对应

(1) 高考过后,很早就有这样的解法,由已知条件①式的结构,联想到二次方程的判别式 $b^2 - 4ac = 0$,从而构造关于 t 的二次方程.

$$(x-y)t^2 + (z-x)t + (y-z) = 0. \qquad ②$$

再观察方程的系数和为零

$$(x-y) + (z-x) + (y-z) = 0, \qquad ③$$

得出方程有根 1,进而根据判别式为零及韦达定理得另一根 $\dfrac{y-z}{x-y}$ 也应是 1(或说两根之积为 1),即

$$\frac{y-z}{x-y} = 1, \qquad ④$$

变形可推出 x, y, z 成等差数列.

这种处理在显示新颖成分的同时,存在认识上的封闭. 无疑,二次方程

$$ax^2 + bx + c = 0 \qquad ⑤$$

对应唯一的判别式

$$\Delta = b^2 - 4ac, \qquad ⑥$$

但反过来,同一判别式对应着无数个二次方程,比如,除⑤之外还有

$$x^2 + bx + ac = 0,$$

$$nx^2 + bx + \frac{ac}{n} = 0 (n \neq 0),$$

$$\cdots$$

均以⑥为判别式.

(2) 1989 年,我们在"判别式为零"的同样观点之下,视方程的两个等根为 $x - y$, $y - z$, 使用题目的隐含关系③,构造方程

$$[t - (x - y)][t - (y - z)] = 0$$

$$\Leftrightarrow t^2 + (z - x)t + (x - y)(y - z) = 0. \qquad ⑦$$

此时,由其判别式为零(已知条件)

$$\Delta = (z - x)^2 - 4(x - y)(y - z) = 0, \qquad ⑧$$

可直接得出两根相等(所求结论)

$$x - y = y - z. \qquad ⑨$$

按定义, x, y, z 成等差数列(见文[6],1990 年).

这里由⑧到⑨,也就是由条件到结论几乎没有中间过程,其原因是有方程⑦作大前提. 注意到方程 $x^2 + px + q = 0$ 的判别式其实就是方程两根之和、两根之积的运算式,

$$\Delta = p^2 - 4q = (x_1 + x_2)^2 - 4x_1 x_2,$$

因此,作变换

$$\alpha = x - y, \ \beta = y - z,$$

则可把例 1 简化为这样的结构:

$$(\alpha + \beta)^2 - 4\alpha\beta = 0 \ (判别式为 0)$$

$$\Rightarrow \alpha = \beta (两根相等). \qquad ⑩$$

591

这只不过是现成的定理或简单恒等式

$$(\alpha + \beta)^2 - 4\alpha\beta = (\alpha - \beta)^2$$

的小小变形. 此时, 构造方程②、⑦均可以作为认识的中间过程而退隐. 理解能力强的读者甚至一开始就能看透题目中⑩式的结构.

1.2 层次性的体验

回过头来, 我们可以看到, 构造方程②、⑦反映了主体对题目的两种理解水平, 其区别至少有三点.

(1) 在对题意的表征上, 第 1 种理解只将条件表征为二次方程的"判别式为零", 而在这一表征下方程有什么样的等根是朦胧的, 此后虽得出了两个等根 1 与 $\dfrac{y-z}{x-y}$, 却既复杂又要讨论分母是否为 0; 第 2 种理解不仅将条件表征为"判别式为零", 而且, 同时将结论表征为两根相等, 这在理解的广度和深度上都比第 1 种理解看得更多.

(2) 在题目信息与主体认知结构相互作用的维度上, 第 1 种理解默认了判别式⑥与二次方程⑤"一一对应"(主要是心理原因而非知识不过关); 第 2 种理解则突破了这种心理封闭, 从原有认知结构中构建起一个更接近题目结构特征的方程⑦, 这个方程一旦写出, 由条件到结论是直通车. 两种理解在这一点上的差异表现为内在认知结构的不同, 同一个刺激"判别式为零", 由于内在认知结构的差异, 作出了方程与判别式对应关系上的不同反应, 导致对本题的不同处理.

(3) 在对题目本质结构的接近上, 第一种理解更关注字母平方式 $(z-x)^2$ 与 $4(x-y)(y-z)$ 之间的关系, 这是题目明显给出的(显信息、强刺激); 此外还有字母一次式的隐含关系③式(隐信息、弱刺激)或写成

$$z - x = -[(x-y) + (y-z)].$$

虽然这在第 1 种理解中也用到了, 并且在解题中发挥了重要的作用, 得出有一个根为 1, 但是用得不够自觉, 也用得慢了一步, 第二种理解则较为自觉地抓住题目中的三个关系式

条件: $(z-x)^2 - 4(x-y)(y-z) = 0$,

$\qquad z - x = -[(x-y) + (y-z)]$;

结论: $x - y = y - z$.

并且在一开头构造方程⑦时就用到隐含条件③式, 尔后又自觉用在简化结构⑩式中. 可以说, 两种理解差异的一个重要原因, 就在隐含条件③的挖掘上, 或说对题意理解的深与浅上. 事实证明, 本例的大量解法都先后用到③式, 对其使用越自觉, 解法也越简单, 所以说, 自觉使用③式比较接近题目的本质结构.

从构造方程②到构造方程⑦的一点点改进, 历经 10 年的时间(不要误解为连续想了 10 年), 实在有点姗姗来迟, 但恰好从一个侧面反映了理解有层次性, 同时也说明理解有过程性.

1.3 过程性的体验

作为理解过程性的正面说明, 我们想指出两点.

(1) 对于这样一道简单的题目, 我们(可能也仅仅是我们)经历了 10 年的时间, 可以分为四个层面:

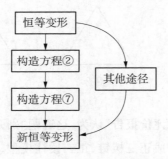

(2) 自文[6](1990 年 12 月)发表构造方程⑦以来, 又经历了 10 多年, 其间各报刊以构造方程②作为范例的文章不计其数, 前些年常冠以"构造性思维"的标题, 近些年则多用"创新"的词语. 我们在文[7]、[8]中两次提醒还有更深层次的理解, 但声音太弱, 至今构造方程②的心理封闭仍充斥报刊. 这使我们反思, 不能怪文章作者或报刊编辑见识面窄, 可能, 理解从一个层面到另一层面需要过程. 同时, 当人们获得一个层面的理解时, 常常会产生心理上的满足, 妨碍他们对另一层面的更高追求. 这又使我们想起了几句话:

● 知道的越多, 不知道的也越多;

● 一个问题的解决意味着更多问题的诞生;

● 带着问号进来, 带着更多的问号出去.

2 案例2——面积剖分与空间拼接的理解

我们接着要谈一个最新的、几乎每个中学数学刊物都登载过的例子,即 2002 年高考数学试卷中的立体几何剪拼题,其具体表述方式在不同地域中略有差异.

例 2 (2002 年数学高考文科第 22 题,文理合卷第 21 题)

(1) 给出两块面积相同的正三角形纸片(如图 1、图 2),要求用其中一块剪拼成一个正三棱锥模型,另一块剪拼成一个正三棱柱模型,使它们的全面积都与原三角形的面积相等,请设计一种剪拼方法,分别用虚线标示在图 1、图 2 中,并作简要说明:

(2) 试比较你剪拼的正三棱锥与正三棱柱的体积大小;

(3) 如果给出的是一块任意三角形的纸片(如图 3),要求剪拼成一个直三棱柱模型,使它的全面积与给出的三角形的面积相等,请设计一种剪拼方法,用虚线标示在图 3 中,并作简要说明.

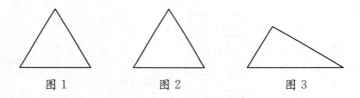

图 1   图 2   图 3

教育部考试中心的"评价报告"认为,这道题"别开生面,要求考生自行设计,将正三角形纸片剪拼成正三棱锥、正三棱柱模型,通过动手剪拼的实际操作,要求考生把握数学规律的内在本质,自己动手解决实际问题. 这种题型有较大的自由度和思维空间,体现自主学习和主动探究精神,显现出研究性学习的特点,对于培养考生的实践能力和创新意识有重要的意义."对于剪拼三棱锥而言,别的都好理解,就是"把握数学规律的内在本质"、"有较大的自由度和思维空间"等该如何认识呢?

我们看到,在讨论本高考题的众多文章中(参考文献列有 10 多篇)都以拼接三棱柱为主,似乎剪拼三棱锥无非是连三条中位线(图 4),没有什么可说的,似乎评价报告主要指的是三棱柱剪拼,对三棱锥没有什么可探究的. 文[28]感慨说:"作为数学教师,恐怕没想到儿时的接剪游戏会登上高考的大雅之

图 4

堂."当我们在数学解题论课堂上问,从图 4 的解法中能学习到什么,从内在认知结构中调动了什么,还能作什么探讨时,教室里鸦雀无声.

我们的感受是,讨论剪拼三棱锥比讨论剪拼三棱柱更有典型性,涉及的知识略多,在观念上更能引发震动,因而本文的讨论以三棱锥为主,顺便提到剪拼三棱柱. 为了叙述的方便,假设已知正三角形的边长为 2.

2.1　剪拼图的理解——掌握正三棱锥的定义了吗?

将正三角形从平面到空间拼接成三棱锥要做两件工作,首先是平面图形的剖分,其次是剖分图形的空间拼接. 这两步工作都分别涉及理论依据和操作方法两个维度,但共同的,也是首要的,是三棱锥几何结构的明确.

(1) 正三角形从平面到空间拼接的理解.

我们问过很多人,如何由图 4 拼接成三棱锥(过程),得到的回答大多是"沿正三角形的三边中点连线折起,可拼得一个正三棱锥"(见文[9]P. 26),无疑这是一种较为简单的操作方法,但其千篇一律却反映了中位线三角形只"做三棱锥底面",缺少也可以"做三棱锥侧面"的意识. 文[17]明确说:"图 1 剪拼成正三棱锥模型,其方法是唯一的."

即使是中位线三角形只做三棱锥的底面也有两种不同的理解水平. 一种水平是将图 4 看成四个全等的正三角形,此时没有任何变化的余地(图 5(2));另一水平是将图 5(1)解释为中央的正三角形做三棱锥的底面,此时中央的三角形缩小,仍可根据下面的定理 5、6 将图 5(3)中三个方向上的五边形(或图 5(4)中的等腰梯形)作等积变形变为等腰三角形.

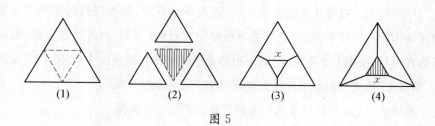

(1)	(2)	(3)	(4)

图 5

其实,由简单的逻辑分类(或充要条件知识)可知,中位线三角形既可做三棱锥的底面又可做三棱锥的侧面,而做侧面的拼接过程可解释为,先将正三角形分为一个小正三角形与一个等腰梯形(上底是下底的一半,图 6(2)),然后将等腰梯形再分成三个全等的三角形做侧面. 这又存在两种水平, 一种水平是梯形分成三个全等的正三角形(充分而非必要), 此时没有任何变化的余地; 另一水平是将梯形分成三个全等的等腰三角形(图 6(3)), 此时, 作底面的小三角形放大或缩小(边长记为 x), 仍可根据定理 5、6 将一个等腰梯形(上底为 x、下底为 2 作等积变形变为上底为 x、下底为 $2x$ 的等腰梯形, 文[18]、[19]、[20]就是这样的思路.

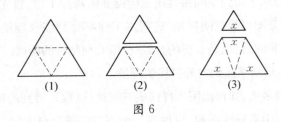

(1)　　　　　(2)　　　　　(3)

图 6

这样, 对图 4 及拼接过程就存在两种理解, 每一理解又存在两种水平, 表现为: 中位线三角形是只做三棱锥的底面还是既能做底面又能做侧面, 三棱锥侧面是只取正三角形还是既能取正三角形又能取更一般的等腰三角形. 这反映了对正三棱锥几何结构的不同表征, 从而涉及"评价报告"说的"数学规律的内在本质"了.

按照正三棱锥的定义, 它的底面是正三角形, 并且顶点在底面的射影是底面的中心, 因而其三个侧面应为全等的等腰三角形, 并且, 一般情况下底面与侧面是不能互相替代的, 只有在特殊情况下正三棱锥才成为正四面体.

作为对正三棱锥几何结构的认识, 还有一个问题, 是否任意的等腰三角形都可以作为正三棱锥的侧面、拼接时在空间"三线共点"? 回答是否定的. 最明显的直观是, 面积太小不可能(侧面积要大于底面积), 顶角太大也不可以(定理 2). 事实上, 构成三棱锥本身首先要满足相应三面角的性质. 如

定理 1　三面角的任意两个面角之和大于第三个面角.

定理 2　三面角的三个面角之和小于 $360°$.

等等, 不仅如此, 剖分还受到面积为定值的限制, 所以, 图 5(3)、(4), 图 6(3)中的小正三角形边长 x 是有范围的, $x \in (0, \sqrt{2})$. 文[20]没有讨论范围, 似乎 x 可以任意取值, 忽视了棱锥的存在性, 相应的作图步骤会过不去; 文[19]注意到

了作图的可能性,但给出的范围 $x \in \left[\sqrt{3}-1, \dfrac{4\sqrt{6}-4}{5}\right]$ 窄了,均反映了对三棱锥几何结构未吃准,对面积剖分理论未吃透.

(2) 正三棱锥从空间到平面展开的理解.

与从平面到空间的拼接相比,空间展开的道理较为简单,因为前者不仅要考虑展开图的平面结构,而且要考虑其空间的存在性. 后者,则以正三棱锥的存在为前提,但形式较多.

虽然,不同的展开方式得出的图形不一样,但其基本构成应是相同的,即有一个正三角形(记边长为 x),有三个等腰三角形(底边长也为 x,顶角小于 $120°$). 此处仅考虑沿三条侧棱剪开的展平方式.

文[9]P. 26 说:"将正三棱锥沿各侧棱剪开,将各侧面展开成与底面共面,则正三棱锥的底面必须是正 $\triangle ABC$ 的三条中位线." 这里默认了展开图为正三角形,如果连三角形都不是,也就无所谓中位线了.

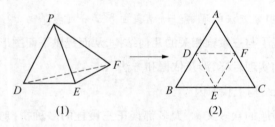

图 7

文[10]P. 19"运用逆向思维的方法"也得出(如图 7(1)):"沿着正三棱锥的三侧棱 PD,PE,PF 剪开,把三侧面沿 DE,EF,FD 平放在底面 DEF 所在平面上,可得出图 7-(2),由于正三棱锥三侧棱相等,可推知 D,E,F 分别是正

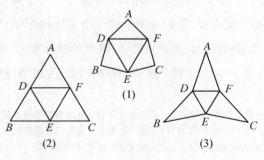

图 8

三角形三边的中点,至此,不难得到由三角形 ABC 拼剪一个三棱锥的方案."这里,虽解释了 $AD=BD=BE=CE=CF=AF$,但没有解释为什么 A,D,B"三点共线".

事实上,正三棱锥展平到底面有多种基本形式(如图 8),如同空间拼接时要考虑是否"三线共点"一样,展开时也要考虑是否有 A,D,B"三点共线". 这要求三棱锥共顶点的三个面角之和为 $180°$,文[11]证明了

定理 3 四面体每一顶点处的三个面角之和都等于 $180°$ 的充分必要条件是四面体的对棱都相等.

由于正三棱锥的对棱相等时,必为正四面体. 因此,以文[9]、[10]、[17]为代表的认识,反映了人们对正三棱锥的定义(或说其几何结构)存在心理封闭,默认正三棱锥为正四面体,同时也默认中位线三角形只做正三棱锥的底面. 若是解题只画虚线而不要求说明理由,不说明展平或拼接的过程,高考是可以得本问满分的;若要说清理由,则这种默认正是高考中"对而不全"的常见病.

2.2　多种剖分方法的理解——掌握面积剖分定理了吗

上面主要说了与三棱锥相关的几何结构,从而提供平面图形剖分①的目标.下面说的是如何实现目标,涉及依据和方法.

(1) 从知识结构上找原因

谈论本高考题的众多文章,大多都谈正三棱柱的多种拼接方法(参考文献中仅 2 人专谈三棱锥另外拼接方法,见文[18]、[19]、[20]),并且还多从操作层面上介绍,这是为什么呢? 原因可能因人而异,我们从知识结构上分析,认为不排除有以下两个因素.

其一,自认为拼三棱锥较简单,讨论拼三棱柱更有价值(避轻就重),这是一种误解(避重就轻了). 事实上,把一个图形等积变形为一个矩形(然后组成三棱柱)要求较宽松,操作更方便,而剖分组合成一个等腰梯形(上底等于下底的一半,并且上底长有隐蔽的范围)要求较严格,既有形状标准,又有数量标准. 一个简单的测试是,将第(3)问添上拼三棱锥,看哪种情况完成得更好.

---

① 若一个简单多边形 P 上的两点用任意一条折线段连结,而这折线整个在这多边形的内部,且不含有重点,那么就产生两个新的简单的多边形 P_1 和 P_2,它们的内点都在 P 的内部,我们就说,P 分割成 P_1 与 P_2,或者 P 剖分成 P_1 与 P_2,或者 P_1 与 P_2 拼接成 P.

其二,在知识结构中,理论上没有激活一条面积剖分定理作思想指导,技能上缺乏用平行线进行等积变形的操作经验.师范院校的初等几何研究课讲过,在面积理论里有关于剖分相等[①]的很深刻揭示.如

定理 4　面积相等的三角形必是剖分相等的.(见文[12]P.146)

定理 5　存在一个三角形与已知多边形剖分相等.(用数学归纳法)

定理 6　两个等面积多边形剖分相等.(用定理 5 及面积的传递性)

在我们的知识结构中缺少这些成分会导致两个后果,或者产生错误的认识,或者带来行动的盲目.请看几个例子.

文[9]曾考虑将图1、图2变为两个全等的等腰三角形,根据定理4这在理论上没有什么变化(操作有不同),而文[9]却囿于中位线三角形做三棱锥底面的思维定势,用定理1证明了"当等腰三角形是钝角三角形时不能剪拼成一个三棱锥","总能剪拼成一个直三棱柱的模型".

立体几何课本(P.54)曾给出厚纸片(如图9),让学生"再把它折起来粘好,做成棱柱的模型".文[13]产生联想,能否将正三角形先剖分为图9,再拼接为三棱柱,根据定理5这是没有什么疑问的,文[13]却"证明"了"按类似方法无法将一块正三角形纸片剪拼成一个正三棱柱".然而,文[14]通过将底边12等分的方法把正三角形剖分成图9,从而拼接成正三棱柱.

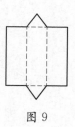

图 9

与多数文章不同,文[18]、[19]、[20]提供了拼接三棱锥的图6(3)思路,但使用的作图方法限制了小三角形边长 x 的取值,按照文[19]的作法,$x \in \left[\sqrt{3}-1, \dfrac{4\sqrt{6}-4}{5}\right]$,按照文[20]的作法,$x \in (0, 1)$,均缩小了 x 的范围,表现虽在操作上,但根子还是缺少面积剖分理论的自觉指导.

我们认为,认清了正三棱锥的几何结构,充实了面积剖分定理,使用平行线(或全等形移动)作等积变形(古语称为出入相补),高考题的剪拼方法是要多少有多少(要简单些的),并且由体积的量纲,锥体体积 $V_{锥}$ 与柱体体积 $V_{柱}$ 未必是一种固定的大小关系,文[14]、[15]、[16]、[17]、[18]、[19]均指出有异于标准

[①] 若两个简单多边形都能剖分成有限多个三角形,并且这些三角形成对的全等,就说这两个多边形是剖分相等.

答案 ($V_柱 > V_锥$) 的结论 $V_柱 \leqslant V_锥$.

(2) 从作图方法上找原因

在明白了理论依据之后,我们来讨论具体作图,初步统计表明,仅文[18]、[19]、[20]专门谈到拼接三棱锥的另外剖分方法,其基本思路是相同的(如图 6 所示),即把一个等腰梯形(上底为 x,下底为 2)等积变形为另一个等腰梯形(上底为 x,下底为 $2x$).我们首先从操作层面分析上述解法,然后给出一个较一般性的处理.

先看文[19],其作图过程如图 10 所示.

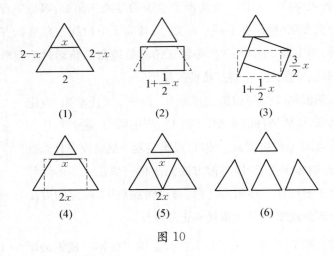

图 10

第(1)步把正三角形分成一个小正三角形与一个等腰梯形(上底为 x,下底为 2);第(2)步把等腰梯形变成矩形(底为 $1+\dfrac{1}{2}x$,高为 $\sqrt{3}-\dfrac{\sqrt{3}}{2}x$);第(3)步把一个矩形变为另一个矩形(一边长为 $\dfrac{3}{2}x$,另一边长为 $\dfrac{4\sqrt{3}-\sqrt{3}x^2}{6x}$,即侧面三角形的高);第(4)步把矩形变为等腰梯形(上底为 x,下底为 $2x$,高为 $\dfrac{4\sqrt{3}-\sqrt{3}x^2}{6x}$);第(5)步将等腰梯形变为三个全等的等腰三角形(底为 x,高为 $\dfrac{4\sqrt{3}-\sqrt{3}x^2}{6x}$).

这个作图的关键是"把一个矩形剪拼成另一个与它等积的矩形",即第(3)

步,这一步作图与边长 x 的大小毫无关系吗? 文[18]没有注意到斜边要大于直角边,即新矩形的一边长 $\frac{3}{2}x$ 要大于旧矩形的边长 $\sqrt{3}-\frac{\sqrt{3}}{2}x$ 或 $1+\frac{1}{2}x$,太小了作图无法进行.作者在文[19]中作了改进,列出两个不等式

$$\sqrt{3}-\frac{\sqrt{3}}{2}x \leqslant \frac{3}{2}x,$$

$$\left(\frac{3}{2}x\right)^2 - \left(\sqrt{3}-\frac{\sqrt{3}}{2}x\right)^2 \leqslant \left(1+\frac{1}{2}x\right)^2,$$

解出
$$\sqrt{3}-1 \leqslant x \leqslant \frac{4\sqrt{6}-4}{5}. \qquad\qquad ①$$

而在求相应锥体的体积

$$V_{\text{锥}} = \frac{\sqrt{2}}{12}x\sqrt{2-x^2} \qquad\qquad ②$$

时,定义域又记为

$$x \in (0, \sqrt{2}). \qquad\qquad ③$$

由此,会产生一系列的疑问,函数②的定义域到底取①还是取③? 所列出的两个不等式是充分条件还是充要条件? 作图过程的限制是矩形等积变形内在结构所决定的还是所选择方法而人为造成的? 这些问题的解决,将充实我们的知识结构并丰富我们的作图经验.

文[20]的作图过程如图 11 所示.

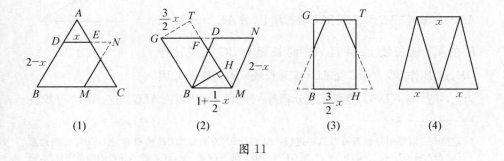

$$(1) \qquad\qquad (2) \qquad\qquad (3) \qquad\qquad (4)$$

图 11

第(1)步先把正 $\triangle ABC$ 分为正 $\triangle ADE$ 及等腰梯形 $DBCE$,接着将梯形变为

$\square DBMN$（底为 $1+\dfrac{1}{2}x$，高为 $\sqrt{3}-\dfrac{\sqrt{3}}{2}x$，另一边为 $2-x$）；第(2)步先把平行四边形变为等底（BM）等高的 $\square BMFG$，另一高 $BH=\dfrac{3}{2}x$（以 B 为圆心、以 $\dfrac{3}{2}x$ 为半径作圆，再过 M 作切线，切点为 H，连结 BH 得所求），然后再将平行四边形变为等底（BG）等高矩形 $BHTG$（一边长为 $\dfrac{3}{2}x$，另一边长为 $\dfrac{4\sqrt{3}-\sqrt{3}x^{2}}{6x}$）；第(3)、(4)步与文[19]做法相同.

这个作图的关键在第(2)步，而得出 $\square BMFG$ 需要 BH 不大于 BM 或不大于 BD.

$$\frac{3}{2}x\leqslant 1+\frac{1}{2}x \Leftrightarrow x\leqslant 1,$$

$$\frac{3}{2}x\leqslant 2-x \Leftrightarrow x\leqslant \frac{4}{5}.$$

可见 $x>1$ 时作图无法进行，但文[19]却允许 $x>1$，这一差异业已表明，方法的选择影响 x 的范围. 完善的办法可以通过两文做法的互补来完成（情况讨论），下面我们再提供一个办法，为节省篇幅只进行矩形到矩形的等积变换，其实质是直角三角形的等积变换.

如图 12，已知矩形 $ABCD$ 中，$AB=1+\dfrac{1}{2}x$，$AD=\sqrt{3}-\dfrac{\sqrt{3}}{2}x$，$BD$ 为对角线，在 AB（或其延长线）上截取 $AE=\dfrac{3}{2}x$（若 $AE\leqslant AB$，则 E 在 AB 上，若 $AE>AB$，则 E 在 AB 延长线上；并且 AE 的长短与 BC 无关）. 连 DE，过 B 作 BG // DE 交 AD（或延长线）于 G，连 EG. 因为 $\triangle DEB$ 与 $\triangle DEG$ 等积且剖分相等[①]（定理 4），所以 $\triangle AEG$ 与 $\triangle ABD$ 等积且

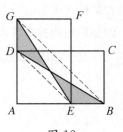

图 12

——————————

① 这两个三角形剖分相等可以这样进行：作 $\triangle DEB$ 关于直线 DE 的对称 $\triangle DEB'$，得四边形 $DB'EG$，连 GB' 交直线 DE 于 P，则 $GP=PB'$. 在 $\triangle DGB$ 中，过 P 作三角形的两条中位线，则 $\triangle DPG$ 与 $\triangle DPB'$ 被分成两对对应全等的三角形；同理在 $\triangle EGB'$ 中，可把 $\triangle EPG$ 与 $\triangle EPB'$ 分成两对对应全等的三角形. 从而 $\triangle DEB$ 与 $\triangle DEG$ 被分成四对对应全等的三角形，亦即将 $\triangle DEB$ 剪开可拼接成 $\triangle DEG$.

剖分相等.

分别过 E 作 AB 的垂线,过 G 作 AD 的垂线,相交于 F,则矩形 $AEFG$ 与矩形 $ABCD$ 等积且剖分相等.这个作法只不过是把图 10(3)中的矩形转了个方向,使一个直角重合.

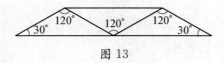

图 13

由这个作图过程可知,作法本身对 x 没有要求,但是,当 x 增大接近 $\sqrt{2}$ 时,最后得出的等腰梯形两底角为 30°,相应等腰三角形的顶角为 120°,不能拼成空间图形(图 13).所以,对 x 取值范围的确定,不是平面面积剖分的要求,而是三棱锥空间结构的要求. $x \in (0, \sqrt{2})$,这可以由棱锥的高大于 0,或侧面积之和大于底面积,或斜高大于底面高的 $\dfrac{1}{3}$ 等多种途径来确定.

按照同样的方法剪拼三棱柱,可得其体积为

$$V_{柱} = \frac{1}{8}x(2-x^2), \quad x \in (0, \sqrt{2}). \tag{④}$$

下面通过②、④来比较同底时两体积的大小关系.首先计算最大值.

由
$$V_{锥} = \frac{\sqrt{2}}{12}x\sqrt{2-x^2} = \frac{\sqrt{2}}{12}\sqrt{1-(x^2-1)^2}$$

知,当 $x=1$ 时,三棱锥有最大体积 $\dfrac{\sqrt{2}}{12}$.

又
$$V_{柱} = \frac{1}{8}x(2-x^2) = \frac{\sqrt{2}}{16}\sqrt{2x^2 \cdot (2-x^2) \cdot (2-x^2)}$$

$$\leqslant \frac{\sqrt{2}}{16}\sqrt{\left[\frac{2x^2+(2-x^2)+(2-x^2)}{3}\right]^3} = \frac{\sqrt{6}}{18}.$$

当 $2x^2 = 2-x^2 \Leftrightarrow x = \dfrac{\sqrt{6}}{3}$ 时,三棱柱有最大体积 $\dfrac{\sqrt{6}}{18}$.

显然 $\dfrac{\sqrt{6}}{18} > \dfrac{\sqrt{2}}{12} \Leftrightarrow 2 > \sqrt{3}$,即三棱柱体积的最大值大于三棱锥体积的最大

值. 但这不表明, 对每一个 $x \in (0, \sqrt{2})$ 都有这样的不变关系. 事实上, 由

$$\frac{V_{柱}}{V_{锥}} = \frac{3}{2\sqrt{2}} \sqrt{2-x^2} \begin{cases} > 1, \\ = 1, \\ < 1, \end{cases}$$

可解得

当 $x \in \left(0, \dfrac{\sqrt{10}}{3}\right)$ 时, $V_{柱} > V_{锥}$;

当 $x = \dfrac{\sqrt{10}}{3}$ 时, $V_{柱} = V_{锥}$;

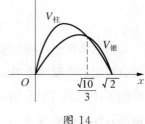

图 14

当 $x \in \left(\dfrac{\sqrt{10}}{3}, \sqrt{2}\right)$ 时, $V_{柱} < V_{锥}$.

文 [18]、[19] 给出了两体积函数的草图如图 14.

2.3 数学理解的体验

我们的很多体验已经即时表达在上面的夹叙夹议中, 这里, 仅择其要说三点.

(1) 问题本身的理解

这里说的主要是知识层面, 有三点结论.

① 题目的编拟有面积剖分的理论背景.

② 三角形的剖分有多种方法, 求解"有较大的自由度和思维空间". 而求解的关键, 首先是"把握数学规律的内在本质", 具体说就是对空间图形的几何结构有正确、合理、完整的表征; 其次是使用等积变形的方法, 包括通过平行线来保证等底等高 (平面图形的剖分)、全等形的运动 (平面剖分及空间拼接) 等, 据此, 读者将会提供更多、更好的解法.

③ 不同剖分方法拼接出的等底三棱锥、三棱柱, 其体积关系不是固定的, 存在小于、等于、大于三种情况.

现在回过头来看"评价报告", 其每一句话就都较易理解了, 理解水平提高了, 随着后继讨论的继续深入, 理解还会上层次.

(2) 反思有助于理解

我们在阅卷时就见过这道题, 当时构题的新颖和学生的得分 (得分率不超

过 0.2)给我们留下了一些印象. 后来,又见到一些讨论文章,看懂了作者在说些什么,印象加深了,这属于初步的理解. 随着阅读文章的增多,出现了一些疑惑,产生了一些想法,查阅了一些书籍,终于想写一篇文章. 于是,回过来重新理解题意,再次学习文章,进行解题分析和理论思考,在完成图 12 的证明之后,才基本上定稿. 中间经历了探索过程产生结论、而结论又推动新探索过程的螺旋提升,也经历了探索没有产生结论的无效过程,还经历了预期漏洞没法补上、预期反例没有找到、明显矛盾难以解释的焦急. 如今写在纸上的,已经不是阅卷时的认识,主要表现为一种自觉的反思和理解的深化. 我们在这个过程与结论的往复运动中体会到,知识和证明都有助于理解.

(3) 知识结构促进理解

众多作者对同一题目的不同处理,以及对图 4、对三棱锥展开、对三棱锥底面边长 x 取值范围、对图 9 能否作出等的不同解释,反映了人的认识有一个主动的建构过程. 在这个过程中,数学知识、作图经验、图形几何结构的分析水平等都发挥了特别重要的作用,知识结构上的差异直接影响理解的水平和处理的优劣. 读者在阅读中也不难感到,文章提到的一些认识偏差或行动盲目,在面积剖分理论背景的揭示之时,在图 12 直角三角形的等积变形完成之后,都顿时找到解释. 这表明,知识的掌握能增进认知能力的提高,促进理解.

3 案例 3——数形结合

数与形是初等数学中被研究得最多的对象,数形结合是一种极富数学特征的信息转换,数学上总是既用数的抽象性质来说明形象的事实,又用图形的直观性质来说明数式的事实,数形结合是一个重要的数学思想和一柄双刃的解题利剑(文[5]P. 384). 作为一种解题方法,数形结合在解题实践中存在两种水平的理解,第 1 种是从几何的角度去看代数问题,或者反过来从代数的角度去看几何问题(前者见得较多),但只要实现了一个侧面,数形结合的工作就完成了,这是一种信息的单流向沟通;第 2 种理解是双向沟通,对同一问题既用形的直观性质来说明代数结论,又用数的抽象运算来说明几何事实,两者齐头并进.

3.1 一个经典的证明

例 3 已知 $a > 0$, $b > 0$, $c > 0$, 求证

$$\sqrt{a^2 + b^2 + ab} + \sqrt{b^2 + c^2 + bc} > \sqrt{a^2 + c^2 + ac}. \qquad ①$$

直接平方、化整,运算量比较大.很早就有一个更接近命题人原始意图的几何解法.

证明 1 由求证式联想到三角形两边之和大于第三边,再由余弦定理

$$\sqrt{a^2+b^2+ab}=\sqrt{a^2+b^2-2ab\cos120°},\qquad ②$$

$$\sqrt{b^2+c^2+bc}=\sqrt{b^2+c^2-2bc\cos120°},\qquad ③$$

$$\sqrt{a^2+c^2+ac}=\sqrt{a^2+c^2-2ac\cos120°}\qquad ④$$

的启引,想到构造以 $\sqrt{a^2+b^2+ab}$, $\sqrt{b^2+c^2+bc}$, $\sqrt{a^2+c^2+ac}$ 为三边的三角形(如图 15),使

$$OA=a,\ OB=b,\ OC=c,$$

$$\angle AOB=\angle BOC=\angle COA=120°.$$

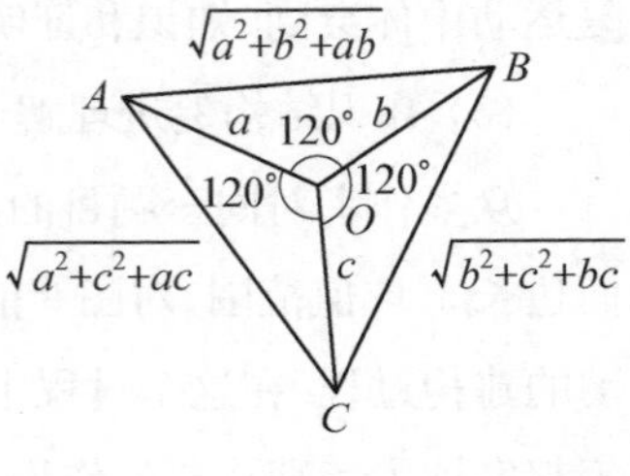

在 △ABC 中,由两边之和大于第三边,有

$$AB+BC>CA.$$

图 15

即 $$\sqrt{a^2+b^2+ab}+\sqrt{b^2+c^2+bc}>\sqrt{a^2+c^2+ac}.$$

3.2 数形沟通的反思

这种解法年复一年地出现在报刊上,作为数形结合的一个范例(最近的文章有文[29]、[30]、[31]).这是可以理解的,它确实体现了由数到形的成功沟通.但是不管多么成功,毕竟这一处理没有向我们再提供由形到数的沟通,仅仅体现了对数形结合的第 1 种理解.那么,再由形到数的沟通是太困难还是我们没有认真思考过呢?

(1) 2002 年 3 月,我们在文[32]中曾对此例努力体现数形结合的第 2 种理解,其解题分析的过程大致为:首先将证明 1 作整体分解,概括为两大步骤,第 1 步是依题意构造图形,确认条件在图形中得以实现;第 2 步是在图形中推理,先得出几何结论,再翻译为代数所求.然后从两个步骤中找出最本质的(主要看哪一步更能产生解题的重大进展,哪一步更能反映题目的本质结构).这是一个回答起来必然会有分歧的问题.我们出于"由形到数"的考虑认为,第 1 步中揭示每个根号的余弦定理结构,基本上是对已知条件作直接的信息转换,至于作

出$\triangle ABC$虽然显化了条件的几何结构,但仍未开始推理,并且主要是由于第2步的需要作牵引,整体上为第2步的推理做准备.到第2步才有更实质性的进展,虽然第2步的推理只有一步,但这只是本例的特殊性,换一道题就未必是一步了(当然,步骤太多会冲淡几何解法的优越性).因此,我们认为第2步中"两边之和大于第三边"的运用,是产生解题重大进展的更实质性步骤,也更反映题目的本质结构.抓住"两边之和大于第三边",再观察$\triangle ABC$,我们看到图中有四个三角形,由②、③、④分别提供三个三角形,然后将它们共顶点拼接组成$\triangle ABC$,除$\triangle ABC$能提供两边之和大于CA外,还有$\triangle OAC$也能提供两边之和大于CA,并且其代数表达更简便:

$$OA + OC > CA \Leftrightarrow a + c > \sqrt{a^2 + c^2 + ac}.$$

问题是能否有

$$AB + BC > OA + OC?$$

这没有多大困难,在图15中擦去OB立即得出一个基本图形(图16),初中生都可以延长AO到BC,两次使用"两边之和大于第三边"而得出证明.连上OB,也可以分别在$\triangle OAB$与$\triangle OBC$中,由大边对大角,得

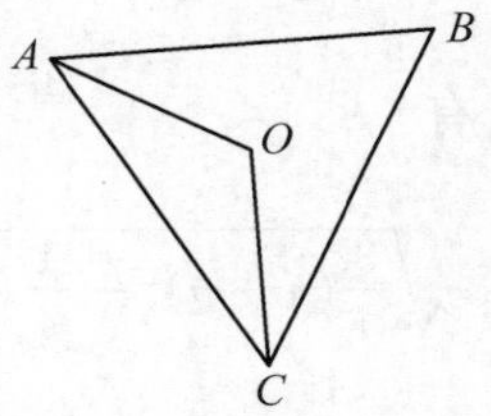

$$AB > OA \Leftrightarrow \sqrt{a^2 + b^2 + ab} > a,$$
$$BC > OC \Leftrightarrow \sqrt{b^2 + c^2 + bc} > c.$$

图 16

从而有
$$AB + BC > OA + OC > CA. \tag{⑤}$$

把从几何图形中看到的性质(⑤式)翻译为代数表达式(由形到数),则有下面的代数解法.

证明 2
$$\sqrt{a^2 + b^2 + ab} + \sqrt{b^2 + c^2 + bc}$$
$$> a + c \quad (a > 0, b > 0, c > 0) \tag{⑥}$$
$$= \sqrt{a^2 + c^2 + 2ac} \tag{⑦}$$
$$> \sqrt{a^2 + c^2 + ac}. \quad (ac > 0) \tag{⑧}$$

这表明,几何图形的明显直观与代数运算的简洁浅显存在着内在的对应.

(2) 2002 年 6 月，我们在文[33]中又运用差异分析法，从纯代数的角度分析了证明 2 的另一思路：不等式①左右两边最显著的差异莫过于，左边有字母 b，右边没有，对此做出消除差异的反应，取 $b=0$（得出⑥式）；消除这一差异后还会出现新差异，再作出反应，第⑦式是消除左右两边开方运算形式上的差异，第⑧式是消除左右两边中 ac 项系数的差异.

这个证明（证明 2）紧紧抓住题目的特殊结构，更反映"具体问题具体分析". 其实，作为一般性的代数翻译早就有了（见文[5]P.308 例 5 - 31），那就是在图 15 中建立坐标系（图 17）或用复数法.

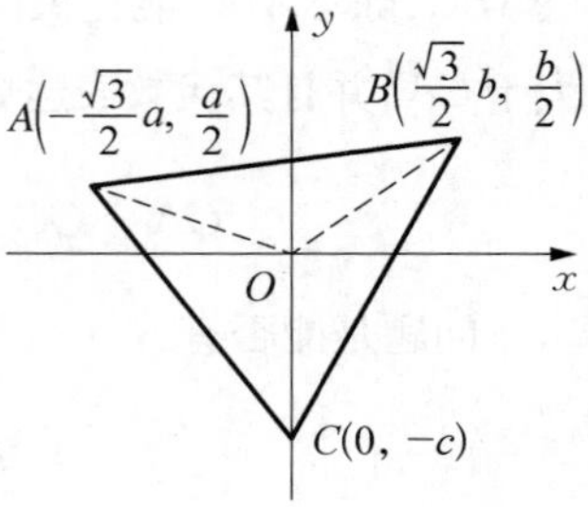

证明 3 取复数

图 17

$$z_1 = -\frac{\sqrt{3}}{2}a + \frac{a}{2}\mathrm{i}, \ z_2 = \frac{\sqrt{3}}{2}b + \frac{b}{2}\mathrm{i}, \ z_3 = -c\mathrm{i}.$$

由复数模不等式

$$|z_1 - z_2| + |z_2 - z_3| \geqslant |z_1 - z_3|,$$

有

$$\sqrt{\frac{3}{4}(a+b)^2 + \frac{1}{4}(a-b)^2} + \sqrt{\frac{3}{4}b^2 + \left(\frac{b}{2}+c\right)^2} \geqslant \sqrt{\frac{3}{4}a^2 + \left(\frac{a}{2}+c\right)^2},$$

即

$$\sqrt{a^2 + b^2 + ab} + \sqrt{b^2 + c^2 + bc} \geqslant \sqrt{a^2 + c^2 + ac}. \tag{⑨}$$

在几何上，A，B，C 三点显然不共线，而代数上由三点共线的条件

$$\frac{\sqrt{3}}{2}(a+b) \cdot \left(\frac{a}{2}+c\right) = \frac{a-b}{2} \cdot \frac{\sqrt{3}}{2}a$$

$$\Leftrightarrow ab + bc + ca = 0 \tag{⑩}$$

知，对 $a>0$，$b>0$，$c>0$ 而言⑩式不成立，故⑨式不能取等号.（条件稍作变化，比如取 $b<0$，⑩式是可以成立的，见例 4）

这个证明虽比证明 2 复杂一些，但有一般性，它说明 $a>0$，$b>0$，$c>0$ 对结论的成立是充分而不必要的，有⑩式成立就够了，并且可以统一处理下面的例 4～例 6 等.

3.3 数学理解的体验

对于上述数形结合的处理过程,从数学理解的角度去分析,我们有三点看法.

(1) 对例 3 的数形结合存在着两种水平的理解

第 1 种是把"由数到形"理解为数形结合(仅以证明 1 为例),其富有创意的过程大致为:由结论出现的开方形式联想到距离(从原有认知结构中提取距离公式),由距离反过来对结论产生"三角形两边之和大于第三边"的几何认识(由此又产生构造一个三角形的强力牵引). 在众多距离公式中使用哪一个呢?证明 1 由根号内代数式 $x^2 + y^2 + xy$ 的结构选择了余弦定理(证明 3 中距离的坐标公式或复数模,实质上是选择了勾股定理,文[5]P. 305 有这个代数式的 10 多种配方形式),据此构成了以三个已知距离为三边的三角形,在这个三角形中得出两边之和大于第三边,再把边长还原为距离的代数形式,即得结论. 这个过程可示意为一个框图(图 18):

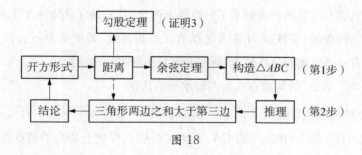

图 18

第 2 种理解是既"由数到形"又"由形到数",接着证明 1 继续进行数与形的双向沟通. 其自觉反思调控的过程大致为:首先对证明 1 作整体分解(分为两步),从中找出最本质的步骤;然后从 $\triangle ABC$ 的构成过程中找出 $\triangle OAC$,在 $\triangle OAC$ 中用同样的"两边之和大于第三边"推理,由于最终得出的式⑤

$$AB + BC > OA + OC > CA$$

的代数含义非常明显,所以,作信息交合整理出的证明 2 就比较简洁. 这个过程可示意为下面的图 19.

值得注意的是,图 16 所示的式⑤与证明 2 有惊人的一致性,实在是一个较为完整的数形结合(不等于可以停止思考). 现在再回过头来看图 15(文[30]用

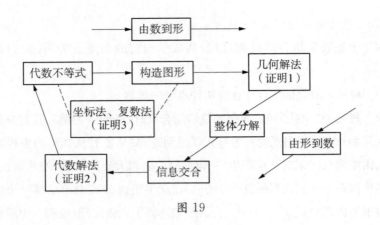

图 19

的就是这样的图),是多么明显地把几何与代数的两种解法都表示在同一图形中,数与形又是何等的和谐,以至于缺少任一侧面都会令人可惜. 这样明显的事实为什么会出现长期视而不见的情况呢? 我们认为主要是解题教学缺少反思的环节,或说缺乏元认知开发的自觉性,这影响了理解水平的提高.

我们认为,造成两种理解水平的原因有两个,首先是元认知水平上的差异,后者(第二种理解)更注重对解题过程的反思和领悟;其次是分析方法上的差异,后者有一些具体的分析技术,能顺利进行解题过程的分析.

(2) 对 $\triangle ABC$ 的构造存在着两种水平的认识

第 1 种构造是直接以 $\sqrt{a^2+b^2+ab}$,$\sqrt{b^2+c^2+bc}$,$\sqrt{a^2+c^2+ac}$ 为三边构造 $\triangle ABC$,图 15 中连结的 OA,OB,OC 很大程度上是为了显示构造的合理性,说明图形可以实现,思维更专注于 $\triangle ABC$,这容易忽视图中还有三个小三角形.

第 2 种构造是由余弦定理的应用(②、③、④式)先构造 $\triangle OAB$,$\triangle OBC$,$\triangle OCA$,然后再共顶点拼接成 $\triangle ABC$,思维更专注于三个小三角形,至于恰好拼接成平面三角形只是其中的一个结果.

这两种认识不仅影响我们对图 15 中三角形个数的自觉认识(量的差异),而且也反映了质上的一些不同. 首先,在观念上前一水平更注重思维展开的最后结果,容易忽视过程;后一水平更关注过程,而把结果作为合理过程的一种自然产物,这已涉及学习观念的层面. 其次,在方法的功能上,前一水平囿于构造一个三角形,限制了用同样方法进行其他形式的构造;后一水平先实现三个小三角形,然后再加以拼接,则允许拼接成三角形(例3),四边形(例4),甚至空间三棱锥(例5),这都没有关系,照样有两边之和大于第三边成立.请看两个例子.

例4 已知 $a>0$, $b>0$, $c>0$,求证

$$\sqrt{a^2+b^2-ab}+\sqrt{b^2+c^2-bc}\geqslant\sqrt{a^2+c^2+ac}. \text{①}$$

此题相当于例3中 $b<0$,结构形式完全一致,囿于构造三角形可能会思维暂时受阻,而先构造三个三角形,则可得 $\triangle OAB$, $\triangle OBC$, $\triangle OCA$(图20),且有

$$AB=\sqrt{a^2+b^2-2ab\cos 60°},$$

$$BC=\sqrt{b^2+c^2-2bc\cos 60°},$$

$$CA=\sqrt{a^2+c^2-2ac\cos 120°}.$$

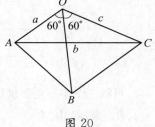

图 20

再将三个小三角形拼接起来,一般情况下会得出一个四边形 $OABC$(图20),在 $\triangle ABC$ 中有

$$AB+BC>CA.$$

这个过程与例3证明1完全一样.

特殊情况下,A,B,C 三点共线会得出一个三角形(图21),由

$$S_{\triangle OAC}=S_{\triangle OAB}+S_{\triangle OBC},$$

$$\frac{1}{2}ac\sin 120°=\frac{1}{2}ab\sin 60°+\frac{1}{2}bc\sin 60°,$$

得

$$ac=ab+bc$$

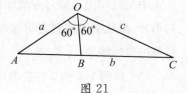

图 21

时, $$AB+BC=CA.$$

两种情况合并得

$$AB+BC\geqslant CA.$$

---

① 此例可见于文[33]例6,其中的严格不等号">"应改为现在的"≥";文[34]就">"给出的证明有漏洞,其例1、例2、例3也看不出目标在哪里、差异是什么.

例5 已知 $a > 0$, $b > 0$, $c > 0$, 求证

$$\sqrt{a^2 + b^2 - ab} + \sqrt{b^2 + c^2 - bc} > \sqrt{a^2 + c^2 - ac}.$$

此题在例4的基础上, 又增加一个负号, 结构形式完全一致. 囿于构造三角形、四边形都可能会思维暂时受阻, 而先构造三个小三角形, 则可得 $\triangle OAB$, $\triangle OBC$, $\triangle OCA$(图22), 且有

$$AB = \sqrt{a^2 + b^2 - 2ab\cos 60°},$$

$$BC = \sqrt{b^2 + c^2 - 2bc\cos 60°},$$

$$CA = \sqrt{a^2 + c^2 - 2ac\cos 60°}.$$

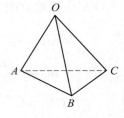

图22

再将三个小三角形拼接起来, 得三棱锥 $O\text{-}ABC$(图22), 在 $\triangle ABC$ 中, 有

$$AB + BC > CA.$$

这三个例子的求解过程完全一样, 由此立即可以做出推广(猜想)[①]:

例6 已知 $a > 0$, $b > 0$, $c > 0$, $|k_1| < 2$, $|k_2| < 2$, $|k_3| < 2$, 求证

$$\sqrt{a^2 + b^2 + k_1 ab} + \sqrt{b^2 + c^2 + k_2 bc} \geqslant \sqrt{a^2 + c^2 + k_3 ac}.$$

将图15、图20、图21、图22合在一起, 我们又看到了数与形的对应, 随着求证式中交叉项出现减号并增加到全为减号, 图形的公共点 O 从三角形内移到三角形外, 再从平面移到空间, 而点 O 的所有这些变动都只不过是三个小三角形拼接的自然结果.

(3) 对例3证明2存在着两种水平的认识

首先表现在对⑥式的代数理解上(其几何理解已如上文所述), 对

$$\sqrt{a^2 + b^2 + ab} + \sqrt{b^2 + c^2 + bc} > a + c,$$

第1种认识是比较粗糙的说法, 取 $b = 0$, 这不够规范, 但意思是说将正数 b 缩小, 那为什么一个字母缩小, 整个代数式的值就变小呢? 这用到

$$b > 0, \quad ab > 0, \quad bc > 0, \qquad ⑪$$

---

① 猜想有漏洞.

其结果是已知条件 $a>0$, $b>0$, $c>0$ 全用到了,容易产生为"充要条件"的错觉,也影响方法的进一步使用.

第 2 种认识源于

$$b^2+ab>0 \text{ 且 } b^2+bc>0$$
$$\Leftrightarrow b(b+a)>0 \text{ 且 } b(b+c)>0. \qquad \text{⑫}$$

这时, b, $(b+a)$, $(b+c)$ 三者同号就可以了.对 $b>0$ 而言, a, c 可以取负值.可见⑪、⑫式是有区别的,⑪式中的三个单项式回旋余地较小,⑫式中的两个二项式回旋余地较大,这时,我们给例 4 加一点条件,就可用证明 2 的方法来求解.

例 4 - 1　已知 $b>a>0$, $b>c>0$,求证

$$\sqrt{a^2+b^2-ab}+\sqrt{b^2+c^2-bc}>\sqrt{a^2+c^2+ac}.$$

证明　左边 $=\sqrt{a^2+b(b-a)}+\sqrt{c^2+b(b-c)}$

$$>a+c=\sqrt{a^2+c^2+2ac}>\sqrt{a^2+c^2+ac}.$$

这个解法的几何意义如图 20 所示,在 $\triangle OAB$ 中,有 $\angle AOB=60°$, $b>a$,由大边对大角,有 $\angle OAB>60°>\angle OBA$,

故　　　　　　　$AB>OA \Leftrightarrow \sqrt{a^2+b^2-ab}>a.$

同理　　　　　　$BC>OC \Leftrightarrow \sqrt{b^2+c^2-bc}>c.$

又在 $\triangle OAC$ 中,有　　　$OA+OC>CA.$

故得　　　　　　$AB+BC>OA+OC>CA.$

这正是例 4 证明的几何表示,数与形在这里又一次双向沟通.

其次,关于例 3 证明 2 认识水平上的不同,我们还要提到评价.

有一种认识更注重证明 1 与证明 2 之间的差异,更强调作为结果的证明 2 知识用量较小、思维坡度较缓、解题长度也较短,往往誉为"巧解""活解""妙解",并冠上"创新思维",连命题本人也"始料未及"等,这种认识更关注问题的解决方式.另一种认识更注重证明 1 与证明 2 之间形与数的互补,更珍惜证明 2 获得过程的教育价值,至于证明 2 表述方式的简洁,则从数与形各具优势上去解释,并且还看到,简洁来源于对特殊条件的依赖 ($a>0$, $b>0$, $c>0$). 其实

证明1比证明2有更广的应用面.我们的教学建议是,不要只讲一种解法,应证明1与证明2都讲,并且加以沟通.

我们还是回到主题,关于案例3的回顾再次表明,理解有层次性,并且需要一个实践、探索、反思的过程.

参考文献

[1] 李士锜.PME:数学教育心理[M].上海:华东师范大学出版社,2001.

[2] 马复.试论数学理解的两种类型[J].数学教育学报,2001(3).

[3] 黄燕玲,喻平.对数学理解的再认识[J].数学教育学报,2002(3).

[4] 罗增儒,惠州人.怎样解答高考数学题[M].西安:陕西师范大学出版社,1994.

[5] 罗增儒.数学解题学引论[M].西安:陕西师范大学出版社,2001.

[6] 陕西师范大学中学数学教育研究室.高三数学解题能力强化训练[M].西安:陕西人民教育出版社,1990.

[7] 罗增儒.解题分析——分析解题过程的四个方面[J].中学数学教学参考,1998(6).

[8] 罗增儒.读刊手记——愿解题写作更加自觉[J].中学数学教学参考,2002(3).

[9] 夏国华.对一道高考题的研究[J].中学教研(数学),2003(1).

[10] 程国柱.一道高考题的逆向思考方法[J].高中数学教与学,2003(1).

[11] 罗增儒.高中数学奥林匹克(三年级)[M].西安:陕西师范大学出版社,2001.

[12] 钱端壮.几何基础[M].北京:高等教育出版社,1959.

[13] 楼可飞.对2002年全国高考文科试题22的联想与启示[J].数学教学研究,2002(12).

[14] 史惠元.一道高考试题的另一种"剪拼"及相反结论[J].中学教研(数学),2003(2).

[15] 杨先雄,翁方愚.对于2002年高考数学第21题的一点思考[J].中学数学,2002(10).

[16] 孙大志.剪拼有规律[J].中学数学教学,2002(6).

[17] 王国平.对一道2002年高招试题的质疑[J].数学通讯,2003(3).

[18] 寇恒清.由一道高考题引起的探究[J].中学数学杂志(高中),2002(5).

[19] 寇恒清.由一道高考题引起的探究[J].中学数学月刊,2002(11).

[20] 方良秋.激发兴趣提升能力的高考剪拼题[J].数学通讯,2002(22).

[21] 窦旭洲. 谈 2002 年全国高考数学试题(文科)第 22 题[J]. 数学教学,2002(6).

[22] 卫刚. 一道高考应用题的解法探讨及引申[J]. 数学教学,2002(6).

[23] 黄桂君. 新题型、新创意——简评 2002 年全国高考数学(21)题[J]. 数学通讯, 2002(19).

[24] 邹施凯,林卫华. 剪拼得出新图形,拓展进入新境界——追溯 2002 年高考压轴题的原型演变[J]. 中学教研(数学),2002(10).

[25] 曹兵,陈建权. 高考立几剪拼题别解[J]. 高中数学教与学,2002(10).

[26] 徐建君. 一道高考题的再探究[J]. 中学教研(数学),2003(2).

[27] 于清宗. 借助中点巧构图[J]. 中学生数学,2003(2).

[28] 吴继敏. 掌握基本图形,学好立体几何[J]. 高中数学教与学,2003(2).

[29] 徐永忠. 例谈代数不等式证明中的思维定势[J]. 中学数学研究(南昌),2002 (9).

[30] 荆新峰. 他山之石,可以攻玉[J]. 数学教学通讯,2002(11).

[31] 马富强. 巧用几何直观解题[J]. 中学生数学,2002(12).

[32] 罗增儒. 解题分析——"柳卡问题"新议[J]. 中学教研(数学),2002(3).

[33] 罗增儒. 差异分析法[J]. 中学数学教学参考,2002(6).

[34] 郑华亭. 结构分析法——读罗增儒《差异分析法》一文有感[J]. 中学数学教学参考,2002(11).

第 11 篇　几何计数——关键在几何结构的明确①

求解组合几何中的计数问题,通常要经历两步(参见文[1]):

(1) 进行几何结构的分析. 包括所给定的图形结构分析与所计数的几何性质的结构分析.

(2) 根据几何结构的分析采用计数方法求出结果,可以直接计算、分类计算(例 1、例 3、例 4)、分步计算(例 3)、排除(例 2)、递推等.

情况表明,第二步已受到广泛的重视,而第一步较难把握,有的是重视不够,有的是虽然重视,但不知道怎样具体分析,存在技术上的实际困难. 这就为

---

① 本文原载《中学数学教学》2005(6): 19-22;中国人民大学复印报刊资料《中学数学教与学》(上半月·高中)2006(4): 52-54(署名:罗增儒).

第二步的操作埋下祸根,产生重复或遗漏(例1有遗漏,例2既重又漏).本文将通过正反两方面的例子,来体验如何作几何结构的分析,以确保计数的不重不漏.

1 两个失误的例子

1.1 一道中考题的误解分析

例1 (2003年福建省泉州市中考题)如图1,在4个正方形拼接成的图形中,以这10个点中任意3点为顶点,共能组成_____个等腰直角三角形.

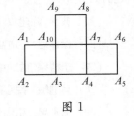

图1

你愿意把得到上述结论的探究方法与他人交流吗?若愿意,请简要写出探究过程.

标准答案为24,后来有人认为应是32.文[2]算出的30,无论从哪个角度看都是不对的.

(1)几何结构的分析

首先,从所给的图形看存在两种认识.其一,所给的图形仅限于4个正方形,不包括其外部,因而,所计算的等腰三角形必须全在这4个正方形上,答案为24个.其二,所给的4个正方形是提供10个顶点位置的载体,以这10个顶点中某3个组成的等腰直角三角形均为所求,这就多出了8个等腰直角三角形:

$$\triangle A_1 A_{10} A_9, \quad \triangle A_1 A_3 A_9, \quad \triangle A_1 A_9 A_7, \quad \triangle A_1 A_5 A_8,$$
$$\triangle A_6 A_7 A_8, \quad \triangle A_6 A_4 A_8, \quad \triangle A_6 A_8 A_{10}, \quad \triangle A_6 A_2 A_9.$$

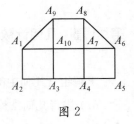

图2

这道中考题命题人的原意可能是让考生在凹八边形 $A_1 A_2 A_5 A_6 A_7 A_8 A_9 A_{10}$ 上找等腰直角三角形(图1),但没有说清楚,解答人在凸六边形 $A_1 A_2 A_5 A_6 A_8 A_9$ 上找等腰直角三角形(图2)也有道理.这就产生题意上的歧义,此处不作展开.问题是,文[2]按图2来理解题意,比24多了6个却漏了两个:斜边长为 $\sqrt{10}$ 的等腰直角 $\triangle A_1 A_5 A_8$,$\triangle A_6 A_2 A_9$.

其次,从所计算的等腰直角三角形上看,其边长应满足 $c = \sqrt{2} a$,这导致我们去思考图中有哪些线段长度?哪些能满足 $c = \sqrt{2} a$?能满足 $c = \sqrt{2} a$ 的有几个三角形?

10个点中任两点的距离共有7类:$1, \sqrt{2}, 2, \sqrt{5}, 2\sqrt{2}, 3, \sqrt{10}$.其中能组

成等腰直角三角形的有 4 类:$1,1,\sqrt{2}$;$\sqrt{2},\sqrt{2},2$;$2,2,2\sqrt{2}$;$\sqrt{5},\sqrt{5},\sqrt{10}$. 这 4 类当中可能有的可以在图形中实现,有的不能在图形中实现,这就需要结合图形来分情况计数.

(2) 分类计数

通常,分类的标准是不唯一的.比如本例,可以按直角、按腰长、按斜边来分类,这里有一个策略选择的问题.我们沿袭上文的分析,按斜边分成 4 类,列表计数如下:

斜边长	在凹八边形内	在凸六边形内
$\sqrt{2}$	16	18
2	6	10
$2\sqrt{2}$	2	2
$\sqrt{10}$	0	2
合计	24	32

(3) 根据上面的分析,我们可以对本例的求解总结为三步:

第一步:根据所给的图形和所求的等腰直角三角形的性质,找出所有可能的线段长度,共有 7 类.

第二步:验证能组成等腰直角三角形的条件 $c=\sqrt{2}a$,找出所有可能的三角形类别,共有 4 类.

第三步:分类计数,合计得出答案.

1.2　一道高考题的误解分析

例 2　(2003 年全国高考数学题)如图 3,一个地区分为 5 个行政区域,现给地图着色,要求相邻区域不得使用同一颜色.现有 4 种颜色可供选择,则不同的着色方法共有_____种.(以数字作答)

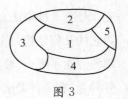

图 3

标准答案为 72.文[3]收集了一个"巧思妙解":

第 1 步,给 2 号区域染色,有 4 种方法;

第 2 步,给 3 号区域染色,有 3 种方法;

第 3 步,给 4 号区域染色,有 3 种方法;

第 4 步,给 5 号区域染色,有 2 种方法;

第 5 步,给 1 号区域染色,有 1 种方法.

根据乘法原理,不同的着色方法共有

$$4 \times 3 \times 3 \times 2 = 72(种).$$

这个解法虽然结果巧合,但过程既有重复又有遗漏,即使经讨论排除重复与遗漏,也是不策略的.

(1) 几何结构的分析

主要是弄清一共有几块区域,哪些区域是相邻的,哪些是不相邻的. 相邻的区域必须异色,而不相邻的区域可以异色、也可以同色(2 号与 4 号,3 号与 5 号). 由此可以看到,关键是处理相邻的区域,而相邻越多的区域对我们制约越大,越容易产生重复或遗漏. 由此可以产生两条策略:

策略 1:从相邻最多的区域入手,先染色,叫做"最大相邻原则".

策略 2:把区域模型图对应为模式结构图,即把区域对应为点,相邻对应为两点间连线,否则不连线(得图 4),叫做"简化图形原则".图 4 凸现了图 3 的结构.

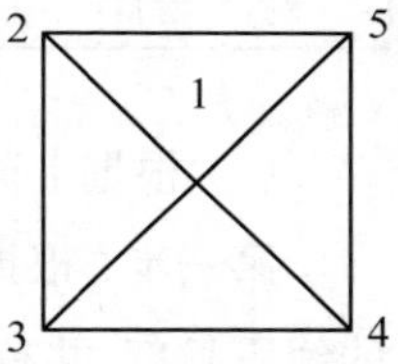

图 4

(2) 分步计算

如图 4,第 1 步染正方形的中心,第 2 步染正方形的四个顶点.

第 1 步,先染相邻最多的 1 号区域,有 4 种染法. 剩下 3 种颜色、4 个点.

第 2 步,由于剩下四个点的位置是对等的,我们可以顺序染 2、3、4、5 号. 首先 2 号有 3 种染法,其次 3 号、4 号各有 2 种染法. 最后 5 号的情况比较复杂,因为它的几何结构与 1、2、4 号相邻,而 2、4 号可能同色、也可能异色,处理 5 号区域的方法不唯一(参见文[4]的多种解法),其中一个途径是,先考虑 5 号与 1、4 号异色,有 2 种染法,共得 $3 \times 2 \times 2 \times 2$ 种,但在这个计算中,有的 5 号与 2 号异色,满足条件,记为 a_4(下标对应正方形的 4 个顶点),有的 5 号与 2 号同色,不满足条件,现将这两点合并,把四边形退为三角形符合条件的染法,记为 a_3,有 $a_3 = 3 \times 2 \times 1$,得

$$a_4 = 3 \times 2 \times 2 \times 2 - a_3 = 24 - 6 = 18(种).$$

对两个步骤用乘法原理,得总染法数为

$$4 \times 18 = 72(种).$$

(3) 错误分析

计数问题上的错误主要有三类:遗漏了合条件的部分,掺杂了不合条件的部分,重复了合条件的部分.回到文[3]的"巧思妙解"可以看到,由于从第 3 步开始,没有区分 4 号与 2 号同色、异色的情况,没有区分 5 号与 3 号同色、异色的情况,所以,到第 5 步情况就复杂了:当 4 种颜色都用完时,1 号无色可染;当只用到 3 种颜色时,1 号只有 1 种染法;当只用到 2 种颜色时,1 号有 2 种染法.可见,认定 1 号区域只有 1 种染法本身,既有重复又有遗漏,但恰好多算与少算互相抵消.若区域数改变或颜色数改变立即会出现反例.

2 两个正面的例子

2.1 一道竞赛题

例 3 (1994 年初中联赛)若平行线 EF, MN 与相交直线 AB, CD 相交成如图 5 所示的图形,则共得同旁内角( ).

(A) 4 对

(B) 8 对

(C) 12 对

(D) 16 对

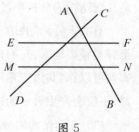

图 5

当年的答案把图 5 分解为 8 个"三线八角"基本图形,由每一个基本图形有 2 对同旁内角得答案为 16 对.文[2]、[5]把当中的 6 个"三线八角"合并为两个"三角形"(三线两两相交)基本图形,这是对图形几何结构分析的一个进步,但还只是量上的合并,尚未产生质上的飞跃.如果注意到每一个"三线八角"基本图形都对应着截线上的一条线段,那么,只需计算图 5 中有多少条线段就够了.这就把几何结构分析进入到深层结构(参见文[6]).易知,AB, CD 上各有 3 条线段,各对应 3 个"三线八角"基本图形,EF, MN 上各有 1 条线段,各对应 1 个"三线八角"基本图形,所以,以 AB, CD, EF, MN 为截线的"三线八角"基本图形有 8 个,得 16 对同旁内角.

用这种方法很容易得出一般性结论:

定理 设直线 l_1, l_2, $\cdots$, $l_k(k \geqslant 3)$ 或是相交或是平行，其中 l_i 上有 n_i 个交点 $(1 \leqslant n_i < k)$，每个交点分别有 a_{i1}, a_{i2}, $\cdots$, a_{ini} $(1 \leqslant a_{ij} < k, 1 \leqslant j \leqslant n_i)$ 条直线与 l_i 相交，则图中共有同旁内角

$$\sum_{i=1}^{k}\left[\left(\sum_{j=1}^{n_i} a_{ij}\right)^2 - \sum_{j=1}^{n_i} a_{ij}^2\right] 对.$$

可见，几何结构的分析越本质，解法就越简洁，推广也就越可能．例 2 中的处理方法（递推）比其他方法都便于推广，得出一般性结论（略）．

2.2 一道多错题

例 4 称有一条公共边的两个三角形为一对"共边三角形"．图 6 中有多少对共边三角形？

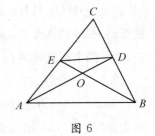

图 6

我们在多处竞赛选手中进行测试，结果从 9～39 共二三十个答案．学生对分类计算基本都知道，关键是几何结构的分析不过关．

有的未弄清"共边三角形"有哪些类型，计算中甚至整类整类地漏掉；有的未弄清图中有多少条线段、哪些可以作"共边三角形"的共边，计算中也就难免遗漏了．由于几何结构不清楚，不仅会产生大量的遗漏，而且也会产生重复．

（1）几何结构的分析

首先弄清共边三角形的类型．如图 7，记"共边"为 MN，两共边三角形可以在 MN 的同旁（图 7 左边 3 个），也可以在 MN 的异旁（图 7 右边 2 个），共得 5 种类型．

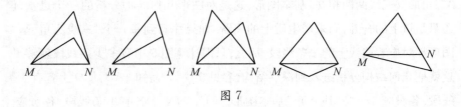

图 7

其次弄清图中有多少条线段，这就不会遗漏以该线段为"共边"的三角形．易知图 6 中有 6 个点，除 CO 外，任两点均有连线，得 $C_6^2 - 1 = 14$ 条线段．

必要时还可以弄清图中有多少个三角形,这本身又是一道几何计数题:

① 素三角形有 5 个:$\triangle AOB$,$\triangle AOE$,$\triangle BOD$,$\triangle ODE$,$\triangle CDE$;

② 两个素三角形拼接成的三角形有 4 个:$\triangle ABE$,$\triangle ABD$,$\triangle BDE$,$\triangle ADE$;

③ 三个素三角形拼接成的三角形有 2 个:$\triangle ACD$,$\triangle BCE$;

④ 四个素三角形不能自然连接成一个三角形,亦即图 6 中任取走一个三角形,剩下的图形都不是三角形;

⑤ 五个素三角形拼接成 $\triangle ABC$.

所以图 6 中共有 12 个三角形.

(2) 分类计数

作为可能性的考虑,可以按共边三角形的 5 个类型来计数,也可以从 12 个三角形中找共边(有两个字母相同的三角形)的来分类计数. 不过,从三角形出发找"共边"与从"共边"出发找三角形没有本质区别,下面我们从"共边"出发来计数,其程序是:

① 按图中的线段数分成 14 类;

② 对每一条线段,找出所在直线外的所有点,得出以该线段为"共边"的三角形个数;

③ 每两个"共边"的三角形组成一对"共边三角形",计算"共边三角形"的对数.

④ 求和得出答案.

列表如下:

公共边	有公共边的三角形	共边三角形的对数
AE	$\triangle AOE$,$\triangle ABE$,$\triangle ADE$	$C_3^2 = 3$
EC	$\triangle CDE$,$\triangle BCE$	1
AC	$\triangle ACD$,$\triangle ABC$	1
BD	$\triangle BDO$,$\triangle BDE$,$\triangle ABD$	$C_3^2 = 3$
DC	$\triangle CDE$,$\triangle ACD$	1
BC	$\triangle ABC$,$\triangle BCE$	1

公共边	有公共边的三角形	共边三角形的对数
DE	$\triangle CDE$，$\triangle ODE$，$\triangle ADE$，$\triangle BDE$	$C_4^2 = 6$
AB	$\triangle AOB$，$\triangle ABD$，$\triangle ABE$，$\triangle ABC$	$C_4^2 = 6$
AO	$\triangle AOB$，$\triangle AOE$	1
OD	$\triangle BDO$，$\triangle ODE$	1
AD	$\triangle ABD$，$\triangle ADE$，$\triangle ACD$	$C_3^2 = 3$
BO	$\triangle AOB$，$\triangle BDO$	1
OE	$\triangle AOE$，$\triangle ODE$	1
BE	$\triangle ABE$，$\triangle BDE$，$\triangle BCE$	$C_3^2 = 3$
合计	14 类	32 对

答案为 32.

由上面的分析可以看到,几何结构的明确是合理分析、正确计数的前提与保证.

参考文献

[1] 罗增儒.几何计数问题[J].中等数学,2003(6);2004(1).

[2] 蔡建锋.几何中的分类计数法[J].中学数学教学,2005(4).

[3] 刘康宁,岳建良,党效文.2003 年全国高考数学试题:基本解法与巧思妙解[J].中学数学教学参考,2003(7).

[4] 罗增儒.错例分析与求解建议——谈一类染色问题[J].中学数学教学参考,2003(8)(9).

[5] 王剑,严镇军.几何图形的计数[J].中学数学教学,2003(5).

[6] 罗增儒.同旁内角的计数——从具体到抽象[J].中等数学,2004(3).

第 12 篇　数学教育的结论也需要证实 ①
——一个解题案例的商榷

数学的结论要经过逻辑论证,这是人所共知的,任何数学工作者都不会承认一条未经证明的"定理".但是,对于数学教育,人们似乎宽容得多,没有提供理论依据或实证支持,也形成结论,并且还常常"没有受到质疑".本文想通过一个小案例说明,这种"习以为常"的空气需要改变,数学教育的结论也是要证实的,否则,会"误假成真".

1　案例的呈现——可疑的观点

1.1　题目和它的两个解法

《数学通报》2006 年第 10 期文[1]对下面一道题目引述了两个熟知的解法,并进行对比评述.

例 1　已知 a,b,c 为正数,$\dfrac{\sqrt{2}b-2c}{a}=1$,求证 $b^2 \geqslant 4ac$.

解法 1　由已知条件可得 $\sqrt{2}b = a + 2c$,

而
$$a + 2c \geqslant 2\sqrt{2ac},\qquad\qquad ①$$

于是
$$\sqrt{2}b \geqslant 2\sqrt{2ac},\qquad\qquad ②$$

从而得
$$b^2 \geqslant 4ac.$$

解法 2　从 $b^2 \geqslant 4ac$ 想到一元二次方程 $ax^2 + bx + c = 0$ 的判别式,而由已知条件,$x = -\dfrac{\sqrt{2}}{2}$ 恰好是该方程的根,于是证得.

对解法 2,文[1]认为"这显然是一种巧合,缺乏普遍性",比如把题目改为

例 2　已知 $\dfrac{\sqrt{2}b-3c}{a}=1$,求证 $b^2 \geqslant 4ac$.

"这种方法就失效了".

---

① 本文原载《中学数学教学参考》(初中)2007(11):23-26;2007(12):41-42(署名:罗增儒).

1.2 可疑的观点

如果没有理解错的话,解法1主要是"用基本不等式"进行演算操作;解法2主要是"构造二次方程"进行内容转化.对这两个做法,文[1]表达了两个数学教育的命题(观点).

命题1 解法2"显然是一种巧合,缺乏普遍性".

什么理由?文章用了"显然"两个字,没有多说,我们理解"巧合"是指"c 的系数2恰好为 b 的系数 $\sqrt{2}$ 的平方",所以,在例2中把 c 的系数"2"改为"3",使"$x = -\frac{\sqrt{2}}{2}$ 恰好是该方程的根"不成立.(提出一个破坏"巧合"的反例)

命题2 解法2对例2"失效了".

有什么根据呢?文[1]没有说.我们估计,会不会是稍微试做了一下没试出来,于是就认为:构造方程的解法2只能解个别的题目(如例1),变一下数字(如例2)就解不了.

这两个看法有逻辑关系:由于例2"失效了",所以解法2"缺乏普遍性"、"显然是一种巧合".在这里,作为一个反例的命题2,是命题1的重要论据.

我们认为,这两个看法都存在逻辑上的可靠性问题.

(1)文[1]没有提出任何理由就说解法2对例2"失效了",存在"把不会做当不能做"的现实危险.例2真的不能用"构造方程的方法"来求解吗? $x = -\frac{\sqrt{2}}{2}$ 不是这一方程($ax^2 + bx + c = 0$)的根,会不会是另一方程($(a+c)x^2 + bx + c = 0$)的根呢?我们对学生的测试表明,答案是肯定的,读者不妨动笔试一试.

(2)即使例2真的被证实"失效"了,也不足以说明对例1的解法2处理就是"缺乏普遍性",任何方法都不是万能的,构造方程(解法2)有适用范围(当 a, b, c 为复数时,方程有实数根也得不出判别式非负),基本不等式(解法1)也有适用范围.比如,用解法1来处理例2,当 $ac < 0$ 时,把 $\frac{\sqrt{2}b - 3c}{a} = 1$ 变为 $\sqrt{2}b = a + 3c$ 后,还能用基本不等式得出 $a + 3c \geqslant 2\sqrt{3ac}$ 吗?我们能由此说解法1对例2"失效了"吗?能由此说解法1"缺乏普遍性"吗?

(3)再退一步说,即使是一种"巧合"的、"缺乏普遍性"的解法,那么,它还可以不可以有自己的存在价值与存在空间?既然,"病题"与"错解"都能是很好的课程资源,那么,"奇思异想"至少还不是"病"、也没有"错"吧. 再说了,作为数学的解题与作为教育的解题本来就是"既有联系又有区别"的,作为数学的解题没有禁区!

(4) 更重要的是数学解题除了"演算操作"之外,还有没有"内容转化"? 是沟通它们的联系、吸收双重优势好,还是互为对立、水火不相容好?

下面,我们就这些相关问题摆事实、讲道理.

2　案例的分析——失效的论据

2.1　构造方程真的失效了吗?

大家都知道,根据基本概念"方程根的定义",$a+b+c=0$ 可以看成方程 $ax^2+bx+c=0$,或 $bx^2+cx+a=0$,或 $cx^2+ax+b=0$ 等,有实根 $x=1$. 因而把 $\dfrac{\sqrt{2}b-2c}{a}=1$ 变为

$$2c-\sqrt{2}b+a=0 \qquad\qquad ③$$

后,就可以看成是方程 $cx^2+bx+a=0$ 有实根 $x=-\sqrt{2}$. 为了让分母不为零($a\neq0$)的隐含条件直接保证方程必定为二次方程,可以把③变为

$$\begin{cases} ax^2-\sqrt{2}bx+2c=0, \\ x=1 \end{cases}$$

或

$$\begin{cases} x^2-\sqrt{2}bx+2ac=0, \\ x=a \end{cases}$$

或

$$\begin{cases} ax^2+bx+c=0, \\ x=-\dfrac{\sqrt{2}}{2}. \end{cases}$$

这应该就是例 1 解法 2 的由来. 这种想法无非是

(1) 由等式看到了方程;

(2) 由已知数看到了未知数的取值;

(3) 由不等式看到二次方程的判别式非负.

然后,用"二次方程有实数根则判别式非负"的现成结论去说明题目的内容实质(也揭示题目的编拟由来). 这些想法迁移到例 2 没有知识上的困难,无非

是对方程的系数作点微调. 在《数学解题论》课堂上, 我们曾(在讲完下述例 4 后)作为思考题, 提出能否也用构造方程的方法求解例 2, 下课时学生提交了 3 个解法. 即下面的证明 1(默认了 $c \neq 0$)、证明 2、证明 3. 学生的表现说明, "这种方法失效了"与事实不符.

证明 1 由 $\dfrac{\sqrt{2}\,b - 3c}{a} = 1$, 有

$$2c - \sqrt{2}\,b + (a + c) = 0. \tag{④}$$

当 $c = 0$ 时, $b = \dfrac{a}{\sqrt{2}} \neq 0$, 有 $b^2 > 0 = 4ac$, 结论已成立.

当 $c \neq 0$ 时, 由④知二次方程 $cx^2 + bx + (a + c) = 0$ 有实根 $x = -\sqrt{2}$, 从而判别式非负, 有 $b^2 - 4c(a + c) \geqslant 0$, 得 $b^2 \geqslant 4ac + 4c^2 > 4ac$.

综上得 $b^2 > 4ac$.

说明 (1) 由上面的证明可以看到, $b^2 \geqslant 4ac$ 中的等号是不能取到的, 等号是"结论虚设".

(2) 由上面的证明没有用到"a, b, c 为正数"还可以反思: 例 1 中"a, b, c 为正数"是"条件多余". (解法 2 证例 1 时本来就不需要"a, b, c 为正数")

(3) 如果让例 2 还保留"a, b, c 为正数", 则 $c = 0$ 的讨论自动取消.

证明 2 由 $\dfrac{\sqrt{2}\,b - 3c}{a} = 1$, 有

$$\frac{a + c}{2} - \frac{\sqrt{2}}{2} b + c = 0. \tag{⑤}$$

当 $a + c = 0$ 时, 有 $ac < 0$ 且 $b = \sqrt{2}\,c = -\sqrt{2}\,a \neq 0$, 得 $b^2 > 0 > 4ac$, 结论已成立.

当 $a + c \neq 0$ 时, 由⑤知二次方程 $(a + c)x^2 + bx + c = 0$ 有实数根 $x = -\dfrac{\sqrt{2}}{2}$, 从而判别式非负, 有 $b^2 - 4(a + c)c \geqslant 0$, 得

$$b^2 \geqslant 4ac + 4c^2 \geqslant 4ac. \tag{⑥}$$

说明 (1) 对⑥式讨论 $c = 0$ 与 $c \neq 0$, 仍可得出 $b^2 > 4ac$.

（2）如果例 2 还保留"a，b，c 为正数"，那与例 1 的解法 2 书写就更加一致了.

证明 3　当 $ac<0$ 时,显然有 $b^2\geqslant0>4ac$.

当 $ac\geqslant0$ 时,由 $\dfrac{\sqrt{2}b-3c}{a}=1$,有 $a-\sqrt{2}b+3c=0$,这表明,二次方程 $ax^2-\sqrt{2}bx+3c=0$ 有实根 $x=1$,得判别式非负 $(\sqrt{2}b)^2-4a(3c)\geqslant0$,得

$$b^2\geqslant4ac+2ac\geqslant4ac.$$

证明 4　由 $\dfrac{\sqrt{2}b-3c}{a}=1$,有 $a^2-\sqrt{2}ab+3ac=0$,这表明,二次方程 $x^2-\sqrt{2}bx+3ac=0$ 有实根 $x=a$. 当 $ac<0$ 时,显然有 $b^2\geqslant0>4ac$;当 $ac\geqslant0$ 时,由判别式非负有 $(\sqrt{2}b)^2-4\cdot1\cdot(3ac)\geqslant0$,得 $b^2\geqslant4ac+2ac\geqslant4ac$.

如果不拘泥于构造二次方程,那么就还可以构造二次函数或二次不等式. 如

证明 5　当 $ac\leqslant0$ 时,显然有 $b^2\geqslant0\geqslant4ac$.

当 $ac>0$ 时,由 $\dfrac{\sqrt{2}b-3c}{a}=1$,有 $\dfrac{2c}{a}-\dfrac{\sqrt{2}b}{a}+1=-\dfrac{c}{a}<0$,这表明,开口向上的抛物线 $y=\dfrac{c}{a}x^2+\dfrac{b}{a}x+1$ 经过 x 轴下方的点 $\left(-\sqrt{2},-\dfrac{c}{a}\right)$,因而图像与 x 轴相交,有判别式大于零,$\left(\dfrac{b}{a}\right)^2-4\left(\dfrac{c}{a}\right)>0\Leftrightarrow b^2>4ac$.

还可以写出一些构造性的证法,不赘述. 如果认为这些解法仍有"巧合"成分的话,那么,我们说这些证法还可以推出更一般性的结论(例 3),在处理此类题目上都比解法 1 有较强的功能.

例 3　已知 $\sqrt{n}\geqslant m>0$,$\dfrac{mb-nc}{a}=1$,求证 $b^2\geqslant4ac$.

证明　当 $c=0$ 时,$b=\dfrac{a}{m}\neq0$,有 $b^2>0=4ac$,结论已成立.

当 $c\neq0$ 时,由已知有 $nc-mb+a=0$,即 $m^2c-mb+[a+(n-m^2)c]=0$.

这表明,二次方程 $cx^2+bx+[a+(n-m^2)c]=0$ 有实数根 $x=-m$,从而判别式非负,有 $b^2-4c[a+(n-m^2)c]\geqslant0$,得 $b^2\geqslant4ac+4(n-m^2)c^2\geqslant4ac$.

等号成立当且仅当 $\sqrt{n}=m$.

更多的证法不赘述.

说明　由上面的事实可以看到,构造方程的想法不仅有多种途径来证明例 2,而且还可以作出推广(例 3),认为解法 2 对例 2"失效了"、对例 1 是"一种巧合"、"缺乏普遍性"值得商榷,其作为文[1]命题 1 的论据是"失效"的.

2.2　两种解法的对比分析

去掉了"解法 2 失效"的不实之词后,我们就可以用较为客观的态度来分析两种解法及其在两道题目中的表现了.

(1) 例 1 的两种解法有相通的知识背景

解法 1 的关键步骤是用基本不等式

$$a+2c \geqslant 2\sqrt{2ac} \Leftrightarrow (\sqrt{a}-\sqrt{2c})^2 \geqslant 0,$$

可见其知识背景是"配方"及"实数的平方非负".

解法 2 的关键步骤是用二次方程的判别式,表面上两者没有什么共同的地方,其实不然,因为判别式就是对二次方程配方的结果. 对方程

$$ax^2+bx+c=0(a \neq 0),\qquad\qquad ⑦$$

两边乘以 $4a$,有　　　　　　$4a^2x^2+4abx+4ac=0,$

两边加上 b^2 后,配方,有　$b^2-4ac=(2ax+b)^2.$　　　　　　⑧

这个结果也可以由求根公式 $x=\dfrac{-b \pm \sqrt{b^2-4ac}}{2a}$ 变形后平方得出. 可见,判别式就是一个完全平方式 $(2ax+b)^2$,在实数范围内能产生非负数(参见文[2]P.267 及文[3])[①]. 因而,"二次方程有实根则判别式非负"的知识背景也是"配方"及"实数的平方非负". 解法 2 无非是在⑦中取 $x=-\dfrac{\sqrt{2}}{2}$,并直接由 ⑧ 得出 $b^2-4ac \geqslant 0$. 若把二次方程配方的过程呈现出来(两边乘以 $4a$,两边加上 b^2 等),则解法 2 可以改写为:

---

① 为了强调这一点,笔者编拟了 1992 年初中联赛选择题第 2 小题:若 x_0 是一元二次方程 $ax^2+bx+c=0 \ (a \neq 0)$ 的根,则判别式 $\Delta=b^2-4ac$ 与平方式 $M=(2ax_0+b)^2$ 的关系是(　　).
　　(A) $\Delta > M$　　(B) $\Delta = M$　　(C) $\Delta < M$　　(D) 不确定

解法 3　$\dfrac{\sqrt{2}\,b-2c}{a}=1\Leftrightarrow b^2-4ac=(\sqrt{2}\,a-b)^2\geqslant 0.$ ⑨

这就仅仅表现为演算操作了,再把⑨作改写

$$b^2-4ac=(\sqrt{2}\,a-b)^2=\left(\sqrt{2}\,a-\frac{a+2c}{\sqrt{2}}\right)^2=\left(\frac{a}{\sqrt{2}}-\sqrt{2}\,c\right)^2\geqslant 0.$$

又可得

解法 4　由已知有 $b=\dfrac{a}{\sqrt{2}}+\sqrt{2}\,c$,平方,得

$$b^2=\left(\frac{a}{\sqrt{2}}+\sqrt{2}\,c\right)^2=\left(\frac{a}{\sqrt{2}}-\sqrt{2}\,c\right)^2+4ac\geqslant 4ac.$$

说明　由于 $\left(\dfrac{a}{\sqrt{2}}-\sqrt{2}\,c\right)^2\geqslant 0\Leftrightarrow\dfrac{a^2}{2}+2c^2\geqslant 2ac$,因而,解法 4 与解法 1 已经很接近了,这再次说明两种解法确实有相同的知识背景,是可以沟通、而非天然对立的.(将解法 4 的配方替换为"基本不等式"就是下面的解法 5)

(2) 解法 2 比解法 1 用到较少的条件

解法 2(包括解法 3、解法 4 及例 2 的多个证法)没有用到"a,b,c 为正数",说明这是一个多余的条件.而解法 1 则紧紧依赖于"a,b,c 为正数"的多余条件:解法 1 中若没有 a,b,c 为正数,其第①式 $a+2c\geqslant 2\sqrt{2ac}$ 就不成立,特别地,当 $ac<0$ 时,右边开方没有意义;当 $a<0$,$c<0$ 时,右边开方虽有意义,但左边小于右边.又当 $b<0$ 时,第②式 $\sqrt{2}\,b\geqslant 2\sqrt{2ac}$ 也不成立.

正是因为解法 1 依赖于多余条件"a,b,c 为正数",所以,对去掉这个条件的例 2,就立即出现障碍了,当 $ac<0$ 时,把 $\dfrac{\sqrt{2}\,b-3c}{a}=1$ 变为 $\sqrt{2}\,b=a+3c$ 后,无法用基本不等式得出 $a+3c\geqslant 2\sqrt{3ac}$,如果这也算"失效"的话,那对例 2 首先"失效"的就应是解法 1 而非解法 2 了.

其实,把解法 1 的解题顺序交换一下,也能看出"a,b,c 为正数"是多余条件,就是说:先平方,后用基本不等式,有

解法 5　由已知有 $b=\dfrac{a}{\sqrt{2}}+\sqrt{2}\,c$,平方

$$b^2 = \frac{a^2}{2} + 2c^2 + 2ac \geqslant 2 \cdot \frac{a}{\sqrt{2}} \cdot \sqrt{2}c + 2ac = 4ac.$$

可见,用基本不等式照样可以去掉"a,b,c 为正数",从而可将题目例 1 精简为

例 4　已知 $\dfrac{\sqrt{2}\,b - 2c}{a}$,求证 $b^2 \geqslant 4ac$.

这时,解法 2、解法 3、解法 4、解法 5 都直接有效,唯独解法 1"暂时失效"(可以变通);对例 3 情况也是这样.

(3) 解法 2 比解法 1 有更大的变化余地

解法 1 用到两正数的基本不等式 $(x + y \geqslant 2\sqrt{xy})$,将 a,b,c 局限为正数,而解法 2 不仅没有这样的限制,而且将数字一般化为字母(例 3),这就提供了更宽广的舞台,可以写出不同的方程和方程解的不同取值,如

$$\begin{cases} cx^2 + bx + a = 0, \\ x = -\sqrt{2}, \end{cases} \qquad \begin{cases} cx^2 - bx + a = 0, \\ x = \sqrt{2}, \end{cases}$$

$$\begin{cases} 2cx^2 - \sqrt{2}bx + a = 0, \\ x = 1. \end{cases} \qquad \begin{cases} 2cx^2 + \sqrt{2}bx + a = 0, \\ x = -1. \end{cases}$$

$$\begin{cases} ax^2 + bx + c = 0, \\ x = -\dfrac{\sqrt{2}}{2}, \end{cases} \qquad \begin{cases} ax^2 - bx + c = 0, \\ x = \dfrac{\sqrt{2}}{2}, \end{cases}$$

$$\begin{cases} \dfrac{a}{2}x^2 + \dfrac{\sqrt{2}}{2}bx + c = 0, \\ x = -1, \end{cases} \qquad \begin{cases} \dfrac{a}{2}x^2 - \dfrac{\sqrt{2}}{2}bx + c = 0, \\ x = 1 \end{cases}$$

$$\begin{cases} ax^2 - \sqrt{2}bx + 2c = 0, \\ x = 1, \end{cases} \qquad \begin{cases} ax^2 + \sqrt{2}bx + 2c = 0, \\ x = -1, \end{cases}$$

$$\begin{cases} x^2 - \sqrt{2}bx + 2ac = 0, \\ x = a, \end{cases} \qquad \begin{cases} x^2 + \sqrt{2}bx + 2ac = 0, \\ x = -a, \end{cases}$$

等等,写法很多.

这样一来,对于解法 2 的每个变形就都有机会根据其运算背景,选择适当方程的判别式来代替相应的基本不等式,从而表现出更大的变化余地. 比如,根

据解法 1 的运算可以有相应的方程与判别式解法：

解法 6　由 $\dfrac{\sqrt{2}\,b-2c}{a}=1$，有 $a-\sqrt{2}\,b+2c=0$.

这表明二次方程 $ax^2-\sqrt{2}\,bx+2c=0$ 有实根 $x=1$，从而判别式非负

$$(\sqrt{2}\,b)^2-4\cdot a\cdot(2c)\geqslant 0, \qquad\qquad ⑩$$

得
$$b^2\geqslant 4ac.$$

说明　此处的最后两行，正是用"判别式"替代解法 1 中的"基本不等式"，⑩式的运算与①、②的运算类似.

还要指出，这里体现了构造的思想和方程的观点，文[4](P.81)说："构造思想和转化思想是数学中的两大基本思想，这是由数学和数学方法的本质所决定的."我们不是常说"数学思想方法的教学"吗？现在，有一个构造与转化的机会，我们为什么要"叶公好龙"，反被"龙"给吓坏了呢？

3　事实与启示

由上面的分析我们可以得到一些基本的事实，从而获得一些有益的启示.

（1）细节决定成败，态度影响解题

除非文[1]提供论证，否则还不能承认文[1]提出的命题 1、命题 2 为真命题. 事实正好相反，构造方程的想法不仅有多种途径证明例 2，而且还可以作出推广（例 3）. 那么，文[1]为什么会得出命题 2 呢？我们有下面的 4 步分析：

首先，把一个方法从例 1 用到例 2 时，知识基础没有障碍，因而障碍只能在非智力因素上.

其次，我们看到，文[1]对解法 2 在例 1 中的评价是比较消极的（"巧合"而已），因而用解法 2 处理例 2 时也就难免带有消极情绪的预期，稍微试做了一下没试出来（我们估计试做没有超过 25 分钟，因为《数学解题论》课堂上，学生想出解法来没有超过 25 分钟），于是就认为"失效了"，这时，心理上的情绪就转化为逻辑上的疏忽——把"不会"当作"不能"了. 其实，从例 1 到例 2 的迁移，只不过是方程系数的调整，没有技术上的多大困难，倒是"细节决定成败".

再次，"心理上的情绪"还使得文[1]对解法 1、解法 2 采取了双重标准. 本来，两正数的基本不等式 $x+y\geqslant 2\sqrt{xy}$ 依赖于 x,y 为正数（至少非负），去掉这个条件结论不成立，这是"显然"的，但在文[1]中变得"不显然"了，只字不提

解法 1 对例 2(去掉"a, b, c 为正数")失不失效;相反,解法 2 对例 2"失效"是"不显然"的,但在文[1]中却变得"显然"了. 这种"显然"与"不显然"的颠倒说明:态度影响解题. 波利亚说:"认为解题纯粹是一种智能活动是错误的;决心与情绪所起的作用很重要."他强调说:"教学生解题是意志的教育……如果学生在学校里没有机会尝尽为求解而奋斗的喜怒哀乐,那么他的数学教育就在最重要的地方失败了."(见文[5]P. 92, P. 93)

最后,命题 2 的得出应与没看清"两种解法有相通的知识背景"有关,因而,文[1]在评述中将两种解法人为对立起来了.

(2) 例 1 的两种解法各有自己的存在价值与存在空间

例 1 的两种解法有相同的"配方"及"实数的平方非负"等知识背景,但又表现出不同的走向. 为了得出 $b^2 \geqslant 4ac$,解法 1 更注重形式上的一致,把条件中字母的指数从一次上升成二次,把条件中的等式放缩成不等式,表现为思维比较具体的演算操作;解法 2 更注重内容上的转化,由条件中的等式看到了方程,由条件中的已知数看到了未知数的取值,由结论中的不等式看到了二次方程的判别式非负,表现为思维比较跳跃的推理,从系统论的角度看来,这是使系统开放,并为静止、孤立的状态设计一个更为生动,更为广阔的过程. (参见文[2]P. 185)

如同大家所看到的,在方程观点之下,用"二次方程有实数根则判别式非负"的现成结论代替恒等变形与放缩技巧,两句话就完成了解题,直接由条件到达结论. 在这里,乘方、配方以及放大缩小等操作的节省,解法显得干净,解题长度也稍微短一些. 假若不是解法 2 比解法 1 有更短的解题长度,相信也没有人会说解法 2"巧合".

如果把解法 2 对解题长度的节省,比作中间没有停站的直通车的话,那么解法 1 就像是站站都停的市内公交车了. 当然,直通车省时,但不便于中途上下的群众. 文[1]的态度是不要直通车. 我们的看法是两种方式都应有自己的存在价值与存在空间,就是说,在解题中应把形式与内容结合起来思考,把演算操作与内容转化配合起来推进,沟通它们的联系,吸收双重优势. 反之,用一种解法去非议另一种解法,制造人为的对立,恰好说明不知道它们之间有内在联系,也是在问题解决所固有的多样化面前"结茧自缚".

当然,不同解法的教育价值可以有大有小,存在空间也可以有宽有窄. 不过,这可是因题而异的,对于 A 类题,可能这种方法比那种方法价值更大、空间更宽,而对于 B 类题又可能情况恰好相反. 我们说解法 2 比解法 1"有更短的长度"、"更强的功能"、"用到较少的条件"、"有更大的变化余地"等都是对本文的题目而言的,换一类题目"基本不等式"完全可以比"构造二次方程"更方便.

(3) 解题研究无禁区,解题教学有范围

这个看法我们在文[6]中表达过,在此再作重申.

解题研究与解题教学是密切相关而又有不同价值取向的两个问题. 对教师自己的解题而言,是没有什么不可以研究的,面越宽越好,度越深越好,常规的解法与特殊的解法,简单的解法与麻烦的解法,初等的解法与高等的解法,正确的解法与错误的解法等,教师都可以去做,去体验,各个解法也都有其存在的价值. 但解题教学却是有范围限制的,哪些解法可以用于课堂、用到什么程度等,都必须根据《数学课程标准》的要求和学生实际作出选择. 我们不要因为课堂只能容纳一两个解法而非议教师找出了一二十种解法,教师也不要把一二十种解法全都搬到课堂上来、反让学生连一种解法都掌握不了. 有时候,一道例题的特殊数据(或特殊结构)会导致一个特别简单的解法,教师尽可以把自己的新发现拿到刊物上去发表,而是否进入课堂则要具体分析.

就本文而言,题目及其各种解法都有独立存在的价值. 但是,题目本身是否进入课堂、哪些解法更适合你的课堂等,却要根据学校与课堂的实际区别对待. 值得注意的是,在倡导课堂开放、课堂民主的今天,如果我们放开让同学们去探索本文的有关题目,那学生不仅会提出类似的解法,而且有可能提出更多的解法. 当然,还可能有学生指出例 1 中"a, b, c 为正数"是"条件多余",例 2 中"$b^2 \geqslant 4ac$"中的等号是"结论虚设". 这就不是教师的研究进不进课堂,而是平常的知识积累够不够用的问题了(书到用时方恨少).

我们既不要以"教学要求"来限制教师的研究,也不要把教师的研究照搬到课堂.

(4) 加强数学观对数学解题指导的研究

数学观对解题有指导作用,静态数学观对数学解题的指导更多地表现为"记忆事实—运用算法—执行记忆与经验得来的操作—得出答案",而动态数学观对数学解题的指导更多地表现为"解题是数学内容(概念、公式、定理、法则等)与数学方法的相互作用和关系的重新建构,是人类的一种创造性活动",动态数学观承认数学问题的解答具有多样性,倡导教学民主.本案例的认识分歧启示我们,应该研究:数学观对解题观有哪些影响? 数学观又是如何影响解题的、其心理机制如何? 等等.

(5) 加强数学解题的实证研究

不仅文[1]提出的两个命题值得商榷,就目前的实际情况而言,解题研究所获得的认识大都是"经验之谈",很少经过实证.近年的学位论文作了一些实证,但也是有适用范围的.所以,不管是谁说的话,都只有相对意义上的合理性,都应该接受理论的拷问与实证的检验.麻雀会不会数数(shǔ shù)要由事实说话;一题多解是不是有利于发散思维的培养或是怎样促进发散思维的,也要有实证依据.

同样,笔者个人对数学解题的认识与实践(包括本文在内),虽然不无个案的支持,但还缺少广泛的实证,虽然能找到相关理论的一些说明,但主要还是有待提升的经验.我们更愿意将其看成实验假设,并期待广大教师去实证相关的分析(包括纠正当中的解题愚蠢).

总之,我们千万不要把数学教育的结论看成是童年时任人摆弄的玩具娃娃,千万不要把连自己都尚未说服的看法作为能被大家接受的结论.数学教育的结论要提供理论依据和实证支撑,要能说服自己、说服朋友、说服论敌.

参考文献

[1] 李祎.数学解题应力求简单、自然——读《解题研究》一书有感[J].数学通报,2006(10).

[2] 罗增儒.数学解题学引论[M].西安:陕西师范大学出版社,1997.

[3] 罗增儒.判别式的整体结构:$b^2 - 4ac = (2ax + b)^2$[J].中等数学,2004(6);2005(1).

[4] 欧阳维诚,张垚,肖果能.初中数学思想方法选讲[M].长沙:湖南教育出版社,2000.

[5] [美]G.波利亚.怎样解题[M].阎育苏,译.北京:科学出版社,1982.

[6] 罗增儒.教育叙事:数三角形的认识封闭及其突破[J].中学数学教学参考(初中),2007(4).

(还可参见本书下集第二章第二节第一篇《解题坐标系的构想》)

第 13 篇　心路历程：特殊与一般的双向沟通①

本文将要谈到一道 2007 年的高考选择题,它的难度系数为 0.65,属于中档常规题. 我们的工作是把这道普普通通的题目作为一个典型的案例,分析它的种种求解思路,并努力弄清麻烦的思路到底麻烦在什么地方,能不能变简单些? 特殊的思路到底特殊在什么地方,能不能推进到一般? 其中由思路 1、思路 2 到思路 4 的心路历程,主要反映了特殊与一般的双向沟通,而在这个自觉的探究中,我们将有机会积累起数学基本活动经验. 首先看题目:

例 1　(2007 年高考数学陕西卷理科第 5 题)各项均为正数的等比数列 $\{a_n\}$ 的前 n 项和为 S_n,若 $S_n=2$,$S_{3n}=14$,则 S_{4n} 等于(　　).

(A) 16　　　　　(B) 26　　　　　(C) 30　　　　　(D) 80

显然,本例与下述高中数学联赛题属于同一类型($n=10$ 的特例),条件的数据也有 2∶10＝14∶70＝1∶5 的关系.

例 2　(1998 年高中数学联赛第一(3)题,参见文[1])各项均为实数的等比数列 $\{a_n\}$ 前 n 项之和记为 S_n,若 $S_{10}=10$,$S_{30}=70$,则 S_{40} 等于(　　).

(A) 150　　　　　　　　　　　(B) －200

(C) 150 或－200　　　　　　　(D) 400 或－50

(例 2 的选择支设计有些问题,本文不作展开)

1　数学活动的开展——解题思路的常规探求

下面两个求解例 1 的思路来自中学师生,是多数人的基本选择.

1.1　思路 1：更体现一般性的思考

众所周知,等比数列有关量 n,a_n,S_n 等的计算,都可以通过 a_1,q 来确定. 由求和公式

$$S_{4n}=\frac{a_1(1-q^{4n})}{1-q}$$

可知,只需求 a_1,q 两个未知数. 而确定两个未知数只需两个独立的条件,现在

---

① 本文原载《中学数学教学参考》(上半月·高中)2008(7)：27-31；中国人民大学复印报刊资料
　《中学数学教与学》(上半月·高中)2008(11)：48-52(署名：罗增儒).

题目给了两个等量关系 $S_n=2$, $S_{3n}=14$, 因而两个未知数 a_1, q 应是可以求出来的, 思路通了.

在这里, 思考的基本出发点是用 a_1, q 表示求和公式.

解法 1　设等比数列的公比为 q, 由已知有

$$S_n = \frac{a_1(1-q^n)}{1-q} = 2, \qquad ①$$

$$S_{3n} = \frac{a_1(1-q^{3n})}{1-q} = 14. \qquad ②$$

以上两式相除, 得方程　　　$q^{2n}+q^n+1=7$,

即　　　　　　　　　　　$q^{2n}+q^n-6=0$, \qquad ③

变形, 得　　　　　　　$(q^n+3)(q^n-2)=0$. \qquad ④

又由数列各项均为正数知 $q=\dfrac{a_{k+1}}{a_k}>0$, 进而 $q^n+3>0$, 由④得

$$q^n=2 \Rightarrow q=\sqrt[n]{2}. \qquad ⑤$$

代入①可求得

$$a_1 = \frac{S_n(1-q)}{1-q^n} = \frac{2(1-\sqrt[n]{2})}{1-2} = 2(\sqrt[n]{2}-1). \qquad ⑥$$

得　　　$S_{4n} = \frac{a_1(1-q^{4n})}{1-q} = \frac{2(\sqrt[n]{2}-1)(1-2^4)}{1-\sqrt[n]{2}} = 2\times 15 = 30. \qquad ⑦$

对照四个选项, 应选(C).

这个思路, 分析是有道理的, 求出 $S_{4n}=30$ 也是正确的, 但对题型特征关注不够, 直至答案完成之后才去对照四个选项, 相当于比做一道解答题还多写了一步. 因此, 中学界还有另一个常见的思路, 即从一开始就紧紧抓住选择题的两个题型特点:

(1) 答案在四个选项中;

(2) 四个选项有且只有一个是正确的.

这可以避免"小题大做", 力争"小题小做"或"小题巧做".

1.2　思路 2: 更体现特殊性的思考

由于选择题比一般解答题多了题干前面的说明词和题干后面的四个选项,

这就给我们思路的寻找提供了更多的机会. 我们首先注意到本例的四个选项都是具体的数值, 所以 S_{4n} 的值应是一个与 n 无关的定值(想一想, S_{4n} 为什么不是 n 的非定值函数). 特别地, 取 $n=1$ 时, S_4 也应取这个值(全称命题正确, 其特称命题必然正确). 这就给了我们一个必要条件去排除诱误项.

　　一旦必要条件排除了 3 个诱误项, 由"四个选项有且只有一项正确"可知, 剩下的那个选项必为所求.

　　这就是特殊值解选择题的基本思路. 它常常降低题目的难度, 并使命题者的考查意图失落. 比如, 对例 2 可以这样求解:

　　由实数列知 $q^{10}>0$, 又 $S_{10}=10>0$, $S_{30}=70>0$, 故必有

$$S_{40}=S_{10}+q^{10}S_{30}>0.$$

这就一举否定了含有负值的选项(B)、(C)、(D), 选(A).

　　再如, 在例 1 中取 $n=2$, 得:

　　例 3　各项均为正数的等比数列 $\{a_n\}$ 的前 n 项和为 S_n, 若 $S_2=2$, $S_6=14$, 则 S_8 等于(　　).

　　(A) 16　　　　(B) 26　　　　(C) 30　　　　(D) 80

　　如果不是选择题, 例 1 求 S_{4n}, 例 3 求 S_8, 当然是例 1 更具一般性, 也有更高的要求, 但作为选择题, 在例 1 中取 $n=1$ 来求解, 就反而比例 3 更方便了.

　　解法 2　设等比数列的公比为 q, 由数列各项均为正数知 $q=\dfrac{a_{k+1}}{a_k}>0$. 在已知条件 $S_n=2$, $S_{3n}=14$ 中, 取 $n=1$, 有

$$\begin{cases} S_1=a_1=2, & \text{⑧} \\ S_3=a_1+a_1q+a_1q^2=14, & \text{⑨} \end{cases}$$

代入消去 a_1, 得二次方程　　　　$q^2+q+1=7$,

$$q^2+q-6=0, \qquad\qquad ⑩$$

变形, 得　　　　　　　　$(q+3)(q-2)=0.$　　　　⑪

但 $q>0$, 更有 $q+3>0$, 得　　　$q=2$,　　　　⑫

进而 $S_4=a_1+a_1q+a_1q^2+a_1q^3=a_1+qS_3=2+2\times14=30.$　　⑬

　　这就否定了不满足必要条件的选项(A)、(B)、(D), 又由选择题的选项有且

只有一个正确知,选(C).

一般的解题教学都能进行到这两个思路,也常常进行到这两个思路就宣告结束了.我们的看法是(参见文[2]),这只不过是提供了继续暴露数学思维过程的优质素材,沟通知识更广泛联系、积累数学基本活动更丰富经验的工作还有待开始.

2 数学活动的深入——探求结果的反思分析

上述两个思路给我们最突出的印象是,一个具有一般性,另一个具有特殊性.而具有一般性的思路书写麻烦些,具有特殊性的思路书写简单些,我们的兴趣不满足于只看到这些事实,而是致力于弄清:

(1) 麻烦的思路到底麻烦在什么地方,能不能变简单些?

(2) 特殊的思路到底特殊在什么地方,能不能推进到一般?

2.1 两个思路的对比分析

我们的基本想法是,将解题思路分解为一个个步骤,弄清每一步用到什么知识、用到什么方法.这些知识与方法是怎样被提取和组织起来的? 思考这些问题可以帮助我们找到麻烦(或简单)的地方,而针对这些地方进行知识的转换,又有可能化麻烦为简单、推特殊到一般. 为此,我们对两个思路作结构分析.列表对比如下:

步骤	思路1	思路2	区别
第一步,由已知 S_n,S_{3n} 推出关于 q 的方程	由已知条件,有 $$S_n = \frac{a_1(1-q^n)}{1-q} = 2,$$ $$S_{3n} = \frac{a_1(1-q^{3n})}{1-q} = 14,$$ 相除,得方程 $$q^{2n} + q^n - 6 = 0$$	由已知条件令 $n=1$,有 $$S_1 = a_1 = 2,$$ $$S_3 = a_1(1+q+q^2) = 14,$$ 相除,得方程 $$q^2 + q - 6 = 0$$	(1) 使用的求和公式不同,思路1中有 $q \neq 1$ 的要求,思路2中无此限制; (2) 思路2中 a_1 成为已知,思路1要在第2步中才求出来
第二步,解方程求出 q,a_1	解方程,求出 $q^n = 2 \Rightarrow q = \sqrt[n]{2}$,进而得 $a_1 = 2(\sqrt[n]{2}-1)$	解方程,求出 $q = 2$	(1) 解方程时,思路2直接得出 q,思路1还要开方才能求出 q; (2) 思路1还要再求 a_1,思路2不用了

步骤	思路 1	思路 2	区　别
第三步,代入公式,求出答案 S_{4n}（或 S_4）的值	求出 $S_{4n}=\dfrac{a_1(1-q^{4n})}{1-q}=30$	求出 $S_4=S_1+qS_3=30$	(1) 使用的求和公式不一样,思路 2 只需求出 q; (2) 虽然两种计算都得出 30,但思路 1 是直接得出选项(C),而思路 2 是否定(A)、(B)、(D)后间接得出选项(C)

由这个三步骤的简单对比可以看到,两个思路的基本步骤是类似的,都是

$$\boxed{由已知推出 q 的方程}\ \text{——}\ \boxed{解方程}\ \text{——}\ \boxed{算答案}$$

但几乎每一步都有区别. 主要表现在:

第一,使用的求和公式不一样.

思路 1 以 $S_{4n}=\dfrac{a_1(1-q^{4n})}{1-q}$ 为逻辑起点,将问题归结为 a_1, q 的求解. 三次

使用求和公式 $S_n=\dfrac{a_1(1-q^n)}{1-q}$.

这个表达式还有 $q\neq1$ 的要求,这在思路 1 的求解过程中没有明确证实.

思路 2 取 $n=1$ 后, $a_1=S_1$ 成为已知条件,其作为目标使用的求和公式 $S_4=S_1+qS_3$,是一种递推关系,归结为:只需求出 q.

第二,计算 $S_{4n}(S_4)$ 的途径不一样.

首先,思路 1 比思路 2 既多了由 $q^n=2$ 开方得 $q=\sqrt[n]{2}$ 的过程,又多了代入求 $a_1=2(\sqrt[n]{2}-1)$ 的过程;其次,在求 S_{4n} 时,q, a_1 均被还原为 $q^n=2$, $\dfrac{a_1}{1-q}=-2$,

因而求出 q, a_1 成了多余的思维回路,有 $q^n=2$, $\dfrac{a_1}{1-q}=\dfrac{S_n}{1-q^n}=-2$ 就够了.

第三,虽然两种计算都得出选项(C):30,但选择(C)的逻辑途径却有区别,思路 1 是直接得出(C),而思路 2 是否定(A)、(B)、(D)后间接得出(C).

由上面的初步分析,可以有意识去改进思路 1,我们称为思路 3.

2.2　思路 3 及其反思

解法 3　设等比数列的公比为 q,由数列的各项均为正数知 $q=\dfrac{a_{k+1}}{a_k}>0$,且

由 $S_{3n}=14\neq 3\times 2=3S_n$，知 $q\neq 1$，有

$$S_n=\frac{a_1}{1-q}(1-q^n)=2,$$

$$S_{3n}=\frac{a_1}{1-q}(1-q^{3n})=14,$$

两式相除，得 $\qquad\qquad q^{2n}+q^n+1=7,$

变形，得 $\qquad\qquad (q^n+3)(q^n-2)=0,$

但 $q^n+3>0$，只有 $q^n=2$.

代入 S_n 的表达式，可求得

$$\frac{a_1}{1-q}=\frac{S_n}{1-q^n}=\frac{2}{1-2}=-2,$$

得 $\qquad\qquad S_{4n}=\frac{a_1}{1-q}(1-q^{4n})=(-2)(1-2^4)=30.$

表面上看，这个解法填补了思路 1 的逻辑漏洞，也删除了思路 1 中的思维回路，是一个进步. 然而，这个进步是十分有限的.

第一，为了解决 $1-q$ 做分母不为零的问题，至少有两个途径：其一，证明 $q\neq 1$，思路 3 是通过验证 $S_{3n}\neq 3S_n$ 来实现的；其二，压根就不让它做分母，思路 2 就没让 $1-q$ 做分母. 两相对比，我们能从中获得什么启示呢？

第二，虽然思路 3 消除了"先求 q，a_1，再消去"的两个思维回路，却又产生了"先求 $\frac{a_1}{1-q}$ 再消去"的新回路，而类似的回路在思路 2 中是没有的，那么这个回路会不会也是多余的呢？

第三，思路 3 虽然改进了思路 1，但并没有改变它比思路 2 麻烦的基本面貌，也没有提供特殊与一般之间的清晰联系.

我们的反思继续进行，并且越来越感到不要让 $1-q$ 做分母.

2.3 由特殊推进到一般

具体的做法是根据思路 1、思路 2 的差异，从思路 2 出发，逐个步骤一般化.

第一步，我们首先注意到①、②式与⑧、⑨式有结构上的区别（即上文说的使用求和公式不一样），而⑧、⑨式没有让 $1-q$ 做分母，更便于本例的计算，因此，我们想让⑧、⑨式一般化代替①、②式，具体说是使 S_{3n} 具有 $S_3=a_1+a_1q+$

$a_1 q^2$ 那样的类似结构,这时②÷①得③的运算给了我们一个提示,由

$$\frac{S_{3n}}{S_n} = 1 + q^n + q^{2n},$$

得
$$S_{3n} = S_n(1 + q^n + q^{2n}). \qquad ⑭$$

于是,⑭的特殊化是⑨,而⑨的一般化是⑭,两者之间实现了特殊化与一般化的双向沟通,沟通的互译公式是

$$S_1 \leftrightarrow S_n, \quad q \leftrightarrow q^n. \qquad ⑮$$

第二步,我们看到③、④、⑤式与⑩、⑪、⑫式之间很类似,只需按照⑮中的 $q \leftrightarrow q^n$ 互译,便可实现特殊化与一般化之间的双向沟通.

第三步,在最后计算答案时,两个思路有区别(即上文说的计算途径不一样),⑦式用 a_1, q 来计算 S_{4n},而⑬却用递推关系 $S_4 = S_1 + qS_3$.

现在的问题是循着⑮的互译公式,我们能够找到 S_{4n} 与 S_n, S_{3n}, q 的递推关系吗?找"递推关系"的愿望向我们提供了一个类比猜想的方向,向我们提供了一个"由特殊推进到一般"的目标. 让我们从⑦式出发作有意出现 S_n 的变形.

$$S_{4n} = \frac{a_1(1-q^{4n})}{1-q} = \frac{a_1[(1-q^n) + q^n(1-q^{3n})]}{1-q}$$

$$= \frac{a_1(1-q^n)}{1-q} + q^n \frac{a_1(1-q^{3n})}{1-q} = S_n + q^n S_{3n}. \qquad ⑯$$

这个关系也可以不借助于拆项技巧而直接得出,并加以推广,即

$$S_{4n} = a_1 + a_1 q + \cdots + a_1 q^{n-1} + a_1 q^n + a_1 q^{n+1} + \cdots + a_1 q^{4n-1}$$

$$= S_n + q^n(a_1 + a_1 q + \cdots + a_1 q^{3n-1}) = S_n + q^n S_{3n}.$$

一般地,有
$$S_{m+n} = S_n + q^n S_m = S_m + q^m S_n. \qquad ⑰$$

于是⑯的特殊化是⑬,而⑬的一般化是⑯,两者之间实现了特殊化与一般化的双向沟通,沟通的互译公式还是⑮.

这样,一般化的思路就打通了,我们记为思路4.

2.4 思路4:一般化的简单解法

由解题目标 $S_{4n} = S_n + q^n S_{3n}$ 知,计算 S_{4n} 只需求出 q^n. 又由已知

$$S_{3n}=S_n+q^nS_{2n}=S_n+q^n(S_n+q^nS_n)=S_n(1+q^n+q^{2n})$$

知，q^n 是可以解出的，思路已经打通.

解法 4 设等比数列的公比为 q，由数列的各项均为正数有 $q=\dfrac{a_{k+1}}{a_k}>0$.
又由等比数列求和公式有

$$S_{3n}=(a_1+\cdots+a_n)+(a_{n+1}+\cdots+a_{2n})+(a_{2n+1}+\cdots+a_{3n})$$
$$=S_n+q^nS_n+q^{2n}S_n=S_n(1+q^n+q^{2n}).$$

把 $S_n=2$, $S_{3n}=14$ 代入，得

$$q^{2n}+q^n+1=7,$$

即 $$(q^n+3)(q^n-2)=0,$$

但 $q^n+3>0$，得 $q^n=2$.

得 $S_{4n}=(a_1+\cdots+a_n)+(a_{n+1}+\cdots+a_{4n})=S_n+q^nS_{3n}=2+2\times14=30.$

对照四个选项，应选(C).

从一般性与特殊性的角度看来，思路 4 有 3 个特点：

第一，保持了思路 1 的一般性，但已消除了当初的"麻烦"因素与思维回路：

(1) 消除了让 $1-q$ 做分母（要讨论），然后再消去的回路；

(2) 消除了由 $q^n=2$ 开方求出 q，然后再消去 q 的回路；

(3) 消除了先求出 a_1，然后再消去的回路.

第二，保持了思路 1 的简单性，但已丰富了一般性的内涵，即把思路 2 的本质属性抽象概括出来了. 思路 4，无论是问题的解答题形式还是问题的选择题形式，都能从容应对，而只有思路 2 的人就未必能从容应对问题的解答题形式了.

第三，提供了特殊性与一般性的清晰联系，思路 4 是思路 2 的一般化，思路 2 是思路 4 的特殊化，两者有很明晰的对应步骤.

3 基本活动经验——解题经验的自觉积累

确实，思路 4 与思路 2 相比，无论是逻辑关系上还是书写长度上，都不再比思路 2 麻烦. 相反，思路 4 有一种高屋建瓴之势，对解题思路看得更透彻了，对知识联系看得更清楚了. 因此，思路 4 可以认为是解题分析的一个有益成果. 但

是,我们倡导的解题分析并不满足于多找出几个解法,而是希望通过解题过程的分析,去领悟:

(1) 怎样解题;

(2) 怎样学会解题.

本着这样的理念,我们来自觉总结在本案例活动中的 7 个基本收获. 简述于下.

3.1　通过解题分析学会解题

聪明的学生也许一开始就能找到思路 4,但是,如果我不算聪明甚至还有点笨呢? 那么上述历程告诉我们,我也可以通过解题过程的分析,自己学会聪明,自己学会解题,使数学解题与智力发展同行. 我们的解题教学应该有"学会聪明"的这个环节.

3.2　解题分析包括认知与元认知两个阶段

上述过程表明,解题分析包括解题思路的探求分析与探求结果的反思分析.

(1) 解题思路的探求分析主要是在还没有思路时,努力找出思路的认知过程,人们已经有了很多共识. 在本例中表现为思路 1、思路 2 的探求.

(2) 探求结果的反思分析主要是在获得初步思路后,对初步思路进行反思的元认知过程,这方面有大量的事情可做. 在本例中表现为思路 3、思路 4 的探求.

3.3　数学解题具有沟通知识更广泛联系的功能

解题要沟通知识的逻辑联系或转化关系,这是比较清楚的,而这本身还是在挖掘知识的更广泛联系,也是在发生数学、在深入理解数学. 但存在认识封闭,有人以为解题仅仅是"规则的简单重复"或"操作的生硬执行". 在本案例中,我们对等比数列的求和公式有了更多的了解,如

$$S_{m+n} = S_n + q^n S_m = S_m + q^n S_n,$$

$$\frac{a_1}{1-q} = \frac{S_n}{1-q^n} = \frac{S_{3n}}{1-q^{3n}} = \frac{S_{4n}}{1-q^{4n}},$$

等等,都是在本题求解中呈现出来的更广泛联系. 应该说,解题是数学学习中不可或缺的核心内容,数学解题的思维实质是发生数学;解题是数学学习中不可

替代的实质活动,解题活动的核心价值是掌握数学. 在解题中沟通知识更广泛联系的功能有待开发.

3.4 黑箱方法的感悟

如果把数学题比作黑箱,把解题比做认识黑箱,那么一般性解法(如思路 4)是通过破译黑箱(变为白箱)去直接认识黑箱,而思路 2 的独特之处在于不破译黑箱(还是黑箱)而间接认识黑箱,这就是所说的黑箱方法. 用"特值排除法"解选择题是黑箱方法在数学解题中的重要应用. 由于选择题既多给了"有且只有一项正确"的前提,又多给了四个结论供参考,因而必然比它的解答题形式难度要低,也为"特值排除法"提供了应用的空间.

换位思考"黑箱方法",则是向命题工作提出了一个忠告:在编拟选择题时,如果使用了全称判断,要谨防考查意图的失落;另外,在选项的搭配上,也要注意独立性、平行性、典型性,保证考查意图的落实. 有人非议学生巧解选择题是"投机取巧",实际上,更应该思考的是"如何提高选择题的编拟质量"!

3.5 目标选择影响解题难度与解题长度

为了求 S_{4n},可以将目标设定为

$$S_{4n} = \frac{a_1(1 - q^{4n})}{1 - q} \text{ 或 } S_{4n} = \frac{a_1 - a_{4n+1}}{1 - q},$$

也可以设定为

$$S_{4n} = S_n + q^n S_{3n} \text{ 或 } S_{4n} = S_{3n} + q^{3n} S_n,$$

等等,它们与已知条件之间有不同的路径,因而目标选择直接影响解题难度与解题长度,通俗说,选择⑦式的思路 1 比选择⑯式的思路 4 麻烦.

3.6 一般化的几个技术

一般化意味着从具体的、特殊的现象中抽象概括出本质性的规律来. 在我们的上述活动中,实现"一般化"主要采用了这样一些做法:

(1)把一个大问题分解为一个个小步骤,然后逐个步骤一般化.(化大为小)

(2)在每步一般化时,抓住关键运算作类比猜想,然后再验证调整.(类比猜想)

(3)在类比猜想时,记下特殊与一般之间的双向对应关系,并在各个步骤中检验与调整.(双译密码)

3.7　找回解题过程中被浪费了的重要信息

在将思路 2 一般化的过程中我们遇到如何将 $S_3 = a_1 + a_1 q + a_1 q^2$ 一般化为 S_{3n} 的问题,还老老实实想了一阵子. 其实,一般化的式子 $S_{3n} = S_n(1 + q^n + q^{2n})$ 既包含在①、②式中,更明明白白写在得出③式的运算中,这是一个被浪费了的信息,其功能在思路 1 中没有被充分发挥出来. 后来,这个式子不仅消除了 $1 - q$ 做分母的麻烦,而且显化了特殊与一般的互译密码:把 S_1 看成 S_n,把 q 看成 q^n.

以上是我们在个别具体案例中获得的体会,还需要得到同行们更广泛的实证支持,并且,思路 4 也不要看作是最后、最好的解法. 任何时候,我们都不要把局部的经验当作普遍的真理;任何时候,我们都应该将现有的思路作为获得更多、更好思路的一个中间过程.

参考文献

[1] 罗增儒. 解题分析——'98 高中联赛与数学思维品质的发展[J]. 中学数学教学参考,1999(1/2).

[2] 罗增儒. 学会学解题[J]. 中学数学教学参考,2004(9)(10)(11)(12).

第 14 篇　数学审题的案例分析①

审题就是从题目本身去寻找"怎样解这道题"的钥匙,也叫做弄清问题或理解题意.

成在审题、败在审题,谁都知道审题具有"事关成败"的重要性,没有审题的开头就没有解题工作的后续,没有审题的明晰就难有"思路探求"的成功. 但是,笔者在与学生接触的过程中越来越感到,学生在解题上的不成功常常可以追溯到"题意未审清或审不清"的解题起点上,行动是盲目的. 那么,怎样才算审清题意? 教师什么时候教过学生"审什么、怎么审"呢? 这恐怕又是一笔糊涂账! 课堂上常见的情况是:出示题目之后立即就讨论解法,获得解法之后就迅速进入下一道题. 其实,学生在"如何理解题意、怎样寻找思路"上是"想知道很多而又有很多不知道",至于"对初步思路的反思",则十有八九都被"解题教学的现实"

---

① 本文原载《中学教研(数学)》2012(7):1-5;中国人民大学复印报刊资料《高中数学教与学》2012(10):3-7(署名:罗增儒).

给砍掉了.

笔者认为,审题主要是弄清题目已经告诉了你什么,又需要你去做什么,从题目本身获取"怎样解这道题"的逻辑起点、推理目标以及沟通起点与目标之间联系的更多信息.解题经验表明,审题的关键是要抓好"审题审什么"的 3 个要点和"审题怎么审"的 4 个步骤[1-2].

(1) "审题审什么"的 3 个要点是:

① 弄清题目的条件是什么,一共有几个,其数学含义如何;

② 弄清题目的结论是什么,一共有几个,其数学含义如何;

③ 弄清题目的条件与结论有哪些数学联系,是一种什么样的结构.

(2) "审题怎么审"的 4 个步骤是:

① 读题——弄清字面含义;

② 理解——弄清数学含义;

③ 表征——识别题目类型;

④ 深化——接近深层结构.

题目的条件和结论是"怎样解这道题"的 2 个信息源,审题的实质是从题目本身去获取从何处下手、向何方前进的信息与启示.下面通过 2 个典型案例来作说明.

1 案例 1: 相交弦中点的轨迹方程

例 1 已知 a, b 不同时为 0, a, b, c 成等差数列,求直线 $bx + ay + c = 0$ 与抛物线 $y^2 = -\dfrac{x}{2}$ 的相交弦中点的轨迹方程.

这是一道轨迹方程与等差数列交叉的综合题,常规思路是联立方程组求交点,写出中点,消参得轨迹.关键是"等差数列"的条件如何用? 这是一个认识逐渐深化的过程,分 2 步来讲解.

1.1 题意的初步理解

(1) 题目的条件是什么,一共有几个,其数学含义如何.

初步理解条件有以下 4 个.

条件 1 "a, b 不同时为 0".这既可以保证等差数列 a, b, c 不全为 0,又可以保证 $bx + ay + c = 0$ 为直线.

条件 2 "a, b, c 成等差数列".文字语言"等差数列"不能运算、难以推理,

需要进行"数学含义"的解读,可以有多种表征,如:

$$b-a=c-b,\ a+c=2b,\ a-2b+c=0,$$

$$\begin{cases} b=a+d, \\ c=a+2d; \end{cases} \begin{cases} a=b+d, \\ c=b-d \end{cases}$$

等. 这些形式哪个更适合本题暂时还不清楚,但理解题意阶段要广泛收集.

条件 3 "直线 $bx+ay+c=0$". 因为 a, b, c 不是具体的数字,所以,这其实是一条动直线,受"a, b, c 成等差数列"的制约,怎样使用这个制约条件暂时还不清楚(或说直线是怎么动的还不清楚),可以认为,此处还有一个隐含条件,需要在思路探求和结果反思中才容易发现.

条件 4 "抛物线 $y^2=-\dfrac{x}{2}$",并且抛物线与动直线相交. "相交"是文字语言,不能运算、难以推理,它的一个"数学含义"是方程组

$$\begin{cases} bx+ay+c=0, \\ y^2=-\dfrac{x}{2} \end{cases}$$

有 2 组不相等的实数解.

(2) 题目的结论是什么,一共有几个,其数学含义如何.

题目的结论是求直线与抛物线的相交弦中点的轨迹方程 $F(x,y)=0$. 这包含着 2 个方面:

① 必要性:相交弦中点的坐标 (x,y) 是轨迹方程 $F(x,y)=0$ 的一组解.

② 充分性:轨迹方程 $F(x,y)=0$ 的每一组解都是相交弦中点的坐标 (x,y).

(3) 题目的条件与结论有哪些数学联系,是一种什么样的结构.

理解题目的条件和结论,可以看到一个已知轨迹方程(抛物线)经过某种运动变化之后(与动直线相交产生相交弦的中点)形成一个新轨迹方程. 于是,在眼前就出现这样一个"轨迹转移"的数学结构:通过解方程(组)沟通新旧轨迹(点)的联系,消去参数 a, b, c 得出新轨迹.

至于如何建立和求解方程,怎样消参等,则是"思路探求"和"书写解答"的任务了.

思路 1 联立方程组

$$\begin{cases} bx + ay + c = 0, \\ y^2 = -\dfrac{x}{2}, \end{cases}$$

把 $x = -2y^2$ 代入直线方程,消去 x,得

$$2by^2 - ay - c = 0. \qquad\qquad ①$$

由二次方程根与系数的关系得

$$y_1 + y_2 = \frac{a}{2b},$$

从而 $\qquad x_1 + x_2 = -\dfrac{a(y_1 + y_2) + 2c}{b} = -\dfrac{a^2 + 4bc}{2b^2}.$

由此,可得相交弦的中点坐标

$$\begin{cases} x = \dfrac{x_1 + x_2}{2} = -\dfrac{a^2 + 4bc}{4b^2}, \\ y = \dfrac{y_1 + y_2}{2} = \dfrac{a}{4b}. \end{cases}$$

这时,"等差数列"的条件还没有用,已有部分学生由于消参(消去 a,b,c)困难而做不下去了.

思路 2 联立方程组

$$\begin{cases} bx + ay + c = 0, \\ y^2 = -\dfrac{x}{2}, \end{cases}$$

要消去 x,y,a,b,c.把 $x = -2y^2$ 代入直线方程,消去 x,得

$$2by^2 - ay - c = 0.$$

由求根公式,得

$$y_{1,2} = \frac{a \pm \sqrt{a^2 + 8bc}}{4b}.$$

把 $2b = a + c$ 代入,消去 b,得

$$y_{1,2} = \frac{a \pm \sqrt{a^2 + 4(a+c)c}}{2(a+c)} = \frac{a \pm (a+2c)}{2(a+c)},$$

得
$$y_1 = 1, \ y_2 = -\frac{c}{a+c}.$$

代入抛物线方程 $x = -2y^2$，得

$$x_1 = -2, \ x_2 = -2\left(\frac{c}{a+c}\right)^2.$$

设相交弦中点的坐标为 (x, y)，则(消去了当初的 y)

$$\begin{cases} x = \dfrac{x_1 + x_2}{2} = -1 - \left(\dfrac{c}{a+c}\right)^2, \\ y = \dfrac{y_1 + y_2}{2} = \dfrac{1}{2} - \dfrac{1}{2}\left(\dfrac{c}{a+c}\right), \end{cases}$$

消去 $\dfrac{c}{a+c}$（即消去 a，c），得相交弦中点的轨迹方程为

$$\left(y - \frac{1}{2}\right)^2 = -\frac{1}{4}(x+1).$$

1.2　题意的深入理解

对思路 1、思路 2 陆续消去 x，y，a，b，c 的过程作反思，至少可以获得 3 个新的认识.

(1) 消去 x 后，方程 $2by^2 - ay - c = 0$ 是否为二次方程需对 b 进行讨论.

当 $b = 0$ 时，由 a，b 不同时为 0，知 $a \neq 0$，又由 $a + c = 2b = 0$，得此时直线 $bx + ay + c = 0$ 为 $y = 1$，与抛物线只有一个交点 $(-2, 1)$，即没有相交弦的中点轨迹；当 $b \neq 0$ 时，方程①为二次方程，才有相交弦的中点轨迹

$$\left(y - \frac{1}{2}\right)^2 = -\frac{1}{4}(x+1).$$

可见，思路 1 出现了"会而不对"、思路 2 出现了"对而不全"的问题.

(2) 由思路 2 知，动直线与抛物线相交于一个定点 $(-2, 1)$.

这时重新理解题意，即可发现 a，b，c 成等差数列可表示为 $-2b + a + c = 0$，这表明，直线 $bx + ay + c = 0$ 过定点 $(-2, 1)$. 因此，本例还应有一个隐含

条件：

条件5 由 a，b，c 成等差数列，知直线 $bx+ay+c=0$ 过定点 $(-2, 1)$.

（3）既然动直线与抛物线相交于一个定点 $(-2, 1)$，那么题目的结构就变成动直线绕定点 $(-2, 1)$ 旋转，除了恰有一个公共点的 2 种情况（与抛物线相切时 $x+4y-2=0$、与对称轴平行时 $y=1$）外，动直线均与抛物线相交于 2 个点.这时，借助另一交点的"轨迹转移"，便可求出新轨迹. 这就使得"联立方程组"、"求交点坐标"均成为多余，也使得我们的认识更接近深层结构.

思路3 （1）当 $b=0$ 时，已知直线为 $ay+c=0$，由 a，b 不同时为 0，知 $a\neq 0$. 再由 $a+c=2b=0$ 得 $c=-a\neq 0$，故已知直线为 $y=1$，与抛物线只有一个公共点. 此时，无相交弦，更无相交弦的中点轨迹.

（2）当 $b\neq 0$ 时，由 a，b，c 成等差数列有 $-2b+a+c=0$，这表明直线 $bx+ay+c=0$ 过定点 $A(-2, 1)$. 设直线与抛物线的另一个交点为 $B(x_2, y_2)$，而相交弦 AB 的中点为 (x, y). 由中点公式，得

$$\begin{cases} x=\dfrac{-2+x_2}{2}, \\ y=\dfrac{1+y_2}{2}, \end{cases}$$

即 $\quad\begin{cases} x_2=2x+2, \\ y_2=2y-1, \end{cases} (x\neq -2, y\neq 1).$

由点 $B(x_2, y_2)$ 在抛物线上，得

$$(2y-1)^2=-\frac{1}{2}(2x+2),$$

从而相交弦中点的轨迹方程为

$$\left(y-\frac{1}{2}\right)^2=-\frac{1}{4}(x+1), (x\neq -2, y\neq 1).$$

综上可得，当 $b=0$ 时无轨迹；当 $b\neq 0$ 时，轨迹方程为 $\left(y-\dfrac{1}{2}\right)^2=-\dfrac{1}{4}(x+1), (x\neq -2, y\neq 1).$

思路 4　由 a，b，c 成等差数列得 $c=2b-a$，代入直线方程得

$$b(x+2)+a(y-1)=0, \qquad\qquad ②$$

这条直线对任意的 a，b(不同时为 0)过定点 $A(-2,1)$.

(1) 当 $b=0$ 时，由 a，b 不同时为 0，知 $a\neq0$，直线方程②为 $y=1$，与抛物线只有一个公共点 $A(-2,1)$，即无相交弦，更无相交弦的中点轨迹.

(2) 当 $b\neq0$ 时，直线方程②过定点 $A(-2,1)$.设直线与抛物线的另一个交点为 $B(x_2,y_2)$，而相交弦 AB 的中点为 (x,y).

以下同思路 3.

说明　因为 $B(x_2,y_2)$ 是与 $A(-2,1)$ 不同的另一个交点，因此按照中学的习惯，点 $(-2,1)$ 应从轨迹方程中去掉.但也有另一种观点认为，添上极限点 $(-2,1)$ 能使轨迹方程更加完整，不妨把 2 个重合交点的中点认定为 $(-2,1)$ 本身.笔者的建议是此题不作纠缠，考试中去不去掉极限点都不扣分.

2　案例 2：余弦定理的逆定理

例 2　叙述余弦定理的逆命题，并证明它的真假.

这道题目读懂字面含义并不困难，思路也非常清晰：交换余弦定理的条件与结论，便可以得出它的逆命题.但这还不能算审清了题意，在与学生的交流中得知，很多学生就"审不清"题意，对余弦定理的"条件是什么、结论是什么"理不顺，怎么证明真假更是有困难.下面笔者分 3 步来进行讲解.

2.1　余弦定理的条件是什么、结论是什么

余弦定理的文字叙述为"三角形任何一边的平方等于其他两边平方的和减去这两边与它们夹角的余弦之积的 2 倍".这种叙述方式不便于分解出条件是什么、结论是什么，把它改写为"如果，那么"的符号形式.

(1) 第 1 步改写：如果在 $\triangle ABC$ 中，a，b，c 为角 A，B，C 的对边，那么

$$a^2=b^2+c^2-2bc\cos A, \qquad\qquad ③$$
$$b^2=a^2+c^2-2ac\cos B, \qquad\qquad ④$$
$$c^2=a^2+b^2-2ab\cos C. \qquad\qquad ⑤$$

这时，看到的是"三角形的一个性质"：条件是三角形中的 6 个基本量(3 条边和对应的 3 个内角)，结论是三角形中的这 6 个量分别满足的等式③～⑤.这种叙述的主体是"三角形"，而逆命题中"三角形"只能出现在结论不能出现在条

件,因此,将叙述主体改写为"6 个基本量",而"组成三角形"是这"6 个基本量"的性质.

(2) 第 2 步改写:如果 a,b,c 组成三角形,它们的对角分别为 A,B,C,那么

$$a^2 = b^2 + c^2 - 2bc\cos A,$$
$$b^2 = a^2 + c^2 - 2ac\cos B,$$
$$c^2 = a^2 + b^2 - 2ab\cos C.$$

这时,余弦定理的条件有 2 个(共 6 个量).

条件 1　a,b,c 为三角形的 3 条边长.

条件 2　a,b,c 的对角分别为 A,B,C.

余弦定理的结论有 3 个,即 6 个量分别满足的等式③～⑤,每个等式都有 a,b,c 和一个内角(轮转对称的结构).

弄清了余弦定理的条件和结论,写逆命题就水到渠成了.简单地说,余弦定理告诉我们,如果 6 个量是三角形的 3 条边和对应的 3 个内角,那么这 6 个量满足 3 个等式.反过来,如果 6 个量满足 3 个等式,那么这 6 个量是三角形的 3 条边和对应的 3 个内角.

2.2　余弦定理的逆命题 1

逆命题 1　若 a,b,c 为正实数,α,β,$\gamma \in (0,\pi)$,有

$$a^2 = b^2 + c^2 - 2bc\cos\alpha; \qquad ⑥$$
$$b^2 = a^2 + c^2 - 2ac\cos\beta; \qquad ⑦$$
$$c^2 = a^2 + b^2 - 2ab\cos\gamma. \qquad ⑧$$

则 a,b,c 对应的线段构成一个三角形,且边 a 的对角为 α,边 b 的对角为 β,边 c 的对角为 γ.

讲解　这是一个真命题,可作如下的审题分析.

(1) 题目的条件是什么,一共有几个,其数学含义如何.

逆命题的条件有 4 个.

条件 1　6 个量 a,b,c(正实数),α,β,γ(在 $(0,\pi)$ 内).

条件 2　a,b,c,α 满足的等式⑥.

条件 3　a,b,c,β 满足的等式⑦.

条件 4　a，b，c，γ 满足的等式⑧.

（2）题目的结论是什么，一共有几个，其数学含义如何.

逆命题的结论有 2 个.

结论 1　a，b，c 可以成为三角形的 3 条边长；但组成"三角形"是文字语言，不能运算、难以推理，需要进行"数学含义"的解读，可以有多种表征，如：

表征 1　3 个不等式

$$a < b + c, \ b < a + c, \ c < a + b;$$

或不等式

$$|b - c| < a < b + c;$$

或不等式组

$$\begin{cases} a = \max\{a, b, c\}; \\ a < b + c. \end{cases}$$

表征 2　三角形作图. 利用"两边夹角"（比如 b，c，α）作三角形，然后验证所作的三角形 3 条边长为 a，b，c.

结论 2　a，b，c 的对角分别为 α，β，γ. 但"对角"是文字语言，不能运算、难以推理，需要进行"数学含义"的解读. 可以通过图形或余（正）弦定理来确定边与角的对应.

（3）弄清题目的条件与结论有哪些数学联系，是一种什么样的结构.

① 先说结论 1 的表征 1. 列表 1 作差异分析：

表 1　表征 1 与逆命题 1 中条件的比较

差异	条件	表征 1	作出反应
差异 1：6 个量与 3 个量的差异	6 个量 a，b，c，α，β，γ	3 个量 a，b，c	保留 a，b，c，消去 α，β，γ
差异 2：等式与不等式的差异	a，b，c 分别与 α，β，γ 组成 3 个等式	a，b，c 的 3 个不等式	放缩，分别消去 α，β，γ

于是，题意的理解就在我们眼前呈现这样一个数学结构：从等式到不等式的条件不等式的证明. 具体地说，就是将等式⑥ $a^2 = b^2 + c^2 - 2bc\cos\alpha$ 放缩，消去 α，得不等式 $a < b + c$；同样，将等式⑦放缩，消去 β，得 $b < a + c$；将等式⑧放缩，消去 γ，得 $c < a + b$（参见证明 1，存在性的证明）.

② 再说结论 1 的表征 2. 由"两边夹角"(b, c, α) 总可以作三角形，因此，验

证"所作的三角形的 3 条边长为 a，b，c"，只需验证第 3 边为 a，这相当于用余弦定理解三角形. 于是，题意的理解就在我们眼前呈现这样一个数学结构：作三角形并求解(参见证明 2，构造性的证明).

③ 最后说结论 2. 这时结论 1 成为了一个已知条件，而结论 1 所得出的三角形本身有内角，因此，证明"a，b，c 的对角分别为 α，β，γ"就是证明角相等. 而要证明 2 个角相等，一条途径是证明这 2 个角"在同一个单调区间且有相等的函数值". 于是，题意的理解就在我们眼前呈现这样一个数学结构：证明 2 个角在同一个单调区间且有相等的函数值.

证法 1 由 $0 < \alpha < \pi$，得 $-1 < \cos\alpha < 1$，消去 α，得

$$a^2 = b^2 + c^2 - 2bc\cos\alpha < b^2 + c^2 + 2bc = (b+c)^2.$$

又 a，b，c 为正实数，开方得 $a < b + c$.

同理，得 $\qquad\qquad b < a + c, \ c < a + b.$

因此 a，b，c 对应的线段可以构成一个三角形. 记这个三角形为 $\triangle ABC$，而边 a 的对角为 A，边 b 的对角为 B，边 c 的对角为 C，角 A，B，$C \in (0, \pi)$，由余弦定理，得 $\qquad\qquad \cos A = \dfrac{b^2 + c^2 - a^2}{2bc}.$

又由已知，得 $\cos\alpha = \dfrac{b^2 + c^2 - a^2}{2bc}$，从而 $\cos A = \cos\alpha$，其中 A，$\alpha \in (0, \pi)$.

由余弦函数在 $(0, \pi)$ 上的单调性，得 $A = \alpha$，即边 a 的对角为 α.

同理，得边 b 的对角为 β，边 c 的对角为 γ. 因此，a，b，c 对应的线段构成一个三角形，且边 a 的对角为 α，边 b 的对角为 β，边 c 的对角为 γ.

证法 2 作 $\angle BAC = \alpha \in (0, \pi)$，使 $AB = c$，$AC = b$，联结 BC. 在 $\triangle ABC$ 中运用余弦定理，得

$$BC = \sqrt{b^2 + c^2 - 2bc\cos\alpha} = a,$$

得角 α 的对边为 a，从而 a，b，c 对应的线段可以构成一个三角形，且边 a 的对角为 α.

在 $\triangle ABC$ 中，由余弦定理得

$$\cos B = \dfrac{a^2 + c^2 - b^2}{2ac},$$

又由已知,得
$$\cos\beta=\frac{a^2+c^2-b^2}{2ac},$$

从而 $\cos B=\cos\beta$,其中 B,$\beta\in(0,\pi)$.由余弦函数在$(0,\pi)$上的单调性,得 $B=\beta$,即边 b 的对角为 β.

同理,边 c 的对角为 γ.

因此,a,b,c 对应的线段构成一个三角形,且边 a 的对角为 α,边 b 的对角为 β,边 c 的对角为 γ.

2.3 余弦定理的逆命题 2

有时,余弦定理的结论只写一个等式,这时也可以写出它的逆命题,其分析和证明都与逆命题 1 类似,也是真命题.

逆命题 2 对于正实数 a,b,c 及 $\theta\in(0,\pi)$,若有 $a^2=b^2+c^2-2bc\cos\theta$,则 a,b,c 对应的线段构成一个三角形,且边 a 的对角为 θ.

证法 1 由 $0<\theta<\pi$,得 $-1<\cos\theta<1$,得
$$b^2+c^2-2bc<b^2+c^2-2bc\cos\theta<b^2+c^2+2bc,$$

消去 θ,得
$$(b-c)^2<a^2<(b+c)^2.$$

又 a,b,c 为正实数,开方得
$$|b-c|<a<b+c.$$

因此,a,b,c 对应的线段可以构成一个三角形.记这个三角形为$\triangle ABC$,且边 a 的对角为 A,其中 $A\in(0,\pi)$.由余弦定理,得
$$\cos A=\frac{b^2+c^2-a^2}{2bc}.$$

又由已知,得 $\cos\theta=\dfrac{b^2+c^2-a^2}{2bc}$,从而 $\cos A=\cos\theta$,其中 A,$\theta\in(0,\pi)$.

由余弦函数在$(0,\pi)$上的单调性,得 $A=\theta$,即边 a 的对角为 θ.

证法 2 作 $\angle BAC=\theta\in(0,\pi)$,使 $AB=c$,$AC=b$,联结 BC.在$\triangle ABC$中运用余弦定理,得
$$BC=\sqrt{b^2+c^2-2bc\cos\theta}=a,$$

得角 θ 的对边为 a，从而 a，b，c 对应的线段可以构成一个三角形. 因此，a，b，c 对应的线段构成一个三角形，且边 a 的对角为 θ.

最后指出，上面说的"审题要点"和"审题步骤"，介绍时是分解动作，但形成习惯之后，在操作中将是不间断地自动化完成.

练习1 已知 $P(x, y)$ 是直角坐标系中的动点，满足：复数 $(x-1)+y\mathrm{i}(\mathrm{i}^2 = -1)$ 的模等于 $|x+1|$.

(1) 求点 P 的轨迹方程 E；

(2) 取点 $Q(-1, 0)$，求直线 PQ 斜率的取值范围；

(3) 设 a，b，c 成等差数列，且 a，b 不同时为 0，求直线 $ax+by+c=0$ 与 E 的相交弦中点的轨迹方程.

练习2 若正实数 a，b，c 及 $\alpha \in (0, \pi)$ 满足等式 $a^2 = b^2 + c^2 - 2bc\cos\alpha$，求证：存在 β，$\gamma \in (0, \pi)$，使 $\alpha + \beta + \gamma = \pi$，且

$$\cos\beta = \frac{a^2 + c^2 - b^2}{2ac}, \quad \cos\gamma = \frac{a^2 + b^2 - c^2}{2ab}.$$

参考文献

[1] 曹丽鹏，罗增儒. 审题新概念[J]. 中学数学教学参考（上半月·高中），2008(4)：39-45.

[2] 罗增儒. 数学审题审什么，怎么审？[J]. 中学数学教学参考（上旬·高中），2012(4)：39-43.

第二节 解题理论思考

第1篇 解题坐标系的构想[①]

如果我们把解题依据粗略地分解为数学方法的实施与数学原理(公理、定理、公式、概念等)的应用,那么数学问题系统可以表示成一个解题坐标系. 说明如下:

(1) 以横轴表示数学方法方面的实施(记为方法轴),以纵轴表示数学原理方面的应用(记为内容轴). 题目的条件和结论(包括题目给出的"结论"或通过计算、推理才得出的"结论")分别表示为坐标平面上的两个点. 它们的存在形式本身是内容与方法的统一. 两个思考方向的交叉——原点,表示出这样的一个原则: 内容与方法的统一是我们解题思考的基本出发点.(参见图1)

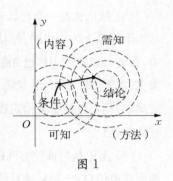

图 1

(2) 解题示意为连接两点间的一条折线,这条折线记录了数学思维的轨迹. 它告诉我们,寻求条件与结论之间的逻辑通道永远是解题的思考中心. 在这个思考中,横轴方向的推进表示方法或技巧的运用,纵轴方向的推进表示数学内容的转化,整个解题过程就是内容与方法的联系与转化过程.

(3) 审题,尽量从题意中获取更多的信息,可以表示为以条件或结论为中心的一系列同心圆. 从条件发出的同心圆信息,预示可知并启发解题手段;从结论发出的同心圆信息,预告需知并诱导解题方向. 两组同心圆的交接处(中途点),就是分别从条件、结论出发进行思考的结合点,也是手段与目标的统一处. 所谓综合法就是结合点落在结论上,所谓分析法就是结合点落在条件上.

(4) 在解题坐标系上,内容是提供方法的内容,方法是体现内容的方法. 解

---

① 本文原载《中学数学》1992(3):1-4(署名:罗增儒).

题坐标系上的每一点,一方面是内容与方法的统一;另一方面其在两轴上的投影又都不唯一,同一内容可以从不同的角度去理解,同一方法可以在不同的地方发挥效能. 如图 2,同一个数学存在 A,我们可以看成 (x_1, y_1),(x_1, y_2),(x_1, y_3),…,(x_2, y_1),(x_2, y_2),(x_2, y_3),…,(x_3, y_1),(x_3, y_2),(x_3, y_3),……这里的 y_1,y_2,y_3 等均与 A 有关,说明这

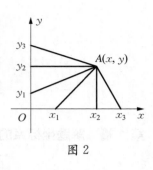

图 2

几个内容存在着转化关系,实质上是同一知识链上的几个知识点;同样,x_1,x_2,x_3 等也与 A 有关,说明这几个方法或技巧存在着内在联系,实质上是同一条方法链上的几个环节.

(5) 结论也是一个已知信息. 这是解题坐标系的一个特点. 当我们把结论表示为坐标系上的一点时,结论就成为已知与未知的统一了. 在寻找思路的过程中,我们可以把它当作已知条件来使用,就像列方程解应用题时的未知数 x. 事实上,对于"题"而言,结论隐含在条件之中,当条件给定时,结论在客观上也随之确定,只不过是隐蔽给定而已. 要注重从结论获取信息! 要目不转睛地盯着目标前进!

(6) 无论是对横轴方向的思考,还是对纵轴方向的思考,也无论是从题目条件中获取信息,还是从题目结论中获取信息,都要提取业已储存的信息,都要对信息进行加工、运用,都要收集信息的反馈,并进行再处理,这里面包含着辩证思维与直觉思维. 一条解题折线的画出,往往经历过许多类比、联想、归纳、尝试和失败. 这就像在解题坐标系上,试着用铅笔画草图折线,画了又擦、擦了又画,但绝不是盲目瞎碰,有时一个机智的数学念头导致了一个卓有成效的解题计划,这个念头恰好是有准备的思考和解题经验长期积累的升华,是微信息由于有意识的捕捉而瞬间强化.

(7) 如果你一下子还不能马上连接解题折线,那么你至少有两件工作可做,至少可以从两个方面诱发念头. 首先,你可以试着考虑两组同心圆的最内圆,这里可能有一个更容易着手的问题、一个更特殊的问题或者只是问题的一部分,也可能导致一个相关题、一个基本题或者一个中途点. 其次,你可以试着向纵横两轴作多角度的投影,特别是纵轴上的投影,考虑一个等价的问题、一个类比的问题、一个辅助的问题,在这个开放的系统里,不同学科、不同领域之间的信息

可以转换,解题思路将在这个转换中诞生.

(8) 解题坐标系把内容与方法结合起来思考,一方面反对数学教学中只重视知识教学,轻视方法训练的倾向;另一方面也反对只重视解题训练、轻视基础理论的倾向. 强调了知识、方法、观点的统一. 从解题的效益上看,方法或技巧的应用是一维线性的思维,而内容与方法的统一则是二维平面的思维.

(9) 如果把解题折线理解为逻辑思维链,那么思维链越长,则试题的难度就越大,这就为量化研究试题难度提供了一个机会.

(10) 数学化研究解题的另一个前景是,解题折线能否用图论中的有向链来加以研究. 这时,充分条件是从条件到结论的一条有向链. 而充要条件则是"条件→结论→条件"的一个图. 中间的每一个"点"为知识点.

例 1 已知 $\dfrac{\sqrt{2}\,b-2c}{a}=1$,求证 $b^2 \geqslant 4ac$.

解说 单纯从外形上去思考,就是要消除已知与求证之间两个主要差异:

第一,字母指数上"一次与二次"的差异;

第二,整体结构上"等式与不等式"的差异.

于是,从已知出发,我们可通过"平方"来升次,再由等式甩掉非负项而导出不等式. 比如,把已知变为

$$b=\frac{a}{\sqrt{2}}+\sqrt{2}\,c, \tag{A_1}$$

平方后,变形

$$b^2=\frac{a^2}{2}+2ac+2c^2 \tag{A_2}$$

$$=\left(\frac{a}{\sqrt{2}}-\sqrt{2}\,c\right)^2+4ac \tag{A_3}$$

$$\geqslant 4ac. \tag{A_4}$$

应该说,这种解法对题目结构的分析是正确的,方法或技巧的应用也是成功的. 但是,这种解法像例行差事一样缺少特色. 在解题坐标系中,主要表现为横向的推进: 恒等变形、乘方配方、放缩技巧. 因此,解题观点不高,更无法体现

659

思维的独创性与简略性. 示意如图 3:

A_1(算术运算, 一次式);

A_2(平方, 二次式);

A_3(配方, 二次式);

A_4(缩小, 二次式).

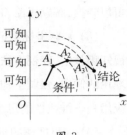

图 3

如果我们不是绝对地把 $\sqrt{2}$ 看成是静止的"已知数"

而是未知数的一个取值, 那么, 已知条件就表明二次方

程有实根

$$\begin{cases} ax^2 + bx + c = 0, \\ x = -\dfrac{\sqrt{2}}{2}, \end{cases} \qquad (B_1)$$

从而有判别式非负 $b^2 - 4ac \geqslant 0 \Leftrightarrow b^2 \geqslant 4ac.$

这样, 两句话就把题目解完了. 是二次方程的理论代替了乘方、配方的过程与不等式"放缩法"的技巧.

在解题坐标系中, 求解表现为纵向的转化:

第一, 由等式转化为方程. 这从系统论看来, 是使系统开放, 并为静止、孤立的状态设计一个更为生动、更为波澜壮阔的过程.

第二, 由方程有实根得出结论. 于是在方程的观点之下, 思维链被大大简约.

示意如图 4:

B_1(概念转化, 方程有实根)

这个 B_1 是条件在内容轴上的投影.

为了得出 $b^2 \geqslant 4ac$, 前一种思考更注重形式上的一致, 表现为思维比较具体、比较平缓的演算, 含有较多的

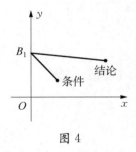

图 4

线性思维形式; 后一种思考更注意内容上的转化, 表现为思维比较抽象、比较跳跃的推理, 含有较多的多元思维形式. 两相比较, 后者观点更高、能力更强、格调更新. 把两者结合起来, 必然思路也更广.

例 2   已知 $a + b + c = 0$, 求证 $a^3 + b^3 + c^3 = 3abc.$

解说   对 $a = b = c = 0$ 的平凡情况, 自不待言, 只需考虑 a, b, c 不全为零的

情况.

如果仅仅从方法技巧上考虑,那么本题就是一个"从等式到等式"的条件等式问题,外形上的差异只有字母上的"指数",立即可以想到两个处理方法:

方法一　从已知式出发,"乘方"升幂为求证式:

$$0 = [(a+b)+c]^3 \tag{A_1}$$

$$= (a+b)^3 + 3(a+b)c[(a+b)+c] + c^3 \tag{A_2}$$

$$= [a^3 + 3ab(a+b) + b^3] + 0 + c^3 \tag{A_3}$$

$$= a^3 + b^3 + c^3 - 3abc.$$

方法二　从求证式出发,分解、归结为已知式:

$$a^3 + b^3 + c^3 - 3abc$$

$$= (a+b)^3 + c^3 - 3a^2b - 3ab^2 - 3abc \tag{B_1}$$

$$= [(a+b)+c][(a+b)^2 - (a+b)c + c^2] - 3ab(a+b+c) \tag{B_2}$$

$$= (a+b+c)(a^2 + b^2 + c^2 - ab - bc - ca). \tag{B_3}$$

与例1一样,这两个解法对题目结构形式的分析是正确的,方法或技巧的应用也是成功的. 但思维水平停留在较为具体平缓的演算水平上. 分别示意为图5、图6:

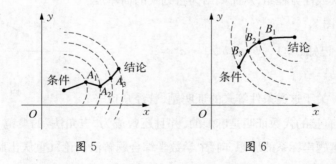

图 5　　　　　　　　图 6

如果我们给等式 $a+b+c=0$ 赋予活的数学内容,那将出现一种新的格局. 首先,它不再是一个静止的等式,而是方程

$$ax + by + cz = 0$$

有非零解

$$x = y = z = 1.$$

其次，它不再是一个孤立的等式，而是三个同形等式

$$a+b+c=0,$$
$$c+a+b=0,$$
$$b+c+a=0.$$

最后，这些等式联立，得

方法三 已知表明齐次线性方程组

$$\begin{cases} ax+by+cz=0, \\ cx+ay+bz=0, \\ bx+cy+az=0 \end{cases} \quad (C_1)$$

有非零解 $x=y=z=1$，从而系数行列式等于零.

$$0=\begin{vmatrix} a & b & c \\ c & a & b \\ b & c & a \end{vmatrix}=a^3+b^3+c^3-3abc. \quad (C_2)$$

这里，既没有用到乘方公式，也没有用到因式分解的技巧，是对方程解的定义的理解，把 $a+b+c=0$ 转化为齐次线性方程组，从而归结为行列式的简单展开. 示意为图 7.

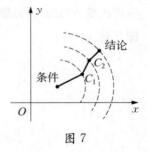

图 7

例 3 已知 $a\sqrt{1-b^2}+b\sqrt{1-a^2}=1$，求证 $a^2+b^2=1$.

解说 关于这道条件等式的证明题，曾经众口一词地认为，直接的代数证明是麻烦的，并且还曾成为"三角法"的典范. 1984 年，笔者运用解题坐标系的思想，向《中学数学综合题解法新论》(重庆出版社)的作者提出一个新解法，后来发表在上海《中学数学教学》1986 年第 4 期.

证明 已知表明单位圆上的两点 $A(a,\sqrt{1-a^2})$，$B(\sqrt{1-b^2},b)$ 满足 A 在过 B 点的切线 $x\sqrt{1-b^2}+by=1$ 上，由切点的唯一性得 A，B 重合：

$$\begin{cases} a=\sqrt{1-b^2}, \\ \sqrt{1-a^2}=b, \end{cases}$$

平方即得所求.

上述解法的思路是：

第一步，把数 a，$\sqrt{1-a^2}$，b，$\sqrt{1-b^2}$ 转化为单位圆上两个点 $A(a,$ $\sqrt{1-a^2})$，$B(\sqrt{1-b^2}, b)$.

第二步，把已知关系式 $a\sqrt{1-b^2}+b\sqrt{1-a^2}=1$ 转化为 A 在过 B 的切线 $x\sqrt{1-b^2}+by=1$ 上.

这两步就是已知条件在内容轴上的投影. 既有直觉和想象，又有演算和推理.

第三步，用圆的切线的定义，代替代数解法中的平方、配方技巧，也代替三角解法中的变换技巧与三角运算.

例 4 已知 $(z-x)^2-4(x-y)(y-z)=0$，求证 x，y，z 成等差数列.

解说 自 1979 年成为高考题以来，本例已经十年一贯制沿袭着现成的解法常见于各刊，最受一部分人重视的是构造一个不明智的方程：

$$(x-y)t^2+(z-x)t+(y-z)=0,$$

既要讨论 $x-y=0$，又要用韦达定理、验根、判别式.

我们运用解题坐标系的思想，将已知等式投影到内容轴，使成为另一个二次方程的判别式（《高三数学解题能力强化训练》（陕西人民教育出版社 P. 124 例 4）.

证明 已知条件表明，以 $(x-y)$，$(y-z)$ 为根的一元 (t) 二次方程

$$[t-(x-y)][t-(y-z)]=0$$
$$\Leftrightarrow t^2+(z-x)t+(x-y)(y-z)=0$$

的判别式 $\Delta=0$，因而两根相等：

$$x-y=y-z,$$

按定义，x，y，z 成等差数列.

例 5 已知 $\begin{cases} a\cos\theta+b\sin\theta=c, \\ a\cos\varphi+b\sin\varphi=c, \end{cases}$ $\left(\dfrac{\varphi-\theta}{2}\neq k\pi, k\in\mathbf{Z}\right)$ 求证：

$$\frac{a}{\cos\dfrac{\theta+\varphi}{2}} = \frac{b}{\sin\dfrac{\theta+\varphi}{2}} = \frac{c}{\cos\dfrac{\theta-\varphi}{2}}.$$

解说　这是原中学课本的一道习题,笔者当时正在教中学,已经产生了解题坐标系的思想,将三角转化到解析几何,于 1981 年得出一个新解法,后来发表在安徽《中学数学教学》1982 年第 3 期 P. 44.

证明　已知表明点 $A(\cos\theta,\ \sin\theta)$, $B(\cos\varphi,\ \sin\varphi)$ 都在直线 $ax+by=c$ 上,又 A, B 是不同的两点,又可以得出一条直线方程

$$x\cos\frac{\theta+\varphi}{2} + y\sin\frac{\theta+\varphi}{2} = \cos\frac{\theta-\varphi}{2},$$

因为两点确定一条直线,所以上述两条直线重合,得系数成比例.

至于 $a=b=0$ 的平凡情况,其正确性显然.

例 6　设 $\dfrac{\sec^3\theta}{\sec\alpha} - \dfrac{\tan^3\theta}{\tan\alpha} = 1$ (α, θ 为锐角). 试证:$\dfrac{\csc^3\theta}{\csc\alpha} - \dfrac{\cot^3\theta}{\cot\alpha} = 1$.

解说　这是《数学通报》1991 年第 2 期第 697 号数学问题. 第 3 期给出的冗长解法,实际上证明了一个更强的结论:$\alpha=\theta$. 这对于结论仅是充分的,解题坐标系追求从条件到结论的最短链.

新解　已知式两边乘 $\dfrac{\cot^3\theta}{\cot\alpha}$,得

$$\frac{\csc^3\theta}{\csc\alpha} - 1 = \frac{\cot^3\theta}{\cot\alpha},$$

移项即得结论.

在解题坐标系上,这是从条件到结论的一个水平方向的平移,没有知识层次的变化,只有一点三角变形和移项.

以上,是我们对解题坐标系的一个粗浅认识,为了说明问题我们还有意引用一些简单而熟悉的例子,希望能从平凡中领略到一些新意,更希望能成长为数学解题理论的大树. 事实上,本文正是笔者《数学解题理论》讲义中的一节.

第2篇 解题长度的分析与解题智慧的开发①

本文对解题过程进行长度分析,探讨解题智慧对解题过程的影响,并指出开发解题智慧的几个措施.

1 解题长度的概念

解题长度是我们描述解题过程的一个概念,对它的研究、特别是定量研究还有待深入.

一个题目的解题长度用 l 来表示,如果这个题目可以用微观解题程序来求解,则其解题长度称为单位长度,用 l_0 来表示,这个程序解法亦称为标准解法.

(1) $l \sim l_0$ 表示题目的解法与标准解法差不多. 我们称 l 所对应的解法为常规解法.

(2) $l < l_0$ 表示题目的解法比标准解法过程简单、结构优美,付出的解题力量小于所需要的解题力量,包含着解题智慧.

(3) $l > l_0$ 表示题目的解法比标准解法麻烦,付出的解题力量大于所需要的解题力量,包含着解题笨拙.

(4) $l \to \infty$ 表示题目没有解出来,其解题长度趋向于无穷,当 $l \to +\infty$ 时表示题目没有找到解法;当 $l \to -\infty$ 时表示所写的解法是错误的.

这里说的解题力量是指解题的物质基础,包括数学知识与数学方法.

例1 (1979 年理科高考数学题)若 $(z-x)^2 - 4(x-y)(y-z) = 0$,求证 x,y,z 成等差数列.

证明1 由已知,有

$$0 = [-(x-y) - (y-z)]^2 - 4(x-y)(y-z)$$
$$= (x-y)^2 - 2(x-y)(y-z) + (y-z)^2$$
$$= [(x-y) - (y-z)]^2,$$

得
$$(x-y) - (y-z) = 0,$$

---

① 本文原载《中学数学》1996(10):1-4;中国人民大学复印报刊资料《中学数学教学》1996(12):40-43(署名:罗增儒).

即 $$y - x = z - y.$$

按定义，x，y，z 成等差数列.

证明 2   将已知式视为 y 的二次方程，有

$$4y^2 - 4(x+z)y + (x+z)^2 = 0.$$

用配方法或求根公式，均可解得 $y = \dfrac{x+z}{2}$，有

$$y - x = z - y.$$

按定义，x，y，z 成等差数列.

证明 3   当 $x - y = 0$ 时有 $x = y = z$，结论显然成立.

当 $x - y \neq 0$ 时，作关于 t 的二次方程

$$(x-y)t^2 + (z-x)t + (y-z) = 0,$$

有 $$\Delta = (z-x)^2 - 4(x-y)(y-z) = 0,$$

从而两根相等，即 $t_1 = t_2$.

又由方程的系数和等于零知，方程有一个根为 1，从而 $t_1 = t_2 = 1$，据韦达定理，有

$$1 = t_1 t_2 = \frac{y-z}{x-y},$$

得 $$y - x = z - y.$$

按定义，x，y，z 成等差数列.

证明 4   已知条件表明，以 $x-y$，$y-z$ 为根的二次方程（关于未知数 t）

$$[t - (x-y)][t - (y-z)] = 0.$$
$$\Leftrightarrow t^2 + (z-x)t + (x-y)(y-z) = 0,$$

有 $$\Delta = (z-x)^2 - 4(x-y)(y-z) = 0,$$

从而两根相等 $$x - y = y - z.$$

按定义，x，y，z 成等差数列.

证明 5   将已知化为比例并作等比

$$\frac{z-x}{2(x-y)} = \frac{2(y-z)}{z-x} \qquad \text{①}$$

$$\xrightarrow{\text{等比}} \frac{2y-z-x}{-2y+z+x}=-1 \qquad ②$$

得
$$z-x=-2(x-y), \qquad ③$$

即
$$z-y=y-x. \qquad ④$$

按定义，x，y，z 成等差数列.

评析　记这五个证法的解题长度依次为 l_1，l_2，l_3，l_4，l_5. 其中 l_1 是从已知等式出发，经过恒等变形得出结论，属常规解法，有 $l_1 \sim l_0$.

证法 2 虽然加进了方程的观点，但基本上还是等式的变形，运算量与 l_1 差不多，仍有 $l_2 \sim l_0$.

证法 3 也用方程观点处理，但牵涉到情况讨论，思维比较复杂；还运用了二次方程的判别式、求根、韦达定理等多项知识，所用的解题力量较大，特别是与 l_4 相比，存在着明显的解题笨拙，有 $l_3 > l_0$.

证法 4 构造了一个与解法 3 不同的二次方程，免去了讨论，简化了方程，与 l_1 相比既有新颖性又有简洁性和美，存在着明显的解题智慧，有 $l_4 < l_0$.

证法 5 貌似作出了证明，但几乎每一步推理都有错误(只有③⇒④没有问题). 首先把已知等式化为比例要有分母不为零的条件，所以式①是有缺陷的，幸好这一缺陷还可以通过讨论(分三种情况)来解决. 其次由①推②用等比定理也需要分母不为零的条件

$$-2y+z+x \neq 0 \qquad ⑤$$

没有讨论这一点，式②不成立，但讨论又是办不到的，因为式③与式⑤直接矛盾，所以，式②的毛病是无法补救的. 并且由于式③与式⑤直接矛盾，由式②推式③也成了问题. 这个充满知识错误与逻辑矛盾的解法，当然是还未完成解题，有 $l_5 \to -\infty$.

2　解题长度的分析

首先给出一个表意公式：

$$解题长度 = k \cdot \frac{解题难度}{解题智慧},$$

其中 $k > 0$ 是使得公式中各量可以相互换算的系数. 这个公式的含义是：题目越难则解题过程越繁，而解题智慧越多则解题过程越简.

这个公式告诉我们,优化解题过程应从两方面去做工作:降低解题难度,提高解题智慧.

(1) 降低解题难度

题目的难度有两种,内容难度与统计难度.我们考虑内容难度,它在教育目标确定之后,是客观存在的.可由题目所涉及的知识面、知识点所属于的水平层次、解题的推理步骤、灵活性等来综合评定,与解题者无关.那么,我们怎样才能面对客观存在的困难而降低其解决的难度呢?

关键是增强解题的物质基础——解题力量.这就启示我们要加强基础理论的学习,努力掌握更多、更系统的知识与方法.同样一道题目,初中生难似登天、大学生易如反掌,原因在于大学生掌握了较多的数学知识和较先进的数学方法,解题力量比初中生大.提高解题力量是降低解题难度的积极措施.

(2) 提高解题智慧

解题智慧是准确地认识问题和创造性地解决问题的能力.比如,细微的观察、良好的记忆、丰富的联想、准确的判断、深刻的洞察、精明的谋略等,都是智慧的表现,其核心是抽象思维能力.

解题智慧与解题过程的关系:首先是,解题智慧不是天生的,它来源于解题实践,并且以解题力量为自己生存与发展的物质基础.其次,智慧作为大脑中意识的作用,如果不通过行为表现出来就还不是智慧,因此,解题智慧是在解题过程中存在并发生作用的.最后,解题智慧对解题过程有积极的影响,这由表意公式可以看到,解题智慧能直接影响解题长度,并且还能弥补解题力量不足而影响解题过程.

对于一道给定的题目来说,其难度是客观存在的.所投入的解题力量越大,所需要的解题智慧就越小;反之,若解题具备的力量越小,则需要付出的解题智慧就越大.特别有现实意义的是,当题目的难度大、解题力量又小时,解题智慧具有决定性的作用,它可以"精神化物质",弥补解题力量的不足,完成解题.这就是智慧的价值.因此,我们的解题教学一定要注意解题智慧的开发.下面将有这方面的例子.

3　分析解题过程,开发解题智慧

我们认为分析解题过程是学会解题的根本途径,也是开发解题智慧的有效措施.分析解题过程通常要进行整体分解与信息交合两个步骤.

（1）分析解题过程,抓住实质步骤

例2　（1992 年高考数学理科(19)题)方程 $\dfrac{1+3^{-x}}{1+3^x}=3$ 的解是_____.

解　去分母,得

$$1+3^{-x}=3+3\cdot 3^x,$$

即

$$3\cdot 3^x+2-3^{-x}=0. \qquad ①$$

两边乘以 3^x,转化为关于 3^x 的二次方程

$$3\cdot(3^x)^2+2\cdot(3^x)-1=0, \qquad ②$$

分解,得

$$(3\cdot 3^x-1)(3^x+1)=0,$$

但 $3^x+1\neq 0$,故有

$$3\cdot 3^x=1. \qquad ③$$

即 $3^x=3^{-1}$,得 $x=-1$.

检验知,这就是原方程的解.

分析　这是一个常规解法,其解题长度为 l_0.将其求解过程进行整体分解可以得出三个步骤.

第一步去分母,将原方程化为①式;

第二步两边乘以 3^x,将原方程化成二次方程②,并求解;

第三步解简单指数方程③.

这三步当中,能产生实质性进展的最重要步骤是第二步,问题一旦化为二次方程,就是一个有公式求解的标准习题了.而"两边乘以 3^x"对于是否去分母都是可以施行的,抓住这一实质步骤,直接对原式进行化简,有

另解1　两边乘以 3^x,有 $\dfrac{3^x(1+3^{-x})}{1+3^x}=3\cdot 3^x.$

即

$$1=3^{x+1}, \qquad ④$$

有 $x+1=0$,得 $x=-1$.

分析　这一解法(长度记为 l_1)抓住了原解法的实质步骤,省去了"去分母"与"化成二次方程并求解"的两个操作过程,直接得出简单指数方程,从而开发出解题智慧来,$l_1<l_0$.

再分析这一解法的关键步骤可以看到,它的实质是揭示了题目分子、分母间有公共的式子,可以相约(同时兼有去分母和化为最简指数方程的双重作用).保持这个效果,可以变乘入 3^x 为提取 3^{-x}.

从纯数学的角度来看, [另解 1]向我们揭示了一条信息: $1=3^{x-x}$.

从而
$$\frac{1+3^{-x}}{1+3^x}=\frac{3^{-x}(3^x+1)}{1+3^x},$$

或
$$\frac{1+3^{-x}}{1+3^x}=\frac{1+3^{-x}}{3^x(3^{-x}+1)}.$$

这是客观存在着, 而又是我们一开始未曾感知的.

另解 2 原方程即
$$\frac{3^{-x}(3^x+1)}{1+3^x}=3,$$

有
$$3^{-x}=3, \qquad\qquad\qquad ⑤$$

得 $x=-1$.

分析 记这一解法的长度为 l_2, 则 $l_2<l_1<l_0$. 解题智慧得到进一步的开发, [另解 2]还使我们看透了题目的本质, 只不过是由简单指数方程⑤, 作了一个乘以 $\frac{3^x+1}{1+3^x}=1$ 的变形. 是的, 我们一开始不能"一眼看到底", 但我们可以从常规解法的分析中, 逐步认识题目的实质并开发出解题智慧来.

(2) 分析解题过程, 删除思维回路

例 3 已知实数 $a\neq b$, 且 $a^2+1996a+1=0$, $b^2+1996b+1=0$. 求 $\frac{1}{1+a}+\frac{1}{1+b}$.

解法 1 由已知可知 a, b 是二次方程 $x^2+1996x+1=0$ 的两个根, 可解出
$$x_{1,2}=-998\pm\sqrt{997\times999}=-998\pm3\sqrt{110\,667}.$$

从而
$$\begin{aligned}
\frac{1}{1+a}+\frac{1}{1+b}&=\frac{1}{-997+3\sqrt{110\,667}}+\frac{1}{-997-3\sqrt{110\,667}}\\
&=\frac{-2\times997}{997^2-9\times110\,667}=\frac{-2\times997}{997^2-997\times999}\\
&=\frac{-2\times997}{997\times(997-999)}=1.
\end{aligned}$$

分析 这个解法盲目计算, 既导致大数运算, 又导致"先算出后消去"的思维回路. 其实, 由
$$\frac{1}{1+a}+\frac{1}{1+b}=\frac{2+(a+b)}{1+(a+b)+ab}$$

知,只须求出 $a+b$ 与 ab,而无须求出 a,b 的具体数值.

解法 2　由已知可知 a,b 是二次方程 $x^2+1996x+1=0$ 的两个不等根,

有

$$\begin{cases} a+b=-1996, \\ ab=1. \end{cases}$$

得

$$\frac{1}{1+a}+\frac{1}{1+b}=\frac{2+a+b}{1+a+b+ab}=\frac{2-1996}{1-1996+1}=1.$$

分析　这个解法体现了解题智慧,但仍经不起解题过程的分析. 因为此时"结论是已知信息",由

$$\frac{2+a+b}{1+a+b+ab}=1 \Leftrightarrow ab=1.$$

可见,求出 $a+b=-1996$ 是多余的,解题智慧得以进一步开发出来.

解法 3　由已知可知 a,b 是二次方程 $x^2+1996x+1=0$ 的两个根,有 $ab=1$,从而

$$\frac{1}{1+a}+\frac{1}{1+b}=\frac{2+a+b}{1+a+b+ab}=\frac{2+a+b}{1+a+b+1}=1.$$

或

$$\frac{1}{1+a}+\frac{1}{1+b}=\frac{ab}{ab+a}+\frac{1}{1+b}=\frac{b}{b+1}+\frac{1}{1+b}=1.$$

这个解法使得 a,b 为实数都是多余的,并且立即可以作字母个数上的推广.

(3) 分析解题过程,合理调整结构

例 4　(1992 年山西省中考题)已知 a,b,c 为 $\triangle ABC$ 的三边,它们的对角分别为 A,B,C,且 $a\cos B=b\cos A$. 又关于 x 的方程 $b(x^2-1)+c(x^2+1)-2ax=0$ 的两根相等,求证 $\triangle ABC$ 是等腰直角三角形.

证明 1　将余弦定理代入已知条件(注:当年初中学余弦定理)

$$a \cdot \frac{a^2+c^2-b^2}{2ac}=b \cdot \frac{b^2+c^2-a^2}{2bc},$$

得 $a^2=b^2$,从而 $a=b$,$\triangle ABC$ 为等腰三角形.

又由所给的方程 $(b+c)x^2-2ax-(b-c)=0$ 有等根,知

$$\Delta=4a^2+4(b+c)(b-c)=4(a^2+b^2-c^2)=0.$$

得 $$a^2 + b^2 = c^2.$$

故△ABC 又是直角三角形.

得证△ABC 是等腰直角三角形.

分析　整个证明分成两步. 第一步确定"等腰",第二步确定"直角". 其中第一步对第二步无任何启示,但反过来,先确定出直角三角形,则可以简化 $\cos A$, $\cos B$ 的表达式.

证明 2　由二次方程 $(b+c)x^2 - 2ax - (b-c) = 0$ 有等根,得

$$\Delta = 4a^2 + 4(b+c)(b-c) = 0.$$

从而 $a^2 + b^2 = c^2$, 知△ABC 为直角三角形,有

$$\cos B = \frac{a}{c}, \ \cos A = \frac{b}{c}.$$

代入已知,得

$$a \cdot \frac{a}{c} = b \cdot \frac{b}{c}, \ a = b.$$

所以,△ABC 是等腰直角三角形.

例 5　(1989 年高考数学理科(19)题)证明 $\tan\dfrac{3x}{2} - \tan\dfrac{x}{2} = \dfrac{2\sin x}{\cos x + \cos 2x}$.

证明　$\tan\dfrac{3x}{2} - \tan\dfrac{x}{2}$

$$= \frac{\sin\dfrac{3x}{2}}{\cos\dfrac{3x}{2}} - \frac{\sin\dfrac{x}{2}}{\cos\dfrac{x}{2}} \qquad \text{①}$$

$$= \frac{\sin\dfrac{3x}{2}\cos\dfrac{x}{2} - \cos\dfrac{3x}{2}\sin\dfrac{x}{2}}{\cos\dfrac{3x}{2}\cos\dfrac{x}{2}} \qquad \text{②}$$

$$= \frac{\sin x}{\cos\dfrac{3x}{2}\cos\dfrac{x}{2}} \qquad \text{③}$$

$$= \frac{2\sin x}{\cos x + \cos 2x}. \qquad \text{④}$$

分析　这个证明分 4 步消除等式左右两边的三个主要差异：函数名称、运算方式、角的形式，主要用到了三类公式

$$\tan\alpha = \frac{\sin\alpha}{\cos\alpha}, \qquad\qquad Ⓐ$$

$$\sin\frac{3x}{2}\cos\frac{x}{2} - \cos\frac{3x}{2}\sin\frac{x}{2} = \sin x, \qquad\qquad Ⓑ$$

$$\cos\frac{3x}{2}\cos\frac{x}{2} = \frac{1}{2}(\cos x + \cos 2x), \qquad\qquad Ⓒ$$

其中最关键的是改变"角的形式"，抓住公式Ⓑ、Ⓒ重新调整结构，可得新的解法.

另证　由

$$\sin x = \sin\frac{3x}{2}\cos\frac{x}{2} - \cos\frac{3x}{2}\sin\frac{x}{2},$$

$$\frac{1}{2}(\cos x + \cos 2x) = \cos\frac{3x}{2}\cos\frac{x}{2},$$

相除，得

$$右边 = \frac{\sin\frac{3x}{2}}{\cos\frac{3x}{2}} - \frac{\sin\frac{x}{2}}{\cos\frac{x}{2}} = \tan\frac{3x}{2} - \tan\frac{x}{2} = 左边.$$

分析　这个证明与上一证明所用到的公式是一样的，前者公式为串联结构 Ⓐ→Ⓑ→Ⓒ；后者公式为并联结构 $\left.\begin{array}{c}Ⓑ\\Ⓒ\end{array}\right\}$→Ⓐ.

这点结构上的改变，使后一解法体现出解题智慧，还常常令人激动.

仅仅是这几个简单的例子，我们就能从它的"标准解法"中开发出解题智慧来. 那么，对于更多、更复杂的题目而言，开发解题智慧的前景将是非常美好的. 特别地，有一批高考题、竞赛题经过解题过程的分析之后，解题长度均得以缩短.

第3篇　数学解题学的构想①

摘　要　提出了建设数学解题学的研究课题,介绍了《数学解题学引论》一书中的基本设想.

关键词　数学解题学;分析解题过程;学会怎样解题

解题能有理论作指导,既是我们做学生时的遥远梦想,又是我们当老师时的强烈愿望. 如果把解题比作打仗,那么,数学基础知识就是"兵力",数学基本方法就是"兵器",而我们的梦想与愿望就是建设一部解题"兵法"——数学解题学.

从无到有建设数学解题学是一项艰巨的工程,我们迄今所做到的只是:收集了建立理论的一些素材,进行了理论建立的一些尝试,并在多年实际讲授的基础上,写作了《数学解题学引论》(约45万字).

1　数学解题学的初步认识

1.1　时代呼唤数学解题学

(1)无论是数学家还是中学生,天天都在解数学题,这种波澜壮阔的实践活动已经产生出惊天动地的数学成果(包括数学方法论)与流芳千古的教育成果. 有趣的是,活动本身还没有来得及提炼出自身的完善理论——数学解题学. 是根本不存在抑或完全用不着吗? 谁见过一场胜利的战争离得开"兵法"的成功运用呢? 可能是数学太迷人了,数学家马不停蹄地攻克一个又一个数学堡垒,既运用又创造解题"兵法",但无暇把它们独立整理出来. 也可能,这应该是数学教育家的使命.

(2)我们看到,有一些勤奋努力而又数学成绩欠佳的学生,虽然定理背得滚瓜烂熟、公式默写得一字不差,也模仿着课本的例题做了不少练习,但是,一遇到新题目,还常常束手无策,或是根本就没有思路,或是很快就失去思路. 毕竟,学数学与学技艺不尽相同,一门技艺可以通过多次模仿与重复操练去掌握,而数学解题并不仅仅是数学基础知识与数学基本方法的机械重复,它要求综合而灵活地运用这些知识和方法,在本质上是一个创造性的思维过程. 那么,如何

---

① 本文原载《数学教育学报》1997(3)：86-88(署名：罗增儒).

"综合而灵活地运用"呢？这应该属于数学解题学的课题.

（3）美籍匈牙利数学家、数学教育家乔治·波利亚(1887—1985)在青年时代,由于不满足于教师那种照本宣科式的讲述和教科书中那种突如其来的"像是帽子里跑出一只兔子"式的证明,决心探索数学中的发明创造问题. 面对一个数学定理和它的巧妙证明,他问自己,数学家是怎样发现这个定理的？是什么促使数学家这样想、这样做的？在当教师之后,他竭力帮助学生弄清定理和证明的来龙去脉,并利用在各级学校任教的机会,对学生的学习过程进行细致观察,终于制订出了现代启发式教学的纲领和解题艺术大成——怎样解题表. 到1944 年,发展为风靡世界的《怎样解题》一书. 波利亚是研究解题"兵法"、讲授解题"兵法"的开拓者,他的著作首开"怎样解题"规律研究之先河. 如今,经过几十年的积累,历史要求我们从数学与教学相结合的角度,对数学解题作一些理论性的总结,正面回答多少年来人们翘首以望的问题：怎样学会解题？怎样调动乃至创造解题方法？

1.2　数学解题学的初步界定

我们从解题著作的学习和解题实践的锻炼中体会到一个基本经验：通过已知学未知,通过分析已经解过的题去领悟解题的思想,通过解题思想去驾驭并活化知识与方法. 也就是说,分析典型例题的解题过程是学会解题的有效途径,至少在没有找到更好的途径之前,这是一个无以替代的好主意. 从这一朴素认识出发,我们认为：

（1）数学解题学研究的对象是解题活动. 虽然解题活动离不开"题",也离不开"解题方法",但它们都只是解题活动的组成部分,还不是解题活动本身. 解题活动至少还需要解题思想、解题策略作指导,还需要解题程序、解题操作去完成.

（2）数学解题学要回答的基本问题是：怎样解题？怎样学会解题？

（3）研究数学解题学的基本方法是分析解题过程,包括信息过程的分析、思维过程的分析、结构的分析、长度的分析等.

（4）数学解题学是通过解题过程的分析去学会怎样解题的一门学问.

1.3　数学解题学建设的两个阶段

数学解题学的建设是理论性和实践性都很强的工作,恐怕要反复经过两个阶段：

（1）广泛了解各种解题观点、方法和技巧,并且亲身解出很多题(每一个企望成为解题专家的人都应该到题海里去游泳,教师进题海,正是避免学生被题海淹没的一个途径).在这个基础上,抽象出一些规律性的结论,这些结论不是也不应该是点石成金的魔杖,不是也不会是"无题不解"的万能钥匙,但应有一般性的指导意义,具体应用中还很灵验.比如,应用这些规律去指导解题与解题教学,确实能解决一些前所未见的新题,确实能改进一些千锤百炼的成题,有时还能突破一些长期猜而不决的悬题.这是一个总结和检验的阶段.

(2) 将经过验证的规律进行系统性的整理与数学化的加工,使之成为一个兼有逻辑结构和数学特征的理论体系,我们强调应当有数学特征,而不是生硬的"逻辑学+数学例子"或"教育学+数学例子".同时也区别于现有的数学方法论.

这两个阶段既不能截然分开也不是一次完成,我们现在所做的基本上是第一个阶段的基础工作.

2 《数学解题学引论》的基本内容

我们从 1987 年开始,给数学教育方向的研究生讲授《数学解题》课程,列了个提纲,抱了一大堆书报杂志,主要介绍解题著作,分析解题过程、解题方法、解题策略等.于 1988 年整理成《数学解题理论》讲义,随后 3 次修订、4 次油印,作为高年级学生的选修课,持续了 10 年,当中的一些章节曾在杂志上发表,受到中学界的关注. 1996 年 6 月定稿为《数学解题学引论》,交出版社正式出版,有关名词和内容如下.

(1) 题:数学中的问题叫做题,它反映了现有水平与客观需要的矛盾,可分为练习型与研究型两类,我们所考虑的主要是练习型的题.

(2) 解题:就是解决问题,即将问题性情景转化为稳定性情景.

(3) 解题理论:通过解题过程的分析去探索怎样学会解题的一门学问.所分析的基本素材是中学课本的习题、历年的数学高考题和国内外的数学竞赛题.

(4) 解题思想:解题者意识里的解题根据与解题方法.

(5) 解题观点:是对"怎样解题""为什么这样解题"的整体认识,它既是数学思想在解题实践中的应用,又是教学思想在解题教学中的体现.

(6) 解题目的:指解题教学的目的.

(7) 解题过程:指人们寻找问题解答的活动,它通常包括从拿到题目到完全解出的所有环节与每一步骤.

(8) 解题程序:经过规范化而成为可操作的解题过程,它是解题思想的最终形式,也是思想与动作的连接点.

(9) 解题坐标系：这是笔者建立数学解题理论的一个模型,反映了数学化研究解题的一个愿望.

(10) 解题技巧：解决个别具体数学问题的手段或途径.

(11) 解题方法：解题适应面较宽的解题技巧.

(12) 解题原则：几乎对一切问题都适用的解题方法叫做解题原则,它介于解题思想与解题方法之间.

(13) 解题策略：为了实现解题目标而采取的指导方针,它体现了选择的机智与组合的艺术,与解题原则属于同一层次,从而既是使用方法的方法,又是创造方法的方法.

由这些基本名词可以组成一个初步的体系(图1)：

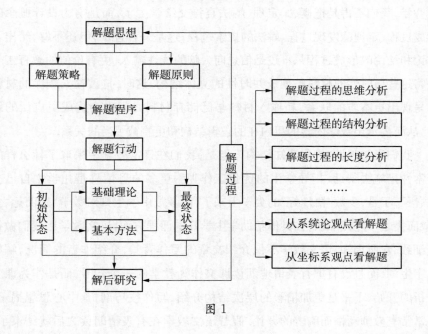

图 1

参考文献

［1］［美］G・波利亚. 怎样解题［M］. 阎育苏,译. 北京：科学出版社,1982.

［2］［苏］Л・М・弗里德曼,等. 怎样学会解数学题［M］. 陈淑敏,尹世超,译. 哈尔滨：黑龙江科学技术出版社,1981.

［3］罗增儒,惠州人. 怎样解答高考数学题［M］. 西安：陕西师范大学出版社,1996.

第4篇 解题分析——解题教学还缺少什么环节?[①]

笔者在《数学解题学引论》中断言:分析典型例题的解题过程是学会解题的有效途径,至少在没有找到更好的途径之前,这是一个无以替代的好主意.

一些专家也指出,好些学习用功的同学总是停留在知识型的水平上,不能形成较强的解题能力,其根本原因就在于他们既没有分析典型的例题,又没有分析自己的解题.相反,善于作解题过程分析的学生,很快就形成一般解题能力,并且受益终生.

同样,辛辛苦苦的数学教师为什么会教出大批学生数学不及格? 笔者认为,这与教学环节不完整有关,这与解题教学缺少一个"解题过程的分析"有关.这些年,我们不再是把概念、定理、解法直接交给学生了,而是努力设计概念的形成过程、定理的发现过程、解法的探索过程,这是一种进步,但还不够,给出了结论和结论的形成过程只不过是信息向大脑的线性输入,更有价值的教育工作是将这些历时性的材料整理成共时性的立体结构.这时,打破输入顺序的材料会呈现出更本质的联系,新输入材料与已储存材料之间也会构成更广泛的组合,从而揭示出数学内容的更内在的逻辑结构和更直截了当的关系.

我们经常强调"优化认知结构",但是,我们在日常教学中采取了什么样的经常性措施去帮助、指导学生的优化工作呢? 更多的恐怕只是让学生自己去"领悟",于是,少数"悟性好"的尖子上来了,而多数中学生则对数学"敬而远之""敬而畏之".应该承认,在具体帮助学生学好本课程方面,语文教学比我们做得更细致.众所周知,语文教学不仅介绍文章的写作背景,介绍作者的简况,解释生字生词,而且没有把有表情地朗读课文作为教学的一个句号,而是作为课文分析的开始,下来是更加精彩的层次结构介绍、写作技巧剖析、中心思想揭示,还常常有教师动情而陶醉的评论.假若语文教学在有表情朗读之后就结束了,那么必定会有一批学生领悟不了课文的深刻思想与优美笔法,从而也就必定有与数学不相上下数量的"语文不及格".

我们天天讲数学素质,我们真诚地崇尚数学的思想方法,但这一切(素质与

---

① 本文原载《中学数学教学参考》1998(1/2):40-41(署名:罗增儒).

思想等)都是作为灵魂(软件)而隐含在数学知识(硬件)与教学工作的载体之中的,除非教师作积极主动的显化,否则学生的自发领悟将总是低效和艰难的. 当然,显化的工作随时都可以做、随时都应该做,但最好的时机是在定理证明之后,例题解出之时(这相当于语文教师已读完课文、学生亦听懂了词语),这时候,分析解题的信息过程,分析题解的逻辑结构、分析解题技巧、分析解题思想等,将使我们有可能通过有限道题的学习培养起解无限道题的数学机智.

下面,我们将对通过报刊最新资料的系列评注,感知解题过程的分析如何开发出解题智慧来. 首先,从笔者自己的解题愚蠢开始.

例 1　笔者曾为 1994 年全国初中联赛编拟了一道计算同旁内角的选择题,命题现场中国数学会普及委员会杜锡录等先生评价不错,最近的一些杂志也把它作为"基本图形"解题的范例,题目是这样的:

题 1　若平行直线 EF, MN 与相交直线 AB, CD 相交成图 1 所示的图形,则共得同旁内角(　　).

(A) 4 对 　　　　　　　　　　(B) 8 对

(C) 12 对 　　　　　　　　　　(D) 16 对

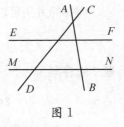

图 1

这道题目的解法是分别取出 AB、CD,分别得出 2 个"三线八角"基本图形;再取出 EF,可得 3 个"三线八角"基本图形;同样取 MN,也得 3 个"三线八角"基本图形. 一共有 8 个"基本图形",而每个基本图形都有 2 对同旁内角,因而共有 16 对同旁内角,选(D). 当年陕西考生抽样得分率只有 0.34,说明题目还是有一定难度的.

分析这个解题过程我们看到两点:

(1) 分解为基本图形;

(2) 对基本图形计算同旁内角的对数.

这个解题过程的本质步骤是对"三线八角"基本图形的认识. 不幸,这种认识是很粗浅的,其局限性当直线不断增加时就立即暴露出来.

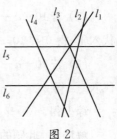

图 2

题 2　如图 2, l_1 与 l_2 为相交直线, l_3 与 l_4 为平行直线, l_5 与 l_6 也为平行直线,问这 6 条直线组成多少对同旁内角?

题 3　设直线 l_1, l_2, $\cdots$, l_k ($k \geqslant 3$) 或是相交或是

平行,其中 l_i 上有 n_i 个交点 $(n_i \geqslant 0)$,则这 k 条直线组成的图形中,有多少对同旁内角?

面对这样的题目,我们反省当初对图形的直观依赖太重了,以至于[题2]显得难办,[题3]简直没法办. 这就使我们思考"三线八角"基本图形的本质结构.

1997 年 7 月,我们考虑[题3],经过对"三线八角"的观察终于看到:每一条截线上的两个交点对应着一个"三线八角",反之,每一个"三线八角"对应着截线上的两个交点,于是,以 l_i 为截线的基本图形有 $C_{n_i}^2$ 个(约定 $n_i < 2$ 时,$C_{n_i}^2$ 等于 0),由加法原理,得[题3]有"三线八角"基本图形 $\sum\limits_{i=1}^{k} C_{n_i}^2$ 个. 由于两条直线相交只有一个交点,所以,上述计算不会重复,从而得[题3]有同旁内角 $2\sum\limits_{i=1}^{k} C_{n_i}^2$ 对.(注:继续参阅本章第 5 篇)

同样的方法可以得题 1 的答案为

$$2(C_2^2 + C_2^2 + C_3^2 + C_3^2) = 16 \text{ 对};$$

题 2 的答案为

$$2(C_4^2 + C_5^2 + C_3^2 + C_4^2 + C_3^2 + C_4^2) = 68 \text{ 对}.$$

对这个例子的解题分析,使我们加深了对"三线八角"几何结构的认识.

例 2 1997 年高中数学联赛进行了改革,为了给选手们提供一个题型示范,笔者为《中等数学》1997 年第 5 期编拟了一套训练题,其中有一道填空题为:已知 $a + \lg a = 10$, $b + 10^b = 10$,则 $a + b = \underline{\qquad}$.

解法 1 由已知得
$$a = 10^{10-a},$$
$$10 - b = 10^b,$$

相减,得
$$10 - a - b = 10^b - 10^{10-a}. \qquad ①$$

(1) 若 $10 - a - b > 0$,则 $10 - a > b$,由指数函数的单调性,得 $10^{10-a} > 10^b$,代入①,得 $0 < 10 - a - b = 10^b - 10^{10-a} < 0$,矛盾.

(2) 若 $10 - a - b < 0$,则 $10 - a < b$,由指数函数的单调性,得 $10^{10-a} < 10^b$,代入①,得 $0 > 10 - a - b = 10^b - 10^{10-a} > 0$,矛盾.

综上得,$10 - a - b = 0$,即 $a + b = 10$.

解法 2 此题的几何意义是:a 为 $y = \lg x$ 与 $y = 10 - x$ 交点 A 的横坐标,

b 是 $y=10^x$ 与 $y=10-x$ 交点 B 的横坐标(如图 3),由两互为反函数图像的对称性,知 A 与 B 关于直线 $y=x$ 对称,解方程

$$\begin{cases} y=x, \\ y=10-x. \end{cases}$$

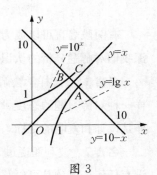

可得 $C(5,5)$,但 C 为 A,B 的中点,故 $\dfrac{a+b}{2}=5$,即

$$a+b=10.$$

评析 解法 1 的本质步骤是利用函数的单调性,解法 2 的本质步骤是利用互为反函数的性质,把这两个性质集中起来,立即可以得出一个不证自明的解法.

图 3

解法 3 已知条件

$$a+\lg a=10, \qquad\qquad ②$$
$$10^b+b=10, \qquad\qquad ③$$

表明单调函数 $f(x)=x+\lg x$,当 $x_1=a$,$x_2=10^b$(从而 $\lg x_2=b$)时,函数值相等,

$$f(a)=f(10^b).$$

据单调性,必有自变量相等,$a=10^b$.

代入③,有

$$a+b=10^b+b=10. \qquad\qquad ④$$

这个例子表明,看得越透彻,解法越简捷.更有意思的是,已知条件②、③与所求的④式,原来是同一个式子.(类似的例子请参见《中学数学教与学》(高中版)1997 年第 5 期"妙题巧解一例")

上述两个例子的共同点是:通过分析解题过程而抓住本质步骤,再通过本质步骤的把握而改进题解.经常做这种分析工作,将能享受到学数学的无穷乐趣.

第5篇 解题分析——再找自己的解题愚蠢①

有两段名言可以成为我们进行解题分析的指导思想,有两个新教训可以加深我们对解题分析的认识.

名言1 《怎样学会解数学题》(苏联弗里德曼等著)一书认为,应当学会这样一种对待习题的态度,即: 把习题看作是精密研究的对象,而把解答习题看作是设计和发明的目标.

名言2 波利亚说过,一个好的教师应该懂得并且传授给学生下述看法: 没有任何一道题是可以解决得十全十美的,总剩下些工作要做,经过充分的探讨总结,总会有点滴的发现,总能改进这个解答,而且在任何情况下,我们总能提高自己对这个解答的理解水平.

下面的两个例子可以认为是对这两段话的一个注解.

例1 我们首先来看一个与读者一起经历的例子,这就是笔者解题分析第一篇文章的[例1],当时,我们认为[题1]的处理对图形的直观依赖过重,从而包含着解题愚蠢②.然而,当我们试图对基本图形的本质结构作深入的探索时,却又暴露出新的解题愚蠢.正如许多读者已经看到的那样,在把公式用于求解[题2]中出现三线共点时,答案就并不对.原因是,所给的公式只对单重交点成立,当存在多条(3条或更多)直线共点时,就不适合了.

如图1,点 B 是 l_1,l_3,l_5 的公共点,对截线 l_1 而言,B 是二重交点,不能像单重交点那样对待.比如取到 A,B 两个点,这时 l_2,l_3 被 l_1 所截有一个基本图形,l_2,l_5 被 l_1 所截也有一个基本图形.所以 l_1 为截线不是只有 $C_4^2 = 6$ 个基本图形,而是有 9 个基本图形.总计 41 个基本图形,82 个同旁内角.

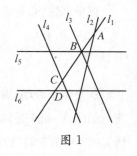

图1

产生这种漏洞的原因主要有两点:

---

① 本文原载《中学数学教学参考》1998(4): 21 - 22(署名: 罗增儒).

② 在笔者的解题理论中,解题愚蠢是与解题智慧相对照的一个词,并且主要用于自己.解法不够本质、付出的解题力量大于标准解法的解题力量,都包含着解题愚蠢.

（1）知识性错误. 对于单个"三线八角"来说，截线上的两个交点与一个"三线八角"一一对应，但对多个"三线八角"来说，截点会重合，从而破坏了一一对应. 这里有知识因素.

（2）心理性错误. 难道连多条直线共点都不知道？也许小学生都会喊冤枉，应该说这里还有一个心理上的潜在假设——在推导公式时默认了交点是单重的. 所以，得出的公式对单重交点的情况适合，对有重点的情况就不适合了.

命题 设直线 l_1, l_2, $\cdots$, l_k $(k \geqslant 3)$ 或是相交或是平行，其中 l_i 上有 n_i 个交点 $(1 \leqslant n_i < k)$，每个交点分别有 a_{i1}, a_{i2}, $\cdots$, a_{in_i} $(1 \leqslant a_{ij} < k$，$1 \leqslant j \leqslant n_i)$ 条直线与 l_i 相交，则图形中共有"三线八角"基本图形

$$\sum_{i=1}^{k} \frac{(a_{i1} + \cdots + a_{in_i})^2 - (a_{i1}^2 + \cdots + a_{in_i}^2)}{2} \text{ 个.}$$

证明 考虑以 l_i 为截线的基本图形，这就是从 n_i 个截点中取两条直线，每条来自不同的截点. 其取法数为

$$a_{i1}a_{i2} + a_{i1}a_{i3} + \cdots + a_{i1}a_{in_i}$$
$$+ a_{i2}a_{i3} + \cdots + a_{i2}a_{in_i}$$
$$\cdots$$
$$+ a_{in_{i-1}}a_{in_i}$$

整理得 $\dfrac{(a_{i1} + a_{i2} + \cdots + a_{in_i})^2 - (a_{i1}^2 + a_{i2}^2 + \cdots + a_{in_i}^2)}{2}.$

由加法原理得"三线八角"的总数为

$$\sum_{i=1}^{k} \frac{(a_{i1} + \cdots + a_{in_i})^2 - (a_{i1}^2 + \cdots + a_{in_i}^2)}{2}.$$

当 $a_{i1} = \cdots = a_{in_i} = 1 (i = 1, 2, \cdots, k)$ 时，结论为

$$\sum_{i=1}^{k} \frac{n_i^2 - n_i}{2} = \sum_{i=1}^{k} C_{n_i}^2.$$

约定 $n_i = 1$ 时 $C_1^2 = 0$.

这道初中题目使我体会到，要把习题看作是精密研究的对象，而把解答习题看作是设计和发明的目标（名言 1）.

例 2 这又是一道初中的题目,从 1985 年问世起,不知道有多少人做过它,笔者在《数学解题学引论》(P. 20 例 1 - 5)等书中也多次将其作为范例来分析.令人尴尬的是,一个有趣而简捷的解法姗姗来迟,竟走过了漫长的 12 个年头,也躲过了难以计数聪慧而明亮的眼睛.

题目 (1985 年全国初中数学联赛)有甲、乙、丙三种货物,若购甲 3 件、乙 7 件、丙 1 件,共需 3.15 元;若购甲 4 件、乙 10 件、丙 1 件,共需 4.20 元;现在购甲、乙、丙各 1 件共需＿＿＿＿元.

设甲、乙、丙的单价分别为 x 元,y 元,z 元,依题意有

$$\begin{cases} 3x + 7y + z = 3.15, & ① \\ 4x + 10y + z = 4.20. & ② \end{cases}$$

为了处理这个非常规方程,归结起来有不下 4 个思路.

思路 1 出于目标意识的考虑,让方程组出现 $x + y + z$,有

$$\begin{cases} (x+y+z) + 2(x+3y) = 3.15, \\ (x+y+z) + 3(x+3y) = 4.20, \end{cases}$$

于是,$x + y + z$ 的求值转化为消去 $x + 3y$.

思路 2 视 x,y 为主元素,将原方程组变形为

$$\begin{cases} 3x + 7y = 3.15 - z, \\ 4x + 10y = 4.20 - z, \end{cases}$$

解出

$$\begin{cases} x = 1.05 - 1.5z, \\ y = 0.5z, \end{cases}$$

从而

$$x + y + z = 1.05(元).$$

思路 3 从空间解析几何的角度,居高临下看问题,则①、②表示了两个平面,而求解便是确定一个过其交线的平面(求 k)

$$x + y + z = k. \qquad\qquad ③$$

为了确定③,我们写出过①、②交线的平面系

$$\lambda(3x + 7y + z - 3.15) + \mu(4x + 10y + z - 4.20) = 0,$$

即

$$(3\lambda + 4\mu)x + (7\lambda + 10\mu)y + (\lambda + \mu)z = 3.15\lambda + 4.20\mu.$$

令
$$\begin{cases} 3\lambda + 4\mu = 1, \\ 7\lambda + 10\mu = 1, \\ \lambda + \mu = 1. \end{cases}$$

可解得 $\lambda = 3$，$\mu = -2$，从而可得③中的 k 为

$$k = 3.15 \times 3 - 4.20 \times 2 = 1.05.$$

把这里的思考过程隐去，可以得到一个公认的漂亮解法：

由 ①×3－②×2，得

$$x + y + z = 3.15 \times 3 - 4.20 \times 2 = 1.05.$$

对于没有空间解析几何知识的中学生可以改称待定参数法，根据题目的要求去确定 λ，μ.

思路 4　把已知条件与解题目标结合起来思考，得方程组

$$\begin{cases} 3x + 7y + z = 3.15, \\ 4x + 10y + z = 4.20, \\ x + y + z = k \end{cases}$$

有非零解. 因其系数行列式为

$$D = \begin{vmatrix} 3 & 7 & 1 \\ 4 & 10 & 1 \\ 1 & 1 & 1 \end{vmatrix} = 0,$$

所以，$D_x = D_y = D_z = 0$，即

$$\begin{vmatrix} 3.15 & 7 & 1 \\ 4.20 & 10 & 1 \\ k & 1 & 1 \end{vmatrix} = \begin{vmatrix} 3 & 3.15 & 1 \\ 4 & 4.20 & 1 \\ 1 & k & 1 \end{vmatrix} = \begin{vmatrix} 3 & 7 & 3.15 \\ 4 & 10 & 4.20 \\ 1 & 1 & k \end{vmatrix} = 0.$$

计算任何一个行列式都可求出 k，并且较简捷的计算是，第一行乘以(-3)，第二行乘以 2，一起加到第三行.

这里的前两个思路是转化为常规的二元一次方程，后两个思路则体现了知识对解题的指导作用. 多少年来，笔者确信对此题的这些分析是相当仔细、相当深入的；最终归结为第①个方程乘以 3，减去第②个方程乘以 2 也是较简捷的了.

然而,思路 3 中的一个重要信息竟在光天化日之下被溜过去了.既然,我们的目标是确定平面方程③,而过平面①、②交线的方程③应是唯一的,所以,确定这个方程取空间中的一个点就够了.

是一位学生提醒我们找回这条被浪费的信息的.他说,市场上流行"购一赠一"的促销做法,不妨认为某一商品根本不收钱.这就转化为二元方程的求解.

其实,这就是特殊化解题.在几何上就是求平面③与坐标平面的交点.可以分别令 $x=0$,$y=0$,$z=0$,其中最简单的是令 $y=0$,心算即可解

$$\begin{cases} 3x+z=3.15, & ④ \\ 4x+z=4.20, & ⑤ \end{cases}$$

得 $(1.05,0,0)$,它的一个实际意义是:面条(甲)每碗 1.05 元,酱油(乙)、醋(丙)可以随便添,不收钱.则吃 3 碗面 3.15 元,吃 4 碗面 4.20 元,吃 1 碗面当然是 1.05 元.回过头来,我们看清楚了,购买甲货物与总钱数成正比例关系 $\dfrac{3}{4}=\dfrac{3.15}{4.20}$,这个结构是我们在不断做解题分析后才明朗的.(回顾本书上集第一章第二节第 4 篇《消元法的灵活应用》)

当然,特殊化解题需要存在唯一性作保证,敏锐的直觉也许还来不及进行这样严密的思考.然而,它还是印证了波利亚的名言:没有任何一道题是可以解决得十全十美的,总剩下些工作要做,经过充分探讨总结,总会有点滴的发现,总能改进这个解答,而且在任何情况下,我们总能提高自己对这个解答的理解水平.

确实,通过分析而发现疏漏(例 1)或获得改进(例 2),都提高了我们对问题的理解水平,但是千万别以为,再不会有新的尴尬了.

第 6 篇　解题分析
——"柳卡问题"新议[①]

1　柳卡问题——数学家们咋了

据说,在近代科学史上曾发生过一件有趣的事:19 世纪的一次国际性会议

---

① 本文原载《中学教研》(数学)2002(3):1-3;中国人民大学复印报刊资料《中学数学教与学》2003(9):51-53(署名:罗增儒).

上,来自世界各国的许多名数学家共进早餐.法国数学家柳卡突然向在场的人们提出一个被他称为"最困难"的问题:

例1　某轮船公司每天中午都有一艘轮船从哈佛开往纽约,并且每天的同一时刻也有一艘轮船从纽约开往哈佛.轮船在途中所花的时间来去都是七昼夜,而且都是匀速航行在同一条航线上.问今天中午从哈佛开出的轮船,在开往纽约的航行过程中,将会遇到几艘同一公司的轮船从对面开来?(包括在两港口相遇)

问题提出后,一时竟真地难住了数学家们,尽管为此进行过探讨和争论,但得到的答案莫衷一是.就是说,这次会议竟还没有人真正地解决这个问题.事后许久,才有一位数学家实验性地画出了一个简单到几乎连小学生都能看懂的图形,从而宣告问题的彻底解决.(参见文[1])

这的确是一个富有典型性、研究性和启发性的案例,把一群数学家都"难住了"的问题,其解法"几乎连小学生都能看懂",数学家们咋了?

其次,这个"无字的证明"直观地显示出问题的答案,无非是数一数线段 OA 上有 15 个交点.一方面其直观性值得高度肯定,另一方面,正是这些显化了的点掩盖着这些点的内在结构——此类问题的一般性代数模式是什么样的?被一些文章称为"数形结合"的"形"是很漂亮,但"数"在哪里?如何结合的?

最后,我们还嫌图 1 中的线条太多了,各条线的地位和作用是一样的吗?最本质的位置在哪里?抓住本质能不能改进或转换?

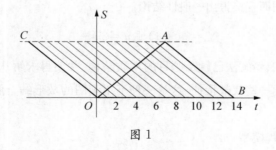

图 1

这些疑问导致我们进行解题分析.

2　一个小学生能听懂的解法

图 1 中的线条很多,但大量是辅助性的, OA 与 OB,AC 均有一一对应关

系,从计数的角度看,取一条就够了.或者说,将整个图形沿平行线束的方向压缩,三条线就重合为一条线了.因此,我们可以认为图1中,最本质的线段是 OA 及其上的 15 个点(与平行线束相交的点).

观察 OA 上的 15 个点,可以被中点分成两段.前半段(包括中点)表示:当轮船从哈佛起航时,已有 8 艘从纽约起航的船分布在全航道上(包括起航与到达的船),它们在靠近哈佛的半侧航道上与轮船相遇. OA 的后半段(不包括中点)表示:轮船从哈佛起航之后,在 7 天的航程中,还有 7 艘船从纽约起航,它们在靠近纽约的半侧航道上与轮船相遇(如图2,请与例3对照)

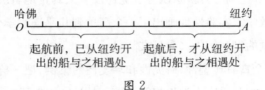

图 2

这实质上已得出一个可以离开图形、单凭口头叙述就能说清位置关系的解法.

另解 1 从哈佛开出的船在航道上与之相遇的船可以分成两类:第 1 类是开船时,已于 7 天前从纽约进入航道的船,共 8 艘(包括恰起航与恰到达的 2 艘);第 2 类是开船后才进入航道的船,每天 1 艘,共 7 艘.共得 $8+7=15$.

如果把题目中航行的时间改为"来去都是 n 昼夜"(参见例3),那么,另解1可使我们不作图而直接得出一般性结论:

$$N=(n+1)+n=2n+1.$$

这提醒我们,新解法已触及题目的本质结构,并使得求解从当初的纯几何形式开始呈现出一些代数特征.这是一种不用画图的数形结合解法(我们称为图式).

3 找出方程模型

我们继续寻找相遇点的代数特征,以揭示问题的抽象结构.如上所说,与之相遇的船可以分成两类.

第 1 类:当船从哈佛开出时,航道上已有的 8 艘船.这些船恰好在线段 OA 的两端及其 7 等分点上,如图3中的 A_0, A_1, A_2, $\cdots A_7$.

$$A_0 \quad A_1 \quad A_2 \quad A_3 \quad A_4 \quad A_5 \quad A_6 \quad A_7$$

图 3

第 2 类：当船从哈佛开出后，每隔一昼夜都有 1 艘船从纽约开出，在 7 天的航程中，共有 7 艘船陆续进入 A_7，A_6，A_5，…的位置．

由此可见：

(1) 从哈佛开出的船航行 x 昼夜时，必与 $7-x$ 天前从纽约开来的船相遇．当 x 取非负整数 0，1，2，…，7 时就得到线段 OA 上的两端点及 7 等分点，共 8 个相遇点．

那么，当 x 不取整数时，轮船还能不能相遇呢？

(2) 从哈佛开出的船起航时，从纽约开来的船恰好在 A_0，A_1，A_2，…，A_7 的位置上，因为船速相同，第 1 个相遇点只能在 A_0A_1 的中点，此后，轮船在到达 A_1 处之前不会再相遇，直到 A_1 处才与从 A_2 开来的船相遇．船从 A_i 到 A_{i+1}($0 \leqslant i \leqslant 6$) 的情况类似．

这就告诉我们，除两端点外，相遇点或为 OA 上的 7 等分点，或为这些点的中点，转换为解析几何语言，这些相遇点可以合并为线段 A_iA_j ($0 \leqslant i < j \leqslant 7$) 的中点(重合只算一次)．这就提供了一个机会，通过中点公式去摸索轮船相遇的数量关系(抽象模式)．

设两船相遇时，从哈佛开来的船走了 x 昼夜、从纽约开来的船走了 y 昼夜，如图 4 有

$$x = \frac{i+j}{2}, \quad y = 7 - \frac{i+j}{2}.$$

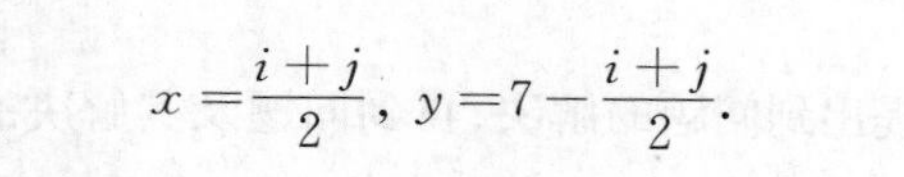

$$\underbrace{\qquad\qquad}_{x} \quad \underbrace{\qquad\qquad}_{y}$$
$$A_0 \qquad A_i \quad 相遇 \quad A_j \qquad A_7$$

图 4

得 $$x + y = 7, \qquad\qquad\qquad ①$$

$$x - y = (i+j) - 7(为整数), \qquad\qquad ②$$

其中式①反映了一般相遇问题的基本关系;式②则反映了这类问题的具体数量关系——这是一个较隐蔽的等量关系."十九世纪"的数学家们不可能看不到等量关系①,"难住"他们的更可能是没想到等量关系②,之所以"没想到"也不是缺少能力,更大的可能是柳卡宣称问题"最困难",给数学家们一个心理暗示,使数学家们压根就未向简单的方向上思考,直到有的数学家作"认知框架"的转移时,问题才获得戏剧性的解决.

另解 2   如图 4,设从哈佛开出的轮船航行 x 昼夜便与从纽约开出 y 昼夜的轮船相遇,依题意相遇两船航行的时间差必为整数个昼夜,

有
$$\begin{cases} x+y=7, \\ |x-y|=m \ (m=0,\ 1,\ 2,\ \cdots,\ 7). \end{cases}$$

即
$$\begin{cases} x+y=7, \\ x-y=\pm m. \end{cases}$$

相加得
$$2x=7\pm m.$$

当 m 取 $0,\ 1,\ 2,\ \cdots,\ 7$ 时,$2x$ 有 15 个取值,即轮船相遇了 15 次(参见文[2]P.392,例 6-50).

这个解法有一般性,当把 7 昼夜推广为 n 昼夜时,可以得出 $2x=n\pm m$.

当 m 取 $0,\ 1,\ 2,\ \cdots,\ n$ 时,便得出 $2x$ 的 $2n+1$ 个可取值,即轮船相遇了 $2n+1$ 次.(可见,两个另解都易于推广)

4   小结与联想

上述从问题的提出到问题的解决,再到问题及其解决的再认识,我们经历了数学问题解决的 3 个层面:图形—图式—模式.具体做法是 3 个步骤.

(1) 分析图形,找出最关键的部位,最本质的位置关系(本例中线段 OA 及其上 15 个点);

(2) 抓住最本质的线段,从位置关系上进行分析,提出新的视角,产生新的解法(另解 1).这个解法,在头脑里有一条线段,但可以不画出来,是用文字叙述出来的图式.

为了说明抓图形的关键部位与本质关系,我们再看一个"名题新解".

例 2   已知 $a>0,\ b>0,\ c>0$,求证

$$\sqrt{a^2+b^2+ab}+\sqrt{b^2+c^2+bc}>\sqrt{a^2+c^2+ac}. \qquad ①$$

证明　由余弦定理可构造 $\triangle ABC$（图 5），使 $\angle AOB=\angle BOC=\angle COA=120°$，$OA=a$，$OB=b$，$OC=c$，有

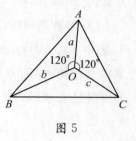

图 5

$$AB=\sqrt{a^2+b^2-ab\cos 120°}=\sqrt{a^2+b^2+ab}. \quad ②$$

同理

$$BC=\sqrt{b^2+c^2+bc}, \qquad\qquad\qquad ③$$

$$AC=\sqrt{a^2+c^2+ac}. \qquad\qquad\qquad ④$$

由三角形两边之和大于第三边可得

$$AB+AC>BC. \qquad\qquad\qquad ⑤$$

把②，③，④代入⑤即得.

评析　易知，问题的求解可以分成两步，第 1 步是依题意构造图形，第 2 步是在 $\triangle ABC$ 中由"两边之和大于第三边"得出结论. 这两步中，最本质的是第 2 步，抓住这一步，在图 5 中还有更简单的 $\triangle OAC$，也有

$$OA+OC>AC. \qquad\qquad\qquad ⑥$$

又由大角对大边有

$$AB>OA,\ BC>OC. \qquad\qquad\qquad ⑦$$

把⑦，⑥的几何形式返原回代数形式，可得新证.

新证　由

$$\sqrt{a^2+b^2+ab}>a,$$

$$\sqrt{b^2+c^2+bc}>c,$$

相加得

$$\sqrt{a^2+b^2+ab}+\sqrt{b^2+c^2+bc}$$
$$>a+c=\sqrt{a^2+c^2+2ac}>\sqrt{a^2+c^2+ac}.$$

再评析　新证法只用到简单的放缩常识，节省了解题力量；更重要的是经历了一个"由数到形"，又"由形到数"的数形结合过程——真正的、完整的数形结合.

这里有一个如同 19 世纪数学家们被"难住了"的令人惊讶的问题:为什么只看到△ABC 而看不见△OAC?

(3) 从相遇问题的位置关系上继续分析,找出相遇处的"中点"性质(A_i 与 A_j 的中点),从而知(本文借助于中点公式作了计算,直接从图形观察也能看出来):每次相遇两船航行的时间之差必为整数个昼夜. 这就找出了这类问题的方程模型(抽象模式)

$$\begin{cases} x + y = 7, \\ |x - y| = m \ (m = 0,\ 1,\ 2,\ \cdots,\ 7). \end{cases}$$

有趣的是,"中点相遇"的揭示,使这个问题可以与下面的一道熟知的奥林匹克竞赛题沟通:

例 3 直线上分布着 $n+1$ 个点,我们把以这些点为端点的一切可能的线段中点染上红色,请问直线上至少有多少个红点?

讲解 记相距最远的两个点为 A,B,以 A 为左端点的线段中点有 n 个,以 B 为右端点的线段中点也有 n 个,去掉同时以 A,B 为端点的线段中点重复计算外,可得 $2n-1$ 个不同的红点. 由于还可能有除 A,B 外,以其余 $n-1$ 个点为端点的线段,故红点的个数 $N \geqslant 2n-1$. (这一步的思考方式与例 1 另解 1 是相通的)

其次,当 $n+1$ 个点成等距离顺序分布时,等分点(不包括两端点 A,B)及相邻两点的中点均为红点,此外再无红点,共有 $(n-1)+n=2n-1$ 个红点. (这一步相当于例 1 中 7 昼夜推广为 n 昼夜)

综上得,直线上最少有 $2n-1$ 个红点.

回顾对例 1 的解题分析与有限联想,我们感到收获的主要方面不在于得出两个新解法,而是获得了学数学的体验和对数学的理解(如真正完整的数形结合、解题知识的迁移等),也使得学数学不仅能摆脱"简单模仿"与"反复练习"的初级阶段,还能突破"自发领悟"的中级阶段,进入"自觉分析"的高级阶段. 我们期望人人都来做(也都能做)自觉的解题分析.

参考文献

[1] 左加林. 在代数中应重视进行形象化教学[J]. 数学通报,1990(12).

[2] 罗增儒. 数学解题学引论[M]. 西安:陕西师范大学出版社,2001.

第 7 篇　作为数学教育任务的数学解题①

摘　要　作为数学教育任务的数学解题与数学家的解题既有联系又有区别. 它触及数学教育的 3 个基本矛盾,需要回答两个基本问题:怎样解题? 怎样学会解题? 解题理论建设成为一个独立分支有 3 个标志. 解题研究已初步积累有题、解题、解题过程、解题程序、解题力量、解题方法、解题策略、数学问题解决的基本框架等成果. 学会解题需要经历 4 个阶段:简单模仿、变式练习、自发领悟和自觉分析.

关键词　数学题;数学解题;解题过程;解题方法;解题策略

1　对数学解题的基本认识

1.1　重要性

作为数学教育任务的解题与数学家的解题既有联系又有区别. 美国数学家哈尔莫斯认为:"数学家存在的主要理由就是解问题,数学的真正的组成部分是问题和解."[1]对于职业数学工作者来说,"题"是研究的对象,"解"是研究的目标,解题是其数学活动的基本形式和主要内容,也是其自身的存在目的和兴奋中心. 而对数学教学而言,不仅要把"题"作为研究的对象,把"解"作为研究的目标,而且还要把"解题活动"作为对象,把学会"数学地思维"、促进"人的发展"作为目标. 解题在数学学习活动中有其不可替代的重要作用:(1)解题是数学学习的核心内容;(2)解题是掌握数学,学会"数学地思维"的基本途径;(3)解题是评价学习的重要方式.

1.2　基本问题

(1)作为数学教育的数学解题理论需要回答两个基本问题:①怎样解题? ②怎样学会解题? 波利亚《怎样解题》一书直接提出了第①个问题,也在努力回答第②个问题[2]. 但我国传统数学教学既未直接提出这些问题,也未正面回答这些问题,表现为一种默会知识的内隐学习,或有意无意地将其简单化为"模仿

---

① 本文原载《数学教育学报》2005(1):12-15;中国人民大学复印报刊资料《中学数学教与学》(上半月·高中)2005(6):19-23(署名:罗增儒,罗新兵).

＋练习＋数学事实的接受".

（2）以上两个基本问题触及数学教育的 3 个基本矛盾.

一是数学与教育的矛盾. 数学教育学应是一门具有数学特征的教育学科, 数学是前提,教育是本质;解释数学解题首先要有数学特点,区别于物理解题、化学解题、语文解题、历史解题;同时又要体现教育特点,有别于纯粹数学形式的运演并应进入心理层面.

二是综合性与独立性的矛盾. 数学教育学应是一门具有综合性的独立学科,数学解题广泛涉及数学教育观、数学知识、心理活动、思维方法、计算机技术等,表现为多学科的交叉;同时又不是这些相关学科内容的简单相加,而是有机融合后相对独立的实体.

三是实践性与理论性的矛盾. 数学教育学应是一门具有实践性的理论学科,解题首先是一种实践活动. 波利亚说:"你想学会游泳,你就必须下水,你想成为解题的能手,你就必须去解题."[3]弗里德曼也说:"寻找解题不能教会,而只能靠自己学会."[4]数学教学的最终成果之一,应使学生会解题. 但是实践不能流于盲目或简单重复,需要理论来做指导. 为什么学校里会有这么多的数学后进生? 原因可能是多方面的,但与我们对数学解题的思维规律认识不清有关,与解题理论尚未完善或尚未发挥指导作用有关.

（3）长期以来,解题活动存在一些弊端.①用现成的观点说明现成的例子,或用现成的例子说明现成的观点.②长期徘徊在一招一式的归类上,缺少理论上的提高或实质性的突破,有时候,只是解题方法的简单堆积或解题技巧的神秘出现.③多说"这样解",少说或不说"为什么这样解".④解题研究多停留在操作层面,未能深入到心理层面.⑤更关注现成、形式化问题的求解,对问题的"提出"和"应用"研究不足[5-7]. 因此,尽管解题有丰富的资料积累(还曾获 IMO 和 IAEP 的双料冠军),而公认具有中国特色的数学解题理论尚待创建.

1.3　理论建设

（1）要把解题理论建设为数学教育的一个独立分支,其标志应该是:①有自己独立的研究对象. 数学解题理论的研究对象可以界定为"解题活动",研究解题活动需要回答的基本问题是:怎样解题? 怎样学会解题? ②有自己独立的研究方法. 一方面要对数学解题实践进行经验归纳,在实证基础上提炼理论;另一方面要对教育心理学做理论演绎,改造为有数学特征的行动指南.数学和心理学应是数学解题理论的两大支柱,这两个学科研究方法的综合,应产生对解题过程进行专业分析的特有方法.③有自己独立的概念体系和基本原理.解题研究已初步积累有题、解题、解题过程、解题程序、解题力量、解题方法、解题策略、数学问题解决基本框架等成果,为理论建立奠定了基础.

(2)建立解题理论对其建设者有较高的要求,基本素质包括:①具备较宽厚的数学知识和较丰富的解题实践经验.②具备数学学习论的知识,掌握规范的心理学研究方法和工具,使得解题研究能够深入到心理层面.③具有数学教学的实践经验,并与学生有经常接触和直接交流的环境.没有课堂基础和学生基础,解题理论只能是上不着天、下不着地的"空中楼阁".

2　解题概念的初步界定

2.1　数学题

(1)数学题(详称数学问题,简称题)是指数学上要求回答或解释的事情,需要研究或解决的矛盾.

数学家把结论未知的题目才称为题,如"哥德巴赫猜想",而一旦解决了就称为"定理"(公式),这更多地体现了"需要研究或解决的矛盾",更多地体现了问题的本质:现有水平与客观需要的矛盾.

在数学教学中,则把结论已知的题目也称为题,因为它对学生而言,与数学家所面临的问题,情境是相似的、性质是相同的,这时候的数学题是指:为实现教学目标而要求师生解答的问题系统.重点在"要求回答或解释的事情",包括一个待计算的答案、一个待证明的结论(含定理、公式)、一个待作出的图形、一个待判断的命题、一个待建立的概念、一个待解决的实际问题等.其中有课堂上的提问、范例、练习和所解决的概念、定理、公式,有学生的课外作业和测验试题,有师生共同进行的研究性课题等.

(2)传统的数学题具有接受性、封闭性和确定性的特征.学生通过对教材的简单模仿和操作练习,基本就能完成;其结构是常规的,答案确定、条件不多不少,可以按照现成的公式或常规的思路获得解决,主要目的在于巩固和变式训练.有时,题目也有挑战性,但数量不多、难度不大,这类题目可以称为"练习题"(Exercise).

作为数学教育口号的"问题解决",对问题的障碍性和探究性提出了较高的要求.波利亚将问题理解为"有意识地寻求某一适当的行动,以便达到一个被清楚地意识到但又不能立即达到的目的.解决问题是寻找这种活动"[8].1988年第6届国际数学教育大会的一份报告指出:"一个(数学)问题是一个对人具有智力挑战特征的、没有现成的直接方法、程序或算法的尚未解决的情境."这类题目可以称为"问题"(Problem).这里所强调的是,从初始状态到目标状态之间的障碍,由现有水平到客观需要之间的矛盾,正是问题的实质.

2.2 解题

解题就是"解决问题",即求出数学题的答案,这个答案在数学上也叫做"解",所以,解题就是找出题解的活动.小至一个学生算出作业的答案、一个教师讲完定理的证明,大至一个数学课题得出肯定或否定的结论、一个数学技术应用于实际构建出适当的模型等,都叫做解题.数学家的解题是一个创造和发现的过程,教学中的解题更多的是一个再创造或再发现的过程,解题教学的基本含义是,通过典型数学题的学习,去探究数学问题解决的基本规律,学会像数学家那样"数学地思维".

波利亚在《数学的发现》序言中说:"中学数学教学的首要任务就是加强解题训练."他还有一句脍炙人口的名言:"掌握数学就是意味着善于解题."

中国是一个解题大国,重视解题教学、擅于变式训练是中国数学教育的一个特色,已在国际数学奥林匹克竞赛(IMO)和相关国际比较测试(IAEP)中取得举世瞩目的成绩.但是,传统意义上的解题,比较注重结果,强调答案的确定性,偏爱形式化的题目.而现代意义上的"问题解决",则更注重解决问题的过程、策略以及思维的方法,更注重解决问题过程中情感、态度、价值观的培养.近年兴起的数学情境题、数学应用题、数学开放题等正在改变中国解题教学的环境和格局.

2.3 解题的一般过程

解题过程是指人们寻找问题答案的活动,它包括从接触问题到完全解出的所有环节与每一步骤,经过规范化而成为可操作的解题过程就成为解题程序(有宏观与微观之分).

(1)波利亚在"怎样解题表"中给出了一个宏观解题程序,分成4步:弄清问题、拟定计划、实现计划、回顾[2].在每一步中都配有许多问句或提示,从而体现出模式识别、联系转化、特殊化与一般化、归纳、类比等思维策略的指导.舍恩费尔德又在"知识＋启发法"之外提出"调节"与"信念".

（2）国内一些相关研究也对"解题过程"进行了程序化的总结.

文[9]认为,解题过程是在解题思想的指导下,运用合理的解题策略(或原则),制订科学的解题程序,进行解题行动的思维过程;而解题行动主要是指从题目初始状态到最终状态的转化,这种转化的解题力量是基础理论与基本方法的运用;作为完整的解题过程还包括解法研究,如解后的回顾、反思以及自始至终的调控等,这是一个最容易被忽视的环节.

文[10]给出了一个解题的动态流程,面对一个问题,我们首先审题,进行模式识别.如果有现成的模式,则直接给出解答,如果没有现成的模式,则运用解题策略,考虑阶梯问题(或辅助问题),有效就得出解答,无效再次回到审题.无论由何种情况得出解答,最后都有检验的步骤.

从信息论的观点探讨解题思维过程,可以从一个初中的例子得出说明.

定理　等腰三角形的两个底角相等.

已知　如图1,在△ABC中,$AB=AC$.求证:$\angle B=\angle C$.

分析　欲证两角相等,根据所学知识,我们可以设想它们为全等三角形的对应角(全等法应用),再根据等腰三角形的特征,又可以将等腰三角形拿起来、作一个空中翻转,使其与原来的位置重合(这正是全等形的定义,△$ABC\cong$△ACB,参见图1),从而$\angle B$与$\angle C$重合(这正是角相等的定义).接下来,只需将这一直觉思路用严密的数学语言表达出来(直觉发现、逻辑证明).这里的心理过程,已经体现问题表征对解题方向的确定和解题效率的提高有着促进作用.

证明　如图1,在△ABC与△ACB中,有

$AB=AC$(已知),

$AC=AB$(已知),

$\angle A=\angle A$(公共角)

(或$BC=CB$(公共边)),

得△$ABC\cong$△ACB(SAS或SSS),

从而$\angle B=\angle C$.

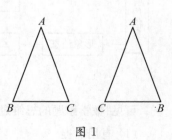

图 1

从书写顺序上看,这个定理的证明过程可以分成3步(解题过程的结构分析):

① 根据题意画出图形,根据图形写出已知、求证. 这是认识自己所面临的问题并对问题进行心理表征的过程.

② 寻找解题思路,沟通已知与求证的联系. 这调动了全等三角形的知识,数形结合地运用了直觉思维(空中翻转、图形重合、角重合). 这实际上是应用解题策略,并进行资源的提取与分配的过程.

③ 给出证明. 用到了三角形全等的判定定理与性质定理,这是一个严格的推理论证过程.

这个分析表明,数学解题有形象思维、直觉思维和逻辑思维的综合作用.

从信息论的观点分析此定理的证明过程,则是两个维度上相关信息的有效组合,即从理解题意中捕捉有用的信息,从记忆网络中提取有关的信息,并把这两组信息组成一个和谐的逻辑结构(如图 2 所示,定理证明的逻辑结构与信息流程).

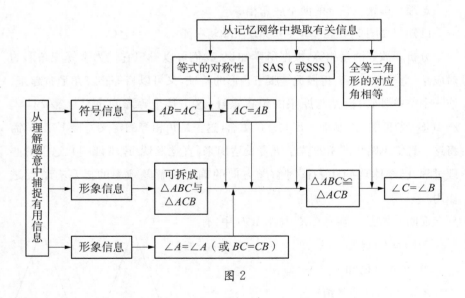

图 2

可见,数学解题的思维过程是一个"三位一体"的工作.

(1) 有用捕捉

即通过观察从理解题意中捕捉有用的信息,主要是弄清条件是什么? 结论是什么? 各有几个? 如何建立条件与结论之间的逻辑联系? 由图 2 可见,通过理解题意找出了 3 条信息,一条是符号信息 $AB=AC$,由题目直接告诉我们;另两条是由图形显示出来的：两个三角形（$\triangle ABC$ 与 $\triangle ACB$），公共角 $\angle A = \angle A$（或公共边 $BC = CB$）. 知识经验是有用捕捉的基础.

（2）有关提取

即在"有用捕捉"的刺激下，通过联想而从解题者头脑中提取出解题依据与解题方法. 由图 2 可见，从记忆网络中检索出了 3 条信息：等式的对称性，全等三角形的判别定理，全等三角形的性质定理. 良好的认知构结和机智的策略选择是连续提取、不断捕捉的基础.

（3）有效组合

将上述两组信息资源，加工配置成一个和谐的逻辑结构. 逻辑思维能力是有效组合的基础.

本例中 6 条信息的组织，详细过程如图 2，简洁过程为"证明"的书写. 其基本要求应能说服自己、说服朋友、说服论敌.

2.4　解题方法

这里说的解题方法，是指中学阶段用于解答数学题的方法. 此处将其分为 3 类，即具有创立学科功能的方法，体现一般思维规律的方法，具体进行论证演算的方法.

（1）具有创立学科功能的方法

如公理化方法、模型化方法、结构化方法，以及集合论方法、极限方法、坐标方法、向量方法等. 在具体解题中，具有统率全局的作用.

（2）体现一般思维规律的方法

如观察、试验、比较、分类、猜想、类比、联想、归纳、演绎、分析、综合等. 在具体解题中，有通理通法、适应面广的特征，常用于解题思路的探求.

（3）具体进行论证演算的方法

这又可以依其适应面分为两个层次：第一层次是适应面较广的求解方法，如消元法、换元法、降次法、待定系数法、反证法、同一法、数学归纳法（及递推法）、坐标法、三角法、数形结合法、构造法、配方法等；第二层次是适应面较窄的求解技巧，如因式分解法以及因式分解中的"裂项法"，函数作图中的"描点法"，以及三角函数作图中的"五点法"，几何证明中的"截长补短法""补形法"，数列求和中的"拆项相消法"等.

仅仅是不等式的证明，我们就可以列举出一长串的解法或技巧：比较法、放缩法、综合法、分析法(及递推法)、反证法、基本不等式法、叠加法、连乘法、数学归纳法、判别式法、求极值法、配方法、辅助函数法、构造法、微分法等,而微分法又可以有求极值、确定单调性、中值定理、凹凸性质等形式.

2.5 解题策略

注重解题策略的研究已经构成了中国解题教学的一个特色,它可以看成是对波利亚现代启发性解题策略研究的继承与发展,徐利治教授提出的 RMI 原理是这方面工作的杰出代表.

(1) 策略是指导行动的方针(战略性的),同时也是增强效果、提高效率的艺术,它区别于具体的途径或方式(战术性的).数学解题的策略是为了实现解题目标而采取的方针.解题策略的思维基础是逻辑思维、形象思维、直觉思维的共同作用,离开逻辑是不行的,单靠逻辑是不够的.

文[9]提出了 10 个解题策略:模式识别、映射化归、差异分析、分合并用、进退互化、正反相辅、动静转化、数形结合、有效增设、以美启真;文[10]提出了 8 个解题策略:枚举法、模式识别、问题转化、中途点、以退求进、推进到一般、从整体看问题、正难则反;文[11]提出了 10 个解题策略:以简驭繁、进退互用、数形迁移、化生为熟、正难则反、倒顺相通、动静转换、分合相辅、引参求变、以美启真,并且认为数学思维策略的研究就是数学解题策略的研究;文[12]对解题策略进行了理论分析.

(2) 解题策略介于具体的求解方法与抽象的解题思想之间,是思想转化为操作的桥梁[13].作为方法,一方面它是用来具体指导解题的方法,另一方面它又是运用解题方法的方法、寻找解题方法的方法、创造解题方法的方法.

如果把解题策略理解为选择与组合的一系列规则,那么这些规则应该具有迅速找到较优解题操作的基本功能,能够减少尝试或失败的次数,能够节省探索的时间和缩短解题的长度,体现出选择的机智和组合的艺术.

2.6 学会解题

学会解题通常需要经历 4 个阶段.

(1) 记忆模仿

即模仿着教师或教科书的示范去解决一些识记性的问题.这是一个通过被模仿者的行为,获得相应的表象,从而产生类似的过程.这里已有体验性的初步理解.

（2）变式练习

即在记忆模仿的基础上迈出主动实践的一步，主要表现为做数量足够、形式变化的习题，本质是进行操作性活动与初步应用.其作用首先是通过变换方式或添加次数而增强效果、巩固记忆、熟练技能（使之达到自动化反应的程度）；其次是通过必要的实践来积累理解所需要的操作数量、活动强度和经验体会.学习数学不能单靠模仿和练习，但缺少这两步又是不行的[14].没有亲身体验、没有足够的过程、没有过硬的双基，数学理解就被架空了[15].记忆模仿和变式练习应是学生获得本质领悟的基础或必要前提.但对解题学习来说，更重要的是跨越这两步而产生理解.

（3）自发领悟

即在模仿与练习的基础上产生理解.指当事者在解题实践中领悟到知识的深层结构，表现为豁然开朗、恍然大悟，但这种领悟常常是直觉的，"只可意会、不可言传".因而，这是一个潜意识与显意识交错，由"双基"升华为能力的过程，也是各人自己去体会"解题思路的探求""解题能力的提高""解题策略的形成"，从而获得能力的自身性增长与实质性提高的过程.这一阶段中会存在高原现象.

（4）自觉分析

这是一个理解从自发到自觉、从被动到主动、从感性到理性、从内隐到外显的飞跃阶段，表现为解题思路的主动设计、知识资源的理性分配、解题策略的自觉调控.尽快进入这个阶段的一个基本途径是对解题过程进行自觉的分析（元认知开发），弄清问题的知识基础、逻辑结构、信息流程，弄清题解中用到哪些知识、哪些方法，这些知识和方法又是怎样组成一个和谐的逻辑结构的.这是一个通过已知学未知、通过分析"怎样解题"而领悟"怎样学会解题"的过程.

参考文献

［1］P. R. Halmos.数学的心脏[J].弥静，译.数学通报，1982(4)：27－31.

［2］［美］G.波利亚.怎样解题[M].阎育苏，译.北京：科学出版社，1982.

［3］［美］G.波利亚.数学的发现[M].欧阳绛，译.北京：科学出版社，1982.

［4］［苏］Л. M.弗里德曼，等.怎样学会解数学题[M].陈淑敏，严世超，译.哈尔滨：黑龙江科学技术出版社，1981.

[5] 聂必凯,汪秉彝,吕传汉. 关于数学问题提出的若干思考[J]. 数学教育学报,2003(2):24-26.

[6] 夏小刚,汪秉彝. 数学情境的创设与数学问题的提出[J]. 数学教育学报,2003(1):29-32.

[7] 何小亚. 解决数学问题的心理过程分析[J]. 数学教育学报,2004(3):34-36.

[8] 杨骞. 波利亚数学教育理论的现代启示[J]. 数学教育学报,2002(2):18-20.

[9] 罗增儒. 数学解题学引论[M]. 西安:陕西师范大学出版社,2001.

[10] 戴再平. 数学习题理论[M]. 上海:上海教育出版社,1996.

[11] 任樟辉. 数学思维论[M]. 南宁:广西教育出版社,1990.

[12] 郑毓信,肖柏荣,熊萍. 数学思维与数学方法论[M]. 成都:四川教育出版社,2001.

[13] 陈亮,朱德全. 数学探究教学的实施策略[J]. 数学教育学报,2003(3):20-23.

[14] 涂荣豹. 数学解题学习中的元认识[J]. 数学教育学报,2002(4):6-11.

[15] 陈琼,翁凯庆. 试论数学学习中的理解学习[J]. 数学教育学报,2003(1):17-19.

第8篇 结构不良问题与解释性解法[①]

本文提出一类新题型,题目本身结构不良,需要提出一个更接近本意的合理解法. 希望能引起数学教育同行的兴趣,推动数学解题研究的发展.(参见文[1]P.35)

1 从结构良好问题说起

数学题(简称题)是指数学上要求回答或解释的事情,需要研究或解决的矛盾. 其之所以成为数学题(而不是语文题、化学题)还因为它需运用(或构建)数学概念、理论、方法(数学内容)才能解决.

对数学家而言,仅当命题的真假未被判定时才成为问题,如"哥德巴赫猜想",而一旦解决了就称为"定理"(公式),不成为问题了. 这更多地体现了"需要研究或解决的矛盾".

在数学教学中,则把结论已知的命题也称为题,因为它对学生而言,与数学

---

① 本文原载《中学数学研究》(广州)2008(12):封二,1-3(署名:罗增儒).

家所面临的问题,情境是相似的、性质是相同的,这时候的数学题是指:为了实现教学目标而要求师生们解答的题目,重点在"要求回答或解释的事情"上. 内容包括一个待进行的运算、一个待推理的证明、一个待完成的作图、一个待建立的概念、一个待论证的定理、一个待解决的实际问题等. 呈现方式有课堂上的提问、范例、练习和所解决的概念、定理、公式,有学生的作业、测验、考试以及师生共同进行的探究性、研究性课题等.

数学题的标准形式包括两个最基本的要素:条件(已知,前提),结论(未知、求解,求证,求作);解题就是沟通条件与结论之间的联系,又包括解和解题依据.(参见文[1])

数学教学中主要使用结构良好的题目,又称封闭性问题(封闭题或收敛题),其根本特征是:条件的充分性和结论的确定性,就是说,条件对于推出结论是充分的、无矛盾的,结论是明确的(可以有确定的多个解,但排除不确定的"既可以这样又可以那样"),各条件之间是独立的、相容的(条件之间没有因果关系,既不重复,也不多余,更不会自相矛盾). 如果一道数学题达不到这些要求,就会被称为错题或病题.

结构良好问题是一种标准的、规范的、理想的题型,突破"条件的充分性和结论的确定性",就会产生结论发散的开放题. 特别是,当问题与实际情境相联系时,我们既不能把它简单地归为"错题或病题"了事,又不能在封闭题的概念下提供一个明确的答案. 怎么办呢? 我们认为,可以承认一类新题型——结构不良问题.

2 结构不良问题的提出

什么是结构不良问题呢? 请先看一个脍炙人口的例子.

例1 古印度有一位老人,临终前留下遗嘱,要把 11 头牛分给三个儿子,老大分得总数的 $\frac{1}{2}$,老二分得总数的 $\frac{1}{4}$,老三分得总数的 $\frac{1}{6}$. 按当地教规,牛被视为神灵,不能宰杀,只能整头分. 三兄弟为此一筹莫展,你能帮助他们解决问题吗?

这是一个流传着多种版本的数学游戏,大量出现在教材或课外读物里. 对本问题的解答多种多样,常见的有以下 6 种:

解法1 (借一还一法——来自聪明的邻居)邻居先借 1 头牛给三兄弟,使牛的总数变成 12,三兄弟按遗嘱中的比例分别得 6 头、3 头和 2 头. 最后剩下 1 头牛,还给邻居. 这就按遗嘱份额要求,把 11 头牛整分完了.

评析 有人批评这种做法已经改变了题意,分的是 12 头牛而不是 11 头牛(偷换概念),但下面的级数求和法却对这个结论提供了一个"较为合理的解释".

解法 2 (级数求和法)因三兄弟的总份额 $\frac{1}{2}+\frac{1}{4}+\frac{1}{6}=\frac{11}{12}<1$, 故第一次分配后会有剩余,按"临终遗嘱"剩余部分还应分给三兄弟,并且还应保持 $\frac{1}{2}:\frac{1}{4}:\frac{1}{6}$ 的比例不变. 如此类推,老大第一次从总数中分得 $\frac{11}{2}$ 后,第二次又可从剩余量 $11-11\times\left(\frac{1}{2}+\frac{1}{4}+\frac{1}{6}\right)=\frac{11}{12}$ 中,分得 $\frac{1}{2}\times\frac{11}{12}$,一直分下去,老大分得的量组成一个 $a_1=\frac{11}{2}$, $q=\frac{1}{12}$ 的等比数列,总头数为等比数列的和

$$\frac{11}{2}\sum_{n=1}^{\infty}\frac{1}{12^{n-1}}=\frac{a_1}{1-q}=6.$$

同理可得,老二、老三分得的总头数分别为

$$\frac{11}{4}\sum_{n=1}^{\infty}\frac{1}{12^{n-1}}=3, \quad \frac{11}{6}\sum_{n=1}^{\infty}\frac{1}{12^{n-1}}=2.$$

这就按遗嘱份额要求,把 11 头牛整分完了,三兄弟分别得 6 头、3 头和 2 头.

评析 这种解法没有"分 12 头牛"的痕迹,是比解法 1"更接近问题本意的解释". 注意到,这种解法有"三兄弟无穷分下去比例不变"的因素,故可以改写为按比例分配法和解方程法.

解法 3 (按比例分配法)因 $\frac{1}{2}:\frac{1}{4}:\frac{1}{6}=6:3:2$,且 $6+3+2=11$,故三兄弟分别得 6 头、3 头和 2 头. 这就按遗嘱份额要求,把 11 头牛整分完了.

解法 4 (解方程法)设老大分得 x 头,则按 $\frac{1}{2}:\frac{1}{4}:\frac{1}{6}=1:\frac{1}{2}:\frac{1}{3}$ 的比例,老二和老三各分得 $\frac{x}{2}$ 头和 $\frac{x}{3}$ 头. 依题意得方程 $x+\frac{x}{2}+\frac{x}{3}=11$,解之得 $x=$

6. 故三兄弟分别得 6 头、3 头和 2 头. 这就按遗嘱份额要求,把 11 头牛整分完了.

　　评析　有人批评这些做法也是改变了题意(偷换概念),把"老大分得总数的 $\frac{1}{2}$,老二分得总数的 $\frac{1}{4}$,老三分得总数的 $\frac{1}{6}$"改变为"三兄弟按 $\frac{1}{2}:\frac{1}{4}:\frac{1}{6}=6:3:2$ 的比例分配,即老大分得总数的 $\frac{6}{11}$,老二分得总数的 $\frac{3}{11}$,老三分得总数的 $\frac{2}{11}$",把本应三兄弟共分得 $\frac{11}{2}+\frac{11}{4}+\frac{11}{6}<11$ 改变为 $x+\frac{x}{2}+\frac{x}{3}=11$,实际做的是另一道题. 他们认为本题应该无解(解法 5).

　　解法 5　(错题无解)要求三兄弟各分得总数的 $\frac{1}{2}$, $\frac{1}{4}$, $\frac{1}{6}$,但 $\frac{1}{2}+\frac{1}{4}+\frac{1}{6}=\frac{11}{12}<1$,且 11 为素数,这就无法按遗嘱要求,分尽 11,得出正整数解. 所以,此为错题,无解.

　　评析　从结构良好的封闭题标准看来,条件确实是不充分的,从形式化习题的角度说"无解"也并无不可. 但是,作为一个实际问题,"无解"并未解决分牛纠纷,遗嘱还要执行,牛还要分,此时的"无解"反成了"无能"的代名词了. 所以,面对结构不良问题,提供"解释性解法"有现实需要. 有人又提出用四舍五入法.

　　解法 6　(四舍五入法)因 $\frac{11}{2}\approx6$, $\frac{11}{4}\approx3$, $\frac{11}{6}\approx2$,且 $6+3+2=11$,故三兄弟分别得 6 头、3 头和 2 头. 这就近似按遗嘱份额要求,把 11 头牛整分完了.

　　评析　有人质疑,一律"五入"对三兄弟的补偿是不一样的,是否有"公平性"的问题? 若改为 9 头牛,三兄弟分得 5 头、2 头和 2 头,老二不但没有"五入"还要"四舍"了. 另外,"恰好整分完"对数字 11 有直接的依赖,若改为 12 头牛,三兄弟各分得 6 头、3 头和 2 头,就没有"四舍"也没有"五入",最终还剩下 1 头牛了.

　　上面的事实说明,人们已经承认了一类新的题型,并在努力给出合理的解法,虽然各个解法的答案都是"三兄弟分别得 6 头、3 头和 2 头",但理由是不一样的,人们希望寻找更接近问题本意的解法.

　　我们把条件不足,没有确定性结论的题目叫做结构不良问题. 把接近问题本意的解法叫做解释性解法.研究结构不良问题的重要目的是寻找更接近问题本意的解释性解法.

3 结构不良问题的更多示例

对于结构不良问题,提供"解释性解法"有现实需要,但不能按"结构良好问题"的标准来处理.下面是一些类似的结构不良问题.

例2 小王在公司干了一星期(7天),当初双方约定:第1天工资0.01元,第2天0.02元,此后每天工钱数是昨天钱数的平方.一周时间到,小王能拿到多少工钱?

解法1 (小王的解法)第1天工资0.01元即1分钱,第2天0.02元即2分钱,然后2的平方、2的四次方等,期望得到工钱 $1+2+2^2+2^4+2^8+2^{16}+2^{32}$ $=4\,295\,033\,111$ 分 $\approx 4\,295$ 万元.

解法2 (经理的解法)第1天工资0.01元,第2天0.02元,第三天开始"四舍五入",不给钱,有:$0.01+0.02+0.02^2+0.02^4+0.02^8+0.02^{16}+0.02^{32}\approx 0.03$ 元.

说明 指数函数 a^x 当 $a>1$ 时为增函数,当 $0<a<1$ 时为减函数.此处,小王将问题转化为增函数,得出4千多万元,而经理将问题转化为减函数,得出不到4分钱,两种说法,源于同一合同,都有数学道理,却因立场不同而结果差天隔地.由于合同本身没有明确是对0.02平方,还是对2平方,所以是一个结构不良问题.如果你是法官,你怎么判这个官司?这就要提供一个"解释性解法".

例3 古罗马时有一个男人,在临终前留下遗言:根据当时的法律,如果他那怀孕的妻子日后生下的是男孩,那么母亲可得孩子财产的 $\frac{1}{2}$;如果生的是女孩,那么母亲可得孩子财产的2倍.他觉得这个遗嘱考虑得很全面,放心地瞑目而去了.没想到,妻子生了龙凤胎,一男一女.请你当法官,提出一个解决方案.

此题在学生中测试出现5个方案.

方案1 设遗产总值为 a 元,母亲、儿子、女儿分得的遗产分别为 x,y,z 元.因为遗嘱的基本精神是:儿子分得的财产是母亲2倍,母亲分得的财产是女儿的2倍,有

$$\begin{cases} x+y+z=a, \\ y=2x, \\ x=2z, \end{cases}$$

可解得 $z = \dfrac{1}{7}a$，$x = \dfrac{2}{7}a$，$y = \dfrac{4}{7}a$.

即 $y \colon x \colon z = 4 \colon 2 \colon 1$.

方案 2 （母亲派）设遗产总值为 a 元，母亲、儿子、女儿分得的遗产分别为 x，y，z 元. 因为遗嘱的基本精神是：无论生男生女，母亲至少可得遗产的 $\dfrac{1}{3}$，现在"母亲"为家庭作出了双倍贡献，至少应分配 $\dfrac{1}{3}$ 的遗产给母亲. 剩下的 $\dfrac{2}{3}$ 按 $4 \colon 1$ 分给儿子与女儿. 有

$$
\begin{cases}
x = \dfrac{1}{3}a, \\[2mm]
y = \dfrac{2}{3}a \times \dfrac{4}{4+1} = \dfrac{8}{15}a, \\[2mm]
z = \dfrac{2}{3}a \times \dfrac{1}{4+1} = \dfrac{2}{15}a,
\end{cases}
$$

即 $y \colon x \colon z = 8 \colon 5 \colon 2$.

方案 3 （儿子派）设遗产总值为 a 元，母亲、儿子、女儿分得的遗产分别为 x，y，z 元. 因为遗嘱的基本精神是：儿子得遗产的 $\dfrac{2}{3}$. 剩下的 $\dfrac{1}{3}$ 按 $2 \colon 1$ 分给母亲与女儿. 有

$$
\begin{cases}
y = \dfrac{2}{3}a, \\[2mm]
x = \dfrac{1}{3}a \times \dfrac{2}{2+1} = \dfrac{2}{9}a, \\[2mm]
z = \dfrac{1}{3}a \times \dfrac{1}{2+1} = \dfrac{1}{9}a,
\end{cases}
$$

即 $y \colon x \colon z = 6 \colon 2 \colon 1$.

方案 4 （女儿派）设遗产总值为 a 元，母亲、儿子、女儿分得的遗产分别为 x，y，z 元. 因为遗嘱的基本精神是：女儿得遗产的 $\dfrac{1}{3}$，剩下的 $\dfrac{2}{3}$ 按 $2 \colon 1$ 分给儿子与母亲. 有

$$\begin{cases} z = \dfrac{1}{3}a, \\[2mm] y = \dfrac{2}{3}a \times \dfrac{2}{2+1} = \dfrac{4}{9}a, \\[2mm] x = \dfrac{2}{3}a \times \dfrac{1}{2+1} = \dfrac{2}{9}a, \end{cases}$$

即 $y : x : z = 4 : 2 : 3$.

方案 5 平均分配,各得遗产的 $\dfrac{1}{3}$.

说明 方案 5 更体现现代理念,离题意较远;方案 2、方案 3、方案 4 更体现某一方的利益,容易受到另两方的非议;更容易达成协议的可能是方案 1. 于是,方案 1 可以认为是"更接近问题本意的解释性解法".

例 4 船上载有牛 75 头,羊 34 头,问船长今年几岁?

据说这是美国测试数学观念的一道题目,条件与结论无关,是一个结构不良问题. 国内测试出现多种答案.

答案 1:$75 + 34 = 109$ 岁.

答案 2:$75 - 34 = 41$ 岁.

答案 3:牛羊数目与船长年龄无关,本题无解.

答案 4:牛羊数目与船长年龄有一定的曲折联系,要指挥一艘载有百头牲口的大型货船,船长必须具备丰富的航海经验以及充沛的精力,这就要求船长的年龄介于 $35 \sim 60$ 岁之间.

……

说明 第 1 个答案船长 109 岁没有题意的支持,也不符合实际,把数学理解为运算符号的形式组合.

第 2 个答案没有理由,也是人为的把"牛羊数目"与"船长年龄"联系起来. 所不同的是,它比第一个答案略微理智一些,还知道不应该有那么老的船长. (数学观念)

持第 3 个答案的学生,在学习上有一种求实的态度和质疑的精神,因此敢于得出"牛羊数目"与"船长年龄"没有直接联系、本题无解的结论.

持第 4 个答案的学生有发散性的思维,有估算的意识,可以认为是比答案 1、2、3 更接近问题本意的解释性解法.

例5 某企业有 5 个股东,100 名工人,年底公布经营业绩,如下表所示:

	1990 年	1991 年	1992 年
股东红利(美元)	5 万	7.5 万	10 万
工资总额(美元)	10 万	12.5 万	15 万

现在请大家分析根据此表的数据所画的三种图.

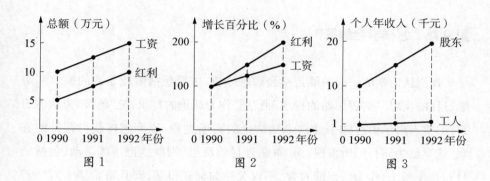

图 1　　　　　　　　图 2　　　　　　　　图 3

讲解 这是取自我国香港地区数学教材中的一个例题,与传统的甲乙相遇、鸡兔同笼之类的应用题形式很不相同.图 1 为老板所画,反映了股东红利总额、工人工资总额与时间的函数关系,表示"有福同享、有难同当,股红与工资平行增长".图 2 为工会所画,反映了股东红利增长率、工人工资增长率与时间的函数关系,表示"股红增加到 2 倍,工资只增至 1.5 倍,股东利润增长比例较快,工资应增长得快些".图 3 为工人所画,反映了"股东的人均红利从 1 万美元增至 2 万美元,人均净增 1 万美元,而工人的工资从 1 千美元增至 1.5 千美元,人均净增仅 500 美元,股东的平均获利远高于工人的工资增长,收入差距更大了,工资太低了".(参见文[2]P.227)

以上说法源于同一数据表,没有造假,都有数学道理,皆因立场不同而异,可以认为是 3 种解释性解法.香港数学界的同行认为,数学事实虽然是客观的,但运用数学的方法不同,解释数据的角度也是可以不同的,我们应该把数学的这一情形告诉学生,使他们能用数学来保护自己的合法权益.

由以上例子可以看到,结构不良问题是比一般开放题更为开放的发散题,题目本身结构不良,需要提出一个更接近本意的合理解法.其题意的情境性,结论的发散性,问题的探究性等特征,为我们提供了良好的研究情境及广阔的研究前景.

参考文献

[1] 罗增儒.中学数学解题的理论与实践[M].南宁:广西教育出版社,2008.

[2] 张奠宙,宋乃庆.数学教育概论[M].北京:高等教育出版社,2004.

第9篇 怎样学会解题①

我们认为学解题的关键是学会解题分析,主要包括解题思路的探求和解题过程的反思."解题思路的探求"把"题"作为认识的对象,把"解"作为认识的目标,重点展示由已知条件到未知结论的沟通过程,说清怎样获得题目的答案,这早已为同行们所重视;而"解题过程的反思"则继续把解题活动(包括题目与初步解法)作为认识的对象,不仅关注如何获得解,而且寄希望于对"解"的进一步分析,进而增强数学能力、优化认识结构、提高思维素质,学会"数学地思维",重点在怎样学会解题.我们认为:分析典型例题的解题过程是学会解题的有效途径,至少在没有找到更好的途径之前,这是一个无以替代的好主意.

1 学会学解题的四个阶段

回顾从当学生到当教师的几十年解题实践(特别是当教师以来的 30 年),我们看到了一条清晰的学解题线路:由"记忆模仿、变式练习"开始,经过长期的"自发领悟",已经进入到"自觉分析"的阶段.我们将其作为"一个中国解题者的学习案例"或"一个中国学习者的解题案例",总结为学会学解题的四步骤程式,这是一个基于实践经验的个人认识.

1.1 第 1 阶段:记忆模仿

即模仿教师或教科书的示范去解决一些识记性的问题.这是一个通过观察

---

① 本文原载《中学数学教学参考》(中旬·初中)2009(3):9-13;中国人民大学复印报刊资料《中学数学教与学》(下半月·初中)2009(6):36-40(署名:罗增儒).

被模仿对象的行为,获得相应的表象,从而产生类似的过程,也是对解题基本模式加以认识并开始积累的过程. 对于认知结构的改变而言,这一阶段具有数学学习中输入信息并开始相互作用的功能,其本身会有体验性的初步理解.

学写字从模仿开始,学写作从模仿开始,学绘画从模仿开始,学音乐舞蹈等艺术也都从模仿开始,每节数学课后的作业基本上都是模仿性练习. 波利亚在《数学的发现》序言中说:解题"只能通过模仿和实践来学到它",张景中院士在《帮你学数学》P. 46 中说"摹仿是学习的开始".

在这一阶段,记忆是一项重要的内容,由记到忆,是指信息的巩固与输出的流畅,要解决好:记忆的敏捷性(记得快),记忆的持久性(记得牢或忘得慢),记忆的准确性(记得准),记忆的准备性(便于提取). 而要真正做到、做好这 4 点,还需要进入第 2 阶段.

1.2 第 2 阶段:变式练习

即在记忆模仿的基础上迈出主动实践的一步,主要表现为做数量足够、形式变化的干扰性习题,本质上是进行操作性活动与初步应用. 其作用首先是通过变换方式或添加次数而增强效果、巩固记忆、熟练技能;其次是通过必要的实践来积累理解所需要的操作数量、活动强度和经验体会. 对于认知结构的改变而言,这一步具有新旧知识相互作用的功能,做好了能形成新认知结构的雏形.

"变式"是防止非本质属性泛化的一个有效措施,中国的数学教育有"变式教学"的优良传统,"变式练习"是这一传统在解题教学上的重要体现.

学习数学不能缺少这两个阶段又不能单靠这两个阶段. 没有亲身的体验、没有足够的过程、没有过硬的"双基",数学理解就被架空了. 模仿和练习应是学生获得本质领悟的基础或必要前提. 人们常常听到"不要死记硬背"的告诫,其实这有两层含义,首先是承认记忆,其次是强调不要"死",要理解知识的本质含义,还要沟通新旧知识之间的联系. 因此,对学解题而言,更重要的是跨越模仿和练习而产生领悟.

1.3 第 3 阶段:自发领悟

即在模仿性练习与干扰性练习的基础上产生理解——解题知识的内化(包括结构化、网络化和丰富联系),主要表现为从事实到规律的领悟、从实践到理论的提升. 但在这一阶段,领悟常常从直觉开始,表现为豁然开朗、恍然大悟,而又"只可意会,不可言传"(默会知识). 这实际上是一个各人自己去体会"解题思路的探求""解题能力的提高""解题策略的形成""解题模式的提炼",从而获得能力的自身性增长与实质性提高的过程(生成个体经验).对于认知结构的改变而言,这一阶段具有形成新认知结构的功能.

由于单纯的实践不能保证由感性到理性的飞跃、由"双基"到能力的升华,而这种飞跃或升华又需要一个长期的积累,因而,这是一个漫长而又不可逾越的必由阶段(会存在高原现象).目前的很多学生就被挡在了这一阶段(停留在模仿与练习上),很多优秀学生也就停留在这一阶段,我们自己也总在这一阶段上挣扎,但已经认识到:为了缩短被动、自发的过程,为了增加主动、自觉的元素,解题学习还应有第4阶段.

1.4 第4阶段:自觉分析

即对解题过程进行自觉的反思,使理解进入到深层结构.这是一个通过已知学未知、通过分析"怎样解题"而领悟"怎样学会解题"的过程,也是一个理解从自发到自觉、从被动到主动、从感性到理性、从基础到创新、从内隐到外显的飞跃阶段,操作上通常要经历整体分解与信息交合两个步骤.这个阶段与解题书写的最后一个环节(检查验算)是有区别的,它不仅反思计算是否准确、推理是否合理、思维是否周密、解法是否还有更多更简单的途径等,而且要提炼怎样解题和怎样学会解题的理论启示(有构建"数学解题学"的前景).相对于认知结构的改变而言,这一步具有形成并强化新认知结构的功能.

这四个阶段与数学学习的一般过程是吻合的,但由于数学解题是一种创造性活动,因而,它只是符合"钥匙原理",而非打开一切题目大门的万能钥匙.

当前的重点应是加强第4阶段的教学与研究,我们将有多篇文章来作说明,下面先提供一个初步体验的实例.

2 学会学解题的初步体验

例1 求证:等腰三角形的两个底角相等.(等边对等角)

2.1 解题思路的探求

这是初中课本上的一条定理(在《什么是数学解题》一文中已先行渗透),其思路探求的一个过程是这样的,如图1.

(1)为了证明两个角相等,我们来找这两个角所在的三角形;

(2)由于已知条件只有一个三角形,所以作辅助线 AD($\angle A$ 的平分线,也可以是 BC 的中线等),产生△BAD 与△CAD;

（3）证明 $\triangle BAD \cong \triangle CAD$；

（4）由三角形全等的性质便得出所求.

由此，可以得出课本已经写出的证明.

证明 1　如图 1，在等腰 $\triangle ABC$ 中，作 $\angle A$ 的角平分线

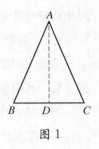

图 1

AD，得 $\triangle BAD$ 与 $\triangle CAD$，有

$AB = AC$（已知），

$AD = AD$（公共边），

又 $\angle BAD = \angle CAD$（辅助线作法），

得 $\triangle BAD \cong \triangle CAD$（SAS），

从而 $\angle B = \angle C$（全等三角形的对应角相等）.

这个处理有分析、有启引，是注重知识的发生过程的，模仿这里的分析与证明，我们能够完成课本的作业，几何论证能力也会在这潜移默化中获得提高.

通常的解题教学进行到这里就基本告一段落了，我们的建议是继续暴露数学解题的思维过程，比喻为"摸进黑房间后拉开电灯"或"登上山顶后的俯瞰".至少可以这样说，我们虽然解出了一道题，但还没有弄清到底是怎么解的，还没有对自己的认识活动进行再认识. 记得笔者初为人师时，讲完这个定理后就曾留下过很多困惑（参见拙著《中学数学课例分析》P.366）. 如：

（1）我不能说清本定理证明中用到了哪些知识、哪些方法，这些知识与方法又是怎样组成一个和谐的逻辑结构的；

（2）我不能浅显地指出本定理证法的一般认识与基本困难；

（3）我不能用一句很简明的话让学生把握这个定理并终生难忘；

（4）我还感到，"分析"中"由于已知条件只有一个三角形"，马上就推出"所以作辅助线 AD"……，有点理由不足.

如果把定理比作一首古诗，那么上述证明确实向学生解释了诗的写作背景、生词生字，也有表情地朗读了一遍；作为学生，也已经听懂了，甚至经过努力也背熟了. 但是教师如果没有接下来对诗中层次结构的分析、写作技巧的剖析、中心思想的揭示等，那么仅靠学生的"自发领悟"必然还会有一批人领悟不到诗中深刻的思想、精妙的意境、优美的文笔与传颂千古的内在魅力，更谈不上理解诗人的气质与培养出有气质的诗人了. 这使我想到，解题教学是不是也应该有一个类似于语文"课文分析"那样的数学"解题分析"，把定理与定理证明的本质

思想向学生作适合他们认识水平的剖析.

2.2　解题过程的分解

分解上面的证明我们可以看到有 4 个步骤(解题过程的结构分析),每一个步骤又有一些信息的获取与加工,共由 8 条信息组成(解题过程的信息流程分析).

第 1 步:作 $\angle A$ 的角平分线 AD,把 $\triangle ABC$ 分成两个三角形 $\triangle BAD$ 与 $\triangle CAD$.这本身是一个形象信息(从图形中获得,记为信息 1),同时,又从记忆储存中提取了一条信息:角平分线的作法.(数学技能,记为信息 2)

第 2 步:验证 $\triangle BAD$ 与 $\triangle CAD$ 满足全等的条件.这使用了 3 条信息:

(1) 从已知条件中提取符号信息 $AB = AC$.(记为信息 3)

(2) 从所附图形中提取形象信息 $AD = AD$.(记为信息 4)

(3) 从记忆储存中提取符号信息:角平分线的定义(记为信息 5),从而得 $\angle BAD = \angle CAD$.(符号信息,记为信息 6)

第 3 步:得出 $\triangle BAD \cong \triangle CAD$.这从记忆储存中提取了三角形全等的判别定理 SAS 作为依据.(记为信息 7)

第 4 步:得 $\angle B = \angle C$.这从记忆储存中提取了三角形全等的性质定理作为依据.(记为信息 8)

这 4 个步骤和 8 条信息可以组成一个和谐的逻辑结构(如图 2).

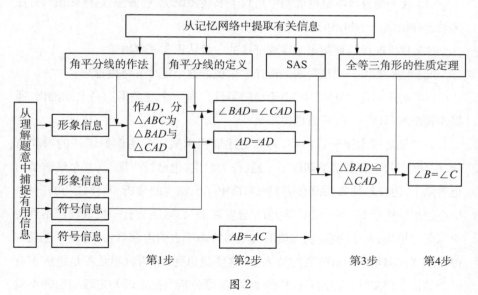

图 2

于是,我们就弄清了:定理证明中用到了哪些知识、哪些方法,它们又是怎样组成一个和谐的逻辑结构、逐步推进的.

2.3　本质步骤的提炼

上面的初步分析可以解决我们的第(1)个困惑,并且还显化了定理证明的最本质步骤:三角形全等法的应用.为什么最本质的步骤是全等法的应用而不是作辅助线呢? 因为作辅助线是根据全等的需要并为全等服务的;而全等三角形一旦得出,对应角相等是直接的三段论推理,所以证三角形全等具有最本质步骤的两个基本特征:能使解题产生实质性的进展;更反映问题的深层结构.

而这个最本质步骤在操作上是这样一个"由一找三"的过程,为了证明一个等式($\angle B = \angle C$),我们去找三个等式($AB = AC$,$AD = AD$,$\angle BAD = \angle CAD$),如果两个三角形和三个等式都很现成,那问题就解决了;否则,我们就要作辅助线(角平分线AD),产生一对三角形,并且继续进行"由一找三"的步骤(会出现 3^2 个等式).由此可以看到"全等法"证几何题的两个主要难点:

(1) 数量上,欲证等式会按几何级数 3^n 飞快增长,$n = 2$ 就可以是一道很难的题目.

(2) 作辅助线,这对思维素质提出了很高的要求,也没有固定的程序.

从证明 1 找出"全等法",并对"全等法"的操作与基本困难作出分析,可以认为是对第(2)个困惑的思考与回应.

现在让我们回到证明 1,看看从本质步骤(三角形全等法的应用)出发,作解题分析还能获得点什么? 首先,抓住解题的实质步骤提出问题:什么是全等形? 是的,能够完全重合的两个图形叫做全等形.在图 1 中,$\triangle BAD$ 与 $\triangle CAD$ 可以

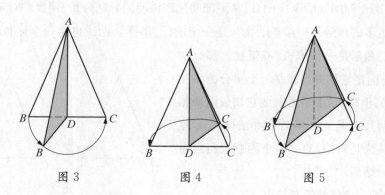

图 3　　　　　　图 4　　　　　　图 5

重合,从而呈现一种对称性的美感. 就是说,△BAD 绕 AD 旋转会与 △CAD 重合(图3),△CAD 绕 AD 旋转会与 △BAD 重合(图4);让这两个直角三角形一齐旋转(图5)你看到了什么? 这里的情境设计是想通过显意识的暗示来营造一个直觉发现的氛围,让人看到:有两个三角形(图5),一个是原来的△ABC,一个是旋转中的△ACB,它们能够重合在一起(B 与 C 重合,C 与 B 重合),从而,一个无需作辅助线的新思路就会在突然的领悟中产生:

证明2 如图6,在△ABC 与 △ACB 中,有

$AB = AC$,

$AC = AB$.

又 $\angle A = \angle A$(或 $BC = CB$),

得 △ABC ≌ △ACB,

从而 $\angle B = \angle C$.

说明1 这个证明相当于对证明1作了一个"加法"的信息交合:由

$$\triangle BAD \cong \triangle CAD,$$

有 $$\triangle CAD \cong \triangle BAD,$$

相加 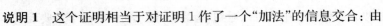 $$\triangle ABC \cong \triangle ACB. \text{(SAS 或 SSS)}$$

有趣的是,我们那么熟练地将线段 AD 看成两条重合的线段,将∠A 看成两个重合的角,可就是不习惯将一个三角形看成两个三角形的重合.

说明2 这个证明的可靠直觉是,把等腰△ABC 纸片拿起来作一个空中的翻转后,仍与原来的位置能够重合,这个情境有可能让学生对证明终生难忘. 于是,从图1到图6的返璞归真,从原证明到现证明的解题分析,使我们对定理获得了更多的理解——作辅助线只是一个途径、不作辅助线也是一个途径. 设想等腰三角形是一块木板(或蛋糕),那么沿 AD 方向把它切开当然是一个平分的办法(图1),但是,沿水平方向把它切成两块相等的薄片也是一个平分的办法(图7). 这可以认为是对第(3)、(4)个困惑进行思考的部分结果.

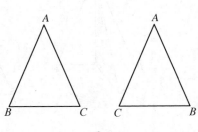

图7

然而,事情并没有结束.

2.4　一个质疑的释疑

《中小学数学》2004 年第 9 期对上述证明 2 的逻辑合理性提出了质疑,理由是把△ABC 看成两个三角形不妥.因为在平面几何内,不共线三点唯一确定一个三角形,也就是说△ACB 是△ABC 的另一种表示方式,是指同一个三角形,考虑"△ABC 与△ACB"的先决条件已经是两个全等三角形了,即把一个三角形偷换成两个全等三角形,以下证明已多余.错误的性质是违反了同一律——"偷换论题".

更早的时候已有教师问过笔者:证明"△ABC 与△ACB 全等"只不过是说△ABC 自己与自己全等,等于什么也没证.

可见,这些质疑的实质涉及全等知识的深入理解.是的,能重合的图形叫全等形,但重合有两种方式,几何学上称为直接合同(仅经平面上的平移、旋转即可重合)与镜面合同(须有空间的翻转才能重合).不共线三点 A,B,C 给定之后,三角形的形状和大小的确已完全确定,但对△ABC 作一个空间的翻转得出的△ACB,已经是另一种位置的三角形了.如图 8,一般情况下,只作平移、旋转不能保证这两个三角形重合(直观说,是不能保证△ABC 的 AB 边与△ACB 的 AC 边为对应边),即不能保证这两个三角形直接合同;当我们说这两个三角形全等时,只是说这两个三角形经过空间翻转能够重合,即镜面合同而非直接合同.

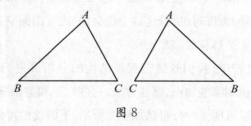

图 8

正确理解上述关于等腰三角形性质定理的证明,说的是,将△ABC 作一个空间翻转得出△ACB 后(图 7),这两个三角形还能直接合同.这是等腰三角形的特殊性质,△ABC 与△ACB 既直接合同又镜面合同.(既 $\triangle ABC \cong \triangle ABC$,又 $\triangle ABC \cong \triangle ACB$)

所以,"质疑"是把两种不同的全等混为一谈了,把 $\triangle ABC \cong \triangle ABC$ 永远成立,当作 $\triangle ABC \cong \triangle ACB$ 永远成立(通常是不成立的),也忘了三角形全等有对应边、对应角等元素对应的严格要求.

3 学解题的初步收获

上面,我们实践了解题分析,既改进了解法又提高了对本例的认识,这些都是具体而重要的收获.下面,我们再从学解题的认识层面提出3点看法.

3.1 解题分析包括认知与元认知两个阶段

上述过程表明,解题分析包括解题思路的探求分析与探求结果的反思分析.

(1)解题思路的探求分析

这主要是在还没有思路时,努力找出思路的认知过程,在本例中表现为证明1的探求与获得.证明1的得出体现了"把题作为认识对象,把解作为认识目标"的解题活动,更多的是第一、第二阶段的解题学习.

(2)探求结果的反思分析

这主要是在获得初步思路后,对初步思路进行反思的元认知过程,在本例中表现为证明1的反思与证明2的获得,即继续把解题活动(包括题目与初步解法)作为认识的对象,继续暴露数学思维的过程,已经是第三、第四阶段的解题学习了.

如果把揭示"思路探求"叫做"第一过程"的数学思维暴露,那么继续揭示"解题活动"就可以叫做"第二过程"的数学思维暴露了.解题思路初步获得是开始"第二过程"暴露的最好时机,错过这个机会是"进宝山而空返".

3.2 弄清了数学解题的信息流程

解题过程的分析中,我们既进行逻辑结构的分析又进行了信息流程的分析,弄清了证明中用到哪些知识、哪些方法,这些知识和方法又是怎样组成一个和谐的逻辑结构的.证明1的分析已如图2所示,下面我们再分3步对证明2作出分解.

第1步,从已知条件 $\triangle ABC$ 为等腰三角形出发去捕捉有用的信息.

(1)从题目的文字叙述中获取代数"符号信息"2条,首先是

信息1: $AB = AC$,进而 $AC = AB$.(提取了信息2:等式的对称性)

(2)从题目的图形中获取几何"形象信息"2条:

信息3:在图6中,我们看到 $\triangle ABC$ 与 $\triangle ACB$ 重叠在一起,把它们拆开就

成为图 7.

信息 4：我们还看到这两个三角形有 $\angle A = \angle A$（或 $BC = CB$）.

第 2 步，根据上面的理解，我们提取三角形全等的判别定理"SAS（或 SSS）"，可得 $\triangle ABC \cong \triangle ACB$.（信息 5）

据此，再提取三角形全等的性质定理，得对应角相等，$\angle B = \angle C$.（信息 6）

第 3 步，把这些知识信息（一共 6 条）组成一个和谐的逻辑结构，可得解题的信息过程（如图 9）.

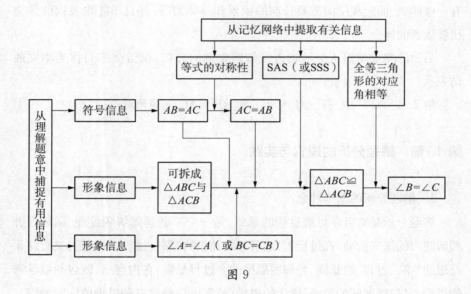

图 9

这样我们就弄清了证明这个定理的知识基础、逻辑结构、信息流程.

3.3　初步体现了解题分析的作用

我们对解题分析的成果有三个层面的预期.

（1）在微观层面上，将有助于理解具体问题的深层结构，不仅能修正错误、简化过程、完善解题，而且常常产生陈题新解、难题简解、佳题巧解、名题多解、悬题获解等效果.

本例中两个证明所用到的知识是一样的，但思维水平略有不同. 也许聪明的学生一开始就能找到证明 2，但是，如果我不算聪明，甚至还有点笨呢，那么上述历程告诉我们，谁都有机会在原证明的基础上，捕捉到新证明的灵感. 我笨也可以通过解题过程的分析自己学会聪明，自己学会解题，使数学解题与智力发展同行. 我们的解题教学应该有"学会聪明"这个环节.

(2) 在中观层面上,将有助于数学问题解决能力的提高,具体表现为问题的迅速识别和适宜表征,解题思路的主动设计和知识资源的理性配置,解题方法的灵活运用和解题策略的自觉调控.

(3) 在宏观层面上,将有助于理解数学的精神、思想、方法和价值,开发智力,促进人的发展.

对这个具体案例来说,更直接、更具体的作用主要在微观层面上,中观层面有一些体现,而宏观层面需要长期的积累和身体力行,并且不能用我们的体会代替读者的体会.

后面的文章我们还会继续进行解题案例的分析,仅留个练习作为本文的结束:

例 2　$\triangle ABC$ 中,若 $\angle B = \angle C$,则 $AB = AC$.（等角对等边）

第 10 篇　解题分析的理念与实践[①]

1　解题分析的基本理念

解题分析是对数学思维过程的暴露,是一个不断暴露解题过程、循环提升理解能力的探究活动. 在过程上,既有思路探求的"第一过程"的暴露,又有结果反思的"第二过程"的暴露,是解题思维的全过程暴露;在内容上,既包括数学家的思维,又包括教师的思维、学生的思维(教室里应是这三种思维的同时暴露). 坚持解题思维的全过程暴露虽然来源于我们的个人体验,但依然可以找到相关理论的支持.

1.1　弗里德曼的著作

弗里德曼在《怎样学会解数学题》一书的"致读者"中,分析学生解了大量的题但还"不开窍"时指出:"这些学生没有在应有的程度上分析所解的习题,不能从中分析出解题的一般方式和方法,解题常常只是为了得个答案."他强调:"解题不单单是为了找到答案"(P. 32),他呼吁:"应当学会这样一种对待习题的态度,即:把习题看作是精密研究的对象,而把解答习题看作是设计和发明的目

---

① 本文原载《中学数学教学参考》(中旬·初中)2009(4):9－13;(署名:罗增儒).

标."在他的"解题过程"八阶段组成中,包括了"对所完成的解题进行分析"(P. 39).这些论述表明,学解题"不开窍"的一个基本原因是"获得答案"之后没有继续暴露数学解题的思维过程.

1.2　波利亚的著作

波利亚的《怎样解题》一书正是通过剖析典型例题的解题过程来展开"怎样解题表"和"教会年轻人去思考"的,并且在怎样解题表中专设了一个步骤"回顾",为每一道题的自觉分析都留下了时间和空间.他在书中(P. 15)指出:"一个好的教师应该懂得并且传授给学生下述看法:没有任何问题是可以解决得十全十美的,总剩下些工作要做.经过充分的探讨与钻研,我们能够改进这个解答,而且在任何情况下,我们总能提高自己对这个解答的理解水平."这就又进一步说明,分析解题过程不仅能"改进"解答,而且总能提高"理解"水平.波利亚在《数学的发现》序言中还具体指出解题分析的最佳时机:"可能是读者解出一道题的时候,或是阅读它的解法的时候."

1.3　元认知理论

元认知理论认为,对认知的再认知是人类极富智慧的一种成分,虽然其在数学教育界中出现较晚,但作为一种客观存在,上述弗里德曼、波利亚都表达了元认知观念.在"学会学解题的四步骤程式"中,第一过程的暴露主要反映了把题作为对象,把解作为目标的认知活动,它实现了有序信息向大脑的线性输入;而第二过程的暴露不仅要把题作为对象,把解作为目标,而且要把包括"题与解"在内的解题活动作为对象,把开发智力、促进人的发展作为目标,是把历时性的线性材料再组织为一个共时性的立体结构,是在更高层面上的再认知活动,已具有鲜明的元认知特征和具体的元认知开发实效,思维的广阔性、灵活性、深刻性、批判性等品质都将得到真刀真枪的锻炼和立竿见影的提升.

1.4　内隐学习理论

内隐学习被证实之后,数学学习已分为外显学习和内隐学习.在数学解题学习中倡导"自觉分析",是既发挥内隐学习的合理性又体现数学的特殊性的一种选择.由于数学有抽象性、形式化、逻辑性强等特征,距离生活世界很远,单靠"内蕴学习"去领悟其精神、思想、方法和深层结构既是困难的,又是低效的.学校数学教育的一个基本责任就是提供生活世界无法自然提供、而必须经由学校教育才能获得的数学事实与数学经验(生活世界不会给我们提供太多的数学承诺,高尔基可以在社会生活中进入他的大学,但没有进入微积分世界).事实证明,数学是两极分化最严重的地方,数学教师应该通过各种自觉的活动揭示问题的深层结构,对学生隐性的数学领悟施加显意识的影响,为数学直觉的诱发铺设必要的逻辑通道,就是说,把内蕴学习与外显学习结合起来,产生协同效应.

1.5 数学学习理论

数学学习论认为,数学学习的一般过程分为四个阶段:输入阶段、相互作用阶段、操作阶段、输出阶段.学生接触到题目并进行解题思路的探索,可以认为完成了"输入阶段"并进行"相互作用阶段",初步解法的获得可以认为是初步形成新的认知结构,这时,有的学生完成了"相互作用阶段",有的学生自发进入"操作阶段".而继续进行自觉的解题分析,既是主动进行"操作阶段",又是继续完成"输出阶段"——使初步形成的新的数学认知结构臻于完善.

1.6 案例研究

分析典型的例题或自己的解题是一种"案例研究",可以帮助我们树立一种观念,明白一个道理,学到一种方法.数学解题案例渗透着对特定数学问题的深刻反思,反映了数学解题实践的经验与方法,蕴涵着一定程度的理论原理,是了解解题教学的窗口,是数学问题解决的源泉,是数学解题理论的故乡,是数学教师发展的阶梯.

数学解题是一种创造性活动.谁也无法教会我们所有的题目,重要的是,通过有限道题的学习去领悟那种解无限道题的数学机智.那么,怎样才能"通过有限道题的学习去领悟那种解无限道题的数学机智"呢?我们的体会是:分析典型例题的解题过程是学会解题的有效途径.至少在没有找到更好的途径之前,这是一个无以替代的好主意.

2 解题分析的初步实践

课本题、中考题和竞赛题在一定意义上代表了"典型例题",它们的"参考答案"又代表了典型的"解题过程",分析这些题目构成了我们解题分析的一项基本工作.

2.1 案例1——课本练习题

在上一篇《怎样学会解题》一文中,我们分析过课本中的"等边对等角定理",下面我们再来看几道在(当年)课本里出现过的题目.

例 1 解方程：$0.5x = 10.5$.

解法 1 按照解方程的程序(或按照小学逆运算的道理)，有

$$x = \frac{10.5}{0.5} = \cdots = 21. \qquad ①$$

解题分析 这个解法的原理无可挑剔，结论也正确，但依然有开发解题智慧的空间. 我们曾不动声色地请学生继续解方程：

$$0.25x = 10.5,$$
$$0.125x = 10.5.$$

学生立即反应过来，与其除以 0.25 不如乘以 4，与其除以 0.125 不如乘以 8，与其做复杂的小数除法不如做简单的整数乘法.

解法 2 两边乘以 2，得

$$x = 10.5 \times 2 = 21. \qquad ②$$

说明 两种解法用到的原理是一样的，但运算量不一样、思维的灵活性也不一样，式①的除法难保无人算错，式②的乘法想算错都难. 事实上，解一元一次方程程序的实质是：在保持方程同解的前提下，通过变形把只含未知数的项及只含已知数的项分别集中到方程的两边，合并后把未知数的系数变为 1(当年课本说：两边除以未知数的系数)——求出未知数的值. 解题教学应既教程序步骤、又教思想实质，既掌握程序、又灵活变通.

例 2 证明：对于任何实数 k，方程 $x^2 - (k+1)x + k = 0$ 有实数根.

解法 1 由于方程的判别式

$$\Delta = (k+1)^2 - 4k = (k-1)^2 \geqslant 0,$$

所以方程有实数根.

解题分析 用判别式去判别二次方程是否有实根是一种通用方法，这种解法对任何二次方程都适用. 更细致的审题可以看到，已知方程有点特殊，其系数和恰好等于 0，即方程有一个实根 $x = 1$. 这就不仅证实了方程有实数根，而且具体求出了(一个)实根，即用较少的力量取得较大的成果.

解法 2 把 $x = 1$ 代入，因为

$$方程左边 = 1-(k+1)+k = 0 = 方程右边,$$

所以 $x=1$ 是方程的实根,方程有实数根得证.

解法 3 原方程即

$$(x-1)(x-k)=0,$$

有实数根 $x=1$, $x=k$,方程有实数根得证.

说明 作为解题分析的经验积累,此处是用一个更切合题目特殊条件的技巧去代替现存的常规步骤.解题教学应该把一般与特殊结合起来.

例 3 两个正方形叠合放置,其中一个的中心恰好位于另一个的顶点上.问重合部分的最大面积是多少? [舍费尔德(美)实验分类题(16)]

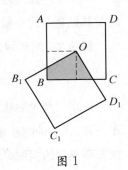

图 1

讲解 这道题目通常是先特殊化(如 $B_1O \parallel AD$ 或 OB_1 通过点 B),然后证三角形全等,得出重合部分是正方形 $ABCD$ 面积的 $\dfrac{1}{4}$(见图 1).这个特殊化的好处是:既探索出面积为定值,又探索出证明面积为定值的途径.而其不足之处在于:没有对"重合部分面积为定值"的原因作出正面的几何揭示,没有反映出图形的对称性特征,没有"一眼就看到底".

我们首先注意到,重合部分面积与直角 $\angle B_1C_1D_1$ 是无关的,擦掉它可以减少干扰(如图 2),同时也更清楚地看到,当直角 $\angle B_1OD_1$ 在旋转时,正方形的对称性没有充分显示出来.追求平衡、完整、匀称的审美直觉,使我们感到应有(或希望有)B_1O, D_1O 的反向延长线(如图 3 中的 l_1, l_2),于是一个圆满、和谐的图形诞生了,一个赏心悦目的解法也出现了.

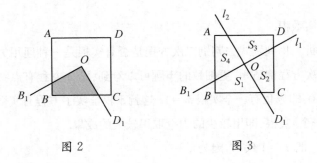

图 2　　　　　　图 3

解　更一般地,考虑过正方形 $ABCD$ 的中心 O 有两条互相垂直的直线 l_1,l_2,正方形被分成 4 部分 S_1,S_2,S_3,S_4(图 3).由于整个图形绕 O 点旋转 $90°$ 时,所得到的图形与原图形重合,所以 $S_1 \cong S_2$,$S_2 \cong S_3$,$S_3 \cong S_4$,$S_4 \cong S_1$,即正方形被分成 4 个全等的部分,故重合部分是正方形面积的 $\dfrac{1}{4}$.

说明　这个解法抓住了正方形的对称结构和 l_1,l_2 的位置特征,更接近问题的深层结构,推广也立即成为可能.请思考:把本例中的正方形改为正六边形如何进行特殊化与一般化的思考? 正 $2n$ 边形会得出结论 $\dfrac{n-2}{2n}$ 吗?

这几个简单的例子有助于理解波利亚的告诫:"没有任何问题是可以解决得十全十美的,总剩下些工作要做.经过充分的探讨与钻研,我们能够改进这个解答,而且在任何情况下,我们总能提高自己对这个解答的理解水平."

2.2　案例 2——中考中的代数题

例 4　(某地中考题)设 α,β 是关于 x 的方程

$$(x-a)(x-b)-cx=0 \qquad ①$$

的根,试证明关于 x 的方程

$$(x-\alpha)(x-\beta)+cx=0 \qquad ②$$

的根是 a,b.

讲解　题目的条件说 α,β 是方程①的根时,a,b 处于方程系数的位置;题目的结论说 a,b 是方程②的根时,α,β 处于方程系数的位置.因而,条件与结论之间,(α,β) 与 (a,b) 之间有一种对称转换的关系.

如何揭示这种对称关系呢? 我们一下子看不清楚,但有一点我们感觉到了,方程①有 a,b,而无 α,β;方程②有 α,β 而无 a,b.因而,应该沟通 α,β 与 a,b 的联系.

假设我们没有太多的解题经验(我很笨),那么,我们总可以由方程的求根公式,找出 α,β 与 a,b 的关系(根与系数的关系).

证明 1　把①化为标准形式

$$x^2-(a+b+c)x+ab=0, \qquad ③$$

有
$$\alpha,\beta=\frac{(a+b+c)\pm\sqrt{(a+b+c)^2-4ab}}{2}. \qquad ④$$

代入方程②,有

$$\left[x-\frac{(a+b+c)+\sqrt{\Delta}}{2}\right]\left[x-\frac{(a+b+c)-\sqrt{\Delta}}{2}\right]+cx=0, \qquad ⑤$$

即
$$[x^2-(a+b+c)x+ab]+cx=0, \qquad ⑥$$

得
$$x^2-(a+b)x+ab=0,$$
$$(x-a)(x-b)=0.$$

这表明,a,b 是方程②的根.

这个证明方法反映了我们对问题的一个认识,其知识基础是方程根的概念与求根公式,能力主要为运算能力,解题策略是"差异分析"的运用.

解题分析 回顾这种解法,我们可以分为两步(解题过程的结构分析):

(1) 由方程①找出 α,β 与 a,b 的关系式④;

(2) 把④代入方程②,得出结论.

由此可见,最关键的步骤是找出 α,β 与 a,b 的关系. 对于这个关键式④,我们思考两个问题:

问题 1,产生的运算比较复杂,弄不好还会由⑤推⑥时出错.

问题 2,先解出 α,β,然后又代入消去 α,β,恰好是一个回路,这个回路是必要的还是多余的?

对于问题 1,具体运算的感受或理论思考(式⑥进行了两根之和、两根之积的运算),都会导致我们用"根与系数的关系"(韦达定理)来代替求根公式,得:

证明 2 把方程①展开,有

$$x^2-(a+b+c)x+ab=0,$$

由 α,β 是方程的根,得

$$\begin{cases}\alpha+\beta=a+b+c,\\ \alpha\beta=ab,\end{cases}$$

即
$$\begin{cases}\alpha+\beta-c=a+b,\\ \alpha\beta=ab.\end{cases} \qquad ⑦$$

再把方程②展开,得

$$x^2 - (\alpha + \beta - c)x + \alpha\beta = 0, \qquad \text{⑧}$$

把⑦代入⑧,得

$$x^2 - (a+b)x + ab = 0. \qquad \text{⑨}$$

其根为 $x_1 = a$, $x_2 = b$, 即方程②的根为 a, b.

这正是"标准答案"的思路,它与证明 1 在本质上是一样的,都是着眼于寻找根与系数的关系,只不过是用求根公式④时,只反映了单个字母 α 或 β 与 a, b 的关系,而用韦达定理⑦式则整体反映 (α, β) 与 (a, b) 的关系,对本例更为简单. 但"先解出 α, β,然后又代入消去 α, β"的回路并未消除.

抓住"找 (α, β) 与 (a, b) 的关系"这个关键步骤展开思考,"根与系数关系"的知识链就会活跃起来:

$$x_{1,2} = \frac{-b \pm \sqrt{b^2 - 4ac}}{2a},$$

$$x_1 + x_2 = -\frac{b}{a}, \ x_1 x_2 = \frac{c}{a},$$

$$|x_1 - x_2| = \frac{\sqrt{b^2 - 4ac}}{|a|},$$

$$ax_i^2 + bx_i + c = 0, \ (i = 1, 2),$$

$$ax^2 + bx + c = a(x - x_1)(x - x_2), \qquad \text{⑩}$$

$$aS_3 + bS_2 + cS_1 = 0, \ (S_k = x_1^k + x_2^k, \ k = 1, 2, 3).$$

$$\cdots$$

当我们一旦想起⑩式时,条件与结论都会立即出现等价形式:

条件 $\Leftrightarrow (x-a)(x-b) - cx = (x-\alpha)(x-\beta)$,

结论 $\Leftrightarrow (x-\alpha)(x-\beta) + cx = (x-a)(x-b)$.

两相对比,只需作一步移项运算就证明了结论(差异分析法).

证明 3 由已知得

$$(x-a)(x-b) - cx = (x-\alpha)(x-\beta),$$

移项,得

$$(x-\alpha)(x-\beta) + cx = (x-a)(x-b),$$

这表明 a, b 是方程②的根.

这个解法把题目本身所具有的对称转换结构反映出来了,把前述两个证明中的思维回路清除得一干二净,我们的心情也禁不住要微微激动起来.

说明 1   证明 1、证明 2 体现得更多的是解题学习的第一、第二阶段,而证明 3 则更接近问题的深层结构. 解题教学不要停留在证明 1、证明 2 上,也不要跳过证明 1、2 突然出现证明 3,呈现全过程比较符合"由表及里"的认识过程.

说明 2   从证明 1 到证明 3 是摆脱自发领悟、走向自觉理解的一个反思学习过程. 在操作层面上,我们主要是抓住关键步骤作转换,并删除了思维回路,这是值得积累的解题经验.

2.3   案例 3——竞赛中的几何题

例 5   证明:对任意三角形,一定存在两条边,它们的长 u, v 满足

$$1 \leqslant \frac{u}{v} < \frac{1+\sqrt{5}}{2}.$$

这是 2007 年的一道全国初中数学竞赛题,在苏联波拉索洛夫著《中学数学奥林匹克平面几何问题集及其解答》(周春荔、张同君等译)P. 244 第 15 · 13 题有它的原型.

参考答案   设任意 $\triangle ABC$ 的三边长为 a, b, c,不妨设 $a \geqslant b \geqslant c$. 若结论不成立,则必有

$$\frac{a}{b} \geqslant \frac{1+\sqrt{5}}{2}, \qquad\qquad ①$$

$$\frac{b}{c} \geqslant \frac{1+\sqrt{5}}{2}. \qquad\qquad ②$$

记 $b = c + s$, $a = b + t = c + s + t$,显然 $s > 0$, $t > 0$,代入①得

$$\frac{c+s+t}{c+s} \geqslant \frac{1+\sqrt{5}}{2}, \quad \frac{1+\dfrac{s}{c}+\dfrac{t}{c}}{1+\dfrac{s}{c}} \geqslant \frac{1+\sqrt{5}}{2}.$$

令 $x = \dfrac{s}{c}$, $y = \dfrac{t}{c}$,则

$$\frac{1+x+y}{1+x} \geqslant \frac{1+\sqrt{5}}{2}. \qquad ③$$

由 $a < b+c$，得 $c+s+t < c+s+c$，即 $t < c$，于是 $y = \dfrac{t}{c} < 1$.

由②得

$$\frac{b}{c} = \frac{c+s}{c} = 1+x \geqslant \frac{1+\sqrt{5}}{2}. \qquad ④$$

由③，④得

$$y \geqslant \left(\frac{1+\sqrt{5}}{2} - 1\right)(1+x) \geqslant \frac{\sqrt{5}-1}{2} \times \frac{1+\sqrt{5}}{2} = 1. \qquad ⑤$$

此式与 $y < 1$ 矛盾，从而命题得证.

解题分析 这个证明写得很曲折，其实③式就是①式、④式就是②式，解题的实质性进展表现在⑤式上，主要用到两个知识.

(1) 三角形基本定理：三角形两边之和大于第三边. 使用"增量法"，引进四个参数 s，t，x，y 推出 $y = \dfrac{t}{c} < 1$ 是基本定理的变形，构成矛盾也是与基本定理的变形 $y = \dfrac{a-b}{c} < 1$ 矛盾.

(2) 特征数据 $\dfrac{1+\sqrt{5}}{2}$ 的性质. 这表现在⑤式用到的两个运算

$$\frac{1+\sqrt{5}}{2} + \frac{1-\sqrt{5}}{2} = 1,\ \frac{1+\sqrt{5}}{2} \times \frac{\sqrt{5}-1}{2} = 1.$$

抓住这两点，立即可得问题的改进解法：

若结论不成立，则存在△ABC，满足 $a \geqslant b \geqslant c$，且使

$$\frac{a}{b} \geqslant \frac{1+\sqrt{5}}{2},\ \frac{b}{c} \geqslant \frac{1+\sqrt{5}}{2}$$

同时成立，得

$$\frac{1+\sqrt{5}}{2} \leqslant \frac{a}{b} < \frac{b+c}{b} = 1 + \frac{c}{b} \leqslant 1 + \frac{2}{1+\sqrt{5}} = 1 + \frac{\sqrt{5}-1}{2} = \frac{1+\sqrt{5}}{2},$$

矛盾. 故对任意三角形,一定存在两条边,它们的长 u, v 满足 $1\leqslant\dfrac{u}{v}<\dfrac{1+\sqrt{5}}{2}$.

这还只是局部上的修修补补,更关键的是抓住实质性的知识可以构造不等式

$$0>a-(b+c)\qquad\qquad\text{(提供不等式)}$$

$$=a-\left(\frac{1+\sqrt{5}}{2}+\frac{1-\sqrt{5}}{2}\right)b+\left(\frac{1+\sqrt{5}}{2}\times\frac{1-\sqrt{5}}{2}\right)c\quad\left(\text{出现特征数据}\frac{1+\sqrt{5}}{2}\right)$$

$$=\left(a-\frac{1+\sqrt{5}}{2}b\right)+\frac{\sqrt{5}-1}{2}\left(b-\frac{1+\sqrt{5}}{2}c\right).\qquad\qquad ⑥$$

由此可以得到一个思路:

条件: 任意三角形, $a\geqslant b\geqslant c$

$\Rightarrow b+c>a$

$\Leftrightarrow\left(a-\dfrac{1+\sqrt{5}}{2}b\right)+\dfrac{\sqrt{5}-1}{2}\left(b-\dfrac{1+\sqrt{5}}{2}c\right)<0\qquad\qquad ⑦$

$\Rightarrow 1\leqslant\min\left\{\dfrac{a}{b},\dfrac{b}{c}\right\}<\dfrac{1+\sqrt{5}}{2}$

$\Rightarrow$ 结论: 一定存在两条边,它们的长 u, v 满足 $1\leqslant\dfrac{u}{v}<\dfrac{1+\sqrt{5}}{2}$.

这个思路可以成批得出本题的证明,既如鱼得水,又势如破竹.

下面我们用 x 代替上面的 $\min\left\{\dfrac{a}{b},\dfrac{b}{c}\right\}$,则不等式⑦可以改写成更简单的形式 $x^2-x-1<0$. 得

新证明 记任意 $\triangle ABC$ 的三边长为 a, b, c,不妨设 $a\geqslant b\geqslant c$,又设 $x=\min\left\{\dfrac{a}{b},\dfrac{b}{c}\right\}$,则

$$1\leqslant x\leqslant\frac{a}{b},\ 1\leqslant x\leqslant\frac{b}{c}\Rightarrow a\geqslant bx,\ c\leqslant\frac{b}{x},$$

代入三角形基本定理,有

$$a<b+c\Rightarrow bx<a<b+c<b+\frac{b}{x}\Rightarrow x^2-x-1<0,$$

解得

$$1 \leqslant x < \frac{1+\sqrt{5}}{2}.$$

说明　前后两种解法所用到的知识是相同的,结论也都正确.但参考答案有在外围兜圈子之嫌,而新证明则更接近问题的深层结构,思路清晰而简明.

上面的几个例子能让我们感受到,在这些解题分析中,既能获得新的解法,又能获得学数学的体验(元认知体验),使得学数学不仅能摆脱记忆模仿和反复练习的初级阶段,而且还能突破自发领悟的中级阶段,进入自觉分析的高级阶段.

练习　请对下题的求解作出分析,得出简化解法.

题目:已知 a, b 是方程 $x^2 - 4x + 1 = 0$ 的两个根,不解方程求 $\dfrac{1}{a+1} + \dfrac{1}{b+1}$ 的值.

分析:先整理求值式

$$\frac{1}{a+1} + \frac{1}{b+1} = \frac{(a+b)+2}{ab+(a+b)+1}. \qquad ①$$

可见,只需求出 $a+b$, ab 的值,这由二次方程"根与系数的关系"(韦达定理)可以完成,思路打通了.

解:由二次方程"根与系数的关系",有

$$\begin{cases} a+b=4, \\ ab=1, \end{cases} \qquad ②$$

所以

$$\frac{1}{a+1} + \frac{1}{b+1} = \frac{(a+b)+2}{ab+(a+b)+1} = \frac{4+2}{1+4+1} = 1.$$

第 11 篇　分析解题过程的操作[①]

进行解题过程的自觉分析,是从数学内部去寻找提高解题效率的一种努力,是从一般性学习到创造性学习的一种转变,是通过已知学未知,通过分析"怎样解题"而领悟"怎样学会解题"的一种途径.分析解题过程的基本框架是:

① 选取一个感兴趣的案例.

② 确定一个分析的视角.

③ 选择一个分析的方法.

④ 进行整体分解.

⑤ 进行信息交合.

其中最核心的操作是整体分解与信息交合,在前面几篇文章的案例中我们已经见过这两个步骤.

1　分析解题过程的操作步骤

具体分析解题过程通常是先作整体分解,然后进行信息交合.

1.1　整体分解

整体分解就是把原解法的全过程分拆为一些信息单元,看用到了哪些知识、哪些方法,哪个先用、哪个后用,哪个与哪个作了配合,组成一个怎样的逻辑结构,从中概括出知识基础、逻辑结构、信息流程、心理过程等.

整体分解有两个基本的思考方向: 正面思考与反面思考.

(1) 正面思考

我们的经验表明,在整体分解的过程中,在操作的层面上,注意以下几个方面的思考是有益和有效的:

① 看解题过程是否浪费了更重要的信息,以开辟新的解题通道.这需要我们重新审视每一个知识点的发散度,特别是要从知识链上对知识内容作多角度的理解.

② 看解题过程多走了哪些思维回路,通过删除、合并来体现简洁美.

---

① 本文原载《中学数学教学参考》(中旬·初中)2009(5): 9-14;中国人民大学复印报刊资料《中学数学教与学》(下半月·初中)2009(9): 46-50,56(署名: 罗增儒).

③ 看是否可以用更一般的原理去代替现存的许多步骤,提高整个解题的观点和思维的层次.

④ 看是否可以用一个更特殊的技巧去代替现存的常规步骤,以体现解题的奇异美.

⑤ 看解题过程中哪一个是最实质性的步骤,抓住这一步既可简化过程又可迅速推广.

⑥ 综合、全面地看条件与条件、条件与结论之间的联系,洞察问题的深层结构,体现数学的整体性与统一美.

⑦ 还要看到,分析解题过程时,"结论也是已知信息",这会使我们对题目的认识更加深刻和全面.

（2）反面思考

可使用布朗与沃尔特在著作《提出问题的艺术》中给出的否定假设法,分为5步:

① 确定出发点,这可以是已知的命题、问题或概念等.

② 对所确定的对象进行分析,列举出它的各个"属性".

③ 就所列举的每一"属性"进行思考: 如果这一"属性"不是这样的话,那它可能是什么?

④ 依据上述对于各种可能性的分析提出新的问题.

⑤ 对所提出的新问题进行选择.

具体操作中,可以通过画图表来进行逻辑结构分析(见图 6)和信息流程分析(见图 7).

1.2　信息交合

信息交合就是抓住整体分解中提炼出来的新认识或本质步骤,将信息单元转换或重组成新的信息块,这些新信息块的有序化,使认识更接近问题的深层结构. 于是,一个新的解法就诞生了,所储存的数学知识之间的非人为的、实质性的联系就加强了,怎样学会解题的体验就生成了,提炼解题理论的基础也奠定了.

整体分解与信息交合既是收集证据、解释证据,又是随时报告结果的过程. 在人类认识总是不断深化的背景下,解法本身应是数学上和教学中都可以进一步暴露和提炼的中间过程. 事实上,题目的初步解法,只不过是实现了信息向大脑的线性输入,只不过是为进一步的结构化、网络化和丰富联系准备了基本素材,更加有价值的、体现学习者的主动创造性工作的是:将历时性的线性材料组织为一个共时性的立体结构. 这时,打破输入顺序的材料会呈现出更本质、更广泛的联系,新输入材料与已储存材料之间也会构成更本质、更广泛的组合,从而揭示出数学内容更内在的逻辑结构和更直截了当的关系,进而推动解题过程的改进、解题成果的扩大、解题模式的积累、解题经验的生成. 这就像登上山顶后居高临下的俯瞰(当然山外还有山),也像是经过黑夜摸索之后拉开黑房间的电灯,整个境界已焕然一新. 如果说探索活动的思维过程常常带有自发的、实验尝试性特征的话,那么继续进行解题分析的思维活动就带有较多自觉的、理论提炼性的特征了.

2 分析解题过程的操作实例

2.1 案例 1——关键是"借一还一"吗?

例 1 已知 3 个空汽水瓶可以换 1 整瓶汽水,现有 10 整瓶汽水,若不添钱,问最多还可喝几瓶汽水?(整瓶汽水指瓶子带盖装好的汽水)

解法 1 可作 3 次对换.

第 1 次,用原有的 10 个空瓶去换 3 整瓶汽水,剩 1 个空瓶.

第 2 次,用 4 个空瓶去换 1 整瓶汽水,剩 1 个空瓶.

第 3 次,2 个空瓶换不来 1 整瓶,但可先借 1 个空瓶,换一整瓶,喝完后,还空瓶.

这就全都对换完了,所以最多还可喝 $3+1+1=5$ 瓶.

反思分析 这个解法分 3 步完成对换,每步都重复着"3 空换 1 整"的要求. 其中最富于智慧的应是第 3 步,对其作正面思考:第 3 步的聪明就在于"借一还一"吗? 它的实质是什么? 通过图 1 的直观启发,学生立即透过"借一还一"的技术表象而领悟到实质:2 个空瓶可以换来一瓶里的汽水(不包括瓶子).

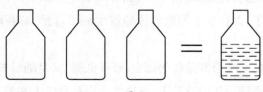

图 1

可见,第 3 步隐含着问题的本质,已知条件中"3 个空汽水瓶可以换 1 整瓶汽水"等价于"2 个空瓶子"可以换 1 个瓶里的汽水.于是分三步完成可以合并为一步(整体处理):

解法 2　依题意,2 个"空瓶"可以换 1 个瓶里的汽水,现有 10 个空瓶,最多可换 $\dfrac{10}{2}=5$ 瓶里的汽水.

感悟　也许,我们一开始并不能抓住已知条件的"本质",但解法 1 是可以做到的,通过对"初步解法"的分析,就有机会找回被浪费了的重要信息,获得更接近问题深层结构的解法.并且,一旦抓住了题目的本质,推广立即就成为可能.

例 1 - 1　已知 a 个空汽水瓶可以换 c 整瓶汽水.现有 b 整瓶汽水,若不添钱,则最多还可喝几瓶汽水?(a,b,c 为正整数,$a>c$)

练习　如果学生一开始使用的是下面的解法 3,你如何进行解题过程的分析,找回被浪费了的重要信息,获得更接近问题深层结构的解法?

解法 3　设最多还可喝 x 瓶汽水.依题意,得方程 $\dfrac{10+x}{3}=x$,有 $2x=10$,得 $x=5$.

2.2　案例 2——解题顺序影响解题长度

例 2　已知 a,b,c 为 $\triangle ABC$ 的三边,它们的对角分别为 A,B,C,且 $a\cos B=b\cos A$,关于方程 $b(x^2-1)+c(x^2+1)-2ax=0$ 的两根相等,求证:$\triangle ABC$ 是等腰直角三角形.

讲解　这是原来的一道中考题,评分标准给出 4 个得分点,从中可以看出命题人的解题思路.

(1) 使用余弦定理得 1 分.(当年初中学习了"余弦定理")

(2) 将余弦定理代入已知条件 $a\cos B=b\cos A$,得

$$a\cdot\dfrac{a^2+c^2-b^2}{2ac}=b\cdot\dfrac{b^2+c^2-a^2}{2bc},$$

推出 $a=b$,即 $\triangle ABC$ 为等腰三角形.这一步得 2 分.

(3) 使用二次方程有等根的条件 $\Delta=0$,得 1 分.

(4) 由 $\Delta=0$ 推出 $a^2+b^2=c^2$,即 $\triangle ABC$ 为直角三角形,得 2 分.

反思分析 这个处理过程有两个明显的步骤:

第一步,由条件 $a\cos B = b\cos A$ 推出 $\triangle ABC$ 为等腰三角形(证等腰).

第二步,由方程条件及 $\Delta = 0$ 推出 $\triangle ABC$ 为直角三角形(证直角).

一开始我们不清楚条件与结论之间有这样的关系,结论的初步得出暴露了"那个条件可以推出那个结论".这时"结论也是已知信息",值得思考的问题也就有了:"等腰"对推"直角"有什么帮助? 反过来,由"直角"推"等腰"又有什么帮助? 对本题而言,"等腰"对方程的贡献不是很大(虽然不是没有),而直角三角形对 $\cos A$,$\cos B$ 的贡献就大了,无需使用余弦定理.

证明 已知方程即 $(b+c)x^2 - 2ax + (c-b) = 0$,其两根相等,应有判别式等于 0,即

$$\Delta = (-2a)^2 - 4(c+b)(c-b) = 0,$$

得

$$a^2 + b^2 = c^2,$$

所以,$\triangle ABC$ 为直角三角形,有 $\cos A = \dfrac{b}{c}$,$\cos B = \dfrac{a}{c}$,

代入已知条件,得

$$a \cdot \frac{a}{c} = b \cdot \frac{b}{c},$$

故有 $a = b$,得 $\triangle ABC$ 为等腰直角三角形.

感悟 1 这个处理避开了余弦定理,节省了解题力量,简化了解题过程,说明了解题顺序影响解题长度.虽然还可以用正弦定理,或作高 CD 等来代替余弦定理,但先判定出直角三角形依然是明智的、简捷的,也更接近问题的深层结构.

感悟 2 这个例子虽然简单,但体现了我们对解题活动的自我意识、自我分析与自我调整.它与更多的例子合起来说明了:

(1) 数学解题不是知识点的简单堆砌,或规则的简单重复与操作的生硬执行,它是有逻辑结构的;

(2) 这种结构可以通过自觉的解题分析来加以认识;

(3) 在自我认识的基础上可以通过自我调整而优化结构.

2.3 案例3——找回被浪费了的更重要信息

例 3 如图 2,已知凹四边形 $ABCD$ 中,$\angle A = \angle B = \angle D = 45°$,求证:$AC = BD$.

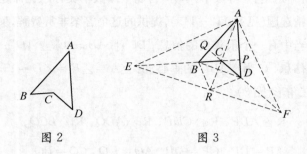

图 2   图 3

证明 1 如图 3,在 CD 的延长线上取一点 F,使 $\angle CAF = 45°$,在 CB 的延长线上取一点 E,使 $\angle CAE = 45°$,则 $\angle EAB = \angle CAD$,$\angle BAC = \angle DAF$.

于是 $\angle EAF = 90°$,$\angle EAC = \angle CAF$,$\angle CDA = 45° = \angle DFA + \angle DAF = \angle CAD + \angle DAF$,从而 $\angle DFA = \angle CAD$.

同理 $\angle CEA = \angle CAB$.

又 $DC \perp AB$,$BC \perp AD$,所以 $\angle CDB = \angle CAB = \angle DAF = \angle BEA$.

又 $\angle CBD = \angle CAD = \angle BAE = \angle DFA$,所以

$$\triangle ACD \backsim \triangle FCA,\ AC^2 = CD \cdot CF.$$

又 $\triangle ACB \backsim \triangle ECA$,$AC^2 = CB \cdot CE$,故 $CD \cdot CF = CB \cdot CE$,得 B,D,F,E 四点共圆.

所以 $\angle CBD = \angle AFC = \angle DFE$.

同理 $\angle AEC = \angle CEF$,故 C 为 $\triangle AEF$ 的内心.

设 $AR \perp EF$,垂足为 R,则

$$\angle EAR = \angle AFE,\ \angle BAR = \angle EAB,$$

所以 B 为 $\triangle ARE$ 的内心.

同理 D 为 $\triangle ARF$ 的内心.

因为 $\triangle EAF \backsim \triangle ERA \backsim \triangle ARF$,所以 $\dfrac{AC^2}{EF^2} = \dfrac{RB^2}{AE^2} = \dfrac{RD^2}{AF^2} = \dfrac{RB^2 + RD^2}{AE^2 + AF^2}$.

因为 $AE^2 + AF^2 = EF^2$,所以 $RB^2 + RD^2 = AC^2$.

因为 $\angle BRD = 90°$,所以 $BR^2 + RD^2 = BD^2$.

故 $AC = BD$.

反思分析 这是《中等数学》举办"首届全国数学奥林匹克命题比赛"(1988年)中的一道精选题(见 P. 112—113),提供的这个答案非常费解,反映了思路探求的曲折,但当中有一个很重要的信息"$DC \perp AB$,$BC \perp AD$",可惜被浪费了. 根据这个信息,C 为 $\triangle ABD$ 的垂心,由 $\angle A = \angle B = \angle D = 45°$ 可以出现很多等腰直角三角形(图 3).

$$\text{Rt}\triangle ABP, \ \text{Rt}\triangle CDP, \ \text{Rt}\triangle ADQ, \ \text{Rt}\triangle BCQ,$$

从而有 $\qquad AP = BP, \ CP = DP, \ AQ = DQ, \ CQ = BQ,$

得 $\qquad \text{Rt}\triangle ACP \cong \text{Rt}\triangle BDP, \ \text{Rt}\triangle ACQ \cong \text{Rt}\triangle DBQ,$

均有对应边相等 $AC = BD$. (全等三角形也可用勾股定理代替)

可见,找回被浪费的信息,可以节省复杂的辅助线以及相似、四点共圆、内心、勾股定理、众多相等角等知识的"奢侈浪费".

证明 2 如图 4,连结 AC,BD,再延长 BC 交 AD 于 P. 由已知 $\angle A = \angle B = \angle D = 45°$ 得两个等腰 $\text{Rt}\triangle ABP$,$\text{Rt}\triangle CDP$,有 $AP = BP$, $CP = DP$. 从而 $\text{Rt}\triangle ACP \cong \text{Rt}\triangle BDP$,得 $AC = BD$.

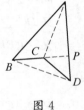

图 4

感悟 证明 2 揭示了问题的基本结构:在 $\triangle ABD$ 中,$\angle A = 45°$,三条高线相交于 C,则 $\angle ABC = \angle ADC \Leftrightarrow AC = BD$. (如果原答案反映了这个结构,很可能因为简单而落选)

2.4 案例 4——一条中考抛物线

例 4 (早年中考题)已知二次函数 $y = x^2 - mx + (m-2)$ 的图像与 x 轴交于 A,B 两点,且 $|AB| = \dfrac{5}{2}$,抛物线的顶点为 C,求 $\triangle ABC$ 的面积.

解法 1 设 A,B,C 的坐标分别为 (x_A, y_A),(x_B, y_B),(x_C, y_C),则 x_A,x_B 是二次方程 $x^2 - mx + (m-2) = 0$ 的两个根,故有

$$x_A + x_B = m, \ x_A x_B = m - 2.$$

从而 $\qquad \dfrac{5}{2} = |AB| = |x_A - x_B|$

$$= \sqrt{(x_A + x_B)^2 - 4x_A \cdot x_B} = \sqrt{m^2 - 4m + 8},$$

得 $4m^2 - 16m + 7 = 0$,解得 $m_1 = \dfrac{7}{2}$,$m_2 = \dfrac{1}{2}$.

从而抛物线(图 5)的表达式为

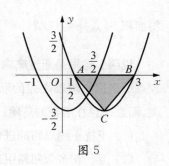

$$y = x^2 - \frac{7}{2}x + \frac{3}{2},$$

$$y = x^2 - \frac{1}{2}x - \frac{3}{2}.$$

两种情况下均有 $y_C = \dfrac{4ac - b^2}{4a} = -\dfrac{25}{16}.$

图 5

所以 $S_{\triangle ABC} = \dfrac{1}{2} |AB| \cdot |y_C| = \dfrac{125}{64}.$

反思分析　上述解题过程中有一个特别引人注目的现象: 两条抛物线顶点有相同的纵坐标(结论也是已知信息). 既然两种情况的结论是一样的,那么,我们能否统一地一次求出 y_C 呢? 再分析解题目标,由面积公式

$$S_{\triangle ABC} = \frac{1}{2}|AB||y_C| = \frac{5}{4}|y_C|$$

知, 只需求出 y_C. 为求 y_C, 先确定 m 只是充分条件, 并不必要. 因为抛物线顶点的纵坐标 y_C 可以由 A, B 的距离算出. 请看(知识指导解题), 由求根公式

$$x = \frac{-b \pm \sqrt{b^2 - 4ac}}{2a}$$

有

$$|AB| = |x_A - x_B| = \frac{\sqrt{b^2 - 4ac}}{|a|},$$

得

$$y_C = \frac{4ac - b^2}{4a} = -\frac{a}{4}|AB|^2 = -\frac{1}{4}|AB|^2.$$

解法 2　设 A, B, C 的坐标分别为 (x_A, y_A), (x_B, y_B), (x_C, y_C), 则 x_A, x_B 是二次方程 $x^2 - mx + (m-2) = 0$ 的两个根, 有

$$\frac{5}{2} = |AB| = |x_A - x_B| = \left| \frac{m + \sqrt{\Delta}}{2} - \frac{m - \sqrt{\Delta}}{2} \right| = \sqrt{\Delta},$$

又

$$y = \left(x - \frac{m}{2} \right)^2 - \frac{\Delta}{4},$$

有

$$y_C = -\frac{\Delta}{4} = -\frac{|AB|^2}{4},$$

得面积 $S_{\triangle ABC} = \dfrac{1}{2}|AB| \cdot |y_C| = \dfrac{1}{8}|AB|^3 = \dfrac{125}{64}$.

说明 这里是通过删除多余的思维回路而简化解题,从中也沟通了抛物线顶点纵坐标与两根之差的联系. 我们说解题过程有多余的思维回路不仅不优美,而且还存在潜在的危险:

(1) 干扰正确思路的进程,有时还会产生误导.

(2) 万一在多余回路中出现差错,会导致前功尽弃.

(3) 在考试中,即使做对了,也由于"多余的回路"多占用了时间(隐含失分)、多提供了犯错误的机会(潜在丢分),而有策略性错误.

例 5 已知抛物线 $y = x^2 - mx + m - 2$.

(1) 求证此抛物线与 x 轴有两个不同的交点;

(2) 若 m 是整数,抛物线 $y = x^2 - mx + m - 2$ 与 x 轴交于整数点,求 m 的值;

(3) 在(2)的条件下,设抛物线顶点为 A,抛物线与 x 轴的两个交点中右侧交点为 B. 若 M 为坐标轴上一点,且 $MA = MB$,求点 M 的坐标.

这是 2005 年北京海淀区的中考题,已知条件中的抛物线 $y = x^2 - mx + m - 2$ 与上例相同,但已加入了新的元素——整数. 我们来分析第(2)问.

参考答案 (2) 因为关于 x 的方程 $x^2 - mx + m - 2 = 0$ 的根为

$$x = \frac{m \pm \sqrt{(m-2)^2 + 4}}{2},$$

由 m 为整数,当 $(m-2)^2 + 4$ 为完全平方数时,此抛物线与 x 轴才有可能交于整数点. 设

$$(m-2)^2 + 4 = n^2 \text{(其中 } n \text{ 为整数)}, \tag{3 分}$$

所以 $\qquad\qquad [n + (m-2)][n - (m-2)] = 4.$

因为 $n + (m-2)$ 与 $n - (m-2)$ 的奇偶性相同,

所以 $\qquad \begin{cases} n + m - 2 = 2, \\ n - m + 2 = 2 \end{cases}$ 或 $\begin{cases} n + m - 2 = -2, \\ n - m + 2 = -2. \end{cases}$

解得 $m = 2$.

经检验,当 $m=2$ 时,关于 x 的方程 $x^2-mx+m-2=0$ 有整数根.

所以 $m=2$.
(5 分)

评析　这个解法运算准确,书写规范,过程完整,还有反思分析的余地吗? 还能开发出解题智慧来吗? 我们在《题案分析:一个标准答案的问题解决视角》(《中学数学教学参考》,2005 年第 11、12 期)中有过详细的分析,在此仅谈五点看法:

(1) 这个"标准答案"由已知出现根、系数两个条件想到找根与系数的关系,用求根公式把它们联系起来. 再由根为整数, m 为整数,想到判别式为平方数,通过解方程找出 $m=2$. 但这只说明 m 不可能是 2 以外的数(必要性),故还要代入原方程检验,得出 x 也为整数,这样 $m=2$ 就为所求了. 提炼其解题步骤(整体分解),有这样的逻辑结构图(图 6)和信息流程图(图 7).

(2) 在这个解法中,用到了一元二次方程的求根公式(公式法),判别式的讨论(为平方数),二元二次不定方程(因式分解法求整数解),整数 4 的分解(及奇偶分析法),二元一次方程组的求解(消元法)等知识,两个整数条件都使用了两次、按先必要后充分的顺序组织为如图 6 的 6 步骤(用 $L_1 \sim L_6$ 来表示)结构. 这样,我们就弄清楚了解题中用到了哪些知识、哪些方法(有用捕捉、有关提取),它们又是怎样组成一个和谐的逻辑结构的(有效组合).

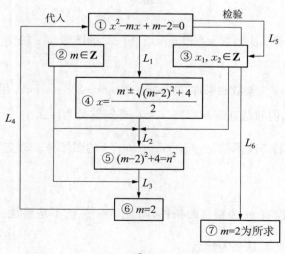

图 6

（3）这6个步骤一环扣一环，看上去是一步都不能省；两个已知条件全都用到了，看上去也是一个都不能少. 其实，这只是表面现象，作为引发思考的例子，请用同样的步骤求解下面形式稍有变化的两题.

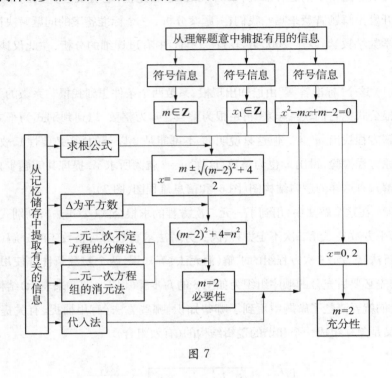

图 7

例 5-1 若二次函数 $y=x^2-mx+m-2$ 的图像与 x 轴交于整数点，求 m 的值.

这里没有 m 为整数的条件，对不定方程 $(m-2)^2+4=n^2$，用整数分解的方法已无能为力，但问题有解 $m=2$，$x=0$ 或 2，这是为什么？

例 5-2 若二次函数 $y=\dfrac{x^2}{2}-mx+m-1$ 的图像与 x 轴交于整数点，求 m 的值.

此处不仅没有 m 为整数的条件，而且 $a=\dfrac{1}{2}$ 已不是整数，但问题仍有解 $m=1$，$x=0$ 或 2，这是为什么？

（4）再说第一步"由已知出现根、系数两个条件想到找根与系数的关系，用求根公式把它们联系起来"看上去很有道理,其实,根与系数的关系有很多.
比如

$$x_i^2 - mx_i + m - 2 = 0, \ (i = 1, 2)$$

$$(2x_i - m)^2 = (m - 2)^2 + 4, \ (i = 1, 2)$$

$$x = \frac{m \pm \sqrt{(m-2)^2 + 4}}{2},$$

$$\begin{cases} x_1 + x_2 = m, \\ x_1 x_2 = m - 2, \end{cases}$$

$$|x_1 - x_2| = \sqrt{(m-2)^2 + 4},$$

$$x^2 - mx + m - 2 = (x - x_1)(x - x_2),$$

$$m = \frac{2 - x^2}{1 - x} = 1 + x + \frac{1}{1 - x},$$

$$\cdots$$

都是根与系数的关系(知识链).仅作这一步的正面或反面思考,便可找到更多、
更简单的解法.

新解1 由求根公式(或配方)有 $(2x - m)^2 = (m - 2)^2 + 4$,移项、分解,得

$$[(2x - m) + (m - 2)][(2x - m) - (m - 2)] = 4,$$

即 $$(x - 1)(x - m + 1) = 1.$$

由 m, x 均为整数及 1 的分解,有(降次)

$$\begin{cases} x - 1 = 1, \\ x - m + 1 = 1. \end{cases} \quad 或 \quad \begin{cases} x - 1 = -1, \\ x - m + 1 = -1 \end{cases}$$

解得 $x = 2$, $m = 2$ 或 $x = 0$, $m = 2$.

所以,方程有整数根时,$x = 0$ 或 2,这时 $m = 2$.

说明 这个解法只用到整式的变形,1 的分解和二元一次方程的求解,用到
的知识少了,解题的长度短了,但解法本身依赖于 m 为整数的条件.因而多余而
不矛盾的条件常可降低题目的难度.

新解2 将方程改写为函数(函数观点).

$$m = \frac{2 - x^2}{1 - x},即 \ m = 1 + x + \frac{1}{1 - x}.$$

由 m, x 均为整数知, $1-x$ 必为 1 的约数, 有

$$1-x=1 \Rightarrow x=0 \Rightarrow m=2,$$
$$1-x=-1 \Rightarrow x=2 \Rightarrow m=2.$$

所以, 方程有整数根时, $x=0$ 或 2, 这时 $m=2$.

说明 将 $m=1+x+\dfrac{1}{1-x}$ 移项、相乘, 可得 $(x-1)(x-m+1)=1$, 所以, 这个解法虽然 (与新解 1 相比) 形式变得面目全非了, 但与新解 1 没有本质的区别, 也都用到了代数式的变形, 1 的分解、和解方程等类似步骤与知识. (形异而质同)

新解 3 设方程的整数根为 x_1, x_2, 其中 $x_1 < x_2$, 由根与系数的关系 (韦达定理), 有

$$\begin{cases} x_1+x_2=m, \\ x_1 x_2=m-2, \end{cases}$$

相减 (加减消元), 消去 m, 得 $x_1 x_2 - x_1 - x_2 = -2$,

即

$$(1-x_1)(1-x_2)=-1.$$

由 x_1, x_2 为整数且 $x_1 < x_2$, 得 $\begin{cases} 1-x_1=1, \\ 1-x_2=-1, \end{cases}$

有 $x_1=0$, $x_2=2$.

代入原方程, 得 $m=2$.

所以, 方程有整数根时, 仅有 $x=0$ 或 $x=2$, 这时 $m=2$.

新解 4 设方程的整数根为 x_1, x_2, 其中 $x_1 < x_2$, 有恒等式

$$x^2-mx+m-2=(x-x_1)(x-x_2).$$

把 $x=1$ 代入, 消去 m, 得 $(1-x_1)(1-x_2)=-1$.

同新解 3 得方程有整数根时, $x=0$ 或 2, 这时 $m=2$.

(5) 在这些解法中, 首先值得注意的是新解 3、新解 4 都没有用到"m 为整数"的条件, 更反映本题的特殊结构 (本例的特殊性在于, 根为整数自动决定 m 为整数), 而新解 1、新解 2 也都比"参考答案"简单.

第 12 篇　解题教学的三层次解决[①]

1　层次解决的基本含义

心理学的研究表明,人们在创造性解决问题的过程中,思维是按层次开展的,先粗后细,先宽后窄,先对问题作一个粗略的思考,然后逐步深入到实质与细节.或者说,先作大范围的搜索,然后再逐步收缩包围圈.数学解题也是一个创造性的思维活动,也可以层层深入地解决,我们叫做三层次解决.

(1)第一层次叫做一般性解决.其含义是在策略水平上的解决,以明确解题的总体方向.这是对思考作定向调控.在这一层次上,根据中学阶段课程体系的结构,我们认为自觉应用函数观点和方程观点是十分有益的.

(2)第二层次叫做功能性解决.其含义是在数学方法水平上的解决,以确定具有解决功能的解题手段,这是对解决方法作选择.

(3)第三层次叫做特殊性解决.其含义是在数学技能水平上的解决,以进一步缩小功能性解决的途径,明确运算程序或推理步骤,这是对技巧作实际完成.

在进行三层次解决时,每一层次又可能有三层次解决.

2　层次解决的教学实例

实例 1　二元一次方程组的求解.

求解二元一次方程组:

$$\begin{cases} a_1x + b_1y + c_1 = 0, & ① \\ a_2x + b_2y + c_2 = 0 & ② \end{cases}$$

是一个典型的三层次解决实例.

(1)三层次解决的说明

一般性解决:如何求解二元一次方程组呢?总体上是将其"消元化归"为两个一元一次方程来解决.这就明确了解题的总体方向,属于策略水平上的解决.一旦认识到"消元化归",那么求解二元一次方程组的问题就可以认为已经从方向上得到解决了.

---

① 本文原载《中学数学教学参考》(中旬·初中)2010(5):5-6(署名:罗增儒).

功能性解决：如何消元呢？用加减消元或代入消元法具体实现消元. 这就确定了具有解决功能的解题手段，属于数学方法水平上的解决. 一旦认识到"加减消元或代入消元"，那么求解二元一次方程组的问题就可以认为已经从方法上得到解决了.

特殊性解决：如何进行加减消元或代入消元呢？可以 $① \times b_2 - ② \times b_1$，当 $b_1 \neq 0$ 时也可以把 ① 变为 $y = -\dfrac{a_1}{b_1}x - \dfrac{c_1}{b_1}$，代入②消去 y. 这就明确了运算程序或推理步骤，属于数学技能水平上的解决. 一旦掌握了"加减消元或代入消元的程序步骤"，那么求解二元一次方程组的问题就可以认为已经实际上完成了.

(2) 三层次解决的操作

其操作过程可以演示为四步，在这些具体运作的背后有层次解决的思想作指导.

第一步：把原方程变为

$$\begin{cases} a_1 b_2 x + b_1 b_2 y + b_2 c_1 = 0, \\ a_2 b_1 x + b_2 b_1 y + b_1 c_2 = 0. \end{cases}$$

第二步：相减消去 y，化为一元一次方程

$$(a_1 b_2 - a_2 b_1)x + (b_2 c_1 - b_1 c_2) = 0.$$

第三步：解关于 x 的一元一次方程，得

$$x = \frac{b_1 c_2 - b_2 c_1}{a_1 b_2 - a_2 b_1}(a_1 b_2 - a_2 b_1 \neq 0).$$

第四步：代入①或②消去 x，解关于 y 的一元一次方程，得

$$y = \frac{a_2 c_1 - a_1 c_2}{a_1 b_2 - a_2 b_1}(a_1 b_2 - a_2 b_1 \neq 0).$$

总体思路是把二元一次方程组做两次消元，将其化归为两个一元一次方程来求解.

实例 2 一元二次方程的解法.

求解一元二次方程 $ax^2 + bx + c = 0$ 是一个典型的三层次解决实例.

(1) 三层次解决的说明

一般性解决：如何求解一元二次方程呢？总体上是将其"降次化归"为两个一元一次方程来求解. 这就明确了解题的总体方向，属于策略水平上的解决.

功能性解决：如何进行降次呢？对未知元配方，然后开方或分解. 这就确定了具有解决功能的解题手段，属于数学方法水平上的解决.

特殊性解决：如何进行配方呢？可以将一元二次方程中的二次三项式与配方法中的公式作比较，进行差异分析. 对比

$$ax^2 + bx + c =?$$
$$A^2 + 2AB + B^2 = (A + B)^2.$$

可以看到，两式外形上的差异构成了化归的障碍，分三小步完成.

第一步：配平方项. 对比 ax^2 与 A^2 的区别，有多种途径把 ax^2 化为 A^2 的形式：可以除以 a，也可以乘以 a，还可以乘以 $4a$，当 $a > 0$ 时又可以直接变为 $(\sqrt{a}x)^2$ 等. 课本用了全式除以 a，有

$$x^2 + \frac{b}{a}x + \frac{c}{a} \text{ 对比 } A^2 + 2AB + B^2 = (A + B)^2.$$

第二步：配交叉项. 对比 $\frac{b}{a}x$ 与 $2AB$ 的区别，应把 $\frac{b}{a}x$ 变为 $2 \cdot x \cdot \frac{b}{2a}$，有

$$x^2 + 2 \cdot \frac{b}{2a} \cdot x + \frac{c}{a} \text{ 对比 } A^2 + 2AB + B^2 = (A + B)^2.$$

此时 $B = \frac{b}{2a}$.

第三步：配常数项. 就是添上 $B = \frac{b}{2a}$ 的平方，有

$$x^2 + 2 \cdot \frac{b}{2a} \cdot x + \left(\frac{b}{2a}\right)^2 - \left(\frac{b}{2a}\right)^2 + \frac{c}{a},$$

即 $$ax^2 + bx + c = a\left[\left(x + \frac{b}{2a}\right)^2 - \frac{b^2 - 4ac}{4a^2}\right].$$

这时方程为 $$\left(x + \frac{b}{2a}\right)^2 - \frac{b^2 - 4ac}{4a^2} = 0.$$

当 $\Delta = b^2 - 4ac \geqslant 0$ 时，可化为

$$\left(x+\frac{b}{2a}\right)^2-\left(\frac{\sqrt{b^2-4ac}}{2a}\right)^2=0.$$

既可以开方,得

$$x+\frac{b}{2a}=\pm\frac{\sqrt{b^2-4ac}}{2a},$$

也可以分解 $\left(x+\dfrac{b}{2a}-\dfrac{\sqrt{b^2-4ac}}{2a}\right)\left(x+\dfrac{b}{2a}+\dfrac{\sqrt{b^2-4ac}}{2a}\right)=0,$

均达到了降次的目的. 分别求得解为

$$x=\frac{-b}{2a}\pm\frac{\sqrt{b^2-4ac}}{2a}.$$

(2) 三层次解决的操作

其操作过程可以演示为四步,以乘以 $4a$ 为例说明如下.

第一步:配首平方项.两边乘以 $4a$,有

$$4a^2x^2+4abx+4ac=0.$$

第二步:配交叉项,有

$$(2ax)^2+2(2ax)b+4ac=0.$$

第三步:配常数项,有

$$(2ax)^2+2(2ax)b+b^2-b^2+4ac=0,$$

即 $$(2ax+b)^2=b^2-4ac.$$

第四步:开方,得出方程的解.

当 $\Delta=b^2-4ac\geqslant0$ 时, $x=\dfrac{-b}{2a}\pm\dfrac{\sqrt{b^2-4ac}}{2a},$

当 $\Delta=b^2-4ac<0$ 时, $x=\dfrac{-b}{2a}\pm\dfrac{\sqrt{4ac-b^2}\,\mathrm{i}}{2a}.$

总体思路是把一元二次方程降次,将其化归为两个一元一次方程来求解.

3 感悟

感悟 1 由这两个教学实例可以看到,层次解决的思维策略体现了思想、方

法、技巧的统一. 方法、技巧以显性知识呈现,表现为外显学习;当不揭示方法、技巧的本质思想时,就会只见到简单的数学操作和技巧的神秘出现,看不到灵魂. 而思想则以默会知识呈现,表现为内隐学习;当揭示出方法、技巧的本质思想时,方法、技巧就只不过是思想的具体实现,而不是妙手偶得的一招一式. 思想、方法、技巧是一个统一的整体.

感悟 2　数学学习中,思想、方法、技巧的统一有助于理解,有助于迁移,一题多解(诸如一元二次方程的多种配方)也只不过是一种浅显的必然现象.

第 13 篇　什么是"数学题"?
——商榷"数学题"的流行误解①

对于数学教师来说,再也没有比"数学题"(详称数学问题、简称题)更熟悉的专业词汇了,再也没有比"数学解题"更频繁、更平常的教学活动了,但是,"什么叫题、什么叫解题"我们都能说清楚、讲明白并给学生做到位吗? 本文认为"数学题"存在流行的误解,因而提供方方面面的实例来加以纠正,并尝试给出"数学题"的一个界定. 欠妥之处,盼批评指正.

1　"数学题"的流行误解

在数学教学中,存在一个不成文的认识:"概念课、定理课的前半部分是讲概念、证定理,后半部分做的才是题."笔者的老师当学生时有这样的情况,到了笔者的学生也当老师时还有这样的情况.

这是一种流行的误解,其实质是把"如何构建概念、怎样发现和论证定理"排除在数学问题之外,同时也就把"构建概念、论证定理"排除在数学解题之外.

(1) 误解的成因

产生这种流行误解与"数学题"的概念不清有关,也与"部分事实的误导"有关. 先看部分事实及其误导.

事实 1:在课堂教学中,出于巩固数学知识和熟练数学方法的目的,讲完概念、定理之后总会有形式化、符号化的巩固性练习,课后作业和习题课也大多是形式化、符号化的常规练习题,久而久之,人们就以为形式化、符号化的常规练

---

① 本文原载《数学教学》2015(12):封二,1-6(署名:罗增儒).

习题才是题,而"如何构建概念、怎样发现和论证定理"不是题,"构建概念、论证定理"不是解题.

事实 2： 在教材编写中,出于篇幅和接受性的需要,有的概念是直接给出的、有的定理是不加证明的,它们与师生做的、有演算或论证过程的"题"(除非题目注明不用书写过程)并不相同,久而久之,人们就以为"如何构建概念、怎样发现和论证定理"不是题,而用概念、定理去解决的事情才是题.

事实 3： 在测验考试中,出于阅卷的公平和操作的方便,试题总是使用结构良好的封闭题,久而久之,人们就以为结构良好的封闭题才是题,"如何构建概念、怎样发现和论证定理"不是题,"构建概念、论证定理"不是解题. 在"应试教育"的背景下,数学教学又进一步异化为"概念定理一带而过、解题练习一道接一道",特别是那些无力驾驭概念教学、照本宣科定理教学的老师,更是从这一课堂现象中找到了懒惰或逃避的港湾,毕竟概念的记忆要比概念的构建容易一些,毕竟定理的巩固要比定理的发现和论证容易一些.

事实 4： 在教学指导的理论和实践中,出于习惯和方便,常常把概念教学、定理教学、解题教学等分类讲解. 久而久之,人们就以为概念(定理)教学与解题教学分属于不同的逻辑范畴,"如何构建概念、怎样发现和论证定理"不是题,"构建概念、论证定理"不是解题. 其实,这里的"分类"并非"不重不漏"的逻辑分类,比如,解题指导也还可以分为选择题指导、填空题指导、解答题指导,以及开放探索题指导、信息迁移题指导、情境应用题指导、过程操作题指导、归纳(类比)猜想题指导等,我们总不能认为解答题里不能有开放探索题、信息迁移题或归纳猜想题吧.

(2) 误解的后果

把"如何构建概念、怎样发现和论证定理"排除在数学问题之外,把解题仅仅理解为"形式化习题的推理演算",既缩小了"数学问题"的外延,又缩小了"数学解题"的外延. 这是一种认识的自我封闭和解题功能的自我削弱. 下面的情况表明,这样的教学除了会把学生训练成"解题机器"、产生一些"习题效应"之外,对促进数学能力的提高、促进数学思想的领悟、促进数学素质的发展等都产生反作用. 例如:

情况 1： 2011 年全国高考数学陕西卷文、理科第 18 题(12 分)为：叙述并证明余弦定理. 结果文科得分率为 0.28,理科得分率为 0.45,均未过半. 网上还有人公开质疑：这也是高考题吗？（参见文[1]）

情况 2：2013 年全国高考数学陕西卷理科第 17 题(12 分)为：设 $\{a_n\}$ 是公比为 q 的等比数列.(Ⅰ) 推导 $\{a_n\}$ 的前 n 项和公式；(Ⅱ) 设 $q \neq 1$，证明数列 $\{a_n + 1\}$ 不是等比数列.其中第(Ⅰ)小题有不下 10 种解法，第(Ⅱ)小题与 2000 年第 20 题无实质区别，但二十多万理科考生平均得 5.89 分，得分率只有 0.49，未过半.

情况 3：2013 年全国高考数学陕西卷理科第 3 题(5 分)为：对向量 a, b, 问 "$|a \cdot b| = |a||b|$" 是 "$a // b$" 的什么条件((A) 充分不必要条件；(B) 必要不充分条件；(C) 充分必要条件；(D) 既不充分也不必要条件).相应教材三个地方指出为"充分必要条件"(见必修 4 第二章第 5 节 P.92～P.93，必修 4 第二章复习题 A 组第 1(14)题，选修 4 第二章第 1 节 P.27 柯西不等式取等号的条件)，但二十多万理科考生平均得 1.24 分，得分率只有 0.25，成为得分率仅高于压轴题的第二难题.

情况 4：2014 年笔者参加学院的"自主招生"面试，连续询问多位考生"知道函数吗?"回答都说"知道"，但请他们"叙述一下函数的定义"时，这批比较优秀的高中生竟没有一个人能够说清楚.又，笔者为"单独招生"选用的"函数"概念填空题也得分率很低：某班有 48 个同学，设变量 x 是该班同学的学号，变量 y 是该班同学的身高，变量 z 是该班某一门课程的考试成绩(百分制)，列表表示如下：

x	y(米)	z(分)
1	1.54	76
2	1.56	65
3	1.56	80
…	…	…
47	1.85	95
48	1.89	80

根据函数表示的列表法作出三个判断：① y 是 x 的函数；② z 是 y 的函数；③ x 是 z 的函数.则上述判断中，为真命题的序号是_____.

2 流行误解的初步纠正

笔者认为，数学题并非仅指形式化、符号化、结构良好的封闭题.如何构建概念、怎样发现和论证定理也是题,构建概念、论证定理也是解题.请看下面几个实例.

(1) 教材的例子

二次方程根与系数的关系,原先的教材是作为定理来学习的(韦达定理),"课改"时被删去后有的新教材将其编作课后习题,修订"课标"时又恢复了定理的"身份".可见,题与定理并无严格的界线.同样,"三垂线定理""积与和差互化公式"等也存在被删去后编作例题、习题的类似情况.

(2) 概念教学的例子

初一的学生学了有理数也学了直线,感觉两者没有什么共同的地方,如何构造有理数(无穷数集)到直线(无穷点集)的对应,从而初步建立起数轴的概念? 这就是一道题.然后,根据有理数的结构(负有理数、0、正有理数),首先改造直线(主要是加上原点、正方向和单位长度三要素),再把整数"放"在格点上、把两整数之间的分数"放"在相应两格点之间,建立起数轴,就是解了一道数学题.学生在这个数学活动中,学到了数轴的概念,感悟了"集合与对应的数学思想",体验了"数形结合的数学思想",经历了数学化的提炼过程,就是在学习解题,就是解了一道数学题,就是在通过学习数学去学会思维.

在这里,如何构建概念是一道题,构建出概念就是解了一道题,并且构建的方法可以不唯一,而"怎样进行概念教学"的方法其实就是一个宏观解题程序.

同样,如何构造有序实数对与平面上点的对应,从而建立起平面直角坐标系的概念,就是一道题,构建出平面直角坐标系就是解了一道题,并且构建的方法可以不唯一.更重要的是,通过坐标系"有序实数对"与"平面上点"在数学上"合而为一"了.

(3) 方法教学的例子

作为连续函数的应用高中介绍了二分法,在教学中常见教师创设"猜价格游戏"的生活情境来引进,但学生没有见到"连续函数 $f(x)$",没有见到"方程 $f(x)=0$"和它的解,如何由"猜价格游戏"提炼出连续函数和它的应用——二分法? 这也是一道题.例如,设商品的价格为 c 元,它在 a 元与 b 元之间 $(a<c<b)$,由人猜的价格为 x 元,得函数 $f(x)=x-c$(连续函数可以不唯一),定义域为 $[a,b]$,并且 $f(a)<0$,$f(b)>0$,"人猜对"就对应着方程 $f(x)=0$ 的解."没猜对"就取中点 $\dfrac{a+b}{2}$，若猜得高了，表明 $f\left(\dfrac{a+b}{2}\right)>0$，则在区间 $\left[a,\dfrac{a+b}{2}\right]$ 上再取中点；若猜得低了，表明 $f\left(\dfrac{a+b}{2}\right)<0$，则在区间 $\left[\dfrac{a+b}{2},b\right]$ 上再取中点.依此类推,区间长度越来越短,也就是猜的价格越来越接近真实价格,每次所猜的"中点价格"其实就是方程 $f(x)=0$ 的一个近似解,猜对时就是方程 $f(x)=0$ 的准确解.于是,我们可以用不断取中点的方法来求方程 $f(x)=0$ 的近似解——"二分法"水到渠成.学生在这个数学活动中,学到了"二分法",看到了连续函数的应用,感悟了"函数与方程的数学思想""近似逼近的数学思想""数形结合的数学思想""特殊与一般的数学思想""程序化地处理问题的算法思想"等,经历了数学化(去情境化)的提炼过程,就是在学习解题,就是解了一道数学题,就是在通过学习数学去学会思维.

在这里,如何由生活化情境提炼数学结论是一道题,提炼出"数学结论"就是解了一道题,并且"情境"及其提炼的途径都可以不唯一.(参见文[2])

(4) 定理教学的例子

初中和小学都学过三角形,但它的几何表示很难进行代数运算,很难用几何表示去解三角形,如何用代数方式描述几何上的"三角形"就是一道题,对三角形的向量等式 $\overrightarrow{BC}=\overrightarrow{AC}-\overrightarrow{AB}$ 平方,推出余弦定理,就是解了一道,余弦定理就是"三角形"的代数描述.不仅"三角形"可以推出"余弦定理",而且"余弦定理"也可以推出"三角形".对于正实数 a，b，c 及 $\theta \in (0,\pi)$，若有 $a^2=b^2+c^2-2bc\cos\theta$，则 a，b，c 对应的线段构成一个三角形,且 a 边的对角为 θ.(参见文[3])

学生在这个定理的学习过程中,沟通了公式与"三角形"的联系(甚至可以说建立起"余弦定理"与"三角形"的等价关系),增生了"三角形"的运算功能(可以根据三角形的部分元素计算出三角形的所有元素),感悟了"数形结合的数学思想""函数与方程的数学思想"等,就是在学习解题,就是解了一道数学题,就是在通过学习数学去学会思维.一般地,"怎样发现和论证定理"就是题,"论证定理"就是解题,而"怎样进行定理教学"的方法其实就是一个宏观解题程序.

(5) 诱导公式教学的例子

教师给学生呈现单位圆中关于终边相同的角,终边关于坐标轴对称的角,终边关于原点对称的角,让学生找他们之间三角函数的关系,其思路为:角的数量关系——终边位置的对称关系——终边上点的坐标关系——三角函数间的等量关系. 让学生领悟: 公式的实质是将终边对称的图形关系翻译成三角函数之间的代数关系.

在这里, 如何将终边对称的图形关系"翻译"成三角函数之间的代数关系? 就是一道题, 找出诱导公式就是解了一道. 学生在这个数学活动中, 学到了诱导公式, 看到了"终边对称的图形关系"对应"三角函数之间的等量关系", 感悟了"数形结合的数学思想", 经历了数学化的提炼过程, 就是在学习解题, 就是在通过学习数学去学会思维, 这比背诵诱导公式的记忆口诀更本质.

(6) 构建学科新结构的例子

在微积分教学中, 极限定义的 $\varepsilon - \delta$ 语言是个难点, 如何给出一个非 $\varepsilon - \delta$ 语言的极限定义? 这就是一道题, 张景中院士给出了"极限概念的非 $\varepsilon - \delta$ 语言定义法"就是解了一道题, 并且, 张院士由此构建出学科的一种新结构: 新概念微积分. (参见文[4])

更多的例子后面还会继续提供.

3　"数学题"的一个界定

严格定义"数学题"不是一件很容易的事情, 但上述方方面面的实例毕竟已经为我们的抛砖引玉奠定了基础.

(1) 界定. 数学题(详称数学问题, 简称题)是指数学上要求回答或解释的事情, 需要研究或解决的矛盾(参见文[5]P.29). 而解题就是"解决问题", 即求出数学题的答案. 这个答案在数学上也叫做"解", 所以, 解题就是找出题的解的活动. 小至一个学生算出作业的答案, 一个教师讲完定理的证明, 大至一个数学课题得出肯定或否定的结论, 一个数学技术应用于实际、构建出适当的模型等, 都叫做解题(参见文[5]P.38).

(2) 解释. 对数学家而言, 仅当事情的真假未被判定时才成为问题, 如"哥德巴赫猜想", 而一旦矛盾解决了就称为"定理"(公式), 不成为问题了. 这更多地体现了"需要研究或解决的矛盾", 我们称为研究型的数学题.

在数学教学中, 则把结论已知的事情也称为题, 因为它对学生而言, 与数学家所面临的问题, 情境是相似的、性质是相同的, 这时候的数学题是指: 为了实现数学目标而要求师生们回答或解释的事情. 内容包括一个待进行的运算、一个待进行的推理、一个待完成的作图、一个待建立的概念、一个待论证的命题、一个待解决的实际问题等. 呈现方式有课堂上的提问、范例、练习和所解决的概念、定理、公式, 有学生的作业题、测验题、考试题以及师生共同进行的探究性、研究性课题等. 这是一类教学型的数学题.

根据这个界定, 数学题并非仅指形式化、符号化的"课后练习题", 并非仅指测验考试所常见的"结构良好封闭题", 如何构建概念、怎样发现和论证定理也是题!

（3）认识. 教学中数学题的标准形式包括两个最基本的要素: 条件、结论. 解题就是沟通条件与结论之间的联系（主要通过演算或推理）, 又包括解和解题依据（论据）, 因此标准的解题一共有 4 个要素: ①条件; ②结论; ③解（沟通条件与结论的联系）; ④解题依据.

下面是体现"数学题"或"数学解题"全面理解的一些例子.

例 1 如图 1, 表示某人从家出发后任一时刻到家的距离（S）与时间（t）之间的关系, 请根据图像编两个故事.（创设情境也是题）

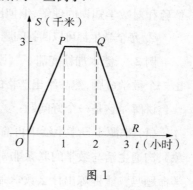

图 1

讲解 1 在新疆的一次听课中（2004年）, 同学们说的故事很多, 也得到教师的完全认可, 但抽象出来的运动特征基本上都是:

① 在 OP 上匀速直线运动;

② 在 PQ 上静止;

③ 在 QR 上匀速直线运动.

课后与教师交流时, 我问为什么"在 PQ 上静止?"教师认为, 到家的距离不变, 所以是静止. 我说, 到家的距离不变就是"到定点（家）的距离为定长（不变）", 这样的点一定是定点吗? 教师立即反应过来. 这里的认识封闭于静止, 想不到运动, 数与形的双向流动不够通畅. 从知识上看, 可能还有"距离"与"路程"的混淆: 随着时间的推移而路程不变, 当然是静止; 但随着时间的推移而距离不变, 则可能是静止也可能是运动.

讲解 2 这是一个体现问题解决的"好问题", 接受性、障碍性、探究性、情境性、开放性全都体现了:

（1）自然涉及"圆"的概念和逻辑"或", 触及"明确知识的认识封闭现象".

（2）考查了数学的核心知识——函数, 广泛涉及:

① 函数的概念, 包括定义域、值域、对应关系;

② 函数的表示方法,突出了一次函数的解析式与图像这两种表示法;

③ 一次函数的增减性与图像形状的关系;

④ 通过生活情境和图像很自然地出现分段定义函数;

$$S(t)=\begin{cases}3t, & 0\leqslant x\leqslant 1,\\ 3, & 1<x\leqslant 2,\\ 9-3t, & 2<x\leqslant 3.\end{cases}$$

⑤ 可考查学生分析实际情境,认识函数变化规律的基本能力.

(3) 设计为开放题.

① 需要将一次函数的图像和性质赋予实际意义,而学生根据自己的生活体验和对数学知识的理解,编拟出来的实际情节将是不唯一的.

② 每个学生都可以回答问题,但不同的水平会到达不同的层次(文[5]P.32).

例 2 "糖水加糖变甜了"(原糖水未饱和),请以这一生活常识为背景提炼出一个数学命题,然后给出严格的数学证明.(提炼命题也是题)

讲解 这是一个好问题:

(1) 来源于日常生活中再简单不过的常识(托儿所小孩子都知道的生活现象),沟通生活与数学的联系非常自然.但是,"糖水"里有数学吗?能提炼出数学命题吗?能提炼出什么数学命题呢?如此等等,思维的齿轮启动了,趣味性、启发性与探究性都有了.

(2) 含有"真分数不等式"的必要因素与必要形式,提供了一个简单而又典型的"数学建模"过程:

① 怎样进行"变甜、变淡"状态的数学描述——用不等式;

② 怎样进行"甜、淡"本身的数学描述——用浓度;

③ 怎样进行"加糖"的数学描述——分子、分母同时加一个正数.

这就得到:若 $b>a>0, m>0$,则 $\dfrac{a}{b}<\dfrac{a+m}{b+m}$.

(3) 可以有分析法、综合法、反证法、放缩法,构造图形、构造定比分点、构造复数、构造函数等二三十种证明方法,非常典型.

(4) 情境本身有很大的拓展空间:

① 将 3 小杯浓度相同的糖水混合成一大杯后,浓度还相同.由这一情境可

得等比定理:

$$\frac{a_1}{b_1} = \frac{a_2}{b_2} = \frac{a_3}{b_3} = \frac{a_1 + a_2 + a_3}{b_1 + b_2 + b_3}.$$

② 将几杯浓度不尽相同的糖水混合成一大杯后,大杯糖水的浓度一定比淡的浓而又比浓的淡. 这又是托儿所小孩都知道的事实,但这里有"中间不等式"的必要因素与必要形式:对 $b_1 > a_1 > 0$,$b_2 > a_2 > 0$,有

$$\frac{a_1}{b_1} < \frac{a_2}{b_2} \Rightarrow \frac{a_1}{b_1} < \frac{a_1 + a_2}{b_1 + b_2} < \frac{a_2}{b_2}.$$

③ 取浓度不等的两杯糖水,它们有一个平均浓度,合在一起后又有一个浓度,这两个浓度哪个大呢? 这已经是一个有挑战性的问题了,需比较 $\frac{1}{2}\left(\frac{a_1}{b_1} + \frac{a_2}{b_2}\right)$ 与 $\frac{a_1 + a_2}{b_1 + b_2}$ 的大小,而这两者的关系是不确定的(参见文[5]P.33).

例 3　体验"两点确定一条直线".(感悟公理本质思想也是题)

讲解 1　活动体验.

活动 1　请一个学生(甲)站起来,然后让同学们自己确定,凡是能与甲同学共线的就站起来.

(提问:你是怎么确定你该不该站起来的? 你和他们不在一条直线上,你为什么站起来?)

小结　过一点的直线是不唯一的,所以每个同学都可以与甲同学共线.

活动 2　请两个学生站起来,然后让同学们自己确定,凡是能与这两个同学共线的就站起来.

(提问:你是怎么确定你该不该站起来的? 什么是共线?)

小结　两点确定一条直线,所以有且只有一斜排学生与这两个同学共线.

活动 3　请三个学生站起来,然后让同学们自己确定,凡是能与这三个同学共线的就站起来.

(1) 当三个学生共线时;

(2) 当三个学生不共线时.

小结　经过三点可能有一条直线,也可能没有直线.

讲解 2　数学感悟.

感悟 1 由上述活动你能感悟到什么数学结论?

总结 (直线公理)经过两点有且只有一条直线.

感悟 2 由上述活动和直线公理,你能感悟到直线有些什么样的本质特征?

直线的本质特征有:无穷个点组成的一个连续图形,两端可以无穷延伸,很直很直等.

例 4 对于 $1+\dfrac{1}{3}+\dfrac{1}{3^2}+\cdots+\dfrac{1}{3^{n-1}}+\cdots$,请猜想其和为多少?(直观提炼极限也是题)

讲解 这是笔者给小学生讲极限的题目,主要是"数形结合"的演示,体现合情推理.

(1)(用面积演示)如图 2,取 1×3 的矩形,将其三等分,每个小矩形的面积为 1,分给左右两个小朋友各一等份,留下中间的小矩形(每个小朋友实现求和的第 1 项);将中间小矩形三等分,继续分给左右那两个小朋友各一等份,留下中间的小矩形(每个小朋友实现求和的第 2 项);……如此类推,则中间留下的部分面积趋于 0,而左右两个小朋友小矩形面积之和越来越大,但不是趋于无穷,两个小朋友都说:趋于原矩形面积的一半,即 $\dfrac{3}{2}$.

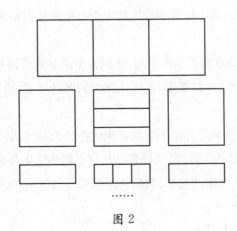

图 2

(2)(用长度演示)取一条长度为 3 的线段,将其三等分,左右各放一等份;留下中间的长度为 1 的小线段;将中间的小线段三等分,左右各放一等份,留下中间的小线段;……依此类推,则中间留下的小线段越来越短、无限接近于 0,而左右两边的小线段长度之和越来越长,但不是趋于无穷,而是趋于原线段的长度 3,于是,左边的小线段长度之和等于右边的小线段长度之和、都趋于 $\dfrac{3}{2}$.

（3）让小朋友自己再找直观图形进行演示.

（4）（推广）请猜一猜: $1+\dfrac{1}{n}+\dfrac{1}{n^2}+\dfrac{1}{n^3}+\cdots$ 的和会是多少?

讲解　取一条长度为 n 的线段,将其 n 等分,把 $n-1$ 等份分别给 $n-1$ 个同学 A_1, A_2, $\cdots$, A_{n-1},留下 1 等份;将留下的小线段 n 等分,把 $n-1$ 等份分别给 $n-1$ 个同学 A_1, A_2, $\cdots$, A_{n-1},留下 1 等份;⋯⋯依此类推,则留下的小线段越来越短、无限接近于 0,而 $n-1$ 个同学 A_1, A_2, $\cdots$, A_{n-1} 的小线段之和越来越长,无限接近于 n.于是每个同学的小线段之和趋于 $\dfrac{n}{n-1}$.

（5）（演算）设 $x=1+\dfrac{1}{3}+\dfrac{1}{3^2}+\cdots+\dfrac{1}{3^n}+\cdots$,

两边乘以 3,得

$$3x=3+1+\dfrac{1}{3}+\dfrac{1}{3^2}+\cdots+\dfrac{1}{3^n}+\cdots=3+x,$$

得 $x=\dfrac{3}{2}$.

一般地,设

$$x=1+\dfrac{1}{n}+\dfrac{1}{n^2}+\dfrac{1}{n^3}+\cdots,\ (n\ 为正整数, n\geqslant 2),$$

则　　　　　　$$nx=n+1+\dfrac{1}{n}+\dfrac{1}{n^2}+\cdots+\cdots=n+x,$$

得 $x=\dfrac{n}{n-1}$.

这个演示不是严格的求解,但有助于向低年级学生渗透辩证思维,如数与形、特殊与一般、有限与无限、量变与质变等思想(参见文[6]).

例5　阅读下述事实,先给出数学解释,然后对自身的解题活动写一篇认知分析小论文.

（1）事实:网上发布了"明天气温是今天气温的 2 倍"的信息,各地有不同的反应：

一位南方的网友作出的反应是"明天升温了"；

一位北方的网友作出的反应是"明天降温了"；

另一位网友作出的反应是"明天的气温没有变化".

请从数学上解释为什么会有不同的反应.

（2）认知分析小论文：在上述数学活动中，无论你作出了何种解释，你一定都进行了认真的数学思考，并积累起数学活动经验. 请把你做了什么、怎样做的、做得怎么样等进行自觉的反思与理论的小结，然后写成不少于 600 字的教育叙事，充分展示你的数学功底和教育理论修养.（解释生活现象也是题）

讲解　这个问题的数学背景是实数的三歧性. 设今天的气温为 x，则明天的气温为 $2x$（用字母表示数），将两天的气温作比较，有

$$2x - x = x \begin{cases} > 0, \ x > 0 \text{ 时}, \\ = 0, \ x = 0 \text{ 时}, \\ < 0, \ x < 0 \text{ 时}. \end{cases}$$

所以位于不同环境的人作出了不同的反应：南方所在地气温在零上，网友的反应是"明天升温了"；北方所在地气温在零下，网友的反应"明天降温了"；另一位所在地气温为零度，网友的反应是"明天的气温没有变化".

学生感受到了：

（1）人对输入的信息总是以已有知识经验为基础，对信息进行主动选择、推理、判断，从而建构起关于事物及其过程的表征；

（2）数学与生活的联系；

（3）环境与认知的关系；

（4）现实生活的数学表达方式等.

例6　$f(x) = 2^{-x}$ 是指数函数吗？（对概念的理解也是题）

讲解　一种观点认为是，它就是指数函数 $f(x) = \left(\dfrac{1}{2}\right)^{x}$，完全符合指数函数的定义：$y = a^{x}(a > 0, \ a \neq 1)$.

另一种观点认为不是，它是 $f(y) = 2^{y}$ 与 $y = -x$ 的复合函数，它与 $f(x) = \left(\dfrac{1}{2}\right)^{x}$ 相等，只表明它们是两个相等的函数.

第三种观点认为,取决于对表达式 $f(x)=2^{-x}$ 中的 -1 先与 x 运算还是与 2 运算,若 $y=2^{(-x)}$,则是复合函数;若 $y=(2^{-1})^x$ 则是指数函数.

分歧的实质是对函数概念的理解.

(1) 指数函数的定义是说:只要定义域为全体实数,对应关系能表达为指数形式 $y=a^x (a>0, a\neq 1)$ 的函数都叫做指数函数.

(2) 代数式注重外形,函数注重对应关系的本质,两者是不同的. 对代数式 $\dfrac{x^4+2x^2+1}{x^2+1}$,根据外形称为分式,虽然它等于整式 x^2+1;而函数 $f(x)=\dfrac{x^4+2x^2+1}{x^2+1}$ 不应称为分式函数,其对应关系是"自变量的平方加1". 同一个对应关系可以有不同的表达方式(列表、图像、多个解析式),只要定义域也相同就是一个函数,而不是"两个函数".

所以,我们赞成 $f(x)=2^{-x}$ 是指数函数. 同理可以讨论函数 $f(x)=2\log_2 x$ 是不是对数函数(参见[7]).

这几个例子已经从单纯解答老师的题转变到解答自己提出问题,已经从单纯获得结果转变到兼而经历过程,已经从形式化习题的形式化解法转变到还提供合理解释,已经从单纯算答案转变到还写教育叙事,由此不难感悟解题教学是解题活动的教学.

参考文献

[1] 罗增儒. 2011 年高考数学陕西卷"八个话题"之我见[J]. 中学数学教学参考(上旬),2011(8):27-31;2011(9):41-44.

[2] 罗增儒. "二分法"教学中的几个问题[J]. 数学教学,2013(3):封二,1-4.

[3] 罗增儒. 余弦定理两则:流行误漏的修订与逆命题的试证[J]. 中学数学教学参考(上旬),2011(11):26-29.

[4] 张景中. 什么是"教育数学"[J]. 高等数学研究,2004(6):2-6.

[5] 罗增儒. 中学数学解题的理论与实践[M]. 南宁:广西教育出版社,2008.

[6] 罗增儒. 无穷过程 $\sum\limits_{k=1}^{\infty}\dfrac{1}{n^k}=\dfrac{1}{n-1}$ ($n\geqslant 2, n\in \mathbf{N}^*$) 的直观演示[J]. 中学数学研究(南昌),2012(2):13-15.

[7] 罗增儒. $f(x)=2^{-x}$ 是指数函数吗[J]. 中学数学教学,2011(1):12.

第 14 篇　解题教学是解题活动的教学①

摘　要　本文谈对解题教学的认识,首先,从教学解题与数学家解题的联系与区别入手,说明解题活动是一种思维活动,解题教学不仅要教思维活动的结果,而且要呈现活动的必要过程,这个过程有两个关键环节,即"从没有思路到获得初步思路"的认知过程和"对初步思路反思"的元认知过程. 其次,分析了解题教学在"发生数学""掌握数学""呈现数学"上的重要作用. 最后,谈对数学育人在"培养辩证思维能力""塑造健全人格"方面的个人理解.

关键词　解题教学;学会思维;解题活动;解题功能;数学育人

作为数学教育的解题与数学家的解题是既有联系又有区别的,为了更好地理解这里面的关系,我们首先来看数学家解题与教学解题的不同,其次说明解题教学是解题活动的教学,最后谈对解题功能与数学育人的一些个人理解.

1　数学解题教学的初步认识

1.1　认识解题教学的基本含义——通过数学学会思维

让我们从教学解题与数学家解题的联系与区别说起,认识解题教学的基本含义是通过数学学会思维.

(1) 解题教学兼有"数学性质"和"教育性质"

美国数学家哈尔莫斯认为"数学家存在的主要理由就是解问题""数学的真正的组成部分是问题和解"(文献[1]). 对于职业数学工作者来说,解题是其数学活动的基本形式和主要内容,解题也是他的存在目的和兴奋中心. 而对数学教学而言,并不是要把所有的学生都培养成职业数学工作者,更多的人是通过数学内容的学习、数学推理的训练、数学精神的陶冶、数学文化的哺育,开发智力、促进发展、提高素养. 因而,数学教育中的解题不仅具有"数学性质"(与职业数学工作者相类似),而且具有"教育性质"(与职业数学工作者有区别).

有人认为,概念课、定理课的前半部分是讲概念、证定理,后半部分做的才是题,并且只有形式化、符号化的课后练习题以及测验考试所常见的结构良好

---

① 本文原载《中学数学教学参考》(上旬·高中)2020(11):2-5(署名:罗增儒).

的封闭题才是"题"(笔者的老师当学生时有这样的情况,到了笔者的学生也当老师时还有这样的情况).这是一个误解!应该明白,数学家"解题"的重大进展正是以"构建新概念、创造新方法"为核心,以"论证新定理"为标志的,解题教学无论是"数学性质"还是"教育性质",都应该把"如何构建概念、怎样发现和论证定理以及情境的数学化提炼等"纳入"题"的固有范围.概念、定理一带而过、重重叠叠的运算操作就无法体会真正的数学思维,无法理解真正的数学思想,无法提高真正的数学素养.(可能学到的只是"僵尸数学")

(2)教学解题与数学家解题的主要区别

数学家解客观上结论未知的题,教学解题解客观上结论已知、而学生主观上未知的题.

对数学家而言,仅当事情的真假未被判定时才成为问题(如"哥德巴赫猜想"),而一旦解决了就称为"定理、公式",不成为问题了(如"四色定理").这更多地体现了数学题是数学上"需要研究或解决的矛盾".

在数学教学中,则把结论已知的事情也称为题,因为它对学生而言,与数学家所面临的问题是类似的,这时候的数学题是指:为了实现教学目标而要求师生们回答或解释的事情.内容包括(而非全部)一个待进行的运算、一个待推理的证明、一个待完成的作图、一个待建立的概念、一个待论证的定理、一个待解决的实际问题等.呈现方式有课堂上的提问、范例、练习和所解决的概念、定理、公式,也有学生的作业、测验、考试以及师生共同进行的探究性、研究性课题等.这更多地体现了数学题是数学上"要求回答或解释的事情".

数学家解题是发现、创造的过程,教学解题是师生再发现与再创造的过程.

解题就是"解决问题",即求出数学题的答案.数学家解题常常要构建新的数学概念,发明新的数学方法,其"发现和创造"的特征非常明显、举世公认.而教学解题对学生而言,与数学家所面临的问题,情境是相似的、性质是相同的,教师要创造内容的数学理解,引领学生去进行"概念的再构建、定理的再发现、习题的再证明",认识上也具有再发现的性质.

数学家把"题"作为研究的对象,把"解"作为研究的目标,而教学解题不仅要把"题"作为研究的对象,把"解"作为研究的目标,而且要把"解题活动"作为对象,把"学会思维"、促进"人的发展"、提高"数学核心素养"作为目标.

(3)解题教学的基本含义

根据以上分析,作为初步认识,我们认为解题教学的基本含义是:通过典型数学问题的学习,去经历或探索数学问题解决的规律,学会像数学家那样"数学地思维".核心是通过数学学会思维!

1.2 认识解题教学的基本观点——解题教学是解题活动的教学

从"学会思维"的理念出发,我们对解题教学的基本观点可以用一句话来表达:"解题教学是解题活动的教学."这至少有三方面的含义.

(1) 解题活动是一种思维活动

思维活动既有过程又有结果,解题答案主要反映思维活动的结果,而获得答案的实质是发现与发明的过程.

(2) 解题教学不仅要教解题活动的结果(答案),而且要呈现解题活动的必要过程——暴露数学解题的思维活动.

没有过程的结果是现成事实的外在灌输,没有结果的过程是学习时间的奢侈消费.解题教学不仅要获得答案,而且要从获得答案的过程中学会怎样解题,把过程与结果结合起来.(如果答案是零,你的收获也是零吗?)

(3) 暴露数学解题的思维活动有两个关键过程.其一是从没有思路到获得初步思路的认知过程(我们叫作第一过程的暴露),其二是对初步思路反思的元认知过程(我们叫作第二过程的暴露),解题教学不仅要有第一过程的暴露(已引起很多同行的关注),而且还要有第二过程的暴露(人们是想知道很多而又有很多不知道).

但是,数学解题的思维过程到底是什么样的? 目前还没有统一的理论认识,因而也就没有明确的实践指南,这直接导致了三个后果:

① 很多愿意暴露数学解题思维过程的教师常常面临"不知暴露什么"或"不知如何暴露"的尴尬.

② 更多教师的解题教学停留在"题目这样解"的层面,更多学生的解题学习停留在"记忆模仿、变式练习"的阶段.

③ 以解题为载体的数学考试常有大量数学不及格的学生(产生差生,或称为慢生、后进生、困难生、潜能生、希望生).

可喜的是,人们已经对数学解题的思维过程提出了很多看法,有解题推理论、解题化归论、解题化简论、解题差异论、解题层次论、解题信息论、解题系统论、解题坐标系等(参见文献[2]),这些百花齐放的解题观点,其实就是人们在努力描述数学解题的实际过程和思维实质.

2　数学解题教学的深入认识

高水平的数学教师不仅能自己"懂数学、会解题",而且也能指导学生"懂数学、会解题";不仅自己"既做学问又做人",而且能够指导学生"学好数学、学会做人".这都体现数学解题兼有"育智"与"育人"的双重功能.

2.1　认识解题教学在数学教学中的重要作用

我们认为数学解题在数学教学中至少有四个无以替代的重要作用.

(1) 数学解题是数学学习中不可或缺的核心内容,数学解题的思维实质是发生数学.

解题是一种认知活动,是对概念、定理的继续学习,是对技能、方法的继续熟练,而不仅仅是"规则的简单重复"或"操作的生硬执行".寻找解题思路的过程就是寻找条件知识与结论知识之间逻辑联系或转化轨迹的过程,在这个过程中,我们激活知识、检索知识、提取知识、组织知识,使解题与发展同行:当解题由一个步骤推进到另一个步骤时,其实就是知识点之间的联系与生成;当解题由一个关系结构对应到另一个关系结构时(比如由形到数或由数到形),其实就是关系结构之间的联系与生成;当解题并列着多个解法时,其实就意味着产生不同解法的知识点之间存在逻辑联系或对应关系.

如果说数学教育包含着数学与教育的话,那么数学教学中真正发生数学的地方都一无例外地充满着数学解题活动:情境的数学提炼、概念的抽象概括、定理的发现证明、习题的探究解答、数学的实际应用等,都是在解题.尚未出现解题的数学教学总给人一种尚未深入到实质或尚未进入到高潮的感觉.关注解题教学,其实质是通过数学活动去学习数学.

(2) 数学解题是数学学习中不可替代的实质活动,解题活动的核心价值是掌握数学.

如果说学生的数学活动可以有多种形式的话,那么解题就是一种最贴近数学思维的实质性活动.概念的生成、定理的理解、技能的熟练、方法的掌握、能力的发展以及数学语言的熟悉、数学思想的领悟、数学文化的积淀、数学素养的形成等,都离不开解题实践活动.没有勤奋而得法的解题训练,谈不上掌握数学!解题活动是掌握数学、学会"数学地思维"的关键途径.所以,解题大师波利亚说:"中学数学教学的首要任务就是加强解题训练."他有一句名言:"掌握数学

就是意味着善于解题."(文献[3]序言)

是的,"解题不等于数学""数学不仅仅是解题",我们还应该有解题之外的更多的数学活动,甚至还应该有更远大、更人文的数学目标需要追求,然而,谁要是由此隐喻"疏于解题也能学好数学""不深入数学也能领会数学精神"的话,那谁就是在误解数学、离开数学. 我们说,学习数学不能脱离数学,关注解题的价值就是要在数学活动中掌握数学. 对于掌握数学来说,解题不是万能的,但离开解题是万万不能的.

(3) 数学解题是评价数学能力时不可削弱的主体构成,解题测试的基本理念是呈现数学.

"通过解题水平来看数学思维水平"由来已久,尽管不应视为唯一的办法,也是当前用得最多、操作最方便、公众认可度最高的方法. 课堂内容的掌握情况,主要通过包括解题在内的练习、作业和考试来检测;学业水平、升学选拔、能力竞赛等,基本上都是通过解题来评定;测试量表、对话访谈、论文答辩等评价形式亦离不开解题. 大量的事实表明(包括高(中)考),"解题水平"与"数学思维水平"之间存在中度正相关.

如果说当前的很多解题测试还存在"重知识、轻能力"弊端的话,那也不是因为用了"解题测试"这种方式,而是如何用好这种方式的问题. 能力评价中关注解题的实质是通过数学活动来呈现数学水平.

(4) 数学解题是数学教师发展平台的一个专业制高点,占领制高点的基本含义是提高数学素养.

中学数学教师的专业制高点可以有数学解题、教学艺术、教育管理等方面,数学教师要增强"教学胜任力"、提高"核心竞争力"、占领"专业制高点",那就首先要努力成为解题行家,下过题海,攀过题崖,有"怎样解题"和"怎样学会解题"的实践体验与理论感悟.

教师占领专业制高点的目的是通过高素质的教师去造就高素质的学生. 没有教师数学素养的提高、并在课堂实践中有效落实,奢谈提高学生的数学素养只能是一句空话.

2.2 认识解题教学在数学教育中的育人功能

数学教育的价值不仅仅是数学知识的传授、数学技能的掌握. 对于多数学生来说,恐怕更在于数学思维的训练、数学观念的养成、人格品质的塑造、核心素养的形成. 即使一个人早已把学生时代所学到的数学知识都忘记了,但那些铭刻在头脑中的数学精神和文化理念,还会长期地在他们的事业中发挥重要作用,这就是数学的育人功能. 数学解题应该也能够体现"数学育人"的功能. 解题大师波利亚早就说过:"认为解题纯粹是一种智能活动是错误的;决心与情绪所起的作用很重要." 他强调说:"教学生解题是意志的教育. 当学生求解那些对他来说并不太容易的题目时,他学会了败而不馁,学会了赞赏微小的进展,学会了等待主要的念头,学会了当主要念头出现后全力以赴. 如果学生在学校里没有机会尝尽为求解而奋斗的喜怒哀乐,那么他的数学教育就在最重要的地方失败了."(文献[3]第92—93页)

近年数学新高考体现德、知、体、美、劳"五育并举",就是体现"数学育人"的功能,就是体现"立德树人"的根本任务.

相对于数学的工具品格而言,其文化品格所体现的育人功能通常是隐性的,它主要包括培养辩证思维能力、塑造健全人格.

(1)数学解题有助于培养辩证思维能力

我们认为,数学解题教学可以渗透以下辩证思想,从而提高学生的辩证思维能力.

● 运动变化的思想. 非常明显的有函数内容以及初中的几何变换和高中的解析几何学科;点动成线、线动成面、面动成体也是运动变化. 解决函数问题、用变换法或坐标法解几何题等都能体现运动变化的思想.

● 对立统一的思想. 在中学数学中处处存在"有限与无限""抽象与具体""整体与局部""分解与组合"等的对立统一,很多数学内容都相反相成,成对出现(如正数与负数、加法与减法、常量与变量、证实与证伪、综合法与分析法等). 解题也是如此,解题策略中的"差异分析""分合并用""进退互化""正反相辅""动静转换""数形结合"等都有明显的对立统一思想;在思路探求和方法运用中"对立统一"更是"俯拾即是". 比如,正向思维受阻时就"顺难则逆、直难则曲、正难则反",顺向推导有困难时就逆向推导,直接证明有困难时就间接证明,正面求解有困难时就反向逆寻,探求问题的可能性有困难时就探求不可能性,等式证明从左到右不顺利时就从右到左. 在合情推理中也经常处理"特殊与一般"的关系,让学生先做猜想,再做论证,以达到培养学生创新思维的目的.

● 量变到质变的思想. 在圆的切线的学习中,先过两点作一条割线,当其中一个点向另一个点无限接近时,割线就成为切线——量变引起了质变;高中微积分的内容更是处处都有量变到质变.

● 普遍联系的思想. 数学的内容与内容之间、内容与形式之间、形式与形式之间存在着普遍的联系,所以数学解题中的信息转换、数形结合、分合并用、进退互化、正反相辅等能够畅通无阻;转化为更加协调的形式、化归为已经解决的问题等也总能得以施行;而知识链、方法链也正因此而客观存在,并为我们解题思路的"流淌"而"源源喷吐甘泉";一题多解,一解多题,认知基础促进新认知结构的形成等随处可见.

(2) 数学解题有助于塑造健全的人格.

健全的人格既是学生心理健康的重要内容,更是学生适应社会发展的必备条件和成功基础. 数学教育独特的文化品格对健全人格的确立和完善具有十分有效而深刻的影响,我们的解题教学可以在以下 6 个方面发挥作用.

● 增强爱国主义精神. 大家很容易想到,结合教材内容介绍我国古代的领先成果(如勾股定理、圆周率等)、讲述我国数学家攀登数学高峰的励志故事(祖冲之、华罗庚、陈景润等)、报告我国中学生在国际数学奥林匹克竞赛中的骄人成绩等,都能激发学生的爱国热情与钻研精神. 在构建人类命运共同体的理念下,还可以从单一的强调民族自尊心、为国家富强而奋斗等,逐渐转化到要学习多地文化、正确理解不同民族对社会进步和发展所做的贡献.

● 培养严谨的态度. 数学是讲究真实的一门学科,一切结论必须有理有据,保证推理的逻辑严密性以及结论的准确性,这就能让学生在学习中形成"言必有据,理必缜密"的习惯,有利于培养学生一丝不苟的人生态度. 有一句话说得好: 数学使人严谨.

● 树立求实的精神. 数学学习(包括解题)本身就是一个求实行为,容不得半点虚假和疏忽. 数学中的演算和推理都要保证数学知识的高度明确和清晰确定,经得起反复推敲和检验,任何一个数学知识也都不用担心被后面的数学发展所推翻,这就能潜移默化地培养学生求真务实的习惯. 大家在生活中也都看到: 数学群体中无原则的是非比较少.

● 确立自主的意识. 数学解题必须进行有根据的运算和合逻辑的判断,体现数学的求实精神与怀疑态度;数学解题常常进行"尝试、猜想、辨析"等探索步骤,又体现数学的探索性和创造性. 这一切都要求学生以充分的论据去评判事物的真伪,把握事物的内在规律,提高发现事实和反驳谬误的能力,贯穿一种相信自我、理性分析、缜密推理、求实创新的严谨态度,有助于学生形成诚实求真、坚持不懈、自强不息的人格品质.

● 造就坚韧的毅力.数学展示了数学家们为真理而奋斗的伟大人格和崇高精神,这是对人们道德观念的一种震撼和教化,可以培养学生坚强的意志、坚韧的毅力、坚定的信念.但是,数学不是"听懂"的,而是"做会的",这些数学精神不可能由学生坐在教室里听讲就自动养成(综合实践活动和亲自解题是有效的途径),在数学解题的实践中,学生有机会面对挫折、挑战困难,培养坚强的意志、坚韧的毅力、坚定的信念、坚忍不拔地追求真理的优秀品格.这种品格不仅是学生学好数学的力量,也是学生进入社会"受益终生"的能量.

● 提高美学素养.数学中有简单美、对称美、和谐美、奇异美,数学解题中出于数学美的考虑而导致解题思路的设计与发现,就是"以美启真"的解题策略.当美的启示在解题过程中起到了宏观指导和决策作用的时候,学生对美的感受就可以从感性走向理性,提升审美情趣和审美能力,在形象思维的基础上增强理性思维的能力.

培养学生的辩证思维能力、塑造学生的健全人格,是数学解题"功德无量"的教育成就.下面是一些情趣生动,并把数学与育人结合起来的"小花朵",与大家共赏:

花朵 1 纠正难点 $\sqrt{a^2}=a$ 时,可做这样的设计,即 $\sqrt{a^2}=|a|=\begin{cases}a, & a\geqslant 0, \\ -a, & a<0.\end{cases}$ 然后解释:一个人从房子出来,要到院子,如果身体健壮,直接出来;如果身体虚弱,加一条毛巾.

花朵 2 $|x|<a\,(a>0)\Leftrightarrow -a<x<a$:一个甘于自我封闭的人,他只能越过弱者,永远也超不过强者;$|x|>a\,(a>0)\Leftrightarrow x>a$ 或 $x<-a$:一个勇于突破封闭的人,既能超过强者,又能谦让弱者.

花朵 3 数学上负数比零更小,解题中没有想法比想错了更糟.(有人说,解题就是在正确的方向上不断地犯错误)

花朵 4 数学上实数和虚数都是真实的数,奋斗中成功与失败都是生命的歌.

参考文献

［1］P. R. Halmos. 数学的心脏[J]. 弥静, 译. 数学通报, 1982(4)：27-31.

［2］罗增儒. 数学解题学引论[M]. 西安：陕西师范大学出版社, 1997.

［3］[美]G·波利亚. 数学的发现：第一卷[M]. 刘景麟, 曹之江, 邹清莲, 译. 呼和浩特：内蒙古人民出版社, 1979.

第三节　解题错例剖析

第1篇　剖析今年高考题二（7）①

　　1987 年高考理科数学第二(7)题是一道不恰当的题. 但是失误的根源在哪里呢? 我们先来看更一般性的题目:

　　一个正三棱台的下底和上底的周长分别为 $3a$ 和 $3b$ $(a>b>0)$, 而侧面积等于两底面积之差, 求斜高.

　　解　设斜高为 h, 由棱台侧面积公式及正三角形面积公式, 有

$$\frac{3a+3b}{2}h=\frac{\sqrt{3}}{4}a^2-\frac{\sqrt{3}}{4}b^2,$$

得

$$h=\frac{\sqrt{3}}{6}(a-b).$$

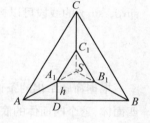

图 1

　　当取 $a=10$ cm, $b=4$ cm 时, 便是高考题.

　　我们再来看正三棱台的俯视图(如图 1).

　　由于 $A_1D=h=\dfrac{\sqrt{3}}{6}(a-b)$, $AD=\dfrac{a-b}{2}$, 有 $\tan\angle SAB=\dfrac{A_1D}{AD}=\dfrac{1}{\sqrt{3}}$, 得

　　$\angle SAB=30°$, 从而 $\angle ASB=120°$.

　　这表明, 不管 a, b 为何值, 棱台的三个侧面都在同一平面内, 这样的棱台是永远不存在的. 所以, 调整数据不能清除问题的症结, 失误的根源就在于"侧面积等于两底面积之差"的正棱台不存在. 事实上, 对于正棱台有

$$S_侧\cos\theta=S_下-S_上, \tag{①}$$

其中 $S_侧$, $S_下$, $S_上$ 分别为正棱台的侧面积、下底面积、上底面积, θ 为侧面与下底面所成二面角的数值, 显然

---

① 本文原载《中学理科参考资料》1987(10)：7 - 8(署名：罗增儒).

$$0° < \theta < 90°. \qquad ②$$

如果"侧面积等于两底面积之差",有

$$S_{侧} = S_{下} - S_{上}. \qquad ③$$

代入①得 $\cos\theta = 1$,与②矛盾.

这就是说,对正棱台而言,③式是永远不能成立的. 因而,高考题的失误,不是数据欠妥,而是关系失调.

第 2 篇　一道失误的 28 届 IMO 候选题[①]

第 28 届 IMO 候选题中,由苏联提供了一道构思精巧的几何、三角综合题(见《中等数学》1988 年第 5 期 P. 25 第 18 题).

题目　设 α, β, γ 是满足 $\alpha + \beta + \gamma < \pi$ 的正实数. 证明:用长为 $\sin\alpha$, $\sin\beta$, $\sin\gamma$ 的线段可以构成一个三角形,且它的面积不大于

$$\frac{1}{8}(\sin 2\alpha + \sin 2\beta + \sin 2\gamma).$$

根据命题给出的条件,可作一个顶点处面角分别为 2α, 2β, 2γ,侧棱为 1 的四面体,这个四面体的底面是一个三角形,边长即为 $2\sin\alpha$, $2\sin\beta$, $2\sin\gamma$. 可证得第一个结论.

但问题就在于"四面体的存在性",请看一个反例:

设 $\alpha = \dfrac{\pi}{12}$, $\beta = \dfrac{\pi}{6}$, $\gamma = \dfrac{\pi}{3}$, 显然均为正实数,且 $\alpha + \beta + \gamma = \dfrac{7\pi}{12} < \pi$,满足命题的全部条件,但

$$\sin\frac{\pi}{3} = \frac{\sqrt{3}}{2} > \frac{1}{2} + \frac{\sqrt{6}-\sqrt{2}}{4} = \sin\frac{\pi}{6} + \sin\frac{\pi}{12},$$

得

$$\sin\gamma > \sin\beta + \sin\alpha.$$

也就是说,三角形的一边大于另两边之和,这是不可能的.

事实上,我们在学到有关三面角问题时,已经掌握了它的两个定理.

---

① 本文原载《中等数学》1989(3):13(署名:罗增儒,江焕新).

定理 1　三面角的任何面角小于其他两个面角之和,而大于其他两个面角之差.

定理 2　三面角之和小于四直角.

候选题只注意到满足定理 2,而忽视了定理 1,因而也就不能保证所构造的四面体的存在了.(罗增儒观点)

对原题可作如下修正:将原题条件改为"设 α, β, γ 是三角形的三边,且满足 $\alpha+\beta+\gamma<\pi$"(罗增儒观点),或在原题中增加条件" $\alpha+\beta>\gamma$, $\alpha+\gamma>\beta$, $\beta+\gamma>\alpha$"(江焕新观点).

第 3 篇　数学高考答题失误的研究①

高考答题存在三种情况:满分、零分、部分分.满分是会做并且做对了,零分是没有回答或回答全错了,部分分是"会而不对、对而不全".

有的考生并不缺乏基本功,拿到考题也能上手,但在正确的思路上或是考虑不够周到,或是推理不够严谨,或是书写不够规范,最后答案却是错的或是不完整的,这叫做"会而不对".另一些考生,思路大体正确,最终结论也出来了,但丢三落四,或是缺少必要步骤、中间某一逻辑点过不去,或是遗漏某一特殊细节、讨论不够完备,或是潜在假设,或是以偏概全,这就叫做"对而不全".

由于满分与零分都发生在少数人身上,并且对解题失误而言给予我们的信息也较少,因而本文考察重点在"部分分"上,"部分分"提供了最多也最有价值的信息,向我们展示了"会而不对、对而不全"的表现与成因.

根据我们 1980 年以来十余年高考阅卷的实际体验,认为高考答题失误主要有 4 种表现:知识性错误、逻辑性错误、策略性错误和心理性错误.

1　知识性错误

这主要指数学知识上的缺陷所造成的错误.如误解题意、概念不清、记错法则、用错定理、不顾范围乱套公式或方法等.

例 1　(1996 年理(20)题)解不等式 $\log_a\left(1-\dfrac{1}{x}\right)>1$.

---

① 本文原载《数学通报》1997(2):30-34(署名:罗增儒).

解 由真数大于零知 $\qquad 1-\dfrac{1}{x}>0,$ ①

解得 $\qquad\qquad\qquad\qquad x>1,$ ②

从而 $0<1-\dfrac{1}{x}<1$. 代入已知得

$$\begin{cases} 0<a<1, \\ 0<1-\dfrac{1}{x}<a. \end{cases}$$

解得 $\qquad\qquad\qquad 1<x<\dfrac{1}{1-a}.$ ③

评析 这一解法的主要错误在于解不等式①时默认 $x>0$(潜在假设),两边乘以 x,得出 $x>1$,漏了 $x<0$,从而漏解.

$$1-\dfrac{1}{x}>a>1 \Leftrightarrow \dfrac{1}{1-a}<x<0.$$ ④

在考生中还有将③、④合并为:

$$\left(1,\dfrac{1}{1-a}\right)\cup\left(\dfrac{1}{1-a},0\right)$$ ⑤

这既有知识性错误又有逻辑性错误(偷换概念).

例 2 (1993 年文(27)、理(26)第 1 问)如图 1,$A_1B_1C_1$-ABC 是直三棱柱,过点 A_1,B,C_1 的平面和平面 ABC 的交线记作 l. 判定直线 A_1C_1 和 l 的位置关系,并加以证明.

解 应有 $l \parallel A_1C_1$,证明如下:

由直三棱柱知 $BB_1 \perp$ 面 $A_1B_1C_1$,$BB_1 \perp$ 面 ABC.

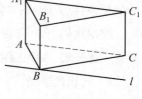

图 1

又 A_1C_1 在面 $A_1B_1C_1$ 上,l 在面 ABC 上,得

$$\left.\begin{array}{r} A_1C_1 \perp BB_1 \\ l \perp BB_1 \end{array}\right\} \Rightarrow A_1C_1 \parallel l.$$ ①

评析 判断 $l \parallel A_1C_1$ 是对的,但证明的最后一步①,由"垂直于同一直线的两直线平行"得出 $A_1C_1 \parallel l$,犯有知识性错误,即将平面几何结论盲目移到

空间. 其实, 立体几何中这是一个假命题, 在逻辑上这叫"虚假论据", 违反了充足理由律.

2　逻辑性错误

这主要指违反逻辑规则所产生的推理上与论证上的错误. 如虚假论据、言而无据、偷换概念、循环论证等. 高考中常常表现为四种命题的混淆、充要条件的混乱、反证法反设不真等. 比如例 1 中, 有的考生只考虑:

(1) 当 $a > 1$ 时, $1 - \dfrac{1}{x} > a \Leftrightarrow \dfrac{1}{1-a} < x < 0$;

(2) 当 $0 < a < 1$ 时, $1 - \dfrac{1}{x} < a \Leftrightarrow 0 < x < \dfrac{1}{1-a}$.

就是必要而不充分的.

又如 1996 年理(22)题第(Ⅰ)问第(4)空或第(5)空, 有一批考生填了"三角形两边中点的连线平行于第三边并且等于第三边的一半"(或"中位线定理"). 这等于先承认 G 为 A_1C 的中点, 又煞有介事地证 G 为中点, 犯有循环论证的错误. 由正切函数的图像"证出"1994 年理(22)题, 本质上也是一种逻辑循环.

例 3　(1994 年文(25))设数列的前 n 项和为 S_n, 若对于所有的正整数 n, 都有 $S_n = \dfrac{n(a_1 + a_n)}{2}$. 证明: $\{a_n\}$ 是等差数列.

证明 1　(分析法)假设 $\{a_n\}$ 为等差数列, 有

$$a_n = a_1 + (n-1)(a_2 - a_1), \qquad \text{①}$$

求和, 得

$$\sum_{k=1}^{n} a_k = na_1 + \frac{n(n-1)}{2}(a_2 - a_1) = \frac{n[a_1 + a_1 + (n-1)(a_2 - a_1)]}{2}$$

$$= \frac{n(a_1 + a_n)}{2}. \text{（把①代入）}$$

这正是已知条件. 所以, $\{a_n\}$ 是等差数列.

评析　这根本就不是分析法. 它所做的只不过是原题的逆命题, 还没有开始证满足条件的数列是等差数列. 这是原命题与逆命题的混淆.

当然, 若能提前证实满足条件的数列是唯一的, 这种证法也可以, 但唯一性并不显然, 比如满足条件 $\dfrac{a_n + 2}{2} = \sqrt{2S_n}$ 的数列有很多个:

(1) $a_n = 4n - 2$ (等差数列);

(2) $a_n = 2(-1)^{n+1}$ (等比数列);

(3) $2,\ -2,\ 2,\ 6,\ 10,\ 14,\ 18,\ 22,\ \cdots$;

(4) $2,\ -2,\ 2,\ -2,\ 2,\ 6,\ 10,\ 14,\ \cdots$;

……

证明 2 引进参数列 $\{b_n\}$, 使

$$a_n = a_1 + (n-1)(a_2 - a_1) + b_n, \tag{①}$$

然后求和, 并应用等差数列的求和公式, 有

$$\sum_{k=1}^{n} a_n = \frac{n(a_1 + a_n)}{2} + \sum_{k=1}^{n} b_k. \tag{②}$$

再把 $\sum_{k=1}^{n} a_k = S_n = \dfrac{n(a_1 + a_n)}{2}$ 代入, 约去相同的项, 得 $\sum_{k=1}^{n} b_k = 0$, $n \in \mathbf{N}$, 推出 $b_n = 0$ ($n \in \mathbf{N}$), 代回①得

$$a_n = a_1 + (n-1)(a_2 - a_1), \tag{③}$$

得证 $\{a_n\}$ 是等差数列.

评析 由①式求和只能得出

$$\sum_{k=1}^{n} a_k = \frac{n[2a_1 + (n-1)(a_2 - a_1)]}{2} + \sum_{k=1}^{n} b_k, \tag{④}$$

除非承认③式, 否则对①式求和得不出②式 (不能推出). 但是, 承认③式等于承认 $\{a_n\}$ 为等差数列, 犯有"循环论证"的逻辑错误.

例 4 (1986 年理(8))已知 $x_1 > 0$, $x_1 \neq 1$, 且 $x_{n+1} = \dfrac{x_n(x_n^2 + 3)}{3x_n^2 + 1}$ ($n = 1$, 2, $\cdots$). 试证: 数列 $\{x_n\}$ 或者对任意自然数 n 都满足 $x_n < x_{n+1}$, 或者对任意自然数 n 都满足 $x_n > x_{n+1}$.

证明 用反证法. 假设数列 $\{x_n\}$ 对任何自然数 n 既不满足 $x_n < x_{n+1}$, 也不满足 $x_n > x_{n+1}$, 则应满足

$$x_n = x_{n+1}. \tag{①}$$

由题设

$$x_{n+1} = \frac{x_n(x_n^2 + 3)}{3x_n^2 + 1}$$

得
$$x_n = \frac{x_n(x_n^2 + 3)}{3x_n^2 + 1},$$

即
$$x_n(x_n - 1)(x_n + 1) = 0. \qquad ②$$

得满足条件的数列有 3 个

$$x_n \equiv 0, \ x_n \equiv 1, \ x_n \equiv -1, \qquad ③$$

均与已知 $x_1 > 0$，$x_1 \neq 1$ 矛盾. 原题得证.

评析 从逻辑上看,这个解法有两个重大失误,一个比较明显,是反证法"反设不真"①. 原题要证 $\{x_n\}$ 为单调数列,其反面可能是常数列也可能是摆动数列. 正确的反设应是存在 $i \neq j$,使 $x_i \geqslant x_{i+1}$ 且 $x_j \leqslant x_{j+1}$.

还有一个比较隐蔽的错误是由②式不能推出③式. 其实②只是说 $\{x_n\}$ 的每一项都有三个可能的取值:0,1,-1. 由这三个数字组成的无穷数列有无限个,当中仅有 3 个为常数列. 把②当作 x_n 的三次方程,求出三个根 $x_n = 0$,$x_n = -1$,$x_n = 1$,使用了"虚假论据".

关于知识性错误与逻辑性错误,我们想说明两点:

(1)由于数学知识与逻辑规则常常是相依共存的,从广义上说,我们也不能把逻辑知识排除在数学知识之外,所以,逻辑性错误与知识性错误常常是同时存在的,从哪个角度进行分析取决于比重的大小与教学的需要. 上面的几个例子中,当我们说它有知识性错误时并不排除它也有逻辑性错误;同样,当我们说它有逻辑性错误时也不排除它还有知识性错误.

(2)知识性错误与逻辑性错误又是有区别的,知识性错误主要指涉及的命题是否符合事实(如定义、法则、定理等),核心是命题的真假性;逻辑性错误主要指所进行的推理论证是否符合逻辑规则,核心是推理论证的有效性. 如上所说,数学命题的事实真假性与推理论证的逻辑有效性是有联系的,然而,数学毕竟不是逻辑,数学毕竟比逻辑大得多,我们依然应该在知识盲点的基本位置和主要趋势上区分知识性错误与逻辑性错误.

---

① 当年一位中学生提出过这种解法,发表在《数学通讯》1986 年第 11 期 P26 上(立即作了更正). 《数学教学》1990 年第 1 期 P10 陈永明曾拟文《从一道高考题的错误看学点数理逻辑的必要性》,作出详细分析.

3 策略性错误

这主要指由于解题方向上的偏差,造成思维受阻或解题长度过大. 对于高考来说,费时费事,即使做对了,也有策略性错误.

例 5 (1996 年文(22)、理(21)题)已知△ABC 的三个内角 A, B, C 满足: $A+C=2B$, $\dfrac{1}{\cos A}+\dfrac{1}{\cos C}=-\dfrac{\sqrt{2}}{\cos B}$, 求 $\cos\dfrac{A-C}{2}$ 的值.

讲解 有的考生不先由 $A+C=2B$ 求出 $B=60°$, 始终没有"$B=60°$"而去反复进行三角变形. 由

$$\frac{1}{\cos A}+\frac{1}{\cos C}=-\frac{\sqrt{2}}{\cos B},$$

有 $$(\cos A+\cos C)\cos B=-\sqrt{2}\cos A\cos C,$$

有 $$2\cos\frac{A+C}{2}\cos\frac{A-C}{2}\cos B=-\frac{\sqrt{2}}{2}[\cos(A+C)+\cos(A-C)],$$

把 $A+C=2B$ 代入有

$$2\cos^2 B\cos\frac{A-C}{2}=-\frac{\sqrt{2}}{2}[\cos 2B+\cos(A-C)],$$

再把倍角公式代入,有

$$2\cos^2 B\cos\frac{A-C}{2}=-\sqrt{2}\left(\cos^2 B+\cos^2\frac{A-C}{2}-1\right),$$

再下来就不知道怎么办才好了.

从知识上看这里每一步都是对的,两个已知条件也都用上了,但从考试的角度看,先处理三角函数是不策略的.

另有一些考生,虽然先处理角的关系,也用了隐含条件 $A+B+C=180°$,但"迂回曲折":由 $B=180°-(A+C)$ 有 $\cos B=-\cos(A+C)$,又 $A+C=2B$,有 $\cos B=-\cos 2B$,把 $\cos 2B=2\cos^2 B-1$ 代入得 $2\cos^2 B+\cos B-1=0$,得 $\cos B=\dfrac{1}{2}$ 或 $\cos B=-1$. 代入已知分别有 $\dfrac{1}{\cos A}+\dfrac{1}{\cos C}=-2\sqrt{2}$ 或 $\dfrac{1}{\cos A}+\dfrac{1}{\cos C}=\sqrt{2}$ ……

这种处理即使最后做对了也存在两个方面的策略性错误. 其一是解题走了弯路, 助长了本题犯错误的机会(隐含失分); 其二是占用时间太多, 导致后继题目的思考不足(潜在丢分).

例 6　(1995 年文 (21)题)解方程 $3^{x+2} - 3^{2-x} = 80$.

解　设 $y = 3^x$, 则原方程可化为

$$9y^2 - 80y - 9 = 0, \qquad\qquad ①$$

代入求根公式, 得
$$y_{1,2} = \frac{80 \pm \sqrt{6\,724}}{18}.$$

当 $3^x = \dfrac{80 + \sqrt{6\,724}}{18}$ 时, 有 $x_1 = \log_3 \dfrac{80 + \sqrt{6\,724}}{18}$;

当 $3^x = \dfrac{80 - \sqrt{6\,724}}{18}$ 时, 有 $x_2 = \log_3 \dfrac{80 - \sqrt{6\,724}}{18}$.

评析　本来这是一道满分率高达 65%, 得分率为 75% 的容易题, 但是上述解法由于使用求根公式而导致大数运算, 由于数字大而不会开方, 由于不知道 $\sqrt{6\,724} = 82$ 而疏忽了 $80 - \sqrt{6\,724} < 0$. 所以, 解法的第一个问题是 x_2 不仅为增根, 而且没有意义; 第二个问题是 x_1 还未计算出最后结果 $x_1 = 2$. 这两条都会引发扣分.

使用求根公式解二次方程不能算知识上有什么错误, 但若用十字相乘法, 将方程变为 $(9y+1)(y-9) = 0$ 便可避免大数运算和相应的错误, 所以, 本题中的问题主要表现为策略性错误.

4　心理性错误

这主要指解题主体虽然具备了解决问题的必要知识与技能, 但由于某些心理原因而产生的过失性错误. 鉴于高考的紧张激烈和关系重大, 临场中的看错题、抄错题、书写丢三落四, 以及潜在假设、瞬时遗忘等非智力因素表现欠佳是相当严重的, 它影响考生真实水平的正常发挥.

例如, 1993 年文科(26)题, 要求用数学归纳法来证明, 但有的考生不仔细审题, 用别的方法来证, 虽然证法是对的, 但不合题意, 必须扣分. 从原则上说, 考生答卷并没有数学知识上的错误, 扣分是"心理性错误"造成的. 同样, 1991 年理科(24)题未用"定义"证明单调性, 主要也属于心理性错误.

对于 1994 年第(20)题,1995 年文(25)、理(24)题(信息迁移题),有的考生一看"最佳近似值"、"政府补贴"、"平衡价格"等新名词、新术语、新定义,平时没有学过,就连想都不敢想. 在这两道题上得零分并不表明考生对所涉及的知识一片空白,其中一个重要原因是心理能力不足,同样,1996 年的信息迁移题(文科(24)、理科(23)),只要心理素质过硬,设出有关未知数,并按照题目所提示的公式 $\left(\text{粮食单产}=\dfrac{\text{总产量}}{\text{耕地面积}}、\text{人均粮食占有量}=\dfrac{\text{总产量}}{\text{总人口数}}\right)$ 代入有关数据,得到二三分并不困难,但我们陕西省高考阅卷的抽样表明,本题的平均得分还不到 0.2.

对于 1996 年理(17)题,明明题目写着用数字作答. 但仍有考生填 C_7^3-3,这违反了题意,少考查了一个 $C_7^3=35$ 的知识点,造成本题的扣分,主要是心理性错误. 同样 1996 年填空(19)题,求异面直线 AD 与 BF 所成角的余弦值,有的考生已经计算出 $\dfrac{\sqrt{2}}{4}$,却要"画蛇添足"答成 $\arccos \dfrac{\sqrt{2}}{4}$. 这也主要是心理性错误.

对于 1996 年理(22)题的第一个空,本应填面 $A_1EC\perp$ 平面 AC_1,但有的考生漏写"平面"二字,AC_1 就成了直线(或线段),A_1EC 也可以理解为折线段,已经面目全非,这 2 分丢得非常可惜. 对于 1996 年理(25)题第(Ⅲ)问,有的考生由 $g(x)$ 在 $x=1$ 时有最大值 2,立即"潜在假设":当 $x=-1$ 时 $g(x)$ 有最小值 -2,结论很快出来,但决不能算对.

值得指出的是,当前高考解题研究偏重在怎样正面解题上,对答题失误的研究层次较低、范围较窄,许多人笼统地归结为一句话"双基不过关". 我们的分析表明,产生的原因既有知识因素又有非知识因素,因此,解决这些问题也应将知识因素与非知识因素结合起来,进行综合治理.

参考资料

[1] 罗增儒,惠州人. 怎样解答高考数学题[M]. 西安:陕西师范大学出版社,1996.

[2] 罗增儒. 高考答题中的非知识性错误[J]. 中学数学(湖北),1994(11).

[3] 陆文郁. 一道高考数列题的错题与多解[J]. 中学数学(湖北),1996(4).

[4] 罗增儒. 数学解题学引论[M]. 西安:陕西师范大学出版社,1997.

第 4 篇 错例分析要击中要害[①]

文[1]对下面一道题目及其解法作了剖析,我们认为,文章并未抓住问题的实质,因而也就无助于错误的纠正.另外,文[1]本身的观点也需要作部分的纠正,先引述题目及解法.

题目 数列 $\{a_n\}$ 的前 n 项的和记作 S_n. 已知 S_n 满足 $S_n + \dfrac{2n}{S_n} = 1 + 2n$,求通项公式并写出这个数列.

解 由 $S_n + \dfrac{2n}{S_n} = 1 + 2n$,得 $(S_n - 1)(S_n - 2n) = 0$.

故 $S_n = 1$ 或 $S_n = 2n$.

由 $S_n = 1$ 得 $a_n = \begin{cases} 1, & n = 1, \\ 0, & n \geqslant 2. \end{cases}$

由 $S_n = 2n$ 得 $a_n = 2$.

这个数列是 $1, 0, 0, 0, \cdots$,或常数列 $2, 2, 2, \cdots$.

文[1]的剖析可以归结为 3 个主要观点:

观点 1 答案有问题,如数列 $1, 0, 5, 2, \cdots$ 满足条件但未包括在答案中,这样的反例可以举无数个.

观点 2 错误的根本原因在于题目是错的.

观点 3 题目错在与"函数是单值对应的"相悖.文[1]说:由已知导出 $S_n = 1$ 或 $S_n = 2n$ 后就无须再往下做了,此时已"宣告"题目错误.

我们的下述分析将表明,除观点 1 外,其余看法都需要澄清.

1 题目的实质是什么?

从函数的观点来看这道数列题,其实质是解"函数方程":

$$S_n + \frac{2n}{S_n} = 1 + 2n. \tag{1}$$

由于函数方程的解可以包含任意常数,也可以包含任意函数,因而只在很

---

① 本文原载《数学教学通讯》2000(12):44−45;中国人民大学复印报刊资料《中学数学教与学》 2001(3):44−45(署名:罗增儒).

特殊的情况下解才是唯一的. 这与"函数是单值对应的"并不矛盾, 下面将具体指出本题有无穷个解, 但每一个解都是单值对应的.

所以, 从科学性上说, 本题不是错题. 但从教育性上说, 要中学生写出无穷个通项公式要求高了. 而这种高要求及其标准答案又反映了命题者(或做标准答案的人)存在知识盲点与错误, 我们认为此题处理为探究性的开放题是非常漂亮的, 比如将结论改为:

(1) 求数列的一个通项公式并写出这个数列

这时学生会发现互相之间答案有差异, 从而产生疑问.

(2) 写出 3 个这样的数列

这时学生将不得不突破 $1, 0, 0, 0, \cdots$ 及 $2, 2, 2, \cdots$, 而作深入的思考, 答案依然会是"百花齐放"的.

(3) 当 $n=5$ 时, 写出所有的数列

这时学生不仅要进行发散的思考, 而且要进行完备的思考, 答案将是统一的(下文会列举出来).

2 错解的性质是什么?

文[1]认为"由已知导出 $S_n=1$ 或 $S_n=2n$ 后……已宣布题目错误". 我们认为解到这一步是正确的, 这里逻辑"或"是说, 对每一个 n, S_n 都有两种取值:

当 $n=1$ 时, S_1(也就是 a_1)有两种取值, $S_1=1$ 或 $S_1=2$(即 $a_1=1$ 或 $a_1=2$).

当 $n=2$ 时, S_2 也有两种取值, $S_2=1$ 或 $S_2=4$. 此时, 对 $a_1=1$, a_2 便有 2 个取值; 对 $a_1=2$, a_2 也有 2 个取值, 从而得 4 个数列.

$$1, 3; \ 1, 0; \ 2, 2; \ 2, -1.$$

当 $n=3$ 时, S_3 还是有两种取值, $S_3=1$ 或 $S_3=6$. 此时, 对上述数列中的每一个, a_3 都有 2 个取值, 从而得出 8 个数列.

依此类推, 每次数列的个数都扩大两倍, 从而题目有无穷个解.

原解法的错误在于把 "$S_n=1$ 或 $S_n=2n$" 的"对每一个 n, S_n 都有两种取值"理解为"对所有的 n, S_n 只有两种取值 $S_n=1$, $S_n=2n$". 这种错误的性质主要属"逻辑性错误"(参见文[2]P.30). 文[2]已经指出过, 满足方程

$$x_n = \frac{x_n(x_n^2 + 3)}{3x_n^2 + 1} \Leftrightarrow x_n(x_n - 1)(x_n + 1) = 0$$

的数列不是只有 3 个：

$$x_n \equiv 0, \ x_n \equiv 1, \ x_n \equiv -1,$$

而是数列 $\{x_n\}$ 的每一项都可以取 3 个值：$0, 1, -1$.

3　错解的原因是什么?

我们认为错解的心理原因在于作了两个类比：

(1) 将函数方程 $(S_n - 1)(S_n - 2n) = 0$，类比为常数方程 $(x - 1)(x - 2n) = 0$.

(2) 将变量取值 $S_n = 1$ 或 $S_n = 2n$，类比为常量取值(只取两个值) $x = 1$ 或 $x = 2n$.

于是，由常数方程有两个解，得出函数方程也只有两个解.

由此可见，学生的"错解"有其内在的合理性，我们的错例分析首先要对合理成分作充分的理解. 学生没有正式学过函数方程，当他遇到新问题的时候调动已有的代数方程知识去进行积极的建构活动，是可以理解的. 也只有真正理解了幼稚或错误的实质，我们才可能采取适当的"补救"措施，并最终实现帮助学生做出必要改进的目的.

作为本文的结束，我们愿正面陈述"错例剖析"的基本态度(参见文[3])，盼批评指正.

(1) 解题错误的产生总有其内在的合理性，解题分析首先要对合理成分作充分的理解.

(2) 要通过反例或启发等途径暴露矛盾，引发当事者自我反省.

(3) 要正面指出错误的地方，具体分析错误的性质.

(4) 作为对错题的对比、补救或纠正，给出正确解法是绝对必要的.

参考文献

[1] 左加. 编题宜慎，解题应谨[J]. 数学教学通讯，2000(7).

[2] 罗增儒. 数学高考答题失误的研究[J]. 数学通报，1997(2).

[3] 罗增儒. 解题分析——谈错例剖析[J]. 中学数学教学参考，1999(12).

第 5 篇　"以错纠错"的案例分析[①]

在文[1]中,笔者认为:"学生在解题中出错是学习活动的必然现象,教师对错例的处理是解题教学的正常业务,并且,错例剖析具有正例示范所不可替代的作用,两者相辅相成构成完整的解题教学."下面发生在特级教师身上的"以错纠错"现象,竟能在多家刊物延续十年之久,这促使笔者进一步思考:错例分析可能对教师的教学观念和业务素质都提出了更高的要求.

1　出示案例

我们先引述 3 处典型做法.

(1) 早在 1990 年,文[2]曾对一道数列极限题指出"思维定势在解题中的消极影响";然后在文[3]、[4]中表达了同样的看法.最近(2001 年 5 月)又在文[5]中将欠妥的认识原原本本发表出来(见原文例 4):

例 1　若 $\lim(3a_n + 4b_n) = 8$, $\lim(6a_n - b_n) = 1$,求 $\lim(3a_n + b_n)$.

学生对"和的极限等于极限的和"的结论十分熟悉,受其影响,产生了下列错误解法,由

$$\begin{cases} \lim\limits_{n \to \infty}(3a_n + 4b_n) = 8, \\ \lim\limits_{n \to \infty}(6a_n - b_n) = 1, \end{cases}$$

得
$$\begin{cases} 3\lim\limits_{n \to \infty}a_n + 4\lim\limits_{n \to \infty}b_n = 8, & \text{①} \\ 6\lim\limits_{n \to \infty}a_n - \lim\limits_{n \to \infty}b_n = 1. & \text{②} \end{cases}$$

①×2−②,可得
$$\lim_{n \to \infty}b_n = \frac{15}{9}.$$

并求得
$$\lim_{n \to \infty}a_n = \frac{4}{9}.$$

所以
$$\lim_{n \to \infty}(3a_n + b_n) = 3\lim_{n \to \infty}a_n + \lim_{n \to \infty}b_n = \frac{12}{9} + \frac{15}{9} = 3.$$

[①] 本文原载《中学数学教学参考》2001(9):23−26(署名:罗增儒).

这是一种错误的解法. 因为按照极限运算法则, 若 $\lim\limits_{n\to\infty}a_n=A$, $\lim\limits_{n\to\infty}b_n=B$, 则才有 $\lim\limits_{n\to\infty}(a_n+b_n)=\lim\limits_{n\to\infty}a_n+\lim\limits_{n\to\infty}b_n=A+B$. 反之不真, 而由

$$\lim\limits_{n\to\infty}(3a_n+4b_n)=8,\ \lim\limits_{n\to\infty}(6a_n-b_n)=1,$$

不一定保证 $\lim\limits_{n\to\infty}a_n$ 与 $\lim\limits_{n\to\infty}b_n$ 存在. 比如

$$a_n=\frac{4}{3}+\frac{1}{3}n^2,\ b_n=1-\frac{1}{4}n^2,$$

则有 $\lim\limits_{n\to\infty}(3a_n+4b_n)=8$, 但是 a_n 与 b_n 均不存在极限.

正解　$\lim\limits_{n\to\infty}(3a_n+b_n)=\frac{1}{3}\lim\limits_{n\to\infty}(3a_n+4b_n)+\frac{1}{3}\lim\limits_{n\to\infty}(6a_n-b_n)=\frac{8}{3}+\frac{1}{3}=3.$

　　某些法则或定理, 其结论是在限定条件下产生的. 如果平时练习, 限定条件的问题练多了, 就容易忽视限定条件, 造成对法则、定理理解的偏差, 产生定势思维. 教师在课堂教学时, 应该把定理、法则成立的条件、适应的范围放在第一位讲, 就是让学生认识到条件在结论中的重要地位, 把条件与结论等同起来强调, 并通过恰当的反例来说明.

　　要克服思维定势的消极影响, 就要从加强双基教学入手, 加强数学基本思想和方法的训练, 排除由于只靠记忆一些孤立方法与技巧而形成的定势, 鼓励和引导学生独立思考、探索最佳解题方法, 让学生从不同角度多方位地去考虑问题, 拓展思维的深度与广度. (引文完)

　　(2)《数学通报》1999 年第 11 期(P. 43)文[6]记述了一次公开课的情况. 在一次公开课评比中, 有位老师在讲授"数列极限的运算法则"一课时, 曾举了这样一个例子(本文记为例 2):

　　例 2　已知 $\lim\limits_{n\to\infty}(2a_n+3b_n)=5$, $\lim\limits_{n\to\infty}(a_n-b_n)=2$, 求 $\lim\limits_{n\to\infty}(a_n+b_n)$.

当时有位学生提出这样一种解法:

　　解　设 $\lim\limits_{n\to\infty}a_n=A$, $\lim\limits_{n\to\infty}b_n=B$, 则由题设可知

$$\lim\limits_{n\to\infty}(2a_n+3b_n)=2\lim\limits_{n\to\infty}a_n+3\lim\limits_{n\to\infty}b_n=2A+3B=5, \quad ①$$

$$\lim\limits_{n\to\infty}(a_n-b_n)=\lim\limits_{n\to\infty}a_n-\lim\limits_{n\to\infty}b_n=A-B=2. \quad ②$$

联立①、②解得 $A=\dfrac{11}{5}$, $B=\dfrac{1}{5}$.

所以 $\lim\limits_{n\to\infty}(a_n+b_n)=\lim\limits_{n\to\infty}a_n+\lim\limits_{n\to\infty}b_n=A+B=\dfrac{11}{5}+\dfrac{1}{5}=\dfrac{12}{5}.$

对于上述解法,这位教师结合数列极限的运算法则引导学生提出了问题:$\lim\limits_{n\to\infty}a_n$ 和 $\lim\limits_{n\to\infty}b_n$ 一定存在吗?

随后,教师鲜明地指出:由题设我们不能判断 $\lim\limits_{n\to\infty}a_n$ 和 $\lim\limits_{n\to\infty}b_n$ 是否一定存在,从而上述解法缺乏依据,是错误的. 关于这类问题,我们常用"待定系数法"求解.

另解 设 $a_n+b_n=x(2a_n+3b_n)+y(a_n-b_n)$(其中 x,y 为待定的系数),则

$$a_n+b_n=(2x+y)a_n+(3x-y)b_n,$$

从而有

$$\begin{cases} 2x+y=1, \\ 3x-y1. \end{cases}$$

解之得

$$x=\frac{2}{5},\quad y=\frac{1}{5}.$$

所以

$$a_n+b_n=\frac{2}{5}(2a_n+3b_n)+\frac{1}{5}(a_n-b_n),$$

$$\begin{aligned}
\lim\limits_{n\to\infty}(a_n+b_n)&=\lim\limits_{n\to\infty}\left[\frac{2}{5}(2a_n+3b_n)+\frac{1}{5}(a_n-b_n)\right]\\
&=\frac{2}{5}\lim\limits_{n\to\infty}(2a_n+3b_n)+\frac{1}{5}\lim\limits_{n\to\infty}(a_n-b_n)\\
&=\frac{2}{5}\times5+\frac{1}{5}\times2=\frac{12}{5}.
\end{aligned}$$

这种讲授方法既巩固了数列极限的运算法则,又充分暴露了学生存在的问题,给学生留下了极为深刻的印象,深受评委们的一致好评.(引文完)

(3) 江苏省常州高级中学(是一所有百年历史的江南名校)数学组根据多年教学积累的经验写了一本书《数学题误解分析(高中)》,其第 6 章题 30 如下(见文[7]P. 342,本文记为例 3):

例 3 已知 $\lim\limits_{n\to\infty}(2a_n+3b_n)=7$,$\lim\limits_{n\to\infty}(3a_n-2b_n)=4$,求 $\lim\limits_{n\to\infty}(2a_n+b_n)$ 之值.

误解 $\because \lim\limits_{n\to\infty}(2a_n+3b_n)=7$,$\lim\limits_{n\to\infty}(3a_n-2b_n)=4$,

$$\therefore \begin{cases} 2\lim\limits_{n\to\infty}a_n + 3\lim\limits_{n\to\infty}b_n = 7, & \text{①} \\ 3\lim\limits_{n\to\infty}a_n - 2\lim\limits_{n\to\infty}b_n = 4. & \text{②} \end{cases}$$

①×2＋②×3,得 $\qquad 13\lim\limits_{n\to\infty}a_n = 26,$

$$\therefore \qquad \lim\limits_{n\to\infty}a_n = 2.$$

代入式①,得 $\qquad \lim\limits_{n\to\infty}b_n = 1.$

$$\therefore \quad \lim\limits_{n\to\infty}(2a_n + b_n) = 2\lim\limits_{n\to\infty}a_n + \lim\limits_{n\to\infty}b_n = 2\times 2 + 1 = 5.$$

正确解法 设

$$m(2a_n + 3b_n) + p(3a_n - 2b_n) = k(2a_n + b_n),$$

其中 m,p,k 均为待定的整数,则比较 a_n,b_n 的系数得

$$\begin{cases} 2m + 3p = 2k, & \text{①} \\ 3m - 2p = k. & \text{②} \end{cases}$$

由式①、②消去 k,得

$$2m + 3p = 2(3m - 2p) = 6m - 4p,$$

$$\therefore 4m = 7p.$$

当 m,p 分别取 7 和 4 时,$k = 13.$

$$\therefore \qquad 2a_n + b_n = \frac{7}{13}(2a_n + 3b_n) + \frac{4}{13}(3a_n - 2b_n).$$

$$\therefore \quad \lim\limits_{n\to\infty}(2a_n + b_n) = \frac{7}{13}\lim\limits_{n\to\infty}(2a_n + 3b_n) + \frac{4}{13}\lim\limits_{n\to\infty}(3a_n - 2b_n)$$

$$= \frac{7}{13}\times 7 + \frac{4}{13}\times 4 = 5.$$

错因分析与解题指导:已知 $\lim\limits_{n\to\infty}(2a_n+3b_n)=7$, $\lim\limits_{n\to\infty}(3a_n-2b_n)=4$,并不意味着$\lim\limits_{n\to\infty}a_n$, $\lim\limits_{n\to\infty}b_n$ 存在,在误解中利用数列极限的运算法则: $\lim\limits_{n\to\infty}(a_n\pm b_n)=\lim\limits_{n\to\infty}a_n\pm\lim\limits_{n\to\infty}b_n$,默认$\lim\limits_{n\to\infty}a_n$与$\lim\limits_{n\to\infty}b_n$存在,这是错误的. 要求$\lim\limits_{n\to\infty}(2a_n+b_n)$,就必须将 $2a_n+b_n$ 去用$(2a_n+3b_n)$与$(3a_n-2b_n)$表示出来,为此可以如正确解答中那样用待定系数法来解. 显然 m,p 的值不是唯一的,但是对不同的 m,p 之值求得的极限值是相同的,因此可以取使计算较为方便的整数值.(引文完)

以上详细引述的 3 个例子只有数字上的微小区别,而教师(包括评委)的看法是完全一致的. 类似的看法还可参见文[8]~[12].

虽然,大家的看法如此一致,如此长久,但文[6]的作者仍能力排众议,大声发问:"由题设,真的不能判断 $\lim\limits_{n\to\infty}a_n$ 和 $\lim\limits_{n\to\infty}b_n$ 是否存在吗?"回答是否定的. 教师的"纠错"比学生错得更多.

2 案例分析

我们以例 1 为主来进行分析,弄清学生的错误、教师的错误、错误的性质和应吸取的教训等.

2.1 学生解法的认识

学生的解法中有两个合理的成分:其一是能紧紧抓住两个已知条件,综合使用;其二是想到运用极限运算法则,得出的极限值也确为所求.

缺点是默认了 $\lim\limits_{n\to\infty}a_n$ 与 $\lim\limits_{n\to\infty}b_n$ 的存在,也不会整体使用极限运算法则,这可以从 3 个方面来分析.

(1) 知识性错误

表现在:没有验证 a_n 与 b_n 极限的存在性就使用极限运算法则;没有证明或证明不了 a_n 与 b_n 极限的存在性;还不会变通使用(如借用待定系数法)极限运算法则.

(2) 逻辑性错误

表现为逻辑上的"不能推出":跳过 a_n 与 b_n 极限存在性的必要前提,直接使用极限运算法则. 但此处仅仅为未验证前提,而并非"前提不真". 对此,"教师"的错误性质比学生的默认更有问题,下面会谈到.

(3) 心理性错误

表现为"潜在假设",默认 a_n 与 b_n 极限的存在性,既未想到要证明,更未给出证明.

由于在已知条件下,a_n 与 b_n 的极限确实存在,所以,学生的错误属于"对而不全",缺少了关键步骤.

这个事实说明,学生的学习过程,是以自身已有的知识和经验为基础的主动建构活动. 其"对而不全"的解法,正是学生对该数学问题的一种"替代观念",是建构活动的一个产物,既有一定的合理性,又需要完善. 接下来的反思活动,有助于学生掌握元认知知识,获得元认知体验和进行元认知调控.

2.2　教师认为"不一定保证 $\lim\limits_{n\to\infty}a_n$ 与 $\lim\limits_{n\to\infty}b_n$ 存在"是不对的

事实上,在已知条件下,用待定系数法不仅可以求 $\lim\limits_{n\to\infty}(3a_n+b_n)$,而且可以求 $\lim\limits_{n\to\infty}(\alpha a_n+\beta b_n)$,取 $\alpha=1$, $\beta=0$ 或 $\alpha=0$, $\beta=1$ 只不过是一种更简单的特殊情况. 我们来给出一个更一般的结论.

命题 1　若 $\lim\limits_{n\to\infty}(\alpha_1 a_n+\beta_1 b_n)=c_1$, $\lim\limits_{n\to\infty}(\alpha_2 a_n+\beta_2 b_n)=c_2$,则当 $\alpha_1\beta_2-\alpha_2\beta_1\neq 0$ 时,两个极限 $\lim\limits_{n\to\infty}a_n$ 与 $\lim\limits_{n\to\infty}b_n$ 均存在,且

$$\lim_{n\to\infty}a_n=\frac{c_1\beta_2-c_2\beta_1}{\alpha_1\beta_2-\alpha_2\beta_1},\ \lim_{n\to\infty}b_n=\frac{\alpha_1 c_2-\alpha_2 c_1}{\alpha_1\beta_2-\alpha_2\beta_1}.$$

证明　设

$$a_n=x(\alpha_1 a_n+\beta_1 b_n)+y(\alpha_2 a_n+\beta_2 b_n)$$
$$=(\alpha_1 x+\alpha_2 y)a_n+(\beta_1 x+\beta_2 y)b_n,$$

令

$$\begin{cases}\alpha_1 x+\alpha_2 y=1,\\ \beta_1 x+\beta_2 y=0.\end{cases}$$

解得

$$x=\frac{\beta_2}{\alpha_1\beta_2-\alpha_2\beta_1},\ y=\frac{-\beta_1}{\alpha_1\beta_2-\alpha_2\beta_1}.$$

从而

$$\lim_{n\to\infty}[x(\alpha_1 a_n+\beta_1 b_n)+y(\alpha_2 a_n+\beta_2 b_n)]$$
$$=x\lim_{n\to\infty}(\alpha_1 a_n+\beta_1 b_n)+y\lim_{n\to\infty}(\alpha_2 a_n+\beta_2 b_n)$$
$$=xc_1+yc_2=\frac{c_1\beta_2-c_2\beta_1}{\alpha_1\beta_2-\alpha_2\beta_1}.$$

即

$$\lim_{n\to\infty}a_n=\frac{c_1\beta_2-c_2\beta_1}{\alpha_1\beta_2-\alpha_2\beta_1}.$$

同理可确定 b_n 极限的存在性,并计算出

$$\lim_{n\to\infty}b_n=\frac{\alpha_1 c_2-\alpha_2 c_1}{\alpha_1\beta_2-\alpha_2\beta_1}.$$

(1) 取 $\alpha_1=3$, $\beta_1=4$, $c_1=8$, $\alpha_2=6$, $\beta_2=-1$, $c_2=1$,可得 $\lim\limits_{n\to\infty}a_n=\dfrac{4}{9}$, $\lim\limits_{n\to\infty}b_n=\dfrac{5}{3}$,这就是例 1. 也可以用文[2]正确的方法求出

$$\lim_{n\to\infty}a_n=\lim_{n\to\infty}\left[\frac{1}{27}(3a_n+4b_n)+\frac{4}{27}(6a_n-b_n)\right]$$

$$= \frac{1}{27} \lim_{n \to \infty} (3a_n + 4b_n) + \frac{4}{27} \lim_{n \to \infty} (6a_n - b_n)$$

$$= \frac{8}{27} + \frac{4}{27} = \frac{4}{9}.$$

$$\lim_{n \to \infty} b_n = \lim_{n \to \infty} \left[\frac{2}{9} (3a_n + 4b_n) - \frac{1}{9} (6a_n - b_n) \right]$$

$$= \frac{2}{9} \lim_{n \to \infty} (3a_n + 4b_n) - \frac{1}{9} \lim_{n \to \infty} (6a_n - b_n)$$

$$= \frac{16}{9} - \frac{1}{9} = \frac{5}{3}.$$

(2) 取 $\alpha_1 = 2$, $\beta_1 = 3$, $c_1 = 5$, $\alpha_2 = 1$, $\beta_2 = -1$, $c_2 = 2$, 这便得例 2, 有

$$\lim_{n \to \infty} a_n = \frac{1}{5} \lim_{n \to \infty} (2a_n + 3b_n) + \frac{3}{5} \lim_{n \to \infty} (a_n - b_n) = \frac{1}{5} \times 5 + \frac{3}{5} \times 2 = \frac{11}{5},$$

$$\lim_{n \to \infty} b_n = \frac{1}{5} \lim_{n \to \infty} (2a_n + 3b_n) - \frac{2}{5} \lim_{n \to \infty} (a_n - b_n) = \frac{1}{5} \times 5 - \frac{2}{5} \times 2 = \frac{1}{5}.$$

(3) 取 $\alpha_1 = 2$, $\beta_1 = 3$, $c_1 = 7$, $\alpha_2 = 3$, $\beta_2 = -2$, $c_2 = 4$, 这便得例 3, 确实有 $\lim\limits_{n \to \infty} a_n = 2$, $\lim\limits_{n \to \infty} b_n = 1$.

应该说, 求 $\lim\limits_{n \to \infty} a_n$, $\lim\limits_{n \to \infty} b_n$ 与求 $\lim (\alpha a_n + \beta b_n)$ 道理是一样的, 为什么会有这么多的教师长期坚持 "$\lim\limits_{n \to \infty} a_n$, $\lim\limits_{n \to \infty} b_n$ 不一定存在" 呢? 这除有知识、逻辑因素外, 而对多数人来说, 恐怕还有一个 "人云亦云"、迷信权威、迷信刊物的心理性错误. 我们说, 失去自信比缺少知识更为可怕.

2.3 反例 "$a_n = \frac{4}{3} + \frac{n^2}{3}$, $b_n = 1 - \frac{n^2}{4}$" 的错误根源

上面已经严格证明了 $\lim\limits_{n \to \infty} a_n$ 与 $\lim\limits_{n \to \infty} b_n$ 的存在性(以 $\alpha_1 \beta_2 - \alpha_2 \beta_1 \neq 0$ 为前提), 因而文[2]作者一次又一次重复给出的反例肯定是错误的, 问题是应该找出错误的原因, 弄清错误的性质.

(1) 检验可以发现错误

把 $a_n = \frac{4}{3} + \frac{n^2}{3}$, $b_n = 1 - \frac{n^2}{4}$ 代入已知条件, 有

$$\lim_{n \to \infty} (3a_n + 4b_n) = \lim 8 = 8.$$

但 $\lim\limits_{n \to \infty} (6a_n - b_n) = \lim \left(7 + \frac{9}{4} n^2 \right)$ 不存在, 更不等于 1.

所以,文[2]的反例并不能成为反例.其之所以成为反例,是作者根据不充分的前提(没验证第2个条件)得出的,逻辑上犯有"不能推出"的错误.

(2) 误举反例的原因分析

① 首先是对题目中有两个条件重视不够,在找反例时,主要依据"若 $\lim\limits_{n\to\infty}a_n$、$\lim\limits_{n\to\infty}b_n$ 存在,则 $\lim\limits_{n\to\infty}(a_n+b_n)=\lim\limits_{n\to\infty}a_n+\lim\limits_{n\to\infty}b_n$,反之不真"(思维定势).这对只有一个条件是成立的;据此找出的反例也只验证第1个条件,而不验证第2个条件,这可能也是"反之不真"思维定势的负迁移.

② 其次是对下面的结论不知道,或未认真思考过:

命题 2　若 $\lim\limits_{n\to\infty}(\alpha_1a_n+\beta_1b_n)=c_1$,$\lim\limits_{n\to\infty}(\alpha_2a_n+\beta_2b_n)=c_2$,则有

(i) 当 $\alpha_1\beta_2-\alpha_2\beta_1\neq0$ 时,$\lim\limits_{n\to\infty}a_n$,$\lim\limits_{n\to\infty}b_n$ 均存在;

(ii) 当 $\alpha_1\beta_2-\alpha_2\beta_1=0$ 且 $\alpha_1c_2-\alpha_2c_1=0$ 时,则 a_n,b_n 的极限不一定存在.(文[2]的反例适用这一情况)

(iii) 当 $\alpha_1\beta_2-\alpha_2\beta_1=0$ 且 $\alpha_1c_2-\alpha_2c_1\neq0$,则 a_n,b_n 的极限均不存在.

这实质上是两直线相交、重合、平行判别法则的移植或线性方程组理论的简单应用.

对比"反例"所表现出来的两个错误根源,我们认为主要还是知识原因,由于教师没有看透题目的数学实质,从而也没有看透学生的错误性质,所进行的大段文字分析缺少数学针对性.所以,对每一个教师而言,提高数学专业水平是一个永无止境的课题.

2.4　试作一个探究性的教学设计

本文"以错纠错"的例子,持续了10年以上的时间,发表在多家刊物上,还出现在文[6]正确纠正之后,这对读者、编者和作者都有很多教训,也错过了一个培养学生创新精神的机会.我们愿在例题数学实质较为清楚的时候,提出一个教学设计,分为7步.

(1) 提出问题,暴露学生的真实思想

其过程是给出例1(或例2、例3等,还可以根据命题2编拟3种类型的例题),让学生得出不完整的解法.

(2) 反思,引发认知冲突

教师与学生一起检查每一步的依据,发现使用极限运算法则需要 $\lim\limits_{n\to\infty}a_n$,

$\lim\limits_{n\to\infty}b_n$ 的存在性作前提. 前提存在吗？有两种可能,或举一个反例来否定,或给出一个证明来肯定.

(3) 分两大组自主探索,自我反省

按照证实与证伪可以分两大组,下分小组,每组三五人,让学生在学习共同体中自主探索,教师巡回指导,这将是一个十分生动的过程.

(4) 得出 $\lim\limits_{n\to\infty}a_n$, $\lim\limits_{n\to\infty}b_n$ 的求法

这样,学生的求解就完整了. 可以分成三步:

① 求 $\lim\limits_{n\to\infty}a_n=\cdots=\dfrac{4}{9}$;

② 求 $\lim\limits_{n\to\infty}b_n=\cdots=\dfrac{5}{3}$;

③ 求 $\lim\limits_{n\to\infty}(3a_n+b_n)=\cdots=3$.

(5) 进行解题分析,得出改进解法

引导学生认识到:

① 求 $\lim\limits_{n\to\infty}a_n$, $\lim\limits_{n\to\infty}b_n$ 所使用的方法也可以直接用到求 $\lim\limits_{n\to\infty}(3a_n+b_n)$ 上来.

② 先分别求 $\lim\limits_{n\to\infty}a_n$, $\lim\limits_{n\to\infty}b_n$,再合并得结论 $\lim\limits_{n\to\infty}(3a_n+b_n)$ 有思维回路:

$$\left.\begin{array}{l}\lim\limits_{n\to\infty}(3a_n+4b_n)(合)\\[4pt]\lim\limits_{n\to\infty}(6a_n-b_n)(合)\end{array}\right\}\Rightarrow\left\{\begin{array}{l}\lim\limits_{n\to\infty}a_n\\[4pt]\lim\limits_{n\to\infty}b_n\end{array}\right.(分)\Rightarrow\lim\limits_{n\to\infty}(3a_n+b_n)(合).$$

删除中间步骤,可得

$$\begin{aligned}\lim\limits_{n\to\infty}(3a_n+b_n)&=\lim\limits_{n\to\infty}\left[\frac{1}{3}(3a_n+4b_n)+\frac{1}{3}(6a_n-b_n)\right]\\&=\frac{1}{3}\lim\limits_{n\to\infty}(3a_n+4b_n)+\frac{1}{3}\lim\limits_{n\to\infty}(6a_n-b_n)\\&=\frac{8}{3}+\frac{1}{3}=3.\end{aligned}$$

(6) 探索一般性.

① 考虑例1的结论一般化,改为求 $\lim\limits_{n\to\infty}(\alpha a_n+\beta b_n)$;

② 考虑条件、结论均一般化,让学生发现命题1$(\alpha_1\beta_2-\alpha_2\beta_1\neq 0)$;

③ 再加一个层次,允许 $\alpha_1\beta_2-\alpha_2\beta_1=0$,让学生再发现命题2.

(7) 运用建构主义和元认知的观点(不出现相关名词)进行总结.

参考文献

［1］罗增儒.解题分析——谈错例剖析[J].中学数学教学参考,1999(12).

［2］赵春祥.思维定势在解题中的消极影响举例[J].中学教研(数学),1990(6).

［3］赵春祥.从整体结构上解数列题[J].教学月刊(中学理科版),1998(10).

［4］赵春祥.数列与数列极限中应注意的几个问题[J].教学月刊(中学理科版),1999(6).

［5］赵春祥.思维定势消极作用例说[J].中学数学研究(广州),2001(5).

［6］王秀彩."众所认可"的就一定是"正确"的吗?[J].数学通报,1999(11).

［7］杨浩清.数学题误解分析(高中)[M].南京:东南大学出版社,1996.

［8］唐宗保.浅谈线性组合在中学数学解题中的运用[J].数学通讯,1996(10).

［9］许育群.解数列与极限问题的几类错误浅析[J].数理化学习(高中版),1997(22).

［10］屈瑞东.数列极限运算易错两例[J].数理天地,1999(11).

［11］童其林.例谈待定系数法在解题中的应用[J].考试,2000(4).

［12］唐宗保.常见非等价变形的成因分析[J].数学通讯,2001(9).

第6篇　谨防数学解题中的逻辑性失误①

本文分析《中学生数学》(上半月)2006年第1期中一篇文章(文[2])的解题失误,重点放在逻辑关系上.

文[2]呈现了来自学生的问题与两个解法,两种解法都必要而不充分.

例1　在△ABC中,已知 $\dfrac{a+b}{a}=\dfrac{\sin B}{\sin B-\sin A}$,　　　①

且　　　　　　　$\cos(A-B)+\cos C=1-\cos 2C$,　　　②

求 $\dfrac{a+c}{b}$ 的取值范围.

解法1　(详见文[2])根据正弦定理得 $\dfrac{a+b}{a}=\dfrac{\sin B}{\sin B-\sin A}=\dfrac{b}{b-a}$,即

$$b^2-a^2=ab.　　　③$$

----

① 本文原载《中学生数学》(上半月)2006(9):2-3(署名:罗增儒).

由 $\cos(A-B)+\cos C=1-\cos 2C$，得 $\sin A \sin B=\sin^2 C$，

即 $$ab=c^2. \qquad ④$$

由③、④得 $a^2+c^2=b^2$，$\triangle ABC$ 为 Rt$\triangle$，则 $b>a$，$b>c$.

$$\because \left(\frac{a+c}{b}\right)^2=\frac{a^2+c^2+2ac}{b^2}<\frac{a^2+c^2+a^2+c^2}{b^2}=\frac{2(a^2+c^2)}{b^2}=2,$$

（$a \neq c$，若 $a=c$，由 ④ 知 $b=c$，与 $b>c$ 矛盾）

又 $\because a+c>b$，$\therefore \dfrac{a+c}{b} \in (1,\sqrt{2})$.

解法 2 （详见文[2]）同解法 1 推出 $\triangle ABC$ 为 Rt$\triangle$，且 $a<c$，得

$$\frac{a+c}{b}=\frac{a+c}{\dfrac{c^2}{a}}=\frac{a^2+ac}{c^2}=\left(\frac{a}{c}\right)^2+\frac{a}{c}.$$

令 $\dfrac{a}{c}=t$，有 $f(t)=t^2+t=\left(t+\dfrac{1}{2}\right)^2-\dfrac{1}{4}$，$t \in (0,1)$.

得 $$f(t) \in (f(0),f(1)).$$

又 $a+c>b$，故 $$\frac{a+c}{b} \in (1,2).$$

学生对"两种不同的解法得出两种不同的答案"感到疑惑. 文[2]在"要准确把握题设条件"的标题下肯定了解法 1 中的 $(1,\sqrt{2})$，否定了解法 2 中的 $(1,2)$. 在肯定 $(1,\sqrt{2})$ 时，强调了 $\triangle ABC$ 为"非等腰直角三角形"，有 $\dfrac{a}{b}=\sin A$，$\dfrac{c}{b}=\cos A$，及 $a \neq c\left(A \neq \dfrac{\pi}{4}\right)$，因此

$$\frac{a+c}{b}=\frac{a}{b}+\frac{c}{b}=\sin A+\cos A=\sqrt{2}\sin\left(A+\frac{\pi}{4}\right)<\sqrt{2}. \qquad ⑤$$

这就通过另一途径又印证了 $(1,\sqrt{2})$ 正确.

文[2]在否定 $(1,2)$ 时，也强调了没有按"非等腰直角三角形"来确定 t 的取值，因而扩大了 $f(t)$ 的范围.

我们认为文[2]的以下两个核心观点都很中肯.

(1) 要准确把握题设条件；

(2) 扩大了范围导致解集增根.

可惜,文[2]本身也在这两个地方出了毛病.对题设条件的把握宽了,认可的范围$(1,\sqrt{2})$大了.

事实上,由③、④得出$\triangle ABC$为"非等腰直角三角形"是一个必要条件的过程(会扩大范围),反之,并非所有的"非等腰直角三角形"都能满足③、④.按照"$b>c>a$的直角三角形"来求$\dfrac{a+c}{b}$的值域,存在增根的逻辑风险.就是说,所进行的运算只是正确地得出$\dfrac{a+c}{b}$的取值不会在$(1,\sqrt{2})$之外,还没有论证$\dfrac{a+c}{b}$的取值能充满整个区间$(1,\sqrt{2})$.这是一种只有必要性、缺少充分性的逻辑漏洞.而"取值范围"(值域)应是既充分又必要的.

当然,没有验证充分性不等于结论就一定不成立,就是说,我们能不能补充充分性的验证来充实解法1中书写的不足呢? 由⑤式也得出$(1,\sqrt{2})$看,这好像是有一线希望的.但俯拾即是的反例会使我们的希望落空.取$A=\dfrac{\pi}{6}$,$C=\dfrac{\pi}{3}$,$B=\dfrac{\pi}{2}$,这是一个非等腰直角三角形,满足$b>c>a$,且$\dfrac{a+c}{b}=\sin A+\cos A=\dfrac{1}{2}+\dfrac{\sqrt{3}}{2}\in(1,\sqrt{2})$,但代入"题设条件"①、②均不成立.

这就清楚地表明,得出$(1,\sqrt{2})$与得出$(1,2)$一样,都扩大了范围,逻辑上都是"必要而不充分".若"准确把握题设条件",可以有以下的解法.

解　把正弦定理代入①的右边,有$\dfrac{a+b}{a}=\dfrac{\sin B}{\sin B-\sin A}=\dfrac{b}{b-a}$,

得
$$b^2-a^2=ab,$$

即
$$\left(\dfrac{a}{b}\right)^2+\left(\dfrac{a}{b}\right)-1=0,$$

解方程取正值,得
$$\dfrac{a}{b}=\dfrac{\sqrt{5}-1}{2}.$$

又由②有　　$\cos(A-B)-\cos(A+B)=2\sin^2 C,$

得　　　　　$\sin A\sin B=\sin^2 C,$

即 $$ab = c^2.$$

变形 $$\left(\frac{c}{b}\right)^2 = \frac{a}{b} = \frac{\sqrt{5}-1}{2},$$

开方取正值,得 $$\frac{c}{b} = \sqrt{\frac{\sqrt{5}-1}{2}}.$$

从而 $$\frac{a+c}{b} = \frac{a}{b} + \frac{c}{b} = \frac{\sqrt{5}-1}{2} + \sqrt{\frac{\sqrt{5}-1}{2}}.$$

取值是唯一的.(是否始料未及?)

评析 现在再回过头来看解法 1 得出 $(1, \sqrt{2})$ 的过程,其失误性质就好理解了.

(1) 解法的每一步都没有知识性错误,所有的运算都规范准确,得出 $\frac{a+c}{b} \in (1, \sqrt{2})$ 也没有错.但由此认定 $(1, \sqrt{2})$ 为所求就有问题了.这不合题意(有反例),是一个假命题,从这个意义上说,解法有知识性错误.但产生假命题的知识盲点和主要趋势是把"必要条件"当"充要条件",因而逻辑性错误是主要的.

如上所说,由①、②推出"非等腰直角三角形"是一个必要条件过程,而题设给定的只是"非等腰直角三角形"中很特殊的一类,其三个内角已唯一确定,是无穷个相似的"非等腰直角三角形":

$$\begin{cases} B = \dfrac{\pi}{2}, \\[2mm] A = \arcsin\dfrac{\sqrt{5}-1}{2}, \\[2mm] C = \dfrac{\pi}{2} - \arcsin\dfrac{\sqrt{5}-1}{2}. \end{cases}$$

这样一来,虽然 a,b,c 有无穷多个取值,但 $\frac{a+c}{b}$ 却是唯一的.

(2) 解法 1 得出直角三角形后,立即求 $\frac{a+c}{b}$ 的上界、下界,得出 $(1, \sqrt{2})$ 或 $(1, 2)$ 等,从理论上说,还可以再验证充分性,排除多余的取值(如同解无理方程的验根).但对本例来说,要排除的有无穷多个值,是不策略的.不如先"准确把

握题设条件",把直角三角形条件(题目的隐含条件)$a = b\sin A$，$\sin B = 1$，

$\sin C = \cos A$ 代入①、②分别得 $\dfrac{\sin A + 1}{\sin A} = \dfrac{1}{1 - \sin A}$，及 $\sin A = \cos^2 A$.

由此将很自然的得出

$$\frac{a}{b} = \sin A = \frac{\sqrt{5} - 1}{2}, \quad \frac{c}{b} = \cos A = \sqrt{\frac{\sqrt{5} - 1}{2}}.$$

至此,让我们回顾一下:一开始,我们不知道$\triangle ABC$是直角三角形,更不知道其还是一类相似的非等腰直角三角形. 通过必要性确定出其为直角三角形;再通过验证充分性,从直角三角形中找出与题设等价的那一类. 这就是文[2]标题所倡导的"解题中要准确把握题设条件". 此时的 $\dfrac{a}{b} + \dfrac{c}{b}$ 值已必要又充分了.

从这一意义上,解法 1 的后半部分也有策略性错误.

参考文献

[1] 罗增儒. 数学解题学引论[M]. 西安：陕西师范大学出版社,2001.

[2] 周春荔. 解题中要准确把握题设条件[J]. 中学生数学(上半月),2006(1).

第 7 篇　一道时钟竞赛题的商榷①

文[1]登有江苏省第十九届初中数学竞赛题,其初中一年级第 1 试选择题第 5 小题为:

例 1　如果时钟上的时针、分针和秒针都是匀速地转动,那么从 3 时整(3:00)开始,在 1 分钟的时间内,3 根针中,出现一根针与另外两根针所成的角相等的情况有(　　).

(A) 1 次　　　　(B) 2 次　　　　(C) 3 次　　　　(D) 4 次

随文附上答案(D),没有提供求解过程. 我们认为,除非修改题目的叙述,否则无一选项为正确答案,是一道错题或病题.

---

① 本文原载《中学数学月刊》2007(2)：40 - 42(署名：罗增儒).

1 商榷的问题

我们商榷的问题有两个,一个是答案,一个是题意.

1.1 答案应该大于 4

为了说明问题的方便,我们记时针为 OA,分针为 OB,秒针为 OC,在 3 点整时(图 1),OB 与 OC 重合,$\angle AOB = 90°$. 从这一时刻开始,各针旋转 1 分钟,则(见图 2).

(1) 秒针旋转了 1 个周角(回到原处),转速为 $v_秒 = 6$ 度/秒. 按顺时针方向,OC 始终在 OB 的前面;且 OC 从在 OA 后面到与 OA 重合,再到位于 OA 前面.

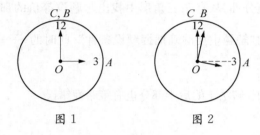

图 1　　　　　图 2

(2) 分针转速为秒针转速的 $\dfrac{1}{60}$,有 $v_分 = \dfrac{1}{10}$ 度/秒,1 分钟旋转了 6 度,OB 不能超过 OA.

(3) 时针转速为分针转速的 $\dfrac{1}{12}$,有 $v_时 = \dfrac{1}{120}$ 度/秒,1 分钟旋转了 $\dfrac{1}{2}$ 度. 因而 3:00 之后,$\angle AOB$ 的范围为:从 90° 减少到 84°30′. $\left(90 - 6 + \dfrac{1}{2}\right)$

在下面的叙述中,我们约定两针所成的角均不大于平角. 从 3 时整之后(不包括 3:00),"出现一根针与另外两根针所成的角相等的情况",分三类穷举如下:

1.1.1 秒针与时针的夹角等于秒针与分针的夹角

一般地这有三种情况:三针重合;恰好时针与分针重合;秒针(或其反向延长线)平分另两针的夹角. 但在本题的条件下,分针不能追上时针,既不能三针重合,也不能两针重合,因而,只有第三种情况下的两种可能.

(1) OC 平分锐角 $\angle AOB$

这种情况是否发生、何时发生,我们通过解方程来确定. 如图 3,设经过 t 秒钟,OC_1 平分锐角 $\angle A_1OB_1$,有 $\angle C_1OB_1 = \angle A_1OC_1$,

即
$$v_秒 t - v_分 t = (90 + v_时 t) - v_秒 t,$$

亦即
$$6t - \frac{t}{10} = \left(90 + \frac{t}{120}\right) - 6t,$$

得
$$t = \frac{90}{12 - \frac{1}{10} - \frac{1}{120}} = \frac{10\,800}{1\,427} = 7\frac{811}{1\,427}\,(秒).$$

这表明,秒针约走 7 秒多的时候,秒针平分时针与分针所成的角. 此时,旋转角 $\angle COC_1 \approx 45°24'$.

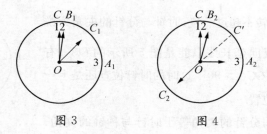

图 3　　　　　　　　　图 4

(2) OC 的反向延长线平分锐角 $\angle AOB$.

我们仍通过方程来确定这种情况是否发生、何时发生. 如图 4,设经过 t 秒钟,OC_2 的反向延长线平分锐角 $\angle A_2OB_2$,有 $\angle C'OB_2 = \angle A_2OC'$,

即
$$(v_秒 t - 180) - v_分 t = (90 + v_时 t) - (v_秒 t - 180),$$

亦即
$$(6t - 180) - \frac{t}{10} = \left(90 + \frac{t}{120}\right) - (6t - 180),$$

得
$$t = \frac{450}{12 - \frac{1}{10} - \frac{1}{120}} = \frac{54\,000}{1\,427} = 37\frac{1\,201}{1\,427}\,(秒).$$

这表明,秒针约走 37 秒多的时候,秒针的反向延长线平分时针与分针所成的角. 此时,旋转角 $\angle COC_2 \approx 227°03'$.

1.1.2　时针与分针的夹角等于时针与秒针的夹角

如上所说,3:00 之后,秒针一直在分针前面,不会出现分针与秒针重合的情况,更不会出现三针重合的情况,只需考虑下述两种可能.

(1) OA 平分 $\angle COB$

如图 5,设经过 t 秒钟,OA_3 平分 $\angle C_3OB_3$,有 $\angle A_3OB_3 = \angle C_3OA_3$,

即
$$(90 + v_{时}\ t) - v_{分}\ t = v_{秒}\ t - (90 + v_{时}\ t),$$

亦即
$$\left(90 + \frac{t}{120}\right) - \frac{t}{10} = 6t - \left(90 + \frac{t}{120}\right),$$

得
$$t = \frac{180}{6 + \frac{1}{10} - \frac{1}{60}} = \frac{10\,800}{365} = 29\frac{215}{365}(秒).$$

这表明,秒针约走 29 秒多的时候,时针平分秒针与分针所成的角. 此时,旋转角 $\angle COC_3 \approx 177°32'$.

(2) OA 的延长线平分 OB 与 OC 的夹角

由于时针旋转不超过 $\frac{1}{2}$ 度,时针与分针的夹角为锐角,所以 OA 的反向延长线只能是图 5 所示的 OA',有 $\angle A'OB_3 = \angle A'OC_3 > 90°$,这时的时针位置还是上一种情况,没有新位置.

所以,时针与分针的夹角等于时针与秒针的夹角,只有一种情况.

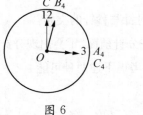

图 5

1.1.3　分针与时针的夹角等于分针与秒针的夹角

此时,三线重合不可能,但秒针与时针重合是存在的,分针平分时针与秒针的夹角也是可能的.

(1) 当秒针与时针重合时,分针与这两针的夹角相等

如图 6,设经过 t 秒钟,秒针与时针重合,有 $\angle A_4OC = \angle C_4OC$,

即
$$90 + \frac{t}{120} = 6t,$$

得
$$t = \frac{90}{6 - \frac{1}{120}} = \frac{10\,800}{719} = 15\frac{15}{719}(秒).$$

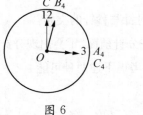

图 6　　　　图 7

这表明,秒针约走 15 秒多的时候,与时针重合了,因而分针与这两根针所成的角相等. 此时,旋转角 $\angle COC_4 \approx 90°08'$.

(2) 分针平分时针与秒针所成的角

如图 7,设经过 t 秒钟, OB_5 平分 $\angle A_5OC_5$,有 $\angle B_5OC_5 = \angle A_5OB_5$,

即

$$v_{分} t + (360 - v_{秒} t) = (90 + v_{时} t) - v_{分} t,$$

亦即

$$\frac{t}{10} + (360 - 6t) = \left(90 + \frac{t}{120}\right) - \frac{t}{10},$$

得

$$t = \frac{270}{6 - \frac{1}{5} + \frac{1}{120}} = \frac{32\,400}{697} = 46\frac{338}{697}(秒).$$

这表明,秒针约走 46 秒多的时候,分针平分秒针与时针所成的角. 此时,旋转角 $\angle COC_5 \approx 278°55'$.

综上所述,出现一根针与另外两根针所成角相等的情况有 5 次. 这还没考虑 3 时整的情况(见图 1).

1.2　题意容易产生歧义

题意说"从 3 时整开始",那 3:00 到底算不算? 图 1 清楚显示,此时分针与秒针重合,时针与这两针所成的角相等. 若算进来,那答案又要增加为 6 次了.

2　原因分析与订正

2.1　原因分析

上面的分析表明,原答案漏了 1~2 种情况,而这些情况都是"有两根针重合",因而,最大的可能是,命题者只考虑:一根针平分另两根针所成的角,即只有图 3、图 4、图 5、图 7 中的 4 种情况. 为什么会这样呢? 我们认为有两个方面的原因.

(1) 知识性因素. 误认为"出现一根针与另外两根针所成的角相等"等价于"一根针平分另两根针所成的角".

这种等价性证明过了吗? 没有! 但命题者相信它正确,这就是命题者的潜在假设,因而有:

(2) 心理性因素. 即在心理上默认"三根针互不重合",或默认"一根针与另外两根针所成的角相等"时,"这根针"必是"另两根针"所成角的平分线.

在这种知识性错误和心理性错误的影响下,图 1 与图 6 中两针重合的情况自然被排除了,因而"3 时整"包不包括在"开始"里面也就无所谓了,反正都不属于统计之列,从而没有发现"题意的歧义". 其实日常语言的 1 分钟时间可以是数学上的四种情况:$(0,1),(0,1],[0,1),[0,1]$,应该叙述清楚.

2.2 订正

(1) 保持结论为(D)

例 2 如果时钟上的时针、分针和秒针都是匀速地转动,那么从 3 时整 (3:00) 开始,在 1 分钟的时间内,3 根针中,出现一根针平分另外两根针所成的角的情况有( ).

(A) 1 次　　　　(B) 2 次　　　　(C) 3 次　　　　(D) 4 次

这种订正可能更切合原题的意图.

(2) 修正结论

例 3 如果时钟上的时针、分针和秒针都是匀速地转动,那么从 3 时整(包括 3 时)开始,在一分钟的时间里(包括 3 时 1 分),出现 1 根针与另外两根针所成的角相等的情况有几次?

这时,需要考虑的层次较多,作为解答题更便于呈现学生的思维,结构如下:

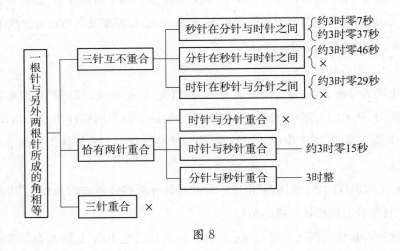

图 8

参考文献

[1] 江苏省第十九届初中数学竞赛——初一年级第 1 试[J]. 初中数学教与学,2005(4).

第 8 篇 解题活动：一道竞赛试题的错误分析[①]

写作这个"活动"的期望是，通过"错题分析"的新案例来提高编题质量并改进解题教学. 而"错题分析"的基本态度则与我们的"错解分析"相通[1]，其要点为：

（1）错题的产生总有其内在的合理性，专业分析首先要对合理成分作充分的理解.

（2）要通过反例或论证等途径暴露题目的内在矛盾，正面指出错误的地方，具体分析错误的性质. 使人不仅确信题错了，而且知道是错在知识上、逻辑上还是心理上.

（3）要总结经验教训，并在尽可能保持原意的基础上，提出补救的办法或完善的措施.

因为"任何真正的认识都是以主体已有的知识和经验为基础的主动建构"，所以，"尽管相应思想可能是错误的或幼稚的，但仍有一定的合理性，我们不应对此采取简单否定的态度，而应作出认真的努力去理解它们的性质、产生等——显然，也只有这样，我们才可能采取适当的'补救'措施……"[2].

首先呈现两道形式极为相似的题目，请思考它们有什么本质上的不同？

例 1 （2011 年高中数学联赛一试 B 卷第 5 题）若△ABC 的角 A，C 满足

$$5(\cos A + \cos C) + 4(\cos A \cos C + 1) = 0, \qquad ①$$

则 $\tan\dfrac{A}{2}\tan\dfrac{C}{2} = \underline{\qquad}.$ ②

例 2 若△ABC 的角 A，C 满足

$$5(\cos A + \cos C) - 4(\cos A \cos C + 1) = 0, \qquad ③$$

则 $\tan\dfrac{A}{2}\tan\dfrac{C}{2} = \underline{\qquad}.$

说明 富有好奇心的读者还可以思考：把①，③的数字 5 与 4 交换一下位置，情况如何？（见本文末尾的例 8、例 9）

---

① 本文原载《中学数学月刊》2012(5)：43 – 47；2012(6)：32 – 35(署名：罗增儒).

1 理解错题出现的合理成分——从思路探求到错误发现

如果依靠观察看到①,③两式有加减号的不同,那没错,但还没有透过现象揭示实质(符号差异的实质是什么? 参见本文§3.3).让我们沿着解题活动的基本过程(理解题意、思路探求、书写表达、回顾反思)来展开拾级登高的分析.

1.1 解题思路的探求——"差异分析"法

人们习惯于一拿到题目就去探求解题思路,所谓解题思路就是解题思维活动的线路或框架.对于例 1、例 2 这样的三角题,运用差异分析法(参见文[3]§6.2.3)去探求解题思路是明智的.

(1) 理解题意

主要是弄清条件是什么、结论是什么,各有几个,其数学含义如何.通过阅读和理解,可以看到

● 题目的条件有两个:$\triangle ABC$;三角形中的内角 A,C 满足①或③式,相当于一个二元三角方程.

● 题目的结论只有一个,求 $\tan\dfrac{A}{2}\tan\dfrac{C}{2}$ 的值,相当于找出一个等式.

(2) 思路探求

从差异分析法看来,解题就是通过消除条件与结论之间的差异(我们叫做目标差)来沟通条件与结论的逻辑联系.首先要找出差异,同时要作出消除差异的反应,并且要把消除效果积累起来直至完全消除.对比例 1 的条件与结论可以看到 4 个差异(例 2 也一样),列表说明如下:

目标差	条件	结论	对差异的反应
信息个数	条件有两个:$\triangle ABC$;等式①	结论只有一个:求②式的值,相当于找出一个等式	应把两个条件合并为一个结论(恒等变形)
函数名称	条件①中出现的是余弦函数	结论②中出现的是正切函数	应进行余弦与正切的互化(三角恒等变形)

续 表

目标差	条件	结论	对差异的反应
角的形式	条件①中出现的 A，C 是全角	结论②中出现的 $\dfrac{A}{2}$，$\dfrac{C}{2}$ 是半角	应进行全角与半角的互化(三角恒等变形)
运算方式	条件①中出现三角函数的求和、求积运算	结论②中只有三角函数的乘积运算	应把三角函数的求和转化为乘积(恒等变形)

由此,可以获得解题就是一系列恒等变形的初步思路.如:

思路 1 同时消除"函数名称"与"角的形式"的差异,用万能公式 $\cos\alpha = \dfrac{1-\tan^2\dfrac{\alpha}{2}}{1+\tan^2\dfrac{\alpha}{2}}$ 把全角余弦化为半角正切;然后消除"运算方式"的差异.(参见"书写表达")

思路 2 同时消除"函数名称"与"角的形式"的差异,用三角半角公式 $\tan\dfrac{\alpha}{2} = \sqrt{\dfrac{1-\cos\alpha}{1+\cos\alpha}}$ 把半角正切化为全角余弦;然后消除"运算方式"的差异. (参见例3的解法)

思路 3 先消除"角的形式"的差异,用倍角公式化全角余弦为半角余弦;然后变形消除"运算方式"的差异;最后消除"函数名称"的差异,化为半角正切. (参见例4解法)

思路 4 ……

(3) 书写表达

就是把自己看清楚、想明白的事情用书面语言表达出来.

例 1 解 因为 $\cos A = \dfrac{1-\tan^2\dfrac{A}{2}}{1+\tan^2\dfrac{A}{2}}$，$\cos C = \dfrac{1-\tan^2\dfrac{C}{2}}{1+\tan^2\dfrac{C}{2}}$，代入已知等式并化简整理,得

$$\tan^2\frac{A}{2}\tan^2\frac{C}{2} = 9. \qquad ④$$

又因为三角形中 $\dfrac{A}{2}$，$\dfrac{C}{2}$ 均为锐角，所以 $\tan\dfrac{A}{2}\tan\dfrac{C}{2}>0$，故

$$\tan\frac{A}{2}\tan\frac{C}{2}=3. \tag{⑤}$$

例 2 解　同上，把万能公式代入已知等式并化简整理，得

$$\tan^2\frac{A}{2}\tan^2\frac{C}{2}=\frac{1}{9}.$$

又因为三角形中 $\dfrac{A}{2}$，$\dfrac{C}{2}$ 均为锐角，所以 $\tan\dfrac{A}{2}\tan\dfrac{C}{2}>0$，故

$$\tan\frac{A}{2}\tan\frac{C}{2}=\frac{1}{3}. \tag{⑥}$$

可见，两道题目不仅形式类似，其求解步骤也近乎雷同，只有答案 3 与 $\dfrac{1}{3}$ 的数值差别，这个差别与①、③两式中加减号的不同有关.

叙述至此，我们指出，上面例 1 的求解，正是 2011 年高中数学联赛一试 B 卷第 5 题的"参考答案"；例 2 是我们为了进行对比认识而刻意编拟的，现在"再想想"它们有什么本质上的不同？

对"书写表达"的"再想想"，表明解题活动已经进行到回顾反思阶段. 我们认为，解题的回顾反思有两个层面，一个是解题层面的回顾反思，主要是复查检验，看计算是否准确、推理是否合理、思维是否周密、书写是否简明等；另一个是学会解题层面的回顾反思，表现为解题后对数学题目本身及解题方法的重新认识.

"回顾反思"(特别是学会解题层面的回顾反思)是本文强调的一个重点.

1.2　参考答案的回顾反思(1)——解题层面

对于例 1，解题层面的回顾反思主要是复查由等式①到等式④、⑤的演算过程，笔者的习惯是进行结构分析(参见文[3]§3.3)与信息流程分析(参见文[3]§4.1.3).

(1) 求解过程的结构分析

例 1"参考答案"的求解过程可以分为两步(例 2 也一样)：

第 1 步　把万能公式代入等式①，得出等式④. 其中三角形的条件保证了

$\tan\dfrac{A}{2}$，$\tan\dfrac{C}{2}$ 的存在性，而"化简整理"四个字的背后则有一系列的恒等变形.

为了呈现这个过程而又节约篇幅，我们设 $\tan\dfrac{A}{2}=m$，$\tan\dfrac{C}{2}=n$，则(万能公

式)$\cos A=\dfrac{1-m^2}{1+m^2}$，$\cos C=\dfrac{1-n^2}{1+n^2}$，代入等式①有

$$5\left(\dfrac{1-m^2}{1+m^2}+\dfrac{1-n^2}{1+n^2}\right)+4\left(\dfrac{1-m^2}{1+m^2}\times\dfrac{1-n^2}{1+n^2}+1\right)=0,$$

化简，得

$$\dfrac{5(2-2m^2n^2)+4(2+2m^2n^2)}{(1+m^2)(1+n^2)}=0,$$

得 $m^2n^2=9$，这就是④式

$$\tan^2\dfrac{A}{2}\tan^2\dfrac{C}{2}=9.$$

第 2 步　开方得⑤式. 其中 $\dfrac{A}{2}$，$\dfrac{C}{2}$ 均为锐角保证了开方取正值

$$\tan\dfrac{A}{2}\tan\dfrac{C}{2}=3.$$

可见，两个步骤思路清晰、运算准确、推理有效.

(2) 求解过程的信息流程分析

例 1"参考答案"的信息过程包括这样一个"三位一体"的工作，如图 1.

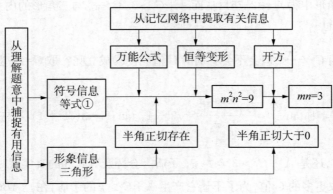

图 1

- 从理解题意中捕捉有用信息(有用捕捉).共有两条:"形象信息"$\triangle ABC$;"符号信息"三角形中的内角 A, C 满足等式①.

- 从记忆网络中提取有关信息(有关提取).即在"有用捕捉"的刺激下,通过联想而从记忆网络中提取出万能公式,以及加、减、乘、除、开方等运算作为解题依据或解题凭借.

- 将上述两组信息加工配置成为一个和谐的逻辑结构(有效组合).

这样,我们便弄清楚了题目求解中用到了哪些知识(万能公式)、哪些方法(恒等变形)、这些知识和方法是怎样组合起来的(分两步、三位一体).

由结构分析和信息流程分析可以看到,上述题目的处理不仅思路探求是合理的,而且书面表达也运算准确、推理有效.至此,我们依然看不出例1、例2有什么本质上的不同,这说明,只有"解题层面的回顾反思"是有局限性的.(可惜,很多地方就反思到此为止,甚至连"反思"都没有)

1.3 参考答案的回顾反思(2)——学会解题层面

对于例1,学会解题层面的回顾反思则涉及对等式①和等式⑤的深层认识,包括找出满足等式①和等式⑤的三角形来.

(1) 反思结论 $\tan\dfrac{A}{2}\tan\dfrac{C}{2}=3$

既然得出结论(等式⑤)"思路清晰、运算准确、推理有效",那么验证一下满足两个字母的三角等式⑤也应该不难.比如取 $C=\dfrac{\pi}{3}$,则 $\tan\dfrac{C}{2}=\dfrac{\sqrt3}{3}$,有 $\tan\dfrac{A}{2}=3\sqrt3$,在三角形中得 $A\approx2.761$,从而 $A+C>3.8>\pi$,与三角形的内角和矛盾!(始料未及吗?)

这说明 $C\neq\dfrac{\pi}{3}$,但会不会有别的 C 值能使⑤成立呢?取 $C=\dfrac{\pi}{2}$ 显然不行,

再取 $C=\dfrac{\pi}{4}$,则 $\tan\dfrac{C}{2}=\dfrac{1-\cos\frac{\pi}{4}}{\sin\frac{\pi}{4}}=\sqrt2-1$, $\tan\dfrac{A}{2}=3(\sqrt2+1)$,在三角形中得

$A\approx2.867$,还是 $A+C>3.6>\pi$,矛盾.(会怀疑等式⑤的真实性吗?)

继续取更多的 C 值,为了不让它产生 $A+C>\pi$ 的矛盾,在 $\triangle ABC$ 中,应有

$A+C<\pi\Rightarrow0<\dfrac{C}{2}<\dfrac{\pi}{2}-\dfrac{A}{2}<\dfrac{\pi}{2}$.由正切函数在 $\left(0,\dfrac{\pi}{2}\right)$ 上为增函数知

$$\tan\frac{C}{2}<\tan\left(\frac{\pi}{2}-\frac{A}{2}\right)=\frac{1}{\tan\frac{A}{2}}, 得 \tan\frac{A}{2}\tan\frac{C}{2}<1.$$

就是说,三角形中等式⑤是假命题.(记为证明1,在§2.3有更多的证明)

既然等式⑤是假命题,那么有效推出等式⑤的等式①也会是有问题的.

(2) 反思条件①

也从特殊值开始,比如,在等式①中取 $C=\dfrac{\pi}{3}$,则 $\cos A=-\dfrac{4+5\cos C}{5+4\cos C}=$

$-\dfrac{13}{14}$,得 $A\approx2.761$,同样得出矛盾.这说明 $C\neq\dfrac{\pi}{3}$.再取 $C=\dfrac{2\pi}{3}$,同样得到矛

盾.因为 A,C 为△ABC 的内角,应有 $A+C<\pi$,即 $0<C<\pi-A<\pi$,又由

余弦函数在$(0,\pi)$上为减函数知

$$\cos C>\cos(\pi-A)=-\cos A, 得 \cos A+\cos C>0.$$

于是　$5(\cos A+\cos C)+4(\cos A\cos C+1)=(\cos A+\cos C)+4(1+\cos A)$

$(1+\cos C)>0.$

可见,三角形中等式①是假命题.(在§2.2有更多的证明)

故①、⑤都是假命题,在△ABC 中恒有

$$5(\cos A+\cos C)+4(\cos A\cos C+1)>0, \tan\frac{A}{2}\tan\frac{C}{2}<1.$$

与例1不同的是,例2满足上述两个结论(正三角形可使③、⑥同时成立).

所以,例1是有科学性错误的问题试题,而例2却是符合科学性的正确题目,两

者有对与错的本质不同.(形同而质异)

1.4　形式上的合理性掩盖了内容上的真假性

那么,一道全国性的竞赛题为什么能通过命题组的严格审查,并在众目睽

睽之下没有被立即识破呢?说来见笑,我们自己也没有"一眼看清"("一眼看到

底"见§3.3).由上面的陈述可以看到,原因是它确实有形式上的合理性,主要

表现在两个方面:

(1) 形式上,由等式①经过一系列的恒等变形确实能得出④式,由等式④开

方确实能得出等式⑤.就是说,从条件等式到结论等式之间存在推理的有效性.

(2) 解题中,用完了所有条件.其中三角形的条件还用到过两次:第一次保

证了 $\tan\dfrac{A}{2}$，$\tan\dfrac{C}{2}$ 的存在；第二次保证 $\tan\dfrac{A}{2}>0$，$\tan\dfrac{C}{2}>0$，开方取正值. 正是这些形式上的合理性掩盖了内容上的真假性.

矛盾已经暴露，对错题的认识是不是就可以结束了呢？我们认为不能停留在发现矛盾的基本层面上，还要正面指出错误的地方，具体分析错误的性质，使人不仅确信题错了，而且知道是错在知识上、逻辑上、还是心理上——解题活动进入到"直面错题的成因".

2 剖析编题错误的深层成因——从错误表现到错误性质

为避免歧义，首先陈述我们关于错题的一般认识，然后分析例 1 的错误表现与错误性质.

2.1 关于错题、病题、无解题的认识

目前，对错题、病题、无解题还没有统一的界定，特别是在重大考试中，命题者、阅卷人与考生的看法往往很不一样. 对 1987 年的数学高考题"一个正三棱台的下底和上底的周长分别为 30 cm 和 12 cm，而侧面积等于两底面积之差，求斜高"就同时存在三种观点：

● 当侧面积等于两底面积之差时，棱台的高等于 0，这样的棱台不存在，这是错题.

● 高等于 0 的棱台是退化的棱台，没有科学性错误，只是对中学来说有点费解(暂时的、相对的)，算为病题.

● 高等于 0 的棱台既无错，也无病，对中学教材而言是无解题，只是标准答案未写对，题目没错.

又如 2003 年数学高考江苏卷选择题第 1 题，还曾经引起过院士参与的争论.[4]

(1) 错题的界定

我们认为，存在逻辑矛盾的题目是错题(如条件推出结论不充分、条件之间不相容、条件与结论之间不相容等)，不符合教学要求的题目是病题. 错题将绝对无解，病题也会暂时或相对无解. 因此，错题、病题与无解题是有联系的，但又有本质的区别：错题、病题是指题目有科学性错误(可以统称为问题试题)，而无解题则是符合科学性的. 我们认为，除了下述三种情况外，不要轻易以"无解题"作为遁词，而放弃对题目科学性的追究(参见文[3]§7.4).

● 解方程(组)、解不等式(组)时,允许解集为空集.

● 作图题、轨迹题在讨论部分,允许出现无解的情况.

● 参数讨论题,作为一种情况,允许出现为空集、无解、不存在、没有意义等词.

(2) 错题的性质

错题的成因当然离不开知识因素,但并非错题都是由于知识不过关造成的. 我们认为,错题有三种不同的性质: 知识性错误、逻辑性错误、心理性错误. 反思我们长期的命题经历,深知知识过关也会犯非知识性错误,只有细致分清错误的性质,才能对症下药,有效防范.

对于例1,我们认为主要错在两个方面: 已知条件互相矛盾(§2.2),条件与结论互相矛盾(§2.3);而错误的性质则涉及三个维度: 知识、逻辑和心理(§2.4).

2.2　已知条件互相矛盾,在三角形中等式①是假命题

从正反两个方面,给出7种证法来说明已知条件中"三角形"与等式①互相矛盾. 之所以要罗列这些有繁有简的证明,是想说明发现矛盾的途径不是唯一的.

(1) 正面证明 $5(\cos A + \cos C) + 4(\cos A\cos C + 1) > 0$.

证明1　在 $\triangle ABC$ 中,有

$$
\begin{aligned}
\cos A\cos C + 1 &= (1 - \cos A)(1 - \cos C) + (\cos A + \cos C) \\
&> \cos A + \cos C = -\cos(\pi - A) + \cos C > 0,
\end{aligned}
$$

得
$$\cos A + \cos C > 0, \tag{⑦}$$
$$\cos A\cos C + 1 > 0. \tag{⑧}$$

由 $5 \times ⑦ + 4 \times ⑧$,得证.

这说明,三角形中等式①是假命题,已知条件互相矛盾(或者说满足等式①的三角形根本就不存在).

证明2　在 $\triangle ABC$ 中,有

$$
\begin{aligned}
&5(\cos A + \cos C) + 4(\cos A\cos C + 1) \\
&= 9(\cos A + \cos C) + 4(1 - \cos A)(1 - \cos C) \\
&> 9(\cos A + \cos C) = 9[-\cos(\pi - A) + \cos C] > 0.
\end{aligned}
$$

811

证明 3 由余弦定理,有

$$\cos A + \cos C = \frac{b^2 + c^2 - a^2}{2bc} + \frac{a^2 + b^2 - c^2}{2ab} = \frac{(a+c)[b^2 - (a-c)^2]}{2abc} > 0,$$

这就是⑦式. 又

$$\cos A \cos C + 1 = \frac{b^2 + c^2 - a^2}{2bc} \times \frac{a^2 + b^2 - c^2}{2ab} + 1$$

$$= \frac{[b^2 + (a+c)^2][b^2 - (a-c)^2]}{2abc} > 0,$$

这就是⑧式. 两者结合起来即得证明.

证明 4 设 $\cos\dfrac{A+C}{2} = x$,$\cos\dfrac{A-C}{2} = y$,由 A,C 为三角形内角知 $x > 0$,$y > 0$,有

$$\cos A + \cos C = \cos\left(\frac{A+C}{2} + \frac{A-C}{2}\right) + \cos\left(\frac{A+C}{2} - \frac{A-C}{2}\right)$$

$$= 2\cos\frac{A+C}{2}\cos\frac{A-C}{2} = 2xy > 0,$$

得到⑦式. 又

$$\cos A \cos C + 1 = \cos\left(\frac{A+C}{2} + \frac{A-C}{2}\right)\cos\left(\frac{A+C}{2} - \frac{A-C}{2}\right) + 1$$

$$= \cos^2\frac{A+C}{2}\cos^2\frac{A-C}{2} - \sin^2\frac{A+C}{2}\sin^2\frac{A-C}{2} + 1$$

$$= x^2 y^2 - (1-x^2)(1-y^2) + 1 = x^2 + y^2 > 0,$$

得到⑧式.（下略）

（2）反面说明在三角形中等式①不成立

由上面的正面证明可以看到,在三角形中⑦,⑧式同时成立,从而等式①不成立. 若假设等式①成立,则必与⑦,⑧式同时成立矛盾. 这就是反证法的思路.

证明 5 假设等式①成立,则存在 $t \neq 0$,使

$$\cos A + \cos C = -4t,\ \cos A \cos C + 1 = 5t.$$

若 $t > 0$,则 $\cos A + \cos C < 0$,有 $\begin{cases} \cos C < -\cos A = \cos(\pi - A), \\ C,\ \pi - A \in (0,\ \pi). \end{cases}$ 得 $C >$

$\pi - A$, 与三角形外角定理矛盾.

若 $t < 0$, 则 $\cos A \cos C + 1 < 0$, 有 $\cos A \cos C < -1$, 得

$$|\cos A \cos C| > 1,$$

与三角形中 $|\cos A| < 1$ 且 $|\cos C| < 1$ 矛盾.

所以, 在三角形中等式①是假命题.

证明 6 假设等式①成立, 因 $\triangle ABC$ 的内角 A, C 中至少有一个为锐角, 不妨设 C 为锐角, 有 $\cos C > 0$. 则①可化为 $\cos A = -\dfrac{4 + 5\cos C}{5 + 4\cos C} < 0$, 得 A 为钝角, 由三角形外角定理有

$$0 < C < \pi - A < \frac{\pi}{2},$$

从而 $\cos C > \cos(\pi - A) = -\cos A$, 得

$$0 < \cos C + \cos A = \cos C - \frac{4 + 5\cos C}{5 + 4\cos C} = \frac{4\cos^2 C - 4}{5 + 4\cos C},$$

有 $\cos C > 1$, 矛盾! 可见①是假命题.

证明 7 $\triangle ABC$ 的内角 A, C 满足 $|\cos A| < 1$ 且 $|\cos C| < 1$, 有 $|\cos A \cos C| < 1$, 更有 $\cos A \cos C > -1$, 得 $\cos A \cos C + 1 > 0$. (⑧式成立)

若等式①成立, 则 $5(\cos A + \cos C) = -4(\cos A \cos C + 1) < 0$, 有

$$\cos A + \cos C < 0. \qquad\qquad ⑨$$

从而 A, C 中必有一个钝角、一个锐角. 不妨设 A 为钝角, C 为锐角, 则由⑨有

$$\begin{cases} \cos C < -\cos A = \cos(\pi - A), \\ C, \ \pi - A \in \left(0, \dfrac{\pi}{2}\right). \end{cases}$$

有 $C > \pi - A$, 与三角形外角定理矛盾. 所以①是假命题.

2.3 条件与结论互相矛盾, 在三角形中等式⑤是假命题

将用 4 种方法证明三角形中 $\tan \dfrac{A}{2} \tan \dfrac{C}{2} < 1$, 从而"三角形"(条件)与等式⑤(结论)矛盾.

证明 1　在△ABC 中,有 $\dfrac{A}{2}+\dfrac{C}{2}<\dfrac{\pi}{2}\Rightarrow 0<\dfrac{C}{2}<\dfrac{\pi}{2}-\dfrac{A}{2}<\dfrac{\pi}{2}$.

由正切函数在 $\left(0,\dfrac{\pi}{2}\right)$ 上为增函数知 $\tan\dfrac{C}{2}<\tan\left(\dfrac{\pi}{2}-\dfrac{A}{2}\right)$, 得

$$\tan\dfrac{A}{2}\tan\dfrac{C}{2}<\tan\dfrac{A}{2}\tan\left(\dfrac{\pi}{2}-\dfrac{A}{2}\right)=1.$$

证明 2　在△ABC 中,$\cos A\cos C+1>0$(前述已证),则

$$\tan\dfrac{A}{2}\tan\dfrac{C}{2}=\sqrt{\dfrac{1-\cos A}{1+\cos A}}\sqrt{\dfrac{1-\cos C}{1+\cos C}}$$

$$=\sqrt{\dfrac{(1+\cos A\cos C)-(\cos A+\cos C)}{(1+\cos A\cos C)+(\cos A+\cos C)}}<1.$$

证明 3　设△ABC 的三边长为 a, b, c,半周长为 p,则

$$\sin\dfrac{A}{2}=\sqrt{\dfrac{1-\cos A}{2}}=\sqrt{\dfrac{2bc-b^2-c^2+a^2}{4bc}}$$

$$=\sqrt{\dfrac{(a-b+c)(a+b-c)}{4bc}}=\sqrt{\dfrac{(p-b)(p-c)}{bc}},$$

类似可得
$$\cos\dfrac{A}{2}=\sqrt{\dfrac{p(p-a)}{bc}},$$

则
$$\tan\dfrac{A}{2}=\sqrt{\dfrac{(p-b)(p-c)}{p(p-a)}}.$$

同理
$$\tan\dfrac{C}{2}=\sqrt{\dfrac{(p-a)(p-b)}{p(p-c)}},$$

相乘得
$$\tan\dfrac{A}{2}\tan\dfrac{C}{2}=\dfrac{p-b}{p}<1.$$ ⑩

证明 4　在△ABC 中,有

$$\sin\dfrac{B}{2}=\sin\left(\dfrac{\pi}{2}-\dfrac{A+C}{2}\right)=\cos\left(\dfrac{A}{2}+\dfrac{C}{2}\right)=\cos\dfrac{A}{2}\cos\dfrac{C}{2}-\sin\dfrac{A}{2}\sin\dfrac{C}{2},$$

同样可得
$$\cos\dfrac{B}{2}=\sin\dfrac{A}{2}\cos\dfrac{C}{2}+\cos\dfrac{A}{2}\sin\dfrac{C}{2}.$$

两式相除,得
$$\tan\dfrac{B}{2}=\dfrac{1-\tan\dfrac{A}{2}\tan\dfrac{C}{2}}{\tan\dfrac{A}{2}+\tan\dfrac{C}{2}},$$

变形得
$$\tan\frac{A}{2}\cdot\tan\frac{B}{2}+\tan\frac{B}{2}\tan\frac{C}{2}+\tan\frac{C}{2}\tan\frac{A}{2}=1. \qquad ⑪$$

因 $\tan\dfrac{A}{2}>0$, $\tan\dfrac{B}{2}>0$, $\tan\dfrac{A}{2}>0$, 所以 $\tan\dfrac{A}{2}\tan\dfrac{C}{2}<1$.

2.4 错误的性质

既然已知条件互相矛盾、条件与结论也互相矛盾,那么,根据"存在逻辑矛盾的题目是错题"的界定,我们认为例1是错题(而不是无解题).

虽然这是个错题,但是,逻辑推理的有效性掩盖了数学事实的真假性,其欺骗外衣既混过了命题组的严格审查,又逃过了只顾答题的万众考生. 情况不是那么单纯的,问题的性质需要作综合认定,这涉及三个维度.

(1)知识性错误

表现在"以假为真"上.

等式①,⑤都是假命题(或者说满足等式①,⑤的三角形根本就不存在),把假命题当真命题,是一种知识性错误."参考答案"只不过是在一个根本就不存在的三角形里,由一个错误等式①认认真真地推出另一个错误等式⑤,从头到尾都是在错误的围墙里兜圈子.

说例1有知识性错误并不表明相关人员对相关知识如(⑦,⑧,⑩,⑪等)不过关(当中有的知识新教材确实没有涉及),知识过关也会犯逻辑性、心理性等非知识性错误. 对本例,我们认为下述非知识性错误重于知识性错误.

(2)逻辑性错误

有三个表现.

表现1 前提不真. 虽然由①式确实可以推出⑤式,但是等式①在三角形中是假命题,仅仅运算准确、推理有效还不能保证结论的真实. 比如,用反证法证明 $\sqrt{2}$ 是无理数时,假设 $\sqrt{2}$ 是有理数(这是个假命题),从而存在 $a,b\in\mathbf{N}^*$,使

$$\sqrt{2}=\frac{a}{b},\ (a,b)=1. \qquad ⑫$$

平方后得 $a^2=2b^2$,可以得出 a 为偶数.

就是说,从⑫式到" a 为偶数"之间存在推理的有效性. 但⑫式是假命题!继续下去还能推出" b 为偶数",从而与 $(a,b)=1$ 矛盾.

又如,用数学归纳法证明关于自然数的命题 $A(n)$ 真时,第二步"由 $A(k)$ 推

出 $A(k+1)$"就是证明了一个有效的推理——只要有 $A(k)$ 就能推出 $A(k+1)$,但当中并未肯定 $A(k)$ 为真命题,仅第二步也就不能肯定 $A(k+1)$ 为真命题.

表现2 用了必要而不充分条件.虽然由①式到⑤式的推理中两次用到了三角形的条件,但是只用到了三角形的必要而不充分条件 A,$C\in(0,\pi)$,没有用到充要条件 A,$C\in(0,\pi)$ 且 $A+C\in(0,\pi)$.一旦用上 $A+C\in(0,\pi)$,便可推出已知条件互相矛盾、条件与结论互相矛盾.所以,例1为假命题的一个深刻原因是,①式与⑤式都只满足三角形内角的必要条件而不满足三角形内角的充要条件.

表现3 定性认定.以为等式①(相当于二元三角方程)中包含着两个字母,有很大的自由度,当中会自动包含满足三角形内角条件的解.谁知这种宽松的定性认定经不起严格的推理或定量的计算,二元三角方程(等式①)恰好在三角形内无解.(等式⑤也在三角形内无解)

(3)心理性错误

有两个表现.

表现1 感情满足导致心理封闭.人们习惯于一拿到题目就算,看到"用完了所有条件",结论也算出来了,立即产生感情上的满足,从而导致心理封闭——不再思考条件之间是否相容.我们认为,"已知条件互相矛盾"始终没有暴露,主要不是这些知识太复杂(至少对命题专家和竞赛高手不算复杂),关键是"心理封闭"使得人们压根就没有去想."不是不知道,而是没想到"——我们称为"明确知识的自我封闭"现象[5].

同样,面对"由等式①经过一系列的恒等变形确实能得出等式⑤",也是既产生逻辑上的满足,又产生心理上的满足,不再思考前提是否真实(封闭).我们认为,之所以"形式上的推理有效性"能够成功掩盖"内容上的事实真假性",亦与"心理封闭"使得人们压根就没有去想有关.上述共有11种证法说明等式①、⑤是假命题,只要想到其中一种封闭就能突破.

表现2 知识的瞬时缺失.命题现场、考试现场瞬时缺失了 $\triangle ABC$ 中的有关知识:

$$\cos A+\cos C>0,\ \cos A\cos C+1>0,$$

$$5(\cos A+\cos C)+4(\cos A\cos C+1)>0,\ \tan\frac{A}{2}\tan\frac{C}{2}<1,$$

$$\tan\frac{A}{2}\tan\frac{C}{2}=\frac{p-b}{p}, \quad \tan\frac{A}{2}\tan\frac{C}{2}=\sqrt{\frac{1-\cos A}{1+\cos A}}\sqrt{\frac{1-\cos C}{1+\cos C}},$$

$$\tan\frac{A}{2}\tan\frac{B}{2}+\tan\frac{B}{2}\tan\frac{C}{2}+\tan\frac{C}{2}\tan\frac{A}{2}=1, \cdots$$

这既与知识因素有关,更与心理因素有关,只要能回想起当中的一两个结论,逻辑矛盾就会立即暴露.

3　提出防病纠错的具体办法——从经验教训到完善措施

我们将从命题与解题两个维度总结经验教训,并从两个基本方向提出完善措施.

3.1　经验教训——两个基本维度

(1) 命题的教训——验证存在性

● 由上面的分析可以看到,满足等式①,⑤的三角形根本就不存在. 如果在命题中想到去构造一个三角形,具体实现等式①,⑤,那么问题就会消灭在萌芽状态. 因此,验证题目的存在性应该是我们要吸取的第一条教训.

由例2改一个符号就能产生假命题可知,"成题改编"时也要验证存在性,千万别对"形同而质异"的题目放松警惕.(参见例8、例9)

● 要保证结论为真命题需要两个条件,第一,前提真实;第二,推理有效. 其中"推理有效"我们比较关注,但仅仅推理有效不能保证结论的真实性. 这也与命题验证存在性有关.

● 编拟三角形问题用基本量法是比较保险的(参见文[3]§7.5.3). 即先给定三角形(明确三边长或三内角),然后验证会有什么样的条件式和结论式. 比如,先给定 $\triangle ABC$ 的 $A=\frac{\pi}{3}$, $C=\frac{\pi}{4}$, 则

$$\tan\frac{A}{2}=\tan\frac{\pi}{6}=\frac{\sqrt{3}}{3}, \quad \tan\frac{C}{2}=\frac{1-\cos\frac{\pi}{4}}{\sin\frac{\pi}{4}}=\sqrt{2}-1,$$

可知结论

$$\tan\frac{A}{2}\tan\frac{C}{2}=\frac{\sqrt{6}-\sqrt{3}}{3}.$$

然后找一个 $A=\frac{\pi}{3}$, $C=\frac{\pi}{4}$ 满足的余弦等式,如保留例1的结构:

$$\alpha(\cos A+\cos C)+\beta(\cos A\cdot\cos C+1)=0,$$

有
$$\alpha\left(\frac{1}{2}+\frac{\sqrt{2}}{2}\right)+\beta\left(\frac{1}{2}\times\frac{\sqrt{2}}{2}+1\right)=0,$$

即
$$\alpha=-\frac{3\sqrt{2}-2}{2}\beta.$$

这可以得出很多 α,β 的取值,编出新题目. 如取 $\beta=-(3\sqrt{2}+2)$,则 $\alpha=7$,有

例3 若 $\triangle ABC$ 的内角 A,C 满足 $7(\cos A+\cos C)-(3\sqrt{2}+2)(\cos A\cos C+1)=0$,则 $\tan\dfrac{A}{2}\tan\dfrac{C}{2}=$ _____.

显然,$A=\dfrac{\pi}{3}$,$C=\dfrac{\pi}{4}$ 满足条件等式,但满足条件等式的角可能不止这一对,所以,最后还要具体演算有无漏解. 可以沿用例 1 的解法,此处换一个思路来求解.

解 把已知条件化成比例

$$\frac{\cos A+\cos C}{\cos A\cos C+1}=\frac{3\sqrt{2}+2}{7},$$

合比、分比得

$$\frac{(1-\cos A)(1-\cos C)}{(1+\cos A)(1+\cos C)}=\frac{5-3\sqrt{2}}{9+3\sqrt{2}}.\ \text{由}$$

$\tan\dfrac{\alpha}{2}=\sqrt{\dfrac{1-\cos\alpha}{1+\cos\alpha}}$,把上式变为 $\tan^2\dfrac{A}{2}\tan^2\dfrac{C}{2}=\dfrac{3-2\sqrt{2}}{3}$.

又因为 $\dfrac{A}{2}$,$\dfrac{C}{2}$ 均为锐角,所以 $\tan\dfrac{A}{2}\tan\dfrac{C}{2}>0$,故

$$\tan\frac{A}{2}\tan\frac{C}{2}=\sqrt{\frac{3-2\sqrt{2}}{3}}=\frac{\sqrt{6}-\sqrt{3}}{3}.$$

这说明,例 3 既满足三角形条件,又结论唯一,编拟完成.

(2) 解题的教训——重视解题的"回顾反思"环节

通常,人们一拿到题目就会去探求解题思路,一找到答案就会中止解题活动. 但这不是好的解题习惯,也不是完整的解题过程[6].

如上所述,解题活动有四个基本的阶段: 理解题意、思路探求、书写表达、回

顾反思. 我们不能忘了"回顾反思",尤其要加强"学会解题层面的回顾反思",把解题作为发明的目标,把解题作为学习的继续和深入. 本文实际上也是"回顾反思"的一个示例.

3.2　题目的完善——两个基本方向

由上面的分析可以看到,"三角形"条件与等式①,⑤都是矛盾的,而由等式①推出等式⑤中的运算是命题的原始意图. 所以,题目的完善有两个基本方向:其一,去掉"三角形",保留等式①,⑤,体现原始意图;其二,保留"三角形",修改等式①,⑤,体现原始意图.

（1）去掉三角形,体现原始意图

容易明白,仅仅去掉三角形还不足以保证 $\tan\dfrac{A}{2}\tan\dfrac{C}{2}$ 存在且等于 3,还可能等于 -3（如 $A=\dfrac{4\pi}{3}$, $C=\dfrac{2\pi}{3}$ 时）,或正切没有意义（$A=\pi$, $C=0$ 时）. 一个容易想到的修改是:

例 4　若 A, $C\in(0,\pi)$ 满足 $5(\cos A+\cos C)+4(\cos A\cos C+1)=0$,则 $\tan\dfrac{A}{2}\tan\dfrac{C}{2}=$_____.

可以沿用例 1、例 3 的方法来求解,此处再给出第 3 种解法.

解　由 A, $C\in(0,\pi)$ 知 $\sin\dfrac{A}{2}\sin\dfrac{C}{2}>0$, $\cos\dfrac{A}{2}\cos\dfrac{C}{2}>0$,有

$$0=5(\cos A+\cos C)+4(\cos A\cos C+1)$$
$$=5\left[\left(2\cos^2\dfrac{A}{2}-1\right)+\left(2\cos^2\dfrac{C}{2}-1\right)\right]$$
$$+4\left[\left(2\cos^2\dfrac{A}{2}-1\right)\left(2\cos^2\dfrac{C}{2}-1\right)+1\right]$$
$$=2\left(9\cos^2\dfrac{A}{2}\cos^2\dfrac{C}{2}-\sin^2\dfrac{A}{2}\sin^2\dfrac{C}{2}\right),$$

得　　　　　　　　$$\sin^2\dfrac{A}{2}\sin^2\dfrac{C}{2}=9\cos^2\dfrac{A}{2}\cos^2\dfrac{C}{2},$$

开方得　　　　　　　$$\sin\dfrac{A}{2}\sin\dfrac{C}{2}=3\cos\dfrac{A}{2}\cos\dfrac{C}{2},$$

得
$$\tan \frac{A}{2}\tan \frac{C}{2}=3.$$

（2）保留三角形，体现原始意图

我们认为，保留三角形更接近命题人的原始意图，例 2、例 3 可以认为已经分别是一个保留三角形的修改，模仿例 3 可以编拟出很多题目．下面的 §3.3 有编拟这类题目的又一途径．

3.3 一眼看到底

（1）核心恒等式

由上面的分析可以得出这类问题的两个关键结论：

结论 1 在 $\triangle ABC$ 中，有 $\cos A\cos C+1>\cos A+\cos C>0$，得

$$\frac{\cos A+\cos C}{\cos A\cos C+1}\in (0,1).$$

结论 2 在 $\triangle ABC$ 中，有三角形正切半角公式

$$\tan \frac{A}{2}\tan \frac{C}{2}=\sqrt{\frac{1-\cos A}{1+\cos A}}\sqrt{\frac{1-\cos C}{1+\cos C}}\in (0,1).$$

进而有
$$\tan^2\frac{A}{2}\tan^2\frac{C}{2}=\frac{(1-\cos A)(1-\cos C)}{(1+\cos A)(1+\cos C)}$$
$$=\frac{(\cos A\cos C+1)-(\cos A+\cos C)}{(\cos A\cos C+1)+(\cos A+\cos C)},$$

可得 $\triangle ABC$ 中的一个恒等式

$$\frac{1-\tan^2\dfrac{A}{2}\tan^2\dfrac{C}{2}}{1+\tan^2\dfrac{A}{2}\tan^2\dfrac{C}{2}}=\frac{\cos A+\cos C}{\cos A\cos C+1}\in (0,1). \qquad ⑬$$

这个恒等式把此类三角题的条件与结论联系了起来，能让人"一眼看到底"，我们称其为此类三角题的核心恒等式．从核心恒等式看来，例 1 中①式与例 2 中②式的区别就在于：

例 1 中①式 $\dfrac{\cos A+\cos C}{\cos A\cos C+1}=-\dfrac{4}{5}\notin (0,1)$，三角形不存在（或说有科学性错误）；

例 2 中③式 $\dfrac{\cos A + \cos C}{\cos A \cos C + 1} = \dfrac{4}{5} \in (0, 1)$，三角形存在(或说符合科学性).

说明 若不限定在三角形中,则对 $A \neq (2k+1)\pi$, $C \neq (2m+1)\pi (k, m \in \mathbf{Z})$, 有

$$\dfrac{1 - \tan^2 \dfrac{A}{2} \tan^2 \dfrac{C}{2}}{1 + \tan^2 \dfrac{A}{2} \tan^2 \dfrac{C}{2}} = \dfrac{\cos A + \cos C}{\cos A \cos C + 1} \in (-1, 1].$$

(2)利用核心恒等式编拟试题

设恒等式⑬的比值为 $\dfrac{\beta}{\alpha} \in (0, 1)$, $\alpha > \beta > 0$, 有

$$\dfrac{1 - \tan^2 \dfrac{A}{2} \tan^2 \dfrac{C}{2}}{1 + \tan^2 \dfrac{A}{2} \tan^2 \dfrac{C}{2}} = \dfrac{\cos A + \cos C}{\cos A \cos C + 1} = \dfrac{\beta}{\alpha},$$

得 $$\dfrac{\cos A + \cos C}{\cos A \cos C + 1} = \dfrac{\beta}{\alpha} \Longleftrightarrow \dfrac{1 - \tan^2 \dfrac{A}{2} \tan^2 \dfrac{C}{2}}{1 + \tan^2 \dfrac{A}{2} \tan^2 \dfrac{C}{2}} = \dfrac{\beta}{\alpha},$$

或 $$\alpha(\cos A + \cos C) - \beta(\cos A \cos C + 1) = 0 \qquad \text{⑭}$$

$$\Longleftrightarrow \tan \dfrac{A}{2} \tan \dfrac{C}{2} = \sqrt{\dfrac{\alpha - \beta}{\alpha + \beta}}. \qquad \text{⑮}$$

由此,可以方便地编拟三类题目:

第一类,选择 α, β $(\alpha > \beta > 0)$, 由⑭推⑮,如例 5;

第二类,选择 α, β $(\alpha > \beta > 0)$, 由⑮推⑭,如例 6;

第三类,给定⑭,⑮,求 $\dfrac{\beta}{\alpha}$ $(\alpha > \beta > 0)$, 如例 7.

例 5 对 $\triangle ABC$ 的内角 A, C, 若存在 $\alpha > \beta > 0$ 满足 $\alpha(\cos A + \cos C) - \beta(\cos A \cos C + 1) = 0$, 求 $\tan \dfrac{A}{2} \tan \dfrac{C}{2}$ 的值.

思路 1 利用 $\cos A = \dfrac{1 - \tan^2 \dfrac{A}{2}}{1 + \tan^2 \dfrac{A}{2}}$, $\cos C = \dfrac{1 - \tan^2 \dfrac{C}{2}}{1 + \tan^2 \dfrac{C}{2}}$, 代入已知等式,化简

可得 $$\tan\frac{A}{2}\tan\frac{C}{2}=\sqrt{\frac{\alpha-\beta}{\alpha+\beta}}.$$

思路 2 由已知等式知存在 $t\neq0$，使

$$\begin{cases}\cos A+\cos C=\beta t,\\\cos A\cos C+1=\alpha t.\end{cases}$$

由结论 2 可得 $\tan^2\dfrac{A}{2}\tan^2\dfrac{C}{2}=\dfrac{\alpha t-\beta t}{\alpha t+\beta t}=\dfrac{\alpha-\beta}{\alpha+\beta}.$

又因为 $\dfrac{A}{2}$，$\dfrac{C}{2}$ 均为锐角，所以 $\tan\dfrac{A}{2}\tan\dfrac{C}{2}>0$，故

$$\tan\frac{A}{2}\tan\frac{C}{2}=\sqrt{\frac{\alpha-\beta}{\alpha+\beta}}.$$

思路 3 仿例 4 可得

$$0=\alpha(\cos A+\cos C)-\beta(\cos A\cos C+1)$$
$$=2\left[(\alpha+\beta)\cos^2\frac{A}{2}\cos^2\frac{C}{2}-(\alpha-\beta)\sin^2\frac{A}{2}\sin^2\frac{C}{2}\right],$$

可得 $$\tan\frac{A}{2}\tan\frac{C}{2}=\sqrt{\frac{\alpha-\beta}{\alpha+\beta}}.$$

例 6 若 $\triangle ABC$ 的内角 A，C 满足 $\tan\dfrac{A}{2}\tan\dfrac{C}{2}=\dfrac{1}{3}$，则 $5(\cos A+\cos C)-$ $4(\cos A\cos C+1)=$＿＿＿＿＿．（解法略）

例 7 若 $\triangle ABC$ 的内角 A，C 满足 $\alpha(\cos A+\cos C)-\beta(\cos A\cos C+1)=$ 0，$\tan\dfrac{A}{2}\tan\dfrac{C}{2}=\dfrac{1}{3}$，则 $\dfrac{\beta}{\alpha}=$＿＿＿＿＿．（解法略）

最后，留两道题目供"错题分析"练习.

例 8 若 $\triangle ABC$ 的内角 A，C 满足 $4(\cos A+\cos C)+5(\cos A\cos C+1)=$ 0，则 $\tan\dfrac{A}{2}\tan\dfrac{C}{2}=$＿＿＿＿＿．

解 因为 $\cos A=\dfrac{1-\tan^2\dfrac{A}{2}}{1+\tan^2\dfrac{A}{2}}$，$\cos C=\dfrac{1-\tan^2\dfrac{C}{2}}{1+\tan^2\dfrac{C}{2}}$，代入已知等式并化

简,得

$$\tan^2\frac{A}{2}\cdot\tan^2\frac{C}{2}=-9.$$

所以此题无解.

请分析,为什么例1与例8两道错题只是数字4与5交换了一下位置,就会形式上一个有解、一个无解呢?

例9　若$\triangle ABC$的内角A,C满足$4(\cos A+\cos C)-5(\cos A\cos C+1)=0$,则$\tan\frac{A}{2}\tan\frac{C}{2}=$_____.

解　由已知等式知存在$t\neq0$,使

$$\begin{cases}\cos A+\cos C=5t,\\\cos A\cos C+1=4t,\end{cases}$$

则

$$\tan^2\frac{A}{2}\tan^2\frac{C}{2}=\frac{(\cos A\cos C+1)-(\cos A+\cos C)}{(\cos A\cos C+1)+(\cos A+\cos C)}=\frac{4t-5t}{4t+5t}=-\frac{1}{9}.$$

所以本题无解.

请分析,为什么例2与例9两题只是数字4与5交换了一下位置,就会一个有解、一个无解呢?

参考文献

[1] 罗增儒. 解题分析——谈错例剖析[J]. 中学数学教学参考,1992(12).

[2] 郑毓信,梁贯成. 认知科学、建构主义与数学教育:数学学习心理学的现代研究[M].上海:上海教育出版社,1998,172.

[3] 罗增儒. 数学解题学引论[M]. 西安:陕西师范大学出版社,1997.

[4] 惠州人. 一道江苏高考试题的风波[J]. 中学数学教学参考,2004(4).

[5] 罗增儒. 教育叙事:一个方程问题的认识封闭现象[J]. 数学教学,2007(7).

[6] 罗增儒. 从小养成良好的解题习惯[J]. 湖南教育(下半月),2011(10)(11)(12).

第9篇　猜想题要防止科学性缺失[①]

摘　要　从分析一道2013年高考题出发,对猜想型试题进行了深入探讨,指出了这类试题常见的科学性缺失,并给出三点建议. 猜想类试题的设计应体现"猜想"的特征,突出开放性和创新性.

关键词　猜想;科学性;建议

数学新课程在保持演绎推理的同时,还特别重视合情推理."合情推理是根据实验和实践的结果、个人的经验和直觉、已有的事实和正确的结论(定义、公理、定理等),推测出某些结果的推理方式.""归纳推理和类比推理是最常见的合情推理."(参见文[1]第6页)据此,数学新课程高考常有归纳(或类比)猜想题,这已成为鼓励创新意识的一个载体,甚至在小学阶段就有所渗透.

本来,猜想是开放的、结论存在两种前途. 数学家对同一个问题会有多种猜想,而"猜错了"也是常有的事. 教材明确指出,"利用归纳推理得出的结论不一定是正确的"(参见文[1]第5页),"利用类比推理得出的结论不一定是正确的"(参见文[1]第6页). 但是,高考命题为了公平和阅卷方便,总是"只给正确打分、不给错误留分",常把题目设计为"猜想唯一"、"结论正确"的封闭性. 这样做,虽然"事出有因",但有悖于猜想的本意,还常常带来试题的科学性缺失(包括知识性错误和逻辑性漏洞).

下面,我们将在具体分析高考题的基础上提出3点建议.

例1　(2013年高考数学浙江高职卷第10题)根据数列2,5,9,19,37,75,…的前六项找出规律,可得 $a_7 = ($　　　$)$.

(A) 40　　　　(B) 142　　　　(C) 146　　　　(D) 149

讲解　本题能考查"特殊与一般的数学思想方法",从前六项"找出规律",是由"特殊到一般"(归纳);在一般规律指导下"找出 a_7",是由"一般到特殊"(演绎). 根据配套答案为(D)可以猜测,下述思路1、思路2、思路3更接近命题人的原始意图,但思路4也完全正确.

---

① 本文原载《中学数学教学》2013(5):1-4(署名:罗增儒).

思路 1 后项加前项,观察下表:

原数列 $\{a_n\}$	2	5	9	19	37	75	$a_7=?$
后项加前项得数列 $\{b_n\}$	$2+5=7$	$5+9=14$	$9+19$ $=28$	$19+37$ $=56$	$37+75$ $=112$	猜测 $b_6=224$	

计算 1 由 $\{b_n\}$ 的前五项为 7,14,28,56,112,猜测:$\{b_n\}$ 是首项为 7、公比为 2 的等比数列,应有 $b_6=112\times2=224$,即 $a_6+a_7=224$,得

$$a_7=224-a_6=224-75=149.$$

计算 2 由 $\{b_n\}$ 的前五项为 7,14,28,56,112,猜测:$\{b_n\}$ 是首项为 7、公比为 2 的等比数列,应有 $a_{n+1}+a_{n+2}=2(a_n+a_{n+1})$,即 $a_{n+2}=a_{n+1}+2a_n$(一般规律),得

$$a_7=a_6+2a_5=75+37\times2=149.$$

思路 2 后项减前项,观察下表:

原数列 $\{a_n\}$	2	5	9	19	37	75	$a_7=?$
后项减前项的数列 $\{c_n\}$	$5-2=3$	$9-5=4$	$19-9$ $=10$	$37-19$ $=18$	$75-37$ $=38$	猜测 $c_6=$ $37\times2=74$	

得到数列 $\{c_n\}$.

计算 3 由 $\{c_n\}$ 从第二项起为 $4=2\times2$,$10=5\times2$,$18=9\times2$,$38=19\times2$,猜测:c_{n+1} 与 a_n 有"两倍关系"$c_{n+1}=2a_n(n=1,2,\cdots)$,得

$$c_6=2a_5=37\times2=74,$$

故 $$a_7=c_6+a_6=74+75=149.$$

计算 4 由 $\{c_n\}$ 从第二项起为 $4=2\times2$,$10=5\times2$,$18=9\times2$,$38=19\times2$,猜测:c_{n+1} 与 a_n 有"两倍关系"$c_{n+1}=2a_n(n=1,2,\cdots)$,即

$$a_{n+2}-a_{n+1}=c_{n+1}=2a_n,$$

即 $a_{n+2}=a_{n+1}+2a_n$(一般规律),得

$$a_7 = a_6 + 2a_5 = 75 + 37 \times 2 = 149.$$

思路 3 后项减前项的 2 倍,观察下表:

原数列$\{a_n\}$	2	5	9	19	37	75	$a_7 = ?$
后项减前项的数列$\{d_n\}$	$5-2\times2$ $=1$	$9-5\times2$ $=-1$	$19-9\times2$ $=1$	$37-19$ $\times2=-1$	$75-37$ $\times2=1$	猜测 d_6 $=-1$	

得到数列$\{d_n\}$.

计算 5 可见,$d_n = (-1)^{n-1}$,得 $d_6 = -1 = a_7 - 2a_6$,

从而 $$a_7 = 2a_6 + d_6 = 75 \times 2 - 1 = 149.$$

计算 6 可见,$d_n = (-1)^{n-1}$,即 $a_{n+2} - 2a_{n+1} = (-1)(a_{n+1} - 2a_n)$,得

$$a_{n+2} = a_{n+1} + 2a_n \text{(一般规律)},$$

从而 $$a_7 = a_6 + 2a_5 = 75 + 37 \times 2 = 149.$$

说明 1 三个思路指向同一个规律:$a_{n+2} = a_{n+1} + 2a_n$,变形,有

$$a_{n+1} + a_n = 2(a_n + a_{n-1}) = \cdots = 2^{n-1}(a_2 + a_1) = 7 \times 2^{n-1},$$

$$a_{n+1} - 2a_n = (-1)(a_n - 2a_{n-1}) = \cdots = (-1)^{n-1}(a_2 - 2a_1) = (-1)^{n-1},$$

相减,得数列的通项为

$$a_n = \frac{1}{3}[7 \times 2^{n-1} + (-1)^n].$$

这应该就是本题编拟的背后依据. 但是,由一个通项公式可以唯一确定其有限项(本题为七项),反之却不真. 比如

$$A_n = \frac{1}{3}[7 \times 2^{n-1} + (-1)^n] + (n-1)(n-2)(n-3)(n-4)(n-5)(n-6)B_n$$

与 $$a_n = \frac{1}{3}[7 \times 2^{n-1} + (-1)^{n-1}]$$

的前六项相同,但 a_7 可以调整 B_n 取到选项(A),(B),(C),(D)的任意一个选项. 这就与单项选择题"有且只有一项正确"矛盾. 不仅如此,我们还可以通过 5 次多项式(用拉格朗日插值公式)找到更多"前六项相同"的数列.

思路 4 设 $a_n = b_5 n^5 + b_4 n^4 + b_3 n^3 + b_2 n^2 + b_1 n + b_0$,

把 $a_1 = 2$, $a_2 = 5$, $a_3 = 9$, $a_4 = 19$, $a_5 = 37$, $a_6 = 75$ 代入, 得关于 $b_i (i=0, 1, 2, 3, 4, 5)$ 的方程组

$$\begin{cases} b_5 + b_4 + b_3 + b_2 + b_1 + b_0 = 2, \\ 2^5 b_5 + 2^4 b_4 + 2^3 b_3 + 2^2 b_2 + 2 b_1 + b_0 = 5, \\ 3^5 b_5 + 3^4 b_4 + 3^3 b_3 + 3^2 b_2 + 3 b_1 + b_0 = 9, \\ 4^5 b_5 + 4^4 b_4 + 4^3 b_3 + 4^2 b_2 + 4 b_1 + b_0 = 19, \\ 5^5 b_5 + 5^4 b_4 + 5^3 b_3 + 5^2 b_2 + 5 b_1 + b_0 = 37, \\ 6^5 b_5 + 6^4 b_4 + 6^3 b_3 + 6^2 b_2 + 6 b_1 + b_0 = 75. \end{cases}$$

后式减前式, 依次消去 b_0, b_1, b_2, b_3, b_4 可得 $b_5 = \dfrac{13}{120}$, 从而

$$b_4 = -\frac{7}{4}, \quad b_3 = \frac{271}{24}, \quad b_2 = -\frac{133}{4}, \quad b_1 = \frac{233}{5}, \quad b_0 = -21,$$

得

$$a_n = \frac{13}{120} n^5 - \frac{7}{4} n^4 + \frac{271}{24} n^3 - \frac{133}{4} n^2 + \frac{233}{5} n - 21,$$

从而

$$a_7 = \frac{13}{120} \times 7^5 - \frac{7}{4} \times 7^4 + \frac{271}{24} \times 7^3 - \frac{133}{4} \times 7^2 + \frac{233}{5} \times 7 - 21 = 168.$$

这与选项(A), (B), (C), (D)均不相同.

说明 2 这再次说明, 根据有限项得出的数列是不唯一的, 思路 1、2、3 与思路 4 得出的数列前六项相同, 但第七项不同, 答案取 168 使得选项(A), (B), (C), (D)无一为所求, 这就又与单项选择题"有且只有一项正确"矛盾. 当然, 也可以加上一个数列 $\{B_n\}$. 得出更多答案:

$$A_n = \left(\frac{13}{120} n^5 - \frac{7}{4} n^4 + \frac{271}{24} n^3 - \frac{133}{4} n^2 + \frac{233}{5} n - 21 \right)$$
$$+ (n-1)(n-2)(n-3)(n-4)(n-5)(n-6) B_n.$$

说明 3 还有所谓"万能答案"——以周期作为规律, 认为此题是六项一个周期: 2, 5, 9, 19, 37, 75, 2, 5, 9, 19, 37, 75, $\cdots$, 所以 $a_7 = 2$.

这个例子告诫我们, 猜想题有开放性, 一不小心就会产生科学性缺失.

例 2 (2011 年高考数学山东卷理科第 15 题)设函数 $f(x) = \dfrac{x}{x+2}$,$(x > 0)$,观察

$$f_1(x) = f(x) = \frac{x}{x+2},$$

$$f_2(x) = f(f_1(x)) = \frac{x}{3x+4},$$

$$f_3(x) = f(f_2(x)) = \frac{x}{7x+8},$$

$$f_4(x) = f(f_3(x)) = \frac{x}{15x+16},$$

$$\cdots$$

根据以上事实,由归纳推理可得:当 $n \in \mathbf{N}_+$ 且 $n \geqslant 2$ 时,$f_n(x) = f(f_{n-1}(x)) = $ _____.

讲解 这道题目以函数迭代为背景,考查由特殊到一般的归纳能力. 观察分式的分子、分母,因为分子为 x 不变,所以,关键是找分母的规律. 分母分为两部分:常数项和一次项系数.

(1) 常数项为 $2, 4, 8, 16, \cdots$,猜想其规律是 2^n;

(2) 一次项系数为"常数项减 1",得 $2^n - 1$.

故猜想 $f_n(x) = \dfrac{x}{(2^n - 1)x + 2^n}$.

说明 结论是出来了,但我们的心里并不踏实. 第一,前四项为 $2, 4, 8, 16, \cdots$,(甚至前五项为 $1, 2, 4, 8, 16$)的数列一定是等比数列吗? 第二,答案真的准确无误吗?

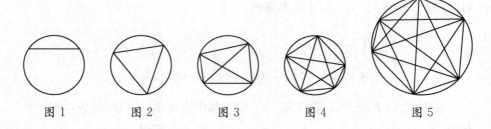

图 1　　　　图 2　　　　图 3　　　　图 4　　　　图 5

比如,圆周上有 2 个点时,其连线将圆分为两部分(图 1),记为 $a_2 = 2$;圆周

上有 3 个点时,其两两连线将圆分为 4 部分(图 2),记作 $a_3 = 4 = 2^2$;圆周上有 4 个点时,其两两连线将圆分为 8 部分(图 3),记作 $a_4 = 8 = 2^3$;圆周上有 5 个点时,其两两连线将圆分为 16 部分(图 4),记作 $a_5 = 16 = 2^4$. 由此,作归纳,圆周上 n 个点两两连线(无三线共点)将圆分为 $a_n = 2^{n-1}$ 部分. 但 $a_6 = 31$(图 5),而不是 $2^5 = 32$. 其实,圆周上 n 个点两两连线(无三线共点)将圆分为(参见本书下集第二章第一节第 8 篇)

$$a_n = C_{n-1}^0 + C_{n-1}^1 + C_{n-1}^2 + C_{n-1}^3 + C_{n-1}^4$$

份. (约定 $n < m$ 时 $C_n^m = 0$)

它与　　$2^{n-1} = (1+1)^{n-1} = C_{n-1}^0 + C_{n-1}^1 + C_{n-1}^2 + \cdots + C_{n-1}^{n-1}$,

仅在头 5 项相同,后面就不相同了.

如果根据前四项猜想其规律为 2^n 失真,那答案 $f_n(x) = \dfrac{x}{(2^n - 1)x + 2^n}$ 就成问题了. 幸运的是,结论可以用数学归纳法证明. 下面我们用矩阵来说明猜想没错:分离系数,将分式 $f_1(x) = \dfrac{x}{x+2}$ 对应为矩阵 $\begin{pmatrix} 1 & 0 \\ 1 & 2 \end{pmatrix}$,则 $f_n(x)$ 对应为矩阵的 n 方 $\begin{pmatrix} 1 & 0 \\ 1 & 2 \end{pmatrix}^n = \begin{pmatrix} 1 & 0 \\ 2^n - 1 & 2^n \end{pmatrix}$. (参见本书下集第二章第一节第 4 篇)

可见 $f_n(x) = \dfrac{x}{(2^n - 1)x + 2^n}$ 是对的.

根据上面的讨论,我们认为此类猜想题的设计应体现"猜想"的特征,突出开放性和创新性.

三点建议:

(1) 猜想题作选择题、填空题时,一定要对"规律是否唯一"考虑周详,防止知识性错误和逻辑性漏洞. 不一定要求"只能往一个方向猜,并且一猜就对",但应排除规律的"周期性"(排除"万能答案"). 比如,例 1 可以编拟为:

例 3　已知递增数列 $\{a_n\}$ 的前六项为 $2, 5, 9, 19, 37, 75$,则数列 $\{a_n\}$ 所满足的一个规律可以是＿＿＿＿＿＿＿＿.(用等式表示)

讲解　这里,"递增"排除了"周期性","用等式表示"排除了 $a_n \geqslant 2$ 之类的不等关系,"一个规律"预示开放性,如

$$2(a_n + a_{n+1}) = a_{n+1} + a_{n+2},$$

$$a_{n+2} = 2a_n + a_{n+1},$$

$$a_{n+1} + a_n = 7 \times 2^{n-1},$$

$$a_{n+1} - 2a_n = (-1)^{n-1},$$

$$a_n = \frac{1}{3}[7 \times 2^{n-1} + (-1)^n],$$

$$a_n = \frac{13}{120}n^5 - \frac{7}{4}n^4 + \frac{271}{24}n^3 - \frac{133}{4}n^2 + \frac{233}{5}n - 21$$

...

只要验证其前六项为 2, 5, 9, 19, 37, 75, 都可以成立.

（2）猜想难免会有失误，所以猜想题最好有猜想理由的说明，即使猜错了，只要有合理成分也可以给一些分. 如：

例 4 （2010 年高考数学陕西卷理科第 12 题）观察下列等式：

$$1^3 + 2^3 = 3^2,$$

$$1^3 + 2^3 + 3^3 = 6^2,$$

$$1^3 + 2^3 + 3^3 + 4^3 = 10^2,$$

...

根据上述规律，第五个等式为_____.

讲解 本题以数列求和为载体，考查归纳猜想. 由已知，等式左边的规律是由 1 到 n 的立方求和：$1^3 + 2^3 + \cdots + n^3$. 难点在右边的规律，可从一般性与特殊性两个方向突破.

思路 1 等式右边的规律是：右边的底数等于左边底数之和

$$1 + 2 = 3,\ 1 + 2 + 3 = 6,\ 1 + 2 + 3 + 4 = 10.$$

所以，一般规律为

$$1^3 + 2^3 + \cdots + n^3 = (1 + 2 + \cdots + n)^2. \qquad ①$$

第五个等式为 $1^3 + 2^3 + 3^3 + 4^3 + 5^3 + 6^3 = 21^2$.

思路 2 先得第五个等式的左边 $1^3 + 2^3 + 3^3 + 4^3 + 5^3 + 6^3$，然后求和计算出 441，化为 21^2，故得第五个等式为 $1^3 + 2^3 + 3^3 + 4^3 + 5^3 + 6^3 = 21^2$.

但是，有的考生正确得出一般规律①后，取 $n = 5$，得

$$1^3 + 2^3 + 3^3 + 4^3 + 5^3 = 15^2 \qquad \text{②}$$

还有考生把已知看成是

$$1^3 = 1^2,$$
$$1^3 + 2^3 = 3^2,$$
$$1^3 + 2^3 + 3^3 = 6^2,$$
$$1^3 + 2^3 + 3^3 + 4^3 = 10^2,$$

按规律 $1^3 + 2^3 + \cdots + n^3 = (1 + 2 + \cdots + n)^2$ 每 4 行去掉第一行,对接下来的 4 行

$$1^3 + 2^3 + 3^3 + 4^3 + 5^3 = 15^2,$$
$$1^3 + 2^3 + 3^3 + 4^3 + 5^3 + 6^3 = 21^2,$$
$$1^3 + 2^3 + \cdots + 7^3 = 28^2,$$
$$1^3 + 2^3 + \cdots + 8^3 = 36^2,$$

去掉第一行之后,第五个等式为

$$1^3 + 2^3 + 3^3 + 4^3 + 5^3 + 6^3 + 7^3 = 28^2. \qquad \text{③}$$

错误答案②或③都是考试中的"会而不对",既然找规律是开放的,就不应作封闭题来处理,可以适当给分. 特别是,如果学生有机会"说明猜想的理由"的话,那阅卷教师是能判断错误答案中的合理成分的.

(3) 猜想题更适宜做开放性的解答题,允许有不同的猜想,但"先猜后证"可以模拟数学发现的全过程. 比如:

例 5 (2012 年高考数学福建卷理科(17)题,文科(20)题)某同学在一次研究性学习中发现,以下五个式子的值都等于同一个常数.

(1) $\sin^2 13° + \cos^2 17° - \sin 13° \cos 17°$;

(2) $\sin^2 15° + \cos^2 15° - \sin 15° \cos 15°$;

(3) $\sin^2 18° + \cos^2 12° - \sin 18° \cos 12°$;

(4) $\sin^2(-18°) + \cos^2 48° - \sin(-18)° \cos 48°$;

(5) $\sin^2(-25°) + \cos^2 55° - \sin(-25)° \cos 55°$.

(Ⅰ)试从上述五个式子中选择一个,求出这个常数;

(Ⅱ)根据(Ⅰ)的计算结果,将该同学的发现推广为三角恒等式,并证明你

的结论.

本例表明,猜想并不一定要以"数列"为载体,年年都出"数列猜想题"既表明主观上的认识封闭,又造成客观上的"猜题押题".

又如,可以把例 1、例 2 改为解答题:

例 6 已知递增数列 $\{a_n\}$ 的前六项为 $2, 5, 9, 19, 37, 75$,找出数列 $\{a_n\}$ 的一个通项公式,并加以证明.

这时回答 $$a_n = \frac{1}{3}[7 \times 2^{n-1} + (-1)^n],$$

或 $$a_n = \frac{13}{120}n^5 - \frac{7}{4}n^4 + \frac{271}{24}n^3 - \frac{133}{4}n^2 + \frac{233}{5}n - 21$$

都可以,结论开放.

例 7 设函数 $f(x) = \frac{x}{x+2}$, $(x > 0)$,观察

$$f_1(x) = f(x) = \frac{x}{x+2},$$

$$f_2(x) = f(f_1(x)) = \frac{x}{3x+4},$$

$$f_3(x) = f(f_2(x)) = \frac{x}{7x+8},$$

$$f_4(x) = f(f_3(x)) = \frac{x}{15x+16},$$

$$\cdots$$

根据以上事实,归纳当 $n \in \mathbf{N}_+$ 且 $n \geqslant 2$ 时 $f_n(x) = f(f_{n-1}(x))$ 的表达式,并给出证明.

这时结论 $f_n(x) = \frac{x}{(2^n-1)x + 2^n}$ 可以用数学归纳法来证明,学生经历了"先猜后证"的全过程.

以上看法,纯属个人意见,盼批评指正.

参考文献

[1] 严士健,王尚志. 数学(选修 2 - 2)[M]. 北京:北京师范大学出版社,2008.

第三章　考试竞赛研究

第一节　数学高考的理论与实践

第1篇　高考复习的抉择[①]

当前,高考复习工作的主要危险是,以做模拟题所带来的偶然因素去代替数学素质的提高,其大运动量超纲训练的一个不幸后果是,使数学成为中学课程中最令人生畏或最不得人心的学科之一.

高考复习应该以《考试说明》为根本,以现行教材为依据,以解题训练为中心,以近三年高考命题的稳定性风格为导向,同时渗透考试学的常识或艺术.

1　1993 年高考命题的新信息

自 1977 年恢复高考以来,命题工作已经走过了两个完成阶段,进入第三阶段,即进入素质型和更加科学化的新阶段[1]. 经过两年的摸索,1993 年开始成熟. 它给我们带来的新信息是[2][3]:

(1) 贯彻《考试说明》的态度是认真的;

(2) 从应试教育向素质教育转轨是坚定的;

(3) 向会考后的高考过渡是平稳的,命题风格和题型结构保持稳定;

(4) 主动降低难度,删去高档难题后,正在向正常的难度系数 0.55 调整,主要技术措施是,增大选择题的难度,提高解答题的起点,适当放开一些传统高考热点等;

(5) 尝试考查"应用和探索性问题".

---

① 本文原载《中学数学教学参考》1994(1/2):4-6;中国人民大学复印报刊资料《中学数学教学》1994(2):20-22(署名:罗增儒,惠州人).

2　靠住一个根本

高考试题年年变,在分量上、侧重上、难度上都会略有不同(见统计表).我们的复习工作不能跟在这个捉摸不定的表面现象后面穷于应付,而应该抓住根本,这个根本就是《考试说明》.

陕西省 1985～1993 年理科抽样得分率统计表

年号	1985	1986	1987	1988	1989	1990	1991	1992	1993
得分率	0.55	0.69	0.51	0.75	0.56	0.48	0.60	0.70	0.56

《考试说明》就是考试大纲,它规定了考试的目标和性质、考试的内容和能力要求、考试的方式、方法及试题示例.高考复习首先要对这一切吃透、抓准,否则,就会偏离了大方向.

吃透《考试说明》的一项重要工作是吃透考试的内容和能力要求,实质性的工作是精通教材[4].应该看到,教材是考试内容的具体化,教材是高考命题的基本依据,教材是中低档题目的直接来源,教材是解题能力的生长点,可以说,离开了教材就离开了高考.问题在于"怎样抓好课本"? 这个问题表面简单,实际复杂,它需要教师有高观点、真功夫,至少应该做到:

(1)能够对《考试说明》规定的 128 个知识点进行"双基排队",整理出有哪些重要概念? 有几条重要定理? 有几项重要公式?

(2)能够对中学教材中的基本方法和重要技巧心中有数,能历数每一个方法用在哪些章节? 每一章节用到哪些方法?

(3)能根据教材内容、学生实际、高考能力要求,改编一些有针对性的训练题.

3　抓住一个中心

高考选拔的特点是以解题能力的高低为标准,一次性决定胜负.因此,高考复习的最终成果,一定要表现为学生解题能力的提高,其逻辑的必然是,高考复习的基本训练要以解题训练为中心.

现在的问题是,解题训练的重点放在哪里? 许多辅导教师的心理往往是对高难题不放心,而我们的回答是: 立足于中、低档综合题.

因为中、低档综合题区分度好,训练价值高,特别是 1992 年、1993 年高考删去最后高难题后,其地位就更加重要了.情况表明,中、低档综合题是命题原则的主要体现,是试题构成的主要成分,是考生得分的主要来源,是高校选拔的主要依据,是进一步解高难题的基础.

平时训练中,以中、低档综合题为主进行训练,教师讲得清楚,学生听得明白,有利于数学素质的提高.对好些老师来说,讲难题只能照本宣科,教学生"这样做",讲不了或讲不清"怎样做",训练效益甚微.还应清楚,在高考场上,抓住了中、低档题目就抓住了主体,并且中、低档题目的顺利解决,恰好为解高难题准备了信心、时间和知识基础.

还有一个具体问题,训练题从哪里来? 我们说,课本题的改编与近十年的高考题(也可以变一变)就是最方便,也是最优质、最对口的来源.

4　知识、方法、观点的立向爬升

高考复习的三阶段安排已经是一个常规:第一阶段全面复习,第二阶段专题讲授,第三阶段模拟训练.其实这是外壳,关键是以什么样的本质思想来连续指导全过程.

高中知识已经学完了,所以高考复习的主要任务不是学知识(当然有查漏补缺的任务),而是通过所掌握的知识去提高数学素质、优化思维结构,三个阶段安排的实质是思维素质立向爬升的三个层次,是从知识到方法再到观点的拾级登高.

4.1　第一阶段

第一阶段系统整理知识,优化知识结构,其直接效益是解决高考试卷中的基本题,其根本目的是为数学素质的提高准备物质基础.在这一阶段中,应主要抓基本概念的准确和实质性理解,抓基本技能的熟练和初步应用,抓公式、定理的正用、逆用、连用、变用、巧用等,做到"四过关":能准确理解书中的任一概念,能独立证明书中的每一定理,能熟练求解书中的所有例题,能历数书中各单元的作业类型.

第一阶段复习的基本方法是"从大到小""先粗后细",把教学中分割讲授的知识单点、知识片断组合成知识体系,形成知识链、方法链.通常的做法是,各科内容综合化、基础知识结构化、基本方法类型化、解题步骤规范化.这当中,辅以图线、表格、口诀等已被证明是有益的;"习题化"的复习技术亦常常是有效的,如基本定理填空、基本概念判断、基本公式串联、运算结果选择.

4.2　第二阶段

第二阶段专题讲授,主要解决基本方法并强调重点.如果说第一阶段是以纵向为主、顺序复习的话,那么这一阶段就是以横向为主、深化提高了.专题的选择可考虑:

(1) 第一阶段复习中的弱点;

(2) 教材体系中的重点;

(3) 高考试题中的热点;

(4) 基本数学方法的系统介绍.如数学归纳法、反证法、换元法、待定系数法、配方法、因式分解法以及形数结合的思想、转换化归的思想、分类的思想等.

怎样解答选择题,怎样解答填空题,在高考中具有举足轻重的地位,其成功率和速度都直接影响录取,应该列为两个专题.1993 年高考中,有很多考生在选择题上花的时间过长,耽误了解答题的完成,这是一个严重的教训.

根据 1993 年高考的新信息,还应有"怎样解应用题""怎样解探索型试题"两个专题.

4.3　第三阶段

第三阶段不要盲目强化训练,重点应放在数学观点的提炼和心理素质的调整上.不是不要做题,相反,确实要做几套适应性的试题,但目的不是"猜""押"考卷,而是通过讲练结合提高解题观点,特别要突出函数的思想、方程的思想、变换的思想、消元的思想、数形结合的思想、组合与分解的思想.

第三阶段主要有三个具体问题:

(1) 如何组织模拟试卷?

(2) 如何组织讲评?(我们建议"一周一套、一天一题")

(3) 分析学生考情档案,进行有侧重的个别指导.

5　堵住几个丢分环节

高考阅卷启示我们,许多中上水平考生常常在几个丢分环节上产生分野,拉开录取与落榜的距离,下面提几条应该抓也容易抓好的意见.

5.1　突破一个"老大难"

许多考生并不缺乏基本功,拿到一道题目不是漫无头绪,而是在正确的思路上,或考虑不周,或推理不严,或书写不准,最后答案却是错的或是不完全的.这叫"会而不对";另有一些考生,思路大体正确,最终结论也出来了,但丢三落四,或缺少重大步骤,中间某一逻辑点过不去,或遗漏某一极端细节,讨论不够完备,或是潜在假设,或是以偏概全,这叫"对而不全".

"会而不对、对而不全",这是一个老大难问题,过去对这个问题一味从"双基"上加强.其实,错误的原因既有知识因素,又有逻辑因素,还有策略因素和心理因素.因此,解决这个问题应该"综合治理".

5.2 速度

1993 年的试题已经增加到 29 题 31 问,平均到每一问还不到 4 分钟,时间是百米赛跑般的争分夺秒,所以平时复习,必须要有速度训练,要有时间观念.

(1) 为了给解答题、高分题留下较多的思考时间(减去读题和写答案的 40 分钟,只有 80 分钟用于思考、草算、文字组织和复查检验),选择题、填空题应在一二分钟内解决,否则做对了也是"潜在丢分"或"隐含失分".比如 1993 年数学高考题第(11)题,若分别求集合 E, F 就较繁,而取 $\theta = \dfrac{3\pi}{4}$ 验证 $\theta \in E$ 且 $\theta \in F$,便可选(A).一定要提高解选择题的策略意识,防止"小题大做".一般说来,客观性试题与主观性试题时间分配以 $4:6$ 为宜.

(2) 注重解题思路的简略.有难度表意公式:解题难度=解题长度×(解题智慧－解题愚蠢),这告诉我们,在解题难度确定之后,解题智慧越多解题长度越小,解题愚蠢越多则解题长度越大.

(3) 注重表达的工整、规范(见下文).

5.3 计算

近三年高考的难度已主动下降,于是对运算能力的要求就相对提高了,这不仅表现在数量上,而且更表现在质量上,形成逐级上升的三个层次:

(1) 运算要熟练、准确,这是最基本的要求,体现了思维的合理性.

(2) 运算要简捷、迅速,这是进一步的要求,体现了思维的敏捷性与深刻度.

(3) 运算与推理相结合.实际上,运算是一种机械化的推理,推理与运算从来都是交互为用的.

为了求"函数 $y = \dfrac{e^x - 1}{e^x + 1}$ 的反函数的定义域"(1989 年数学高考第(15)题),

我们由 $y = \dfrac{(-1) + (+1)e^x}{1 + e^x}$ 知,y 分 -1, $+1$ 为定比 $\lambda = e^x > 0$,有 $-1 < y <$

1，得$(-1,1)$为反函数的定义域，这里既有机智的运算，又有概念性的推理，还体现了赏心悦目的美.

5.4　语言表达

在难度降低、以中、低档综合题为主的高考中，获得正确思路将相对容易，如何准确而规范地表达出来就变得重要了，我们已经多次见到一些考生因为非实质性的书写错误而失去全题的满分.因此，在模拟考试阶段，每套题讲评之后都应该要求学生交"满分卷"，老师也应公布工整规范的标准答案(包括评分标准).在语言表达上还应注意：

(1) 尽量写出得分点，一个原理写一步，不要拖泥带水，更别画蛇添足；

(2) 尽量使用数学语言、集合符号，这比文字叙述要节省而严谨；

(3) 尽量使用充要条件或等价变形，避免正反说明与疏漏.

5.5　立体几何

每年的试卷分析都显示，立体几何是"中等程度，高等得分"(得分偏低).抓住立体几何的"满分率"是一项立竿见影的措施.

6　讲点考试艺术

考试也是一门学问，考试的艺术是发挥知识水平(甚至是超水平发挥)的科学方法，文[5]谈了九条意见，受到欢迎，有的教师复印给学生"人手一份".

7　结合实际，了解学生

目前的一个倾向是，教师对学生的了解仅仅停留在笼统的印象上，缺乏量的分析.因而应该建立学生复课档案，通过作业、提问、答疑、考试等得来的反馈信息，记下学生每一单元、每一能力的得分，然后加权平均计算综合得分.如果我们当老师的能够一看到考题就能估计出自己学生的大致得分，那就是真正了解学生了.

全面了解学生的一个重要目的是加强有针对性的分类辅导或个别指导.对于学得较好的学生或学得较好的章节，重在提高，对于学得差的学生或学得较差的章节，重在补缺.根据高考"按总分录取"的特点，有的考生应专攻薄弱节，而另一些考生则应"扬长避短".所有这些，不是教师"有倾向性"，教师任何时候都应对学生一视同仁，特别在高考这一敏感时刻，尤应对学习有困难的学生做到"辅导要勤、态度要好".

参考资料

[1] 惠州人. 命题组出不了难题吗? [J]. 中学数学教学参考,1992(10).

[2] 惠州人. 浅而不俗,活而不难——1993 年高考数学试题评析[J]. 中学数学教学参考,1993(10).

[3] 任子朝. 知识与能力并重,继承与创新结合——谈 1993 年高考数学试题[J]. 试题研究,1993(20).

[4] 罗增儒. 数学高考复习要抓根本[M]//中国高考大全(上). 长春:吉林人民出版社,1988.

[5] 惠州人. 考前寄语[J]. 中学数学教学参考,1993(6).

第 2 篇 高考答题中的非知识性错误①

1 非知识性错误的提出

结合十余年高考阅卷的体验,我感到高考考生中的许多问题不能只从加强双基上去解决,因为高考答题要取得好成绩,除了首要的是数学知识之外,还与策略意识、逻辑修养、心理素质有关. 先看一个例子.

例 1 [1992 年高考数学理科(20)题]$\sin 15° \sin 75°$的值是_____.

解说 这是一个非常简单的问题,易知

$$原式 = \sin 15° \cos 15° = \frac{1}{2} \sin 30° = \frac{1}{4}.$$

但有的考生却这样做:

$$原式 = \sqrt{\frac{1 - \cos 30°}{2}} \sin(45° + 30°) = \sqrt{\frac{2 - \sqrt{3}}{4}} \left(\sin 45° \cos 30° + \cos 45° \sin 30° \right)$$

$$= \frac{\sqrt{2 - \sqrt{3}}}{2} \cdot \frac{\sqrt{6} + \sqrt{2}}{4} = \frac{(\sqrt{6} + \sqrt{2})\sqrt{2 - \sqrt{3}}}{8}.$$

这里的每一步都没有任何知识上的错误,也不难由

$$\sqrt{6} + \sqrt{2} = \sqrt{(\sqrt{6} + \sqrt{2})^2} = 2\sqrt{2 + \sqrt{3}},$$

---

① 本文原载《中学数学》1994(11):1-4;中国人民大学复印报刊资料《中学数学教学》1994(12):33-36(署名:罗增儒).

继续得出最简结果,但从考试来看,是要扣分的. 如果我们把造成扣分的原因都称为错误的话,那么这个错误主要的不是概念混乱、公式记错等知识性错误,而是解题方向调控上的策略性错误.

我们把数学知识之外的其他因素所造成高考丢分统称为非知识性错误. 高考答题中的非知识性错误主要有:策略性错误、逻辑性错误、心理性错误.

需要说明的是:

(1) 就"知识"的广义而言,策略、逻辑、心理都不能说不是知识. 因此,非知识性错误只能从数学的角度去理解,而不必拘泥于字眼.

(2) 非知识性错误不仅在考试中有突出的表现,而且在平时的解题中也有诸多反映.

2 策略性错误

例 2 [1993 年高考数学文科(25)题]解方程:$\lg(x^2+4x-26)-\lg(x-3)=1$.

解 原方程可变为 $\lg(x^2+4x-26)=\lg 10(x-3)$,等价于

$$(\text{I})\begin{cases} x^2+4x-26>0, & ① \\ x-3>0, & ② \\ x^2+4x-26=10(x-3), & ③ \end{cases}$$

$$\Leftrightarrow(\text{II})\begin{cases} x<-2-\sqrt{30}\ \text{或}\ x>-2+\sqrt{30}, \\ x>3, \\ x=3\pm\sqrt{5}, \end{cases}$$

得 $x=3+\sqrt{5}$.

这个解法可以得满分. 但从高考来看,120 分钟对 120 分("3+2"试卷是 150 分)恰好是 1 分钟对 1 分,前面的题目多用了 2 分钟,就意味着后面的题少了 2 分钟,叫做"潜在丢分"或"隐含失分". 从这个意义上说,上述解法存在三个策略性错误:

(1) 解不等式①是多余的,因为②可以满足①,这一多余的"思维回路",导致了"潜在丢分".

(2) 解不等式①是最难的,在(I)中的三个式子①、②、③中,最容易出错的

是①式,万一式①解错,即使②、③式解对也会全盘皆空. 这是"隐含失分".

(3) 解不等式①增加了合并上的困难.

以上分析表明,在高考中,即使题目得了满分(实在不好说有知识性错误),仍然会有考试策略、解题策略上的错误.

例 3　[1993 年高考数学文、理科(7)题]在各项均为正数的等比数列 $\{a_n\}$ 中,若 $a_5 a_6 = 9$,则 $\log_3 a_1 + \log_3 a_2 + \cdots + \log_3 a_{10} = ($　　$)$.

(A) 12　　　　(B) 10　　　　(C) 8　　　　(D) $2 + \log_3 5$

此题有四种水平的解题思路,通过对比,可以看出考试策略上的得失.

水平 1　(小题难做)由已知条件出发求出 a_n 的表达式,从而逐项求出 $\log_3 a_1$,$\log_3 a_2$,$\cdots$,$\log_3 a_{10}$,再相加. 虽然这种思路有其合理成分,但对本题是办不到的,是一个方向性的错误.

水平 2　(小题大做)由已知,有 $9 = a_5 a_6 = a_1 q^4 \cdot a_1 q^5 = a_1^2 q^9$, 从而

$$a_1 a_2 \cdots a_{10} = a_1^{10} \cdot q^{1+2+\cdots+9} = (a_1^2 q^9)^5 = 3^{10},$$

原式 $= \log_3 a_1 a_2 \cdots a_{10} = \log_3 3^{10} = 10$. 选(B).

水平 3　(小题小做)由 $9 = a_5 a_6 = a_4 a_7 = a_3 a_8 = a_2 a_9 = a_1 a_{10}$,知

原式 $= \log_3 (a_5 a_6)^5 = \log_3 3^{10} = 10$. 选(B).

水平 4　(小题巧做)结论暗示,尽管满足 $a_5 a_6 = 9$ 的数列有无穷多,但 $\log_3 a_1 + \log_3 a_2 + \cdots + \log_3 a_{10}$ 的结果是唯一的. 故只需取一个满足条件的特殊数列 $a_5 = a_6 = 3$,$q = 1$ 就可以了,这时,心算便可在 30 秒内做出选择(B).

我们认为,水平 2、水平 3 都没有知识性错误,但都把选择题当解答题来做,费时费事,作为考试,有非知识性的"策略性错误". 一般地,如果选择题不能在一二分钟内"快速求解",都有存在"方向偏离""小题大做"等策略性错误.

例 4　[1992 年高考数学文科(21)、理科(19)题]方程 $\dfrac{1 + 3^{-x}}{1 + 3^x} = 3$ 的解是_____.

水平 1　将原方程化为 3^x 的二次方程 $3 \cdot (3^x)^2 + 2 \cdot (3^x) - 1 = 0$.

然后解二次方程,去掉增根,得 $3^x = 3^{-1}$.

从而　$x = -1$.

这个解法没有知识性错误,也达到了"熟练、准确"的要求,却是填空题的

"小题大做",还未达到"简捷、迅速"的要求.

水平 2 从分子中提取 3^{-x},有 $\dfrac{3^{-x}(3^x+1)}{1+3^x}=3$.

在草稿纸上进行到这一步,即可直接将答案填上,因为填空题不需要过程. 由于分子分母约掉相同因式之后,得出 $3^{-x}=3$ 非常简单,因此,整题在 30 秒钟内心算即可完成,甚至连想犯错误的机会都没有.

3 逻辑性错误

例 5 ［1984 年高考数学理科(五)题］(14 分)设 c,d,x 为实数,$c\neq0$,x 为未知数,讨论方程

$$\log_{cx+\frac{d}{x}}x=-1 \qquad ①$$

在什么情况下有解? 有解时求出它的解.

解 依题意有
$$\left(cx+\frac{d}{x}\right)^{-1}=x(x>0), \qquad ②$$

即
$$x\left(cx+\frac{d}{x}\right)=1,$$

亦即
$$cx^2+d=1,$$

有
$$x^2=\frac{1-d}{c}(c\neq0).$$

当 $\dfrac{1-d}{c}>0$ 时,方程有解.

解为
$$x=\sqrt{\frac{1-d}{c}}. \qquad ③$$

这是高考解题中典型的"会而不对、对而不全"的"老大难"问题,这种解法只能得 8 分,要扣掉 6 分. 其错误主要表现在逻辑上.

(1) 把式①变为②时,两者不同解(或说不等价). 对数的底除大于 0 外,还要不等于 1,因而存在增根的可能,而且当 $1-d=c$ 时果然有增根 $x=1$.

(2) 解题步骤不完整. 解方程的过程实质上是找必要条件的过程,对于本题中的超越方程由于没有同解原理作保证,检验是必不可少的. 题中"什么情况下有解"问的是"充要条件",因此,完整解法应补充三点:

(1) 在式②中补上 $x\neq1$;

(2) 在式③前补上：$c>0,d<1,c\neq1-d$ 或 $c<0,d>1,c\neq1-d$ 时，得解 $x=\sqrt{\dfrac{1-d}{c}}$；

(3) 将上述解代入原方程检验.

例 6　[1987 年高考数学文科(六)题、理科(五)题](12 分)设对所有实数 x，不等式

$$x^2\log_2\frac{4(a+1)}{a}+2x\log_2\frac{2a}{a+1}+\log_2\frac{(a+1)^2}{4a^2}>0$$

恒成立，求 a 的取值范围.

解　因为对一切 $x\in\mathbf{R}$ 不等式成立，所以当 $x=0$ 时，不等式也成立，则

$$\log_2\frac{(a+1)^2}{4a^2}>0,\ \left(\frac{a+1}{2a}\right)^2>1,\ 0<\left(\frac{2a}{a+1}\right)^2<1.$$

由定义域，得 $\dfrac{2a}{a+1}>0$，所以 $0<\dfrac{2a}{a+1}<1$，解得 $0<a<1$.

这个解法虽然与最后答案巧合，但在逻辑上是以必要条件代替充要条件，存在逻辑性错误，还应对"$0<a<1$"验证充分性才算完整. 由于无穷个 x 只考虑了一个 $x=0$，所以有的阅卷教师认为只能得 2～3 分.

在阅卷教师眼中，逻辑性错误常常是原则性的严重错误，扣分很重.

例 7　[1992 年高考数学文科(23)题、理科(22)题](12 分)已知 $a>0$，$a\neq1$，试求方程 $\log_a(x-ak)=\log_{a^2}(x^2-a^2)$ 有解的 k 的取值范围.

解　已知即 $\log_a(x-ak)=\log_a\sqrt{x^2-a^2}$，得

$$0<x-ak=\sqrt{x^2-a^2}.$$

分别解左边的不等式与右边的方程，得

$$k<\frac{x}{a}=\frac{1+k^2}{2k}.\ (\text{分母 } k\neq0)\tag{$*$}$$

解关于 k 的不等式 $k<\dfrac{1+k^2}{2k}$，得

$$k\in(-\infty,-1)\bigcup(0,1).$$

这个解法是要扣 1 分的，"对而不全"问题出在对 $k\neq0$ 的认识上. 在 $(*)$ 中

k 做分母当然不为 0,但是,如果原题中允许 $k=0$,那么上述解法就造成减根.从逻辑上说,还应将 $k=0$ 代入原式,有 $\log_a x=\log_{a^2}(x^2-a^2)$,可得 $a=0$ 与已知矛盾.这说明,k 做分母没有减根,此时,才能下结论,k 的取值范围为 $(-\infty,-1)\cup(0,1)$.

例 8 [1990 年高考数学文科(26)、理科(25)题](12 分)设椭圆的中心是坐标原点,长轴在 x 轴上,离心率 $e=\dfrac{\sqrt{3}}{2}$,已知点 $P\left(0,\dfrac{3}{2}\right)$ 到这个椭圆上的点的最远距离是 $\sqrt{7}$.求这个椭圆的方程,并求椭圆上到点 P 的距离等于 $\sqrt{7}$ 的点的坐标.

解 设所求的椭圆的直角坐标方程是 $\dfrac{x^2}{a^2}+\dfrac{y^2}{b^2}=1$,则

$$\frac{b}{a}=\sqrt{1-e^2}=\sqrt{1-\frac{3}{4}}=\frac{1}{2},\ a=2b.$$

设椭圆上的点 (x,y) 到点 P 的距离为 d,则

$$d=x^2+\left(y-\frac{3}{2}\right)^2=a^2\left(1-\frac{y^2}{b^2}\right)+y^2-3y+\frac{9}{4}=-3y^2-3y+4b^2+\frac{9}{4}.$$

取 $d=\sqrt{7}$ 代入,得

$$3y^2+3y-4b^2+\frac{19}{4}=0. \tag{*}$$

因为题中的椭圆 $\dfrac{x^2}{4b^2}+\dfrac{y^2}{b^2}=1$ 与圆 $x^2+\left(y-\dfrac{3}{2}\right)^2=7$ 相切,故(*)中关于 y 的二次方程有判别式为 0,即

$$\Delta=3^2+4\times 3\times\left(4b^2-\frac{19}{4}\right)=0,$$

解得 $b=1$,从而 $a=2$,所求的椭圆方程是 $\dfrac{x^2}{4}+y^2=1$.

这种解法是要扣 3 分的,又是"对而不全".因为两条曲线相切比"直线与二次曲线相切"复杂多了,$\Delta=0$ 作为充要条件在逻辑上是可疑的,本刊(指《中学数学》)1990 年 11 期 P12 王连笑老师已经指出过这一点.

4 心理性错误

高考解题中的心理性错误,主要指临场中的慌乱急躁、紧张焦虑、丢三落四

等非智力因素造成的错误.

例 9　[1993 年高考数学文科(26)题]已知数列

$$\frac{8 \cdot 1}{1^2 \cdot 3^2}, \frac{8 \cdot 2}{3^2 \cdot 5^2}, \cdots, \frac{8 \cdot n}{(2n-1)^2 \cdot (2n+1)^2},$$

S_n 为其前 n 项和,计算得

$$S_1 = \frac{8}{9}, \ S_2 = \frac{24}{25}, \ S_3 = \frac{48}{49}, \ S_4 = \frac{80}{81}.$$

观察上述结果,推测出计算 S_n 的公式,并用数学归纳法加以证明.

解　猜测公式为 $S_n = \dfrac{(2n+1)^2 - 1}{(2n+1)^2}$. 由于

$$a_k = \frac{8k}{(2k-1)^2(2k+1)^2} = \frac{1}{(2k-1)^2} - \frac{1}{(2k+1)^2},$$

令 $k = 1, 2, \cdots, n$ 并相加,得

$$S_n = 1 - \frac{1}{(2n+1)^2} = \frac{(2n+1)^2 - 1}{(2n+1)^2}.$$

这个证法虽然没有知识性错误,但不合题意,没用数学归纳法加以证明,是要扣分的. 同样 1991 年理(24)题未用"定义"证明单调性,主要地也属于"审题慌乱"的心理性错误.

例 10　[1991 年高考数学理科(16)题] $\arctan \dfrac{1}{3} + \arctan \dfrac{1}{2}$ 的值是

_____.

这是一道有课本背景的简单题,得分率达 0.799,但仍有很多考生得出 1. 原因是

$$\tan\left(\arctan \frac{1}{3} + \arctan \frac{1}{2}\right) = \frac{\dfrac{1}{3} + \dfrac{1}{2}}{1 - \dfrac{1}{3} \times \dfrac{1}{2}} = 1.$$

这种丢三落四现象不完全是知识性错误,学生不是不知道 $\arctan 1 = \dfrac{\pi}{4}$（或 $\tan \dfrac{\pi}{4} = 1$）, 恐怕大多是由于紧张或压力而产生心理上的"顾此失彼".

下面一些考场实录,对高中毕业生来说,都有心理性错误:

(1) [1993 年高考数学文科(28)、理科(27)题]由 $2\theta = \dfrac{\pi}{6}$,得 $\theta = \dfrac{\pi}{3}$.

(2) [1993 年高考数学文科(27)、理科(26)题]中 $\dfrac{3 \times 4}{5} = \dfrac{17}{5}$,$\sqrt{1 + \left(\dfrac{12}{5}\right)^2} = \dfrac{\sqrt{149}}{5}$.

(3) [1991 年高考数学文、理科(19)题] $\dfrac{10 + 2\sqrt{10}}{10} = 10 + \dfrac{\sqrt{10}}{5}$.

(4) [1990 年高考数学文、理科(22)题] $\dfrac{2 \times \dfrac{3}{4}}{1 - \left(\dfrac{3}{4}\right)^2} = \dfrac{24}{25}\left(\text{或}\dfrac{6}{7},\dfrac{22}{7}\right)$.

5 结束语

高考答题中的错误有多种表现,原因也是多方面的,过去对这个问题一味从"双基"上加强是不够的. 其实,错误的原因既有知识因素,又有策略因素,还有逻辑因素和心理因素. 我们提出这个问题有两个目的:

(1) 对高考解题中的错误要进行综合治理.

(2) 将解题研究引向深入.

参考资料

[1] 罗增儒,惠州人. 怎样解答高考数学题[M]. 西安:陕西师范大学出版社,1994.

第 3 篇 2010 年数学高考陕西卷理科第 21 题的研讨①

本文研讨 2010 年高考数学陕西卷理科第 21 题,包括对下述两个问题的个人看法:

(1) 两条曲线在同一点有公共切线时,这个"切点"叫两曲线的"公共点"还是"交点"?(见研讨 3)

(2) 函数 $g(x) = a\ln x$,$a \in \mathbf{R}$,当 $a = 0$ 时的定义域为 $(0, +\infty)$ 还是 $\mathbf{R}$?(见研讨 4)

———————

① 本文原载《中学数学月刊》2011(2):31-32,47(署名:罗增儒).

首先给出研讨的素材——题目与解法.

例 1 (2010 年高考数学陕西卷理科(21)题,14 分)已知函数 $f(x)=\sqrt{x}$, $g(x)=a\ln x$, $a\in \mathbf{R}$.

(1) 若曲线 $y=f(x)$ 与曲线 $y=g(x)$ 相交,且在交点处有相同的切线,求 a 的值及该切线的方程;

(2) 设函数 $h(x)=f(x)-g(x)$,当 $h(x)$ 存在最小值时,求其最小值 $\varphi(a)$ 的解析式;

(3) 对(2)中的 $\varphi(a)$ 和任意的 $a>0$, $b>0$,证明: $\varphi'\left(\dfrac{a+b}{2}\right)\leqslant$ $\dfrac{\varphi'(a)+\varphi'(b)}{2}\leqslant \varphi'\left(\dfrac{2ab}{a+b}\right)$.

解 函数 $f(x)=\sqrt{x}$ 的定义域为 $[0, +\infty)$,函数 $g(x)=a\ln x$ 的定义域为 $(0, +\infty)$,它们的公共定义域为 $(0, +\infty)$.

(1) 由已知两曲线有公共点且在公共点处有相同的切线,得

$$\begin{cases} f(x)=g(x), \\ f'(x)=g'(x) \end{cases} (x>0).$$

把 $f(x)=\sqrt{x}$, $g(x)=a\ln x$, $f'(x)=\dfrac{1}{2\sqrt{x}}$, $g'(x)=\dfrac{a}{x}$ 代入,得

$\begin{cases} \sqrt{x}=a\ln x, \\ \dfrac{1}{2\sqrt{x}}=\dfrac{a}{x}, \end{cases}$ 即 $\begin{cases} \sqrt{x}=a\ln x, \\ \sqrt{x}=2a>0, \end{cases}$ 消去 $\sqrt{x}$, a,有 $\ln x=2$,得 $x=\mathrm{e}^2$,从而 $a=\dfrac{\mathrm{e}}{2}$.

再把 $x=\mathrm{e}^2$ 代入 $f(x)=\sqrt{x}$ 与 $f'(x)=\dfrac{1}{2\sqrt{x}}$ 得切点坐标 $(\mathrm{e}^2, \mathrm{e})$ 和切线斜率 $\dfrac{1}{2\mathrm{e}}$,求得切线方程为 $y-\mathrm{e}=\dfrac{1}{2\mathrm{e}}(x-\mathrm{e}^2)$ 或 $x-2\mathrm{e}y+\mathrm{e}^2=0$.

(2) 由 $h(x)=f(x)-g(x)$ $(x>0)$,知 $h'(x)=\dfrac{1}{2\sqrt{x}}-\dfrac{a}{x}=\dfrac{\sqrt{x}-2a}{2x}$.

当 $a\leqslant 0$ 时,有 $h'(x)>0$, $h(x)$ 在 $(0, +\infty)$ 上为增函数,无最小值.

当 $a>0$ 时,令 $h'(x)=0$,解得 $x=4a^2$.并且当 $0<x<4a^2$ 时, $h'(x)<0$, $h(x)$ 在 $(0, 4a^2)$ 上为减函数;当 $x>4a^2$ 时, $h'(x)>0$, $h(x)$ 在 $(4a^2, +\infty)$

上为增函数. 所以 $x=4a^2$ 是 $h(x)$ 在 $(0, +\infty)$ 上唯一的极小值点, 从而也是 $h(x)$ 在 $(0, +\infty)$ 上的最小值点, 最小值为 $\varphi(a)=h(4a^2)=2a-2a\ln 2a=2a(1-\ln 2a)$.

综上得 $h(x)$ 在 $(0, +\infty)$ 上的最小值 $\varphi(a)$ 的解析式为 $\varphi(a)=2a(1-\ln 2a)$, $(a>0)$.

(3) 由(2)知 $\varphi'(a)=-2\ln 2a$, 对任意的 $a>0$, $b>0$, 有

$$\varphi'\left(\frac{a+b}{2}\right)=-2\ln\left(2\cdot\frac{a+b}{2}\right)=-\ln(a+b)^2,$$

$$\frac{\varphi'(a)+\varphi'(b)}{2}=-\frac{2\ln 2a+2\ln 2b}{2}=-\ln 4ab,$$

$$\varphi'\left(\frac{2ab}{a+b}\right)=-2\ln\left(2\cdot\frac{2ab}{a+b}\right)=-\ln\left(\frac{4ab}{a+b}\right)^2.$$

又由算术-几何平均不等式有

$$0<\frac{2\sqrt{ab}}{a+b}\leqslant 1, \text{且} \frac{a+b}{2}\geqslant\sqrt{ab}\geqslant\sqrt{ab}\cdot\frac{2\sqrt{ab}}{a+b}=\frac{2ab}{a+b},$$

可得 $$(a+b)^2\geqslant 4ab\geqslant\left(\frac{4ab}{a+b}\right)^2.$$

由 $y=-\ln x$ 为减函数, 得 $-\ln(a+b)^2\leqslant-\ln 4ab\leqslant-\ln\left(\frac{4ab}{a+b}\right)^2,$

即 $$\varphi'\left(\frac{a+b}{2}\right)\leqslant\frac{\varphi'(a)+\varphi'(b)}{2}\leqslant\varphi'\left(\frac{2ab}{a+b}\right).$$

研讨 1 本题能考查什么?

本题以函数为载体, 把函数性质、导数应用、几何切线、不等式证明等多项内容结合起来, 有考查知识、思想方法与能力的综合功能, 对考生的数学素养要求较高, 也体现了"能力立意, 在知识交汇处命题"的理念.

(1) 知识: 可以考查导数的概念, 基本初等函数(幂函数、对数函数)的导数, 导数的四则运算法则, 复合函数的导数, 导数的几何意义, 直线方程的点斜式, 求导确定函数的单调性, 求导确定函数的极值, 均值不等式, 不等式证明等不下 10 项知识.

(2) 思想方法: 可以考查函数与方程的数学思想, 数形结合的数学思想, 分

类与整合的数学思想，化归与转化的数学思想；还用到了待定参数法、代入法、消元法、求导法.

（3）能力：可以考查推理论证能力，运算求解能力，以及面对新情境调动已有知识去分析问题、解决问题的应用能力.

研讨 2 考查的效果怎么样？

数据显示，本题平均得 3.81 分，难度系数 0.27，区分度 0.51，满分 200 人，可以将学生的知识、能力拉开距离，既有利于高校选拔，又有利于中学教学.

并且，本题虽属拉开距离的高难题，但并不是形同虚设、零分扎堆的无效题（通常表现为难度系数低于 0.2），难度和区分度都比较恰当，还给最优秀的考生提供了充分展示的空间（满分）.

还有，本题虽有满分，但 20 多万理科考生出 200 个满分不算多（千里挑一），而全省的数学理科满分卷仅 20 人（全省的数学文科满分卷 15 人），没有满分扎堆（万里挑一），体现了"变个别难题把关为全卷把关".

研讨 3 本题的第（1）问有两条曲线 $y = f(x)$，$y = g(x)$ 相切的背景 $\begin{cases} f(x) = g(x), \\ f'(x) = g'(x). \end{cases}$ 现在的问题是：两条曲线的公共"切点"叫两曲线的"交点"还是"公共点"？经查阅资料，确实两种提法都有：

定义 1 若两条曲线有公共点并且在公共点上有公共切线，则称两条曲线相切.

定义 2 若两条曲线相交且在交点处有相同的切线，则称两条曲线相切.

现行中学教材和高考题中，对直线与圆锥曲线的"交点""公共点"存在使用不一致现象. 如

例 2 （2010 年高考数学广东卷（20）题）一条双曲线 $\dfrac{x^2}{2} - y^2 = 1$ 的左、右顶点分别为 A_1，A_2，点 $P(x_1, y_1)$，$Q(x_1, -y_1)$ 是双曲线上不同的两个动点.

（1）求直线 A_1P 与 A_2Q 交点的轨迹 E 的方程；

（2）若过点 $H(0, h)$（$h > 1$）的两条直线 l_1 和 l_2 与轨迹 E 都只有一个交点，且 $l_1 \perp l_2$，求 h 的值.

第（2）问中的"一个交点"包括直线与轨迹 E"相交"和"相切"两种情况，"切点"属于"交点"的一个子类.

例 3 （北京师范大学出版社《数学（选修 2 - 1）》第 88 页例 4）若直线 $l: y =$

$(a+1)x-1$ 与曲线 $C：y^2=ax$ 恰好有一个公共点,试求实数 a 的取值范围.

这里的"公共点"是"交点"和"切点"的统称,"切点"和"交点"是两个独立的类.

例 4 (同上,第 90 页习题 3-4,B 组第 1 题)如果直线 $y=kx-1$ 与双曲线 $x^2-y^2=4$ 没有公共点,求 k 的取值范围.

这里的"公共点"是"交点"和"切点"的统称,"没有公共点"是指两类点都"没有".

例 5 (同上,第 90 页习题 3-4,B 组第 2 题)两条曲线 $f_1(x,y)=0$, $f_2(x,y)=0$,它们的交点是 $P(x_0,y_0)$.求证方程 $f_1(x,y)+\lambda f_2(x,y)=0$ 的曲线也经过点 $P(x_0,y_0)$.(这里 λ 是任意实数)

这里的"交点"包括"相交"和"相切"两种情况,"切点"属于"交点"的一个子类.

例 6 (同上,第 96 页复习题 3,B 组第 1 题)若双曲线 $\dfrac{x^2}{9k^2}-\dfrac{y^2}{4k^2}=1$ 与圆 $x^2+y^2=1$ 没有公共点,求实数 k 的取值范围.

这里的"公共点"是"交点"和"切点"的统称,"没有公共点"是指两类点都"没有".

……

情况表明,需要教材编写者对"交点""切点""公共点"作出规范.我们认为,分歧的实质是把"相切"看作独立的一类位置关系呢,还是把"相切"看作"相交"的一个子类.我们赞成:

(1) 把"相切"看作独立的一类位置关系;

(2) 把"公共点"作为"交点"和"切点"的统称.交点满足 $\begin{cases} f(x)=g(x), \\ f'(x)\neq g'(x), \end{cases}$ 切点满足 $\begin{cases} f(x)=g(x), \\ f'(x)=g'(x). \end{cases}$

比如,直线与圆有三种独立的位置关系:相交(有两个不同的交点,或有两个公共点),相切(有两个重合的交点,或有一个公共点),相离(没有公共点).直线与椭圆的情况类似.

又如,直线与抛物线有三种位置关系:相交(可以有两个不同的交点,也可以仅有一个交点),相切(有两个重合的交点,或有一个公共点),相离(没有公共点).虽然直线交抛物线于"一点"与直线切抛物线于"一点"都是"一个公共点",但性质上是两类不同的位置关系;对应到方程,"交于一点"是一次方程的根,

"切于一点"是二次方程的重根. 直线与双曲线的情况类似.

再如,曲线 $y=x^3$ 与曲线 $y=x^2$ 有两类公共点,一类是交点$(1，1)$,另一类是切点$(0，0)$,它们在$(0，0)$处有公共切线 x 轴 $(y=0)$.

研讨 4 例1的第(2)问中,函数 $g(x)=a\ln x$,$a\in\mathbf{R}$,当 $a=0$ 时的定义域为$(0，+\infty)$还是 $\mathbf{R}$? 如果为 $\mathbf{R}$,那这时 $h(x)=\sqrt{x}$ 就有最小值 0,得第(2)问的答案为 $\varphi(a)=\begin{cases}2a(1-\ln 2a)，& a>0;\\ 0，& a=0.\end{cases}$

答案分歧的实质在于如何看函数 $g(x)=a\ln x$,$a\in\mathbf{R}$ 的定义域. 我们提供两个看问题的视点.

视点 1 姑且把 $g(x)=a\ln x$ 看成二元实函数,x 与 a 的地位平等,则二元实函数定义域为 $\begin{cases}x>0，\\ a\in\mathbf{R}.\end{cases}$ $x>0$ 不随 a 的取值而发生变化.

视点 2 回到一元实函数 $g(x)=a\ln x$,则 x 为自变量,a 为参数. 当 $a=0$ 时,函数 $g(x)=0\times\ln x$,不是没有了自变量,而是 0 乘以一个函数 $\ln x$,$g(x)$ 的自变量就是 $\ln x$ 的自变量. 数学上说"0 乘以任何数都等于 0",是指 0 乘以一个有意义的实数得出 0,不是 0 乘以一个在实数范围内不存在的东西也得出 0. 为了保证 $\ln x$ 为实数,当然还需 $x>0$,即 $g(x)=0\ (x>0)$. 所以,函数 $g(x)=a\ln x$ 的定义域为$(0，+\infty)$,不随 a 的取值而发生变化.

提出 $a=0$ 的问题很有深度,但答案还应是 $\varphi(a)=2a(1-\ln 2a)(a>0)$.

以上四个研讨的个人看法仅属研讨,盼批评指正.

第4篇 数学新课程高考考什么、怎么考①

摘 要 数学新课程高考考什么、怎么考,涉及新课程理念的认识,课程标准、现行教材、考试大纲的关系,高考与平时教学的关系,以及高考如何考创新、复习如何把握难度、第一年新课程高考通常会如何过渡等问题.

关键词 数学新课程;数学高考;高考考什么;高考怎么考

① 本文原载《中国数学教育》(高中版)2012(1/2):70－73;中国人民大学复印报刊资料《高中数学教与学》2012(4):17－21(署名:罗增儒).

数学新课程高考是众所关注的现实问题,本文在理论学习与实践调研的基础上,探讨数学新课程高考的宏观认识,涉及新课程理念的认识,课程标准、现行教材、考试大纲的关系,以及高考考什么、怎么考等问题. 为着"便于交流"的目的,采用题目问答的形式. 希望对高考复习和高考命题都能提供一些有益的启示.

1　问题 1:如何认识数学新课程理念?

我们从教育和数学两个维度上去认识,它们对高考都有宏观指导的作用.

(1) 教育的视角

现代学校教育制度实际上是工业经济时代的产物,工业经济时代学校教育模式的功能或价值可以概括为:把受教育者培养成为生产者和劳动者,成为生产和消费的工具. 然而,在当前的知识经济时代,这种教育模式的弊端引起了越来越多的有识之士的关注,越来越多的人认识到,如果不着手对基础教育课程进行改革,将严重影响国家的经济和社会发展. 新世纪开始的新课程强调以学生为本、探究性学习、多元化评价,提出"知识与技能,过程与方法,情感、态度与价值观"三维目标;强调情境、过程、探索、发现,倡导以下 9 个方面:

① 教学目标应是多元的;

② 课程内容应是整合的;

③ 知识学习应是建构的;

④ 学生个体应是发展的;

⑤ 教师应是反思型的;

⑥ 教学过程应是互动的;

⑦ 学生学习应是主动的;

⑧ 教学手段应是多媒体的;

⑨ 教学评价应是综合的.

(2) 数学的视角

新课程强调数学教学是数学活动的教学(而不仅仅是数学活动结果的教学);强调观察、实验、猜测、验证、推理与交流等数学活动;强调动手实践、自主探索和合作交流;强调学习内容应当是现实的、有意义的、富于挑战性的;强调师生之间、学生之间交往互动和共同发展. 在这些理念的推动下,数学教学的活动化取向、生活化取向、个性化取向正在热情地展开(体现人本主义、大众数学、建构主义),同时,出现的问题与争议也不少.

在高中数学课标中明确提出了 10 条基本理念：

① 构建共同基础,提供发展平台;

② 提供多样课程,适应个性选择;

③ 有利于形成积极主动、勇于探索的学习方式;

④ 有利于提高学生的数学思维能力;

⑤ 发展学生的数学应用意识;

⑥ 用发展的眼光认识"双基";

⑦ 返璞归真,注意适度的形式化;

⑧ 体现数学的文化价值;

⑨ 注重信息技术与数学课程的整合;

⑩ 建立合理、科学的评价机制.

2 问题 2：如何认识课程标准、现行教材、考试大纲的关系?

教育部课程编制的程序是这样的:

● 基础教育课程改革纲要(试行)(简称《纲要》);

● 普通高中课程方案(实验);

● 普通高中数学课程标准(实验);

● 高中数学教科书;

● 普通高等学校招生全国统一考试大纲.

由此可见,课标、教材、考纲有明显的上下位关系,仅从高考的角度指出三点.

(1) 以课程标准为准绳

新课改对高考的指导意见主要有两点.

①《纲要》第 7 条中指出：国家课程标准是教材编写、教学、评估和考试命题的依据. 就是说,课程标准具有法定的性质,是教材编写、教与学、课程管理与评价的法定依据,当然,高考命题也要以课程标准为准绳!

②《纲要》第 15 条中指出：高等院校招生考试制度改革,应与基础教育课程改革相衔接. 要按照有助于高等学校选拔人才、有助于中学实施素质教育、有助于扩大高等学校办学自主权的原则,加强对学生能力和素质的考查,改革高等学校招生考试内容,探索提供多次机会、双向选择、综合评价的考试、选拔方式. 这指出了高考改革的方向和高考命题的原则.

有一句话是这样说的：课程改革改到哪里,高考改革就改到哪里.

（2）以现行教材为根本

教材是课程的载体，是课程标准所规定的课程目标、课程内容的具体化. 因此高考命题"以课程标准为准绳"必然落实到"以现行教材为根本".

在具体实践中可以看到：

① 教材是考试内容的具体化；

② 教材是中、低档试题的直接来源；

③ 体现高校选拔需要的高档题也是根据教材的基本内容、基本方法编拟的，只不过是在综合性和灵活性上提出了较高要求；

④ 教材是学生解题能力的基本生长点. 试想，离开了课堂和课本学生还能从哪里找到解题依据、解题方法、解题体验？

离开了教材就离开了高考，问题在"怎样抓"，这个问题看似简单，实则复杂. 高考复习的难度，在于如何用好教材；高考复习的成功，在于真正用好教材.

（3）以考试大纲为依据

① 考试大纲是对考试性质、考试内容、考试形式的规定与说明. 可以说，考试大纲把"考什么、怎么考"都回答了.

② 全国统一考试大纲是在课程标准的指导下编写的，"依纲不靠本"；各省的考试大纲说明既会考虑本省的学生实际，又会考虑本省的教材实际，"依纲靠本".

③ 考试大纲的制定有利于克服考试工作中的盲目性，实现考试的科学化、标准化（包括限制命题的随意性）；也有利于考生复习备考，克服盲目性，减轻不必要的负担. 可以说，考试大纲把"专家怎样命题""学生怎样应试"都回答了.

3 问题 3：数学新课程高考考什么？

新课程实施不仅带来了考试内容的变化，而且教育理念、课程目标、人才规格等也都发生了变化，这对命题提出了新的挑战，特别是三维目标中的"过程与方法"如何考查、"情感、态度与价值观"如何考查、选考内容的平衡性如何保证等都是全新的课题. 情况表明，各地基本上是：以"知识与技能"为主干，兼顾"过程与方法"，努力体现"情感、态度与价值观". 数学新课程高考"考什么"重点体现在以下四个方面.

（1）考知识模块

① 文科必考内容：必修 1～必修 5，选修 1-1、选修 1-2，共 20 个模块，约 260 课时、180 个知识点.

② 理科必考内容：必修 $1\sim$ 必修 5,选修 $2-1$、选修 $2-2$、选修 $2-3$,共 21 个模块,约 290 课时、210 个知识点.

③ 选考内容主要有以下几个方面.

● 选修 $4-1$:《几何证明选讲》.

● 选修 $4-4$:《坐标系与参数方程》.

● 选修 $4-5$:《不等式选讲》.

● 也有考《矩阵与变换》的.

通常,一套试卷每一模块都会考到,一二百个知识点有不低于 60% 的覆盖面.

教师在复习中,常常将理科考试内容合并为 15 个知识块：集合,函数,立体几何,数列,解析几何,概率与统计,算法初步,三角,向量,逻辑与推理,不等式,导数与定积分,计数原理,复数,选修. 文科略有区别.

(2) 考数学能力

高考以能力立意,全面考查体现数学学科特点的七个能力.

① 空间想象能力：能根据条件作出正确的图形,根据图形想象出直观形象;能正确地分析出图形中的基本元素及其相互关系;能对图形进行分解、组合;会运用图形与图表等手段形象地揭示问题的本质.

② 抽象概括能力：对具体的、生动的实例,在抽象概括的过程中,发现研究对象的本质;从给定的大量信息材料中,概括出一些结论,并能用其解决问题或作出新的判断.

③ 推理论证能力：根据已知的事实和已获得的正确数学命题,论证某一数学命题真实性的初步的推理能力. 推理包括合情推理和演绎推理,论证方法既包括按形式划分的演绎法和归纳法,也包括按思考方法划分的直接证法和间接证法. 通常是运用合情推理进行猜想,再运用演绎推理进行证明.

④ 运算求解能力：会根据法则、公式进行正确运算、变形和数据处理;能根据问题的条件寻找与设计合理、简捷的运算途径;能根据要求对数据进行估计和近似计算.

⑤ 数据处理能力：会收集、整理、分析数据,能从大量数据中抽取对研究问题有用的信息,并作出判断. 数据处理能力主要依据统计或统计案例中的方法对数据进行整理、分析,并解决给定的实际问题.

⑥ 应用能力——简化为生活中简单的数学问题：能理解对问题陈述的材

料,并对所提供的信息资料进行归纳、整理和分类,将实际问题抽象为数学问题;能应用相关的数学方法解决问题进而加以验证,并能用数学语言正确地表达和说明.应用的主要过程是依据现实的生活背景,提炼相关的数量关系,将现实问题转化为数学问题,构造数学模型,并加以解决.

⑦ 创新能力——简化为创新意识:能发现问题、提出问题,综合与灵活地应用所学的数学知识、思想方法,选择有效的方法和手段分析信息,进行独立的思考、探索和研究,提出解决问题的思路,创造性地解决问题.创新意识是理性思维的高层次表现.对数学问题的"观察、猜测、抽象、概括、证明",是发现问题和解决问题的重要途径,对数学知识的迁移、组合、融会的程度越高,显示出的创新意识也越强.

(3) 考思想方法

试题关注对数学思想方法的考查.主要考查七个基本数学思想和七个常用解题方法.

① 基本数学思想

● 函数与方程的基本数学思想.(通过函数题)

● 数形结合的基本数学思想.(通过函数题,立体几何、解析几何综合题,构造图形等)

● 分类与整合的基本数学思想.(通过综合题,排列组合题,参数讨论题)

● 化归与转化的基本数学思想.(通过综合题)

● 特殊与一般的基本数学思想.(通过综合题,猜想题)

● 有限与无限的基本数学思想.(通过微积分函数题)

● 或然与必然的基本数学思想.(通过概率、统计题)

其中,函数与方程的数学思想方法、数形结合的数学思想方法、化归与转化的数学思想方法体现得最为突出.近年,或然与必然的基本数学思想分量在加重.

② 常用解题方法

● 待定系数法.

● 换元法.

● 配方法.

● 代入法.

- 消元法.

- 反证法.

- 数学归纳法.

（4）考个性品质

如何考查个性品质有难度，需要探索，但不会回避. 有三个方面可供努力.

① 体现数学视野

② 体现数学价值（科学价值、人文价值、理性思维、数学美）

③ 体现人文关怀

4　问题4：数学新课程高考怎么考？

数学新课程高考"怎么考"主要体现在七条命题原则上.

（1）依纲靠本

命题严格依据国家课程标准和《普通高等学校招生全国统一考试大纲》的要求，高考命题的依据是《考试说明》，而《考试说明》的依据是《课程标准》，教材是课程的载体. 因此高考命题最具体、最方便的依据是教材. 一般说来，本省命题以本省教材为主，多版本教材并存的地方常说"依纲不靠本"、不要"以本代纲"，但这并不是说高考命题要远离教材与教学，而是为了公平，要平等地对待各个版本，不刻意向某一版本倾斜.

（2）两个有利

既有利于高等学校选拔人才，又有利于中学推进素质教育.

（3）体现三维目标

体现普通高中课程改革的十个理念. 试题的解答能反映出学生的知识与技能、过程与方法、情感态度与价值观.

（4）突出基础性、灵活性、开放性、探究性、应用性和创新性

试题设计力求突出基础性和创新性，密切联系学生的生活经验和社会实际，既注重考查学生的基础知识、基本能力、基本方法、基本经验，又注重考查学生分析问题和解决问题的能力，体现出灵活性、开放性、探究性；既全面覆盖又重点突出（重点知识重点考查）.

（5）体现公平性

试题素材和解答要求对所有考生公平，避免需要特殊背景知识和特殊解答方式的题目.

（6）注重科学性

注重试卷整体设计,力求题型结构、内容比例、知识覆盖面等构成科学、合理,试题有适当的难度、区分度,试卷有良好的信度和效度.

（7）注重考试的可操作性

命题要有利于考试的组织和评卷的实施.

5 问题5：数学新课程高考如何考创新?

主要通过创新试题来考创新意识.数学创新试题是指在试题背景、试题形式、试题内容或解答方法等方面具有一定的新颖性与独特性的数学试题,其基本目的在于培养或诊断考生的数学创新意识与创新能力.

除了传统的计算题、证明题外,主要有以下几个方面.

（1）开放探索题：高考中的开放探索题是指条件完备,但结论不确定、需要探索的数学问题.有时候结论开放,为了阅卷方便,只要求考生写出一二个,不同的考生答案会不一样;有时候叙述为"是否存在……请说明理由",需要考生自己去探索出结论并加以证明.把开放性与探索性结合起来是这类题目的显著特点.

（2）信息迁移题：高考中的信息迁移题是在题目中即时提供一个新的数学情境(或给出一个名词概念,或规定一种规则运算等),让考生学习陌生信息后立即解答相关问题(迁移).这类题目背景公平,能有效考查学生的真实水平.由于高考的选拔性质,及时提供的新信息常常有一定的高等数学背景,但不是考高等数学知识.及时接收信息并立即加以迁移是两个相关的要点.

（3）情境应用题：这是一类有现实情境、重视应用的题目.要求考生通过文字语言、符号语言、图形语言、表格语言等的转换,揭示题目的本质属性,构建解决问题的数学模型.函数、方程、数列、不等式、概率统计等主体内容是高考应用题建模的主要载体.阅读理解和数学建模是解题的两个关键.

（4）过程操作题：这是一类通过具体操作过程,从中获得有关数学结论的题目,可以用来考查三维目标中的"过程与方法".由于高考条件的限制,"经历过程"无法"动手实践",只能是一些"语言描述的操作过程",但有的描述和操作会有现实情境,而不完全是数学内容的过程与操作.

（5）归纳(类比)猜想题：这是在观察相关数学情境的基础上,通过归纳或类比作出数学猜想的一类题目.本来,由归纳或类比作出的猜想可能对也可能错,但考试总是要求写出正确的猜想(学生中"有一定道理"的猜想可能会被判错).应该说,这是一类探索中的题型.

6 问题6:如何认识数学高考与平时教学的关系?

(1) 高考内容与教学内容(教材)是一致的

"是教什么就考什么,而不是考什么就教什么",所以有高考命题以教材为依据的提法.如上所说,高考命题的依据是《考试大纲》,而《考试大纲》的依据是《课程标准》,教材是课程的载体和具体化,因此高考命题最具体、最方便的依据是教材.

(2) 教学与考试是教育的两个不同过程

平时教学是学生从不知到知(或从知之较少到知之较多)、从能力较低到能力较高的一个学习过程,而高考只检验学生学习的结果,是对结果的一个评估过程.这是性质不同的两件事情.

(3) 平时教学要面对全体学生,按教学规律进行,如果平常教学按高考水平来要求"考什么就教什么、怎么考就怎么教",那是应试教育,不对的;而高考的基本任务是为高校选拔新生,必须在全体考生的成绩中"拉开距离",高考试题的难度是由成绩前 50% 左右考生的水平决定的,所以高考复习要按考试规律进行,"考什么就练什么、怎么考就怎么练"没错.

做个比喻,如图1,课本是整个瓶子,其结构易、中、难(由下而上)大致为 $6:3:1$ 或 $7:2:1$;高考试题内容就是瓶内的装物(空白部分),其结构易、中、难(由下而上)大致为 $3:5:2$.不抓瓶子就抓不住高考,但抓住瓶子却倒不出里面的装物,就是没有驾驭教材的能力,就是拿着书看不出里面的数学实质,就是"睁眼瞎".因此,

- 高考研讨的中心,应是如何用好教材;
- 高考复习的难度,在于如何用好教材;
- 高考复习的成功,在于真正用好教材.

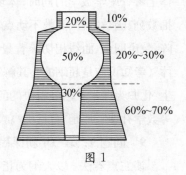

图1

7 问题7:如何把握新课程高考的难度?

我们认为新课程高考会减轻分量,降低难度,理科难度系数达到 $0.55\sim0.65$(难度系数 0.6 只不过是及格而已,为什么理科大学新生还要数学不及格呢),文科难度系数达到 $0.50\sim0.60$.主要有以下 5 条理由.

（1）高考一年复习必须改变；（提供素质教育的导向）

（2）"减负等于加压"必须改变；（提供素质教育的导向）

（3）新教材体现了从"窄而深"到"宽而浅"的转变；

（4）高考录取率已提高到百分之六七十以上，高等教育已经大众化；

（5）高考对社会的影响.（稳定是第一位的、高考命题宁易莫难）

所有试题的难度系数在 $0.2 \sim 0.9$ 之间，多数题的难度系数在 $0.4 \sim 0.7$ 之间（中档题为主体）.题目难度可以通过试做、参照往年同类题和绝对难度分析（包括知识点的个数、运算步骤数、推理转折点个数、情境的新鲜度、陷阱个数、赋分方式等）得出.

特别要降低两类数学题的难度：

① 降低微积分题的难度.

② 降低递推数列题的难度.

我们说连年考递推数列，会招致中学教学在递推数列上"盲目提高教学要求"或"猜题押题"的负面效应.

高考命题降低难度不是要鼓励平庸，而是要腾出更多的空间来创新，浅而不俗、活而不难.

8 问题 8：如何认识部分试题中的"高等背景"？

由于高考的首要任务是为高等院校选拔新生，高考命题是以高校教师为主体的，为了给创新试题提供新鲜情境，为了考查学生继续深造的潜能，"试题在主体上考查中学数学的同时，体现进一步学习高等数学的需要"是很自然的.如递推数列、函数方程、函数不动点、微分中值定理、泰勒展开式、伯恩斯坦多项式、矩阵、数论同余、曲线相切等背景都出现过.但是，这些高等背景只是"考能力的载体"（考知识应是超纲的），其解答只用到中学的知识与方法，所以，重要的是教学生"化归为课堂上已经解决的问题""化归为往年的高考题".我们不赞成去做"高等数学补课"，那是"盲目提高教学要求"，加重学生负担，而且，永远也补不完.

9 问题 9：第一年新课程高考通常会如何过渡？

谈三点看法：以大纲为指导，以教材为依据，以平稳为中心.

（1）以《考试大纲》为指导，以宁夏卷为基本蓝图，努力体现新课程改革的三维目标（以"知识与技能"为主干，兼顾"过程与方法"，体现"情感态度与价值观"）.

（2）以现行教材为依据,以稳定结构(试卷的结构包括试卷的内容比例、题型比例、难度比例等)、降低难度为基本桥梁,实现旧大纲到新课标的平稳过渡.一般说来,试卷中易、中、难三种试题的比例为 $3:5:2$(或 $4:4:2$),各种题型中易、中、难题目的比例分别为,选择题 $4:5:1$(或 $4:6:0$),填空题 $4:4:2$(或 $4:6:0$),解答题 $1:3:2$(或 $0:4:2$),全卷 $20\sim24$ 题,约 $28\sim30$ 问,长度控制在 $2\,000$ 个印刷符号,考生书写控制在 $3\,000$ 个印刷符号以内.

（3）以稳定为中心,以师生满意、社会满意为基准,会充分注意师生第一次使用新教材有一个适应过程的实际,会充分注意第一年还有往届生没有学过选修课等实际,控制选修分量.平稳是第一位的,宁易莫难.

参考文献

［1］陈中峰.从课改先行省份的高考数学试卷谈新课程高考命题改革方向[J].中国数学教育(高中版),2008(9)：14-22.

［2］朱恒元.峰回路转臻佳境,水到渠成开镜天：2010 年全国各地高考数学试卷的特点透视和趋势管窥[J].中国数学教育(高中版),2010(7/8)：2-13.

［3］洪秀满.当前对"三维目标"的理解和实施现状的调查[J].中国数学教育(高中版),2010(9)：2-4.

第5篇　中国高考之我见①

说起高考,我有比许多同龄人更加完整的经历：20 世纪六十年代我参加过高考;七八十年代(恢复高考初期)我辅导过毕业班高考(有的学生既是我在中学工作时的高中学生,后来又是我在大学时的数学系学生);从 1980 年开始,我长期参与高考阅卷,并曾担任试卷分析主笔;21 世纪以来我又广泛参与高考录取(任大学教务处长期间)和高考命题研究工作.可以说,高考的方方面面我只有一件事情没有经历过,那就是"高考落榜".虽然我没有经历"高考落榜",但我并不空白"高考落榜"的情感体验,因为当年我们都有"一颗红心,两种准备"的认识与忠诚,后来,我也看到了亲朋好友中的"高考落榜".所以,下面的"我见"

---

① 本文原载《中学数学教学参考》(上旬·高中)2014(4)：2-4,8;中国人民大学复印报刊资料《高中数学教与学》2014(7)：3-5,26(署名：罗增儒).

不是一个"高考受益者"的辩护,也不是一个"高考受害者"的控诉.谈六点看法,当中的观点难免会受到个人专业背景(数学)的影响.

1 对高考的五点基本认识

1.1 对于高考,要认识到进步性与局限性并存

历史上,通过考试选拔人才,委以管理责任,对于"世袭制"是一个巨大的进步,它对社会阶层的流动和社会矛盾的缓和起到了调节作用.中国人发明考试实在是对世界的一个伟大贡献,可以与"四大发明"同日而语.但是,考试作为测量人的才能学识的量表,与用尺子量布的长度、天平称物的重量相比,虽然性质相同但难度大得多.考试,很大程度上只是通过样本看整体,准确性和完整性都必然存在局限性.

同样,1977年恢复高考,对于"文化大革命"取消高考是一个巨大的进步,是在文化大倒退危急关头的一次历史选择,它不仅改变了很多人的命运,而且为日后的改革开放提供了智力支援.没有恢复高考所储备的人力资源与技术资源,改革开放的速度和成果必然会打点折扣.但是,经过30多年的累积,高考内在的局限性也催生了中国教育的一个怪胎:应试教育."应试教育"是对教育弊端的一个概括.教育弊端不是高考一个因素造成的,也不是高考一个因素就能造成的,但高考有"催生"的责任.

所以,作为历史选择的高考,我们要认识到其进步性与局限性并存.虽然高考还有许多不尽如人意的地方,但高考不是最差的选择,在可见的将来,也还没有更成功的选人方式可供替代.

中国教育改革的历史表明,激烈的、否定式的变革都鲜有成功的(有的甚至适得其反).高考需要改革,但不是取消;高考改革"理念要前卫,操作要平稳".

1.2 对于高考,要处理好竞争性与和谐性的关系

考试选拔本身就是一种竞争.招生人数较少时存在考不考得上大学的竞争,招生人数较多时也存在考不考得上"本科大学"、考不考得上"重点大学"的竞争,它的实质是对未来社会地位的竞争.并且,这种竞争并不都是消极的,它促进青少年刻苦学习、努力进取.但是,这种竞争也并不都是积极的,特别是在"应试教育"愈演愈烈的时候,"千军万马过独木桥"会影响人的健康和谐发展,会影响社会发展的健康和谐,会削弱考试本身的进步性,会削弱进步的素质教育本身,"科举八股"走向反面就是一个教训.

所以,对于高考,我们要处理好竞争性与和谐性的关系.

1.3　对于高考改革,要处理好公平性与创造性的关系

考试竞争的目的是选拔人才,关键是创新型人才.而为人才的选拔与竞争创造一个公平环境是社会的强势共识,高考的高信誉很大程度上就在于它的纪律严明和"在分数面前人人平等",就在于社会对高考"严明"和"平等"的高度认可.为了公平,试卷的覆盖面加大了,试题的标准化增强了,阅卷的规范性提高了,多一分考上少一分考不上也没有任何商量的余地……正如给房子装上铁门和铁窗有利于防盗而不利于消防一样,公平也是双刃剑,一个危险已经摆在了我们的面前:载体威胁到它所承载的内容,公平性正在牺牲创新性.本来,选拔的初衷是要让创新型人才脱颖而出,结果却有"钱学森之问":为什么我们的学校总是培养不出杰出人才?

看来,处理好公平性与创新性的关系是一个很深奥的理论与实践问题.

1.4　对于高考改革,要处理好科学性与功利性的关系

考试作为"育才—选才—用才"的一个中间环节,有自己的科学性规律,而千千万万的考生和家长在"未来社会地位竞争"的现实面前,在"市场经济"的无形大手之下,不可能没有自己的功利考虑,所以,当下的高考,实际上是科学性与功利性相互妥协的产物.

记得,有一段时间推行标准分,但社会不理解,又退回到了原始分,宁愿将人民币1元与1美元、1日元、1欧元直接相加.这是科学性的一次妥协.

为了全面了解考生,高考增加面试(包括心理测试等)不无合理成分,每科多考几天也不无合理成分(当年科举就是关在"单人单间"里连考几天),但现实情况可操作吗?社会成本能承受吗?这里有一个合理性与操作性的关系问题.

1.5　高考改革,应该消灭"一年复习"

高中课程两年学完三年毕业是典型的应试教育(个别地方还出现高一就文理分科,文科复习一年半的情况).前两年赶进度、教学夹生,是低效教学,第三年"深挖洞"复习,没有增加新的内容,是知识和学习的原地踏步空转,是生命和青春的奢侈消费,新课程中丰富的选修课"形同虚设".如果两年真能扎实学完不如就两年毕业好了,何必浪费一年时间(20世纪七八十年代有过高中两年毕业).若能从这复习的一年里拿出半年时间来学习新课,每科多学两本书没有问题,还可以解决高中数学与大学数学的脱节(高中数学只学3个三角函数,还不

学反三角函数,到了大学怎么办? 大学教学会补课吗?).

我问过一些老师,六月新高考题出来后有没有组织学生做,老师说做了;我问能得多少分,老师回答说平均一百二三十分;我再问复习一年后能得多少分,老师回答说还是平均一百二三十分,因为有的学生多了几分,有的学生少了几分,有的学生不变,所以,总体上还是平均一百二三十分.如果高考复习普遍都是这样,那么这一年就有"无效劳动"之嫌;如果这只是高考复习的个案,那么这一年也是买票看节目,结果大家都"椅子不坐站起来",有的人还在椅子上面加了张自带小板凳.

能否消灭"一年复习",应该成为高考改革成功与否的一个标志.

2 对数学高考命题的三条具体建议:降低题目难度、增强创新元素、提高命题质量

2.1 降低题目难度

我认为新课程高考应该减轻分量、降低难度,理科得分率控制在 0.60 左右,文科得分率控制在 0.55 左右.主要有五条理由.

(1)高考"一年复习"必须改变

长期以来,"高考复习加强"与"试题难度提高"之间存在恶性循环:高考复习的加强带来了考试成绩的提高,高考命题为了将难度系数控制在 0.50 就增大分量、提高难度;面对高考命题的分量增大、难度提高,高考复习就延长时间、增大强度……如此往复循环.不能期望高考复习首先后撤,高考命题不主动降低难度,高考复习的时间和强度就降不下来,实行素质教育就举步维艰.所以,为了提供素质教育的导向,高考试题的难度必须主动后撤.

(2)"减负等于加压"必须改变

"减负"已经从上一世纪说到这一世纪了,但是学生的负担并没有减下来,有的地方反而还压力加大了,故有"减负等于加压"的民间传说(难道是"减去一个负数等于加上一个正数"?).有人追寻原因,把源头指向了"高考".我并不认同小学的两极分化提前,高一就感到学习压力很大等新情况都与"高考"有关,但平时教学"盲目提高要求""过早文理分科""高考一年复习"等确实与"高考"有关.高考命题不主动降低难度,"减轻学生的学习负担、增加学生自主发展的空间"就是一句空话.为了提供发展性教育的导向,高考试题的难度应该降低.

(3)高考命题要适应新教材从"窄而深"到"宽而浅"的转变

数学新教材有许多变化,其中之一是课程内容体现了从"窄而深"到"宽而浅"的转变. 高考命题不能沿袭精英教育的做法,应该努力体现新教材"宽而浅"的转变：试题应该加强基础性,降低难度;应该加强灵活性,注重创新. 新课程高考中,在复数的模和单位根上做文章,在递推数列上大做文章,把高等数学成题(甚至研究生考试题)简单下放等,产生难度系数连 0.10 都不到的低效题,都是对新课程转变的盲目与无知.

(4) 高考命题要适应高等教育已经大众化的形势

因为高考录取率已经提高到 70% 了,精英教育已经转变为高等教育大众化了,高考命题不能再停留在招几万人、招一二十万人的历史阶段上(难度系数为0.50),高考招几百万人的难度系数应该提高到 0.60. 所谓得分率 0.60 只不过是及格而已,它意味着多数大学新生数学成绩及格(数学努力没有白费功夫),意味着继续学好高等数学更有信心,这也符合发展性评价的理念. 以前招生人数少,让落榜考生的数学成绩不及格不无道理,现在招生人数多了,为什么还要让大学新生的数学成绩不及格呢?

(5) 高考命题要考虑高考对社会的影响

社会的心态也要求高考降低难度,实现阳光高考、平安高考. 高考试题难度过大,不仅会打击学生的学习,打击教师的教学,而且会影响社会的稳定. 稳定是第一位的,高考命题宁易莫难. 当然,降低难度还可以体现人文关怀.

近几年数学自主命题的实践表明,平均分在 90 分(难度系数 0.60)以上的试卷普遍受到欢迎,而难度系数在 0.50 至 0.55 的试卷则会有舆论的压力.

高考的首要任务是为高等院校选拔新生,有人担心难度系数达到 0.60 会不会影响区分度? 理论和实践都回答"不会". 只要所有题目的难度系数都控制在 $0.20 \sim 0.90$ 之间,多数题目的难度系数控制在 $0.30 \sim 0.70$ 之间,区分度(用 D 表达)达到优秀($D \geqslant 0.40$)或良好($0.30 \leqslant D < 0.40$)没有困难. 北京市 2011 年高考数学理科卷的难度系数为 0.67,但依然具有较好的区分度.

2.2　增强创新元素

降低难度不是鼓励平庸,而是要腾出更多的空间来搞创新. 与降低题目难度相一致,我建议增强创新元素,有五条措施.

(1) 减少试题数量

现在的数学试卷一般有 20 多道题,28 至 30 问,考试时间是 120 分钟,平均到每一问约 4 分钟,除掉阅读和书写的必要时间,剩下思考的时间平均到每一问也就 2～3 分钟,很大程度上是考速度了,是考记忆的自动化反应了,这与真正的学习或研究有很大距离. 如果有关部门在五月底六月初,组织闱内命题专家 2 小时内试做一套外省试卷(交换试做),这么短的思考时间,难保没有抢眼的新闻.

减少题量可以腾出考思维质量的空间来,让试题出得"浅而不俗、活而不难""基础＋创新". 这样做,可以给学生更多的思考时间和空间,可以让思维有更好的呈现,可以使思维深度与思维速度有机结合起来,增强考试的创新元素.

可以考虑一下,能不能从 30 问中砍掉 8～10 问,比如选择题 6 道,填空题 4 道,解答题 5 道(每题 2 问或后两题各 3 问),选择题、填空题每题覆盖 2～6 个知识点(共覆盖知识点 30～40 个),解答题每题覆盖 6～12 个知识点(共覆盖知识点 40～50 个).

(2) 延长考试时间

现在的数学考试存在延长 30 分钟的空间,延长 30 分钟也在学生的身体承受能力之内,并且延长时间与减少题量同时进行,学生答题可以从容一些,发挥可以正常一些,使得发挥更有质量、更有深度,从而提高选拔的质量和准确性.

(3) 提供答题选择

与新课程增强了选择性相一致,高考答题也可以增强选择性,不仅选修内容学生可以选答,必修内容学生也可以选答. 比如:考 6 道选择题,可以出 8 道,学生从前 4 道中选 3 道、从后 4 道中选 3 道;考 4 道填空题,可以出 5 道,学生从中选 4 道;考 5 道解答题,可以出 6 或 7 道,学生从中选 5 道.

(4) 提高解答题的综合性、灵活性与应用性

题量减少了,时间延长了,选择增加了,不仅有利于考生的正常发挥,而且也腾出了更多的空间来搞命题创新. 选择题、填空题可以"基础＋灵活",解答题可以"综合＋创新",提高整套试卷的综合性、灵活性与应用性. 特别应该加强知识模块之间的综合,完成从知识模块单一型到综合型的过渡;特别应该加强知识应用的考查力度,考出学生的真才实学与创新精神;特别应该突出压轴题的原创性更新,摒弃懒惰的高等数学成题下放.

(5) 改革评分标准

在高考中,由于有的人理解得深,有的人理解得浅,有的人解决得多,有的人解决得少,为了区别这些情况,阅卷时总是按照所考查的知识点,分段评分:

踩上了知识点就给分,多踩多给. 据此,考生答题也就有了"分段得分",东踩踩、西踩踩,题目做不出来,得分点踩上了不少. 于是,"分段评分"的操作便利性模糊了真才实学与一知半解的界线,其标准的规范性也不利于有独特见解的考生脱颖而出,需要改革. 除了看知识点之外,还要看整体结构,还要看问题解决的程度,部分解决的要控制得分上限,整体解决的可以不拘泥于预设标准.

2.3　提高命题质量

提高命题质量的前提是试题切实体现新课改的三维目标,提高命题质量的关键是加强命题队伍的建设,提高命题质量的保证是加强社会对命题质量的监督.

（1）试题切实体现新课改的三维目标

新课程实施不仅带来了考试内容的变化,而且教育理念、课程目标、人才规格等也都发生了变化. 这对命题提出了新的挑战,特别是三维目标中的"过程与方法"如何考查、"情感、态度与价值观"如何考查、选考内容的平衡如何保证等,都是全新的课题. 情况表明,各地基本上是以"知识与技能"为主干,兼顾"过程与方法",努力体现"情感、态度与价值观". 这种情况有待改变,其中一个关键是加强命题队伍的建设.

（2）加强命题队伍的建设

如何不超纲、不压线而又考出创新,如何不繁、不难、不偏、不旧而又考出能力,如何既有利于高校选拔又为中学提供良好的教学导向,如何熟悉新课程和数以十万、百万学生的实际情况等,都有待于加强命题人员的培训来解决,都有待于加强命题的科学研究来解决,一句话,有待于建设一支相对稳定的、高水平的命题队伍来解决.

（3）加强社会对命题质量的监督

为了保证命题质量并不断提高科学性,不仅要对命题人加强培训,而且还要对命题工作加强监督,应该给师生提供监督试题、试卷质量的畅通途径与平等话语权,应该考虑进行命题立法,明确权利和义务、奖励与惩罚,对出错题、出超纲题应该作为事故给社会一个说法.

高考改革使得中国当前成为最需要教育家的时候,也成为最可能产生教育家的时候.

第6篇 从商榷到深化①
——也谈 2012 年高考数学山东卷理科第 16 题

文[1]对 2012 年高考数学山东卷理科第 16 题的答案提出商榷,本文从这个商榷的失误出发,谈一个认识的深化.

1 关于商榷

例1 (2012 年高考数学山东卷理科第 16 题,5 分)如图 1,在平面直角坐标系 xOy 中,一单位圆的圆心的初始位置在 $(0, 1)$,此时圆上一点 P 的位置在 $(0, 0)$,圆在 x 轴上沿正向滚动.当圆滚动到圆心位于 $(2, 1)$ 时,$\overrightarrow{OP}$ 的坐标为_____.

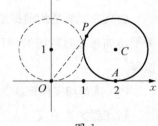

图 1

文[1]认为该题应该有三个答案 $P(2-\sin 2, 1-\cos 2)$,$P_1(-2\cos 2, 2\sin 2)$,$P_2\left(\dfrac{6}{5}, \dfrac{8}{5}\right)$,并且三个答案是"殊途同归"的,第 3 个答案最好.其实代入检验可知:三种答案并不等价,答案 $P_1(-2\cos 2, 2\sin 2)$ 和 $P_2\left(\dfrac{6}{5}, \dfrac{8}{5}\right)$ 都不对.文[1]的错误是从默认 OP 为圆的切线开始,然后越走越远,表现为心理性错误、知识性错误和逻辑性错误.

1.1 心理性错误

心理性错误主要指解题主体由于某些心理原因而产生的解题错误.本例中,题目并没有说 OP 是圆的切线,原答案求出 $P(2-\sin 2, 1-\cos 2)$ 也没有用到"切线"条件,这个"条件"是文[1]作者"默认"或"潜在假设"添加上去的,其添加的依据很可能是图 1 的粗糙直观:OP 像是切线.由图形的诱发、"默认 OP 为圆的切线",这主要是心理性错误,而由此又导致知识性错误和逻辑性错误.

1.2 知识性错误

知识性错误主要指所涉及的内容不符合数学事实.把不是切线的 OP 误为圆的切线,本身就是一个知识性错误.由这个假命题出发,文[1]推出了一系列

---

① 本文原载《福建中学数学》2014(1/2):29-31(署名:罗增儒).

的假命题,表现为一个个知识性错误.

表现 1　由切线的性质得 $OP=OA=2$,但 $OP=2$ 有知识性错误.

表现 2　由切线的性质及四边形的内角和推出 $\angle POA=\pi-2$,这又是一个知识性错误,其实 $\angle POA \neq \pi-2$.

表现 3　由上面两个知识性错误,文[1]推出 $\overrightarrow{OP_1}=(-2\cos 2,\ 2\sin 2)$,这是第 3 个知识性错误.

表现 4　由 $OP=2$,文[1]推出 $\overrightarrow{OP_2}=\left(\dfrac{6}{5},\ \dfrac{8}{5}\right)$,这是第 4 个知识性错误.

表现 5　文[1]在论证三种答案相互等价时,由切线的性质推得 $\angle OCP=\angle OCA=1$,则 $\cos 1=\cos\angle OCA=\dfrac{\sqrt{5}}{5}$, $\sin 1=\sin\angle OCA=\dfrac{2\sqrt{5}}{5}$,这有三个知识性错误,其一, $\angle OCP$ 与 $\angle OCA$ 并不相等,说 $\angle OCP=\angle OCA$ 是第 5 个知识性错误;其二, $\angle OCP$ 和 $\angle OCA$ 的弧度数不是 1,说 $\angle OCP=1$ 且 $\angle OCA=1$ 是第 6 个知识性错误;其三, $\cos 1\neq\dfrac{\sqrt{5}}{5}$, $\sin 1\neq\dfrac{2\sqrt{5}}{5}$,说 $\cos 1=\dfrac{\sqrt{5}}{5}$ 且 $\sin 1=\dfrac{2\sqrt{5}}{5}$ 是第 7 个知识性错误.

表现 6　文[1]在论证三种答案相互等价时,由 $\cos 1=\dfrac{\sqrt{5}}{5}$, $\sin 1=\dfrac{2\sqrt{5}}{5}$ 继续推得 $\cos 2=-\dfrac{3}{5}$, $\sin 2=\dfrac{4}{5}$ 是第 8 个知识性错误,其实 $\cos 2>-\dfrac{3}{5}$, $\sin 2>\dfrac{4}{5}$.

表现 7　文[1]在论证三种答案相互等价时,由 $\cos 2=-\dfrac{3}{5}$, $\sin 2=\dfrac{4}{5}$ 继续推得 $(2-\sin 2,\ 1-\cos 2)=(-2\cos 2,\ 2\sin 2)=\left(\dfrac{6}{5},\ \dfrac{8}{5}\right)$ 是第 9 个知识性错误,其实三者互不相等.

1.3　逻辑性错误

逻辑性错误主要指由于违反逻辑规则所产生的推理或论证上的错误.本例主要表现在两个地方:

表现 1　前提不真.上述知识性错误的种种表现,概源于"OP 为切线"的潜在假设,由此出发得出的错误结论,不在于推理过程,而在于前提"OP 为切线"失真,所以,这里的逻辑性错误在于"前提不真".依错误的前提进行推理,当然就得出错误的结论了.

表现 2 条件互相矛盾. 众所周知, 给题目增添条件, 有时只是降低了题目的难度, 并不导致假命题, 为什么本例会导出一个个知识性错误呢? 我们说, "OA 为切线且等于 2" 不能同时成立, 文[1]让 "$OA = 2$" 与 "OP 为切线"同时成立, 本身就是互相矛盾的, 对互相矛盾的条件进行有效推理, 当然就得出错误的结论了.

2 一个深化

2.1 问题的提出

上面, 我们就事论事地讨论了文[1]的错误, 要害是当 $OA = 2$ 时 OP 一定不是切线, 那么, 当 $OA \neq 2$ 时, 是否存在一点 P, 使 OP 是圆的切线呢? 这是一个探究性的问题.

一般地, 一个圆沿着一条定直线无滑动地滚动时, 圆周上的一个定点 P 的轨迹叫做摆线, 又叫做旋轮线. 摆线有周期性, 图 2(圆的半径为 r), 显示了其中一拱. 摆线有广泛的实际应用, 在机械传动中, 有的齿轮的齿形线就是摆线的一部分.

上述探究性的问题是: 摆线上是否存在一点 P, 使 OP 为滚动圆的切线?

2.2 问题的解决

例 2 如图 2, 在平面直角坐标系 xOy 中, 一个半径为 r 的圆的圆心的初始位置为 $(0, r)$, 此时圆上一点 P 的位置在 $(0, 0)$, 当圆在 x 轴上滚动时, 请问是否存在这样的点 P, 使 OP 为滚动圆的切线? 证明你的结论.

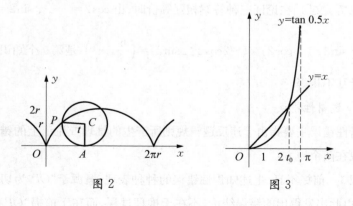

图 2   图 3

解 如图 2, 设滚动中圆心移动到 $C(rt, r)$, 不失一般性, 取 $0 < t < \pi$, 则

$\angle PCA = t$, $\overset{\frown}{PA} = OA = rt$.

又 $\overrightarrow{CP} = (r\cos\theta,\ r\sin\theta)$，其中 θ 为 $\overrightarrow{CP}$ 与 x 轴正方向的夹角，有 $\theta = \dfrac{3\pi}{2} - t$，

所以　$\overrightarrow{CP} = \left(r\cos\left(\dfrac{3\pi}{2} - t\right),\ r\sin\left(\dfrac{3\pi}{2} - t\right)\right) = (-r\sin t,\ -r\cos t)$.

有　$\overrightarrow{OP} = \overrightarrow{OA} + \overrightarrow{AC} + \overrightarrow{CP} = (rt,\ 0) + (0,\ r) + (-r\sin t,\ -r\cos t)$

$\qquad\qquad = (rt - r\sin t,\ r - r\cos t).$（摆线的参数方程）

这时 OP 为滚动圆切线的充要条件是 $\overrightarrow{OP} \cdot \overrightarrow{CP} = 0$,

即　　$(rt - r\sin t,\ r - r\cos t) \cdot (-r\sin t,\ -r\cos t) = 0$,

得　　　　　　　　　　$t\sin t + \cos t - 1 = 0$.

设　　　　$f(t) = t\sin t + \cos t - 1,\ t \in [0,\ \pi]$,

有 $f(2) = 2\sin 2 + \cos 2 - 1 > 2\sin\dfrac{2\pi}{3} + \cos\dfrac{2\pi}{3} - 1 = \sqrt{3} - \dfrac{1}{2} - 1 > 0$,

$\qquad\qquad f(\pi) = \pi\sin\pi + \cos\pi - 1 = -2 < 0$,

故存在 $t_0 \in (2,\ \pi)$，使 $f(t_0) = 0$,

即存在 $t_0 \in (2,\ \pi)$，使 OP 为滚动圆的切线.

说明　由 $f'(t) = t\cos t$ 知，当 $t \in \left(0,\ \dfrac{\pi}{2}\right)$ 时，$f'(t) > 0$，得 $f(t)$ 单调递

增，有 $f(t) > f(0) = 0$，故 $f(t)$ 在 $t \in \left(0,\ \dfrac{\pi}{2}\right)$ 没有零点；当 $t \in \left(\dfrac{\pi}{2},\ \pi\right)$ 时，

$f'(t) < 0$，得 $f(t)$ 单调递减，函数 $f(t)$ 在 $t \in \left(\dfrac{\pi}{2},\ \pi\right)$ 上有且只有一个零点.

如上所说，这个零点 $t_0 \in (2,\ \pi)$.

2.3　一个直观显示

把 $t\sin t + \cos t - 1 = 0,\ t \in (0,\ \pi)$ 作变形，

有 $2t\sin\dfrac{t}{2}\cos\dfrac{t}{2} = 2\sin^2\dfrac{t}{2}$，约去 $2\sin\dfrac{t}{2} \neq 0$,

得 $t\cos\dfrac{t}{2} = \sin\dfrac{t}{2}$，可化为 $t = \tan\dfrac{t}{2}$.

再作出函数 $y = x$，$y = \tan\dfrac{x}{2}$ 在 $t \in (0,\ \pi)$ 上的图像（如图 3 所示），则可

见：存在唯一的 $t_0 \in (2, \pi)$ 使 $t_0 = \tan \dfrac{t_0}{2}$，即在 $(0, \pi)$ 上存在唯一的 $t_0 \in (2, \pi)$，使对应的 OP 为滚动圆的切线. 这再次说明文[1]的商榷欠妥.

以上个人看法，盼批评指正.

参考文献

[1] 刘海龙. 关于2012年高考山东数学理科卷第16题答案的商榷[J]. 福建中学数学，2013(7/8)：32-33.

第7篇　一道 2017 年高考三角试题的双面剖析[①]

2017 年高考数学全国卷 Ⅱ 理科有一道中档三角题（难度系数约为 0.55），本文从正反两方面对它进行研讨，正面是"解法与反思"，反面是"错误与剖析"，将在深层揭示的基础上提供新的解法并指导考试技术，从中可以感悟数学素养及其对数学解题的指导意义，欠妥之处盼同行们不吝赐教. 首先给出题目：

例 1　（2017 年高考数学全国卷 Ⅱ 理科第 17 题，12 分）$\triangle ABC$ 的内角 A，B，C 所对的边分别为 a，b，c，已知 $\sin(A+C) = 8\sin^2 \dfrac{B}{2}$.

（Ⅰ）求 $\cos B$；

（Ⅱ）若 $a+c=6$，$\triangle ABC$ 的面积为 2，求 b.

1　解法与反思

笔者将在常规解法的基础上反思，努力接近问题的深层结构，积极形成优化的认知结构，自然也就产生出新的解法.

1.1　常规思路分析

(1) 第(Ⅰ)问的思路分析

解决第(Ⅰ)问有两个基本的思路.

思路 1　分层解决的思路. 题目的条件是一个三角等式，题目的结论是求出余弦值 $\cos B = \dfrac{15}{17}$，这也可以看成一个三角等式，因而，此题的求解方向就是从

---

① 本文原载《中学数学教学参考》（上旬·高中）2017(10)：45-51（署名：罗增儒）.

等式到等式的三角恒等变形,解题的方向明确了.

三角恒等变形有三套公式,本题应该选择哪些公式呢? 运用差异分析法可以回答这个问题(三角问题特别适合使用差异分析法),其差异通常从角、函数名称和运算方式三个方面去寻找,如表1.

表1

	条件	结论	作出消除差异的反应
角的差异	有全角 A,C,又有半角 $\dfrac{B}{2}$	只有全角 B	诱导公式可把角 A,C 化为 B;半(倍)角公式可将 $\dfrac{B}{2}$ 与 B 互化
函数名称的差异	有正弦,又有余弦	只有余弦	同角关系公式统一为余(正)弦
运算方式的差异	有角的加法,又有函数的平方	只有角 B 的余弦	运算求出 $\cos B$ 的值

题目的求解过程基本上就是这三个差异的消除过程——解题的方法清楚了,接下来就是操作的技巧完成(参见解法 1).值得注意的是,由于半(倍)角公式表现形式的多样性,解法也应该会有多样性.

思路 2　解(三角)方程的思路.从方程的观点看来,题目条件的等式可以看成含三角函数的方程(三角方程),结论可以看成是解(三角)方程,中间的三角变形就是化简三角方程(涉及三套三角恒等变形公式).当然,现行教材已不讲三角方程,但教师应该是清楚的.更重要的是: 能否用"方程的观点看问题",会成为数学素养强弱的一个试金石.

(2) 第(Ⅱ)问的思路分析

结论"求边长 b"属于解三角形的工作,一般情况下是根据三个独立的条件求出三角形的其他元素,基本方法是用正弦定理、余弦定理(常常离不开三角形的内角和定理、三角形面积公式等知识).存在两个应用余弦定理的思考层次.

层次 1　两问存在串联关系的思路.本层次的思考是,为了求出边长 b,由于第(Ⅰ)问已经提供了 $\cos B$,所以首先想到余弦定理 $b^2=a^2+c^2-2ac\cos B$,其中需要确定的 a^2+c^2 和 ac,可以联系第(Ⅱ)问的追加条件 $a+c=6$,$S_{\triangle ABC}=\dfrac{1}{2}ac\sin B=2$ 而获得解决.(这亦可能是命题人的一个意图)

层次 2 解三角形的更一般思路. 本层次的更广泛的思考是: 为了求出边长 b, 需要三个独立的条件. 首先由第(Ⅰ)问已经得出的 $\cos B$, 相当于给出了一个角; 然后是第(Ⅱ)问追加的两个条件: 涉及边长的 $a+c=6$, 和涉及面积的 $S_{\triangle ABC}=2$. 这启示我们搜索三角形面积公式, 如 $S=\dfrac{1}{2}ah_a$, $S=\dfrac{1}{2}ac\sin B$, $S=\sqrt{p(p-a)(p-b)(p-c)}$($p$ 为半周长), $S=\dfrac{1}{2}R^2(\sin 2A+\sin 2B+\sin 2C)$, $S=\dfrac{abc}{4R}$(R 是外接圆半径), $S=rp$(r 为内切圆半径), $S=S_{\triangle BCI}+S_{\triangle ABI}-S_{\triangle ACI}=\dfrac{(a+c-b)r_b}{2}$(参见解法 3 的图 1, r_b 是与边 AC 及 BA, BC 的延长线相切的旁切圆的半径)等.

根据搜索, 从中提取 $S=\dfrac{1}{2}ac\sin B=2$, 可以求出 $ac=\dfrac{17}{2}$, 与追加条件 $a+c=6$ 联立又相当于给出了角 B 的两条夹边, 于是, "两边夹角"正是用余弦定理来求解的思路. (参见解法 1、解法 2)

根据搜索, 还可以从中提取 $S=rp=2$(或 $S=\dfrac{1}{2}r_b(a+c-b)=2$), 把 $a+c=6$ 代入有 $r(6+b)=4$(或 $r_b(6-b)=4$), 这时, 只需由已知再确定一个关于 r, b(或 r_b, b)的等量关系(参见解法 3、解法 4). 可见, 第(Ⅱ)问的求解思路应该是不唯一的.

1.2 一题多解

下面先根据思路分析给出题目的四种解法, 并对解题过程做出一些必要的说明. 如果说思路分析更体现"逻辑推理"数学素养的话, 那么, 在具体书写中则同时体现了"数学运算""逻辑推理"等数学素养.

解法 1 (Ⅰ)(来自评分参考)由题设及 $A+B+C=\pi$, 得 $\sin B=8\sin^2\dfrac{B}{2}$, 故 $\sin B=4(1-\cos B)$. 两边平方, 整理得

$$17\cos^2 B-32\cos B+15=0,$$

解得 $\qquad\qquad \cos B=1(舍去), \cos B=\dfrac{15}{17}.$

说明1 这里有三个得分点,恰好对应着消除三个差异.

得分点 1:消除角的差异,统一为关于角 B 的等式 $\sin B = 4(1 - \cos B)$,用到三角形内角和定理、诱导公式和半角公式(可得 3 分).中等水平的考生可以到达这一步.

得分点 2:消除函数名称的差异,化为 $\cos B$ 的二次方程 $17\cos^2 B - 32\cos B + 5 = 0$(可得 2 分),用到平方和公式,其实质是解下述方程组的消元步骤

$$\begin{cases} \sin B = 4(1 - \cos B), \\ \sin^2 B + \cos^2 B = 1. \end{cases}$$

中上水平的考生才能领悟并完成这一步骤,因而可以体现考生数学素养的高低.

得分点 3:消除运算方式的差异,解方程得出 $\cos B = \dfrac{15}{17}$(可得 1 分).这一步初中生也能完成.

(Ⅱ)(来自评分参考)由 $\cos B = \dfrac{15}{17}$,得 $\sin B = \dfrac{8}{17}$,

故 $$S_{\triangle ABC} = \frac{1}{2}ac\sin B = \frac{4}{17}ac.$$

又 $$S_{\triangle ABC} = 2, 则 \ ac = \frac{17}{2}.$$

由余弦定理及 $a + c = 6$ 得,

$$b^2 = a^2 + c^2 - 2ac\cos B = (a+c)^2 - 2ac(1 + \cos B)$$
$$= 36 - 2 \times \frac{17}{2} \times \left(1 + \frac{15}{17}\right) = 4, 所以 \ b = 2.$$

说明2 这里有两个关键得分点.

得分点 1:求出 $ac = \dfrac{17}{2}$(可得 3 分),用到了面积公式 $S_{\triangle ABC} = \dfrac{1}{2}ac\sin B$ 及平方和公式求出 $\sin B = \dfrac{8}{17}$(第二次用到平方和公式).

得分点 2:用余弦定理计算出 $b = 2$,体现了化归思想指导下有目的的变形与运算(可得 3 分),可以体现考生数学运算素养的高低.

解法 2 （Ⅰ）由题设及 $A+B+C=\pi$，得 $\sin B=8\sin^2\dfrac{B}{2}$.

把 $\sin B=2\sin\dfrac{B}{2}\cos\dfrac{B}{2}$ 代入左边，并约去 $\sin\dfrac{B}{2}\neq 0$，得 $\cos\dfrac{B}{2}=4\sin\dfrac{B}{2}$. 代入 $\sin^2\dfrac{B}{2}+\cos^2\dfrac{B}{2}=1$，可得 $\sin^2\dfrac{B}{2}=\dfrac{1}{17}\left(\text{或}\ \cos^2\dfrac{B}{2}=\dfrac{16}{17}\right)$，故 $\cos B=1-2\sin^2\dfrac{B}{2}=\dfrac{15}{17}\left(\text{或}\ \cos B=2\cos^2\dfrac{B}{2}-1=\dfrac{15}{17}\right)$.

说明 3 这个解法从方程的观点上看，与解法 1 没有多大区别，都是第一步化简含三角函数的方程(组)，第二步解(三角)方程. 但从操作上有三个不同.

第一个不同：消除角的差异时，不是统一为关于角 B 的等式，而是化为关于半角 $\dfrac{B}{2}$ 的等式 $\cos\dfrac{B}{2}=4\sin\dfrac{B}{2}$，用到三角形内角和定理、诱导公式和倍角公式.（可得 3 分）

第二个不同：与解法 1 最后解方程不同，此处是先与平方和公式 $\sin^2\dfrac{B}{2}+\cos^2\dfrac{B}{2}=1$ 联立，解出 $\sin^2\dfrac{B}{2}=\dfrac{1}{17}$ 或 $\cos^2\dfrac{B}{2}=\dfrac{16}{17}$（可得 2 分）；最后，才用倍角公式求出 $\cos B=\dfrac{15}{17}$.（可得 1 分）

第三个不同：与解法 1 最后排除增根 $\cos B=1$ 不同，此处是提前约去 $\sin\dfrac{B}{2}\neq 0$，因而就不存在增根了.

（Ⅱ）由第（Ⅰ）问中 $\cos B=\dfrac{15}{17}$ 可得 $\sin B=\dfrac{8}{17}$（或由 $\sin^2\dfrac{B}{2}=\dfrac{1}{17}$ 可得 $\sin B=8\sin^2\dfrac{B}{2}=\dfrac{8}{17}$）.

又由 $2=S_{\triangle ABC}=\dfrac{1}{2}ac\sin B=\dfrac{4}{17}ac$，得 $ac=\dfrac{17}{2}$.

与 $a+c=6$ 联立，知 a，c 为二次方程 $x^2-6x+\dfrac{17}{2}=0$ 的两个根，由

$$\begin{cases} \Delta=36-4\times\dfrac{17}{2}=2>0, \\ x_1+x_2=6>0, \\ x_1+x_2=\dfrac{17}{2}>0, \end{cases}$$
知方程确实有两个正实根，三角形是存在的.

由余弦定理有 $b^2 = a^2 + c^2 - 2ac\cos B = (a+c)^2 - 2ac(1+\cos B) = 36 - 2 \times \dfrac{17}{2} \times \left(1 + \dfrac{15}{17}\right) = 4$,得 $b = 2$.

说明 4 这个解法与解法 1 的不同是:增加了"三角形存在性"的说明,这不是多余的,当学生模仿上述方法做下例时,会对一个不存在的三角形得出 $b = 1$ 的错误结论.

例 2 $\triangle ABC$ 的内角 A,B,C 所对的边分别为 a,b,c,已知 $\sin(A+C) = 8\sin^2\dfrac{B}{2}$,$a+c = \sqrt{33}$,$\triangle ABC$ 的面积为 2,求 b.

解 由题设及 $A + B + C = \pi$,得 $\sin B = 8\sin^2\dfrac{B}{2}$,故 $\sin B = 4(1 - \cos B)$.

与 $\sin^2 B + \cos^2 B = 1$ 联立,可解得 $\cos B = \dfrac{15}{17}$,$\sin B = \dfrac{8}{17}$.

故 $2 = S_{\triangle ABC} = \dfrac{1}{2}ac\sin B = \dfrac{4}{17}ac$,得 $ac = \dfrac{17}{2}$.

由余弦定理及 $a + c = \sqrt{33}$ 得,$b^2 = a^2 + c^2 - 2ac\cos B = (a+c)^2 - 2ac(1 + \cos B) = 33 - 2 \times \dfrac{17}{2} \times \left(1 + \dfrac{15}{17}\right) = 1$,所以 $b = 1$.

但是,方程组 $\begin{cases} a + c = \sqrt{33}, \\ ac = \dfrac{17}{2} \end{cases}$ 无实数解,满足例 2 条件的三角形并不存在.

所以,教师应该思考条件是否相容,例 1 的解法 1 是在条件相容前提下的"整体处理".

解法 3 同解法 2 得

$$\cos\frac{B}{2} = 4\sin\frac{B}{2}, \quad \tan\frac{B}{2} = \frac{1}{4}. \qquad\qquad ①$$

由此,可以并列完成两问:

(Ⅰ) $\cos B = \dfrac{1 - \tan^2\dfrac{B}{2}}{1 + \tan^2\dfrac{B}{2}} = \dfrac{15}{17}$.

说明 5 表面上,这个解法直接由 $\tan\dfrac{B}{2} = \dfrac{1}{4}$ 求 $\cos B$(万能公式),比解法

1、解法 2 都节约了平方和公式,其实不然,万能公式在推导过程中用了平方和公式:

$$\cos B = \cos^2 \frac{B}{2} - \sin^2 \frac{B}{2} = \frac{\cos^2 \frac{B}{2} - \sin^2 \frac{B}{2}}{\cos^2 \frac{B}{2} + \sin^2 \frac{B}{2}} = \frac{1 - \tan^2 \frac{B}{2}}{1 + \tan^2 \frac{B}{2}}.$$

（Ⅱ）如图 1,设 $\triangle ABC$ 的内切圆半径为 r,由①有

$$r = BD \cdot \tan \frac{B}{2} = \frac{a + c - b}{2} \cdot \tan \frac{B}{2}$$

$$= \frac{6 - b}{2} \cdot \frac{1}{4} = \frac{6 - b}{8}.$$

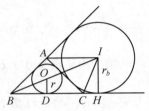

图 1

又由三角形的面积为 2,有

$$2 = S_{\triangle ABC} = \frac{a + b + c}{2} \cdot r = \frac{6 + b}{2} \cdot \frac{6 - b}{8} = \frac{36 - b^2}{16}, 得 b = 2.$$

说明 6　这个解法的特点是借助图形直观把三角形的基本面貌呈现了出来.由图 1 还可见,换成旁切圆计算完全一样.有:

$$\begin{cases} r_b = BH \cdot \tan \frac{B}{2} = \frac{a + c + b}{2} \cdot \tan \frac{B}{2} = \frac{6 + b}{2} \cdot \frac{1}{4} = \frac{6 + b}{8}, \\ 2 = S_{\triangle ABC} = \frac{a + c - b}{2} r_b = \frac{6 - b}{8} \cdot \frac{6 + b}{8} = \frac{36 - b^2}{16}. \end{cases}$$

解法 4　同解法 2 得 $\cos \frac{B}{2} = 4 \sin \frac{B}{2}$.

再由半角公式,有 $\sqrt{\dfrac{1 + \cos B}{2}} = 4 \sqrt{\dfrac{1 - \cos B}{2}}$,得 $\dfrac{1 + \cos B}{1 - \cos B} = 16.$ 　②

由此,可以并列完成两问:

（Ⅰ）由②解得 $\cos B = \dfrac{15}{17}.$

（Ⅱ）由已知有 $\sin B = 8 \sin^2 \dfrac{B}{2} = 4(1 - \cos B)$,$S_{\triangle ABC} = \dfrac{1}{2} ac \sin B = 2$,得

$$ac = \frac{4}{\sin B} = \frac{1}{1 - \cos B}.$$ 　③

由余弦定理及②、③,有

$$b^2 = a^2 + c^2 - 2ac\cos B = (a+c)^2 - 2ac(1+\cos B)$$

$$= (a+c)^2 - 2 \cdot \frac{1+\cos B}{1-\cos B}(由 ③)$$

$$= 6^2 - 2 \times 16 = 4.(由 ②)$$

得 $b = 2$.

1.3　反思深化

(1) 反思第(Ⅰ)问的一题多解

对于求解答案来说,解题有一个解法就够了,为什么还要"一题多解"呢? 笔者认为,一题多解有两个潜在功能: 其一,多角度审视有助于接近问题的深层结构; 其二,一个问题沟通了不同的知识,有助于形成优化的认知结构.

对于第(Ⅰ)问,四个解法分别将已知条件 $\sin(A+C) = 8\sin^2 \dfrac{B}{2}$ 化为多种形式:

$$\sin B = 4(1 - \cos B),$$

$$\cos \frac{B}{2} = 4\sin \frac{B}{2},$$

$$\tan \frac{B}{2} = \frac{1}{4},$$

$$\sqrt{\frac{1+\cos B}{1-\cos B}} = 4.$$

但其区别只是表面和形式上的,因为

$$\tan \frac{B}{2} = \frac{\sin \dfrac{B}{2}}{\cos \dfrac{B}{2}} = \sqrt{\frac{1-\cos B}{1+\cos B}} = \frac{1-\cos B}{\sin B} = \frac{2\sin^2 \dfrac{B}{2}}{\sin(A+C)} = \frac{1}{4}.$$

从这一意义上说,"一题多解"确实有助于形成优化的认知结构. 并且,由此立即可以获得启发,展开更长的知识链

$$\tan \frac{B}{2} = \frac{\sin \dfrac{B}{2}}{\cos \dfrac{B}{2}} = \sqrt{\frac{1-\cos B}{1+\cos B}} = \frac{\sin B}{1+\cos B} = \frac{1-\cos B}{\sin B} = \frac{2\sin^2 \dfrac{B}{2}}{\sin(A+C)} = \frac{1}{4},$$

并产生更接近问题深层结构的解法.(参见解法 5)

(2) 反思一个流行的错觉

题目本身和常规解法都会给我们一个印象:第(Ⅰ)问与第(Ⅱ)问存在串联关系,第(Ⅰ)问的结论是第(Ⅱ)问的条件,但解法 3、解法 4 已经表明,求出 $\tan\dfrac{B}{2}=\dfrac{1}{4}$,$\dfrac{1+\cos B}{1-\cos B}=16$ 后,既可以计算第(Ⅰ)问也可以并列完成第(Ⅱ)问.因而,用第(Ⅰ)问的结论去做第(Ⅱ)问只是一种可行的选择,认为"第(Ⅱ)问与第(Ⅰ)问存在必然的顺序关系"只是一个错觉.值得注意的是,这种顺序(或串联)错觉,会给第(Ⅰ)问求解有瑕疵的考生直接带来第(Ⅱ)问的失分.

这两个反思促使我们思考余弦定理与面积的直接联系,并产生新的解法.

解法 5 把平方和公式化成比例,代入已知条件有

$$\frac{1+\cos B}{\sin B}=\frac{\sin B}{1-\cos B}=\frac{\sin(A+C)}{2\sin^2\dfrac{B}{2}}=4. \qquad ④$$

由此,可以并列完成两问:

(Ⅰ) 由④知 $\dfrac{1+\cos B}{1-\cos B}=\dfrac{1+\cos B}{\sin B}\cdot\dfrac{\sin B}{1-\cos B}=4\times 4=16$,解得 $\cos B=\dfrac{15}{17}$.

(Ⅱ) 由④知 $\dfrac{1+\cos B}{\sin B}=4$,又由 $a+c=6$ 及 $ac=\dfrac{2S_{\triangle ABC}}{\sin B}$,代入余弦定理,得

$$
\begin{aligned}
b^2 &= a^2+c^2-2ac\cos B=(a+c)^2-2ac(1+\cos B)\\
&=(a+c)^2-4S_{\triangle ABC}\cdot\frac{1+\cos B}{\sin B} \qquad ⑤\\
&=6^2-4\times 2\times 4=4,
\end{aligned}
$$

得 $b=2$.

说明 7 如图 2,设 $\angle F_1PF_2=\theta$,若在椭圆的标准方程 $\dfrac{x^2}{a^2}+\dfrac{y^2}{b^2}=1$ 中,对 $\triangle PF_1F_2$ 应用余弦定理且结合⑤式则有

$$(2c)^2=(2a)^2-4S\frac{1+\cos\theta}{\sin\theta},$$

变形,得
$$S = (a^2 - c^2)\,\frac{\sin\theta}{1 + \cos\theta} = b^2\tan\frac{\theta}{2}.$$

即椭圆焦点三角形的面积为 $S = b^2\tan\dfrac{\theta}{2}$,则

例 1 就可以改写为:

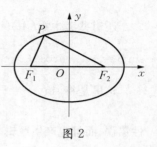

图 2

例 3 如图 2,$\triangle PF_1F_2$ 是椭圆 $\dfrac{x^2}{3^2} + \dfrac{y^2}{b^2} = 1$ 的

焦点三角形,满足 $\sin(\angle F_1 + \angle F_2) = 8\sin^2\dfrac{\angle P}{2}$,

$S_{\triangle PF_1F_2} = 2$,求 $|F_1F_2|$ 的值.

2　错误与剖析

解题首先要有知识基础和组织知识内容的思维能力,同时在调动和配置知识内容时还需要经验与良好的心理. 也就是说,成功的解题有知识因素、能力因素、经验因素和情感因素. 如果这些方面存在欠缺,就会出现不成功或失败的解题,表现为:知识性错误、逻辑性错误、策略性错误、心理性错误.

2.1　解题错误的性质

(1) 知识性错误

这主要指由于数学知识上的缺陷所造成的错误. 如误解题意、概念不清、记错法则、用错定理,不顾范围使用方法等. 核心是所涉及的内容是否符合数学事实.

比如第(Ⅰ)问,有考生由 $\sin(A + C) = 8\sin^2\dfrac{B}{2}$ 得出 $\sin B = 4(1 - \sin B)$,于是 $\sin B = \dfrac{4}{5}$,得 $\cos B = \dfrac{3}{5}$.

这里是将 $\sin^2\dfrac{B}{2} = \dfrac{1 - \cos B}{2}$ 误认为 $\sin^2\dfrac{B}{2} = \dfrac{1 - \sin B}{2}$,犯有知识性错误(不排除有心理性错误). 其后果不仅影响第(Ⅰ)问,还直接影响第(Ⅱ)问,这位考生下来就由 $\sin B = \dfrac{4}{5}$,$\cos B = \dfrac{3}{5}$ 得出 $2 = S_{\triangle ABC} = \dfrac{1}{2}ac\sin B = \dfrac{2}{5}ac \Rightarrow ac = 5$,从而 $b^2 = a^2 + c^2 - 2ac\cos B = (a + c)^2 - 2ac(1 + \cos B) = 36 - 2\times 5\times$ $\left(1 + \dfrac{3}{5}\right) = 20.$ 得 $b = 2\sqrt{5}$.

其第(Ⅱ)问的求解方法是对的,计算也是准确的,但做了另一道题目,连一半分都得不到.

还有些考生第(Ⅰ)问由 $\sin(A+C)=8\sin^2\dfrac{B}{2}$ 得出 $\sin B=8\times\dfrac{-1+\cos B}{2}$, $\sin B=-4+4\cos B$.

这里是将 $\sin^2\dfrac{B}{2}=\dfrac{1-\cos B}{2}$ 误认为 $\sin^2\dfrac{B}{2}=\dfrac{-1+\cos B}{2}$,不仅犯有知识性错误,而且也产生逻辑矛盾:在三角形中,左边 $\sin^2\dfrac{B}{2}>0$,右边 $\dfrac{-1+\cos B}{2}$ <0. 巧合的是,有的考生接下来平方得出 $1-\cos^2 B=(-4+4\cos B)^2$, $17\cos^2 B-32\cos B+15=0$,解得 $\cos B=1$(舍去),$\cos B=\dfrac{15}{17}$. 又消除了知识性错误,得到正确结论 $\cos B=\dfrac{15}{17}$;而另有一部分考生却由平方得 $1-\cos^2 B=4(1-2\cos B+\cos^2 B)$, $5\cos^2 B-8\cos B-3=0$,继续犯有知识性错误,却对答案 $\cos B=\dfrac{3}{5}$ 还很笃信.

(2) 逻辑性错误

逻辑性错误主要指由于违反逻辑规则所产生的推理上或论证上的错误. 如虚假论据、不能推出、偷换概念、循环论证等,常常表现为四种命题的混淆、充要条件的错乱、反证法反设不真等. 核心是所进行的推理论证是否符合逻辑规则.

知识性错误与逻辑性错误既有联系又有区别. 首先,数学知识与逻辑规则常常是相依共存的,从广义上说,我们也不能把逻辑知识排除在数学知识之外,所以,逻辑性错误与知识性错误经常是同时出现的,当我们说解法有知识性错误时并不排除它也有逻辑性错误;同样,当我们说解法有逻辑性错误时也不排除它还有知识性错误. 从哪个角度进行分析取决于比重的大小与教学的需要.

其次,知识性错误与逻辑性错误又确实应该加以区分(以便于纠正). 知识性错误主要指涉及的命题是否符合事实(是否符合定义、法则、定理等),核心是命题的真假性;逻辑性错误主要指所进行的推理论证是否符合逻辑规则,核心是推理论证的有效性. 虽然,数学命题的事实真假性与推理论证的逻辑有效性是有联系的,但是数学毕竟不是逻辑,数学毕竟比逻辑大得多,我们依然应该在知识盲点的基本位置和主要趋势上区分知识性错误与逻辑性错误.

比如第(Ⅰ)问,有考生由 $\sin(A+C)=8\sin^2\dfrac{B}{2}$ 正确得出 $\cos\dfrac{B}{2}=4\sin\dfrac{B}{2}$ 后,

代入 $\sin^2\dfrac{B}{2}+\cos^2\dfrac{B}{2}=1$ 时(函数平方、系数没平方)错误得到 $\sin\dfrac{B}{2}=\dfrac{\sqrt5}{5}$,

$\cos\dfrac{B}{2}=\dfrac{4\sqrt5}{5}$,就既有知识性错误,又有逻辑性错误,此时 $\cos\dfrac{B}{2}=\dfrac{4\sqrt5}{5}>1$ 与余弦函数的值域存在明显的逻辑矛盾(有逻辑性错误).

又如第(Ⅱ)问,有考生由 $S_{\triangle ABC}=\dfrac{1}{2}ac\sin B=2$ 正确得出 $ac=\dfrac{4}{\sin B}$ 后,对余弦定理用基本不等式 $b^2=a^2+c^2-2ac\cos B\geqslant 2ac-2ac\cos B$,当且仅当 $a=c$ 时取等号,这位考生直接就取等号得出 $b^2=2ac(1-\cos B)$,再把 $ac=\dfrac{4}{\sin B}$ 代入,得 $b=\sqrt{\dfrac{8(1-\cos B)}{\sin B}}$,即使 $\sin B$,$\cos B$ 计算正确,第(Ⅱ)问的结论也是错误的.事实上,当 $a+c=6$ 时,$a=c$ 并不可能(除非改为 $a+c=\sqrt{34}$),不验证取等号的条件就取等号,犯有"不能推出"的逻辑错误(不只是知识性错误).

(3)策略性错误

这主要指由于解题方向上的偏差,造成思维受阻或解题长度过大.对于考试而言,即使做对了,若费时费事,也会造成潜在丢分或隐性失分,存在策略性错误.

比如第(Ⅱ)问,有考生由第(Ⅰ)问 $\cos B=\dfrac{15}{17}$ 得 $\sin B=\dfrac{8}{17}$,进而由 $2=S_{\triangle ABC}$ $=\dfrac{1}{2}ac\sin B=\dfrac{4}{17}ac$,得 $ac=\dfrac{17}{2}$.与 $a+c=6$ 联立,解二次方程 $x^2-6x+\dfrac{17}{2}=0$,

得 a,c 分别为 $\dfrac{6+\sqrt2}{2}$,$\dfrac{6-\sqrt2}{2}$.则

$$b^2=a^2+c^2-2ac\cos B=\left(\dfrac{6+\sqrt2}{2}\right)^2+\left(\dfrac{6-\sqrt2}{2}\right)^2-2\left(\dfrac{6+\sqrt2}{2}\right)\left(\dfrac{6-\sqrt2}{2}\right)\dfrac{15}{17}$$

$$=\dfrac{38+12\sqrt2}{4}+\dfrac{38-12\sqrt2}{4}-2\left(\dfrac{36-2}{4}\right)\dfrac{15}{17}=19-15=4,得\ b=2.$$

这个解法可以得满分(记为解法 6),但求出 a, c 又消去 a, c 存在多余的思维回路,导致潜在丢分和隐性失分:第一,多余回路的二次方程求解和无理数运算存在失误的风险,万一算错了会白白丢掉 $1\sim2$ 分(会而不对);第二,即使运算无误也因增加了一倍以上的书写量,而减少了后面题目的求解时间,存在隐性失分. 所以,对于考试而言,即使结论正确,也存在策略性错误.

另有考生在第(Ⅰ)问得出 $\cos B=\dfrac{15}{17}$,$\cos B=1$ 后,没有直接舍去 $\cos B=1$,而是多写了两行:当 $\cos B=1$ 时 $\angle B=0$,不合题意,舍去;所以 $\cos B=\dfrac{15}{17}$. 在第(Ⅱ)问得出 $b^2=4$ 后,没有直接得出 $b=2$,而是多写了一行:故 $b=2$ 或 $b=-2$,舍去 $b=-2$,得 $b=2$. 这些书写量的无谓增加(或低层次的重复),都占用了后面题目的求解时间,在 150 分的题目对应着 120 分钟答题时间的前提下,存在隐性失分.

(4) 心理性错误

这主要指解题主体虽然具备了解决问题的必要知识与技能,但由于某些心理原因而产生的解题错误. 如顺序心理、滞留心理、潜在假设,以及看错题、抄错题、书写丢三落四等.

比如大量考生错用半角公式

$$\sin^2\frac{B}{2}=\frac{1-\sin B}{2},\quad \sin^2\frac{B}{2}=\frac{1+\cos B}{2},\quad \sin^2\frac{B}{2}=\frac{-1+\cos B}{2}$$

等,不完全是知识不过关,相当一部分人是由于考试紧张导致丢三落四、记忆错乱甚至瞬时遗忘. 类似的,对 $\sqrt{1-\cos^2 B}=4(1-\cos B)$ 平方,得 $1-\cos^2 B=4(1-2\cos B+\cos^2 B)$,也主要是由于考试紧张造成的.

波利亚说:"认为解题纯粹是一种智能活动是错误的;决心与情绪所起的作用很重要."

2.2　解题错误的全景剖析案例 1

有的考生,第(Ⅰ)问写了四行,第(Ⅱ)问写了三行,没有联结词,没有标点符号,也没有答案,是一个有代表性的典型案例.

(1) 解法呈现.

解　（Ⅰ）$\sin(A+C)=8\sin^2\dfrac{B}{2}$

$\sin B=8\cdot\dfrac{1-\cos B}{2}$

$\sin B=4(1-\cos B)$

$\dfrac{\sin B}{1-\cos B}=4$

（Ⅱ）$S=\dfrac{1}{2}ac\sin B$

$a+c=6$

$b^2=a^2+c^2-2ac\cos B$

(2) 问题剖析.

剖析 1：从上述书写可以看到，该生掌握了三角形内角和定理、诱导公式、半角公式、面积公式、余弦定理等，这都是本题所要考查的知识点，也是高考阅卷的得分点. 所以，尽管没有一问做对（甚至连是不是在做题都可以怀疑），但也没有一行写错（稍加充实即可全题解决），阅卷人不得不给 5 分. 笔者把它叫作"非能力得分""分段得分".

剖析 2：为什么解题的相关知识已经具备，却又做不出来呢？笔者的看法首先是能力不过关. 第（Ⅰ）问做到 $\sin B=4(1-\cos B)$ 时，只需与平方和公式联立

$$\begin{cases}\sin B=4(1-\cos B),\\ \sin^2 B+\cos^2 B=1,\end{cases}$$

便可得到 $17\cos^2 B-32\cos B+15=0$，解出 $\cos B=\dfrac{15}{17}$. 但这几步的实质涉及三角方程，现行教材并不讲，一部分中下水平的考生就不知所措了. 而数学素养较高的学生，会避开"三角方程"，看成（换元）$\begin{cases}y=4(1-x),\\ x^2+y^2=1,\end{cases}$ 这只不过是熟知的直线与单位圆的交点问题了. 所以，做到 $\sin B=4(1-\cos B)$，还能不能进行下去的关键不在知识，而在于思维能力，在于数学素养——主要是逻辑推理和数

学运算.

剖析3：第(Ⅱ)问的关键也不在知识上，所写的三行已呈现了最重要的知识点——面积公式、余弦定理，要害是如何组织这些知识，表现为数学素养.

还要指出一种心理性错误：以为第(Ⅰ)问与第(Ⅱ)问之间存在串联顺序关系，既然第(Ⅰ)问做不出来，第(Ⅱ)问当然就没戏了，甚至连想一想的信心都不足. 如上所说，这种顺序(或串联)错觉，给第(Ⅰ)问求解有瑕疵的考生直接带来第(Ⅱ)问的失分.

可以认为，第(Ⅰ)问的转化能力不足，以及第(Ⅰ)问、第(Ⅱ)问间的顺序错觉，是本题得分率低于教师预期的两个重要原因.

2.3 解题错误的全景剖析案例2

还有的考生，知识和能力都过关了，却得不了满分，成为又一个有代表性的典型案例.

(1) 解法呈现.

解 （Ⅰ）由题意 $\sin B = \dfrac{1-\cos B}{2} \times 8$，

$$\sin B = 4(1-\cos B). \tag{⑥}$$

又 $\sin B = \sqrt{1-\cos^2 B}$，代入⑥得

$$(\cos B - 1)(17\cos B - 15) = 0, \cos B = 1(舍) \text{ 或 } \cos B = \frac{15}{17}.$$

（Ⅱ）因为 $\cos B = \dfrac{15}{17}$，所以 $\sin B = \sqrt{1-\cos^2 B} = \dfrac{8}{17}$.

而 $S = \dfrac{1}{2}ac\sin B = 2$，可得 $ac = \dfrac{17}{2}$，且 $a+c=6$.

由余弦定理，得

$$b^2 = a^2 + c^2 - 2ac\cos B = (a+c)^2 - 2ac - 2ac\cos B, \tag{⑦}$$

可得 $b = \sqrt{11}$. ⑧

(2) 问题剖析.

剖析1：这个解法除了最后一行得 $b = \sqrt{11}$ 错误之外，所有的书写都是正

确的,说明该生已具备解答本题的知识和能力,但被扣掉了 2 分,笔者把它叫作"非知识丢分""分段扣分".

剖析 2:为什么会由正确的⑦式得出错误的⑧式呢? 由于无法对考生作当面的访谈,我们试作如下的设想:把正弦值 $\sin B = \dfrac{8}{17}$ 当余弦代入⑦式了,故有

$$b^2 = (a+c)^2 - 2ac - 2ac\cos B = 36 - 17 - 17 \times \frac{8}{17} = 11, \ b = \sqrt{11}.$$

如果情况真的是这样,那问题的性质应该是"心理性错误".

作为本文的结束,笔者愿重申对解题错误的基本态度,并建议"每人应该有一本专门记录解题错误的小本,积累纠错的经验与体会":

(1) 解题错误的产生总有其内在的合理性,解题分析首先要对合理成分作充分的理解(不只是简单的否定).

(2) 要通过反例或启发等途径暴露矛盾,引发当事者自我反省. 直接奉送正确答案的做法未必能达到预期的效果,毕竟学生不是一张可以任意涂上各种颜色的白纸,不是一个空的、可以直接塞进各种真理的容器.

(3) 要正面指出错误的地方,具体分析错误的性质. 使得当事者不仅知道"最后结果"错了,而且知道从哪一步开始出错,是错在知识上、逻辑上,还是策略上、心理上. 笼统地归结为"双基"不过关未必恰当,埋怨的情绪或过激的言辞更不可取.

(4) 作为对错解的对比、补救或纠正,给出正确解法是绝对必要的. 但我们建议,尽可能直接在原解法的基础上进行完善(然后再另外提供优秀解法),使学生体会并学会"怎样改正错误".

第二节 数学中考的理论与实践

第1篇 数学中考命题的趋势分析①

教育部基础教育司在 1999、2000 年连续印发了《初中毕业生升学考试改革的指导意见》,对中考命题的指导思想、命题的科学性、试题管理制度以及加强考试管理等提出了具体要求. 2001 年新课程实验开始后,教育部于 2002 年下发了《关于积极推行中小学评估与考试制度改革的通知》(简称《通知》),要求:数学考试在考查学生的基本运算能力、思维能力和空间观念的同时,着重考查学生运用数学知识分析和解决问题的能力,设计一定的结合现实情况的问题和开放性问题. 同时设计新颖的探索性问题,避免人为编造的、繁难偏旧的计算题和证明题,提高数学考试的质量. 这就为中考命题指出了明确的方向. 为了落实《通知》精神,教育部基础教育司还设立了中考"招生制度改革"研究项目,每年的专家"评估报告"对中考命题有很好的调控作用和具体的指导意见. 这些情况说明,在世纪之交已经紧锣密鼓地启动了中考命题改革. 2004 年,教育部专门印发了实验区中考命题的指导意见,要求实验区单独命题,命题依据是课程标准,试题要与社会生活和学生生活相关联,注重对学生掌握基础知识与技能的考查,重视考核学生的分析问题和解决实际问题的能力.

在改革精神和新课标理念的指导下,近年来各省、市的中考命题已经出现了立意和题型都锐意创新的繁荣局面,一方面,百花齐放,各有新招,另一方面又呈现出体现指导思想的共同特点和发展趋势. 主要有 7 个方面.

- 依纲靠本.
- 体现人文关怀,落实"情感与态度"的目标.
- 注重考查数学的核心内容与基本能力,关注学生的发展.

---

① 本文原载《中学数学教学参考》(下半月·初中)2006(1/2):33-36;2006(3):20-23;中国人民大学复印报刊资料《中学数学教与学》(下半月·初中)2006(4):32-37;2006(5):50-55(署名:罗增儒).

- 重视考查学生的用数学意识.
- 突出数学思想方法的理解与简单应用.
- 关注学生获取数学信息、认识数学对象的过程和方法.
- 试题结构规范化.

1 依纲靠本

依纲就是以"课标"为命题大纲,靠本就是以教材为命题依据. 这是一个方向性的特点.

(1) 依纲.《通知》的精神是中考命题指导思想上的纲,它对各学科都适用,《全日制义务教育数学课程标准(实验稿)》(简称《课标》)是数学中考命题具体目标和具体内容的纲.

- 《课标》中的课程目标包括 4 个方面:知识与技能,数学思考,解决问题,情感与态度. 中考命题的立意和设计是要体现这 4 个目标的.

- 初中阶段的内容标准包括 4 个领域:数与代数(数与式、方程与不等式、函数),空间与图形(图形的认识、图形与变换、图形与坐标、图形与证明),统计与概率(统计、概率),实践与综合应用(课题学习). 中考试题的内容是由这几个领域来呈现的.

- 每一道题的内容和形式都要反映"了解、理解、掌握、灵活运用"的知识技能目标(四个水平),及"经历、体验、探索"的过程性目标(三个层次).

(2) 靠本. 教材是《课标》的载体,是课程目标和课程内容的具体化,所以,依纲与靠本是一致的. 并且,学生与命题专家、教师不一样,他们经常接触到、能够直接理解的是教材(而非《课标》),因此,中考命题以《课标》为纲必然具体落实到以教材为依据、为根本. 一般说来,教材讲到的知识内容都属于中考的命题范围,教材达到的能力水平都属于中考命题的能力要求,这应该是我们对中考命题范围和能力要求的一个基本把握. 但是,由于中考的时间限制和选拔性质,它不能把学过的内容全都考到,也会在高档题上向学生的灵活性与综合性提出高要求,因而,我们对依纲与靠本的关系要有一个辩证的把握,既全面覆盖,又善于抓住课程体系的重点和中考的热点.

当前,按同一《课标》编写的教材有好几套(以后可能还会增加),中考命题会逐步走向依据《课标》,参考多种课本之路(依标靠多本,以教材为依据又不拘泥于教材),但考虑到现实性与公平性,目前各地命题基本上还是以当地使用的教材为主要依据的.

例 1-1 (2002,安徽)如图 1 是 2002 年 6 月的日历,现用一矩形在日历中任意框出 4 个数 $\begin{bmatrix} a, & b \\ c, & d \end{bmatrix}$,请用一个等式表示 a,b,c,d 之间的关系.

评析 题目贴近生活,自然、简明、结论开放,考查了探索规律的能力和用字母表示数的思想方法.只要通过观察找出基本关系:同一行中相邻的两数相差 1,同一列中相邻两数相差 7:

日	一	二	三	四	五	六
						1
2	3	4	5	6	7	8
9	10	11	12	13	14	15
16	17	18	19	20	21	22
23	24	25	26	27	28	29
30						

图 1

$$\begin{cases} b=a+1, \\ d=c+1, \end{cases} \quad \begin{cases} c=a+7, \\ d=b+7, \end{cases}$$

由此便可运算出多种答案,如 $a+d=b+c$,$a-b=c-d$ 等.这同时,也就关注了从自然数据中获取数学信息的能力.

例 1-2 (2004,湖北黄冈)(1) 在 2004 年 6 月的日历中(如图 2),任意圈出一竖列上相邻的三个数,设中间的一个为 a,则用含 a 的代数式表示这三个数(从小到大排列)分别是_____.(答案:$a-7$,a,$a+7$)

(2) 先将连续自然数 1 到 2004 按图 3 中的方式排成一个长方形阵列,用一个矩形框出 16 个数.

日	一	二	三	四	五	六
		1	2	3	4	5
6	7	8	9	10	11	12
13	14	15	16	17	18	19
20	21	22	23	24	25	26
27	28	29	30			

图 2

1	2	3	4	5	6	7
8	9	10	11	12	13	14
15	16	17	18	19	20	21
22	23	24	25	26	27	28
29	30	31	32	33	34	35
36	37	38	39	40	41	42
…	…	…	…	…	…	…
1996	1997	1998	1999	2000	2001	2002
2003	2004					

图 3

① 图中框出的 16 个数的和是_____.（答案：352）

② 在图 3 中，要使一个矩形框出的 16 个数之和分别等于 2000、2004，是否可能？若不可能，试说明理由；若有可能，请求出该正方形框处的 16 个数中的最小的数和最大的数.（答案：和等于 2000 是可能的. 最小数为 113，最大数为 137）

评析 这道题保持了上题中"探索性"的要求. 但在第（2）问扩大了数字的范围，并提出了代数式求和的要求，在这个要求中包含着数字运算准确、迅速，和判断一元一次方程正整数解的要求.

例 1-3 （2005，河南实验区）将连续的自然数 1 到 36 按下图（图 4）的方式排成一个正方形阵列，用一个小正方形任意圈出其中的 9 个数. 设圈出的 9 个数的中心的数为 a，用含有 a 的代数式表示这 9 个数的和为_____.（答案：$9a$）

评析 这类数阵问题的基本规律是：

- 同一行中相邻两数相差 1，同一列中相邻两数相差 7；
- 构成矩形的数之间，位于主对角线上的两组数之和相等；
- 每一列数被 7 除的余数相等.

1	2	3	4	5	6
7	8	9	10	11	12
13	14	15	16	17	18
19	20	21	22	23	24
25	26	27	28	29	30
31	32	33	34	35	36

$a-8$	$a-7$	$a-6$
$a-1$	a	$a+1$
$a+6$	$a+7$	$a+8$

图 4　　　　　　　　图 5

据此可得图 5，将关于中心（a）对称的两数相加，心算即可得 $9a$. 此时，以"用字母表示数"的基本数学思想为依据，已经有了从特殊到一般的思维方式，同时也重视了从图形、数据等获取数学信息的能力."数感"、"符号感"都涉及到了.

这几个例子（还有下面的例 5、例 11 等）是体现《课标》、贴近教材的. 统计表明，中考题中 60% 以上的题目都可以从教材中找到原型，有的就是原题、类题或变题.

2 体现人文关怀,落实"情感与态度"的目标

推行《课标》以来的中考,各地命题专家普遍树立了以人为本的思想,也在想方设法落实"情感与态度"的课程目标.这是一个体现课程理念上的特点.主要表现有:

(1) 在整体设计上,注重起点适当、题量适中、坡度适宜、难易适度、技术规范,试题形式也尽量适应学生的生活经验与思维方式,让学生得到比较充分的发挥,获得良好的情感体验,帮助学生认识自我,树立自信心.

(2) 在卷首或题目当中,安排了一些舒缓心理压力或考试艺术方面的文字,使考生能正常发挥,心态自然地完成考试,考出真实水平.

(3) 注重问题的现实性和开放性.

(4) 体现数学文化和数学美.

例 2 - 1 2004 年河北省中考试题,在第一大题(选择题)中提醒学生:"认真思考,通过计算或推理后再做选择!你一定能成功!"在第二大题(填空题)中鼓励学生:"开动脑筋,你一定会做对的!"在第三大题(解答题)中要求考生:"解答应写出文字说明、证明过程或演算步骤,请你一定注意噢!"

例 2 - 2 2004 年安徽省芜湖市中考试题,在卷首写道:"请你仔细思考,认真答题,不要过于紧张,祝考试顺利!"

例 2 - 3 2004 年山东省青岛市中考试题,在卷末结束语写道:"再仔细检查一下,也许你会做得更好,祝你成功!"

例 2 - 4 2005 年江西省(实验区)中考试题,在第一大题(填空题)末尾有友情提醒:"后面还有题目,请不要在此停留过长时间."

例 2 - 5 2005 年福建省福州市(实验区)中考试题,在第三大题(解答题)前有友情提示:"解答题应写出文字说明、证明过程或演算步骤."

评析 这些文字寥寥数语,却有浓浓亲情.

例 3 (2004,浙江杭州)在六册课本的阅读材料中,介绍了一个第七届国际数学教育大会的会徽.它的主题图案是由一连串如图 6 所示的直角三角形演化而成的.设其中的第一个直角三角形 OA_1A_2 是等腰直角三角形,且 $OA_1 = A_1A_2 = A_2A_3 = A_3A_4 = \cdots = A_8A_9 = 1$,请你把图中其他 8 条线段的长计算出来,填在下面的表格中,然后再计算这 8 条线段的长的乘积.

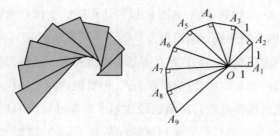

图 6

OA_2	OA_3	OA_4	OA_5	OA_6	OA_7	OA_8	OA_9

评析 学生在完成 $\sqrt{2}$，$\sqrt{3}$，$\sqrt{4}$，$\sqrt{5}$，$\sqrt{6}$，$\sqrt{7}$，$\sqrt{8}$，$\sqrt{9}$ 的计算中,会思考国际大会为什么用这一图案,能获得"数学美"的直接体验.(答案：$72\sqrt{70}$)

3 注重考查数学的核心内容与基本能力,关注学生的发展

把基础知识与基本技能放在考查的主体地位,这是一个传统,而新的趋势是在这个基础上更重视数学的核心内容和基本能力,体现了"关注学生的发展"的理念.函数、方程、不等式、三角形、四边形、圆都在试题中作了突出的强调;情境题、探索题、开放题、应用题等形式也为学生基本能力的展示准备了空间. 这是一个突出学科性质的特点.

例 4-1 (2002,河南)如图 7,⊙A,⊙B,⊙C,⊙D,⊙E 相互外离,它们的半径都是1,顺次连结五个圆心得到五边形 $ABCDE$,则圆中五个扇形(阴影部分)的面积之和是( ).

(A) π　　　　(B) 1.5π　　　　(C) 2π　　　　(D) 2.5π

(答案：B)

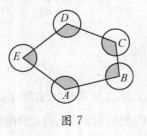

图 7

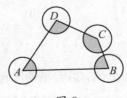

图 8

例 4-2 (2004,山东聊城)如图 8,以四边形的四个顶点为圆心,以 3 为半径画弧,则图中四个阴影部分的面积为_____.(答案:9π)

评析 这两道简单的小题目考查了基本概念和基本运算,具体涉及的核心知识是多边形的内角和定理、圆的面积公式.但要把这两个知识点结合起来(即运用等积变形进行整体处理),从而已经达到了对基础知识的理解和初步应用的水平.直接计算每一个扇形的面积再相加是办不到的,思维灵活的学生还可以对图形作特殊化处理(变为正多边形)而迅速求解.

例 5-1 (2004,江苏常州)阅读函数图像,并根据你所获得的信息回答问题:

(1) 折线 OAB 表示某个实际问题的函数图像,请你编写一道符合该图像意义的应用题;

(2) 根据你给出的应用题分别指出 x 轴,y 轴所表示的意义,并写出 A,B 两点的坐标;

(3) 求出图像的函数解析式,并注明自变量的取值范围.

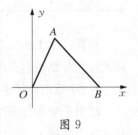

图 9

例 5-2 (2002,贵州贵阳)某天早晨,小孩从家出发,以 v_1 的速度前往学校,途中在一饮食店吃早点,之后以 v_2 的速度向学校行进.已知 $v_1 > v_2$,下面的图像(图 10)中表示小孩从家到学校的时间 t(分钟)与路程 s(千米)之间的关系的是(　　).(答案:(A))

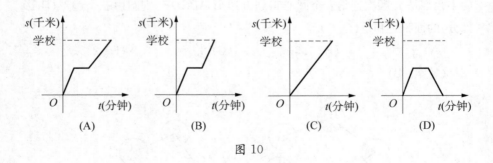

图 10

例 5-3 (2003,陕西)星期天晚饭后,小红从家里出去散步,如图 11 描述了她散步过程中离家的距离(米)与散步所用的时间 t(分)之间的函数关系.依据图像,下面描述符合小红散步情景的是(　　).

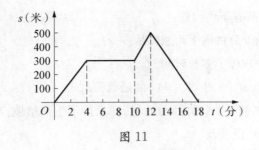

图 11

(A) 从家出发,到了一个公共阅读栏,看了一会儿报,就回家了

(B) 从家出发,到了一个公共阅读栏,看了一会儿报后,继续向前走了一段,然后回家了

(C) 从家出发,一直散步(没有停留),然后回家

(D) 从家出发,散了一会儿步,就找同学去了,18 分钟后才开始返回

(标准答案:(B),此题的歧义参见图 14、图 15 的解释)

例 5-4　(2004,江苏泰州)"五一黄金周"的某一天,小明全家上午 8 时自驾小汽车从家里出发,到距离 180 千米的某著名旅游景点玩. 该小汽车离家的距离 s(千米)与时间 t(时)的关系可以用图 12 中的曲线表示. 根据图像提供的有关信息,解答下列问题:

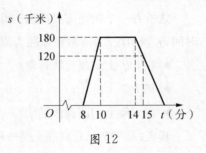

图 12

(1) 小明全家在旅游景点玩了多少小时?

(2) 求出返程途中, s(千米)与时间 t(时)的函数关系,并回答小明全家到家是什么时间?

(3) 若出发时汽车油箱中存油 15 升,该汽车的油箱总容量为 35 升,汽车每行驶 1 千米耗油 $\frac{1}{9}$ 升. 请你就"何时加油和加油量"给小明全家提出一个合理的建议.(加油所用时间忽略不计)

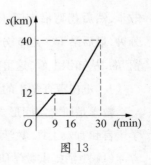

图 13

例 5-5　(2004,河北鹿泉)图 13 是某汽车行驶的路程 s(km)与时间 t(min)的函数关系图. 观察图

中所提供的信息,解答下列问题:

(1) 汽车在前 9 分钟内平均速度是多少?

(2) 汽车在中途停了多长时间?

(3) 当 $16 \leqslant t \leqslant 30$ 时,求 s 与 t 的函数关系式.

评析 这类试题源于《课标》与教材,都设计了生活情境,考查了数学的核心知识——函数,广泛涉及

● 函数的概念,包括定义域、值域、对应关系.

● 函数的表示方法,突出了一次函数的解析式与图像这两种表示法.

● 一次函数的增减性与图像形状的关系.

● 通过生活情境和图像自然出现分段定义函数.

● 考查学生分析实际情境,认识函数变化规律的基本能力.

有的题目设计为开放题(如例 5-1),需要学生将一次函数的图像和性质赋予实际意义,而学生根据自己的生活体验和对数学知识的理解,编拟出来的实际情境将是不唯一的.

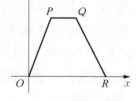

这里有一个问题需要提起,如图 14 的图像(x 表示时间,y 表示距离)常常在命题者或课堂上被理解为:

● 在 OP 上匀速直线运动;

● 在 PQ 上静止;

● 在 QR 上匀速直线运动.

图 14

其实,对 PQ 只看到静止是一种认识上的封闭,因为 PQ 平行于 x 轴,表明运动的每一瞬间"到定点的距离为定长",因而还可以是环形道上的圆周运动. 这样一来,例 5-3 就有歧义了,选(B)只是其中一种情况,但否定不了(C). 如图 15,前 4 分钟沿 OP 直路向前散步,然后拐弯沿圆弧 PQ 走 6 分钟,再转弯沿 QR 向前走 2 分钟,最后沿 RO 走 6 分钟回到家. 这个散步过程是"没有停留"的. 从知识上看,这里有"距离"与"路程"的混淆.

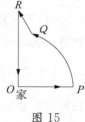

图 15

4 重视考查学生的用数学意识

数学是研究空间形式和数量关系的科学,是刻画自然规律和社会规律的科学语言和有效工具. 数学与生活的联系主要表现在两个方面:

(1) 生活提供数学研究的素材(来自生活世界);

(2) 生活提供数学应用的空间(用于生活世界).

近年的中考题大都设置了实际应用问题,题量和分值都有所增加,不少题材都取自学生熟悉的生活情境,其时代气息与教育价值比较强.从身边实际或其他学科提出的问题中抽象出数学模型,并运用数学知识与方法去加以解决,一方面有利于学生对数学思想方法的领悟与理解,另一方面有利于学生用数学意识的加强和问题解决能力的提高.在命题中,既有传统应用题的改造,又有新情境的设计,特别是统计题、概率题,基本上都是贴近生活的.在例 1、例 3 和例 5 中,我们已经见到这方面的例子,下面是更典型的例子.

例 6　(2002,贵州贵阳)如图 16,A,B 两座城市相距 100 千米,现规划在这两城市之间修筑一条高等级公路(即线段 AB),经测量,森林保护区中心 P 点在 A 城市的北偏东 30°方向、在 B 城市的北偏西 45°方向上.已知森林保护区的范围在以 P 为圆心、50 千米为半径的圆形区域内.请问:计划修筑的这条高等级公路会不会穿越保护区? 为什么? (答案:不会,点 P 到 AB 的距离大于 $\dfrac{1}{2}AB$)

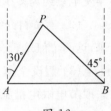

图 16

评析　经济建设与环境保护的问题情境有重要的现实意义,本题能考查学生将所学的解三角形、直线与圆的位置关系等知识用于实际问题的能力.

例 7　(2003,重庆)三峡大坝从 6 月 1 日开始下闸蓄水,如果平均每天流入水库区的水量为 a 立方米,平均每天流出的水量控制为 b 立方米.当蓄水位低于 135 米时,$b < a$;当蓄水位达到 135 米时,$b = a$.设库区的蓄水量 y(立方米)是时间 t(天)的函数,那么这个函数的大致图像是图 17 中的(　　).(答案:(A))

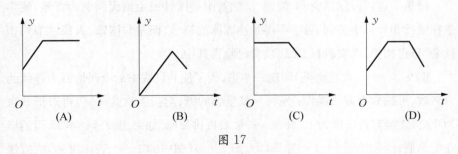

(A)　　　　(B)　　　　(C)　　　　(D)

图 17

评析　这个问题以举世闻名的三峡工程为背景,提供了"既有进水又有出水"的真实情境(并非人为瞎编),提供了函数概念(特别是分段函数)的现实原型,也考查了函数的表示方法.

例 8-1　(2004,湖北宜昌)小资料:煤炭属于紧缺的不可再生资源,我国电能大部分来源于用煤炭火力发电,每吨煤平均可发 2 500 度(千瓦时)电. 全国 2003 年发电量约为 19 000 亿度.从发电到用电的过程大约有 1% 的电能损耗.

问题:

(1) 若全国 2003 年比 2002 年的发电量增长了 15%,则通过计算可知 2002 年发电量约为多少亿度?(结果保留 5 个有效数字)

(2) 有资料介绍全国 2002 年发电量约为 165 百亿度,对比由(1)得到的结果,这两个值是否有一个错误?请简要说明你的认识;

(3) 假设全国 2004 年预估社会用电需求比上年的用电量增加 m 亿度,若采取节电限电措施减少预估用电需求的 4% 后,恰好与 2004 年的计划发电量相等,而 2004 年的计划发电量比上年的发电量增加了 $\frac{13}{20}m$ 亿度,请你测算 2004 年因节减用电量(不再考虑电能损耗)而减少的用煤量最多可能达到多少?

例 8-2　(2005,浙江)我国政府在农村扶贫工作中取得了显著成效. 据国家统计局公布的数据表明,2004 年末我国农村绝对贫困人口为 2610 万人(比上年末减少 290 万人).其中东部地区为 374 万人,中部地区为 931 万人,西部地区为 1305 万人. 请用扇形统计图表示出 2004 年末这三个地区农村绝对贫困人口分布的比例(要在图中注明各部分所占的比例).

评析　这两道题以资源、能源、消除贫困等国计民生重大问题为背景,使学生在统计和计算中感到,数字不再是冷冰冰的符号,而是与国家、人民、"节约型社会"息息相关,人文教育、思想教育已隐含其中.

例 9　(2005,北京海淀)印制一本书,为了使装订成书后页码恰好为连续的自然数,可按如下方法操作:先将一张整版的纸,对折一次为 4 页,再对折一次为 8 页,连续对折三次为 16 页,……;然后再排页码.如果想设计一本 16 页的毕业纪念册,请你按图 18(1)、图 18(2)、图 18(3)(图中的 1、16 表示页码)的方法折叠,在图 18(4)中填上按这种折叠方法得到的各页在该面相应位置上的页码.

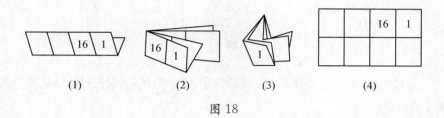

$$(1) \qquad (2) \qquad (3) \qquad (4)$$

图 18

评析　这里的情境是印刷业的基本功,从中可以考查学生的识图与空间观念,分析简单图形中的位置关系并加以转换的能力.

5　突出数学思想方法的理解与简单应用

重视数学思想方法的教学与考查是一种共识,问题在于怎样落实和落实哪些基本数学思想方法? 近年来的中考题主要采用了情境题、探索题、开放题、应用题等方式来考查学生的思维能力与创新意识,有的地方还通过操作实验的过程来认识数学的本质.中考题所体现的基本数学思想方法主要有:用字母表示数的思想、集合与对应的思想、函数与方程的思想、转换化归的思想、数形结合的思想、建立数学模型的思想、抽样统计的思想等;数学解题方法主要有:消元法、降次法、代入法、因式分解法、换元法、配方法、待定系数法、图像法等;一般性的思维方法主要有:观察、试验、比较、分类、归纳、类比、猜想等.

在例 1 中,由所提供的数字情境,突出了规律的探索,有"用字母表示数"的思想和从特殊到一般的思维方式,其中例 1 - 1 还是结论开放型的,答案不唯一.在例 5、例 6、例 7 等中,体现了建立数学模型来刻画现实生活的数学思想,具体表现为函数与方程的思想、数形结合的思想等.

例 10　(2002,江西)两个不等的无理数,它们的乘积为有理数,这两个数可以是_____.

评析　这道小题目能考查无理数运算的性质,并且结论开放,具有一定的思维灵活性.

例 11 - 1　(2004,浙江衢州)设"●,■,▲"分别表示三种不同的物体,如图 19 所示,前两架天平保持平衡,如果要使第三架天平也平衡,那么"?"处应放"■"的个数为(　　).

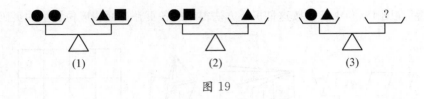

图 19

例 11-2 (2005,安徽实验区)根据下图(图 20)所示,对三种物体的重量判断正确的是( ).

(A) $a < c$　　　　　　　　　　(B) $a < b$

(C) $a > c$　　　　　　　　　　(D) $b < c$

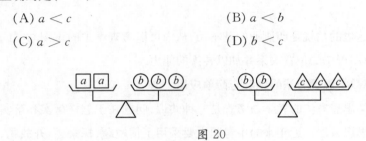

图 20

例 11-3 (2002,江西)设"●,▲,■"表示三种不同的物体,现用天平称了两次,情况如图 21 所示,那么●,▲,■这三种物体按质量从大到小的顺序排列应为( ).

(A) ■,●,▲　　　　　　　　　(B) ■,▲,●

(C) ▲,●,■　　　　　　　　　(D) ▲,■,●

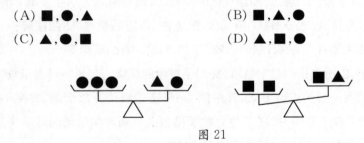

图 21

评析　这几道小题目来源于教材,使用了天平作为描述等量关系或不等关系的载体,体现了对客观事物作"量的刻画"、进行形式化抽象的中间过程(中等抽象,比具体实物抽象,又比纯形式符号具体).在例 11-1 中,3 个不同形状的物体,实质上是"分类"思想的直观描述(分类应是建立数的概念的一个逻辑起点),而天平的平衡,实质上是 3 个正数满足等量关系

$$\begin{cases} 2a = c + b, & ① \\ a + b = c. & ② \end{cases}$$

需放几个"■"实质是求等式"$a+c=?\ b$"中 b 的系数,若用方程的观点来处理,可以先由①,②解出 $a=2b$, $c=3b$. 相加,得 $a+c=5b$.

若由整体处理的观点,可以 $2\times①-3\times②$,得 $a+c=5b$.

于是,"用字母表示数"的思想、等式的性质和方程的观点就都隐含其中了.

在例 11-2、例 11-3 中,进一步用中等抽象的情境考查不等式的性质,用到了等式或不等式的移项、传递性等基本性质,同时也考察了逻辑推理能力.

在例 11-2 中,由 $2a=3b$, $2b=3c$,有 $4a=2\times(3b)=3\times(2b)=9c$ ($a>0$, $b>0$, $c>0$). 从而 $a>b>c$,应选 C.

在例 11-3 中,由 $2c>b+c$, $3a=a+b$,有 $c>b=2a>a$,应选 B.

例 12 (2002,河北)图形的操作过程(本题中四个矩形的水平方向的边长均为 a,竖直方向的边长均为 b):

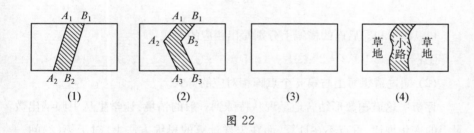

图 22

在图 22-(1)中,将线段 A_1A_2 向右平移 1 个单位到 B_1B_2,得到封闭图形 $A_1A_2B_2B_1$(即阴影部分);

在图 22-(2)中,将折线 $A_1A_2A_3$ 向右平移 1 个单位到 $B_1B_2B_3$,得到封闭图形 $A_1A_2A_3B_3B_2B_1$(即阴影部分).

(1) 在图 22-(3)中,请你类似地画一条有两个折点的折线,同样向右平移 1 个单位,从而得到一个封闭图形,并用斜线画出阴影;

(2) 请你分别写出上述三个图形中除去阴影部分后剩余部分的面积:S_1 =_____, S_2 =_____, S_3 =_____;

(3) 联想与探索:如图 22-(4),在一块矩形草地上,有一条弯曲的柏油小路(小路任何地方的水平宽度都是 1 个单位),请你猜想空白部分表示的草地面积是多少? 并说明你的猜想是正确的.

评析 这道题目从特殊到一般,让学生在阅读、操作的基础上探索图形变化中(几何变换)的规律(不变量的观点).重点不在计算,而在"怎样计算"的思维方法上.学生既可以通过平移消除阴影部分而得出完整的矩形;也可以反过来,从一个矩形出发,作一条连结对边的曲线,平移而得出阴影.等积变形的动态思维,以及变动中的不变量等思想也就隐含其中了.

例13 (2004,河北鹿泉)观察下面的点阵图(图23)和相应的等式,探究其中的规律:

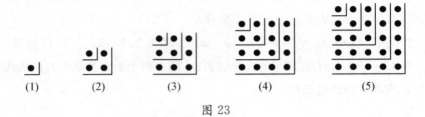

(1) (2) (3) (4) (5)

图 23

(1) 在④和⑤后面的横线上分别写出相应的等式:

①$1=1^2$;②$1+3=2^2$;③$1+3+5=3^2$;④_____;⑤_____;….

(2) 通过猜想写出与第 n 个点阵相对应的等式.

评析 这道题数形结合地呈现从特殊到一般的情境,让学生从中归纳出数量上的变化规律,重点不在计算,而在怎样计算的思维方法上.对于第(2)问一般情况下的最后一个加数,学生不能凭直观去数出 $2n-1$,而要想象并用到"包含与排除"的思想:一行有 n 个点,一列也有 n 个点,但行与列交汇处重复计算了一个点,故为 $n+n-1=2n-1$. 得

$$1+3+\cdots+(2n-1)=n^2.$$

顺便指出,这个等式又可以对应为等腰直角中小三角形的总个数(它也可以认为是将正方形对折后、连对角线及其平行线而得到),如图 24,由 $\triangle ABD \backsim \triangle AB_1D_1$,有

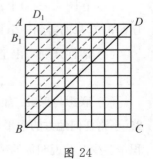

$$\frac{S_{\triangle ABD}}{S_{\triangle AB_1D_1}}=\left(\frac{AB}{AB_1}\right)^2=n^2.$$

图 24

因为 $S_{\triangle ABD} = [1 + 3 + \cdots + (2n - 1)] S_{\triangle AB_1 D_1}$,

所以 $1 + 3 + \cdots + (2n - 1) = n^2$.

这里有数形结合、对应和计算两次的思想.

6 关注学生获取数学信息、认识数学对象的过程和方法

这是一个体现和落实过程性目标的特点. 考题本身让学生去经历和体验,这在过去是罕见的. 除统计题、概率题重视获取数学信息的过程与方法外,传统的内容也努力联系社会和学生实际,让学生经历观察、实验、猜想的过程,得出结论,并获得数学学习的感悟. 例 1 中我们见到从寻常日历(或数阵)中获取数学信息,并提炼数学结论的过程;在例 5 中我们见到从图像中获取数学信息,并解释生活事实的过程;在例 12、例 13 中我们见到探索、归纳的过程. 下面再看一个例子.

例 14 (2005,安徽)下面是数学课堂的一个学习片段. 阅读后,请回答下面的问题:学习等腰三角形有关内容后,张老师请学生们交流讨论这样一个问题:"已知等腰三角形 ABC 的角 A 等于 $30°$. 请你求出其余两角".

同学们经片刻的思考与交流后,李明同学举手讲:"其余两角是 $30°$ 和 $120°$." 王华同学说:"其余两角是 $75°$ 和 $75°$." 还有一些同学也提出了不同的看法……

(1) 假如你也在课堂中,你的意见如何? 为什么?

(2) 通过上面数学问题的讨论,你有什么感觉?(用一句话表示)

评析 这里呈现了一个学习的情节. 两个同学都用三角形内角和定理对等腰三角形作了准确的计算,但情况考虑不周全. 当 $\angle A$ 为顶角时,其余两角为 $75°$ 和 $75°$(图 25(1));当 $\angle A$ 为底角时,其余两角为 $30°$ 和 $120°$(图 25(2)). 出现这两种片面性与学生对等腰三角形的三个顶点作不同的字母编码有关,与学生对具体图形的过分依赖有关,与思维的严谨性有关.

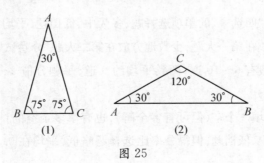

图 25

当学生回答第(1)问时,就把自己置身于课堂之中了,既要分析两个同学的发言,又要提出自己的解法,这就经历了过程,同时也就会有感悟.感悟不说出来,有的人很快就忘了,有的人则只能停留在浅层面上.第(2)问具有启发大家把感悟加以整理的功能(反思),只感悟到"积极发言"、"参与讨论"等不能说错,但不反映问题的本质,也少了点学科的特点.从数学上分析,用的公式没有错、计算也对,是什么问题呢? 应是"考虑问题不周全"、要"分类讨论",属于逻辑性错误(当然也有知识性错误的成分).这样,做一道题就不仅仅是得出结论,而且有思维能力上的提高了.

7 试题结构规范化

通过对各地试题的收集统计可以看到,中考命题的结构日益规范,主要体现在 6 个方面.

7.1 题量

一般在 22～28 题之间,平均 25 题、30 问(有的题不止一问);考试时间多为 120 分钟(也有 100 分钟或 150 分钟的);各小题之间采用流水编号,中间分为三～八道大题;有的地方组织为两卷,有的地方为合卷. 由于当前的试题多有情境或过程的描述,因而试卷长度大都超过 3 500 个印刷符号,书写约 1 500 个印刷符号,理解题意的阅读量是比较大的.

7.2 题型

主要有三大类:选择题、填空题、解答题.

选择题、填空题具有全面覆盖"三基"(基础知识、基本技能、基本方法)的功能,涉及的知识比较单一(1～3 个知识点),难度比较低,分值比较少,数量比较多,解答只要结果,不需要呈现过程;这两类题通常占题量的 60%,约占分值的 40%.解答题具有突出学科重点并考查能力的功能,解答需呈现过程;题量约占 40%,题分约占 60%.

选择题均为"四选一"的单项选择题,多为中、低档题,平均得分率在 0.8 以上.多数地方都放在第一大题,少数地方放在第二大题.分卷试题一般有 10～12 道,合卷试题一般有 6～10 道,两卷平均约 9 道,每题分值 2～4 分,各题分值相同.

填空题多为填一个空(但可有多个解),也有填多个空的试卷;与选择题一样,填空题多为中、低档题,但得分率比选择题略低,平均在 0.6～0.8 之间,凡分卷的通常有 4~8 道,合卷的有 6~10 道,两卷平均 7 道,每题分值 2~5 分,各题分值相同且不低于选择题的分值(相等或略高 1、2 分).

解答题通常涉及 3 个以上的知识点,多为中、高档题,有的是同一章内容的知识综合,有的是各章之间的知识交叉.不管是分卷还是合卷,都在 7~12 题之间,平均 9 道.很多地方都不把解答题集中归到第三大题,而是又根据题目的性质分为化简计算、讨论证明、探索规律、知识应用、图形设计、方案决策、实践与探究等,编为第三、四、五、六、七、八大题.各类解答题的分值是分档次的,一般为每档次 6~12 分.

三类题型都会有创新题,其创新设计的重点在"经历、体验、探索"上,表现为情境性、应用性、开放性、过程性、探究性,即我们常说的情景题、应用题、开放题、操作题、探究题.

7.3 难度

全卷难度(通过率或得分率)通常控制在 0.55~0.7;低档题:得分率控制在 0.7 以上,中档题:得分率控制在 0.5~0.7 之间,高档题:得分率控制在 0.3~0.5 之间,得分率在 0.3 以下的题目不宜用于中考.命题设计时,低、中、高的比例一般为 5:4:1,或 6:3:1,或 7:2:1,但考试结果常常为 3:5:2 或 4:4:2.不管怎么说,低、中档题是试卷的主体,综合性、灵活性较强的难题 2、3 道.

在拼卷安排上通常有两个从易到难的三个小高潮,即三类题型是从易到难的,而每一类题型内部又是从易到难的,所以,前一类题型的难题有可能比后一类题型的易题难.

7.4 覆盖面

初中阶段的知识点有 200 个左右,一套试题通常能覆盖其中的 60%~80%.每一章的内容肯定都或多或少涉及到,代数式的变形、方程、不等式、函数、三角形、四边形、圆等重点内容还会在多题中出现.总体说,覆盖面是比较广的.

7.5 领域构成

《课标》规定的四大领域都会涉及,其中"数与代数""空间与图形"两大领域是重点,能占到题量和题分的 80%~90%;而"数与代数"的分量又会比"空间与图形"略高,高档题也主要出现在这两个领域."统计与概率"领域的题目通常为低、中档题,一般都有现实情境,占题量、题分的 $10\%\sim20\%$,有时也渗透到高档题里."实践与综合应用"领域(课题学习)在时间(120 分钟)、形式(笔试)的限制下难以展开,但会作为一种要素渗透在情境题、探索题、开放题或应用题当中.

各个领域的题分比例,原则上与授课课时比例保持一致.

在初一、初二与初三的知识比例上,初三能占 50%,而解答初三的题目会自动用到初一-初二的知识.可见,初三是重点.

7.6 目标层次

按照《课标》的要求,中考试题的内容和形式都要反映"了解、理解、掌握、灵活运用"的知识技能目标(四个水平),及"经历、体验、探索"的过程性目标(三个层次).

● 了解(认识):能从具体事例中,知道或能举例说明对象的有关特征(或意义);能根据对象的特征,从具体情境中辨认出这一对象.

这一层次的题目通常出现在选择题与填空题中,以课本的知识或题目作原型,涉及 1、2 个知识点,表现为"热身题",约占分值的 $10\%\sim20\%$.

● 理解:能描述对象的特征和由来;能明确地阐述此对象与有关对象之间的区别和联系.这一层次的题目通常出现在选择题、填空题的较难部分,也会出现在解答题的较易部分.亦常有课本中例题、习题的原型,会涉及 2、3 个知识点,但知识章节比较单一,约占分值的 $20\%\sim30\%$.

● 掌握:能在理解的基础上,把对象运用到新的情境中.

这一层次的题目通常以中档综合题出现,主要形式是解答题,已经有跨章节的知识综合了.约占分值的 $30\%\sim40\%$.有的试卷会把这一层次的部分题目归入第四层次.

以上三个层次的题分能占到总分的 80% 以上,是试卷的主体,也是考生得分的主要来源.

● 灵活运用:能综合运用知识,灵活、合理地选择与运用有关的方法完成特定的数学任务.

这一层次的题目是高档综合题,以能力立意,在知识交汇处编制试题,知识的纵向、横向综合性都比较强,形式也会比较新颖,常常是命题专家的创新点,有的题目还会体现进一步学习高中知识的需要,通常表现为以函数、方程为载体的代数型,或以相似、全等、圆为载体的几何型,也有将这两种形态结合在一起的混合型,重点在初三.所占分值约为20%.

下面提供两份中考命题的双向细目表,从中可以看出中考试题结构的概貌.

表1 某省中考命题双向细目表(升学卷)

		了解	理解	掌握	综合	分值	合计
代数	实数	1	2	3		8	67
	整式			2	11	5	
	分式			9	11	6	
	根式			3		1	
	方程	9	13		20,18	24	
	不等式			7		4	
	函数	6		15	22	16	
	统计			5		3	
几何	相交与平行		12	16	22	5	53
	三角形		10		21,22	8	
	四边形		14	16	22	7	
	相似形			16	21	6	
	解三角形			17		7	
	圆	4	8,12		21	13	
	多边形探究			19	7	7	
合计分值		9	32	34	45	120	120
比例		7.50%	26.70%	28.30%	37.50%	100%	

注:这份试卷仅用于升学考试,综合性要求较高.表中数字除分值外,均表示题号.

表2 四省试验区学业考试命题双向细目表(毕业、升学卷)

知识领域	知识内容	了解	理解	掌握	灵活运用	项目	层次	题号	题型	题号	赋分	难度
数与代数(49分)／数与式(20分)／有理数	有理数的意义			✓		数感空间观念	中	3,21	解答	18	6	0.75(0.73)
	相反数,绝对值的意义			✓								
	乘方的意义		✓									
	有理数运算及解决简单实际问题				✓							
实数	近似数与有效数字的概念		✓					12,25				
	二次根式的概念及加、减、乘、除运算法则			✓								
代数式	字母表示数的意义			✓		符合感	中	10,24	填空	10	3	0.70(0.76)
	解释简单代数式的实际背景或几何意义				✓							
整式与分式	科学记数法表示数				✓	数感	低	1	选择	1	3	0.85(0.88)
	简单整式运算				✓	数感	低	9	填空	9	3	0.90(0.78)
	简单分式运算				✓	符号感,数感	中	16	解答	16	5	0.75(0.50)
方程与方程组(方程与不等式(组)8分)	解二元一次方程组				✓	数感,符号感	中	15,22,25	解答	15	5	0.80(0.59)
	能根据具体问题中的数量关系,列出方程				✓							
	会用因式分解法、公式法、配方法解数字系数一元二次方程			✓								
不等式(组)	会解简单的一元一次不等式(组),并能在数轴上表示解集				✓	数感,符号感	中	4	选择	4	3	0.75(0.80)
函数(21分)／函数	探索具体问题中的数量关系和变化规律				✓	推理能力,符合感,空间观念	高	8,22,25	选择	8		0.60(0.81)
	用适当的函数表示法刻画某些实际问题中变量之间的关系				✓							
一次函数	会确定一次函数的表达式				✓	应用意识,符合感	中	22	解答	22	8	0.70(0.32)
	一次函数解决实际问题				✓							
二次函数	能根据实际意义确定二次函数的表达式				✓	应用意识,推理能力,空间观念,数感	高	25	解答	25	10	0.30(0.10)
	会运用二次函数解决简单的实际问题				✓							
空间与图形(48分)／图形的认识(18分)／角	角平分线及其性质	✓						17				
相交线与平行线	用平行线,角平分线的性质进行计算		✓			推理能力	中	17	解答	17	6	0.70(0.50)
	线段的垂直平分线及其性质		✓									
	平行线的性质		✓									
三角形	三角形中位线的性质			✓				7,24				
	三角形全等的条件			✓								
	等腰三角形、直角三角形的性质与判定			✓								
	用勾股定理解决简单的问题			✓								
四边形	特殊四边形的概念与性质			✓		推理能力,数感	低	7,19,25	选择	7	3	0.75(0.72)
	等腰梯形的性质和判定			✓								
圆	圆的有关性质	✓				推理能力,空间观念	中	11	填空	11	3	0.85(0.86)
	会计算弧长、扇形的面积			✓		空间观念	中	14,25	填空	14	3	0.60(0.49)
	圆柱的体积			✓								
尺规作图	会作线段、角、角平分线、线段的垂直平分线			✓				24				
	会作全等三角形(SSS,SAS,ASA,HL)			✓								
图形与变换(24分)／视图与投影	会判断简单物体的三视图			✓		空间观念	低	2,25	选择	2	3	0.90(0.91)
	圆柱的侧面展开图	✓										
图形的对称、平移、旋转	会用轴对称、平移、旋转进行图案的设计				✓	空间观念	高	3,8,14,23,25	解答	23	8	0.75(0.63)
图形的相似	比例线段		✓			空间观念,数感	低	3,24,25	选择	3	3	0.75(0.67)
	比例的基本性质		✓									
	利用相似解决一些实际问题				✓	应用意识,空间观念,推理能力,符号感	高	3,24,25	解答	24	10	0.50(0.62)
	用三角函数解决与直角三角形有关的简单的实际问题				✓	空间观念,应用意识	中	12,14	填空	12	3	0.70(0.34)
	特殊三角函数的值	✓										
图形与坐标	用不同的方式确定物体的位置				✓	空间观念	高	18,23,24	解答	18,23,24		
图形与证明(6分)	三角形全等的证明			✓		推理能力	中	17,15,19	解答	19		0.75(0.66)
	用综合法证明的格式,体会证明过程要步步有据			✓								
统计与概率(23分)／统计(14分)	感受抽样的必要性,体会不同的样本可能得到不同的结果。探索表示一组数据的离散程度,会计算极差与方差,会表示离散的程度				✓	统计观念,应用意识,数感	中	6,13,21	填空	13		0.70(0.49)
	能根据具体问题选择合适的统计量				✓							
	会用频数分布表解决问题				✓	统计观念	低	6	选择	6		0.75(0.73)
	用统计解决简单的实际问题				✓							
	能用样本的平均数、方差来估计总体的平均数和方差				✓	统计观念,推理能力,数感	中	21	解答	21	8	0.60(0.73)
	根据统计结果作出合理的判断和预测,清晰表达自己的观点				✓							
概率(9分)	判断随机事件发生的可能性				✓	推理能力	低	5	选择	5	3	0.75(0.94)
	运用列举法计算简单事件发生的概率,用概率解决实际问题				✓	统计观念,推理能力	中	20	解答	20	6	0.70(0.60)
合计(25题120分)	知识覆盖(%)95					7·14·4			8·6·11		120	0.65(0.58)

注:难度栏中加括号的数字是考后抽样得出的实际难度,多数题目都比预计的难了,这与时间限制有直接的关系.

第 2 篇　数学中考复习方法提要①

数学中考复习首先要依据《数学课程标准》(简称《课标》)的精神、教材的内容(依纲靠本),同时又要结合中考的实际(知己知彼).而在技术层面上,还得有科学的复习方法.

1　中考复习的宏观把握

1.1　教师对课程内容的宏观把握上,应熟悉课程理念,并明确课程目标、内容标准.

(1) 初中《课标》中的基本理念涉及 6 个方面:数学课程观,数学观,数学学习观,数学教学观,数学评价观,现代信息技术观.

(2) 初中《课标》中的课程目标包括 4 个方面:知识与技能,数学思考,解决问题,情感与态度.

(3) 初中阶段的内容标准包括 4 个领域:数与代数(数与式、方程与不等式、函数),空间与图形(图形的认识、图形与变换、图形与坐标、图形与证明),统计与概率(统计、概率),实践与综合应用(课题学习).目的是发展学生的数感、符号感、空间观念、统计观念、应用意识和推理能力,具体表现为教材各章节的200 个左右知识点.

(4) 知识技能目标有了解、理解、掌握、灵活运用四个水平,过程性目标有经历、体验、探索三个层次.

1.2　教师在实际把握中考时,首先要明确考试的性质,其次要明确考什么、怎样考.在技术层面上还要看到中考解题与平时作业的区别,其最显著的不同在于:

(1) 能力的代表性

中考的一个特点是以解题水平的高低作为能力的代表,这有片面性.新课程改革后的中考虽然已经注重了综合评价,但不是不要"解题能力",只是避免"一次性闭卷"考试的消极因素.

(2) 时间的限定性

---

① 本文原载《中学数学教育》(初中)2006(1/2):49-52(署名:罗增儒).

这里要求学生拿到题目时做到两个迅速解决：迅速解决"从何处下手"，迅速解决"向何方前进".

（3）评分的阶段性

这里要求学生努力把已掌握的（与题目相关的）知识点转化为得分点，防止"分段扣分"，争取"分段得分"．分段评分本身意味着不要求"全做全对"，对多数学生来说，关键是拿下大部分题目或题目的大部分得分，解决好一个"老大难"问题：会而不对，对而不全．

（4）选拔的竞争性

中考的一个基本功能是拉开考生的距离，择优从高（分）到低（分）录取新生，这就要求学生在指定的时间内要有全局意识，力争多得分．

1.3 在明确以上两点的基础上，要有清晰的指导思想，并使用科学的复习方法．

（1）中考复习的指导思想

① 以考试规律为指导，以近年中考命题的稳定性风格为导向．

② 以《课标》为大纲（中考命题年年变，抓住根本应万变）．以现行教材为依据（又不拘泥于教材）．

③ 以解题训练为中心，以中档综合题为重点，以近年中考试题为基本素材．

（2）科学的复习方法

本文在下面将从两个层面上，介绍许多教师指导中考的经验之谈，希望引起重视．

① 中考复习的整体规划．

② 中考复习的技术措施．

2 中考复习的整体规划

中考复习应从时间、内容、方法上作出一个全局的安排（日进明细表），保证整个复习工作的有序和高效．习惯的做法是分成三个阶段：全面复习、专题复习、模拟训练．

2.1 第一阶段：全面复习（可用 6 周左右的时间）

这一阶段的主要工作是系统整理知识内容，优化知识结构．具体包括弄清重要概念、重要定理、重要公式各有几个，常用方法共有哪些，它们之间关系如何,做到"三抓五过关".

(1)"三抓"是：

① 抓基本概念的准确性和实质性理解.

② 抓公式、定理的熟练和初步应用.

③ 抓基本技能的正用、逆用、变用、连用、巧用.

(2)"五过关"是：

① 能准确理解书中的概念.(学生能说出书中有几个重要概念吗?)

② 能独立证明书中的定理.(学生能说出书中有几条重要定理吗?)

③ 能熟练求解书中的例题.(学生做到了没有?)

④ 能说出书中各单元的作业类型.(学生弄清了没有?)

⑤ 能掌握书中的基本数学思想、思维方法和基本解题方法.

(3)在上述基础上,把教学中分割讲授的知识单点、知识片断组合成知识结构.要做到：

① 基础知识系统化.(从单一到综合、从分割到整体)

② 基本方法类型化.(从模仿到熟练、从分散到集中)

③ 解题步骤规范化.(从书写到思路、从思路到程序)

(4)第一阶段复习可辅以图线、表格、口诀、习题化等技术措施,讲练结合,避免简单重复.

2.2　第二阶段：专题复习(可用 4 周左右的时间)

如果说第一阶段是以纵向为主、顺序复习的话,那么,在第二阶段就是以横向为主,突出重点,抓住热点,深化提高.(知识的第二次覆盖)

(1)专题选择的原则是：

① 第一阶段中的弱点.(兼顾共性与个性)

② 教材体系中的重点.(函数、方程、不等式、三角形、四边形、圆等)

③ 中考试题中的热点.(可通过统计找出)

④ 初中数学的解题方法体系.(基本数学思想方法主要有：用字母表示数的思想、集合与对应的思想、函数与方程的思想、转换化归的思想、数形结合的思想、建立数学模型的思想、抽样统计的思想等;数学解题方法主要有：消元法、降次法、代入法、因式分解法、换元法、配方法、待定系数法、图像法等;一般性的思维方法主要有：观察、试验、比较、分类、归纳、类比、猜想等)

⑤ 中考题型的创新点.（情境题、应用题、开放题、操作题、探索题等,体现出"经历、体验、探索"的过程性目标,表现为情境性、应用性、开放性、过程性、探究性）

（2）分层选择例题和配套习题是本阶段的一个技术关键. 我的建议是：

① 以历年的中考题为训练的基本素材.

② 以中档综合题为训练的重点.

③ 以"题组"为训练的重要方式.

专题复习既是全面复习的继续,又是有侧重、有深度的提高,使得学生经过专题复习后,能对螺旋上升的知识形成几条清晰的逻辑链,并获得解题能力的明显提高.

（3）第二阶段复习的基本方法是讲练结合,可以先讲后练,也可以先练后讲,还可以交叉进行.

2.3　第三阶段：模拟训练（可用 2 周左右的时间）

（1）这一阶段的重点教师应放在思想方法的提炼和对学生心理素质的调整上. 通过几套仿真试题,完成适应性训练,让学生把最佳竞技状态带进考场. 这一阶段应达到三个目的：

① 基本内容的再次覆盖与重点强调.（知识的第三次覆盖）

② 解题能力的实际检验与强化提高.

③ 考试经验的具体积累和迅速丰富.

（2）教师对每次模拟考试都要认真做好讲评. 讲评内容包括：

① 本题考查了哪些知识点,主要应用了什么方法,关键在哪里.

② 指出学生的典型错误,并分析在知识上、逻辑上、心理上和策略上的错误原因.

③ 表扬并推广学生中的优秀解法.

④ 说清题目的纵横联系.

⑤ 介绍每一题、每一步的评分标准.

⑥ 提炼数学思想方法.

（3）第三阶段的基本方法是练评结合,先练后评. 最后,达到让学生交满分卷的目标.

整个复习计划可在执行中参考新资料、新动态作出适当补充和技术调整.

3　中考复习的技术措施

3.1　由厚到薄——构建知识网络

教材是按知识块螺旋上升安排的,教学又是把每一个知识块分解为知识单点或知识片断来讲授的,中考复习就要将它们由粗到细、由大到小整理成知识网络,这不仅有利于"弄清家底",而且有助于理解与记忆,还便于提取与应用.

华罗庚教授告诫我们,读书要从薄到厚、从厚到薄.复习重在从厚到薄.

采用图线、表格、口诀、习题化等技术措施是有效的,下面列举一些具体示例.

(1) 根据初中的内容可以组织为三大知识领域:

$$\begin{cases} 数与代数 \\ 空间与图形 \\ 统计与概率 \end{cases}$$

而数与代数又可以组织为:

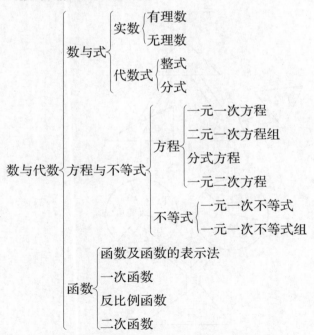

这里是用图线来编织知识网络的.

(2) 复习三角形的有关概念时,用"树形图"既形象又直观.图 1 是"习题化"的复习设计,填出图 2 可由学生来完成.

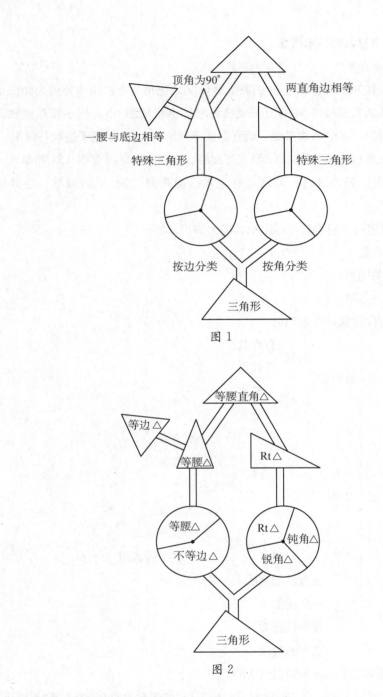

图 1

图 2

这里使用了"基本内容填空"的习题化技术.

（3）复习四边形时，可将平行四边形、矩形、菱形、正方形的关系组织为图 3，此时"无声胜有声"．

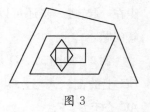

图 3

（4）复习特殊角三角函数值时，可用下表并配上口诀"一二三，三二一，三九二十七"来记忆．

α	30°	45°	60°
$\sin\alpha$	$\dfrac{\sqrt{1}}{2}$	$\dfrac{\sqrt{2}}{2}$	$\dfrac{\sqrt{3}}{2}$
$\cos\alpha$	$\dfrac{\sqrt{3}}{2}$	$\dfrac{\sqrt{2}}{2}$	$\dfrac{\sqrt{1}}{2}$
$\tan\alpha$	$\dfrac{\sqrt{3}}{3}$	$\dfrac{\sqrt{9}}{3}$	$\dfrac{\sqrt{27}}{3}$

（5）复习三角形面积公式，其"习题化"的设计可用串联式的填空．

$$S_{\triangle ABC} = \frac{1}{2}ah_a = \frac{1}{2}bh_b = \frac{1}{2}ch_c = rp \ (r \text{ 为内切圆半径}, p \text{ 为半周长})$$

$$= \sqrt{p(p-a)(p-b)(p-c)} = \frac{1}{2}bc\sin A = \frac{1}{2}ab(\angle C = 90°) = \cdots.$$

这里使用了"基本公式串联"的习题化技术．

（6）习题化的示例．"习题化"的复习技术，可以采用：

① 基本内容填空，

② 基本概念判断，

③ 基本公式串联，

④ 基本运算选择，

⑤ 基本能力题组

等措施．上面有的已经介绍过，下面列举几个具体的例题，读者可结合实际情况做适当处理，在这里仅供参考．

例 1 如图 4，在 Rt$\triangle ABC$ 中，CD 是斜边上的高，请根据图形写出你能得出的结论，越多越好．

这时学生可以先从相等角、相似三角形、线段等式等多个角度进行开放性发散思考，并把知识组

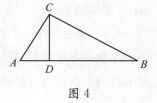

图 4

织在一起,进一步还可以增加信息量,然后再求解问题.

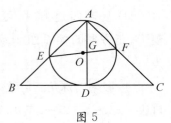

图 5

例 2　如图 5, AD 是等腰 Rt△ABC 的斜边 BC 上的高,⊙O 过 A、D 两点并分别与 AB、AC 交于 E、F.

(1) 试尽可能多地找出图中全等或相似的三角形;

(2) 当 $BC = 2$ 时,求 $AE + AF$ 的长.

这里,两道题放在一起体现了"阶梯题组"的习题化技术,涉及 10 多个知识点.

例 3　在你学过的定理或做过的作业中,哪些情况能保证两个角相等? 说得越多越好.

这是以"角相等"为线索的开放题,可以复习空间与图形中的大量定理. 如:

(1) 同角或等角的余角(或补角)相等.

(2) 对顶角相等.

(3) 平行线的同位角、内错角、外错角分别相等.

(4) 等腰三角形的两个底角相等、底边上的高(或中线)平分顶角.

(5) 全等三角形的对应角相等.

(6) 相似三角形的对应角相等.

(7) 到角两边等距离的点与顶点连线平分该角.

(8) 平行四边形的对角相等,菱形的对角线平分对角.

(9) 等腰梯形的两底角相等.

(10) 在同圆或等圆中,同弧(或等弧)所对的圆心角、圆周角分别相等.

……

随着课内学习的深入或课外知识面的扩展,还可以继续往下增加.

例 4　在你学过的定理或做过的作业中,两个相似三角形有哪些"基本图形"? 说得越多越好.

3.2　由浅入深——提升思维坡度

学生的水平是有差异的,为了让所有的学生通过复习都有提高,复习题的选择应有层次性,由浅入深,我们的建议是进行"题组"训练,有两种基本的形式：纵向深入和横向综合. 上述三角形面积公式填空和例 1、例 2 都是简单的题组. 在此基础上还可以有跨章节、跨学科的大综合.

3.3 由熟到快——提高思维速度

统计表明，中考要在 120 分钟完成 20 多道题，30 多问，题量是比较多的，而且有大量实际情境或过程呈现的叙述，阅读量又是比较大的. 通常，一套中考试题都有不下 3 500 个印刷符号，解题书写约 1 500 个印刷符号，两项合计一共需 30 分钟，还剩下 90 分钟用于思考、草算、文字组织和复查检验（按 25 道题计算，平均每道题还不到 4 分钟），这就向解题速度提出了高要求. 怎样提高学生的解题速度呢？我们的原则性建议是：

（1）深刻理解基础知识，熟练掌握基本方法，努力形成基本能力.

（2）合理安排考试时间，书写做到简明扼要.

（3）平时进行速度训练.

以此来加快思维速度，降低思维难度，提高解题质量.

在中考中，许多中考低档题都是由基本概念编拟而成的，如果学生平时理解准确了，抓住本质了，那就能在读题的同时，立即得出答案. 建议一些基本数据要记住，如：$1 \sim 5$ 的开方数；$1 \sim 20$ 的平方数；勾股数 3、4、5，5、12、13 等，特殊三角形 1、1、$\sqrt{2}$，1、2、$\sqrt{3}$，$30°$、$45°$、$60°$的三角函数值，π 的近似值，黄金分割等.

大量的中、低档题都是考查"三基"的，平时学习过关了，有两三步运算即可完成.

选择题、填空题数量大、分值低，每题只能分配 $1 \sim 2$ 分钟，完不成的先跳过去. 用 10 多分钟做一道小题即使做对了也有"策略性错误"，因为这意味着后面高分题没有时间做，是一种"隐含失分".

解答题的书写过程，要条理清楚、简明扼要，重点写得分点（没有枝节步骤、没有多余回路）. 因为多写一步就是多占用了解其他题的时间（隐含失分），就是多一个犯错误的机会（潜在失分）. 解答题中的容易题也不妨边想边写，节省草算时间.

在考试中，对于填空选择题与解答题的时间分配，应以 $4 : 6$ 为宜.

建议教师在复习课上安排"限时练习"，即留下 $3 \sim 5$ 分钟时间，让学生做

3～5 道小题,训练快速解答或抢答.

更多的考试技术还有：使用应对选拔的考试方法,运用适应中考的解题策略,掌握分段得分的主要技术.

3.4 以解题训练为中心

中考是通过解题来判断学生数学能力的,中考复习的最终成果要落实到解题能力的提高上来.但不能盲目地强化训练、采取题海战术.我们建议：

(1) 以中档综合题为训练重点

① 中档综合题区分度好,训练价值高,教师讲得清楚,学生听得明白,有利于学生数学素质的提高.

② 中下档题目是命题原则的主要体现,是试题构成的主要成分,是考生得分的主要来源,是学校录取的主要依据,是进一步解高难题的基础.可以说,抓住了中下档题目就抓住了录取线.

③ 高档题要有,但控制数量,重在讲清"怎样解",从何处下手、向何方前进.

(2) 以近年中考题为基本素材

① 中考试题经过考生的实践检验和广大教师的深入研讨,科学性强(漏洞也清楚),解题思路明朗,解题书写规范,评分标准清晰,是优质的训练素材.

② 中考试题都努力抓课程的重点内容和重要方法,并且每套中考试题能覆盖全部知识点的 $60\%～80\%$,几套试题一交叉,既保证了全面覆盖,又体现了重点突出.

③ 近年中考试题能反映命题风格、命题热点、命题形式(特别是新题型)的新动向、新导向,以近年中考题为基本素材,有利于考生适应中考情境,提高中考复习的针对性.

第3篇　结构良好试题编拟的基本要求[①]

在改革精神和新课标理念的指导下,近年来各省、市的中考命题已经出现了立意和题型都锐意创新的繁荣局面,一方面,百花齐放,各有新招；另一方面又呈现出指导思想上的共同特点.主要表现为 7 个方面(参见文[1]～[5])：

---

① 本文原载《中学数学教学参考》(下半月·初中)2008(1/2)：1-3(署名：罗增儒).

（1）依纲靠本；

（2）体现人文关怀，努力落实"情感与态度"的目标；

（3）注重考查数学的核心内容与基本能力，更加关注学生的发展；

（4）重视考查学生的用数学意识；

（5）努力突出数学思想方法的理解与简单应用；

（6）关注学生获取数学信息、认识数学对象的过程和方法；

（7）试题结构规范化.

本文是在这些命题理念的指导下，总结一类结构良好试题编拟的基本要求. 首先说明，所谓结构良好试题是指这样一类标准型封闭题：其答案是确定的，条件对于推出结论恰好不多也不少. 为了保证试题的科学性、公平性、导向性、层次性、规范性，我们着重谈逻辑性要求和教学性要求（参见文［6］，不涉及评分标准），并列举一些问题试题"引以为戒".

1　逻辑性要求

逻辑性要求用来保证题目本身是一个严谨的真命题，否则，就会成为错题、病题或歧义题，我们习惯称之为问题试题. 在此，提出 6 条要求.

（1）条件的真实性. 是指题目的条件本身符合事实，与已知真命题不矛盾.

（2）条件的充分性. 是指题目的条件对于推出结论是充分的. 否则，题目本身是假命题.

（3）条件的相容性. 是指题目的条件之间不会自相矛盾.

（4）条件与结论的相容性. 是指条件与所欲证明的结论不要自相矛盾.

（5）条件的独立性. 是指条件不重复，各条件之间没有因果关系.

（6）条件的最少性. 是指没有多余条件.

2　教学性要求

教学性要求主要用来保证题目与教学实际相适应，保证试卷有适当的难度、良好的区分度和可靠的信度、效度，能为教学提供加强双基、培养能力的导向，提供加强数学素质教育的导向. 提出 8 条建议.

（1）目的明确. 要体现新课程改革的方向与理念，要根据知识技能目标、过程性目标，以及使用目的和使用对象来决定题目形式、综合程度、知识覆盖面.

（2）内容科学. 首先是不超纲，同时决不能有知识性错误或逻辑性漏洞.

（3）解法合理. 这是指求解活动的展开和连接线索清楚、舒展自然；能避免推理模式超过中学教学的范围;能避免数据或条件在非实质的枝节上做过多的纠缠;能避免知识点的简单重复.

(4) 题意可知. 这是指出现的数学概念是已知的;出现的数学符号是标准的;使用的数学术语是规范的;表达的数学信息是无歧义的;图形、标点、符号等都与中学教材一致.

(5) 要求适度. 这是指考题与教学要求相一致,与学生水平相协调.

(6) 背景公平. 首先应避免成题;其次是在创设情境时,要注意在城乡之间、校际、民族之间、性别之间等方面均保持平衡.

(7) 层次清晰. 题型之间、每类题型内部应有易、中、难分布,并呈现出从易到难的三个小高潮.

(8) 形式优美. 如简练的叙述、对称的结构、规则的排列、深刻的寓意、精巧的数据等.

3 问题试题示例

例 1 (1) 求 -7 加上 -2 的绝对值等于多少?

(2) 写代数式: x 与 y 的立方之差.

讲解 (1) 命题者的原意是 $|(-7)+(-2)|=9$,但学生和阅卷教师都存在另一种理解: $-7+|-2|=-5$,这就出现歧义了.

(2) 所写的代数式有两种理解: x^3-y^3 , $x-y^3$.

说明 凡是有可能产生歧义的题目,都应该修改或者删除,尽可能把考查的重点放在数学的实质内容上.

例 2 勾股定理的逆命题是_____.

讲解 命题者的原意是让学生写出勾股定理的逆定理,始料未及的是,有的学生误解为辨别"勾股定理的逆命题"真假,填"真命题"(当然,勾股定理的逆命题是真命题)这就出现歧义了.

例 3 将 $4x^2+1$ 添上一个单项式,使其成为一个完全平方式,请写出所有的单项式_____.

讲解 这是由教材中"完全平方式"编拟的试题,立意不错,有新颖性也有开放性,给出的答案有 $4x$, $-4x$, $4x^4$,以及 $-4x^2$, -1 . 但对术语"完全平方式",教师本身就存在分歧,能否填" $-4x^2$, -1 "观点十分对立,那学生就更难说清楚了. 从"题意可知"上考虑,还是采用更实质性的概念来编拟试题为好.

（参见文[7]）

例 4　一桶煤油用掉一半,剩下的油连桶重 40 千克,若用掉 $\frac{2}{3}$ 后则连桶重 25 千克,这桶油净重多少千克?

讲解　设这桶油净重 x 千克,那么 $\frac{x}{2}-\frac{x}{3}=40-25$,解得 $x=90$.

即这桶油净重 90 千克.

看来,问题很简单,一步运算就解决了.但是,稍微回顾一下就会发现,用掉一半应剩下油 45 千克,怎么会"油连桶重"才 40 千克呢?(得出油桶重－5 千克)数据本身不符合事实,有悖于条件的真实性.

例 5　在 $\triangle ABC$ 中, AD 是 BC 边上的高,且 $AD^2=BD \cdot CD$,那么 $\angle BAC$ 的度数是(　　).

（A）大于 $90°$　　　（B）等于 $90°$　　　（C）小于 $90°$　　　（D）不确定

讲解　命题者的原意是选（B）,其心理上的潜在假设是默认垂足 D 在 BC 边的内部.其实, D 也可在 BC 边的外部(钝角三角形),应选（D）.题目的条件对于推出选项（B）是不充分的.

例 6　如图 1,已知 $\triangle ABC$ 中, AD 平分 $\angle BAC$, $CF \perp AD$,垂足为 F, $BE \perp AD$ 的延长线,垂足为 E,点 M 是 BC 的中点.求证: $ME=MF$.

答案　延长 BE、 AC 相交于 Q,得 $\mathrm{Rt}\triangle ABE \cong \mathrm{Rt}\triangle AQE$,从而 $BE=EQ$, ME 成为 $\triangle BQC$ 的中位线, $ME=\frac{1}{2}CQ$.同理,延长 CF,交 AB 于 P,得到 $CF=FP$,证出 $MF=\frac{1}{2}BP$, $ME=\frac{1}{2}CQ$.再用等量公理,推出 $PB=CQ$,则本题得证.

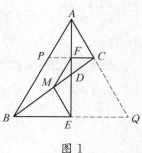

图 1

讲解　虽然这个解法用完了所有的条件,但这仅仅表明这种思路要用到全部条件.如果充分发挥两个垂直" $CF \perp AD$, $BE \perp AD$"的作用,那么" AD 平分 $\angle BAC$"的条件可以不用.也就是说,解法走弯路导致了知识的浪费.

证明 1　如图 2,延长 FM 交 BE 于 N,因为 $CF \perp AD$, $BE \perp AD$,所以 $CF /\!/ BE$,可得 $\angle MCF=\angle MBE$.又 $MB=MC$(中点), $\angle FMC=\angle NMB$(对

顶角相等),所以 $\triangle MFC \cong \triangle MNB(\text{ASA})$,得 $MF = MN$.

进而,在 $\text{Rt}\triangle FNE$ 中,$ME = \dfrac{1}{2}FN = MF$.

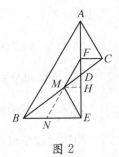

证明 2 如图 2,过 M 作 $MH \parallel CF \parallel BE$,交直线 AD 于 H,由 M 是 BC 的中点知,H 是 EF 的中点,在 $\triangle MEF$ 中,MH 既是中线又是高,故 $\triangle MEF$ 是等腰三角形,得 $ME = MF$.

图 2

例 7 如图 3,$\triangle ABC$ 的中线 BD,CE 交于点 F,且面积 $S_{\triangle BEF} = 12$,$S_{\triangle BCF} = 18$,求 $\triangle DEF$ 的面积.

解法 1 由 BD,CE 为 $\triangle ABC$ 的中线,有 $S_{\triangle ABD} = S_{\triangle BCE} = \dfrac{1}{2}S_{\triangle ABC}$,同时减去 $S_{\triangle BEF}$,得

$$S_{\text{四边形}AEFD} = S_{\triangle BCF} = 18.$$

又 $\dfrac{S_{\triangle AED}}{S_{\triangle ABC}} = \left(\dfrac{AE}{AB}\right)^2 = \dfrac{1}{4}$,$S_{\triangle AED} = \dfrac{1}{4}S_{\triangle ABC} = \dfrac{1}{2}S_{\triangle BCE} = \dfrac{12+18}{2} = 15$,得 $S_{\triangle DEF} = S_{\text{四边形}AEFD} - S_{\triangle AED} = 18 - 15 = 3$.

解法 2 如图 3,因为 BD,CE 是 $\triangle ABC$ 的中线,所以 $DE \parallel BC$,$DE = \dfrac{1}{2}BC$,有 $\dfrac{S_{\triangle BED}}{S_{\triangle BEC}} = \dfrac{ED}{BC} = \dfrac{1}{2}$,$S_{\triangle BED} = \dfrac{1}{2}S_{\triangle BEC} = \dfrac{12+18}{2} = 15$,从而 $S_{\triangle DEF} = S_{\triangle BED} - S_{\triangle BEF} = 15 - 12 = 3$.

解法 3 如图 3,因为 BD,CE 是 $\triangle ABC$ 的中线,所以 $DE \parallel BC$,且 $S_{\triangle CDF} = S_{\triangle BEF} = 12$,有

$$\frac{S_{\triangle DEF}}{S_{\triangle BEF}} = \frac{DF}{BF} = \frac{S_{\triangle DCF}}{S_{\triangle BCF}} = \frac{S_{\triangle BEF}}{S_{\triangle BCF}} = \frac{12}{18} = \frac{2}{3}.$$

得 $S_{\triangle DEF} = \dfrac{2}{3}S_{\triangle BEF} = \dfrac{2}{3} \times 12 = 8$.

解法 4 如图 3,因为 BD,CE 是 $\triangle ABC$ 的中线,所以 $DE \parallel BC$,有 $\triangle DEF \backsim \triangle BCF$,得

$$\frac{S_{\triangle DEF}}{S_{\triangle BCF}} = \left(\frac{EF}{CF}\right)^2 = \left(\frac{S_{\triangle BEF}}{S_{\triangle BCF}}\right)^2 = \left(\frac{12}{18}\right)^2 = \frac{4}{9}.$$

得 $S_{\triangle DEF} = \dfrac{4}{9} S_{\triangle BCF} = \dfrac{4}{9} \times 18 = 8$.

解法 5　如图 3,因为 BD, CE 是 $\triangle ABC$ 的中线,所以 $DE \parallel BC$, $DE = \dfrac{1}{2} BC$,有 $\triangle DEF \backsim \triangle BCF$,得

$$\frac{S_{\triangle DEF}}{S_{\triangle BCF}} = \left(\frac{DE}{BC}\right)^2 = \frac{1}{4}, \quad S_{\triangle DEF} = \frac{1}{4} S_{\triangle BCF} = \frac{18}{4} = \frac{9}{2}.$$

解法 6　因为 BD, CE 是 $\triangle ABC$ 的中线,所以 $DE \parallel BC$, $DE = \dfrac{1}{2} BC$,有

$\triangle DEF \backsim \triangle BCF$,得 $\dfrac{DF}{BF} = \dfrac{DE}{BC} = \dfrac{1}{2}$. 又 $\dfrac{S_{\triangle DEF}}{S_{\triangle BEF}} = \dfrac{DF}{BF}$,从而

$$S_{\triangle DEF} = \frac{DF}{BF} S_{\triangle BEF} = \frac{1}{2} S_{\triangle BEF} = 6.$$

讲解　一个三角形怎么会有多个面积呢? 仔细检查每个解法又找不出本身的问题,到底是怎么回事呢? 其实,问题的要害在于条件既多余、又互相矛盾.

(1) 条件多余

解法 5 中没有用到 $S_{\triangle BEF} = 12$,得出 $S_{\triangle DEF} = \dfrac{1}{4} S_{\triangle BCF}$;解法 6 中没有用到

$S_{\triangle BCF} = 18$,得出 $S_{\triangle DEF} = \dfrac{1}{2} S_{\triangle BEF}$. 事实上,由 BD, CE 是 $\triangle ABC$ 的中线可以得

出 $S_{\triangle BEF} : S_{\triangle BCF} = 1 : 2$,确实可以由一个推出另一个. 就是说两个面积值有一个

是多余的.

(2) 条件互相矛盾

如果给出的两个面积值满足 $S_{\triangle BEF} : S_{\triangle BCF} = 1 : 2$,那就仅仅是"条件多

余",但本例所给的值却满足 $\dfrac{S_{\triangle BEF}}{S_{\triangle BCF}} = \dfrac{12}{18} = \dfrac{2}{3} \neq \dfrac{1}{2}$,这就使得已知条件互相

矛盾.

如果条件仅是多余而不矛盾,那题目还可以做,有时是盲目增加了思维回路,有时是有意减轻些解题难度. 但条件多余而又互相矛盾,那就是错题了.

例 8　如图 4,正方形 $ABCD$ 中,$\triangle AEF$ 是正方形的内接三角形,

$\angle EAF = 45°$，$AB = 8$，$EF = 6$，求 $\triangle EFC$ 的面积.

讲解 当 $\angle EAF = 45°$，$AB = 8$ 时，EF 不能等于6，题目的条件互相矛盾.

延长 CD 至 G，使 $DG = BE$，连结 AG．可证得 $\triangle ABE$ $\cong \triangle ADG$，$\triangle AEF \cong \triangle AGF$.

记 $EF = a$，$BE = x$，则在 $\mathrm{Rt}\triangle EFC$ 中，有 $EC^2 + FC^2$ $= EF^2$，即

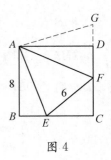

图 4

$$(BC - BE)^2 + (CG - FG)^2 = EF^2, \quad (8-x)^2 + [(8+x) - a]^2 = a^2,$$

得 $\qquad x^2 - ax + (64 - 8a) = 0$，有 $\Delta = a^2 - 4(64 - 8a) \geqslant 0$，

解得 $\qquad\qquad a \geqslant 16(\sqrt{2} - 1) > 6.$

可见，已知条件互相矛盾.

例9 已知 $\dfrac{1}{a} + \dfrac{1}{b} = \dfrac{1}{a+b}$，求证 $\dfrac{a}{b} + \dfrac{b}{a} = -1$.

讲解 由已知得 $(a+b)^2 = ab$，即

$$a^2 + b^2 = -ab. \qquad\qquad\qquad ①$$

两边除以 ab，得 $\qquad\qquad \dfrac{a}{b} + \dfrac{b}{a} = -1.$

表面上，初中生能够完成上述运算，但由①得

$$0 = a^2 + b^2 + ab = \left(a + \frac{b}{2}\right)^2 + \frac{3b^2}{4},$$

在实数范围内有 $a = b = 0$，使已知及求证都没有意义．所以此题只能在复数范围内求解，这就超出了初中的范围，要求是不恰当的.

例10 如果时钟上的时针、分针和秒针都是匀速地转动（连续），那么从3时整(3:00)开始，在1分钟的时间内，3根针中，出现一根针与另外两根针所组成的角相等的情况有（　　）.

(A) 1次 　　　(B) 2次 　　　(C) 3次 　　　(D) 4次

讲解 这是江苏省第十九届(2005年)初中数学竞赛题，随文附上的答案为(D)．其实，当秒针与时针重合时，分针与这两针的夹角是相等的，因而出现一根

针与另外两根针所成角相等的情况有 5 次,这还没考虑 3 时整的情况.

究其原因,是误认为"一根针与另两根针所成的角相等"等价于"一根针平分另两根针所成的角".这种等价性证明过了吗? 没有! 但命题者相信它正确,这就是命题者的潜在假设(参见文[8],可见本书下集第二章第三节第 7 篇).

参考文献

[1] 罗增儒. 数学中考命题的趋势分析(首篇)[J]. 中学数学教学参考(初中),2006(1/2).

[2] 罗增儒. 数学中考命题的趋势分析(续篇)[J]. 中学数学教学参考(初中),2006(3).

[3] 罗增儒. 中考试题的内容结构[J]. 中学数学教学参考(初中),2007(1/2).

[4] 罗增儒. 数学中考试题的结构分析[J]. 中国数学教育(初中),2007(3).

[5] 罗增儒. 能力立意: 初中生也能求解的高考题[J]. 中学数学教学参考(初中),2007(8).

[6] 罗增儒. 数学解题学引论[M]. 西安:陕西师范大学出版社,2001.

[7] 李盛年. 何为"完全平方式"[J]. 中小学数学(初中),2006(6).

[8] 罗增儒. 一道时钟竞赛题的商榷[J]. 中学数学月刊,2007(2).

第 4 篇 数学中考解题的宏观驾驭①

数学中考需要我们:明确考试范围,系统掌握"三基",吃透基本题型,提高解题能力,临场正常发挥. 这当中最核心的问题是解题,因为中考是通过解题来判断数学能力的,中考复习的最终成果要落实到解题能力的提高上来. 本文仅就数学解题中的几个关键性问题提出建议,供中考复习参考(参见文[1]):解题本质的认识;解题过程的把握;解题策略的运用;解题范例的分析.

1 解题本质的认识

对于解题思维的认识,可以进行知识过程的分析、逻辑结构的分析、心理活动的分析、思维层次的分析等. 最基本的是要掌握知识过程的分析.

---

① 本文原载《中学数学教学参考》(下半月·初中)2008(1/2):118-128(署名:惠州人).

从知识过程来看,解题包括这样一个"三位一体"的完整工作:

(1) 有用捕捉:从理解题意中捕捉有用的知识信息.

主要是从题目叙述中获取代数"符号信息",从题目的图形中获取几何"形象信息".

(2) 有关提取:从记忆贮存中提取有关的知识信息.

主要是从记忆贮存中找出相关的公式、定理、基本模式等解题依据或解题凭借.

(3) 有效组合:将上述两组知识信息进行有效的组合.

主要指将上述两组知识信息组织成一个合乎逻辑的和谐结构.

例 1 求证:等腰三角形的两个底角相等.(课本定理)

分析 我们已经见到过课本的证明,就是对等腰 $\triangle ABC$ 作底边上的角平分线 AD(见图 1),然后证明 Rt$\triangle ADB \cong$ Rt$\triangle ADC$,从而 $\angle B = \angle C$.

这个证明的关键是从已知 $\triangle ABC$ 中,设计出两个全等的三角形来.现在设想,如果这个三角形是一块木板(或蛋糕),那么,它的平分,沿 AD 方向把它切下去当然是一个办法(图 1),但是.沿水平方向把它切成两块相等的薄片也是一个办法(图 2),由此将产生一个新的思路.

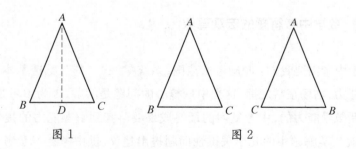

图 1　　　　图 2

第一,我们从已知条件"$\triangle ABC$ 为等腰三角形"出发去捕捉有用的信息.

(1) 从题目的文字叙述中获取代数"符号信息"一条:$AB = AC$(信息 1),进而由等式的对称性得 $AC = AB$(信息 2).

(2) 从题目的图形中获取几何"形象信息"两条:

① 在图 1 中,我们看到 $\triangle ABC$ 与 $\triangle ACB$ 重叠在一起(信息 3),把它们拆开就成为图 2(轴对称的两个三角形);

② 我们还看到这两个三角形有 $\angle A = \angle A$(或 $BC = CB$)(信息 4).

第二,根据上面的理解,我们提取三角形全等的判别定理"SAS(或 SSS)"(信息 5),可得 $\triangle ABC \cong \triangle ACB$.

据此,再提取三角形全等的性质定理(信息 6),得对应角相等,$\angle B = \angle C$.

第三,把这两组、6 条知识信息组成一个和谐的逻辑结构:

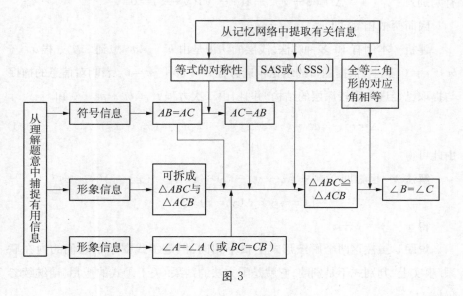

图 3

把这里的逻辑骨架抽出来,就是新解法.

证明 如图 4,在 $\triangle ABC$ 与 $\triangle ACB$ 中,

有 $AB = AC$, $AC = AB$.

又 $\angle A = \angle A$(或 $BC = CB$),

得 $\triangle ABC \cong \triangle ACB$(SAS 或 SSS),从而 $\angle B = \angle C$.

评析 这个证明的可靠直觉是,把等腰 $\triangle ABC$ 拿起来,作一个空中的翻转,与原来的位置能够重合.

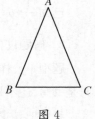

图 4

例 2 已知:$(z - x)^2 - 4(x - y)(y - z) = 0$. 求证:$x - y = y - z$.

分析 题目的叙述只有两句话,一句条件、一句结论. 从条件我们感受到二次方程的判别式,从结论我们又感受到两个数相等,对这两条信息的感知,使我们思考:判别式与两数相等有什么关系呢? 对了,二次方程的判别式为零时两根相等,所以,可视 $x - y$,$y - z$ 为二次方程的两个根,然后验证其确实有判别

式为零.因而得到这样的解法:

证明 1 条件表明,以 $x-y$,$y-z$ 为根的二次方程

$$[t-(x-y)][t-(y-z)]=0$$
$$\Leftrightarrow t^2+(z-x)t+(x-y)(y-z)=0,$$

有判别式 $\qquad \Delta=(z-x)^2-4(x-y)(y-z)=0,$

因而两根相等,即 $x-y=y-z$.

评析 本例有 10 多种解法,浅层的认识是由 b^2-4ac 想到二次方程 $at^2+bt+c=0$,这里,根据题目的结论构造方程 $t^2+bt+ac=0$,表明对信息的捕捉与提取已经进入到较深层的结构.并且,由二次方程 $t^2+bt+ac=0$ 知

$$\Delta=b^2-4ac=(x_1+x_2)^2-4x_1x_2=(x_1-x_2)^2, \qquad ①$$

由此可得

解法 2 已知即 $0=[-(x-y)-(y-z)]^2-4(x-y)(y-z)$
$$=[(x-y)-(y-z)]^2,$$

得 $x-y=y-z$.

说明 虽然这两个解法形式上很不相同,但是①式揭示了它们的内在联系.事实上,判别式不是别的,它就是配方法的结果.关于①式的应用,请继续参见例 11.

相关链接 1999 年,初中联赛填空题第 1 小题:

已知 $\frac{1}{4}(b-c)^2=(a-b)(c-a)$ 且 $a\neq 0$,则 $\frac{b+c}{a}=$ _____.

2 解题过程的把握

题型不一样,解题方式也不一样,填空题只写答案,选择题只填记号.但这只是书写,还不是真实的解题过程,更不是真实思考的全过程.

我们把寻找习题解答的活动叫做解题过程.它通常包括从拿到题目到完全解出的所有环节或每一步骤.把书写等同于解题过程既不符合事实,更没有反映出问题的本质.有时候,一个精炼而漂亮的书写恰好严严密密地掩盖着一个复杂而生动的思考.著名数学家、数学教育家波利亚写过一本风靡世界的书,叫做《怎样解题》,书中把解题过程分为四步:弄清问题、拟定计划、实现计划、回顾.

2.1　弄清问题

我们通常把它叫做理解题意(或审题),主要是明确已知是什么,求证(解)是什么,亦即从题目本身去获取从何处下手、向何方前进的信息. 题目的条件和结论是两个信息源. 从条件出发的信息,预示可知并启发解题手段,从结论出发的信息预告需知并诱导解题方向,为了从中获取尽可能多的信息,我们要逐字逐句地分析条件、分析结论、分析条件与结论之间的关系,常常还要辅以图形或记号,以求得目标与手段的统一.

对于大量中考题来说,题意弄清楚了,题型就得以识别,记忆中关于这类题的解法就招之即来(叫做模式识别,见下文). 即使是新的"陌生情境",我们也有了解决它的目标与原始基础.

2.2　拟定计划

我们通常把它叫做寻找解题思路,其最朴素的含义是,把待解决或未解决的问题,归结为一类已经解决或者比较容易解决的问题. 这是一个联想转化的生动过程. 在波利亚的解题表里,有很多很好的建议,促使我们产生灵感与念头,如"你以前见过它吗? 你是否见过相同的问题而形式稍有不同?"这提示着熟悉化的原则和模式识别的策略;又如"如果你不能解决所提出的问题,可先解决一个与此有关的问题. 你能不能想出一个更容易着手的有关问题? 一个更普遍的问题? 一个更特殊的问题? 一个类比的问题? 你能否解决这个问题的一部分? ……"这里既有联想与类比,又有一般化与特殊化,核心是化归.

对于初中生来说,寻找思路的一个便于操作的方法是分析法. 寻找思路的一个简易可行的思考是"特殊化",先退后进、以退求进. 此外,模式识别、差异分析、数形结合等都是非常有效的解题策略(参见本文第 3 部分).

2.3　实现计划

就是把打通了的解题思路(即自己看清楚、想明白的事情),用文字具体表达出来,说服自己、说服朋友、说服论敌. 在实现计划中"怎样表达",这对初中生来说仍然是一个需要系统指导和严格训练的问题,我们建议记住 15 字口诀:"定方法、找起点、分层次、选定理、用文字". 在这个基础上,进一步要做到:方法简单、起点明确、层次清楚、原理准确、论证严密、书写规范.

2.4　回顾

回顾的最起码要求是复查检验,看计算是否准确,推理是否合理,思维是否周密,解法是否还有更多、更简单的. 有的检验是解题的必要步骤,如分式方程、无理方程验根,其求解过程是求必要条件的过程,充分性并未解决,验根之后,解题才算完成;有的检验是避免过失的技术性措施,像足球守门员把住最后一关.

更深层次的回顾表现为解题后对数学命题的重新认识和对解题方法的评价. 如,解题中用到了哪些知识? 哪些方法? 是怎么想到它们的? 困难在哪里? 关键是什么? 遇到过什么障碍? 后来是怎么解决的? 是否还有别的解决方法? 更一般的方法? 更特殊的方法? 沟通其他学科的方法? 更简单的方法? 同样的方法能用来处理更一般性的命题吗? 命题能够推广吗? 条件能够减弱吗? 结论可以加强吗? 这些方法体现了什么样的数学思想? 调动这些知识和方法体现了什么样的解题策略? 如此等等的思考不仅能改进和完善眼前的解题,而且能提炼出对未来解题有指导作用的信息.

它的长期积累会升华为人们搜索、捕捉、分析、加工和运用信息能力的总和——数学才能(参见本文第 4 部分).

这 4 个步骤需要不断的反馈调节(如图 5),即使 4 步完成了也存在反思改进的空间:有时候思路还比较麻烦,通过反馈调节而精简(例 3、例 5、例 8 等);有时候思路还存在错误,通过反馈调节而纠正(例 4、例 9).

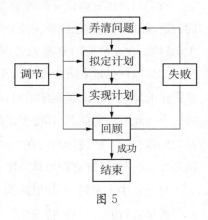

图 5

例 3 已知 $a \neq b$,且 $a^2 - 4a + 1 = 0$,$b^2 - 4b + 1 = 0$. 求 $\dfrac{1}{a+1} + \dfrac{1}{b+1}$ 的值.

分析 由 $\dfrac{1}{a+1} + \dfrac{1}{b+1} = \dfrac{(a+b)+2}{ab+(a+b)+1}$,

可见,只需求出 $a+b$,ab. 又由已知得 a,b 是二次方程 $x^2 - 4x + 1 = 0$ 的两个根,有 $\begin{cases} a+b=4, \\ ab=1, \end{cases}$ 故得

$$\frac{1}{a+1} + \frac{1}{b+1} = \frac{(a+b)+2}{ab+(a+b)+1} = \frac{4+2}{1+4+1} = 1. \qquad ①$$

这样,我们通过有理有据的分析找到了一个解题思路,也得出了正确答案. 但是,学数学如果只停留在这一层次上,仍有"进宝山而空返"的遗憾. 当初,我们并不知道 $\dfrac{1}{a+1}+\dfrac{1}{b+1}$ 的值是多少,探索具有一定的盲目性,走点弯路也在所难免,但找到 $\dfrac{1}{a+1}+\dfrac{1}{b+1}=1$ 之后,情况就不一样了,多了这个信息,就像爬山登上了顶峰,回过头来能对走过的路一览无遗,一切都昭然若揭了,原来还有更直、更平、更好的路. 这个居高临下的回首,就是解题能力的积累与提高. 事实上,由①式知,只需证 $\dfrac{(a+b)+2}{ab+(a+b)+1}=1$,即 $(a+b)+2=ab+(a+b)+1$,或 $ab=1$.

这告诉我们,当初求 "$a+b=4$" 是多余的,有 $ab=1$ 就够了. 这一瞬间的恍然大悟,体现了数学的领悟.

解法 1　由已知得 a,b 是二次方程 $x^2-4x+1=0$ 的两个根,有 $ab=1$,从而
$$\frac{1}{a+1}+\frac{1}{b+1}=\frac{1}{a+1}+\frac{ab}{b+ab}=\frac{1}{a+1}+\frac{a}{1+a}=1.$$

由此,可以得出本题的更多解法.

解法 2　由已知得 a,b 是二次方程 $x^2-4x+1=0$ 的两个根,现以 $\dfrac{1}{a+1}$,$\dfrac{1}{b+1}$ 为根作二次方程,令
$$y=\frac{1}{x+1}\Rightarrow x=\frac{1-y}{y},$$

有
$$\left(\frac{1-y}{y}\right)^2-4\left(\frac{1-y}{y}\right)+1=0,$$

即
$$y^2-y+\frac{1}{6}=0,$$

得
$$\frac{1}{a+1}+\frac{1}{b+1}=1.$$

并且还求出了 $\dfrac{1}{a+1}\cdot\dfrac{1}{b+1}=\dfrac{1}{6}$.

说明　令 $y=x+1$ 作二次方程也是一个思路.

相关链接　1996 年初中联赛选择题第 1 小题: 实数 a, b 满足 $ab=1$, 记

$$M=\frac{1}{1+a}+\frac{1}{1+b},\ N=\frac{a}{1+a}+\frac{b}{1+b}.$$

则 M, N 的关系为(　　).

(A) $M>N$　　　　(B) $M=N$　　　　(C) $M<N$　　　　(D) 不确定

例 4　在四边形 $ABCD$ 中, AB 大于其余三边, BC 小于其余三边, 则 $\angle BAD$, $\angle BCD$ 的关系为(　　).

(A) $\angle BAD<\angle BCD$　　(B) $\angle BAD=\angle BCD$

(C) $\angle BAD>\angle BCD$　　(D) 不能确定

解法 1　如图 6, 连结 BD, 在 BD 的同侧作 $\triangle BC_1D\cong\triangle DCB$, 则 $\angle BC_1D=\angle BCD$, $C_1D=BC$, $BC_1=CD$, 且 C_1D 是四边形 ABC_1D 中的最短边. 连结 AC_1, 在 $\triangle ABC_1$ 中, 由 AB 为四边形的最长边, 有

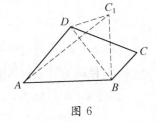

图 6

$$AB>BC_1\Rightarrow\angle BAC_1<\angle BC_1A. \qquad ①$$

在 $\triangle AC_1D$ 中, 由 C_1D 为四边形的最短边, 有

$$AD>C_1D\Rightarrow\angle DAC_1<\angle DC_1A. \qquad ②$$

①+② 得　　　$\angle BAD<\angle BC_1D=\angle BCD.$

选(A).

反思　这个解法默认了四边形 ABC_1D 为凸四边形, 因而 ①、② 式相加, 得 $\angle BAD$ 小于 $\angle BC_1D$. 若 $\angle ADB$, $\angle BDC_1$ 均为钝角, 便会出现 ①、② 式相减, 得 $\angle BAD$ 与 $\angle BC_1D$ 无法确定大小 (参见图 7).

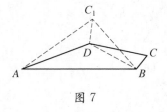

图 7

解法 2　如图 8, 取一个平行四边形 $ABCD$, 使 $\triangle CBD$ 为等腰直角三角形, 作 $\triangle CBD$ 的外接圆 O, 以 D 为圆心、以 DC 为半径画弧, 交 AB 延长线于 E, 连 DE 交 $\odot O$ 于 C_1, 交 BC 于 C_2; 又在线段 C_1E 内取点 C_3, 连 BC_1、BC_3, 则在四

边形 ABC_iD $(i=1,2,3)$ 中，AB 大于其余三

边，BC_i 小于其余三边，有

$$\angle BAD < \angle BC_2D,$$
$$\angle BAD = \angle BC_1D,$$
$$\angle BAD > \angle BC_3D,$$

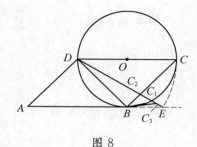

图 8

选(D).

例5 已知二次函数图像上三个点的坐标：$(-1,0)$，$(3,0)$，$(1,-5)$，试求出函数的解析式.

解法1 设二次函数解析式为(一般式) $y=ax^2+bx+c$.

把三点的坐标代入，得方程组

$$\begin{cases} a-b+c=0, \\ 9a+3b+c=0, \\ a+b+c=-5. \end{cases}$$

解得 $a=\dfrac{5}{4}$，$b=-\dfrac{5}{2}$，$c=-\dfrac{15}{4}$.

所以，二次函数的解析式为 $y=\dfrac{5}{4}x^2-\dfrac{5}{2}x-\dfrac{15}{4}$.

解法2 由二次函数的图像通过点 $(1,-5)$，可设二次函数解析式为(一点式) $y=(ax+b)(x-1)-5$，

把 $(-1,0)$，$(3,0)$ 代入，得方程组

$$\begin{cases} -2(-a+b)-5=0, \\ 2(3a+b)-5=0. \end{cases}$$

解得 $a=\dfrac{5}{4}$，$b=-\dfrac{5}{4}$.

所以，二次函数解析式为 $y=\dfrac{5}{4}(x-1)^2-5$，即 $y=\dfrac{5}{4}x^2-\dfrac{5}{2}x-\dfrac{15}{4}$.

反思1 上述解法有一般性，凡已知"二次函数图像上三个点"都可以用这些方法来求解，并且可以通过解方程组得出函数解析式的公式，下面我们给出这个函数解析式的公式.

解法 3 设过三点 (x_1, y_1), (x_2, y_2), (x_3, y_3) 的二次函数解析式为

$$y = a_1(x - x_2)(x - x_3) + a_2(x - x_1)(x - x_3) + a_3(x - x_1)(x - x_2).$$

①

把 (x_1, y_1) 代入,得

$$a_1 = \frac{y_1}{(x_1 - x_2)(x_1 - x_3)}.$$

同理,把 (x_2, y_2), (x_3, y_3) 代入可得

$$a_2 = \frac{y_2}{(x_2 - x_1)(x_2 - x_3)}, \quad a_3 = \frac{y_3}{(x_3 - x_1)(x_3 - x_2)}.$$

得

$$y = \frac{y_1(x - x_2)(x - x_3)}{(x_1 - x_2)(x_1 - x_3)} + \frac{y_2(x - x_1)(x - x_3)}{(x_2 - x_1)(x_2 - x_3)}$$

$$+ \frac{y_3(x - x_1)(x - x_2)}{(x_3 - x_1)(x_3 - x_2)}.$$

②

把 $(-1, 0)$, $(3, 0)$, $(1, -5)$ 代入即得 $y = \frac{5}{4}x^2 - \frac{5}{2}x - \frac{15}{4}$.

反思 2 如果我们一开始还没有注意到点 $(-1, 0)$, $(3, 0)$ 在 x 轴上的话,那么,②式则向我们作出了非常明显的提醒,当 $y_1 = y_2 = 0$ 时,②式为

$$y = \frac{y_3(x - x_1)(x - x_2)}{(x_3 - x_1)(x_3 - x_2)},$$

而①式也可以简化.

这说明,本例还可以有更反映题目特殊条件的简单解法.

解法 4 由于 $(-1, 0)$, $(3, 0)$ 在 x 轴上,故可设二次函数解析式为(零点式) $y = a(x + 1)(x - 3)$.

又因为图像过点 $(1, -5)$,代入,得 $-5 = a(1 + 1)(1 - 3)$,得 $a = \frac{5}{4}$.

二次函数解析式为 $y = \frac{5}{4}(x + 1)(x - 3)$.

解法 5 由于 $(-1, 0)$, $(3, 0)$ 关于直线 $x = 1$ 成轴对称,所以点 $(1, -5)$ 是

二次函数图像的顶点,可设二次函数的顶点式为(与解法 2 对比)$y = a(x - 1)^2 - 5$.

把$(-1, 0)$或$(3, 0)$代入,得$a = \dfrac{5}{4}$.

所以二次函数解析式为$y = \dfrac{5}{4}(x - 1)^2 - 5$.

3　解题策略的运用

为了迅速解决"从何处下手""向何方前进",根据阅卷经验和解题经验,采用模式识别、差异分析、数形结合等思维策略是有效的.

3.1　模式识别

3.1.1　模式识别的认识

在学习数学的过程中,所积累的知识和经验经过加工会得出一些有长久保存价值的典型结构或重要类型. 我们称为基本模式. 当我们遇到一个新问题时,首先辨认它属于我们已经掌握的哪个模式,然后检索出相应的解题方法. 这是我们在数学解题中的基本思考方式,更是我们解中考题的重要策略.(参见文[1]～[3])

3.1.2　积累基本模式的途径

中学生的解题积累,基本上就是课本上的学习积累,因此,对课本学习内容进行总结归类是积累模式的一个基本途径. 比如:

● 总结每一章的作业,弄清一共有几个主要类型,每一类型各有几种解决的方法.

● 在几何图形的学习中,用"全等法""相似法"证题应是两个基本模式. 为了更好掌握这两个模式,应熟悉一对全等或一对相似三角形的基本图形. 图 9 是全等三角形的基本积累.(相似三角形的基本图形参见文[2])

● 更一般地,大量积累"基本图形",并在此基础上"截长补短""能割善补"是学习几何图形的一个诀窍. 每一个重要概念、重要定理都有一个基本图形;"三线八角"可以算一个基本图形;"$1, 1, \sqrt{2}$""$1, 2, \sqrt{3}$"三角形的边长、内角、三角函数、中线、高、角平分线、面积等也组成基本图形.

● 在数与代数的学习中,积累二次方程判别式应用的基本类型,总结根与系数关系的各种形式等,都是基本模式. 如(其应用见例 8、例 11 等)

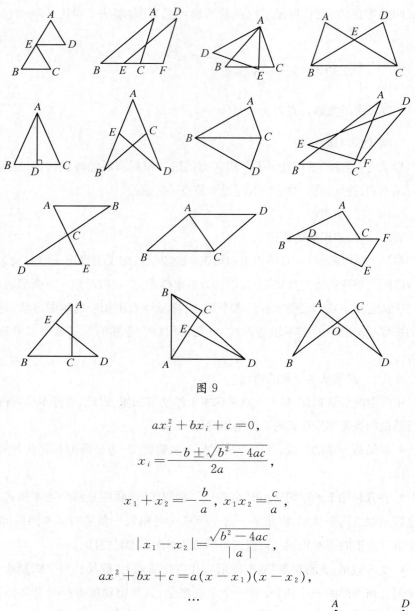

图 9

$$ax_i^2 + bx_i + c = 0,$$

$$x_i = \frac{-b \pm \sqrt{b^2 - 4ac}}{2a},$$

$$x_1 + x_2 = -\frac{b}{a},\ x_1 x_2 = \frac{c}{a},$$

$$|x_1 - x_2| = \frac{\sqrt{b^2 - 4ac}}{|a|},$$

$$ax^2 + bx + c = a(x - x_1)(x - x_2),$$

$$\cdots$$

例6 (2007,江西)在一次数学活动中,黑板上画着如图 10 所示的图形.活动之前教师在准备的四张纸片上分别写有如下四个等式中的一个等式:

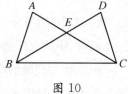

图 10

① $AB = DC$；

② $\angle ABE = \angle DCE$；

③ $AE = DE$；

④ $\angle A = \angle D$.

小明同学闭上眼睛从四张纸片中随机抽取一张，再从剩下的纸片中随机抽取另一张. 请结合图形解答下列两个问题.

（1）当抽得①和②时，用①、②作为条件能判定 $\triangle BEC$ 是等腰三角形吗？说说你的理由.

（2）请用树状图或表格表示抽取两张纸片上的等式所有出现的结果（用序号表示）. 并求以已经抽得的两张纸片上的等式作为条件，不能判定 $\triangle BEC$ 是等腰三角形的概率.

讲解　本题把命题制作、命题真假论证、概率计算有机结合了起来，既考查了知识又考查了能力，既考查了证明又考查了计算，既考查了几何又考查了概率，既考查了证实又考查了证伪. 虽然问题有很强的综合性，但最根本的是全等的基本图形（在图 9 中有图 10 的类型）.

稍加识别可以看到，已知图形可以分解为两个图形，一个是 $\triangle BEC$，另一个是图 11，而 $\triangle BEC$ 是否成为等腰三角形，取决于图 11 提供的是否为全等基本图形. 回想构成三角形全等的判别定理知，在这个有一对对顶角相等的图形中，若出现 SAS、ASA、AAS 则 $\triangle ABE \cong \triangle DCE$；若

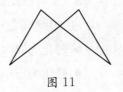

图 11

出现 SSA、AAA 则不能保证 $\triangle ABE \cong \triangle DCE$. 这是用全等模式来驾驭本题，再加上概率模式，便可化解这道综合题.

解　（1）能. 因为 $AB = DC$，$\angle ABE = \angle DCE$，$\angle AEB = \angle DEC$ 时，可得 $\triangle ABE \cong \triangle DCE$，从而 $BE = CE$，$\triangle BEC$ 是等腰三角形.

（2）树状图表示为（图 12）：

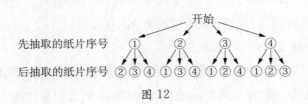

图 12

表格表示为：

后抽取的纸片序号 ＼ 先抽取的纸片序号	①	②	③	④
①		(①②)	(①③)	(①④)
②	(②①)		(②③)	(②④)
③	(③①)	(③②)		(③④)
④	(④①)	(④②)	(④③)	

所有可能的结果有 12 种：(①②)，(①③)，(①④)，(②①)，(②③)，(②④)，(③①)，(③②)，(③④)，(④①)，(④②)，(④③). 它们出现的可能性相等，其中取到① $AB=DC$ 与④ $\angle A=\angle D$，取到②$\angle ABE=\angle DCE$ 与④$\angle A=\angle D$ 的四种情况(①④)，(④①)，(②④)，(④②)不能判定是等腰三角形，所以，$\triangle BEC$ 不能判定构成等腰三角形的概率为 $\dfrac{4}{12}=\dfrac{1}{3}$.

3.1.3　模式识别的应用

(1) 中考解题的模式识别可以具体化为：

● 转化为课本已经解过的题；

● 转化为历年的中考题.

(2) 中考解题的模式识别通常有三个层次：

● 直接用. 拿到一道中考题，经过辨认，它已属于某个基本模式，于是提取该模式的相应方法来解决.

● 转化用. 遇到稍新、稍难一点的题目，可能不直接属于某个基本模式，但将条件或结论作变形后就属于基本模式.

● 综合用. 遇到更新、更难的题目，变形也不属于某个基本模式，那么，一方面可以将题目加以分解，使每一个子问题成为基本模式；另一方面可以将基本模式加以深化或重组，用整合过的模式来解决新问题.

3.1.4　模式识别的有效性

(1) 可以简捷回答中考解题中的两个基本问题：从何处下手，向何方前进.

有了模式识别的思想准备，拿到一道中考题，就会自觉思考它属于哪一领域,属于哪一册书、哪一章节,与这一章节的哪个(些)类型比较接近,解决这个类型主要有哪几个方法,哪一个(些)方法可以首先拿来尝试求解.这一想,下手的地方就有了(回答了从何处下手的问题),同时也大体确定了前进的方向(回答了向何方前进的问题).

(2) 能用来解决大部分中考题.

试题统计表明,中学教材是试题的根本来源,每年均有 60% 的试题都是课本(或往年中考)的"原题""类题"或"变题",少量的高难题虽然找不到课本(或往年中考)的原型,但也是按照课本知识所能达到的高度来设计的,所以,抓住了"模式识别"就抓住了 60% 的中考题.

例 7-1 某人从甲地走往乙地,甲、乙两地有定时公共汽车往返,而且,两地发车的间隔都相等,他发现每隔 6 分钟开过来一辆到甲地的公共汽车,每隔 12 分钟开过去一辆到乙地的公共汽车,则公共汽车每隔几分钟从各自的始发站发车?

讲解 类似的题目很多,如果平时不注意积累模式,就会一道题目一个解法,认识停留在一招一式的水平上.对于本例,如果认识停留在小学模式积累的层次,又会在"工程问题""流水问题""平均问题""行程问题"之间犹豫.对于中考,我们认为本例更适宜归入方程组模型.

解 设公共汽车每隔 t 分钟从各自的始发站发车,车速度为 $v_{车}$,则相邻两车的距离为 $S=v_{车}t$;又设人的速度为 $v_{人}$,依题意,有方程组

$$\begin{cases} 6(v_{车}-v_{人})=v_{车}t, \\ 12(v_{车}+v_{人})=v_{车}t, \end{cases} \qquad ①$$

即

$$\begin{cases} 1-\dfrac{v_{人}}{v_{车}}=\dfrac{t}{6}, \\ 1+\dfrac{v_{人}}{v_{车}}=\dfrac{t}{12}. \end{cases}$$

相加,消去 $\dfrac{v_{人}}{v_{车}}$,得

$$t=\dfrac{2}{\dfrac{1}{6}+\dfrac{1}{12}}=8. \qquad ②$$

答:公共汽车每隔 8 分钟从各自的始发站发车.

评析 在①式中我们看到了有逆流、顺流的流水问题;在②式中我们又看

到了"已知上坡速度、下坡速度,求平均速度"的平均问题;也能由②式看到工程问题. 所有这些看法都统一到方程组模型之中(从算术到代数的进步,在文[2]中还概括为反比例函数模式).

例 7-2 一个自行车轮胎,若安装在前轮,则行驶 5 000 千米后报废,若安装在后轮,则行驶 3 000 千米后报废. 如果行驶一定路程后交换前、后轮胎,使一对新轮胎同时报废,那么最多可行驶多少千米?

解 设每个新轮胎报废时的总磨损量为 k,则安装在前轮位置的轮胎每行驶 1 千米的磨损量为 $\dfrac{k}{5\,000}$,安装在后轮位置的轮胎每行驶 1 千米的磨损量为 $\dfrac{k}{3\,000}$;又设一对新轮胎交换位置前走了 x 千米、交换位置后走了 y 千米,分别以一个轮胎总磨损量为等量关系列方程,有方程组

$$\begin{cases} \dfrac{kx}{5\,000} + \dfrac{ky}{3\,000} = k, \\[3mm] \dfrac{ky}{5\,000} + \dfrac{kx}{3\,000} = k. \end{cases}$$

相加,得

$$\frac{k(x+y)}{5\,000} + \frac{k(x+y)}{3\,000} = 2k,$$

得

$$x + y = \frac{2}{\dfrac{1}{5\,000} + \dfrac{1}{3\,000}} = 3\,750(千米). \qquad\qquad ③$$

评析 表面看上述两道题目很不相同,但列方程、求解都很类似,而③式更揭示了它们有完全一样的结构.

关于模式识别、工程问题请继续参见文[2]、[3].

3.2 差异分析

3.2.1 差异分析法的认识

如果我们把题目的条件与结论之间的差异称为目标差,那么解题的实质就在于设计一个目标差不断减少的过程. 通过寻找目标差,不断减少目标差而完成解题的思考方法,我们称为差异分析法.

例 8 设 α, β 是关于 x 的方程

$$(x-a)(x-b)-cx=0, \qquad \text{①}$$

的根,试证明关于 x 的方程

$$(x-\alpha)(x-\beta)+cx=0, \qquad \text{②}$$

的根是 a, b.

讲解 这道中考题的标准答案着眼于寻找 α, β 与 a, b 的直接关系,把方程①展开,得

$$x^2-(a+b+c)x+ab=0, \qquad \text{③}$$

然后,由根与系数的关系,得

$$\begin{cases} \alpha+\beta=a+b+c, \\ \alpha\beta=ab. \end{cases} \qquad \text{④}$$

再把方程②展开,得

$$x^2-(\alpha+\beta-c)x+\alpha\beta=0, \qquad \text{⑤}$$

将④代入⑤,得

$$x^2-(a+b)x+ab=0.$$

其根为 $x_1=a$, $x_2=b$, 即方程②的根为 a, b.

评析 在这个解法中,沟通方程③与⑤的桥梁是④,而④可以用恒等式

$$ax^2+bx+c=a(x-x_1)(x-x_2)$$

来代替,此时我们看到

$$\text{条件} \Leftrightarrow (x-a)(x-b)-cx=(x-\alpha)(x-\beta),$$

$$\text{结论} \Leftrightarrow (x-\alpha)(x-\beta)+cx=(x-a)(x-b).$$

两相对比,消除差异只需做一个移项运算就证完了.

证明 由 α, β 是方程①的根,有恒等式

$$(x-a)(x-b)-cx=(x-\alpha)(x-\beta),$$

移项,得 $\qquad (x-\alpha)(x-\beta)+cx=(x-a)(x-b). \qquad \text{⑥}$

将 $x=a$, $x=b$ 代入⑥,知 a, b 是方程②的根.

3.2.2 使用差异分析法的步骤

分成 3 步:

第 1 步,找出差异.

通过题目中所出现的元素、元素间所进行的运算,以及元素之间所存在的关系去找异同点,相同点要保留,差异点要消除.

第 2 步,作出反应.

对于所找出的目标差,要运用基础知识和基本方法立即作出减少目标差的反应.

第 3 步,积累效果.

减少目标差的调节要一次又一次地发挥作用,并能够逐一积累,最终完全消除,达到解题的目的.

对于较复杂的问题,要多次使用差异分析法,因为当我们作出反应时,又会出现新的差异,又要使用差异分析法,这样,消除差异的效果才能积累起来.

3.2.3 使用差异分析法的有效性

(1) 可以简捷回答中考解题中的两个基本问题:从何处下手,向何方前进.

我们说,就从找目标差入手,就向着减少目标差的方向前进. 有的同学拿到题目不知如何下手,很大程度上是不会找目标差,或对目标差不会作出反应;而有了思路中途受阻,则很大程度上是不会积累目标差的减少.

(2) 运用差异分析法可以用来解决"模式识别"无能为力的问题. 尤其是对一些新题型或综合性较强的题目,用这个方法来思考,常常是有效的.

对于条件、结论都明确给出的证明题(恒等式,不等式,或几何论证),用差异分析法特别方便.

例 9 如果 a,b,c 为互不相等的实数,且满足关系式

$$b^2 + c^2 = 2a^2 + 16a + 14, \tag{①}$$

与

$$bc = a^2 - 4a - 5, \tag{②}$$

那么 a 的取值范围是_____.

分析 条件是关于 a,b,c 的两个等式,结论是关于 a 的一个不等式,其目标差有 3 个.

(1) 条件有两个表达式与结果只有一个表达式的差异. 作出反应,应合并条

件(加、减、乘、除等).

(2) 条件有三个字母与结论只有一个字母的差异. 作出反应,应消元(消去 b,c).

(3) 条件为等式与结论为不等式的差异. 作出反应是,对等式作放缩,得出不等式.

这样,我们便有了合并等式、消元、并作放缩的基本思路.

解 ①$-2\times$②,有$(b-c)^2=24a+24$(合并).

因$b\neq c$,有$(b-c)^2>0$,从而$24a+24>0$,(放缩,并消去b,c).

解得 $a>-1$.

代入已知两式检验均有意义,故 $a>-1$ 为所求.

评析 这样,我们通过消除 3 个差异,并积累起来,便得出 $a>-1$. 一般的资料做到这一步就结束了,作为填空题也能得满分,但这有逻辑漏洞(对而不全),因为这只表明 $a\leqslant-1$ 是不行的(必要性),还没有说明 $a>-1$ 时 a 与 b,c 均不相等(充分性),因而还要有下面的步骤. 先找出大于 -1 的实数中,哪些能使 $a=b$ 或 $a=c$(由对称性,验证一个就可以了). 假设存在一个 $t>-1$,使 $a=t$ 时,有 $b=t$(或 $c=t$). 代入①、②,有

$$c^2=t^2+16t+14,\; tc=t^2-4t-5.$$

显然 $t\neq 0$,否则与第②式矛盾. 消去 c,有

$$\left(\frac{t^2-4t-5}{t}\right)^2=t^2+16t+14,$$

即

$$24t^3+8t^2-40t-25=0,$$

分解,得

$$(6t+5)(4t^2-2t-5)=0,$$

得

$$t_1=-\frac{5}{6},\; t_{2,3}=\frac{1\pm\sqrt{21}}{4}. \qquad\qquad ③$$

这说明,在大于 -1 的数中,有三个数可能使 $a=b$ 或 $a=c$(为可疑点). 但这并不表明,此三个数都要舍去(评析,这又是一个容易犯错误、致使产生减根的地方),因为,当 a 取这三个数时,对应的①、②有 4 个解 (b,c),(c,b),$(-b,-c)$,$(-c,-b)$,即使其中有两个 (b,c),(c,b) 不合条件,但仍有两个

$(-b, -c)$, $(-c, -b)$ 合条件.

下面验证, 当 a 取到③式中的数时, 仍有互不相等的 a, b, c 满足①、②. 取 a 为③中的值, 代入①、②并求解, 可得存在互不相等的

$$a = -\frac{5}{6}, b = \frac{5}{6}, c = -\frac{7}{6} \ (b, c \text{ 可交换}, \text{下同});$$

$$a = \frac{1 + \sqrt{21}}{4}, b = \frac{-1 - \sqrt{21}}{4}, c = \frac{11 + 3\sqrt{21}}{4};$$

$$a = \frac{1 - \sqrt{21}}{4}, b = \frac{-1 + \sqrt{21}}{4}, c = \frac{11 - 3\sqrt{21}}{4}.$$

满足条件.

综上所述, a 的取值范围为 $a > -1$.

注意 若由 $a = b$(或 $a = c$) 时, 得出 $a = -\frac{5}{6}$, $a = \frac{1 \pm \sqrt{21}}{4}$, 就下结论

$$a > -1 \text{ 且 } a \neq -\frac{5}{6}, a \neq \frac{1 + \sqrt{21}}{4}, a \neq \frac{1 - \sqrt{21}}{4}$$

是"会而不对", 貌似严谨, 实则减根(参见文[4]).

3.3 数形结合

3.3.1 基本含义

在解题中, 既用数的抽象性质来说明几何形象的事实, 又用图形的直观性质来说明代数抽象的事实, 在数与形的双向结合上寻找解题思路.

3.3.2 数形结合的途径

(1) 通过坐标系.

(2) 转化: 如通过分析数式的结构, 将 $a > 0$ 与距离互化, 将 $a^2(ab)$ 与面积互化, 将 $a^3(abc)$ 与体积互化, 将 $\sqrt{a^2 + b^2}$ 与勾股定理沟通, 将 $|a - b| < c$ 与三角形三边沟通等.

(3) 构造. 可以构造几何模型、构造函数或构造一个图等.

3.3.3 原则

(1) 等价性原则, 是指代数性质与几何性质的转换应该是等价的, 否则解题会出现漏洞. 有时, 由于图形的局限性, 不能完整地表现数的一般性, 这时的图

形性质只是一种直观而显浅的说明,但它同时也是抽象而严格证明的诱导.

(2)双向性原则,就是既进行几何直观的分析,又进行代数抽象的探索,两方面相辅相成,遇到问题能数与形同时呈现.仅对代数问题进行几何分析或者仅对几何问题进行代数分析都是一种天真的误解.

(3)简单性原则,找到解题思路之后,至于用几何方法还是用代数方法,或者兼用两种方法来叙述,取决于哪种方法更加优美、更加简单,或更便于达到教学目的,而不是像一种流行的模式那样:代数问题用几何方法,几何问题用代数方法.

例 10 在等边 $\triangle ABC$ 中,P,Q,R 分别在 AB,BC,CA 上,且 $PQ \perp BC$,$QR \perp AC$,$RP \perp AB$. 求证:$\triangle PQR$ 是等边三角形.

证明 设等边 $\triangle ABC$ 的边长为 a,$AP = x$,$BQ = y$,$CR = z$,由 $\text{Rt}\triangle APR$,$\text{Rt}\triangle BQP$,$\text{Rt}\triangle CRQ$ 中有 $\angle A = \angle B = \angle C = 60°$ 知,三个三角形是相似的,从而有

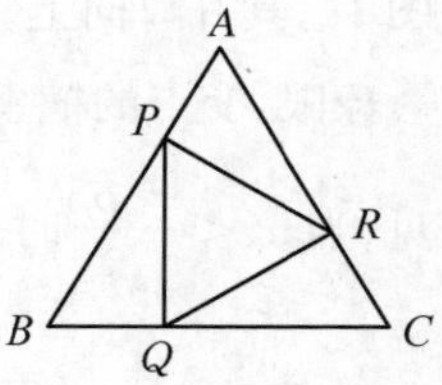

$$\frac{AP}{AR} = \frac{BQ}{BP} = \frac{CR}{CQ} = \frac{1}{2}, \qquad ①$$

即

$$\frac{x}{a-z} = \frac{y}{a-x} = \frac{z}{a-y} = \frac{1}{2}, \qquad ②$$

得

$$\begin{cases} a - z - 2x = 0, \\ a - x - 2y = 0, \\ a - y - 2z = 0. \end{cases} \qquad ③$$

三式相加,得

$$x + y + z = a. \qquad ④$$

代入③可得

$$x = y = z = \frac{a}{3}.$$

由此得三个三角形 $\text{Rt}\triangle APR$,$\text{Rt}\triangle BQP$,$\text{Rt}\triangle CRQ$ 是全等的,有

$$RP = PQ = QR = \frac{\sqrt{3}}{3}a, \quad \triangle PQR \text{ 是等边三角形}.$$

评析 本题的解答明显分为两部分,前半部分是几何的,通过直角三角形相似的条件来建立等量关系;后半部分是由等量关系①建立方程组③,解方程得对应边相等,从而有等边三角形. 其过程是由几何到代数,再由代数到几何.

图 13

945

此题的另一思路是纯几何的,由 $PQ \perp BC$, $QR \perp AC$, 得 $\angle PQR = \angle BCA$. 同理, $\angle RPQ = \angle ABC$, $\angle QRP = \angle CAB$, 从而 $\triangle PQR \backsim \triangle BCA$, $\triangle PQR$ 为等边三角形.

例 11 (2007, 天津) 已知关于 x 的一元二次方程 $x^2 + bx + c = x$ 有两个实数根 x_1, x_2, 且满足 $x_1 > 0$, $x_2 - x_1 > 1$.

(1) 试证明: $c > 0$;

(2) 证明: $b^2 > 2(b + 2c)$;

(3) 对于二次函数 $y = x^2 + bx + c$, 若自变量取值为 x_0, 其对应的函数值为 y_0, 则当 $0 < x_0 < x_1$ 时, 试比较 y_0 与 x_1 的大小.

讲解 由已知可画出抛物线 $y = x^2 + bx + c$ 如图 14, 其开口向上, 与直线 $y = x$ 有两个交点均在第一象限, 交点的横坐标满足 $x_2 > x_1 + 1 > 1$. 由图可见, 当 $x < -\dfrac{b}{2}$ 时, 图像是下降的, 因而对 $0 < x_0 < x_1 < -\dfrac{b}{2}$, 有 $y_0 = y(x_0) > y(x_1) = x_1$. 特别地, $x_0 = 0$, 也有 $c = y(0) > y(x_1) = x_1 > 0$. 可见, 题目的第 (3) 问有明显的几何意义, 而第 (1) 问与第 (3) 问之间有特殊与一般的关系.

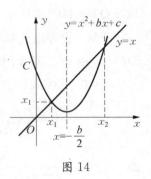

图 14

第 (2) 问 $\iff b^2 - 2b - 4c > 0$

$\iff \Delta = (b-1)^2 - 4c > 1$

$\iff (x_1 + x_2)^2 - 4x_1 x_2 = (x_2 - x_1)^2 > 1$.

可见, 第 (2) 问的实质是 $\Delta > 1$, 由图像可以看到, 抛物线 $y = x^2 + px + q$ 的最低点 $\left(-\dfrac{p}{2}, -\dfrac{\Delta}{4} \right)$ 在 $x = -\dfrac{p}{2}$ 时取到, 而相应的函数最小值 $-\dfrac{\Delta}{4}$ 与判别式有关. 所以, 我们下面的解法令 $x = -\dfrac{b-1}{2} = \dfrac{x_1 + x_2}{2}$.

证明 由已知有

$$x_1 > 0, \quad x_2 > x_1 + 1 > 1. \tag{①}$$

设 $$x^2 + (b-1)x + c = (x_1 - x)(x_2 - x). \tag{②}$$

(1) 在②中取 $x=0$,得 $c=x_1x_2>0$.

(2) 在②中取 $x=-\dfrac{b-1}{2}=\dfrac{x_1+x_2}{2}$ 分别代入等式的两边,有

$$\left(-\frac{b-1}{2}\right)^2+(b-1)\left(-\frac{b-1}{2}\right)+c=\left(x_1-\frac{x_1+x_2}{2}\right)\left(x_2-\frac{x_1+x_2}{2}\right)$$
$$\Rightarrow (b-1)^2-4c=(x_2-x_1)^2>1$$
$$\Rightarrow b^2>2(b+2c).$$

(3) 对 $0<x_0<x_1$,在②中取 $x=x_0$,得

$$y_0-x_0=(x_1-x_0)(x_2-x_0)$$
$$\geqslant (x_1-x_0)(x_1+1-x_0)\ (\text{由 ①})$$
$$=(x_1-x_0)^2+(x_1-x_0),$$

移项,得 $y_0-x_1\geqslant(x_1-x_2)^2>0$,即 $y_0>x_1$.

评析 与标准答案相比,本解法有两个特点:第一,提供了几何直观背景;第二,用统一的②式同时处理三问.

4 解题范例的分析

此处的分析包括两个层面:解题思路探求的分析;解题过程反思的分析.

在例1、例3、例4、例5、例8、例9中,我们已经有意呈现过这两个层面.

4.1 解题思路探求的分析

这是一个怎样解题的过程,它把题作为对象,把解作为目标,基本工作是寻找条件与结论之间的逻辑联系,基本力量是基础知识与基本方法. 在上述各例中有过寻找解题思路的分析.

例12 如图16,已知△ABC 的中线 AD,BE 相交于 G,求证 $S_{\triangle ABG}=S_{CEGD}$.

分析 从题目的文字叙述(符号信息)我们看到中线的条件,从结论看到了面积等式. 那么中线能得出面积的什么等式呢?首先想到(从记忆中提取中线分三角形为等积的两部分)

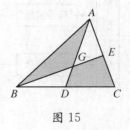

图 15

$$S_{\triangle ABD}=S_{\triangle ADC}, \tag{①}$$

且 $$S_{\triangle BAE}=S_{\triangle BEC}. \tag{②}$$

其次,又从图形看到(形象信息),△ABG 包含在△ABD(或△BAE)中,四边形 CEGD 包含在△ADC(或△BEC)中,要使 $S_{\triangle ABG}=S_{CEGD}$,想到只需(从记忆中提取面积的分割或拼接)

$$S_{\triangle ABD}=S_{\triangle BEC}(\text{或 } S_{\triangle BAE}=S_{\triangle ADC}). \qquad\qquad ③$$

问题转化为由①、②推③,这促使我们思考:应证

$$S_{\triangle ABD}=S_{\triangle ADC}=S_{\triangle BAE}=S_{\triangle BEC}.$$

这能做到吗?对了,这四个三角形的面积都等于 $\frac{1}{2}S_{\triangle ABC}$,于是思路就打通了.

证明 由 AD,BE 为△ABC 的中线,知

$$S_{\triangle ABD}=\frac{1}{2}S_{\triangle ABC}=S_{\triangle BEC},$$

两边减去 $S_{\triangle BDG}$,得 $S_{\triangle ABG}=S_{CEGD}$.

题目求解的知识信息过程为

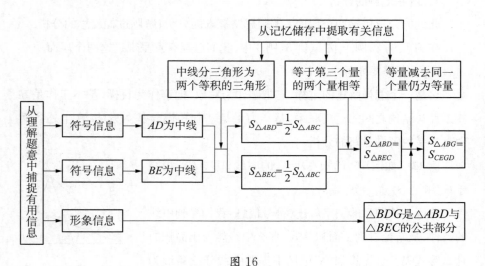

图 16

由这个知识信息流程图可以看得很清楚,"有用捕捉"了 3 条知识信息,"有关提取"了 3 条知识信息.把逻辑框架抽出来(有效组合)就是证明.

相关链接　如图 15，$\triangle ABC$ 的两条中线 AD，BE 相交于 G，可得到 8 个凸图形：$\triangle ABD$，$\triangle ACD$，$\triangle BAE$，$\triangle BCE$，$\triangle GAB$，$\triangle GAE$，$\triangle GBD$，四边形 $CEGD$. 现从中任取 2 个图形，则这两个图形面积相等的概率为＿＿＿＿.

$\left(\text{答案：}\dfrac{8}{28}=\dfrac{2}{7}\right)$

例 13　在 $\square ABCD$ 的两边 AD 与 CD 上各取一点 F，E，使 $AE=CF$，若 AE，CF 相交于 P，求证 BP 是 $\angle APC$ 的平分线.

分析　要证 BP 为 $\angle APC$ 的平分线，就是要证 $\angle APB=\angle CPB$. 检索记忆储存中关于"证明角相等"的途径，我们选取：到角的两边等距离的点与顶点的连线平分该角. 这促使我们去考虑 B 到 AE，CF 的距离. 而这两个距离一旦相等，由 $AE=CF$，就会有 $S_{\triangle ABE}=S_{\triangle CBF}$. 那么，这两个三角形的面积会相等吗？想到平行四边形的条件，知

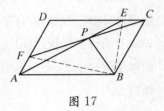

图 17

$$S_{\triangle ABE}=\frac{1}{2}S_{\square ABCD}, \ S_{\triangle CBF}=\frac{1}{2}S_{\square ABCD}.$$

这样思路就打通了.

证明　连结 BE，BF，由平行四边形知 $S_{\triangle ABE}=\dfrac{1}{2}S_{\square ABCD}=S_{\triangle CBF}$，又因为 $AE=CF$，所以 B 到 AE 的距离等于 B 到 CF 的距离，从而 BP 是 $\angle APC$ 的平分线.

评析　这两个例子都用到面积，证明步骤也很类似，可以认为是训练"面积法"的小型题组. 例 12 的题目中出现面积，比较容易想到"面积法"；而例 13 的题目中没有面积的提示，且要作辅助线，思维坡度提高了.

4.2　进行解题过程的分析

这是对解题活动进行再认识的过程，与通常解题步骤的最后一个环节(复查检验)是不同的，即不仅要把题作为对象，把解作为目标，而且要把"题与解"再作为对象，把怎样学会解题、促进人的发展作为目标. 我们通常称其为"解题分析".

解题分析通常要经历两个步骤：整体分解与信息交合.

(1) 整体分解

就是把原解法的全过程分拆为一些信息单元,看用了哪些知识、用了哪些方法,它们是怎样结合在一起的,并从中提炼出几个最本质的步骤. 在这个整体分解中,要注意发现,哪些重要信息是在半途上被白白浪费的,哪些思维回路是在盲目中被多余增添的,哪些过程是可以合并的,哪些步骤是可以替换的.

(2) 信息交合

就是抓住整体分解中提炼出来的本质步骤,将信息单元转换或重组成新的信息块,这些信息块的有序化将删去多余的思维回路,将用更一般的原理去集中现存的许多过程,将用一个简单的技巧去代替现有的常规步骤. 于是,一个新的解法就诞生了,一个更接近问题深层结构的认识就出现了,解题能力也随之而提高.

例 14 已知 $mn \neq 0$,且 $n^2 + 4m > 0$,又 $a \neq b$,且

$$ma^2 + na - 1 = 0, \qquad ①$$

$$mb^2 + nb - 1 = 0, \qquad ②$$

试求过点 $A(a, a^2)$,$B(b, b^2)$ 的一次函数解析式(用含 m、n 的式子表示).

讲解 这道题目有多个条件,先用哪个后用哪个,哪个条件与哪个条件相配合等都需作通盘考虑. 一种比较麻烦的解法是从已知两等式中解出 a, b,再由 A, B 的坐标去求一次函数解析式(略). 另一种较为自然的想法是用待定系数法.

解法 1 设过 A, B 的一次函数解析式为 $y = kx + h$,又由于 A, B 在抛物线 $y = x^2$ 上,消去 y,得 a, b 是二次方程

$$x^2 - kx - h = 0 \qquad ③$$

的两个实根,由根与系数的关系,有

$$\begin{cases} k = a + b, \\ h = -ab. \end{cases} \qquad ④$$

但由已知两等式又知 a, b 是二次方程

$$mx^2 + nx - 1 = 0 \qquad ⑤$$

的两个实根,有

$$\begin{cases} a+b=-\dfrac{n}{m}, \\ ab=-\dfrac{1}{m}. \end{cases} \qquad ⑥$$

所以,$k=-\dfrac{n}{m}$,$h=\dfrac{1}{m}$,故所求的一次函数解析式为 $y=-\dfrac{n}{m}x+\dfrac{1}{m}$.

评析 在这个解法中,③式与⑤式是同解的,④式与⑥式是类似的,我们有理由怀疑里面有重复. 让我们重新理解条件与结论.a,b 是二次方程③ $x^2-kx-h=0$ 的根表明

$$a^2-ka-h=0, \qquad ⑦$$
$$b^2-kb-h=0, \qquad ⑧$$

作为目标,需要确定 k,h. 而条件有①、②成立,将其与⑦、⑧作比较,从中可以看到,二次项的系数不相同,消除差异,有

$$a^2+\dfrac{n}{m}a-\dfrac{1}{m}=0,$$

$$b^2+\dfrac{n}{m}b-\dfrac{1}{m}=0 \ (a\neq b),$$

与⑦、⑧对照,应有 $k=-\dfrac{n}{m}$,$h=\dfrac{1}{m}$. 可见,③式与⑤式的重复,④式与⑥式的重复是可以消除的.

解法 2 由①、②有

$$a^2+\dfrac{n}{m}a-\dfrac{1}{m}=0,$$

$$b^2+\dfrac{n}{m}b-\dfrac{1}{m}=0. \ (a\neq b)$$

这表明点 $A(a,a^2)$,$B(b,b^2)$ 在直线 $y=-\dfrac{n}{m}x+\dfrac{1}{m}$ 上,由两点确定一条直线知,这就是过点 A,B 的一次函数解析式.

评析 这个解法把 k,h 作为整体而同时确定,③式与⑤式的重复,④式与

⑥式的重复都消除了.可以说,解题分析至少能得出两个积极的成果:

(1) 改进当前问题的解法;

(2) 增进对数学解题和数学本身的理解.

参考文献

[1] 罗增儒.怎样解答中考数学题[M].西安:陕西师范大学出版社,1996.

[2] 罗增儒.数学解题中的"模式识别"[J].中学数学教学参考(初中),2006(10)(11).

[3] 罗增儒.能力立意:初中生也能求解的高考题[J].中学数学教学参考(初中),2007(8).

[4] 罗增儒.教育叙事:正确与错误共存的逻辑矛盾现象[J].中学数学教学参考(初中),2007(5)(6).

第5篇　试题编拟的技术性建议①

2001年实施义务教育课程改革以来,中考更加成为众所关注的一个焦点问题,主要是中考命题如何体现"三维目标",特别是如何体现"过程与方法",如何体现"情感、态度、价值观",这既涉及命题理念又涉及命题技术.正是在这样的背景之下,笔者承担了陕西师范大学基础教育专项研究课题"新课程实施与中考命题改革研究"(2005.11～2007.11),对当前的数学中考命题进行了实际调查和理论思考(参见文[1]～[6]),同时也在试题编拟的技术层面上作了系统的回顾与反思.

在总结的基础上,我们对试题编拟的建议反而更加简单了(返璞归真),最根本的,无非就是要能根据教材来编拟试题.问题只在于如何用好教材,这需要熟悉编题的技术.

虽然我们的思考有中考命题的背景,但试题编拟技术的使用并不限于中考,应是所有教师都要掌握的一项基本功,它表现为提出问题与解决问题相整统的综合能力,在教师每一节课的设计和展开中其实都包含着编拟问题的因素

---

① 本文原载《中学数学教学参考》(下半月·初中)2008(3):33-37;2008(4):30-33(署名:罗增儒).

与技术,是一个很有学术含量的教研课题.

1 由教材编拟试题的认识

编拟数学试题的方法主要有:演绎法、倒推法、基本量法、模拟法、改编法、模型法等(参见文[7]第7章),而对于教师来说,既简便易行、又基本实用的是:由课本的概念、定理、习题等编拟试题.这主要是"演绎法"和"改编法",但同时又会综合用到其他多种方法.

1.1 由教材编拟试题的好处

我们着力向同行们推荐这一命题途径,是因为它确实很有用,也很容易学到手,正为日常教学所广泛使用.其好处主要有:

(1) 依纲靠本

抓住课本编题,不容易偏离课标教材,也不容易产生偏题、怪题或过难的题.

(2) 切合学生实际

由教材编拟试题,能根据学生平时反馈信息的积累,有意识组织题目,便于抓住学科重点、突出关键、切中要害,也有利于学生以稳定的心态作答、正常发挥.

(3) 既有利于检查知识,又可以考查能力

这类题目与课本内容有某种直接联系,但又作了一定的变化,所考查的是"学生理解了的知识",既不能仅凭死记硬背作答,又经过努力可以做出来.

(4) 对教师既实用又易行

教师离开教材,重新组织全部题目,不仅工作量大,而且容易偏离课标的知识技能目标或过程性目标;如果照搬各种资料,则有较大的盲目性,不易结合学生的实际.由教材编拟试题,既实用、可靠,又容易掌握.

有人担心,由教材编拟试题会缺少创新,其实不然,关键在编题技术的运用.

1.2 由教材编拟基本题的途径

基本题主要用来检查基础知识、基本技能和解题速度,数量比较多、难度比较低(低、中档题),由教材编拟基本题可考虑如下3个技术措施:

(1) 选编课本原题

考试用成题存在公平性的问题,通常是要避免的,但课本成题却是一个小

小的例外,因为它对每个考生是公平的. 问题是要有典型性、数量适度,并尽量减少"导致死记硬背"的负面影响.

课本中有很多体现核心知识、基本方法或典型模式的例题、习题(重要定理的内容、证法及应用自然构成典型模式),不仅基本题可以用,综合题也可以用. 用好了还能提供"踏踏实实钻研教材"的导向,抵制"资料泛滥"或"题海战术"的歪风.

(2) 仿制课本类题

根据课本的题目类型与编拟思想,或变换数据,或变更情境,编成试题.

(3) 生成课本变题

直接由定义、定理、公式、法则,以及基本运算、基本推理、基本作图、基本方法、基本经验、基本思想等编拟试题,相当于日常教学的变式练习.

这方面的例子比较简单(可参见示例1、示例2、示例3等),并且会自动包含在"由教材编拟综合题的途径"或"由教材编拟创新题的思路"中.

1.3 由教材编拟综合题的途径

综合题更注重知识的整体性结构,更注重概念的实质性理解,更注重能力的综合性与灵活性应用(高、中档题). 中考综合题多集中在方程、函数、不等式,以及三角形、四边形和圆等内容上,常以阅读理解型、开放探究型、图表信息型、猜想验证型、运动型、应用型等形式出现(参见文[1]、[2]). 由教材编拟综合题可考虑如下8个技术措施:

(1) 多个公式、多道习题、多个方法的串联、并联与综合.

(2) 习题的延伸或推广.

(3) 增加习题的层次.(如给条件增加充分条件、给结论增加必要条件,又如换元、把字母换成代数式等)

(4) 改变设问的方向.(如改变知识的形态、从新形态的视角设问,又如交换条件与结论的位置产生逆向问题)

(5) 引进讨论的参数.(如把已知数据换成要讨论的字母,又如隐去条件、反过来问当什么情况下时有结论成立)

(6) 设置隐含的条件.(如定义域,算术根,分母不为零,二次方程有实根时隐含 $a \neq 0$, $\Delta \geqslant 0$ 等)

(7) 创设新情境.(如分散条件,引进应用情境等)

（8）类比.

具体实施时,常常是多项措施的同时使用.

1.4　由教材编拟创新题的思路

创新题可以是基本题,也可以是综合题.试题创新,首先要有锐意创新的意识,同时也需要有落实理念的途径.比如说,考查学生的用数学意识,我们可以出应用题,但是体现人文关怀、关注学生的发展、落实"情感与态度"等目标时,题目怎么出?如果命题工作不能落实三维目标,不能为平时教学提供贯彻三维目标的导向和途径,那么,在应试教育和功利主义的影响之下,就会只剩下"知识与技能"了.下面是我们的一些不成熟建议,趁此机会就教于同行.

（1）从单纯解答问题转变到也考查知识结构.

（2）从知识立意转变到能力立意,考查数学思想方法.

（3）从单纯考查结果转变到兼而经历过程.

（4）从单纯解答老师的题转变到自己也提出问题.（甚至可以提出答案未知的题,或深刻的假命题）

（5）从单纯解答"结构良好"的封闭题转变到也解答"思维发散"的开放题.

（6）从单一的逻辑证明转变到也允许解释性证明.

下面,我们通过具体例子来说明.

2　由教材编拟试题的示例

这当中有我们早前编拟或引用他人的题目,有的已为读者所熟知,也有新编的,盼批评指正.

2.1　由教材编拟选择题的示例

示例 1　由三角形的内角和等于 $180°$,知在 $\triangle ABC$ 中有

$$A + B = 180° - C,$$
$$B + C = 180° - A,$$
$$C + A = 180° - B.$$

这可以认为是一种变式,再引进三角形的外角（增加了一个外角小层次）,记

$$\alpha = A + B = 180° - C,$$
$$\beta = B + C = 180° - A,$$
$$\gamma = C + A = 180° - B.$$

由三角形的内角中最多有一个钝角,得三角形的外角 α, β, γ 中最多有一个锐角(改变了设问的方向).由此可得用来检查基础知识的基本题(参见文[8]).

题目1 在 $\triangle ABC$ 中,设 $\alpha = A + B$, $\beta = B + C$, $\gamma = C + A$,则 α, β, γ 中锐角的个数为(　　).

(A) 0 个　　　　(B) 1 个　　　　(C) 最多 1 个　　　　(D) 最少 1 个

讲解 当 $\triangle ABC$ 为非钝角三角形时,α, β, γ 中无一为锐角(0 个);当 $\triangle ABC$ 为钝角三角形时,α, β, γ 中恰有一个为锐角(1 个).综合两种情况,得(C)真.

示例2 课本中多次出现两个直角有公共顶点的图形(参见文[9]),现在添加四条反向延长线(如图1),就产生了多个互补(或互余)的角.由此可得用来检查识图与简单计算的基本题(参见文[10]).

题目2 如图1,四条直线相交于点 O,有 $AB \perp CD$, $EF \perp GH$.若 $\angle AOE = 20°$,则图中等于 $160°$ 的角的个数为(　　).

(A) 2 个

(B) 4 个

(C) 6 个

(D) 8 个

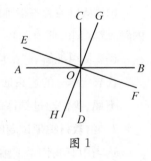

图 1

讲解 由 $\angle AOE = 20°$,知 $\angle AOF = \angle BOE = 160°$,旋转 $90°$,可得度数为 $160°$ 的角共 4 个:$\angle AOF$, $\angle BOE$, $\angle COH$, $\angle DOG$.选(B).

说明 对图1还可以问 $20°$, $70°$, $90°$, $110°$, $160°$, $180°$ 的角各有几个?

示例3 数学课本第7册(上)P.13"截一个几何体"中出现了正方体的截面三角形、截面四边形,在"试一试"中还问了:"用平面去截一个正方体,截面的形状可能是五边形吗?可能是六边形吗?可能是七边形吗?"(见文[11])现将多道习题并联,可得一道考查截面与命题真假的基本题.

题目3 对于用一个平面去截正方体得出的截面图形形状,给出5个判断:

① 截面可以是三角形;

② 截面可以是四边形;

③ 截面可以是五边形;

④ 截面可以是六边形;

⑤ 截面可以是七边形.

其中正确判断的个数为( ).

(A) 2个   (B) 3个   (C) 4个   (D) 5个

讲解 因为截面多边形的边是由截平面与正方体侧面相交得出来的,而正方体只有 6 个侧面,故截面多边形除七边形外其余 4 种情况都能得出,应选(C).

注意,如果把题目改为下面的形式,要求就过高了:用一个平面去截一个正方体得出的截面一定不是( ).

(A) 正三角形   (B) 正方形   (C) 正五边形   (D) 正六边形

说明 上述三例设计为数数的形式,一方面是选择题的需要,另一方面也是为了"改变设问的方向",生成考查"基础知识、基本运算"的课本变题,当中已经有分类思想的渗透了.

示例 4 为了考查知识的实质性理解,摧毁单靠"死记硬背"建立起来的、知识的人为联系,可以根据基础知识的本质属性编拟辨析题. 比如,由课本"平行线与相交线"内容(参见文[11]、[12])编题.

题目 4 给出两个命题:

① 如果一条直线上有两个点到另一条直线的(非零)距离相等,那么这两条直线平行;

② 如果一条直线上有三个点到另一条直线的(非零)距离相等,那么这两条直线平行.

则这两个命题真假性的判断为( ).

(A) ①真②真   (B) ①真②假   (C) ①假②真   (D) ①假②假

讲解 众所周知,"两点确定一条直线",但所确定的这条直线与另一条直线的位置关系,取决于该"两点"与"另一条直线"的位置关系. 本题的主要误解是,默认"两点在另一条直线的同侧". 其实,到另一条直线的距离相等的两点既可能"在另一条直线的同侧"(两条直线平行),也可能"在另一条直线的两侧"(两条直线相交,如图2). 命题①为假命题.

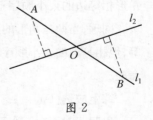

图 2

对于直线上的三个点情况就不同了,此时必有两点在另一条直线的同侧,再加上这同侧两点到另一直线的距离相等,两条直线就平行了.命题②为真命题.

综上应选(C).

示例5 同样,为了考查三角形全等知识的实质性理解(参见文[11]、[12]),可以根据三角形全等知识的本质属性编拟辨析题,下题已经有一定的综合性了,并且能考查构造反例的能力,培养思维的深刻性与批判性.

题目5 给出两个命题:

① 已知一个三角形有一条边与另一个三角形的一条边相等,如果它们的三个内角也是相等的,那么这两个三角形全等;

② 已知一个三角形有两条边与另一个三角形的两条边相等,如果它们的三个内角也是相等的,那么这两个三角形全等.

则这两个命题真假性的判断为(   ).

(A) ①真②真   (B) ①真②假   (C) ①假②真   (D) ①假②假

讲解 本题的主要误解是默认相等边为"对应边",选(A)或(C).

首先,三个内角相等的两个三角形必定是相似的.如果它们还有一条"对应边"相等(两个三角形的对应边,可以理解为最长边对应最长边,最短边对应最短边,即大小顺序对应),那么,由 ASA,这两个三角形肯定全等.但是,如果相等边的大小顺序不对应,那

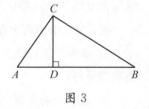

图 3

就不能保证全等了.如图3(文[6]例5出现过),对直角三角形(不是等腰直角三角形)作斜边上的高,分原直角三角形为两个相似的直角三角形,这时高线既是一个直角三角形的较短直角边,又是另一个直角三角形的较长直角边,两个三角形相等边的大小顺序不对应,不是全等三角形.命题①为假命题.

同理,当两三角形的边长分别为 8,12,18 与 12,18,27 时,虽有两条边相等,但相等边的大小顺序不对应,两个三角形也只是相似而不全等.命题②为假命题.

综上应选(D).

说明 对于有5个元素(3个角、两条边)相等、但不全等的两个三角形,还可以编拟这样的题目:已知 $\triangle ABC$ 的三边长为 8,12,18,又知 $\triangle A_1 B_1 C_1$ 也有一边长为12,且与 $\triangle ABC$ 相似而不全等,则这样的 $\triangle A_1 B_1 C_1$ 个数为_____.

通过分类讨论可得这样的 $\triangle A_1 B_1 C_1$ 有两个:

(1) 当 $\triangle A_1 B_1 C_1$ 的最短边为 12 时,三边长分别为 12, 18, 27;

(2) 当 $\triangle A_1 B_1 C_1$ 的最长边为 12 时,三边长分别为 $\dfrac{16}{3}$, 8, 12.

示例 6　在直角三角形中作斜边上的高,是一个常见的基本图形(图 3),文 [11]P.123 的作业还问过:"图中有几个直角三角形?"现在将其扩充为矩形并 延长高线(已增加了层次),得:

题目 6　在矩形 $ABCD$ 中联结对角线 BD,过 A 作 BD 的垂线交 BD 于 E, 交 CD 于 F,过 C 作 BD 的垂线交 BD 于 G,交 AB 于 H,在所得到的图形中,直 角三角形的个数为(　　).

(A) 6 个　　　　　　　(B) 8 个

(C) 10 个　　　　　　 (D) 12 个

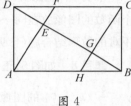

图 4

解法 1　图 4 中有 4 个图 3 那样的基本图形 ($\text{Rt}\triangle ABD$, $\text{Rt}\triangle BCD$, $\text{Rt}\triangle ADF$, $\text{Rt}\triangle CBH$),每 一个基本图形有 3 个直角三角形,按此计算应有 12 个直角三角形,但 $\text{Rt}\triangle AED$, $\text{Rt}\triangle BGC$ 均重复计算了一次,故图 4 中有直角三 角形 10 个. 选(C).

解法 2　图 4 中的直角均在 A, B, C, D, E, G 处,共有 12 个,除 $\angle FEG$ 及 $\angle HGE$ 外,均构成三角形的内角,故图 4 中直角三角形有 10 个. 选(C).

说明　对于图 3 中的基本图形,还可以编拟这样的题目,以优化认知结构: 给出 $\text{Rt}\triangle ABC$,及斜边 AB 上的高 CD,不增加辅助线,请至少写出 5 个数学结 论,越多越好. (如勾股定理,相似三角形,相似三角形的对应角相等,相似三角 形的对应边成比例及其变形,$CD \leqslant \dfrac{AB}{2}$, $AB < AC + BC < AB + CD$ 等)

示例 7　由 $ax^2 + bx + c = 0$ $(a \neq 0)$ 两边乘以 $4a$ 后配方,可得

$$b^2 - 4ac = (2ax + b)^2. \qquad\qquad ①$$

这表明,二次方程的判别式 $\Delta = b^2 - 4ac$ 是配方法的结果,表现为一个完全 平方式. 但学生往往把二次方程的判别式看成一个孤立的代数式 $b^2 - 4ac$,从 而也就不太理解判别式竟也具有配方法的类似功能(可用来处理不等式,求函 数值域等),更不理解盲目使用判别式产生失误的原因. 有鉴于此,可将①式的

左右两边拆开,编拟重在体现知识联系的选择题(参见文[13]).

题目 7 若 x_0 是一元二次方程 $ax^2+bx+c=0$ $(a \neq 0)$ 的根,则判别式 $\Delta=b^2-4ac$ 与平方式 $M=(2ax_0+b)^2$ 的关系是( ).

(A) $\Delta > M$ (B) $\Delta = M$ (C) $\Delta < M$ (D) 不确定

讲解 由一元二次方程求根公式 $x_0=\dfrac{-b \pm \sqrt{b^2-4ac}}{2a}$,有

$$2ax_0+b=\pm\sqrt{b^2-4ac}.$$

平方,得 $b^2-4ac=(2ax_0+b)^2$. 选(B).

示例 8 正比例函数与反比例函数是初中生接触最早的两个函数,把这两个函数的图像放在同一坐标系(知识点集中),可得出浅而不俗、熟而不旧、活而不难的数形结合题(参见文[14]).

题目 8 如图 5,正比例函数 $y=x$ 和 $y=ax$ $(a>0)$ 的图像与反比例函数 $y=\dfrac{k}{x}$ $(k>0)$ 的图像分别相交于 A 点和 C 点. 若 $\mathrm{Rt}\triangle AOB$ 和 $\mathrm{Rt}\triangle COD$ 的面积分别为 S_1 和 S_2,则 S_1 与 S_2 的关系是( ).

(A) $S_1 > S_2$

(B) $S_1 = S_2$

(C) $S_1 < S_2$

(D) 不确定

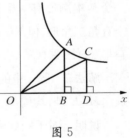

图 5

讲解 通过联立方程组解出点 A,C 的坐标,再由坐标算面积,是一种解法. 另一解法是根据反比例函数的定义,把 $y=\dfrac{k}{x}$ 变形为 $xy=k$(两坐标乘积为定值——不变量). 可见,虽然 $\mathrm{Rt}\triangle COD$ 的位置和形状可以无穷变化,但 $\mathrm{Rt}\triangle COD$ 与 $\mathrm{Rt}\triangle AOB$ 的面积为 $\dfrac{1}{2}k$ 不变,应选(B),这就有整体处理与不变量的技巧了. 两种解法所用的时间是不一样的,所反映的数学素质也是有区别的. 在这道题目里:

(1) 涵盖了常量与变量、正比例函数与反比例函数、函数的解析式与函数的图像、三角形面积公式等众多知识点;

(2) 体现了坐标法的本质,即数形结合的思想与运动的观点;

(3) 沟通了代数与几何的联系;

(4) 体现了数学解题的艺术,如整体处理、不变量的技巧等.

进一步还可以提出这样的问题:已知 a 为正常数,请由图像说明 x 为何值时,函数 $y=\dfrac{1}{ax}$ 的图像在函数 $y=ax$ 图像的上方.(参见文[15],这种"看图说话"的能力上到高中、直至大学都很有用)

示例 9 "实数的平方为非负数"是产生不等式的一个基本根源. 对 $x^2 \geqslant 0$,把 x 换成代数式 $x=a-b$,有 $(a-b)^2 \geqslant 0$,由此可得基本不等式 $a^2+b^2 \geqslant 2ab$,到高中时会学到,其几何意义也就是图 3 中的 $CD \leqslant \dfrac{AB}{2}$. 此处,我们将 $(a-b)^2 \geqslant 0$ 拆为两式之差 $a(a-b)-b(a-b) \geqslant 0$,渗透"作差法",可得

题目 9 对不相等的实数 a,b,记 $M=a(a-b)$,$N=b(a-b)$,则 M,N 的关系为( ).

(A) $M>N$ (B) $M=N$ (C) $M<N$ (D) 不确定

讲解 本例的主要误解是选(D).一部分学生懒于动手,以为 a,b 的大小没有确定,因而 M,N 的大小也不能确定;另一部分学生用了"作差法",得出 $M-N=(a-b)^2 \geqslant 0$,但忘了条件 a,b 是"不相等的实数",还是没有得出(A).

示例 10 绝对值是一个著名的非负数,按定义,有

$$|x|=\begin{cases} x, & \text{当 } x \geqslant 0; \\ -x, & \text{当 } x<0. \end{cases}$$

可得

$$\frac{x}{|x|}=\begin{cases} 1, & \text{当 } x>0; \\ -1, & \text{当 } x<0. \end{cases}$$

重复这个结果,分别取 $x=a$,b,c,ab,bc,ac,abc 并相加,可得:

题目 10 已知 $abc<0$,$p=1+\dfrac{a}{|a|}+\dfrac{b}{|b|}+\dfrac{c}{|c|}+\dfrac{ab}{|ab|}+\dfrac{bc}{|bc|}+\dfrac{ac}{|ac|}+\dfrac{abc}{|abc|}$,则( ).

(A) $p>0$ (B) $p=0$ (C) $p<0$ (D) 不确定

讲解 本例的主要误解是选(D),以为 a,b,c 取值不一样,则 p 的符号会

时而大于 0、时而小于 0. 其实，由 $abc < 0$，知 a，b，c 中必有负数，又由 p 中字母的对称性，不妨设 $a < 0$，则 $\dfrac{a}{|a|} = -1$，记 $x = \dfrac{b}{|b|}$，$y = \dfrac{c}{|c|}$，有 $p = 1 - 1 + x + y - x + xy - y - xy = 0$. 选(B).

将原式化为 $p = \left(1 + \dfrac{a}{|a|}\right)\left(1 + \dfrac{b}{|b|}\right)\left(1 + \dfrac{c}{|c|}\right)$ 也可得(B).

2.2 由教材编拟解答题的示例

示例 11 由乘法公式，有

$$(a+b)^2 = a^2 + 2ab + b^2, \quad (a-b)^2 = a^2 - 2ab + b^2.$$

相减，可得一个恒等式

$$(a+b)^2 - 4ab = (a-b)^2. \tag{①}$$

然后，把左右两边拆开，令①式左边为 0，则右边也为 0，得

$$(a+b)^2 - 4ab = 0 \Rightarrow a = b. \tag{②}$$

再作一个代换 $a = x - y$，$b = y - z$ 隐去原形，得

题目 11 已知 $(x-z)^2 - 4(x-y)(y-z) = 0$，求证 $x - y = y - z$.

如果令①式左边为 1，则右边也为 1，又得

$$(x-z)^2 - 4(x-y)(y-z) = 1 \Rightarrow x + z - 2y = \pm 1.$$

一般地，有

$$(x-z)^2 - 4(x-y)(y-z) = k^2 \Rightarrow x + z - 2y = \pm k. \tag{③}$$

说明 在方程观点之下，①式表明以 $x_1 = a$，$x_2 = b$ 为根的二次方程 $x^2 - (a+b)x + ab = 0$ 有判别式等于 0，从而两根相等，这正是"方程"观点之下②式所表达的数学信息. 因而，题目 11 就有了沟通"乘法公式"与"二次方程"两个知识模块联系的功能，就有了培养"方程思想"的功能，解题本身也就同时在优化自身的认知结构(参见文[16]例 2).

示例 12 由两个具体的方程 $2 + x = 2x$ 有解 $x = 2$，$1 + x = x$ 无解出发，第一步引进供讨论的参数，得方程 $a + x = ax$. ①

第二步，增加隐含条件 $a \geqslant 0$，$x \geqslant 0$，$a + x \geqslant 0$，将①添上算术根的层次，得

$$\sqrt{a+x}=\sqrt{a}\sqrt{x}.\qquad\qquad ②$$

第三步,继续设置隐含条件 $a\neq 0$,将②变为

$$\sqrt{\frac{1}{a}+x}=\frac{\sqrt{x}}{\sqrt{a}}.\qquad\qquad ③$$

第四步,改变设问的方向,得:

题目 12 实数 a 为何值时,方程 $\sqrt{\dfrac{1}{a}+x}=\dfrac{\sqrt{x}}{\sqrt{a}}$ 有实数解?

讲解 直接代入知 $x\neq 0$,原方程等价于

$$\begin{cases} a>0,\ x>0, \\ 1+ax=x, \end{cases} \begin{cases} a>0,\ x>0, \\ x=\dfrac{1}{1-a},\ a\neq 1. \end{cases}$$

得 $\dfrac{1}{1-a}>0$,且 $a>0$,$a\neq 1$. 解得 $0<a<1$.

示例 13 由三角形的两边之差小于第三边知,在 $\triangle ABC$ 中有

$$|b-c|<a,\ |c-a|<b,\ |a-b|<c.$$

相乘(知识的组合),得 $|(b-c)(c-a)(a-b)|<abc$,

变形(增加一个层次),有 $\left|\dfrac{(b-c)(c-a)(a-b)}{abc}\right|<1$,

展开可得

题目 13 已知 a,b,c 是 $\triangle ABC$ 的三条边,求证

$$\left|\frac{a}{b}+\frac{b}{c}+\frac{c}{a}-\frac{b}{a}-\frac{c}{b}-\frac{a}{c}\right|<1.$$

示例 14 若对 $\triangle ABC$ 的三条边作有序化的假设 $a\geqslant b\geqslant c$,则不小于 1 的

比值有 3 个:$\dfrac{a}{b}$,$\dfrac{b}{c}$,$\dfrac{a}{c}$,记这三个比值的最小者为 q $(q\geqslant 1)$,有 $q\leqslant\dfrac{a}{b}\Rightarrow$

$a\geqslant bq$,$q\leqslant\dfrac{b}{c}\Rightarrow c\leqslant\dfrac{b}{q}$.

代入"三角形两边之和大于第三边",有不等式

$$bq\leqslant a<b+c\leqslant b+\frac{b}{q},\ q^{2}-q-1<0.$$

解得 $\dfrac{1-\sqrt 5}{2}<q<\dfrac{1+\sqrt 5}{2}$.但 $q\geqslant 1$,故得 $1\leqslant q<\dfrac{1+\sqrt 5}{2}$.

这就把"三角形两边之和大于第三边"拓展为

题目 14 证明:对任意三角形,一定存在两条边,它们的长 u,v 满足

$$1\leqslant \frac{u}{v}<\frac{1+\sqrt 5}{2}.$$

讲解 这已经到达竞赛的层次了,其众多解法可参阅文[17].如果再增加一个产生三角形的层次,并把长边比短边转换为短边比长边,又可得:

题目 15 在等边 $\triangle ABC$ 内部任取一点 P,连 PA,PB,PC,求证必存在 PA,PB,PC 中的两条线段,其长度 m,n 满足 $0.618<\dfrac{m}{n}\leqslant 1$.

证明 如图 6,将 $\triangle PAB$ 绕点 B 顺时针旋转 $60°$,得 $\triangle P_1CB\cong \triangle PAB$,连 PP_1,则 $P_1C=PA$,等腰 $\triangle BP_1P$ 为等边三角形,有 $P_1P=BP_1=PB$.故以 PA,PB,PC 为边可组成 $\triangle CP_1P$.

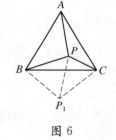

图 6

记 $\triangle CP_1P$ 的三边为 a,b,c,不妨设 $a\geqslant b\geqslant c$,则 $\dfrac{b}{a}\geqslant \dfrac{c}{a}$,$\dfrac{c}{b}\geqslant \dfrac{c}{a}$,记 q 为 $\dfrac{b}{a}$,$\dfrac{c}{b}$ 的较大者,$0<q\leqslant 1$,有 $q\geqslant \dfrac{b}{a}\Rightarrow a\geqslant \dfrac{b}{q}$,$q\geqslant \dfrac{c}{b}\Rightarrow c\leqslant bq$.

代入"三角形两边之和大于第三边",有不等式

$$\frac{b}{q}\leqslant a<b+c\leqslant b+bq.\text{即 } q^2+q-1>0.$$

解得 $q<\dfrac{-1-\sqrt 5}{2}$ 或 $q>\dfrac{\sqrt 5-1}{2}>0.618$.

但 $0<q\leqslant 1$,故得 $0.618<q\leqslant 1$.

即 PA,PB,PC 中必存在两条线段,其长度 m,n 满足 $0.618<\dfrac{m}{n}\leqslant 1$.

2.3 由教材编拟创新题的示例

这是一些设想与探索,其功能和效果可先在平时的练习、复习中试验.

示例 15 (1) 见到"函数"这个词时,你会联想起哪些数学事实(如数学名词、数学命题、数学图像等)? 写出 5 个你认为最重要的.

(2) 变量 x,y 的下列关系中,y 是 x 的函数的有_____.(填代号即可,你认为有几个就填几个)

①$xy=1$;②$|x|y=1$;③$x|y|=1$;④$|x||y|=1$.

讲解 第(1)问是个开放题,从函数的定义、函数的表示方法、函数的性质,到具体函数(正比例、反比例函数,一次、二次函数)的定义、性质与图像等都可以说,没有标准答案,重在知识结构的考查. 在这里,解题的过程,成为促进学生形成以"函数"为关键词的概念路线图的过程,成为优化认知结构的过程. 并且,从所选出的 5 个结论中,能看出学生对核心知识的把握,再结合第(2)问能看出学生是不是真正理解函数概念了.

第(2)问的选择并不唯一,若对"每一个"非零 x,都有"唯一的"y 与之对应,则 y 是 x 的函数;①、②满足这样的要求;但③、④不满足这样的要求,因为"每一个"非零 x 都有两个 y 与之对应. 填①、②.

示例 16 写出以 b^2-4ac 为判别式的 3 个二次方程:_____.

讲解 一元二次方程 $ax^2+bx+c=0$ $(a\neq0)$ 有唯一的判别式为 $\Delta=b^2-4ac$,这是人所共知的. 但反过来,以 $\Delta=b^2-4ac$ 为判别式的一元二次方程并不唯一,如

$$ax^2+bx+c=0 \ (a\neq0), \qquad ①$$

$$2ax^2+bx+\frac{c}{2}=0 \ (a\neq0),$$

$$x^2+bx+ac=0, \qquad ②$$

$$nx^2+bx+\frac{ac}{n}=0 \ (n \text{ 为任意非 0 实数}),$$

$$\cdots$$

有无穷多个. 叫学生写出 3 个,就是要破除学生的认识封闭,不要只能想到①(还要限定 a 不为0),亦要想到②(不用讨论 a 是否为 0)和更多的方程. 当学生能写出 3 个时,也就能领悟到有无穷多个了. 在这里,解题的过程,成为学生深入理解数学的过程.(参见文[18])

示例 17 配方形式大串联(参见文[15]).填空:

$$a^2 + ab + b^2$$
$$= (a+b)^2 + \underline{\qquad}$$
$$= (a-b)^2 + \underline{\qquad}$$
$$= \left(a+\frac{b}{2}\right)^2 + (\underline{\qquad})^2$$
$$= \left[\frac{\sqrt{3}}{2}(a+b)\right]^2 + (\underline{\qquad})^2$$
$$= \frac{a^2}{2} + \frac{b^2}{2} + \frac{1}{2}(\underline{\qquad})^2.$$

说明 $a^2 \pm ab + b^2$ 是除了"绝对值、算术根、实数的平方"之外,最有影响的一个非负数,在几何上可以表示为余弦定理、勾股定理,或两点之间的距离. 而其本身也有很多配方变形,以用于分解、控制变量、产生非负数等场合. 本例既是公式的灵活变形,又是代数式"形异而质同"的有力沟通.

示例 18 写出两个分数 $\frac{a}{b}$,$\frac{c}{d}$,使 $a < c$,$b > d$ 且 $\frac{a}{b} > \frac{c}{d}$: $\underline{\qquad}$.

讲解 本例以不等关系为载体,检查从非负有理数到有理数的过渡,答案有无穷多,但是,如果认识停留在正数的范围内,那就会连一个也写不出来. 在技巧上,可以先写 4 个正数的反向不等式,然后,分母添负号得所求:由 $\frac{1}{4} < \frac{1+1}{4+1} = \frac{2}{5}$ (参见示例 20),便可得出 $1 < 2$,$-4 > -5$,$\frac{1}{-4} > \frac{2}{-5}$.

示例 19 比较 A,B 的大小,其中

$$A = 123\,456\,789 \times 123\,456\,786,\quad B = 123\,456\,788 \times 123\,456\,787.$$

讲解 从知识立意看来,整数的乘法应属于小学的范围. 此处是能力立意,通过大整数运算来考查从算术到代数的过渡,看是否有"用字母表示数"的基本数学思想,看是否有用基本数学思想解决问题的意识. 设 $x = 123\,456\,786$,则

$$A = (x+3)x = x^2 + 3x,\quad B = (x+2)(x+1) = x^2 + 3x + 2 = A + 2,$$

得 $B > A$.

也可以设 $x = 123\,456\,787$,或 $x = 123\,456\,788$,或 $x = 123\,456\,789$ 等,途径是

开放的.

示例 20　(1)"将 3 小杯浓度相同的糖水混合成一大杯后,浓度还相同",请根据这一简单常识,写出一条几何定理.

(2)"已知 m 克糖水中有 n 克糖 $(m > n > 0)$,现在给糖水加上 1 克糖,糖水就变甜了",请根据这一简单常识,写出一个数学结论.

讲解　这里主要考查的不是具体的知识点,而是创设生活情境,让学生去提炼数学事实,经历"数学化"的过程. 由(1)中的浓度情境可得等比定理: $\dfrac{a_1}{b_1} = \dfrac{a_2}{b_2} = \dfrac{a_3}{b_3} = \dfrac{a_1 + a_2 + a_3}{b_1 + b_2 + b_3}$; 由(2)中的加糖情境可得真分数不等式: $m > n > 0 \Rightarrow \dfrac{n}{m} < \dfrac{n+1}{m+1}$, 这个不等式在文[12]P. 223 中曾作为习题出现过.

说明　此类情境对于推出结论并非"恰好不多也不少",其答案也并非总是"确定的",题目可以认为是结构不良问题,解答可以认为是解释性的回答.

示例 21　将长度为 1 的小木棒从中间断开,取出一半;对剩下的那一半再从中间断开,又取出一半;如此类推,每次都取出一半,共进行 n 次,请用不同的方法求和. 由此,你能得出一个什么恒等式? 请用图形面积直观显示你得出的恒等式. (参见文[19])

讲解　一方面直接相加,其和为 $\dfrac{1}{2} + \dfrac{1}{2^2} + \cdots + \dfrac{1}{2^n}$; 另一方面间接求和,用全长减去剩余部分 $\dfrac{1}{2^n}$, 得 $1 - \dfrac{1}{2^n}$; 两种方法算出的是同一个和,故有恒等式

$$\frac{1}{2} + \frac{1}{2^2} + \cdots + \frac{1}{2^n} = 1 - \frac{1}{2^n}.$$

学生在解答这一问题时,就经历了分析情境、发现结论的过程. 而对获得的结果只要求提供数形结合的解释性证明,此时,图示并不唯一,如图 7:

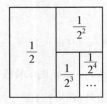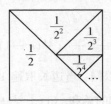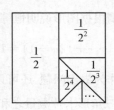

图 7

示例 22 有边长为 1 的等边三角形卡片若干张,使用这些三角形卡片拼出边长为 2,3,4,$\cdots$,n 的等边三角形(如图8),请根据图形提出 3 个数学问题. (参见文[20])

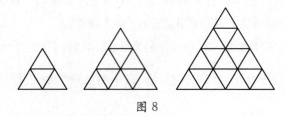

图 8

说明 本例给学生一个发现数学知识的机会,而不仅仅是吸收知识,从单纯解答老师的题转变到自己也提出问题. 根据所呈现的数学信息,可以提出的问题有:

(1) 求出 $n = 1$,2,3,4 时,每个等边三角形所用三角形卡片的数量之和. (分别为 1,4,9,16)

(2) 求出边长为 n 时,等边三角形所用三角形卡片的数量之和 S_n.

(如图9,由 $\triangle AB_1C_1 \backsim \triangle ABC$,可得 $\dfrac{S_{\triangle AB_1C_1}}{S_{\triangle ABC}} = \dfrac{AB_1^2}{AB^2} = \dfrac{1}{n^2}$,即 $S_n = n^2$;也可以补充为平行四边形来求和)

(3) 至少用两种求和方式表示 S_n.

① 从上到下,逐层求和:$1+3+5+\cdots+(2n-1) = n^2$;

② 从上到下,逐层先求顶点向上的三角形卡片数量之和,然后,从下到上,逐层再求顶点向下的三角形卡片数量之和,有:$1+2+\cdots+(n-1)+n+(n-1)+\cdots+2+1 = n^2$.

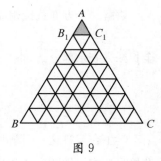

图 9

(4) 请根据图形说明恒等式:

$$1+3+5+\cdots+(2n-1) = 1+2+\cdots+(n-1)+n+(n-1)+\cdots+2+1.$$

(5) 作为提出问题,还可以问:当边长取遍 1,2,$\cdots$,n 时,求各个等边三角形所用三角形卡片数量之和的总和. ($1^2+2^2+\cdots+n^2 = ?$)

示例 23 如图 10，点 C 是线段 AB 内任一点，$\triangle DAC$ 与 $\triangle ECB$ 均为在 AB 同侧的等边三角形，联结 AE 交 CD 于点 M，联结 BD 交 CE 于点 N.

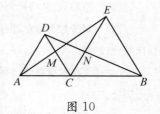

图 10

(1) 当点 C 在线段 AB 上移动时，下面 4 个等式：$AE=BD$，$CM=CN$，$AM=DN$，$BN=EM$ 中，恒成立的等式有几个？

(2) 当 $\triangle DAC$ 绕点 C 旋转时，上述 4 个等式恒成立的有几个？

讲解 本例设置了一个运动的情境，让学生去发现变动中的不变量。当点 C 在线段 AB 上移动时，可由 $\triangle ACE$ 绕点 C 顺时针旋转 $60°$ 得到 $\triangle DCB$，故知 $AE=BD$，进而可得 4 个等式：$AE=BD$，$CM=CN$，$AM=DN$，$BN=EM$ 恒成立；当 $\triangle DAC$ 绕点 C 旋转时，会出现很多特殊情况，而恒成立的等式只有 $AE=BD$ 一个。可见，$AE=BD$ 是实质性的运动不变量，其余 3 个等式依赖于 A，C，B 共线的条件。

参考文献

[1] 罗增儒. 数学中考命题的趋势分析(首篇)[J]. 中学数学教学参考(初中)，2006(1/2).

[2] 罗增儒. 数学中考命题的趋势分析(续篇)[J]. 中学数学教学参考(初中)，2006(3).

[3] 罗增儒. 中考试题的内容结构[J]. 中学数学教学参考(初中)，2007(1/2).

[4] 罗增儒. 数学中考试题的结构分析[J]. 中国数学教育(初中版)，2007(3).

[5] 罗增儒. 能力立意：初中生也能求解的高考题[J]. 中学数学教学参考(初中)，2007(8).

[6] 罗增儒. 结构良好试题编拟的基本要求[J]. 中学数学教学参考(初中版)，2008(1/2).

[7] 罗增儒. 数学解题学引论[M]. 西安：陕西师范大学出版社，2001.

[8] 罗增儒. 课外练习[J]. 中学生数学，1983(2).

[9] 义务教育数学课程标准研制组. 数学(七年级上册)[M]. 北京：北京师范大学出版社，2003.

[10] 罗增儒. 从习题到试题[J]. 试题研究(初中数学),1990(2).

[11] 义务教育数学课程标准研制组. 数学(七年级下册)[M]. 北京：北京师范大学出版社,2003.

[12] 义务教育数学课程标准研制组. 数学(八年级下册)[M]. 北京：北京师范大学出版社,2003.

[13] 罗增儒. 判别式的整体结构：$b^2 - 4ac = (2ax + b)^2$[J]. 中等数学,2004(6).

[14] 罗增儒. 浅而不俗,熟而不旧[J]. 中等数学,2005(2).

[15] 罗增儒. 能力型习题的编拟[J]. 试题研究(初中数学),1991(2).

[16] 惠州人. 数学中考解题的宏观驾驭[J]. 中学数学教学参考(初中),2008(1/2).

[17] 罗增儒. 心路历程：问题本质的领悟[J]. 中学数学教学参考(初中),2007(9).

[18] 罗增儒. 解题分析——分析解题过程的四个方面 [J]. 中学数学教学参考,1998(6).

[19] 罗增儒. 数式与图形沟通,直觉与逻辑互动[J]. 中学数学教学参考,2004(6).

[20] 罗增儒. 教育叙事：数三角形的认识封闭及其突破[J]. 中学数学教学参考(初中),2007(4).

第6篇　一道2010年中考题的教学分析①

这是一道对初中生来说难度很大的问题. 据测试,大约300人中只有9人做对,初中教师做对的概率也很低(有人怀疑超纲). 本文想以此作为解题教学的示例,分4个步骤讲解如下.

题目　(2010年浙江省绍兴市中考数学试题)水管的外部需要包扎,包扎时用带子缠绕在管道的外部. 若要使带子全部包住管道且不重叠(不考虑管道两端的情况),需计算带子的缠绕角度 α(α 指缠绕中将部分带子拉成图1所示的平面 $ABCD$ 时的 $\angle ABC$,其中 AB 为管道侧面母线的一部分). 若带子宽度为1,水管直径为2,则 α 的余弦值为_____.

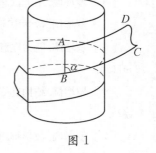

图1

① 本文原载《中学教研(数学)》2011(4)：38-39(署名：罗增儒).

1　理解题意

包括 3 项基本工作：

（1）条件是什么？一共有几个？其数学含义如何？

条件有 4 个：

① 以水管及附图为载体给出一个圆柱，从而圆柱的所有性质可视为已知.

② 圆柱（水管）的底面直径为 2，从而底面及水平截面圆的周长、面积等可视为已知.

③ 以带子缠绕管道为载体给出圆柱侧面的一个斜长条图形覆盖，斜长条图形展平时底边与母线的夹角为 α.

④ 带子宽度为 1，即两条平行线间的距离为 1. 但带子宽度应在什么地方出现呢？文中没有明确的交待.

（2）结论是什么？一共有几个？其数学含义如何？

结论有 1 个：求角 α 的余弦值.

按定义，在直角三角形中，$\cos\alpha = \dfrac{\text{邻边}}{\text{斜边}}$，但直角三角形及邻边、斜边都没有明显给出.

（3）条件与结论有什么初步联系？

① 结论所需要的直角三角形应该在条件③的斜长条图形的展开图中. 而为了得出展开图，需要用到条件①中圆柱的性质，结合本例有：

- 圆柱的母线与底面垂直；

- 圆柱侧面沿母线剪开的展开图为矩形，而不沿母线剪开的展开图可以为平行四边形.

② 为了找出结论所需要的直角三角形，从条件①和条件④中找出提供直角的两处机会：

- "圆柱的母线垂直于底面"；

- "带子宽度为 1"，即两条平行线间的距离，有垂直的含义.

③ 为了找出计算余弦值所需要的"邻边、斜边"，我们关注条件②和④. 由底面直径为 2 知，圆柱的底面周长为 2π；由带子宽度为 1 知，点 A 到 BC 的距离为 1.

条件与结论的更深入联系由"思路探求"阶段去完成.

2 思路探求

(1) 为了求角 α 的余弦值,要寻找 α 所在的直角三角形.

(2) 为了找直角三角形,把缠绕一圈的带子展开,这时出现一个平行四边形和角 α,但还没有出现直角三角形(参见图 2 中的实线).

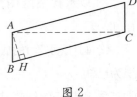

图 2

(3) 为了出现直角三角形,连结 AC,并作 $AH \perp BC$,有 $AC = 2\pi$,$AH = 1$,$AB \perp AC$(如图 2),得出 3 个直角三角形:

$$\text{Rt}\triangle BAC,\ \text{Rt}\triangle ABH,\ \text{Rt}\triangle AHC.$$

(4) 由于 $\text{Rt}\triangle AHC$ 有 2 条已知边,因此每个锐角的余弦都可求得. 由同角的余角相等知,$\angle CAH = \angle B = \alpha$(解法见文献[1]).

3 书写解法

解 设图 1 中带子的一圈里,点 C 与点 A 重合、CD 与 AB 共线,则缠绕一圈的带子展开后为平行四边形(如图 2),作对角线 AC 及 BC 边上的高 AH,则 $AC \perp AB$. 由 $\triangle ABC \backsim \triangle HAC$,得

$$\cos \alpha = \frac{AB}{BC} = \frac{AH}{AC} = \frac{1}{2\pi}.$$

4 反思回顾

(1) 问题解决的关键是将图 1 中缠绕一圈的带子展开(如图 2),把空间问题化归为平面几何中解直角三角形的问题求解. 主要有以下 3 个化归:

化归 1 把一个实际问题转化为一个数学问题(需要空间想象能力);

化归 2 把一个空间数学问题转化为平面数学问题(平行四边形)(需要构造性思维能力);

化归 3 把一个平面数学问题转化为解直角三角形.

(2) 用到的数学知识有:

① 圆柱. 圆柱母线垂直于底面,圆柱侧面沿圆柱母线展开图为矩形.

② 平行四边形的判定. 当把缠绕一圈的带子展开时(空间图形向平面图形

转化），AD 平行并等于 BC，因而四边形 $ABCD$ 是平行四边形. 但是这个四边形上鲜有已知条件.

③ 直角三角形相似. 作辅助线 AC，AH，把平行四边形的内角转化为直角三角形的内角，并且出现了条件②和条件④，有 $\triangle ABC \backsim \triangle HAC$（可用"同角的余角相等"来代替）.

④ 余弦的定义.

（3）主要困难有：

① 在把一个实际问题转化为一个数学问题时，想象不出带子是如何缠绕在管道外部的，弄不清应该转化为一个什么样的数学问题，因而很多学生读完题目后便不知如何入手了.

解决办法：可动手操作，转化为平行四边形的内角问题.

② 把一个空间数学问题转化为平面数学问题时，将带子展开为平面图形具有开放性，学生想象不出展开图形是什么，因而原图 1 中的曲线 BC 不知该拉直到什么地方，这样就找不到角 α.

③ 有一部分学生把笔作为水管、用纸条进行操作（这是好办法），但会误认为一周的展开图是矩形（把 α 作为 $90°$）.

解决办法是通过正确操作，把图 1 中的 CD 还原为与 AB 共线.

④ 想不到母线与过点 A 的圆周展开线垂直，因而"水管直径为 2"的条件没有用上，辅助线 AC 也出不来. 即使辅助线 AC 出来了，也不知道 $\triangle ABC$ 为直角三角形.

解决办法：可以过点 A 作一个截面圆.

⑤ 误认带子宽度为 AB，从而 $AB = 1$，带子宽度的辅助线 AH 出不来.

⑥ 很多学生得出数值大于 1 的答案，这说明对余弦概念理解不透. 也反映出教师或学生对课本中"探究活动"重视得不够.

本例的更多分析请参见文献[1].

参考文献

[1] 王春丽. 一题一世界，亮点成永恒——绍兴卷第 16 题[J]. 中学数学教学参考（中旬），2010(9)：60.

第 7 篇　中考数学压轴题的研究[①]

　　摘　要　通过对数学试题、中考数学题、数学解题、中考数学解题、压轴题、中考数学压轴题等基础知识的探讨,揭示中考命题和中考解题的大方向;剖析中考解题的四个特殊性和中考数学压轴题的六方面特征;此外,分别展示了几何压轴题和代数压轴题的求解案例.

　　关键词　数学试题;压轴题;中考命题;中考数学解题

　　中考是通过解题来考查学生的数学能力的,中考复习的最终成果要落实到解题能力的提升上. 对中考题(特别是中考压轴题)的研究早就引起了人们的注意(参见文献[1]及笔者在《中学生学习报》1996 年 3—4 月连载 12 期的"中考压轴题系列讲座"). 中考数学压轴题是中考试题的创新重点和难点,思维深度、广度较大的内容,综合性、灵活性较强的设计,一定是放在压轴题上. 虽然考生得分的主要来源是中低档试题(并非压轴题,有些压轴题的得分率只有 0.1 左右,平均仅得一二分),但压轴题的瓶颈突破是中考高分突破乃至满分实现的核心、关键和必由之路.

　　中考数学压轴题首先是数学试题,然后才是中考题. 因此,研究中考数学压轴题首先应该明确数学试题的相关概念,洞察中考数学压轴题的特征(不要解了一辈子题还不知道什么叫题,不要讲了一年又一年的压轴题还不知道什么叫压轴题);同时,还应该掌握中考压轴题的解题过程,努力通过解题提高数学素养(不要停留在"解题只是找出答案"的基本水平上).

1　数学试题与数学解题的相关概念

1.1　数学试题与中考数学题

　　(1) 数学试题. 为了实现诊断、预测、甄别、选拔等特定目的,而形成系统化、标准化的数学问题组织形式,称为数学试题. 如单元测验题、期末或升学考试题、各级各类数学竞赛题等. 数学试题与数学试卷有区别,数学试卷是数学试题

---

① 本文原载《中学数学教学参考》(中旬·初中)2021(5):46–50;2021(6):52–55(署名:罗增儒).

的一种呈现方式,主要指印有试题的纸张.

(2) 中考数学题. 用于高中招收新生入学考试的数学试题称为中考数学题. 具体说,中考数学题是高中为了诊断、预测、甄别考生数学思维水平而组织的一套具有选拔功能的数学问题. 中考试卷是中考试题的一种呈现方式,考试之前它是绝密文件.

(3) 中考试题大方向的要点提示. 根据《教育部关于加强初中学业水平考试命题工作的意见》(2019 年),当前的中考命题有如下几个地方需要特别关注:

① 落实立德树人根本任务,促进学生德智体美劳全面发展(2019 年、2020 年中考命题就连续体现"五育并举").

② 依据课程标准科学命题,取消初中学业水平考试大纲,不得超标命题.

③ 发挥引导教育教学作用,引导教师积极探索基于情境、问题导向、深度思维、高度参与的教育教学模式.

④ 提升试题科学化水平. 要兼顾学生毕业和升学需要(俗称"两考合一");既要注重考查基础知识、基本技能,又要注重考查思维过程、创新意识和分析问题、解决问题的能力;要减少机械记忆试题和客观性试题比例,提高探究性、开放性、综合性试题比例,积极探索跨学科命题.

1.2 数学解题与中考数学解题

(1) 数学解题. 解题就是寻找问题的答案,亦即寻找题目条件与题目结论之间的数学联系,它表现为沟通条件与结论的一系列演算或推理,本质是探索和发现. 如果说标准的数学题有条件、结论两个基本要素的话,那么数学解题就有条件、结论、解、解题依据四个要素.

(2) 中考数学解题. 中考数学解题就是将课堂上获得的数学知识、数学方法和数学活动经验用于解决高中招生考试的数学试题. 这是一个从记忆模仿到探索发现的过程,关键在探索发现,核心是通过演算或推理得出一个符合数学事实的结论. 一个基本的建议是: 化归为课堂上已经解决的问题(包括往年的中考题及其变形). 其理由主要有两个:

① 课堂和教材是学生知识资源的基本来源,也是学生解题体验的主要引导. 离开了课堂和教材,学生还能从哪里找到解题依据、解题方法、解题体验?还能从哪里找到解题灵感? 中考解题一定要抓住"课堂和教材"这个根本.

② 教材是中考命题的基本依据. 有的试题直接取自教材,或为原题,或为

类题;有的试题是教材例题、习题的改编;有的试题是教材中几道题目、几种方法的串联、并联、综合与开拓;少量难题也是按照教材内容设计的,在综合性、灵活性上提出较高要求. 可以说,抓住了"化归为课堂上已经解决的问题"就抓住了多数考题,也奠定了求解难题的知识基础、能力基础、经验基础和心理基础.

中考数学解题"化归为课堂上已经解决的问题"的实质是:化归为课堂上获得的内容、方法与经验,以不变应万变. 这是中考数学解题的一个大方向.

1.3 中考解题的基本特点

(1) 中考解题与平时解题的区别. 虽然平时解题与中考解题的主体、内容和形式都有类似之处,但两者的物理环境和心理环境、解题性质与解题要求等都有所不同. 这里指出 3 个明显区别:

① 解题环境不同. 平时解题是在宽松和开放的环境下进行的,主要体现知识与能力,而中考解题是在考场封闭、时间限定和竞争选拔的条件下进行的. 虽然平时解题也存在速度和心理因素,但与中考解题的速度要求和心理压力都不可同日而语,中考解题既是数学知识、数学能力的较量,又是解题速度和心理素质的较量.

② 解题性质不同. 平时解题,无论是课堂练习、课后作业,还是测验考试等,都是基础教育的一种认识活动(育人),是对知识的学习或继续学习,是对方法的熟练或继续熟练,是在发生数学和掌握数学;而中考数学解题则是高中招生的一种评估活动(选人),是通过解题水平来看数学思维水平和数学素养程度,它以解题能力的高低为评估标准,以一次性笔试为基本方式.

③ 解题要求不同. 作为认识活动的平时解题不排除"全做全对",题目难度系数通常在 0.7 左右,还有 0.9 以上的;而中考则要拉开考生的距离,提高了要求,"全做全对"的人是极少数,题目的难度系数通常控制在 0.2~0.9 之间.

(2) 中考解题的特殊性. 一道数学题选为中考题后,就成了"诊断、预测、甄别、选拔"的一把尺子或一杆秤(量表),已具有不同于平时作业题的诸多特性,如:

① 能力的代表性. 如上所说,中考解题具有评估性质而非学习本身(是选人而非育人),试卷得分已成为一个人"数学水平"的代表.

② 分数的选拔性. 平时,教师对学生数学水平的评价除了课后作业、测验考试等解题方式外,还可以有课堂提问、小组交流、课后互动等多个渠道,但中

考做不到.中考用一套试卷的分数代表一个人的能力水平会有局限性,分数的公平性也可能有损人才的创造性,问题是目前还没有更好的替代办法.既然是考试,就得由成绩来说话,分数成了选拔的一个刚性依据.

③ 时间的限定性.中考是 100 分钟对应 120 分或 120 分钟对应 150 分(各地的时间和分值有差异),解题有速度要求,需要迅速解决"从何处下手、向何处前进"这两个基本问题.

④ 评分的阶段性.为了拉开考生的距离,中考阅卷采用"分段评分"的方式,既分段给分、又分段扣分,会做的题目存在"潜在丢分"或"隐性失分",而不会做的题目又可以得分不少.

2　中考数学压轴题及其特征

2.1　中考数学压轴题

数学教师通常把"压轴题"理解为"最后一题",其实不然.

(1)压轴.压轴一词来源于戏剧,是指一场折子戏演出的倒数第二个剧目,因为最末一个剧目称为大轴,而倒数第二个剧目紧压大轴,故得名压轴戏.但是,这个词移植到数学考试时,无论是内容还是位置都稍有变化.

(2)中考数学压轴题.中考数学压轴题主要指位置在中考数学试卷末尾的最后两三道解答题.通常涉及多个、甚至十多个知识点,会有各章之间的知识交叉,突出数学思想方法的理解与应用,这些题目分值高、难度大、知识面广,具有综合性、探究性和灵活性,形式是解答题,分值约占 20%.

2.2　中考数学压轴题的六个特征

(1)位置特征.压轴题位于中考数学试卷的末尾.但是,由于试题难度系数的复杂性,命题人的主观意图与考生的客观实际难免会出现脱节,造成得分率最低的题目位置提前,这种情况并不普遍,但"偶有发生".

(2)难度特征.一套中考数学试卷通过率(得分率)通常控制在 0.60~0.70;低档题得分率控制在 0.7~0.9,中档题得分率控制在 0.4~0.7,高档题得分率控制在 0.2~0.4;低、中、高的比例一般为 5:3:2,或 4:4:2,或 6:3:1.也就是说,低、中档题是试卷的主体(约占 80%),综合性、灵活性较强的拉距离难题有 3 道左右、占二三十分.

在试卷安排上通常有从易到难的三个小高潮,即三类题型是从易到难的,而每一类题型内部又是从易到难的,从而,选择题、填空题、解答题分别有一个难度小高潮.

压轴题难度系数不超过 0.4. 其中最后一道压轴解答题的难度系数多在 0.2 或 0.3 附近,当然,也会出现 0.2 以下的低效题,有时是因为前面的题目较难或题量较多,增大了压轴题的位置难度;有时是因为压轴题本身的绝对难度较大,超越多数考生的认知负荷. 压轴题难度过大、考生普遍不得分,就形同虚设了. 而压轴题的难度系数大于 0.4 时,就成为中档题了,俗称"压不住"或"没压住".

试题难度是被试者对试题的适应程度. 困难在于,它不一定是内容难度在被试者身上的再现,里面有很多随机因素和模糊因素. 教师可以通过以下 3 个措施来预测考生对试题的适应程度.

① 试做的感性体验. 教师提前在考试规定时间(100 分钟或 120 分钟)内试做一遍,可以获得试题难度和试卷长度的感性认识.

② 有参照的相对难度预测. 参照前几年类似题的实测难度,做出今年试题的难度预测;还要考虑学生水平的变化,考虑类似题的位置变化等带来的难度影响.

③ 有分析的绝对难度预测. 绝对难度可以从知识点的个数、运算的步骤数、推理转折点的个数、情境的新鲜度、陷阱的个数、赋分的方式(是按难度赋分还是反难度赋分)等做出预测. 对于串联式的解答题还要考虑前一问对后一问的影响.

(3) 功能特征. 压轴题具有拉开考生距离的设计意图和基本功能. 而拉开考生距离的具体措施应该是突出创新能力的考查,主要是体现探索性、开放性、综合性、应用性和原创性. 而不是"已删除定理"的悄悄塞入,或"高中知识"的简单下放(用高中知识很容易做的中考难题,不如在初中核心知识上加强综合性漂亮).

(4) 内容特征. 主要有三类:代数综合题、几何综合题、代数几何混合综合题.

① 代数综合题. 主要是方程、函数或方程与函数结合的综合题,广泛涉及一次方程、二次方程,一次函数、二次函数和反比例函数,重点是二次函数与二次方程.

② 几何综合题. 主要是以全等法、相似法为基础的计算和证明问题,广泛

涉及三角形、四边形、圆、面积等知识；可以覆盖综合几何方法、代数计算方法和几何变换方法；重点是与圆有关的命题，因为圆的问题知识容量大、变化余地大、综合性强，是编拟试题的优质素材.

③ 代数几何混合综合题. 这是上述两类综合题的再综合，主体是坐标系结合函数与几何图形，背后的学科思想其实就是"解析几何"(当然，初中没有这个词)，常常涉及两点间距离公式、点到直线的距离等高中知识(命题者多用勾股定理来代替).

（5）创新特征. 为了落实中考压轴题的选拔功能，压轴题重在设计创新试题. 数学创新试题是指在试题背景、试题形式、试题内容、解答方法等方面具有一定的新颖性与独特性的数学试题，其作用是既诊断考生的数学创新意识，又提供培养创新能力的教学导向. 主要形式有：开放探索题、信息迁移题、情境应用题、过程操作题等.

（6）背景特征. 中考数学压轴题追求试题背景的新颖性与独特性，常常是在"教材知识"的基础上向四大背景集中：高中数学背景、现实生活背景、历史名题背景、经典试题背景(包括往年的中考题或竞赛题). 正因为有这些共同背景，所以我们常常感到，今年的题目与往年的题目有联系，各地的题目之间有关联，且往往可以归结为类似的"基本问题".

3 中考数学压轴题的求解案例

3.1 几何压轴题

案例 1 （2019 年上海中考第 25 题)如图 1，AD，BD 分别是 $\triangle ABC$ 的内角 $\angle BAC$，$\angle ABC$ 的平分线，过点 A 作 $AE \perp AD$ 交 BD 的延长线于点 E.

（1）求证：$\angle E = \dfrac{1}{2} \angle C$；

（2）如图 2，若 $AE = AB$，$BD : DE = 2 : 3$，求 $\cos \angle ABC$ 的值；

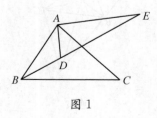

图 1

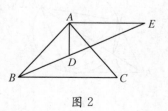

图 2

(3) 如果 $\angle ABC$ 是锐角,且 $\triangle ABC$ 与 $\triangle ADE$ 相似,求 $\angle ABC$ 的度数,并直接写出 $\dfrac{S_{\triangle ADE}}{S_{\triangle ABC}}$ 的值.

关于第(1)问:

基本思路是用 $\triangle ABC$ 的内角来表示 $\angle E$,用到三角形的内角和定理. 由于点 E 分别在直角、钝角、锐角三个三角形上,因而计算 $\angle E$ 也有三个途径,其中计算直角三角形 DAE 稍微简单一点.

证明 如图1,在 $\mathrm{Rt}\triangle DAE$ 中,由 AD, BD 分别是 $\triangle ABC$ 的两个内角平分线,有 $\angle DAB = \dfrac{1}{2}\angle BAC$, $\angle DBA = \dfrac{1}{2}\angle ABC$. 又由 $AE \perp AD$,知 $\angle DAE = 90°$,得 $\angle E = 90° - \angle ADE = 90° - (\angle DAB + \angle DBA) = 90° - \left(\dfrac{1}{2}\angle BAC + \dfrac{1}{2}\angle ABC\right) = \dfrac{1}{2}[180° - (\angle BAC + \angle ABC)] = \dfrac{1}{2}\angle C.$

思考 联结 CD, CE(参见图3),由 $\angle AED = \dfrac{1}{2}\angle ACB = \angle ACD$ 知 A, D, C, E 四点共圆,且由 $\angle DAE = 90°$ 知 $\angle DCE = 90°$,即 $CE \perp CD$. 由此是否可以提出这样的问题:

问题 1 设 $\triangle ABC$ 的内角平分线相交于点 D,过点 A 作 $AX \perp AD$,过点 C 作 $CZ \perp CD$,则 AX, BD, CZ 三线共点于 E,且 A, D, C, E 四点共圆. (参见图3)

问题 2 设 $\triangle ABC$ 的内角平分线相交于点 D,分别过点 A, B, C 作 AD, BD, CD 的垂线,三条垂线两两相交组成锐角三角形 $A_1B_1C_1$,其垂心为 D. (参见图4)

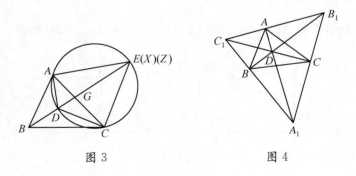

图3   图4

关于第(2)问:

初中求三角函数值通常是在直角三角形中进行,因而,首先想到构造包含 $\angle ABC$ 的直角三角形;同时还要想到,将余弦的边长之比转化为已知比值 BD：$DE = 2 : 3$. 可见,问题的结论虽然是计算,但主要工作应该是"构造"和"推理".

解答 如图 5,延长 AD 交 BC 于点 F. 因为 $AE = AB$,所以在等腰三角形 ABE 中,有 $\angle 2 = \angle E$.

又由 BD 平分 $\angle ABC$,有 $\angle 3 = \angle 2 = \angle E$,得 $AE \parallel BF$,从而

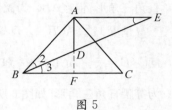

图 5

$$\angle BFA = \angle FAE = 90° \text{ 且} \frac{BF}{AE} = \frac{BD}{DE}.$$

在 $\mathrm{Rt}\triangle ABF$ 中,得 $\cos \angle ABC = \dfrac{BF}{AB} = \dfrac{BF}{AE} = \dfrac{BD}{DE} = \dfrac{2}{3}$.

启示 这个解答过程是"一个关键构造、六个连续转化",其中,作辅助线构造直角三角形是"一个关键",而"六个连续转化"是:

① 由线段相等 ($AE = AB$) 转化为角度相等 ($\angle 2 = \angle E$);

② 由角度相等 ($\angle 2 = \angle E$ 及 $\angle 3 = \angle 2$) 转化为(传递出)新的角度相等 ($\angle 3 = \angle E$);

③ 由角度相等 ($\angle 3 = \angle E$) 转化为直线平行 ($AE \parallel BF$);

④ 由直线平行 ($AE \parallel BF$) 转化为角度相等 ($\angle AFB = \angle FAE = 90°$) 及比例关系 $\left(\dfrac{BF}{AE} = \dfrac{BD}{DE} \right)$;

⑤ 由线段相等 ($AE = AB$) 转化余弦值的边长之比 $\dfrac{BF}{AB} = \dfrac{BF}{AE}$;

⑥ 由比例关系 $\left(\dfrac{BF}{AB} = \dfrac{BF}{AE} \text{ 及 } \dfrac{BF}{AE} = \dfrac{BD}{DE} \right)$ 转化为(传递出)余弦值 $\cos \angle ABC = \dfrac{BD}{DE} = \dfrac{2}{3}$.

除了第⑥个转化出现数字计算之外,前面的转化都是"线段关系与角度关系"或"数量关系与位置关系"的相互转化,表现为推理.

关于第(3)问:

这一问的难点是要分析两个相似三角形的对应关系,具体说就是要确定谁

与谁是对应角,这就需要分类讨论了.与第(2)问类似,虽然问题的两个结论(角度和比值)都是计算,但主要工作还是"推理",由计算的需要提出推理的要求,由推理的结论提供计算的依据.

解答 由于△ABC 与△ADE 相似,而∠DAE＝90°,所以△ABC 一定是直角三角形,但∠ABC 为锐角,因而与直角∠DAE 对应的角只有两种情况.

情况1:∠ACB＝∠DAE＝90°.这时,由第(1)

问 $\angle E=\dfrac{1}{2}\angle ACB=45°$ 知, △ABC 与△ADE 均

为等腰直角三角形(如图6所示),有

$$\angle ABC=45°.$$

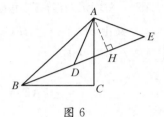

图 6

作 $AH\perp BE$,并设 $AH=a$,则 $DE=2DH=2a$,$BD=AD=AE=\sqrt{2}a$,从而 $BH=BD+DH=\sqrt{2}a+a$.

在 Rt△ABH 中,有 $AB^2=AH^2+BH^2=a^2+(\sqrt{2}a+a)^2=2(2+\sqrt{2})a^2$,得

$$\frac{S_{\triangle ADE}}{S_{\triangle ABC}}=\frac{DE^2}{AB^2}=\frac{(2a)^2}{2(2+\sqrt{2})a^2}=2-\sqrt{2}.$$

情况2:$\angle BAC=\angle DAE=90°$.这时,由第(1)问 $\angle E=\dfrac{1}{2}\angle ACB$ 知,

△ABC 与△ADE 相似,只能∠ABC 与∠AED 成对应角,有

$$\angle ABC=\angle E=\frac{1}{2}\angle ACB=\frac{1}{2}(90°-\angle ABC)\text{,得 }\angle ABC=30°.$$

如图7,作 $AH\perp BE$,设 $AH=a$,并以 AH 为轴作△AHE 的对称图形△AHI,由 $\angle ABI=15°$,$\angle AIE=\angle E=\angle ABC=30°$ 知,$\angle BAI=15°$,则 $BI=AI=AE=2a$,$HI=HE=\sqrt{3}a$,从而 $BH=BI+IH=2a+\sqrt{3}a$.

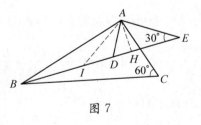

图 7

在 Rt△ABH 中,有 $AB^2=AH^2+BH^2=a^2+(2a+\sqrt{3}a)^2=4(2+\sqrt{3})a^2$,得

$$\frac{S_{\triangle ADE}}{S_{\triangle ABC}}=\frac{AE^2}{AB^2}=\frac{(2a)^2}{4(2+\sqrt{3})a^2}=2-\sqrt{3}.$$

说明　由相似三角形知,求面积之比的关键在于确定对应边的关系.表面上看,"情况1"只作一条辅助线 $AH=a$ 就能用 a 表示 AB,而"情况2"却不能(据此,文献[2]放弃了这个思路,另辟新途).其实,这点区别是非实质的,对比图6与图7可以看到,作辅助线 $AH=a$ 后,两图中的 $\triangle ADE$ 三边长都可以用 a 来表示,为了在 Rt$\triangle ABH$ 中求 AB,只需将 BH 用 a 来表示.图6中,等腰直角三角形 ADE 斜边上的高自动将 $\triangle ADE$ 分解为两个对称三角形,也使 $\triangle ABH$ 分解为一个等腰三角形与一个直角三角形,从而 BH 可以用 $\triangle ADE$ 中的线段之和来表示;但图7中的 Rt$\triangle ADE$ 不是等腰的,其斜边上的高不能将 $\triangle ADE$ 分解为两个对称三角形,所以,多作了辅助线 AI,才把 $\triangle ABH$ 分解为一个等腰三角形与一个直角三角形,从而将"情况2"化归为"情况1".所以,两种情况下,$\triangle ABH$ 的结构本质是相同的,只有"明显程度"的表象区别.

抓住"沟通两个相似三角形 $\triangle ABC$,$\triangle ADE$ 之间边长的联系"这个实质,先用 a 表示 $\triangle ADE$ 的边长(比较容易),然后在 $\triangle ABC$ 中求出一条边,读者不难找出更多的解法(参见图8、图9).

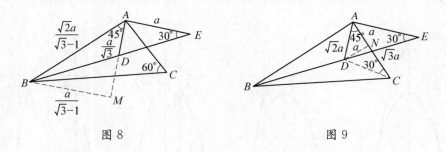

图8　　　　　　　　　　　　　　　图9

3.2　代数压轴题

案例2　(2019年长春中考第24题)已知函数

$$y=\begin{cases}-x^2+nx+n, & (x\geqslant n),\\ -\dfrac{1}{2}x^2+\dfrac{n}{2}x+\dfrac{n}{2}, & (x<n).\end{cases}\quad(n\text{ 为常数})$$

(1) 当 $n=5$ 时;

① 点 $P(4,b)$ 在此函数图像上,求 b 的值;

② 求此函数的最大值.

(2) 已知线段 AB 的两个端点分别为 $A(2,2)$,$B(4,2)$,当此函数的图像

与线段 AB 只有一个交点时,直接写出 n 的取值范围.

(3) 当此函数图像上有 4 个点到 x 轴的距离等于 4 时,求 n 的取值范围.

讲解 为了叙述方便,我们把当 $x \geqslant n$ 时函数 y 的表达式 $y = -x^2 + nx + n$ 称为"函数右抛物线",记作 $y_右$.当 $x < n$ 时函数的表达式 $y = -\dfrac{1}{2}x^2 + \dfrac{n}{2}x + \dfrac{n}{2}$ 称为"函数左抛物线",记作 $y_左$.这两条抛物线全形都开口向下,对称轴都为直线 $x = \dfrac{n}{2}$,并且,它们的图像或同时进入 x 轴上方(与 x 轴的交点相同)或同时位于 x 轴下方(参见图 10).设直线 $x = n$ 与 $y_右$ 的交点为 M,有 $M(n, n)$;设直线 $x = n$ 与 $y_左$ 全形的交点为 N,有 $N\left(n, \dfrac{n}{2}\right)$(不可取到).

当 $n > 0$ 时,两条抛物线对应的判别式 $\triangle > 0$,图像同时进入 x 轴上方,对称轴在 y 轴右侧;$y_左$ 分居对称轴的两侧,$y_右$ 在直线 $x = n$ 的右侧并递减(参见图 11).当 $n < 0$ 时,判别式 $\triangle = n^2 + 4n$ 的符号不确定,两条抛物线的对称轴在 y 轴左侧,$y_右$ 分居对称轴的两侧,$y_左$ 在直线 $x = n$ 左侧且递增(参见图 12,图 13).

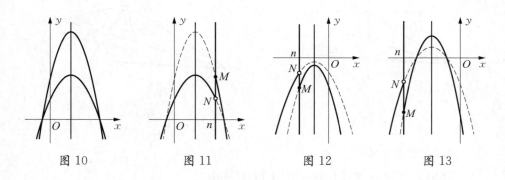

图 10　　　　图 11　　　　图 12　　　　图 13

第(1)问.① 如图 14,当 $n = 5$ 时,由点 $P(4, b)$ 在 $y_左$ 上,有 $b = y_左 = -\dfrac{1}{2}x^2 + \dfrac{5}{2}x + \dfrac{5}{2} = -8 + 10 + \dfrac{5}{2} = \dfrac{9}{2}$.

② 为求函数的最大值,需比较两段定义域上的最大值.

当 $x \geqslant 5$ 时,"函数右抛物线"$y = -x^2 + 5x + 5$ 中,y 随 x 的增大而减小,$y_右$ 在 $x = 5$ 时取到最大值 5.当 $x < 5$

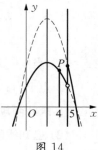

图 14

时,"函数左抛物线"为 $y=-\dfrac{1}{2}x^2+\dfrac{5}{2}x+\dfrac{5}{2}=\dfrac{45}{8}-\dfrac{1}{2}\left(x-\dfrac{5}{2}\right)^2$,在 $x=\dfrac{5}{2}$

时 y 有最大值 $\dfrac{45}{8}$. 因为 $\dfrac{45}{8}>5$,所以,$n=5$ 时函数的最大值为 $\dfrac{45}{8}$.

第(2)问. n 的取值范围为 $2\leqslant n<\dfrac{8}{3}$ 或 $\dfrac{18}{5}<n<4$. 通过观察图 15 至图 18 可知,从图 15 开始到图 16 之前,线段 AB 与图形有一个交点(情况 1);从图 16 开始到图 17,线段 AB 与图形有两个交点;从图 17 之后到图 18 之前,线段 AB 与图形有一个交点(情况 2). 所以,函数的图像与线段 AB 只有一个交点,有且只有两种情况.(就此纠正文献[3]中的文字纰漏,本书已修订)

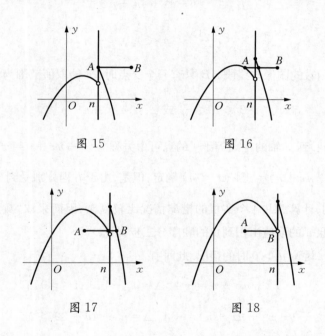

图 15　　　　　　　　图 16

图 17　　　　　　　　图 18

情况 1:线段 AB 与 $y_{右}$ 图形有一个交点且与 $y_{左}$ 图形没有交点,即点 $(2,y_{右}(2))$ 不在直线 $y=2$ 的下方,点 $(4,y_{右}(4))$ 不在直线 $y=2$ 的上方,并且点 $(2,y_{左}(2))$ 在直线 $y=2$ 的下方,有

$$\begin{cases} y_{右}(2)\geqslant 2, \\ y_{右}(4)\leqslant 2,\quad\text{即} \\ y_{左}(2)<2, \end{cases}\begin{cases} -2^2+2n+n\geqslant 2, \\ -4^2+4n+n\leqslant 2, \\ -\dfrac{1}{2}\times 2^2+n+\dfrac{n}{2}<2, \end{cases}$$

得 $\qquad 2 \leqslant n < \dfrac{8}{3}.$

情况 2：线段 AB 与 $y_左$ 图形有一个交点且与 $y_右$ 图形没有交点，即点 $(2,\ y_左(2))$ 在直线 $y=2$ 的上方，点 $(4,\ y_左(4))$ 在直线 $y=2$ 的下方，并且点 $(4,\ y_右(4))$ 在直线 $y=2$ 的上方，有

$$\begin{cases} y_左(2) > 2, \\ y_左(4) < 2, \\ y_右(4) > 2, \end{cases} \text{即} \begin{cases} -\dfrac{1}{2} \times 2^2 + n + \dfrac{n}{2} > 2, \\ -\dfrac{1}{2} \times 4^2 + 2n + \dfrac{n}{2} < 2, \\ -4^2 + 4n + n > 2, \end{cases}$$

得 $\qquad \dfrac{18}{5} < n < 4.$

综上，函数的图像与线段 AB 只有一个交点时，n 的取值范围为

$$2 \leqslant n < \dfrac{8}{3} \text{ 或 } \dfrac{18}{5} < n < 4.$$

第 (3) 问. 到 x 轴的距离等于 4 的点可由方程 $-x^2 + nx + n = \pm 4\ (x \geqslant n)$ 及 $\dfrac{1}{2}(-x^2 + nx + n) = \pm 4\ (x < n)$ 确定，但是，由于方程分别受到 $x \geqslant n$ 和 $x < n$ 的限制，计算总共 4 个实根的搭配情况比较复杂，因而采取"数形结合"的方法，并按照 n 的取值由正到负的顺序分三步讨论.

第一步，讨论 $n > 0$ 时的情况. 此时有

$$-x^2 + nx + n = -4,\ \Delta = n^2 + 4n + 16 > 0,$$

$$\dfrac{1}{2}(-x^2 + nx + n) = -4,\ \Delta = n^2 + 4n + 32 > 0,$$

方程必有解. 而此时端点 $M(n,\ n)$，$N\left(n,\ \dfrac{n}{2}\right)$ 均在 x 轴上方，因而，图像 y 在 x 轴下方恰有两个点到 x 轴的距离为 4 (参见图 19). 问题的关键是在 x 轴上方再找到两个点到 x 轴的距离为 4. 也就是在下列方程中：

$$-x^2 + nx + n = 4,\ \Delta = n^2 + 4n - 16,$$

$$\dfrac{1}{2}(-x^2 + nx + n) = 4,\ \Delta = n^2 + 4n - 32,$$

再找两个解. 根据 $n > 0$ 时的图像特征(参见图 11 或图 19,抛物线的对称轴在 y 轴右侧),可以先考虑判别式 $\Delta = n^2 + 4n - 32$, 直观上,就是考察抛物线 $y_左$ 的最高点 $\left(\dfrac{n}{2}, \dfrac{n^2 + 4n}{8}\right)$.

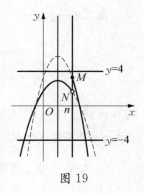

图 19

① 当 $\Delta = n^2 + 4n - 32 = 0$ 时,解得 $n = 4$(舍去 $n = -8$). 把 $n = 4$ 代入方程 $\dfrac{1}{2}(-x^2 + nx + n) = 4$ 有解 $(2, 4)$,代入方程 $-x^2 + nx + n = 4$ 有解 $M(4, 4)$(舍去 $x = 0$),即直线 $y = 4$ 同时经过 $y_左$ 图像的顶点和 $y_右$ 图像的端点(参见图 20). 所以,当 $n = 4$ 时,图像 y 上有 4 个点到 x 轴的距离等于 4.

② 当 $\Delta = n^2 + 4n - 32 > 0$ 时,解得 $n > 4$(舍去 $n < -8$). 此时,方程 $\dfrac{1}{2}(-x^2 + nx + n) = 4$ 会有两个解;而 $n > 4$ 时,有 $\Delta = n^2 + 4n - 16 > n^2 > 0$,方程 $-x^2 + nx + n = 4$ 也有解(总计有 5 个解),直到直线 $y = 4$ 经过 $y_左$ 图像的端点 $N\left(n, \dfrac{n}{2}\right)$,即从 $\dfrac{n}{2} \geqslant 4 \Leftrightarrow n \geqslant 8$ 开始,$y_左$,$y_右$ 才与直线 $y = 4$ 各有一个交点(参见图 21).

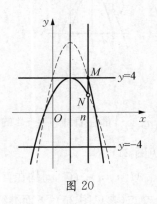

图 20

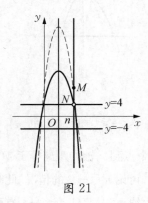

图 21

综上,当 $n \geqslant 8$ 或 $n = 4$ 时,图像 y 上有 4 个点到 x 轴的距离等于 4. 而当 $0 < n < 4$ 时,图像 y 上有两个点到 x 轴的距离等于 4. 当 $4 < n < 8$ 时,图像 y 上有 5 个点到 x 轴的距离等于 4.

第二步,讨论 $-4\leqslant n\leqslant 0$ 的情况. 此时,两方程的判别式均小于 0.

$$-x^2+nx+n=4, \quad \Delta=n^2+4n-16<0,$$

$$\frac{1}{2}(-x^2+nx+n)=4, \quad \Delta=n^2+4n-32<0,$$

方程无解. 函数 y 的图像与直线 $y=4$ 没有交点,因而,函数 y 的图像与直线 $y=-4$ 最多有 3 个点到 x 轴的距离等于 4,问题无解. 具体情况如下:

① 当 $n=0$ 时,方程 $-x^2=-4$ $(x\geqslant 0)$ 及 $-\frac{1}{2}x^2=-4(x<0)$ 与直线 $y=-4$ 各有 1 个交点. 图像 y 上只有两个点到 x 轴的距离等于 4(参见图 22).

② 当 $n=-4$ 时,方程 $-x^2-4x-4=-4$ $(x\geqslant -4)$ 上有两个点 $M(-4,-4)$ 和 $(0,-4)$ 到 x 轴的距离等于 4;方程 $\frac{1}{2}(-x^2-4x-4)=-4(x<-4)$ 与 $y=-4$ 有 1 个交点 $(-2\sqrt{2}-2,-4)$(舍去 $x=2\sqrt{2}-2$). 图像 y 上共有 3 个点到 x 轴的距离等于 4(参见图 23).

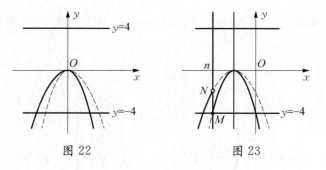

图 22　　　　　　图 23

③ 当 $-4<n<0$ 时,$M(n,n)$,$N\left(n,\frac{n}{2}\right)$ 都在直线 $y=-4$ 的上方,图像 y 上只有两个点到 x 轴的距离等于 4(参见图 24).

第三步,讨论 $n<-4$ 的情况. 此时,点 $M(n,n)$,$(0,n)$ 均在直线 $y=-4$ 的下方,抛物线 $y_{右}$ 与直线 $y=-4$ 有两个交点(参见图 25). 下面继续讨论方程 $-x^2+nx+n=4$ 的实根.

① 当 $\Delta=n^2+4n-16=0$ 时,$n=-2-2\sqrt{5}$(舍去 $n=-2+2\sqrt{5}$),代入方程 $-x^2+nx+n=4$ 得实根 $x=-1-\sqrt{5}$,代入方程 $-x^2+nx+n=-4$ 得实

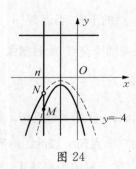

图 24

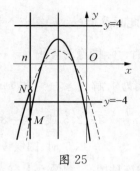

图 25

根 $x_{1,2} = -1 - \sqrt{5} \pm 2\sqrt{2}$.

把 $n = -2 - 2\sqrt{5}$,代入方程 $\frac{1}{2}(-x^2 + nx + n) = 4$ 的判别式,有 $\Delta = n^2 + 4n - 32 = -16 < 0$,故方程无解.

把 $n = -2 - 2\sqrt{5}$ 代入方程 $\frac{1}{2}(-x^2 + nx + n) = -4(x < -2 - 2\sqrt{5})$,有一个解 $x = -1 - \sqrt{5} - 2\sqrt{3}$(舍去 $x = -1 - \sqrt{5} + 2\sqrt{3}$).

所以当 $n = -2 - 2\sqrt{5}$ 时,图像 y 上有 4 个点:$(-1 - \sqrt{5}, 4)$,$(-1 - \sqrt{5} - 2\sqrt{2}, -4)$,$(-1 - \sqrt{5} + 2\sqrt{2}, -4)$,$(-1 - \sqrt{5} - 2\sqrt{3}, -4)$ 到 x 轴的距离为 4(参见图 26).

② 当 $\Delta = n^2 + 4n - 16 > 0$ 时,有 $n < -2 - 2\sqrt{5}$(舍去 $n > -2 + 2\sqrt{5}$). 此时,$y_{右}$ 与直线 $y = 4$ 有两个交点在 x 轴上方,只需在 x 轴下方再找两个符合条件的点.

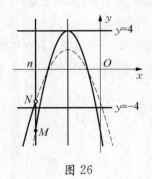

图 26

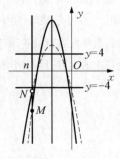

图 27

如图 27,此时点 $M(n,n)$ 在点 $N\left(n,\dfrac{n}{2}\right)$ 的下方,当点 $N\left(n,\dfrac{n}{2}\right)$ 不在直线 $y=-4$ 上方时,$y_{右}$ 图像与直线 $y=-4$ 还有两个交点,此时图像 y 上有 4 个点到 x 轴的距离为 4.解 $\dfrac{n}{2}\leqslant-4$,得 $n\leqslant-8$.

综上,当 $n=-2-2\sqrt{5}$ 或 $n\leqslant-8$ 时,图像 y 上有 4 个点到 x 轴的距离等于 4.而 $-8<n<-2-2\sqrt{5}$ 时,图像 y 上有 5 个点到 x 轴的距离等于 4.

综合上述三种情况,图像 y 上有 4 个点到 x 轴的距离等于 4 时,n 的取值范围为

$$n\geqslant8,\ n=4,\ n=-2-2\sqrt{5},\ n\leqslant-8.$$

由上面的讨论,还可得图像 y 上到 x 轴的距离为 4 的点的个数随 n 的变化情况(如图 28).

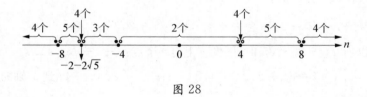

图 28

参考文献

[1] 罗增儒. 怎样解答中考数学题[M]. 西安:陕西师范大学出版社,1996.

[2] 黄喆,孔令志,张春莹,石战. 运用通性通法,亦能锤炼思维——评 2019 年上海中考数学第 25 题[J]. 中小学数学(初中版),2019(10):9-11.

[3] 罗增儒. 教学发展有境界,解题研究分水平——在第三届青年教师中考数学压轴题讲题比赛会议上的发言[J]. 中小学数学(初中版),2019(10):1-6.

第三节　数学竞赛的理论与实践

第1篇　数学奥林匹克的成果、特征与教育功能[①]

1　数学奥林匹克活动的学术成果

国际数学奥林匹克(International Mathematical Olympiad,简称 IMO)指的是国际中学生数学竞赛. 这是一项公认水平最高的学科竞赛. 1959 年罗马尼亚首倡这项活动的时候,只有 7 个国家 54 名选手参加,但其旺盛的生命力不断地在每年一赛中(只有 1980 年因故未举行)表现出来. 参赛国越来越多,影响面越来越广,成果也越来越显著. 到 1990 年中国举办第 31 届时,已发展到 54 个国家(或地区)308 名选手. 试题的水平不仅已达到初等数学研究的高峰,而且直指现代数学某些分支的前沿. 据 1985 年统计,在 IMO 选手中,已有 8 人在世界数学家大会上作过一小时报告,另有 1 人获菲尔兹奖.

事实表明,数学奥林匹克活动的发展,产生了许多始料未及的学术成果,其意义远远超过只选拔出几个尖子人才.

(1) 诞生了一个数学教育的新分支

以 IMO 为龙头,包括各国不同层次的数学竞赛活动,已经搭起了一个数学教育学新分支的框架,我们称之为"数学奥林匹克". 这是通过数学内容而进行的教育,立足点在教育.

(2) 形成了一个教育数学的新层面

以 IMO 的 188 道试题为核心,包括候选题和各国高水平的竞赛内容,已经构成一个数学新层面的雏形,我们称之为"奥林匹克数学". 这是具有教育功能的数学,立足点在数学.

我们认为,经过 30 年的积累,这种教育数学业已形成并且还在活跃发展. 情况就像《原本》(*Elements*)的 465 个命题完成了一个欧几里得(Euclid)几何体

[①] 本文原载《教育研究》1991(2)：42 - 45(署名：罗增儒).

系那样,就像《九章算术》的 246 道习题体现着中国数学的东方风格那样,就像希尔伯特(D. Hilbert)的 23 个问题为现代数学的发展源源提供跑道那样.

(3) 造就了一个数学奥林匹克新学派

以数学竞赛的组织、选拔、培训、命题、求解与科研等方面为纽带,形成了一个强大的人才集团,我们称之为"奥林匹克学派".这个学派包括专业数学工作者、数学教育工作者、教育行政管理人员和中学教师,其中不乏一流数学家参与.中国科学院、北京大学、中国科学技术大学、南开大学、复旦大学是这一学派的中坚或带头人.我国历届 IMO 的领队,以及中国数学奥林匹克高级教练员是这一学派的代表人物或主力军.

数学竞赛的活动与发展虽然包括的方面很多,但在学术方面都离不开这三个实质性的活动和实质性的发展.

2 数学奥林匹克的基本特征

数学奥林匹克已经成为数学教育的一个新分支,未来的数学教育学要有它的一席之地,未来的数学教师也要有这方面的基本功.那么,作为数学教育的数学竞赛有哪些基本特征呢?

(1) 以开发智力为根本目的

求解竞赛题离不开扎实的基础知识,但从根本上说,数学竞赛不是知识竞赛,而是高水平的智力竞赛.当命题者把数学家的前沿成果或数学深刻背景变为中学生可以接受的试题时,其主要目的不在于考查学生是否掌握了这些知识,而是要考查学生对数学本质的洞察力、创造力和数学机智.只有那些创造性地活用知识的选手才有希望成为佼佼者.第 30 届 IMO 组委会主席、西德的恩格尔(Arthur Engel)教授曾在该届开幕式上风趣地强调了数学竞赛的智力性质,他说:"数学竞赛与体育竞赛相比,有一个极大的优点:不会出现服用兴奋剂的问题.能够加强解题能力的药还没有发明出来,如果服用兴奋剂,只会使你的能力降低."无疑,数学竞赛具有良好的选拔功能,并且选拔出尖子人才也确实是数学竞赛的一个直接目的.但是,这项活动的更为深刻的教育价值远远不止于此.围绕着竞赛的培训、选拔、赛题解答和赛后研究,广大的青少年都得到了思维上的训练与提高.而且,这种思维能力的发展,其作用也不仅限于数学.如果理解数学对于自然科学和社会科学的基础作用,如果认识到任何一门科学只有与数学相结合才能更加成熟和完善,那么,我们可以说,数学竞赛开发智力的作用,是其他学科竞赛所不能代替的.

(2) 以问题解答为基本形式

"问题与解决"是数学的心脏.可以认为,高水平的数学竞赛,就是由数学专家提出一个个课题,让青少年去研究解答,这种解答与做常规数学题(常常是被理想化、舞台化了)相距甚远,而更接近于数学研究本身.因此,数学竞赛就把年轻的中学生带进世界数学学术研究的圣堂.

竞赛题常常以其深沉而活泼的命题风格给人留下难忘的印象,而来自选手的挑战性解答却又叫人心旷神怡.记得 1988 年,在第 29 届 IMO 上(澳大利亚),试题第六题把全体主试委员都难住了,这道题提交给四位澳大利亚的数论专家,每人花了四个小时,没有触及问题的要害,经过一整天仍然未获解答.可是,学生选手中却有 11 人取得成功,包括我国选手何宏宇(高二学生,当年的满分选手之一).

问题解答的形式,适合数学的特点.

问题解答的形式,为早慧儿童数学才华的展示提供了一个公平竞争的恰当场地.

(3) 以竞赛数学为主要内容

奥林匹克竞赛所涉及的内容,走过了一段从古典传统到现代化的路程.开始的那些年头,主要是中学教材里的代数方程、综合几何、三角函数等,经过 30 年的发展,已经相对稳定在几个中学教材不怎么涉及的内容上.如,几何(包括欧几里得空间中的拉姆赛问题)、数论、数列、有图论或其他组合背景的智趣题、有凸函数或组合优化背景的不等式,以及多项式与函数方程等.这样广泛的内容,我们既不能直接归为中学数学(因为它有大学数学的背景,并且用了大学数学的思想方法),又不能简单地并入大学数学(毕竟 IMO 的命题到微积分就截止了,并不超出优秀中学生所能接受的范围,大学数学知识对选手并不要求,在解题中也不起决定性作用).它是高等数学的深刻思想与初等数学的精妙技巧相结合的"中间数学".它有很多题目确有高等数学背景,而解法却完全是初等数学的.我们说,"中间数学"是竞赛数学的一个显著特征.其次,竞赛题难度大、新意浓,有的题目直接来自前沿数学家的新成果或科研副产品.有的专家在自己的研究工作中遇到一些问题,最终能用初等方法来解决,于是就成为不可多得的优秀试题.并且,由于竞赛试题的新颖性、启示性、方向性,往往能为初等数学研究开辟新的课题. 有时候, 一道题目就开始了一个研究方向. 这些, 都使得竞赛数学具有前沿数学的特征. 再次, 竞赛数学把现代化的内容与趣味性的陈述、独创性的技巧有机结合起来, 充分展示了数学的统一美、简洁美、对称美与奇异美. 有的问题, 所涉及的知识不多, 一个证明的过程几乎全都是艺术的构造或构造的艺术. 如果说, 人们对数学的认识尚莫衷一是, 到底数学是一门科学, 还是一种文化, 抑或一类艺术, 还要争论下去, 那么, 在数学的这一竞赛部分, 其艺术魅力则是有目共睹、有身同感的. 仔细品味数学竞赛中构题的趣味性与解法的技巧性, 无异于读一首数学的诗, 听一曲数学的歌, 看一幅数学的画. 这些, 都使得竞赛数学具有艺术数学的特征. 此外, 竞赛数学是一种活数学, 还常常表现为用日常语言描述的生活数学. 当然, 它还是具有教育功能的教育数学.

（4）数学奥林匹克具有包括选拔人才在内的综合教育功能（这一点, 下文还要专题论述）

综上所述, 我们认为数学奥林匹克, 是以开发智力为根本目的, 以问题解答为基本形式, 以竞赛数学为主要内容, 且具有综合教育功能的数学教育.

3 数学奥林匹克的教育功能

时任中国数学会理事长的王元院士在第 31 届 IMO 开幕式上指出: 开展世界范围的数学竞赛, 对于提高中学生数学水平、中学数学教育的现代化与发现有数学天才的青少年, 都有重要作用. 如果我们把国际、国内的数学竞赛看成一个整体来考察, 那么可以看到, 它将在下面七个方面发挥出教育功能.

（1）促进中学教师的知识更新

许多夹着一本中学教材, 在三尺讲台上驰骋了大半辈子的数学教师, 一夜之间发现自己成了"竞赛文盲", 他们最感头痛的正是优秀学生拿着竞赛题来虚心请教. 形势迫使中学数学教师正视知识的老化、退化与折旧, 促使他们积极投身到知识更新的自觉学习中去. 许多师范院校也都开设了"奥林匹克数学"（或竞赛数学）选修课. 各类数学普及报刊亦竞相登载系列讲座. 随着中国选手在国际竞赛中一而再地夺魁, 一股普及竞赛数学的热潮也风起云涌. 中学数学教师的数学素质比起六年前（中国于 1985 年第一次派两名学生试参加 IMO）已经有了很大的提高, 知识结构也逐步向优化合理的方向调整. 一批有理想、有能力、能吃苦的高级、一级、二级教练员在茁壮成长.

（2）为"第二课堂"增添了活数学的内容

几年前,刚刚提出"第二课堂"的时候,各个学校普遍不知道讲什么,怎么讲,很多地方还是"升学数学"或"升学补课",没能表现出第二课堂的特点.实际困难也确实很多,因为"任何课外活动一碰到高考都将败下阵来".但是,数学竞赛终于顶住了升学教育的压力,不仅站稳了脚跟,而且得到了发展.如今的"第二课堂"已经大量融进了竞赛数学,也越来越表现出"开发智力"的主题与"生动活泼"的形式.各个层次的"数学奥林匹克学校"或"课外数学小组"如雨后春笋,一大批有良好数学素质的青年学生获得了充分表现与自由发展的机会.

（3）为教材内容的改革进行过渡

数学竞赛的发展,为中学数学教材的改革提供了新的机会,那就是让现代化的数学内容先在"中间数学"进行试验、渗透,到了教师和学生能普遍接受的时候,再稳妥地、部分地移植到中学课本.借鉴新数学运动将现代内容匆忙下放、操之过急的教训,采取先课外竞赛讲座,后作选修课,先"第二课堂"后"第一课堂"的过渡是明智的.因此,数学竞赛提供了一个中学教材更新的实验场所.

（4）为初等数学研究开拓新的前景

竞赛数学的研究性、前沿性从内容到方法都极大地丰富了初等数学.而竞赛数学的中间性又增加了高等数学与初等数学的接触点,沟通了大学教师与中学教师的学术联系,这就从两方面产生积极的效果:

一方面,冲破了初等数学传统的封闭体系,并不断开拓初等数学研究的新领域.可以说,数学竞赛使古老的初等数学变年轻了.

另一方面,冲击了中学教师重教学、轻科研的陈旧传统.其实,许多中学教师并不比大学教师缺少才华,而只是缺少时间,缺少资料,缺少课题,缺少机会.数学竞赛给他们提供了资料、课题与机会.许多中学教师已经抓住这个机会,为初等数学的新发展作出了贡献.

事实上,初等数学虽然成熟,但就像铁路穿过了原始森林,两旁确实已经开发,但往远处走去,只要用心,并不难找到新的物种、新的矿脉和人类尚未涉足的自然奇观.

（5）为数学方法论的研究注入新的血液

数学竞赛的中间性质或桥梁作用,铺平了高等数学某些内容通往"特殊化"、"初等化"、"具体化"的道路.一方面为中学数学源源输入具有大学性质的、体现现代思想的思维方式,另一方面又调动和活化初等数学潜在的方法与技巧.这两个方面的结合,就为数学方法论的研究注入了新鲜的血液,也展示出崭新的前景.

数学竞赛中,充满着使人眼花缭乱的技巧:构造、映射、递推、分类、染色、极端、一般化、特殊化、数字化、有序化、不变量、整体处理、奇偶分析、优化假设、辅助图表……令人目不暇接.我们已经注意到,这些技巧不是个别孤立的一招一式,或妙手偶得的雕虫小技,而是一种数学创造力,一种高思维层次、高智力水平的策略思想.如同波利亚以初等数学为素材,进行数学发现的研究,获得世界性的成功那样,对数学竞赛的方法与技巧进行方法论的提炼,其价值也将是历史性的、世界性的.

(6)帮助一批学生首先在数学上成熟起来

数学竞赛不仅选拔了几个尖子,而且锻炼了数以万计的青少年,帮助他们首先在数学上成熟起来.数学竞赛有利于早期开发智力,发现人才.科学史表明,凡在某个科学领域做出卓越贡献的人,往往在年轻的时候就崭露头角.其重要标志之一,就是具有优异的数学才能.还要指出,数学思维的素质,不仅对自然科学、工程技术有用,而且对社会科学、人文科学、艺术科学、语言科学等也很有用.因此,数学竞赛不仅造就数学人才,同时,也更大量地为各个学科培养栋梁与精英.从 1969 年开始到 1983 年的 16 次诺贝尔经济学奖中,有 9 次由数学家获得,这表明,良好的数学素质将在一切方面发挥作用.

(7)强化了能力培养的教学导向

数学教学中,能力的培养早已引起重视,而数学竞赛的崛起,强化了这种教学导向.首先,数学竞赛是一种智力竞赛,它的性质就要求人们注重智力的开发与能力的培养,许多由于死记硬背而得高分的学生往往在竞赛中成绩欠佳,不能不引起日常教学的反思.其次,对于数学竞赛中,深沉而活泼的命题风格、新颖而巧妙的解题方法,日常教学也很难无动于衷,因为那确实存在一种内在吸引力.许多竞赛题,作为课本的补充,已经进入学生的作业或试题,1990 年的高考试题中,好几处有竞赛题的背景.

由上述的分析,我们认为:数学奥林匹克具有综合性的教育功能.当然,如何有效地发挥出这些功能,还有许多问题需要解决.比如,怎样协调日常教学与数学竞赛的关系,如何处理升学与竞赛的关系,如何提高竞赛本身的科学性并进行竞赛科研,等等.

第2篇　"祖冲之点集"存在性的扇形解决[①]

1990 年(11 月 25 日)第三届"祖冲之杯"初中数学邀请赛的第六题,体现了典型的数学奥林匹克命题风格:题目的背景非常深刻,题意的叙述饶有趣味,题解的方法富于技巧,题目本身开始了一个研究方向.命题者在其《参考答案》的附言注释中公开宣布了三个尚未解决的问题.

问题 1　除图 1 的祖冲之 10 点集外,如果考生中给出的 10 点集与上述答案不同,而且正确,祖杯赛委会将授予特别奖.

问题 2　偶数个点的祖冲之点集是否对一切 $n > 2$ 的偶数都存在?

问题 3　除已知的二阶祖冲之 8 点集外,是否还有其他 n 点的二阶祖冲之点集?

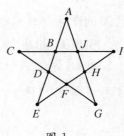

图 1

本文将提供一个扇形模型,彻底解决祖冲之点集的存在性问题,从而回答了命题者的前面两点.

定义 1　在平面上由 n 个点所组成的点集,如果点集中任意两点的垂直平分线都经过点集中至少一个点,那么这个点集就叫做 n 点的"祖冲之点集".

定义 2　如果祖冲之点集上的点全部在一个扇形所在的圆心与圆弧上,那么这个点集叫做祖冲之扇形点集.

显然 $n \geqslant 3$,当 n 为奇数时,祖冲之点集是存在的.例如,正奇数边形的顶点便是.考虑 $n = 2k$ $(k \in \mathbf{N}, \ k > 1)$.

作一个 $120°$ 的扇形 AOB,将 $\overset{\frown}{AB}$ 二等分,可得祖冲之 4 点集(图 2)

$$\{O, A, C, B\}.$$

若将 $\overset{\frown}{AB}$ 四等分,可得祖冲之 6 点集(图 3)

$$\{O, A, C, D, E, B\}.$$

若将 $\overset{\frown}{AB}$ 六等分,可得祖冲之 8 点集(图 4)

---

① 本文原载《数学通讯》1991(4):37,32(署名:岳建良(学生),罗增儒).

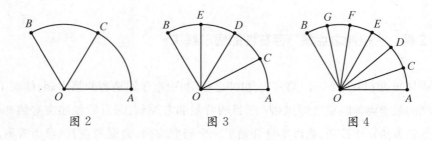

图 2　　　　　　图 3　　　　　　图 4

$$\{O, A, C, D, E, F, G, B\}.$$

同样,将 $\overset{\frown}{AB}$ 八等分,可得祖冲之 10 点集. 一般地,有:

引理 1　祖冲之扇形偶点集是存在的.

证明　设偶点集的点 $n=2k$ $(k>1, k \in \mathbf{N})$,取一个 $120°$ 的扇形,将弧作 $2k-2$ 等分,可得 $n=2k$ 个点:

$$A_0, A_1, A_2, \cdots, A_{2k-1}. \tag{*}$$

任取其中两点 $A_i, A_j (0 \leqslant i < j \leqslant 2k-1)$,有

(1) $i \neq 0$ 时,由垂径分弦定理知,线段 $A_i A_j$
的中垂线必过圆心 A_0.

(2) $i=0$ 时,$A_0 A_j$ 的垂直平分线必过 A_{j+k-1}
(其中 $A_{i+2k-2}=A_i$). 事实上

$$\angle A_{j\pm1} A_0 A_j = \frac{120°}{2k-2} = \frac{60°}{k-1},$$

有　　　　　$(k-1) \angle A_{j\pm1} A_0 A_j = 60°,$

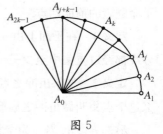

图 5

将 $A_0 A_j$ 逆时针(或顺时针)旋转 $k-1$ 格可到 $A_0 A_{j+k-1}$,便得正 $\triangle A_0 A_j A_{j+k-1}$,
所以 $A_0 A_j$ 的中垂线经过点 A_{j+k-1},这就证明了点集(*)是祖冲之扇形偶
点集.

在图 5 的基础上,增加一等分,使

$$\angle A_{2k-1} A_0 A_{2k} = \frac{60°}{k-1},$$

则得 $\{A_0, A_1, A_2, \cdots, A_{2k-1}, A_{2k}\}$ 为祖冲之扇形奇点集. 注意到祖冲之三点
集已存在,故有

引理 2 祖冲之扇形奇点集是存在的.

由引理 1、引理 2 得：

定理 祖冲之扇形点集对一切 $n \geqslant 3$ 都存在.

第 3 篇 谈我们提供的一道高中联赛试题[①]

1992 年高中联赛第二试第二题普遍反映不错,这是由我们所提供的原型试题改编而成的.

为了训练陕西省的冬令营选手,我们曾于 1990 年考虑过这样一题：

题 1 设 $X = \{1, 2, \cdots, n\}$,对任一 $A \subseteq X$,令 $S(A) = \begin{cases} \sum\limits_{a \in A} a, & A \neq \varnothing; \\ 0. & A = \varnothing. \end{cases}$

试计算 $O_n = \sum\limits_{\substack{A \subseteq X \\ 2|S(A)}} S(A)$.

后来,以简化的形式向广东省数学会供题：

题 2 若 $A \subseteq S$,且 A 中所有元素之和为奇数(偶数),则称 A 为 S 的奇(偶)子集,已知 $S = \{1, 2, \cdots, 9\}$,求出 S 中全体奇子集的所有元素的总和.

经命题组改编成的正式试题为：

题 3 设集合 $S_n = \{1, 2, \cdots, n\}$,若 X 是 S_n 的子集,把 X 中的所有数的和称为 X 的"容量"(规定空集的容量为 0).若 X 的容量为奇(偶)数,则称 X 为 S_n 的奇(偶)子集.

(1)求证：S_n 的奇子集与偶子集个数相等.

(2)求证：当 $n \geqslant 3$ 时,S_n 的所有奇子集的容量之和与所有偶子集的容量之和相等.

(3)当 $n \geqslant 3$ 时,求 S_n 的所有奇子集的容量之和.

除了标准答案已提供的解法外,我们再提供两个有趣的处理.

证明 1 设 S_n 中奇子集的个数为 x_n,偶子集的个数为 y_n,所有 x_n 的容量之和为 a_n,所有 y_n 的容量之和为 b_n,显然

$$x_1 = y_1 = 1, \ x_2 = y_2 = 2.$$

---

① 本文原载《中学数学》(现名《中学数学月刊》)1993(5)：40,32(署名：文锐,罗增儒).

对 $n \geqslant 3$，我们用数学归纳法证明：

$$\begin{cases} x_n = y_n, \\ a_n = b_n = n(n+1)2^{n-3}. \end{cases} \quad (*)$$

(1) 当 $n=3$ 时，$S_3 = \{1, 2, 3\}$，奇、偶子集分别为

奇：$\{1\}$，$\{3\}$，$\{1, 2\}$，$\{2, 3\}$；

偶：$\varnothing$，$\{2\}$，$\{1, 3\}$，$\{1, 2, 3\}$.

有 $\begin{cases} x_3 = y_3 = 4, \\ a_3 = b_3 = 12 = 3 \times (3+1) \times 2^{3-3}. \end{cases}$

命题 $(*)$ 成立.

(2) 现假设 $n=k$ 时，命题成立，即

$$\begin{cases} x_k = y_k, \\ a_k = b_k = k(k+1)2^{k-3}. \quad (k \geqslant 3) \end{cases}$$

对于 S_{k+1} 的子集，可以分成两部分，第一部分是 S_k 的子集，有 $x_k = y_k$；第二部分是 S_k 的每一个子集 X 并上 $\{k+1\}$，即 $X \bigcup \{k+1\}$，其中奇子集的个数与偶子集的个数也是相等的，总计有

$$x_{k+1} = y_{k+1} = 2^k,$$

其中元素 $k+1$ 在奇子集、偶子集中各出现 2^{k-1} 次.

① 当 k 为偶数时，$k+1$ 为奇数，有

$$a_{k+1} = a_k + [b_k + (k+1) \cdot 2^{k-1}] = b_k + [a_k + (k+1) \cdot 2^{k-1}] = b_{k+1}$$
$$= 2k(k+1) \cdot 2^{k-3} + (k+1) \cdot 2^{k-1} = (k+1)(k+2) \cdot 2^{k-2}.$$

② 当 k 为奇数时，$k+1$ 为偶数，有

$$a_{k+1} = a_k + [a_k + (k+1) \cdot 2^{k-1}] = b_k + [b_k + (k+1) \cdot 2^{k-1}] = b_{k+1}$$
$$= 2k(k+1) \cdot 2^{k-3} + (k+1) \cdot 2^{k-1} = (k+1)(k+2)2^{k-2}.$$

得证，无论 k 为奇数还是偶数，均有

$$a_{k+1} = b_{k+1} = (k+1)(k+2)2^{k-2},$$

即命题(＊)对 $n = k+1$ 成立.

由数学归纳法知,原题的三问同时解完.

证明 2　记号同上.

(1) 对 $X \subseteq S_n$,我们取 $X' \subseteq S_n$ 与 X 对应,使其满足:若 $1 \in X$,则 $X' \cap \{1\} = \varnothing$, $X' \cup \{1\} = X$;若 $1 \bar{\in} X$,则 $X' = X \cup \{1\}$.

由于 X 与 X' 一一对应且一个为奇(偶)子集时另一个便为偶(奇)子集,故 S_n 中奇子集与偶子集个数相等.

(2) 记集合 A 的容量为 $f(A)$.

① 当 $f(S_n)$ 为奇数时,任取 $X \subseteq S_n$, 有

$$f(X) + f(\overline{X}) = f(S_n)$$

为奇数,故 X 与 $\overline{X}$ 一个为奇子集,另一个为偶子集. 设 X 为奇子集,故 X 中必有奇数,记为 a,将 a 从 X 中取出来,放进 $\overline{X}$ 中,即作映射:

$$(X,\ \overline{X}) \rightarrow (Y,\ \overline{Y}),$$

满足
$$\begin{cases} X = Y \cup \{a\}, \\ \overline{Y} = \overline{X} \cup \{a\}, \end{cases}$$

则 $\overline{Y}$ 为奇子集, Y 为偶子集,有

$$f(X) + f(\overline{Y}) = f(\overline{X}) + f(Y),$$

将 X 取遍 S_n 的全体子集并求和,得

$$2a_n = 2b_n,得 a_n = b_n.$$

② 当 $f(S_n)$ 为偶数时, $f(X)$ 与 $f(\overline{X})$ 同奇同偶,仍把当中的一个奇数从一个子集移到另一个子集,构造映射 $(X,\ \overline{X}) \rightarrow (Y,\ \overline{Y})$,同理可证 $a_n = b_n$.

③ 由于在和 $f(S_n)$ 中,每一个元素都出现 2^{n-1} 次,故有

$$f(S_n) = (1+2+\cdots+n)2^{n-1} = n(n+1)2^{n-2},$$

于是　　　$a_n = b_n = \dfrac{1}{2}(a_n + b_n) = \dfrac{1}{2}f(S_n) = n(n+1)2^{n-3} (n \geqslant 3).$

第4篇　论中国数学竞赛的教育性质①

摘　要　对当前基础教育中的热点——学科竞赛,进行了冷静的思考,并在十余年亲自实践与理论研究的基础上,对数学竞赛的教育性质从四个方面进行了阐述.

关键词　基础教育;素质教育;业余教育;普及教育

1　数学竞赛热的冷静思考

国际数学竞赛已经得到了全世界的承认,中国数学竞赛亦正在高潮之中.特别是自1988年以来,中国选手在国际竞赛中的团体总分,不是第一名就是第二名,这更在基础教育中掀起了一股空前的数学竞赛热.不仅中学界在燃烧,大学和家长也深深卷入.在中国的教育史上,还从来没有这么多的大学教师自觉自愿地深入到中小学校园,进行数学知识的广泛传播和数学文化的生动普及.也从来没有这么多的家长如许慷慨而痴迷地多方设法把自己的孩子送到竞赛培训的行列中去.

这种热潮,既有中华民族传统数学潜能的激活,也有升学竞争空前激烈的驱动,还有创收动机在推波助澜.1995年初,国家教委颁发了停办奥校的文件,将数学竞赛控制在适当的温度中,适当的范围内.

事实上,对数学竞赛的认识,从来就存在着争议,也出现过行动的盲目,下面引述的几点情况,值得对"竞赛热"做出冷静的思考.

(1)华罗庚教授在1956年就说过:"这一工作会不会打乱学校的工作呢?会不会影响全面发展的原则呢? 做得不好,是有可能的."他告诫我们:"应当小心从事."(见文[1])

(2)中国中学生数学竞赛于1978年恢复之后,1979年发展过热."许多学校和地区为了争得好名次,层层加码,层层选拔,集中人力,突击训练,加重了学生的负担,甚至打乱了正常的教学秩序,于是教育部决定,不再由官方举办全国性的数学竞赛."(参文[2])

---

① 本文原载《数学教育学报》1996(3):71-74(署名:罗增儒).

（3）1992 年 8 月,在加拿大举行的第七届国际数学教育大会上,有场事先精心组织的辩论会,其论题就是"数学竞赛".辩论会由攻方和辩方各 3 人组成,台下的听众亦可插话,开得十分热烈,辩论的主题涉及数学竞赛的价值,竞赛题的内容,数学竞赛选手的培训,以及数学竞赛优胜者的表现.总之,国际上并非大家都赞成数学竞赛,许多人持否定态度,主要理由是:数学竞赛只面对少数天才儿童,会忽视大多数;过早的专业兴趣会妨碍全面发展;竞赛题多为偏怪难题,与日常数学教学脱节等,赞成竞赛的一方认为,竞赛会提高儿童的数学兴趣,激发荣誉感,好学生可以带动较差的学生,竞赛优胜会引起社会公众对数学教育的关注等,辩论后比较统一的看法是,竞赛本身不会产生问题,关键是如何组织竞赛,如何使多数人都能参与,使竞赛推动日常教学.(见文[3])

（4）第 26 届国际数学奥林匹克(IMO)组委会秘书长麦第·莱提尼在《国际数学奥林匹克的历史纪要》中说道:"IMO 已经不是新奇的事物了,如果它有些作用的话,人们可以进行探索,一个问题是这种比赛和今后的数学教育问题之间的关系,已经有人指出,数学研究中的成功工作所需要的技巧和在比赛中解题所需要的技巧是完全不同的……"(见文[4])

（5）在教育行政部门和基层教育工作者中,一方面感到健康的竞赛确实有一股征服性的魅力,另一方面也感到名目繁多的各种竞赛给他们带来压力.

所有这些情况,实质上都是实践向数学教育工作者提出了理论需要.俗话说"水能载舟,也能覆舟",数学竞赛既能促进数学教育的正常发展,又能冲击数学教育的正常发展,关键是在理论上要认清数学竞赛的教育性质,在实践中才能避免盲目和混乱,才能清醒而明智地处理好各种无可回避的矛盾.

2　数学竞赛的教育性质

从数学教育的角度来看数学竞赛活动,我们认为它是以开发智力为根本目的,以问题解答为基本形式,以竞赛数学为基本内容,具有综合性教育功能的数学教育.那么,这种教育的性质是什么呢?

2.1　较高层次的基础教育

数学竞赛的教育,其对象是中学生,其教育的载体是中学生可以接受的奥林匹克数学,其主战场在中学.因此,它是基础教育.虽然内容常有些大学的背景,教练亦不乏大学教师,但这只是提高了教育的层次,而没有脱离中学数学教育的范围.

　　如果对高中数学教育按照"因材施教"的原则进行分层,那么,可以有循序渐进的三个水平:会考水平、高考水平、竞赛水平.会考水平主要是掌握作为现代公民必须具备的数学基础知识和数学基本技能;高考水平是各级科技人员或管理人员必须具备的数学能力;竞赛水平是高级科技后备人才应当具有的数学素质与创造能力.竞赛水平没有脱离基础教育的目标,也没有脱离基础教育的范围,但作为较高层次的基础教育则更便于产生科技领袖.在当今人才激烈竞争的世界上,青少年的智力奥林匹克角逐实在是一场前哨白刃战,是各国未来科技领袖在走上正式擂台前的预赛.因此,确立竞赛教育在基础教育中的地位具有战略的意义,有人称为:奥运战略,无论从哪方面看,其意义都不低于成年人的体力奥林匹克.

　　回顾我国的教育现状,如果说日常教学已经从"一纲一本"的封闭中走了出来,开始迈上"一纲多本"的大道,那么数学竞赛教育则表现出某种超前性,突进到了"多纲多本"的前哨.

　　认识数学竞赛教育在本质上是一种较高层次的基础教育有重要的现实意义,可以防止实践上的盲动:

　　(1)它服务于基础教育,宜导不宜堵;

　　(2)虽然它的层次较高,但不是超前学习大学知识,也不是职业数学工作者的专业培训,而只是要充分开发中学生的思维潜能.

2.2　开发智力的素质教育

　　因为数学竞赛是一种智力竞赛而不是单纯的知识竞赛,所以,数学竞赛教育也只能实施智能教育、素质教育,而不能是单一的知识教育或片面的升学教育.自然,更不是家庭教师式的业余补课.

　　求解竞赛题离不开扎实的基础知识,但当命题者把数学家的前沿成果变为中学生可以接受的竞赛试题时,主要的不是要检查学生是否掌握了这些知识,而是要考查学生对数学本质的洞察力、创造性和数学机智.只有那些综合而灵活地运用知识的选手才有希望成为竞赛的佼佼者,许多平时靠死记硬背而得高分的学生往往在竞赛中成绩欠佳也说明,数学竞赛对于选手的数学素质有高要求.

　　无疑,国内的数学竞赛要造就国际竞赛的金牌选手,并且选拔出尖子人才也确实是数学竞赛的一个直接目的.但是,这项活动的更深刻的教育价值远远不止于此,围绕着竞赛的培训、选拔、赛题解答和赛后研究,广大青少年都得到了思维上的训练与提高. 而且,这种思维能力的发展,其作用也不仅限于数学. 如果理解到数学对于自然科学和社会科学的基础作用,如果认识到任何一门科学只有与数学相结合才能更加成熟和完善,那么完全可以说,数学竞赛开发智力的作用是其他学科所不能代替的.

如所看到,经过竞赛洗礼的优秀选手,不仅数学能力发展突出,而且创造型的人格特征也发育显著,热爱科学、追求真理、勤奋进取是他们的共同特点. 在心理素质上,他们的注意力、持久性、自主意识和使命感也常比一般同学高出一筹. 他们从小就开始"学会怎样学习",就开始独立思考,融会贯通,他们比别人聪明的地方就在于,使"学习方法的水平"走在学习活动的前头. 所有这些都与素质教育的要求完全一致.

因此,竞赛培训中的单纯考试目的,以及庸俗的题型覆盖等,都是与开发智力的宗旨背道而驰的. 竞赛教育要造就高层次的千军万马,让千军万马去涌现金牌选手,而不是为了几个金牌选手,牺牲千军万马.

从这个意义上说,把数学竞赛看成"解难题的竞赛"实在是一种天真的误解. 虽然数学竞赛中常有颇具挑战性的题目,但选手们是面对挑战而进行数学素质的较量,因此,平时的竞赛培训也应该而且只能是提高数学素质的教育,而不是盲目解难题的强化训练.

2.3 生动活泼的业余教育

竞赛教育是一种业余教育,它以"第二课堂"为基本形式,虽然有教学计划,但不具法定指导意义. 一般说来,没有升学指标或分数排队的压力,没有教学范围、教学进度、教学课时的呆板限制,学生又多怀有浓烈的兴趣,因此,十分有利于实施"愉快教育"、进行生动灵活的教学. 教学方法可以灵活,教学内容可以灵活,学生学习也可以灵活,教师聘用可以灵活,教学进度也可以灵活. 教师更可能充分发挥自己的业务专长与教学风格,教学可以根据反馈随时调节信息的速度、强度、顺序和数量,各个学校的教师优势也能集中与互补,每个同学不仅可以听、可以讲,而且可以写作小论文. 这是一个教学的开放系统,片面、单一、封闭全都被打破了. 从而,也就为学有余力的学生提供了一个自由发展和充分表现的广阔天地.

由于竞赛教育的基础性质、智力目的和生动形式,使得它不仅是日常教学的延续与补充,而且是课堂教学的优化与改革,不仅是部分学生的第二课堂,而且更是尖子学生的第二学校.情况表明,尖子学生的数学基础是在第一课堂准备的,而最大潜力却常常在第二学校才展现出来(有"课内打基础、课外育特长"的提法).虽然,许多选手将来并不以数学为职业,但他们从数学竞赛的文化熏陶中所获得的洞察力和创造机智,将受益终生.

是的,数学第二课堂不等于竞赛教育,数学竞赛的培训活动只是数学第二课堂的一部分或一个层面,但反映了第二课堂的全部优点,如体现因材施教、发展个性特征、提供即时信息、丰富学习生活、促进全面发展等.实践表明,第二课堂的数学竞赛教育是普及数学知识、传播数学文化的一种好形式,是激发青少年兴趣并帮助一部分学生首先在数学上成熟起来的好途径.

明确竞赛的业余教育性质告诉我们,它是正规教育的补充,它应该也只能发挥辅助的作用,不能喧宾夺主.

2.4 数学文化的普及教育

历史已经昭示,未来将进一步证实,高科技的本质是一种数学技术,扫除"数学盲"的任务必将代替扫除"文盲"的工作.数学不仅是一门科学、一项艺术,而且也是一种文化.

数学竞赛最深刻的历史作用,可能不在于造就几个数学领袖,而在于普及了数学文化.中学教材所提供的基本上是历史的数学或数学的历史,而数学竞赛可以提供"今天的数学"或"数学的今天".许多体现现代思维与高等背景的活数学正是通过竞赛的桥梁输送到中学校园的.当它们经过"初等化"、"特殊化"、"具体化"、"通俗化"而来到青少年中间时,重要的不是作为一种高深的知识,而是作为一种朴素的思想、一种先进的文化在幼小的心灵中播种.众所周知,集合的思想、映射的观点、构造的方法以及奇偶分析、抽屉原理、染色问题等,十几年前还是一种时髦,而今已经是普通竞赛选手的常识了.

还要指出,有固定求解模式的问题不属于竞赛数学,数学竞赛中所出现的新颖题型、新鲜方法,当它为越来越多的中学生所熟悉和掌握时,它就完成了奥林匹克使命,而成为中学数学的一部分了.这也是一种普及、一种传播.由于数学竞赛是不断吐故纳新的,由于现代数学的发展不断地为奥林匹克提供新的内容和新的方法,所以数学竞赛对于数学的普及与传播也永远不会完结.

综上所述,竞赛教育是一种基础教育,是一种素质教育,是一种业余教育,是一种普及教育,把握这些性质,数学竞赛活动将对我国的教育事业产生健康的影响并作出积极的贡献;而偏离这些性质,竞赛活动就会被引向歧途,并给学生带来过重负担,给正常教学带来有害干扰.

参考文献

[1] 华罗庚. 在我国就要举办数学竞赛会了[J]. 数学通报,1956(1).

[2] 中国数学会通讯,1990(2).

[3] 张莫宙. 第七届国际数学教育会议在加拿大举行[J]. 数学教学,1992(6).

[4] 中国数学会普及工作委员会. 第26届国际数学奥林匹克[M]. 北京:中国青年出版社,1987.

[5] 罗增儒. 数学奥林匹克的成果、特征与教育功能[J]. 教育研究,1991(2).

[6] 罗增儒. 数学竞赛、竞赛数学与数学教育[J]. 中学数学教学参考,1991(10).

[7] 罗增儒. 数学竞赛教程[M]. 西安:陕西师范大学出版社,1993.

第5篇　谈2004年初中数学联赛的几何计数题[①]

1　题目——问题解决的情境

我们为2004年全国初中数学联赛提供过一道几何计数题[1],经命题组审定成为选择题第6小题.

例1　(2004,全国初中数学联赛试题)如图1,在 2×3 的矩形方格纸上,各个小正方形的顶点称为格点. 则以格点为顶点的等腰直角三角形有(　　)个.

(A) 24　　　　　(B) 38

(C) 46　　　　　(D) 50

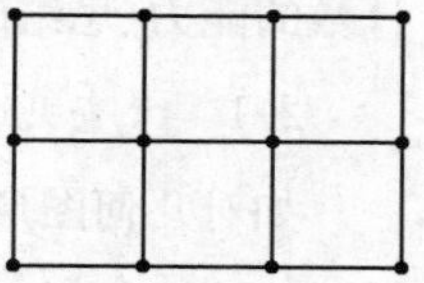

图1

1.1　并不陌生的题型

首先,几何计数问题是数学竞赛的基本内容,在过去的初中联赛中多次出现过.

其次,有关内容已渗透到中学数学教学中,新教材有这方面的探索素材;中

---

① 本文原载《中等数学》2005(4):16-20;中国人民大学复印报刊资料《中学数学教与学》(下半月·初中)2005(7):58-61(署名:罗增儒).

考中,几何计数问题正成为开放探索问题的一个新亮点,如下面的例 $2^{[2]}$.

例 2 (2003 年福建省泉州市中考题)如图 2,在 4 个正方形拼接成的图形中,以这 10 个点中任意 3 点为顶点,共能组成_____个等腰直角三角形.

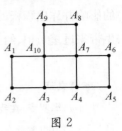

图 2

你愿意把得到上述结论的探究方法与他人交流吗? 若愿意,请简要写出探究过程.

1.2 具有智力的挑战性

这类几何计数问题对初中生来说既具有可接受性,又具有障碍性与探究性的特征. 比如,对例 2,文[3]得出 24,文[4]补充为 30,文[5]再补充为 32.

由此不难看出,此类三角形计数问题无论是对学生还是对教师,都具有智力的挑战性. 因此,我们说此类问题具有"问题解决"的基本特征:接受性、障碍性、探究性.

2 意图——问题解决的思维过程

我们在文[6]中说过,处理这类问题通常要经历两步:

第一步,进行几何结构的分析;

第二步,根据几何结构的分析采用计数方法(分类、分步等)求出结果.

这两步通常是有顺序的,但有时却是犬牙交错,"你中有我、我中有你". 由于这两步都具有明显的数学特征,表现为一个数形结合的思维过程,因而,例 1 就具有 3 个基本的考查意图(或考查功能),即考查几何结构分析的能力、分类计数的能力、思维的条理性和严谨性.

2.1 考查几何结构分析的能力

如对几何图形的观察、分解(对部分图形视而不见)、组合(对图形的整体把握)能力,这包括对所给定的几何图形和所需计数的几何图形的几何结构分析.

2.1.1 等腰直角三角形

对等腰直角三角形,要思考等腰直角三角形有什么样的几何特征? 由这一问题的牵引,可以成为解题"从何处下手"的一个切入点,提取记忆储存,有:

(1) 三角形的一个内角为 $90°$,其两条夹边相等(定义途径);

(2) 三角形的三边长 a,a,c 满足勾股定理及逆定理 $a^2 + a^2 = c^2$,即 $c = \sqrt{2}a$(定理途径);

（3）底边的中垂线不通过格点的三角形一定不是等腰直角三角形,但底边的中垂线通过格点的三角形未必都是等腰直角三角形（图 3 中△ABC 为所求,△ABD 不为所求）.

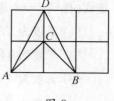

图 3

……

2.1.2　2×3 矩形

对 2×3 矩形而言,要看哪些地方能提供直角? 一共能提供哪些长度的线段? 这些直角或线段能组成几类（大小不同的）等腰直角三角形?

这需要我们边观察、边连线,数形结合地进行思考. 由于 2×3 矩形中,既能提供显性直角（不连线）,又能提供隐性直角（需在图 1 中连对角线）,而相等的对角线既可能夹直角又可能夹非直角,因此,在图 1 中寻找等腰直角三角形用定理可能比用定义更方便. 这又导致我们去寻找图 1 中有哪些长度的线段（已用到勾股定理的计算）? 每一条线段有多长? 哪些线段能满足一条是另一条的 $\sqrt{2}$ 倍? 于是,几何结构的分析就深入到更具体的层面.

2.1.3　2×3 矩形与等腰直角三角形相结合

（1）线段分析,不作辅助线. 图 1 中的线段有 3 类,长度分别为 1、2、3;连对角线,图 1 中的线段又有 5 类,长度分别为 $\sqrt{2}$（1×1 矩形）、$\sqrt{5}$（1×2 矩形）、$\sqrt{10}$（1×3 矩形）、$2\sqrt{2}$（2×2 矩形）、$\sqrt{13}$（2×3 矩形）.

（2）组成等腰直角三角形分析. 在上述 8 类数值中,满足等腰直角三角形条件的有 4 类:

$$\sqrt{2} = \sqrt{2} \times 1, \; 2 = \sqrt{2} \times \sqrt{2}, \; 2\sqrt{2} = \sqrt{2} \times 2, \; \sqrt{10} = \sqrt{2} \times \sqrt{5}.$$

于是,由几何结构的分析可得出,图 1 中的等腰直角三角形最多有 4 类.

2.2　考查分类计数的能力

这主要指按斜边的可能取值分 4 类计数,在每类计算中,可能还要进行几何结构的分析,可能还要二级分类,其主要工作是逻辑分类与数值计算.

2.2.1　逻辑分类

分类是根据事物的共同点和差异点,把事物划分为不同种类的逻辑方法,要求做到不重、不漏,逐级进行. 例 1 中的第一级先按长度将 2×3 矩形中格点连线(有 $C_{12}^2 = 66$ 条)分成 8 类：

(1) 长度为 1 的线段,有 17 条;

(2) 长度为 2 的线段,有 10 条;

(3) 长度为 3 的线段,有 3 条;

(4) 长度为 $\sqrt{2}$ 的线段,有 12 条;

(5) 长度为 $\sqrt{5}$ 的线段,有 14 条;

(6) 长度为 $\sqrt{10}$ 的线段,有 4 条;

(7) 长度为 $2\sqrt{2}$ 的线段,有 4 条;

(8) 长度为 $\sqrt{13}$ 的线段,有 2 条.

第二级按能否成为等腰直角三角形的斜边分成两类:不能的(长度为 1,3,$\sqrt{5}$,$\sqrt{13}$)去掉;能的再按大小不同进行第三级分类(长度为 2,$\sqrt{2}$,$\sqrt{10}$,$2\sqrt{2}$),分成 4 类.

2.2.2 数值计算

经过三级分类之后,解题进入每一类三角形个数的数值计算,这相当于做 4 道几何计数的小题目,可能还要重复"几何结构分析"与"分类(或分步)计数"的两个步骤.下面是按斜边为分类标准的计数(也可按直角边为分类标准来计数).

(1) 当斜边长为 $\sqrt{2}$ 时,斜边一定是 1×1 正方形的对角线(几何结构)(图 4),这样的线段有 12 条(数值计算),每条都对应着 2 个等腰直角三角形(几何结构),共有 $2 \times 12 = 24$ 个等腰直角三角形(数值计算).

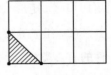

图 4

(2) 当斜边长为 2 时,这样的线段有 10 条,可分成两类:其中 6 条在 2×3 矩形的四周上,每条这样的线段对应着一个等腰直角三角形;另有 4 条在 2×3 矩形的内部,每条这样的线段对应着 2 个等腰直角三角形.共有 $6 + 2 \times 4 = 14$ 个等腰直角三角形.

这样的等腰直角三角形腰长为 $\sqrt{2}$,是 1×1 正方形的对角线,有 12 条.图 5 显示,相邻两条对角线组成直角 14 个(有的不能组成直角),对应着 14 个等腰直角三角形(此

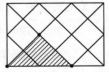

图 5

类容易产生部分遗漏).

(3) 当斜边长为 $2\sqrt{2}$ 时,斜边一定是 2×2 正方形的对角线(图 6),这样的线段有 4 条,每条都对应着 2 个等腰直角三角形,共有 $2\times4=8$ 个等腰直角三角形.

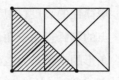

图 6

(4) 当斜边长为 $\sqrt{10}$ 时,这样的线段有 4 条,每条对应 1 个等腰直角三角形,共有 4 个等腰直角三角形.

这样的等腰直角三角形腰长为 $\sqrt{5}$,是 1×2 矩形的对角线,本应有 14 条,但相邻组成直角的只有 4 对,得 4 个直角.图 7 显示,这样的等腰直角三角形有 4 个(此类容易产生遗漏).

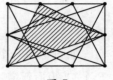

图 7

综上计算知,以格点为顶点的等腰直角三角形共有

$$24+14+8+4=50 \text{ 个}.$$

2.3　考查思维的条理性、严谨性

例 1 中的思维条理性主要表现为:它要求能够构思一个层次分明的求解程序,逐层深入地进行几何图形的结构分析(从线段到等腰直角三角形),逻辑清晰地进行分类.

例 1 中的思维严谨性主要表现为:分类计算不重、不漏、不假,既不重复也不遗漏地计算等腰直角三角形,更不要把非等腰直角三角形计算进来.

在例 1 的求解中,主要问题可能是遗漏,所以,题目选择支的设计都是针对遗漏的.若只找到第 1 类会选(A);若只找到第 1、第 2 类会选(B);若只找到第 1、第 2、第 3 类会选(C).即使类找全了,第 2、第 4 类中也存在算不全的问题.若只找到第 1、第 2 类而遗漏第 2 类中斜边在四周上的 6 个会得出 32,即使正确加上第 3 类中的 8 个也只能得出 40,其他方面的遗漏还会得出另外多种答案,从这一意义上说,此题若设计为填空题可能更有意思.

3　反思——以退求进作推广

上面的分析,对于我们整体认识 2×3 矩形的几何结构是有益的,但这样的思路又不是唯一的.当感到 2×3 矩形不好处理甚至无从下手时,可先退,退到 1×3 矩形,或 2×2 矩形、2×1 矩形,弄清楚、搞明白了再进,每进一步都要注意:原有类型的等腰直角三角形增加了几个? 新添了什么类型、每类各增加几个?

"以退求进"是很有用的解题策略,退可找到一个合适的起点,进可上升到规律性的高度(推广). 为了叙述的方便,现设 $m \times n$ 矩形方格纸上以格点为顶点的等腰直角三角形个数为 $f(m, n)$,又设边长分别为 a, a, c 的等腰直角三角形的个数 k 为 $\triangle(a, a, c)_k(m, n, k$ 均为正整数). 下面先求 $f(2, 3)$,再推出 $f(2, n)$ 的公式.

3.1 从 $f(1, n)$ 到 $f(2, n)$ 的思路

3.1.1 $f(1, n)$ 的求法

如图 8,每一个 1×1 正方形产生 4 个斜边长为 $\sqrt{2}$ 的等腰直角三角形,每一个 1×2 矩形新增 2 个斜边长为 2 的等腰直角三角形. 于是,有

$$
\begin{aligned}
f(1, n) &= n \times \triangle(1, 1, \sqrt{2})_4 + (n-1) \times \triangle(\sqrt{2}, \sqrt{2}, 2)_2 \\
&= 4n + 2(n-1) \\
&= 6n - 2.
\end{aligned}
$$

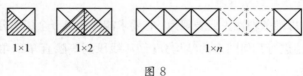

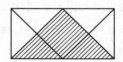

1×1 1×2 $1 \times n$

图 8

3.1.2 从 $f(1, 3)$ 到 $f(2, 3)$

如图 9,此时除增加一个 $f(1, 3)$ 外,每一个 2×1 矩形增加 2 个斜边长为 2 的等腰直角三角形;每一个 2×2 矩形增加 4 个斜边长为 $2\sqrt{2}$ 的等腰直角三角形;每一个 2×3 矩形增加 4 个斜边长为 $\sqrt{10}$ 的等腰直角三角形,于是,有

$$
\begin{aligned}
f(2, 3) &= 2f(1, 3) + 3 \times \triangle(\sqrt{2}, \sqrt{2}, 2)_2 + 2 \times \triangle(2, 2, 2\sqrt{2})_4 \\
&\quad + \triangle(\sqrt{5}, \sqrt{5}, \sqrt{10})_4 = 2 \times 16 + 3 \times 2 + 2 \times 4 + 4 = 50.
\end{aligned}
$$

图 9

3.1.3　从 $f(1, n)$ 到 $f(2, n)$

如图 9,此时除增加一个 $f(1, n)$ 外,还有:

(1) 每一个 2×1 矩形增加 $\triangle(\sqrt{2}, \sqrt{2}, 2)_2$,共增加了 $2n$ 个;

(2) 每一个 2×2 矩形增加 $\triangle(2, 2, 2\sqrt{2})_4$,共增加了 $4(n-1)$ 个;

(3) 每一个 2×3 矩形增加 $\triangle(\sqrt{5}, \sqrt{5}, \sqrt{10})_4$,共增加了 $4(n-2)$ 个.

(4) 每一个 2×4 矩形增加 $\triangle(2\sqrt{2}, 2\sqrt{2}, 4)_2$,共增加了 $2(n-3)$ 个.

当等腰直角三角形的斜边长超过 4 时,直角三角形的高超过 2,直角顶点已跑到 $2 \times n$ 矩形的外部. 因而,斜边为 4 的等腰直角三角形是 $2 \times n$ 矩形中的最大者. 于是,有

$$\begin{aligned}
f(2, n) &= 2f(1, n) + n \times \triangle(\sqrt{2}, \sqrt{2}, 2)_2 + (n-1) \times \triangle(2, 2, 2\sqrt{2})_4 \\
&\quad + (n-2) \times \triangle(\sqrt{5}, \sqrt{5}, \sqrt{10})_4 + (n-3) \times \triangle(2\sqrt{2}, 2\sqrt{2}, 4)_2 \\
&= 2(6n-2) + 2n + 4(n-1) + 4(n-2) + 2(n-3) \\
&= 24n - 22 \ (n \geqslant 3).
\end{aligned}$$

3.2　从 $f(2, 1)$ 到 $f(2, n)$ 的思路

(1) 每一个 2×1 矩形中,连对角线产生 8 个斜边长为 $\sqrt{2}$ 的等腰直角三角形,2 个斜边长为 2 的等腰直角三角形,有

$$f(2, 1) = 8 \times \triangle(1, 1, \sqrt{2})_1 + 2 \times \triangle(\sqrt{2}, \sqrt{2}, 2)_1 = 10.$$

n 个 2×1 矩形便有等腰直角三角形

$$8n \times \triangle(1, 1, \sqrt{2})_1 + 2n \times \triangle(\sqrt{2}, \sqrt{2}, 2)_1 (个).$$

(2) 增加一个 2×1 矩形,得每一个 2×2 正方形,除增加 $f(2, 1)$ 外,又新增加斜边长为 2,$2\sqrt{2}$ 的等腰直角三角形各 4 个,有

$$f(2, 2) = 2f(2, 1) + \triangle(\sqrt{2}, \sqrt{2}, 2)_4 + \triangle(2, 2, 2\sqrt{2})_4 = 20 + 4 + 4 = 28.$$

于是,$(n-1)$ 个 2×2 矩形新增加等腰直角三角形

$$4(n-1) \times \triangle(\sqrt{2}, \sqrt{2}, 2)_1 + 4(n-1) \times \triangle(2, 2, 2\sqrt{2})_1 (个).$$

(3) 再增加一个 2×1 矩形,得每一个 2×3 矩形,除增加从 $f(2, 1)$ 到 $f(2, 2)$ 的增加量外,又新增加斜边长为 $\sqrt{10}$ 的等腰直角三角形 4 个,有

$$f(2, 3) = f(2, 2) + [f(2, 2) - f(2, 1)] + \triangle(\sqrt{5}, \sqrt{5}, \sqrt{10})_4$$
$$= 28 + (28 - 10) + 4 = 50.$$

于是, $(n-2)$ 个 2×3 矩形新增加等腰直角三角形

$$4(n-2) \times \triangle(\sqrt{5}, \sqrt{5}, \sqrt{10})_1(\uparrow).$$

(4) 再增加一个 2×1 矩形, 得每一个 2×4 矩形除增加由 $f(2, 2)$ 到 $f(2, 3)$ 的增加量外, 又新增加了斜边长为 4 的等腰直角三角形 2 个(图 9), 有

$$f(2, 4) = f(2, 3) + [f(2, 3) - f(2, 2)] + \triangle(2\sqrt{2}, 2\sqrt{2}, 4)_2$$
$$= 50 + (50 - 28) + 2 = 74.$$

于是, $(n-3)$ 个 2×4 矩形新增加等腰直角三角形

$$2(n-3) \times \triangle(2\sqrt{2}, 2\sqrt{2}, 4)_1(\uparrow).$$

如上所说, $2 \times n$ 矩形中再没有新的等腰直角三角形(从而继续增加 2×1 矩形时, 增量为常数 $f(2, 4) - f(2, 3) = 24$, $f(2, n)$ 组成首项为 50、公差 $d = 24$ 的等差数列, 参见文[7]). 求和得

$$\begin{aligned}
f(2, n) &= 8n \times \triangle(1, 1, \sqrt{2})_1 + 2n \times \triangle(\sqrt{2}, \sqrt{2}, 2)_1 + 4(n-1) \times \triangle(\sqrt{2}, \sqrt{2}, 2)_1 \\
&\quad + 4(n-1) \times \triangle(2, 2, 2\sqrt{2})_1 + 4(n-2) \times \triangle(\sqrt{5}, \sqrt{5}, \sqrt{10})_1 \\
&\quad + 2(n-3) \times \triangle(2\sqrt{2}, 2\sqrt{2}, 4)_1 \\
&= 8n \times \triangle(1, 1, \sqrt{2})_1 + (6n-4) \times \triangle(\sqrt{2}, \sqrt{2}, 2)_1 \\
&\quad + 4(n-1) \times \triangle(2, 2, 2\sqrt{2})_1 + 4(n-2) \times \triangle(\sqrt{5}, \sqrt{5}, \sqrt{10})_1 \\
&\quad + 2(n-3) \times \triangle(2\sqrt{2}, 2\sqrt{2}, 4)_1 \\
&= 8n + (6n-4) + 4(n-1) + 4(n-2) + 2(n-3) \\
&= 24n - 22 \ (n \geqslant 3).
\end{aligned}$$

(5) $f(2, n)$ 的计数公式为

$$f(2, n) = \begin{cases} 10, & n = 1; \\ 28, & n = 2; \\ 24n - 22, & n \geqslant 3. \end{cases}$$

沿着这样的思路, 可以探索 $f(m, n)$ 的表达式.

参考文献

[1] 2004 年全国初中数学联赛组委会. 2004 年全国初中数学联赛[J]. 中等数学, 2004(4).

[2] 潘圣荣,陈中峰. 2003 年福建省中考数学试卷亮点评析[J]. 中学数学教育,2004(1/2).

[3] 董迎新. 中考加分题对教学的启示[J]. 中小学数学(教师版),2004(1/2).

[4] 周士藩. 对一道中考加分题的思考[J]. 中小学数学(教师版),2004(3).

[5] 季小冬. 对一道中考加分题的再思考[J]. 中小学数学(教师版),2004(6).

[6] 罗增儒. 几何计数问题[J]. 中等数学,2003(6);2004(1).

[7] 薛保胜. 一道竞赛题的推广[J]. 中学数学月刊,2004(9).

第 6 篇 案例分析：继续暴露数学解题的思维过程

——谈 2005 年高中数学联赛加试"平面几何"题的思路探求①

1 案例的呈现

2005 年高中数学联赛加试第一题是：

题目 如图 1, △ABC 中,设 $AB > AC$,过 A 作 △ABC 的外接圆的切线 l,又以 A 为圆心,AC 为半径作圆,分别交线段 AB 于 D,交直线 l 于 E,F.

证明 直线 DE,DF 分别通过△ABC 的内心和一个旁心.

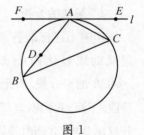

图 1

由文[1]可以看到这道题目的标准答案及学生的几种解法. 下面的反思分析将重在思路的探求、解法的发现,从中可以看到通过圆中有关角的等量传递就可以得出结论,四点共圆等知识的使用反而走了弯路.

为了节省篇幅而又方便阅读,我们仅摘录标准答案中证明内心的部分作为案例的呈现.

证明 如图 2,连结 DE,DC,作 $\angle BAC$ 的平分线,分别交 DE 于点 I,交 DC 于点 G,连结 IC,则由 $AD = AC$,得

① 本文原载《中学数学教学参考》(上半月·高中)2006(1/2)：28－31；中国人民大学复印报刊资料《中学数学教与学》(上半月·高中)2006(5)：52－56(署名：罗增儒).

$AG \perp DC$, $ID = IC$. $\cdots\cdots\cdots\cdots\cdots\cdots$10 分

又点 D, C, E 在 $\odot A$ 上,

$\therefore \angle IAC = \dfrac{1}{2}\angle DAC = \angle IEC.$ (注：更标准一点,应有连结 EC 的交代)

$\therefore A$, I, C, E 四点共圆.

$\therefore \angle CIE = \angle CAE = \angle ABC.$

而 $\quad \angle CIE = 2\angle ICD,$

$\therefore \angle ICD = \dfrac{1}{2}\angle ABC.$ $\cdots\cdots\cdots\cdots\cdots\cdots$20 分

$\therefore \angle AIC = \angle IGC + \angle ICG = 90° + \dfrac{1}{2}\angle ABC.$

$\therefore \angle ACI = \dfrac{1}{2}\angle ACB.$

$\therefore I$ 为 $\triangle ABC$ 的内心. $\cdots\cdots\cdots\cdots\cdots\cdots$30 分

(注：更标准一点,还应由 I 在 DE 上,下结论：DE 通过 $\triangle ABC$ 的内心)

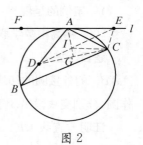

图 2

2　解法的分析

理解上述标准答案的思路,可以将其归结为：通过辅助线显化内心 I 应有的位置后,证明 IC 是 $\angle ACB$ 的平分线. 为此,分三步来实现,表现为三个给分段. 下面,我们将就每一步做了什么、有何作用来展开反思分析,并随时报告分析的一些短期成果.

2.1　第 1 步的分析

(1) 第 1 步是作完辅助线后,得出 $AG \perp DC$, $ID = IC$.

其中位置关系 $AG \perp DC$,主要是得出 $\angle IGC = 90°$,从而为第 3 步得 $\angle AIC = \angle IGC + \angle ICG = 90° + \dfrac{1}{2}\angle ABC$ 打好基础.

而数量关系 $ID = IC$ 是得到等腰 $\triangle ICD$,从而为第 2 步用 $\angle CIE = 2\angle ICD$ 推出 $\angle ICD = \dfrac{1}{2}\angle ABC$ 服务的.

(2) 问题是,这样的奠基是否策略,既然我们的思考中心是 $\angle ACI =$

$\dfrac{1}{2}\angle ACB$,那么,当从图中看出 $\angle ICD = \angle IDC$ 时,为什么不直截了当地抓住更实质的 $\angle ACI$ 以及更明显的等价形式 $\angle ACI = \angle ADI$ 呢? 这时,通过等腰 $\triangle ADE$ 作传递,立即有

$$
\begin{aligned}
\angle ACI &= \angle ADE \\
&= \angle AED\,(\text{等腰三角形性质定理}) \\
&= \dfrac{1}{2}\angle DAF\,(\text{圆周角定理}) \qquad \text{①}\\
&= \dfrac{1}{2}\angle ACB\,(\text{弦切角定理}).
\end{aligned}
$$

这不仅使连线 DC, IG 变得多余,也使后续第 2、3 步成为曲折.

2.2 第 2 步的分析

(1) 第 2 步的作用是最终得出 $\angle ICD = \dfrac{1}{2}\angle ABC$. 为此,首先在 $\odot A$ 中用圆周角定理,得 $\angle DEC = \dfrac{1}{2}\angle DAC = \angle IAC$,推出 A, I, C, E 四点共圆,继而用"四点共圆".

(2) 这样的分两步走是对 $\odot A$ 的"视而不见",因为 $\odot A$ 中同样用圆周角定理,立即有 $\angle IDC = \dfrac{1}{2}\angle CAE = \dfrac{1}{2}\angle ABC$,已实现了第 2 步的目标. 因而,连线 EC 及"A, I, C, E 四点共圆"只不过是多余的思维回路.

2.3 第 3 步的分析

第 3 步是通过计算 $\angle AIC$ 而得出 $\angle ACI = \dfrac{1}{2}\angle ACB$.

但计算 $\angle AIC$ 是不是必要? 因为在 $\mathrm{Rt}\triangle AGC$ 中,已经有 $\angle GAC = \dfrac{1}{2}\angle BAC$, $\angle GCI = \dfrac{1}{2}\angle ABC$,可直接得出

$$
\angle ACI = 90° - \angle GAC - \angle GCI = \dfrac{1}{2}\angle ACB.
$$

更别说由①的传递早就可以得出这个结果.

可见,仅局限于每一步骤的分析,就步步都有可加改进或删除的地方,再做信息交合,本题的证明应是简捷而多样的. 让我们从头开始.

3 思路的探求

由①式可见,本题中条件与结论之间的关系不算隐蔽,那么,为什么很多学生或者没有思路,或者思路甚为曲折呢? 我们认为,原因很可能是多样的并且因人而异,但最普遍而深层的原因应该回到解题的起点去找,即弄清了问题的条件和结论没有?

3.1 条件是什么? 由条件立即能看出什么?

(1) 整理题目的条件我们可以得出 4 点(如图 3):

条件 1 △ABC 和它的外接圆;

条件 2 外接圆上过点 A 的切线 EF;

条件 3 ⊙A 及其 4 条半径 AC, AD, AE, AF;

条件 4 ⊙A 上的两条弦 DE, DF.

条件较多,先用哪个后用哪个? 哪个与哪个配合? 是学生不知从何下手的一个现实困难.

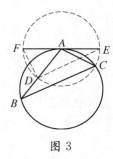

图 3

(2) 对图形的直接感知即可看到,已知信息更集中在 ⊙A 上,稍作联想应至少有(如图 3):

认识 1 $\angle CAE = \angle ABC$, $\angle DAF = \angle ACB$ (外接圆中用弦切角定理);

认识 2 △DEF 中,$\angle DEF = \dfrac{1}{2}\angle DAF = \dfrac{1}{2}\angle ACB$,

$$\angle DFE = \frac{1}{2}\angle DAE = \frac{1}{2}(\angle BAC + \angle ABC),$$

$$\angle EDF = 90°(\odot A \text{ 中圆周角定理});$$

认识 3 等腰 △ADE, 及 $\angle ADE = \angle AED = \dfrac{1}{2}(180° - \angle DAE) = \dfrac{1}{2}(180° - \angle BAC - \angle ABC) = \dfrac{1}{2}\angle ACB$.

认识 4 等腰 △ADF, 及 $\angle ADF = \angle AFD = \dfrac{1}{2}(180° - \angle DAF) = 90° - \dfrac{1}{2}\angle ACB$.

这实际上是在没有添加任何辅助线前提下获得的信息,暂时我们还不知道哪些对解题是有用的,哪些是无关的. 但我们可以下手了,思维的齿轮开始转动了.

3.2　结论是什么？由结论立即能看出需要什么？

（1）结论有两点：DE，DF 一个通过△ABC 的内心，一个通过△ABC 的一个旁心，其实质都是证三线共点，不理解这个实质，不知道如何构思一个"三线共点"的证明思路，是学生不知向何方前进的又一个现实困难.

图 3 能帮助我们明确：

结论 1　应是 DE 通过△ABC 的内心（内心在△ABC 内）；

结论 2　应是 DF 通过△ABC 的一个旁心.

（2）暂时放下旁心，立即联想"内心"的定义，这导致我们作△ABC 的内角平分线（如图 4），由于点 B 的信息量最少，因而我们优先考虑∠A，∠C 的平分线，这就出现辅助线：∠A 的平分线 AI，连结 IC. 问题转化为证 IC 是∠C 的平分线，即

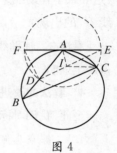

图 4

$$\angle ACI = \frac{1}{2}\angle ACB. \qquad ②$$

3.3　沟通条件与结论的联系

题目的条件预示可知并启发解题手段，题目的结论预告须知并诱导解题方向. 抓住条件与结论（最平凡而又最重要的解题知识），"从何处入手，向何方前进"就有了一个简单、明确的回答和总能做点什么的实践起点.

（1）由②式的需要促使我们搜索，条件及其简单联想中何处能提供 $\frac{1}{2}\angle ACB$，经检索，有

$$\angle ADE = \angle AED = \frac{1}{2}\angle DAF = \frac{1}{2}\angle ACB.$$

问题又转化为证

$$\angle ACI = \angle ADE，\angle ACI = \angle AED，\angle ACI = \frac{1}{2}\angle DAF$$

其中之一.

（2）由于 $AC = AD$，AI 公共，∠$CAI = \angle DAI$，故

$$\triangle ACI \cong \triangle ADI\,(\text{SAS}),\qquad\qquad ③$$

所以, $\angle ACI = \angle ADI$ 是可以实现的,思路已沟通.

(3) 由上面的探索可以得到三点看法:

看法 1 沟通 $\angle ACI$ 与 $\angle ADE$ 的联系是本思路产生实质性进展的一个关键(用了全等法③式).

看法 2 而 $\angle ACI$ 的出现源于证"三点共线"的一个构思:先让两条线相交(这导致了辅助线 $\angle A$ 的平分线出现),然后证第三条线过交点(这导致了辅助线 IC 的出现).

看法 3 辅助线的连结源于证明的需要,而不是反过来,瞎碰乱撞或妙手偶得产生证明.

4 解法的改进

至此,我们对标准答案的改进已经成竹在胸.

4.1 综合几何的证明

新证 1 如图 5,作 $\angle BAC$ 的平分线交 DE 于 I,交 DF 于 I_1,连结 IC, I_1C. 由

$$AC = AD\,(\text{已知}),$$
$$AI = AI\,(\text{公共}),$$
$$\angle CAI = \angle DAI\,(\text{作法}),$$

有 $$\triangle ACI \cong \triangle ADI\,(\text{SAS}),$$

得 $$\angle ACI = \angle ADI.$$

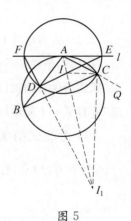

图 5

进而由已知条件有

$$\angle ACI = \angle ADI\,(\text{上证})$$
$$= \angle AED \quad (\text{等腰 }\triangle\text{ 的性质})$$
$$= \frac{1}{2}\angle DAF \quad (\text{圆周角定理})$$
$$= \frac{1}{2}\angle ACB \quad (\text{弦切角定理}).$$

可见,点 I 为 $\triangle ABC$ 中 $\angle A$, $\angle C$ 两平分线的交点,按定义, I 是 $\triangle ABC$ 的内心,从而 DE 通过 $\triangle ABC$ 的内心.

作 AC 的延长线 CQ,同理

$$\triangle ACI_1 \cong \triangle ADI_1(\text{SAS}),$$

得 $$\angle ACI_1 = \angle ADI_1.$$

进而由已知条件有

$$\angle I_1CQ = \angle ADF(\text{等角的补角相等})$$

$$= \frac{1}{2}(180° - \angle DAF)(\text{在等腰} \triangle ADF \text{中})$$

$$= \frac{1}{2}(180° - \angle ACB)(\text{弦切角定理}).$$

故 CI_1 是 $\angle ACB$ 的外角平分线,按定义,I_1 为 $\triangle ABC$ 的一个旁心,从而 DF 通过 $\triangle ABC$ 的一个旁心.

评析 在这个解法中,两个结论的证明是类似的,都有两步:

(1) 证内心时抓住内角的半角 $\angle ACI$ 来找等角,证旁心时抓住补角的半角 $\angle QCI_1$ 来找等角;

(2) 通过全等三角形作桥梁,然后是等角的传递.

从这个意义上说,本例的两个结论证明是:形式稍变、思维踏步(变式练习而已),两者有类似的几何结构.将它们用两种不同的方式来处理是没有看透.

新证 2 作 $\angle BAC$ 的平分线交 DE 于 I,交 DF 于 I_1,连结 IC,I_1C.则

$$\triangle ACI \cong \triangle ADI(\text{SAS}), \quad \angle ACI = \angle ADI.$$

进而由已知条件有

$$\angle ACI = \angle ADI(\text{上证})$$

$$= \frac{1}{2}(180° - \angle DAC - \angle CAE)(\text{等腰} \triangle ADE \text{中})$$

$$= \frac{1}{2}(180° - \angle BAC - \angle ABC)(\text{弦切角定理})$$

$$= \frac{1}{2}\angle ACB \ (\triangle ABC \text{中内角和定理}).$$

故 IC 为 $\triangle ABC$ 中 $\angle ACB$ 的平分线,按定义,I 是 $\triangle ABC$ 的内心,得 DE 通过 $\triangle ABC$ 的内心.

又由上证 $\triangle ACI \cong \triangle ADI$,有 $IC = ID$,$\angle CII_1 = \angle DII_1$,$II_1$ 公共,

得
$$\triangle CII_1 \cong \triangle DII_1 (\text{SAS}),$$

有
$$\angle ICI_1 = \angle IDI_1 = 90°.$$

但上面已证 IC 为 $\angle ACB$ 的平分线,故 I_1C 是 $\angle ACB$ 的外角平分线,按定义,I_1 是 $\triangle ABC$ 的一个旁心,得 DF 通过 $\triangle ABC$ 的一个旁心.

评析 这个证明揭示了:当 DE 与 $\angle ACB$ 的平分线相交于内心 I 时,DE 的垂线(DF)与 IC 的垂线(CI_1)又相交于旁心 I_1.

大同小异的更多解法(如同一法,延长 BA 交 $\odot A$ 于 P 等),不赘述.

4.2 坐标法的证明

许多学生都做了坐标法证明本题的尝试,但成功率极低,即使成功了也不简便.下面给出一个解法供教学参考.

新证 3 以切线为 x 轴、A 为原点建立直角坐标系,记 AE 为单位长度,将已知条件坐标化,有 $A(0, 0)$, $E(1, 0)$, $F(-1, 0)$.

再由弦切角定理知点 C, D 的坐标分别为

$$C(\cos B, -\sin B), D(-\cos C, -\sin C).$$

这就可以得出直线 AC, AD, DE, DF 的方程为

$$AC: x\sin B + y\cos B = 0,$$
$$AD: x\sin C - y\cos C = 0,$$
$$DE: x\sin \frac{C}{2} - y\cos \frac{C}{2} - \sin \frac{C}{2} = 0,$$
$$DF: x\cos \frac{C}{2} + y\sin \frac{C}{2} + \cos \frac{C}{2} = 0.$$

进一步,设 I 为 $\triangle ABC$ 的内心,I_1 为 $\triangle ABC$ 的一个旁心,可求出 $\angle BAC$ 的平分线 AI(或 AI_1)的方程为

$$x\sin\left(C + \frac{A}{2}\right) - y\cos\left(C + \frac{A}{2}\right) = 0 \Leftrightarrow x\cos\frac{C-B}{2} + y\sin\frac{C-B}{2} = 0.$$

最后,求出 $\angle ACB$ 内、外角平分线的方程为

$$CI: x\sin\left(B - \frac{C}{2}\right) + y\cos\left(B - \frac{C}{2}\right) + \sin\frac{C}{2} = 0,$$
$$CI_1: x\cos\left(B - \frac{C}{2}\right) - y\sin\left(B - \frac{C}{2}\right) - \cos\frac{C}{2} = 0.$$

将 DE 与 CI 的方程相加,得

$$x\left[\sin\frac{C}{2}+\sin\left(B-\frac{C}{2}\right)\right]-y\left[\cos\frac{C}{2}-\cos\left(B-\frac{C}{2}\right)\right]=0,$$

即

$$2x\sin\frac{B}{2}\cos\frac{C-B}{2}+2y\sin\frac{B}{2}\sin\frac{C-B}{2}=0,$$

得

$$x\cos\frac{C-B}{2}+y\sin\frac{C-B}{2}=0.$$

这就是直线 AI 的方程,故 AI,CI,DE 三线共点于 I,即 DE 通过$\triangle ABC$ 的内心 I.

同理,由 DF,CI_1 的方程相加也得 AI_1:$x\cos\dfrac{C-B}{2}+y\sin\dfrac{C-B}{2}=0.$

故 AI_1,CI_1,DF 三线共点于 I_1,即 DF 通过$\triangle ABC$ 的一个旁心 I_1.

5　两点体会

5.1　弄清问题是首要的

很明显,新解法用到的知识浅了,连结的辅助线少了,解题的长度短了,思维也平坦了,但思考方向与标准答案是相同的,即证 $\angle ACI=\dfrac{1}{2}\angle ACB$. 只是对已知条件的关注有区别,标准答案更关注$\triangle ABC$ 的外接圆及其切线(图 2),而新解法则整体关注所给的全部条件,并明确画出了$\odot A$. 测试表明,不画$\odot A$ 时学生找$\angle ADE$(或$\angle AED$)与$\angle DAF$ 的关系有困难,而画出$\odot A$ 时,很快有学生激活圆周角定理、弦切角定理. 因而标准答案不画$\odot A$,给学生(也给自己)增加了解题难度. 这使我们想到波利亚的"怎样解题"表,它的一开头就是"未知数是什么? 已知数据是什么? 条件是什么? ……"波利亚还强调指出"回答一个你尚未弄清的问题是愚蠢的","最糟糕的情况是:学生并没有理解问题就进行演算或作图. 一般说来,在尚未看到主要联系或者尚未做出某种计划的情况下,去处理细节是毫无用处的"(见文[2]).具体到本例,弄清条件有几个? 结论证什么? 先用、后用哪个(些)条件? 构思一个什么途径来证"三线共点"等问题,具有决定性的意义.

5.2　解题学习需要"第二过程"的暴露

对本案例的分析,我们经历了思路探求和解法发现的过程. 这是一种解题

学习. 我们认为解题学习有三个层面,这种学习属于第三层面.

第一层面的学习是:记忆模仿、变式练习. 这是大家都已经做到的(属于初级学习).

第二层面的学习是:领悟思路的探求、解法的发现. 在课堂上教师们常常采用的方法是"暴露数学解题的思维过程",我们称为"第一过程"的暴露. 这一做法是很好的,但存在认识上的封闭,即认为思路一旦打通,解法初步得出,解题活动就结束了,此时呈现的已经是解题思维的全过程或最后结果了. 这就使得思维的暴露与理解总是徘徊在中前期工作和中表层段面上,总是囿于探索看探索,不能跳出探索、居高临下地看探索. 因此,还需要数学解题思维过程的继续暴露,我们称为"第二过程"的暴露,解题学习进入第三层面:自觉分析(属于高级学习).

第三层面的学习(自觉分析)是在记忆模仿、变式练习、自发领悟的基础上,继续进行解题思维过程的专业分析. 通过听讲、阅读或自我探索得到的初步认识与初步解法,不是解题学习的结束,而是获得更深层理解的一个中间过程. 上面通过对标准答案的分析我们不是有机会获得认识的深化和解题能力的提高吗?(如从众多条件中突出 $\odot A$,理解结论抓"三线共点",两个结论有类似的几何结构,通过等角的传递完成证明等)

第一过程的暴露主要反映了把题作为对象,把解作为目标的认识活动,它实现了有序信息向大脑的线性输入. 而第二过程的暴露不仅要把题作为对象、把解作为目标,而且更要把包括"题与解"在内的解题活动作为对象,把学会数学地思维,促进人的发展作为目标;是把历时性的线性材料再组织为一个共时性的立体结构,是在更高层面上的再认识活动.

其实,我们对本例的分析依然是暴露数学思维的一个中间过程,我们期待更深层、更本质的暴露,并对我们的认识提出批评.

参考文献

[1] 刘康宁,李三平. 2005 年全国高中数学联赛试题解答集锦(续)[J]. 中学数学教学参考,2005(12).

[2] [美]G·波利亚. 怎样解题[M]. 阎育苏,译. 北京:科学出版社,1982.

第 7 篇 经历数学推广的过程，积累数学推广的经验①
——2012 年高中数学联赛(A 卷)第 3 题的推广

本文通过 2012 年高中数学联赛(A 卷)第 3 题的探讨,呈现数学推广的一个真实过程(包括猜想、失败、再猜想等经历),从中不仅可以获得数学问题的结论,而且可以积累数学活动的经验,学会数学地思维(如,体会什么是数学推广、怎样进行数学推广等).首先看题目和解答:

例 1 (2012 年数学联赛(A 卷)第 3 题)设 x, y, $z \in [0, 1]$, 则 $M = \sqrt{|x-y|} + \sqrt{|y-z|} + \sqrt{|z-x|}$ 的最大值是_____.

解 由于任意交换 x, y, z 时, M 的表达式不变,所以,不妨设 $0 \leqslant x \leqslant y \leqslant z \leqslant 1$, 得

$$M = \sqrt{|x-y|} + \sqrt{|y-z|} + \sqrt{z-x}$$
$$\leqslant \sqrt{2[(y-x)+(z-y)]} + \sqrt{z-x}, (放大并消元 y)$$
$$=(\sqrt{2}+1)\sqrt{z-x} \leqslant \sqrt{2}+1. (z 放大为 1, x 缩小为 0)$$

当且仅当 $y-x=z-y$, $x=0$, $z=1$,即 $x=0$, $y=\dfrac{1}{2}$, $z=1$ 时,上式等号同时成立,故 $M_{\max}=\sqrt{2}+1$.

1 抓住关键步骤试作个数推广

由上面的处理可以看到,例 1 的求解主要有两个关键步骤:

其一,作有序化假设 $x \leqslant y \leqslant z$, 去掉绝对值;

其二,用不等式 $a+b \leqslant \sqrt{2}\sqrt{a^2+b^2}$, 放大并消元.

因为不等式 $a+b \leqslant \sqrt{2}\sqrt{a^2+b^2}$ 可以作个数推广:

$$a_1+a_2+\cdots+a_n \leqslant \sqrt{n}\sqrt{a_1^2+a_2^2+\cdots+a_n^2}. \qquad ①$$

所以,一个合乎情理的猜想是,例 1 也可以作个数推广.

1.1 试推广与证明

---

① 本文原载《中学数学研究》(广州)2013(3):19-25(署名:罗增儒).

抓住关键步骤作个数推广：(1) 条件推广到 n 个字母；(2) 结论保留 M_{max} $=\sqrt{2}+1$ 中的有理数部分"1"，推广无理数部分 $\sqrt{2}$ 到 $\sqrt{n-1}$，使有理数部分与无理数部分的数字和等于字母个数：$1+(n-1)=n$；(3) 把区间 $[0, 1]$ 推广到 $[a, b]$. 有：

试推广命题 设 $x_1, x_2, \cdots, x_n \in [a, b], n \geqslant 3$，则

$$M = \sqrt{|x_1 - x_2|} + \sqrt{|x_2 - x_3|} + \cdots + \sqrt{|x_{n-1} - x_n|} + \sqrt{|x_n - x_1|}$$

的最大值为 $(\sqrt{n-1}+1)\sqrt{b-a}$.

试证明 不妨设

$$a \leqslant x_1 \leqslant x_2 \leqslant \cdots \leqslant x_{n-1} \leqslant x_n \leqslant b. \qquad ②$$

一方面

$$M = (\sqrt{x_2 - x_1} + \sqrt{x_3 - x_2} + \cdots + \sqrt{x_n - x_{n-1}}) + \sqrt{x_n - x_1} \qquad ③$$

$$\leqslant \sqrt{n-1} \sqrt{(x_2 - x_1) + (x_3 - x_2) + \cdots + (x_n - x_{n-1})}$$

$$+ \sqrt{x_n - x_1} \text{(由 ①)}$$

$$= (\sqrt{n-1}+1)\sqrt{x_n - x_1}$$

$$\leqslant (\sqrt{n-1}+1)\sqrt{b-a}.$$

(当 $x_1 = a, x_n = b$ 时取等号)

另一方面，当 x_i 等距分布，即 $x_i = \dfrac{(n-i)a + (i-1)b}{n-1}$ $(i = 1, 2, \cdots, n)$ 时

$$M = \underbrace{\sqrt{\frac{b-a}{n-1}} + \cdots + \sqrt{\frac{b-a}{n-1}}}_{(n-1)\text{个}} + \sqrt{b-a} = (\sqrt{n-1}+1)\sqrt{b-a}.$$

所以，当 $x_i = \dfrac{(n-i)a + (i-1)b}{n-1}$ $(i = 1, 2, \cdots, n)$ 时，有

$$M_{max} = (\sqrt{n-1}+1)\sqrt{b-a}.$$

1.2 试推广的反思

这个试推广命题，把条件推广到 n 个字母，把结论推广为 n 的函数

（$\sqrt{n-1}+1$）$\sqrt{b-a}$，只要②式成立，下来将③式放大为（$\sqrt{n-1}+1$）$\sqrt{b-a}$，以及验证取到（$\sqrt{n-1}+1$）$\sqrt{b-a}$ 都推理有据、计算准确；而取 $n=3$ 时也确实能回到例1，就是说，推广和证明确有合理成分．问题在于，这里求出的仅仅是③式的最大值，是不是原式的最大值需要论据．当我们试图去论证②式可以"不妨设"时，不仅没有成功反而导出反例．反例在 n 为偶数时很容易找到，比如，当 $x_1=x_3=\cdots=x_{n-1}=a$，$x_2=x_4\cdots=x_n=b$ 时 $M=\sqrt{|x_1-x_2|}+\cdots+\sqrt{|x_{n-1}-x_n|}+\sqrt{|x_n-x_1|}=n\sqrt{b-a}$，这比（$\sqrt{n-1}+1$）$\sqrt{b-a}$ 大，所以，"试推广命题"是假命题（n 为偶数不成立）．

通过反思不难看到，$n=3$ 时例1的表达式是全对称的，6 种排列下推出的极大值是相同的，可以"不妨设"出大小顺序；而 $n>3$ 时"试推广命题"的表达式仅是轮转对称的，x_1，x_2，$\cdots x_n$ 有 $n!$ 种可能的排列，②式只是其中的一种，其不同的排列下推出的极大值是不同的，因而不能"不妨设"②式的大小顺序．由后面 $n=5$ 的情况试算可知（反例），若 $x_1\leqslant x_3\leqslant x_4\leqslant x_5\leqslant x_2$，则

$$M=\sqrt{x_2-x_1}+\sqrt{x_2-x_3}+\sqrt{x_4-x_3}+\sqrt{x_5-x_4}+\sqrt{x_5-x_1}$$
$$\leqslant\sqrt{x_2-0}+\sqrt{x_2-0}+\sqrt{x_4-0}+\sqrt{x_5-x_4}+\sqrt{x_5-0}$$
$$\leqslant\sqrt{x_2}+\sqrt{x_2}+\sqrt{2}\sqrt{x_4+(x_5-x_4)}+\sqrt{x_5}$$
$$\leqslant\sqrt{1}+\sqrt{1}+\sqrt{2}+\sqrt{1}=\sqrt{2}+3.$$

当 $x_1=x_3=0$，$x_2=x_5=1$，$x_4=\dfrac{1}{2}$ 时，有 $M_{\max}=\sqrt{2}+3$．

显然，$M=\sqrt{2}+3$ 比（$\sqrt{n-1}+1$）$\sqrt{b-a}=$（$\sqrt{5-1}+1$）$\sqrt{1-0}=3$ 大．这说明"试推广命题"对 n 为奇数也不成立，同时也启示，推广可能要分奇偶性两种情况讨论．

可见，表达式 $M=\sqrt{|x_1-x_2|}+\cdots+\sqrt{|x_{n-1}-x_n|}+\sqrt{|x_n-x_1|}$ 的对称性在 $n=3$ 时与 $n>3$ 时有实质性的差别，上述"试推广命题"的证明忽略了这个差别，既有知识性错误、更有心理性错误．

2　从特殊到一般再作推广

由上面的探索与反思可知，表达式 $M=\sqrt{|x_1-x_2|}+\cdots+\sqrt{|x_{n-1}-x_n|}+\sqrt{|x_n-x_1|}$ 的对称性在 $n>3$ 时仅是轮转对称的，只能"不妨设"出最大、最

小者. 为了准确认识特殊情况所包含的一般性信息, 我们在 $n=3$ 的基础上继续收集 $n=4$, $n=5$ 的更完整信息.

2.1 试验 $n=4$ 的情况

对 x_1, x_2, x_3, $x_4 \in [0, 1]$, 考虑

$$M = \sqrt{|x_1 - x_2|} + \sqrt{|x_2 - x_3|} + \sqrt{|x_3 - x_4|} + \sqrt{|x_4 - x_1|}$$

的最大值 M_{max}. 穷举 x_1, x_2, x_3, x_4 的全排列, 有 24 种情况.

(1) 若 $x_1 \leqslant x_2 \leqslant x_3 \leqslant x_4$, 则

$$
\begin{aligned}
M &= \sqrt{x_2 - x_1} + \sqrt{x_3 - x_2} + \sqrt{x_4 - x_3} + \sqrt{x_4 - x_1} \\
&\leqslant \sqrt{3} \sqrt{(x_2 - x_1) + (x_3 - x_2) + (x_4 - x_3)} + \sqrt{x_4 - x_1} \\
&\leqslant (\sqrt{3} + 1) \sqrt{x_4 - x_1} \leqslant \sqrt{3} + 1.
\end{aligned}
$$

当 $x_1 = 0$, $x_2 = \dfrac{1}{3}$, $x_3 = \dfrac{2}{3}$, $x_4 = 1$ 时, 有 $M_{max} = \sqrt{3} + 1$.

(2) 若 $x_1 \leqslant x_2 \leqslant x_4 \leqslant x_3$, 则

$$
\begin{aligned}
M &= \sqrt{x_2 - x_1} + \sqrt{x_3 - x_2} + \sqrt{x_3 - x_4} + \sqrt{x_4 - x_1} \\
&\leqslant \sqrt{x_2 - 0} + \sqrt{1 - x_2} + \sqrt{1 - x_4} + \sqrt{x_4 - 0} \\
&\leqslant \sqrt{2} \sqrt{x_2 + (1 - x_2)} + \sqrt{2} \sqrt{(1 - x_4) + x_4} = 2\sqrt{2}.
\end{aligned}
$$

当 $x_1 = 0$, $x_2 = x_4 = \dfrac{1}{2}$, $x_3 = 1$ 时, 有 $M_{max} = 2\sqrt{2}$.

(3) 若 $x_1 \leqslant x_3 \leqslant x_2 \leqslant x_4$, 则

$$
\begin{aligned}
M &= \sqrt{x_2 - x_1} + \sqrt{x_2 - x_3} + \sqrt{x_4 - x_3} + \sqrt{x_4 - x_1} \\
&\leqslant \sqrt{1 - 0} + \sqrt{1 - 0} + \sqrt{1 - 0} + \sqrt{1 - 0} = 4.
\end{aligned}
$$

当 $x_1 = x_3 = 0$, $x_2 = x_4 = 1$ 时, 有 $M_{max} = 4$.

(4) 若 $x_1 \leqslant x_4 \leqslant x_2 \leqslant x_3$, 则

$$
\begin{aligned}
M &= \sqrt{x_2 - x_1} + \sqrt{x_3 - x_2} + \sqrt{x_3 - x_4} + \sqrt{x_4 - x_1} \\
&\leqslant \sqrt{x_2 - 0} + \sqrt{1 - x_2} + \sqrt{1 - x_4} + \sqrt{x_4 - 0} \\
&\leqslant \sqrt{2} \sqrt{x_2 + (1 - x_2)} + \sqrt{2} \sqrt{(1 - x_4) + x_4} = 2\sqrt{2}.
\end{aligned}
$$

当 $x_1=0$，$x_2=x_4=\dfrac{1}{2}$，$x_3=1$ 时，有 $M_{\max}=2\sqrt{2}$．

(5) 若 $x_1\leqslant x_4\leqslant x_3\leqslant x_2$，则

$$M=\sqrt{x_2-x_1}+\sqrt{x_2-x_3}+\sqrt{x_3-x_4}+\sqrt{x_4-x_1}$$

$$\leqslant\sqrt{x_2-x_1}+\sqrt{3}\,\sqrt{(x_2-x_3)+(x_3-x_4)+(x_4-x_1)}$$

$$\leqslant(\sqrt{3}+1)\sqrt{x_2-x_1}\leqslant\sqrt{3}+1.$$

当 $x_1=0$，$x_4=\dfrac{1}{3}$，$x_3=\dfrac{2}{3}$，$x_2=1$ 时，有 $M_{\max}=\sqrt{3}+1$．

……

可以继续列举下去，得出 $n=4$ 时有 3 个极大值 $\sqrt{3}+1$，$2\sqrt{2}$，4，其中 4 是最大的．由此猜想（推广）：当 n 为偶数且 x_i 相间取 0、1 时，有 $M_{\max}=n$．

2.2　试验 $n=5$ 的情况

对 x_1，x_2，x_3，x_4，$x_5\in[0,1]$，考虑

$$M=\sqrt{|x_1-x_2|}+\sqrt{|x_2-x_3|}+\sqrt{|x_3-x_4|}+\sqrt{|x_4-x_5|}+\sqrt{|x_5-x_1|}$$

的最大值 $M_{\max}$．穷举 x_1，x_2，x_3，x_4，x_5 的全排列（有 120 种情况）可以看到，每一种情况下都有 $M\leqslant\sqrt{2}+3$．

(1) 若 $x_1\leqslant x_2\leqslant x_3\leqslant x_4\leqslant x_5$，则

$$M=(\sqrt{x_2-x_1}+\sqrt{x_3-x_2}+\sqrt{x_4-x_3}+\sqrt{x_5-x_4})+\sqrt{x_5-x_1}$$

$$\leqslant\sqrt{4}\,\sqrt{(x_2-x_1)+(x_3-x_2)+(x_4-x_3)+(x_5-x_4)}+\sqrt{x_5-x_1}$$

$$\leqslant3\sqrt{x_5-x_1}\leqslant3.$$

当 $x_1=0$，$x_2=\dfrac{1}{4}$，$x_3=\dfrac{1}{2}$，$x_4=\dfrac{3}{4}$，$x_5=1$ 时，有 $M_{\max}=3\leqslant\sqrt{2}+3$．

(2) 若 $x_1\leqslant x_2\leqslant x_3\leqslant x_5\leqslant x_4$，则

$$M=(\sqrt{x_2-x_1}+\sqrt{x_3-x_2}+\sqrt{x_4-x_3})+(\sqrt{x_4-x_5}+\sqrt{x_5-x_1})$$

$$\leqslant\sqrt{3}\,\sqrt{(x_2-x_1)+(x_3-x_2)+(x_4-x_3)}+\sqrt{2}\,\sqrt{(x_4-x_5)+(x_5-x_1)}$$

$$\leqslant(\sqrt{3}+\sqrt{2})\sqrt{x_4-x_1}\leqslant\sqrt{3}+\sqrt{2}.$$

第一个不等式当 $x_1=0$, $x_2=\dfrac{1}{3}$, $x_3=\dfrac{2}{3}$, $x_4=1$ 时取等号,第二个不等式

当 $x_1=0$, $x_4=1$, $x_5=\dfrac{1}{2}$ 时取等号,但已知 $x_3 \leqslant x_5$,故两个不等式不能同时

取等号,有 $M < \sqrt{3}+\sqrt{2} \leqslant \sqrt{2}+3$.

(3) 若 $x_1 \leqslant x_2 \leqslant x_4 \leqslant x_3 \leqslant x_5$,则

$$M=\sqrt{x_2-x_1}+\sqrt{x_3-x_2}+\sqrt{x_3-x_4}+\sqrt{x_5-x_4}+\sqrt{x_5-x_1}.$$

将 x_1 缩小为 0,将 x_4 缩小为 x_2,将 x_3, x_5 放大为 1,有

$$M \leqslant \sqrt{x_2-0}+\sqrt{1-x_2}+\sqrt{1-x_2}+\sqrt{1-x_2}+\sqrt{1-0}$$
$$=\sqrt{x_2}+3\sqrt{1-x_2}+1$$
$$\leqslant \sqrt{1^2+3^2}\sqrt{x_2+(1-x_2)}+1 \text{(柯西不等式)}$$
$$=\sqrt{10}+1.$$

当 $\begin{cases} x_1=0, \\ x_3=x_5=1, \\ x_2=x_4, \\ 3\sqrt{x_2}=\sqrt{1-x_2}, \end{cases}$

即 $x_1=0$, $x_3=x_5=1$, $x_2=x_4=\dfrac{1}{10}$ 时,有 $M_{\max}=\sqrt{10}+1 \leqslant \sqrt{2}+3$.

(4) 若 $x_1 \leqslant x_2 \leqslant x_4 \leqslant x_5 \leqslant x_3$,则

$$M=\sqrt{x_2-x_1}+\sqrt{x_3-x_2}+\sqrt{x_3-x_4}+\sqrt{x_5-x_4}+\sqrt{x_5-x_1},$$

将 x_1 缩小为 0,将 x_4 缩小为 x_2,将 x_3, x_5 放大为 1,有

$$M \leqslant \sqrt{x_2-0}+\sqrt{1-x_2}+\sqrt{1-x_2}+\sqrt{1-x_2}+\sqrt{1-0}$$
$$=\sqrt{x_2}+3\sqrt{1-x_2}+1$$
$$\leqslant \sqrt{1+3^2}\sqrt{x_2+(1-x_2)}+1 \text{(柯西不等式)}$$
$$=\sqrt{10}+1.$$

当 $x_1=0$, $x_2=x_4=\dfrac{1}{10}$, $x_3=x_5=1$ 时,有 $M_{\max}=\sqrt{10}+1 \leqslant \sqrt{2}+3$.

(5) 若 $x_1 \leqslant x_2 \leqslant x_5 \leqslant x_3 \leqslant x_4$，则

$$M = (\sqrt{x_2 - x_1} + \sqrt{x_3 - x_2} + \sqrt{x_4 - x_3}) + (\sqrt{x_4 - x_5} + \sqrt{x_5 - x_1})$$

$$\leqslant \sqrt{3}\sqrt{(x_2 - x_1) + (x_3 - x_2) + (x_4 - x_3)} + \sqrt{2}\sqrt{(x_4 - x_5) + (x_5 - x_1)}$$

$$\leqslant (\sqrt{3} + \sqrt{2})\sqrt{x_4 - x_1} \leqslant \sqrt{3} + \sqrt{2}.$$

当 $x_1 = 0$，$x_2 = \dfrac{1}{3}$，$x_3 = \dfrac{2}{3}$，$x_4 = 1$，$x_5 = \dfrac{1}{2}$ 时，有

$$M_{\max} = \sqrt{3} + \sqrt{2} \leqslant \sqrt{2} + 3.$$

(6) 若 $x_1 \leqslant x_2 \leqslant x_5 \leqslant x_4 \leqslant x_3$，则

$$M = (\sqrt{x_2 - x_1} + \sqrt{x_3 - x_2}) + (\sqrt{x_3 - x_4} + (\sqrt{x_4 - x_5} + \sqrt{x_5 - x_1})$$

$$\leqslant \sqrt{2}\sqrt{(x_2 - x_1) + (x_3 - x_2)} + \sqrt{3}\sqrt{(x_3 - x_4) + (x_4 - x_5) + (x_5 - x_1)}$$

$$\leqslant (\sqrt{2} + \sqrt{3})\sqrt{x_3 - x_1} \leqslant \sqrt{3} + \sqrt{2}.$$

第一个不等式当 $x_1 = 0$，$x_2 = \dfrac{1}{2}$，$x_3 = 1$ 时取等号，第二个不等式当 $x_1 = 0$，$x_5 = \dfrac{1}{3}$，$x_4 = \dfrac{2}{3}$，$x_3 = 1$ 时取等号，但已知 $x_2 \leqslant x_5$，故两个不等式不能同时取等号，有 $M < \sqrt{3} + \sqrt{2} \leqslant \sqrt{2} + 3$。

(7) 若 $x_1 \leqslant x_3 \leqslant x_2 \leqslant x_4 \leqslant x_5$，则

$$M = \sqrt{x_2 - x_1} + \sqrt{x_2 - x_3} + \sqrt{x_4 - x_3} + \sqrt{x_5 - x_4} + \sqrt{x_5 - x_1}.$$

将 x_1，x_3 缩小为 0，将 x_2 放大为 x_4，将 x_5 放大为 1，有

$$M \leqslant \sqrt{x_4 - 0} + \sqrt{x_2 - 0} + \sqrt{x_4 - 0} + \sqrt{1 - x_4} + \sqrt{1 - 0}$$

$$= 3\sqrt{x_4} + \sqrt{1 - x_4} + 1$$

$$\leqslant \sqrt{3^2 + 1^2}\sqrt{x_4 + (1 - x_4)} + 1 (\text{柯西不等式})$$

$$= \sqrt{10} + 1,$$

当 $\begin{cases} x_1 = x_3 = 0, \\ x_2 = x_4, \\ x_5 = 1, \\ 3\sqrt{x_5 - x_4} = \sqrt{x_4} \end{cases}$

即 $x_1 = x_3 = 0$, $x_2 = x_4 = \dfrac{9}{10}$, $x_5 = 1$ 时,有 $M_{max} = \sqrt{10} + 1 \leqslant \sqrt{2} + 3$.

(8) 若 $x_1 \leqslant x_3 \leqslant x_2 \leqslant x_5 \leqslant x_4$,则

$$M = \sqrt{x_2 - x_1} + \sqrt{x_2 - x_3} + \sqrt{x_4 - x_3} + \sqrt{x_4 - x_5} + \sqrt{x_5 - x_1}.$$

将 x_1, x_3 缩小为 0,将 x_2 放大为 x_5,将 x_4 放大为 1,有

$$M \leqslant \sqrt{x_5 - 0} + \sqrt{x_5 - 0} + \sqrt{1 - 0} + \sqrt{1 - x_5} + \sqrt{x_5 - 0}$$
$$= 3\sqrt{x_5} + \sqrt{1 - x_5} + 1$$
$$\leqslant \sqrt{3^2 + 1^2}\sqrt{x_5 + (1 - x_5)} + 1 = \sqrt{10} + 1.$$

当 $x_1 = x_3 = 0$, $x_2 = x_5 = \dfrac{9}{10}$, $x_4 = 1$ 时,有 $M_{max} = \sqrt{10} + 1 \leqslant \sqrt{2} + 3$.

(9) 若 $x_1 \leqslant x_3 \leqslant x_4 \leqslant x_2 \leqslant x_5$,则

$$M = \sqrt{x_2 - x_1} + \sqrt{x_2 - x_3} + \sqrt{x_4 - x_3} + \sqrt{x_5 - x_4} + \sqrt{x_5 - x_1},$$
$$\leqslant \sqrt{x_2 - 0} + \sqrt{x_2 - 0} + \sqrt{x_4 - 0} + \sqrt{x_5 - x_4} + \sqrt{x_5 - 0}$$
$$\leqslant \sqrt{x_2} + \sqrt{x_2} + \sqrt{2}\sqrt{x_4 + (x_5 - x_4)} + \sqrt{x_5}$$
$$\leqslant \sqrt{1} + \sqrt{1} + \sqrt{2} + \sqrt{1} = \sqrt{2} + 3.$$

当 $x_1 = x_3 = 0$, $x_2 = x_5 = 1$, $x_4 = \dfrac{1}{2}$ 时,有 $M_{max} = \sqrt{2} + 3$.

(10) 若 $x_1 \leqslant x_3 \leqslant x_4 \leqslant x_5 \leqslant x_2$,则

$$M = \sqrt{x_2 - x_1} + \sqrt{x_2 - x_3} + \sqrt{x_4 - x_3} + \sqrt{x_5 - x_4} + \sqrt{x_5 - x_1},$$
$$\leqslant \sqrt{x_2 - 0} + \sqrt{x_2 - 0} + \sqrt{x_4 - 0} + \sqrt{x_5 - x_4} + \sqrt{x_5 - 0}$$
$$\leqslant \sqrt{x_2} + \sqrt{x_2} + \sqrt{2}\sqrt{x_4 + (x_5 - x_4)} + \sqrt{x_5}$$
$$\leqslant \sqrt{1} + \sqrt{1} + \sqrt{2} + \sqrt{1} = \sqrt{2} + 3.$$

当 $x_1 = x_3 = 0$, $x_2 = x_5 = 1$, $x_4 = \dfrac{1}{2}$ 时,有 $M_{max} = \sqrt{2} + 3$.

(11) 若 $x_1 \leqslant x_3 \leqslant x_5 \leqslant x_2 \leqslant x_4$,则

$$M=\sqrt{x_2-x_1}+\sqrt{x_2-x_3}+\sqrt{x_4-x_3}+\sqrt{x_4-x_5}+\sqrt{x_5-x_1},$$
$$\leqslant\sqrt{x_2-0}+\sqrt{x_2-0}+\sqrt{x_4-0}+\sqrt{x_4-x_5}+\sqrt{x_5-0}$$
$$\leqslant\sqrt{x_2}+\sqrt{x_2}+\sqrt{x_4}+\sqrt{2}\sqrt{(x_4-x_5)+x_5}$$
$$\leqslant\sqrt{1}+\sqrt{1}+\sqrt{1}+\sqrt{2}=\sqrt{2}+3.$$

当 $x_1=x_3=0$, $x_2=x_4=1$, $x_5=\dfrac{1}{2}$ 时,有 $M_{\max}=\sqrt{2}+3$.

(12) 若 $x_1\leqslant x_3\leqslant x_5\leqslant x_4\leqslant x_2$, 则

$$M=\sqrt{x_2-x_1}+\sqrt{x_2-x_3}+\sqrt{x_4-x_3}+\sqrt{x_4-x_5}+\sqrt{x_5-x_1},$$
$$\leqslant\sqrt{x_2-0}+\sqrt{x_2-0}+\sqrt{x_4-0}+\sqrt{x_4-x_5}+\sqrt{x_5-0}$$
$$\leqslant\sqrt{x_2}+\sqrt{x_2}+\sqrt{x_4}+\sqrt{2}\sqrt{(x_4-x_5)+x_5}$$
$$\leqslant\sqrt{1}+\sqrt{1}+\sqrt{1}+\sqrt{2}=\sqrt{2}+3.$$

当 $x_1=x_3=0$, $x_2=x_4=1$, $x_5=\dfrac{1}{2}$ 时,有 $M_{\max}=\sqrt{2}+3$.

……

可以继续列举下去,得出 $n=5$ 时的各个极值的最大者为 $\sqrt{2}+3$,并且还可以发现:当 x_1, x_2, x_3, x_4, x_5 按自然顺序放到一个圆周上时,上述每一种情况下都存在连续三项 x_i, x_{i+1}, x_{i+2}(约定 $x_{n+k}=x_k$),或者是不减的,或者是不增的;并且,当 M 取最大值时 $\sqrt{2}+3$,上述不减(或不增)的连续三项 x_i, x_{i+1}, x_{i+2} 恰有一个. 由此猜想:当 n 为奇数时,上述 x_i, x_{i+1}, x_{i+2} 组成的两项和的最大值为 $\sqrt{2}$,其余 $(n-2)$ 项的最大值均为 1,得(推广)$M_{\max}=\sqrt{2}+(n-2)$.

2.3　再推广与证明

抓住关键步骤作个数推广:(1)条件推广到 n 个字母;(2)把区间 $[0,1]$ 推广到 $[a,b]$;(3)当 n 为偶数时,结论推广为 $M_{\max}=n\sqrt{b-a}$;(4)当 n 为奇数时,结论保留 $M_{\max}=\sqrt{2}+1$ 中的无理数部分 $\sqrt{2}$、有理数部分"1"推广到 $n-2$(有理数部分与无理数部分的数字和与字母个数:$2+(n-2)=n$),即 $M_{\max}=[(n-2)+\sqrt{2}]\sqrt{b-a}$. 得:

推广命题 设 x_1，x_2，$\cdots$，$x_n \in [a, b]$，$n \geqslant 3$，则

$$M = \sqrt{|x_1 - x_2|} + \sqrt{|x_2 - x_3|} + \cdots + \sqrt{|x_{n-1} - x_n|} + \sqrt{|x_n - x_1|}$$

的最大值为 $\left[n + \dfrac{(-1)^n - 1}{2}(2 - \sqrt{2})\right]\sqrt{b - a}$．

证明 易知

$$\left[n + \frac{(-1)^n - 1}{2}(2 - \sqrt{2})\right]\sqrt{b - a} = \begin{cases} n\sqrt{b - a}, & n \text{ 为偶数;} \\ [\sqrt{2} + (n - 2)]\sqrt{b - a}, & n \text{ 为奇数.} \end{cases}$$

(1) 当 n 为偶数时，有

$$M = \sqrt{|x_1 - x_2|} + \sqrt{|x_2 - x_3|} + \cdots + \sqrt{|x_{n-1} - x_n|} + \sqrt{|x_n - x_1|}$$

$$\leqslant \underbrace{\sqrt{b - a} + \sqrt{b - a} + \cdots + \sqrt{b - a}}_{n\text{个}} = n\sqrt{b - a}.$$

当 $\begin{cases} x_1 = x_3 = \cdots = x_{n-1} = a, \\ x_2 = x_4 = \cdots = x_n = b, \end{cases}$ 或 $\begin{cases} x_1 = x_3 = \cdots = x_{n-1} = b, \\ x_2 = x_4 = \cdots = x_n = a \end{cases}$ 时，M 取到最大值 $n\sqrt{b - a}$．

(2) 当 n 为奇数时，$n = 3$ 已经成立，对 $n > 3$，我们将 x_1，x_2，$\cdots$，x_n 按其自然顺序放到一个圆周上(如图 1)．首先证明，必存在圆弧上的连续三项 x_i，x_{i+1}，x_{n+2}(约定 $x_{n+k} = x_k$，$1 \leqslant k \leqslant n$)，或者是不减的，或者是不增的：

$$x_i \leqslant x_{i+1} \leqslant x_{i+2} \text{ 或 } x_i \geqslant x_{i+1} \geqslant x_{i+2}. \tag{④}$$

因为圆周上的 x_1，x_2，$\cdots$，x_n 从任意一项开始并不影响 M 的表达式，所以，M 的表达式对 x_1，x_2，$\cdots$，x_n 具有轮转对称性，不妨设 $x_k(1 \leqslant k \leqslant n)$ 是 x_1，x_2，$\cdots$，x_n 的最大者．现对 x_1，x_2，$\cdots$，x_n 从 x_k 开始重新编号为 y_1，y_2，$\cdots$，y_n(见图 1)，

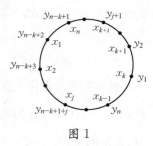

图 1

$$\begin{cases} y_i = x_{k-1+i}(i = 1, 2, \cdots, n - k + 1), \\ y_{n-k+1+j} = x_j(j = 1, 2, \cdots, k - 1). \end{cases}$$

有 $y_1 \geqslant y_2$ 且 $y_1 \geqslant y_n$．

考虑 y_3，若 $y_2 \geqslant y_3$，则 $y_1 \geqslant y_2 \geqslant y_3$，④式成立；若 $y_2 < y_3$，则考虑 y_4，若 $y_3 < y_4$，则 $y_2 < y_3 < y_4$，④式成立；若 $y_3 \geqslant y_4$，则考虑 y_5. 依此类推，可得：从 y_2 开始，下标为偶数的 y_{2i} 都不超过其两边的相邻数，$y_{2i-1} \geqslant y_{2i}$ 且 $y_{2i} \leqslant y_{2i+1}$，一直到 y_{n-1}（$n-1$ 为偶数），有 $y_{n-2} \geqslant y_{n-1}$，对 y_n，若 $y_{n-1} \geqslant y_n$，则 $y_{n-2} \geqslant y_{n-1} \geqslant y_n$，④式成立；若 $y_{n-1} < y_n$（如图 2），则由 $y_1 = x_k$ 的最大性得 $y_{n-1} \leqslant y_n \leqslant y_1$，④式也成立.

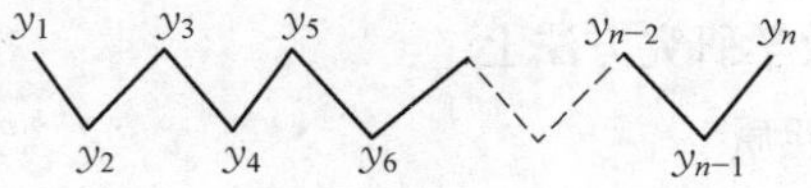

图 2

据④，不妨设 $y_{n-1} \leqslant y_n \leqslant y_1$，⑤

有
$$M = \sqrt{|x_1 - x_2|} + \sqrt{|x_2 - x_3|} + \cdots + \sqrt{|x_{n-1} - x_n|} + \sqrt{|x_n - x_1|}$$
$$= \sqrt{|y_1 - y_2|} + \sqrt{|y_2 - y_3|} + \cdots + \sqrt{|y_{n-1} - y_n|} + \sqrt{|y_n - y_1|}$$
$$= \left(\sqrt{|y_1 - y_2|} + \cdots + \sqrt{|y_{n-2} - y_{n-1}|} \right)$$
$$\quad + \left(\sqrt{|y_n - y_{n-1}|} + \sqrt{|y_1 - y_n|} \right) \text{（由 ⑤）}$$
$$\leqslant \underbrace{\left(\sqrt{b-a} + \sqrt{b-a} + \cdots + \sqrt{b-a} \right)}_{(n-2)\text{个}} + \sqrt{2[(y_n - y_{n-1}) + (y_1 - y_n)]}$$
$$\leqslant (n-2)\sqrt{b-a} + \sqrt{2}\sqrt{y_1 - y_{n-1}}$$
$$\leqslant [(n-2) + \sqrt{2}]\sqrt{b-a}.$$

当 $y_1 = y_3 = \cdots = y_{n-2} = b$，$y_2 = y_4 = \cdots = y_{n-1} = a$，$y_n = \dfrac{a+b}{2}$ 时，M 取到 $[(n-2) + \sqrt{2}]\sqrt{b-a}$.

综合(1)、(2)得，$M_{\max} = \left[n + \dfrac{(-1)^n - 1}{2}(2 - \sqrt{2}) \right]\sqrt{b-a}$.

3　数学活动经验的积累

回顾一波三折的个数推广过程，我们看到，推广不仅仅是数量上的简单增加，它常常是一个探索与发现的过程. 包含两个方面的"探索与发现"，其一，提出问题："推广命题"的探索与发现；其二，解决问题："推广证明"的探索与发现. 下面，我们从两个方面展开数学活动经验的积累：什么是数学推广？怎样进行数学推广?

3.1　什么是数学推广

(1) 推广的简单界定

① 推广的字面含义是推衍扩大.

② 数学推广是这样一种研究方法,从一个对象过渡到考虑包含该对象的一个集合,或从一个较小集合过渡到考虑包含该集合的更大集合.

这里,说了两类推衍扩大:其一是从元素到集合,其二是从集合到它的包含集.落脚点定位在数学研究方法上.

(2) 推广的思维性质

① 数学推广可以产生新问题、新方法、新结论,它的实质是创新与发现.说"创新"主要指"人有我新",还应该增强"人无我有"的成分;说"发现"主要指在"已有知识"基础上,向原有领域的"扩展",还应该增强"知识原创"和"领域未知"的力度.毕竟,数学的发展不仅仅是推广.

② 推广可以通过归纳和类比的合情推理提出;也可以通过逻辑关系的分析而演绎推理提出,因为推广中已有的"元素"或"较小集合"非常清楚,"扩展"的方向也比较明确,便于进行逻辑关系的分析.当然,推广命题的真假需要证明.

③ 数学推广是数学研究的一个重要方法,学会推广是学会研究的一个明智选择.移植到数学学习,推广是进行数学研究性学习的一条有效途径,有助于培养创新精神和探究能力.

(3) 推广的思考方向

实施推广通常可以考虑:从具体到抽象、从特殊到一般、从简单到复杂、从部分到整体、从低维到高维、从有限到无限、从离散到连续等.我们已经一再见到过:

① 在数学学习中,有概念推广、命题推广、方法推广.比如"角":由平面几何的角,到坐标系上的角,再到空间图形的角,这里有明显的概念推广,而伴随着新概念又有更多的命题推广和方法推广.

② 在数学解题中,有条件推广、结论推广、方法推广,以及具体实施中数式或数表的系数推广、字母推广、指数推广、维数推广、阶数推广等,如常数字母化、对象一般化、关系普遍化、范围扩大化等.

③ 在推广的方向上,有本学科内的纵向推广和延伸到其他学科去的横向推广.

(4) 命题推广的基本要求

对一个数学命题作出推广,其最基本的要求应能做到以下三点(参见文[1]):

① 内容上扩充了丰富性.体现为涉及的数学对象(包括数与形两方面)增加,数学关系(如运算符号、系数、指数等)增多,或适用范围增宽.

② 结构上增强了一般性.体现为从低维到高维(如从平面到空间、从有限到无限等)、从具体到抽象(如从数字到字母、从字母到函数)、从离散到连续等的概括性提高或规律性显化.

③ 形式上隐含着一致性.尽管内容丰富了、结构复杂了,甚至形式也发生了一些变异,但还保留着原来命题的基本要素与基本形式,使得原来命题成为推广命题的一个特例或原型.

3.2　怎样进行数学推广

如何进行推广呢? 上述案例提供了四个途径.

(1) 抓住关键步骤

例1的求解主要有两个关键步骤: 其一,作有序化假设 $x \leqslant y \leqslant z$,去掉绝对值;其二,用不等式 $a + b \leqslant \sqrt{2}\sqrt{a^2 + b^2}$, 放大并消元.

"试推广命题"只抓住第二个关键步骤(不等式),虽有一定的道理,但在"不妨设"上马失前蹄.后来的成功推广,则既抓住不等式关键步骤,又两次作"轮转对称性"的"不妨设",一次是"不妨设 x_k 是 x_1, x_2, $\cdots$, x_n 的最大者",第二次是得出"存在连续三项 x_i, x_{i+1}, x_{i+2},或者是不减的,或者是不增的"之后,"不妨设 $y_{n-1} \leqslant y_n \leqslant y_1$".

(2) 从特殊到一般

对本例而言,仅仅抓"关键步骤"还不行,因为例1只提供了" n 为奇数时"特例,没有提供" n 为偶数时"的任何信息,换句话说"两个关键步骤"只是" n 为奇数时"的关键步骤,将其用到" n 为偶数"上,盲目性很大.得出的"试推广命题"对所有的偶数 n 都不成立.

后来的成功,得益于继续收集 $n=4$, $n=5$ 的更完整信息,特别是 $n=5$ 的一次次讨论和演算,呈现了特殊情况所包含的一般性信息,使我们由特殊到一般

的归纳获得了三个"发现":

其一,推广可能要分奇偶性两种情况讨论.

其二,在 x_1,x_2,x_3,x_4,x_5 的所有排列中,存在连续三项 x_i,x_{i+1},x_{i+2},或者是不减的、或者是不增的: $x_i \leqslant x_{i+1} \leqslant x_{i+2}$ 或 $x_i \geqslant x_{i+1} \geqslant x_{i+2}$.

其三,$n=5$ 时的各个极值的最大者为 $\sqrt{2}+3$,并且,当 M 取最大值 $\sqrt{2}+3$ 时,上述不减(或不增)的连续三项 x_i,x_{i+1},x_{i+2} 恰有一个. 这启发我们将 $(\sqrt{n-1}+1)\sqrt{b-a}$ 调整为 $[\sqrt{2}+(n-2)]\sqrt{b-a}$.

(3) 分类讨论

在由特殊到一般的归纳中,不重不漏的分类讨论发挥了特别重要的作用. 有两类分类讨论:其一,对 n 分奇偶性两种情况讨论;其二,穷举 $n=4$,$n=5$ 的全排列.

穷举 x_1,x_2,x_3,x_4 的全排列,会有 24 种情况(当然,由表达式 M 的轮转对称性,可以不妨设 x_1 最小,简化为 6 种情况);穷举 x_1,x_2,x_3,x_4,x_5 的全排列,有 120 种情况(当然,由表达式 M 的轮转对称性,可以不妨设 x_1 最小,简化为 24 种情况),我们把这些情况都计算之后,确信:$n=4$ 时,4 是最大的,当 $n=5$ 时 $\sqrt{2}+3$ 是最大的. 这就为归纳奠定了正确性的基础.

正是有了不重不漏的一一列举,我们才发现"x_1,x_2,x_3,x_4,x_5 的所有排列中,存在连续三项 x_i,x_{i+1},x_{i+2},或者是不减的、或者是不增的",正是有了这个结论,推广的证明才得以顺利进行.

(4) 运算与论证相结合

实质上,运算是一种机械化的推理,运算与推理从来都是交互为用、相辅相成的. 本例中,一方面,运算的结果为归纳和论证提供依据、启发方向;另一方面,归纳的结论又需要运算去证实. 运算与论证相结合,在提出问题和解决问题中都发挥了积极的作用,而消元法、构造法、放缩法、区分情况、有效增设(不妨设)等又为运算与论证的结合提供了有力的支撑.

参考文献

[1] 罗增儒. 从不等式 $\sqrt{\dfrac{a}{a+3b}}+\sqrt{\dfrac{b}{b+3a}} \geqslant 1$ 谈数学推广[J]. 中学数学,2004(7).

后记： 教育人生在征途

前言中说到，我"学教学、学数学"的几十年"每天都在不停地朝着数学与教育结合的方向跋山涉水，既不知道走了多少路，也不知道还要走到什么地方去"。但是由于组织本书、整理旧稿，我有机会整理"永在路上"的教育人生：从1978年至今的教学经历主要是对"数学教育"和"教育数学"这两个方向的学习，可以分为三个明显的时期，即中学起步期(1978—1985)学"两教"(教什么、怎么教)，大学发展期(1986—2010)学"三论"(数学教学论、数学学习论、数学课程论)，退休坚持期(2010—现在)学"数学核心素养"。而从1980年至2021年的写作，则是学习"数学教育"和"教育数学"的足迹留印或文字记录。这些，本书正文已经有所体现，但是背景稍缺交待，所以，我借后记的篇幅向读者献上本书唯一一篇新写的文章。

1　中学起步期

1.1　半路出家拿粉笔，即离矿山立登台

我的高中阶段(1959—1962)，经历了"三年经济困难时期"，缺衣少食是家常便饭，马路灯下读书、煤油灯前做题是奢侈的文化享受(当时煤油定量供应，不能满足夜读的需要)。1962年，我有幸考入中山大学数学力学系数学专业(此处有"数学教育的情结"，参见前言)，靠着百分之百的伙食补助费解除了求学的全部后顾之忧。

在中山大学，我们认认真真、扎扎实实地学了两年多的高等数学，做了吉米多维奇《数学分析习题集》中的很多题目。1964年10月至12月，我们作为大学生"向解放军学习"的教育部试点，到"塔山英雄团"插班当兵三个月；1965年8月至1966年5月，我们又以广州"四清工作队员"的身份，全程参与了农村"四清"运动，并无缝对接"文化大革命"。由于"文化革命的折腾"代替了"革命文化的学习"，所以，我们既没有学完规定的课程、也没有按时在1967年毕业，直到1968年9月我才从学校分配到陕西耀县水泥厂(此处有"西部情结"，参见前言)，具体在矿山车间，当过索道推斗工、电铲司机、车间办事员，一干就是十年。

打倒"四人帮"之后,从国家到个人都陆续发生了很多变化.1978年暑假,在"知识分子专业归队"的大潮中,我由陕西耀县水泥厂矿山被调到陕西耀县水泥厂子弟学校(此处有"中学教学的情结",参见前言),分配教九年一贯制的七年级数学.当时,从农村"四清"、大学"文革"到水泥厂"矿山",我已经有十多年的时间没有接触过数学了,更不知道如何教数学,还忘了当初我的中学老师是怎样教我们学数学的.迫在眉睫的问题是:完成从矿山职工到中学教师的角色转换.

所以说,"我是半路出家从事数学教育",是"零起点开始教师生涯",四十多年来也都一直是在数学教育的大道上"追跑赶路".

1.2　五件工作抬步起,初为人师学教研

当我从学校来到工厂、再从工厂回到学校的时候,已经由一个数学系的年轻学生变为一个既不懂教学又忘了数学的中年新老师了.位卑未敢忘忧国,当我回到数学岗位的时候,有一个坚定的信念,那就是追回消逝的岁月,补回十年的欠债.我争分夺秒(一分钟也要掰开两半来用)、夜以继日地做了五件事,可以概括为:弄清数学教学"教什么、怎么教".

(1)反复阅读课本(从省编教材到统编教材),逐一推敲每一概念的本质含义,内在理解各个章节间的纵横联系.这些"阅读""推敲"和"理解",虽然基本,但对我却十分新鲜,我必须先搞清楚,然后才能向学生讲明白.这实际上是历史给了我一个思考与试笔的特定机会,日后,这些试笔很多都变成了公开发表的文章,从而说明:钻研教材是提高教学胜任力的一个重要渠道.

(2)独立演算了各册课本(从七年级到九年级)的例题、习题,并反思解题过程.这与中学生做作业是不同的,与当今教师对照《教学参考书》看题解也是不同的(1978年的省编教材找不到教学参考书,作业也没有现成答案).独立演算有较高的自觉性和较多的再发现机会,发散思维、求异思维较容易展开;特别是所经历的直觉与逻辑交错的过程,所获得的失败与成功兼收的体验,实在是前所未有的.其中的一些处理,后来也陆续见诸报端,从而说明:研究解题是提高专业水平的一个有力措施.

(3)系统演算历年高考试题和国内外数学竞赛题.当时感觉,高考和竞赛是中国解题研究的"长江"与"黄河",合格的中学教师应该能过关"中学生水平"的高考题和竞赛题,并具有指导能力.因而,在做完课本例题、习题的基础上,我继

续向高考和竞赛进军,历史也给了我特别的机会.首先,从 1980 年高考阅卷开始,我长期研究高考解题和高考命题,积累了解常规题、综合题的解题经验(参见附录四).其次,从 1984 年向高中数学联赛成功供题开始,我对数学奥林匹克的试题研究与命题参与,又积累了处理非常规题的解题经验.这两方面的结合,丰富了我的解题体验,提高了我的解题能力,并构成了我日后的三项特色工作:数学高考学的建设、数学竞赛学的建设、数学解题学的建设.就是说,教师可以通过占领高考、竞赛两个专业高点来提高专业水平.

(4) 将数学教学的全过程设计为六张教学表(参见附录三),并严格执行.

① 教学日进表:即学期教学计划,排好下一学期约 120 节课,于开学前完成填表.

② 全章安排表:即单元教学分析,包括本章主要内容、作业主要类型、全章内容的逻辑结构——相当于现在说的思维概念图、教学的目的要求、内容或作业的重点难点、课时安排、参考资料等.

③ 课堂安排表:包括备教材、备教法、备习题、备学生、写教案等基本内容,另有 15 页左右的详细讲稿——上课可以不带、课前不能不写,上完课后加以整理就是一篇文章.

④ 全章小结表:包括基本内容、基本方法、考核结果、经验教训.

⑤ 试题分析表:进行单元测验、期中和期末考试的试题、试卷分析.

⑥ 习题处理表:独立完成课本例题、习题,并记录解题思路、解题时间,并作规范书写.

这六张"表"就把教学工作程序化了,成为我初为人师时自我加压、并摆脱低效教学的一根拐棍,当中的一些教学分析、课题设计、题目处理也成为我早年写作的一个源泉,日后又发展成为我的一项特色工作:数学教学艺术的理论与实践.

(5) 订阅了所知道的中学数学报刊(坚持至今).主要有三四十家吧,认真学习后,将文章做成摘要小卡片(开始是自发的,后来融入张友余老师的《中国中等数学文摘》项目),既广泛吸收全国同行的教学经验、数学认识,也熟悉了发表文章的园地,可同收"学习"与"发表"之双效,从而使"阅读专业报刊"成为促进教师专业发展的一条给力途径.同时,我还曾通过朋友每周借阅一卷《数学通报》的年合订本,读完了所有《数学通报》过刊.当年订阅中学数学报刊约需二三百块,要花三四个月的工资;现在是二三千块,有半个月的退休生活费就够了.

这些努力,使我迅速适应中学各年级的数学教学工作,很快就成为全校数学老师的业余顾问,可以说,已基本完成从矿山职工到中学教师的角色转换,有如下一些事实.

事实1:从教两年后,1980年开始发表文章,并陆续覆盖三四十家中学数学报刊;从1982年开始,每年登稿十二三次至二三十次;到1986年离开中学时,已发稿不下百篇、有6篇文章被中国人民大学复印报刊资料全文转载(参见附录1).

事实2:从1980年开始,被水泥厂"电视大学"聘为"高等数学"兼职教师,提供了复习高等数学的一次很好机会.

事实3:20世纪八十年代初,陕西省开始使用"全日制十年制学校高中课本"《数学》时,部分基层教师不适应,耀县教育局教研室曾组织我们每周日给基层教师辅导(主要是教材解读、习题解答),教师回去"现学现教"学生(课堂主要是知识教学).

事实4:我于1983年加入了陕西省数学会,于1984年为中国数学会的"高中数学联赛"成功供题.

事实5:1984年3月,重庆师范学院(今重庆师范大学)唐以荣教授邀请我参加"中学数学综合题解题规律研究"项目,促使我萌生建立"解题坐标系"的念头.

事实6:参加了西北五省区数学教学研究会的历届活动,1985年提交《数学观点的教学》论文,被评为大会"优秀论文".该文的整理稿登在《中学数学教学参考》1986年第1期,并被中国人民大学复印报刊资料全文转载.

事实7:因工作认真负责,勇挑重担(曾同时承担过高一、高二(高中两年制)、补习班、电视大学4门课程的教学),连年被评为水泥厂厂级、铜川市市级、省建材局局级先进教师(或先进工作者);1986年3月14日《铜川报》登载报道《平凡教师不平凡》,写道:"在平凡的教学岗位上,默默地吐丝,轻轻地喷焰.曾先后在三十几家报刊上,成百次发表过数学论文,陕西、安徽、江苏、山东、湖北、广西、山西等省(区)的数学报刊编辑部先后聘请他当通讯编委或特约通讯员.许多中学数学界的同行曾以为他是一个老学究,然而,他却是新中国用人民助学金培养起来的大学生——罗增儒."

这一切,可以理解为我在教学人生的秋天园子里,开出了几朵迟暮的花.

1.3 角色转换存经验,时间管理有安排

在这个角色转换的过程中,我常常反问自己,作为教师:你有专业学者的功底吗? 你有教育理论家的修养吗? 你有教学艺术家的气质吗? 你有青年导师的榜样形象吗? 如果我们没有朝这四个方向努力,我们怎能心安理得地面对充满求知渴望的孩子,又怎能问心无愧地面对我们的崇高职业和激情人生? 我以这"教师四努力"鞭策自己,反思每一个教学内容,反思每一道例题习题,反思每一天教学工作,向杂志学习,向全国老师学习,力争:每事都有一些收获;每天都有一点超越;每周都有一篇文章(无论长短).

当然,这一时期的文章是初学教研的试笔,多为"贴近教材"的"一事一议"(俗称"豆腐块"),都是没打草稿的"急就篇",虽已涉及教学与解题、高考与竞赛,但都只是起步,并未形成体系或特色.

(1) 基本经验

如果这算一个教师专业入门的成功案例的话,那么,无非就是"五件工作"起步. 应该说这五件工作很基本,但从矿山职工到博士生导师之间,这是一根拐棍、一座引桥,关键是要努力去做! 不等待、不抱怨,享受工作、永不言胜. 我与青年教师说到起步的小经验时,主要归结为五条:

① 从教书匠的基本功扎实做起. 如钻研教材和练习,占领高考与竞赛两个学科专业平台等都是在夯实基本功.

② 攀登数学解题与教学艺术的两个专业制高点. 青年教师还要占领第三个专业制高点:教育管理.

③ 争取教学与研究的双重跨越. 教学是一种学术活动,教学与研究要融通、齐头并进.

④ 高起点学习全国名牌教师. 因为我没有时间像大学刚毕业的小青年那样去从容熟悉讲台,所以,我必须一开始就像"刊物上的老师"那样当老师、教数学. 这些"刊物上的老师"也就成了我"初为人师"时模仿的对象和努力的目标(都是我的老师). 用现在的话来说,我是通过分析报刊上的教学案例来学教学的,是通过分析报刊上的解题案例来学解题的,是通过学习报刊上的老师来学当老师的.

⑤ 阅读专业报刊,并开放性学习. 备课中有什么想法立即记下来,讲课中

有什么感悟立即记下来,改作业有什么情况立即记下来,阅读报刊有什么收获立即记下来,边学习、边写作、边发稿.

(2) 时间管理

曾有人问我,既要上课、又要学习、还要写文章,时间从哪里来? 我的体会是,解决"负担重、时间缺"的问题,主要应该抓好两条:第一,把教学与研究结合起来;第二,科学安排时间.

如果你认识到教学是一种学术活动,教学本身就是一个创造的天地,就是一个研究的课题,就是一个写作的园地,那么,每节教案你都可以作为小论文来写作,每本作业你都可以作为原始数据来研究,你就能钻研教材,不忘为课程论作出贡献,上课也就变成了你讲授艺术展示的舞台,一个个教学任务就变成了教师成熟、成才的一级级阶梯.对我而言,备课是写作,改作业是研究,教案是文章(应了一句古话"世事洞明皆学问,人情练达即文章").

我曾经给"缺时间"的同行建议,写"工作记录"小纸条,每半小时记一次自己干了什么,两周后回过头来分析小纸条就会发现,有的时间是白白浪费的,有的消耗是可以避免的,有些安排是可以合并的……总之,一天写上一千几百字的时间是有的.

利用零碎时间积累素材和卡片,利用周末备好一周的课,利用一个晚上写一千几百字的短文,利用假期写长文,这就是我教中学时的时间管理小经验.

2　大学发展期

也许是因为有点成绩吧,因而,在我教了八年中学之后,被调入陕西师范大学,分配到"数学教育研究室"(当时教研室已有 3 人,分别是 80 多岁的魏庚人教授,70 多岁的李珍焕教授,60 多岁的张东京副教授).虽然,我们的工作是研究中学数学教学,并教我们的学生毕业之后怎样去教中学数学,与在水泥厂当中学数学教师一脉相承,但最初的感觉是已经发生了质的变化,尤其是理论性的要求大大提高,而我只有实践积累,理论储备一片空白,只知道"这样做",不知道"为什么这样做".比如,当初弄清"教什么、怎么教"就能站上中学讲台,而如今上"教材教法"课则要讲清楚"为什么教""为什么这样教""为什么教这些"等的道理,我需要系统学习"三论":数学教学论、数学学习论、数学课程论.又如,当初能解高考题与竞赛题就满可以在中学校园站稳脚跟,而如今上"初等数学研究"课则要明白中学内容的"数学本质"和背后的"高等背景";讲"几何研究"也不能满足于会作辅助线、证明出结论,还要熟悉"非欧几何"、明白希尔伯特的"几何基础"……

我又一次面临"角色转换"——从中学老师到大学教师的蜕变,基本情况是从学"三论"开始,到形成自己特色的"三个方向"(数学教学艺术的理论与实践、数学解题论的基础建设、数学竞赛学的基础建设).

2.1 教育数学双兼顾,普及研究两担驮

没有想到的是,中学的丰富积累还是为我的理论提升准备了很好的物质基础,使我初到大学的那些年各个方面均能有序展开,研究工作和普及工作双双兼顾,教育研究与数学研究齐齐登攀.

(1) 教学工作

为了尽快适应大学教学,我一方面大量购买"教材教法"和"初等数学研究"方面的书籍,从 20 世纪五六十年代苏联的师范院校教科书到八十年代我国的师范著作,还有数学专题小册子,进行数学和教育两个维度的充电;书籍杂志的学习很快就由中学的一面墙书架发展为两面墙顶梁书架,资料摘抄也由小卡片转变为面积翻番的活页纸(后来,我自己印了一箱活页纸作资料积累和备课讲稿之用),认真细致的课前准备常常进行到深夜一两点钟. 另一方面是逐一听取教研室开设的每一门课(从本科生到研究生),弄清大学课堂的课是怎么上的,思考大学课堂怎样上才能启发学生的思维、驱动学生的思考. 这些努力,使我初到大学的那些年头很快就适应大学教学的环境.

① 我到数学系报到的时候,教研室的排课已经完成,领导在"教材教法"课之外,给我临时加了一门"中学数学教材教法选讲"课,每周一次(连堂). 我接受任务后,立即编拟了教学大纲. 为了避免与必修课"教材教法"重复,我采取了两个措施,其一是结合实际,包括三个方面:结合师范学生实际、解决具体问题;结合中学教材实际、进行教学分析;结合中学实习实际、提前做知识上和教学上的准备. 其二是突出重点,包括四个方面:突出中学教材体系的重点,突出中学教学中的传统难点,突出中学实习中的重点,突出高中的内容;选材上,既有面向全学年的,又有面对整章节的,还有分析一节课的,尤其突出各章节开授课的处理. 这些做法受到同学们的欢迎,我也第一次上课就获得学校"教学质量"优秀奖,并获学校"综合考评"(试点)优秀个人.

② 紧接着,在 1987—1988 学年度我讲授的"初等数学研究"课又获学校"教

书育人"优秀奖,并再次获"综合考评"优秀个人.1988 年暑假,陕西省高教局、陕西省教育工会组织高校青年教工"教书育人"先进个人到庐山"参观休养",分配给我校 2 个指标,我荣幸出席.

③ 1989 年,教育部开设"普通高校优秀教学成果奖"评选,我将三年来开设"初等数学研究"和"教材教法"课受学生欢迎的做法总结为"示范教学法".经申报评选,这种大学教学法项目获首届普通高校优秀教学成果省级三等奖.("项目内容"后文有介绍)

④ 在 1989—1990 学年度讲授的"教材教法"课继续获学校"教学质量"优秀奖.

⑤ 作为教学工作的一部分,带队实习也多次评为"优秀带队教师",特别是带 1986 级在咸阳的实习,还曾获得当地学校的锦旗与奖品.

(2) 科研工作

初到师大,发表文章不分等级,数学普及刊物数量较多,我的写作优势被发挥出来了,每年都有几篇乃至十几篇文章发表,涉及教材研究(如《文字叙述代数式应当规范化》,《数学教师》,1986 年第 9 期),教学研究(如《师范性毕业论文的性质与选题》,《数学通报》,1987 年第 7 期),初等数学研究(如《凸多边形绝对值方程的一种求法》,《中等数学》,1988 年第 4 期)等,因而,连年获得学校科研奖,层次也逐年提高:

① 1986—1987 学年度获校"科研综合奖";

② 1987—1988 学年度获校"科研综合二等奖";

③ 1990—1991 学年度获校"科研综合二等奖";

④ 1992—1993 学年度和 1993—1994 学年度均获校"科研综合一等奖".

⑤ 1991 年学校开设"高层次科研成果奖",我因在《教育研究》发表文章而获奖.

这一切,表明我初到大学已经跟上大学科研的步伐,从 20 世纪九十年代开始也尝试写作书籍.

(3) 社会服务

在大学里,每年都会有不下 100 学时做体现师范性和为基础教育服务的工作.

① 1986 年初到陕西师大数学系,我就部分承接了老先生们的社会服务工

作.首先是陕西省数学会普及工作委员会的有关业务：当年 7 月,李珍焕教授(时任陕西省数学竞赛委员会主任)派我参加 1986 年高中数学联赛命题(四川大学);1987 年 1 月,又派我作为陕西领队出席第二届全国中学生数学冬令营(北京大学).后来,我被选为陕西省数学会普及工作委员会副主任,对数学竞赛工作的介入就更多了,如：培训省内教练员,培训竞赛选手(1988 年 7 月成立了"陕西省数学奥林匹克学校",9 月成立了"雁塔区数学奥林匹克学校",担任主教练),组织编写竞赛教材(1989 年开始编写"奥林匹克数学"讲义在本科生中讲授,后来发展为《数学竞赛论》选修课),为各级数学竞赛(初中、高中、冬令营)提供试题,参与阅卷和考后讲评等.除了事务性工作之外,后来还开始了数学竞赛的理论研究和学科建设,于 1991 年第 2 期《教育研究》杂志发表文章《数学奥林匹克的成果、特征与教育功能》;于 1992 年 5 月在"全国高师院校数学教育研究会"上作《数学竞赛、竞赛数学与数学教育》的大会发言(参见《中学数学教学参考》1991 年第 10 期).

② 老先生们的社会服务还有青少年科技辅导员协会的工作,我也很快成为省青少年科技辅导员协会理事,进行过多年省级小论文、小发明、小创造的评选.1991 年《论数学奥林匹克学校》一文被评为陕西省科技辅导优秀论文,该文曾在 1992 年全国首届数学奥林匹克学校理论研讨会上宣读(见《青少年科技活动研究论文集》第五辑,教育科学出版社,1993 年).

③ 除了承接老先生们的工作之外,高考阅卷也是师范大学教师的一项社会义务,我到陕西师大后,连年参与全省高考阅卷,并逐渐成为省"试卷分析"主笔和"阅卷中心组"成员.这些积累,一方面增加了我研究"数学高考学"的素材,另一方面又提高了我"数学讲座"的质量.每年带队实习,我都会在当地进行几场到十几场的"高考辅导""竞赛辅导"或"解题讲座".

2.2 示范教学成风格,项目获奖见效能

为了说明我初到大学是怎么上课的,下面介绍一下 1989 年的"示范教学法"项目.

"示范教学法"是根据师范院校开设《教材教法》和《初等数学研究》课的特点而进行的一种大学教学法.它的基本内容是："一教三示范",即在教好数学的同时,做出"研究初等数学"的示范,做出"怎样教数学"的示范,做出"既教书又育人"的示范.

（1）教师不仅要教数学，而且要做出"研究初等数学"的示范，努力把学生带到初等数学研究的前沿，提高整个课程的研究观点.

① 要有新的内容——我在备课时，常常进行教材的再创造，斯坦纳定理、蝴蝶定理、匹多不等式、计算机发现的几何定理等，我都一直讲到 20 世纪八十年代的处理方法和最新进展，一些课题也鼓励学生去探索.

② 要有高的观点——要用高等数学的知识去统一初等数学的松散体系，要用高等数学的思想方法去总结初等数学的解题规律，要用高等数学的理论对初等数学作新推广和深发展. 即使是复习性质的内容，我也努力加强数学观点上的总结和数学方法论方面的提炼.

③ 要有干的行动——在初等数学研究方面，我每年都结合数学教学发表文章，这对学生有一定的感召力. 同时，高年级学生已初具研究能力，我也鼓励学生动手，努力变学生被动的"要我学"，为主动的"我要学".

我的目标是：不能只培养一些胜任中学教学的日常教师，还要造就大批能推动中学教学的带头人，师范性与学术性相辅相成.

（2）教师不仅要教数学，而且要作出"怎样教数学"的示范，努力体现先进的数学教学思想，努力进行教学的创造.

① 作出启发式教学的示范——上数学课时不可能大量讲述教育理论，但又要教学生怎样当老师，解决这个矛盾的一个方法是，从整个教学过程到每一条定理的证明，都努力体现启发式教学.

② 做"变教会为会教"的示范——初等数学的一些内容学生不乏独立掌握的潜力，讲课的重点在于理清思想，揭示实质，形成知识结构. 我不仅介绍结论、介绍证法，而且分析：证明是怎样想出来的？ 定理是如何产生的？ 这时，学生也受到了"变学会为会学"的教育.

③ 做出教学基本功的示范——从教材处理、教学组织、作业辅导到语言板书、考试评分等每一个环节都尽量规范化.

（3）教师不仅要教好书，而且要做出"教书育人"的示范，把真才实学的教与真情实感的爱、真心实意的帮结合起来.

① 寓育人于教书之中——专业教师与专职干部不同，教师首先要教好书，在教书中育人. 有时候，优秀专业教师的模范行为和诚恳劝导会起到辅导员宣讲行政纪律所起不到的作用. 我每接一个新班级都找学生辅导员了解情况，平

时也经常与班干部、课代表联系,从上第一节课开始,即对学生的学习和思想全面负责.

② 教书育人应是爱的艺术——教书育人不仅仅是严格管理,还应该是看得见、摸得着的爱. 我在课堂上总是努力表现对教师职业的爱、对数学专业的爱、对学生的爱(三热爱),让知识和教学带上爱的感情. 平时只点名表扬学生,批评都放到课前、课后的个别谈心,或教室、宿舍的耐心开导,总以自己潜移默化的行动培养学生的教师性格.

③ 做出良好师德的示范——即使在市场经济条件下,教师职业依然具有无私奉献的品格. 我到校外讲学,常常认为是师范大学的义务. 教师的职业品质也应是诚实和一身正气的,我讲课出了漏洞总是公开向学生说清楚,考试评分更是一丝不苟.

(4) 经过三年的初步实践,产生了四个方面的积极效果:

① 提高了学生的学习兴趣. 开"教材教法选讲"课每周一次(连堂),曾有学生要求增加课时;对"初等数学研究"课,也有学生说: 不是"要我上",而是"我要上". 四五十个人的班曾坐有六十多人.

② 调动了学生研究初等数学的积极性,毕业论文中有表现,"问题征解"中有反映.

③ 巩固了学生的专业思想.

④ 提高了我自己的教学积极性.

2.3 "三论"学习开新貌,教研方向呈特征

在适应大学环境的基础上,我对"三论"(数学教学论、数学学习论、数学课程论)的学习逐渐走上快车道. 一个象征性的体现是,十年的时间从一个没有职称的中学教师成长为大学教授:1986 年 12 月聘为讲师,1991 年 2 月通过副教授,1996 年 6 月聘为教授(2008 年定为三级教授);并于 1997 年聘为硕士研究生导师,2001 年聘为博士研究生导师(原西南师范大学). 其间,还于 1994 年 10 月获国务院的政府特殊津贴,1999 年获曾宪梓教育基金会全国高师优秀教师奖. 具体的教学科研发展亦自然形成三个主要方向.

(1) 坚持教学科研平行发展

每学年均超工作量完成教学任务(包括 2000—2004 年间担任教务处长期间),已为本科生开设了 7 门课程(《中学数学教材教法》《初等代数研究》《初等

几何研究》《数学解题论》《数学竞赛论》《考试学》《研究方法与论文写作》),为研究生讲授了 3 门课程(《数学教育学》《数学方法论》《数学教学艺术论》);已培养硕士毕业生 53 人、博士毕业生 7 人;在《教育研究》《数学教育学报》《数学通报》《中学数学教学参考》《中等数学》等几十家刊物上发表文章几百篇(参见附录一),被中国人民大学复印报刊资料全文复印 60 余次;在多家出版社出版书作几十本(包括主编、参编书,参见附录二).并在担任"数学教育研究所"所长期间完成了硕士点、博士点的学科建设工作.在多次获校级教学奖、科研奖的基础上,1989 年以来已获普通高校优秀教学成果奖国家级 2 次、省级 5 次,陕西省高校优秀教材奖 1 次.

① 1989 年"示范教学法"项目获省级优秀教学成果三等奖.(独立)

② 1993 年"奥林匹克数学学科建设"项目获省级优秀教学成果一等奖,国家级优秀教学成果二等奖.(主持)

③ 1995 年"着眼数学素质,服务基础教育——数学高考解题理论的建设"项目获省级优秀教学成果二等奖.(独立)

④ 1999 年"试办教育硕士学位的实践与探索"项目获省级优秀教学成果二等奖.(参与)

⑤ 2003 年"数学教学论课程建设与改革实践"项目获省级优秀教学成果二等奖.(主持)

⑥ 2009 年"构建西部教学团队、深化数学教育课程建设与教学改革、积极服务基础教育"项目获国家级优秀教学成果一等奖.(参与)

⑦ 2007 年,"21 世纪高等师范院校学科教学论教材"项目获陕西省高校优秀教材二等奖.(主持)

(2) 教学科研逐渐形成自己特色和有社会影响的三个方向

陕西师范大学出版社曾于 2001 出版"罗增儒数学教育书系",呈现这三个方向的代表作.

① 数学教学艺术的理论与实践(方向 1).中学的经验积累加上大学的理论提升,促使我在师范性的工作中努力做出学术性的水平来,探索既区别于理工科又区别于中学的师范性教学风格,不知不觉就形成了以省级优秀教学成果奖"示范教学法"、代表作《中学数学课例分析》(陕西师范大学出版社,2001 年)和大批"案例研修"文章为依托的数学教学成果.内容还包括参编《讲授艺术论》

（王国俊主编，陕西师范大学出版社，1992 年），《数学教育概论》（张奠宙、宋乃庆主编，高等教育出版社，2004 年），《数学教育学导论》（罗新兵、罗增儒主编，科学出版社，2021 年）等著作，已经形成数学教学艺术的研究方向．

② 数学解题论的基础建设（方向 2）．我从 1980 年开始长期参与高考阅卷，1984 年开始长期参与竞赛命题，积累了很多高考和竞赛的解题经验．到大学工作后，从 1988 年开始，在本科生、研究生中开设"数学解题理论"课，对解题活动进行数学思维的总结和解题智慧的开发，逐渐形成以省级优秀教学成果奖"着眼数学素质，服务基础教育——数学高考解题理论的建设"、代表作《数学解题学引论》（陕西师范大学出版社，1997 年）和大批"解题分析"文章为依托的解题教学成果．内容还包括《数学的领悟》（河南科学技术出版社，1997 年）、《直觉探索方法》（大象出版社，1999 年）、《中学数学解题的理论与实践》（广西教育出版社，2008 年）等著作，已经搭起了"数学解题学"的一个理论框架．

据《数学教育学报》2020 年第 2 期《数学教育领域高被引图书的学术特征研究——基于 CNKI 中国引文数据库的视角》文章介绍，高被引图书中《数学解题学引论》榜上有名．

华东师范大学张奠宙教授认为《数学解题学引论》的工作"为中国式解题作了宝贵的探索，资料之完备、系统，为今日所仅见"（1997 年 10 月 25 日）．1998 年、2003 年张教授两次邀笔者在"数学教育高级研讨班"（简称"高研班"）上发言．在 1998 年"高研班"纪要中，于"中国的数学问题解决"标题下写道："以反思分析数学解题的思维过程为特征，倡导'数学解题'的理论框架有独到之处．"在 2003 年"高研班"纪要中，简述笔者学解题三阶段之后说："大家认为，这一研究的背后有大量的数学解题实践加以支持，这是一件扎根本土的有价值的数学教育研究．"2009 年，张教授又在《我亲历的数学教育》一书中（第 144—145 页）写道："中国是数学解题王国，解题能手很多，奥赛金牌教练遍布各地，但是能够有解题理论著作的却很少．我所知道的是北有罗增儒，南有戴再平．""（罗增儒的）《数学解题学引论》《中学数学课例分析》等著作，具有鲜明的中国特色．他以坚实的数学功底，破疑解难，能够看到别人看不到的数学本质，独树一帜．"

③ 数学竞赛学的基础建设（方向 3）．从 1984 年向高中数学联赛成功供题开始，我对数学奥林匹克的试题研究和命题参与激活了我将这一活动进行"数学与教育学结合的理论思考"，进行"高等数学与初等数学相交叉的方法论总

结",产生以国家级优秀教学成果奖"奥林匹克数学学科建设"、代表作《数学竞赛导论》(陕西师范大学出版社,1993 年)和百余篇"竞赛研究"文章为依托的教育数学成果.内容还包括参编《竞赛数学教程》(陈传理、张同君主编,高等教育出版社,1996 年),《中学数学竞赛的内容与方法》(广西教育出版社,2012 年)等著作,已经搭起了"数学竞赛学"的一个理论框架;出版从中学到大学的数学竞赛系列教材百余万字.

我与同行们所进行的"奥林匹克数学学科建设",是国家级获奖项目中少见的一项关于"数学奥林匹克"和"奥林匹克数学"的研究成果.原中国数学奥林匹克委员会秘书长、中国数学会普及工作委员会主任裘宗沪研究员在这项工作开始之初,立即表示肯定与支持;原中国数学会普及工作委员会副主任魏有德副教授认为"有新意和创造性","在陕西乃至全国都处于领先地位,并在陕西的数学普及实践工作中取得了好成绩(获国际数学奥林匹克一金一银奖牌就是突出的例子,1992 年 1 月 7 日)".原陕西省数学会理事长张文修教授认为,这是"一项独创性的优秀教学成果",对"提高我国、特别是我省数学奥林匹克竞赛水平有重大意义"(1992 年 11 月 3 日).

3 退休坚持期

在延退 5 年之后,我于 2010 年 3 月退休了.不过,除了不再给本科生、研究生上课之外,其余工作照旧,三个方向的教研思考也在延续,有些社会活动还因不用上课而增加了.明为"退休"实为被"休退",十余年来的工作可以归结为在学习"数学核心素养"基础上的培训和写作.2020 年,我曾在微信"朋友圈"上发过一首小诗,记录了退休十年的基本情况:

十年"休退"眨眼间,

忙事偏凑老来闲.

课讲西东南北地,

程行冬夏秋春天.

方知铁粉跨世纪,

又识新秀接前贤.

文章见笑曾百发,

杏坛边鼓尚流连.

确实,退休后"数学教学"事宜没有退出我的生活,享受退休生活就是享受

"数学教学".

3.1 闲人忙事仍"休退",杏坛边鼓尚流连

(1) 2010年3月之后,我"退而不休",仍订阅中学数学刊物30多份(2022年订了37份、共3875.20元),与时俱进地学习中学数学课标和"数学核心素养",理解"数学核心素养教学",并向中小学教师讲解.由长安大学中国人文社会科学评价研究中心评选的"中国哲学社会科学最有影响力学者排行榜:基于中文学术成果的评价2020版"显示,我退休十年之后,还入选教育学有影响力学者排行榜.

(2) 继续2000年开始的"园丁工程"培训工作,2011年又入选"国培计划"首批国培专家(延续至今),与教学一线的零距离交流机会增多了.十年来,从甲地到乙地、从培训到评课,我与师生们接触的时间比待在家里的时间还多,曾远走二十多个省区进行国培、省培或数学讲座,计有一二百场(深入课堂听课的数量还要翻倍);有时候,一个月就连轴走十几个地方,要在飞机、火车上往来一二十次.正因为走出去,才知道有跟踪我书文几十年的老读者(有的还能说出二三十年前读过的书文标题和当中的若干段落),又结识了数学教育的新生代青年教师(自称"我是你没有注册的学生").几乎在每个省区都能听到高级教师、特级教师、正高级教师类似的话:"我是读着你的书(文章)成长的."这一切,令我十分感动和不解:到底有什么教学元素能让人记住十年、二十年、三十年呢?

(3) 退休后,结合"案例分析""同课异构""教师发展""数学思想方法的教学""数学核心素养"等课题和培训实际,笔耕不辍,发表文章100多篇,有7篇被中国人民大学复印报刊资料全文复印.

3.2 刊物友情跨世纪,三个方向耐坚持

(1) 我与《中学数学教学参考》杂志有跨世纪的学术友谊,从1980年开始已登稿300多次.退休之后,不仅继续提供上述"三个方向"的稿件,而且参与了编辑部的多个项目.如:

① "数学解题教学高级研讨班"(2009—2016),覆盖陕西、广东、江苏、浙江、贵州五省八市:西安、佛山、南京、杭州、连云港、常熟、贵阳、扬州.

② "基于核心素养的数学教师专业发展高级研修班"(2017—2021),覆盖陕西、江苏、浙江三省五市:西安、湖州、金坛、丽水、南京.

每个班3—5天,由我主讲和评课,参加研讨(修)教师来自全国各地,总计

有数千人,形成"课例研修"文章数十篇.

(2) 如上所说,我 1962 年参加过高考,1978 年教中学时辅导过毕业班高考,从 1980 年开始长期参与高考阅卷,2000—2004 年参与大学高考招生(任教务处长期间);退休后仍延续十年参与陕西高考自主命题(2006—2015),可以说,我经历了高考考试、高考辅导、高考阅卷、高考解题、高考命题、高考录取等全程工作,讲高考有底气,无外行话,高考讲座和高考写作依然是退休生活的一个重要组成部分. 近年,还应邀参与了"中考数学压轴题讲题比赛"(2017—2019)、"高考数学压轴题讲题比赛"(2019—2021)活动,进行大会评议并作主题报告.

(3) 如上所说,我从 1984 年起为数学竞赛供题,1986 年起多次参加高中、初中联赛命题工作,1989 年 8 月被中国数学奥林匹克委员会授予中国数学奥林匹克首批高级教练员称号;1992 年 9 月,由于"为我国的数学奥林匹克活动和数学普及工作做出突出成绩"而受到中国数学会奥林匹克委员会和中国数学会普及工作委员会的联合表彰;1994 年 12 月在"庆祝陕西师范大学建校五十周年"的学术报告会上,作为 6 场"自然科学"报告之一曾发言"为了数学竞赛学的诞生". 参与数学竞赛工作也延续到退休之后,2011 年仍提供了高中数学联赛填空题第 7 题. 总计已为初中、高中和冬令营提供 21 道正式试题,为数学竞赛机关刊物《中等数学》撰稿 70 多篇、编拟数学竞赛训练题 20 多套. 竞赛讲座和竞赛写作依然是退休生活的一个组成部分.

这些,就是本文选的后记:教育人生在征途,也是所谓"罗增儒道路"的足迹留印.

2021 年 12 月于西安

附录一　文章目录

1980 年(陕西省耀县水泥厂子弟学校)(1 篇)

1. 罗增儒. 八〇年高考数学(理科)第六题的讨论[J]. 中学数学教学参考,1980(5)：20－22.

1981 年(陕西省耀县水泥厂子弟学校)(0 篇)

1982 年(陕西省耀县水泥厂子弟学校)(10 篇)

2. 罗增儒. 对"三角函数的极值问题"的三点意见[J]. 中学数学教学参考,1982(1)：22－26.

3. 陕西省耀县水泥厂子弟学校数学教研组(罗增儒执笔). 也谈正确使用条件及其他[J]. 中学数学教学参考,1982(4)：29－30.

4. 罗增儒. 高考数学(理科)第五题的讨论和解法[J]. 中学数学教学参考,1982(6)：20－21.

5. 罗增儒. 这道题不妥[J]. 中学数学教学,1982(1)：47.

6. 罗增儒. 避免局限性一例[J]. 数学教学,1982(3)：41,13.

7. 罗增儒,等. 数学题探讨[J]. 中学数学教学,1982(3)：42－45.

8. 罗增儒. 高考附加题趣谈[J]. 福建中学数学,1982(5)：20－22.

9. 罗增儒. 位似曲线的方程[J]. 数学爱好者,1982(4)：11－12.

10. 罗增儒. 82 年高考数学试题的证法研究(2)附加题[J]. 中学理科教学参考资料,1982(10)：22.

11. 罗增儒. 一道习题的启示[J]. 中学理科教学参考资料,1982(12)：18－19.

1983 年(陕西省耀县水泥厂子弟学校)(23 篇)

12. 罗增儒. 关于抛物线切线方程的推导[J]. 数学通讯,1983(1)：20－21.

13. 罗增儒. 关于"初等函数"的定义[J]. 数学通讯,1983(3)：33－35.

14. 罗增儒. 数学归纳法的一个直观实验[J]. 数学通讯,1983(4)：11－12.

15. 罗增儒. 行列式课题中几个例题的处理[J]. 中学数学教学参考,1983(3)：封二,1－2.

16. 罗增儒. 植根于课本,着眼于提高[J]. 中学数学教学参考,1983(5)：11－15.

17. 罗增儒. 利用单位圆证明三角条件等式[J]. 中学数学研究(广州),1983(1)：20,19.

18. 罗增儒. 抛物线的一个参数方程[J]. 中学数学研究(广州),1983(2)：13－15.

19. 罗增儒. 八二年高考附加题的两类解法[J]. 中学数学研究(广州),1983(3)：23－24.

20. 罗增儒. 一个例题的完善[J]. 数学教学,1983(1)：39.

21. 罗增儒. 换元法的一个技巧——自身变换[J]. 数学教学通讯,1983(3)：29－

30,6.

22. 罗增儒. 比例性质与半角正切公式[J]. 中学生数学,1983(3)：17.

23. 罗增儒. 实数的绝对值与复数的模[J]. 中学生数学,1983(6)：11,28.

24. 罗增儒. 行列式的简单应用[J]. 数学通报,1983(7)：4－7.

25. 罗增儒. 关于有心二次曲线标准方程的确定[J]. 中学数学①,1983(6)：15－16.

26. 罗增儒. 一类三角极值问题的解法[J]. 中学数学②,1983(6)：32,30.

27. 罗增儒. 一道例题的应用[J]. 中学数学,1983(6)：36－37.

28. 罗增儒. 初等方法求函数 $y = a\sin^2 x + b\sin x + c$ 的极值[J]. 数学爱好者,1983(1)：41－43;1983(2)：15.

29. 罗增儒. 归纳能力训练一例[J]. 数学爱好者,1983(2)：18－19.

30. 罗增儒. 根式与无理式[J]. 教学研究：中学理科版(哈尔滨),1983(6)：37－38;中国人民大学复印报刊资料"中学数学教学"1983(11)：13－14.

31. 罗增儒. 再谈一道习题的启示[J]. 中学理科教学参考资料,1983(5)：20－21.

32. 罗增儒. 论 83 年高考数学第九题[J]. 中学理科教学参考资料,1983(10)：13－14.

33. 罗增儒. 今年高考题中的零值行列式[J]. 福建中学数学,1983(5)：30.

34. 罗增儒. 解三元一次方程组不用发愁了[J]. 中学数学研究(南昌),1983(5)：31－32.

1984 年(陕西省耀县水泥厂子弟学校)(17 篇)

35. 罗增儒. 统编教材中的行列式计算[J]. 数学教学通讯,1984(1)：15－20;中国人民大学复印报刊资料"中学数学教学"1984(2)：14－18.

36. 罗增儒. 方程理论在三角中的应用举例[J]. 数学教学通讯,1984(3)：24－26;中国人民大学复印报刊资料"中学数学教学"1984(6)：23－25.

37. 罗增儒. 一道美国数学竞赛题的旋转解法[J]. 数学教学通讯,1984(5)：41.

38. 罗增儒. 直线与平面间位置关系的沟通和演示[J]. 数学教学,1984(6)：4－7.

39. 罗增儒. 教学札记[J]. 中学数学教学参考,1984(1)：8－10.

40. 罗增儒. 评 1984 年高考理科试题的份量[J]. 中学数学教学参考,1984(5)：42－46.

41. 罗增儒. 一类双参数曲线系过定点问题的解法[J]. 数学通讯,1984(11)：22－24.

42. 罗增儒. 一类参数方程的消参法[J]. 教学研究：中学理科版(哈尔滨),1984(2)：10－11;中国人民大学复印报刊资料"中学数学教学"1984(11)：54－55.

43. 罗增儒. 一道例题的订正[J]. 中等数学,1984(3)：51.

44. 罗增儒. 自编根式方程的一个统一解法[J]. 中等数学,1984(6)：45－46.

45. 罗增儒. 一道例题的讨论[J]. 中学数学教学③,1984(2)：40－41.

46. 罗增儒. 分歧在哪里？[J]. 福建中学数学,1984(2)：31.

47. 罗增儒. 平均值变换与不等式证明[J]. 中学生数学,1984(6)：10,18.

---

①② 现名《中学数学月刊》.

③ 现名《上海中学数学》.

48. 罗增儒. 利用对称性解题[J]. 中学理科教学参考资料,1984(3): 14 - 15.

49. 罗增儒. 引申竞赛题一则[J]. 中学理科教学参考资料,1984(4): 14.

50. 罗增儒. 一类有趣的方程[J]. 中学数学杂志,1984(4): 14 - 15.

51. 罗增儒. 谈谈二次三项式的配方[J]. 中小学数学,1984(1): 11 - 12.

1985 年(陕西省耀县水泥厂子弟学校)(19 篇,累计 70 篇)

52. 崔宗和,罗增儒. 竞赛试题与有趣的函数 $y = \dfrac{1-x}{1+x}$ [J]. 中学数学教学参考,1985(2): 21 - 22.

53. 罗增儒. 一九八五年部分高考统一试题的补充解法[J]. 中学数学教学参考,1985(5): 19 - 23.

54. 罗增儒. 一堂三角习题课[J]. 数学教学,1985(2): 12 - 14.

55. 罗增儒. 比例与行列式[J]. 数学通报,1985(6): 18 - 20.

56. 罗增儒. 一道例题的商榷[J]. 数学通报,1985(11): 封三.

57. 罗增儒. 列方程解应用题的辩证思想初探[J]. 中学数学①,1985(3): 9 - 12.

58. 罗增儒. 几道微积分题的简单处理[J]. 中学数学②,1985(4): 45 - 46.

59. 罗增儒. 用函数凹凸性质证明三角形不等式的一个问题[J]. 中学数学,1985(3): 28 - 29.

60. 曾明德,罗增儒,杜联章. 行列式的一些应用[J]. 数学教学通讯,1985(3): 26 - 27.

61. 罗增儒. 利用唯一性解题[J]. 中学数学教学,1985(3): 22 - 23.

62. 罗增儒,钟湘湖,叶年新. 试论如何求方程组 $\begin{cases} F(x, y) = 0, \\ F(y, x) = 0 \end{cases}$ 的实数解——兼纠正一个流行的错误[J]. 中学数学教学,1985(5): 11 - 16.

63. 罗增儒. 要注意选择题的科学性[J]. 中学数学杂志,1985(5): 7 - 9;中国人民大学复印报刊资料"中学数学教学"1985(11): 24 - 26.

64. 罗增儒. 求作新方程的转移法[J]. 中学数学研究(南昌),1985(6): 32,19.

65. 罗增儒. $\cos\dfrac{\pi}{7} - \cos\dfrac{2\pi}{7} + \cos\dfrac{3\pi}{7} = \dfrac{1}{2}$ 的十种证明[J]. 湖南数学通讯,1985(5): 4 - 7.

66. 罗增儒. 异面直线简单判别法[J]. 中学理科教学参考资料,1985(5): 9 - 11.

67. 罗增儒. 也谈求一类动直线交点的轨迹[J]. 中学理科教学参考资料,1985(8): 9 - 11.

68. 罗增儒. 应用判别式证明不等式[J]. 中学数学解题技巧,1985(6): 8.

69. 罗增儒. 用二次曲线的定义解代数方程[J]. 中学理科教学参考资料,1985(6): 18 - 19.

70. 罗增儒. 消元法的灵活运用[J]. 数学教师,1985(6): 12 - 14.

1986 年(陕西省耀县水泥厂子弟学校调陕西师范大学)(11 篇,中学累计 75 篇)

71. 罗增儒. 数学观点的教学[J]. 中学数学教学参考,1986(1): 封二,1 - 4;中国人

---

①② 现名《中学数学月刊》.

民大学复印报刊资料"中学数学教学"1986(4)：8-13.

72. 张平(高三学生),罗增儒. 排列概念的理解——兼对"简捷解法"的补充[J]. 中学数学教学参考,1986(3)：31-32,36.

73. 罗增儒. 关于求 $f(x)$ 的三点意见[J]. 中学数学教学参考,1986(4)：30-31.

74. 罗增儒. 方程 $a(y)x^2 + b(y)x + c(y) = 0$ 有非负实根的条件及其在求函数值域中的应用[J]. 数学教学通讯,1986(1)：8-11.

75. 罗增儒. 极角、幅角、辅助角和直线的倾斜角[J]. 数学教学研究,1986(3)：10,4.

76. 罗增儒,文字叙述代数式应当规范化[J]. 数学教师,1986(9)：2-4;中国人民大学复印报刊资料"中学数学教学"1987(1)：22-25.

77. 罗增儒. 对数比较大小[J]. 中学生数学,1986(1)：9-10.

78. 罗增儒. 提取 i 的技巧[J]. 中学生数学,1986(4)：14-15.

79. 罗增儒. 一道集合搭配数例题的订正[J]. 中学数学杂志,1986(2)：25-26.

80. 罗增儒. 一道方程题的研讨[J]. 中学数学教学,1986(3)：45-46.

81. 罗增儒. 成题新议[J]. 中学数学教学,1986(4)：108-109.

1987 年(陕西师范大学)(8 篇)

82. 罗增儒. 1986 年全国高中数学联赛试题讲解[J]. 中学数学教学参考,1987(2)：18-23.

83. 罗增儒. 1986 年全国高中数学联赛试题讲解(第二试)[J]. 中学数学教学参考,1987(4)：30-35.

84. 罗增儒,王茂森. 非常规方程的初等解法[J]. 中学数学教学参考,1987(3)：24-25.

85. 罗增儒. 集合搭配数的三个公式[J]. 中等数学,1987(3)：49.

86. 罗增儒. 师范性毕业论文的性质与选题[J]. 数学通报,1987(7)：26-29.

87. 罗增儒. 判定函数奇偶性的五个方法 [J]. 数学教学研究,1987(3)：41-44.

88. 罗增儒. 一个最小值定理 [J]. 数学教学研究,1987(6)：26-28.

89. 罗增儒. 剖析今年高考题二(7)[J]. 中学理科教学参考资料,1987(10)：8-9.

1988 年(陕西师范大学)(11 篇)

90. 罗增儒. 几何中的存在性问题[J]. 中学数学教学参考,1988(3)：33-35.

91. 罗增儒. 几何中的数数(shǔshù)问题[J]. 中学数学教学参考,1988(4)：36-39.

92. 罗增儒. 关于一道竞赛选择题的研讨[J]. 中等数学,1988(2)：21-22.

93. 惠州人. 凸多边形绝对值方程的一种求法[J]. 中等数学,1988(4)：15-17.

94. 罗增儒. 关于分母有理化[J]. 中小学数学,1988(6)：11-12,18.

95. 罗增儒. 谈谈不等式的定义[J]. 中小学数学,1988(8)：13;中国人民大学复印报刊资料"中学数学教学"1988(11)：26.

96. 罗增儒. 关于三等分角的忠告[J]. 数学教师,1988(7)：30-32.

97. 罗增儒. 一道联赛题的旋转解法和推论[J]. 中学生数学,1988(2)：15-16.

98. 惠州人. 也谈一组不等式的证明[J]. 数学教学研究,1988(4)：4-7.

99. 罗增儒. 多参数问题的减元策略[J]. 中学数学,1988(9)：12-13.

100. 罗增儒. 函数 $y = \dfrac{a}{\sin x} + \dfrac{b}{\cos x}$ 最小值的初等求法[J]. 数学通讯,1988(12)：

21 - 22.

1989 年(陕西师范大学)(14 篇)

101. 崔宗和,罗增儒. 函数观点解题新例[J]. 数学教学通讯,1989(2):17 - 18.

102. 罗增儒,江焕新. 一道失误的 28 届 IMO 候选题[J]. 中等数学,1989(3):13.

103. 罗增儒. 代数、三角与几何的统一[J]. 数学教学研究,1989(3):3 - 4.

104. 罗增儒. 两道平面几何竞赛题的复数解法[J]. 中学数学,1989(5):封二.

105. 罗增儒. 计算的技巧[J]. 中学数学教学参考,1989(5):29 - 33.

106. 罗增儒. 1989 年全国初中数学联赛试题讲解(第一试)[J]. 中学数学教学参考,1989(8):43 - 45,27.

107. 罗增儒. 1989 年全国初中数学联赛试题讲解(第二试)[J]. 中学数学教学参考,1989(9):28 - 31.

108. 严镇军,惠州人. 重要不等式的应用[J]. 中学数学教学参考,1989(10):36 - 42.

109. 惠州人. 让解题更富于美感——谈一个条件不等式的更多、更简解法[J]. 湖南数学通讯,1989(3):11 - 13.

110. 罗增儒. 围棋擂台赛的组合计数[J]. 中学数学①,1989(4):12 - 14.

111. 罗增儒. 求切线的统一方法[J]. 福建中学数学,1989(5):24.

112. 罗增儒. "蜡烛观"的争鸣[J]. 教育研究,1989(6):41.

113. 罗增儒. 不等式与图形的性质[J]. 数学通讯,1989(10):33 - 34.

114. 罗增儒. 分式线性函数的迭代与一类函数方程的编拟[J]. 数学竞赛,1989(3):15 - 21.②

1990 年(陕西师范大学)(16 篇)

115. 罗增儒. 集合方程的有序解[J]. 中学数学③,1990(1):14 - 15.

116. 惠州人. 纠正一个错误,提供两个解法[J]. 中学数学④,1990(5):40,28.

117. 罗增儒. 关于求根公式的处理[J]. 数学教师,1990(1):20.

118. 罗增儒. 构造方程求三角式的值[J]. 中学数学教育(哈尔滨),1990(2):30 - 32;中国人民大学复印报刊资料"中学数学教学"1990(5):34 - 36.

119. 罗增儒. 递推式数列通项的矩阵求法[J]. 数学通讯,1990(2):24 - 27.

120. 罗增儒,陆志昌,汪海涛,苏杰贵,苏坤范,等. 柯西不等式的应用[J]. 中学数学教学,1990(2):36 - 39.

121. 罗增儒. 解应用题的整体思考[J]. 中学生数学,1990(2):28,12.

122. 罗增儒. 高考综合题的由来、理解与启示[J]. 中学数学教学参考,1990(3):37 - 40.

123. 惠州人. 1989 年高中数学联赛阅卷随笔[J]. 中学数学教学参考,1990(4):41 - 43.

124. 罗增儒. 从一个错误的逆命题说起[J]. 中学数学教学参考,1990(8):29.

---

① ③ ④ 现名《中学数学月刊》.

② 此文收入《数学奥林匹克在中国》(Mathematical Olympiad China),湖南教育出版社,1990 年 6 月第 1 版,第 72 - 79 页(责任编辑欧阳维诚).

125. 罗增儒. 理科数学试题的评析[J]. 中学数学教学参考, 1990(10): 44-47.

126. 惠州人. 1990年全国高中数学联合竞赛试题及解答[J]. 中学数学教学参考, 1990(12): 19-21; 1991(1): 35-39.

127. 罗增儒. 方程变形的困惑[J]. 中学数学, 1990(9): 12-14.

128. 罗增儒. 一次方程的性质与解题的转化机智[J]. 数学通报, 1990(6): 17-19.

129. 惠州人. 切线方程的统一[J]. 中学教研(数学), 1990(10): 28-30.

130. 罗增儒. 关于围棋擂台赛的种数问题[J]. 中等数学, 1990(6): 15.

1991年(陕西师范大学)(9篇)

131. 罗增儒. 数学奥林匹克的成果、特征与教育功能[J]. 教育研究, 1991(2): 42-45.

132. 罗增儒. 满分能手汪建华[J]. 中学数学教学参考, 1991(3): 35-36.

133. 罗增儒. 1991年初中数学联赛试题讲解[J]. 中学数学教学参考, 1991(6): 33-36.

134. 罗增儒. 数学竞赛、竞赛数学与数学教育[J]. 中学数学教学参考, 1991(10): 1-3.

135. 惠州人. 1991年数学高考理科试题评析[J]. 中学数学教学参考, 1991(11): 22-26; 中国人民大学复印报刊资料"中学数学教学" 1992(1): 64-68.

136. 岳建良(1987级学生), 罗增儒. "祖冲之点集"存在性的扇形解决[J]. 数学通讯, 1991(4): 37, 32.

137. 罗增儒. 坐标思想的应用[J]. 数学通讯, 1991(5): 33-38.

138. 罗增儒. 逆推式线性化的若干途径[J]. 中学数学[1], 1991(10): 13-15.

139. 罗增儒. 论奥林匹克数学[J]. 数学竞赛, 1991(11): 8-30.

1992年(陕西师范大学)(11篇)

140. 罗增儒. 1991年高中数学联合竞赛试题讲解[J]. 中学数学教学参考, 1992(1/2): 46-49.

141. 惠州人. 祖冲之数组的一般性求法[J]. 中学数学教学参考, 1992(3): 9.

142. 罗增儒. 初等数学解题研究概况[J]. 中学数学教学参考, 1992(4): 12-13.

143. 罗增儒. 1992年全国初中数学联赛试题讲解[J]. 中学数学教学参考, 1992(7): 40-43.

144. 惠州人. 命题组出不了难题吗——1992年数学高考试题解说[J]. 中学数学教学参考, 1992(10): 10-12, 24; 中国人民大学复印报刊资料"中学数学教学" 1992(12): 47-50.

145. 罗增儒. 共焦有心二次曲线的性质[J]. 数学教学研究, 1992(2): 31-33.

146. 罗增儒. 解题坐标系的构想[J]. 中学数学, 1992(3): 1-4.

147. 陕西师大附中高一数学课外小组(指导教师罗增儒, 易少安). 二次函数一题六解[J]. 中学数学[2], 1992(7): 38, 34.

148. 罗增儒. 《初等数学研究》的研究[J]. 数学通报, 1992(9): 2-4.

149. 王燕(1988级学生), 罗增儒(指导教师). 高中数学联赛中的奥林匹克技巧[J].

---

[1][2] 现名《中学数学月刊》.

数学通讯,1992(5):20-22.

150. 罗增儒. 配对法解三角题[J]. 数理天地,1992(5):10-11,6.

1993 年(陕西师范大学)(9 篇)

151. 罗增儒,李三平. 1992 年全国高中数学联赛部分试题讲解[J]. 中学数学教学参考,1993(4):36-37,48.

152. 惠州人. 考前寄语[J]. 中学数学教学参考,1993(6):5-8.

153. 惠州人. 浅而不俗,活而不难——1993 年高考数学试题评析[J]. 中学数学教学参考,1993(10):8-11;中国人民大学复印报刊资料"中学数学教学"1993(12):38-42.

154. 罗增儒. 线性三角式的提出[J]. 中学数学教学参考,1993(12):13-14.

155. 文锐,罗增儒. 谈我们提供的一道高中联赛试题[J]. 中学数学①,1993(5):40,32.

156. 罗增儒. 讲授艺术的初步实践[J]. 湖南数学通讯,1993(1):1-4;1993(2):2-4.

157. 罗增儒. 等周问题[J]. 湖南数学通讯,1993(3):30-31.

158. 惠州人. 递归数列 $x_{n+2}=ax_{n+1}+bx_n$ 周期的确定[J]. 中等数学,1993(3):19.

159. 罗增儒. 小议《数学竞赛教程》[J]. 中学数学教学参考,1993(10):38.

1994 年(陕西师范大学)(8 篇)

160. 罗增儒,惠州人. 高考复习的抉择[J]. 中学数学教学参考,1994(1/2):4-6;中国人民大学复印报刊资料"中学数学教学",1994(2):20-22.

161. 罗增儒. 1993 年高中数学联赛评析[J]. 中学数学教学参考,1994(3):31-33.

162. 罗增儒. 谈讲授艺术的基本特性[J]. 中学数学教学参考,1994(4):1-2.

163. 惠州人. 高考复习第三阶段的建议[J]. 中学数学教学参考,1994(6):32.

164. 罗增儒. 1994 年"3+2"高考数学试题讲解[J]. 中学数学教学参考,1994(10/11):82-86;中国人民大学复印报刊资料"中学数学教学",1995(1):22-26.

165. 罗增儒. 1993 年高中联赛最后一题新解[J]. 中等数学,1994(1):14-15,32.

166. 罗增儒. 1994 年初中数学联赛命题侧记[J]. 数学通讯,1994(9):36-40.

167. 罗增儒. 高考答题中的非知识性错误[J]. 中学数学,1994(11):1-4;中国人民大学复印报刊资料"中学数学教学",1994(12):33-36.

1995 年(陕西师范大学)(9 篇)

168. 罗增儒. 论"3+2"高考复习的性质与安排[J]. 中学数学教学参考,1995(1/2):4-7.

169. 罗增儒. 1994 年全国高中数学联赛试题讲解[J]. 中学数学教学参考,1995(5):32-34;中国人民大学复印报刊资料"中学数学教学",1995(7):78-80.

170. 罗增儒. 1995 年全国初中数学联赛评析[J]. 中学数学教学参考,1995(6):34-37;中国人民大学复印报刊资料"中学数学教学",1995(8):77-80.

171. 罗增儒,等. 特点、启示、导向、别解——1995 年全国高考数学试题综合评析(特色与建议;1995 年高考试题新议别解)[J]. 中学数学教学参考,1995(8/9):1,7-10;中国人民大学复印报刊资料"中学数学教学",1995(10):8,15-18.

---

① 现名《中学数学月刊》.

172. 罗增儒. 1995 年全国高中数学联赛讲评[J]. 中学数学教学参考,1995(12)：34-35;1996(1/2)：45-48;中国人民大学复印报刊资料"中学数学教学",1996(4)：74-77;1996(6)：76-77.

173. 罗增儒. 中学教师要岗位成才[J]. 湖南数学通讯,1995(1)：1-3.

174. 罗增儒. 一道"祖冲之杯"竞赛题的改进[J]. 数学教师,1995(7)：44-45.

175. 罗增儒. 我与《中学数学》[J]. 中学数学,1995(9)：38-40.

176. 罗增儒. 1995 年高考数学(理科)解答题另解摘编(24 题)[J]. 数学通讯,1995(11)：29.

1996 年(陕西师范大学)(14 篇)

177. 罗增儒. 点评：继承、创新与随想[J]. 中学数学教学参考,1996(1/2)：10-11,81.(对赵晓玲"课例：函数的奇偶性"的点评,1996(1/2)：6-10)(开启"课例点评"栏目)

178. 刘亚莉,罗增儒. 公式法解一元二次方程[J]. 中学数学教学参考,1996(3)：9-11.

179. 唐平山,罗增儒. 三垂线定理(点评：关键是领悟教学内容的实质)[J]. 中学数学教学参考,1996(4)：5-8.

180. 罗增儒. 点评：精炼例题、灵活讲授——兼谈高考复习[J]. 中学数学教学参考,1996(5)：6(对孙忠义"课例：函数题型及解法"的点评,1996(5)：3-6)中国人民大学复印报刊资料"中学数学教学",1996(8)：43.

181. 罗增儒. 点评：教师的设计要适合学生的实际[J]. 中学数学教学参考. 1996(6)：20-22.(对王文清"课例：三角形的内角和"的点评,1996(6)：18-19)

182. 罗增儒. 1996 年全国初中数学联赛试题讲解[J]. 中学数学教学参考,1996(6)：43-45;1996(7)：35-37.

183. 罗增儒. 点评：为了新设计与高质量的统一[J]. 中学数学教学参考,1996(7)：14-15.(对马管照、杨悦怡"课例：勾股定理"的点评,1996(7)：13)

184. 罗增儒. 争鸣,为了数学教育的繁荣[J]. 中学数学教学参考,1996(8/9)：36.

185. 惠州人. 稳中求变弯转急,重题高落得分低[J]. 中学数学教学参考,1996(8/9)：2-3;中国人民大学复印报刊资料"中学数学教学",1996(11)：38-39.

186. 罗增儒. 1996 年高考数学答题失误谈[J]. 中学数学教学参考,1996(11)：26-28;1996(12)：21-23;中国人民大学复印报刊资料"中学数学教学",1997(4)：42-44,45-47.

187. 罗增儒. 点评：愿说课活动更加繁荣[J]. 中学数学教学参考,1996(12)：11-12.(对沈军"说课课例：相似三角形的性质"的点评,1996(12)：8-10)

188. 罗增儒. 谈信息迁移题[J]. 中学数学,1996(1)：1-4.

189. 罗增儒. 论中国数学竞赛的教育性质[J]. 数学教育学报,1996(3)：71-74.

190. 罗增儒. 解题长度的分析与解题智慧的开发[J]. 中学数学,1996(10)：1-4;中国人民大学复印报刊资料"中学数学教学",1996(12)：40-43.

1997 年(陕西师范大学)(21 篇)

191. 惠州人. 点评：教学创造是一个无限广阔的空间[J]. 中学数学教学参考,1997(1/2)：11-13.(对宗春雷"课例：弦切角"的点评,1997(1/2)：9-10)

192. 罗增儒. 为了"数学解题学"的诞生[J]. 中学数学教学参考,1997(3)：48.

193. 罗增儒. 数学教学的情节——"直线与平面平行"的教学镜头片段[J]. 中学数学教学参考,1997(5):13-15.

194. 东江. 1997 年数学高考命题的动向[J]. 中学数学教学参考,1997(5):34-35;中国人民大学复印报刊资料"中学数学教学",1997(7):36-37.

195. 罗增儒. 谈中学教师的数学研究工作[J]. 中学数学教学参考,1997(7):24-26;1997(8/9):19-20.

196. 罗增儒. 继续进行命题改革探索的 97 年高考试题[J]. 中学数学教学参考,1997(8/9):2-3;中国人民大学复印报刊资料"中学数学教学",1997(10):35-36.

197. 李红霞,罗增儒. 三角形的中位线[J]. 中学数学教学参考,1997(8/9):41-47.

198. 罗增儒. 数学高考答题失误的研究[J]. 数学通报,1997(2):30-34.

199. 罗增儒. 数学解题学的构想[J]. 数学教育学报,1997(3):86-88.

200. 惠州人. 对一道竞赛题"简证"的完善[J]. 中学数学,1997(4):44-45.

201. 罗增儒. 高考中的近似计算问题[J]. 中学数学,1997(4):1-3;中国人民大学复印报刊资料"中学数学教学",1997(7):38-40.

202. 罗增儒. 数学的领悟[J]. 数学教师,1997(1):22-24.

203. 罗增儒. 解题的信息过程[J]. 数学教师,1997(5):20-23.

204. 东江,罗增儒. '96 年高中联赛压轴题的直接解法[J]. 中学数学杂志,1997(3):22-23.

205. 罗增儒. 竞赛好题的再思考[J]. 中等数学,1997(5):12-14.

206. 惠州人. 自不相邻排列的计数问题[J]. 中学数学月刊,1997(6):20-21.

207. 罗增儒. 谈填空设问高考题的处理[J]. 中学教研(数学),1997(7/8):40-42.

208. 罗增儒. 从一道"简证"题的逻辑错误说起[J]. 中学教研(数学),1997(10):26-29.

209. 罗增儒. 学会分析解题过程[J]. 湖南数学通讯,1997(2):13-15.

210. 惠州人. "以对为错"的剖析与联想[J]. 湖南数学通讯,1997(5):18-20.

211. 罗增儒. 注意构造几何模型解题的全面性[J]. 中学生数学,1997(12):8.

1998 年(陕西师范大学)(17 篇)

212. 罗增儒. 解题分析——解题教学还缺少什么环节?[J]. 中学数学教学参考,1998(1/2):40-41.

213. 罗增儒. 解题分析——解法改进的感知[J]. 中学数学教学参考,1998(3):11-13.

214. 东江. 数学教学的新情节——学生教我学会聪明[J]. 中学数学教学参考,1998(3):41-44.(相关文:数学教学的情节——"直线与平面平行"的教学镜头片段[J]. 中学数学教学参考,1997(5):13-15)

215. 罗增儒. 解题分析——再找自己的解题愚蠢[J]. 中学数学教学参考,1998(4):21-22.

216. 罗增儒. 解题分析——分析解题过程的两个步骤[J]. 中学数学教学参考,1998(5):22-23.

217. 罗增儒. 解题分析——分析解题过程的四个方面[J]. 中学数学教学参考,1998(6):18-20;中国人民大学复印报刊资料"中学数学教学"1998(9):68-80.

218. 惠州人. 点评：假如我是个学生[J]. 中学数学教学参考,1998(6)：29-30,45. (点评"课例：线面平行性质定理教学的新思路"[J]. 中学数学教学参考,1998(6)：28-29)

219. 老金. 1998年高考命题的宏观预测[J]. 中学数学教学参考,1998(6)：31-32.

220. 罗增儒. 解题分析——人人都能做解法的改进[J]. 中学数学教学参考,1998(7)：29-30.

221. 罗增儒. 解题分析——1998年高考题与数学直觉[J]. 中学数学教学参考,1998(8/9)：33-35;中国人民大学复印报刊资料"中学数学教学"1998(12)：49-51.

222. 罗增儒. 解题分析——引爆灵感的一根撞针[J]. 中学数学教学参考,1998(10)：20-21.

223. 罗增儒. 解题分析——看透本质就可以引申[J]. 中学数学教学参考,1998(11)：23-24.

224. 惠州人. 读《数学教学的新情节》[J]. 中学数学教学参考,1998(12)：14-16.

225. 罗增儒. 解题分析——自觉暴露数学解题的思维过程[J]. 中学数学教学参考,1998(12)：22-24.

226. 罗增儒. 课堂提问的作用[J]. 数学教师,1998(1)：16-19.

227. 罗增儒. 一道应用题的常规解法[J]. 中学数学,1998(5)：34-35.

228. 罗增儒. "一元二次方程的根与系数的关系"教学设计与评析[J]. 湖南教育,1998(15)：34-35.

1999年(陕西师范大学)(36篇)

229. 罗增儒. "课例点评"的特色——兼祝栏目开设三周年[J]. 中学数学教学参考,1999(1/2)：21.

230. 知心. 数学归纳法的教学设计[J]. 中学数学教学参考,1999(1/2)：22-24.

231. 东江. 尚未成功的课例[J]. 中学数学教学参考,1999(1/2)：24-26.

232. 罗增儒. 解题分析——'98高中联赛与数学思维品质的发展[J]. 中学数学教学参考,1999(1/2)：29-32,121.

233. 罗增儒. 解题分析——1998年高中联赛与解题思路的探求[J]. 中学数学教学参考,1999(3)：20-22.

234. 罗增儒. 解题分析——谈谈"显然"与"可证"[J]. 中学数学教学参考,1999(4)：22-23.

235. 惠州人. 难点的突破技术,知识的形成过程——评《数学归纳法的教学设计》[J]. 中学数学教学参考,1999(5)：22-24.(见知心：数学归纳法的教学设计[J]. 中学数学教学参考,1999(1/2)：22-24)

236. 罗增儒. 解题分析——解题顺序与解题长度[J]. 中学数学教学参考,1999(5)：33-34.

237. 董江垂. 课例大家评：尚未成功不等于失败——评"尚未成功的课例"[J]. 中学数学教学参考,1999(6)：19-21.(见东江：尚未成功的课例[J]. 中学数学教学参考,1999(1/2)：24-26)

238. 罗增儒. 解题分析——面对两种矛盾的解法[J]. 中学数学教学参考,1999(6)：26-28.

239. 罗增儒. 解题分析——1996 高考应用题的再检测[J]. 中学数学教学参考,1999 (7): 33 - 35.

240. 罗增儒. 解题分析——我对一道三角题的学习[J]. 中学数学教学参考,1999 (8): 24 - 26;1999(9): 24 - 25.

241. 知心. 数学归纳法教学设计的若干背景[J]. 中学数学教学参考,1999(9): 15 - 18.

242. 罗增儒. 解题分析——1999 年高考题与学思维[J]. 中学数学教学参考,1999 (10): 33 - 35;1999(11): 33 - 35.

243. 罗增儒. 解题分析——谈错例剖析[J]. 中学数学教学参考,1999(12): 32 - 35.

244. 罗增儒. 奥林匹克数学的特征[J]. 陕西师范大学成人教育学院学报,1999(2): 69 - 73.

245. 罗增儒. 巧思的探求,妙解的发现[J]. 中等数学,1999(2): 12 - 14.

246. 惠州人. 一个推广不等式取等号的充要条件[J]. 中等数学,1999(5): 20 - 21.

247. 罗增儒,李勇. '98 高中数学联赛试题新议别解[J]. 中学数学,1999(2): 39 - 42;中国人民大学复印报刊资料"中学数学教学"1999(4): 72 - 75.

248. 罗增儒. 课堂提问的构成[J]. 中学教研(数学),1999(2): 1 - 5;中国人民大学复印报刊资料"中学数学教学"1999(6): 18 - 22.

249. 罗增儒. 四异面直线问题的初等证明[J]. 数学通报,1999(5): 30.

250. 王申怀(执笔). 一个极值问题的新解[J]. 数学通报,1999(10): 42 - 43. (收入惠州人的两个解法)

251. 罗增儒. 用对应的观点看"空瓶兑换"[J]. 中学生数学,1999(3): 18.

252. 罗增儒. '99 高考(23)题与形式反证法[J]. 中学数学杂志(高中),1999(6): 26 - 27.

253. 惠州人. "错例分析"的再分析 [J]. 中学数学研究(南昌),1999(8): 30 - 46.

254. 罗增儒. "负负得正"难点的突破[J]. 湖南教育, 1999(14): 28 - 29.

255. 范波. 正弦函数统一为幂函数的复合函数[N]. 中学生学习报(高中版),1999 - 1 - 2(罗增儒作知心点评).

256. 张清民. 反向求解,思路自然[N]. 中学生学习报(高中版),1999 - 1 - 16(罗增儒作知心点评).

257. 李光春. 一个小猜想的证明[N]. 中学生学习报(高中版),1999 - 2 - 6(罗增儒作知心点评).

258. 郭喆. 一题两解,谁对谁错[N]. 中学生学习报(高中版),1999 - 3 - 20(罗增儒作知心点评).

259. 高品秀. 逆向思维巧解题一例[N]. 中学生学习报(高中版),1999 - 7 - 3(罗增儒作知心点评).

260. 叶国华. 多解方法巧,疏漏要严防[N]. 中学生学习报(高中版),1999 - 7 - 10 (罗增儒作知心点评).

261. 张清民. 巧用共线来解题[N]. 中学生学习报(高中版),1999 - 8 - 14(罗增儒作知心点评).

262. 蔡庆丹. 错例评析[N]. 中学生学习报(高中版),1999 - 10 - 2(罗增儒作知心点评).

263. 张志军.《一分为二求体积》的补充[N]. 中学生学习报(高中版),1999-11-13(罗增儒作知心点评).

264. 王立志. 我的猜想、证明与再猜想[N]. 中学生学习报(高中版),1999-12-4(罗增儒作知心点评,足球阴影问题1).

2000 年(陕西师范大学)(30 篇)

265. 罗增儒,李三平. 大学生直觉猜想能力的一次小测试[J]. 数学教育学报,2000(2):67-71.

266. 罗增儒."有理数的乘法"的课例与简评[J]. 中学数学教学参考,2000(1/2):21-26.

267. 东江. 一堂没有结束语的课例:三角形的内角和[J]. 中学数学教学参考,2000(1/2):27-29.

268. 罗增儒. 从几何直觉到代数证明[J]. 中学数学教学参考,2000(3):18-19.

269. 罗增儒. 数学阅读与解题学习[J]. 中学数学教学参考,2000(4):25-27.

270. 董江垂."没有结束语"的潜台词[J]. 中学数学教学参考,2000(5):23-25.

271. 罗增儒. 解题分析与学会学习[J]. 中学数学教学参考,2000(5):32-33.

272. 惠州人. 点评:试析课例的学习过程[J]. 中学数学教学参考,2000(6):22-25.

273. 罗增儒. 直觉、猜想与论证[J]. 中学数学教学参考,2000(6):31-32.

274. 罗增儒. 解题杂谈[J]. 中学数学教学参考,2000(7):27-30.

275. 罗增儒."尚未成功"的突破[J]. 中学数学教学参考,2000(8):29-30.

276. 罗增儒. 从"曹冲称象"的解题愚蠢说起——例说解题过程的改进[J]. 中学数学教学参考,2000(9):21-24.

277. 惠州人."糖水浓度与数学发现"的系列活动课[J]. 中学数学教学参考,2000(10):17-24.

278. 罗增儒. 节省解题力量,开发解题智慧[J]. 中学数学教学参考,2000(11):32-34.

279. 罗增儒. 两个解题案例的分析[J]. 中学数学教学参考,2000(12):35-38.

280. 惠州人. 要看透题目的本质结构[J]. 中学数学,2000(5):20.

281. 孙淑娥,罗增儒. 关于数学问题解决思维结构的探析[J]. 陕西师范大学继续教育学报,2000(1):91-94.

282. 罗增儒. 错例分析要击中要害[J]. 数学教学通讯,2000(12):44-45;中国人民大学复印报刊资料"中学数学教与学"2001(3):44-45.

283. 罗增儒. 关于'99年初中联赛题的求解思路[J]. 中等数学,2000(1):13-15.

284. 孙旻焱. 定理简单威力大[N]. 中学生学习报(高中版),2000-1-1(罗增儒作知心点评).

285. 徐万超. 维界猜想[N]. 中学生学习报(高中版),2000-1-15(罗增儒作知心点评).

286. 王代泉. 数码相乘的个位数规律[N]. 中学生学习报(高中版),2000-4-8(罗增儒作知心点评).

287. 罗增儒. 争鸣小猜想,豪情话短长[N]. 中学生学习报(高中版),2000-5-6(罗增儒作知心点评,足球阴影问题2).

288. 周海阁. 等分角的象限确定[N]. 中学生学习报(高中版),2000-5-27(罗增儒作知心点评).

289. 周乃锋. 一类特殊数列通项公式的求法[N]. 中学生学习报(高中版),2000-7-1(罗增儒作知心点评).

290. 牛余朋. 构造法解三角题[N]. 中学生学习报(高中版),2000-7-8(罗增儒作知心点评).

291. 罗钰. 用三元一次方程组求数列的通项公式[N]. 中学生学习报(高中版),2000-8-12(罗增儒作知心点评).

292. 杨庆. 添加"催化剂"巧解三角题[N]. 中学生学习报(高中版),2000-9-2(罗增儒作知心点评).

293. 徐刚. 一题多解寻最简[N]. 中学生学习报(高中版),2000-9-22(罗增儒作知心点评).

294. 马明慧. 一个优美的结论及其应用[N]. 中学生学习报(高中版),2000-12-2(罗增儒作知心点评).

2001年(陕西师范大学)(31篇)

295. 罗增儒,惠州人. 案例教学——"数轴"课例的分析[J]. 中学数学教学参考,2001(1/2):20-29.

296. 罗增儒. 提出几个疑问,删除一些过程[J]. 中学数学教学参考,2001(3):17-19.

297. 罗增儒. 解题认识的再认识[J]. 中学数学教学参考,2001(4):35-37.

298. 惠州人. 点评:公理教学的过程,变式训练的思考[J]. 中学数学教学参考,2001(5):22-24.

299. 罗增儒. 数学证明的作用[J]. 中学数学教学参考,2001(5):25-27.

300. 罗增儒. 看透本质,优化过程[J]. 中学数学教学参考,2001(6):41-43.

301. 罗增儒. 归纳、反例、分析、论证——探索一道组合几何题[J]. 中学数学教学参考,2001(7):38-42;中国人民大学复印报刊资料"中学数学教与学"2001(12):64-69.

302. 罗增儒. "以错纠错"的案例分析[J]. 中学数学教学参考,2001(9):23-26.

303. 罗增儒. 从一道例题 谈两点误解[J]. 中学数学教学参考,2001(10):37-39.

304. 惠州人. 数学教学首先要有数学知识结构的明确[J]. 中学数学教学参考,2001(11):18-22.

305. 罗增儒. 解题反思二则[J]. 中学数学教学参考,2001(11):35-37.

306. 惠州人. 再谈康托洛维奇不等式的初等证明[J]. 中学教研(数学),2001(4):23-25.

307. 王振. 一个有用的结论[N]. 中学生学习报(高中版),2001-1-27(罗增儒作知心点评).

308. 成一凡. 构造二次函数有巧解[N]. 中学生学习报(高中版),2001-2-3(罗增儒作知心点评).

309. 知心. 征解已有重大进展,证明还需继续努力[N]. 中学生学习报(高中版),2001-2-24(罗增儒作知心点评).

310. 知心. 喜看征解的第一批成果[N]. 中学生学习报(高中版),2001 - 5 - 5(罗增儒作知心点评).

311. 知心. 喜看征解的第一批成果(续)[N]. 中学生学习报(高中版),2001 - 5 - 12(罗增儒作知心点评).

312. 刘东. 运用函数与方程思想解最值型应用题[N]. 中学生学习报(高中版),2001 - 6 - 2(罗增儒作知心点评).

313. 施钰. $x^n = b(b \in \mathbf{C})$ 解的应用[N]. 中学生学习报(高中版),2001 - 6 - 9(罗增儒作知心点评).

314. 一同学(来稿没写名字). 利用函数的单调性求值域[N]. 中学生学习报(高中版),2001 - 6 - 16(罗增儒作知心点评).

315. 齐宝勇. 注意定义域的"优先权"[N]. 中学生学习报(高中版),2001 - 6 - 23(罗增儒作知心点评).

316. 丁禹. 一个不等式的三种解法[N]. 中学生学习报(高中版),2001 - 7 - 7(罗增儒作知心点评).

317. 周春华. 一个高考答案的质疑[N]. 中学生学习报(高中版),2001 - 7 - 14(罗增儒作知心点评).

318. 苟茂林. 一道课本例题解法的改进[N]. 中学生学习报(高中版),2001 - 7 - 21(罗增儒作知心点评).

319. 朱建强. 联想在数学中的妙用[N]. 中学生学习报(高中版),2001 - 8 - 4(罗增儒作知心点评).

320. 王磊. 一道高考解析几何题的参数解法[N]. 中学生学习报(高中版),2001 - 8 - 11(罗增儒作知心点评).

321. 张华,杨雷. 数形结合总是好[N]. 中学生学习报(高中版),2001 - 9 - 1(罗增儒作知心点评).

322. 知心. 足球阴影问题[N]. 中学生学习报(高中版),2001 - 11 - 3(罗增儒作知心点评,足球阴影问题 3).

323. 黄可谈. 反比例函数 $y = \dfrac{1}{x}$ 解题作用 [N]. 中学生学习报(高中版),2001 - 11 - 10(罗增儒作知心点评).

324. 张英. 一道极限题的求解[N]. 中学生学习报(高中版),2001 - 11 - 17(罗增儒作知心点评).

325. 胡伟军. 巧转换,化繁为简[N]. 中学生学习报(高中版),2001 - 12 - 1(罗增儒作知心点评).

2002 年(陕西师范大学)(29 篇)

326. 王凤葵,罗增儒. 数学焦虑的研究概况[J]. 数学教育学报,2002(1):39 - 42.

327. 罗新兵,罗增儒. 数学课程弹性化的初步研究[J]. 数学教育学报,2002(3):58 - 61;中国人民大学复印报刊资料"中学数学教与学",2003(4):20 - 23.

328. 罗增儒. 让思维更深刻,让形数真沟通[J]. 中学数学教学参考,2002(1/2):38 - 39.

329. 东江 . "释疑"的再释疑[J]. 中学数学教学参考,2002(1/2):46 - 48.

330. 罗增儒. 读刊手记——愿解题写作更加自觉[J]. 中学数学教学参考,2002(3):23-25.

331. 罗增儒. 形象化——需要,但不要停留[J]. 中学数学教学参考,2002(4):33-38.

332. 罗增儒. 例说数学解题的思维过程[J]. 中学数学教学参考,2002(5):32-34.

333. 罗增儒. 差异分析法[J]. 中学数学教学参考,2002(6):23-27.

334. 罗增儒. IMO_{42-2} 的探索过程[J]. 中学数学教学参考,2002(7):34-37.

335. 罗增儒. 应用题数学模型的二重性与层次性[J]. 中学数学教学参考,2002(8):24-26.

336. 罗增儒. 奇思异想话问题[J]. 中学数学教学参考,2002(9):32-35.

337. 罗增儒. 续谈 2001 年中国西部数学奥林匹克[J]. 中学数学教学参考,2002(11):25-28.

338. 惠州人. 什么叫数列的通项公式?——《关于数列通项公式的新认识》的争鸣[J]. 中学数学教学参考,2002(12):18-20.

339. 罗增儒. 数学知识小沟通的一次实际体验[J]. 中学数学教学参考,2002(12):26-30.

340. 罗增儒. 解题分析——"柳卡问题"新议[J]. 中学教研(数学),2002(3):1-3;中国人民大学复印报刊资料"中学数学教与学"2003(9):51-53.

341. 高睿(1998 级学生),罗增儒. 初二学生数学焦虑与数学学习成绩关系的调查分析[J]. 中学教研(数学),2002(11):19-20.

342. 惠州人. 也谈几何计数问题的规律探讨[J]. 中学生数学,2002(6):27-28.

343. 段志敏. 一道最值问题的多种解法[N]. 中学生学习报(高中版),2002-3-2(罗增儒作知心点评).

344. 张志顺. 数学学习笔记两则[N]. 中学生学习报(高中版),2002-4-16(罗增儒作知心点评).

345. 张志顺. 数学学习笔记两则(续)[N]. 中学生学习报(高中版),2002-4-23(罗增儒作知心点评).

346. 赵伟杰. 巧解复数题[N]. 中学生学习报(高中版),2002-4-20(罗增儒作知心点评).

347. 赵玉玺. 数学解题也要讲究"翻译"[N]. 中学生学习报(高中版),2002-5-24(罗增儒作知心点评).

348. 王旭. 概念要准确[N]. 中学生学习报(高中版),2002-7-23(罗增儒作知心点评).

349. 余铁义. 用构造法解题[N]. 中学生学习报(高中版),2002-7-20(罗增儒作知心点评).

350. 蔡顺波,杨帆,陈平,罗旭,周错,闫折. 等差数列部分和最值的求法[N]. 中学生学习报(高中版),2002-7-23(罗增儒作知心点评).

351. 杨小勇. 转换角度,巧解不等式[N]. 中学生学习报(高中版),2002-7-30(罗增儒作知心点评).

352. 陈曦. 一道数学试题的完善[N]. 中学生学习报(高中版),2002-10-1(罗增儒作知心点评).

353. 刘占高. 一题多解显神通[N]. 中学生学习报(高中版),2002 - 10 - 23(罗增儒作知心点评).

354. 金晓俊. 辨析一个似是而非的解法[N]. 中学生学习报(高中版),2002 - 12 - 20(罗增儒作知心点评).

2003 年(陕西师范大学)(27 篇)

355. 罗新兵,罗增儒. 数学概念表征的初步研究[J]. 数学教育学报,2003(2): 21 - 23.

356. 罗增儒. 学思维的一个案例——对两篇文章的再认识[J]. 中学数学教学参考, 2003(1/2): 36 - 39.

357. 罗增儒. 数学理解的案例分析[J]. 中学数学教学参考,2003(3): 15 - 20;2003 (4): 31 - 35;中国人民大学复印报刊资料"中学数学教与学",2003(8): 17 - 24.

358. 罗增儒. 解题分析与方法提炼——演算两次[J]. 中学数学教学参考,2003(5): 31 - 34.

359. 罗增儒. $\sqrt{a^2+b^2+k_1ab} + \sqrt{b^2+c^2+k_2bc} > \sqrt{a^2+c^2+k_3ac}$ 的探究——反思、与读者也与自己对话[J]. 中学数学教学参考,2003(6): 39 - 42.

360. 罗增儒. 点击 2003 年全国初中数学联赛题[J]. 中学数学教学参考,2003(7): 24 - 28.

361. 李三平,罗增儒. 简单命题与复合命题的区分[J]. 中学数学教学参考,2003(8): 4 - 5.

362. 罗增儒. 错例分析与求解建议——谈一类染色问题[J]. 中学数学教学参考, 2003(8): 21 - 23;2003(9): 23 - 26.

363. 李三平,罗增儒. 复合命题的构造[J]. 中学数学教学参考,2003(9): 4 - 5.

364. 罗增儒. 对有疑事鸣争,于无争处存疑[J]. 中学数学教学参考,2003(10): 26 - 30.

365. 罗增儒. "W·Janous 猜测"的解题分析[J]. 中学数学教学参考,2003(11): 31 - 34;2003(12): 35 - 37.

366. 罗增儒. 一道国际竞赛题的新推广[J]. 中等数学,2003(2): 13 - 15.

367. 罗增儒. 几何计数问题[J]. 中等数学,2003(6): 2 - 4;2004(1): 3 - 6.

368. 惠州人. 面积剖分理论与几何剪拼高考题[J]. 中学教研(数学),2003(5): 32 - 35.

369. 罗增儒. 一道国际竞赛题的新推广[J]. 中学教研(数学),2003(10): 34 - 37.

370. 罗增儒. 知难而进学解题[J]. 中学生数学(月上),2003(5): 12 - 13.

371. 惠州人. 纠正一个逻辑漏洞[J]. 中学生数学(月下),2003(8): 5.

372. 罗增儒. "圆满答案"的反思,"教学价值"的拓延[J]. 中学数学,2003(6): 1 - 2.

373. 向杨阳. 退一步海阔天空[N]. 中学生学习报(高中版),2003 - 1 - 7(罗增儒作知心点评).

374. 林金城. 特例法解选择题[N]. 中学生学习报(高中版),2003 - 2 - 1(罗增儒作知心点评).

375. 龙飞. 不妨直接求解[N]. 中学生学习报(高中版),2003 - 2 - 11(罗增儒作知心点评).

376. 贵霞冬. 这种解法行不行[N]. 中学生学习报(高中版),2003 - 4 - 22(罗增儒作知心点评).

377. 王义. 2003 年高考数学附加题新解[N]. 中学生学习报(高中版),2003 - 6 - 10(罗增儒作知心点评).

378. 杨中良. 一道立体几何题的反思[N]. 中学生学习报(高中版),2003 - 7 - 5(罗增儒作知心点评).

379. 蒋福娟. 证明不等式要抓住关键[N]. 中学生学习报(高中版),2003 - 9 - 20(罗增儒作知心点评).

380. 卢瑞. 柯西不等式的新证法[N]. 中学生学习报(高中版),2003 - 9 - 27(罗增儒作知心点评).

381. 杨小勇. 转换角度,巧解不等式[N]. 中学生学习报(高中版),2003 - 7 - 30(罗增儒作知心点评).

2004 年(陕西师范大学)(27 篇)

382. 罗增儒. 进退互化,成败相辅——不等式 $\prod\limits_{i=1}^{n}\left(\dfrac{1}{x_i}\right) \geqslant \left(n - \dfrac{1}{n}\right)^n$ 的初等证明[J]. 中学数学教学参考,2004(1/2):31 - 36.

383. 罗增儒. 推广不等式成立的条件——再谈 $\sqrt{a^2 + b^2 + k_1 ab} + \sqrt{b^2 + c^2 + k_2 bc} > \sqrt{a^2 + c^2 + k_3 ac}$ [J]. 中学数学教学参考,2004(3):16 - 19.

384. 罗增儒,罗新兵. 波利亚的怎样解题表[J]. 中学数学教学参考,2004(4):23 - 25;2004(5):29 - 32.

385. 惠州人. 一道江苏高考试题的风波[J]. 中学数学教学参考,2004(4):48 - 50.

386. 罗增儒. 数式与图形沟通,直觉与逻辑互动[J]. 中学数学教学参考,2004(6):30 - 32;2004(7):24 - 26.

387. 罗增儒. 关于数学归纳法的逻辑基础[J]. 中学数学教学参考,2004(8):17 - 18.

388. 罗增儒. 学会学解题——写在《数学解题学引论》第 4 次印刷[J]. 中学数学教学参考,2004(9):16 - 18;2004(10):16 - 18;2004(11):17 - 20.

389. 惠州人. 解题分析——看透题目的本质结构[J]. 中学数学教学参考,2004(10):22 - 25.

390. 罗增儒. 案例创作:"(-3)×(-4)=?"数轴表示的挑战[J]. 中学数学教学参考,2004(12):5 - 7.

391. 罗增儒. 从函数方程到初中联赛试题[J]. 中等数学,2004(1):13 - 16.(开始"我为数学竞赛命题"栏目)

392. 惠州人. 巧思探求的过程,妙解本质的揭示——谈 2003 年全国高中数学联赛加试第一题[J]. 中等数学,2004(2):15 - 18.(开始"巧思妙解"栏目)

393. 罗增儒. 同旁内角的计数——从具体到抽象[J]. 中等数学,2004(3):14 - 16.

394. 罗增儒. 纵思横想——由形到数作推广[J]. 中等数学,2004(4):13 - 16.

395. 罗增儒. 负数进入应用题[J]. 中等数学,2004(5):15 - 17.

396. 罗增儒. 判别式的整体结构 $b^2 - 4ac = (2ax + b)^2$ [J]. 中等数学,2004(6):

14－16；2005(1)：18－20.

397. 罗增儒. 解题案例的专业分析——一个不等式的数形双向沟通[J]. 中学教研(数学),2004(1)：17－21.

398. 罗增儒. 数学思想方法的教学[J]. 中学教研(数学),2004(7)：28－33.

399. 罗增儒. 剖析一类参数解题的漏洞[J]. 中等数学,2004(10)：43－45.

400. 罗增儒. 两种解法、两种结果的沟通[J]. 数学教学通讯,2004(1)：1－4.

401. 罗增儒. 一个代数不等式的代数证法[J]. 数学教学通讯,2004(2)：1－2.

402. 惠州人. 一道初中竞赛题的再改进[J]. 中学数学杂志(初中),2004(5)：25.

403. 罗增儒. 从不等式 $\sqrt{\dfrac{a}{a+3b}}+\sqrt{\dfrac{b}{b+3a}}\geqslant 1$ 谈数学推广[J]. 中学数学,2004(7)：5－8.

404. 罗增儒. 从《例说不等式的几何直觉证明》谈论文写作[J]. 数学教学,2004(11)：3－4,封底.

405. 罗增儒. 让解法更自然些[J]. 中学数学教育①(初中版),2004(12)：27.

406. 惠州人. 一道初中数学竞赛题的逻辑补充[J]. 中学生数学,2004(4)：25－27.

407. 罗增儒. "精彩片段"的自觉反思[J]. 中学生数学,2004(8)：13,10.

408. 惠州人. 一道竞赛题的订正[J]. 中小学数学(初中版),2004(6)：20－21.

2005 年(陕西师范大学)(33 篇)

409. 罗增儒,罗新兵. 作为数学教育任务的数学解题[J]. 数学教育学报,2005(1)：12－15;中国人民大学复印报刊资料"中学数学教与学(上半月·高中)",2005(6)：19－23.

410. 罗增儒. 一道竞赛题解法的逻辑漏洞[J]. 数学通报,2005(1)：59－61.

411. 罗增儒. 反思"定比分点"的一个流行误解[J]. 数学通报,2005(7)：44－47.

412. 罗增儒. 从数学竞赛到竞赛数学(1)[J]. 中学数学教学参考,2005(1/2)：108－110.

413. 罗增儒. 从数学竞赛到竞赛数学(2)[J]. 中学数学教学参考,2005(3)：55－57.

414. 罗增儒. 从数学竞赛到竞赛数学(3)[J]. 中学数学教学参考,2005(4)：52－55.

415. 罗增儒. 从数学竞赛到竞赛数学(4)[J]. 中学数学教学参考,2005(5)：53－54.

416. 罗增儒. 从数学竞赛到竞赛数学(5)[J]. 中学数学教学参考,2005(6)：37－39.

417. 罗增儒. 从数学竞赛到竞赛数学(6)[J]. 中学数学教学参考,2005(7)：50－53.

418. 罗增儒. 从数学竞赛到竞赛数学(7)[J]. 中学数学教学参考,2005(8)：52－54.

419. 罗增儒. 解题分析——为了认识问题的深层结构[J]. 中学数学教学参考,2005(9)：21－24.

420. 罗增儒,罗新兵. 题案分析：一个标准答案的问题解决视角[J]. 中学数学教学参考,2005(11)：19－20;2005(12)：20－23,25.

421. 罗增儒. 浅而不俗,熟而不旧[J]. 中等数学,2005(2)：15－18.

422. 罗增儒. 巧思妙解与数学证明[J]. 中等数学,2005(3)：16－18.

423. 罗增儒. 谈 2004 年初中数学联赛的几何计数题[J]. 中等数学,2005(4)：16－

---

① 现名《中国数学教育》.

20;中国人民大学复印报刊资料"中学数学教与学(下半月·初中)",2005(7):58-61.

424. 罗增儒. $\dfrac{8}{15}<\dfrac{n}{n+k}<\dfrac{7}{13}$ 与糖水浓度[J]. 中等数学,2005(5):16-19.

425. 罗增儒. 成题改编——增加解题的层次[J]. 中等数学,2005(6):16-19.

426. 罗增儒. 高等背景,初等解法——三异面直线赛题的背景与引申[J]. 中等数学,2005(7):15-18.

427. 罗增儒. 成题改编——引申[J]. 中等数学,2005(8):14-16,19.

428. 罗增儒. 成题改编——移植转换[J]. 中等数学,2005(10):14-18.

429. 罗增儒. 认识深化后,结论推广时[J]. 中等数学,2005(11):16-19.

430. 罗增儒. 一道极值赛题的推广[J]. 中等数学,2005(12):17-19.

431. 罗增儒. 一个双边不等式的统一再处理[J]. 中学数学杂志(高中),2005(2):33-34.

432. 罗增儒. a 的取值范围应是大于-1的实数[J]. 中学数学杂志(初中),2005(3):54-57.

433. 罗增儒. 案例分析:"证法"合理性的说明[J]. 中学教研(数学),2005(6):18-20.

434. 罗增儒. 内切于抛物线顶点的最大圆——兼谈一个逻辑关系[J]. 中学教研(数学),2005(8):22-24.

435. 罗增儒. 介绍一个函数方程[J]. 中学数学,2005(6):42-43.

436. 罗增儒,钟湘湖. 趣谈等比定理[J]. 中学数学研究(广州),2005(6):3-6.

437. 罗增儒. 探求满足 $\dfrac{n}{a}<\dfrac{n}{n+mk}<\dfrac{d}{c}$ 的最小 n[J]. 中学数学研究(广州),2005(10):8-10.

438. 罗增儒. 几何计数——关键在几何结构的明确[J]. 中学数学教学,2005(6):19-22;中国人民大学复印报刊资料"中学数学教与学(上半月·高中)",2006(4):52-55.

439. 罗增儒. 澄清一道中考题的有关认识[J]. 中小学数学(初中版),2005(3):10-12.

440. 罗增儒. "质疑"错在哪里[J]. 中小学数学(初中版),2005(4):1-2.

441. 罗增儒. 二次函数论证题的巧思妙解[J]. 广东教育(下半月),2005(6):12-13.

2006 年(陕西师范大学)(24 篇)

442. 罗增儒. 案例分析:继续暴露数学解题的思维过程——谈2005年高中数学联赛加试"平面几何"题的思路探求[J]. 中学数学教学参考(上半月·高中),2006(1/2):28-31;中国人民大学复印报刊资料"中学数学教与学(上半月·高中)",2006(5):52-56.

443. 罗增儒. 1986年第一次参加高中数学联赛命题的反思[J]. 中学数学教学参考(上半月·高中),2006(3):45-47.

444. 罗增儒. 数形结合:一个解题案例的再分析[J]. 中学数学教学参考(上半月·高中),2006(4):12-14;2006(5):21-24;2006(6):25-27;2006(7):19-21.

445. 罗增儒. 形异而质同——要看清问题的深层结构[J]. 中学数学教学参考(上半月·高中),2006(10):23-25;2006(11):21-23.

446. 罗增儒. 形异而值同——要排除形异对值同的干扰[J]. 中学数学教学参考(上半月·高中),2006(12):21-24.

447. 惠州人,罗新兵. 注重数学思想方法的提炼——关于化归思想的一个案例分析[J]. 中学数学教学参考(下半月·初中),2006(1/2):20-21,39.

448. 罗增儒. 数学中考命题的趋势分析[J]. 中学数学教学参考(下半月·初中),2006(1/2):33-36;2006(3):20-23;中国人民大学复印报刊资料"中学数学教与学(下半月·初中)"2006,(4):32-37;2006,(5):50-55.

449. 罗增儒. 一道中考题的数形结合分析[J]. 中学数学教学参考(下半月·初中),2006(4):14-16.

450. 罗增儒. 数学解题中的"模式识别"[J]. 中学数学教学参考(下半月·初中),2006(10):26-28;2006(11):31-33.

451. 罗增儒. 数形互译[J]. 中等数学,2006(3):17-20;2006(4):18-19.

452. 罗增儒. 递推方法[J]. 中等数学,2006(10):5-9;2006(11):6-9.

453. 罗增儒. 数学中考复习方法提要[J]. 中学数学教育①(初中版),2006(1/2):49-52.

454. 罗增儒. 常数消去法——从实践到方法的提升[J]. 中学教研(数学),2006(2):13-16.

455. 罗增儒. 纠正一种消极的"潜在假设"[J]. 中学教研(数学),2006(12):15-18.

456. 罗增儒. 解题分析的数形结合视角[J]. 中学数学研究(广州),2006(6):17-20.

457. 罗增儒. 数列1,2,2,3,3,3,…的通项与求和[J]. 中学数学,2006(7):44-46.

458. 罗增儒. 例说解题研究[J]. 数学教学,2006(10):29-31.

459. 罗增儒. 计数策略——几何结构理解的多样性[J]. 中学数学教学,2006(6):22-25.

460. 罗增儒. 一类最值不等式的求解通法[J]. 中学数学杂志,2006(6):28-29.

461. 罗增儒. 揭示问题的结构,统一推广的证明[J]. 湖南教育(数学教师),2006(2):7-9,18;2006(3):10-11.

462. 罗增儒. 一个几何命题的简捷证明[J]. 中学生数学(月下),2006(2):10.

463. 罗增儒. 谨防数学解题中的逻辑性失误[J]. 中学生数学(月上),2006(9):2-3.

464. 罗增儒. 一个解题反思的最反思[J]. 中学生数学(月上),2006(10):45-47.

465. 罗增儒. 关于一道"巧解"题的两点补充 [J]. 中学生数学(月上),2006(12):9-10.

2007 年(陕西师范大学)(27 篇)

466. 罗增儒. 由考题谈方法——2006 年全国高考数学陕西卷理科第 22 题[J]. 中学数学教学参考(上半月·高中),2007(1/2):30-33.

467. 罗增儒,赵婧一(研究生). 由考题谈垂直——高考立体几何解题的一个关键[J]. 中学数学教学参考(上半月·高中),2007(3):18-21.

---

① 现名《中国数学教育》。

468. 罗增儒. 由考题谈论证——2006 年全国高考数学陕西卷理科第 8 题[J]. 中学数学教学参考(上半月·高中),2007(4)：20 - 24.

469. 罗增儒. 由考题谈背景——2006 年全国高考数学陕西卷理科第 21 题[J]. 中学数学教学参考(上半月·高中),2007(5)：18 - 19;2007(6)：22 - 24.

470. 罗增儒. 教育叙事：剖析一个流行的几何错觉[J]. 中学数学教学参考(上半月·高中),2007(7)：21 - 23;2007(8)：22 - 25.

471. 罗增儒. 心路历程：认识·反思·拓展——谈 2007 年全国高考数学陕西卷理科第 21 题[J]. 中学数学教学参考(上半月·高中),2007(9)：23 - 26;2007(10)：33 - 36,39.

472. 罗增儒. 解题案例：一道 2007 年高考数学题的完整求解与思维测试[J]. 中学数学教学参考(上半月·高中),2007(11)：27 - 30.

473. 罗增儒. 课例反思时时有,教师发展步步高——教学应是一种学术活动[J]. 中学数学教学参考(上半月·高中),2007(12)：47 - 50.

474. 罗增儒,柴璐(研究生). 中考试题的内容结构[J]. 中学数学教学参考(下半月·初中),2007(1/2)：62 - 65.

475. 罗增儒. 教育叙事：圆的遭遇[J]. 中学数学教学参考(下半月·初中),2007(3)：23 - 26.

476. 罗增儒. 教育叙事：数三角形的认识封闭及其突破[J]. 中学数学教学参考(下半月·初中),2007(4)：22 - 24.

477. 罗增儒. 教育叙事：正确与错误共存的逻辑矛盾现象[J]. 中学数学教学参考(下半月·初中),2007(5)：20 - 23;2007(6)：28 - 30.

478. 罗增儒. 能力立意：初中生也能求解的高考题[J]. 中学数学教学参考(下半月·初中),2007(8)：24 - 26.

479. 罗增儒. 心路历程：问题本质的领悟[J]. 中学数学教学参考(下半月·初中),2007(9)：30 - 33,35;2007(10)：25 - 26.

480. 罗增儒. 数学教育的结论也需要证实—— 一个解题案例的商榷[J]. 中学数学教学参考(下半月·初中),2007(11)：23 - 26;2007(12)：41 - 42.

481. 罗增儒. 巧在本质关系的揭示,妙在深层结构的接近 [J]. 中等数学,2007(3)：16 - 20;2007(4)：12 - 14.

482. 罗增儒. 从竞赛到高考,从染色到传球[J]. 中等数学,2007(7)：18 - 22.

483. 罗增儒. 巧思妙解的两个途径—— 一般化与特殊化[J]. 中等数学,2007(8)：16 - 18.

484. 罗增儒. 探索、发现、论证[J]. 中等数学,2007(9)：2 - 4,14;2007(10)：2 - 5.

485. 罗增儒. 对一道 2007 年全国初中数学联赛题的新想法[J]. 中等数学,2007(11)：12 - 14.

486. 罗增儒. 成题改编——创设新情境[J]. 中等数学,2007(12)：16 - 20.

487. 罗增儒,罗新兵. 四边形内角和定理的认知分析与教学设计[J]. 中国数学教育(初中版),2007(1/2)：11 - 14;中国人民大学复印报刊资料"中学数学教与学"(下半月·初中),2007(6)：26 - 31.

488. 罗增儒. 数学中考试题的结构分析[J]. 中国数学教育(初中版),2007(3)：

37 - 39.

489. 罗增儒. 一道时钟竞赛题的商榷[J]. 中学数学月刊,2007(2):40 - 42.

490. 罗增儒. 到底谁对谁错[J]. 数学通报,2007(7):40 - 41.

491. 罗增儒. 教育叙事:一个方程问题的认识封闭现象[J]. 数学教学,2007(7):2 - 6.

492. 罗增儒. 谈数学解题[J]. 中学数学研究(广州),2007(9):3 - 8.

2008 年(陕西师范大学)(19 篇)

493. 罗增儒. 课例反思时时有,教师发展步步高——教学应是一种学术活动(续)[J]. 中学数学教学参考(上半月·高中),2008(1/2):111 - 116.

494. 罗增儒. 2007 年高考数学陕西卷数列题的解题分析[J]. 中学数学教学参考(上半月·高中),2008(3):18 - 21;2008(4):29 - 31.

495. 曹丽鹏(研究生),罗增儒. 审题新概念[J]. 中学数学教学参考(上半月·高中),2008(4):39 - 45.

496. 罗增儒. 教育叙事——开放策略下的认识封闭[J]. 中学数学教学参考(上半月·高中),2008(6):21 - 25.

497. 罗增儒. 心路历程:特殊与一般的双向沟通[J]. 中学数学教学参考(上半月·高中),2008(7):27 - 31;中国人民大学复印报刊资料"中学数学教与学"(上半月·高中),2008(11):48 - 52.

498. 罗增儒. 解题分析,应该有"第二过程"的暴露——写在《数学解题学引论》第 5 次印刷[J]. 中学数学教学参考(上半月·高中),2008(9):22 - 24;2008(10):19 - 21;2008(12):22 - 23.

499. 罗增儒. "案例研究"的案例——行动的汇报[J]. 中学数学教学参考(上半月·高中),2008(11):11 - 15.

500. 蒋海瓯,罗增儒(点评). 我们该如何来"玩"数学——"充分条件与必要条件"的课例[J]. 中学数学教学参考(上半月·高中),2008(11):16 - 21.

501. 罗增儒. 发扬传统优势的"充分条件与必要条件"教学[J]. 中学数学教学参考(上半月·高中),2008(11):22 - 27;中国人民大学复印报刊资料"中学数学教与学"(上半月·高中),2009(3):17 - 22.

502. 罗增儒. 结构良好试题编拟的基本要求[J]. 中学数学教学参考(下半月·初中),2008(1/2):1 - 3.

503. 惠州人. 数学中考解题的宏观驾驭[J]. 中学数学教学参考(下半月·初中),2008(1/2):118 - 128.

504. 罗增儒. 试题编拟的技术性建议[J]. 中学数学教学参考(下半月·初中),2008(3):33 - 37;2008(4):30 - 33.

505. 罗增儒. 再反思微型案例,试争鸣方程问题[J]. 中学数学教学参考(下半月·初中),2008(8):29 - 33.

506. 罗增儒. "案例研究"的案例——行动的汇报[J]. 中学数学教学参考(下半月·初中),2008(11):11 - 15.

507. 符永平,罗增儒. "一元二次方程章头图导学"课例与互动点评[J]. 中学数学教学参考(下半月·初中),2008(11):16 - 39.

508. 罗增儒. 数字谜题的所有解[J]. 中等数学,2008(3)：2－4;2008(4)：2－5.

509. 罗增儒. 一道几何极值题的方法提炼[J]. 中等数学,2008(7)：11－13.

510. 罗增儒. 柯西不等式的证明与应用[J]. 中等数学,2008(11)：8－11,38;2008(12)：5－8.

511. 罗增儒. 结构不良问题与解释性解法[J]. 中学数学研究(广州),2008(12)：封二,1－3.

2009 年(陕西师范大学)(25 篇)

512. 罗增儒. 高等背景,初等解法——谈 2008 年全国高考数学陕西卷(理科)第 22 题[J]. 中学数学教学参考(上旬·高中),2009(1/2)：49－52;2009(3)：28－30.

513. 罗增儒. 点评"函数奇偶性"的教学特色[J]. 中学数学教学参考(上旬·高中),2009(3)：14－17.

514. 罗衾(2005 级学生),罗增儒. 高考改革与陕西自主命题——高考数学陕西自主命题研究之一[J]. 中学数学教学参考(上旬·高中),2009(5)：2－7.

515. 罗衾(2005 级学生),罗增儒. 稳定：高考数学陕西卷的一个关键词——高考数学陕西自主命题研究之二[J]. 中学数学教学参考(上旬·高中),2009(6)：52－55.

516. 罗衾(2005 级学生),罗增儒. 高考数学陕西卷的高等背景——高考数学陕西自主命题研究之三[J]. 中学数学教学参考(上旬·高中),2009(7)：27－32.

517. 罗增儒. 2009 年高考数学陕西卷(理科)第 22 题的评析[J]. 中学数学教学参考(上旬·高中),2009(8)：19－22.

518. 罗增儒. 解题思路、知识背景与考查功能——谈 2009 年全国高考数学陕西卷理科第 21 题[J]. 中学数学教学参考(上旬·高中),2009(9)：33－36.

519. 罗增儒. 从数学高考命题谈数学高考解题[J]. 中学数学教学参考(上旬·高中),2009(10)：23－26;2009(11)：22－25.

520. 罗增儒. 什么是数学解题[J]. 中学数学教学参考(中旬·初中),2009(1/2)：36－40.

521. 罗增儒. 怎样学会解题[J]. 中学数学教学参考(中旬·初中),2009(3)：9－13;中国人民大学复印报刊资料"中学数学教与学"(下半月·初中),2009(6)：36－40.

522. 罗增儒. 解题分析的理念与实践[J]. 中学数学教学参考(中旬·初中),2009(4)：9－13.

523. 罗增儒. 分析解题过程的操作[J]. 中学数学教学参考(中旬·初中),2009(5)：9－14;中国人民大学复印报刊资料"中学数学教与学"(下半月·初中),2009(9)：46－50,56.

524. 罗增儒. 成功解题的基本要素[J]. 中学数学教学参考(中旬·初中),2009(6)：13－18.

525. 罗增儒. 数学解题的错例分析[J]. 中学数学教学参考(中旬·初中),2009(7)：15－19;中国人民大学复印报刊资料"初中数学教与学",2010(1)：12－16,26.

526. 罗增儒. 解题推理论[J]. 中学数学教学参考(中旬·初中),2009(8)：3－9.

527. 罗增儒. 解题化归论[J]. 中学数学教学参考(中旬·初中),2009(9)：12－17.

528. 罗增儒. 解题信息论[J]. 中学数学教学参考(中旬·初中),2009(10)：2－7.

529. 罗增儒. 解题差异论[J]. 中学数学教学参考(中旬·初中),2009(12)：2－6.

530. 罗增儒. 课例《轴对称图形(第一课时)》大家评课例(一)点评——如何看、又看到了什么[J]. 中学数学教学参考(中旬·初中),2009(12): 20 - 27.

531. 罗增儒. 关于情景导入的案例与认识[J]. 数学通报,2009(4): 1 - 6,9.

532. 罗增儒. 学会数学解题—— 一个中国学习者的解题案例[J]. 数学通报,2009(S): 137 - 145.

533. 罗增儒. 选择题难度系数与猜测因素的微型研究[J]. 数学教学,2009(6): 14 - 20.

534. 罗增儒,罗新兵. 数学解题研究 30 年[J]. 湖南教育(下旬刊),2009(1): 24 - 30;2009(2): 20 - 22.

535. 罗增儒. 二维柯西不等式的多角度理解[J]. 中学数学研究(广州),2009(9): 9 - 14.

536. 罗增儒. 一道竞赛题的剖析与启示[J]. 中国数学教育(初中版),2009(11): 33 - 35.

2010 年(陕西师范大学,从在岗到退休)(8 篇)

537. 罗增儒. 从定义到定理的下位学习,从情景到模式的提炼过程——点评"平面与平面垂直的判定"的教学[J]. 中学数学教学参考(上旬·高中),2010(1/2): 16 - 18.

538. 罗增儒. 高考复习 20 问[J]. 中学数学教学参考(上旬·高中),2010(5): 38 - 42.

539. 罗增儒. 2010 年高考数学陕西卷理科第 20 题剖析[J]. 中学数学教学参考(上旬·高中),2010(8): 21 - 23;2010(9):23 - 24,31.

540. 罗增儒. 回归基础,注重灵活——谈 2010 年高考数学陕西卷理科的"一题多解"[J]. 中学数学教学参考(上旬·高中),2010(10): 23 - 26,36.

541. 罗增儒. 2010 年高中数学联赛第 9 题的解法研讨与背景揭示[J]. 中学数学教学参考(上旬·高中),2010(12): 41 - 45.

542. 罗增儒. 解题坐标系[J]. 中学数学教学参考(中旬·初中),2010(1/2): 7 - 10;2010(3): 5 - 10.

543. 罗增儒. 解题教学的三层次解决[J]. 中学数学教学参考(中旬·初中),2010(5): 5 - 6.

544. 罗增儒. 初中生也能求解的 2010 年高考题[J]. 中学数学教学参考(中旬·初中),2010(8): 24 - 28.

2011 年(陕西师范大学退休)(12 篇)

545. 罗增儒. 教学效能的故事,高效课堂的特征[J]. 中学数学教学参考(上旬·高中),2011(1/2): 11 - 16;2011(3): 2 - 7.

546. 罗增儒. 高考临场 20 招[J]. 中学数学教学参考(上旬·高中),2011(3): 50 - 58;2011(4): 35 - 48.

547. 罗增儒. 2011 年高考数学陕西卷"八个话题"之我见[J]. 中学数学教学参考(上旬·高中),2011(8):27 - 31;2011(9): 41 - 44.

548. 罗增儒. 余弦定理两则:流行误漏的修订与逆命题的试证[J]. 中学数学教学参考(上旬·高中),2011(11): 26 - 29.

549. 罗增儒. 形成教研特色,打造高效课堂——点评江苏盐城中学的特色教研[J].

中学数学教学参考(中旬·初中),2011(9):16-17.

550. 罗增儒.单位分数的两项差分拆[J].中学数学教学参考(中旬·初中),2011(10):26-28.

551. 罗增儒. $f(x)=2^{-x}$ 是指数函数吗[J].中学数学教学,2011(1):12.

552. 罗增儒.2010年数学高考陕西卷理科第21题的研讨[J].中学数学月刊,2011(2):31-32,47.

553. 罗增儒.一道2010年中考题的教学分析[J].中学教研(数学),2011(4):38-39.

554. 罗增儒,罗衾.2010年数学高考广东卷理科20题的推广[J].中学数学研究(广州),2011(1):20-23.

555. 罗增儒.一个解题反思的再反思——也谈一道函数方程的求解[J].中学生数学(月上),2011(10):45-47.

556. 罗增儒.从小养成良好的解题习惯[J].湖南教育(下),2011(10):27-30;2011(11):30-32;2011(12):27-30.

2012年(陕西师范大学退休)(16篇)

557. 罗增儒.一道抛物线竞赛题的三步推广[J].中学数学教学参考(上旬·高中),2012(1/2):31-36.

558. 罗增儒.数学审题审什么,怎么审?[J].中学数学教学参考(上旬·高中),2012(4):39-43;2012(5):36-39.

559. 罗增儒.一题十解分正误,错例分析展通途[J].中学数学教学参考(上旬·高中),2012(7):25-28;2012(8):26-29.

560. 罗增儒.2012年高考数学陕西卷第21题的教学分析[J].中学数学教学参考(上旬·高中),2012(9):4-7;2012(10):10-12.

561. 罗增儒.刊庆有情思缘遇,文章无意写流传[J].中学数学教学参考(上旬·高中),2012(10):2-6.

562. 罗增儒.一道初中训练题的编拟[J].中学数学教学参考(中旬·初中),2012(1/2):114-115.

563. 罗增儒.中考答题"分段得分"的建议[J].中学数学教学参考(中旬·初中),2012(4):34-40.

564. 罗增儒.数学审题的理论与实践[J].中学数学教学参考(中旬·初中),2012(5):2-7;2012(6):3-4.

565. 罗增儒.数学新课程高考考什么、怎么考[J].中国数学教育(高中版),2012(1/2):70-73;中国人民大学复印报刊资料"高中数学教与学",2012(4):17-21.

566. 罗增儒.圆柱表面最短路径问题的解决[J].中学数学研究(广州·上半月),2012(2):29-32.

567. 罗增儒.无穷过程 $\sum_{k=1}^{\infty}\dfrac{1}{n^k}=\dfrac{1}{n-1}(n\geqslant 2,\ n\in \mathbf{N}^+)$ 的直观演示[J].中学数学研究(南昌),2012(2):13-15.

568. 罗增儒.数学审题的案例分析[J].中学教研(数学),2012(7):1-5;中国人民大学复印报刊资料"高中数学教与学",2012(10):3-7.

569. 罗增儒. 数学高考情景应用题的解题思路分析[J]. 教育测量与评价(高考), 2012(4)：44-50.

570. 罗增儒. 解题活动：一道竞赛试题的错误分析[J]. 中学数学月刊, 2012(5)：43-47；2012(6)：32-35.

571. 罗增儒. 解题活动：三视图认识封闭的突破[J]. 中学数学杂志, 2012(9)：18-21.

572. 罗增儒. 我为高考设计题目[J]. 数学通讯(下半月·教师), 2012(7)：55-57.

2013年(陕西师范大学退休)(18篇)

573. 罗增儒. 一个最大值问题的教学分析[J]. 中学数学教学参考(上旬·高中), 2013(1/2)：70-73,77.

574. 罗粂,罗增儒. "二分法"教学中的情景创设问题[J]. 中学数学教学参考(上旬·高中)：2013(3)：16-18.

575. 罗增儒. 与"国培"学员一起做案例分析——一道不等式恒成立高考题的深度分析[J]. 中学数学教学参考(上旬·高中), 2013(5)：2-6；2013(6)：2-6.

576. 罗增儒. 再谈一道高考题的"错例分析"——"国培"工作的汇报[J]. 中学数学教学参考(上旬·高中), 2013(7)：2-4；2013(8)：2-4.

577. 罗增儒. 点评：明确数学内容,彰显教学特色——评陈神男老师"课例：柯西不等式的应用"[J]. 中学数学教学参考(上旬·高中), 2013(8)：10-12.

578. 罗增儒. 2013年高考数学陕西卷压轴题讲解[J]. 中学数学教学参考(上旬·高中), 2013(9)：18-20；2013(10)：34-37.

579. 罗增儒. 一个自行车问题的教学分析[J]. 中学数学教学参考(中旬·初中), 2013(1/2)：68-72.

580. 罗增儒. 与"国培"学员一起做课例分析——在"三角形内角和定理"的课堂上[J]. 中学数学教学参考(中旬·初中), 2013(3)：2-5.

581. 罗增儒. 数学教师在数学教研中实现当教育家的梦想[J]. 中学数学教学参考(中旬·初中), 2013(7)：59-60.

582. 罗增儒. 一对中考、高考姐妹题[J]. 中学数学教学参考(中旬·初中), 2013(10)：38-41.

583. 罗增儒. 新课程理念与数学教育中国道路的结合——在"2013全国初中特色课堂展示交流研讨会"上的互动点评[J]. 中学数学教学参考(中旬·初中), 2013(11)：8-18.

584. 罗增儒. 例谈数学论文写作的科学性[J]. 中学数学杂志, 2013(3)：61-65；中国人民大学复印报刊资料"高中数学教与学", 2013(7)：9-13.

585. 罗增儒. "二分法"教学中的几个问题[J]. 数学教学, 2013(3)：封二,1-4.

586. 罗增儒. 经历数学推广的过程,积累数学推广的经验[J]. 中学数学研究(上半月·广州), 2013(3)：19-25.

587. 罗增儒. 一道容易"碰壁"高考题的必要澄清[J]. 中学数学研究(上半月·广州), 2013(8)：31-34.

588. 罗增儒. 猜想题要防止科学性缺失[J]. 中学数学教学, 2013(5)：1-4.

589. 罗增儒. 一道不等式恒成立高考题的错解分析[J]. 中学教研(数学), 2013(9)：

1 - 8.

590. 罗增儒. 两道向量高考试题, 一个几何极值实质[J]. 中学教研(数学), 2013 (11): 33 - 34.

2014年(陕西师范大学退休)(12篇)

591. 罗增儒. 评课的视角, 课例的切磋——"课例: 余弦定理"教学的互动点评[J]. 中学数学教学参考(上旬·高中), 2014(1/2): 14 - 19.

592. 罗增儒. 中国高考之我见[J]. 中学数学教学参考(上旬·高中), 2014(4): 2 - 4, 8; 中国人民大学复印报刊资料"高中数学教与学", 2014(7): 3 - 5, 26.

593. 罗增儒. 关于"取值范围"讨论之我见[J]. 中学数学教学参考(上旬·高中), 2014(5): 2 - 6, 12; 2014(6): 6 - 10; 2014(7): 59 - 63.

594. 张如忠, 罗增儒. 一道2014年中考题的反思——兼谈解题反思"思什么, 怎么思"[J]. 中学数学教学参考(中旬·初中), 2014(10): 28 - 31; 2014(11): 33 - 35.

595. 罗增儒. 从商榷到深化——也谈2012年高考数学山东卷理科第16题[J]. 福建中学数学, 2014(1/2): 29 - 31.

596. 罗增儒. 从一个直观疏忽到一个认识深化[J]. 中学数学杂志, 2014(1): 31 - 33.

597. 吴燃, 罗增儒. 三视图问题要防止消极的"潜在假设"[J]. 中学数学杂志, 2014 (9): 37 - 40.

598. 杨二明, 罗增儒. 数列公式 $a_n = S_n - S_{n-1}(n \geqslant 2)$ 的教学认识[J]. 中学数学研究(上半月·广州), 2014(5): 封二, 1 - 4.

599. 朱传兵, 罗增儒. 线性规划问题的新思路[J]. 中学数学研究·上半月(广州), 2014(8): 22 - 24.

600. 罗增儒. 由特殊到一般的探究[J]. 中学教研(数学), 2014(10): 25 - 30.

601. 罗增儒. 夯实解题基础, 防止解题失误[J]. 教学考试(高考数学), 2014(4): 4 - 5.

602. 罗增儒. 2013年高考数学陕西卷第21题解题讲解[J]. 教学考试(高考数学), 2014(4): 43, 44.

2015年(陕西师范大学退休)(9篇)

603. 罗增儒. "同课异构"的演绎, "倍角公式"的点评[J]. 中学数学教学参考(上旬·高中), 2015(1/2): 4 - 11.

604. 罗新兵, 罗增儒. 特色、创新、智慧与案例分析——在"2015全国中学数学特色课堂案例分析研修会"上的发言[J]. 中学数学教学参考(上旬·高中), 2015(6): 4 - 12, 22.

605. 罗增儒. 续谈正弦定理的三个问题[J]. 中学数学教学参考(上旬·高中), 2015 (7): 65 - 70.

606. 罗增儒. 2015年高考数学陕西卷理科压轴题的由来、另解与变式[J]. 中学数学教学参考(上旬·高中), 2015(8): 42 - 44.

607. 罗增儒. 教学既是科学又是艺术[J]. 中学数学教学参考(上旬·高中), 2015 (8): 1.

608. 罗新兵, 罗增儒. 特色、创新与教学智慧[J]. 中学数学教学参考(中旬·初中),

2015(6)：4-10.

609. 吴燃,罗增儒.反思一个漏洞,获得两组题目[J].中学数学杂志,2015(3)：61-63.

610. 朱传兵,罗增儒.剖析两个隐蔽的漏洞,提供九个完整的解法——谈2014年高考数学广东卷(理科)第19题[J].中学数学研究(上半月·广州),2015(4)：15-19.

611. 罗增儒.什么是"数学题"——商榷"数学题"的流行误解[J].数学教学,2015(12)：封二,1-6.

2016年(陕西师范大学退休)(12篇)

612. 罗增儒.数学概念的理解与教学[J].中学数学教学参考(上旬·高中),2016(3)：2-5;2016(4)：2-6.

613. 罗增儒.同课异构"基本不等式"的互动点评——"2016高中数学特色课堂案例分析研修会"发言稿(节选整理之一)[J].中学数学教学参考(上旬·高中),2016(6)：16-24.

614. 罗增儒."两个计数原理"的教学分析——"2016高中数学特色课堂案例分析研修会"发言稿(节选整理之二)[J].中学数学教学参考(上旬·高中),2016(6)：25-29.

615. 罗增儒.从数学知识的传授到数学素养的生成[J].中学数学教学参考(上旬·高中),2016(7)：2-7;中国人民大学复印报刊资料"高中数学教与学",2016(10)：3-7.

616. 罗增儒.高考复习要抓住方向[J].中学数学教学参考(上旬·高中),2016(10)：2-7;2016(11)：2-5.

617. 罗增儒.高考复习要抓住根本[J].中学数学教学参考(上旬·高中),2016(12)：2-8,12.

618. 罗增儒.数学概念的教学认识[J].中学数学教学参考(中旬·初中),2016(3)：2-5,12;2016(4)：2-3,9;中国人民大学复印报刊资料"初中数学教与学",2016(8)：7-11;2016(8)：11-13.

619. 罗增儒.课堂教学的创新永远在路上——2016年初中数学名师创新型课堂研修会上的发言(节选整理)[J].中学数学教学参考(中旬·初中),2016(7)：27-31.

620. 罗增儒."同课异构"视角下的课例点评[J].中学数学教学参考(中旬·初中),2016(12)：32-38.

621. 罗增儒.数学解题的认识与实践[J].湖南教育(C版),2016(1)：22-25;2016(2)：22-25;2016(3)：22-25.

622. 罗增儒."平行四边形的面积"公开课的分析[J].中小学课堂教学研究,2016(1)：54-58.

623. 罗增儒.直观想象猜极限,合情推理说无穷——给低年级同学渗透微积分知识[J].中小学课堂教学研究,2016(3)：22-24.

2017年(陕西师范大学退休)(6篇)

624. 罗增儒.一道2017年高考三角试题的双面剖析[J].中学数学教学参考(上旬·高中),2017(10)：45-51.

625. 罗增儒."教学目标"视角下的教学研讨[J].中学数学教学参考(中旬·初中),2017(1/2)：26-32.

626. 罗增儒.探究式教学视角下的课堂研修[J].中学数学教学参考(中旬·初中),

2017(7)：2-10.

627．罗增儒.核心素养与课堂研修[J].中学数学教学参考(中旬·初中),2017(8)：14-20;2017(9)：2-10.

628．罗增儒.一类行程问题的深度剖析[J].中小学课堂教学研究,2017(4)：13-16.

629．罗增儒.带着问题来学习：点评与期望[J].中小学数学(中旬·初中),2017(10)：1-8.

2018 年(陕西师范大学退休)(10 篇)

630．罗增儒.教学应是一种学术活动[J].中学数学教学参考(上旬·高中),2018(3)：1.

631．罗增儒.高考数学压轴题的认识研究[J].中学数学教学参考(上旬·高中),2018(4)：35-37;2018(5)：40-44.

632．罗增儒.怎样解答高考数学题[J].中学数学教学参考(上旬·高中),2018(6)：53-56;2018(7)：30-34;2018(8)：26-31.

633．罗增儒.基于核心素养的教学研修——在"核心素养背景下数学教师的专业发展"(南京)会议上的发言(整理)[J].中学数学教学参考(上旬·高中),2018(9)：5-10;2018(10)：2-8.

634．罗增儒.课堂研修："整式的加减"与"位置的确定"[J].中学数学教学参考(中旬·初中),2018(1/2)：2-10.

635．罗增儒.教师为什么要发展[J].中学数学教学参考(中旬·初中),2018(5)：1.

636．罗增儒.指向素养教学的课堂研修[J].中学数学教学参考(中旬·初中),2018(7)：11-22.

637．罗增儒.教师教学发展的境界[J].中学数学教学参考(中旬·初中),2018(9)：1.

638．罗增儒.以素养教学为导向的课堂研修——在"第五届全国初中数学名师创新型课堂研修会"上的发言[J].中学数学教学参考(中旬·初中),2018(12)：17-24;2019(1/2)：2-4,2019(3)：2-6.

639．罗增儒.带着问题继续学：中考压轴题的认识与求解——"第五届新青年数学教师发展(西部论坛)暨青年教师中考数学压轴题讲题比赛"会议上的发言[J].中小学数学(中旬·初中),2018(10)：1-10;2018(11)：19-24.

2019 年(陕西师范大学退休)(5 篇)

640．罗增儒.同课异构与教学的二重性[J].中学数学教学参考(上旬·高中),2019(3)：1.

641．罗增儒.数学教育视角下的三个世界和四种数学形态[J].中学数学教学参考(上旬·高中),2019(5)：1.

642．罗增儒.锐角正切的教学分析与课例点评[J].中学数学教学参考(中旬·初中),2019(10)：23-29.

643．罗增儒."字母表示数"的课堂研修[J].中学数学教学参考(中旬·初中),2019(12)：10-16.

644．罗增儒.教学发展有境界,解题研究分水平——在第三届青年教师中考数学压轴题讲题比赛会议上的发言[J].中小学数学(中旬·初中),2019(10):1-6;2019(11):17-22.

2020年(陕西师范大学退休)(14篇)

645. 罗增儒.数学解题的水平划分[J].中学数学教学参考(上旬·高中),2020(3):2-4,21;2020(4):2-5.

646. 罗增儒.把握数学本质,落实素养导向[J].中学数学教学参考(上旬·高中),2020(8):1.

647. 罗增儒.课堂研修"等比数列的前n项和"[J].中学数学教学参考(上旬·高中),2020(10):4-11.

648. 罗增儒.解题教学是解题活动的教学[J].中学数学教学参考(上旬·高中),2020(11):2-5.

649. 罗增儒.勾股定理"回顾与思考"的课堂研修[J].中学数学教学参考(中旬·初中),2020(1/2):11-17.

650. 罗增儒."反比例函数"的课堂研修[J].中学数学教学参考(中旬·初中),2020(3):12-17.

651. 罗增儒.数学解题的四个水平[J].中学数学教学参考(中旬·初中),2020(5):7-9,36;2020(6):2-4,48.

652. 罗增儒.把握数学内容的本质[J].中学数学教学参考(中旬·初中),2020(9):1.

653. 罗增儒.课堂研修"图形的运动"[J].中学数学教学参考(中旬·初中),2020(10):20-23.

654. 罗增儒.解题教学是解题活动的教学[J].中学数学教学参考(中旬·初中),2020(11):19-22.

655. 罗增儒."沏茶问题"的课例与点评[J].中小学数学(上旬·小学),2020(6):1-6.

656. 罗增儒.基于综合实践活动的教学探究——"鸡兔同笼"听课札记[J].中小学课堂教学研究,2020(9):42-44,49.

657. 罗增儒.数学素养课堂落实的思考[J].中小学课堂教学研究,2020(11):3-6,31.

658. 罗增儒.逻辑漏洞的剖析,难点归因的补充[J].数学通讯,2020(12):1-6.

2021年(陕西师范大学退休)(10篇)

659. 罗增儒.祝贺刊创半世纪,感恩缘遇四十年——我与《中数参》的早年交往[J].中学数学教学参考(上旬·高中),2021(1/2):3-7.

660. 罗增儒.纪念魏庚人教授诞辰120周年[J].中学数学教学参考(上旬·高中),2021(3):3-7;2021(4):3-5.

661. 罗增儒.认识多重选择题,迎接高考新挑战[J].中学数学教学参考(上旬·高中),2021(4):41-45.

662. 罗增儒.新高考,新题型,新挑战——关于填空题的再认识[J].中学数学教学参考(上旬·高中),2021(5):46-51.

663. 罗增儒."函数$y=A\sin(\omega x+\varphi)$"的课例与研修[J].中学数学教学参考(上

旬·高中),2021(11):8-15;2021(12):5-12.

664. 罗增儒.数学课堂的变迁[J].中学数学教学参考(中旬·初中),2021(4):2-4,10.

665. 罗增儒.中考数学压轴题的研究[J].中学数学教学参考(中旬·初中),2021(5):46-50;2021(6):52-55.

666. 罗增儒.解题分析:谈一道2021年美国数学邀请赛试题[J].中学数学教学参考(中旬·初中),2021(7):32-36.

667. 罗增儒."认识二元一次方程组"的课例与研修[J].中学数学教学参考(中旬·初中),2021(10):5-11;2021(11):2-8.

668. 罗增儒."一次函数复习"课例的研修[J].中学数学教学参考(中旬·初中),2021(12):31-40.

附录二　书作目录①

数学教学类(8 本)

1. 罗增儒.讲授艺术的认识与实践.见：王国俊.讲授艺术论.西安：陕西师范大学出版社,1992 年 1 月第 1 版,45‒69(参编).

2. 罗增儒,刘新科.讲授艺术的技巧.见：王国俊.讲授艺术通论.西安：陕西师范大学出版社,1994 年 8 月第 1 版,166‒216(参编).

3. 罗增儒.中学数学课例分析.西安：陕西师范大学出版社,2001 年 7 月第 1 版.

4. 张奠宙,宋乃庆.数学教育概论.北京：高等教育出版社,2004 年 10 月第 1 版(参编第九章"数学问题与数学考试",参与全书统稿).

5. 罗增儒.教学的故事,数学的挑战——数学教学是数学活动的教学.见：中国教育学会中学数学教学专业委员会.全国青年数学教师优秀课说课与讲课大赛精粹.天津：新蕾出版社,2005 年 6 月第 1 版,1‒19(参编).

6. 石生民.高中课例点评.西安：陕西师范大学出版社,2008 年 9 月第 1 版(参编,有 4.5 万字).

7. 石生民.初中课例点评.西安：陕西师范大学出版社,2008 年 9 月第 1 版(参编,有 4.9 万字).

8. 罗新兵,罗增儒.数学教育学导论.北京：科学出版社,2021 年 4 月第 1 版.

数学解题类(8 本)

9. 罗增儒.线段、折线与多边形的方程.见：杨世明.中国初等数学研究文集(1980～1991).郑州：河南教育出版社,1992 年 6 月第 1 版,763‒779(参编).

10. 罗增儒.数学的领悟.郑州：河南科学技术出版社,1997 年 1 月第 1 版.

11. 罗增儒.数学解题学引论.西安：陕西师范大学出版社,1997 年 6 月第 1 版.

12. 罗增儒,钟湘湖.直觉探索方法.郑州：大象出版社,1999 年 9 月第 1 版.

13. 罗增儒.高中数学好题巧思妙解.西安：陕西师范大学出版社,1997 年 2 月第 1 版.(主编)

14. 罗增儒.零距离数学交流(高中卷)·体验与探究.南宁：广西教育出版社,2003 年 5 月第 1 版.

15. 罗增儒.零距离数学交流(初中卷)·学法与解法.南宁：广西教育出版社,2003 年 5 月第 1 版.

16. 罗增儒.中学数学解题的理论与实践.南宁：广西教育出版社,2008 年 9 月第 1 版.

———————————

① 包括独立写作、团队主编和有代表性的参编书.

高考中考类(5 本)

17. 罗增儒.高考复习要抓根本.见：孟明义,衣国华,徐毅鹏,等.中国高考大全.长春：吉林人民出版社,1988 年 12 月第 1 版,174 - 178(参编).

18. 罗增儒,惠州人.怎样解答高考数学题.西安：陕西师范大学出版社,1994 年 2 月第 1 版.

19. 罗增儒.怎样解答中考数学题.西安：陕西师范大学出版社,1996 年 2 月第 1 版(主编).

20. 罗增儒.高考数学高分突破策略.见：朱占奎.专家解码：高考大题高分突破(数学).西安：陕西师范大学出版社,2013 年 3 月第 1 版,1 - 30(参编).

21. 罗增儒.近三年高考大题综述及高分突破策略.见：朱占奎.专家解码：高分突破(高考数学).西安：陕西师范大学出版社,2014 年 11 月第 1 版,1 - 24(参编).

数学竞赛类(8 本)

22. 罗增儒.分式线性函数的迭代与一类函数方程的编拟.见：欧阳维诚(责任编辑).数学奥林匹克在中国(英文版).长沙：湖南教育出版社,1990 年 6 月第 1 版,72 - 79(参编).

23. 罗增儒.数学奥林匹克系列丛书.西安：陕西师范大学出版社(主编,包括小学 1、2、3、4 册,初中 1、2、3 册,高中 1、2、3 册,大学数学竞赛教程.1992 年叫"数学奥林匹克系列教材"；1998 年修订改编为"奥林匹克金牌之路丛书",有合订本"小学数学竞赛辅导""初中数学竞赛辅导""高中数学竞赛辅导"和配套习题详解"竞赛解题指导"；2001 年又修订改编为"罗增儒数学奥林匹克丛书",既有年级分册、又有全一册).

24. 罗增儒.几何中的运动,向量方法.见：陈传理.高中数学竞赛名师讲座.武汉：华中师范大学出版社,1993 年 4 月第 1 版,217 - 227;228 - 240(参编).

25. 裘宗沪,刘玉翘.奥林匹克数学教程(初一、初二、初三教程及练习册共六本).北京：开明出版社,1994 年 6 月第 1 版;1997 年台湾九章出版社繁体字出版(本人负责三册书中的几何部分,约 15 万字,参编).

26. 罗增儒.数学竞赛导论.西安：陕西师范大学出版社,2000 年 1 月第 1 版.

27. 罗增儒.从数学竞赛到竞赛数学.见：陈传理,张同君.竞赛数学教程.北京：高等教育出版社,1996 年 10 月第 1 版,1 - 41(参编第一篇).

28. 罗增儒.从数学竞赛到竞赛数学.见：陈传理,张同君.数学竞赛解题研究.北京：高等教育出版社,2000 年 6 月第 1 版,3 - 51(参编第一篇).

29. 罗增儒.中学数学竞赛的内容与方法.南宁：广西教育出版社,2012 年 4 月第 1 版.

附录三 初为人师时为自己设计的六张教学表

教表1：教学日进度

时间 (年、月、日)	周次	星期	章节	起止页数	课次		教学内容	作业			备注
					本章	累计		复习	习题	预习	

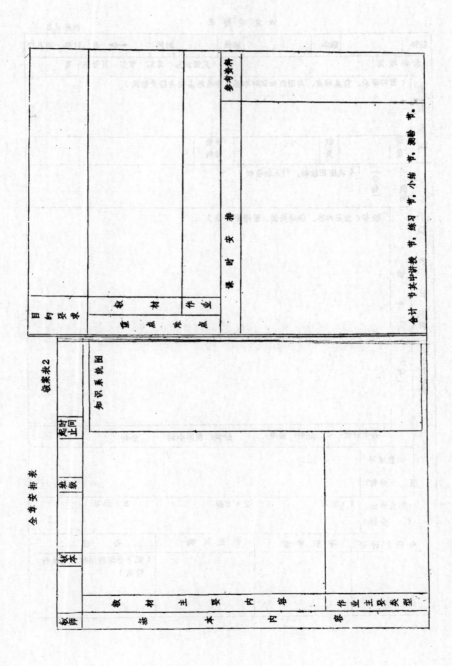

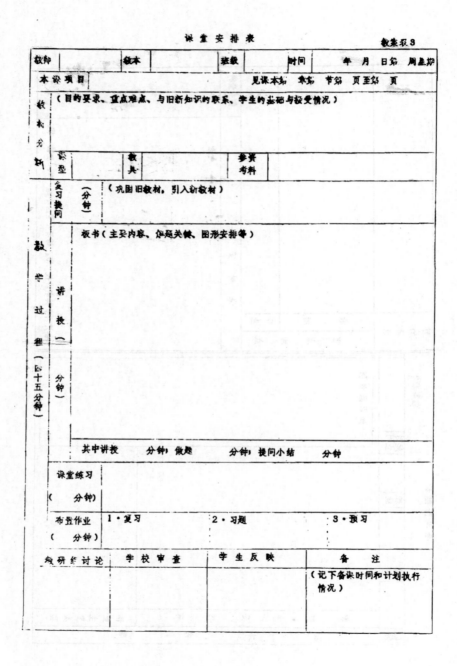

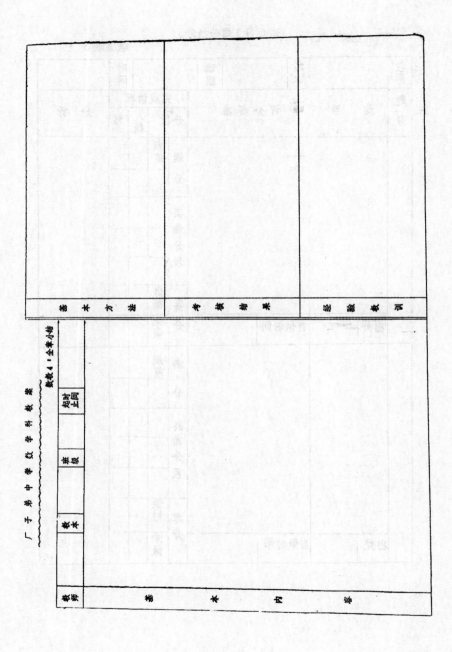

试（习）题分析表

教案表5

教师		课本		班级			时间	
题号	题　目		评分标准	完成情况			分·析	
				分段	人数	%		
				满分	规范			
				其他分段				
				零分	做错			
出处		自做时间			未做			
				满分	规范			
				其他分段				
				零分	做错			
出处		自做时间			未做			

习 题 处 理 表　　　　　教案表6

教师		教本		时间	年　月　日
题号				类型	

解题用到的主要概念、方法	
解题关键	

解题用时间		处理意见	例题、课堂练习、课外选作、作业

题目与解题过程（推理正确。书写规范）

附录四　带中学毕业班时亲手刻印的讲课资料

<h1 style="text-align:center">怎样解答选择题</h1>

选择题是近几年来国内外越来越广泛使用的一种新型命题方式。与传统题相比，尤有题型活泼、容量丰富、解法精巧、评分准确、统计方便等许多优点。

一、选择题的类型。

1. 从结构形式上，选择题通常由题干和选择支的不同形式而分为三类：发散型、收敛型和平行型。

(1) 发散型：由一定的条件(题干)导出多个结论(选择支)，要求判断其中一个或多个是对的。常见的有两种。

① 发散型单式选择题。其特点是选择支中有且只有一个是正确(或错误)的，通常错误的选择要倒扣分。

② 发散型复式选择题。其特点是选择支中至少有一个是正确的，甚至全是正确的。其给分方式是，对一个给一个，错一个扣全部。不倒扣分。

(2) 收敛型：多个条件导出少量结论。

(3) 平行型：由指令性语言和两组平行对象组成，两组对象恰恰一一配对。又称配对选择。

2. 从内容上分为三类：

(1) 定性型：从条件出发判定所述数学元素所具有的性质或关系。主要考察分辨是非、鉴别创造概念和推理论证的能力。

(2) 定量型：侧重于计算或数量关系方面的判断。

(3) 混合型：对以上两方面都有所要求。

二、发散型单式选择题的解法

一般说来，选择题都可以作为常规题，从题干出发，进行推理演算，然后与选择支逐个对照。这种解法有一般性，但没有注意到选择题本身的特点，在许多情况下都是"小题大做"，不仅时间不允许，得不偿失，而且也没有必要。事实上，只要我们充分利用题目本身的信息，就可以凭"求解对号"的奥谛技巧的快速判断。

一道选择题可以细致地分为四部分，其中前三部分联合组成题目的前提。

1. 所有的选择题都有一个统一的大前提，就是选择支中"有且只有一个是正确的"。

2. 每道选择题又有自己的具体前提（题干），这与常规题的条件相类似。

3. 根据每道选择题中的题干，分别结出几个选择支。这是一个独特的前提，既有结论因素，又需要寻找，既象填空又有范围，既有是非判断（两个选择支）的味道，又复杂细致而新颖。

4. 结论。就是根据"统一前提"、"具体前提"、"选择前题"的共同要求找出结论的代号。既不能从"选择前提"之外去找"代号"，又不需要说明选择的理由和进行严格的论证。

根据这些组成，我们要特别掌握其中的两个特点：

1. "有且只有一个是正确的"。于是

(1) 若能肯定一支，便不需要花力气去否定其他 n-1 支，同样若能否定 n-1 支，便的确肯定了一支。

(2) 若选择支中有两支成等价条件，则两支可一齐否定；若某一支能成为另一支的充分条件，则这个充分条件即可否定。

(3) 若挑准某一支并找能满足条件，则这一支便可肯定。

2. 用答只要填"代号"，既不需要理由，也不需要过程。在一些情况下，就特别需要概念清楚，运算准确；但在另一些情况下，则可由明显的直观、粗略的图形、大概的估计，简单的逻辑常识，便可迅速作出判断．

这两个特点与"双基"及逻辑知识相结合便成为解选择题的快速、准确、精明技巧的源泉（还可抓选择支的关节三）．

解选择题有二个基本途径和十个常用方法．

基本解法
├─ 肯定一支
│ ├─ 1. 顺推肯定．（求解对照）
│ ├─ 2. 逆推肯定．
│ ├─ 3. 特值肯定．
│ ├─ 4. 直观肯定．（图表、试探、估计）
│ └─ 5. 逻辑分析肯定．
└─ 否定n-1支
   ├─ 6. 顺推否定．（逐步淘汰、依次筛选）
   ├─ 7. 逆推否定．
   ├─ 8. 特值否定．（反例）
   ├─ 9. 直观否定．
   └─ 10. 逻辑分析否定．

肯定一支：不管是应用导标的还是解答题的方法，只要能肯定一个选择支，便可自动否定另外n-1个选择支，而无需一一论证其错误．（可面待考完试再作练习）

否定n-1支：无论用何种方法，只要能否定n-1支，则剩下的一支便可自然肯定，毫不能否证明可面待课后再说．

能选择题内容比较单一，数量比较多，复盖面比较广，占分比较少．我们必须做到，内容熟悉，概念准确，推理快速，反应敏捷．

能选择题是直接考查基础知识、基本技能和解题速度，其题型多取自课本而又灵活多变．我们必须，快速而准确判断，却又不能费时太多．